Lexikon der Arzneipflanzen und Drogen
2

Karl Hiller/Matthias F. Melzig

Lexikon der Arzneipflanzen und Drogen

in zwei Bänden

Zweiter Band
L bis Z

Spektrum Akademischer Verlag Heidelberg · Berlin

Bibliografische Information Der Deutschen Bibliothek
Die Deutsche Bibliothek verzeichnet dieses Produkt in der Deutschen Nationalbibliografie; detaillierte bibliografische Daten sind im Internet über http://dnb.ddb.de abrufbar.

ISBN 3-8274-1465-2

Wie jede Wissenschaft sind die Medizin und die Pharmazie ständigen Entwicklungen unterworfen. Forschung und klinische Erfahrung erweitern unsere Erkenntnisse, insbesondere, was die medikamentöse Therapie anbelangt. Soweit in diesem Werk eine Dosierung oder eine Applikation erwähnt wird, dürfen die Leser zwar darauf vertrauen, daß die Autoren und der Verlag große Sorgfalt darauf verwendet haben, daß diese Angabe dem Wissensstand bei Fertigstellung des Werkes entspricht. Für Angaben über Dosierung und Applikationsformen kann vom Verlag jedoch keine Gewähr übernommen werden. Jede Dosierung oder Applikation erfolgt auf eigene Gefahr der Benutzer.

Redaktion: Ruth Karcher
Produktion: Daniela Brandt, Detlef Mädje
Umschlaggestaltung: WSP Design, Heidelberg
Satz und Graphik: Graphik & Text Studio, Wolfgang Zettlmeier, Barbing
Druck und Verarbeitung: Graphischer Betrieb Konrad Triltsch, Ochsenfurt-Hohestadt

Mitarbeiterverzeichnis

Autoren:
Prof. Dr. Karl Hiller, Berlin
Prof. Dr. Matthias F. Melzig, Berlin

Essay-Autoren:
PD Dr. Gerd Bader, Berlin
Prof. Dr. Rudolf Bauer, Düsseldorf
Prof. Dr. Gerhard Buchbauer, Wien
Prof. Dr. Beate Diettrich, Halle
Prof. Dr. Chlodwig Franz, Wien
Prof. Dr. Götz Harnischfeger, Salzgitter
Prof. Dr. Ulrike Lindequist, Greifswald
Prof. Dr. Matthias F. Melzig, Berlin
Dr. Markus Wiesenauer, Weinstadt
Dr. Bruno Wolters, Braunschweig

Farbabbildungen in Band 2:
Prof. Dr. Karl Hiller, Berlin (1, 3, 4, 5, 6, 7, 8, 9, 10, 11, 12, 13, 14, 15, 17, 18, 19, 20, 21, 22, 23, 24, 25, 26, 27, 28, 29, 30, 31, 32, 33, 34, 35, 36, 37, 38, 39, 40, 41, 42, 43, 44, 45, 46, 47, 48, 49, 50, 51, 52, 53, 54, 59, 60, 61, 63, 64, 65, 66, 67, 69, 70, 71, 72, 73, 74, 75, 76, 77, 78, 79, 80, 81, 83, 85, 87, 88, 89, 90, 91, 92, 93, 94, 95, 96, 97, 98, 99, 100, 101, 102, 103, 104, 105, 106, 107, 108, 109, 110, 111, 112, 113, 115, 116, 117, 118, 119, 121, 122, 123, 124, 127, 128, 129, 130, 132, 133, 134, 135, 136, 137, 138, 139, 140, 141, 142, 143, 144, 145, 146, 147, 148, 149, 150, 151, 152, 153, 154, 155, 156, 157, 158, 159, 160, 161, 162, 163, 165, 166, 169, 170, 171, 172, 173, 174, 175, 176, 177, 178, 179, 180, 181, 182, 183, 184, 187, 188, 189, 190, 191, 192)
Prof. Dr. Ulrike Lindequist, Greifswald (125)
Prof. Dr. Dieter Mai, Berlin (2, 58, 68, 82, 84, 86, 114, 131, 164, 185, 186)
Prof. Dr. Matthias F. Melzig, Berlin (16, 55, 56, 120, 126, 167)
Prof. Dr. Eberhard Teuscher, Triebis (57, 62, 168)

Redaktion:
Ruth Karcher

Hinweise für den Benutzer

Die Stichworteinträge sind im Lexikon nach dem Alphabet sortiert. Dabei wurden Lücken und Bindestriche sowie x in botanischen Namen ignoriert. Anacyclus x officinarum ist demnach wie Anacyclusofficinarum eingeordnet, Umlaute (ä, ö und ü) sowie Buchstaben mit Akzenten (é) wurden wie die Grundvokale (a, o, u, e) behandelt.
Präfixe der chemischen Nomenklatur blieben bei deralphabetischen Sortierung unberücksichtigt. So steht beispielsweise D-Apiose unter A und β-Sitosterol unter S. Aus mehreren Wörtern bestehende Begriffe – meist deutsche Pflanzennamen – wurden in ihrer natürlichen Reihenfolge aufgeführt, so heißt es z. B. Wollige Ballote und nicht Ballote, Wollige.

Bei Fachbegriffen wurde die in neueren deutschen Lehrbüchern am häufigsten gefundene Schreibweise verwendet, mit der Tendenz, vor allem chemische Begriffe der internationalen Schreibweise anzupassen, d. h. c anstelle von z oder k zu verwenden. So ist beispielsweise Lacton, Citronensäure und Nucleotid jeweils mit c geschrieben. Begriffe aus der Medizin, bei denen die c-Schreibweise unüblich ist, wurden mit z bzw. k geschrieben, wie Zytostatikum, Expektorans oder Bakterizid. Bei Stichwörtern, die unter C nicht aufgefunden werden, empfielt es sich daher, unter Z oder K zu suchen und umgekehrt.

Das Lexikon enthält zahlreiche Verweisstichwörter, die in den meisten Fällen deutsche und lateinische Synonyme von Pflanzenarten sind. Auch in den Artikeln finden sich Verweise, die es dem Leser ermöglichen, noch weitere in diesem Zusammenhang interessante Informationen aufzufinden. Auf sehr häufig vorkommende Pflanzeninhaltsstoffe, wie z.B. Flavonoide, wurde jedoch der Übersichtlichkeit halber nicht bei jeder Erwähnung verwiesen.

Eine Droge wird in der Regel als giftig bezeichnet, wenn die mittlere letale Dosis weniger als 1500 mg pro kg Körpergewicht beträgt.

Aufbau der Artikel
Die Artikel des Lexikons sind mit einem schwarzen Quadrat vor dem fettgedruckten Stichwort gekennzeichnet und durch eine Leerzeile vom vorangehenden und nachfolgenden Stichwort abgesetzt. Die meisten dieser Artikel beschreiben pharmakologisch bedeutsame Pflanzenarten und sind einheitlich nach einem der folgenden Schemata gegliedert:

■ **Stichwort**
  Familie
  Vorkommen
  Drogen
    Droge 1
      Inh.
      Anw.
    Droge 2
      Inh.
      Anw.
  Hom.
    Hom. 1
      Anw.-Geb.
    Hom. 2
      Anw.-Geb.
  Historisches

■ **Stichwort**
● **Familie**
● **Art 1**
  Vorkommen
  Drogen
    Droge 1
      Inh.
      Anw.
    Droge 2
      Inh.
      Anw.
  Hom.
    Hom. 1
      Anw.-Geb.
    Hom. 2
      Anw.-Geb.
● **Art 2**
  Vorkommen
  Drogen
    Droge 1
      Inh.
      Anw.
    Droge 2
      Inh.
      Anw.
  Hom.
    Hom. 1
      Anw.-Geb.
    Hom. 2
      Anw.-Geb.
● **Historisches**

Abkürzungen

Abb.	Abbildung
Anw.	Anwendung
Anw.-Geb.	Anwendungsgebiete
äther.	ätherisch
Bedeut.	Bedeutung
bes.	besonders
bzw.	beziehungsweise
ca.	circa
Dos.	Dosierung
dt.	deutsch
Eig.	Eigenschaften
evtl.	eventuell
Fam.	Familie
Geg.	Gegenanzeigen
griech.	griechisch
HAB	Homöopathisches Arzneibuch
Heim.	Heimat
Herk.	Herkunft
Histor.	Historisches
Hom.	Homöopathie
homöop.	homöopathisch
i. d. R.	in der Regel
Inh.	Inhaltsstoffe
insbes.	insbesondere
i. v.	intravenös
Jh.	Jahrhundert
lat.	lateinisch
LD	letale Dosis
min	Minute
M_r	relative Molekülmasse
p. o.	per os
pl.	Plural
s. o.	siehe oben
sog.	sogenannt
s. u.	siehe unten
syn.	Synonym
Tab.	Tabelle
TD	Tagesdosis
Tox.	Toxikologie
u. a.	unter anderem/und andere
v. a.	vor allem
Vork.	Vorkommen
Wirk.	Wirkung
zahlr.	zahlreich
z. B.	zum Beispiel
ZNS	Zentralnervensystem
z. T.	zum Teil

L

Labdanum ↗ Cistus-Arten.
Labstockwurzel ↗ Levisticum officinale.
Laburni folium ↗ Laburnum anagyroides.
Laburno cytisus ↗ Laburnum anagyroides.

■ **Laburnum anagyroides** Medik.
(syn. *Cytisus laburnum, Genista laburnum, Laburno cytisus, Laburnum laburnum, Laburnum vulgare*); Gemeiner Goldregen (syn. Bohnenbaum, Geißklee, Kleebaum), s. Farbtafel S. 137, Bild 1.

Fam.: Fabaceae (Papilionaceae).

Vork.: südliches Mittel- und Osteuropa.

Drogen: *1. **Folia Laburni*** (syn. *Laburni folium); Laburnum-anagyroides*-Blätter (syn. Goldregenblätter), die getrockneten Blätter. Inh.: Chinolizidinalkaloide, deren Gehalt während der Vegetationsperiode auf nahezu null sinkt. Anw.: früher als schleimlösendes und abführendes Mittel; in Notzeiten mitunter als Tabakersatz. ***2. Semen Cytisi laburnum***; *Laburnum-anagyroides*-Samen (syn. Goldregen-Samen), die aus den Hülsen entfernten Samen. Inh.: Chinolizidinalkaloide (1–3 %) mit ↗ Cytisin als Hauptalkaloid. Anw.: früher als Atmungsanaleptikum (TD: 3 mg) sowie als Raucherentwöhnungsmittel (TD: 9 mg, auf 6 Gaben verteilt) sowie volkstümlich bei Verstopfung, zur Entwässerung, als Asthma- und Brechmittel. Geg.: In höheren Dosen ist die Droge toxisch. Die Toxizität ist vor allem durch das Cytisin bedingt, das an den nicotinergenen Acetylcholin-Rezeptoren des ZNS, der Ganglien und der neuromuskulären Endplatte angreift.

Hom.: ***Laburnum anagyroides*** HAB1; Goldregen, gleiche Teile der frischen Blätter und Blüten. Anw.-Geb.: Erkrankungen des Zentralnervensystems.

Histor.: Der heutige Gattungsname *Laburnum* soll vom lateinischen *alburnum* abstammen, womit ↗ Plinius das Splintholz bezeichnete, während die Bezeichnung *Cytisus* von der Insel Kythisos herrühren soll. Der Artname wird mit der Ähnlichkeit mit *Anagyros foetida*, dem Stinkstrauch, in Verbindung gebracht. Die deutschen Namen Goldregen und Bohnenbaum weisen auf die goldgelben Blütentrauben bzw. auf die bohnenähnlichen Früchte hin. Das harte Holz des Baumes wird auch für Drechsler- und Schreinerarbeiten genutzt.

Laburnum laburnum ↗ Laburnum anagyroides.
Laburnum vulgare ↗ Laburnum anagyroides.

■ **Lac bovinum defloratum HAB**
Kuhmilch.

Hom.: ***Lac defloratum***, die abgerahmte Milch vom Hausrind, Bos taurus L. Anw.-Geb.: Kopfschmerzen.

Lacca ↗ Kerria lacca.
Lacca in tabulis ↗ Kerria lacca.

■ **Lac caninum HAB**
Hundsmilch (syn. Hundemilch).

Hom.: ***Lac caninum***, HAB1, die frisch gewonnene Milch der Hündin. Anw.-Geb.: Erkrankungen des zentralen Nervensystems, des Mund- und Rachenraumes, des Magen-Darm-Traktes, der weiblichen Geschlechtsorgane sowie des Stütz- und Bewegungsapparates.

Laccifera lacca ↗ Kerria lacca.

■ **Lac felinum HAB**
Katzenmilch.

Hom.: ***Lac felinum***, die frische Milch der Hauskatze, Felis domestica Briss. Anw.-Geb.: schmerzhafte Augenerkrankungen.

Lac fermentatum ↗ Kumys.
Lachenknoblauch ↗ Teucrium-Arten.

■ **Lachesis muta** L.
(syn. *Lachesis rhombeata, Bothrops sururucu, Crotalus mutus*); Buschmeister.

Fam.: Crotalidae.

Vork.: Gefährliche Giftschlange Mittel- und Südamerikas. Inh.: Das Gift enthält u. a. Proteasen, Hämagglutinine und Hämolysine.

Hom.: ***Lachesis*** HAB1; Lanzenfieber (syn. Buschmeister), frisches Schlangengift. Anw.-Geb.: Konstitutionsmittel nach Infektionen, septischen Prozessen, Abszessen, Venenentzündungen, Gelenkrheumatismus und Dysmenorrhoe.

Lachesis rhombeata ↗ Lachesis muta.

■ Lachnanthes tinctoria Ell.
Wollnarzisse (syn. Rotwurzel).
Fam.: Haemodoraceae.
Vork.: Nordamerika.
Inh.: unbekannt. *Anw.:* in der Volksheilkunde als Febrifugum sowie technisch als Färbemittel.
Hom.: ***Lachnanthes tinctoria*** HAB1, die frische blühende Pflanze. *Anw.-Geb.:* Erkrankungen des zentralen Nervensystems, des Stütz- und Bewegungsapparates, z. B. Migräne und Schiefhals.

Lachs ↗ Salmo salar.
Lachsleberöl ↗ Salmo salar.
Lack ↗ Cheiranthus cheiri.
Lackharz ↗ Kerria lacca.

■ Lackmus
blauer Farbstoff, der aus verschiedenen Flechtenarten, z. B. *Variolaria, Rocella* und *Lecanora* gewonnen wird. L. ist ein Polymeres aus 7-Hydroxy-3-phenoxazinon-Chromophoren, das mit ↗ Orseille verwandt ist. *Anw.:* als Indikator in der Säure-Basen-Titration, zum Färben von Nahrungsmitteln, Kosmetika, früher auch zum Bläuen von Wäsche.
Histor.: L. wurde um 1300 von dem Arzt und Alchemisten Arnaldus de Villanova entdeckt. Der Name leitet sich vom niederländischen Lakmoes ab, dessen Deutung aber unsicher ist.

Lackschildlaus ↗ Kerria lacca.
Lackviolen ↗ Cheiranthus cheiri.
Lacryma syriaca ↗ Ferula foetida.

■ β-Lactam-Antibiotika
Sammelbezeichnung für Antibiotika mit einem viergliedrigen β-Lactam-Ring im Grundgerüst. Die natürlichen Vertreter lassen sich nach ihrer Grundstruktur in 5 Klassen einteilen: Pename (↗ Penicilline), Ceph-3-eme (↗ Cephalosporine), Clavame (↗ Clavulansäure), Carbapeneme (↗ Thienamycine) und Monolactame (↗ Nocardicine, ↗ Monobactame). Mit Ausnahme der ↗ Cephamycine werden sie alle von Pilzen gebildet. *Wirk.:* Hemmung der bakteriellen Zellwandsynthese. *Anw.:* Die β-L. zählen heute noch zu den wirkungsvollsten Antibiotika und werden sehr häufig bei der Bekämpfung von mikrobiellen Infektionen eingesetzt. Durch intensive Forschung konnte ihre Stabilität gegenüber ↗ β-Lactamasen erhöht und damit die Wirksamkeit verstärkt werden. Vielfältige halbsynthetische Derivate von β-L. besitzen verbesserte pharmakokinetische Eigenschaften als ihre natürlichen Vertreter und werden daher bevorzugt verwendet.
Histor.: Das erste, als klassisches β-L. bezeichnete Penicillin wurde 1929 von Alexander Fleming entdeckt und 1943 von Florey, Chain, Heatley und Abraham zum Arzneimittel entwikkelt. Damit begann eine Phase revolutionärer Veränderungen in der Therapie von Infektionen, wofür Fleming, Florey und Chain 1945 mit dem Nobelpreis für Medizin und Physiologie ausgezeichnet wurden.

■ β-Lactamasen
Enzyme, die den β-Lactamring hydrolytisch spalten und damit die Wirkung von β-Lactamantibiotika (↗ Penicilline, ↗ Cephalosporine) aufheben. Zu diesen Enzymen gehören die Penicillinase und Cephalosporinase von Bakterien, die dadurch eine Resistenz gegenüber Penicillinen und Cephalosporinen ausbilden.

■ Lactobacillus acidophilus (Moro 1900) Hansen et Mocquot 1970
(syn. *Bacillus acidophilus, Lactobacterium acidophilum, L. odontolyticum*); Acidophilus-Bakterien (syn. Boas-Opplersche Stäbchen, Döderleinsche Stäbchen).
Fam.: Lactobacillaceae.
Droge: ***Lactobacillus-acidophilus-Bakterien*** (*Lactobacillus-acidophilus*-Kulturen). *Inh.:* u. a. Bakteriozine (Lactacin B und F), Enzyme (Lactatdehydrogenasen), Phospholipide, Nucleinsäuren, Peptidoglykane, Muropeptide. *Anw.:* zur symptomatischen Behandlung von Durchfallerkrankungen (ohne organische Primärerkrankung), Infektionen der weiblichen Urogenitalschleimhaut. In der Volksheilkunde werden diese Milchsäurebakterien auch bei Ernährungsstörungen sowie Störungen der Vaginalflora eingesetzt. In der Milchwirtschaft dienen sie als Starterkulturen zur Joghurtproduktion.

Lactobacillus bifidus ↗ Bifidobacterium-Arten.

■ Lactobacillus brevis
Fam.: Lactobacillaceae.

Anw.: Die stäbchenförmigen, grampositiven Bakterien, die zur heterofermentativen Gärung befähigt sind, werden zur Herstellung von Sauerkraut, Sauergurken oder Silage eingesetzt. Neben Milchsäure entstehen noch Ethanol, Acetaldehyd, Essigsäure und Brenztraubensäure.

■ **Lactobacillus bulgaricus**
Fam.: Lactobacillaceae.
Anw.: In der Naturheilkunde werden diese stäbchenförmigen, grampositiven Bakterien zur Normalisierung der Darmflora nach Antibiotikakuren oder Bestrahlungen eingesetzt. Außerdem werden sie zur Herstellung von Milchsäure, Joghurt und Kefir verwendet. Sie sind in den Kefirkörnern („Hirse des Propheten") enthalten, die aus ausgeflocktem Eiweiß und zahlreichen säuernden, vergärenden und geschmacksbildenden Mikroben bestehen und können die Milch in schäumende Gärung bringen.

■ **Lactobacillus coryniformis**
Fam.: Lactobacillaceae.
Anw.: Die stäbchenförmigen, grampositiven Bakterien werden zur Herstellung von Sauerteig bei der Brotherstellung eingesetzt.

■ **Lactobacillus delbrueckii**
Fam.: Lactobacillaceae.
Anw.: Die stäbchenförmigen, grampositiven Bakterien, die zur homofermentativen Gärung befähigt sind, werden zur Milchsäuregewinnung aus Glucose oder Maltose eingesetzt.

Lactobacillus parabifidus ↗ Bifidobacterium-Arten.
Lactobacterium acidophilum ↗ Lactobacillus acidophilus.
Lactobacterium bifidum ↗ Bifidobacterium-Arten.
Lactobacterium odontolyticum ↗ Lactobacillus acidophilus.

■ **Lactose**
(Lactosum, Saccharum lactis, Lactobiose). Milchzucker. 4-*O*-β-D-Galactopyranosyl-α-D-glucopyranose. Dieses reduzierende Disaccharid, bei dem Galactose β-1,4-glykosidisch mit Glucose verknüpft ist, stellt ein süßschmeckendes, kristallines Pulver dar, das in der Kuhmilch zu etwa 4,5 % enthalten ist und aus der süßen Molke gewonnen wird. *Anw.:* Zusatz zu Säuglingsnahrungs-

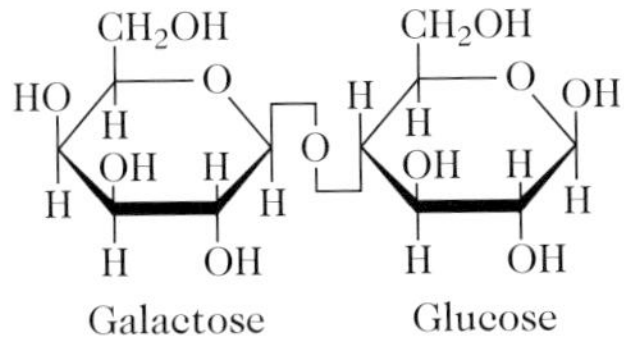

β-Lactose

mitteln, mildes Laxans. In der Galenik als Hilfsmittel bei der Tablettierung, als Kapselfüllstoff sowie zur Herstellung von Verreibungen.

Lactuca ↗ Lactuca virosa.
Lactuca altissima ↗ Lactuca virosa.
Lactuca capitata ↗ Lactuca sativa.
Lactuca crispa ↗ Lactuca sativa.
Lactucae folium ↗ Lactuca virosa.
Lactuca lactucarii ↗ Lactuca virosa.
Lactucarium germanicum ↗ Lactuca virosa.
Lactucarium parisiense ↗ Lactuca sativa.

■ **Lactuca sativa** L.
(syn. *Lactuca capitata, L. crispa*); Gartensalat (syn. Salat, Lattich).
Fam.: Asteraceae (Compositae).
Vork.: Mittel- und Südeuropa, Nordafrika, Nordamerika, häufig kultiviert.
Droge: ***Thridax*** (syn. *Thridiacum, Lactucarium parisiense*); durch Eindampfen des ausgepreßten Saftes hergestellte Masse. *Inh.:* Sesquiterpenlactone (wenig Lactucopicrin, α- und β-Lactucerol, Lactucin, Lettucenin), äther. Öl, Spuren

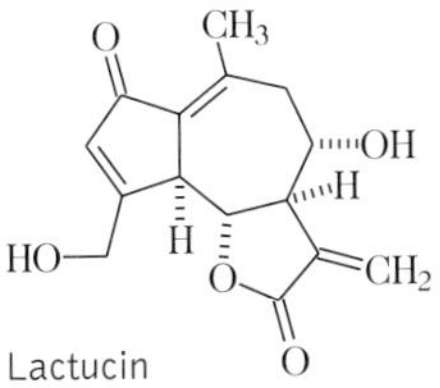
Lactucin

eines Atropin-artigen Alkaloids, Glucokinin, Carotinoide, Flavonoide, Fettsäuren, Polyine, Sterole, Mineralstoffe, Vitamine. *Anw.:* Nach Berichten aus dem Altertum soll die Einnahme der Droge bei Schmerzen und Einschlafstörungen wirksam sein und die sexuelle Erregung reduzieren. Auch bei Keuchhusten, Vagotonie, Dysmenorrhoe und nervöser Erregung soll die Droge wirken. Belege für die Wirksamkeit liegen derzeit nicht vor.

Hom.: ***Lactuca sativa*** HAB 34; die frischen, oberirdischen Teile blühender Pflanzen. Anw.-Geb.: Impotenz (nicht ausreichend belegt).

Lactuca sylvestris ↗ Lactuca virosa.

■ **Lactuca virosa** L.
(syn. *Lactuca altissima, L. lactucarii, L. sylvestris*); Giftlattich (syn. Giftsalat, Stinksalat).

Fam.: Asteraceae (Compositae).

Vork.: Mittel- und Südeuropa, Nordafrika, Nordamerika, häufig kultiviert.

Drogen: ***1. Lactucae folium*** (syn. *Lactuca*); *Lactuca-virosa*-Blätter (syn. Giftlattichblätter), die getrockneten Blätter. Die Droge ist stark giftig! Inh.: vor allem Sesquiterpenlactone, u. a. Lactucin, Lactucopicrin und Lactusid A; Triterpene (Taraxasterol, Lactucerol, β-Amyrin). Anw.: in der Volksheilkunde bei Keuchhusten, Reizhusten, Dysmenorrhoe und Nymphomanie, bei Schlaflosigkeit, Unruhe und Erregbarkeit von Kindern. ***2. Lactucarium germanicum*** (syn. *Opium frigidum*); Deutsches Lactucarium (syn. Giftlattichsaft), der zur Blütezeit gesammelte, eingetrocknete Milchsaft. Inh.: Lactucin und Lactucopicrin (3–10 %, Bitterstoffe), Peroxydase,

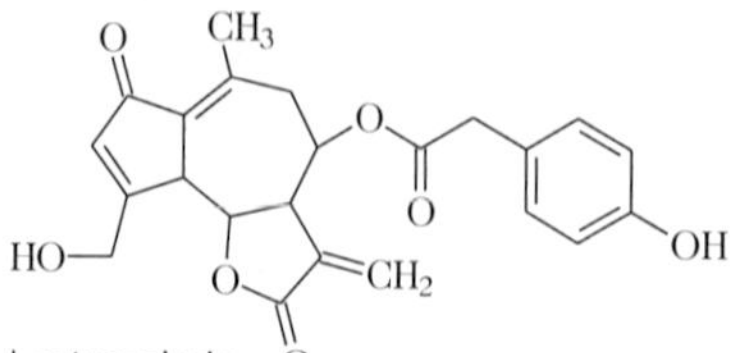

Lactucopicrin

Lactucerin (bis 27 %), α- und β-Lacticerol (bis 50 %), Kautschuk, Mannitol, Asparagin, äther. Öl und Spuren eines Atropin-artigen Alkaloids (unsicher). Anw.: in der Volksheilkunde zur Schmerzstillung und Beruhigung, bei chronischen Schleimhautkatarrhen mit Neigung zu Spasmen, als Diuretikum, bei Hydrops und Gicht. Die Droge ist obsolet. ***3. Herba Lactucae virosae*** (syn. *Herba Intybi angusti*); Giftlattichkraut, das getrocknete Kraut. Inh.: s. *Lactucarium*. Anw.: in der Volksheilkunde bei Asthma, Gicht und als Schlafmittel.

Hom.: ***Lactuca virosa*** (syn. *Lactuca*); Giftlattich, die frischen, ganzen, zur Blütezeit gesammelten Pflanzen. Anw.-Geb.: Verdauungsschwäche mit Blähsucht, Krampfhusten, nervöse Störungen.

Histor.: Lactucarium geht auf das lateinische Wort „lac", die Milch, zurück und bedeutet soviel wie „das milchig Ausgeschiedene". Die Droge wurde bereits im Altertum medizinisch verwendet und war bis Ende des 19. Jh. in Deutschland auch offizinell. Die narkotischen und dämpfenden Eigenschaften der Lactuca waren seit Pythagoras bekannt und daher wurde der Lattich auch als „Pflanze der Eunuchen" bezeichnet. Als Ersatz für Opium fand die Droge vielfältigen Einsatz, hauptsächlich wurde sie aber als Diuretikum gebraucht.

Ladanum ↗ Cistus-Arten.
Ladanum luteum ↗ Galeopsis segetum.

■ **Lagochilus inebrians** Bunge
Turkestan-Minze.

Fam.: Lamiaceae (Labiatae).

Vork.: Zentralasien.

Droge: ***Herba Lagochili***; Breitlippenkraut, die blühende Pflanze. Inh.: Lagochilin (Diterpen vom Grindelantyp), Gerbstoffe, äther. Öl, Harze, Vitamine, Mineralien. Anw.: in der asiatischen Volksheilkunde bei Blutungen, Hautleiden, zur Blutdrucksenkung und als Sedativum. In Zentralasien wird ein Teeaufguß der Droge auch zur Berauschung mit halluzinogenen Effekten getrunken. Die dafür verantwortlichen Inhaltsstoffe sind nicht bekannt.

Lagoecia cuminoides ↗ Carum carvi.
Laichkraut ↗ Potamogeton natans.
Lakritze ↗ Glycyrrhiza glabra.
Lakshadia indica ↗ Kerria lacca.

■ **Lallemantia iberica** (M.B.) Fisch. et Mey.

Fam.: Lamiaceae (Labiatae).

Vork.: Südrußland, östliches Mittelmeergebiet, Iran, Armenien, dort auch kultiviert.

Droge: ***Oleum Lallemantiae***; Lallemantiaöl, das fette Öl der Samen. Inh.: Triglyceride ungesättigter Fettsäuren (ca. 24–38 % Öl in den Samen). Anw.: Diätetikum, Speiseöl, Brennöl, in der Technik zur Firnisherstellung.

Lallemantiaöl ↗ Lallemantia iberica.
Lamiaceengerbstoffe ↗ Gerbstoffe.
Lamii albi flos ↗ Lamium album.
Lamii albi herba ↗ Lamium album.
Laminaria ↗ Laminaria-Arten.

■ **Laminaria-Arten**

● **Fam.:** Laminariaceae. Braunalgen.

● **Laminaria hyperborea** (Gunn.) Foslie (syn. *Laminaria cloustoni*); Palmentang.

● **Laminaria digitata** (Huds.) Lamour.; Fingertang; s. Farbtafel S. 137, Bild 2.

● **Laminaria saccharina** (L.) Lamour.

Vork.: An den Küsten der Nordsee und des Atlantischen Ozeans von Spitzbergen bis Spanien vorkommende Braunalgen.

Droge: *Laminaria* (syn. *Stipites Laminariae*); Laminariastiele. *Inh.:* Die mittleren stengelartigen Algenthalli enthalten 15–47 % Alginsäure neben Laminarin, Mannitol, Proteinen, Carotinoiden, Gerbstoffen sowie Iod und Brom. *Anw.:* Früher wurden die zylindrisch geschnittenen Algenstiele aufgrund ihres starken Quellvermögens zur Erweiterung von Wundkanälen und Körperhöhlen genutzt, heute dient die Droge in erster Linie zur Gewinnung von Alginsäure und Laminarin, die als pharmazeutisch-technologische Hilfsstoffe verwendet werden. Außerdem werden *Laminaria*-Arten zur Herstellung von Kombu (eßbare Algenprodukte, besonders in Ostasien) eingesetzt.

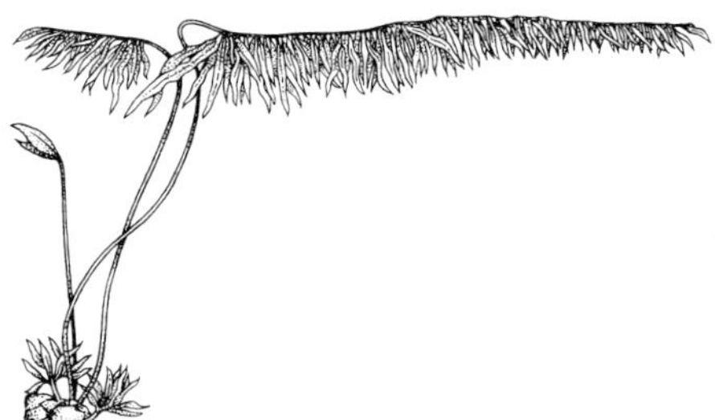

Laminaria-Arten. Macrocystis pyrifera (A), Nereocystis luetkeana (B).

Laminariastiele ↗ Laminaria-Arten.
Laminarin ↗ Phaeophyta.

■ **Lamium album** L.
(syn. *Lamium capitatum, L. vulgatum*); Weiße Taubnessel (syn. Bienensaug, Blumennessel, Kuckucksnessel, Tote Nessel), s. Farbtafel S. 137, Bild 3.

Fam.: Lamiaceae (Labiatae).

Vork.: Europa, Asien.

Drogen: ***1. Lamii albi flos*** (syn. *Flores Lamii albi, Flores Urticae mortuae*); Taubnesselblüten (syn. Bienensaugblüten, Heubeln, Weiße Nesselblumen, Weiße Taubnesselblüten), die getrockneten Blumenkronen mit den ansitzenden Staubblättern. *Inh.:* Iridoidglykoside, besonders Lamalbid, Phenylpropanderivate, z. T. glykosidiert, u. a. Lamalbosid, Flavonoide, Gerbstoffe und

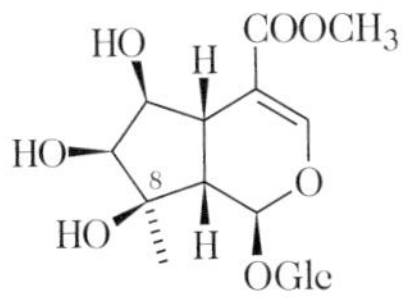

Lamalbid

Schleimstoffe. *Anw.:* Katarrhe der Atemwege sowie äußerlich als Spülung bei leichten Entzündungen im Mund- und Rachenbereich und unspezifischem Fluor albus sowie in Form von Umschlägen bei leichten Oberflächenentzündungen der Haut. ***2. Lamii albi herba*** (syn. *Herba Lamii albi*); Weißes Taubnesselkraut, die rasch getrockneten, während der Blütezeit gesammelten, oberirdischen Teile. *Inh.:* s. *Lamii albi flos*. *Anw.:* volkstümlich bei Beschwerden im Magen-Darm-Bereich, z. B. Magenreizungen, Völlegefühl und Blähungen. Früher Bestandteil von Frauentees. Zur Teezubereitung verwendet man als Einzeldosis 2 Teelöffel (1 Teelöffel = 0,5 g) feingeschnittene Droge. Die Tagesdosis liegt bei 3 g Droge.

Hom.: ***1. Lamium album*** HAB1; Taubnessel, die frischen, blühenden Triebe ohne Stengel. *Anw.-Geb.:* Erkrankungen der weiblichen Geschlechtsorgane sowie der Nieren und ableitenden Harnwege. ***2. Lamium album äthanol. Infusum*** HAB1; die getrockneten Blütenkronen mit anhängenden Staubblättern. *Anw.-Geb.:* anthroposophische Therapierichtung.

Histor.: Der Gattungsname *Lamium* ist vom griechischen *lámos* (Schlund, Rachen) abgeleitet und bezieht sich auf die Gestalt der Blüte; *album* (lat., weiß). Der Name Taubnessel weist auf die taube, nichtbrennende Nessel hin.

Lamium capitatum ↗ Lamium album.
Lamium vulgatum ↗ Lamium album.
Lämmerschwanz ↗ Eupatorium-Arten.
Lampionblume ↗ Physalis alkekengi.
Lanae alcoholes ↗ Wollwachs.
Lanatoside ↗ Digitalis-Arten.
Landbeere ↗ Arbutus unedo.
Landia lappacea ↗ Krameria triandra.
Landkröte ↗ Bufo bufo.
Langblättrige Minze ↗ Mentha-Arten.
Langblättriger Sonnentau ↗ Drosera-Arten.
Lange Macisnuß ↗ Myristica argentea.
Lange Muskatnuß ↗ Myristica argentea.
Langermannia gigantea ↗ Calvatia gigantea.
Langer Pfeffer ↗ Piper longum.
Langkapseljute ↗ Corchorus-Arten.
Langsdorffia indica ↗ Balanophora elongata.
Langtraubiges Christophskraut ↗ Cimicifuga racemosa.
Lanolin ↗ Ovis aries.

■ **Lanosterol**
(syn. Lanosterol, Kryptosterol), tetracyclischer Triterpenalkohol, der aus dem Wollfett (↗ *Ovis aries*) isoliert werden kann. Die Verbindung kommt auch in Hefen und anderen Pilzen sowie in einigen Euphorbiaceae und in allen tierischen Organismen vor. L ist das erste isolierbare Zwischenprodukt bei der Steroidbiosynthese in tierischen und pilzlichen Organismen.

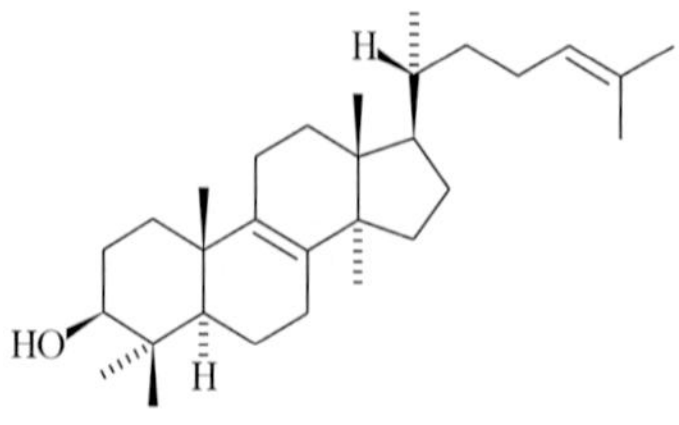

Lanosterol (Lanosterin, Kryptosterin, Lanosta-8,24-dien-3β-ol)

Lansi-Baum ↗ Lansium domesticum.

■ **Lansium domesticum** Correa
Lansi-Baum.
Fam.: Meliaceae.
Vork.: Indien, Malaysien.
Droge: Früchte, Blätter und die Stammrinde. *Inh.:* Gerbstoffe, Triterpene; in den Fruchtschalen herzwirksame Lansinsäure; in den Samen Bitterstoffe und Spuren von Alkaloiden. *Anw.:* Der Lansibaum ist eine uralte Kulturpflanze Indiens und liefert ein geschätztes Obst; in der Volksheilkunde werden Blätter und Rinde als Adstringens bei Dysenterien sowie bei Skorpionstichen verwendet. Die Früchte wirken diuretisch, die Samen antipyretisch und anthelmintisch. Das Harz der Rinde wird als Antidiarrhoikum eingesetzt.

■ **Lantana camara** L.
Wandelröschen; s. Farbtafel S. 137, Bild 4.
Fam.: Verbenaceae.
Vork.: Brasilien, Ägypten, Vorderasien.
Droge: ***Herba Camarae***; Wandelblütenkraut, das getrocknete Kraut der Pflanze. *Inh.:* Lantanin, äther. Öl. *Anw.:* in der Volksheilkunde als Aromatikum und Expektorans.
Histor.: Das Wandelröschen ist seit der Renaissance eine beliebte Zierpflanze in Europa, die sich dadurch auszeichnet, daß ihre Blüten im Laufe der Entwicklung einen dreimaligen Farbwechsel durchmachen (dt. Name !).

Lanugo cellulosi absorbens ↗ Cellulose.
Lanugo gossypii absorbens ↗ Gossypium-Arten.
Lanzenotter ↗ Bothrops atrox.
Lapachobaum ↗ Tabebuia impetiginosa.
Lapachorinde ↗ Tecoma lapacho.
Lapacho-Tee ↗ Tabebuia impetiginosa.
Lappa arctium ↗ Arctium-Arten.
Lappa communis ↗ Arctium-Arten.
Lappa major ↗ Arctium-Arten.
Lappa officinalis ↗ Arctium-Arten.
Lappa tomentosa ↗ Arctium-Arten.
Lappa vulgaris ↗ Arctium-Arten.
Lappenfarn ↗ Adianthum capillus-veneris.
Lappenqualle ↗ Aurelia aurita.
Lärchenschwamm ↗ Fomes officinalis.
Lärchenterpentin ↗ Larix decidua.

■ **Laretia acaulis** Gill. et Hook.
Fam.: Apiaceae (Umbelliferae).
Vork.: Chile, Hochandengebiete.
Droge: ***Resina Laretiae***; Laretiaharz. *Inh.:* Terpene, Umbelliferon. *Anw.:* als Ersatz für *Galbanum* (↗ *Ferula gummosa*).

Laretiaharz ↗ Laretia acaulis.
Laricifomes officinalis ↗ Fomes officinalis.

Larinoides ixobolus ↗ Araneus ixobolus.

■ **Larix decidua** Mill.
(syn. *Abies larix, Larix europaea, L. larix, Pinus larix*); Europäische Lärche (syn. Gemeine Lärche).

Fam.: Pinaceae.

Vork.: Gebirge, u. a. Alpen, Sudeten und Karpaten sowie subarktische Gebiete der nördlichen Hemisphäre.

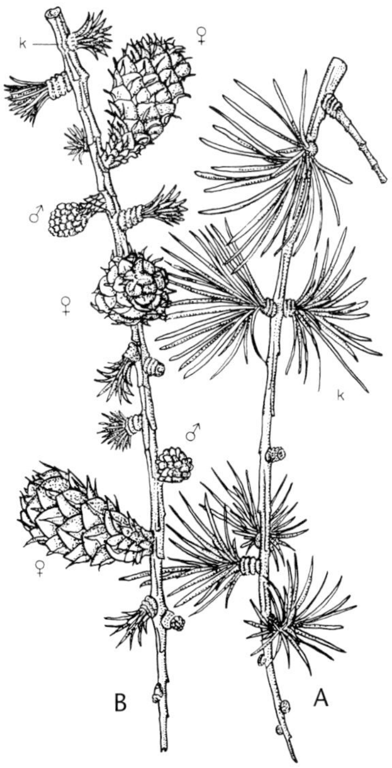

Larix decidua, Langtrieb mit benadelten Kurztrieben (A) und Langtrieb mit männlichen Blüten, weiblichen Blütenständen und austreibenden Kurztrieben (B).

Droge: ***Terebinthina Laricina*** (syn. *Balsamum Terebinthinae veneta, Terebinthina laricis, Terebinthina Veneta*); Lärchenterpentin (syn. Venezianisches Terpentin), der aus den Stämmen gewonnene Harzbalsam. Inh.: äther. Öl (ca. 15 %) mit α-Pinen (ca. 70 %) als Hauptkomponente sowie u. a. Car-3-en, Borneol, Bornylacetat, Dipenten und Guajacol, ferner Harzsäuren (50–65 %), v. a. Laricinolsäure, Laricorosen (ca. 15 % als unverseifbares Harz) sowie als Hauptbestandteil der neutralen Fraktion Larixylacetat, außerdem u. a. Abietinsäure. *Anw.:* äußerlich bei rheumatischen Beschwerden sowie Katarrhen der Atemwege. Volkstümlich zur Behandlung von Furunkeln.

Hom.: ***Terebinthina laricina*** HAB1; Lärchenharz, das durch Anbohren der Stämme gewonnene Harz.

Larix europaea ↗ Larix decidua.
Larix larix ↗ Larix decidua.
Larkspur ↗ Delphinium ajacis.
Larrea divaricata ↗ Larrea tridentata.
Larrea glutinosa ↗ Larrea tridentata.
Larrea mexicana ↗ Larrea tridentata.

■ **Larrea tridentata**
(Sesse et Moc. ex DC.) Vail. (syn. *Covillea glutinosa, C. tridentata, Larrea divaricata, L. glutinosa, L. mexicana, Zygophyllum tridentatum*); Kreosotstrauch.

Fam.: Zygophyllaceae.

Vork.: Mexiko, Südstaaten der USA.

Droge: ***Herba Larreae mexicanae*** (syn. *Herba Palo ondo*); *Larrea-divaricata*-Zweigspitzen, die beblätterten Zweige, an denen häufig Früchte hängen. *Inh.:* Lignane (16–21 %, v. a. Nordihydroguajaretsäure und Derivate, Furolignane), Flavonoide, Triterpenderivate, u. a. β-Sitosterol und Wachs. *Anw.:* in der mexikanischen Volksheilkunde bei Rheumatismus, Magengeschwüren, Hämorrhoiden, Nierenerkrankungen, Bluthochdruck, Bronchitis und Kopfschmerz. Über die Anwendung als Abortivum und Mittel zur Kräftigung des Uterus wird berichtet. Eine angebliche Antitumorwirksamkeit konnte in klinischen Versuchen nicht bestätigt werden. Vor der Verwendung der Droge wird gewarnt! Isolierte Nordihydroguajaretsäure (NGDA) wird als sehr wirksames Antioxydans in der Pharmazie und Industrie vielfältig eingesetzt.

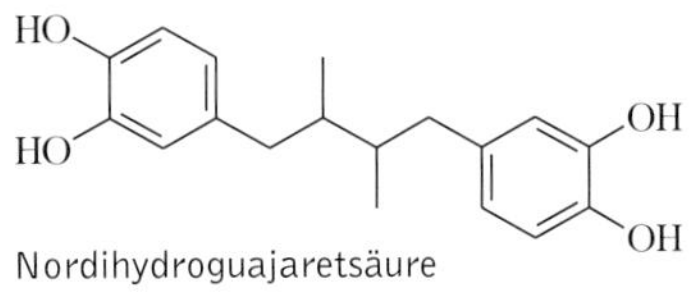

Nordihydroguajaretsäure

Hom.: ***Paloondo*** HAB; die Blätter und grünen Zweige. *Anw.-Geb.:* Erkrankungen des Stütz- und Bewegungsapparates.

Laser foetidum ↗ Ferula foetida.
Laserkrautwurzel ↗ Laserpitium latifolium.

■ Laserpitium latifolium

Breitblättriges Laserkraut.

Fam.: Apiaceae (Umbelliferae).

Vork.: Gebirgsregionen in Mittel- und Südeuropa.

Droge: ***Radix Gentianae albae***; Weiße Enzianwurzel (syn. Laserkrautwurzel), die getrockneten Wurzeln. *Inh.:* äther. Öl, Bitterstoffe, wie Laserpitin; Cumarine. *Anw.:* in der Volksheilkunde als Diuretikum und Carminativum.

Lasiosphaera fenzlii ↗ Calvatia gigantea.
Lastrea filix-mas ↗ Dryopteris filix-mas.

■ Lathyrus sativus L.

Platterbse (syn. Deutsche Kichererbse, Gemeine Platterbse, Saatplatterbse).

Fam.: Fabaceae.

Vork.: Mittelmeergebiete, Indien.

Droge: ***Semen Lathyri***; Deutsche Kichererbse, die reifen Samen. *Inh.:* Alle Teile der Pflanze, besonders die Samen enthalten neurotoxisch wirksame Aminosäuren, sog. Lathyrogene, u. a. N^4-Oxalyl-L-2,4-diaminobuttersäure. Der Verzehr der Samen führt zu Erkrankungen, die als Neuro- bzw. Osteo-Lathyrismus bekannt sind. Die Anwendung der Droge ist daher auf die Homöopathie beschränkt, obwohl die toxischen Stoffe beim Kochprozeß zerstört werden und die Pflanzen dann als Futtermittel genutzt werden.

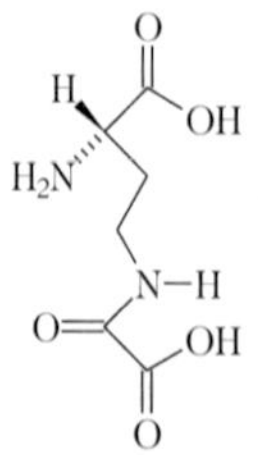

*N*4-Oxalyl-L-2,4-diaminobuttersäure

Hom.: ***Lathyrus sativus*** HAB1; Platterbse, die getrockneten, reifen Samen. *Anw.-Geb.:* Erkrankungen des Zentralnervensystems, u. a. Rükkenmarksleiden mit spastischen Lähmungen.

Histor.: Der Gattungsname leitet sich vom griechischen *láthyros* ab und wurde von ↗ Theophrast für den Namen einer Hülsenfrucht gebraucht. Er sezt sich zusammen aus *la* (sehr) und *thuros* (heftig, reizend) und nimmt offenbar Bezug auf die Wirkungen der Pflanze. Der deutsche Name Kicher geht auf das lateinische *cicer* zurück. Die Kräuterbücher des 16. Jh. empfahlen das Platterbsenmehl als Mittel gegen Schwindsucht, Hunde- und Schlangenbiß. Andererseits existieren auch Berichte über Vergiftungen durch den Genuß von stark pigmentierten Platterbsensamen.

■ Latrodectus curacaviensis Müller

(syn. *Theridion curassavicum*); Kugelspinne.

Fam.: Theridiidae.

Vork.: Amerika, Europa.

Hom.: ***Theridion curassavicum*** HAB; die lebende Kugelspinne. *Anw.-Geb.:* Schwindel, Reisekrankheit, Entzündungen der Atemwege, Angina pectoris.

■ Latrodectus mactans Fabr.

Schwarze Witwe.

Fam.: Theridiidae.

Vork.: Amerika.

Inh.: u. a. toxische Proteine, wie Latrotoxin (42 Aminosäuren). *Wirk.:* bewirkt eine massive Freisetzung von Transmittern aus den motorischen Synapsen und führt damit zu einer Lähmung.

Hom.: ***Latrodectus mactans*** HAB34, das ganze Tier. *Anw.-Geb.:* Erkrankungen des Herzens und des arteriellen Gefäßsystems.

Latsche ↗ Pinus-Arten.
Latschenkiefernöl ↗ Pinus-Arten.
Lattich ↗ Lactuca sativa.

■ Latua pubiflora 1) ↗ Latua venenosa.

2) **Latua pubiflora** (Griseb.) Baill.

Latué.

Fam.: Solanaceae.

Vork.: Chile.

Anw.: früher von den Schamanen der Mapuche-Indianern als starkes Halluzinogen genutzt. Die stark giftige Droge diente zur Erzeugung von Delirien, die teilweise bleibende Geistesstörungen hervorriefen. Die Dosierung der frischen Frucht wurde geheimgehalten. Für die Wirkung sind Hyoscyamin und Scopolamin, die in Blättern und Früchten vorliegen, verantwortlich.

Latua venenata ↗ Latua venenosa.

■ **Latua venenosa** Phil.
(syn. *Latua pubiflora, L. venenata, Lycioplesium pubiflorum*); Hexenbaum (syn. Zaubererbaum).
Fam.: Solanaceae.
Vork.: Chile, Küsten-Kordilleren.
Droge: Blätter bzw. die ganze Pflanze. *Inh.:* v. a. Tropanalkaloide, u. a. Atropin (ca. 0,18 %) und Scopolamin (ca. 0,08 %). *Anw.:* in der indianischen traditionellen Heilkunde als Aphrodisiakum, als Schmerzmittel sowie zur Behandlung von Quetschungen, Blutergüssen, Rheuma, Arthritis und Husten. Bedeutsamer ist allerdings der rituelle Gebrauch der Droge durch die Schamanen der Mapuche-Indianer. Es ist das wichtigste Räucherwerk zur Vertreibung böser Geister, Sorgen, Trauer und schlechter Stimmung sowie für Liebes- und Todeszauber. Die Wirkung der Drogenzubereitungen kann bis zu drei Tage anhalten und ist vergleichbar mit Effekten von ↗ *Brugmansia*-Arten.
Histor.: Die Pflanze wurde bereits in vorspanischen Zeiten schamanisch angewendet. Die Gattung und Art beschrieb der deutsche Botaniker Rudolph A. Philippi 1858 zum ersten Mal. Der volkstümliche Name Latúe bedeutet „das, was den Tod bewirkt", und deutet auf die Giftigkeit der Droge hin. Die Pflanze wurde früher von chilenischen Fischern zum Fischfang genutzt, aber auch als Mordgift kam die Droge zum Einsatz, insbes. für Personen, die nicht liebesbereit waren.

Latué ↗ Latua pubiflora.
Laubholz-Mistel ↗ Viscum album.
Lauch ↗ Allium-Arten.
Lauchgamander ↗ Teucrium-Arten.
Lauchgewächse ↗ Allium-Arten.
Lauchhederich ↗ Alliaria petiolata.
Lauchkraut ↗ Alliaria petiolata.

■ **Lauchöle**
aus ↗ *Allium*-Arten durch Wasserdampfdestillation gewonnene flüchtige, schwefelhaltige Gemische mit charakteristischem Geruch und scharfem Geschmack. Sie besitzen antibiotische, fungizide, vermizide und insektizide Wirkungen. In der Pflanze liegen die L. nicht genuin vor, sie entstehen erst bei der Verletzung des Gewebes durch enzymatische Reaktionen aus geruchlosen Vorstufen (z. B. Allicin aus Alliin durch die Alliinase).

Laudanum ↗ Papaver somniferum.

Laufdistel ↗ Eryngium-Arten.
Laufquecke ↗ Agropyron repens.
Laufrasen ↗ Polygonum aviculare.
Laugenblume ↗ Cotula coronopifolia.
Laurelia aromatica ↗ Laurelia sempervirens.

■ **Laurelia sempervirens** L.
(syn. *Laurelia aromatica*).
Fam.: Monimiaceae.
Vork.: Südamerika, bes. Chile.
Droge: ***Chilenische Muskatnuß***, die Nuß. *Inh.:* äther. Öl komplexer Zusammensetzung. *Anw.:* als Ersatz für die echte Muskatnuß (↗ *Myristica fragrans*).

Laurenti ↗ Crotalus-Arten.
Lauri aetheroleum ↗ Laurus nobilis.
Lauri folia ↗ Laurus nobilis.
Lauri fructus ↗ Laurus nobilis.
Lauri oleum ↗ Laurus nobilis.
Laurocerasus officinalis ↗ Prunus-Arten.

■ **Laurus azorica** (Seub.) J. Franco
(syn. *Laurus canariensis*).
Fam.: Lauraceae.
Vork.: Kanarische Inseln, Madeira.
Drogen: ***1. Laurus-azorica-Blätter***, die frischen oder getrockneten Blätter. *Inh.:* äther. Öl (ca. 0,36 %). *Anw.:* in der Volksheilkunde bei Erkältungen; der Rauch, der beim Verbrennen der Blätter entsteht, soll Schlaganfallfolgen lindern. ***2. Laurus-azorica-Öl***, das durch Wasserdampfdestillation aus den Blättern gewonnene äther. Öl. *Inh.:* v. a. α-Pinen, 1,8-Cineol, β-Pinen und Cinnamylacetat. *Anw.:* in der Volksheilkunde bei Hauterkrankungen. ***3. fettes Laurus-azorica-Öl***, das aus den Früchten durch Auspressung oder Extraktion gewonnene fette Öl. *Inh.:* Triglyceride komplexer Zusammensetzung. *Anw.:* in der Volksheilkunde äußerlich bei Rheuma und zur Wundheilungsförderung.

Laurus burmani ↗ Cinnamomum-Arten.
Laurus camphora ↗ Cinnamomum-Arten.
Laurus camphorifera ↗ Cinnamomum-Arten.
Laurus canariensis ↗ Laurus azorica.
Laurus cassia ↗ Cinnamomum-Arten.
Laurus cinnamifera ↗ Cinnamomum-Arten.
Laurus cinnamomea ↗ Cinnamomum-Arten.
Laurus cinnamomum ↗ Cinnamomum-Arten.
Laurus culitlawan ↗ Cinnamomum-Arten.

Laurus dulcis ↗ Cinnamomum-Arten.

■ **Laurus nobilis** L.
(syn. *Laurus officinale*); Lorbeer (syn. Lorbeerbaum).

Fam.: Lauraceae.

Vork.: subtropische Regionen, u. a. Mittelmeergebiete.

Drogen: *1. Lauri folia* (syn. *Folia Lauri, Folia Lauri nobilis*); Lorbeerblätter, die vorsichtig getrockneten Laubblätter. *Inh.:* äther. Öl (ca. 3 %), u. a. Cineol enthaltend, ferner Sesquiterpenlactone, u. a. Costunolid, Eremanthin und Dehydrocostuslacton, Aporphinbasen, u. a. Boldin, Kaffeesäurederivate, Flavonoide, Catechine und Procy-

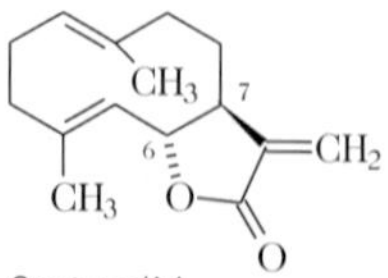

Costunolid

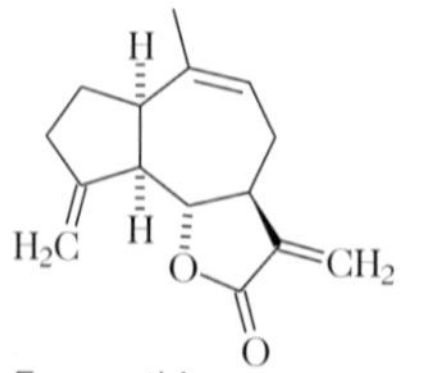

Eremanthin

anidine. *Anw.:* Stomachikum und Gewürz. *2. Lauri fructus* (syn. *Baccae Lauri, Grana Lauri, Fructus Lauri*); Lorbeeren (syn. Lorbeerfrüchte, Mutterlorbeeren), die getrockneten, reifen, beerenartigen Steinfrüchte; s. Farbtafel S. 137, Bild 5. *Inh.:* äther. Öl (0,8–4 %) mit Cineol und α-Pinen, ferner Sesquiterpenlactone, u. a. die Guajanolide Dehydrocostuslacton, Eremanthin und Zaluzanin D sowie fettes Öl (ca. 26 %). *Anw.:* volkstümlich bei Verdauungsstörungen sowie zur Diuresesteigerung. *3. Lauri aetheroleum* (syn. *Oleum Lauri aetheroleum ex foliis, Oleum Lauri foliorum*); *Laurus-nobilis*-Blattöl (syn. Lorbeerblattöl), das durch Wasserdampfdestillation gewonnene äther. Öl der Blätter. *Inh.:* 1,8-Cineol (25–55 %) als Hauptkomponente sowie u. a. α-Pinen, β-Pinen, Sabinen, Terpinen-4-ol, Eugenol und β-Bisabolol. *Anw.:* äußerlich als Hautreizmittel, außerdem als Aromatikum in der Lebensmittel- und Genußmittelindustrie sowie in der Kosmetik. *4. Lauri oleum* (syn. *Oleum Lauri, Oleum Lauri expressum*); Lorbeerbutter (syn. Lorbeerfett, Lorbeeröl), das aus den Früchten unter Anwendung von Wärme gepreßte oder durch Auskochen gewonnene, grüne, salbenartige Gemenge von Fett und äther. Öl. *Inh.:* Gemisch von äther. Öl (s. *Lauri fructus*), Chlorophyll und fettem Öl, das Glyceride mit Laurinsäure, gefolgt von Linol- und Ölsäure, als Hauptkomponenten enthält. *Anw.:* in der Veterinärmedizin, u. a. als Eutersalbe, volkstümlich mitunter äußerlich bei rheumatischen Beschwerden sowie zur Behandlung von Furunkeln und Abszessen, ferner in der Kosmetik zur Aromatisierung, u. a. von Seifen.

Hom.: *Laurus nobilis* HAB34, die frischen Blätter.

Histor.: Die Kräuterbücher des 16. und 17. Jh. nennen Lorbeer als schweiß-, harn- und menstruationsförderndes Mittel sowie gegen Bienen- und Wespenstiche. Für Kultzwecke hat die Pflanze seit dem Altertum Bedeutung.

Laurus officinale ↗ Laurus nobilis.
Laurus persea ↗ Persea americana.
Laurus sassafras ↗ Sassafras albidum.
Laurus winterana ↗ Canella winterana.
Lausblume ↗ Galanthus-Arten.
Lausbüschel ↗ Galanthus-Arten.
Läusebaum ↗ Ricinus communis.
Läuseblume ↗ Colchicum autumnale.
Läusekörner ↗ Delphinium staphisagria.
Läusesamen ↗ Delphinium staphisagria, ↗ Schoenocaulon officinale.
Läusewurzel ↗ Veratrum album.
Lauskraut ↗ Huperzia selago.
Lavander ↗ Lavandula angustifolia.
Lavandin ↗ Lavandula hybrida.
Lavandinöl ↗ Lavandula hybrida.

■ **Lavandula angustifolia** Mill.
(syn. *Lavandula officinalis, L. spica, L. vera, L. vulgaris*); Echter Lavendel (syn. Kleiner Speik, Lavander, Lavendel), s. Farbtafel S. 137, Bild 6.

Fam.: Lamiaceae (Labiatae).

Vork.: westliches Mittelmeergebiet, Anbau besonders Südfrankreich.

Drogen: *1. Lavandulae aetheroleum* (syn. *Aetheroleum Lavandulae, Lavandulae oleum, Oleum Lavandulae*); Lavendelöl (syn. Spiköl), das durch Wasserdampfdestillation aus den frischen Blüten oder Blütenständen gewonnene äther. Öl. *Inh.:* (–)-Linalool (20–50 %) und (–)-Linalylacetat (30–40 %) als Hauptkomponenten, wobei der Ester die wertbestimmende Komponente darstellt. Weitere Bestandteile sind u. a. *cis*-Ocimen (3–7 %), Terpinen-4-ol (3–5 %), β-Caryophyllen

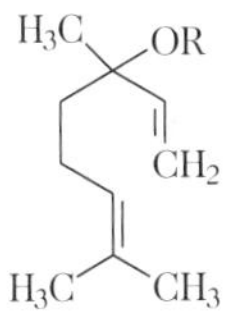

Linalool: R = H
Linalylacetat: R = $COCH_3$

1,8-Cineol (1–2 %), Limonen, Geraniol, Geranylacetat, α-Pinen und Camphen (0,1–0,5 %). Anw.: in Präparaten bei Einschlafstörungen, funktionellen Oberbauchbeschwerden und äußerlich in der Balneotherapie, u. a. als Hautreizmittel, bei funktionellen Kreislaufbeschwerden sowie in Einreibungen bei rheumatischen Leiden. ***2. Lavandulae flos*** (syn. *Flores Lavandulae, Flos Lavandulae, Flores Spicae*); Lavendelblüten (syn. Blafendel, Lavander), die kurz vor der völligen Entfaltung gesammelten und getrockneten Blüten. Inh.: äther. Öl (1–3 %, s. *Lavandulae aetheroleum*). Anw.: Unruhezustände, u. a. nervöser Reizmagen, nervöse Darmbeschwerden, Einschlafstörungen, in der Balneotherapie besonders zur Behandlung funktioneller Kreislaufstörungen.

Hom.: ***1. Lavandula angustifolia*** HAB1; Lavendel, die frischen Blüten. Anw.-Geb.: Erkrankungen des Zentralnervensystems; Negativmonographie, da kaum gebräuchlich. ***2. Lavandula angustifolia e floribus siccatis*** HAB1; die getrockneten Blüten. Anw.-Geb.: anthroposophische Therapierichtung.

Histor.: Der Gattungsname *Lavandula* leitet sich vom lateinischen *lavare* (waschen) ab, da man das Kraut gern dem Waschwasser oder dem Bade zusetzte. Lavendel ist das entsprechende Lehnwort dazu. Das klassische Altertum kennt offenbar den Echten Lavendel nicht, wohl aber eine verwandte Art. Im 12. Jh. wird er von Hildegard von Bingen erwähnt und als heilkräftig bezeichnet.

Lavandula argentina ↗ Lavandula latifolia.
Lavandula x cadevallii ↗ Lavandula stoechas.
Lavandula cariensis ↗ Lavandula stoechas.

■ **Lavandula dentata** L.

Fam.: Lamiaceae (Labiatae).

Vork.: Süd- und Ostspanien, Balearen.

Droge: ***Lavandula-dentata-Blütenstände***, die getrockneten Blütenstände zur Zeit der Blüte. Inh.: äther. Öl mit 1,8-Cineol, β-Pinen; Cumarine, Triterpene, Flavonoide. Anw.: in der Volksheilkunde bei Erkältungen sowie gegen Diabetes.

Lavandulae aetheroleum ↗ Lavandula angustifolia.
Lavandulae flos ↗ Lavandula angustifolia.
Lavandulae hybridae aetheroleum ↗ Lavandula hybrida.
Lavandula x elongata ↗ Lavandula stoechas.
Lavandulae oleum ↗ Lavandula angustifolia.

■ **Lavandula hybrida** Reverch.
(Hybride aus *Lavandula angustifolia* und *Lavandula latifolia*); Lavandin.

Fam.: Lamiaceae (Labiatae).

Vork.: bes. Mittelmeergebiete, Anbau Südfrankreich, Spanien, Großbritannien.

Droge: ***Lavandulae hybridae aetheroleum*** (syn. *Aetheroleum lavandulae hybridae, Oleum lavandulae hybridae*); Lavandinöl, das durch Wasserdampfdestillation der frisch geschnittenen Blütenstände gewonnene äther. Öl. Inh.: Linalylacetat (30–50 %) und Linalool (25–40 %) als Hauptkomponenten, außerdem u. a. Campher (5–10 %), Cineol (3–8 %), Lavandulylacetat (1–3 %), *cis*- und *trans*-β-Ocimen (1–2 %), Lavandulol und Borneol (je 1–5 %), Terpinen-4-ol sowie α- und β-Pinen. Anw.: s. *Lavandulae aetheroleum*, ferner industriell zur Aromatisierung kosmetischer Produkte.

Lavandula incana ↗ Lavandula stoechas.

■ **Lavandula latifolia** Medik.
(syn. *Lavandula argentina, L. spica* var. *latifolia*); Narde (syn. Großer Speik, Spikenarde, Spiklavendel, Spikpflanze).

Fam.: Lamiaceae (Labiatae).

Vork.: Mittelmeerküsten, besonders Frankreich, Italien und Spanien.

Droge: ***Spicae aetheroleum*** (syn. *Aetheroleum spicae, Oleum Spicae*); Spiköl, das durch Wasserdampfdestillation der frischen Blüten (*Flores Spicae*) gewonnene Öl. Inh.: Linalool (30–50 %), 1,8-Cineol (20–35 %), Campher (1–20 %), ferner in geringeren Mengen u. a. α-Terpineol, Geraniol, Linalylacetat, Limonen α- und β-Pinen sowie β-Caryophyllen. Anw.: in Präparaten besonders bei akuten und chronischen Bronchitiden sowie bei Erkrankungen des rheumatischen Formenkreises.

Lavandula officinalis ↗ Lavandula angustifolia.
Lavandula x pannosa ↗ Lavandula stoechas.
Lavandula spica ↗ Lavandula angustifolia, ↗ Lavandula latifolia.
Lavandula spica var. latifolia ↗ Lavandula latifolia.
Lavandula stoechadensis ↗ Lavandula stoechas.

■ **Lavandula stoechas** L.
(syn. *Lavandula x cadevallii, L. cariensis, L. x elongata, L. incana, L. x pannosa, L. stoechadensis, Stoechas arabica, S. officinarum, S. pedunculata*); Schopflavendel (syn. Welscher Lavendel).
Fam.: Lamiaceae (Labiatae).
Vork.: Mittelmeergebiete, Anbau westliches Indien.
Droge: ***Stoechados arabicae flos*** (syn. *Flores Lavandulae romanae, Flores Stoechados arabicae, Flores Stoechados purpureae*); Stoechasblumen, die getrockneten Blüten. Inh.: äther. Öl (1–1,5 %) mit Fenchon und Campher als Hauptkomponenten, ferner Triterpenoide und Flavonoide. Anw.: volkstümlich bei Lungen- und Magenleiden, Asthma und Katarrh der Atemwege.

Lavandula vera ↗ Lavandula angustifolia.
Lavandula vulgaris ↗ Lavandula angustifolia.
Lavendel ↗ Lavandula angustifolia.
Lavendelblüten ↗ Lavandula angustifolia.
Lavendelöl ↗ Lavandula angustifolia.
Lävulose ↗ Fructose.
Lawang-Rinde ↗ Cinnamomum-Arten.
Lawsonia alba ↗ Lawsonia inermis.

■ **Lawsonia inermis** L.
(syn. *Lawsonia alba*); Henna (syn. Hennastrauch).
Fam.: Lythraceae.
Vork.: Nordafrika, Ostindien, im Orient und Westindien auch kultiviert.
Droge: ***Folia Hennae***; Hennablätter, die getrockneten Blätter. Inh.: Lawson (Naphthochinonderivat, roter Farbstoff), Gerbstoffe (5–10 %). Anw.: in der Volksheilkunde äußerlich als Adstringens und Antiseptikum, innerlich bei Amöbenruhr, Magengeschwüren und zur Fiebersenkung. Die pulverisierten Blätter werden als Hen-

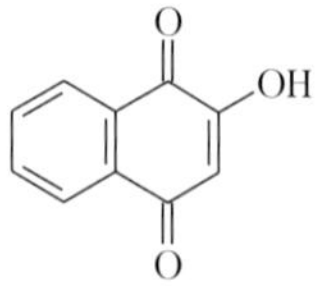

Lawson

na zum Färben der Haare und Fingernägel im gesamten Orient genutzt. Früher wurde Henna auch in der Lyoner Seidenfärberei zur Erzeugung blauer und schwarzer Farbtöne genutzt. In Indien dient die Droge zum Färben von Leder.

Laxiergras ↗ Linum catharticum.
Lebeckia linearis ↗ Aspalathus linearis.
Lebensbaum ↗ Thuja occidentalis.
Lebensbaumblätter ↗ Thuja occidentalis.
Lebensbaumspitzen ↗ Thuja occidentalis.
Lebensverlängerungswurzel ↗ Panax ginseng.
Leberbalsam ↗ Ageratum conyzoides.
Leberblümchen ↗ Hepatica nobilis.
Leberkraut ↗ Hepatica nobilis.
Leberöl ↗ Gadus morrhua.
Leberstockwurzel ↗ Levisticum officinale.
Lebertran ↗ Gadus morrhua.
Leber- und Gallentee ↗ Species cholagogae.
Leberwindblume ↗ Hepatica nobilis.
Lecanora-Arten ↗ Orseille.

■ **Lecithin**
(syn. Phosphatidylcholin), Phospholipid aus der Gruppe der Phosphatide, das sich vom Glycerol-3-phosphat durch Veresterung des Phosphatrestes mit Cholin und des Glycerolrestes in Position 1 und 2 mit jeweils einer gesättigten und einer ungesättigten Fettsäure ableitet. L. ist im Tier- und Pflanzenreich weit verbreitet, besonders in ölhaltigen Pflanzensamen (z. B. Rapssamen), Sojabohnen (*Lecithinum ex soja*), Getreide (*Lecithinum vegetabile*) und Erdnüssen, aber auch im Herzmuskelgewebe, Blutplasma, Nervengewebe, in Hefen und im Eigelb (*Lecithinum ex ovo*). Anw.: *Lecithinum ex soja* wird bei leichten Fettstoffwechselstörungen (Hypercholesterolämie) sowie als Aufbaumittel (Roborans), bei toxischen Leberschäden und bei chronischer Hepatitis eingesetzt. Auch in der parenteralen Ernährung wird L. als Lieferant für essentielle Fettsäuren (insbesondere Linolsäure) verwendet. Aufgrund seiner guten emulgatorischen Eigen-

schaften dient L. in der Galenik zur Stabilisierung von Lipid-haltigen Emulsionen und zur Herstellung von Liposomen.

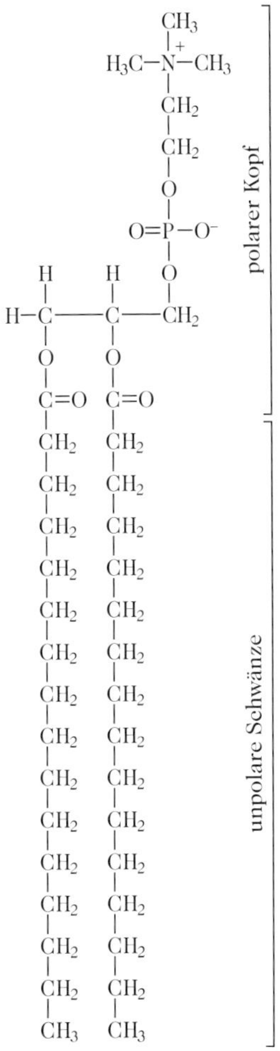

Phosphatidylcholine
1-Palmityl-2-oleinyl-phosphatidyl-cholin
(Lecitin)

Lecithinum ad emulsionem ↗ Glycine max.
Lecithinum ex soja ↗ Glycine max.

■ Lecithinum HAB

↗ Lecithin aus dem Hühnerei. Anw.-Geb.: Konzentrations- und Gedächtnisschwäche.

Lecithinum vegetabile ↗ Glycine max.

■ Lectine

(syn. Lektine, Phythämagglutinine), Gruppe von löslichen Glykoproteinen zumeist pflanzlichen Ursprungs, besonders in den Samen von Fabaceae und Euphorbiaceae, die bestimmte Zuckerreste spezifisch binden können. Aufgrund ihrer Struktur sind sie in der Lage, Glykoproteine und Glykolipide bzw. Zellen, die diese an ihrer Oberfläche enthalten, vernetzend zu binden und dadurch auszufällen (agglutinieren). Durch ihre Eigenschaft, rote Blutkörperchen (Erythrozyten) agglutinieren zu können, wurden die L. entdeckt und zunächst als Phythämagglutinine bezeichnet. Ihre biologische Funktion liegt wahrscheinlich in der Zell-Zell-Erkennung und in der Steuerung der Fortpflanzung. Einige L. sind für tierische Organismen stark toxisch, insbesondere Ricin (↗ *Ricinus communis*) und Abrin (↗ *Abrus precatorius*). *Anw.:* in der Blutgruppendiagnostik, zur Zelldiagnostik sowie in der Biochemie zur Isolierung und Abtrennung von Glykoproteinen und Glykolipiden.

■ Lecythis ollaria Loefl.

„Coco de mono" (syn. Affennuß).
Fam.: Lecythidaceae.
Vork.: Südamerika, v. a. Brasilien und Venezuela.
Inh.: vermutlich eine toxische Selen-Verbindung (Selen-Cystathionin), die zu Fieber, Diarrhoe und Haarausfall führen soll.

■ Lecythis urnigera Mart.

Krukenbaum (syn. Paradiesnußbaum).
Fam.: Lecythidaceae.
Vork.: Brasilien und Guayana.
Droge: ***Oleum Lecythidis***; Paradiesnußöl (syn. Sapucajaöl), das fette Öl der Samen. *Inh.:* Triglyceride, die in ihrer Zusammensetzung denen aus dem Mandelöl ähnlich sind. *Anw.:* als Speiseöl. Die Samen (Paradiesnüsse) werden auch als Genußmittel nach Europa exportiert, sie enthalten ca. 50 % fettes Öl.

Ledeburia pimpinelloides ↗ Pimpinella-Arten.
Lederholzrinde ↗ Dirca palustris.
Lederhülsenbaum ↗ Gleditsia-Arten.
Lederstrauch ↗ Ptelea trifoliata.
Ledi palustris herba ↗ Ledum palustre.
Ledol ↗ Ledum palustre.
Ledum ↗ Ledum palustre.

■ **Ledum palustre** L.
Sumpfporst (syn. Porschkraut, Wilder Rosmarin, Mottenkraut, Porst), s. Farbtafel S. 138, Bild 7.

Fam.: Ericaceae.

Vork.: Mittel- und Nordeuropa, Nordasien sowie Nordamerika, auf Hochmooren bestandbildend.

Droge: ***Ledi palustris herba*** (syn. *Herba Anthos silvestris, Herba Rosmarini silvestris, Herba Ledi palustris, Ledum*); Porstkraut (syn. Sumpfporstkraut, Wilder Rosmarin, Mottenkraut), das getrocknete Kraut. Inh.: äther. Öl (1–2,5 %) mit Ledol (Porstkampfer) und Palustrol, einem tricyclischen Sesquiterpenalkohol.

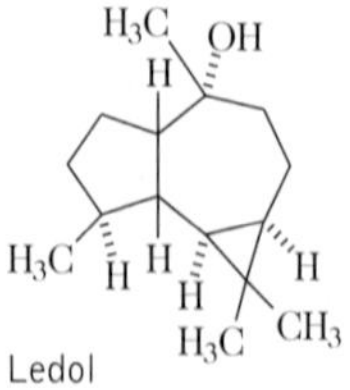

Ledol

Wirk.: Sesquiterpenalkohole besitzen berauschende und narkotisierende Eigenschaften. Anw.: früher als Narkotikum und Expektorans bei Keuchhusten sowie bei rheumatischen Beschwerden, mißbräuchlich auch als Abortivum, die meist mit Vergiftungen verbunden waren.

Hom.: ***Ledum palustre*** HAB1; Sumpfporst, die getrockneten Zweige. Anw.-Geb.: Gicht und Gelenkrheumatismus, Verstauchungen, Stich- und Bißverletzungen, Keuchhusten und andere Entzündungen der Atemwege, Haut- und Schleimhautblutungen.

Histor.: Der Gattungsname stammt vom griechischen *lédon, lédos* (Wollstoff) ab und bezieht sich auf die wollig-filzigen Blätter. Der Artname *palustre* vom lateinischen *palus* (Sumpf) weist auf den bevorzugten Standort der Pflanze, die sumpfigen, nordischen Moorgebiete, hin. Als nordische Pflanze war der Sumpfporst im Altertum unbekannt. Erste Erwähnung findet er in den Kräuterbüchern des 16. Jh. Seine Aufnahme in die Heilkunde geht auf Erfahrungen schwedischer Ärzte zurück. Die Blüten und Jungtriebe verwendete man u. a. gegen Fieber, Gicht, Bronchialkatarrh und Hautleiden.

Leeche ↗ Litchi chinensis.
Legföhre ↗ Pinus-Arten.
Legumina Phaseoli ↗ Phaseolus vulgaris.
Lehmblätter ↗ Tussilago farfara.
Leichenblume ↗ Colchicum autumnale.
Leimmistel ↗ Viscum album.
Leindotter ↗ Camelina sativa.
Leindotteröl ↗ Camelina sativa.
Leinenfaden ↗ Linum usitatissimum.
Leinkraut ↗ Linaria vulgaris.
Leinöl ↗ Linum usitatissimum.
Leinsamen ↗ Linum usitatissimum.
Leinwanzen ↗ Linum usitatissimum.
Leiocarposid ↗ Solidago-Arten.
Lektine ↗ Lectine.

■ **Lemna minor** L.
(syn. *Hydrophace minor, Lemna vulgaris, Lenticularia monorhiza, L. minor, L. vulgaris*); Kleine Wasserlinse (syn. Entengrün, Entengrütze).

Fam.: Lemnaceae.

Vork.: weltweit in Gebieten mit kühleren, ozeanischen Klimaten.

Droge: ***Lemna-minor-Ganzpflanze***; die frischen ganzen Pflanzen. Inh.: Flavonoide, u. a. Orientin, Vitexin, Isoorientin, Isovitexin, Lutonarin, Saponarin, Luteolin und Apigenin, Fettsäuren und Fettsäurederivate. Anw.: in der Volksheilkunde innerlich bei Entzündungen und Infektionen der Schleimhäute, chronischem Schnupfen, äußerlich bei Rheuma und Gicht.

Hom.: ***Lemna minor*** HAB1, die ganzen frischen Pflanzen. Anw.-Geb.: chronischer Schnupfen.

Histor.: Die Wasserlinse ist bereits im Altertum bekannt gewesen und wurde von ↗ Dioskurides unter dem Namen Tümpelphäkos als Umschlag bei allen Entzündungen, Rose und Podagra (Gicht im Großzehengelenk) empfohlen. Auch die arabischen Ärzte des frühen Mittelalters kannten die Droge, die von Hildegard von Bingen im 12. Jh. als Merlinsen erwähnt wird.

Lemna vulgaris ↗ Lemna minor.
Lemongras ↗ Cymbopogon-Arten.
Lemongrasöl ↗ Cymbopogon-Arten.

■ **Lens critallina embryonalis HAB**
embryonale Augenlinsen von Schlachttieren. Anw.-Geb.: Augenerkrankungen.

■ **Lens culinaris** Medik.
(syn. *Lens esculenta, Ervum lens*); Linse.

Fam.: Leguminosae.

Vork.: Mittel- und Südeuropa, Vorderasien, v. a. kultiviert.

Droge: ***Amylum Lentis***; Linsenstärke. *Inh.:* Kohlenhydrate (Stärke). Die Samen enthalten neben ca. 60 % Stärke noch Proteine (20–45 %, darunter ein Lectin/Lens-Lectin) und Fett (ca. 1 %). *Anw.:* vor allem als Nahrungs- und Futtermittel.

Lens culinaris, blühende und fruchtende Pflanze (A), Hülse (B), Samen (C).

Lens esculenta ↗ Lens culinaris.
Lenticularia minor ↗ Lemna minor.
Lenticularia monorhiza ↗ Lemna minor.
Lenticularia vulgaris ↗ Lemna minor.

■ **Lentinula edodes** (Berk.) Pegler (syn. *Armillaria edodes, Collybia shiitake, Cortinellus berkeleyanus, C. edodes, C. shiitake, Lentinus edodes, Tricholomopsis edodes*); Pasaniapilz (syn. Shiitakepilz).

Fam.: Tricholomataceae.

Vork.: Hellbrauner bis dunkelbrauner, schuppiger Pilz mit breitem Hut, der insbesondere in Ostasien (Japan, China, Vietnam) an abgestorbenen Stämmen von Laubbäumen wächst.

Droge: ***Lentinula-edodes-Fruchtkörper*** (japanisch: Shiitake). *Inh.:* Polysaccharide (Lentinan, Peptidomannan), Nucleoside und Derivate, cyclische schwefelhaltige Verbindungen, wie Lenthionin, Polyine, Oligopeptide, wie Lentinsäure und Lectine. *Anw.:* Das nach Heißwasserextraktion gewonnene Lentinan wird in Asien als Immunstimulans bei viralen und bakteriellen Infekten sowie als Adjuvans bei Tumorerkrankungen eingesetzt. In Japan wird Lentinan in Kombination mit Zytostatika zur Tumornachsorge und Hemmung der Metastasierung verwendet. In der asiatischen Volksheilkunde wird der Pilz auch bei Pilzvergiftungen, Kopfschmerzen, Masern, Windpocken und Magenbeschwerden eingesetzt. Die Weltjahresproduktion der Droge aus China und Japan liegt bei etwa 500 000 t.

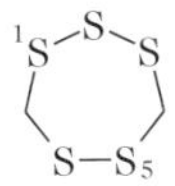

Lenthionin

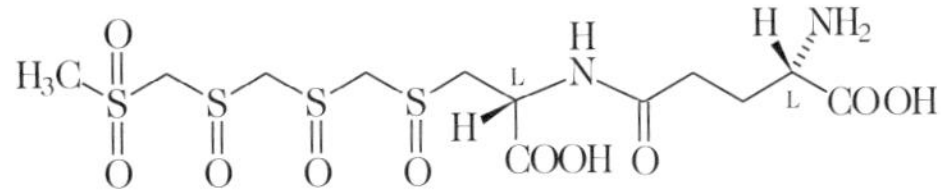

Lentinsäure

Histor.: In Asien wird die Droge seit mehr als 2000 Jahren kultiviert und als „Lebenselexier“ sowohl als Speise- oder Gewürzpilz verzehrt als auch in Form ihrer Zubereitungen arzneilich verwendet.

Lentinus edodes ↗ Lentinula edodes.
Lentiske ↗ Pistacia lentiscus.
Leocardin ↗ Leonurus cardiaca.
Leodonton officinale ↗ Taraxacum officinale.
Leodonton taraxacum ↗ Taraxacum officinale.
Leontice chrysogonum ↗ Bongardia chrysogonum.

■ **Leontice eversmannii** Bge.

Fam.: Berberidaceae.

Vork.: Usbekistan, Turkmenien, Südeuropa, Nordamerika.

Droge: die Wurzeln. *Inh.:* Alkaloide, wie Leontin, Matrin; Saponine. *Anw.:* in der Volksheilkunde zur Behandlung der Gastritis.

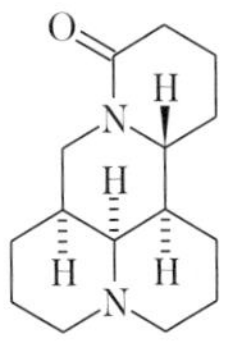

Matrin

■ **Leontice leontopetalum** L.
Fam.: Berberidaceae.
Vork.: Libanon, Vorderasien.
Droge: die frischen Wurzelknollen. Inh.: Alkaloide, wie Petalin. Anw.: in der Volksheilkunde zur Krampflösung, u. a. bei Epilepsie.

■ **Leontice smirnovii** Trautw.
Fam.: Berberidaceae.
Vork.: Georgien.
Droge: die Wurzelknollen. Inh.: Alkaloide, u. a. Leontamin. Anw.: in der Volksheilkunde innerlich bei Magenbeschwerden und äußerlich zur Wundbehandlung.

Leontice thatictroides ↗ Caulophyllum thalictroides.

■ **Leontopodium alpinum** Cass.
Edelweiß.
Fam.: Asteraceae (Compositae).
Vork.: Europa, Asien, bes. in Hochgebirgsregionen. Die Pflanze steht unter Artenschutz!
Droge: ***Herba Leontopodii***; Edelweißkraut. Inh.: Gerbstoffe, Glykoside, Flavonoide. Anw.: in der Volksheilkunde bei Durchfällen und Ruhr.

Leonuri cardiacae herba ↗ Leonurus cardiaca, ↗ Leonurus quinquelobatus.
Leonuri fructus ↗ Leonurus japonicus.
Leonuri herba ↗ Leonurus cardiaca, ↗ Leonurus quinquelobatus, ↗ Leonurus japonicus.
Leonuri heterophylli fructus ↗ Leonurus japonicus.
Leonuri heterophylli herba ↗ Leonurus japonicus.
Leonurin ↗ Leonurus cardiaca.
Leonurus artemisia ↗ Leonurus japonicus.
Leonurus campestris ↗ Leonurus cardiaca.
Leonurus canescens ↗ Leonurus cardiaca.

■ **Leonurus cardiaca** L.
(syn. *Cardiaca trilobata, C. vulgaris, Leonurus campestris, L. canescens, L. trilobatus*); Echtes Herzgespann (syn. Bärenschweif, Herzgespann, Mutterwurz, Wolfstrapp).
Fam.: Lamiaceae (Labiatae).
Vork.: Mitteleuropa und Skandinavien bis Zentralasien, in Nordamerika eingeschleppt und verwildert.
Droge: ***Leonuri cardiacae herba*** (syn. *Leonuri herba, Herba Leonuri cardiacae*); Herzgespannkraut, das getrocknete Kraut. Inh.: Iridoide, u. a. Ajugol (Leonurid), Diterpenbitterstoffe vom Labdantyp, u. a. Leocardin, ferner Stachydrin (*N*-Di-

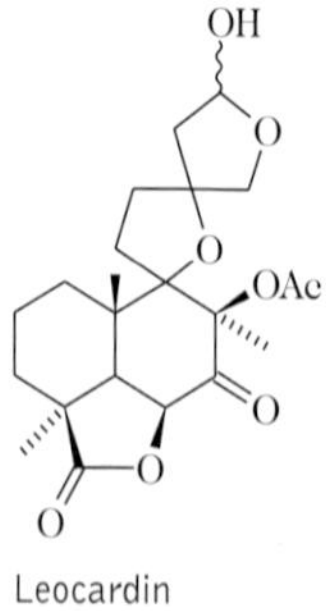

Leocardin

methyl-L-prolin), Leonurin (Syringasäureester des 4-Guanidino-butan-1-ols), phenylpropanoide Esterglykoside, u. a. Kaffeesäurerutinosid, Flavonoide, u. a. Rutosid, Quercitrin und Hyperosid sowie geringe Mengen äther. Öl. Anw.: bei nervösen *Herzbeschwerden*, als Adjuvans bei Schilddrüsenüberfunktion, bei klimakterischen Beschwerden. Bestandteil einiger Phytopharmaka.
Hom.: ***Leonurus cardiaca*** HAB1, die frischen, zur Blütezeit gesammelten oberirdischen Teile. Anw.-Geb.: Herzbeschwerden bei Blähsucht und bei Schildrüsenerkrankung.
Histor.: Wegen des Aussehens der Scheinähren wurde der Gattungsname vom griechischen *léon* (Löwe) und *urá* (Schwanz) gebildet. Der Name *cardiaca* wurde bereits bei ↗ Theophrast gebraucht, wohl unter Bezug auf die Anwendung der Pflanze bei Erkrankungen des Herzens (*kardia* = Herz) und des Magens; denn Herzgespann bezeichnete früher den Magenkrampf. Bereits das erste in deutscher Sprache erschienene Kräuterbuch, der „Hortus Sanitatis“ (Mainz 1485) empfiehlt die Pflanze gegen Herzkrämpfe, Magendrücken und Engbrüstigkeit. Diese Anwendungen setzen die späteren Kräuterbücher fort.

Leonurus cardiaca ssp. villosus ↗ Leonurus quinquelobatus.
Leonurus heterophyllus ↗ Leonurus japonicus.

■ **Leonurus japonicus** Houtt.
(syn. *Leonurus artemisia, L. heterophyllus, L. sibiricus*); Chinesisches Mutterkraut.
Fam.: Lamiaceae (Labiatae).
Vork.: China, Korea, Japan, Amerika.

Drogen: *1. **Leonuri fructus*** (syn. *Leonuri heterophylli fructus, Leonurus-japonicus*-Früchte); Chinesische Mutterkrautfrüchte, die getrockneten Früchte. Inh.: Alkaloide, wie Leonurin; fettes Öl mit Öl- und Linolensäure. Anw.: in der traditionellen chinesischen Medizin bei Regelanomalien, in der Geburtshilfe, bei Nierenentzündungen, Halsentzündungen; äußerlich bei Gewebeschwellungen nach Verletzungen. Geg.: Schwangerschaft. ***2. Leonuri herba*** (syn. *Leonuri heterophylli herba, Leonurus-japonicus*-Kraut); Chinesisches Mutterkraut; die getrockneten oberirdischen Pflanzenteile. Inh.: Alkaloide (0,1–2,1 %), wie Leonurin und Stachydrin; Diterpene. Anw.: in der traditionellen chinesischen Medizin bei Regelanomalien, Dysmenorrhoe, gynäkologischen Erkrankungen sowie bei übermäßigem Wochenfluß nach der Geburt. Geg.: Schwangerschaft.

■ **Leonurus lanatus** (L.) Pers.
(syn. *Ballota lanata, Panzeria lanata*); Wolliger Löwenschwanz (syn. Wolliges Wolfstrappkraut, Wollige Ballote).

Fam.: Lamiaceae (Labiatae).

Vork.: Mittelasien.

Droge: ***Ballotae lanatae herba*** (syn. *Herba Ballotae lanatae, Herba Leonuri lanati*); Wolliges Wolfstrappkraut (syn. Wolliges Löwenschwanzkraut, Wollige Ballote), das getrocknete Kraut. Inh.: Bitterstoffe, Gerbstoffe, geringe Mengen äther. Öl. Anw.: bei rheumatischen Erkrankungen.

Hom.: ***Ballota lanata*** HAB. Anw.-Geb.: nervöse Herzbeschwerden.

■ **Leonurus quinquelobatus** Gilib.
(syn. *Leonurus cardiaca ssp. villosus*); Fünflappiges Herzgespannkraut (syn. Fünflappiges Mutterkraut).

Fam.: Lamiaceae (Labiatae).

Vork.: Europa, v. a. Rußland und Westsibirien.

Droge: ***Leonuri herba*** (syn. *Herba Cardiacae, Herba Leonuri cardiacae, Leonuri cardiaceae herba*); Herzgespannkraut (syn. *Leonurus-cardiaca*-Kraut, Löwenschwanzkraut, Wolfstrappkraut), die getrockneten, während der Blütezeit gesammelten oberirdischen Teile. Inh. und Anw.: ↗ *Leonurus cardiaca*.

Leonurus sibiricus ↗ Leonurus japonicus.
Leonurus trilobatus ↗ Leonurus cardiaca.

Lepidii latifolii folium ↗ Lepidium latifolium.
Lepidii sativi herba (recens) ↗ Lepidium sativum.

■ **Lepidium bonariense** L.
(syn. *Lepidium calycium, L. mendocinum, L. pubescens, L. racemosum, L. ruderale, Nasturtium bonariense, Thlaspi bonariense, T. multifidum*).

Fam.: Brassicaceae (Cruciferae).

Vork.: gemäßigte Zonen und Subtropen, v. a. Argentinien, Brasilien, Paraguay und Uruguay.

Hom.: ***Lepidium bonariense*** HAB34, die frischen Blätter.

Lepidium bursa-pastoris ↗ Capsella bursa-pastoris.
Lepidium calycium ↗ Lepidium bonariense.
Lepidium hortense ↗ Lepidium sativum.

■ **Lepidium latifolium** L.
(syn. *Cardaria latifolia, Nasturtiastrum latifolium, Nasturtium latifolium*); Breitblättrige Kresse (syn. Pfefferkraut).

Fam.: Brassicaceae (Cruciferae).

Vork.: Mittelmeergebiet bis Westasien, Atlantikküste, Ostseeküste.

Droge: ***Lepidii latifolii folium*** (syn. *Folia Lepidii; Folia Lepidii latifolii*); Breitblättrige Kresse, das frische Kraut. Inh.: schwefelhaltiges äther. Öl; Flavonoide, u. a. Rutin und Kämpferolglykoside. Anw.: früher bei Skorbut und zur Steigerung der Harnabsonderung.

Lepidium mendocinum ↗ Lepidium bonariense.
Lepidium pubescens ↗ Lepidium bonariense.
Lepidium racemosum ↗ Lepidium bonariense.
Lepidium ruderale ↗ Lepidium bonariense.

■ **Lepidium sativum** L.
(syn. *Cardamom sativum, Crucifera nasturtium, Lepidium hortense, Nasturtium sativum, Thlaspi nasturtium, T. sativum, Thlaspidium sativum*); Gartenkresse.

Fam.: Brassicaceae (Cruciferae).

Vork.: weltweit kultiviert in gemäßigten bis warmen Gebieten.

Droge: ***Lepidii sativi herba (recens)*** (syn. *Folia Nasturtii, Herba Lepidii sativi recens, Herba Nasturtii hortensis*); Gartenkressekraut, das frische oder getrocknete, zur Blütezeit oder kurz danach geerntete Kraut. Inh.: äther. Öl (ca. 0,1 %) mit Benzylcyanid (Phenylacetonitril) als Hauptkomponente, ferner Glucosinolate mit

Glucotropaeolin (Benzylglucosinolat) als Hauptglucosinolat sowie deren Abbauprodukte. Insbesondere die Frischdroge enthält Vitamine, u. a. Carotin, B_1, B_2, B_6, C, E, und Nicotinamid. An Mineralstoffen ist besonders der Gehalt an Kalium mit 346,5 mg gegenüber Natrium mit 3,15 mg je 100 g Frischdroge hervorzuheben. *Anw.:* in der europäischen Volksheilkunde bei Verstopfung, bei zu geringer Harnausscheidung, bei Husten und Vitamin-C-Mangel. In der Küche dient die Droge als Gewürz und Salat. *Tox.:* Das Senföl der Gartenkresse kann bei hoher Konzentration auf der Haut zu Irritationen führen, innerlich verabreicht diente es in früheren Zeiten als Abortivum.

Lepidotis clavata ↗ Lycopodium clavatum.

■ **Leptadenia reticulata** W. et A.
Fam.: Asclepiadaceae.
Vork.: Indien, Sri Lanka.
Droge: Blätter und Zweige sowie die Wurzeln. *Inh.:* Terpene, wie Hentriacontanol, α-Amyrin, β-Amyrin, Stigmasterol und γ-Sitosterol; ferner Flavonoide, u. a. Diosmetin und Luteolin; in den Knollen außerdem Rutin, Quercetin, Isoquercetin, Hyperosid sowie Inositol; Wachse. *Anw.:* in der indischen Volksheilkunde als Stimulans, bei Hautleiden sowie zur Wundbehandlung.

Leptandrae virginicae rhizoma ↗ Veronica virginica.
Leptandra virginica ↗ Veronica virginica.
Leptandrawurzel ↗ Veronica virginica.
Leptilon canadensis ↗ Conyza canadensis.
Leptinotarsa decemlineata ↗ Doryphora decemlineata.

■ **Leptospermum flavescens** Sm.
(syn. *Leptospermum roseum*).
Fam.: Myrtaceae.
Vork.: Neuseeland, Australien, Molukken.
Inh.: äther. Öle. *Anw.:* Aus den Blättern gewonnenes äther. Öl nutzt man zur Inhalation bei Infekten sowie zu Einreibungen bei rheumatischen Beschwerden. Die Ureinwohner Australiens haben ihre Speere aus dem sehr harten Holz dieser Gattung angefertigt.

Leptospermum roseum ↗ Leptospermum flavescens.

■ **Leptospermum scoparium** J. R. et G. Forst.
Fam.: Myrtaceae.
Vork.: Kleiner Strauch bis etwa 10 m hoher Baum Australiens, der in den Achseln der Laubblätter zahlreiche prächtige, weiße Blüten hervorbringt.
Inh.: äther. Öl (Manuka-Öl). *Anw.:* Die Laubblätter dienen zur Bereitung eines aromatischen Tees, der seit Jahrhunderten geschätzt wird.

Lerchensporn ↗ Corydalis-Arten.

■ **Lespedeza capitata** Michx.
Buschklee.
Fam.: Fabaceae (Papilionaceae).
Vork.: Nordamerika, Ost- und Nordost-Asien, Indomalaysische Gebiete, Australien.
Droge: ***Lespedezae herba*** (syn. *Herba Lespedezae*); Buschkleekraut, das getrocknete Kraut. *Inh.:* Lespedin und weitere Flavonoide (ca. 1 %), meist als Glykosyle vorliegend, u. a. Orientin und Isoorientin sowie Proanthocyanidine. *Anw.:* als Diuretikum und bei Nierenleiden.

Lespedezae herba ↗ Lespedeza capitata.
Lespedeza formosa ↗ Lespedeza thunbergii.
Lespedeza sieboldii ↗ Lespedeza thunbergii.

■ **Lespedeza thunbergii** (DC.) Nakai
(syn. *Lespedeza formosa, L. sieboldii, Desmodium penduliflorum*).
Fam.: Fabaceae (Papilionaceae).
Vork.: Fernost, Nordostasien.
Inh.: Lespedin (Flavonderivat).
Hom.: ***Lespedeza thunbergii*** HAB1; die frischen, oberirdischen Teile blühender Pflanzen. *Anw.-Geb.:* bei Erkrankungen der Nieren und ableitenden Harnwege.

■ **Leucadendron argenteum** (L.) R. Br.
Fam.: Proteaceae.
Vork.: Südafrika.
Droge: ***Silberbaumrinde***, die getrocknete Stammrinde. *Inh.:* Gerbstoffe. *Anw.:* früher in der Gerberei.

Leucaena glauca ↗ Leucaena leucocephala.

■ **Leucaena leucocephala** (Lam.) De Witt.
(syn. *Leucaena glauca*).
Fam.: Fabaceae (Leguminosae).

Vork.: tropisches Südamerika bis Texas und Florida nordwärts.

Droge: ***Folia Leucaenae***; Wilde Tamarindenblätter, die Laubblätter. *Inh.:* bes. die nichtproteinogene Aminosäure Mimosin (2–5 %). *Wirk.:* Mimosin verursacht Haarausfall bei Schaf, Pferd und Schwein; es stört den Estrogenzyklus und die DNA-Synthese von wachsenden Haaren. *Anw.:* als Enthaaarungsmittel bei Schafen.

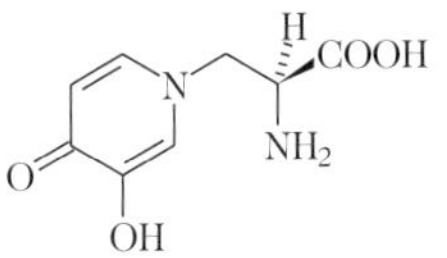

Mimosin

Leucanthemum odoratum ↗ Chamaemelum nobile, ↗ Chrysanthemum-Arten.

Leucanthemum parthenium ↗ Chrysanthemum-Arten.

Leucanthemum praecox ↗ Leucanthemum vulgare.

■ **Leucanthemum vulgare** Lam. s. str.
(syn. *Chrysanthemum leucanthemum; Leucanthemum praecox, Matricaria leucanthemum, Tanacetum leucanthemum*); Gänseblume (syn. Große Margerite, Großes Maßliebchen, Wiesenwucherblume).

Fam.: Asteraceae (Compositae).

Vork.: in ganz Europa, Sibirien; häufig in verschiedenen Zuchtformen als Garten- oder Schnittblume kultiviert.

Droge: ***Bellidis majoris herba*** (syn. *Herba bellidis pratensis majoris*), Margeritenkraut, die zur Blütezeit geernteten, getrockneten oberirdischen Pflanzenteile. *Inh.:* Polyine; Flavonoide; Cylite. *Anw.:* in der Volksheilkunde innerlich bei Keuchhusten und Asthma, bei Katarrhen und Spasmen; äußerlich zur Behandlung von Ulcera und Wunden; das Wasserdampfdestillat der Droge speziell gegen Nasenbluten. Die Droge kann zu allergischen Effekten führen, die durch Polyine ausgelöst werden.

Leuchtsternwurzel ↗ Aletris farinosa.

■ **Leucojum vernum** L.
Märzenbecher (syn. Großes Schneeglöckchen, Märzglöckchen, Frühlings-Knotenblume).

Fam.: Amaryllidaceae.

Vork.: Europa, bes. auf Bergwiesen bzw. in Gärten kultiviert.

Droge: die Zwiebel. Die Droge ist giftig! *Inh.:* Alkaloide, u. a. Lycorin, Tazettin, Galanthamin und Homolycorin. *Anw.:* früher als herzwirksame Droge bei Herzinsuffizienz.

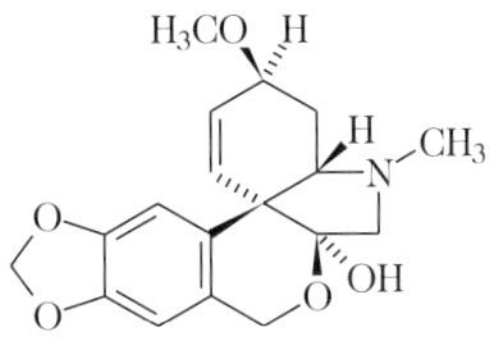

Tazettin

■ **Leucophyllum texanum** Benth.

Fam.: Scrophulariaceae.

Vork.: Mexiko.

Droge: Wurzeln und Zweige. *Inh.:* u. a. Dotriacontan, Triacontan und β-Sitosterol. *Anw.:* in der Volksheilkunde als Stomachikum.

Leucopiper ↗ Piper nigrum.

Leucosinapis alba ↗ Sinapis alba.

■ **Leucospermum conocarpum**

Fam.: Proteaceae.

Vork.: Südafrika.

Droge: ***Kreupelboomrinde***, die Stammrinde. *Inh.:* Gerbstoffe (ca. 15 %). *Anw.:* in der Ledergerberei.

Leukopiper ↗ Piper nigrum.

Leuzea carthamoides ↗ Rhaponticum carthamoides.

Levante-Lauch ↗ Allium-Arten.

Levantinische Seifenwurzel ↗ Gypsophila paniculata.

Levistici fructus ↗ Levisticum officinale.

Levistici herba ↗ Levisticum officinale.

Levistici radix ↗ Levisticum officinale.

Levisticum levisticum ↗ Levisticum officinale.

■ **Levisticum officinale** W.D.J. Koch
(syn. *Angelica levisticum, A. paludapifolia, Hipposelinum levisticum, Levisticum levisticum, L. paludapifolium, L. vulgare, Ligusticum levisticum, L. officinale*); Liebstöckel (syn. Badekraut, Bärmutter, Bergliebstöckel, Gebärmutterkraut, Gichtwurz, Labstockwurzel, Leberstockwurzel,

Lieberöhre, Liebstengel, Maggikraut, Nervenkraut, Sauerkrautwurz, Suppenlob, Wasserkräutel).

Fam.: Apiaceae (Umbelliferae).

Vork.: Europa, Nordamerika).

Drogen: ***1. Levistici fructus*** (syn. *Fructus Levistici, Semen Levistici*); Liebstöckelfrüchte, die getrockneten Früchte. *Inh.:* äther. Öl (0,9 %, bezogen auf Frischdroge) mit *β*-Phellandren als Hauptkomponente und Alkylphthaliden sowie Furanocumarine, u. a. Imperatorin, Bergapten und Psoralen. *Anw.:* volkstümlich bei Verdauungsbeschwerden und Blähungen, im Haushalt als Gewürz. ***2. Levistici herba*** (syn. *Herba Levistici, Herba Ligustici*); Liebstöckelkraut (syn. Liebstockkraut), das Ende Mai, Anfang Juli oder Ende August bis Anfang September etwa handhoch abgesichelte, getrocknete Kraut. *Inh.:* äther. Öl (0,25–0,4 %, bezogen auf Frischdroge) mit *β*-Phellandren und *α*-Terpenylacetat als Hauptkomponenten sowie Alkylphthaliden, ferner Cumarine, u. a. Umbelliferon. *Anw.:* im Haushalt als Gewürz. ***3. Levistici radix*** (syn. *Radix Laserpitii germanici, Radix Levistici, Radix Ligustici*); Liebstöckelwurzel (syn. Gebärmutterwurzel, Gichtstockwurzel, Labstockwurzel, Liebstengelwurzel, Lippstockwurzel, Maggiwurzel, Sauerkrautwurzel), der ganze oder geschnittene, getrocknete Wurzelstock und die Wurzeln. *Inh.:* äther. Öl (0,4–1,7 %) mit bis zu 70 % Alkylphthaliden, besonders *Z*-Ligustilid als Hauptkomponente, ferner u. a. 3-Butylphthalid sowie *E*- und *Z*-Butylidenphthalid. Weitere Bestandteile sind Cumarine (ca. 0,1 %), u. a. Umbelliferon, Furanocumarine, u. a. Bergapten und Psoralen, Polyine, u. a. (+)-Falcarindiol, Zucker, u. a. Invertzucker und Saccharose (bis 22 %), sowie Äpfel- und Angelicasäure. *Anw.:* zur Durchspülungstherapie bei unspezifischen entzündlichen Erkrankungen der ableitenden Harnorgane und zur Vorbeugung von Nierengrieß. In der Volksheilkunde auch bei Verdauungs- und Menstruationsbeschwerden sowie als schleimlösendes Mittel bei Katarrhen der Atemwege, ferner in der Likörindustrie sowie im Haushalt als Küchengewürz. Zur ↗ Teezubereitung verwendet man als Einzeldosis 1,5–3 g (1 Teelöffel = ca. 3 g) feingeschnittene Droge. Als Tagesdosis werden 4–8 g Droge empfohlen. *Geg.:* bei Entzündungen der Niere oder eingeschränkter Nierentätigkeit ist die Droge kontraindiziert. Außerdem sind Photodermatosen bei starker Sonneneinwirkung während der Therapie, bedingt durch die vorhandenen Furanocumarine, möglich.

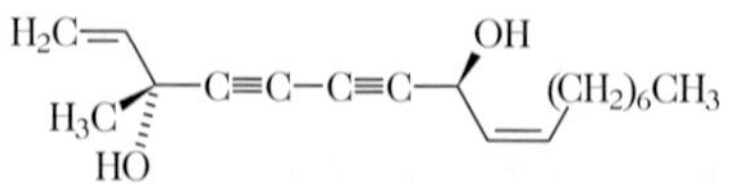

(+)-Falcarindiol

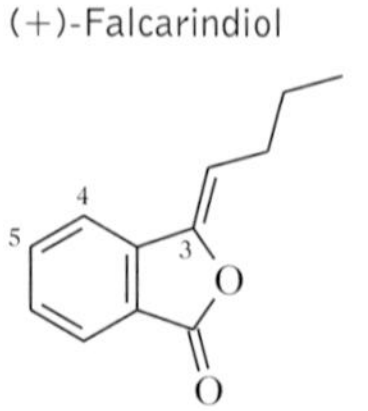

Ligusticumlacton
((*Z*)-Butylidenphthalid)

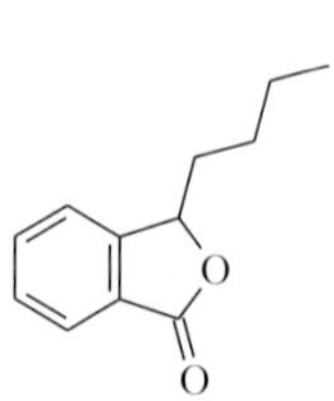

Butylphthalid

Hom.: ***1. Levisticum officinale, äthanol. Decoctum*** HAB1; Liebstöckel, die getrockneten, unterirdischen Teile. *Anw.-Geb.:* anthroposophische Therapierichtung. ***2. Levisticum officinale*** HAB34, der frische, im Herbst gesammelte Wurzelstock mit daranhängenden Wurzeln.

Histor.: Der Gattungsname *Levisticum* ist die lateinische Übertragung des griechischen *ligystikón*. Der Name Liebstöckel gilt als Muster einer „Volksetymologie" und ist nach dem mittellateinischen *levisticum* gebildet worden. Die Pflanze galt bereits im Mittelalter als geschätzte Arzneipflanze, bes. als Diuretikum, und wird diesbezüglich sowohl im ↗ Capitulare de villis Karls des Großen als auch bei Hildegard von Bingen erwähnt.

Levisticum paludapifolium ↗ Levisticum officinale.
Levisticum vulgare ↗ Levisticum officinale.
Levkoje ↗ Matthiola incana.
Lewat ↗ Brassica-Arten.
Liatrisblätter ↗ Liatris odoratissima.

■ Liatris odoratissima Willd.

Hirschzunge.

Fam.: Asteraceae (Compositae).

Vork.: Nordamerika, von Virginia bis Florida und Louisiana.

Droge: ***Folia Liatris*** (syn. *Folia Liatris odoratissimae*); Hirschzungenblätter (syn. Liatrisblätter), die Laubblätter. *Inh.:* äther. Öl, Cumarin, Wachs, Harz. *Anw.:* in der Volksheilkunde als Tonikum und Stimulans; in der Tabakindustrie zum Aromatisieren von Tabaken; in der Parfümherstellung.

Hom.: ***Liatris odoratissima*** HAB34, die frischen Wurzeln.

■ **Liatris spicata** (L.) Willd.
Ährige Prachtscharte; s. Farbtafel S. 138, Bild 8.

Fam.: Asteraceae (Compositae).

Vork.: Nordamerika.

Droge: die Wurzeln. Inh.: äther. Öl. Anw.: in der Volksheilkunde als Diuretikum.

Hom.: ***Liatris spicata*** HAB34, die frischen Wurzeln. Anw.-Geb.: Wassersucht.

Libanonzeder ↗ Cedrus-Arten.
Libi-dibi ↗ Caesalpinia-Arten.

■ **Licania rigida** Benth.

Fam.: Chrysobalanaceae.

Vork.: Nordbrasilien, auch kultiviert.

Droge: ***Oleum Licaniae***; Oiticicaöl (syn. Cicöl), das fette Öl der Früchte und Samen. Inh.: Triglyceride aus α-Licansäure (ca. 73 %), Linolsäure, Ölsäure und weiteren, gesättigten Fettsäuren. Anw.: Das stark trocknende Öl wird lediglich technisch zur Herstellung von Farben, Lacken und Firnissen eingesetzt.

Licaria puchury-major ↗ Ocotea puchury-major.
Lichenin ↗ Cetraria islandica.
Lichen islandicus ↗ Cetraria islandica.
Lichen pulmonarius ↗ Lobaria pulmonaria.
Lichen Quercinus viridis ↗ Evernia prunastri.
Liebäugel ↗ Anchusa officinalis.
Lieberöhre ↗ Levisticum officinale.
Liebersche Auszehrungskräuter ↗ Galeopsis segetum.
Liebersches Kraut ↗ Galeopsis segetum.
Liebesapfel ↗ Lycopersicon esculentum.
Liebfrauenstroh ↗ Galium verum.
Liebstengel ↗ Levisticum officinale.
Liebstengelwurzel ↗ Levisticum officinale.
Liebstöckel ↗ Levisticum officinale.
Liebstöckelfrüchte ↗ Levisticum officinale.
Liebstöckelkraut ↗ Levisticum officinale.
Liebstöckelwurzel ↗ Levisticum officinale.
Liebstockkraut ↗ Levisticum officinale.
Ligisticum carvi ↗ Carum carvi.

■ **Lignane**
Dimere von Phenylpropanderivaten, die durch Verknüpfung der zentralen C-Atome der Seitenkette (2,2′-Verknüpfung) entstanden sind. Sie liegen in der Pflanze frei oder in glykosidischer Bindung vor und sind weitverbreitete Inhaltsstoffe von Farnen, Nacktsamern und Bedecktsamern. Von pharmazeutischer Bedeutung sind u. a. Podophyllotoxin (↗ *Podophyllum peltatum*), *meso*-Nordihydroguajaretsäure (↗ *Larrea tridentata*), Sesamin (↗ *Sesamum indicum*) und Arctiin (↗ *Arctium*-Arten).

■ **Lignin**
(syn. Holzstoff), einer der Hauptbestandteile des Holzes und neben Cellulose die mengenmäßig bedeutsamste organische Substanz, die Pflanzen

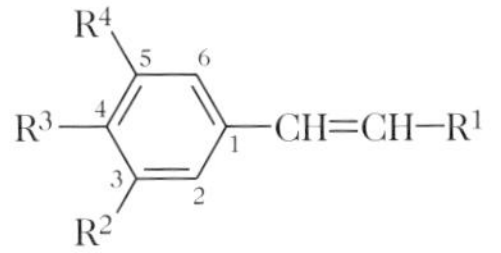

Lignin-Monomere

als Gerüststoff dient. L. bildet ein aus Phenylpropankörpern durch Polymerisation hervorgegangenes, hochmolekulares Netzwerk. Es wirkt als Stützbaustoff der verholzten Pflanzenteile, besitzt eine hohe chemische Stabilität (Halbwertzeit im Boden ca. 10–20 Jahre) und ist Hauptquelle für die Humusbildung.

■ **Lignum**
(lat.) das Holz; besteht aus dem durch die Kambiumtätigkeit nach innen gebildeten Dauergewebe. Abkürzung als Drogenbezeichnung: Lign.

Lignum Acokantherae ↗ Acokanthera-Arten.
Lignum Aloes ↗ Aquilaria agallocha.
Lignum Brasiliense rubrum ↗ Caesalpinia-Arten.
Lignum Buxi ↗ Buxus sempervirens.
Lignum Campechianum ↗ Haematoxylon campechianum.
Lignum Cedri ↗ Cedrus-Arten, ↗ Juniperus virginiana.
Lignum Citrinum ↗ Chlorophora tinctoria.
Lignum Colubrinum ↗ Strychnos-Arten.
Lignum Fabianae ↗ Fabiana imbricata.
Lignum Fernambuci ↗ Caesalpinia-Arten.
Lignum Floridum ↗ Sassafras albidum.
Lignum Guajaci ↗ Guaiacum sanctum.
Lignum Guajaci patavini ↗ Diospyros-Arten.
Lignum Haematoxyli ↗ Haematoxylum campechianum.

Lignum Juniperi ↗ Juniperus communis.
Lignum Muira-Puama ↗ Dulacia inopiflora, ↗ Ptychopetalum-Arten.
Lignum Nyssae ↗ Nyssa sylvatica.
Lignum Ostryae ↗ Ostrya virginiana.
Lignum Pavanum ↗ Sassafras albidum.
Lignum Pichi-Pichi ↗ Fabiana imbricata.
Lignum Picraenae ↗ Picrasma excelsa.
Lignum Picrasmae ↗ Picrasma excelsa.
Lignum Pterocarpi ↗ Pterocarpus-Arten.
Lignum Quassiae ↗ Picrasma excelsa, ↗ Quassia amara.
Lignum Quebracho ↗ Aspidosperma quebracho-blanco.
Lignum Quebracho colorado ↗ Schinopsis quebracho-colorado.
Lignum Rhois cotini ↗ Cotinus coggygria.
Lignum Sanctum ↗ Guaiacum officinale.
Lignum Santali album ↗ Santalum album.
Lignum Santali citrini ↗ Santalum album.
Lignum Santali citrinum ↗ Santalum album.
Lignum Santalinum rubrum ↗ Pterocarpus-Arten.
Lignum Santali rubrum ↗ Pterocarpus-Arten.
Lignum Sassafras ↗ Sassafras albidum.
Lignum Suberinum ↗ Quercus-Arten.
Lignum Tupelo ↗ Nyssa sylvatica.
Lignum Visci quercini ↗ Loranthus europaeus.
Liguster ↗ Ligustrum vulgare.

■ **Ligusticum chuanxiong**
Fam.: Apiaceae (Umbelliferae).
Vork.: China.
Droge: die ganze Pflanze. Inh.: Ligustrazin (Tetramethylpyrazin). Wirk.: antithrombotisch durch Hemmung der Plättchenaggregation. Anw.: in der chinesischen Volksheilkunde bei Gefäßleiden.

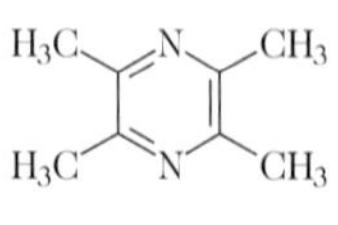

Ligustrazin (Tetramethylpyrazin)

Ligusticum cuminum ↗ Cuminum cyminum.
Ligusticum divaricatum ↗ Foeniculum vulgare.
Ligusticum foeniculum ↗ Foeniculum vulgare.
Ligusticum levisticum ↗ Levisticum officinale, ↗ Petroselinum crispum.
Ligusticum officinale ↗ Levisticum officinale.
Ligusticum phellandrium ↗ Oenanthe aquatica.
Ligusticum podagraria ↗ Aegopodium podagraria.

■ **Ligustrum vulgare** L.
Liguster (syn. Rainweide), s. Farbtafel S. 138, Bild 9.
Fam.: Oleaceae.
Heim.: Südeuropa, in Mitteleuropa als Ziergewächs.
Drogen: *1. **Folia Ligustri***; Ligusterblätter (syn. Rainweidenblätter), die getrockneten Blätter. Inh.: Seco-Iridoid-Bitterstoffe, u. a. Ligustrosid und Oleuropein sowie dimere Pyridinalkaloide.

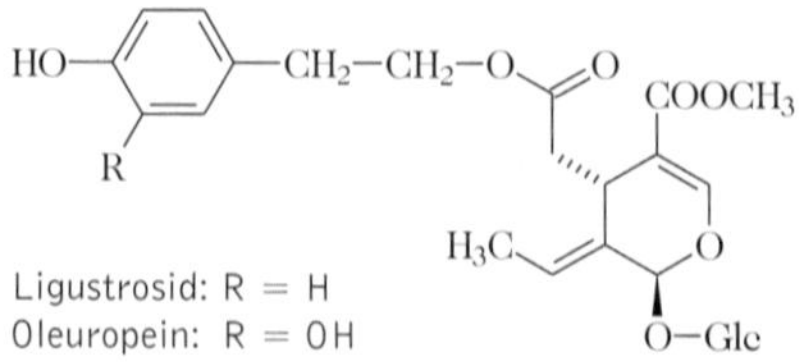

Ligustrosid: R = H
Oleuropein: R = OH

Anw.: früher in der Volksheilkunde als blutdruckwirksame Droge. Infolge nicht auszuschließender Toxizität heute nicht mehr im Gebrauch. *2. **Fructus Ligustri***; Ligusterfrüchte, die frischen oder getrockneten Früchte. Inh.: u. a. der Farbstoff Ligulin. Anw.: zum Färben von Wein, mitunter als Verfälschung von Fructus Frangulae zu finden.

Lilac perpensa ↗ Forsythia suspensa.
Lilienbaum ↗ Liriodendron tulipifera.
Lilienöl ↗ Lilium candidum.
Lilium album ↗ Lilium candidum.

■ **Lilium candidum** L.
Madonnenlilie, s. Farbtafel S. 138, Bild 10.
Fam.: Liliaceae.
Vork.: Syrien, in Europa kultiviert.
Drogen: *1. **Flores Liliorum***; Weiße Lilien, die getrockneten Blüten. Inh.: Saponine und Steroidalkaloide, *cis*-Antheraxanthin (ein Pigment),. Anw.: früher in der Volksheilkunde bei Epilepsie. *2. **Oleum Liliorum***; Lilienöl, der Auszug der Blüten mit Olivenöl. Inh.: s. *Flores Liliorum*. Anw.: in der Volksheilkunde bei Verbrennungen, Geschwüren, Ekzemen, Quetschungen und Rheuma.
Hom.: ***Lilium album***, die frische, blühende Pflanze. Anw.-Geb.: Erkrankungen der weiblichen Geschlechtsorgane.

■ **Lilium lancifolium** Thunb.
(syn. *Lilium tigrinum*); Tigerlilie (syn. Große Türkenbundlilie).

Fam.: Liliaceae.

Vork.: China, Japan, heute in Europa als Zierpflanze auch kultiviert.

Inh.: Steroidalkaloide, Saponine. *Anw.:* in der asiatischen Volksheilkunde wird die Zwiebel als Hustenmittel verwendet.

Hom.: ***Lilium lancifolium*** HAB1; die frische, blühende Pflanze ohne die Zwiebel. *Anw.-Geb.:* Bei Erkrankungen des zentralen Nervensystems, des Herz-Kreislauf-Systems sowie der weiblichen Geschlechtsorgane.

Histor.: Die Droge ist ein altes chinesisches Heilmittel, das unter dem Namen Po-he bereits um 2737 v. Chr. in der besondrs von Kaiser Shen-Nung zusammengestellten Pharmakopöe erwähnt und v. a. bei Husten und Lungenerkrankungen eingesetzt wurde.

Lilium tigrinum ↗ Lilium lancifolium.
Limax ater ↗ Arion empiricorum.
Limette ↗ Citrus-Arten.
Limettöl ↗ Citrus-Arten.

■ **Limnanthes alba** Hartw. ex Benth.
„Meadowfoam"; Sumpfblume.

Fam.: Limnanthaceae.

Heim.: südwestliche USA, u. a. Californien, Anbau in Südeuropa.

Inh.: Samen enthalten ein flüssiges Wachs, das als Ersatz für Jojoba-Öl (↗ *Simmondsia chinensis*) dienen kann.

Limone ↗ Citrus-Arten.
Limonelle ↗ Citrus-Arten.
Limonen ↗ Ätherische Öle.
Limonenschale ↗ Citrus-Arten.
Limonin ↗ Citrus-Arten.
Limonis aetheroleum ↗ Citrus-Arten.
Linaloeöl ↗ Bursera-Arten.
Linalool ↗ Ätherische Öle.
Linaria ↗ Linaria vulgaris.

■ **Linaria vulgaris** Mill.
(syn. *Antirrhinum linaria*); Leinkraut (syn. Akkerlein, Gelbes Löwenmaul, Frauenflachs), s. Farbtafel S. 138, Bild 11.

Fam.: Scrophulariaceae.

Vork.: Mittel- und Osteuropa.

Droge: ***Herba Linariae*** (syn. *Herba Antirrhini, Linaria*); Leinkraut (syn. Wildes Leinkraut, Frauenflachs, Ackerleinkraut, Gelbes Löwenmaulkraut), das getrocknete, blühende Kraut. *Inh.:* Flavonglykoside, u. a. Linarin und Pectolinarin, sowie in Spuren Alkaloide, u. a. Peganin. *Anw.:* volkstümlich als Diuretikum, mildes Laxans sowie – meist in Salbenform – bei Hämorrhoiden.

Hom.: ***Linaria vulgaris*** (syn. *Linaria*) HAB; die frischen, oberirdischen Teile blühender Pflanzen. *Anw.-Geb.:* Leberschwäche, Blasenentzündung.

Histor.: Sowohl der Gattungsname *Linaria* als auch die deutsche Bezeichnung Leinkraut wurden auf Grund der dem Lein ähnlichen Blätter geprägt. Die Kräuterbücher des 15. und 16. Jh. beschreiben das Leinkraut und nennen als Hauptanwendungsgebiete Leber- und Milzleiden sowie Harn- und Stuhlverhalten. Im Volksglauben galt die Pflanze längere Zeit als Schutz gegen Hexenzauber und Verwünschungen für kleine Kinder.

■ **Lincomycin**
Derivat des 1-Methyl-4-propyl-L-prolins, das amidartig mit einer Thiooctapyranose (Methyl-α-thiolincosamin) verknüpft ist und vor allem gegen grampositive Erreger und Anaerobier bakteriostatisch wirkt. Es hemmt die Proteinbiosynthese in ähnlicher Weise wie Chloramphenicol. Dieses Antibiotikum wird von *Streptomyces lincolnensis* gebildet. *Anw.:* therapieresistente Infektionen durch Staphylokokken, besonders akute und chronische Osteomyelitiden. Die auftretenden Nebenwirkungen (Allergien, Leber- und Nierenfunktionsstörungen) schränken den Gebrauch stark ein.

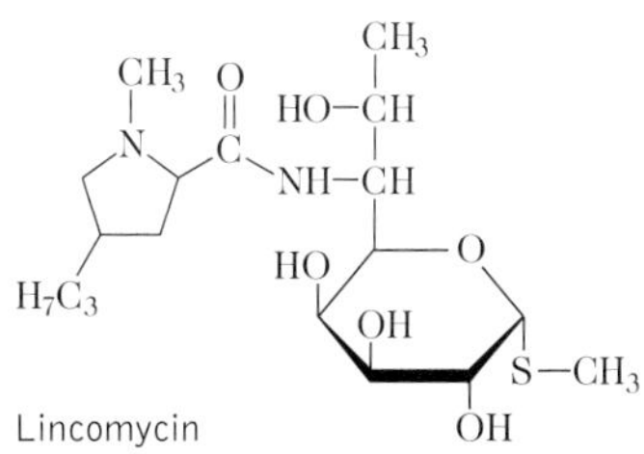

Lincomycin

Lindenblüten ↗ Tilia-Arten.
Lindera odorata ↗ Myrrhis odorata.

■ **Lindera strychnifolia** Vill.
(syn. *Benzoin strychnifolium*).

Fam.: Lauraceae.

Vork.: China.

Droge: ***Radix Linderae***; Speicherwurzel, die Wurzeln. Inh.: Lindestren, Linderenacetat; äther. Öl mit Borneol, Linderan, Linderen; die Blätter enthalten im äther. Öl u. a. α-Pinen, Camphen, β-Pinen, Limonen, Ocimen, Myrcen. *Anw.:* in der chinesischen Volksheilkunde als Stomachikum, Adstringens, Carminativum und Tonikum; die Wurzel wird außerdem bes. bei Harnleiden eingesetzt.

Lingoum indicum ↗ Pterocarpus-Arten.
Lingoum marsupium ↗ Pterocarpus-Arten.
Lingoum officinale ↗ Pterocarpus-Arten.
Lingoum santalinum ↗ Pterocarpus-Arten.
Lini cathartici herba ↗ Linum catharticum.
Lini oleum ↗ Linum usitatissimum.
Lini semen ↗ Linum usitatissimum.
Linolensäure ↗ Linum usitatissimum.
Linse ↗ Lens culinaris.
Linsenstärke ↗ Lens culinaris.

■ Linum catharticum L.

(syn. *Cartholinum pratense, Linum diversifolium*); Wiesenlein (syn. Abführgras, Abführkraut, Berglein, Darmglöckel, Laxiergras, Purgierflachs, Purgierlein, Schnellengras, Wilder Lein).

Fam.: Linaceae.

Vork.: weltweit in gemäßigten und subtropischen Gebieten, besonders im Mittelmeerraum.

Droge: ***Lini cathartici herba*** (syn. *Herba Lini cathartici*); *Linum-catharticum*-Kraut, das Kraut. Inh.: Linin (ca. 0,5 %, lignanartiger Bitterstoff), Gerbstoff, Harz, äther. Öl. *Anw.:* in der Volksheilkunde bei Obstipation und Harnverhaltung, als Brechmittel, bei Wassersucht und Würmern sowie bei rheumatischen Beschwerden.

Hom.: ***1. Linum catharticum*** HAB34, die frische, blühende Pflanze. *Anw.-Geb.:* Durchfälle, Hämorrhoiden, Bronchialkatarrh, Amenorrhoe. ***2. Linum catharticum e planta tota*** HAB; die ganze, frische Pflanze. *Anw.-Geb.:* Durchfallerkrankungen.

Histor.: Die Droge wurde erst Ende des 16. Jh. in den Arzneischatz aufgenommen und diente vor allem als Purgans und Diuretikum sowie als Brechmittel. Insbesondere Linné bemühte sich um die Einführung dieser Pflanze in die Heilkunde. Sie wurde in Pulverform oder im Aufguß mit Wein verordnet.

Linum diversifolium ↗ Linum catharticum.

■ Linum usitatissimum L.

Flachs, Lein.

Fam.: Linaceae.

Vork.: Das 30–150 cm hohe, einjährige Kraut mit himmelblauen radiären Blüten ist im Mittelmeerraum, Vorderasien und Nordafrika beheimatet. Heute wird es angebaut in Gebieten mit gemäßigtem Klima.

Drogen: ***1. Lini semen*** (syn. *Semen Lini*); Leinsamen (syn. Flachssamen, Flachslinsen, Haarlinsen, Leinwanzen, Hornsamen), s. Farbtafel S. 138, Bild 12. Inh.: Schleime (3–10 %, besonders in der Samenschale), Ballaststoffe (25 %), fettes Öl (30–40 %), Proteine (ca. 25 %), Aminosäuren, wie Linatin; daneben Sterole und Triter-

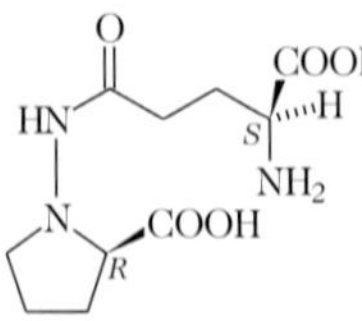

Linatin (1-L-γ-Glutamylamino-D-prolin)

pene sowie bis zu 1,5 % cyanogene Glykoside (↗ Linustatin, Neolinustatin). *Anw.:* Leinsamen sind ganz, leicht gequetscht oder geschrotet ein

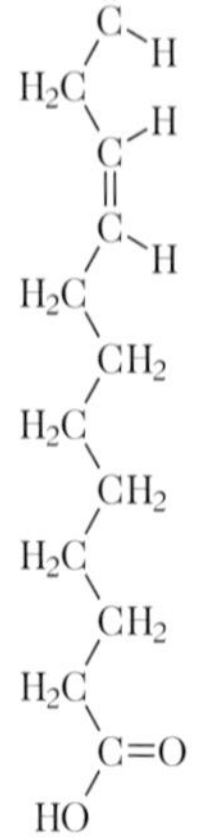

Linolsäure

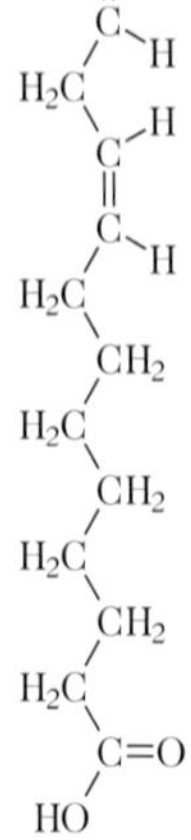

Linolensäure

mild wirkendes Laxans, induziert durch die Quellung der Samenschalen im Darm (Volumenreiz). Aufgrund der Schleimstoffe dient die Droge auch als einhüllendes Mittel (Mucilaginosum). ***2. Oleum Lini*** (syn. *Lini oleum*); Leinöl. *Inh.:* Das aus den Samen kaltgepreßte, fette, trocknende Öl ist eine goldgelbe Flüssigkeit mit einem hohen Anteil an ungesättigten (essentiellen) Fettsäuren (Linol-, Linolen- und Ölsäure) sowie Palmitin- und Stearinsäure. *Anw.:* Leinöl hat schwach laxierende Eigenschaften. Die bei der Ölgewinnung anfallenden Preßrückstände (*Placenta Seminis Lini*) werden äußerlich zu Kataplasmen verwendet, da sie ein großes Wärmespeichervermögen aufweisen. Offizinell war früher in der Dermatologie ein Brandliniment (Linimentum Calcariae)), das aus Leinöl und Kalkwasser bereitet wurde. Leinöl besitzt auch Bedeutung als Diätetikum sowie als Ausgangsstoff für die Herstellung von Lacken, Firnissen und Seifen. ***3. Filum lini sterile***; Steriler Leinenfaden, aus des Fasern des Pericycels gesponnener Faden. *Anw.:* in der Chirurgie als Nahtmaterial.

Hom.: ***Linum usitatissimum*** HAB; die frischen, oberirdischen Teile blühender Pflanzen. *Anw.-Geb.:* Heuschnupfen, Harnblasenreizung.

Histor.: Lein zählt zu den ältesten Kulturpflanzen und ist bereits im alten Ägypten verwendet worden. Die Hippokratiker benutzten die Pflanze zu medizinischen Zwecken, ↗ Theophrast beschreibt die Verwendung des Schleims im 4. Jh. v. Chr. und Hildegard von Bingen empfahl Lein zu Umschlägen.

■ Linustatin

cyanogenes Glykosid, u. a. in den Samen von ↗ Linum usitatissimum und in der Wurzelknolle von Manihot esculenta enthalten. Linustatin ist ein α-Hydroxyisobuttersäurenitril-β-D-gentiobiosid, das zu 0,2–0,4 % im Leinsamen enthalten ist. Während der Passage im Magen-Darm-Trakt wird Linustatin gespalten und es entwickelt sich Cyanid, das vom Organismus aber sofort zu Thiocyanat entgiftet und ausgeschieden wird.

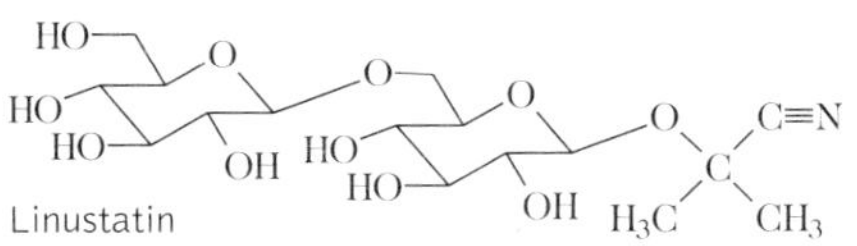

Linustatin

■ Liponsäure

(syn. Thioctansäure), in der Natur weitverbreitetes Coenzym und Wachstumsfaktor für Mikroorganismen. *Anw.:* zur Therapie von Schwermetallvergiftungen, bei Lebernekrosen nach dem Verzehr von Grünem Knollenblätterpilz (↗ *Amanita phalloides*).

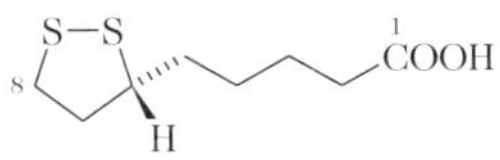

Liponsäure (Thioctansäure)

Lippia citriodora ↗ Aloysia triphylla.

■ Lippia dulcis Trev.

(syn. *Phyla scaberrima, Zapania scaberrima*); Mexikanisches Lippienkraut.

Fam.: Verbenaceae.

Vork.: Mittelamerika, von Mexiko bis Panama.

Droge: ***Herba Lippiae dulcis*** (syn. *Herba Lippiae mexicanae; Lippia-dulcis*-Blätter); Lippia mexicana (syn. Mexikanisches Lippienkraut), die frischen oder getrockneten Blätter. *Inh.:* äther. Öl (0,1–0,8 %) mit Campher, Camphen, Limonen; Sesquiterpenen, wie das süß schmeckende Hernandulcin. *Anw.:* in der Volksheilkunde bei Katarrhen der Atemwege, chronischer Bronchitis und als Emmenagogum.

Lippiae citriodorae folium ↗ Aloysia triphylla.
Lippiae triphyllae folium ↗ Aloysia triphylla.
Lippia mexicana ↗ Lippia dulcis.
Lippia triphylla ↗ Aloysia triphylla.
Lippstockwurzel ↗ Levisticum officinale.

■ Liquidambar-Arten

- **Fam.:** Hamamelidaceae.
- **Liquidambar formosana** Hance.

Vork.: Südchina, Taiwan.

Droge: ***1. Liquidambaris fructus***; Amberbaumfrüchte, die getrockneten, reifen Fruchtstände. *Inh.:* u. a. (–)-Bornyleinnamat, Styracinepoxid, Betulinsäure. *Anw.:* in der traditionellen chinesischen Medizin bei rheumatischen Gelenkschmerzen, Muskelkrämpfen, Spannungs- und Völlegefühl, bei stockender Laktation und Amenorrhoe. ***2. Liquidambaris resina***; Amberbaumharz, das getrocknete Baumharz. *Inh.:* Harze, äther. Öl. *Anw.:* in der traditionellen chinesischen Medizin bei Sturz- und Schlagverletzungen, Furunkeln, blutigem Erbrechen, Nasenbluten, Blutungen infolge von Verletzungen.

● **Liquidambar orientalis** Mill.; Orientalischer Amberbaum (syn. Storaxbaum).

Vork.: südliches Kleinasien, Syrien.

Drogen: *1. **Styrax crudus*** (syn. *Balsamum Styracinum, Balsamum Styrax liquidum, Styrax liquidus*); Styrax (syn. Storax, Storax-Balsam), der Balsam aus dem Stamm. *Inh.:* äther. Öl, Zimtsäure und ihre Ester, Vanillin, Styrol, Phenylpropankörper-Alkohole. *Anw.:* s. Amerikanischer Styrax. *2. **Styrax depuratus***; Gereinigter Styrax, der gereinigte Balsam. Inhaltsstoffe und Anwendung s. Amerikanischer Styrax.

● **Liquidambar styraciflua** L.; Ahornblättriger Amberbaum.

Vork.: USA, Mittelamerika, Mexiko, Honduras.

Droge: ***Balsamum Indicum album***; Amerikanischer Styrax, (syn. Honduras-Balsam), der aus dem Stamm erhaltene Balsam. *Inh.:* Harz (33–50 %, v. a. Zimtsäureester, β-Storesin und Styracin), etwas äther. Öl, freie Zimtsäure (5–15 %), Spuren von Vanillin. *Anw.:* in der Volksheilkunde zur Behandlung von Husten und Erkältungen (oft in Kombination mit anderen Drogen) sowie zur Krätzetherapie. In der Kosmetik dient die Droge als Bestandteil von Parfüms mit orientalischer Note sowie in der Süßwarenindustrie als Aromatikum für Getränke, Kaugummi bzw. zur Tabakparfümierung.

Liquidambaris fructus ↗ Liquidambar-Arten.
Liquidambaris resina ↗ Liquidambar-Arten.
Liquidambar peregrina ↗ Comptonia peregrina.
Liquiritiae radix ↗ Glycyrrhiza glabra.
Liquiritia officinalis ↗ Glycyrrhiza glabra.
Liquiritia officinarum ↗ Glycyrrhiza glabra.
Liquiritin ↗ Glycyrrhiza glabra.
Liquor Hamamelidis ↗ Hamamelis virginiana.
Liquor Uzara ↗ Xysmalobium undulatum.
Liriodendron heterophylla ↗ Liriodendron tulipifera.
Liriodendron integrifolia ↗ Liriodendron tulipifera.
Liriodendron obtusiloba ↗ Liriodendron tulipifera.
Liriodendron procera ↗ Liriodendron tulipifera.
Liriodendron truncatifolia ↗ Liriodendron tulipifera.

■ **Liriodendron tulipifera** L.

(syn. *Liriodendron heterophylla, L. integrifolia, L. obtusiloba, L. procera, L. truncatifolia*); Tulpenbaum (syn. Lilienbaum).

Fam.: Magnoliaceae.

Heim.: Nordamerika, in Mitteleuropa in Parkanlagen kultiviert.

Drogen: *1. **Liriodendron-tulipifera-Holz***; Kanarienholz (syn. Tulpenbaumholz, Tulpenholz), das getrocknete Stammholz. *Inh.:* Alkaloide vom Aporphintyp, u. a. (+)-Glaucin als Hauptalkaloid, ferner Lignane und Phenylpropanderivate, u. a. Syringaaldehyd und Vanillin. *Anw.:* s. Tulpenholzrinde. *2. **Liriodendron-tulipifera-Rinde***; die getrocknete und geschälte, d. h. von der Borke befreite, Zweigrinde. *Inh.:* Alkaloide vom Aporphintyp, u. a. Liriodenin und Lysicamin, Lignane, u. a. Lirionol und (+)-Pinoresinol, äther.

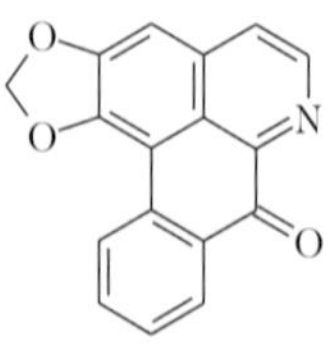

Liriodenin

Öl (0,125 %), u. a. *cis*-β-Ocimen, β-Pinen und Bornylacetat enthaltend, sowie Phenylpropanderivate, u. a. Syringasäuremethylester. *Anw.:* früher bei Fieber, Menstruationsschmerzen und Hysterie sowie als Tonikum und zur Appetitanregung. *3. **Blattdroge***, die getrockneten Laubblätter. *Inh.:* Alkaloide vom Aporphintyp, u. a. Remerin, Lirinidin und Lirinin sowie Flavonolglykoside. *Anw.:* s. Tulpenbaumrinde.

Hom.: ***Liriodendron tulipifera*** HAB34, die frische Rinde der jungen Zweige.

Liriosma inopiflora ↗ Dulacia inopiflora.
Liriosma micrantha ↗ Dulacia inopiflora.
Liriosma ovata ↗ Dulacia inopiflora.
Lisianthus sempervirens ↗ Gelsemium sempervirens.
Litauischer Balsam ↗ Betula-Arten.
Litchibaum ↗ Litchi chinensis.

■ **Litchi chinensis** Sonn.

Litchibaum (syn. Leeche, Lychee, Litschibaum, Litchipflaume, Zwillingspflaume).

Fam.: Sapindaceae.

Vork.: China.

Inh.: in den Samen u. a. toxische Aminosäuren, Proteine und fettes Öl. *Anw.:* in der chinesischen Medizin bei Geschwülsten. Der Baum wird wegen des wohlschmeckenden Fruchtfleisches auch kultiviert, die Früchte (Zwillingspflaumen) sind heute weltweit als Obst geschätzt.

Litchipflaume ↗ Litchi chinensis.
Lithocarpus benzoin ↗ Styrax-Arten.
Lithospermi radix ↗ Lithospermum erythrorhizon.
Lithospermsäure ↗ Lithospermum officinale.
Lithospermum albiflorum ↗ Lithospermum erythrorhizon.
Lithospermum decumbens ↗ Lithospermum ruderale.

■ **Lithospermum erythrorhizon** Sieb. et Zucc. (syn. *Lithospermum albiflorum, L. murasaki, L. officinale ssp. erythrorhizon, L. officinale* var. *japonicum*).
Fam.: Boraginaceae.
Vork.: Nordchina, Korea, Japan, dort auch kultiviert.
Droge: ***Lithospermi radix*** (syn. *Radix Lithospermi*), die getrockneten Wurzeln. Inh.: Pyrrolizidin-Alkaloide (ca. 0,02 %), wie Intermedin und Myoscorpin; Furfurylhydrochinone und Furfurylchinone, u. a. Shikonofurane; Kaffeesäurederivate, Naphthochinone vom Shikonintyp, Polysaccharide. Anw.: in der chinesischen Volksheilkunde bei Pocken und anderen Infektionskrankheiten, zur Fiebersenkung, bei Halsentzündungen, Verstopfung, Hepatitis und bei Hauterkrankungen. In Japan dient die Droge zur Bereitung rot gefärbter Salben und Lippenstifte sowie zum Färben von Seide. Die Färbung von Lebensmitteln mit Extrakten aus *Lithospermi radix* ist in Deutschland nicht erlaubt.

Lithospermum lanceolatum ↗ Lithospermum ruderale.
Lithospermum laxum ↗ Lithospermum ruderale.
Lithospermum murasaki ↗ Lithospermum erythrorhizon.
Lithospermum ochroleucum ↗ Lithospermum officinale.

■ **Lithospermum officinale** L.
(syn. *Lithospermum ochroleucum, Margarospermum officinale*); Echter Steinsame (syn. Eisenkraut, Himmelstütze, Meergries, Meerhirse, Steinhirse, Steinsame, Steinsaat, Teebusk).
Fam.: Boraginaceae.
Vork.: Europa bis Asien.
Drogen: ***1. Lithospermum-officinale-Blätter*** (syn. Böhmischer Tee, Kroatischer Tee), die getrockneten Blätter. Inh.: Phenylpropanderivate, insbesondere Lithospermsäure. Anw.: s. *Fructus Lithospermi*. ***2. Fructus Lithospermi*** (syn. *Fructus Milii solis, Semen Lithospermi, Semen Milii solis*); *Lithospermum-officinale*-Samen (syn. Steinsamen), der reife Samen. Inh.: Octadecatetraensäure, Lithospermsäure, Pyrrolizidinalkaloide, Scyllit, Kieselsäure u. a. Anw.: früher volkstümlich bei Blasen- und Nierenleiden. Extrakten wird eine antigonadotrope und antithyreotrope Wirkung zugeschrieben.

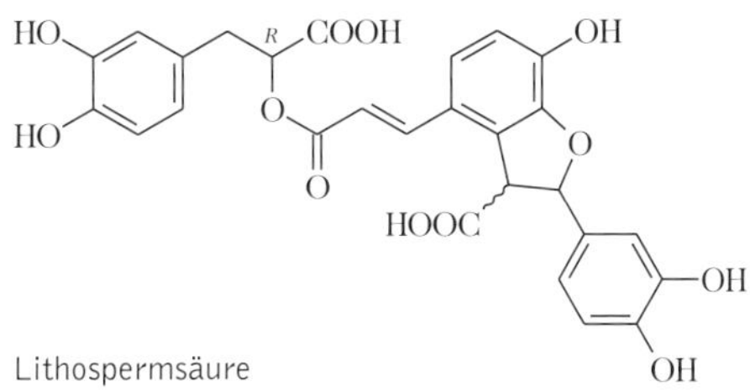

Lithospermsäure

Lithospermum pilosum ↗ Lithospermum ruderale.

■ **Lithospermum ruderale** Douglas ex Lehm. (syn. *Batschia pilosa, B. torreyi, Lithospermum decumbens, L. lanceolatum, L. laxum, L. pilosum, L. ruderale* var. *lanceolatum, L. ruderale* var. *macrospermum, L. ruderale* var. *torreyi, L. torreyi*).
Fam.: Boraginaceae.
Vork.: Nordamerika, Kanada.
Droge: ***Lithospermum-ruderale-Wurzel***, die getrockneten Wurzeln. Inh.: Kaffeesäurederivate, wie Lithospermsäure, Chlorogensäure und Rosmarinsäure; Allantoin, Bernsteinsäure, Rutin. Anw.: in der indianischen Volksheilkunde bei Durchfällen und zur Empfängnisverhütung.

Lithospermum tinctorium ↗ Alkanna tinctoria.
Lithospermum torreyi ↗ Lithospermum ruderale.

■ **Lithothamnion calcareum** (Pallas) Areschoug
Fam.: Corallinaceae.
Vork.: Küstengebiete vor Frankreich, England, Irland sowie Mittelmeerküsten.
Droge: die ganzen Kalkalgen. Inh.: Calciumcarbonat (ca. 80 %); Magnesiumcarbonat (10–12 %), Spurenelemente. Anw.: als Hilfsmittel in

der Galenik und kosmetischen Industrie; als Filtriermaterial; Zusatz zu Tierfuttermitteln; in der Landwirtschaft zur Bodenverbesserung („maerl").

■ **Lithothamnion corallioides** Crouan.
Fam.: Corallinaceae.
Vork.: Küstengebiete vor Frankreich, England, Irland sowie Mittelmeerküsten.
Droge: ↗ *Lithothamnion calcareum.*

Litschibaum ↗ Litchi chinensis.

■ **Litsea calophylla**
(Miq.) Marsh. (syn. *Litsea sebifera*).
Fam.: Lauraceae.
Vork.: Indien, Java.
Droge: ***Tangkallagfett***, das Fett der Früchte und Samen. *Inh.:* Fettsäureester, die hauptsächlich aus Trilaurin (85–96 %) und Triolen (2–15 %) bestehen. *Anw.:* zur Herstellung von Kerzen und Seife; die Früchte sind eßbar.

Litsea sebifera ↗ Litsea calophylla.
Lobadium aromaticum ↗ Rhus-Arten.
Lobaria islandica ↗ Cetraria islandica.

■ **Lobaria pulmonaria** (L.) Hoffm.
Lungenmoos (syn. Lungenflechte, Baumflechte).
Fam.: Stictaceae.
Vork.: Europa, Afrika, Asien, Amerika.
Droge: ***Lichen Pulmonarius*** (syn. *Herba Pulmonariae arboreae,* Sticta); Lungenmoos (syn. Baummoos), der Thallus der Flechte. *Inh.:* Flechtensäuren (u. a. 3 % Stictinsäure, Norstictinsäure, Gyrophorsäure), Schleimstoffe, Bitterstoff, Gerbstoffe. *Anw.:* in der Volksheilkunde bei Lungenkrankheiten und als Adstringens. In der Parfümerie werden ebenfalls Extrakte der Droge genutzt.

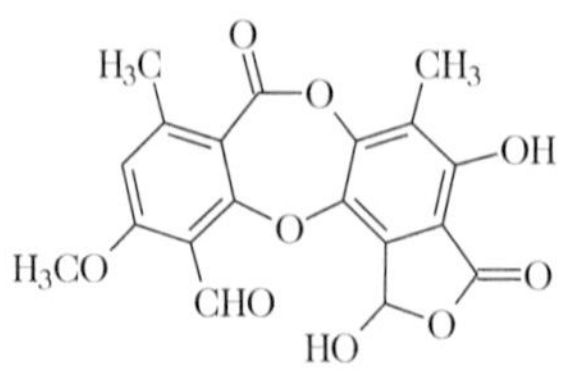

Stictinsäure

Hom.: ***Lobaria pulmonaria*** HAB1; Lungenkraut, die ganzen, getrockneten Thalli. *Anw.-Geb.:* Erkrankungen der oberen und unteren Atemwege, z. B. Bronchitis, Reizhusten, Rhinitis.

Lobelia antisiphilitica ↗ Lobelia siphilitica.

■ **Lobelia cardinalis** L.
(syn. *Lobelia coccinea*); Scharlachrote Lobelie.
Fam.: Campanulaceae.
Vork.: östliches Nordamerika, Virginia, Kanada.
Inh.: die oberirdischen Pfanzenteile enthalten Alkaloide, v. a. Lobinalin, sowie Chelidonsäure.
Hom.: ***Lobelia cardinalis*** HAB34; die frischen Blätter. *Anw.-Geb.:* bei Schwächezuständen infolge von Erkrankungen der Atmungsorgane.

■ **Lobelia chinensis** Lour.
(syn. *Lobelia radicans*).
Fam.: Campanulaceae.
Vork.: Indien, China, Vietnam, Laos.
Droge: ***Lobelia-chinensis-Kraut***, das getrocknete Kraut. *Inh.:* Alkaloide (ca. 0,028 %), wie Lobelin, Lobelanin und Lobelanidin. *Anw.:* in der traditionellen chinesischen Medizin gegen Schlangenbisse, tiefliegende Geschwüre, Ödeme, Ikterus, zur Atemanregung und bei Asthma.

Lobelia cliffordiana ↗ Lobelia inflata.
Lobelia coccinea ↗ Lobelia cardinalis.
Lobeliae herba ↗ Lobelia inflata.
Lobelia glandulosa ↗ Lobelia siphilitica.

■ **Lobelia inflata** L.
(syn. *Dortmannia inflata, L. cliffordiana, L. michauxie, Rapuntium inflatum*); Lobelie (syn. Aufgeblasene Lobelie, Indianer-Tabak), s. Farbtafel S. 139, Bild 13.
Fam.: Campanulaceae.
Vork.: Nordamerika, von Kanada bis südlich nach Georgia und Alabama, Rußland, Indien, dort auch kultiviert.
Droge: ***Lobeliae herba*** (syn. *Herba Lobeliae, Herba Lobeliae inflatae*); Lobelienkraut (syn. Indianischer Tabak, Indischer Tabak), die getrockneten oberirdischen Teile. *Inh.:* Alkaloide, besonders α-Lobelin, daneben u. a. Lobelidin, Lobelanidin und Lobelanin und Norlobelanin sowie Chelidonsäure, Lobeliasäure und Phenyloxypropionsäure. *Anw.:* als Analeptikum, Brechmittel und Expektorans bei Asthma bronchiale und Bronchitis. Die Anwendung bei diesen Indikationen ist wegen unzuverlässiger Wirkung heute obsolet.
Hom.: ***Lobelia inflata*** HAB1, die ganze, frische, blühende Pflanze. *Anw.-Geb.:* Störungen

des vegetativen Nervensystems und des Atemzentrums mit Blutdruckabfall, Heuschnupfen, Asthma bronchiale und Schwangerschaftserbrechen.

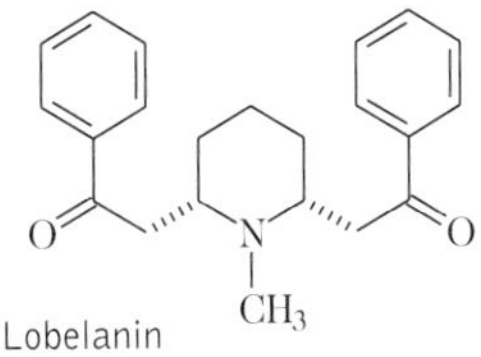

Lobelanin

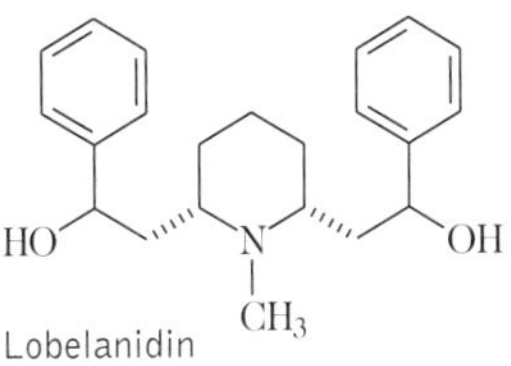

Lobelanidin

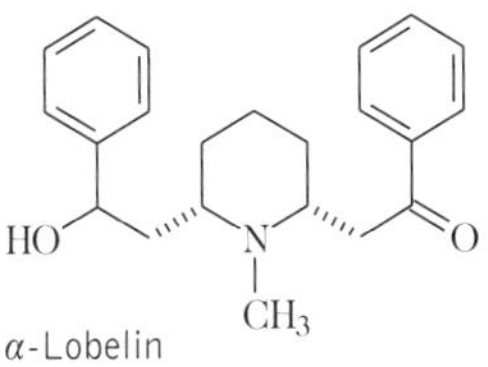

α-Lobelin

Histor.: Bereits die Ureinwohner Nordamerikas nutzten die Pflanze als Heilmittel für verschiedene Erkrankungen. Ende des 17. Jh. kam sie nach Europa, Linné kultivierte und beschrieb sie 1741 in Uppsala. Seit 1812 wurde Lobelienkraut bei Asthma bronchiale in den USA verwendet und fand über England auch Eingang in die deutschen Arzneibücher. Der Gattungsname *Lobelia* wurde nach dem flandrischen Botaniker Mathias de l' Obel (1538–1616) geprägt; während *inflata* (lat., aufgeblasen, aufgeschwollen) auf die bauchigen Früchte der Pflanze hinweist.

■ **Lobelia laxiflora** H.B.K.
Fam.: Campanulaceae.
Vork.: Mexiko bis Kolumbien.
Droge: ***Lobelia-laxiflora-Wurzel***, die Wurzeln. Inh.: Alkaloide, v. a. Lobelin. Anw.: in der Volksheilkunde gegen Asthma.

Lobelia michauxie ↗ Lobelia inflata.

■ **Lobelia nicotianaefolia** Hayne.
Fam.: Campanulaceae.
Vork.: Indien.
Droge: ***Lobelia-nicotianaefolia-Kraut***, das getrocknete Kraut. Inh.: Alkaloide, wie (–)-Lelobanidin III. Anw.: in der indischen ayurvedischen Medizin bei Verdauungsbeschwerden, Blutkrankheiten, Harndrang, Gallenbeschwerden und Erysipel.

Lobelia radicans ↗ Lobelia chinensis.

■ **Lobelia siphilitica** L.
(syn. *Lobelia antisiphilitica, L. glandulosa, Rapuntium siphiliticum*); Blaue Kardinalsblume (syn. Gemeine Lobelie, Virginische Lobelie).
Fam.: Campanulaceae.
Vork.: Nordamerika.
Inh.: Alkaloide (v. a. Lobelidiol-, Lobelionol- und Lobelidion-Verbindungen), Chelidonsäure. Anw.: in der Volksheilkunde zur Schleimhautreizung und als Diaphoretikum.
Hom.: ***Lobelia syphilitica*** HAB34; die ganze frische Pflanze. Anw.-Geb.: Entzündungen der Atmungsorgane und bei erhöhter Erregbarkeit des vegetativen Nervensystems.

■ **Lobelia tupa** L.
Teufelstabak.
Fam.: Campanulaceae.
Vork.: tropisches Südamerika.
Inh.: Die Blätter enthalten die Alkaloide Lobelin, Lobelanidin und Norlobelanidin. Anw.: Die Mapuche-Indianer rauchen die Blätter zur halluzinogenen Berauschung. Da die nachgewiesenen Alkaloide zwar atemanaleptisch wirken, aber keine psychotrope Wirksamkeit aufweisen, ist die Ursache der halluzinogenen Wirkung noch ungeklärt. In der traditionellen Medizin der Andenvölker wird die Droge als Brech- und Abführmittel eingesetzt.

Lobelie ↗ Lobelia inflata.
Lobelienkraut ↗ Lobelia inflata.

■ **Lobelin**
Piperidinalkaloid, Hauptalkaloid von ↗ *Lobelia inflata*. Anw.: früher als Raucherentwöhnungsmittel (ähnliche Wirkung wie Nicotin) sowie als Atemanaleptikum. Heute nicht mehr verwendet.

Löcherschwamm ↗ Fomes officinalis.
Lochnera rosea ↗ Catharanthus roseus.
Lodder und Krieger van Rij ↗ Candida-Arten.

■ **Loeselia coccinea** G. Don.

Fam.: Polemoniaceae.

Vork.: Amerika, Arizona bis Kolumbien und Venezuela.

Hom.: *Loeselia coccinea* (syn. *Hoitzia coccinea*) HAB; die getrockneten, unterirdischen Pflanzenteile. Anw.-Geb.: scharlachartiger Ausschlag.

Löffelkraut ↗ Bupleurum-Arten, ↗ Cochlearia officinalis.

Löffelkresse ↗ Cochlearia officinalis.

■ **Loganin**

(syn. Menyanthin), ein bitter schmeckendes Iridoid-Glucosid aus den Blättern des Bitterklees (↗ *Menyanthes trifoliata*) und den Samen der Ignatiusbohne (↗ *Strychnos*-Arten). L. ist eine wichtige Zwischenverbindung für die Biosynthese von Iridoiden und Indolalkaloiden.

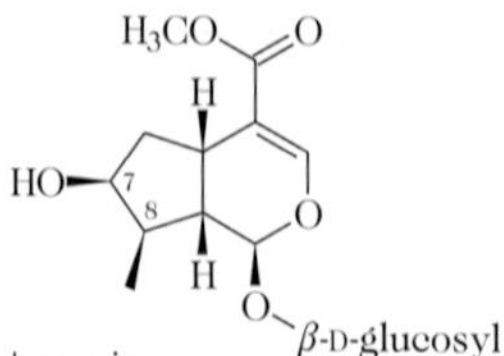

Loganin

■ **Lolium temulentum** L.

Taumelloch (syn. Schlafweizen, Schwindelhafer), s. Farbtafel S. 139, Bild 14.

Fam.: Gramineae.

Vork.: Europa, Asien, Nordafrika.

Droge: *Semen Lolii temulenti* (syn. *Fructus Lolii*); Taumellolchsamen (syn. Taumellolchfrüchte), der reife Samen. Die Droge ist giftig! Inh.: Temulin (ca. 0,06 %), Perlolin, Norlolin und Lolin (Pyrrolizidin-Alkaloide), fettes Öl, freie Fettsäuren, Fructosane, Gerbstoffe. Anw.: früher in der Volksheilkunde bei Rheuma und Gicht, bei verzögerter Menstruation, Blutvergiftung, Flechten und Geschwüren.

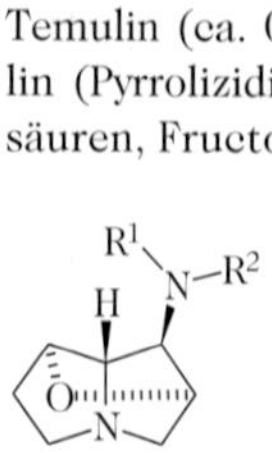

Name	R^1	R^2
Norlolin	H	H
Lolin (Festucin)	H	CH_3

Hom.: *Lolium temulentum* HAB34, die reifen, getrockneten Früchte. Anw.-Geb.: Durchblutungsstörungen des Gehirns, Gangstörungen, Magenbeschwerden, Neuralgien, Schlaflosigkeit. Die Anwendung ist umstritten.

Histor.: Die Samen des Taumellolches wurden bereits im Altertum für narkotisch-giftig gehalten und als Heilmittel eingesetzt. ↗ Dioskurides benutzte das Mehl der Droge zur Behandlung von Geschwüren, Flechten, Aussatz sowie von Unfruchtbarkeit. Vergiftungsfälle mit Taumellolchsamen sind häufig durch verunreinigtes Getreidemehl entstanden. Sie gingen mit Erbrechen, Magenbeschwerden und Atemnot einher und endeten in einem tiefen Schlaf. Die Droge wurde in der Vergangenheit auch dem Bier zugesetzt, um dessen berauschende Wirkung zu verstärken. Der Gattungsname *Lolium* war bei den Römern die Bezeichnung für ein schädliches Ackerunkraut und wurde später auf den Taumellolch übertragen. Der Artname *temulentum* (lat., betäubend) bringt die narkotisierenden Eigenschaften des Krautes zum Ausdruck.

■ **Lonchocarpus nicou** (Aubl.) DC.

(syn. *Lonchocarpus utilis, Derris utilis*); Barbasco.

Fam.: Fabaceae.

Vork.: Brasilien, Bolivien, Ecuador, Mexiko, auch kultiviert.

Droge: *Radix Barbasco*; Barbasco-Wurzel, die getrocknete Wurzel. Inh.: u. a. Rotenon (Isoflavonderivat), Lonchocarpsäure, Nicoulin. Anw.: in der südamerikanischen Volksheilkunde als Insektenbekämpfungsmittel sowie als Bestandteil von Pfeilgiften (z. B. ↗ Curare).

■ **Lonchocarpus urucu** Kill. et A. C. Sm.

(syn. *Derris urucu*).

Fam.: Fabaceae.

Vork.: Amazonasgebiet.

Inh.: Die Wurzeln besitzen einen hohen Rotenongehalt. Anw.: in der indianischen Medizin als Insektizid. Ein Wurzelextrakt ist außerdem Bestandteil von Pfeilgiften (↗ Curare).

Lonchocarpus utilis ↗ Lonchocarpus nicou.

London-Platane ↗ Platanus-Arten.

■ **Lonicera caprifolium** L.
Geißblatt (syn. Jelängerjelieber, Gartengeißblatt), s. Farbtafel S. 139, Bild 15.
Fam.: Caprifoliaceae.
Vork.: Europa.
Droge: ***Flores Lonicerae***; Geißblattblüten (syn. Jelängerjelieberblüten), die getrockneten Blüten. *Inh.:* phenolische Verbindungen, Flavonoide. *Anw.:* volkstümlich als Diuretikum und Diaphoretikum.

Lonicera marilandica ↗ Spigelia-Arten.
Lonicera racemosa ↗ Symphoricarpus albus.

■ **Lonicera xylosteum** L.
Rote Heckenkirsche.
Fam.: Caprifoliaceae.
Vork.: Europa, Nordasien.
Droge: die Früchte. Die Droge ist giftig! *Inh.:* cyanogene Glykoside, Xylostosidin; Saponine, Gerbstoffe, Pektine.
Hom.: ***Xylosteum*** (syn. *Lonicera xylosteum*) HAB34; die frischen, reifen Beeren. *Anw.-Geb.:* Blutandrang, Schlaflosigkeit, Krämpfe.

Lopez-Wurzel ↗ Toddalia asiatica.
Lophantus rugosus ↗ Agastache rugosa.
Lophira alata ↗ Lophira lanceolata.

■ **Lophira lanceolata** van Tiegh ex Keay.
(syn. *Lophira alata*).
Fam.: Ochnaceae.
Vork.: Afrika, bes. Senegal, Sierra Leone, Zentralafrika.
Drogen: ***1. Oleum Lophirae***; Meniöl (syn. Niamfett), das fette Öl der Früchte. *Inh.:* Triglyceride variabler Zusammensetzung. *Anw.:* als Speiseöl. ***2. Lophira-lanceolata-Wurzeln***. *Inh.:* Benzamid, Alkaloide, Sterole, Gerbstoffe, Flavonoide. *Anw.:* in der Volksheilkunde bei Malaria und Menstruationsbeschwerden.

Lophopetalum javanicum ↗ Lophopetalum toxicum.

■ **Lophopetalum toxicum** Loher
(syn. *Lophopetalum javanicum, Solenospermum toxicum*).
Fam.: Celastraceae.
Vork.: Philippinen.
Droge: die Rinde. *Inh.:* ca. 10 verschiedene herzwirksame Glykoside, Lupeol (1,7–2 %), Betulin (0,7–0,8 %), Lophopetalin. *Anw.:* Bestandteil von philippinischen Pfeilgiften.

Lophophora echinata ↗ Lophophora williamsii.
Lophophora lewinii ↗ Lophophora williamsii.
Lophophora lutea ↗ Lophophora williamsii.

■ **Lophophora williamsii** (Lem. ex Salm-Dyck) Coult.
(syn. *Anhalonium lewinii, A. williamsii, Ariocarpus williamsii, Echinocactus lewinii, E. williamsii, Lophophora echinata, L. lewinii, L. lutea, Mamillaria lewinii, M. williamsii*), Peyote-Kaktus (syn. Peyotl-Kaktus), s. Farbtafel S. 139, Bild 16.
Fam.: Cactaceae.
Vork.: Mexiko, Texas.
Droge: ***Lophophora-williamsii-Sproß***; der nadelkissenartige, oberirdische, quer abgeschnittene und getrocknete, zähkorkige Sproß. *Inh.:* etwa 30 Alkaloide vom Tetrahydroisochinolin-Typ, besonders Mescalin (5–7 %) sowie Anhalonidin, Hordenin, Pellotin und Lophophorin u. a.

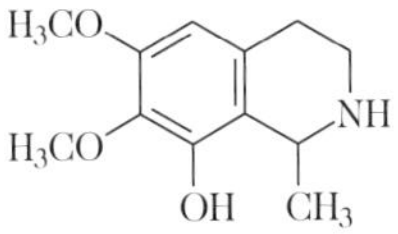

Anhalonidin

Anw.: *L. williamsii* ist die Grundlage für die Herstellung der Mescal-Buttons (Meskalkopf, Peyotl, Pellote, Schnapsknöpfe), d. h. die in Scheiben geschnittenen und getrockneten Teile der Pflanze. Diese werden seit Urzeiten von den mittelamerikanischen Indianervölkern zur Erzeugung von Halluzination im Rahmen mystischer und religiöser Zeremonien eingesetzt (↗ Halluzinogene biogenen Ursprungs). Dabei werden intensive Visionen erzeugt, die mehrere Stunden anhalten und dem Konsumenten das Gefühl vermitteln, direkt mit Gott und Geistern verkehren zu können. Die Benutzung dieser Rauschdroge ist in den USA und Kanada den Angehörigen der „Native American Church" im Rahmen ihrer Veranstaltungen offiziell gestattet.
Hom.: ***Anhalonium lewinii*** HAB34; Peyotl, die frische Pflanze mit Wurzeln. *Anw.-Geb.:* psychische Befindlichkeitsstörungen, Sinnestäuschung, Nervenschmerzen, Erkrankungen mit Zerfall der Persönlichkeit, übersteigerte Sinnenwahrnehmungen.

■ **Lophophytum leandri** Eichl.
Steinblüte.

Fam.: Balanophoraceae.

Vork.: Argentinien, Brasilien, Paraguay. Der chlorophyllfreie Schmarotzer lebt auf den Wurzeln verschiedener Baumarten.

Droge: die Wurzelknollen. *Inh.:* Flavone, Catechingerbstoffe, Bitterstoffe, Leukoanthocyanidine. *Anw.:* in der Volksheilkunde der Indios bei Verdauungsbeschwerden und Lebererkrankungen.

Hom.: ***Lophophytum leandri*** (syn. *Flor de piedra*) HAB1; die ganze getrocknete Pflanze. *Anw.-Geb.:* bei Erkrankungen des Herzens, der Schilddrüse, der Leber, Galle und Bauchspeicheldrüse.

Loquate ↗ Eriobothrya japonica.
Loranthus dioicus ↗ Loranthus europaeus.

■ **Loranthus europaeus** Jacq.
(syn. *Hyphear europaeum, Loranthus dioicus*); Europäische Eichenmistel (syn. Europäische Riemenmistel, Riemenblume).

Fam.: Loranthaceae.

Vork.: Süd- und Südosteuropa, Südrußland auf verschiedenen Eichen-Arten und auf *Castanea sativa* bzw. *Aesculus hippocastanum*.

Droge: ***Lignum Visci quercini*** (syn. *Viscum quercinum, Viscum quercinum cum foliis, Viscum quercus*); *Loranthus-europaeus*-Blätter und -Zweige, die getrockneten Blätter und Zweige. *Inh.:* Flavonoide (Rhamnocitrin-3-*O*-rhamnosid, Rhamnetinglykoside), Fettsäuren, Cerylalkohol, Phlobaphene, Gerbstoffe, Polysaccharide. *Anw.:* wie auch ↗ *Viscum album* in der Volksheilkunde gegen Tumore und Krämpfe. Früher wurden die Beeren zur Herstellung von Vogelleim genutzt.

Hom.: ***Loranthus europaeus*** HAB34, gleiche Teile frische Beeren und Blätter. *Anw.-Geb.:* früher bei Epilepsie und Krämpfen.

Histor.: Die Ärzte verlangten früher mit Vorliebe auf Eichen gewachsene Misteln, was in Mitteleuropa eher selten der Fall ist. Die Kräuterbücher des Mittelalters empfahlen die Droge bei Epilepsie, und noch in der ersten Auflage der Pharmacopoea Germanica (1872) werden Mistelzweige (*Stipites Visci*) aufgeführt.

Lorbeer ↗ Laurus nobilis.
Lorbeerbaum ↗ Laurus nobilis.
Lorbeerblätter ↗ Laurus nobilis.
Lorbeerbutter ↗ Laurus nobilis.
Lorbeerfett ↗ Laurus nobilis.
Lorbeerkirsche ↗ Prunus-Arten.
Lorbeeröl ↗ Laurus nobilis.
Lorbeerrose ↗ Kalmia latifolia.
Lorbeertalg ↗ Tetranthera laurifolia.
Lorbeerweide ↗ Salix-Arten.
Lotospflaume ↗ Diospyros-Arten.
Louisiana-Moos ↗ Tillandsia usneoides.
Lovastatin ↗ Mevinolin.
Löwenblatt ↗ Caulophyllum thalictroides.
Löwenblattwurzel ↗ Caulophyllum thalictroides.
Löwenschwanzkraut ↗ Leonurus quinquelobatus.
Löwenzahn ↗ Taraxacum officinale.
LSD ↗ Lysergsäurediethylamid.
Luchslungenkraut ↗ Pulmonaria officinalis.
Luerssenia cyminum ↗ Cuminum cyminum.
Luesinum-Nosode ↗ Syphilinum-Nosode.
Luffa ↗ Luffa-Arten.

■ **Luffa-Arten**

● **Fam.:** Cucurbitaceae.

● **Luffa cylindrica** (L.) Roem. (syn. *Luffa aegyptica, Momordica cylindrica, M. luffa*); Schwammgurke (syn. Schwammkürbis).

Vork.: Afrika, Asien, bes. tropische Gebiete.

Droge: ***Luffaschwamm*** (syn. Luffa, Vegetabilischer Schwamm), das getrocknete Gefäßbündelnetz der reifen gurkenartigen Früchte. *Anw.:* Zubereitungen der Droge dienen als vorbeugende Maßnahme zum Infektions- bzw. Erkältungsschutz, z. B. bei Schnupfen oder Nebenhöhlenentzündungen, im Haushalt als Badeschwamm. In der Technik wird die Droge u. a. für Schuhsohlen, Bilderrahmen, zur Schalldämpfung sowie als Einlagen für Schuhe und Tropenhelme genutzt.

● **Luffa operculata** (L.) Cogn. (syn. *Luffa purgans, Momordica operculata, Poppya operculata*); Schwammgurke.

Vork.: Südamerika, Mexiko.

Droge: ***Luffa-operculata-Früchte***; Luffafrüchte, die getrockneten Früchte. *Inh.:* Cucurbitacine (1,8–1,9 %), u. a. Cucurbitacin B und D sowie Triterpensaponine (ca. 2 %) mit Gypsogenin als Sapogenin. *Anw.:* volkstümlich in den Heimatgebieten als Universal-Heilmittel, u. a. bei Verstopfung sowie Blasen- und Nierenbeschwerden.

Hom.: ***Luffa operculata*** HAB1; Esponjilla, die getrockneten Früchte. *Anw.-Geb.:* Erkrankungen des Mund- und Rachenraumes, der oberen Luftwege (Schnupfen, Heuschnupfen, Katarrhe der Stirn- und Kieferhöhlen) sowie des Magen-Darm-Traktes.

Luffafrüchte ↗ Luffa-Arten.
Luffa purgans ↗ Luffa-Arten.
Luffaschwamm ↗ Luffa-Arten.
Lungenflechte ↗ Cetraria islandica, ↗ Lobaria pulmonaria.
Lungenkraut ↗ Pulmonaria officinalis.
Lungenkresse ↗ Cochlearia officinalis.
Lungenmoos ↗ Cetraria islandica, ↗ Lobaria pulmonaria.
Lupinensamen ↗ Lupinus albus, ↗ Lupinus angustifolius, ↗ Lupinus luteus, ↗ Lupinus polyphyllus.

■ **Lupinus albus** L.
(syn. *Lupinus bivonae, L. graecus, L. prolifer, L. termis*); Weiße Lupine.
Fam.: Fabaceae (Leguminosae).
Vork.: Südeuropa, v. a. Balkan, Mittelmeergebiete und Nordafrika.
Droge: ***Lupinus-albus-Samen*** (syn. Lupinensamen), die reifen Samen. *Inh.:* Oligosaccharide, wie Saccharose, Raffinose, Stachyose und Verbascose; Proteine, Lipide mit Sterolen und Triglyceriden; Alkaloide, u. a. Lupanin, Albin und Multiflorin. *Anw.:* früher in der Volksheilkunde bei Ektoparasitosen, bei Diabetes, zur Abtreibung und Regulation der Menstruation. Im Haushalt wurde die Droge früher als Kaffee-Ersatz sowie gemahlen zur Ernährung verwendet. Alkaloidfreie Sorten dienen in Asien heute zur Bereitung von Tufu und Tempe. Auch zur Tierernährung wird die Droge verwendet.
Histor.: Lupinensamen werden seit dem Altertum als Nahrung für Mensch und Tier genutzt. Nachweise dafür stammen aus dem alten Ägypten, in Deutschland wird die Pflanze seit dem 16. Jh. angebaut. Seit dem 20. Jh. werden zunehmend alkaloidfreie Sorten gezüchtet, die als Viehfutter dienen.

■ **Lupinus angustifolius** L.
(syn. *Lupinus linifolius, L. reticulans*); Blaue Lupine (syn. Bauernkaffee, Figbohne, Murrbohne, Schmalblättrige Lupine, Schwäbischer Kaffee, Tripviole), s. Farbtafel S. 139, Bild 17.
Fam.: Fabaceae (Leguminosae).
Vork.: Mittelmeergebiete bis Syrien, in Deutschland auch kultiviert.
Droge: ***Lupinus-angustifolius-Samen*** (syn. Lupinensamen), die reifen Samen. *Inh.:* Oligosaccharide, wie Raffinose, Stachyose und Verbascose; Proteine (28–38 %), Lipide (5–7 %) mit Glykolipiden, Phospholipiden und Triglyceriden; Saponine, Alkaloide, u. a. Lupanin, Angustifolin und 13-Hydroxylupanin. *Anw.:* ↗ *Lupinus albus*.

Lupinus bivonae ↗ Lupinus albus.
Lupinus graecus ↗ Lupinus albus.
Lupinus linifolius ↗ Lupinus angustifolius.

■ **Lupinus luteus** L.
(syn. *Lupinus odoratus*); Gelbe Lupine (syn. Hasenklee), s. Farbtafel S. 139, Bild 18.
Fam.: Fabaceae (Leguminosae).
Vork.: Mittel- und Südeuropa.
Droge: ***Semen Lupinii***; *Lupinus-luteus*-Samen (syn. Gelber Lupinensamen), die reifen Samen. *Inh.:* Proteine (44–50 %), Kohlenhydrate und Alkaloide (1–1,5 %), u. a. Cytisin, Lupinin und Spartein. *Anw.:* als Eiweißquelle. Für Ernährungs- und Futterzwecke sind nur Sorten mit niedrigem Alkaloidgehalt verwendbar. Gegebenfalls erfolgt Entbitterung.

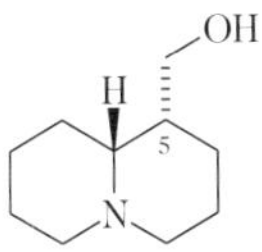

(–)-Lupinin

Lupinus odoratus ↗ Lupinus luteus.

■ **Lupinus polyphyllus** Lindley
Ausdauernde Lupine (syn. Vielblättrige Lupine).
Fam.: Fabaceae (Leguminosae).
Vork.: heimisch im pazifischen Nordamerika, seit ca. 300 Jahren auch in Europa kultiviert.
Droge: ***Lupinus-polyphyllus-Samen*** (syn. Lupinensamen), die reifen Samen. *Inh.:* Oligosaccharide, wie Raffinose, Stachyose und Verbascose; Proteine (ca. 38 %), Lipide (ca. 11 %), Alkaloide (3–4 %), u. a. Lupanin, Angustifolin, 13-Hydroxylupanin und Tetrahydrorhombifolin. *Anw.:* ↗ *Lupinus albus*.

Lupinus prolifer ↗ Lupinus albus.

Lupinus reticulans ↗ Lupinus angustifolius.
Lupinus termis ↗ Lupinus albus.
Lupinus trifoliatus ↗ Cyamopsis tetragonoloba.
Lupuli glandula ↗ Humulus lupulus.
Lupulin ↗ Humulus lupulus.
Lupulinum ↗ Humulus lupulus.

■ **Lupulinum HAB**
von den Fruchtständen abgeschlagene und gesiebte Drüsenhaare von ↗ *Humulus lupulus*. Anw.-Geb.: Nervosität, Schlafstörungen.

Lupuli strobulus ↗ Humulus lupulus.
Lupulon ↗ Humulus lupulus.
Lupulus communis ↗ Humulus lupulus.
Lupulus humulus ↗ Humulus lupulus.
Lupulus scadens ↗ Humulus lupulus.
Luteolin ↗ Flavonoide.
Luzerne ↗ Medicago sativa.

■ **Luzula pilosa** (L.) Willd.
(syn. *Juncus nemorosus, J. pilosus, J. vernalis, Luzula vernalis*); Aftersimse (syn. Haar-Hainsimse, Maarmarbel).

Fam.: Juncaceae.

Vork.: weltweit in den kalten und gemäßigten Klimazonen.

Hom.: ***Juncus pilosus*** HAB34, die frischen, im Frühjahr gesammelten Wurzeln.

Luzula vernalis ↗ Luzula pilosa.
Lychee ↗ Litchi chinensis.
Lychnis githago ↗ Agrostemma githago.
Lychnis officinalis ↗ Saponaria officinalis.
Lychnis saponaria ↗ Saponaria officinalis.
Lycii fructus ↗ Lycium barbarum.
Lycii radicis cortex ↗ Lycium chinense.
Lycioplesium pubiflorum ↗ Latua venenosa.

■ **Lycium barbarum** L.
(syn. *Lycium flaccidum, L. halimifolium, L. subglobosum, L. vulgare, Jasminoides flaccida*); Gemeiner Bocksdorn (syn. Teufelszwirn), s. Farbtafel S. 140, Bild 19.

Fam.: Solanaceae.

Vork.: weltweit in warmen Gebieten, bes. in Mittel- und Südamerika, Südeuropa, Mittelmeergebiet, Vorderasien, China, Japan, Korea.

Droge: ***Lycii fructus*** (syn. *Fructus Lycii*); Bocksdornbeeren (syn. Bocksdornfrüchte, Bocksdornkrautfrüchte), die getrockneten, reifen Früchte. Inh.: Withanolide, stickstoffhaltige Glykoside, Mineralien, Vitamine, Betain, Carotinoide. Anw.: In der traditionellen chinesischen Medizin wird die Droge bei Erschöpfungszuständen, Impotenz, Unfruchtbarkeit, Schwindel, Ohrensausen, Schwerhörigkeit, Sehschwäche, Blutarmut und Diabetes empfohlen.

Hom.: ***Lycium berberis*** HAB34; Bocksdorn, die frische, blühende Pflanze.

■ **Lycium chinense** Miller
(syn. *Jasminoides rhombifolium, Lycium rhombifolium*); Chinesischer Bocksdorn.

Fam.: Solanaceae.

Vork.: Ostasien, besonders China, Japan; in Europa als Zierpflanze kultiviert.

Drogen: ***1. Lycii radicis cortex*** (syn. *Cortex Lycii, Cortex Lycii radicis*); Bocksdornrinde, die getrocknete Wurzelrinde. Inh.: Kukoamin A, Lyciumamid, Lyciumin A und B, β-Sitosterol. Anw.: in der traditionellen chinesischen Medizin bei Fieberschüben, Nachtschweiß, Husten, Nasenbluten, Bluthochdruck, Pulpitis und Diabetes, aber auch bei Rheuma, Nephritis, Lungenentzündung und Tuberkulose. ***2. Folia Lycii*** (syn. *Lycium-chinense*-Blätter), die getrockneten Blätter. Inh.: Steroide, wie Withanolid A und B; Betain, Nicotianamin; Scopoletin. Anw.: in der traditionellen chinesischen Medizin und in Indien bei Schmerzen, entzündlichen Prozessen, bei Rheuma, Keuch- und Krampfhusten. Die frischen Blätter finden auch als Kochgemüse Verwendung und werden als Beilage zu Schweinefleisch gegessen.

Lycium flaccidum ↗ Lycium barbarum.
Lycium halimifolium ↗ Lycium barbarum.
Lycium rhombifolium ↗ Lycium chinense.
Lycium subglobosum ↗ Lycium barbarum.
Lycium vulgare ↗ Lycium barbarum.
Lycoperdon bovista ↗ Calvatia gigantea.
Lycoperdon cervinum ↗ Elaphomyces cervinus.
Lycoperdon giganteum ↗ Calvatia gigantea.

■ **Lycoperdon marginatum** Vitt.

Fam.: Lycoperdaceae.

Vork.: Mexiko.

Anw.: Die Tarahumara-Indianer benutzen diesen Pilz für magische Zwecke, um sich vermeintlich ungesehen anderen Menschen nähern zu können oder diese mit Krankheiten zu strafen.

Dabei sollen akustische Halluzinationen induziert werden. Bisher sind noch keine psychotropen Wirkstoffe aus der Droge isoliert worden.

Lycoperdon maximum ↗ Calvatia gigantea.
Lycoperdon proteus ↗ Calvatia gigantea.

■ **Lycopersicon esculentum** Mill.
(syn. *Lycopersicon lycopersicum, Solanum lycopersicum*); Tomate (syn. Liebesapfel, Paradiesapfel).

Fam.: Solanaceae.

Heim.: Mittelamerika, weltweit kultiviert.

Droge: ***Lycopersicon-esculentum-Blätter***; die frischen Blätter. Inh.: u. a. Alkaloide, z. B. Tomatin (26–104 mg pro 100 g Droge). Tomatin ist das Tetraglykosid von Tomatidin, einem Steroidalkaloid der Spirosolan-Gruppe. Anw.: in der afrikanischen Volksheilkunde bei Augenerkrankungen, in Indien bei Grippe.

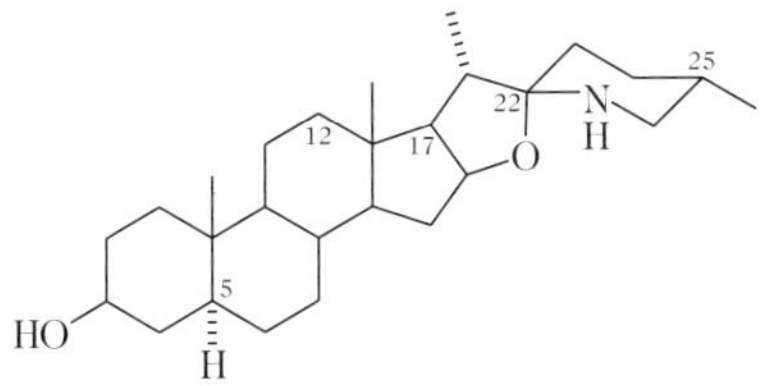

Tomatidin (22*S*,25*S*)

Hom.: ***Solanum lycopersicum*** HAB34, das frische Kraut zur Zeit der Blüte. Anw.-Geb.: Entzündungen der oberen Luftwege, Muskel- und Nervenschmerzen.

Lycopersicon lycopersicum ↗ Lycopersicon esculentum.
Lycopi europaei herba ↗ Lycopus-Arten.
Lycopi herba ↗ Lycopus-Arten.

■ **Lycopin**
(syn. Dicaroten), zu den Carotinoiden (Tetraterpene) gehörender, weitverbreiteter Pflanzenfarbstoff, der z. B. für die rote Farbe der Tomaten, Hagebutten, aber auch von Tieren (Marienkäfer) verantwortlich ist. L. kommt in geringen Mengen auch in der Butter, Leber, Serum und anderen tierischen Geweben vor. Anw.: als Lebensmittelfarbstoff und Kosmetikfarbstoff.

Lycopi virginici herba ↗ Lycopus-Arten.
Lycopodii herba ↗ Lycopodium clavatum.
Lycopodium ↗ Lycopodium clavatum.

■ **Lycopodium clavatum** L.
(syn. *Lepidotis clavata, Lycopodium officinale, L. vulgare*); Keulenbärlapp (syn. Drudenfuß, Erdmoos, Kolbenbärlapp).

Fam.: Lycopodiaceae.

Vork.: zirkumpolar in gemäßigten bis kalten Gebieten, Europa, Westasien.

Drogen: ***1. Lycopodii herba*** (syn. *Herba Lycopodii, Herba Musci clavati, Herba Musci terrestris*); Bärlappkraut (syn. Erdmoos, Gürtelkraut, Hexenkraut, Moosfarn, Schlangenkraut, Schlangenmoos), das getrocknete, im Mai und Juni gesammelte Kraut. Die Droge ist giftig! Inh.: Alkaloide (0,1–0,4 %, v. a. Lycopodin, Fawcettin und

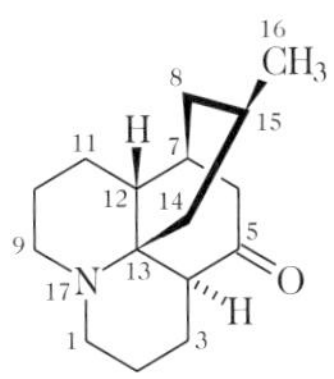

Lycopodin

ihre Derivate), Triterpene (α-Onocerin, Lycoclavatol und weitere Bisnoronoceran-Derivate), Fett, Sterole, Phenolcarbonsäuren, Azelainsäure, Flavonoide. Anw.: in der Volksheilkunde innerlich zur Diuresesteigerung bei Nieren- und Blasenleiden, Koliken, Erkrankungen der Harn- und Geschlechtsorgane, Menstruationsbeschwerden und Rheuma. In Indien auch gegen Impotenz. Äußerlich wurde die Droge bei Hautleiden und Ekzemen eingesetzt. Die Wirksamkeit ist nicht belegt. Wegen der toxischen Begleiterscheinungen

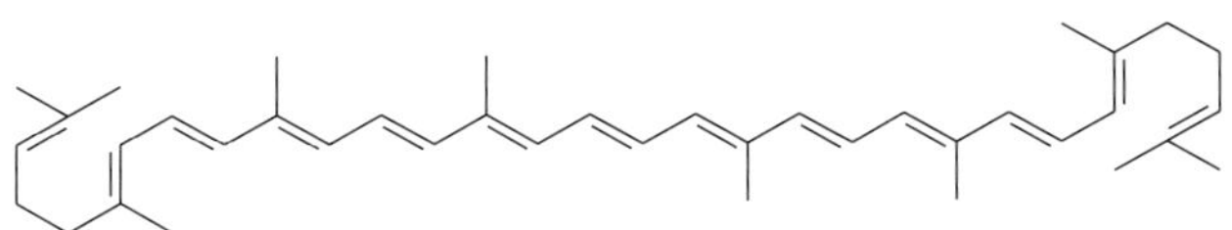

Lycopin

wird vom Gebrauch der Droge abgeraten. ***2. Lycopodium*** (syn. *Farina Lycopodii, Pulvis Lycopodii, Semen Lycopodii, Sporae Lycopodii, Sulfur vegetabile*), die reifen Sporen der Gattung Lycopodium. Inh.: nur Spuren von Alkaloiden, fettes Öl (40–50 %, v. a. Triglyceride ungesättigter Fettsäuren), Dihydrokaffeesäureester (ca. 3 %), Polyterpene (23–48 % Sporonin), Mineralien (v. a. Aluminiumsalze). *Anw.*: in der Volksheilkunde innerlich bei Nieren- und Blasenleiden, Koliken, Durchfällen und Rheumatismus sowie äußerlich als Wundstreupuder bei juckender Haut und nässenden Ekzemen. In der Galenik spielte die Droge eine große Rolle bei der Herstellung von Pillen, heute wird sie noch eingesetzt als Conspergens für Präservative und OP-Handschuhe sowie als Zusatz für Emulsionen. In der Kosmetik wird die Droge für Trockenshampoos und Gesichtspuder verwendet. In der Technik dient sie als Zusatz zu Feuerwerkskörpern bzw. in der Kriminalistik zusammen mit Carmin zum Sichtbarmachen von Fingerabdrücken.

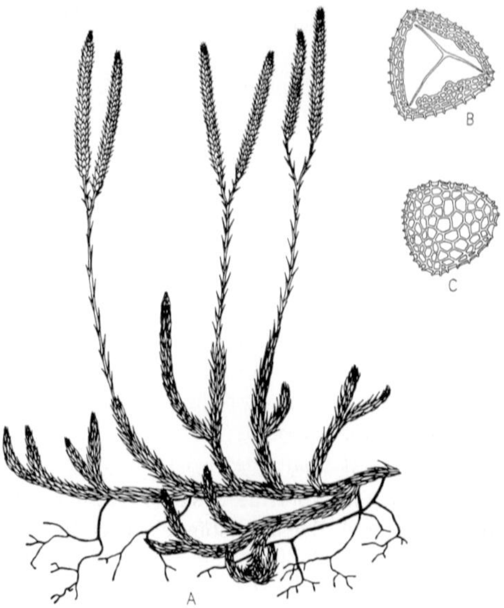

Lycopodium clavatum, Pflanze mit Sporophyllständen (A), Sporen in zwei Ansichten (B, C).

Hom.: ***Lycopodium clavatum*** HAB1 (syn. *Lycopodium*), die getrockneten, reifen Sporen. *Anw.-Geb.*: Entzündungen der Atemorgane, allgemeine Blutvergiftung, Folgen von Infektionskrankheiten, Entzündungen und Störungen des Leber-Galle-Systems, Verdauungsstörungen, Stoffwechselkrankheiten, Entzündungen der Harnorgane, Nierensteine, Krampfaderleiden, chronische und akute Hauterkrankungen, Regelstörungen und Entzündungen der weiblichen Geschlechtsorgane, Alterskrankheiten, Verhaltensstörungen und Verstimmungszustände.

Histor.: Unter dem Namen „Beerlap" wird die Pflanze 1539 im Kräuterbuch des Hieronymus Bock abgebildet. Als Hausmittel war die Droge seit langer Zeit geschätzt. Mitte des 16. Jh. wurde sie dann in die deutschen Apotheken eingeführt und insbesondere zur Wundbehandlung, aber auch zur Pillenfertigung verwendet. Bärlapp spielte im Aberglauben der osteuropäischen Völker eine recht große Rolle. So sollte er die Konzeption verhindern, den Ausgang von Gerichtsprozessen günstig beeinflussen und in die Strümpfe oder ins Bett gelegt, Gliederkrämpfe vermeiden. Der Gattungsname *Lycopodium* setzt sich auf Grund der dicht beblätterten Zweige aus dem griechischen *lykos* (Wolf) und *podion* (Füßchen) zusammen und drückt damit das wolfstatzenähnliche Aussehen der Pflanze aus. Auch die deutsche Bezeichnung Bärlapp nimmt darauf Bezug; *clavatum* (lat., keulenförmig) weist auf die keulenartigen Sporangienstände hin. Das Verpuffen der Bärlappsporen an der Flamme hat der Droge auch die Bezeichnungen Blitz- oder Hexenpulver eingebracht.

Lycopodium officinale ↗ Lycopodium clavatum.
Lycopodium selago ↗ Huperzia selago.
Lycopodium vulgare ↗ Lycopodium clavatum.

■ Lycopus-Arten

● **Fam.:** Lamiaceae (Labiatae).

● **Lycopus europaeus** L. (syn. *Lycopus aquaticus, L. palustris, L. vulgaris*); Wolfstrapp (syn. Gemeiner Wasserandorn, Gemeiner Wolfsfuß, Uferwolfstrapp, Wolfsfuß, Zigeunerkraut), s. Farbtafel S. 140, Bild 20.

Vork.: Eurasien, in Nordamerika eingebürgert.

Droge: ***Lycopi herba*** (syn. *Herba Lycopi, Herba Lycopi europaei, Herba Marrubii aquatici, Lycopi herba, Lycopi europaei herba*); *Lycopus-europaeus*-Kraut (syn. Wasserandornkraut, Wolfsfußkraut, Wolfstrappkraut, Zigeunerkraut), die zur Blütezeit gesammelten und getrockneten oberirdischen Teile. *Inh.*: Hydroxyzimtsäurederivate, u. a. *p*-Cumar-, Kaffee- und Rosmarinsäure, Flavonoide (ca. 2,3 %), u. a. Luteolin-7-glucosid und Luteolin-7-glucuronid sowie Flavonolglykoside, Cumarine, Gerbstoffe, Triterpene, u. a. Ursolsäure, sowie äther. Öl (ca. 0,2 %), u. a. mit Bornylacetat, Camphen, Campher, Geraniol, Limonen und Linalool. *Anw.*: leichte Schilddrüsenüberfunktion mit vegetativ-nervösen Störungen sowie prämenstruelle Spannungen und Schmerzen in den Brustdrüsen (Mastodynie). Volkstümlich auch bei Fieber.

Hom.: ***Lycopus europaeus*** HAB1; die frischen, oberirdischen Teile. *Anw.-Geb.*: bei Erkrankungen der Schilddrüse und des Herzens, u. a. Herzklopfen, besonders bei Schilddrüsenüberfunktion.

● **Lycopus virginicus** L. (syn. *Lycopus macrophyllus, L. uniflorus*); Virginischer Wolfsfuß (syn. Virginischer Wolfstrapp).

Vork.: Nordamerika, Kanada.

Droge: ***Herba Lycopi virginici*** (syn. *Lycopi virginici herba*); *Lycopus-virginicus*-Kraut (syn. Virginisches Wolfstrappkraut, Wolfstrappkraut), die zur Blütezeit gesammelten und getrockneten, oberirdischen Teile. *Inh.*: wenig äther. Öl, Lycopin (Glykosid), Harz, Gallussäure (ca. 10 %). *Anw.*: in der Volksheilkunde als Tonikum, Adstringens sowie bei leichter Hyperthyreose.

Hom.: ***Lycopus virginicus*** HAB1; Wolfstrappkraut, die zur Blütezeit geernteten frischen, oberirdischen Teile. *Anw.-Geb.*: bei Erkrankungen der Schilddrüse und des Herzens.

● **Lyopus lucidus** Turcz.

Vork.: gemäßigte Zonen Ostasiens und Nordamerikas.

Droge: ***Herba Lycopi*** (syn. *Lycopi Herba*); *Lycopus-lucidus*-Kraut, die zwischen Sommer und Herbst geernteten, getrockneten oberirdischen Pflanzenteile. *Inh.*: äther. Öl, u. a. mit Carvacrol, Caryophyllen, *trans*-Caryophyllen; Flavonoide, wie Linarin; Sterole, Triterpensäure, u. a. Betulinsäure, Euscapinsäure, Oleanolsäure und Tormentinsäure. *Anw.*: in der traditionellen chinesischen Heilkunde bei Regelstörungen, Amenorrhoe, schmerzhafter Regel, postparenteralen Stauungen und Unterleibsschmerzen sowie äußerlich als Wundheilmittel. In Japan werden die Wurzelstöcke der Pflanze gekocht und als Gemüse gegessen.

● **Histor.:** Mit der Gattungsbezeichnung *Lycopus*, die sich vom griechischen *lýkos* (Wolf) und *pous* (Fuß) ableitet, sollte die Ähnlichkeit der Zweigspitzen mit einem Tierfuß zum Ausdruck kommen.

■ **Lycosa fasciiventris** Duf.
(syn. *Tarantula fasciiventris, T. hispanica*); Tarantel.

Fam.: Lycosidae.

Vork.: Südeuropa, Nordafrika.

Inh.: das Toxin der Tarantel enthält Arachnolysin und Neurotoxine.

Hom.: ***Lycosa*** HAB; das ganze Tier. *Anw.-Geb.*: Erkrankungen des zentralen Nervensystems, des arteriellen Gefäßsystems sowie der weiblichen und männlichen Geschlechtsorgane (z. B. sexuelle Übererregbarkeit).

Lyonia calyculata ↗ Chamaedaphne calyculata.
Lyonnetia abrotanifolia ↗ Chamaemelum nobile.

■ **Lysergsäure**
tetracyclisches Indolderivat, das u. a. den Grundkörper für die Mutterkornalkaloide bildet und unter anderen auch in ↗ *Ipomoea violacea* vorkommt.

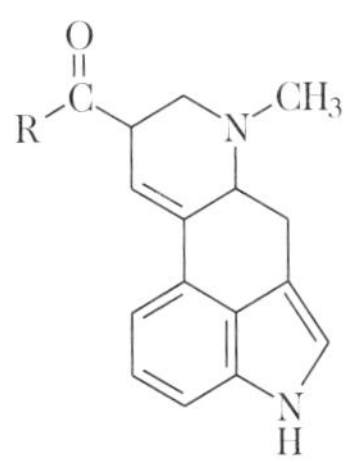

Lysergsäure: R = OH
LSD: R = $N(C_2H_5)_2$

■ **Lysergsäurediethylamid**
(LSD, Lysergid, Lysergamid), partialsynthetisches Lysergsäure-Derivat, das sehr starke Halluzinationen und Rauschzustände in geringsten Konzentrationen (25–100 μg) auslöst. LSD wird als Suchtmittel (↗ Sucht und Suchtdrogen biogenen Ursprungs) mißbraucht, der Verkehr ist daher unter Strafe gestellt.

Lysias bifolia ↗ Platanthera bifolia.
Lysimachia chamaenerion ↗ Epilobium-Arten.
Lysimachiae herba ↗ Lysimachia nummularia.
Lysimachiae nummulariae herba ↗ Lysimachia nummularia.

Lysimachia guestphalica ↗ Lysimachia vulgaris.
Lysimachia lutea ↗ Lysimachia vulgaris.
Lysimachia nemorum ↗ Lysimachia nummularia.

■ **Lysimachia nummularia** L.
(syn. *Ephemerum nummularia, Lysimachia nemorum, L. repens, L. rotundifolia, L. suaveolens, L. zavadskii, Nummularia centimorbia, N. officinalis, N. prostrata, N. repens*); Pfennigkraut (syn. Brautkranz, Egelkraut, Fuchsenkraut, Gelbe Striten, Goldchrut, Goldfelberich, Goldstrite, Hellerkraut, Kränzelkraut, Kranzkraut, Kranzlan, Kreuzerlan, Münzkraut, Natterchrut, Schlangen-Otter-Chrut, Schlangenwurzel, Tausenkrankheitskraut, Wischengold, Wundkraut), s. Farbtafel S. 140, Bild 21.
Fam.: Primulaceae.
Vork.: Kosmopolit.
Droge: ***Lysimachiae herba*** (syn. *Herba Lysimachiae, Herba Nummulariae, Lysimachiae nummulariae herba*); Pfennigkraut (syn. Goldfelberich, Münzkraut), die ganzen, zur Blütezeit gesammelten, getrockneten Pflanzen. *Inh.:* Flavonolglykoside, u. a. Rutosid und Hyperosid, freie Flavonole, u. a. Quercetin, Kämpferol und Myricetin sowie Triterpensaponine. *Anw.:* volkstümlich bei Husten und Diarrhoe, äußerlich zur Ekzem- und Wundbehandlung.
Hom.: ***Lysimachia nummularia*** HAB34, die frische, blühende Pflanze.
Histor.: Der Gattungsname wird Lysimachos, dem griechischen Feldherrn und Leibwächter Alexander des Großen, zugeschrieben, der nach dessen Tod König von Thrakien und Mazedonien wurde. Er soll die Pflanze entdeckt haben. Eingeführt in die Heilkunde wurde die Pflanze jedoch von den botanisch-medizinischen Klassikern des Mittelalters. Die damalige Bedeutung geht auch aus den verschiedenen Bezeichnungen der Pflanze wie *centimorbia* (hundert Krankheiten) hervor.

Lysimachia paludosa ↗ Lysimachia vulgaris.
Lysimachia repens ↗ Lysimachia nummularia.
Lysimachia rotundifolia ↗ Lysimachia nummularia.
Lysimachia sikokiana ↗ Agastache rugosa.
Lysimachia suaveolens ↗ Lysimachia nummularia.
Lysimachia thyrsiflora ↗ Lysimachia vulgaris.
Lysimachia tomentosa ↗ Lysimachia vulgaris.

■ **Lysimachia vulgaris** L.
(syn. *Lysimachia guestphalica; L. lutea, L. paludosa, L. thyrsiflora, L. tomentosa*); Gemeiner Gilbweiderich (syn. Gold-Gilbweiderich), s. Farbtafel S. 140, Bild 22.
Fam.: Primulaceae.
Vork.: Eurasien.
Droge: ***Lysimachia-vulgaris-Kraut***, das getrocknete Kraut. *Inh.:* β-Sitosterol, Stigmasterol, Rutin, Quercetin, Kämpferol, Myricetin. *Anw.:* in der Volksheilkunde bei Skorbut sowie gegen Durchfallerkrankungen. In der Kosmetik werden Extrakte aus der Droge für Haut- und Haarpflegemittel eingesetzt.

Lysimachia zavadskii ↗ Lysimachia nummularia.

■ **Lythrum salicaria** L.
Blutweiderich (syn. Roter Weiderich), s. Farbtafel S. 140, Bild 23.
Fam.: Lythraceae.
Vork.: Europa, Nordamerika.
Droge: ***Salicariae herba*** (syn. *Herba Salicariae*); Blutweiderichkraut, das getrocknete Kraut. *Inh.:* Gerbstoffe (ca. 5 %), Flavonoide, wenig äther. Öl. *Anw.:* volkstümlich als Antidiarrhoikum, Adstringens und Wundheilmittel.
Histor.: Der Gattungsname *Lythrum* leitet sich vom griechischen *lýthron* (schmutziges Blut, Mordblut) ab und ist wohl auf die dunkle Blütenfarbe und *salicaria* (*salix* = Weide) auf die an Weiden erinnernde Gestalt der Blätter zurückzuführen. Als Heilpflanze war *Lythrum salicaria* bereits im Altertum bekannt. So hat nach ↗ Plinius bereits Erasistrates die Pflanze als Mittel gegen Ekzeme benutzt.

■ **Lytta vesicatoria** L.
(syn. *Cantharis vesicatoria, Meloe vesicatoria*); Spanische Fliege (syn. Blasenkäfer, Pflasterkäfer), s. Farbtafel S. 140, Bild 24.
Fam.: Meloideae.
Vork.: Süd-, Mittel- und Osteuropa.
Droge: ***Cantharides*** (syn. Cantharis, Cantharis hispanica, Muscae hispanicae); Spanische Flie-

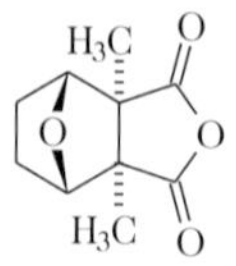

Cantharidin

gen (syn. Blasenkäfer, Grüne Kanthariden, Kanthariden, Pflasterkäfer), die getrockneten Käfer. Die Droge ist stark toxisch! Inh.: Cantharidin (0,6–0,9 %), ein Monoterpen, Fette, flüchtiges Öl, Farbstoffe, Harz. Anw.: zur Hautreiztherapie (Vesicans) in Form von Salben und Pflastern bei rheumatischen und neuralgischen Beschwerden. Die früher praktizierte Anwendung als Aphrodisiakum ist wegen der Gefahr tödlicher Vergiftungen und unsicherer Wirksamkeit abzulehnen.

Hom.: ***Lytta vesicatoria*** (syn. *Cantharis*) HAB1, die ganzen, getrockneten Käfer. Anw.-Geb.: Nierenerkrankungen, Reizblase, Verbrennungen, Angina, Rippenfellentzündungen, Schleimhautentzündungen.

M

Maarmarbel ↗ Luzula pilosa.
Macadamiaöl ↗ Macadamia ternifolia.

■ **Macadamia ternifolia** F. v. Muell.
Fam.: Proteaceae.
Vork.: Australien, in anderen tropischen Gebieten auch kultiviert.
Droge: ***Oleum Macadamiae***; Macadamiaöl (syn. Makadamiaöl), das durch Pressen gewonnene, evtl. raffinierte fette Öl aus den Samen, den sog. Macadamia-Nüssen. Es entspricht in der Qualität bestem Olivenöl. Anw.: zur Herstellung von Haut- und Körperpflegemitteln. Die Nüsse (Queensland Nuts, Queensland-Nüsse), dienen zudem als Genußmittel und werden auch in der Konditorei genutzt.

Macaglia quebracho ↗ Aspidosperma quebracho-blanco.
Macaglia quebracho-blanco ↗ Aspidosperma quebracho-blanco.
Macassarkerne ↗ Brucea amarissima.
Macauba-Öl ↗ Acrocomia sclerocarpa.
Maccarstrauch ↗ Cananga odorata.
Macella ↗ Achyrocline saturoides.
Machandel ↗ Juniperus communis.
Macidis aetheroleum ↗ Myristica fragrans.
Macis ↗ Myristica fragrans.
Macisbohne ↗ Monodora myristica.
Macisöl ↗ Myristica fragrans.
Maclura tinctoria ↗ Chlorophora tinctoria.
Maclura tricuspidata ↗ Cudrania tricuspidata.
Maconha Brava ↗ Zornia latifolia.
Macrocarpium officinale ↗ Cornus-Arten.
Macrocystis pyrifera ↗ Phaeophyta.
Macropiper latifolium ↗ Piper methysticum.
Macropiper methysticum ↗ Piper methysticum.
Macrotis octroides ↗ Cimicifuga racemosa.
Macrotis racemosa ↗ Cimicifuga racemosa.
Macrotis serpentaria ↗ Cimicifuga racemosa.

■ **Macrotomia cephalotes**
Fam.: Boraginaceae.
Vork.: Griechenland bis Transkaukasien.
Droge: ***Radix Alkannae syriacae***; Syrische Alkanna (syn. Türkische Alkanna), die Wurzeln. Inh.: Alkannin (ca. 9 %). Anw.: zur Gewinnung von Alkannin und als Färbemittel.

Madagaskar-Immergrün ↗ Catharanthus roseus.
Madagaskar-Sonnentau ↗ Drosera-Arten.
Madagassische Muskatnüsse ↗ Ravensara aromatica.
Mädchenhaarbaum ↗ Ginkgo biloba.
Mädesüß ↗ Filipendula ulmaria.
Mädesüßblüten ↗ Filipendula ulmaria.
Mädesüßkraut ↗ Filipendula ulmaria.
Madhuca butyracea ↗ Diploknema-Arten.
Madiaöl ↗ Madia sativa.

■ **Madia sativa** Mol.
Fam.: Asteraceae (Compositae).
Vork.: Chile, Nordamerika, Südeuropa, auch kultiviert.
Droge: ***Oleum Madiae***; Madiaöl, das fette Öl der Samen. Inh.: Triglyceride mit wenig ungesättigten Fettsäuren. Anw.: Speiseöl, Diätetikum; zur Seifenherstellung sowie als Schmier- und Brennöl.

Madonnenlilie ↗ Lilium candidum.
Madorius giganteus ↗ Calotropis-Arten.
Madorius procerus ↗ Calotropis-Arten.
Madrepora rubra ↗ Corallium rubrum.
Mafuratalg ↗ Trichilia emetica.
Mafureira oleifera ↗ Trichilia emetica.
Mägdeblume ↗ Chamomilla recutita.
Mägdeblumenkraut ↗ Chrysanthemum-Arten.
Magelhaenscher Zimt ↗ Drimys winteri.
Magellanischer Zimt ↗ Drimys winteri.
Magendistelsamen ↗ Silybum marianum.
Magenklee ↗ Menyanthes trifoliata.
Magenkraut ↗ Artemisia absinthium.
Magen- und Darmtee ↗ Species stomachicae.
Magenwein ↗ Vinum medicatum.
Magenwurz ↗ Acorus calamus.
Maggikraut ↗ Levisticum officinale.
Maggiwurzel ↗ Levisticum officinale.

■ **Magnolia acuminata** (L.) L.
Spitzblättrige Magnolie.
Fam.: Magnoliaceae.
Vork.: Nordamerika.
Droge: ***Magnolia-acuminata-Rinde***, die getrocknete Rinde von jungen Stämmen. *Inh.:* äther. Öl. *Anw.:* in der Volksheilkunde gegen Rheuma und Malaria sowie als Tonikum und Diaphoretikum.

■ **Magnolia biondii** Pamp.
(syn. *Magnolia fargesii*).
Fam.: Magnoliaceae.
Vork.: China.
Droge: ***Magnoliae flos***; *Magnolia-biondii*-Blüten, die getrockneten Blütenknospen. *Inh.:* Alkaloide, wie (+)-Coclaurin; Magnoflorin, Salicifolin, Yuzirin; Lignane, wie Demethoxyaschantin, Fargesin, Lirioresinol-B-dimethylether, Magnolin; äther. Öl. *Anw.:* in der chinesischen Volksheilkunde bei Kopfschmerzen, Sinusitis, allergischem Schnupfen und verstopfter Nase.

Magnolia conspicua ↗ Magnolia denudata.

■ **Magnolia denudata** Desr.
(syn. *Magnolia conspicua; M. heptapeta; M. yulan*).
Fam.: Magnoliaceae.
Vork.: China, in Japan kultiviert.
Droge: ***Magnoliae flos***; *Magnolia-denudata*-Blüten, die getrockneten Blütenknospen. *Inh.:* äther Öl (3,5–6,5 %), mit Citral, Cineol und Eugenol; Lignane, wie Aschantin, Demethoxyaschantin, Fargesin, Magnolion, Pinoresinoldimethylether. *Anw.:* in der traditionellen chinesischen Heilkunde lokal bei akuter oder chronischer Rhinitis, Sinusitis, bei Ekzemen und Hautjucken; bei Influenza, Hyposmien, Zahnschmerzen und Kopfschmerzen.

Magnoliae acuminatae cortex ↗ Magnolia glauca.
Magnoliae flos ↗ Magnolia biondii, ↗ Magnolia denudata.
Magnoliae grandiflorae cortex ↗ Magnolia grandifloria.
Magnolia fargesii ↗ Magnolia biondii.
Magnolia fragrans ↗ Magnolia glauca.
■ **Magnolia glauca** L.
(syn. *Magnolia fragrans, M. longifolia, M. virginiana*); Magnolie (syn. Blaugrüne Magnolie, Graugrüne Magnolie, Virginische Magnolie), s. Farbtafel S. 141, Bild 25.
Fam.: Magnoliaceae.
Vork.: Nordamerika, in Mittel- und Südeuropa auch kultiviert.
Drogen: *1.* ***Flores Magnoliae***; Magnolienblüten. *Inh.:* äther. Öl (0,04 %), herzwirksame Substanzen. *2.* ***Magnoliae acuminatae cortex***; *Magnolia-acuminata*-Rinde, die getrocknete Rinde. *Inh.:* äther. Öl mit Mono- und Sesquiterpenen, ferner Sesquiterpenlactone vom Germacranolidtyp, u. a. Costunolid und Parthenolid, Isochinolinalkaloide, Lignane und Neolignane.
Hom.: ***Magnolia glauca*** HAB34, die frischen Blüten. *Anw.-Geb.:* Rheumatismus, Herzschmerzen.

Magnolia gracilic ↗ Magnolia kobus.

■ **Magnolia grandifloria** L.
Großblütige Magnolie (syn. Immergrüne Magnolie).
Fam.: Magnoliaceae.
Vork.: USA, von Nord-Carolina bis Florida und Texas, in Europa als Ziergewächs kultiviert.
Droge: ***Magnoliae grandiflorae cortex***; *Magnolia-grandiflora*-Rinde, die getrocknete Rinde. *Inh.:* Alkaloide und Protoalkaloide, u. a. Magnoflorin und Menispermin, Lignane und Neolignane. *Anw.:* früher volkstümlich gegen Malaria, Bluthochdruck und Rheuma.

Magnolia heptapeta ↗ Magnolia denudata.
Magnolia hypoleuca ↗ Magnolia obovata.

■ **Magnolia kobus** DC.
(syn. *Magnolia gracilic, M. praecocissima, M. tomentosa*).
Fam.: Magnoliaceae.
Vork.: Japan, Korea.
Droge: ***Magnolia-kubus-Rinde***, die getrocknete Rinde. Inh.: Lignane, äther. Öl, Gerbstoffe. Anw.: in der Volksheilkunde bei Fieber, Kopfschmerzen, Erkältungen sowie zur Vorbeugung gegen Ansteckung bei Epidemien.

Magnolia longifolia ↗ Magnolia glauca.

■ **Magnolia obovata** Thunb.
(syn. *Magnolia hypoleuca*); Weißrückige Magnolie.
Fam.: Magnoliaceae.
Vork.: Japan.
Droge: ***Magnolia-obovata-Rinde***, die getrocknete Rinde. Inh.: äther. Öl (0,3 %), u. a. mit Bornylacetat, Camphen, Caryophyllenepoxid, Eudesmol, Limonen; Alkaloide, wie Annonain, Asimilobin, Glaucin, Liriodenin, Magnoflorin, Obovanin; Lignane, wie Honokiol, Magnolol, Magnolianin und weitere Sesquiterpen-Neolignane. Anw.: in der traditionellen japanischen und chinesischen Heilkunde bei Neurosen, gastrointestinalen Beschwerden, Kopfschmerzen, verstopften Nasen, als Antiemetikum, Magenmittel, Diuretikum, bei Fieber, Angst, Diarrhoe und Schlaganfall.

■ **Magnolia officinalis** Rehd. et Wils.
Fam.: Magnoliaceae.
Vork.: China.
Droge: ***Magnolia-officinalis-Rinde***, die in den Monaten Mai und Juni von 20 Jahre alten Bäumen geerntete Rinde. Danach wird die Rinde in einem Behälter erhitzt und zum Abkühlen mit Wasser bespritzt. Diese Prozedur wiederholt man dreimal und trocknet anschließend die Rinde in der Sonne. Inh.: Monoterpenyl-Lignane, wie Bornylmagnolol, Dipiperitylmagnolol, Piperitylhonokiol; Lignane, wie Magnaldedyd B und C, Magnolognan A, B, C, D und E; Norlignane, Dilignane, Hydroxybiphenyle, Sesquiterpen-Neolognane, äther. Öl, Alkaloide, wie Magnocurarin, Magnosprengerin, Salicifolin. Anw.: in der traditionellen japanischen und chinesischen Heilkunde bei Schlaganfall, Kopfschmerzen, gastrointestinalen Beschwerden, bei Kurzatmigkeit, als Beruhigungsmittel, Anthelmintikum, Aphrodisiakum, Tonikum, Diuretikum, Expektorans, bei Erkältungskrankheiten, Neurosen, Fieber und Lungenemphysem.

Magnolia praecocissima ↗ Magnolia kobus.
Magnolia tomentosa ↗ Magnolia kobus.
Magnolia virginiana ↗ Magnolia glauca.
Magnolia yulan ↗ Magnolia denudata.
Magnolie ↗ Magnolia glauca.
Magnolienblüten ↗ Magnolia glauca.
Magueygummi ↗ Puya chilensis.

■ **Mahonia aquifolium** (Pursh) Nutt.
(syn. *Berberis aquifolium, Odostemon aquifolium*); Mahonie, s. Farbtafel S. 141, Bild 26.
Fam.: Berberidaceae.
Heim.: Pazifisches Amerika, in Europa als Zierstrauch eingeführt.
Drogen: ***1. Mahoniae cortex*** (syn. *Cortex Mahoniae*), Mahoniarinde, die Ast- und Zweigrinde sowie die Zweigspitzen. Inh.: Isochinolinalkaloide (Wurzelrinde: 7 bis 16 %, Zweigrinde: 2 bis 4,5 %), besonders vom Protoberberintyp, u. a. Berberin, vom Aporphintyp, u. a. Magnoflorin sowie vom Bisbenzylisochinolintyp, u. a. Berbamin und Oxyacanthin. In der Zweigrinde dominieren Berberin und Magnoflorin. Anw.: in der

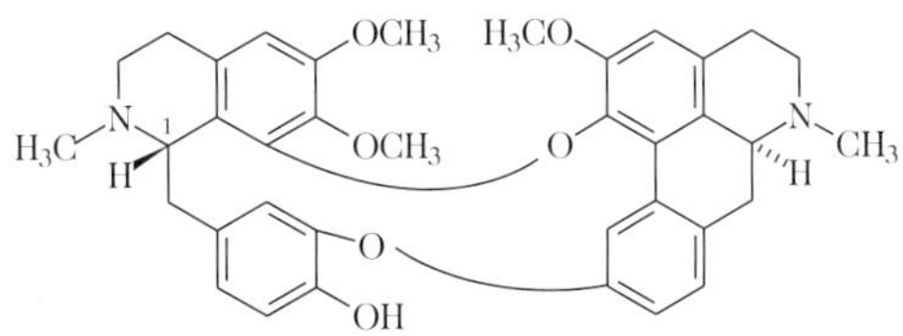

1αH: Berbamin

traditionellen Medizin der nordamerikanischen Indianer innerlich als Bittermittel bei Verdauungsstörungen und Hautausschlägen. Wegen des damit verbundenen mutagenen Risikos sollte die Droge auf diese Weise nicht genutzt werden. Auf Grund ihrer antiproliferativen Eigenschaften wird sie in Salbenform, hergestellt mit einer homöop. Urtinktur, topisch zur Behandlung der Psoriasis eingesetzt. ***2. Mahoniae radix*** (syn. *Radix Berberis aquifolii, Radix Mahoniae aquifolii*); Mahoniawurzel (syn. Gemeine Mahonienwurzel), die getrockneten Rhizome und Wurzeln. Inh.: Alkaloide (u. a. Berberin, Oxyacanthin, Berbamin), Proteine. Anw.: in der amerikanischen Volksheilkunde bei Fiebererkrankungen, Durchfällen, Dyspepsien, bei Gallenwegs-

und Harnwegsentzündungen sowie bei Hauterkrankungen.

Hom.: *Mahonia aquifolium* HAB1, die getrocknete Ast- und Zweigrinde und die getrockneten Zweigspitzen. Anw.-Geb.: trockene Hautausschläge, z. B. Schuppenflechte, zwischen den akuten Schüben sowie Leber- und Galleleiden.

Histor.: Der Gattungsname *Mahonia* ist nach dem amerikanischen Gärtner und Botaniker B.M.M. Mahon (1775–1816) benannt. Der Artname *aquifolium* setzt sich aus *acus* (Spitze) und *folium* (Blatt) zusammen und weist damit auf die stachelspitzigen Blattzähne hin.

Mahoniae cortex ↗ Mahonia aquifolium.
Mahoniae radix ↗ Mahonia aquifolium.
Mahoniarinde ↗ Mahonia aquifolium.
Mahoniawurzel ↗ Mahonia aquifolium.
Mahonie ↗ Mahonia aquifolium.
Ma Huang ↗ Ephedra-Arten.
Mahwafett ↗ Diploknema-Arten.

■ **Maianthemum bifolium** (L.) F.W. Schmidt Schattenblume (syn. Zweiblättrige Maiblume).

Fam.: Liliaceae.

Vork.: Europa, Nordasien.

Droge: die ganze Pflanze. Die Droge ist giftig! Inh.: herzwirksame Glykoside vom Digitalistyp, Cumarine. Anw.: in der Volksheilkunde als Diuretikum.

Maiapfel ↗ Podophyllum-Arten.
Maiblume ↗ Convallaria majalis, ↗ Taraxacum officinalis.
Maiblümel ↗ Primula-Arten.
Maiblumenblätter ↗ Epigaea repens.
Maiblumenkraut ↗ Convallaria majalis.
Maiglöckchen ↗ Convallaria majalis.
Maikäfer ↗ Melolontha vulgaris.
Maikraut ↗ Galium odoratum.
Maililie ↗ Convallaria majalis.
Maimoos ↗ Atriplex hortensis.
Mairania uva-ursi ↗ Arctostaphylos uva-ursi.
Mairose ↗ Rosa x centifolia.
Mais ↗ Zea mays.
Maisbrand ↗ Ustilago maydis.
Maisgriffel ↗ Zea mays.
Maiskeimöl ↗ Zea mays.
Maisöl ↗ Zea mays.
Maisstärke ↗ Zea mays.
Maiwurm ↗ Meloe proscarabaeus.
Majoran ↗ Origanum majorana.
Majorana crassa ↗ Origanum syriacum.
Majorana crassifolia ↗ Origanum syriacum.
Majorana cretica ↗ Origanum majorana, ↗ Origanum onites.
Majoranae aetheroleum ↗ Origanum majorana.
Majoranae herba ↗ Origanum majorana.
Majorana fragrans ↗ Origanum majorana.
Majorana hortensis ↗ Origanum majorana.
Majorana majorana ↗ Origanum majorana.
Majorana maru ↗ Origanum syriacum.
Majorana mexicana ↗ Origanum majorana.
Majorana nervosa ↗ Origanum syriacum.
Majorana onites ↗ Origanum onites.
Majorana orega ↗ Origanum onites.
Majorana oreja ↗ Origanum onites.
Majorana ovalifolia ↗ Origanum majorana.
Majorana scutellifolia ↗ Origanum syriacum.
Majorana smyrnaea ↗ Origanum onites.
Majorana suffruticosa ↗ Origanum majorana.
Majorana syriaca ↗ Origanum syriacum.
Majorana tenuifilia ↗ Origanum majorana.
Majorana vulgaris ↗ Origanum majorana.
Majorankraut ↗ Origanum majorana.
Majuschel ↗ Origanum vulgare.
Makadamiaöl ↗ Macadamia ternifolia.
Makassar-Macis ↗ Myristica argentea.
Makassar-Muskatnuß ↗ Myristica argentea.
Makassarnuß ↗ Myristica argentea.
Makassaröl ↗ Schleicheria trijuga.
Malabarischer Lackbaum ↗ Butea monosperma.
Malabarkardamome ↗ Elettaria cardamomum.
Malabarkino ↗ Pterocarpus-Arten.
Malabarsamen ↗ Elettaria cardamomum.
Malabarspinat ↗ Amaranthus-Arten.
Malabartalg ↗ Vateria indica.
Malabar-Zimt ↗ Cinnamomum-Arten.
Malaguetapfeffer ↗ Xylopia aethiopica.
Malaiische Grubenotter ↗ Ancrod.
Mali fructus ↗ Malus domestica.
Mali silvestris pericarpium ↗ Malus domestica.
Malloti glandulae ↗ Mallotus philippinensis.

■ **Mallotus japonicus** (Thunb.) Muell. Arg. (syn. *Croton japonicum*, *Rottlera japonica*).

Fam.: Euphorbiaceae.

Vork.: Japan, China, Korea, Südostasien.

Drogen.: *1. Mallotus-japonicus-Blätter*, die frischen oder getrockneten Blätter. Inh.: Gerbstoffe, wie Gallussäureester, Ellagitannine; Phenolcarbonsäurederivate, Phloroglucinderivate,

Polyprenole, wie Malloprenole; Rutin, Scopoletin. Anw.: in der japanischen Volksheilkunde innerlich bei Magengeschwüren, äußerlich bei Verbrennungen, Tumoren und Schwellungen. *2. Mallotus-japanicus-Pericarp*, die getrockneten Fruchtwände der Kapseln. Inh.: Phloroglucinderivate, wie Mallophenon, Mallotochromanol. Anw.: in der Volksheilkunde innerlich bei parasitären Wurmerkrankungen von Kindern und Haustieren. *3. Mallotus-japonicus-Rinde*, die frische oder getrocknete, zerkleinerte Rinde. Inh.: Gerbstoffe und ihre Vorstufen, wie Ellagitannine, Phenolcarbonsäurederivate, u. a. Furosin und Mallonin. Anw.: in der japanischen Volksheilkunde innerlich bei Magenschmerzen, Magen- und Duodenumgeschwüren sowie Tumoren.

■ **Mallotus philippinensis** (Lam.) Muell. Arg. (syn. *Croton coccineus, C. montanus, C. philippinensis, Echinus philippinensis, Rottlera affinis, R. aurantioca, R. manilensis, R. philippinensis, R. tinctoria*); Kamalabaum (syn. Kamalapflanze).

Fam.: Euphorbiaceae.

Vork.: Äthiopien, Südarabien, Indien, Sri Lanka, Südchina, Südostasien, Australien.

Drogen: *1. Glandulae Kamala* (syn. *Glandulae Rottlerae, Malloti glandulae, Rottlerae glandulae*); Kamala, die von der Frucht abgeriebenen Haarorgane (Drüsen und Haare). Inh.: Phloroglucinderivate (47–80 % Harze mit Rottlerin und

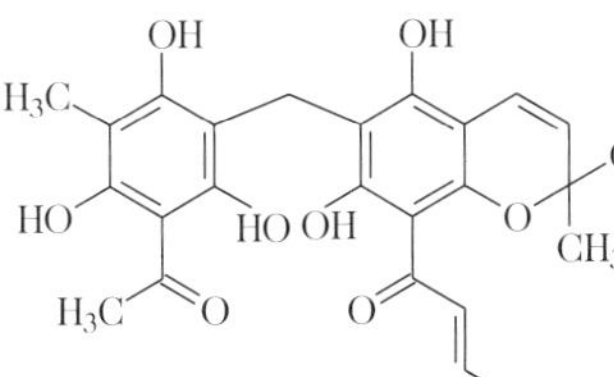

Rottlerin

Isorottlerin sowie ihren Derivaten), Glykoside, Gerbsäure, organische Säuren, Gummi, Zucker, Stärke, Wachs, Cellulose. Anw.: in der indischen und arabischen traditionellen Heilkunde bei Wurmbefall, Tumoren, Lepraläsionen, Miktionsstörungen und zur Empfängnisverhütung. Da die Wirkung unsicher ist, wird die Droge heute als obsolet betrachtet. In der Veterinärmedizin wurde die Droge bei Wurmerkrankungen von Haustieren eingesetzt, allerdings ist die Wirkung auch hier unsicher. *2. Mallotus-philippinensis-Samen*; die reifen Samen. Inh.: Cardenolide (0,08 %, v. a. Corotoxigeninrhamnosid), fettes, trocknendes Öl (20–30 % mit ungesättigten Fettsäuren), Phloroglucinderivate, v. a. Rottlerin, 4-Hydroxyrottlerin und Rubranin. Anw.: in der indischen Volksheilkunde zur Wundbehandlung bzw. bei Pilzinfektionen. In der Kosmetik wird das Öl zur Herstellung von Salben bzw. im Haushalt als Gewürz verwendet (Camulöl). Auch als Bestandteil von Firnissen oder als Brennöl kommt es zum Einsatz.

Hom.: *Kamala* HAB34, die braunroten, auf den Früchten sitzenden Drüsen und Büschelhaare. Anw.-Geb.: Hautausschläge.

Histor.: Der Kamalabaum diente in Indien seit altersher kultischen Zwecken und wird bereits 500 v. Chr. erwähnt. Die Verwendung der *Glandulae Kamala* für die Färberei wird häufig in alten Schriften genannt. Für arzneiliche Zwecke ist die Droge erst 1841 als wurmtreibendes Mittel empfohlen worden und dann 1864 in die englische bzw. 1882 in die deutsche Pharmakopöe aufgenommen worden. Der Gattungsname *Mallotus* leitet sich vom griechischen *mallotos* (langwollig) ab und nimmt Bezug auf die Früchte, die meist mit langen, weichen Stacheln besetzt sind. Die Drogenbezeichnung *Kamala* ist indischen Ursprungs.

■ **Mallotus repandus** (Willd.) Muell. Arg. (syn. *Croton repandus, C. volubilis*).

Fam.: Euphorbiaceae.

Vork.: Indien, Sri Lanka, Südchina, Taiwan, Malaysia, Australien.

Drogen.: *1. Mallotus-repandus-Blätter*, die frisch gepflückten oder getrockneten Blätter. Inh.: Diterpene, wie Mallotucin A; Gerbstoffe, Triterpene. Anw.: in der Volksheilkunde bei Entzündungen. *2. Mallotus-repandus-Zweige*, die frisch geschnittenen oder getrockneten Zweige. Inh.: Gerbstoffe, wie Bergenin; Triterpene, u. a. α-Amyrin, Friedelin, Ursolsäure sowie Sitosterol. Anw.: in der Volksheilkunde bei Entzündungen.

Malotenkraut ↗ Melilotus altissima.
Malottenkraut ↗ Melilotus officinalis.

■ **Malpighia glabra** L.
Barbados cherry.

Fam.: Malpighiaceae.

Vork.: Texas bis nördliches Südamerika, Westindien.

Inh.: Vitamin-C-reichste Frucht, im Fruchtfleisch bis zu 2 %, im Fruchtsaft bis zu 25 % Ascorbinsäure. Anw.: als natürliche Vitamin-C-Quelle in verschiedenen Zubereitungen, auch in Tablettenform, u. a. zur Vorbeugung von Erkältungskrankheiten.

■ **Malpighia punicifolia** L.
Acerolakirsche (syn. Barbados cherry).

Fam.: Malpighiaceae.

Vork.: Mexiko, Westindien, Venezuela, Peru, Guayana.

Droge: ***Manquittarinde*** (syn. Nancitterinde); die Rinde der Stämme und Äste. Inh.: Tannine (ca. 21 %); halluzinogene Stoffe unbekannter Struktur. Anw.: zum Gerben. Die Früchte besitzen etwa die gleichen Inhaltsstoffe wie ↗ *Malpighia glabra* und werden analog verwendet.

Malteserschwamm ↗ Cynomorium coccineum.

■ **Maltol**
Verbindung mit Karamelgeruch, die als Geruchsträger im Malz isoliert wurde und Bestandteil vieler Aromen ist, wie z. B. im Brot, Kaffee, Kakao oder Fleisch. M. wird aus Birkenteeröl oder Melasse isoliert oder synthetisch hergestellt. Anw.: als Aromaträger und Geschmacksverstärker in der Lebensmittelindustrie sowie als Zuckerersatzstoff.

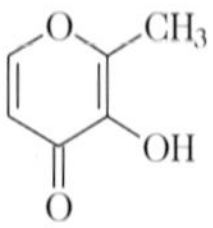

Maltol

■ **Maltose**
(Malzzucker, Maltobiose), Disaccharid aus zwei Molekülen Glucose zusammengesetzt. M. ist Grundbaustein der Stärke und des Glykogens, tritt

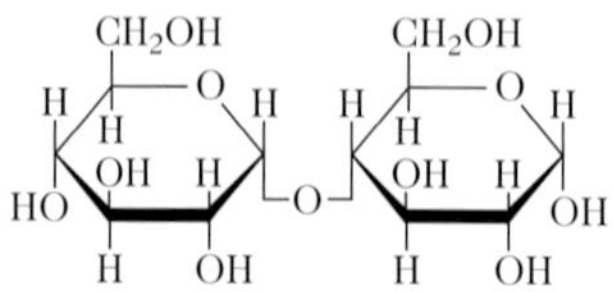

Maltose

in freier Form in höheren Pflanzen auf und ist ein Zwischenprodukt beim Stärkeabbau durch Amylasen. Anw.: als Diätetikum, Zusatz zu mikrobiellen Nährböden, Substrat für die Bierbrauerei, als Nähr- und Süßstoff.

Maltum ↗ Hordeum vulgare.
Maltum Hordei ↗ Hordeum vulgare.
Malus communis ↗ Malus domestica.

■ **Malus domestica** Borkh.
(syn. *Malus communis, M. pumila, M. sylvestris, Pyrus malus*); Apfelbaum.

Fam.: Rosaceae.

Vork.: Europa, Asien, Nordamerika, hauptsächlich kultiviert.

Drogen: ***1. Mali fructus*** (syn. *Fructus mali, Fructus Piri mali*); Apfel, die frischen Scheinfrüchte. Inh.: Amine (u. a. Spermin, Methylamin, Ethylamin), Phloretamid, Aminosäuren, Kohlenhydrate (Zucker, Polysaccharide, Pektine) organische Säuren, u. a. Äpfelsäure, Vitamine, Phenolcarbonsäuren, äther. Öl, Aromastoffe. Anw.: in der Volksheilkunde fein zerkleinert oder gerieben bei Diarrhoe, Dyspepsie oder Ernährungsstörungen von Kleinkindern. Im Haushalt wird die Droge als Obst gegessen bzw. zur Herstellung von Most, Wein und Marmeladen sowie zur Pektingewinnung eingesetzt. ***2. Malus-domestica-Fruchtschalen*** (syn. *Mali silvestris pericarpium, Pericarpium Piri mali*); Apfelschalen, die getrockneten Fruchtschalen. Inh.: Ester von Violaxanthin, Neoxanthin (Pigmente), Sitosterol. Anw.: als Bestandteil von Haustees und weiteren Teezubereitungen.

Malus pumila ↗ Malus domestica.
Malus sylvestris ↗ Malus domestica.

■ **Malva-Arten**

● **Fam.:** Malvaceae.

● **Malva neglecta** Wallr. (syn. *Malva rotundifolia, M. vulgaris*); Weg-Malve (syn. Gänse-Malve, Gemeine Malve, Hasenpappel, Kleine Käsepappel, Übersehene Malve).

Vork.: gemäßigte und subtropische Zonen beider Hemisphären.

Droge: ***Malvae folium***. Inhaltsstoffe und Anwendung s. *Malva sylvestris*.

● **Malva sylvestris** L. (syn. *Malva ambigua, M. elata, M. erecta, M. glabra, M. mauritiana, M. obtusa, M. ruderalis, M. vulgaris*); Große Käsepappel (syn. Roßpappel, Wilde Malve), s. Farbtafel S. 141, Bild 27.

Vork.: subtropische und gemäßigte Zonen beider Hemisphären.

Drogen: *1. Malvae flos* (syn. *Flores Malvae, Flos Malvae, Malvae flores*); Malvenblüten (syn. Blaue Pappelblumen, Käsepappelblüten, Roßpappelblüten, Waldmalvenblüten, Wilde Malvenblüten), die getrockneten Blüten. *Inh.:* Schleimstoffe (bis 10 %), Flavanoide, u. a. das Anthocyan Malvin, Gerbstoffe. *Anw.:* Schleimhautreizungen im Mund und Rachenraum, Reizhusten; Bestandteil von Brust- und Hustentees; früher auf Grund des Anthocyangehaltes industriell als Färbemittel, besonders in der Lebensmittelindustrie. *2. Malvae folium* (syn. *Folia Malvae, Folium Malvae, Malvae folia*); Malvenblätter (syn. Hasenpappelblätter, Käsekraut, Käsepappelblätter), die getrockneten Laubblätter. *Inh.:* Schleimstoffe (ca. 10 %), aufgebaut aus Galactose, Glucose, Arabinose Xylose und Rhamnose im Verhältnis 37:17:20:3:23 als Neutralzucker sowie ca 24 % Galacturonsäure. Außerdem Flavonoide, meist als Flavonolsulfate vorliegend, u. a. Gossypetin-3-*O*-β-D-glucuronid-3-sulfat, sowie Gerbstoffe. *Anw.:* Katarrhe der oberen Luftwege, Schleimhautreizungen im Mund- und Rachenraum sowie im Magen-Darm-Bereich. Zur ↗ Teezubereitung verwendet man als Einzelgabe 2 Teelöffel (3–5 g) Malvenblätter.

Hom.: *Malva äthanol. Infusum* HAB1; Malve, die getrockneten Blüten. *Anw.-Geb.:* anthroposophische Therapierichtung.

● **Histor.:** Der Gattungsname *Malva* entspricht dem griechischen *maláche*. Das deutsche Wort Malve ist der lateinischen Bezeichnung entlehnt. Der hohe Schleimgehalt der Droge hat bereits im Altertum das Interesse der Ärzte auf die Droge gelenkt, die sie als einhüllendes Mittel innerlich und äußerlich einsetzten. So ließ man auch bei Verstopfung Malvenblätter als Gemüse essen.

Malvae flores ↗ Malva-Arten.
Malvae flos ↗ Malva-Arten.
Malvae folia ↗ Malva-Arten.
Malvae folium ↗ Malva-Arten.
Malve ↗ Malva-Arten.
Malvenblätter ↗ Malva-Arten.
Malvenblüten ↗ Malva-Arten.
Malz ↗ Hordeum vulgare.
Mamillaria lewinii ↗ Lophophora williamsii.
Mamillaria williamsii ↗ Lophophora williamsii.

■ **Mamma HAB**
die getrockneten Milchdrüsen von Schlachttieren. *Anw.-Geb.:* nicht ausreichend belegt.

Mammilaria hemisphaerica ↗ Mammillaria heyderi.

■ **Mammillaria heyderi** Mühlpf.
(syn. *Mammilaria hemisphaerica*); Hikuri.

Fam.: Cactaceae.

Vork.: Mexiko, Mittelamerika.

Inh.: *N*-Methyl-3,4-dimethoxyphenylethylamin. *Anw.:* als „falsche Peyote" von den Ureinwohnern Mexikos zur Erzeugung visueller Halluzinationen bei besonderen Zeremonien eingesetzt.

Mammillaria micromeris ↗ Epithelantha micromeris.
Mamuranafett ↗ Bombax aquaticum.
Manacawurzel ↗ Brunfelsia uniflora.
Manakawurzel ↗ Brunfelsia uniflora.
Manchinellbaum ↗ Hippomane mancinella.
Mancinella ↗ Hippomane mancinella.
Mancinella venenata ↗ Hippomane mancinella.
Mandarine ↗ Citrus-Arten.
Mandelbaum ↗ Prunus-Arten.
Mandelkleie ↗ Prunus-Arten.
Mandelöl ↗ Prunus-Arten.
Mandioca dulcis ↗ Manihot esculenta.
Mandioca utilissima ↗ Manihot esculenta.
Mandioka ↗ Manihot esculenta.
Mandiokawurzel ↗ Manihot esculenta.
Mandragora ↗ Mandragora officinarum.

■ **Mandragora acaulis** ↗ Mandragora officinarum.

■ **Mandragora autumnalis** Bertol.
(syn. *Mandragora foemina, M. Haussknechtii, M. micricarpa*); Herbstalraune.

Fam.: Solanaceae.

Vork.: Mittelmeergebiete.

Droge: *Mandragora-autumnalis-Blätter*, die Blätter. Achtung, die Droge ist stark giftig! *Inh.:* Tropan-Alkaloide, wie Hyoscyamin. *Anw.:* früher in der Volksheilkunde als Betäubungsmittel und Hilsmittel für Zauber- und Liebestränke.

Hom.: *1. Mandragora, äthanol. Decoctum* HAB1, die getrockneten Wurzeln. *Anw.-Geb.:* Kopfschmerzen, Herz-Kreislauf-Erkrankungen, Verdauungsschwäche, Ischiasschmerzen. *2. Man-*

dragora e radice siccato HAB1, die getrockneten Wurzeln. Anw.-Geb.: s. *Mandragora*.

Histor.: *M. autumnalis* galt im Mittelalter als das „weibliche" Gegenstück zur „männlichen" ↗ *Mandragora officinarum*. Bereits ↗ Plinius berichtete im 1. Jh. n. Chr. über ihre psychoaktiven und medizinischen Eigenschaften, die bei Schlangenbissen, Verwundungen und zur Operationsvorbereitung ausgenutzt wurden.

■ **Mandragora caulescens** C.B. Clarke.

Fam.: Solanaceae.

Vork.: Nepal, Tibet, Birma, Westchina, Himalajagebiete.

Droge: ***Mandragora-caulescens-Wurzel***, die getrockneten Wurzeln. Inh.: Tropan-Alkaloide, wie Hyoscyamin (0,13 %), kaum Scopolamin und Cuscohygrin. Anw.: in der traditionellen chinesischen und tibetanischen Medizin bei Magenbeschwerden.

■ **Mandragora chinghaiensis** Kuang et A.M. Lu.

Fam.: Solanaceae.

Vork.: China und Tibet.

Droge: ***Mandragora-chinghaiensis-Kraut*** mit Wurzeln, die ganze Pflanze oder die Wurzeln. Inh.: Tropan-Alkaloide, u. a. Hyoscyamin und Scopolamin. Anw.: in der traditionellen chinesischen und tibetanischen Medizin gegen Schmerzen.

Mandragorae radix ↗ Mandragora officinarum.
Mandragora foemina ↗ Mandragora autumnalis.
Mandragora Haussknechtii ↗ Mandragora autumnalis.
Mandragora mas ↗ Mandragora officinarum.
Mandragora micricarpa ↗ Mandragora autumnalis.
Mandragora officinalis ↗ Mandragora officinarum.

■ **Mandragora officinarum** L.
(syn. *Atropa mandragora, Mandragora acaulis, M. mas, M. officinalis, M. praecox, M. vernalis*); Alraune.

Fam.: Solanaceae.

Vork.: Mittelmeerraum und angrenzende, frostfreie Gebiete.

Droge: ***Mandragorae radix*** (syn. *Radix Mandragorae*); Alraune (syn. Erdmännlein, Mandragora, Zauberwurzel), die getrockneten unterirdischen Teile der Pflanze. Die Droge ist stark giftig! Inh.: Alkaloide (0,2–0,6 %, v. a. Atropin, Hyoscyamin, Scopolamin, Cuscohygrin, Apoatropin, die *N*-Oxide von Hyoscyamin und Scopolamin). Anw.: In der Volksheilkunde wird die Droge bei Magengeschwüren, Koliken, Dysmenorrhoe, Asthma, Heufieber und Keuchhusten verwendet. Heute sind Mandragora-Zubereitungen obsolet.

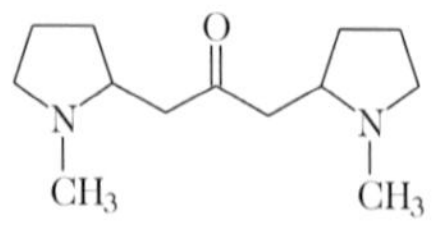

Cuscohygrin

Hom.: ***1. Mandragora*** HAB34; Alraun, das frische Kraut. Anw.-Geb.: Verdauungsbeschwerden, Kopfschmerzen. ***2. Mandragora äthanol. Decoctum*** HAB1, die getrockneten Wurzeln. Anw.-Geb.: anthroposophische Therapierichtung. ***3. Mandragora e radice siccato*** HAB1, die getrockneten Wurzeln. Anw.-Geb.: Kopfschmerz, Herz-Kreislauf-Beschwerden, Verdauungsschwäche bei Leber-Galle-Störungen, Ischiasschmerz.

Histor.: Mandragora gehört zu den ältesten Arzneipflanzen überhaupt, sie wird bereits im ↗ Papyrus Ebers als „dja-dja" geführt und Pythagoras nennt sie die „menschenähnliche". Darüber hinaus war sie eine der wichtigsten Zaubermittel im Kult der verschiedenen Völker. Nach dem jüdischen Geschichtsschreiber Josephus Flavius soll das in der Bibel erwähnte „Dudaim" die Alraune gewesen sein, die als Aphrodisiakum genutzt wurde. Er berichtet auch darüber, daß man die Mandragora nicht selbst aus dem Boden ziehen dürfe, sondern mit Hilfe eines schwarzen Hundes müsse die Wurzel geerntet werden, der daran sterben würde. Mandragora wurde vor allem als Analgetikum und Schlafmittel medizinisch verwendet. Außerdem schnitzte man aus der Alraunwurzel Figuren, die als glückbringende Zaubermittel sorgsam gepflegt wurden (z. B. wöchentlich in Wein gebadet, mit teuren Stoffen bekleidet waren, etc.). Der Gattungsname *Mandragora* wurde bereits bei ↗ Hippokrates benutzt und setzt sich aus dem griechischen *mandra* (Hürde; vermutlich Schäferhütte im Gebirge) und *agora* (Versammlung) zusammen, offenbar deshalb, da die Pflanze oft in der Nähe der Hütten gefunden wurde.

Mandragora praecox ↗ Mandragora officinarum.
Mandragora vernalis ↗ Mandragora officinarum.
Mandschurische Aralie ↗ Aralia-Arten.

■ **Mangifera indica** L.
Mangobaum.

Fam.: Anacardiaceae.

Vork.: tropisches Asien, Afrika, Brasilien.

Droge: Blätter und Rinde. Inh.: Flavonoide, v. a. Kämpferol, Quercetin und Mangiferin; Aminosäuren, Chinasäure, Gallussäure, Protocatechusäure, Gallotannine. Anw.: zum Färben und in der Gerberei. Der Mangobaum zählt zu den wichtigen Obstgehölzen der Tropen.

Histor.: In Indien gewinnt man seit langer Zeit den gelben Farbstoff Piuri (Indischgelb) aus dem Harn von Kühen, die ausschließlich mit Mangobaumblättern gefüttert werden. Dieser giftige Farbstoff ist das Magnesium- und Calciumsalz der Euxanthinsäure oder des Euxanthons. Er wurde in der Kunstmalerei bis etwa 1920 verwendet. Die Tiere gehen allerdings nach längerer Mangofütterung zugrunde.

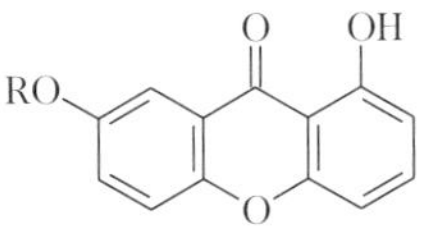

Euxanthon: R = H
Euxanthinsäure: R = Glucuronyl

Manglerinde ↗ Rhizophora mangle.
Mangobaum ↗ Mangifera indica.
Mangostinen ↗ Garcinia mangostana.
Mangroven ↗ Rhizophora mangle.
Mangrovenrinde ↗ Bruguiera gymnorrhiza, ↗ Rhizophora mangle.
Manihot amylum ↗ Manihot esculenta.
Manihot edule ↗ Manihot esculenta.

■ **Manihot esculenta** Crantz
(syn. *Janipha manihot, Jatropha janipha, J. manihot, Mandioca dulcis, M. utilissima, Manihot edule, M. utilissima*); Maniok (syn. Cassava, Mandioka, Tapioka).

Fam.: Euphorbiaceae.

Heim.: Amazonasgebiet und Zentralamerika, kultiviert weltweit in Tropen und Subtropen.

Drogen: ***1. Manihot amylum*** (syn. *Amylum Manihot*); Manihotstärke (syn. Cassavastärke, Maniokstärke, Para-Arrowroot-Stärke, Brasilianisch-Arrowroot-Stärke, Tapiokastärke), die aus den Knollen gewonnene Stärke. Anw.: als Diätetikum, u. a. bei Störungen im Magen-Darm-Bereich. Ferner in der Kosmetik als Pudergrundlage sowie im Haushalt, z. B. als Sago. In der Technik u. a. zur Herstellung von Dextrinen und Klebstoffen. ***2. Manihot-Knollen*** (syn. Brasilianische Pfeilwurzel, Cassavawurzel, Mandiokawurzel, Maniokwurzel), die zerkleinerten Knollen. Inh.: Kohlenhydrate (ca. 32 %), geringe Mengen Proteine und Lipide, Vitamine, u. a. B_1 und C, sowie cyanogene Glykoside. Anw.: in den Heimatgebieten sehr universell, u. a. bei Diarrhöen, Abszessen und Ekzemen, Erkrankungen der Leber sowie in abgekochter Form als Kräftigungs- und Nahrungsmittel.

Hom.: ***Manihot*** HAB34, der Milchsaft der frischen Wurzel.

Manihot-Knollen ↗ Manihot esculenta.
Manihotstärke ↗ Manihot esculenta.
Manihot utilissima ↗ Manihot esculenta.
Manilacopal ↗ Agathis-Arten.
Manilacopalöl ↗ Agathis-Arten.
Manila-Elemi ↗ Canarium luzonicum.
Manilakopal ↗ Agathis-Arten.
Manilaöl ↗ Cocos nucifera.

■ **Manilkara zapota** (L.) van Royen
(syn. *Achras zapota, Manilkara zapotilla, Sapota achras*); Sapotillbaum (syn. Breiapfelbaum).

Fam.: Sapotaceae.

Vork.: tropisches Amerika, bes. Mexiko.

Droge: ***Gummi Sapotae***; Chicle (syn. Chiclegummi, Sapotillgummi), der eingedickte Latex (Milchsaft) der Stammrinde. Inh.: Harz (ca. 38 %), Kautschuk (ca. 15 %, ein Gemisch verhältnismäßig niedermolekularer *cis*- und *trans*-Polyisoprene) sowie Gummisubstanzen (ca. 10 %) und Stärke. Anw.: zur Herstellung von Kaugummi und von chirurgischem Material. Die Früchte dienen auch als Obst (Breiäpfel).

Manilkara zapotilla ↗ Manilkara zapota.
Maniok ↗ Manihot esculenta.
Maniokstärke ↗ Manihot esculenta.
Maniokwurzel ↗ Manihot esculenta.
Manna ↗ Fraxinus-Arten, ↗ Tamarix-Arten.
Mannaesche ↗ Fraxinus-Arten.
Mannitol ↗ Fraxinus-Arten.
Männliches Farnkraut ↗ Dryopteris filix-mas.
Manns-Knabenkraut ↗ Orchis-Arten.
Mannskraft ↗ Hypericum perforatum.
Mannstreu ↗ Eryngium-Arten.
Mannstreukraut ↗ Eryngium-Arten.

Manquittarinde ↗ Malpighia punicifolia.

■ **Mansonia altissima** A. Chevalier.
Fam.: Sterculiaceae.
Vork.: Afrika, besonders Liberia bis Zentralafrika.
Droge: Stammrinde und Samen. *Inh.:* Strophanthidin-Glykoside, wie die Mansonine; Sesquiterpen-Chinone, wie die Mansonone; Gerbstoffe, Strophallosid. *Anw.:* Bestandteil afrikanischer Pfeilgifte mit beträchtlicher Toxizität.

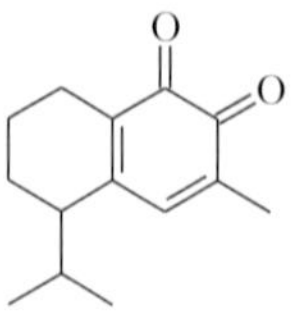
Mansonon A

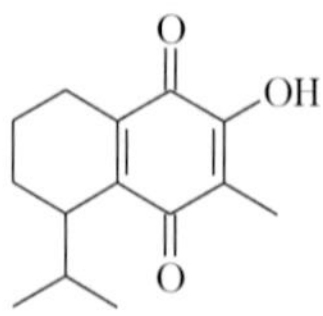
Mansonon B

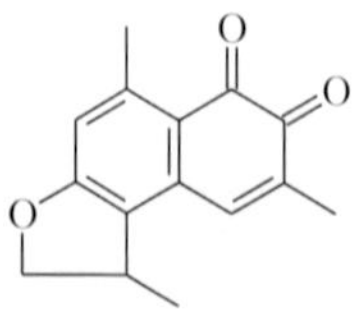
Mansonon D

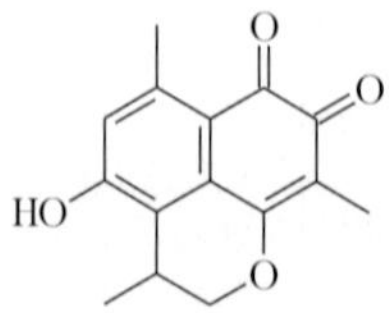
Mansonon H

Histor.: Die Zubereitung des Pfeilgiftes geschah früher unter mancherlei geheimnisvollen rituellen Begleitumständen (sexuelle Enthaltsamkeit, besondere Reinigungsriten, Nahrungskarenz, etc). Heute stellen die Buschmänner und Jäger das Gift einfacher in ihren Lagern her, wobei Mansonia-Bäume als Drogenquelle genutzt werden, in deren Nähe tote Schmetterlinge liegen. Der zunächst bereitete Rindensaft soll, auf die Nasenspitze aufgebracht, ein stechendes Gefühl verursachen, wenn die Herstellung erfolgreich war. Die Giftbereitung kann mit heißem oder kaltem Wasser erfolgen, in jedem Fall wird *Mansonia altissima* aber mit anderen Drogen gemischt.

Manuka-Öl ↗ Leptospermum scoparium.
Manzanillbaum ↗ Hippomane mancinella.
Manzinella ↗ Hippomane mancinella.

■ **Mappia foetida** Miers.
Fam.: Nyssaceae.
Vork.: Indien, China.
Droge: die ganze Pflanze. *Inh.:* Camptothecin (0,1 %), 9-Methoxycamptothecin, Mappicin. *Wirk.:* Camptothecin hemmt die eukaryotische DNA-Topoisomerase I und damit die Zellproliferation. *Anw.:* Wegen der antileukämischen und cancerostatischen Wirksamkeit wird Camptothecin neuerdings in der klinischen Therapie von Tumoren eingesetzt. Formel ↗ *Camptotheca acuminata*.

■ **Maprounea africana** Muell. Arg.
(syn. *Maprounea obtusa, M. vaccinioides*).
Fam.: Euphorbiaceae.
Vork.: Zentral- und Ostafrika.
Droge: ***Maprounea-africana-Wurzel***, die frischen oder getrockneten Wurzeln. *Inh.:* Diterpene, wie Bershacolon, Koumbalon A und B; Triterpene, wie Maprounsäure und Derivate. *Anw.:* in der afrikanischen Volksheilkunde äußerlich bei Augenerkrankungen, innerlich bei Syphilis und zur verstärkten Darmentleerung.

Maprounea obtusa ↗ Maprounea africana.
Maprounea vaccinioides ↗ Maprounea africana.

■ **Maquira sclerophylla** (Ducke) C. C. Berg
(syn. *Olmedioperebea sclerophylla*).
Fam.: Moraceae.
Vork.: tropisches Südamerika.
Anw.: Die Indianer im brasilianischen Amazonasgebiet bereiteten früher aus den Früchten dieses Urwaldbaumes ein stark halluzinogenes Schnupfpulver, das bei Stammeszeremonien eingesetzt wurde.

Maraba ↗ Kaempferia galanga.
Maracuja ↗ Passiflora edulis.
Maralhirsch ↗ Cervus asiaticus.

■ **Maranta arundinacea** L.
(syn. *Maranta indica, M. protracta, M. ramosissima, M. silvatica*); Jamaika-Arrowroot (syn. Pfeilwurz, Pfeilwurzel, Westindischer Salep, Westindisches Arrowroot).
Fam.: Marantaceae.
Vork.: tropisches Amerika, heute in allen tropischen Gebieten kultiviert.
Droge: ***Marantae amylum*** (syn. *Amylum Marantae*); Marantastärke (syn. Sankt-Vincent-Arrowroot; Westindisches Arrowroot, Westindisches Pfeilwurzelmehl), die Stärke aus den Wurzelknollen. *Inh.:* Stärke (ca. 85 %), Wasser (ca. 14 %), Eiweiß (ca. 0,7 %), Fett (ca. 0,2 %). *Anw.:*

als Diätetikum bei Magen- und Darmerkrankungen, bei Diarrhoe von Kleinkindern. In der Galenik wird die Droge auch als Tablettierhilfsstoff sowie als Zusatz zu Kontrastmitteln eingesetzt. In der Lebensmittelindustrie wird die Marantastärke als Bindemittel für feine Backwaren sowie in der Schokoladenherstellung verwendet.

Hom.: ***Maranta arundinaceae*** HAB34, der getrocknete Wurzelstock.

Marantae amylum ↗ Maranta arundinacea.
Maranta galanga ↗ Alpinia galanga.
Maranta indica ↗ Maranta arundinacea.
Maranta protracta ↗ Maranta arundinacea.
Maranta ramosissima ↗ Maranta arundinacea.
Maranta silvatica ↗ Maranta arundinacea.
Marantastärke ↗ Maranta arundinacea.

■ **Marchantia polymorpha** L.
Brunnenlebermoos (syn. Sternlebermoos).

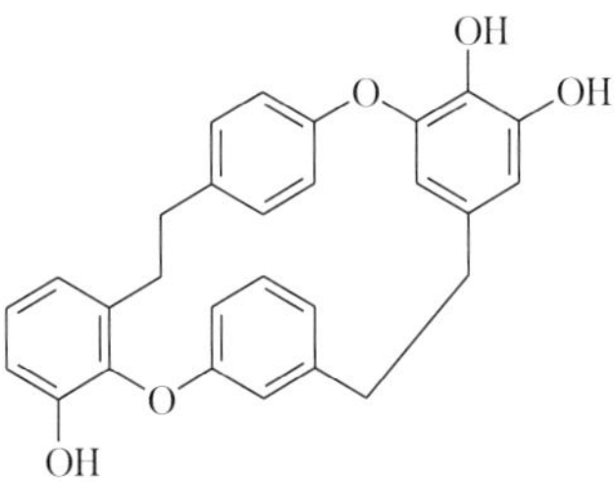

Marchantin A

Fam.: Marchantiaceae.
Vork.: weltweit verbreitet.
Inh.: Terpenoide, besonders Sesquiterpene, Flavonoide, Bibenzyle, Bisbibenzyle (Marchantin A), phenolische Verbindungen, Fettsäuren.
Hom.: ***Marchantia polymorpha*** HAB34; die frische Pflanze.

Marenklatte ↗ Viscum album.
Marentaken ↗ Viscum album.
Marfimöl ↗ Agonandra brasiliensis.
Margarospermum officinale ↗ Lithospermum officinale.
Margosaöl ↗ Antelaea azadirachta.
Mariana mariana ↗ Silybum marianum.
Maricubalsam ↗ Calophyllum inophyllum.
Marienbalsam ↗ Chrysanthemum-Arten.
Marien-Bettstroh ↗ Chrysanthemum-Arten.
Marienblatt ↗ Chrysanthemum-Arten.
Mariendistel ↗ Silybum marianum.
Mariendistelkraut ↗ Silybum marianum.
Marienglöckchen ↗ Convallaria majalis.
Marienherzwurzel ↗ Dicentra canadensis.
Marienkörner ↗ Silybum marianum.
Marienkraut ↗ Chrysanthemum-Arten, ↗ Teucrium-Arten.
Marienmantel ↗ Alchemilla xanthochlora.
Marienrose ↗ Calendula officinalis.
Marienwurzel ↗ Chrysanthemum-Arten.
Marihuana ↗ Cannabis sativa.
Marille ↗ Prunus-Arten.

Marine Wirkstoffe

Ulrike Lindequist

Einführung

Marine Wirkstoffe sind chemische Verbindungen, die von Organismen des marinen Lebensraumes gebildet werden können und die im lebenden Organismus biologische Wirkungen hervorrufen. In Abhängigkeit von der Dosis sind sie als Arzneistoffe oder als Gifte für den Menschen von Bedeutung.

Bis jetzt ist nur ein Bruchteil der im Meer existierenden Organismenarten bekannt. Die Zahl der in dieser Umgebung lebenden Bakterienarten wird auf 400 000 bis 3 Millionen und die der Algenarten auf 200 000 bis 10 Millionen geschätzt. Auch die Vielfalt der Meerestiere ist sehr groß. Von den 34 bekannten Phyla der Tiere sind 33 in diesem Lebensraum vertreten, 15 kommen ausschließlich im Meer vor. Die Zahl der noch unbekannten marinen Tierarten, die größer als 0,3 mm sind, wird auf ca. 500 000 geschätzt.

Die Organismen zeichnen sich durch hohe biologische und chemische Diversität aus. Bis jetzt sind mehr als 6000 chemische Verbindungen aus marinen Organismen identifiziert worden. Über ihre Biogenesewege gibt es nur wenige Untersuchungen.

Pharmazeutisch bedeutsame Meeresprodukte werden bis heute vorwiegend wegen ihrer physiko-chemischen Eigenschaften (z. B. Agar und ↗ Carrageenan aus Rotalgen, ↗ Alginsäure aus Braun-algen) oder ihres Gehaltes an basischen Polypeptiden (Protamine aus Fischen) genutzt. Weitere haben ernährungsphysiologischen Wert und werden aufgrund ihres Gehaltes an Vitaminen (z. B. Vitamine A und D in Fischlebertranen), mehrfach ungesättigten Fettsäuren (z. B. Eicosapentaensäure und Docosahexaensäure in Fischölen, Kaltwasserfischen, biotechnologisch herstellbar z. B. in Kulturen von Dinoflagellaten) oder Carotinoiden (Farbstoffe des Hummer, biotechnologisch gewinnbar z. B. mit Hilfe von Algenkulturen) verwendet. Gerüstsubstanzen aus Korallenskeletten werden als bioabsorbierbare Materialien in der Knochenchirurgie eingesetzt. Die Nucleosidderivate Spongouridin und Spongothymidin aus dem Schwamm *Cryptothetia crypta* dienten als Vorbild für die Synthese des Virostatikums Arabinosid A, das vor mehr als 20 Jahren in die Therapie von Viruserkrankungen eingeführt wurde. Erwähnenswert ist auch der hohe Gehalt an Prostaglandinen in der karibischen Hornkoralle ↗ *Plexaura homomalla*.

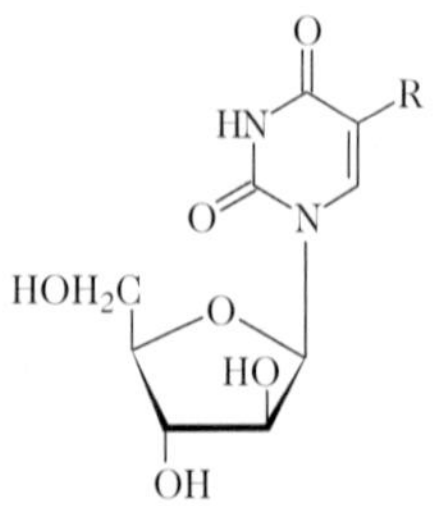

Spongouridin: R = H
Spongothymidin: R = CH_3

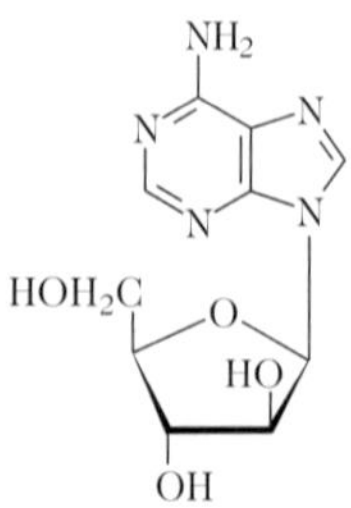

Arabinosid A

Die intensive Suche nach marinen Wirkstoffen von möglicher therapeutischer Relevanz begann erst in den 70er Jahren. Seitdem ist die Zahl neu aufgefundener Substanzen in starker Zunahme begriffen. Folgende Organismengruppen aus dem Tierreich scheinen besonders reich an biologisch aktiven Verbindungen zu sein: *Porifera* (Schwämme; aus ihnen oder mit ihnen vergesellschafteten Organismen stammen ca. 40 % aller bisher bekannt gewordenen Verbindungen mariner Herkunft), *Tunicata* (Manteltiere, darunter *Ascidiaceae*, Seescheiden), *Bryozoa* (Moostierchen), *Cnidaria* (Nesseltiere, darunter die Korallentiere), *Echinodermata* (Stachelhäuter). Unter den wirkstoffbildenden marinen Mikroorganismen sind Bakterien, Cyanobakterien und Pilze zu nennen. Im Pflanzenreich zeichnen sich einige *Rhodophyta* (Rotalgen) und *Phaeophyta* (Braunalgen) durch ihre Fähigkeit zur Bildung halogenhaltiger und weiterer Verbindungen aus. Die an Wirkstoffen reichen Panzergeißler (*Dinophyceae, Pyrrhophyceae*) werden entweder den Algen (*Phycophyta*) oder als *Dinoflagellata* dem Tierreich zugeordnet. In vielen Fällen herrscht noch Unklarheit darüber, welche Organismen von Lebensgemeinschaften die eigentlichen Stoffproduzenten sind.

Hinsichtlich der geographischen Verbreitung stammen die Organismen, aus denen bisher marktfähige Naturstoffe gewonnen werden konnten, vornehmlich aus dem Pazifik (ca. 50 %), dem nordwestlichen Atlantik (ca. 30 %) sowie aus dem Indischen Ozean, dem Roten Meer und dem Mittelmeer (zusammen ca. 20 %). Die Lebewesen der übrigen Meere wurden bisher kaum untersucht.

Die Strukturvielfalt der marinen Wirkstoffe ist außerordentlich hoch. Oftmals handelt es sich um strukturell neuartige Verbindungen, die aus terrestrischen Lebewesen noch nicht isoliert worden sind. Häufig auftretende Stoffklassen sind Alkaloide, Peptide und Proteine, Aminosäuren, Nucleoside, Polyketide, Steroide, Terpene und Polysaccharide.

Auch die bisher gefundenen biologischen Aktivitäten weisen auf ein insgesamt breites Wirkungsspektrum hin. Marine Wirkstoffe verfügen z. B. über zytostatische/zytotoxische, antibakterielle, antifungale, antivirale, enzymhemmende, antiinflammatorische und immunmodulierende Eigenschaften. Diese biologisch aktiven Metabolite dürften für den Produzenten, der oft ortsunbeweglich ist oder in Konkurrenz mit anderen Lebewesen und Angreifern lebt, entscheidende Selektionsvorteile bringen.

Beispiele

Zu den Substanzen mit vorwiegend zytostatischer Wirkung gehören die Bryostatine, die Didemnine, die Ecteinascidine sowie Halichondrin

B, Eleutherosid, Discodermide und Halomon. Die Verbindungen sind als potentielle Mittel zur Krebsbehandlung von Interesse.

Bei den Bryostatinen handelt es sich um Makrolide (biogenetisch vermutlich Polyketide), die zuerst aus dem Moostierchen *Bugula neritina* isoliert wurden, möglicherweise jedoch von Dinoflagellaten produziert werden. Besonders gut untersucht ist Bryostatin-1. Es aktiviert die Proteinkinase C ohne tumorpromovierend zu sein und hemmt konzentrationsabhängig die Proliferation von Tumorzellen (IC 50 P 388-Zellen 0,89 µg/ml). Außerdem wird die Differenzierung von Immunzellen gefördert. Die Verbindung kann mit Hilfe von Kulturen von *Bugula neritina* biotechnologisch gewonnen werden und befindet sich in der klinischen Prüfung.

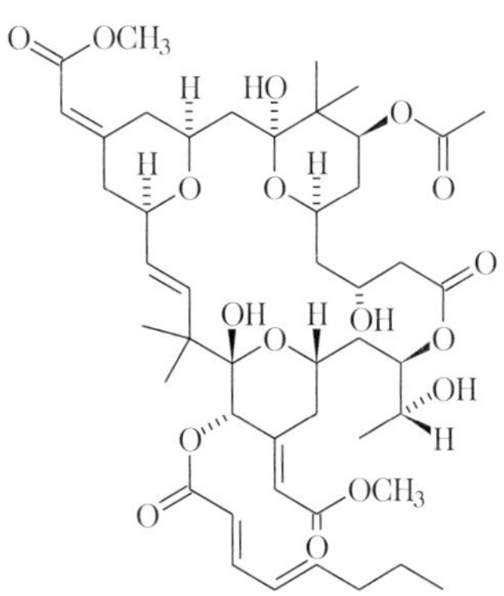

Bryostatin-1

Die Didemnine stellen eine Gruppe von Cyclodepsipeptiden mit einem 23gliedrigen cyclischen Grundkörper dar, die aus der Seescheide *Trididemnum solidum* isoliert worden sind. Das am stärksten wirksame Didemnin B zeichnet sich durch zytostatische (IC 50 0,0022 µg/ml bei L 1210-Leukämiezellen), antivirale (besonders bei *Herpes*-, *Parainfluenza*- und *Coxsackie*-Viren) und immunsuppressive Wirkungen aus und hemmt auch in vivo das Wachstum von Mamma-, Ovarial- und Nierentumoren. Einer therapeutischen Nutzung scheint die hohe Toxizität entgegenzustehen.

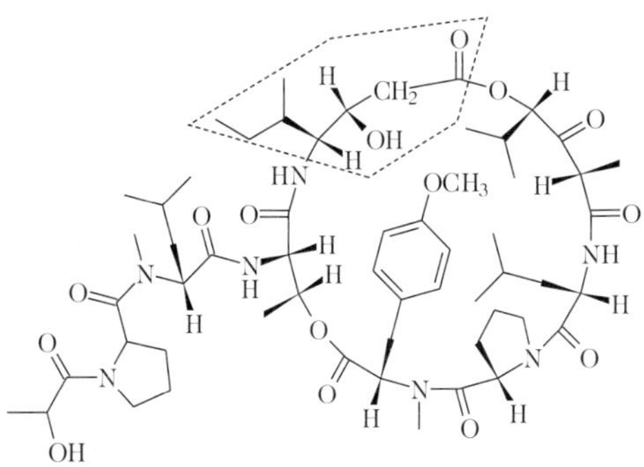

Didemnin B

Von Seescheiden, in diesem Fall *Ecteinascidia turbinata*, werden auch die Ecteinascidine produziert. Es sind Tetrahydroisochinolinalkaloide, die durch kovalente Bindung an die DNA die Zellteilung hemmen. Ecteinascidin-743 befindet sich in der klinischen Prüfung.

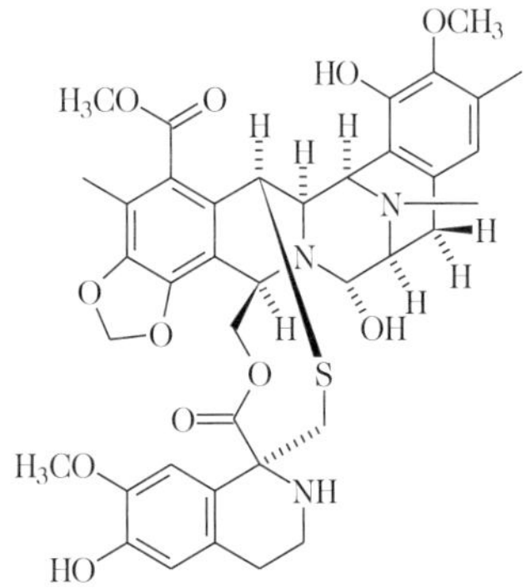

Ecteinascidin 743

Halichondrin B (Formel S. 52) ist ein aus *Halichondria okadai* und anderen Schwämmen isoliertes makrocyclisches Lacton mit starker zytotoxischer Wirkung (IC 50 B16-Melanom-Zellen 0,093 ng/ml), dessen Aktivität durch die Wechselwirkung mit Tubulin zustande kommt. Bei Mäusen mit P-388-Tumoren verlängern 10 µg/kg Halichondrin B, i. p., die Überlebenszeit um ca. das Dreifache. Hauptproblem für eine mögliche therapeutische Nutzung ist die äußerst geringe Substanzausbeute. Zur Gewinnung von 12,5 mg Substanz sind ca. 600 kg Schwammaterial notwendig.

Eleutherobin gehört strukturell zu den Terpenen und wurde aus einer an der australischen Westküste vorkommenden Weichkoralle der Gattung *Eleutherobia* gewonnen. Der Wirkungsmechanismus entspricht dem des aus der Pazifischen Eibe (↗ *Taxus brevifolia*) stammenden

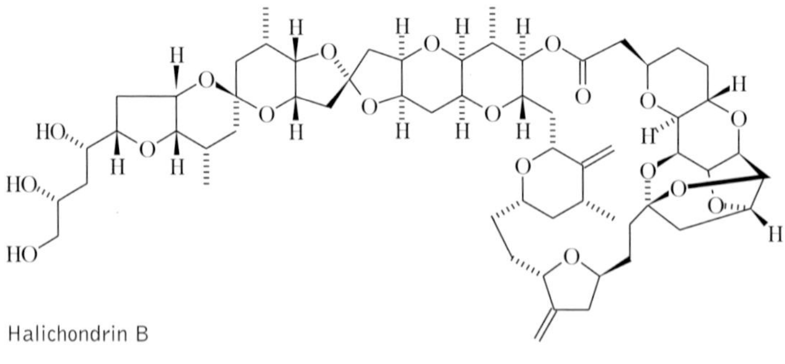

Halichondrin B

Taxols, das als Zytostatikum in der Therapie bereits eine große Rolle spielt. Er besteht in der Stabilisierung der an der Zellteilung beteiligten Mikrotubuli und damit der Verhinderung der Aus-

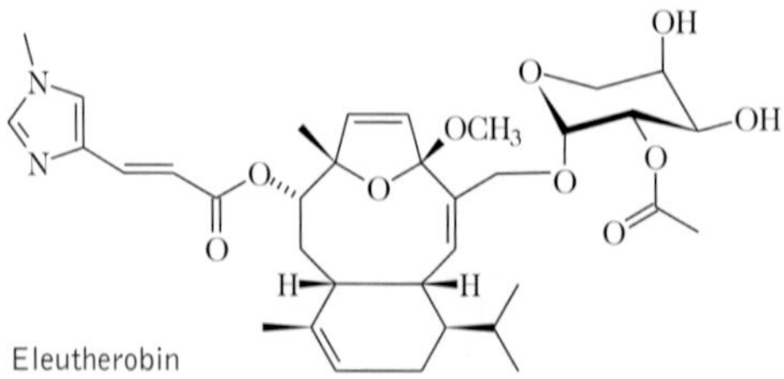

Eleutherobin

bildung des Spindelapparats. Einen vergleichbaren Wirkungsmechanismus besitzt das aus Schwämmen (*Discodermia dissoluta*) stammende Discodermolide.

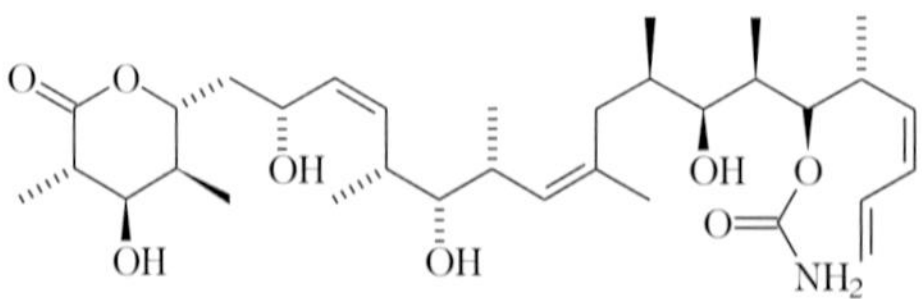

Discodermolide

Das relativ einfach gebaute Halomon ist ein hochhalogeniertes Monoterpen, das von der Rotalge *Portieria hornemanii* gebildet wird. Es zeichnet sich durch eine relativ selektive Wirkung gegen schwer angreifbare Tumorzellen, z. B. chemoresistente Koloncarcinomzellen, aus und befindet sich in der präklinischen Prüfung.

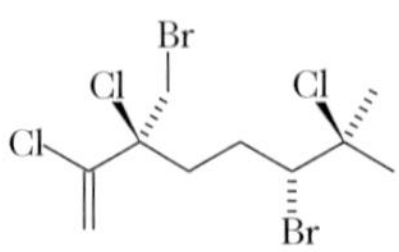

Halomon

Die Pseudopterosine A-L sind ebenso wie das Sesterterpen Manoalid vorwiegend entzündungshemmend wirksam. Bei den Pseudopterosinen han-

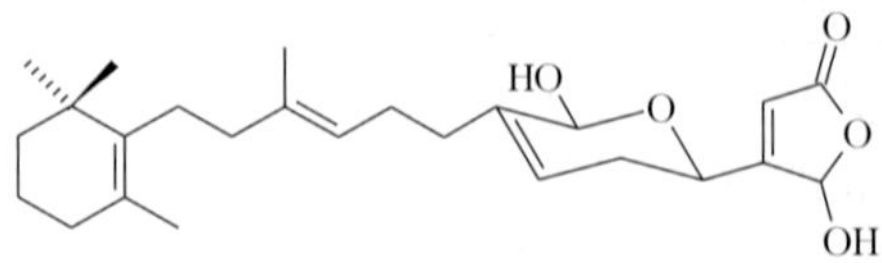

Manoalid

delt es sich um Glykoside mit einem Hexahydrophenalen-Ring als Aglykon und L-Fucose oder D-Arabinose als Zuckerkomponente, die aus der im tropischen Teil des Atlantik lebenden Lederkoralle *Pseudopterogorgia elisabethae* isoliert werden können. Pseudopterosin E greift durch Hem-

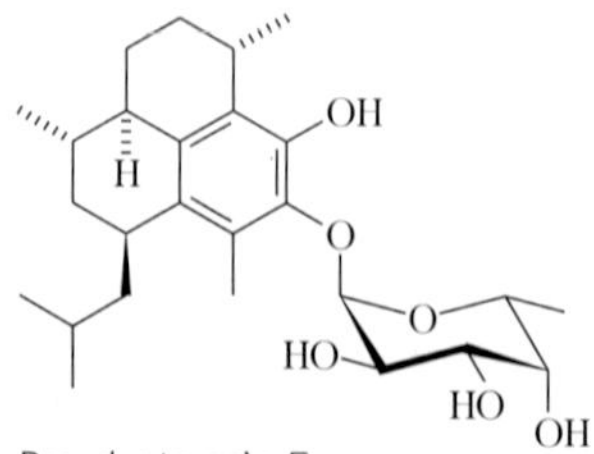

Pseudopterosin E

mung der Phospholipase A2 und der 5-Lipoxygenase in die Biosynthese von Entzündungsmediatoren ein und wird äußerlich in Hautpflegeprodukten bereits angewendet. Manoalid wird aus dem Schwamm *Luffariella variabilis* erhalten und als experimentelle Standardsubstanz zur Hemmung der Phospholipase A2 eingesetzt.

Einige marine Wirkstoffe gehören zu den am stärksten wirksamen biogenen Giften. Im Verlaufe der Nahrungskette bzw. bei äußerlichem Kontakt mit aktiv giftigen Meerestieren können sie auch in den menschlichen Organismus gelangen.

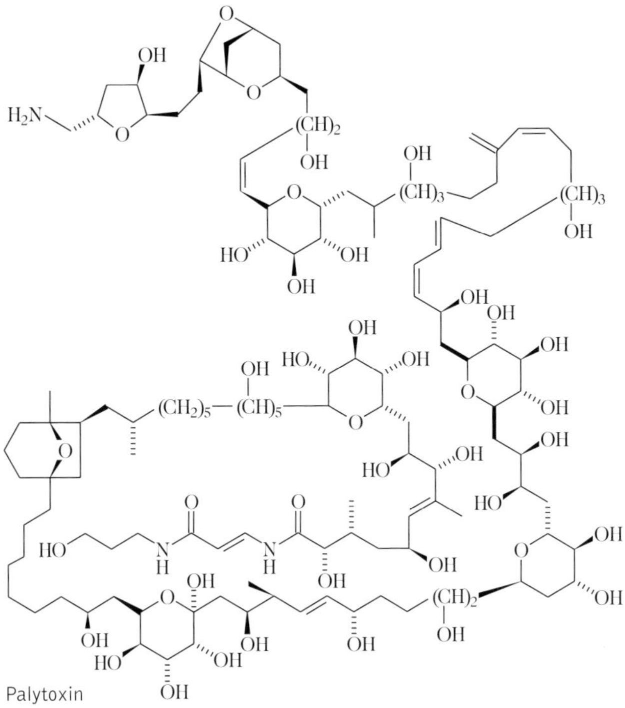

Palytoxin

Das Polyketid Palytoxin wird u. a. im schleimigen Sekret von *Palythoa*-Arten (Krustenanemonen), die in der Gezeitenzone der tropischen Teile des Atlantik und des Pazifik in Kolonien leben, gefunden. Giftproduzenten sind wahrscheinlich symbiontisch lebende Bakterien. Es greift an Na^+/K^+-ATPasen an und induziert in Zellmembranen die Bildung unspezifischer Kationenkanäle. Auf diese Weise wirkt es irreversibel depolarisierend, daneben auch tumorpromovierend und stark hautreizend. Die letale Dosis beträgt 0,15 µg/kg, i. v., Maus.

Tetrodotoxin ist ein Polyhydroxy-perhydro-2-imino-chinazolinderivat, das ebenso wie seine Analoga von in Meerestieren lebenden Bakterien (*Vibrio*-, *Alteromonas*- und anderen Arten) produziert wird und dessen Vorkommen in den Eingeweiden von Fischen (Pufferfische u. a.), deren Fleisch in Asien als Delikatesse gilt, von toxikologischer Relevanz ist. Tetrodotoxin bindet an Na^+-Kanäle und verhindert somit die Reizübertragung. Die LD 50 beträgt bei Mäusen 332 µg/kg, p. o. Der Tod erfolgt durch Atemlähmung.

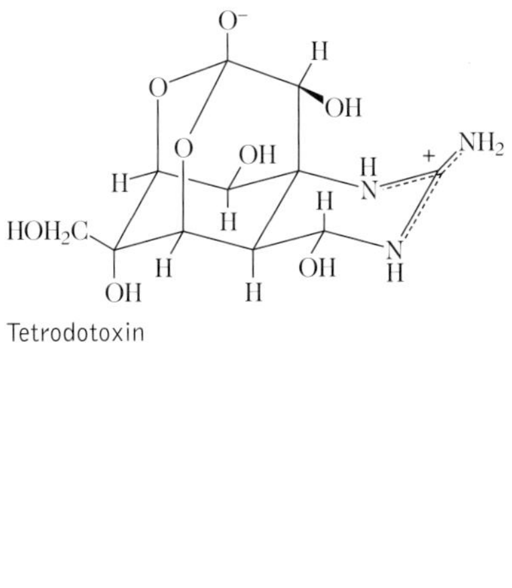

Tetrodotoxin

Die Gonyautoxine (Formeln S. 54), zu denen z. B. das Saxitoxin gehört, sind Purinderivate und werden in zahlreichen Dinoflagellaten (*Protogonyaulax*-Arten, *Pyrodinium*-Arten), aber auch in Cyanobakterien, Rotalgen, Muscheln, Krabben, Schnecken und Fischen gefunden. Das deutet auf mikrobielle Produzenten, eventuell im Inneren der Dinoflagellaten lebende Bakterien, hin. Die Verbindungen blockieren durch Bindung an die Na^+-Kanäle selektiv und reversibel den Na^+-Einstrom in reizbare Zellen und hemmen dadurch die Impulsübertragung. Sie sind Verursacher des "Paralytic Shellfish Poisoning", einer durch Taubheitsgefühle und Koordinationsstörungen charakterisierten Lebens-

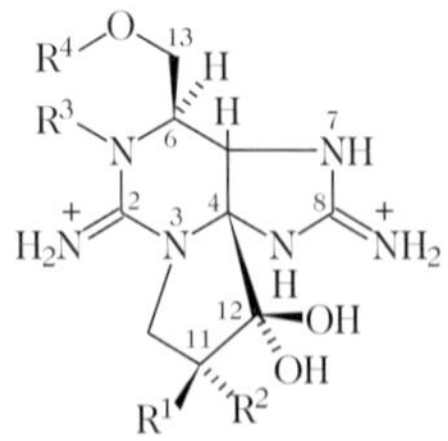

Gonyautoxine

Name	R^1	R^2	R^3	R^4
Saxitoxin	H	H	H	$CONH_2$
Neosaxitoxin	H	H	OH	$CONH_2$
Gonyautoxin 1	H	OSO_3^-	OH	$CONH_2$
Gonyautoxin 4	OSO_3^-	H	OH	$CONH_2$
Toxin B 1	H	H	H	$CONHSO_3^-$
Toxin C 1	H	OSO_3^-	H	$CONHSO_3^-$
Descarbamoylsaxitoxin	H	H	H	H

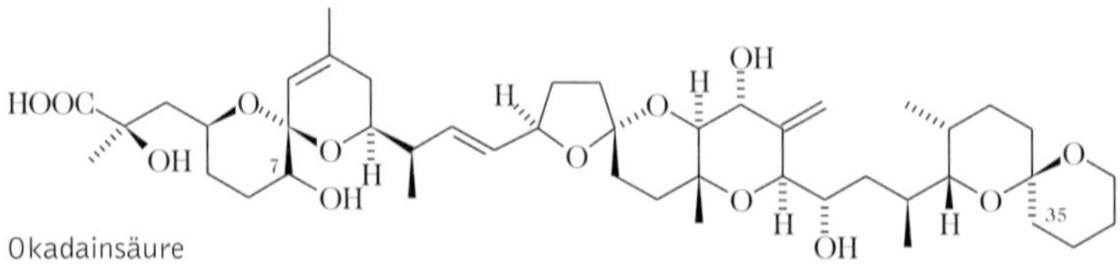

Okadainsäure

mittelvergiftung des Menschen, die nach Verzehr toxinhaltiger Muscheln beobachtet wird und eine Letalität von ca. 15 % besitzt.

Auch die Okadainsäure kann über die Nahrungskette in den menschlichen Organismus gelangen. Die Verbindung ist eine Polyethercarboxylsäure, die von *Dinophysis*-Arten gebildet wird und an Schwämme, Muscheln weitergegeben wird. Sie verursacht gemeinsam mit den Dinophysistoxinen eine als "Dinophysis Shellfish Poisoning" (DSP) bekannte und durch cholera-ähnliche Symptome gekennzeichnete Lebensmittelvergiftung. Der Wirkungsmechanismus besteht in der Hemmung der Proteinphosphatasen 1 und 2 A und damit der Modulation von Signaltransduktions- und Stoffwechselprozessen.

Neben zahlreichen in limnischen Gewässern vorkommenden Cyanobakterien (Blaualgen) werden einige auch im marinen Lebensraum gefunden. Cyanobakterien sind vor allem als Wasserblüten-Bildner bekannt. Aus verschiedenen Stämmen des marinen Cyanobakteriums *Lyngbya majuscula* wurden nicht nur therapeutisch interessante Lipopeptide (Microcolin A mit immunsuppressiver Aktivität, Majusculamide mit zytostatischer Wirkung) und das zytostatisch wirksame Curacin A gewonnen, sondern es wurden auch die stark hautreizenden und tumorpromovierenden Aplysiatoxine (zu den Polyketiden gehörend) sowie das Indolalkaloid Lyngbyatoxin A isoliert. Schwimmer können bei Kontakt mit den Organismen an einer als "seaweed dermatitis" oder "swimmers itch" bekannten Kontaktdermatitis erkranken.

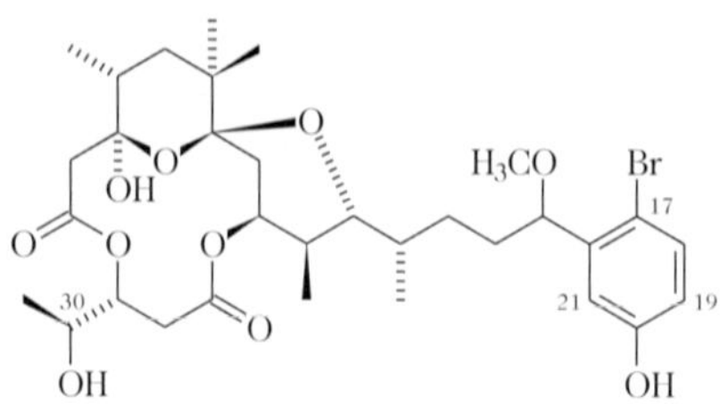

Aplysiatoxin

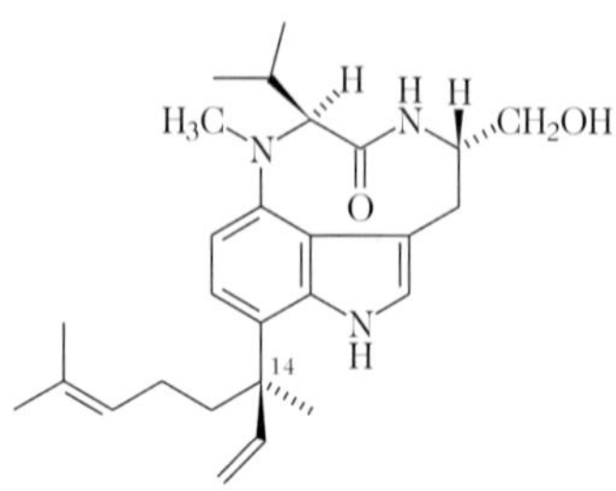

Lyngbyatoxin A

Toxikologisch bedeutsame Nesseltiere sind z. B. *Physalia physalis*, die Portugiesische Galeere, und *Chironex fleckeri*, die Seewespe. Die Toxine werden in Nesselzellen gebildet, die vor allem auf den Tentakeln lokalisiert sind, und bei

Berührung des auf der Außenseite der Nesselzellen befindlichen Cnidocils freigesetzt. Neben Hilfsfermenten und kleinmolekularen Bestandteilen sind im Toxingemisch Polypeptide mit 46 bis 51 Aminosäuren, die auf Natriumkanäle und somit neurotoxisch wirken und Proteine mit relativen Molekülmassen von 15 000 bis 21 000, die zytolytische Wirkung besitzen, enthalten.

Kegelschnecken, *Conus*-Arten, sind in subtropischen und tropischen Meeren vorkommende Toxinproduzenten, die wegen ihres schönen Gehäuses von Touristen gesammelt werden und durch Stich mit ihrem Giftpfeil nicht selten zu Vergiftungen führen. Die Giftgemische von z. B. *C. geographus*, *C. textile* oder *C. magus* bestehen vorwiegend aus linearen Peptiden, den sogenannten Conotoxinen. Sie setzen sich aus 13 bis 34 Aminosäuren zusammen, sind reich an L-Cystein und greifen durch spezifische Beeinflussung von Ionenkanälen in die neuromuskuläre Erregungsübertragung ein. Einige Conotoxine befinden sich in der klinischen Prüfung als potentielle Schmerzmittel.

Ausblick

Die Beispiele zeigen, daß marine Wirkstoffe für den Menschen von vielfältigem Nutzen sein, aber auch eine Gefährdung darstellen können. Sie sind beispielsweise als Arzneimittel, als Diätetika, als Kosmetika oder, besonders im Falle der Gifte, als experimentelle Hilfsmittel in Forschung und Diagnostik interessant. Die Einführung mariner Wirkstoffe auf den Markt ist nicht nur vom Ausgang der pharmakologischen und toxikologischen Prüfungen, sondern entscheidend auch von ihrer Zugänglichkeit abhängig. Gewinnungsmöglichkeiten sind die Isolierung aus den natürlichen Quellen, die allerdings durch den notwendigen Schutz der Biosphäre stark begrenzt ist, die chemische Synthese/Derivatisierung und die biotechnologische Gewinnung mit Hilfe des Originalproduzenten bzw. von gentechnologisch veränderten Wirtszellen.

Literatur:

Bongiorni, L., Pietra, F.: *Marine natural products for industrial applications*. Chemistry & Industry 1996: 54-58.

Bracher, F.: *Seescheiden (Ascidien) – eine neue Quelle pharmakologisch aktiver Substanzen*. Pharm. uns. Zeit 23 (1994) 147.

König, G., Wright, A.: *Marine natural products research: Current directions and future potential*. Planta med. 62 (1996) 193.

König, G., Wright, A.: *Wirkstoffe aus marinen Organismen*. Pharm. Ztg. 143 (1998) 4153.

Liberra, K., Lindequist, U.: *Marine fungi – a prolific resource of biologically active natural products?* Pharmazie 50 (1995) 583.

Lindequist, U., Teuscher, E.: *Marine Wirkstoffe*. Pharmazie 42 (1987) 1.

Pietra, F.: *Secondary metabolites from marine microorganisms: Bacteria, protozoa, algae and fungi. Achievements and prospects*. Nat. Prod. Rep. 14 (1997) 453.

Proksch, P.: *Biologisch aktive Naturstoffe aus marinen Schwämmen*. Dtsch. Apoth. Ztg. 134 (1994) 5069.

Teuscher, E., Lindequist, U.: *Biogene Gifte*. Gustav Fischer Verlag Stuttgart, Jena, New York, 2. Aufl. 1994.

Yasumoto, T., Satake, M.: *Bioactive compounds from marine microalgae*. Chimia 52 (1998) 63.

Mari veri herba ↗ Teucrium-Arten.

Marlinen ↗ Bellis perennis.

Marmelosfrüchte ↗ Aegle marmelos.

■ Marmota marmota

Murmeltier.

Fam.: Sciuridae.

Vork.: alpine Gebiete in Mitteleuropa, Rußland.

Droge: *Adeps Marmotae* (syn. *Oleum Marmotae*); Murmeltierfett (syn. Murmeltierschmalz), das unmittelbar vor dem Winterschlaf der Tiere gewonnene Fett. Inh.: Triglyceride, die bei etwa 3–5 °C erstarren, Fettsäuren (Linol-, Linolen- und Hexadecadiensäure), Corticosteroide. *Anw.:* in der Volksheilkunde zur äußerlichen Behandlung von Gelenkentzündungen, Schwellungen, rheumatischen Schmerzen und Erkältungen sowie in Dermatika zur Therapie von Hautkrankheiten, z. B. endogenem Ekzem.

Maronenbaum ↗ Castanea sativa.

Maroquins ↗ Rhus-Arten.
Marottia oleosa ↗ Hydnocarpus-Arten.
Marrubii herba ↗ Marrubium vulgare.

■ Marrubiin

Diterpenbitterstoff vom Labdan-Typ, der insbesondere im Andorn (↗ *Marrubium vulgare*) zu finden ist.

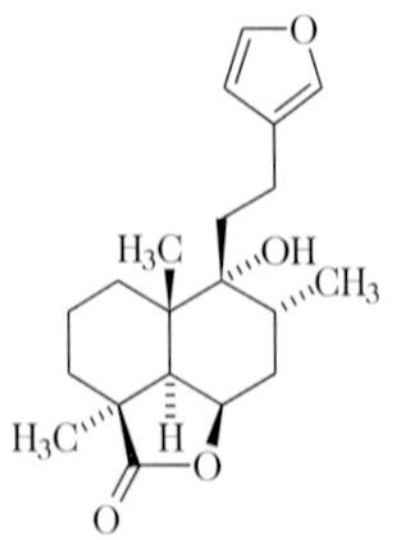

Marrubiin

Marrubii nigri herba ↗ Ballota nigra.
Marrubium album ↗ Marrubium vulgare.
Marrubium germanicum ↗ Marrubium vulgare.
Marrubium lanatum ↗ Marrubium vulgare.
Marrubium nigrum ↗ Ballota nigra.

■ Marrubium vulgare L.

(syn. *Marrubium album, M. germanicum, M. lanatum, Prasium marrubium*); Gemeiner Andorn (syn. Mauer-Andorn, Weißer Andorn, Weißer Dorant), s. Farbtafel S. 141, Bild 28.

Fam.: Lamiaceae (Labiatae).

Vork.: besonders Mittelmeergebiet bis Zentralasien.

Droge: ***Marrubii herba*** (syn. *Herba Marrubii, Herba Marrubii albi, Herba Marrubii vulgaris, Herba Prasii*); Andornkraut (syn. Weißes Andornkraut), die Blätter und blühenden Spitzen. Inh.: äther. Öl (0,05–0,06 %), u. a. Camphen, *p*-Cymol und *α*-Pinen enthaltend, ferner Diterpen-Bitterstoffe der Labdanreihe mit ↗ Marrubiin (0,1–1 %, Hauptkomponente) sowie Prämarrubiin, Gerbstoffe (bis zu 7 %, u. a. Hydroxyzimtsäurederivate), Flavonoide mit Flavon- und Flavonolglykosiden. Anw.: Appetitlosigkeit, dyspeptische Beschwerden mit leichten Magen-Darm-Krämpfen, Völlegefühl und Blähungen, Katarrhe der Luftwege. Zur ↗ Teezubereitung verwendet man als Einzelgabe ca. 1,5 g feingeschnittene Droge. Als mittlere Tagesdosis werden etwa 4,5 g empfohlen.

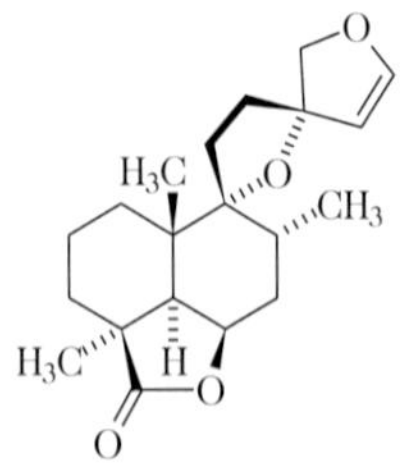

Prämarrubiin

Hom.: ***Marrubium vulgare*** HAB1; Andorn, die frischen, oberirdischen Teile blühender Pflanzen. Anw.-Geb.: Erkrankungen der Atemwege.

Histor.: Der Name *Marrubium* wird vom hebräischen *mar* (bitter) und *rob* (viel) abgeleitet und ist in gleicher Weise ins lateinische *marrubius* überführt worden. Die Bezeichnung Andorn wird auch mit „ohne Dornen" in Zusammenhang gebracht. Der Andorn zählt zu den ältesten Arzneipflanzen, die uns durch Überlieferung bekannt wurden.

■ Marsdenia condurango Rchb. F.

(syn. *Gonolobus condurango, Marsdenia reichenbachii, Pseudomarsdenia cundurango*); Geierpflanze (syn. Kondorliane).

Fam.: Asclepiadaceae.

Vork.: weltweit in tropischen Gebieten.

Droge: ***Condurango cortex*** (syn. *Condorango cortex, Condurangi cortex, Cortex Condurango*); Condurangorinde (syn. Condurangobast, Kondurangorinde), die getrocknete Rinde der Zweige und Stämme; s. Farbtafel S. 141, Bild 29. Inh.: vor allem bittere Condurangoglykoside (ca. 2 % Condurangin, das sind mit Zimtsäure und Essigsäure veresterte Pregnanderivate), Phenolcarbonsäuren und Derivate (Kaffeesäure, *p*-Cumarsäure, Cumarine, Chlorogensäure), Cyclitole, Spuren an Kondurangamin A, B und Gagaminin. Anw.: als Amarum bei Appetitlosigkeit (z. B. als Vinum Condurango, Kondurangowein). In der Volksheilkunde wird die Droge weiterhin bei schmerzhaften Ernährungsstörungen und Magenatonie verwendet. Auch bei Magenkrebserkrankungen soll die Droge einen günstigen Effekt ausüben und das Allgemeinbefinden bessern. Hierzu liegen allerdings keine klinischen Daten vor.

Hom.: ***Marsdenia cundurango*** (syn. Condurango) HAB1; die getrocknete Rinde der Zweige und Stämme. Anw.-Geb.: Risse und Geschwüre

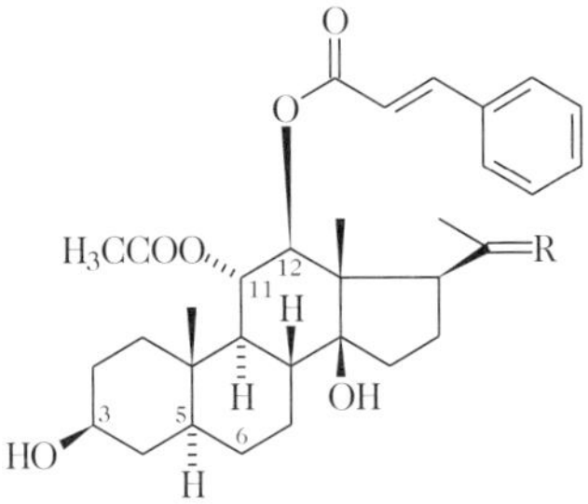

Condurangogenin A: R = O
Condurangogenin C: R = H, OH
Condurangogenin E: R = O, 5,6-Dehydro

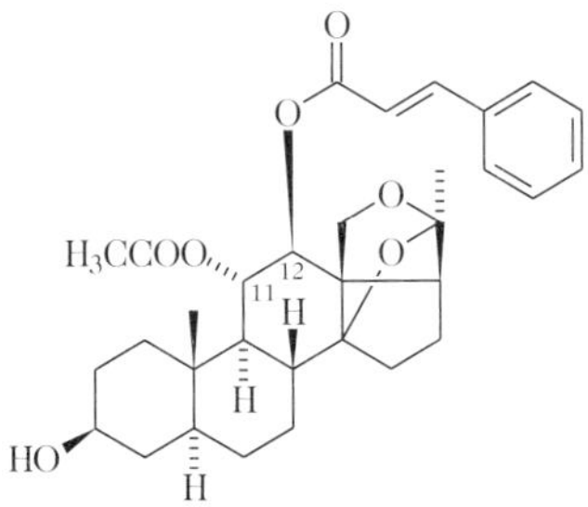

Condurangogenin B

an den Lippen und am After, Entzündung und Verengung der Speiseröhre.

Histor.: Kondurangorinde wurde von den Bewohnern des tropischen Südamerika übernommen, die die Droge gegen Schlangenbisse und die verschiedensten Krankheiten verwendeten. Um 1871 wurde insbesondere durch den damaligen Präsidenten Ecuadors die Droge propagiert und weltweit verbreitet. Der Gattungsname *Marsdenia* wurde zu Ehren des Historikers William Marsden (1754–1836) geprägt. Die Bezeichnung *Condurango* oder *Cundurango* ist ein Sammelbegriff, der aus dem Wort *Quichua angu* (Schlingpflanze) abgeleitet ist.

Marsdenia reichenbachii ↗ Marsdenia condurango.
Marsdenia rubicunda ↗ Dregea rubicunda.
Marsdenia stauntonii ↗ Metaplexis japonica.
Marsdenia volubilis ↗ Dregea volubilis.
Martinscher Tee ↗ Species gynaecologicae „Martin".
Marum-Gamander ↗ Teucrium-Arten.
Marumi-Kumquat ↗ Fortunella japonica.
Marum verum ↗ Teucrium-Arten.
Maruta cotula ↗ Anthemis cotula.
Maruta foetida ↗ Anthemis cotula.
Maruta vulgaris ↗ Anthemis cotula.
Marylandische Spigelienwurzel ↗ Spigelia-Arten.
Märzblümchen ↗ Hepatica nobilis.
Märzblume ↗ Tussilago farfara.
Märzenbecher ↗ Leucojum vernum.
Märzenblume ↗ Anemone nemorosa.
Märzglöckchen ↗ Leucojum vernum.
Märzresel ↗ Bellis perennis.
Märzveilchen ↗ Viola-Arten.
Märzwurz ↗ Geum-Arten.
Märzwurzel ↗ Geum-Arten.
Mäsch ↗ Cannabis sativa.
Massa guaranae ↗ Paullinia cupana.
Massaitee ↗ Aspalathus linearis.
Maßliebchen ↗ Bellis perennis.
Mastel ↗ Cannabis sativa.
Mastichkraut ↗ Teucrium-Arten.
Mastix ↗ Pistacia lentiscus.
Mastixdistel ↗ Atractylis gummifera.
Mastixdistelwurzel ↗ Atractylis gummifera.
Mastixharz ↗ Pistacia lentiscus.
Mastix levantica ↗ Pistacia lentiscus.
Mastix-Pistazie ↗ Pistacia lentiscus.
Mastix-Strauch ↗ Pistacia lentiscus.
Mastix-Thymian ↗ Thymus-Arten.
Mate ↗ Ilex paraguariensis.
Mateblätter ↗ Ilex paraguariensis.
Mate folium ↗ Ilex paraguariensis.

■ Mater perlarum

(syn. *Conchiolinum*); homöopathische Zubereitung aus Perlmutter. *Anw.-Geb.:* Knochenerkrankungen im Bereich der Wachstumszonen.

Matetee ↗ Ilex paraguariensis.
Mate-Teestrauch ↗ Ilex paraguariensis.
Maticoblätter ↗ Piper angustifolium.
Matico folium ↗ Piper angustifolium.
Matiko ↗ Piper angustifolium.
Matikoblätter ↗ Piper angustifolium.
Matram ↗ Chrysanthemum-Arten.
Matricaria ↗ Chamomilla recutita.
Matricaria capensis ↗ Chrysanthemum-Arten.
Matricaria chamomilla ↗ Chamomilla recutita.
Matricaria coronaria ↗ Chrysanthemum-Arten.
Matricaria coronata ↗ Chamomilla recutita.
Matricariae aetheroleum ↗ Chamomilla recutita.
Matricariae flos ↗ Chamomilla recutita.
Matricariae oleum ↗ Chamomilla recutita.

Matricaria eximia ↗ Chrysanthemum-Arten.
Matricaria latifolium ↗ Chrysanthemum-Arten.
Matricaria leucanthemum ↗ Leucanthemum vulgare.
Matricaria matricarioides ↗ Chamomilla suaveolens.
Matricaria nobilis ↗ Chamaemelum nobile.
Matricaria odorata ↗ Chrysanthemum-Arten.
Matricaria parthenioides ↗ Chrysanthemum-Arten.
Matricaria parthenium ↗ Chrysanthemum-Arten.
Matricaria pusilla ↗ Chamomilla recutita.
Matricaria pyrethrum ↗ Anacyclus pyrethrum.
Matricaria recutita ↗ Chamomilla recutita.
Matricaria suaveolens ↗ Chamomilla recutita.

■ Matricin

farbloses, nichtflüchtiges Sesquiterpenlacton (Proazulen), aus dem tiefblaues Chamazulen gebildet wird. M. kommt unter anderem in der Kamille und der Schafgarbe vor.

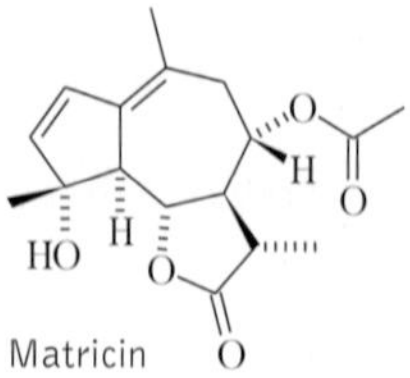

Matricin

Matronenkraut ↗ Chrysanthemum-Arten.
Mattenklee ↗ Trifolium pratense.
Matthiola annua ↗ Matthiola incana.
Matthiola fenestralis ↗ Matthiola incana.

■ Matthiola incana (L.) R. Br.

Levkoje (syn. *Matthiola annua, M. fenestralis, Cheiranthus incanus, Ch. annuus, Ch. fenestralis, Ch. hortensis, Hesperis violaria*).

Fam.: Brassicaceae (Cruciferae).

Vork.: Mittelmeergebiete, vielfach als Zierpflanze kultiviert.

Droge: die ganze Pflanze. Inh.: äther. Öl, Schleimstoffe, Isorhamnetin-3,4-diglucosid (0,4 %), Anthrachinone, wie Matthiolin A und B; Matthiolanin, Kaffeesäure, *p*-Cumarsäure. Anw.: früher, bes. im Mittelalter, als Stomachikum, Purgans, Emmenagogum sowie bei Leberzirrhose.

Matwund ↗ Cacalia cordifolia.
Mauer-Andorn ↗ Marrubium vulgare.
Mauerassel ↗ Oniscus asellus.
Mauerewig ↗ Hedera helix.
Mauernelkenwurz ↗ Geum-Arten.
Mauerpfeffer ↗ Sedum acre.
Mauerranke ↗ Hedera helix.
Mauerträubchen ↗ Sedum acre.
Maulbeerblätter ↗ Morus-Arten.
Maulbeeren ↗ Morus-Arten.
Maulbeerseidenspinner ↗ Bombyx mori.
Maulbeerspinner ↗ Bombyx mori.
Maulwurf ↗ Talpa europaea.
Maulwurfskraut ↗ Euphorbia-Arten.
Mäusedornwurzelstock ↗ Ruscus aculeatus.
Mäusefänger ↗ Thermopsis lanceolata.
Mäusefängerkraut ↗ Thermompsis lanceolata.
Mäuseklee ↗ Trifolium arvense.
Mäuseschierling ↗ Conium maculatum.
Mäuseschwänzchen ↗ Myosurus minimus.
Mäusezahl ↗ Oenanthe aquatica.
Mäusezwiebel ↗ Urginea maritima.
Mausholz ↗ Solanum-Arten.
Maximiliana gossypium ↗ Cochlospermum gossypium.
Maximowiczia amurensis ↗ Schisandra chinensis.
Maximowiczia chinensis ↗ Schisandra chinensis.
Maximowiczia sinensis ↗ Schisandra chinensis.
Maximowitschia japonica ↗ Schisandra chinensis.
Maydis amylum ↗ Zea mays.

■ Maytenus-Arten

● **Fam.:** Celastraceae. Insgesamt umfaßt die Gattung Maytenus etwa 200 Arten.

● **Maytenus ilicifolia** Mart. ex Reiss. (syn. *Nemopanthes andersonii*).

Vork.: Südamerika, v. a. Bolivien, Brasilien, Uruguay, Argentinien.

Droge: *Maytenus-ilicifolia-Blätter*; die getrockneten Blätter. Inh.: Xanthinalkaloide (1,7–1,8 % Coffein, unsichere Angaben), Maytansinoide. Anw.: in der Volksheilkunde Südamerikas und Afrikas zur Behandlung von Tumoren. Diese Wirksamkeit konnte durch wissenschaftliche Untersuchungen nicht bestätigt werden. Darüber hinaus wird die Droge volkstümlich bei Magenbeschwerden, Dyspepsie, Blutarmut sowie bei Asthma und zur Wundheilung eingesetzt.

● **Maytenus senegalensis** (Lam.) Exell (syn. *Catha europaea, C. montana, C. senegalensis, Celastrus coriaceus, C. decolor, C. europaeus, C. glaucus, C. sahare, C. senegalensis, Gymnosporia baumii, G. intermedia, G. montana*).

Vork.: tropische und subtropische Gebiete Afrikas, Indiens, Pakistans, Südspanien.

Droge: ***Maytenus-senegalensis-Wurzel***; die getrocknete Wurzel. Inh.: Triterpene, Sterole, u. a. β-Amyrin, Lupenon, β-Sitosterol und Maytenonsäure, Dulcitol, Wilforin (Alkaloid) sowie (–)-Epi-

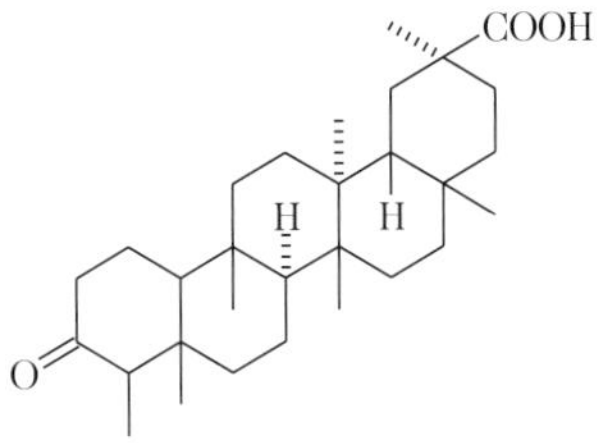

Maytenonsäure

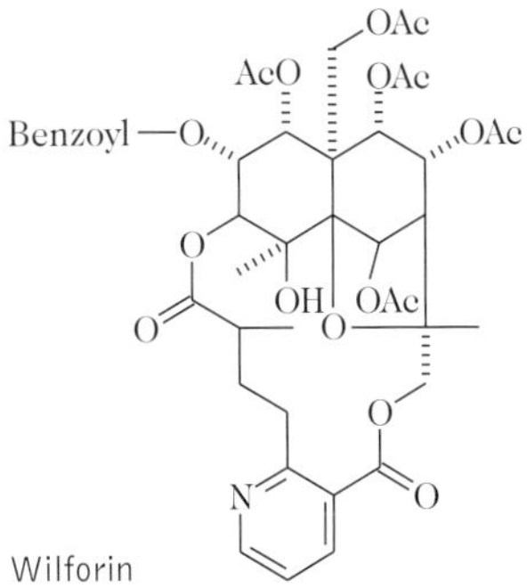

Wilforin

gallocatechin. Anw.: in der Volksheilkunde Ostafrikas bei Schlangenbissen, Rheumatismus, Diarrhoe, Fieber, aber auch gegen Syphilis und Läuse. Extrakte der Pflanze dienen weiterhin als Bestandteil von Pfeilgiften und haben eine gute Wirkung als fraßhemmendes Mittel gegen Heuschrecken und Raupen; wichtige indische Arzneipflanze bei Dysenterie, die Blätter werden als Vermifugum und bei Zahnschmerzen eingesetzt.

● **Maytenus boaria** Molina (syn. *Boaria chilensis, B. molinae, Celastrus maytenus, C. uncinatus, Maytenus chilensis, M. crenulatus, Senacia maytenus*).

Vork.: Südamerika, besonders Peru und Chile sowie Brasilien und Argentinien.

Droge: ***Maytenus-boaria-Blätter***, die getrockneten Blätter. Inh.: Triterpene, u. a. Daucosterol, Lupenon, β-Amyrin und Oleanolsäure, β-Sitosterol; *n*-Nonacosan, Flavonoide, Dulcitol. Anw.: in der Volksheilkunde als Fiebermittel und gegen Entzündungen.

● **Maytenus heterophylla** (Eckl. Et Zeyh.) Robson (syn. *Cassine szyszylowizii, Catha buxifolia, C. cymosa, C. heterophylla, Celastrus andogensis, C. angularis, C. buxifolia, C. cymosus, C. ellipticus, empleurifolius, C. goniecaulis, C. heterophyllus, C. multiflorus, C. parvifolius, C. patens, C. polyacanthus, C. polyanthemus, C. rhombifolius, C. spatephyllus, C. venenatus, Elaeodendron glaucum, Gymnosporia acanthophora, G. angularis, G. beniensis, G. brevipetala, G. condensata, G. crataegiflora, G. elliptica, G. glauca, G. heterophylla, G. maranguensis, G. rhombifolia, G. trigyna, G. uniflora, G. woodii, Maytenus andongensis, M. angolensis, M. brevipetala, M. cymosa*).

Vork.: Afrika, bes. Äthiopien, Somalia, Sudan sowie in Zentralafrika.

Droge: ***Maytenus-heterophylla-Rinde***, die getrocknete Rinde. Inh.: Spermidinalkaloide, wie Celacinnin. Anw.: in der Volksheilkunde des südlichen Afrikas häufig genutzt bei Dysenterie und gegen Diarrhoe. Auch die Blätter und Wurzeln dienen volksheilkundlich gegen Dysmenorrhoe, Husten, Abszesse sowie zur Behandlung von Krämpfen.

● **Maytenus laevis** Reiss.

Vork.: Regenwald des Amazonasbeckens, bes. in Peru, Ecuador, Kolumbien, Venezuela.

Droge: ***Maytenus-laevis-Rinde***, die getrocknete Wurzel- oder Stammrinde. Inh.: chinoide Triterpene, wie Tingenon und 22-Hydroxytingenon; Catechine und Ouratea-Proanthocyanidine A und B; Alkaloide, wie Dicinnamoylspermidin (Maytenin). Anw.: in der Volksheilkunde als Tonikum, bei Rheumatismus und Arthritis, zur Therapie von Hautkrebs sowie zur sexuellen Anregung.

● **Maytenus mossambicensis** (Klotzsch) Blakelock **var. mossambicensis**.

Vork.: Afrika, besonders Simbabwe, Kenia, Tansania, Südafrika.

Droge: ***Maytenus-mossambicensis-Blätter***, die getrockneten Blätter und Zweige. Inh.: Spermidinalkaloide, wie Celabenzin, Cyclocelabenzin und Isocyclocelabenzin; Maytansinoide. Anw.: in der Volksheilkunde gegen Malaria.

● **Maytenus phyllanthoides** Benth. (syn. *Maytenus texana, Tricerma crassifolium*).

Vork.: Mexiko, Kalifornien, Florida, texanische Golfküste.

Droge: ***Maytenus-phyllanthoides-Rinde***, die getrocknete Rinde. Inh.: u. a. Maytansin. Anw.: in der Volsheilkunde zur Verbesserung der Blutzirkulation, bei Magenschmerzen, Magengeschwüren sowie als Wundheilmittel.

● **Maytenus serrata** (Hochst. Ex A. Rich.) R. Wilczek (syn. *Celastrus schimperi, C. serratus, Gymnosporia serrata, Maytenus ovata*).

Vork.: Afrika, endemisch im nördlichen Äthiopien sowie in Angola, Kamerun, Kenia und im Kongo; China.

Droge: ***Maytenus-serrata-Früchte***, die getrockneten Früchte. *Inh.:* Maytansinoide, wie Maytansin, Maytanprin, Maytanbutin; Alkaloide, wie Maytolin, Maytin, Maytolidin. *Anw.:* in der traditionellen afrikanischen Medizin zur Therapie von Tumoren.

Mazedonischer Anis ↗ Foeniculum vulgare.
Mazeration.
Me'öl ↗ Diploknema-Arten.
Meadowfoam ↗ Limnanthes alba.
Meconium ↗ Papaver somniferum.

■ **Medicago sativa** L.
Luzerne (Alfalfa, Schneckenklee).

Fam.: Fabaceae.

Vork.: Europa, Asien, Nordamerika, Westafrika.

Droge: ***Herba Medicago sativae***; Luzernenkraut (syn. Alfalfakraut, Schneckenkleekraut), das getrocknete Kraut. *Inh.:* Triterpensaponine, Stachydrin, Cumarine, Flavone, Vitamine, u. a. A, B-Gruppe, C und K_1. *Anw.:* gelegentlich volkstümlich als Aromatikum und Roborans, ferner als Futtermittel.

Medicago sativa, blühende Pflanze mit Samen.

Hom.: ***Medicago sativa*** HAB; das frische, blühende Kraut. *Anw.-Geb.:* verzögerte Rekonvaleszenz.

Histor.: Die antike Bezeichnung der Pflanze war *medica*, da angeblich Medien ihre Heimat sein sollte. Der Name *Medicago* wurde Ende des 16. Jh. von Dalechamp geprägt. Die Bezeichnung Luzerne stammt aus dem französischen *luisant* (glänzend), bezogen auf die glänzenden Samen, und Schneckenklee wegen der Form der Früchte, die wie ein Schneckenhaus gewunden sind. Nach ↗ Plinius soll die Luzerne z. Z. der Perserkriege (um 470 v. Chr.) aus Persien nach Griechenland gekommen sein. Später gelangte sie durch die Araber nach Nordafrika und Spanien.

Medizinalrhabarber ↗ Rheum-Arten.
Medizinalterpentinöl ↗ Pinus-Arten.

■ **medizinische Hefe**
Saccharomyces cerevisiae Meyen ex Hansen (127 Synonyme beschrieben); Bäckerhefe (syn. Backhefe, Bierhefe).

Fam.: Saccharomycetaceae.

Vork.: weltweit.

Drogen: ***1. Faex medicinalis*** (syn. *Saccharomyces medicinalis, Saccharomyces siccatum*); Gereinigte Bierhefe. *Inh.:* ca. 46 % Proteine, 30 % Kohlenhydrate, Vitamine (B-Gruppe), Enzyme, Nucleotide, Nucleoside, Aminosäuren, Lipide u. a. *Anw.:* zur Behandlung von Vitamin-B-Mangelerscheinungen, bei verschiedenen Hauterkrankungen (Akne, Furunkulose), als schwaches Laxans, bei Stoffwechselerkrankungen. In der Technik wird die Hefe in der Nahrungsmittelindustrie und im Gärungsgewerbe eingesetzt. ***2. Faex siccata*** (syn. *Faex medicinalis siccum*), getrocknete Hefe. *Anw.:* Enzymfreie Trockenhefe wurde bzw. wird als Bindemittel zur Pillenherstellung sowie zum Würzen verwendet. ***3. Faex compressa***. Preßhefe (syn. Backhefe, Gest). *Anw.:* wie *Faex medicinalis*, außerdem zur Herstellung von Hefeextrakten sowie zum Backen.

Medizinischer Wein ↗ Vinum medicatum.
Medorrhinum ↗ Medorrhinum-Nosode.

■ **Medorrhinum-Nosode**
(syn. *Medorrhinum*), homöopathische Zubereitung aus gonorrhoischem Eiter. *Anw.-Geb.:* Schleimhautentzündungen der Harn- und Ge-

schlechtsorgane, der Atemwege, des Magen-Darm-Kanals; bei Rheumatismus.

Medusa ↗ Aurelia aurita.
Meduse ↗ Aurelia aurita.
Meerdorn ↗ Hippophae rhamnoides.
Meereiche ↗ Fucus-Arten.
Meerettichbaum ↗ Moringa-Arten.
Meergries ↗ Lithospermum officinale.
Meerhirse ↗ Lithospermum officinale.
Meerkiefer ↗ Pinus-Arten.
Meerkohl ↗ Calystegia-Arten.
Meerrettich ↗ Armoracia rusticana.
Meerrettichwurzel ↗ Armoracia rusticana.
Meersalat ↗ Ulva lactuca.
Meerschwamm ↗ Euspongia officinalis.
Meerstern ↗ Asterias rubens.
Meerstrandswinde ↗ Calystegia-Arten.
Meertang ↗ Fucus-Arten.
Meerträubchen ↗ Ephedra-Arten.
Meerträubel ↗ Ephedra-Arten.
Meerzwiebel ↗ Urginea maritima.
Megabaria trillesii ↗ Spondianthus preussii.
Megabaria ugandensis ↗ Spondianthus preussii.
Megasea crassifolia ↗ Bergenia crassifolia.
Mehlbeerbaum ↗ Crataegus-Arten.
Mehlbeere ↗ Arctostaphylos uva-ursi.
Mehldorn ↗ Crataegus-Arten.
Mehlige Aletris ↗ Aletris farinosa.
Mehlkraut ↗ Atriplex hortensis.
Mehlmus ↗ Atriplex hortensis.
Mehlmutter ↗ Claviceps purpurea.
Mehlprimel ↗ Primula-Arten.
Mehl-Schlüsselblume ↗ Primula-Arten.
Mehrjähriges Gänseblümchen ↗ Bellis perennis.
Mei athamantici radix ↗ Meum athamanticum.
Meisterwurz ↗ Peucedanum ostruthium.
Mekkabalsam ↗ Commiphora-Arten.
Mekka-Balsambaum ↗ Commiphora-Arten.
Mel ↗ Honig.

■ Melaleuca-Arten

● **Fam.:** Myrtaceae.

● **Melaleuca alternifolia** Cheel. (syn. *Melaleuca linariifolia* var. *alternifolia*); Teebaum.

Vork.: Australien.

Droge: ***Melaleucae aetheroleum*** (syn. *Oleum Melaleucae*); Teebaumöl, das aus den Blättern und Zweigspitzen gewonnene äther. Öl. *Inh.:* Terpene mit den Hauptkomponenten Terpinen-4-ol, γ-Terpinen, α-Terpinen, 1,8-Cineol, Terpinolen, *p*-Cymen, α-Pinen, α-Terpineol, δ-Cadinen, Limonen und Viridifloren. *Anw.:* bei Erkältungskrankheiten, bei akuter Pharyngitis, Tonsillitis, Colitis und Sinusitis, lokal bei Geschwüren der Mundschleimhaut, Gingivitis und Wurzelkanalbehandlung. Äußerlich wird die Droge bei Akne verwendet. Die Wirksamkeit ist noch nicht ausreichend belegt. In der Technik dient die Droge als Desinfektionsmittel für Luftschächte in Klimaanlagen. *Tox.:* Die Droge kann zu lokalen, allergischen Hautreaktionen führen.

● **Melaleuca cajeputi** Powell (syn. *Arbor alba minor, Eucalyptus cochinchinensis, Melaleuca angustifolia, M. commutata, M. cumingiana, M. eriorhachis, M. lancifolia, M. saligna, M. trinervis, Myrtus saligna*); Kajeputbaum.

Vork.: Australien, in Südostasien auch kultiviert.

Drogen: ***1. Melaleuca-cajeputi-Öl***; Kajeputöl, das aus frischen Blättern und Zweigspitzen gewonnene äther. Öl. *Inh.:* v. a. 1,8-Cineol (ca. 60 %),

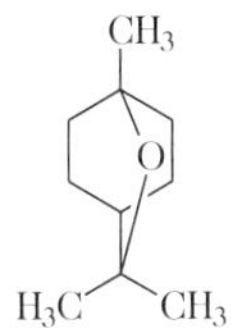

Cineol

α-Terpineol und sein Essigsäureester, α-Pinen und Limonen. *Anw.:* in der indischen und indonesischen Volksheilkunde ist die Droge eine Art Allheilmittel bei einer großen Anzahl von Beschwerden, u. a. bei Rheuma, Arthrosen, Hautentzündungen und Verbrennungen. Innerlich wird sie bei Husten, Bronchitis, oft in Kombination mit Campher gegen Durchfall, Eingeweidewürmer, Neuralgien, Zahnschmerzen und Tumore eingesetzt. Kajeputöl ist Bestandteil der in der traditionellen asiatischen Medizin verwendeten „Tiger drops“ und ähnlicher Zubereitungen, die bei Migräne, Erkältung, Grippe und Magenbeschwerden genutzt werden. Alle Anwendungen sind bisher nicht durch klinische Belege abgesichert. ***2. Oleum cajeputi rectificatum*** (syn. *Cajeputi aetheroleum, Oleum Cajeputi*); Rektifiziertes Kajeputöl, das durch Auswaschen des Kupfers rektifizierte äther. Öl der frischen Blätter und Zweigspitzen. *Inh.:* s. *Melaleuca-cajuputi*-Öl. *Anw.:* als Kombinationspartner einer Reihe von

Rezepturen, die bei Migräne, Erkältung, Grippe und Magenbeschwerden genutzt werden.

Hom.: ***Cajeputum*** HAB34, das äther. Öl aus den frischen Blättern. Anw.-Geb.: Krämpfe im Bereich des Magen-Darm-Kanals.

● **Melaleuca hypericifolia** SM. (syn. *Myrtoleucodendron hypericifolium*).

Vork.: Australien (Neusüdwales). Inh.: äther. Öl (0,13–0,16 %).

Hom.: ***Melaleuca hypericifolia*** HAB34; die frischen, blühenden Zweige.

● **Melaleuca linerariifolia** Smith (syn. *Melaleuca hyssopifolia, M. lierariifolia* var. *typica, M. stricta, Metrosideros hyssopifolia, Myrtoleucodendron linerariifolium*).

Vork.: Australien, besonders New South Wales.

Droge: ***Melaleucae aetheroleum***, Teebaumöl, das äther. Öl. Inhaltsstoffe und Anwendung s. *Melaleuca alternifolia*.

● **Melaleuca quinquenervia** (Cav.) S.T. Blake (syn. *Melaleuca cunninghammii* var. *glabra, M. maidenii, M. rubiflora, M. smithii, Metrosideros albida, M. corriacea, M. quinquevervia*).

Vork.: Ostaustralien.

Droge: ***Cajeputi aetheroleum****; Melaleuca-quinquenervina*-Öl, das durch Wasserdampfdestillation aus den frischen Blättern gewonnene äther. Öl. Inh.: je nach Chemotyp in unterschiedlichen Anteilen 1,8-Cineol, Viridiflorol, α-Terpineol, Viridifloren u. a. Anw.: s. *Niauli aetheroleum bei M. viridiflora*.

● **Melaleuca viridiflora** Sol. ex Gaertn. var. *viridiflora* (syn. *Melaleuca cunninghamii, M. leucadendron, M. sanguinea, Myrtoleucodendron viridifolium*); Niaulibaum.

Vork.: Australien, kultiviert vor allem in Indochina und Neuguinea.

Droge: ***Niauli aetheroleum***; Niauliöl, das äther. Öl der Blätter und Zweigspitzen. Inh.: je nach chemischen Rassen in der Nerolidol-Form bis zu 95 % Nerolidol und bis zu 30 % Linalool, daneben Spuren von Benzaldehyd bzw. in der Viridiflorol-1,8-Cineol-Form bis zu 27 % Viridiflorol und bis zu 28 % 1,8-Cineol, daneben wenig α-Pinen, Limonen, α-Terpineol und Benzaldehyd. Anw.: bei Katarrhen der oberen Luftwege. In der Volksheilkunde innerlich und äußerlich bei rheumatischen Beschwerden, Neuralgien und Blasenentzündungen, hierzu fehlen bislang klinische Untersuchungen. Geg.: nicht bei Säuglingen und Kleinkindern verwenden, nicht im Gesichtsbereich sowie bei entzündlichen Erkrankungen des Magen-Darm-Bereiches bzw. der Leber und der Gallen-Wege.

Melaleucae aetheroleum ↗ Melaleuca-Arten.
Melaleuca linariifolia var. alternifolia ↗ Melaleuca-Arten.

■ Melampyrum arvense

Ackerwachtelweizen.

Fam.: Scrophulariaceae.

Vork.: östliches und südöstliches Europa.

Droge: die ganze Pflanze. Inh.: u. a. Aucubin (1,5–1,7 %), Catalpol, wenig Pyrrolizidinalkaloide 0,00017 %). Anw.: früher in der Volksheilkunde zur Wundbehandlung.

Histor.: Eine Verunreinigung des Brotgetreides mit den Samen des Ackerwachtelweizens verursacht wegen des hohen Aucubingehaltes eine Blaufärbung des Brotes, was im Mittelalter zu manchen Spekulationen über die Auslösung dieses Effektes geführt hatte.

Melanosinapis communis ↗ Brassica-Arten.
Melanosinapis nigra ↗ Brassica-Arten.
Melanthium album ↗ Veratrum album.
Melanthium nigrum ↗ Veratrum nigrum.
Melanthium virens ↗ Veratrum viride.

■ Melastoma ackermanni Murc.

Fam.: Melastomataceae.

Vork.: tropische Gebiete.

Droge: die Blätter.

Hom.: ***Melastoma ackermanni*** HAB34, die frischen Blätter.

■ Melatonin

Gewebshormon, das in der Epiphyse (Zirbeldrüse) von Wirbeltieren aus Serotonin synthetisiert wird. Wirk.: beeinflußt die circadianen Rhythmen („innere Uhr") und hemmt das Wachstum der Keimdrüsen durch Wechselwirkung mit der Hormonsekretion des Hypothalamus und der Hypophyse. Anw.: volkstümlich in den 90er Jahren zur Ausgleichung des „Jet Lag" nach Flugreisen.

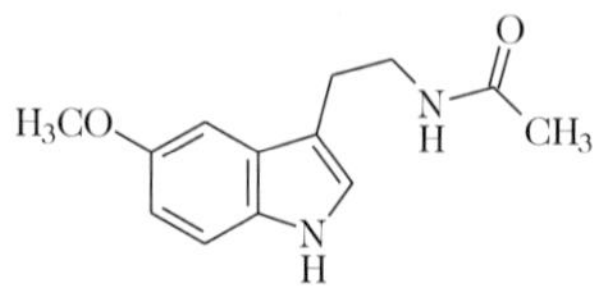

Melatonin (*N*-Acetyl-5-methoxytryptamin)

Melde ↗ Atriplex hortensis.
Meldenkraut ↗ Atriplex hortensis.
Meleguetapfeffer ↗ Aframomum-Arten.
Melia azadirachta ↗ Antelaea azadirachta.
Melia guara ↗ Guarea trichilioides.
Melia indica ↗ Antelaea azadirachta.
Meliloti herba ↗ Melilotus altissima, ↗ Melilotus officinalis.
Melilotosid ↗ Cumarine.

■ **Melilotus alba** Medik.
(syn. *Melilotus leucantha, M. melanosperma, M. rugulosa, M. vulgaris, Trifolium album, T. vulgare*); Weißer Steinklee (syn. Honigklee Süßklee, Weißer Honigklee,), s. Farbtafel S. 141, Bild 30.

Fam.: Fabaceae (Leguminosae).

Vork.: Europa, Westasien, Nordamerika, Australien, Tibet, Vorderindien.

Droge: ***Herba Meliloti albae***; *Melilotus-alba*-Kraut (syn. Honigkleekraut, Süßkleekraut), das getrocknete Kraut. Inh.: Zimtsäurederivate, wie Cumarin, Cumarinsäure-β-D-glucosid, *o*-Cumarsäure, Melilotsäure; Flavonoide, Saponine. Anw.: venöse Insuffizienz in den Beinen, schwere Beine, Wadenkrämpfe, Juckreiz und Schwellungen; ähnliche Verwendung wie ↗ *Melilotus officinalis*.

■ **Melilotus altissima** Thuill.
(syn. *Melilotus gigantea, M. macrorrhiza, Trifolium macrorrhizum, T. officinale*); Hoher Steinklee (syn. Sumpf-Steinklee).

Fam.: Fabaceae (Leguminosae).

Vork.: Europa, Asien, auf dem Balkan und in der Türkei kultiviert.

Droge: ***Meliloti herba*** (syn. *Herba Meliloti citrini, Summitates Meliloti*); *Melilotus-altissima*-Kraut (syn. Melotenkraut, Malotenkraut, Steinklee), die getrockneten Blätter und Blütenstände. Inhaltsstoffe und Anwendung s. *Meliloti herba* unter *Melilotus officinalis*.

Melilotus arvensis ↗ Melilotus officinalis.
Melilotus gigantea ↗ Melilotus altissima.
Melilotus leucantha ↗ Melilotus alba.
Melilotus macrorrhiza ↗ Melilotus altissima.
Melilotus melanosperma ↗ Melilotus alba.
Melilotus melilotus-officinalis ↗ Melilotus officinalis.

■ **Melilotus officinalis** (L.) Pall.
(syn. *Melilotus arvensis, M. melilotus-officinalis, Trifolium melilotus officinalis*); Echter Steinklee (syn. Ackerhonigklee, Honigklee, Kleiner gelber Steinklee), s. Farbtafel S. 142, Bild 31.

Fam.: Fabaceae.

Vork.: (Europa, Asien).

Droge: ***Meliloti herba*** (syn. *Herba Meliloti, Herba Meliloti citrini, Summitates Meliloti*); *Melilotus-officinalis*-Kraut (syn. Melotenkraut, Malottenkraut, Steinklee), die getrockneten oder frischen Blätter und blühenden Zweige. Inh.: Hydroxyzimtsäurederivate, bes. *o*-Cumarinsäureglykosid (Melilotosid, ca. 6 % der Trockenmasse), Cu-

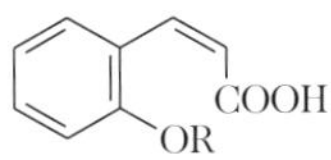

Cumarinsäure: R = H
C.-glucosid: R = β-D-Glucopyranosyl

marin (ca. 0,9 %), Triterpensaponine und Flavonoide. Wirk.: Drogenzubereitungen besitzen antiödematöse Eigenschaften bei entzündlichem und Stauungsödem. Es ist eine Verbesserung der Blut- und Lymphströmung, eine Steigerung der Kapillarresistenz und eine Senkung der Gefäßpermeabilität möglich. Anw.: in Extrakten Bestandteil von Phytopharmaka, die als Venenmittel, zur unterstützenden Behandlung der Thrombophlebitis, des postthrombotischen Syndroms, von Hämorrhoiden und Lymphstauungen eingesetzt werden. Auch *M. alba* Medik. und *M. altissima* Thuill. besitzen das gleiche Spektrum an Wirkstoffen wie *M. officinalis* und dienen als Ausgangsmaterial für die Droge.

Hom.: ***1. Melilotus officinalis*** HAB1; Steinklee, die frischen, zur Blütezeit gesammelten oberirdischen Teile ohne verholzte Stengel. Anw.-Geb.: Erkrankungen des Zentralnervensystems (Kopfschmerzen), des venösen Gefäßsystems (Krampfadern) sowie bei Gerinnungsstörungen. ***2. Melilotus officinalis spag. Zimpel*** HAB1; die frischen, zur Blütezeit gesammelten oberirdischen Teile ohne verholzte Stengel. Anw.-Geb.: in der spagyrischen Therapierichtung bei Herz-Kreislauf-Erkrankungen.

Histor.: Der Gattungsname ist griechischer Herkunft und leitet sich von *meli* (Honig) und *lotos* (Klee) ab und bezieht sich auf die honigreichen Blüten und die kleeähnlichen Blätter der Pflanze. Die Pflanze wurde bereits von ↗ Theophrast und den Hippokratern erwähnt und gerühmt.

Melilotus rugulosa ↗ Melilotus alba.
Melilotus vulgaris ↗ Melilotus alba.
Melissa altissima ↗ Melissa officinalis.
Melissa calamintha ↗ Calamintha officinalis.
Melissae aetheroleum ↗ Melissa officinalis.
Melissae folium ↗ Melissa officinalis.
Melissae oleum ↗ Melissa officinalis.
Melissa graveolens ↗ Melissa officinalis.
Melissa maxima ↗ Perilla frutescens.

■ **Melissa officinalis** L.
(syn. *Melissa altissima, M. graveolens, Thymus melissa*); Melisse (syn. Citronelle, Herzkraut, Zitronenmelisse), s. Farbtafel S. 142, Bild 32.
Fam.: Lamiaceae (Labiatae).
Vork.: östliches Mittelmeergebiet, Westasien, in Mitteleuropa kultiviert.
Drogen: ***1. Melissae aetheroleum*** (syn. *Aetheroleum Melissae, Melissae oleum, Oleum Melissae*); Melissenöl, das äther. Öl der Pflanze. *Inh.:* Monoterpenaldehyde als Geruchsträger (ca. 40–75 %, v. a. Geranial, Neral und Citronellal, ferner Linalool, Geraniol und Geranylacetat), Sesquiterpene, u. a. *β*-Caryophyllen und Germacren D sowie Spuren von einer Vielzahl weiterer Verbindungen. *Anw.:* in der Volksheilkunde eingesetzt gegen Blähungen, in der Aromatherapie zur Beruhigung sowie als Diaphoretikum. Auch eine gewisse virostatische Wirkung kommt der Droge zu, besonders gegen Herpes-Viren. Klinische Daten liegen dazu allerdings noch nicht vor. In der Kosmetik und als Bestandteil von Badeölen wird die Droge vielfach verwendet. ***2. Melissae folium*** (syn. *Folia Melissae citratae, Folium Citronellae, Folium Melissae*); Melissenblätter (syn. Frauenkraut, Herzkraut, Zitronenkraut, Zitronenmelisse), die getrockneten Laubblätter. *Inh.:* äther. Öl (0,02–0,8 %, Zusammensetzung s. *Melissae aetheroleum*), Gerbstoffe (3–5 %, v. a. Rosmarinsäure, Kaffeesäurederivate), Phenolcarbonsäuren und Derivate, Flavonoide, Triterpensäuren (Ursolsäure), Bitterstoff, Bernsteinsäure, Aesculetin. *Anw.:* bei nervös bedingten Einschlafstörungen sowie funktionellen Magen-Darm-Beschwerden oft als Bestandteil von Phytopharmaka. In der Volksheilkunde wird die Droge weiterhin gegen Hysterie, Melancholie, bei chronischen Bronchialkatarrhen, nervösem Herzklopfen, Migräne sowie zur Steigerung der Gallensekretion eingesetzt. Im Haushalt werden frische Melissenblätter als Gewürz für Salate und Soßen verwendet. Zur ↗ Teezubereitung verwendet man als Einzeldosis 2 Teelöffel (ca. 3 g) geschnittene Melissenblätter. Als Tagesdosis werden 8–10 g Droge empfohlen.
Hom.: ***Melissa*** HAB34, die frischen Blätter. *Anw.-Geb.:* Regelstörungen.
Histor.: Im Altertum wurde die Melisse v. a. als Bienenfutterpflanze kultiviert (*melissa* bezeichnet im griechischen die Honigbiene). Die antiken Ärzte nutzten sie aber auch als Heilpflanze bei Frauenleiden. Später wurde die Pflanze von den Arabern kultiviert. In Deutschland ist ein Anbau der Melisse erst zu Beginn des 16. Jh. festzustellen. Als Bestandteil des Karmelitergeistes bzw. des späteren *Spiritus Melissae compositum* spielte die Droge als Hausmittel mit breiter Anwendung eine wichtige Rolle.

Melisse ↗ Melissa officinalis.

■ **Melittin**
Zu etwa 45 % im Gift der Honigbiene (↗ Apis mellifera) enthaltenes, aus 26 Aminosäuren aufgebautes basisches, lyobipolares Peptid, das mit Membranen tierischer Zellen in Wechselwirkung tritt und dabei kanalförmige Poren bildet. Dadurch kommt es zur Ausschüttung von Serotonin und Histamin, was mit der Auslösung eines Schmerzreizes verbunden ist. M. ist eine Ursache für die Auslösung von Bienengiftallergien.

H_2N–Gly–Ile–Gly–Ala–Val–Leu–Lys–Val–Leu–Thr–Thr–Gly–Leu–Pro–Ala–Leu–Ile–Ser–Trp–Ile–Lys–Arg–Lys–Arg–Gln–Gln–$CONH_2$

Melittin

Mellenkohl ↗ Atriplex hortensis.

■ **Mellitis melissophyllum** L.; Immenblatt.
Fam.: Lamiaceae (Labiatae).
Vork.: Mittel- und Südeuropa.
Droge: die ganze Pflanze. *Inh.:* Bitterstoffe, Harpagosidacetat. *Anw.:* in der Volksheilkunde als Wundheilmittel.

Melo agrestis ↗ Cucumis-Arten.
Melo cichorii ↗ Mylabris cichorii.
Meloe majalis ↗ Meloe proscarabaeus.

■ **Meloe proscarabaeus** L.; Maiwurm.

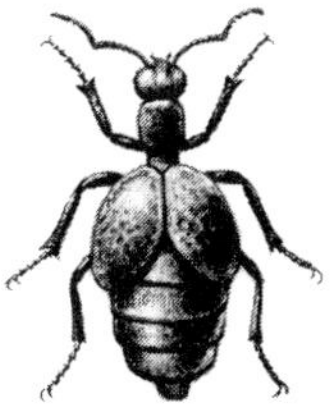

Maiwurm, weibliches Tier mit wurmförmig verlängertem Hinterleib.

Hom.: ***Meloe proscarabaeus*** (syn. *Meloe majalis*) HAB, der lebende Maiwurm.

Meloe vesicatoria ↗ Lytta vesicatoria.
Melo figari ↗ Cucumis-Arten.

■ **Melolontha vulgaris** L.
Maikäfer.
Fam.: Coleoptera.
Hom.: ***Melolontha vulgaris*** HAB34, das mit 90%igem Alkohol getötete und zerriebene, ganze Tier.
Histor.: In der Volksheilkunde wurden früher die Köpfe des Tieres gegen Fieber und ähnliche Krankheiten eingesetzt. Bis 1829 (Schweiz) bzw. 1833 (Frankreich) wurde alljährlich der kirchliche Bann wegen der durch die Engerlinge entstehenden Schäden über die Maikäfer verhängt. Die Tiere können als gutes Futter für Geflügel eingesetzt werden.

Melone ↗ Citrullus vulgaris, ↗ Cucumis-Arten.
Melonenbaum ↗ Carica papaya.
Melonensamenöl ↗ Cucumis-Arten.
Melo orientalis ↗ Cucumis-Arten.
Melo sativus ↗ Cucumis-Arten.
Melotenkraut ↗ Melilotus altissima, ↗ Melilotus officinalis.
Mel rosatum ↗ Rosa x centifolia.

■ **Membranum ovi**
(syn. *Ovi Gallinae pellicula*); homöopathische Zubereitung aus der frischen Eihaut von Hühnereiern. Anw.-Geb.: Gebärmuttersenkung, Eierstockschmerzen.

Meniöl ↗ Lophira lanceolata.

■ **Menispermum canadense** L.
Fam.: Menispermaceae.
Vork.: atlantisches Nordamerika, Mexiko.
Droge: ***Herba Menispermi***; Gelbes Parillakraut, das getrocknete Kraut. Inh.: Dauricin, Menispin, Magnolin, Herbamin, Liensimin (Alkaloide), Thalicarpin und Thalidasin.
Hom.: ***Menispermum canadense*** HAB, die frischen, oberirdischen Teile. Anw.-Geb.: Kopfschmerzen.

Menispermum cocculus ↗ Anamirta cocculus.
Menispermum columba ↗ Jateorhiza palmata.
Menispermum heteroclitum ↗ Anamirta cocculus.
Menispermum lacunosum ↗ Anamirta cocculus.
Menispermum palmatum ↗ Jateorhiza palmata.
Menschenhai ↗ Prionoce glauca.

■ **Mentha-Arten**
● **Fam.:** Lamiaceae (Labiatae).
● **Mentha aquatica** (syn. Bachminze, Wasserminze).
Vork.: Europa, Nordafrika.
Droge: ***Folia Menthae aquaticae*** (syn. *Folia Balsami palustris, Menthae aquaticae folium*); Wasserminzenblätter, die getrockneten Laubblätter. Inh.: äther. Öl (0,3–0,85 %) mit Menthofuran (40–50 %), α- und β-Pinen, β-Caryophyllen, 1,8-Cineol, Germacren D, Limonen, Menthol; Gerbstoffe (ca. 7 %). Anw.: in der Volksheilkunde bei Magenbeschwerden, als Cholagogum, Aromatikum und Karminativum, bei Diarrhoe sowie Menstruationsbeschwerden.
● **Mentha arvensis** L. **var. piperascens** Holmes ex Christy (syn. *Mentha agrestis, M. austriaca, M. crispa, M. hirsuta, M. lapponica, M. pulegium*); Ackerminze (syn. Chinesische Ackerminze, Feldminze, Japanische Minze, Kornminze).
Vork.: substropische und gemäßigte Klimazonen.
Drogen: ***1. Menthae arvensis aetheroleum*** (syn. *Aetheroleum Menthae arvensis, Oleum Menthae arvensis*); Minzöl (syn. Minzenöl, Japanisches Pfefferminzöl), das nach Wasserdampfdestillation und anschließender teilweiser Abtrennung des Menthols und Rektifizierung erhaltene äther. Öl. Inh.: Terpene, u. a. Menthol (25–40 %), Menthon (15–30 %), Menthylacetat (1–5 %), Isomenthon (1–7 %), Limonen (3–10 %), Neomenthol (2,5–4 %), Piperiton (0,5–4 %), Pulegon (0,2–3,5 %), β-Caryophyllen (2–5 %) und Caryophyllenepoxid (0,2–2 %) sowie Jasmon als wichtige geruchsbildende Komponente. Anw.: inner-

lich in Zubereitungen bei Meteorismus, funktionellen Magen-, Galle- und Darmbeschwerden, Katarrhen der oberen Luftwege; äußerlich bei Myalgien und neuralgiformen Beschwerden sowie als Aromatikum. ***2. Menthae herba*** (syn. *Herba Menthae, Menthae japonicae folium, Folia Menthae japonicae*); Minzblätter (syn. Chinesische Ackerminze, Japanische Pfefferminze, *Mentha-arvensis*-Blätter, *Mentha-arvensis*-Kraut), die getrockneten, oberirdischen Teile. *Inh.:* äther. Öl s. *Menthae arvensis aetheroleum*, Rosmarinsäure, Lipide (ca. 6 %). *Anw.:* in Ostasien bei Erkältungskrankheiten, Pharyngolaryngitis, Kopfschmerzen, dyspeptischen Beschwerden und Flatulenz.

● **Mentha citrata** Ehrh. (syn. *Mentha adspersa, M. odorata*); Bergamottminze (syn. Zitronenminze).

Vork.: Europa, Nordamerika, kultiviert in Italien und den USA.

Droge: ***Mentha-citrata-Öl***; Zitronenminzöl, das durch Wasserdampfdestillation gewonnene äther. Öl aus jungen, frischen, nicht blühenden Pflanzen. *Inh.:* u. a. Linalool (40–55 %), Linalylacetat (30–40 %), *cis-* und *trans*-Linalooloxid (1–2 %), Geranylacetat, Citronellol und Terpene. *Anw.:* in der Kosmetikindustrie zur Parfümierung von Seifen und Kosmetika.

● **Mentha longifolia** (L.) Huds. (syn. *Mentha asiatica, M. calliantha, M. candidans, M. capensis, M. concolor, M. hamadensis, M. incana, M. spicata* var. *longifolia, M. sylvestris, M. viridis* var. *canescens*.); Roßminze (syn. Langblättrige Minze), s. Farbtafel S. 142, Bild 33.

Vork.: Europa bis Südschweden.

Droge: ***Menthae longifoliae herba*** (syn. *Herba Menthae longifoliae*); Roßminzenkraut, das getrocknete Kraut. *Inh.:* äther. Öl (ca. 1 %) mit meist Piperitonoxid (60–80 %) als Hauptkomponente. Infolge hoher Bastardisierungstendenz existieren zuweilen auch Chemotypen mit Carvon oder Linalool als dominierenden Komponenten. Weitere Verbindungen sind bes. β-Caryophyllen (5–15 %), Germacren D (5–15 %), 1,8-Cineol (2–7 %), Limonen (1–8 %), Myrcen (ca. 1 %), Sabinen (0,5–1,5 %), α- und β- Pinen (je 1 %) sowie Flavonoide, u. a. Acacetin-7-rutinosid, Apigenin-7-glucuronid, Diosmin, Hesperidin und Quercitrin. *Anw.:* volkstümlich bes. bei Kopfschmerzen sowie Beschwerden im Magen-Darmbereich.

● **Mentha x piperita** L. (syn. *Mentha piperita*); Pfefferminze, s. Farbtafel S. 142, Bild 34.

Vork.: Europa, Nordamerika.

Drogen: ***1. Menthae piperitae aetheroleum*** (syn. *Aetheroleum Menthae piperitae, Oleum Menthae piperitae*); Pfefferminzöl (syn. Ätherisches Pfefferminzöl), das aus den blühenden oberirdischen Teilen durch Wasserdampfdestillation gewonnene äther. Öl. *Inh.:* Terpene, besonders Menthol, Menthon und Menthylacetat (zus. 50–70 %) sowie u. a. Neomenthol, Isomenthon, Menthofuran, Limonen, Pulegon, α- und β-Pinen, β-Caryophyllen und Germacren D. *Anw.:* innerlich in Zubereitungen bei krampfartigen Beschwerden im oberen Gastrointestinaltrakt und der Gallenwege, Katarrhe der Atemwege, Schleimhautentzündungen im Mund-Rachenbereich, zuweilen auch als Inhalat. Äußerlich in Zubereitungen bei Muskel- und Nervenschmerzen. Ferner als Aromatikum. *Geg.:* Verschluß der Gallenwege, Gallenblasenentzündung, schwere Leberschäden. ***2. Menthae piperitae folium*** (syn. *Folia Menthae piperitae*); Pfefferminzblätter (syn. Pfefferminze), die getrockneten Blätter. *Inh.:* äther. Öl (0,5–4 %) mit den Hauptkomponenten Menthol (35–45 %), Menthon (15–20 %), Menthylacetat (3–5 %), 1,8-Cineol (6–8 %), Menthofuran (2–7 %), Isomenthon (2–3 %), Neomenthol (2,5–3,5 %), β-Caryophyllen (0,5–1,5 %) und *trans*-Sabinen (1 %). Gerbstoffe (3,5–4,5 %) besonders sog. Lamiaceengerbstoffe, Phenolcarbonsäurederivate, u. a. Kaffeesäure und *p*-Cumarsäure sowie Triterpene. *Anw.:* krampfartige Beschwerden im Magen-Darm-Bereich sowie der Gallenwege. Bestandteil diesbezüglicher Teemischungen. Volkstümlich auch bei Übelkeit und leichtem Brechreiz. Zur ↗ Teezubereitung verwendet man 1 Eßlöffel (= 1,5 g) geschnittene Droge. Als Tagesdosis werden 3–6 g Droge empfohlen.

Hom.: ***Mentha piperita*** HAB34, die frische, blühende Pflanze. *Anw.-Geb.:* u. a. Erkältungskrankheiten.

Histor.: Der Gattungsname *Mentha* ist eine Entlehnung vom griechischen *minthe*. Nach einer von Ovid übermittelten Sage ist die Nymphe Minthe, die Tochter des Kokytes, von Proserpina, der Unterweltsgöttin, in diese Pflanze verwandelt worden. Pfefferminze und andere volkstümliche Namen beziehen sich auf den intensiven Geruch der Pflanze. Obwohl im Mittelalter oft statt der Pfefferminze auch die Krauseminze kultiviert und genutzt wurde, konnte aus Funden in altägyptischen Gräbern gesichert werden, daß unsere Pfefferminze bereits um 1200–600 v. Chr. bekannt war.

● **Mentha pulegium** L. (syn. *Mentha gibraltarica, M. hirtiflora, M. pulegioides, M. tomentella, M. tomentosa, Pulegium erectum, P. vulgare*); Poleiminze (syn. Flohkraut, Hirschminze, Polei).

Vork.: Südeuropa, Anbau besonders Spanien und Marokko.

Drogen: ***1. Pulegii aetheroleum*** (syn. *Aetheroleum Pulegii, Oleum Pulegii*); Poleiminzöl (syn. Poleiöl), das äther. Öl des frischen Krautes. Inh.: (*R*)-(+)-Pulegon (60–90 %), außerdem u. a. Menthon (10–20 %), Isomenthon (2–10 %), Piperitenon (0,5–2,5 %) und Neoisomenthylacetat (0,3–1,5 %). Anw.: volkstümlich bei Menstruationsstörungen; mißbräuchlich als Abortivum. ***2. Pulegii herba*** (syn. *Herba Pulegii, Herba Pulegii hortensis*); Poleikraut (syn. Flohkraut, Hirschminze), die getrockneten, oberirdischen Teile. Inh.: äther. Öl (1–2 %), Gerbstoffe (ca. 4 %), Flavonglykoside, u. a. Diosmin und Hesperidin. Anw.: analog *Menthae piperitae folium* bei Verdauungsbeschwerden, besonders bei Galle- und Leberleiden, Flatulenz und Leibschmerzen.

Hom.: ***Mentha pulegium*** HAB34, die ganze, frische, blühende Pflanze.

● **Mentha spicata** L. **var. crispa** (syn. *Mentha cordifolia, M. crispa, M. crispata*); Krauseminze (syn. Ährenminze, Grüne Minze, Grüne Roßminze).

Vork.: China, Indien, Nordamerika.

Drogen: ***1. Menthae crispae aetheroleum*** (syn. *Aetheroleum Menthae crispae, Oleum Menthae crispae, Oleum Menthae viridis*); Krauseminzöl, das Wasserdampfdestillat der frischen (blühenden), oberirdischen Teile. Inh.: (–)-L-Carvon (40–80 %, Geruchsträger) und (–)-Limonen (5–15 %) als Hauptkomponenten, ferner u. a. β-Bourbonen, *cis*-Carvylacetat,, Caryophyllen, 1,8-Cineol, Dihydrocarveol, Myrcen und α-Terpineol. Anw.: Aromatikum. In Zubereitungen ähnlich Pfefferminzöl bei Verdauungsstörungen. ***2. Menthae crispae folium*** (syn. *Folia Menthae crispae*); Krauseminzblätter (syn. Spearmintblätter), die während der Blütezeit gesammelten und getrockneten Laubblätter. Inh.: äther. Öl (0,8–2,5 %, s. *Menthae crispae aetheroleum*), methoxylierte Flavone, u. a. Thymonin, sowie Rosmarinsäure. Anw.: Aromatikum, Bestandteil von Zahnpasten, Kaugummi und Kosmetika.

Menthae aquaticae folium ↗ Mentha-Arten.
Menthae arvensis aetheroleum ↗ Mentha-Arten.
Menthae crispae aetheroleum ↗ Mentha-Arten.
Menthae crispae folium ↗ Mentha-Arten.
Menthae herba ↗ Mentha-Arten.
Menthae japonicae folium ↗ Mentha-Arten.
Menthae longifoliae herba ↗ Mentha-Arten.
Menthae piperitae aetheroleum ↗ Mentha-Arten.
Menthae piperitae folium ↗ Mentha-Arten.
Mentha perilloides ↗ Perilla frutescens.
Mentha reticulosa ↗ Perilla frutescens.
Menthofuran ↗ Mentha-Arten.

■ **Menthol**

(Mentholum, Levomentholum, Pfefferminzkampfer), Monoterpen aus ↗ *Mentha*-Arten. Wirk.: M.

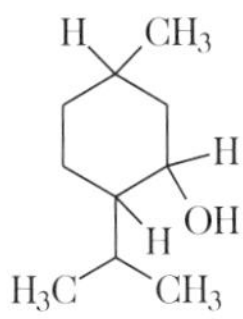

Menthol

bewirkt durch Wechselwirkung mit den temperaturempfindlichen Nervenendigungen auf der Haut ein Kältegefühl. Es wirkt außerdem als Cholagogum, Choleretikum und als Hustenmittel. Anw.: Äußerlich wird es als Analgetikum (Migränestift) und Juckreiz-stillendes Mittel eingesetzt. Geg.: nicht bei Säuglingen und Kleinkindern anwenden, da sonst Kehlkopfkrämpfe und Atemnot ausgelöst werden können.

■ **Mentzelia cordifolia** Dombey

Anguaraté.

Fam.: Loasaceae.

Vork.: Peru, Südamerika.

Droge: ***Mentzelia-cordifolia-Kraut***, das getrocknete Kraut. Inh.: Flavonoide (Quercetin, Kämpferol), Cumarine (Scopoletin), Bitterstoffe, Schleimstoffe, β-Sitosterol. Anw.: zur Entzündungshemmung und Spasmolyse bei Magen- und Darmerkrankungen.

Menyanthes palustris ↗ Menyanthes trifoliata.

■ **Menyanthes trifoliata** L.

(syn. *Menyanthes palustris, Trifolium castoris, T. fibrinum, T. palustre, T. amarum, T. aquaticum*); Fieberklee (syn. Biberklee, Bitterklee, Dreiblatt, Dreiblättriger Fieberklee, Gallkraut, Magenklee, Monatsblume, Sumpf-Bitterklee, Sumpfklee, Wasserklee, Zottelblume, Zottenblume).

Fam.: Menyanthaceae.

Vork.: Sumpfpflanze der gemäßigten Zonen der nördlichen Halbkugel.

Drogen: ***1. Menyanthidis folium*** (syn. *Folia Menyanthidis, Folia Menyanthis, Folia Trifolii amari, Folia Trifolii antiscorbutici, Folia Trifolii aquatici, Folia Trifolii fibrini, Folia Trifolii palustris, Folium Menyanthis, Folium Trifolii fibrini, Menyanthis folium*); Fieberkleeblätter (syn. Bitterkleeblätter), die während der Blütezeit gesammelten und getrockneten Laubblätter. *Inh.:* Bitterstoffe (ca. 1 %) mit den Secoiridoidglykosiden Dihydrofoliamenthin (Hauptkomponente),

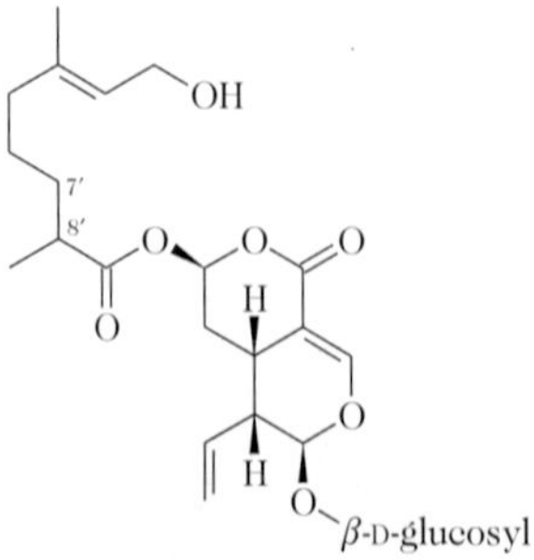

7′,8′-Dihydrofoliamenthin

Menthiafolin und Foliamenthin, die Monoterpenester von Secoiridoiden darstellen, sowie Swerosid. Weitere Bestandteile sind Cumarine, u. a. Scopoletin, Flavonoide, u. a. Hyperosid (0,4–1,1 %), Hydroxykaffeesäurederivate und in geringer Menge Pyridinalkaloide. *Anw.:* Appetitlosigkeit, dyspeptische Beschwerden. Zur ↗ Teezubereitung verwendet man als Einzeldosis 0,5–1 g (1 Teelöffel = ca. 0,9 g) Droge. Als Tagesdosis werden 1–3 g Droge empfohlen. ***2. Menyanthidis rhizoma*** (syn. Radix *Menyanthidis, Radix Trifolii fibrini, Rhizoma Menyanthidis*); Fieberkleewurzel (syn. Bitterkleerhizom, Bitterkleewurzel, Bitterkleewurzelstock), der getrocknete Wurzelstock. *Inh.:* Iridoidglykoside mit ↗ Loganin als Hauptkomponente, ferner Triterpene und Triterpensaponine. *Anw.:* volkstümlich bei Magenverstimmungen, Blähungen, rheumatischen Beschwerden sowie Hautleiden.

Hom.: ***Menyanthes trifoliata*** HAB34; Bitterklee, die frische, zu Beginn der Blütezeit gesammelte ganze Pflanze. *Anw.-Geb.:* Erkrankungen des Zentralnervensystems, Fieberanfälle, Kopfschmerzen, Muskelschmerzen und bei grippalem Infekt.

Histor.: Der Gattungsname *Menyanthes* wird vom griechischen *menyein* und *anthos* (Blüte) abgeleitet und nimmt offenbar Bezug auf die auffallende Blüte. Der Artname *trifoliata* weist auf das dreizählige, an „Klee" erinnernde Blatt hin, während die deutschen Namen Bitterklee, des bitteren Geschmacks wegen bzw. Fieberklee wegen der früheren Anwendung bei Fieber geprägt wurden.

Menyanthidis folium ↗ Menyanthes trifoliata.
Menyanthidis rhizoma ↗ Menyanthes trifoliata.
Menyanthis folium ↗ Menyanthes trifoliata.
Mephitis mephitis ↗ Mephitis putorius.

■ Mephitis putorius Schreb.

(syn. *Mephitis mephitis*); Echter Skunk (syn. Stinktier).

Fam.: Mustelidae.

Vork.: Nordamerika.

Inh.: Das Sekret des Stinktieres (Stinkdrüsen) enthält u. a. *trans*-2-Buten-1-thiol, 3-Methyl-1-butanthiol und Methyl-1-(*trans*-2-butenyl)-disulfid.

Hom.: ***Mephitis mephitis*** (syn. *Mephitis putorius*) HAB; das frische Sekret aus den Stinkdrüsen. *Anw.-Geb.:* als starkes Reizmittel bei Husten mit Kehlkopfkrampf und Keuchhusten sowie bei Schlaflosigkeit und Nervenschwäche.

Merasingiblätter ↗ Gymnema sylvestre.

■ Mercurialis-Arten

- **Fam.:** Euphorbiaceae.
- **Mercurialis annua** L.; Einjähriges Bingelkraut (syn. Gartenbingelkraut, Schuttbingelkraut).

Vork.: Europa, besonders im Mittelmeergebiet.

Droge: ***Herba Mercurialis***; Bingelkraut, das getrocknete Kraut. *Inh.:* Saponine (ca. 1 %), äther. Öl, Bitterstoff, Cyanglykoside, Flavonoide, u. a. Kämpferolglykoside und Rutin. *Anw.:* in der Volksheilkunde als Diuretikum und Laxans.

- **Mercurialis perennis** L.; Ausdauerndes Bingelkraut (syn. Waldbingelkraut).

Vork.: Europa.

Droge: ***Herba Mercurialis***; Bingelkraut, das getrocknete Kraut. Inhaltsstoffe und Anwendung s. *Mercurialis annua*.

Hom.: ***1. Mercurialis perennis*** HAB; die frische, ganze, zur Blütezeit geerntete Pflanze.

Anw.-Geb.: seltene oder ausbleibende Regelblutung. *2. Mercurialis perennis ferm. 34c* HAB1; die frischen, oberirdischen Teile blühender Pflanzen. Anw.-Geb.: in der anthroposophischen Therapierichtung bei Erkrankungen der weiblichen Geschlechtsorgane.

● **Histor.:** *Herba Mercurialis* war bereits den Ärzten des 4. und 5. Jh. v. Chr. als abführende und harntreibende Droge bekannt. Auch in der Volksheilkunde wurde sie vielfältig eingesetzt und stand in dem Ruf, die Erzeugung männlicher Nachkommenschaft zu begünstigen, daher der Name „Bengelkraut" in alten Quellen. Der Gattungsname wurde nach dem Gott Merkur benannt, da dieser der Sage nach die Heilkräfte der Pflanze entdeckt haben soll. Die deutsche Bezeichnung Bingelkraut kann auch vom althochdeutschen *bungo* (Knoten) abgeleitet werden.

■ **Merremia macrocarpa** (L.) Roberty
(syn. *Operculina macrocarpa, O. convolvulus, O. operculata, Convolvulus operculatus, C. macrocarpus, C. operculata, Piptostegia gomesia*).

Fam.: Convolvulaceae.

Vork.: Brasilien.

Droge: ***Radix Jalapae brasiliensis***; Brasilianische Jalapenknollen, die unterirdischen Knollen. Inh.: Harz (12–15 %), das aus Convolvulin und Jalapen besteht. Anw.: drastisches Abführmittel.

Merremia turpethum ↗ Operculina turpethum.
Mescal Buttons ↗ Lophophora williamsii.

■ **Mescalin**
3,4,5-Trimethoxyphenylethylamin.
Halluzinogener Wirkstoff (200–500 mg) verschiedener ↗ Rauschdrogen biogenen Ursprungs (u. a. ↗ *Lophophora williamsii*). Der Rausch ist

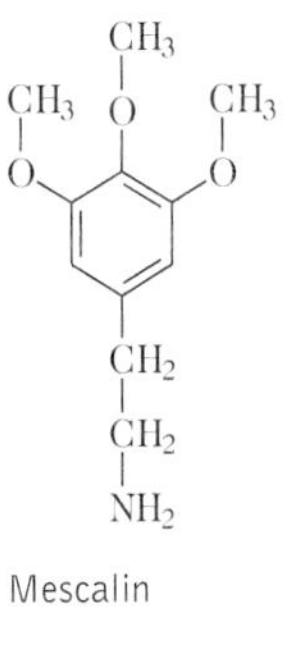

Mescalin

durch optische und akustische Halluzinationen gekennzeichnet, im Tierversuch wurden teratogene Wirkungen nachgewiesen.

■ **Mesembryanthemum-Arten**

● **Fam.:** Aizoaceae.

Vork.: Südafrika.

● **Mesembryanthemum expansum** L. und **Mesembryanthemum tortuosum** L.

Droge: ***Khanna***. Inh.: Alkaloide Mesembrin und Mesembrenin, die eine allgemeine Benommenheit erzeugen können. Anw.: Diese Pflanzen

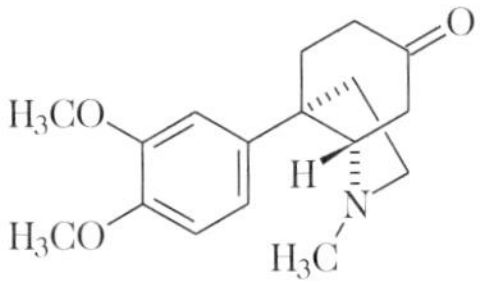

Mesembrin

wurden früher als Rauschdrogen zu halluzinogenen Zwecken ähnlich wie Cocain genutzt. Der Gattungsname *Mesembrianthemum* ist aus den griechischen *mesembria* (Mittag) und *ánthemon* (Blume) gebildet, da die meisten Arten nur mittags bei voller Sonne ihre Blüten entfalten.

Meskalbohne ↗ Sophora secundiflora.
Meskalkopf ↗ Lophophora williamsii.
Mespilus aucuparia ↗ Sorbus aucuparia.
Mespilus azarolus ↗ Crataegus-Arten.
Mespilus elegans ↗ Crataegus-Arten.

■ **Mespilus germanica** L.
Mispel.

Fam.: Rosaceae.

Vork.: Süd- und Südosteuropa, Vorderasien.

Inh.: Die Blätter enthalten Melavosid (Glucosid des Mevalonsäurelactons). Anw.: früher (besonders im Mittelalter) in Nordfrankreich und Südwestdeutschland als Obstbäume angepflanzt. Früchte sind erst nach langem Liegen oder Einwirkung von Frost genießbar.

Mespilus monogyna ↗ Crataegus-Arten.
Mespilus moogyna ↗ Crataegus-Arten.
Mespilus nigra ↗ Crataegus-Arten.
Mespilus oxyacantha ↗ Crataegus-Arten.
Mesquitegummi ↗ Prosopis juliflora.

■ **Metanarthecium luteo-viride** Maxim.

Fam.: Liliaceae.

Vork.: Japan, China, Indochina.

Droge: die Wurzeln. *Inh.:* Sapogenine, wie Nogiragenin, Metagenin, Luvigenin, Meogenin. *Anw.:* in der chinesischen Heilkunde als Diuretikum, mildes Herztonikum sowie bei Wassersucht.

■ **Metaplexis japonica** Makino
(syn. *Marsdenia stauntonii*).

Fam.: Asclepiadaceae.

Vork.: China, Japan.

Droge: die ganze Pflanze. *Inh.:* herzwirksame Glykoside, Bitterstoffe, wie Sarcostin und Metaplexigenin; Benzoylramanon. *Anw.:* in der chinesischen Heilkunde zur Behandlung von Wunden, Geschwüren, Insektenstichen, Schwellungen und Abszessen.

■ **Methionin**
2-Amino-4-methyl-mercaptobuttersäure. Eine essentielle Aminosäure, die für den Zwischenstoffwechsel bedeutsam ist. *Anw.:* bei Lebererkrankungen, nach Vergiftungen (Leberschutztherapie) mit Arsen, Wismut, Barbitalen, Paracetamol sowie in der parenteralen Ernährung.

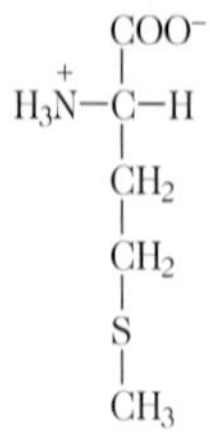

Methionin (zwitterionische Form)

Methonica superba ↗ Gloriosa superba.
Methoxsalen ↗ Ammi majus.
Methylpsychotrin ↗ Cephaelis ipecacuanha.

■ **Methylxanthine**
N-Methylderivate des Xanthins, die als Purinalkaloide therapeutische Bedeutung haben. Dazu zählen Theophyllin, Theobromin und Coffein. *Wirk.:* Wegen der Wechselwirkung mit purinergen Rezeptoren (Antagonisten), ihrer Hemmwirkung auf die Phosphodiesterase (in hoher Konzentration) sowie der Wirkung auf den transmembranären Ca-Einstrom besitzen sie zentral anregende Effekte, positiv ino-, chrono- und dromotrope Wirkungen am Herzen, relaxierende Effekte an der glatten Muskulatur der Bronchien und Gefäße sowie eine sekretionsanregende Wirkung. *Anw.:* Bestandteil von Analgetika-Kombinationen und zur Anregung des Kreislaufs (Coffein), zur Diurese und Bronchospasmolyse (Theophyllin).

Methysticine ↗ Piper methysticum.

■ **Methysticodendron amesianum** R. E. Schult.
Culebra.

Fam.: Solanaceae.

Vork.: kolumbianische Anden (Südamerika). *Inh.:* Alkaloide, u. a. Scopolamin.

Anw.: Die Medizinmänner der Kamsá- und Ingano-Indianer benutzen einen Aufguß der Blätter dieser Pflanze zur Erzeugung von halluzinogenen Zuständen, die zur Wahrsagerei und zum Heilen von Krankheiten ausgenutzt werden. Als verantwortlicher Wirkstoff ist vor allem Scopolamin nachgewiesen worden, das zu 80 % in der Alkaloidfraktion enthalten ist. Die Droge ruft eine heftige Reaktion bereits in geringer Dosierung hervor.

Metra ↗ Chrysanthemum-Arten.
Metrosideros albida ↗ Melaleuca-Arten.
Metrosideros corriacea ↗ Melaleuca-Arten.
Metrosideros hyssopifolia ↗ Melaleuca-Arten.
Metrosideros quinquevervia ↗ Melaleuca-Arten.
Mettram ↗ Chrysanthemum-Arten.

■ **Meum athamanticum** Jacq.
(syn. *Athamanta meum, Meum meum, M. nevadense*); Bärwurz (syn. Baerpudel, Barekümmel, Bärendill, Bärenfenchel, Bärkümmel, Bärmutterkrut, Bärnzotten, Bärwurzel, Bergbärwurz, Bergpudel, Dillblattwurz, Köppernickel), s. Farbtafel S. 142, Bild 35.

Fam.: Apiaceae (Umbelliferae).

Vork.: Gebirgswiesen in West- und Mitteleuropa.

Droge: ***Mei athamantici radix*** (syn. *Radix Foeniculi ursini, Radix Mei, Radix Mei athamantici*); Bärenwurzel (syn. Bärenfenchelwurzel), die getrocknete Wurzel. *Inh.:* äther. Öl (ca. 0,7 %), u. a. Ligustilid sowie Monoterpene enthaltend, ferner Kaffeesäurederivate und Phthalide, z. T. hydroxyliert. *Anw.:* als magenstärkendes und carminativ wirkendes Mittel bei Verdauungsstörungen. Ferner in der Likörindustrie zur Herstellung von Kräuterschnäpsen.

Hom.: ***Meum athamanticum*** HAB34, die frische Wurzel.

Meum foeniculum ↗ Foeniculum vulgare.
Meum meum ↗ Meum athamanticum.
Meum nevadense ↗ Meum athamanticum.

■ **Mevinolin**
(syn. Lovastatin), Polyketid, das von *Aspergillus terreus* und verschiedenen *Monascus*-Arten produziert wird. *Wirk.*: starke Hemmung der Cholesterol-Biosynthese durch Inhibierung der Hydroxymethylglutaryl-CoA-Reduktase. *Anw.*: zur Arterioskleroseprophylaxe, als Lipidsenker.

Mexico-Jalapoe ↗ Ipomoea purga.
Mexikanische Arnika ↗ Heterotheca inuloides.
Mexikanische Arnikablüten ↗ Heterotheca inuloides.
Mexikanische Baldrianwurzel ↗ Valeriana edulis.
Mexikanische Fieberrinde ↗ Croton niveus.
Mexikanische Jalape ↗ Ipomoea purga.

■ **Mexikanische Rauschpilze**
Gruppe von berauschend wirkenden Pilzen der Gattung *Psilocybe* (↗ *Psilocybe*-Arten), die sich durch einen mehr oder weniger hohen Gehalt an ↗ Psilocybin auszeichnen. Im traditionellen mexikanischen Ritus gelten die M.R. als „Fleisch der Götter" und besitzen eine große Bedeutung als Heilmittel sowie als Hilfsmittel zur Kontaktaufnahme mit Göttern und Ahnen. Ihr Gebrauch wurde früher von der katholischen Kirche streng verboten und von der Inquisition verfolgt, erst in den fünfziger Jahren unseres Jahrhunderts wurde die sakrale Nutzung der M.R. wiederentdeckt, die botanische Identität des *teonanacatl* konnte bereits gegen Ende der dreißiger Jahre aufgeklärt werden.

Mexikanischer Baldrian ↗ Valeriana edulis.
Mexikanische Roßkastanie ↗ Ungnadia speciosa.
Mexikanischer Stachelmohn ↗ Argemone mexicana.
Mexikanischer Wermut ↗ Artemisia mexicana.
Mexikanische Scammoniawurzel ↗ Ipomoea-Arten.
Mexikanische Scammoniumwurzel ↗ Ipomoea orizabensis.
Mexikanisches Jalapenharz ↗ Ipomoea purga.
Mexikanisches Linaloeöl ↗ Bursera-Arten.
Mexikanisches Lippienkraut ↗ Lippia dulcis.
Mexikanisches Teekraut ↗ Chenopodium-Arten.
Mexikanisches Traubenkraut ↗ Chenopodium-Arten.
Mexikanische Trichterwinde ↗ Turbina corymbosa.
Mexikanische Winde ↗ Ipomoea orizabensis.
Mezerei cortex ↗ Daphne mezereum.
Mezerei fructus ↗ Daphne mezereum.
Mezquitebaum ↗ Prosopis juliflora.

■ **Michelia champaca** L.
Fam.: Magnoliaceae.
Vork.: tropisches Asien, Java, Philippinen.
Droge: ***Oleum Champacae***; Champacablütenöl, das äther. Öl der Blüten. *Inh.*: Phenole (ca. 3 %), u. a. Eugenol, Cineol; Benzaldehyd, Phenylethylalkohol. *Anw.*: zur Herstellung von Blumendüften in der Parfümerie. Außerdem werden die Samen zur Fettgewinnung für die Seifenherstellung genutzt.

■ **Michelia fuscata** Blume.
Fam.: Magnoliaceae.
Vork.: Südchina, Georgien, Schwarzmeerküste.
Droge: die Blätter. *Inh.*: Alkaloide, u. a. Magnolin, Magnolamin, Magnocurarin, Magnoflorin. *Anw.*: in der Volksheilkunde als Fiebermittel sowie zur Blutdrucksenkung.

Michelwurz ↗ Colchicum autumnale.

■ **Microglossa pyrifolia** (Lamarck) O. Kuntze (syn. *Microglossa volubilis, Conyza pyrifolia*).
Fam.: Asteraceae (Compositae).
Vork.: tropisches Afrika.
Droge: Blätter und Wurzeln. *Inh.*: Diterpene, wie Germacren D, Furoclerodane; Saponine. *Anw.*: in der afrikanischen Volksheilkunde bei vielfältigen Erkrankungen, z. B. Amöben-Dysenterie, Eingeweidewürmern, Lepra, Gonorrhoe, aber auch als Aphrodisiakum. Die Droge ist Bestandteil von Pfeilgiften im Südwesten der Elfenbeinküste.

Microglossa volubilis ↗ Microglossa pyrifolia.
Micromeria montana ↗ Satureja montana.

■ **Micromonospora-Arten**
Fam.: Actinomycetaceae.

Gruppe von aeroben Mikroorganismen, die verschiedene Antibiotika produzieren. *Micromonospora purpurea*, *M. echinospora*, *M. carbonacea* und *M. halophyta* bilden ↗ Gentamicin, *M. inyoensis* produziert ↗ Sisomicin (4,5-Dehydro-Gentamycin). ↗ Rifabutin (Ansamycin) wird von *M. lacustris* gebildet.

Micromonospora inyoensis ↗ Micromonospora-Arten.
Micromonospora lacustris ↗ Micromonospora-Arten.
Micromonospora purpurea ↗ Micromonospora-Arten.

■ **Micrurus corallinus** Wied.
(syn. *Elaps corallinus*); Korallenotter.
Fam.: Elapidae.
Vork.: Südamerika.
Inh.: u. a. Neurotoxine, Hämolysine.
Hom.: ***Micrurus corallinus*** HAB; das frische Schlangengift. *Anw.-Geb.:* bei entzündlichen Prozessen, Erkrankungen des lymphatischen Systems und der weiblichen Geschlechtsorgane.

Mikania capensis ↗ Mikania cordata.

■ **Mikania cordata** (Burm. f.) B. L. Robins.
(syn. *Mikania scandens, M. capensis, Eupatorium cordatum*).
Fam.: Asteraceae (Compositae).
Vork.: Afrika, Senegal bis Ostafrika; Südostasien.
Droge: Blätter und Wurzeln. *Inh.:* Flavonoide, wie Mikanin; Sesquiterpenlactone, v. a. Mikanolid und Dihydromikanolid; Triterpene, wie Friedelin und Epifriedelin; Diterpensäuren, u. a. Kaurensäure. *Anw.:* in der afrikanischen Volksheilkunde hauptsächlich als Analgetikum und Antiseptikum, u. a. bei Geschlechtskrankheiten, Geschwüren und Hautkrankheiten. Die Droge ist außerdem Bestandteil von Pfeil- und Speergiften für die Jagd auf Großtiere in Zentralafrika.

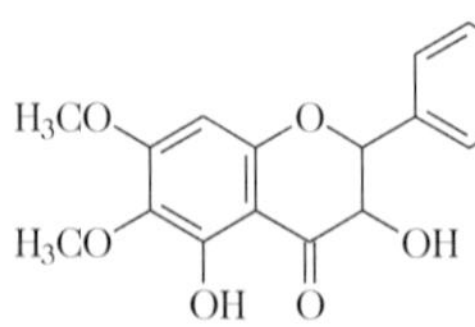

Mikanin

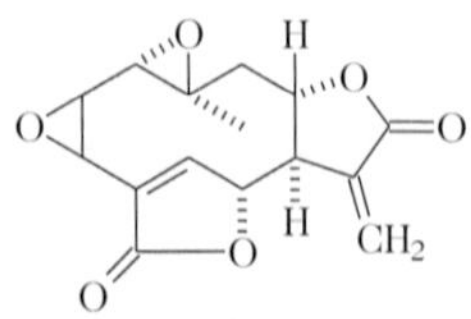

Mikanolid

■ **Mikania guaco** H.B.K.
Guaco.
Fam.: Asteraceae (Compositae).
Vork.: Südamerika, v. a. Kolumbien.
Droge: ***Folia Guaco***; Guacoblätter, die getrockneten Laubblätter. *Inh.:* u. a. Guacin (Bitterstoff).
Hom.: ***Mikania guaco*** HAB; die getrockneten Blätter. *Anw.-Geb.:* Lähmungen, die vom Rükkenmark ausgehen.

Mikania scandens ↗ Mikania cordata.

Mikroorganismen als Quelle biogener Drogen

Gerd Bader

Mikroorganismen stellen heute neben landwirtschaftlich angebauten oder in den natürlichen Biotopen gesammelten Arzneipflanzen eine der wichtigsten Quellen zur Gewinnung von biogenen Drogen dar. Der ökonomische Vorteil mikrobieller Kulturen zur Gewinnung von Arzneistoffen oder pharmazeutisch relevanten Hilfsstoffen basiert auf

- den sehr vielfältigen Möglichkeiten zur Biosynthese von Primär- und Sekundärstoffwech-

selprodukten in zumeist sehr hohen Ausbeuten,
- der hohen Zellteilungsrate der Mikroorganismen und der damit verbundenen hohen Effektivität im Vergleich zu vegetativen Pflanzen sowie pflanzlichen Zellsuspensions- und Kalluskulturen,
- der Verwendung billiger Biomasse als Ausgangsmaterial,
- der Nutzung von Wasser als Reaktionsmedium sowie
- der Ausnutzung niedriger Reaktionstemperaturen.

Relativ komplizierte organische Stoffe können im Vergleich zur chemischen Vollsynthese mittels Mikroorganismen zumeist stereospezifisch und mit weniger Aufwand produziert werden.

Nachteile einer mikrobiologischen Arzneistoffproduktion erwachsen aus der Notwendigkeit der Gewährleistung relativ steriler Produktionsbedingungen. Durch Kontaminationen eingeschleppte Bakterien oder Pilze können während der biotechnologischen Produktion in Konkurrenz zu den Produktionsorganismen gehen oder diese gegebenenfalls sogar fast völlig verdrängen. Hochleistungs-Produktionsstämme, die in Mutations-Selektionsprogrammen gezüchtet oder durch Rekombination ihres genetischen Materials entstanden sind, neigen weiterhin zu Degenerationen und Mutationen. Diese genannten Nachteile relativieren sich jedoch durch das schnelle Mikroorganismenwachstum im Vergleich mit anderen Zellkultursystemen.

Produktion von Arzneistoffen mittels Mikroorganismen

Die meisten Arzneistoffe werden heute unter Nutzung diskontinuierlicher Submerskulturen (Suspensionskulturen) hergestellt. Kontinuierliche Submerskulturen, die offene Systeme darstellen und in denen ständig die notwendigen Nährstoffe erneuert werden, sind hinsichtlich der Sterilhaltung problematischer. Die früher gebräuchlichen Emerskulturen (Oberflächenkulturen) scheinen nur noch eine untergeordnete Bedeutung zu besitzen. Bestimmte Arzneistoffe werden in Sonderkulturen produziert, wie z. B. Mutterkornalkaloide in parasitischen Kulturen von ↗ *Claviceps purpurea*.

Die Produktgewinnung kann zumeist aus dem Kulturfiltrat erfolgen, andere Stoffe müssen durch aufwendige Verfahren aus den Produktionsorganismen isoliert werden.

Hochleistungsstämme verschiedener Bakterien und Pilze werden für die direkte biotechnologische Produktion von antibakteriellen, antifungalen und cancerostatischen Antibiotika, Immunsuppressiva, Steroiden, Oligo- und Polysacchariden, Vitaminen, Nucleotiden, organischen Säuren und Aminosäuren, Enzymen und Alkaloiden verwendet. Tabelle 1 (S. 74) zeigt eine Auswahl entsprechender Arznei- oder Hilfsstoffe und die dazugehörigen Mikroorganismengattungen, wobei den Antibiotika die größte Bedeutung bei der mikrobiellen Arzneistoffproduktion zukommt.

70 % aller bisher bekannten bioaktiven mikrobiellen Stoffwechselprodukte werden innerhalb der Bakterienordnung Actinomycetales und hier insbesondere in der Gattung *Streptomyces* gebildet. Die Gattung *Bacillus* der Bakterienordnung Eubacteriales produziert ca. 10 % aller Antibiotika mikrobieller Herkunft. Pilzgattungen, haupsächlich *Penicillium* und *Cephalosporium*, erbringen einen Anteil von 20 % an der Gesamtzahl der mikrobiellen Antibiotika, jedoch ist deren strukturelle Vielfalt geringer als bei den Streptomyceten.

Biogenetisch entstammen die therapeutisch gebräuchlichen Antibiotika dem Acetat- und Propionat-Stoffwechsel oder werden aus Monosaccharid- oder Aminosäurebausteinen aufgebaut. Im erstgenannten Biosyntheseweg werden Polyketide wie Anthracycline, ↗ Ansamycine, ↗ Tetracycline, Makrolide und ↗ Griseofulvin sowie das 4-Nortriterpen Fusidinsäure gebildet. Aminoglykosidantibiotika stellen Oligosaccharide dar, die aus Monosaccharidbausteinen – zumeist Aminozucker – aufgebaut sind. Andererseits enthalten Antibiotika wie die ↗ Lincomycine und Polyen-Makrolide glykosidisch gebundene Aminozucker. ↗ β-Lactam-Antibiotika (↗ Penicilline, ↗ Cephalosporine) sowie Purin-Analoga stellen von Aminosäuren abgeleitete Verbindungen dar. ↗ Bacitracin, ↗ Vancomycin, ↗ Bleomycine, ↗ Actinomycine, ↗ Tyrothricin und ↗ Polymyxine werden zu den Polypeptidantibiotika gerechnet. Charakteristisch ist bei diesen von Aminosäuren abgeleiteten Stoffen insbesondere das Vorkommen von D- und L-Aminosäuren.

Von den bisher ca. 8000 aus Mikroorganismen isolierten Antibiotika werden nur relativ wenige Substanzen zur Therapie von Infektionen mit Bak-

Tabelle 1: Arznei- und Hilfsstoffe mikrobieller Herkunft

	Arzneistoff oder Hilfsstoff	Mikroorganismengattung
antibakterielle Antibiotika	Bacitracin, Tyrothricin, Polymyxine Vancomycin, Ansamycine, Tetracycline, Aminoglykoside, Lincomycine, Makrolide Gentamicin Penicilline Cephalosporine Cephamycine Fusidinsäure	*Bacillus* *Streptomyces* *Micromonospora* *Penicillium* *Cephalosporium* *Streptomyces* *Fusidium*
antifungale Antibiotika	Polyen-Makrolide Griseofulvin	*Streptomyces* *Penicillium*
cancerostatische Antibiotika	Bleomycine, Actinomycine, Anthracycline, Mitomycine, Purin-Analoga	*Streptomyces*
Immunsuppressiva	Tacrolimus Ciclosporin A Mycophenolsäure	*Streptomyces* *Tolypocladium* *Penicillium*
Steroide	Ergosterol	*Saccharomyces*
Oligo- und Polysaccharide	Arcabose Dextrane	*Actinoplanes* *Leuconostoc*
Vitamine	Vitamin B12	*Propionibacterium*
Nucleoside, Nucleotide und Nucleinsäuren	Bausteine für die Gentechnologie	*Saccharomyces, Bacillus* *Escherichia*
organische Säuren, Aminosäuren	Citronensäure Glutaminsäure	*Aspergillus* *Corynebacterium*
Enzyme	Amylasen, Cellulasen Lipasen Proteasen L-Asparaginase Hyaluronidase, (Streptokinase)	*Aspergillus* *Rhizopus, Aspergillus* *Aspergillus* *Escherichia* *Streptococcus*
Alkaloide	Lysergsäurederivate	*Claviceps*

terien und Pilzen sowie zur Behandlung von Tumorerkrankungen eingesetzt.

Wirkungsmechanismen und Anwendungsbereiche

Tabelle 2 (S. 75) zeigt Wirkungsmechanismen wichtiger, therapeutisch verwendeter Antibiotika natürlicher Herkunft, wobei partialsynthetische Produkte nicht erwähnt werden, obwohl diese einen erheblichen therapeutischen Stellenwert besitzen. Da sich die Resistenzsituation der natürlich gewonnenen, antibakteriellen Antibiotika zunehmend verstärkt, sind bereits heute viele der aufgeführten Verbindungen durch partialsynthetische oder andere Wirkstoffe substituiert worden. Jedoch sind auch weiterhin die natürlichen Verbindungen als Ausgangsmaterialien für Partialsynthesen sowie als Leitstrukturen für die Wirkstoffentwicklung und -optimierung von Interesse. Gegenwärtig werden partialsynthetische Penicilline, Cephalosporine, ↗ Cephamycine, ↗ Tetracycline, ↗ Lincomycine und ↗ Ansamycine therapeutisch verwendet, deren strukturelle Vorstufen aber biotechnologisch produziert werden. Lediglich ↗ Chloramphenicol, das ursprünglich in *Streptomyces venezuelae* entdeckt wurde, wird heute vollsynthetisch hergestellt. In der Therapie von Infektionen mit Bakterien und Pilzen werden weiterhin viele vollsynthetische Substanzen eingesetzt, die dem oftmals widersprüchlich ausgelegten Begriff Antibiotika zugeordnet werden.

Tabelle 2: Wirkungsmechanismen therapeutisch verwendeter Antibiotika

Wirkungsmechanismus	Antibiotika
Hemmung der Biosynthese der Bakterienzellwand	antibakterielle Antibiotika: **Penicilline:** Benzylpenicillin, Phenoxymethylpenicillin **Cephalosporine:** Cephalosporin C [1] **Cephamycine:** Cephamycin C [1] **Bacitracin** **Vancomycin**
Hemmung der Transkription und Replikation von Nucleinsäuren	antibakterielle Antibiotika: **Ansamycine** (syn. Rifamycine): Rifamycin B cancerostatische Antibiotika: **Anthracycline:** Daunorubicin, Doxorubicin, Aclarubicin **Actinomycine:** Dactinomycin **Mitomycine:** Mitomycin C **Bleomycine:** Bleomycin A2 und B2 **Purin-Analoga:** Pentostatin
Hemmung der ribosomalen Translation	antibakterielle Antibiotika: **Tetracycline:** Chlortetracyclin, Oxytetracyclin, Demeclocyclin **Aminoglykoside:** Streptomycin, Kanamycin, Tobramycin, Gentamicin, Neomycin, Framycetin, Spectinomycin, Paromomycin **Lincomycine:** Lincomycin **Makrolide:** Erythromycin, Spiramycin, Josamycin **Fusidinsäure**
Beeinflußung der Permeabilität der Zytoplasmamembran	antifungale Antibiotika: **Polyen-Makrolide:** Nystatin, Amphotericin B antibakterielle Antibiotika: **Tyrothricin:** Tyrocidine, Gramicidine **Polymyxine:** Polymyxin B, Polymyxin E (syn. Colistin)

[1] Therapeutisch werden ausschließlich partialsynthetische Derivate verwendet.

Das Wirkungsspektrum eines antibakteriellen oder antifungalen Antibiotikums richtet sich zumeist nur gegen eine begrenzte Anzahl von Krankheitserregern. Je breiter das Wirkungsspektrum ist, desto breiter ist zumeist auch die Toxizität gegenüber dem Wirtsorganismus. Das Ausmaß der Nebenwirkungen der in Tabelle 2 aufgeführten Antibiotikagruppen mikrobiellen Ursprungs ist in Abhängigkeit vom Wirkungsmechanismus sehr unterschiedlich. Antibiotika, die die Zellwandsynthese von Bakterien beeinflussen, zeigen bei Mensch und Tier zumeist nur sehr geringe Nebenwirkungen, wohingegen bei der Hemmung der Transkription und Replikation von Nucleinsäuren mit den schwerwiegendsten Nebenwirkungen gerechnet werden muß. Aus diesem Grunde werden derartige Verbindungen auch nur noch vereinzelt in der Therapie bakterieller Infektionen eingesetzt. Hauptanwendungsgebiet ist heute die zytotoxische Chemotherapie von bestimmten Tumorerkrankungen. Hemmstoffe der ribosomalen Translation, die vorwiegend die bakterielle Proteinsynthese beeinflussen, nehmen hinsichtlich des Ausmaßes ihrer Nebenwirkungen eine Zwischenstellung zwischen den ersten beiden Gruppen ein. Antibiotika, die die Permeabilität von Zytoplasmamembranen erhöhen, sind ebenfalls relativ toxische Substanzen und können aus diesem Grunde zumeist nur lokal appliziert werden.

Die in Tabelle 1 genannten Immunsuppressiva werden therapeutisch zur Prophylaxe oder Behandlung von Transplantat-Abstoßungen sowie bei autoimmun bedingten entzündlichen Prozessen eingesetzt. Der Wirkungsmechanismus von Ciclosporin A (↗ Ciclosporine) und ↗ Tacrolimus besteht in der Hemmung der Expression von Cytokinen und Cytokin-Rezeptor-Proteinen. Daraus resultiert die selektive, dosisabhängige und reversible Hemmung der Aktivierung und Proliferation zytotoxischer T-Lymphozyten sowie von B-Lymphozyten bzw. Plasmazellen. Mycophenolatmofetil, das aus Mycophenolsäure hergestellt wird, führt zur nichtkompetitiven, reversiblen Hemmung der Inosinmonophosphat-Dehydrogenase und damit ebenfalls zur Proliferationshemmung von T- und B-Zellen.

Das Pseudotetrasaccharid Arcabose wird aufgrund seiner antihyperglykämischen Wirkung, die durch die Hemmung intestinaler alpha-Glucosidasen und der damit verbundenen Unterdrückung des Abbaus von Nahrungskohlenhydraten bedingt wird, für die Zusatztherapie bei Diabetes mellitus Typ II eingesetzt.

Da mikrobielle Zellen zu 80 bis 90 % aus Enzymen bestehen können, eignen sich diese besonders auch zur biotechnologischen Produktion dieser Stoffe. Von den bisher 2000 bis 3000 Enzymen mikrobieller Herkunft haben heute ca. 50 industrielle Bedeutung erlangt. Das Hauptanwendungsgebiet dieser Produkte liegt zwar in der Waschmittel-, Lebens- und Futtermittel-, Textil- und Lederindustrie, jedoch haben auch einige Enzyme pharmazeutische Verwendung gefunden. Mikrobielle Amylasen, Lipasen und Proteasen werden neben pankreatischen Enzymen tierischer Herkunft ebenfalls als Verdauungshilfsmittel bzw. in der Substitutionstherapie verwendet. Mikrobielle Hyaluronidase ist eine Glykosidase, die Hyaluronsäure-Polymere in Dimere mit 4,5-ungesättigten Glucuronsäureresten spalten kann, wohingegen bei der Einwirkung tierischer Hyaluronidase entprechende Tetrasaccharide entstehen. Therapeutisch eingesetzt wird dieses Enzym zur Beseitigung von Ödemen und Exsudaten und zur Förderung der Resorption von Exsudaten. L-Asparaginase katalysiert die Hydrolyse von Asparagin zu Asparaginsäure und Ammoniak. Einige wenige Tumorzellarten weisen einen Mangel an Asparaginsynthetase auf und sind auf die Zufuhr von Asparagin angewiesen. Mittels der Applikation von L-Asparaginase bei Formen von lymphatischer Leukämie wird die Asparaginkonzentration im Blut niedrig gehalten und die Tumorzellen damit ausgehungert. Streptokinase ist zwar selbst kein Enzym, wirkt jedoch als Plasminogen-Aktivator, wodurch Plasminogen in Plasmin überführt wird. Plasmin ist ein proteolytisches Enzym, das Fibringerinnsel (Thromben) zu löslichen Proteinen depolymerisiert. Streptokinase wird parenteral als Fibrinolytikum zur Auflösung frischer Venenthromben bei Lungenembolie und akutem Myokardinfarkt sowie äußerlich zur Reinigung fibrinös eiternder Wunden eingesetzt.

Weitere Anwendungsgebiete von Mikroorganismen
Neben der direkten Produktion von Arznei- oder Hilfsstoffen mit pharmazeutischer Bedeutung finden Mikroorganismen auch Anwendung als Lieferanten von Ausgangsstoffen für die Synthese von Steroidhormonen (Ergosterol) sowie bei strukturellen Transformationen von Naturstoffen. In Betracht kommen bei Partialsynthesen insbesondere regio- und stereospezifische Oxidationen sowie stereoselektive hydrolytische Spaltungen unter Ausnutzung mikrobieller Enzyme.

Weiterhin werden Mikroorganismen heute in zunehmendem Maße als Bestandteile von Wirt-Vektor-Systemen zur gentechnologischen Produktion von zahlreichen Pharmaka mit Proteinstruktur verwendet. Rekombinante DNA-Techniken sind insbesondere effizient zur Produktion körpereigener Wirkstoffe mit Proteincharakter, wenn die Isolierung aus Körperflüssigkeiten oder Organen aufgrund sehr geringer Konzentrationen unbefriedigend ist oder die Totalsynthese aufgrund der Molekülgröße und aus wirtschaftlichen Gesichtspunkten nicht realisierbar ist. Produktionsorganismen sind vielfach das Bakterium ↗ *Escherichia coli* und der Sproßpilz *Saccharomyces cerevisiae*. Rekombinante Peptid-Hormone, Cytokine und Impfstoffe können alternativ entweder mittels Mikroorganismen oder Säugetierzellinien produziert werden. Der Vorteil der Mikroorganismen liegt in ihrer hohen Zellteilungsrate, in der einfachen Massenproduktion in etablierten Fermentern und in der hohen Produktionsleistung, wobei das rekombinante Protein bis zu 50 % eines bakteriellen Gesamtproteins ausmachen kann. Posttranslationale Glykosidierungen und damit die Synthese von Glykoproteinen sind jedoch mittels Bakterien nicht möglich. Hefepilze sind zwar prinzipiell dazu in der Lage, jedoch entstehen zumeist andere Glykosidierungsmuster. Tabelle 3 gibt einen Überblick zu gegenwärtig in Deutschland für ausgewählte Indikationen zugelassenen, mittels mikrobieller Wirte produzierter Protein-Pharmaka. Die Anzahl dieser Stoffe und die dazugehörigen Indikationen wird sich wahrscheinlich in den nächsten Jahren erheblich erhöhen. Das Potential an therapeutisch relevanten Proteinen, die nur gentechnisch hergestellt wer-

Tabelle 3: In mikrobiellen Wirten hergestellte rekombinante Protein-Pharmaka

	Arzneistoff (Wirt)	therapeutische Anwendung
Peptid-Hormone	Somatotropes Hormon: r-STH, Somatropin, (*Escherichia coli*) Human-Insulin: (*E. coli, Saccharomyces cerivisiae*)	Wachstumshormon-Defizienz bei Kindern Diabetes mellitus
Zytokine	Interleukin-2: r-IL-2, Aldesleukin, (*Escherichia coli*) Interferon alpha: r-IFN-α-2a, (*E. coli*) r-IFN-α-2b, (*E. coli*) Interferon beta: r-IFN-β-1b, (*E. coli*) Interferon gamma: r-IFN-γ-1b, (*E. coli*) Granulozyten-Kolonie-stimulierender Faktor: r-met-G-CSF, Filgrastim, (*E. coli*) Granulozyten-Makrophagen-Kolonie-stimulierender Faktor: r-GM-CSF, Molgramostim, (*E. coli*)	metastasierendes Nierencarcinom Haarzellenleukämie, chronische Hepatitis B und C, chronisch-myeloische Leukämie, Non-Hodgkin-Lymphome, kutanes T-Zell-Lymphom, Karposi-Sarkom, Nierenzell-Carcinom, follikuläre Lymphome, malignes Melanom, multiples Myelom, Carcinoid multiple Sklerose schwerwiegende Infektionen bei chronischer Granulomatose Neutropenien während der zytotoxischen Chemotherapie bei verschiedenen malignen Erkrankungen dto.
Fibrinolytika	Gewebe-Plasmin-Aktivator: r-t-PA, Reteplase, (*E. coli*)	fibrinolytische Therapie bei akutem Herzinfarkt
Gerinnungshemmer	Hirudin: Lepirudin, (*E. coli, S. cerevisiae*) Desirudin (*S. cerevisiae*)	 Thrombozytopenie Prophylaxe tiefer Venenthrombosen bei Hüft- und Kniegelenksoperationen
Impfstoffe	Hepatitis-B-Oberflächenantigen: r-HbsAg (*S. cerevisiae*)	Aktive Immunisierung gegen Infektionen mit Hepatitis-B-Virus

den können, wird heute bereits auf ca. 1000 geschätzt. Denkbar wäre auch die mikrobiell-gentechnische Produktion von Blutgerinnungsfaktoren, Wachstumsfaktoren und Enzymen sowie weiteren Impfstoffen, Cytokinen und Peptidhormonen.

Literatur:

Schneider, G., Hiller, K.: *Arzneidrogen*. Spektrum Akademischer Verlag, Heidelberg, Berlin 1999.

Teuscher, E.: *Biogene Arzneimittel*. Wissenschaftliche Verlagsgesellschaft Stuttgart 1997.

Gräfe, U.: *Biochemie der Antibiotika: Struktur-Biosynthese-Wirkmechanismus*. Spektrum Akademischer Verlag, Heidelberg, Berlin, New York 1992.

Reichling, J., Baron, D., Saller, R.: *Produktion und Anwendung von gentechnisch hergestellten Arzneimitteln*. Zeitschrift für Phytotherapie 19 (1998) 263-268.

Bader, G.: *Therapeutischer Einsatz von gentechnologisch hergestellten Zytokin-Pharmaka*. BIOforum 20 (1997) 216-219.

Milchbaumwachs ↗ Brosimum galactodendron.
Milchkraut ↗ Euphorbia-Arten.

■ **Milchsaft**
(Latex), pflanzliche Exkrete in Form wäßriger Emulsionen bzw. Suspensionen, die u. a. Kautschuk, Guttapercha, Alkaloide und unlösliche Fette suspendiert enthalten und an der Luft gerinnen. M. befindet sich in einzelnen Milchsaftzellen oder Milchröhren.

■ **Milchsäure**
(syn. Acidum lacticum, 2-Hydroxypropionsäure). M. findet sich in sauer gewordenen zucker- und stärkehaltigen Flüssigkeiten, z. B. saurer Milch, Sauerkraut, Sauergurken, etc. Sie ist auch Bestandteil vieler biochemischer Reaktionen des Stoffwechsels im Tier, in der Pflanze sowie in Mikroorganismen. Anw.: zur Herstellung von Sauermilch für die Säuglingsernährung; äußerlich als Ätzmittel in der Dermatologie; in Spüllösungen; zur Lebensmittelkonservierung; technisch in der Färberei und Gerberei.
Histor.: M. wurde 1780 von dem Apotheker C.W. Scheele aus saurer Milch isoliert.

Milchstern ↗ Ornithogalum umbellatum.
Millefolii flos ↗ Achillea-Arten.
Millefolii herba ↗ Achillea-Arten.
Millers Tannin ↗ Tsuga canadensis.
Millipedes ↗ Oniscus asellus.
Milokorn ↗ Sorghum bicolor.
Mimosa acacioides ↗ Anadenanthera peregrina.
Mimosa catechuoides ↗ Acacia-Arten.
Mimosa farnesiana ↗ Acacia-Arten.

■ **Mimosa hostilis** (Mart.) Benth.
Jurema
Fam.: Leguminosae.
Vork.: tropische Gebiete Südamerikas.
Inh.: Hauptinhaltsstoff der halluzinogenen Droge ist das Indolalkaloid *N,N*-Dimethyltryptamin. Anw.: Die Wurzeln der Pflanze wurden zu einem „Wundertrank" (Ajuca, Vinho de Jurema) verarbeitet, der in Ostbrasilien bei religiösen Stammeszeremonien sowie zur Kriegsvorbereitung diente.

Mimosa niopo ↗ Anadenanthera peregrina.
Mimosa peregrina ↗ Anadenanthera peregrina.

■ **Mimosa pudica** L.
Fam.: Fabaceae.
Vork.: Brasilien und andere Tropengebiete.
Inh.: u. a. Mimosin und Pipecolinsäure.

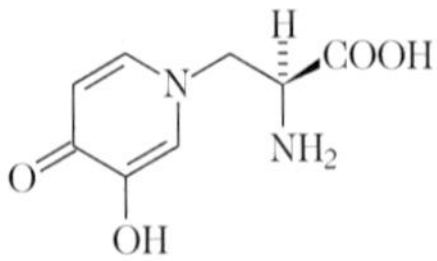

Mimosin

Hom.: ***Mimosa pudica*** HAB; die frischen Laubblätter. Anw.-Geb.: Rheumatismus.

Mimosa pudica.

Mimosa senegal ↗ Acacia-Arten.
Mimosa senegalensis ↗ Acacia-Arten.
Mimosa sundra ↗ Acacia-Arten.
Mimosen-Gummi ↗ Acacia-Arten.
Mimusops balata ↗ Balata.
Mimusops globosa ↗ Balata.
Minyranthes heterophylla ↗ Sigesbeckia orientalis.
Minzblätter ↗ Mentha-Arten.
Minzenartiger Rainfarn ↗ Chrysanthemum-Arten.
Minzenöl ↗ Mentha-Arten.
Minzöl ↗ Mentha-Arten.
Miracle Fruit ↗ Synsepalum dulciferum.
Miraculinbeeren ↗ Synsepalum dulciferum.
Mirmau selago ↗ Huperzia selago.
Mischgelt ↗ Viscum album.
Mischgle ↗ Viscum album.
Mispel ↗ Mespilus germanica.

Misple ↗ Viscum album.
Missionstee ↗ Ilex paraguariensis.
Mistel ↗ Viscum album.
Mistelsenker ↗ Viscum album.

■ **Mitchella repens** L.
Rebhuhnbeere.

Fam.: Rubiaceae.

Vork.: Nordamerika, Kanada bis Mexiko, Japan.

Droge: *Herba Mitchellae*; das Kraut. Inh.: glykosidische Verbindungen, Gerbstoffe. Anw.: in der Volksheilkunde Amerikas als Tonikum, Diuretikum und Adstringens.

Hom.: ***Mitchella repens*** HAB; die frischen, oberirdischen Pflanzenteile. Anw.-Geb.: Gebärmutterblutungen.

Histor.: Der Gattungsname wurde zu Ehren von John Mitchell (gest. 1768), einem Botaniker aus Virginia, geprägt.

■ **Mitomycine**
Gruppe strukturell ähnlicher, antineoplastisch wirkender Indolderivate, die von *Streptomyces caespitosus*, *Streptomyces ardus* und *Streptomyces verticillatus* gebildet werden. Wirk.: M. wirken als Alkylanzien (Semichinone), indem sie die DNA-Doppelstränge miteinander vernetzen. Anw.: Neben M. A und B wird vor allem M. C als Zytostatikum bei bösartigen Tumoren (Mammacarcinom, Zervixcarcinom, Bronchialcarcinom) eingesetzt.

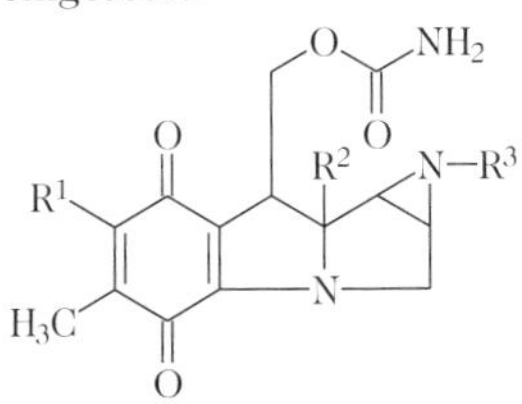

	R^1	R^2	R^3
Mitomycin A	OCH_3	OCH_3	H
Mitomycin B	OCH_3	OH	CH_3
Mitomycin C	NH_2	OCH_3	H

■ **Mitragyna-Arten**
- **Fam.:** Rubiaceae.
- **Mitragyna parvifolia** (Roxb.) Korth.
- **Mitragyna rotundifolia** (Roxb.) O. Kuntze.
- **Mitragyna speciosa** Korth.

Vork.: Asien.

Inh.: Rinde und Blätter enthalten ein breites Spektrum an Indol- und Oxyindol-Alkaloiden. Anw.: *Mitragyna*-Drogen sind psychoaktiv und werden als Rauschdrogen eingesetzt. In der Volksheilkunde Asiens dienen die Drogen zur Behandlung verschiedener Krankheiten.

Mitsommerpflanze ↗ Pinellia ternata.
Mitsommerpflanzenknollen ↗ Pinellia ternata.
Mitsumata-Papier ↗ Edgeworthia papyrifera.
Mittlerer Sonnentau ↗ Drosera-Arten.
Mittlerer Wegerich ↗ Plantago-Arten.
Mkanifett ↗ Allanblackia stuhlmannii.
Mocayabutter ↗ Acrocomia sclerocarpa.
Mocayaöl ↗ Acrocomia sclerocarpa.
Modavica punctata ↗ Dracocephalum moldavica.
Modavica suaveolens ↗ Dracocephalum moldavica.
Modecca carixcifolia ↗ Adenia lobata.
Modecca diversifolia ↗ Adenia lobata.
Modecca lobata ↗ Adenia lobata.
Modecca tenuifolia ↗ Adenia lobata.
Modjobaum ↗ Aegle marmelos.
Moghania macrophylla ↗ Flemingia macrophylla.
Mohn ↗ Papaver somniferum.
Mohnblumen ↗ Papaver rhoeas.
Mohnkannen ↗ Papaver somniferum.
Mohnkapseln ↗ Papaver somniferum.
Mohnkolben ↗ Papaver somniferum.
Mohnköpfe ↗ Papaver somniferum.
Mohnöl ↗ Papaver somniferum.
Mohnsamen ↗ Papaver somniferum.
Mohnstroh ↗ Papaver somniferum.
Möhre ↗ Daucus carota.
Mohrenhirse ↗ Sorghum bicolor.
Mohrenpfeffer ↗ Xylopia aethiopica.
Mohrrübe ↗ Daucus carota.
Molina reticulata ↗ Baccharis genistelloides.
Molina trimera ↗ Baccharis genistelloides.
Mollebaum ↗ Schinus-Arten.
Molleblätter ↗ Schinus-Arten.
Molliharz ↗ Schinus-Arten.
Mollisrinde ↗ Schinus-Arten.
Molukken-Copal ↗ Agathis-Arten.

■ **Momordica-Arten**
- **Fam.:** Cucurbitaceae.
- **Momordica balsamina** L.; Balsamapfel (syn. Balsamgurke, Springkürbis).

Vork.: tropisches Afrika, Indien, China, Kulturen in Westindien.

Droge: ***Fructus Momordicae*** (syn. *Pomo balsamica*); Balsamapfel, die unreifen Früchte. Inh.: Cucurbitacine, carotinoide Farbstoffe. Anw.: volkstümlich als drastisches Abführmittel, ferner als Brechmittel sowie in niedriger Dosierung auch als Magenmittel.

Hom.: ***Momordica balsamina*** HAB1; Balsamapfel, die frischen, kurz vor der Reife geernteten Früchte. Anw.-Geb.: Erkrankungen des Magen-Darm-Traktes, der Leber, Galle und Bauchspeicheldrüse, besonders Durchfälle und Blähungskoliken.

Histor.: Der Gattungsname ist vom lateinischen *momordicus* (beißend, bissig, scharf); auf Grund der scharfen Früchte abgeleitet, während *balsamina* (balsamisch) auf den Geruch hinweist. In den Heimatgebieten wurden die Früchte früher mit Öl übergossen und bei Brandwunden eingesetzt. Die gesalzenen unreifen Früchte dienten auch als Gemüse.

● **Momordica charantia** L. (syn. *Momordica muricata*); Balsambirne.

Vork.: Tropen und Subtropen.

Droge: Blätter und unreife Früchte. Inh.: Steroidglykoside, u. a. Momordin und Charantin. Wirk.: Steroidglykoside regen Freisetzung von Insulin an. Anw.: volkstümlich als Antidiabetikum, mitunter auch als Wurmmittel und ähnlich *M. balsamina*.

Momordica cylindrica ↗ Luffa-Arten.
Momordica elaterium ↗ Ecballium elaterium.
Momordica luffa ↗ Luffa-Arten.
Momordica operculata ↗ Luffa-Arten.

■ **Monarda didyma** L.
Goldmelisse (syn. Monarde, Pferdeminze).

Fam.: Lamiaceae (Labiatae).

Vork.: östliches Nordamerika.

Droge: ***Herba Monardae***; Monardenkraut, das getrocknete Kraut. Inh.: äther. Öl mit phenolischen Monoterpenen, u. a. Carvacrol und Thymol sowie Cymen; ferner Gerbstoffe, Bitterstoffe und in den Blüten Anthocyane. Anw.: Aromatikum und Stomachikum.

Monarde ↗ Monarda didyma.
Monardenkraut ↗ Monarda didyma.
Monatsblume ↗ Menyanthes trifoliata.
Monatsrose ↗ Rosa x damascena.
Mönchskappe ↗ Aconitum napellus.
Mönchskappen ↗ Colchicum autumnale.
Mönchspfeffer ↗ Vitex agnus-castus.
Mondscheinkraut ↗ Solanum-Arten.
Monesiarinde ↗ Pradosia lactescens.
Monniera cuneifolia ↗ Bacopa monnieri.

■ **Monobactame**
Gruppe monocyclischer ↗ β-Lactam-Antibiotika, deren Grundstruktur sich durch einen viergliedrigen β-Lactamring ohne ankondensiertes zweites Ringsystem auszeichnet. M., wie Sulfazecin besitzen derzeit nur untergeordnete therapeutische Bedeutung.

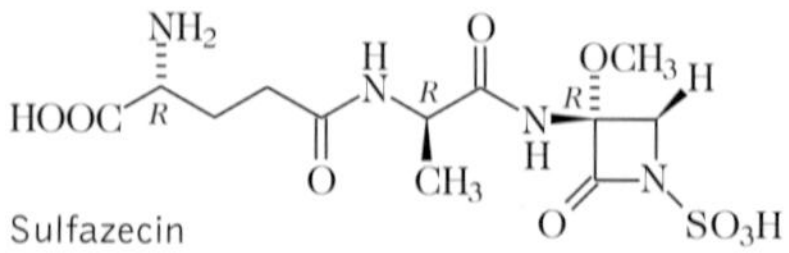

Sulfazecin

Monochilon cordifolius ↗ Teucrium-Arten.

■ **Monodora myristica** (Gaertn.) Dun.
Kalebassenmuskat.

Fam.: Annonaceae.

Vork.: tropisches Westafrika, auf den Antillen kultiviert.

Droge: ***Semen Monodorae***; Calebassenmuskatnuß (syn. Macisbohne), der Samen. Inh.: äther. Öl (ca. 25 %), fettes Öl (ca. 6 %). Anw.: als Gewürz und Karminativum, besonders als Ersatz für echte Muskatnüsse (↗ *Myristica fragrans*).

Histor.: Die Pflanze wurde von den afrikanischen Sklaven in die Karibik eingeführt. In Afrika selbst diente sie in speziellen Zeremonien zur Beschwörung von Wassergeistern und soll als Halluzinogen eingesetzt worden sein.

■ **Monostroma latissimum** (Kuetz.) Wittr.

Fam.: Monostromaceae.

Vork.: Küsten der japanischen Inseln, Pazifik- und Atlantikküste von Nordamerika, Küsten von Europa, Afrika, Neuseeland, in Japan auch kultiviert.

Droge: die ganzen, frischen oder getrockneten Algen. Inh.: Proteine (ca. 16 %), Aminosäuren, wie Methionin, Glutaminsäure; Fett (0,2 %), Zucker (ca. 66 %), Chlorophyll, Caritin, Xanthophyll, Vitamin C (ca. 38 mg %). Anw.: als Diätetika und Nahrungsmittel (Aonori-Produkte) bes. in Japan geschätzt.

■ **Monotropa uniflora**
Fichtenspargel.
Fam.: Monotropaceae.
Vork.: Nordamerika, Ostasien.
Droge: die ganze Pflanze. Inh.: u. a. Monotropein, Gaultherin, Monotropidosid.

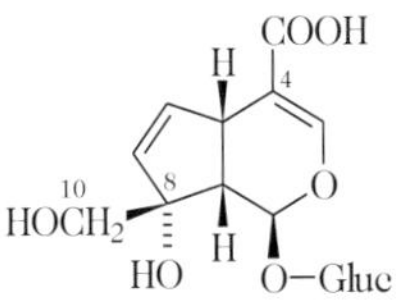

Monotropein

Hom.: *Monotropa uniflora* HAB34, die frische Pflanze.

■ **Montanoa tomentosa**
Zoapatl.
Fam.: Asteraceae (Compositae).
Vork.: Südamerika, Andenregion, Mexiko.
Droge: das Kraut. Inh.: Diterpene, wie Zoapatanol und Montanol.

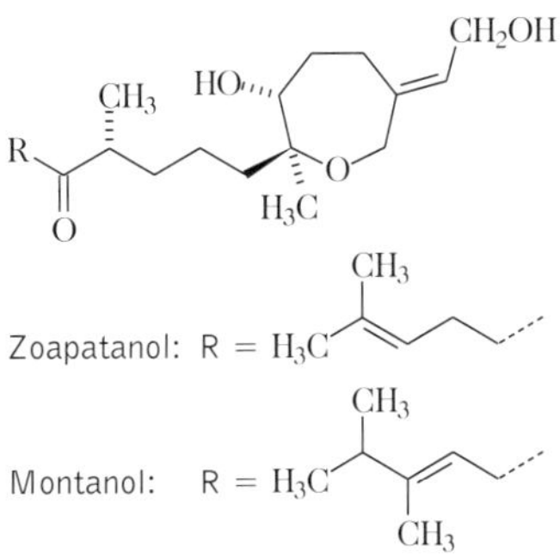

Anw.: in der mexikanischen Volksheilkunde zum Schwangerschaftsabbruch durch Auslösung der Menstruation.

Moorbeere ↗ Vaccinium-Arten.
Moorbirke ↗ Betula-Arten.
Mooreckel ↗ Potentilla erecta.
Moorheidelbeere ↗ Vaccinium-Arten.
Moorwurzel ↗ Pastinaca sativa.
Moosbeere ↗ Arctostaphylos uva-ursi, ↗ Paris quadrifolia, ↗ Vaccinium-Arten.
Moosfarn ↗ Lycopodium clavatum.
Möppelchen ↗ Bellis perennis.

■ **Morinda citrifolia** L.
Indische Maulbeere (syn. Noni).
Fam.: Rubiaceae.
Vork.: Australien, Polynesien, Südostasien, Mittelamerika, Westindien.
Droge: *Morindawurzel*. Inh.: glykosidierte Anthrachinone, wie Nordamnacanthal (ca. 1,7 %), Morindon (ca. 0,5 %); Flavonoide, Iridoide; in den

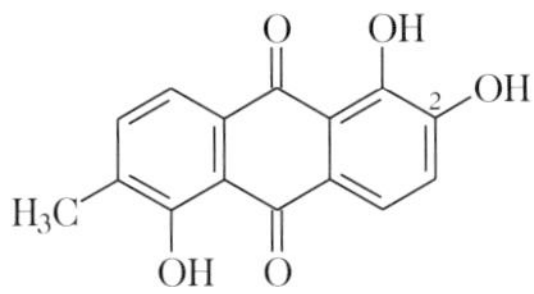

Morindon

Früchten auch Vitamine und Carotinoide. Anw.: in der Volksheilkunde als Laxans und gegen hohen Blutdruck sowie gegen Eingeweidewürmer; die Früchte werden darüber hinaus bei Diabetes, Leber- und Milzerkrankungen sowie bei Nierenleiden eingesetzt; der Fruchtsaft dient zur Behandlung von Halsschmerzen; die Blätter kommen bei Fieber, zur Wundbehandlung, als Adstringens und bei gynäkologischen Leiden zum Einsaz. Der rote Farbstoff der Wurzelrinde wird technisch in der Färberei verwendet.

Morindawurzel ↗ Morinda citrifolia.

■ **Moringa-Arten**
● **Fam.:** Moringaceae.
● **Moringa oleifera** Lam. (syn. *Guilandina moringa, Hyperanthera moringa, Moringa nux ben, M. pterygosperma*); Behennußbaum (syn. Meerrettichbaum, Ölmoringie, Pferderettichbaum).
Vork.: Indien, Saudi-Arabien, Ägypten, Sudan, Westafrika, Florida, Mittelamerika, Peru, Indonesien.
Drogen: ***1. Moringae gummi*** (syn. *Gummi Moringae*); Moringa-Gummi, das in der Rinde nach Verwundung gebildete Gummi. Inh.: Schleimstoffe (aufgebaut aus Arabinose, Galactose und Gucuronsäure im molaren Verhältnis von 10:7:2), Monosaccharide, wenig Proteine, Spuren von Myrosinase. Anw.: in der Volksheilkunde bei Magenbeschwerden, Zahn- und Ohrenschmerzen. In der Technik dient das Gummi als Hilfsmittel in der Kattundruckerei. ***2. Moringae oleum*** (syn. *Oleum Moringae*), Behenöl (syn. Moringaöl), das fette Öl der Samen. Inh.: Triglyceride der Ölsäure, Palmitinsäure, Stearinsäure sowie Behensäure, Arachinsäure und Lignoce-

rinsäure. Anw.: in der Volksheilkunde äußerlich bei Rheuma und Hauterkrankungen als Einreibung genutzt. In der Kosmetik dient die Droge als Grundlage für Salben und Cremes, die Technik nutzt es als Feinmechaniköl und auch im Haushalt dient es als Speiseöl, besonders in Indien und Afrika. ***3. Moringae radix*** (syn. *Radix Moringae*); Behenwurzel (syn. Moringawurzel), die frische oder getrocknete Wurzel. Inh.: Senfölglykoside (ca. 0,05 %, v. a. Glucotropaeolin und 4-(α-L-Rhamnosyloxy)benzylglucosinolat und die daraus durch die Myrosinase freigesetzten Verbindungen Benzylisothiocyanat und 4-(α-L-Rhamnosyloxy)benzylisothiocyanat). Anw.: in der Volksheilkunde bei Zahnfleischentzündungen, äußerlich bei Wunden und Entzündungen, bei Tierbissen und Befall mit dem Guineawurm. Bei Rheuma als Badezusatz bzw. in Form von Einreibungen (vergleichbar mit dem Senfpflaster). Ausreichende klinische Daten zu diesen Anwendungen liegen nicht vor. ***4. Moringae semen*** (syn. *Semen Moringae*); Behennuß, die reifen, ungeschälten Samen. Inh.: Senfölglucoside (bis zu 9 %, v. a. 4-(α-L-Rhamnosyloxy)benzylglucosinolat), Ascorbinsäure, Moringyne. Anw.: in der indischen Volksheilkunde bei Fieber, als Aphrodisiakum, zur Wundbehandlung, gegen Warzen, Würmer, bei Durchfall, gegen Schuppen, bei Ödemen, Tumoren und Entzündungen.

● **Moringa peregrina** (Forssk.) Fiori (syn. *Moringa aptera, M. arabica, Hyperanthera peregrina*); Echter Behennußbaum (syn. Bennußbaum).

Vork.: arabisch-afrikanische Wüstengebiete, Vorderindien, Sri Lanka, Westindien, Südamerika, hier auch kultiviert.

Drogen: ***1. Moringae gummi***. Inhaltsstoffe und Anwendung s. *Moringae oleifera*. ***2. Moringae oleum***. Inhaltsstoffe und Anwendung s. *Moringae oleifera*.

Moringae gummi ↗ Moringa-Arten.
Moringae oleum ↗ Moringa-Arten.
Moringae radix ↗ Moringa-Arten.
Moringae semen ↗ Moringa-Arten.
Moringa-Gummi ↗ Moringa-Arten.
Moringaöl ↗ Moringa-Arten.
Moringawurzel ↗ Moringa-Arten.

■ Morphin

(syn. Morphium), Isochinolinalkaloid vom Morphinan-Typ, wichtigstes Opiumalkaloid (vgl. Opium, ↗ *Papaver somniferum*). Wirk.: stark analgetisch durch Hemmung der Erregungsübertragung nociceptiver Systeme im Zentralnervensystem. Dabei kommt es zur Bindung an die μ-Opiat-Rezeptoren mit nachfolgender Blokkade der Neurotransmission. Außerdem dämpft es das Atem- und Hustenzentrum. Anw.: als starkes Analgetikum bei Schmerzzuständen, die durch andere Analgetika nicht mehr zu beherrschen sind (z. B. Tumorschmerzen), zur Operationsvorbereitung zusammen mit Atropin bei akuten Spasmen. Tox.: Dauergebrauch von M. führt zur M.-Abhängigkeit (Morphinismus), die völligen körperlichen und geistigen Verfall bewirkt. M. unterliegt der Suchtmittelgesetzgebung (Betäubungsmittelgesetz) und darf nur eingeschränkt verordnet werden. Höhere Dosen führen zum Tod durch Atemlähmung.

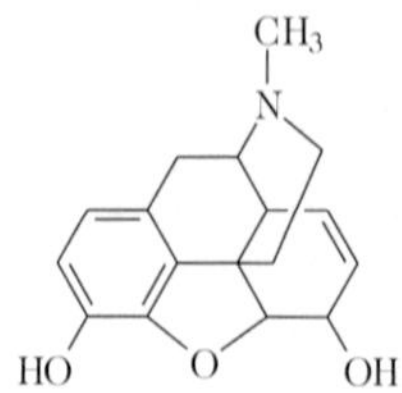

Morphin

Histor.: Entdeckt wurde M. durch den Paderborner Apotheker Friedrich Wilhelm Sertürner im Jahre 1805. Damit wurde die Grundlage gelegt für die Erforschung der Alkaloide als damals neue Verbindungsklasse. Für diese Entdeckung erhielt Sertürner 1831 den Preis der Pariser Akademie.

Morphium ↗ Morphin.
Morrhuae oleum ↗ Gadus morrhua.
Morsus diaboli ↗ Succisa pratensis.
Morsus diaboli radix ↗ Succisa pratensis.

■ Morus-Arten

● **Fam.:** Moraceae.

● **Morus alba** L.; Weißer Maulbeerbaum.

Vork.: Iran, Kulturen im Mittelmeerraum.

Droge: ***Fructus Mori***; Maulbeeren, die frischen Früchte. Inhaltsstoffe und Anwendung. s. *Morus nigra*.

● **Morus nigra** L.; Schwarzer Maulbeerbaum.

Vork.: China, kultiviert im Mittelmeergebiet.

Drogen: ***1. Fructus Mori*** (syn. *Baccae Mori*); Schwarze Maulbeeren, die frischen Früchte. Inh.:

Invertzucker (ca. 9 %), Pectine, Fruchtsäuren, u. a. Äpfel- und Citronensäure sowie Vitamin C und Farbstoffe. Anw.: besonders die frischen Früchte als Sirup (*Sirupus Mori, Mel Mororum*), ferner Geschmackskorrigenz und als Schminke (natürliches Lippenrot). *2. **Folia Mori nigrae***; Maulbeerblätter. *Inh.*: Adenin, Asparaginsäure, Glucose, Pepton, Vitamin C. *Anw.*: Nahrungsmittel der Seidenraupe.

Histor.: Der Gattungsname stammt vom griechischen *móros* (fade, unschmackhaft) ab, *nigra* (schwarz) weist auf die schwarzen Beeren hin. Der Schwarze Maulbeerbaum findet bereits in der Bibel Erwähnung. Auch die Schriftsteller der Antike erwähnen den Strauch, der als Symbol der Klugheit galt, da seine Blätter erst nach den Nachtfrösten erscheinen. Die Griechen nutzten die dunklen Früchte auch zum Färben von Wein.

● **Morus rubra** L.; Roter Maulbeerbaum.

Vork.: Nordamerika.

Droge: ***Fructus Mori***; Maulbeeren. Inhaltsstoffe und Anwendung s. *Morus nigra*.

● **Morus tinctoria** ↗ *Chlorophora tinctoria*.

Morus tinctoria ↗ Chlorophora tinctoria.
Moschus ↗ Moschus moschiferus.
Moschusblüten ↗ Achillea-Arten.
Moschuskernöl ↗ Abelmoschus moschatus.
Moschuskörner ↗ Abelmoschus moschatus.
Moschuskraut ↗ Adoxa moschatellina.
Moschuskürbis ↗ Cucurbita pepo.

■ **Moschus moschiferus** L.

Moschustier (syn. Bisam).

Fam.: Cervidae.

Vork.: Zentral- und Ostasien, bis in 4000 m Höhe.

Droge: ***Moschus tibetanus*** (syn. *Moschus tonquinensis, Moschus orientalis*); Moschus, das eingetrocknete Sekret des Moschusbockes. *Inh.*: 1–2 % äther. Öl mit Muscon und Zibeton (Ketone), Alkaloide (Muscopyridin), Steroide (Androstanderivate, Cholesterol), aliphatische Sulfate (Muscelide), Fett, Harze, Proteine, Mineralien. *Anw.*: früher als Stimulans und Analeptikum bei Kollapszuständen, Herzschwäche und Ohnmachten (*Tinctura Moschi*). In der Kosmetik und Parfümerie als Fixateur.

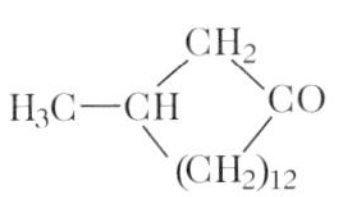

Muscon

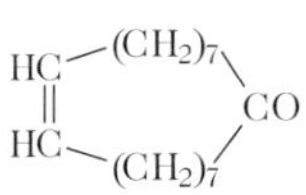

Zibeton

Hom.: ***Moschus moschiferus*** (syn. Moschus) HAB1, das im „Moschusbeutel" enthaltene Sekret des männlichen Moschustieres. *Anw.-Geb.*: Bronchitis, Hysterie und nervöse Beschwerden.

Moschus orientalis ↗ Moschus moschiferus.
Moschusrose ↗ Rosa moschata.
Moschusschafgarbe ↗ Achillea-Arten.
Moschus tibetanus ↗ Moschus moschiferus.
Moschustier ↗ Moschus moschiferus.
Moschus tonquinensis ↗ Moschus moschiferus.
Mostbeere ↗ Vaccinium-Arten.
Mottenkönig ↗ Plectranthus fruticosus.
Mottenkraut ↗ Ledum palustre, ↗ Plectranthus fruticosus.
Mottenwurzel ↗ Vetiveria zizanioides.
Moutan cortex ↗ Paeonia suffruticosa.
Mowrahfett ↗ Diploknema-Arten.
Moxibustion ↗ Artemisia moxa.

■ **Mucilaginosum**

schleimhaltiges Arzneimittel. *Wirk.*: einhüllend, reizmildernd, resorptionshemmend, schwach laxierend. *Anw.*: u. a. bei Gastroenteritis.

■ **Mucopolysaccharide**

(Glykosaminoglykane), lineare Polymere aus sich wiederholenden Disaccharideinheiten mit einem Aminozucker, meist *N*-Acetylglucosamin, sowie einer Uronsäure (Glucuronsäure, Iduronsäure), nur in Ausnahme auch Hexosen. M. sind häufig mit Schwefelsäure verestert und bilden zusammen mit Faserproteinen (Proteoglykanen) die extrazelluläre Matrix. Sie stellen gallertartige Stoffe dar, die besonders in Haut-, Binde- und Knorpelgeweben sowie in der Leber und Darmschleimhaut vorkommen. Wichtige Vertreter sind Chondroitin sowie ↗ Hyaluronsäure und ↗ Heparin, die therapeutisch genutzt werden.

■ **Mucor pusillus**

Köpfchenschimmel.

Fam.: Mucoraceae.

Dieser Schimmelpilz aus der Klasse der Zygomycetes (Jochpilze) produziert unter anderem ↗ Pilzproteasen, die zur oralen Substitutionstherapie bei Verdauungsbeschwerden eingesetzt werden.

■ **Mucosa nasalis suis HAB**
Nasenschleimhäute von Schweinen.

■ **Mucosa ventriculi HAB**
Magenschleimhäute von Schlachttieren.

■ **Mucuna pruriens** (L.) DC.
(syn. *Dolichos pruriens, Stizolobium pruriens*). Juckbohne (syn. Juckfasel).

Fam.: Leguminosae.

Vork.: Indien.

Drogen: ***Setae Stizolobii*** (syn. *Pubes Stizolobii*), die Brennhaare der Fruchthülsen. *Inh.:* Indol-3-alkylamine, β-Carbolin, Cholin. *Anw.:* äußerlich zur Hautreizung (Durchblutungsförderung), innerlich bei Eingeweidewürmern. *Fructus Stizolobii* (syn. *Siliquae hirsutae*), Juckbohnen. *Inh.:* Prurienin, Mucunin, Dihydroxyphenylalanin, Indol-3-Alkylamine. *Anw.:* Die zu Pulver zerriebenen Samen dienen in der indischen Volksheilkunde zur Behandlung von Eingeweidewürmern. Auch zur Erzeugung halluzinogener Zustände wird die Droge verwendet, die eng mit der Wirksamkeit als Aphrodisiakum verbunden zu sein scheint.

Hom.: ***Dolichos pruriens*** HAB1; Juckbohne, die Brennhaare der Fruchthülse. *Anw.-Geb.:* bei Hautjucken (Pruritus) und Gallenkoliken.

Mudarwurzelrinde ↗ Calotropis-Arten.
Muira puama ↗ Ptychopetalum-Arten.
Muira-Puama ↗ Dulacia inopiflora.
Muira-Puamabaum ↗ Ptychopetalum-Arten.
Muira puama lignum ↗ Ptychopetalum-Arten.
Muldera multinervis ↗ Piper nigrum.
Muldera wightiana ↗ Piper nigrum.
Müllen ↗ Vitex agnus-castus.

■ **Mumia vera aegyptica**
Echte ägyptische Mumie. Die zerstoßenen Teile echter, alter, ägyptischer Mumien wurden früher in der Volksheilkunde bei einer Vielzahl von Krankheiten wegen ihrer angeblichen wundertätigen Wirkung angewendet, heute obsolet.

Mummel ↗ Nuphar lutea.
Muninga-Baum ↗ Pterocarpus-Arten.
Muninga-Holz ↗ Pterocarpus-Arten.
Munnicksia laurifolia ↗ Hydnocarpus-Arten.
Münzkraut ↗ Lysimachia nummularia.

■ **Murex brandaris** L.
(syn. *Bolinus brandaris*); Purpurschnecke.

Fam.: Muricidae (Gastropoda).

Vork.: Mittelmeer.

Hom.: ***Murex***; der frische Saft der Drüsen. ↗ *Murex cornutus*.

■ **Murex cornutus** L.
Purpurschnecke.

Fam.: Muricidae.

Vork.: Mittelmeerküste, Westküste Afrikas.

Inh.: Das Sekret der Schnecke enthält Murexin (Urocanylcholin), das muskelrelaxierend, zentral erregend und in hohen Dosen lähmend wirkt. Außerdem Farbstoffe und Schleim. *Anw.:* Der Schneckenschleim wurde früher bei chronischer Gastritis und Magengeschwüren verwendet.

Hom.: ***Murex purpureus***; Molluske, Nackendrüse der Purpurschnecke, der frische Drüsensaft. *Anw.-Geb.:* in der Gynäkologie, bei Zirkulationsstörungen.

Histor.: Purpurschnecken hatten im Altertum große Bedeutung als Rohstoff zur Gewinnung der Purpurfarben. Der Schneckenpurpur, 6,6′-Dibromindigo, entsteht unter Einwirkung von Sonnenlicht aus dem Schleim der Nackendrüse, die Färbung geht von Gelb, Grün und Blau in Purpur über.

■ **Murex trunculus** L.
(syn. *Truncularia trunculus*); Purpurschnecke.

Fam.: Miricidae (Gastropodae).

Vork.: Mittelmeer.

Hom.: ***Murex***; der frische Saft der Drüsen. ↗ *Murex cornutus*.

Murmeltier ↗ Marmota marmota.
Murmeltierfett ↗ Marmota marmota.
Murmeltierschmalz ↗ Marmota marmota.
Murrbohne ↗ Lupinus angustifolius.
Murumurufett ↗ Astrocaryum-Arten.
Musa acuminata x Musa balbisiana ↗ Musa x paradisiaca.

■ **Musa x paradisiaca** L.
(syn. *Musa acuminata x Musa balbisiana, M. x sapientum*); Banane (syn. Pisang, Planten), s. Farbtafel S. 142, Bild 36.

Fam.: Musaceae.

Heim.: Südostasien, kultiviert in allen Tropen und zahlreichen subtropischen Gebieten.

Drogen: *1. Amylum Musae*; Bananenstärke, gewonnen durch Ausschlämmen aus Bananenfruchtfleisch. Anw.: als Hilfsstoff zur Tablettenherstellung. *2. Bananenpulver*, hergestellt nach Trocknung und Vermahlen der in Scheiben geschnittenen grünen, geschälten Bananen. Anw.: volkstümlich bei Magen- und Darmbeschwerden, Dyspepsie und Diarrhoe.

Hom.: *Musa sapientum* HAB34, die getrockneten Blüten.

Musa x sapientum ↗ Musa x paradisiaca.
Muscae hispanicae ↗ Lytta vesicatoria.

■ Muscarin

toxisches Amin (Derivat des Tetrahydrofurans) aus Pilzen (z. B. ↗ *Amanita muscaria*, ↗ *Inocybe*-Arten) mit Affinität zu postganglionären Rezeptoren des parasympatischen Nervensystems (muscarinerge Azetylcholinrezeptoren). M. führt

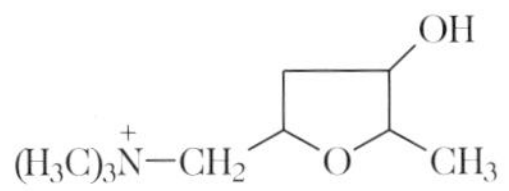

Muscarin

zu Erregungszuständen, verbunden mit Magen-Darm-Krämpfen, Erbrechen, Speichelfluß, Pupillenverengung und Muskelzittern. Bei letalen Dosen tritt der Tod durch Herzlähmung ein.

Muscimol ↗ Ibotensäure.
Muscus arboreus ↗ Evernia prunastri.
Muscus catharticus ↗ Huperzia selago.
Muscus corsicanus ↗ Alsidium helminthochorton.
Muskatbalsam ↗ Myristica fragrans.
Muskatblüte ↗ Myristica fragrans.
Muskatbutter ↗ Myristica fragrans.
Muskatellerkraut ↗ Salvia-Arten.
Muskateller Salbei ↗ Salvia-Arten.
Muskateller Salbeiöl ↗ Salvia-Arten.
Muskatnuß ↗ Myristica fragrans.
Muskatnußbaum ↗ Myristica fragrans.
Muskatnußbutter ↗ Myristica fragrans.
Muskatnußöl ↗ Myristica fragrans.
Muskatöl ↗ Myristica fragrans.
Muskat-Salbei ↗ Salvia-Arten.
Muskatsamen ↗ Myristica fragrans.

■ Mustela lutreola L.

Europäischer Nerz (syn. Nörz, Sumpfotter)

Fam.: Mustelidae.

Vork.: Europa.

Droge: *Nerzöl*, fettes Öl aus dem Unterhautfettgewebe des Tieres. Inh.: gemischte Triglyceride mit ungesättigten Fettsäuren. Anw.: früher in Dermatika sowie Kosmetika zur Haar- und Hautpflege.

Mutarda nigra ↗ Brassica-Arten.

■ Mutisia viciaefolia Car.

Fam.: Asteraceae (Compositae).

Vork.: Südamerika.

Droge: die Blüten.

Hom.: *Mutisia viciaefolia* HAB34, die frischen Blüten.

Mutterblätter ↗ Cassia-Arten.
Mutterharz ↗ Ferula gummosa.
Mutterkamille ↗ Chrysanthemum-Arten.
Mutterkorn ↗ Claviceps purpurea.
Mutterkornpilz ↗ Claviceps purpurea.
Mutterkraut ↗ Chrysanthemum-Arten.
Mutterkümmel ↗ Cuminum cyminum.
Mutterlorbeeren ↗ Laurus nobilis.
Mutternelken ↗ Syzygium-Arten.
Mutterwurz ↗ Arnica-Arten, ↗ Leonurus cardiaca.
Mutterzapfen ↗ Claviceps purpurea.
Mutterzimt ↗ Cinnamomum-Arten.
Myagrum sativum ↗ Camelina sativa.

■ Mycophenolsäure

Stoffwechselprodukt von *Penicillium brevi-compactum*. Wirk.: Die Verbindung hemmt die Biosynthese von Guanosinnucleotiden und wirkt dadurch antibakteriell, antiviral, antifungal, immunsuppressiv und zytotoxisch. Anw.: zur Therapie der Schuppenflechte; das Mycophenolat Mofetil dient als Immunsuppressivum gegen Abstoßungsreaktionen nach Nierentransplantationen.

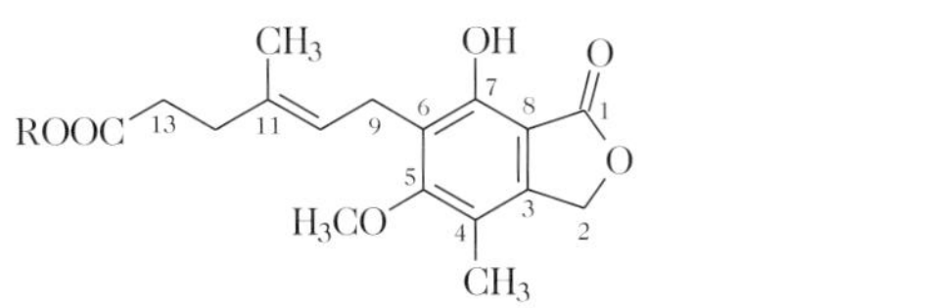

Mycophenolsäure: R = H
Mycophenolat Mofetil: $R = CH_2-CH_2-N$ O · HCl (Morpholinring)

■ **Mycotoxine**
Stoffwechselprodukte von Schimmelpilzen einschließlich Hefen, die für Menschen und Tiere giftig sind. Hauptproduzenten dieser chemisch uneinheitlichen Stoffklasse sind *Penicillium*-, *Aspergillus*- und *Fusarium*-Arten. Da M. hauptsächlich in pflanzlichen Nahrungsmitteln gebildet werden, sind sie häufig die Ursache für Lebensmittelvergiftungen. Zu den Hauptvertretern gehören u. a. ↗ Aflatoxine, Sterigmatocystin, Ochratoxin, Luteoskyrin, Patulin, Zearalenon, Trichothecene, Ergolinderivate und Islanditoxin. M. induzieren Toxicosen (Mycotoxicosen), die Nieren und Nervensystem schädigen können und häufig cancerogene Eigenschaften aufweisen.

Mygale avicularis ↗ Avicularia avicularia.
Mygale cubana ↗ Eurypelma spinicrus.
Mygale hirsutissima ↗ Avicularia avicularia.

■ **Mylabris cichorii** Fabr.
(syn. *Meloe cichorii*); Cichorienkäfer.
Fam.: Meloidae.
Vork.: China, Ostindien.
Droge: ***Cantharis chinensis*** (syn. *Cantharides chinenses*); Chinesische Kantharide (syn. Mylabriskäfer, Cichorien-Reizkäfer, Chinesische Canthariden), die getrockneten Käfer. Inh.: Cantharidin (ca. 1,3 %), Fett, Harze, Wachse, äther. Öl, Säuren, Farbstoffe. Anw.: in gleicher Weise wie ↗ *Lytta vesicatoria* zur Reiztherapie (Vesicans) bei Rheuma und Neuralgien. Die Droge dient weiterhin zur Reindarstellung des Cantharidins. Die Wirkung ist umstritten. In der Veterinärheilkunde wird die Droge bei Sehnenscheidenentzündungen, Gelenkentzündungen, Lahmen und Knochenerkrankungen verwendet.
Histor.: In China wurde die Droge bereits vor 2000 Jahren zur Behandlung fieberhafter Infektionen, Ödeme, Furunkel, Geschwüre und Fisteln sowie bei tuberkulöser Lymphadenitis und Blasensteinen eingesetzt. Bis heute erfolgt ihre Verwendung in der chinesischen Volksheilkunde bei Tumoren.

Mylabriskäfer ↗ Mylabris cichorii.

■ **Myocardium bovis HAB**
Herzmuskel von Rindern. Anw.-Geb.: nicht ausreichend belegt.

■ **Myocardium HAB**
Herzmuskel von embryonalen oder erwachsenen Schlachttieren. Anw.-Geb.: nicht ausreichend belegt.

■ **Myosotis arvensis** (L.) Hill.
Ackervergißmeinnicht.
Fam.: Boraginaceae.
Vork.: in allen Zonen mit gemäßigtem Klima, bes. auf sandigen Böden.
Droge: ***Herba Myosotis arvensis***, Ackervergißmeinnichtkraut. Inh.: Flavonoide, Gerbstoffe, Mineralien, Pyrrolizidinalkaloide (0,05–0,12 %). Anw.: früher in der Volksheilkunde bei Lungentuberkulose, chronischem Bronchialkatarrh, Darmtuberkulose.
Hom.: ***Myosotis arvensis*** HAB34, das frische, blühende Kraut. Anw.-Geb.: chronische Bronchitis.
Histor.: Der Gattungsname *Myosotis* ist vom griechischen *myós* (Maus) und *otis* (Ohr), somit Mäuseohr, gebildet, offenbar wegen der Blattform einiger Arten. Die Bezeichnung Vergißmeinnicht wurde im 15. Jh. geprägt.

Myospermum balsamiferum ↗ Myroxylon balsamum.

■ **Myosurus minimus** L.
Mäuseschwänzchen.
Fam.: Ranunculaceae.
Vork.: in allen Zonen mit gemäßigtem Klima sowie in Südost-Australien.
Droge: die ganze Pflanze. Die Droge ist giftig! Inh.: u. a. Ranunculin, Protoanemonin, Anemonin.
Hom.: ***Myosurus minimus*** HAB34, die frische, blühende Pflanze.

Myrcen ↗ Ätherische Öle.
Myrica aspleniifolia ↗ Comptonia peregrina.
Myrica carolinensis ↗ Myrica pensylvanica.
Myrica cerifera ↗ Myrica pensylvanica.

■ **Myrica gale** L.
(syn. *Gale palustris*); Gagelstrauch (syn. Gerbermyrte, Heidemyrte, Sumpfmyrte), s. Farbtafel S. 143, Bild 37.
Fam.: Myricaceae.
Vork.: Nordwesteuropa bis Kamtschatka.
Droge: ***Folia Myrti brabantici*** (syn. *Herba*

Myrti brabantini); Gerbermyrte, die getrockneten Blätter. Die Droge ist giftig! Inh.: äther. Öl (0,4 %) mit Cineol und Dipenten. Ester hochmolekularer Fettsäuren, Flavonoide, u. a. Myricetrin. Anw.: früher bei Dysenterie, als Antiparasitikum, bei Hautleiden sowie gegen Motten und einst auch als Zusatz zum Bier, um dessen berauschende Wirkung zu erhöhen.

■ **Myrica pensylvanica** Loisel.
(syn. *Myrica carolinensis, M. cerifera*); Wachsmyrte.
Fam.: Myricaceae.
Vork.: atlantisches Amerika.
Drogen: ***1. Myricawachs*** (syn. Myrthenwachs, Grünes Wachs), das an der Oberfläche der Früchte abgeschiedene bzw. durch Extraktion gewonnene Fett. Die Bezeichnung Wachs ist irreführend! Inh.: Triglyceride der Myristin- und Palmitinsäure. Anw.: in den USA als Ersatz für Bienenwachs. ***2. Myrica***, die getrocknete Wurzelrinde. Inh.: Gerbstoffe, Myristicinsäure, etwas äther. Öl. Anw.: früher als Adstringens und Emetikum.
Hom.: ***Myrica cerifera*** HAB1; Gagel, die frische Wurzelrinde. Anw.-Geb.: Erkrankungen der Leber, Galle und Bauchspeicheldrüse.
Histor.: Der Gattungsname ist vom griechischen *myrike* abgeleitet. Die Artbezeichnungen *carolinensis oder cerifera* (wachstragend) weisen auf Vorkommen bzw. Bestandteile der Pflanze hin.

■ **Myricaria germanica** (L.) Desv.
Deutsche Tamariske (syn. Rispelstrauch).
Fam.: Tamaricaceae.
Vork.: Europa, Asien.
Droge: ***Tamarix***, die Rinde. Inh.: Gerbstoffe.
Hom.: ***Myricaria germanica*** (syn. *Tamarix*) HAB34, die frische Rinde.

Myricawachs ↗ Myrica pensylvanica.
Myricetin ↗ Flavonoide.
Myristica amboinensis ↗ Myristica fragrans.
Myristica americana ↗ Myristica fragrans.

■ **Myristica argentea** Warb.
(syn. *Myristica finschii*).
Fam.: Myristicaceae.
Vork.: Indonesien, Anbau Neuguinea.
Drogen: ***1. Arillus Myristicae Papua*** (syn. *Myristica-argentea*-Arillus); Makassar-Macis (syn. Papua-Macis), der getrocknete Samenmantel (Arillus). Inh.: äther. Öl (ca. 7 %), ferner Lignane. Anw.: volkstümlich besonders bei Verdauungsbeschwerden sowie als Gewürz. ***2. Semen Myristicae Papua***; *Myristica-argentea*-Samen (syn. Lange Macisnuß, Lange Muskatnuß, Makassar-Muskatnuß, Makassarnuß, Papua-Muskatnuß, Papuanuß, Pferdemuskat, Wilde Muskatnuß), die getrockneten, vom Arillus und der Samenschale befreiten und außen gekalkten Samenkerne. Inh.: äther. Öl (ca. 3–5 %) sowie Lignane. Anw.: bei Diarrhoe, auch zur angeblichen Steigerung der Libido. Das äther. Öl wird auch in der Parfümerie eingesetzt.

Myristica aromatica ↗ Myristica fragrans.
Myristica beddomei ↗ Myristica dactyloides.
Myristica contorta ↗ Myristica dactyloides.

■ **Myristica dactyloides** 1) ↗ Myristica malabarica.
2) **Myristica dactyloides** Gaertn.
(syn. *Knema attenuata, Myristica beddomei, M. contorta, M. diospyrifolia, M. heyneana, M. laurifolia, M. tomentosa*).
Fam.: Myristicaceae.
Vork.: Sri Lanka, Indien.
Drogen: ***1. Myristica-dactyloides-Rinde***, die getrocknete Rinde. Inh.: Myoinositol, Arylalkanone. Anw.: in der Volksheilkunde zum Gurgeln bei Halsentzündungen. ***2. Myristica-dactyloides-Samen***, die getrockneten, vom Arillus und der Samenschale befreiten Samenkerne. Inh.: Polyketide, wie Acylresorcinole; Fett. Anw.: in der Volksheilkunde sowie zur Fettgewinnung.

Myristica diospyrifolia ↗ Myristica dactyloides.
Myristicae aetheroleum ↗ Myristica fragrans.
Myristicae arillus ↗ Myristica fragrans.
Myristicae essentia ↗ Myristica fragrans.
Myristicae nux ↗ Myristica fragrans.
Myristicae oleum expressum ↗ Myristica fragrans.
Myristicae semen ↗ Myristica fragrans.
Myristica fatua ↗ Myristica malabarica.
Myristica finschii ↗ Myristica argentea.

■ **Myristica fragrans** Houtt.
(syn. *Myristica amboinensis, M. americana, M. aromatica, M. moschata, M. officinalis, M. philippinensis*); Muskatnußbaum.
Fam.: Myristicaceae.

Heim.: Molukkeninseln, Anbau besonders östliches Indonesien und Antilleninsel Grenada.

Drogen: ***1. Myristicae aetheroleum*** (syn. *Aetheroleum Myristicae, Macidis aetheroleum, Myristicae essentia, Oleum Macidis, Oleum Myristicae, Oleum Myristicae aethereum, Oleum Nucis moschati, Oleum Nucis moschati aethereum*); Muskatöl (syn. Ätherisches Muskatnußöl, Ätherisches Muskatöl, Macisöl), das äther. Öl des Samens oder des Samenmantels. *Inh.:* Monoterpene (ca. 87,5 %) mit Sabinen (39 %) als Hauptkomponente, sowie α-Pinen, β-Pinen, α-Phellandren, Limonen 1,8-Cineol und Terpinen-4-ol. *Anw.:* volkstümlich innerlich bei Verdauungsstörungen, Blähungen und als Stimulans; äußerlich bei Katarrhen der Atemwege sowie bei rheumatischen Beschwerden. Industriell zur Herstellung von Mund- und Zahnpflegemitteln sowie in der Parfümerie. ***2. Myristicae arillus*** (syn. *Arillus Myristicae, Flores Macidis*); Macis (syn. Banda-Macis, Muskatblüte), der zusammengedrückte, getrocknete Samenmantel. *Inh.:* äther. Öl (4–15 %) mit 7–18 % aromatischen Ethern, darunter Myristicin als dominierende Komponente, ferner u. a. Diphenylpropanoide. *Anw.:* volkstümlich bei Verdauungsstörungen sowie im Haushalt

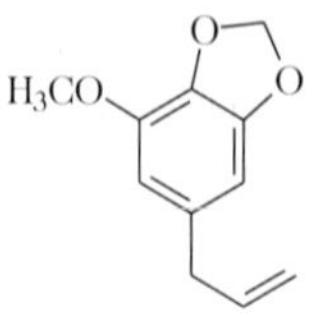

Myristicin

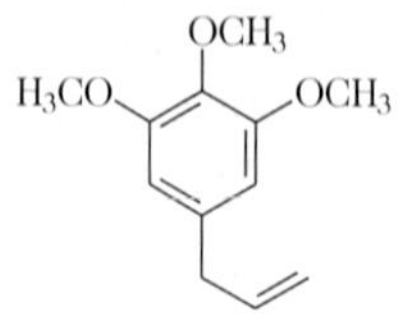

Elemicin

als Gewürz. ***3. Myristicae oleum expressum*** (syn. *Adeps Nusticae, Balsamum Nusticae, Oleum Myristicae, Oleum Myristicae expressum, Oleum Nucis moschatae, Oleum Nucistae, Oleum Nusticae*); Muskatbutter (syn. Muskatbalsam, Muskatnußbutter, Muskatnußöl), das aus den Samen durch Auspressen gewonnene rotbraune, stellenweise hellere Gemenge von Fett, äther. Öl und Farbstoffen. *Inh.:* Fett (30–40 %) mit Laurin-, Tridecan-, Myristin-, Pentadecan-, Palmitin-, Heptadecan-, Stearin- und Ölsäure, äther. Öl (4–12 %), Farbstoffe. *Anw.:* volkstümlich innerlich bei Verdauungsbeschwerden, äußerlich bei Hautleiden und als Einreibung bei rheumatischen Erkrankungen. ***4. Myristicae semen*** (syn. *Myristicae nux, Nuces Aromaticae, Nuces Nucistae, Nuclei Myristicae, Nucleus Mucistae, Nux Moschata, Nux Myristicae, Semen Myristicae, Semen Nucistae*); Muskatnuß (syn. Muskatsamen), die getrockneten, vom Samenmantel und der Samenschale befreiten Samenkerne; s. Farbtafel S. 143, Bild 38. *Inh.:* äther. Öl (7–16 %) mit ca. 80 % Monoterpenkohlenwasserstoffen, v. a. (+)-α-Pinen und (+) β-Pinen, Terpenalkoholen, u. a. Geraniol, Borneol, Linalool und Terpineol sowie Phenylpropanderivaten (ca. 10 %) mit Myristicin als Hauptkomponente und geringen Mengen Safrol, Elemicin und Eugenol. Außerdem sind weitere Phenylpropanderivate, Sterole und Saponine enthalten. *Anw.:* volkstümlich bei Beschwerden im Bereich des Magen-Darm-Traktes, einschließlich flatulenter nervöser Dyspepsie, mißbräuchlich als Abortivum; äußerlich bei rheumatischen Beschwerden. Im Haushalt als Gewürz. *Geg.:* in höheren Dosen bewirkt die Droge psychische Störungen, verbunden mit halluzinogenen Effekten (↗ Halluzinogene biogenen Ursprungs).

Hom.: ***Myristica fragrans*** HAB1; Muskatnuß, die getrockneten, von Arillus und Samenschale befreiten, meist gekalkten Samenkerne. *Anw.-Geb.:* Erkrankungen des Zentralnervensystems, des Magen-Darm-Traktes (Blähsucht, Verdauungsschwäche), der weiblichen Geschlechtsorgane sowie des Stütz- und Bewegungsapparates.

Histor.: Der Gattungsname *Myristica* leitet sich vom griechischen *myristikos* (wohlriechend, balsamisch) ab, wohl wegen der ölig-aromatischen Früchte; ähnlich auch der Artname *fragrans* (duftend). Auch das Synonym *Nux moschata*, ebenso wie Muskat, kommen von Moschus wegen des angeblich moschusartigen Geruchs der Früchte. In Europa sind Muskatnüsse und *Macis* durch arabische Ärzte bekannt geworden. Sie dienten zunächst für Räucherzwecke in Kirchen und bei Festen. Ihre Verwendung für pharmazeutische und kosmetische Zwecke beginnt im 12. Jh. Nach der Besitznahme der Gewürzinseln durch die Portugiesen war der Handel mit Muskatsamen längere Zeit deren Monopol.

Myristica heyneana ↗ Myristica dactyloides.
Myristica laurifolia ↗ Myristica dactyloides.

■ Myristica malabarica Lam.

(syn. *Myristica dactyloides, M. fatua, M. notha, M. tomentosa*); Bombay-Macis (syn. Bombay-Muskatnuß).

Fam.: Myristicaceae.

Vork.: indische Westküste (Malabarküste).

Drogen: *1. Myristica-malabarica-Arillus*; Bombay-Macis, der getrocknete Samenmantel. Inh.: äther. Öl (0,7 %), Lignane u. a. Anw.: Ersatz, z. T. Verfälschung für *Myristicae arillus*. *2. Myristica-malabarica-Samen*; Bombay-Muskatnuß, die getrockneten, vom Samenmantel und der Samenschale befreiten Samenkerne. Inh.: Fett (ca. 40 %), kaum äther. Öl. Anw.: volkstümlich bei Ohrenschmerzen. *3. Myristica-malabarica-Samenfett*, das aus den Samen und dem Arillus durch Auspressen erhaltene Fett. Anw.: volkstümlich in Zubereitungen bei schlecht heilenden Geschwüren sowie als Einreibung gegen Rheumatismus.

Myristica moschata ↗ Myristica fragrans.
Myristica notha ↗ Myristica malabarica.
Myristica officinalis ↗ Myristica fragrans.
Myristica philippinensis ↗ Myristica fragrans.
Myristica radja ↗ Myristica succedanea.
Myristica resinosa ↗ Myristica succedanea.
Myristica schefferi ↗ Myristica succedanea.
Myristica sebifera ↗ Virola-Arten.
Myristica speciosa ↗ Myristica succedanea.

■ **Myristica succedanea** Reinw. ex Bl. (syn. *Myristica radja, M. resinosa, M. schefferi, M. speciosa*); Batjang.

Fam.: Myristicaceae.

Vork.: Molukken, Ternate, Tidore, Batjan, teilweise auch kultiviert.

Droge: *Myristica-succedanea-Samen* (syn. Batjang-Muskat, Halmahera-Muskat), die getrockneten, vom Arillus und der Samenschale befreiten Samenkerne. Inh.: äther. Öl (ca. 4,5 %) mit ähnlicher Zusammensetzung wie bei ↗ *Myristica fragrans*; fettes Öl (ca. 34 %). Anw.: als Gewürz in gleicher Weise wie ↗ *Myristica fragrans*.

Myristica tomentosa ↗ Myristica dactyloides, ↗ Myristica malabarica.

■ **Myristicin**
Phenylpropanderivat (↗ ätherische Öle) aus ↗ *Myristica fragrans*, das in hoher Dosierung halluzinogen und toxisch wirkt.

Myrobalanen ↗ Phyllanthus emblica, ↗ Terminalia chebula.

Myrobalani chebulae ↗ Terminalia chebula.
Myrobalani fructus ↗ Terminalia chebula.
Myrobalanus bellirica ↗ Terminalia bellirica.
Myrobalanus chebula ↗ Terminalia chebula.
Myrobalanus gangetica ↗ Terminalia chebula.
Myrospermum balsamiferum ↗ Myroxylon balsamum.
Myrospermum pereirae ↗ Myroxylon balsamum.
Myrospermum toluiferum ↗ Myroxylon balsamum.

■ **Myroxylon balsamum** (L.) Harms.

Fam.: Fabaceae (Leguminosae).

Myroxylon balsamum var. balsamum (syn. *Myrospermum toluiferum, M. balsamiferum, Myroxylon toluifera, Toluifera balsamum*); Tolubalsambaum.

Vork.: Guatemala, Venezuela, Ecuador, Kolumbien.

Droge: *Balsamum tolutanum*; Tolubalsam, der erhärtete, durch Schmelzen und Kolieren gereinigte Harzbalsam verletzter Stämme; s. Farbtafel S. 143, Bild 39. Inh.: Harz (bis zu 80 %), äther. Öl (1,5–3 %), Benzoesäure, Zimtsäure, Benzylbenzoat, Benzylcinnamat, Triterpene. Anw.: bei Katarrhen der Luftwege. In der Volksheilkunde weiterhin zur Wundbehandlung.

Histor.: Der Tolubalsam ist seit Jahrhunderten bekannt und von den Spaniern in Europa eingeführt worden. Seit 1691 war die Droge in der Frankfurter Apothekenliste aufgeführt und wurde v. a. als Expektorans genutzt. Die Bedeutung der Droge hat aber stark abgenommen.

Myroxylon balsamum var. pereirae (syn. *Myrospermum pereirae, Myroxylon pereirae, Toluifera pereirae, T. balsamum*); Perubalsambaum.

Vork.: Guatemala, El Salvador.

Droge: *Balsamum peruvianum* (syn. *Balsamum indicum nigrum, Opobalsamum liquidum*); Perubalsam (syn. Chinaöl, Indianischer Wundbalsam, Peruanischer Balsam, Salvadorbalsam), der aus geschwelten Stämmen erhaltene Balsam. Inh.: Estergemisch (50–70 %, aus ca. 66 % Benzylbenzoat und ca. 33 % Benzylcinnamat bestehend), Harz (20–30 %), diverse Benzoe- und Zimtsäurederivate. Anw.: lokal bei schlecht heilenden Wunden, Verbrennungen, Decubitus, Frostbeulen, Prothesendruckstellen und Hämorrhoiden sowie bei Ulcus cruris. In der Volksheilkunde wird die Droge weiterhin u. a. bei verschiedenen Hauterkrankungen, Ekzemen, Kopfschmerzen, als Expektorans, gegen Blutungen und Rheuma eingesetzt. Die Wirksamkeit bei den letztgenannten Indikationen ist nicht belegt. *Tox.:* Die Droge besitzt ein hohes Allergisierungspotential, das häufig zu allergischen Hautreaktionen führt. *Geg.:* allergische Disposition.

Hom.: ***Balsamum peruvianum*** HAB34, der durch Einschneiden der Rinde und vorsichtiges Anschwelen gewonnene Balsam. *Anw.-Geb.:* chronische Schleimhautentzündungen der Atemwege und der Harnorgane.

Histor.: Der Persubalsam ist als Wundheilmittel seit langer Zeit in Gebrauch. In den Indianerdörfern Mexikos wurde bereits zur Zeit der Azteken der Balsam gewonnen und in Tontöpfen aufbewahrt. Nach der Eroberung Mittelamerikas durch die Spanier wurde die Droge aus San Salvador über peruanische Häfen ausgeführt und gelangte über die Landenge von Panama als Perubalsam in den europäischen Handel. Die Stammpflanze wurde in Europa erst viel später bekannt. In Deutschland wurde der Balsam zu Beginn des 17. Jh. als Chinaöl eingeführt und fand in den Arzneitaxen unter der Bezeichnung *Balsamum indicum* Eingang. Die Droge besaß eine große Bedeutung für die medizinische Therapie und darüber hinaus, erkennbar z. B. an einer speziellen Bulle von Papst Pius V., der diese Droge als Ersatz für den als Salböl benutzten Mekka-Balsam empfahl.

Myroxylon balsamum var. balsamum: Myrospermum toluiferum ↗ Myroxylon balsamum.
Myroxylon balsamum var. pereirae: Myrospermum pereirae ↗ Myroxylon balsamum.
Myroxylon pereirae ↗ Myroxylon balsamum.
Myroxylon toluifera ↗ Myroxylon balsamum.
Myrrha ↗ Commiphora-Arten.
Myrrhe ↗ Commiphora-Arten.
Myrrhenbaum ↗ Commiphora-Arten.
Myrrhenkerbel ↗ Myrrhis odorata.

■ **Myrrhis odorata** (L.) Scop.
(syn. *Chaerophyllum cicutaria, C. odoratum, Lindera odorata, Scandix odorata, Selinum myrrhis*); Aniskerbel (syn. Myrrhenkerbel, Süßdolde, Welscher Kerbel, Wilder Anis).

Fam.: Apiaceae (Umbelliferae).

Vork.: Mittelmeergebiet.

Droge: ***Herba Cerefolii hispanica***; Spanisches Kerbelkraut (syn. Anisdolde), das getrocknete Kraut. *Inh.:* äther. Öl, v. a. *trans*-Anethol, Germacren, β-Caryophyllen, Limonen, Myrcen und Estragol, Flavonoide. *Anw.:* in der Volksheilkunde als Blutreinigungsmittel.

Hom.: ***Myrrhis odorata*** (syn. Myrrhis) HAB1; Anisdolde (syn. Myrrhenkerbel), die frischen oberirdischen Teile blühender Pflanzen. *Anw.-Geb.:* Krampfaderbeschwerden, Hämorrhoiden.

Myrte ↗ Myrtus communis.
Myrtendorn ↗ Ruscus aculeatus.
Myrtensumach ↗ Coriaria myrtifolia.
Myrthenwachs ↗ Myrica pensylvanica.
Myrti aetheroleum ↗ Myrtus communis.
Myrti folium ↗ Myrtus communis.
Myrtilli folium ↗ Vaccinium-Arten.
Myrtilli fructus ↗ Vaccinium-Arten.

■ **Myrtillocactus geometrizans** (Mart.) Console (syn. *Cereus geometrizans*).

Fam.: Cactaceae.

Vork.: Mexiko, Südkalifornien.

Inh.: Triterpene (u. a. Oleanolsäure, Cochalsäure), Saponine.

Hom.: ***Myrtillocactus geometrizans*** HAB1, die frischen Sprosse. *Anw.-Geb.:* bei koronaren Durchblutungsstörungen, Wetterfühligkeit, bei Stenokardie.

Myrtillus exigua ↗ Vaccinium-Arten.
Myrtillus niger ↗ Vaccinium-Arten.
Myrtillus sylvatica ↗ Vaccinium-Arten.
Myrtoleucodendron hypericifolium ↗ Melaleuca-Arten.
Myrtoleucodendron linerariifolium ↗ Melaleuca-Arten.
Myrtoleucodendron viridifolium ↗ Melaleuca-Arten.
Myrtus caryophyllus ↗ Syzygium-Arten.
Myrtus cheken ↗ Eugenia chequen.

■ **Myrtus communis** L.
Echte Myrte (Braut-Myrte), s. Farbtafel S. 143, Bild 40.

Fam.: Myrtaceae.

Vork.: Mittelmeergebiet bis Nordwest-Himalaya.

Drogen: *1.* ***Myrti aetheroleum*** (syn. *Oleum Myrti*); *Myrtus-communis*-Blätteröl, das aus den Blättern und Zweigspitzen gewonnene äther. Öl. *Inh.:*

bes. 1,8-Cineol (12–45 %), α-Pinen (15–38 %), Myrtenol (bis 5 %), Myrtenylacetat (4–20 %) sowie Limonen (2–19 %). Anw.: volkstümlich bei Erkrankungen der Atmungsorgane sowie bei Blasenleiden. ***2. Myrti folium*** (syn. *Folia Myrti*); Myrtenblätter, die getrockneten Blätter. Inh.: äther. Öl (0,1–0,5 %, s. *Myrti aetheroleum*), phenolische Verbindungen, u. a. Gerbstoffe (bis 20 %), Flavonoide und Phloroglucinderivate (Myrtucommulon A und B). Anw.: volkstümlich bei Erkrankungen der Atmungsorgane, Hämorrhoiden und Prostataerkrankungen.

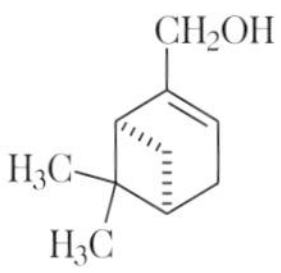

(+)-Myrtenol

Hom.: ***Myrtus communis*** HAB34; Myrte, die frischen, blühenden Zweige. Anw.-Geb.: Erkrankungen der unteren Atemwege (Bronchitis), der Nieren und ableitenden Harnwege.

Histor.: Der Gattungsname *Myrtus* geht auf das griechische *mýron* (wohlriechender Saft, Balsam) zurück und bezieht sich auf den Duft der Droge. Myrte hatte im Kult- und Sagenkreis verschiedener Völker von jeher Bedeutung. Nach einer altarabischen Überlieferung hat bereits Adam einen Myrtensproß aus dem Garten Eden als Erinnerung an das paradiesische Glück mitgenommen. Myrtenzweige und -blüten galten über alle Zeiten als Symbol der Jugend und Schönheit sowie der Jungfräulichkeit, so auch der Myrtenkranz am Hochzeitstage. Auch die medizinische Verwendung der Droge ist bereits in den hippokratischen Schriften dokumentiert.

Myrtus cumini ↗ Syzygium-Arten.
Myrtus jambos ↗ Syzygium-Arten.
Myrtus pimenta ↗ Pimenta-Arten.
Myrtus saligna ↗ Melaleuca-Arten.

N

■ **Nabelkraut** ↗ Bupleurum-Arten, ↗ Hydrocotyle vulgaris, ↗ Chimaphila umbellata, ↗ Umbilicus rupestris.

Nabulus albus ↗ Prenanthes alba.
Nabulus serpentaria ↗ Prenanthes serpentaria.
Nachtkerze ↗ Oenothera biennis.
Nachtschlüsselblume ↗ Oenothera biennis.
Nachtviole ↗ Hesperis matronalis.
Nachtviolenöl ↗ Hesperis matronalis.
Nackte Hure ↗ Colchicum autumnale.
Nackte Jungfer ↗ Colchicum autumnale.
Nacktschnecke ↗ Arion empiricorum.
Nadeldeisken ↗ Equisetum-Arten.
Nadelholzteer ↗ Pinus-Arten.
Naematoloma caerulescens ↗ Psilocybe-Arten.
Nageia putranjiva ↗ Putranjiva roxburghii.
Nägelein ↗ Syzygium-Arten.

■ **Naja naja** L.
(syn. *Naja tripudians*). Brillenschlange, Cobra, Ostindische Kobra.

Fam.: Elapidae.

Vork.: Süd- und Südostasien. Gefährliche Giftschlange.

Droge: das Gift aus den Giftdrüsen. Inh.: basische, neurotoxische und kardiotoxische Polypeptide mit Curare-ähnlicher Wirkung, Phospholipasen, Hämolysine, Antikoagulans (Arvin). Anw.: äußerlich zur Hautreiztherapie bei Rheuma sowie als Analgetikum.

Hom.: ***Naja tripudians*** HAB1; Kobra, das Sekret der Giftdrüse. Anw.-Geb.: zur Schmerzbekämpfung bei inoperablen Tumoren, Analgetikum bei Neuralgien (Trigeminusneuralgie), bei Infektionskrankheiten.

Naja tripudians ↗ Naja naja.
Naltajute ↗ Corchorus-Arten.
Nancitterinde ↗ Malpighia punicifolia.
Napus campestris ↗ Brassica-Arten.
Napus leucosinapis ↗ Sinapis alba.
Napus oleracea ↗ Brassica-Arten.
Napus rapa ↗ Brassica-Arten.

■ **Narcissus pseudonarcissus** L.
Gelbe Narzisse (syn. Falsche Narzisse), s. Farbtafel S. 143, Bild 41.

Fam.: Amaryllidaceae.

Vork.: West- und Südeuropa.

Droge: die Zwiebel. Inh.: Alkaloide, u. a. Narcissin, Lycorin und Narcissamin; Bitterstoffe, Helenien. Anw.: früher in der Volksheilkunde als Brechmittel.

Hom.: ***Narcissus pseudonarcissus*** HAB34; die frischen, zur Blütezeit geernteten oberirdischen Pflanzenteile. Anw.-Geb.: Brechdurchfall, Entzündungen der Atemwege.

Histor.: Der Gattungsname *Narcissus* leitet sich vom griechischen *narkáein* (gelähmt werden, betäuben) ab unter Bezugnahme auf den betäubenden Geruch der Pflanze. Nach der Sage wurde jedoch Narcissus, ein schöner Jüngling, der sich in sein im Wasser erblicktes Bild verliebte, in eine Blume verwandelt. Der Artname *pseudonarcissus* (unechte Narzisse) besagt, daß früher nur *Narcissus poeticus* als echte Narzisse galt.

■ **Narcotin**
(syn. Noscapin); Isochinolinalkaloid aus dem Opium ↗ *Papaver somniferum*. Wirk.: antitussiv wirksam durch Angriff am Hustenzentrum, verstärkt die narkotischen Eigenschaften des Morphins; wirkt zytotoxisch als Spindelgift. Anw.: Antitussivum.

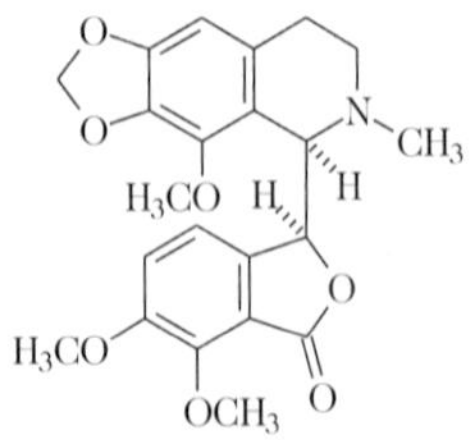

Narcotin

Narde ↗ Lavandula latifolia.
Nardenwurzel ↗ Nardostachys jatamansii, ↗ Geum-Arten.
Nardostachys chinensis ↗ Nardostachys jatamansii.
Nardostachys gracilis ↗ Nardostachys jatamansii.
Nardostachys grandiflora ↗ Nardostachys jatamansii.

■ **Nardostachys jatamansii** (D. Don) DC.
(syn. *Nardostachys chinensis, N. gracilis, N. grandiflora, Patrinia jatamansi, Valeriana jatamansi*); Indische Narde.

Fam.: Valerianaceae.

Vork.: Nordindien, China, Japan, Nepal.

Droge: ***Nardostachys jatamansi radix*** (syn. *Nardostachys jatamansi rhizoma, Radix Nardostachyos, Rhizoma Nardostachyos*); *Nardostachys-jatamansi*-Rhizom (syn. Nardenwurzel), die getrockneten Rhizome und Wurzeln. Inh.: Valeranon (0,1–1,2 %), Isovalerian- und Jatamansisäure, äther. Öl (0,3–0,4 %), Sesquiterpenketone, u. a. β-Ionon, sowie Triterpene, u. a. Ursolsäure. Anw.: volkstümlich ähnlich dem Baldrian bei Schlaflosigkeit, nervösen Herzbeschwerden, krampfartigen Schmerzen im Magen-Darm-Bereich und Kopfschmerzen. Außerdem zur Herstellung von chinesischen und indischen Spikenardenöl, das in der Kosmetik genutzt wird.

Nardostachys jatamansi radix ↗ Nardostachys jatamansii.
Nardostachys jatamansi rhizoma ↗ Nardostachys jatamansii.
Nardus celtica ↗ Valeriana celtica.
Naringin ↗ Flavonoide.
Narrenkappen ↗ Aquilegia vulgaris.
Narrhaholz ↗ Pterocarpus-Arten.

■ **Narthecium ossifragum** (L.) Huds.
(syn. *Anthericum ossifragum*); Beinbrech (syn. Ährenlilie).

Fam.: Liliaceae.

Vork.: Nordeuropa.

Droge: die ganze Pflanze. Inh.: Saponine, 22-Hydroxycholesterol, Narthesid, Stigmasterol, Carotinoide. Anw.: in der nordischen Volksheilkunde früher als Wundheilmittel und Diuretikum sowie bei Diarrhoe. Die gelben Blüten werden in Schottland als Haarfärbemittel eingesetzt.

Nasturtiastrum latifolium ↗ Lepidium latifolium.
Nasturtii herba ↗ Nasturtium officinale.
Nasturtium aquaticum ↗ Nasturtium officinale.
Nasturtium armoracia ↗ Armoracia rusticana.
Nasturtium bursa-pastoris ↗ Capsella bursa-pastoris.
Nasturtium fontanum ↗ Nasturtium officinale.
Nasturtium latifolium ↗ Lepidium latifolium.

■ **Nasturtium officinale** R. Br.
(syn. *Baeumerta nasturtium, Cardamine fontana, Cardaminum nasturtium, Nasturtium aquaticum, N. fontanum, Radicula nasturtium, Rorippa nasturtium, R. nasturtium-aquaticum, Sisymbrium nasturtium, S. nasturtium-aquaticum*); Brunnenkresse (syn. Bachkresse, Echte Brunnenkresse, Gemeine Brunnenkresse, Grabenkresse, Grundkresse, Wasserkresse).

Fam.: Brassicaceae (Cruciferae).

Vork.: weltweit, besonders in fließendem Wasser und an sonnigen Standorten.

Droge: ***Nasturtii herba*** (syn. *Herba Cardami, Herba Cardamines, Herba Nasturtii, Herba Nasturtii aquatici, Herba Nasturtii cardamines*); Brunnenkressenkraut (syn. Brunnenkresse, Frische Brunnenkresse, Wasserkraut, Wasserkresse), die getrockneten oder frischen, während der Blütezeit gesammelten oberirdischen Teile. *Inh.:* Abbauprodukte der Glucosinolate, besonders Phenylethylisothiocyanat (ca. 90 %) und weitere Senföle. Außerdem Vitamin C (ermittelte Menge: 83,1 mg/100 g Frischgewicht). *Anw.:* aufgrund des bitteren Geschmacks bei Appetitlosigkeit und Verdauungsbeschwerden sowie als natürliche Vitamin-C-Quelle, z. B. für sog. Frühjahrskuren.

Hom.: ***Nasturtium officinale*** HAB1; Brunnenkresse, die frischen, zur Blütezeit gesammelten, oberirdischen Teile. *Anw.-Geb.:* Erkrankungen der Nieren und ableitenden Harnwege.

Histor.: Der Gattungsname *Nasturtium* wird vom lateinischen *nasus* (Nase) und *tortium* (Qual) abgeleitet und bezieht sich auf die Eigenschaft der Pflanze, starkes Niesen hervorzurufen. Die Bezeichnung Kresse wird mit dem althochdeutschen *Kras, gras* (Speise) in Zusammenhang gebracht, wohl wegen der Verwendung als Gemüse und Salat. Mit der Bezeichnung Brunnenkresse wird auch der bevorzugte Standort ausgedrückt. Bereits ↗ Dioskurides beschreibt die Brunnenkresse als Heil- und Genußpflanze, und die Kräuterbücher des Mittelalters rühmen sie als wurmtötendes, blutreinigendes, harntreibendes und erweichendes Mittel. Auch die Behandlung bei Skorbut und Bronchitis wird empfohlen.

Nasturtium sativum ↗ Lepidium sativum.
Natalkörner ↗ Sophora japonica.
Natalorange ↗ Strychnos-Arten.

■ **Natamycin**
Polyenantibiotikum (Pentaen) aus der Gruppe der Makrolide, das von *Streptomyces natalensis* und *Streptomyces chattanoogensis* gebildet wird. *Anw.:* lokal angewendetes Antimykotikum bei Haut- und Schleimhautmykosen, die vor allem durch *Trichophyton-, Candida-* und *Microsporum*-Arten ausgelöst werden.

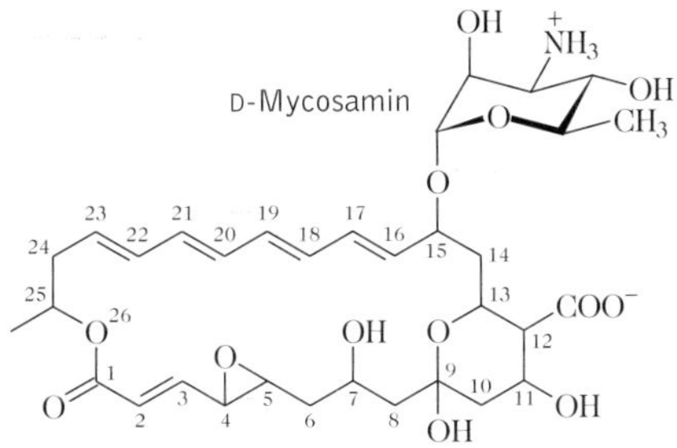

Natamycin

Natterchrut ↗ Lysimachia nummularia.
Natterholz ↗ Solanum-Arten.
Natterknöterich ↗ Polygonum bistorta.
Natterkopf ↗ Echium vulgare.
Natternwurzel ↗ Polygonum bistorta.
Natterwurz ↗ Polygonum bistorta.

■ **Naturheilkunde**
Krankheitslehre, deren Grundlage die Steigerung der dem Menschen innewohnenden Heilkräfte ist, d. h. sie beruhte lange Zeit weitgehend auf physiotherapeutischen und diätetischen Maßnahmen. In neuerer Zeit hat die Naturheilkunde vielfach Eingang in die sog. Schulmedizin gefunden, wobei eine scharfe Abgrenzung zur zusätzlichen medikamentösen Therapie oft nicht mehr besteht.

■ **Naturheilmittel**
Allgemein volkstümliche Bezeichnung für Arzneimittel natürlichen Ursprungs, wobei die pflanzlichen Drogen und deren Zubereitungen dominieren, aber auch tierische Produkte, Mineralien oder Heilschlamm werden unter diesem Begriff verstanden.

Naturkautschuk ↗ Hevea brasiliensis.
Nauclea acida ↗ Uncaria acida.
Nauclea aculeata ↗ Uncaria guianensis, ↗ Uncaria tomentosa.

Nauclea cinchoneae ↗ Uncaria tomentosa.
Nauclea esculenta ↗ Sarcocephalus latifolius.
Nauclea ferrea ↗ Uncaria lanosa.
Nauclea gambir ↗ Uncaria gambir.
Nauclea glabrata ↗ Uncaria lanosa.
Nauclea guianensis ↗ Uncaria guianensis.
Nauclea latifolia ↗ Sarcocephalus latifolius.
Nauclea ovalifolia ↗ Uncaria acida.
Nauclea polycephala ↗ Uncaria tomentosa.
Nauclea rhynchophylla ↗ Uncaria rhynchophylla.
Nauclea setigera ↗ Uncaria lanosa.
Nauclea sinensis ↗ Uncaria sinensis.
Nauclea tomentosa ↗ Uncaria tomentosa.
Nauclea wallichiana ↗ Uncaria lanosa.
Ndiloöl ↗ Calophyllum inophyllum.
Nebelpflanze ↗ Anagallis arvensis.
Nectandra coto ↗ Aniba coto.

■ **Nectandra megapotamica** Mez (syn. *Nectandra saligna*).
Fam.: Lauraceae.
Vork.: Südamerika, besonders Paraguay, Brasilien, Argentinien.
Droge: *Nectandra-megapotamica-Rinde*, die getrocknete Stammrinde. *Inh.:* Indolalkaloide, wie *N*-Methyltryptamin und 6-Methoxy-*N*-methyl-1,2,3,4-tetrahydro-β-carbolin; Aporphinalkaloide, wie Ocotein, Dehydroocotein. *Anw.:* in der Volksheilkunde als Schmerzmittel.

Nectandra puchury-major ↗ Ocotea puchury-major.
Nectandra saligna ↗ Nectandra megapotamica.
Neembaum ↗ Antelaea azadirachta.
Negerkorn ↗ Sorghum bicolor.
Negersaatöl ↗ Guizotia abyssinica.
Negundo aceroides ↗ Acer negundo.
Negundo fraxinifolium ↗ Acer negundo.
Nelkenbaum ↗ Syzygium-Arten.
Nelkenblüten ↗ Dianthus caryophyllus.
Nelkennüsse ↗ Ravensara aromatica.
Nelkenöl ↗ Syzygium-Arten.
Nelkenpfeffer ↗ Pimenta-Arten.
Nelkenwurz ↗ Geum-Arten.
Nelkenwurzel ↗ Geum-Arten.
Nelkenzimt ↗ Dicypellium caryophyllatum.

■ **Nelumbo nucifera** Gaertn.
Indische Lotosblume.
Fam.: Nymphaeaceae.
Vork.: Ostasien, Indien.
Droge: die ganze Pflanze. *Inh.:* Alkaloide, wie Nuciferin, Armepavin, Nornuciferin, Roemerin, Pronuciferin. *Anw.:* in der chinesischen Heilkunde bei Blutungen.

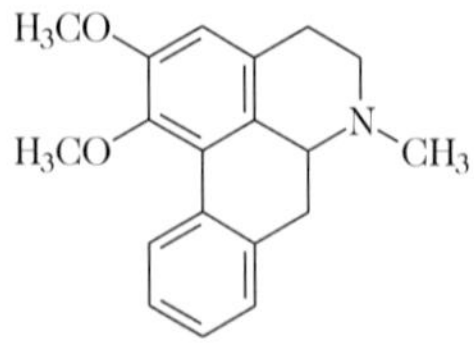

Nuciferin (*R*)

Nelumbo nucifera, Blüte.

Neohesperidin ↗ Flavonoide.

■ **Neomycine**
tetramere Aminoglykosidantibiotika, die von *Streptomyces fradiae* und *Streptomyces albogriseus* gebildet werden. Das Handelsprodukt Neomycinsulfat besteht aus den Sulfaten von Neomycin B (80 %), C und A. *Anw.:* zur lokalen Therapie von Infektionen des Auges, der Haut und der Ohren durch *Staphylokokken*. Auch bei Darminfektionen sowie zur Vorbereitung von Darmoperationen werden N. eingesetzt. Aufgrund der hohen Toxizität erfolgt heute keine parenterale Anwendung mehr (Formel s. S. 95).

Nepal-Kardamomen ↗ Amomum-Arten.

■ **Nepeta cataria** L.
Echtes Katzenkraut (syn. Katzenminze, Steinmelisse).
Fam.: Lamiaceae (Labiatae).

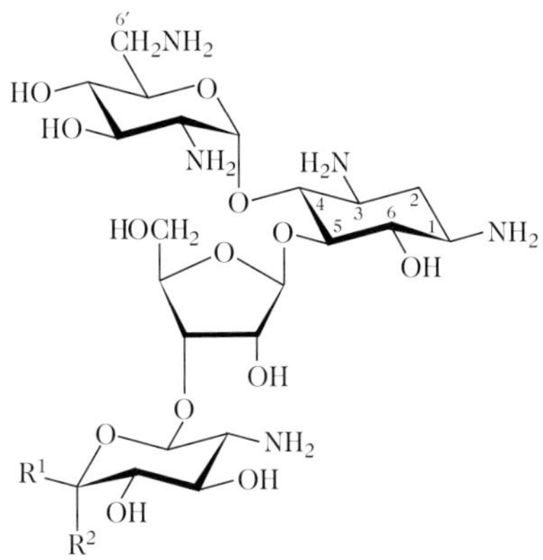

Neomycin B (Framycetin): $R^1 = H$, $R^2 = CH_2NH_2$
Neomycin C : $R^1 = CH_2NH_2$, $R^2 = H$

Vork.: Europa, Nordasien, Nordamerika.

Droge: ***Herba Nepetae catariae***; Echtes Katzenkraut (syn. Steinmelissenkraut), das getrocknete Kraut. Inh.: äther. Öl (0,2–0,7 %) mit Citral, Citronellol, Geraniol und Limonen als Hauptkomponenten. Außerdem Nepetalacton und Bitterstoffe. Anw.: volkstümlich bei chronischer Bronchitis, Neurasthenie und als Antidiarrhoikum. Ähnlich ↗ *Melissa officinalis*, mitunter auch als deren Verfälschung, kommt *Nepeta cataria* L. var. *citriodora* zum Einsatz. Die Droge enthält etwa 0,38 % äther. Öl mit Citral (10 %), Citronellol (ca. 50 %) und Geraniol (ca. 12 %) als qualitätsbestimmenden Komponenten.

Nepeta glechoma ↗ Glechoma hederacea.
Nepeta hederacea ↗ Glechoma hederacea.
Nephelium longana ↗ Euphoria longana.

■ **Nephelium topengii** (Merr.) H.S. Lo.

Fam.: Sapindaceae.

Vork.: Südostasien.

Anw.: In alten chinesischen Schriften wird über die halluzinogene Wirkung dieser Pflanze berichtet. Die Früchte von *N. topengii* sind eßbar. Sie enthalten jedoch giftige Samen, u. a. mit cyanogenen Glykosiden. Halluzinogene Wirkstoffe wurden bisher noch nicht nachgewiesen.

Nephrodium filix-mas ↗ Dryopteris filix-mas.
Nerium coronarium ↗ Ervatamia coronaria.
Nerium indicum ↗ Nerium odorum.
Nerium laurifolium ↗ Nerium oleander.

■ **Nerium odorum** Soland ex Ait.
(syn. *Nerium indicum*); Duftender Oleander (syn. Wohlriechender Oleander).

Fam.: Apocynaceae.

Droge: ***Radix Nerii odori***; Indische Oleanderwurzel, die ganzen Wurzeln. Inh.: Cardenolide (1–2 %), hauptsächlich abgeleitet vom Uzarigenin, v. a. Odorosid B, 16-*O*-Acetylneogistostin und Biosid K, daneben Odoroside A, H und K; Pregnane und Pregnanglykoside sowie in Spuren Plumericin und Acetophenone. Anw.: in der indischen Volksheilkunde zur Behandlung von Hautkrankheiten, zur Insektenabwehr, als Gegenmittel bei Schlangenbissen sowie zur Abtreibung. Die Cardenolidglykoside sind herzwirksam und besitzen ein ähnliches Wirkungsspektrum wie *Oleandri folium* von ↗ *Nerium oleander*.

■ **Nerium oleander** L.
(syn. *Nerium laurifolium*); Oleander (syn. Rosenlorbeer), s. Farbtafel S. 143, Bild 42.

Fam.: Apocynaceae.

Vork.: Aufrechter, kahler, kleiner Baum oder Strauch des Mittelmeerraumes, häufig als Kübelpflanze in Mitteleuropa kultiviert.

Droge: ***Oleandri folium*** (syn. *Folia Nerii, Folia Nerii Oleandri, Folia Oleandri*); Oleanderblätter (syn. Rosenlorbeerblätter), die getrockneten Laubblätter. Inh.: herzwirksame Glykoside vom Cardenolidtyp (1–2 %, v. a. Gentiobiosyl-Nerigosid, Oleandrin, Odorosid und Oleasid), Flavonol-

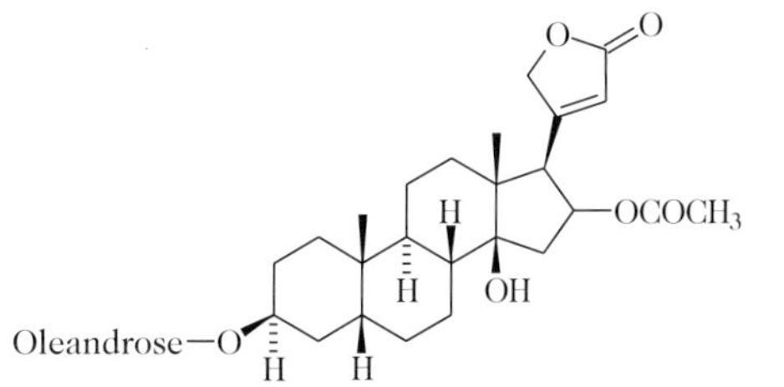

Oleandrin

glykoside, besonders Rutosid, Triterpene (Betulin, Oleandrol) und ein saures Polysaccharid. Anw.: eingestelltes Oleanderpulver (*Oleandri pulvis normatus*) kann bei Herzmuskelschwäche, Altersherz und dekompensierter Herzinsuffizienz eingesetzt werden, in seiner Wirksamkeit ist es etwa zwischen *Digitalis-purpurea*-Zubereitungen (↗ *Digitalis*-Arten) und ↗ Strophanthin einzuordnen. Da klinisch-pharmakologische Daten zur Wirkung der Droge weitgehend fehlen, wird ihre Anwendung nicht mehr empfohlen. Oleanderblätter sind wegen ihres Gehaltes an herzwirksamen Glykosiden als stark giftig anzusehen!

Hom.: ***Nerium oleander*** HAB1, die frischen, vor Beginn der Blüte gesammelten Blätter. *Anw.-Geb.:* bei Herzerkrankungen, Verdauungsstörungen, nässenden Ekzemen, Lähmigkeit und Rheumatismus.

Histor.: Der Gattungsname *Nerium* vom griechischen *nerion* ist bei ↗ Dioskurides der Name von *Nerium odorum*. Die Bezeichnung Oleander wird vom lateinischen *olea* (Ölbaum) Bezug nehmend auf dessen ähnliche Blätter, abgeleitet. Oleanderblätter wurden bereits in der frühen arabischen Medizin als Heilmittel eingesetzt. In den Schriften des ↗ Dioskurides und ↗ Plinius ist die Droge ebenso enthalten wie auch in den Kräuterbüchern des 17. Jh., die eine Anwendung als Gegengift bei Schlangenbissen empfahlen und gleichzeitig auf die Giftigkeit der Pflanze hinwiesen. Der Gattungsname *Nerium* wird vom griechischen *nerion* (naß) abgeleitet, Bezug nehmend auf die feuchtigkeitsbedürftige Pflanze. Der Bezeichnung Oleander liegt das lateinische *olea* (Ölbaum) zugrunde, vermutlich wegen der Ähnlichkeit der Blätter mit diesem.

Nerol ↗ Ätherische Öle.
Neroliblüten ↗ Citrus-Arten.
Neroliöl ↗ Citrus-Arten.
Nervenkraut ↗ Levisticum officinale.
Nerventee ↗ Species nervinae.
Nervenwurzel ↗ Cypripedium calceolus var. pubescens.
Nerzöl ↗ Mustela lutreola.
Nesselblättrige Verbene ↗ Verbena urticifolia.
Nesselkraut ↗ Urtica-Arten.
Nesselqualle ↗ Physalia pelargica.
Nesselseide ↗ Cuscuta europaea.
Nesseltier ↗ Aurelia aurita.
Nesselwurzel ↗ Urtica-Arten.
Netzannone ↗ Annona-Arten.
Neue Kamala ↗ Flemingia macrophylla.
Neugewürz ↗ Pimenta-Arten.
Neukaledonisches Sassafrasholz ↗ Doryphora sassafras.
Neunerle ↗ Anagallis arvensis.

■ **Neurolaena lobata** R. Br.
(syn. *Calea lobata, Conyza lobata*).

Fam.: Asteraceae (Compositae).

Vork.: Mittelamerika.

Droge: die Blätter. *Inh.:* Bitterstoffe, Sesquiterpenlactone, Thymol-Derivate. *Anw.:* in der mittelamerikanischen Volksheilkunde als Amarum, Stomachikum und Fiebermittel.

Neuseeländischer Dammar ↗ Agathis-Arten.

■ **Newbouldia laevis** Seemann
(syn. *Spathodea laevis*).

Fam.: Bignoniaceae.

Vork.: Westafrika, Kamerun, Gabun.

Droge: die Wurzeln und die Rinde. *Inh.:* β-Carboline, wie Harman; Stachyose. *Anw.:* in der afrikanischen Volksheilkunde vielseitig verwendete Droge bei Nervenleiden, die Rinde auch als Styptikum, bei Durchfällen und Lungentumoren.

New Jersey tea ↗ Ceanothus americanus.
Ngaicampher ↗ Blumea balsamifera.
Niamfett ↗ Lophira lanceolata.
Niandostrauch ↗ Alchornea floribunda.
Niauli aetheroleum ↗ Melaleuca-Arten.
Niaulibaum ↗ Melaleuca-Arten.

■ **Nicandra physaloides** (L.) Gaertn.
(syn. *Atropa physaloides*); Giftbeere; s. Farbtafel S. 144, Bild 43.

Fam.: Solanaceae.

Vork.: Südamerika, Peru, Nordamerika, teilweise auch kultiviert.

Droge: ***Herba Nicandrae***; Giftbeerenkraut. *Inh.:* Nicandrenon (Withanolid); Alkaloide, wie Hygrin, Tropinon. *Anw.:* in der Volksheilkunde bes.

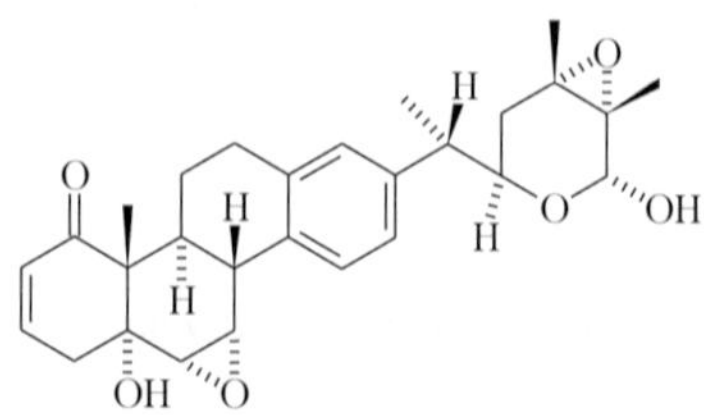

Nicandrenon

im Heimatland Peru als Diuretikum, bei Nieren- und Blasenleiden, v. a. bei Harngrieß. Eine Anwendung, vor der wegen der Vergiftungsgefahr zu warnen ist. Auch über psychotrope Effekte wird berichtet (Wirkung ähnlich Hyoscyamin).

Histor.: Der Gattungsname *Nicandra* wurde nach dem griechischen Arzt Nicandros (2. Jh. v. Chr.) gewählt. Der Artname *physaloides* bringt zum Ausdruck, daß die Pflanze der Blasenkirsche (*physa* = Blase) ähnlich ist. Die Bezeichnung Giftbeere weist auf die Giftigkeit der Früchte hin.

Nickende Kuhschelle ↗ Pulsatilla-Arten.
Nickersamen ↗ Caesalpinia-Arten.
Niconußbaum ↗ Afrolicania elaeosperma.
Nicoöl ↗ Afrolicania elaeosperma.
Nicotianae folium ↗ Nicotiana tabacum.
Nicotiana latissima ↗ Nicotiana tabacum.
Nicotiana macrophylla ↗ Nicotiana tabacum.

■ **Nicotiana tabacum** L.
(syn. *Nicotiana latissima, N. macrophylla*); Tabak (syn. Virginischer Tabak), s. Farbtafel S. 144, Bild 44.

Fam.: Solanaceae.

Vork.: heimisch in Südamerika, Anbau in warmen und gemäßigten Zonen weltweit.

Droge: ***Nicotianae folium*** (syn. *Folia Tabaci, Herba Nicotianae virginianae, Herba Petum, Herba Tabaci*); Tabakblätter (syn. Virginischer Tabak), die an der Luft getrockneten unfermentierten Blätter. *Inh.:* ↗ Nicotin (0,08–9 %), Nornicotin und weitere Pyridinalkaloide, ferner Betain, Asparagin, Allantoin, Kaffeegerbsäure, verschiedene Enzyme sowie Nitrate (bis 10 %). *Anw.:* früher bei Verstopfung, Koliken sowie als Klistier bei Wurmerkrankungen, arzneiliche Nutzung der Droge heute obsolet. Toxizität sowie weitere Verwendung ↗ Nicotin.

Hom.: ***1. Nicotiana tabacum*** HAB1; Virginischer Tabak, die getrockneten, unfermentierten Blätter des echten Havannatabaks. *Anw.-Geb.:* Erkrankungen des Auges, des arteriellen Gefäßsystems sowie des Magen-Darm-Traktes, Beschwerden bei Blutdruckabfall; Brechdurchfall; Angina pectoris. ***2. Nicotiana tabacum Rh*** HAB1; die frischen Blätter. *Anw.-Geb.:* in der anthroposophischen Therapierichtung. ***3. Tabacum e seminibus***, die reifen Früchte. *Anw.-Geb.:* Herz- und Kreislauferkrankungen, Schwindel.

■ **Nicotin**
(Nikotin), Pyridinalkaloid aus den Blättern von ↗ *Nicotiana tabacum*. *Wirk.:* in niedrigen Dosen ähnlich wie Acetylcholin durch Depolarisation der postsynaptischen Membranen ganglienerregend, in höheren Dosen durch Dauerdepolarisierung ganglienblockierend. Diese Eigenschaften bedingen in geringer Dosierung eine Blutdrucksteigerung, verstärkte Magensaftsekretion sowie eine Tonuserhöhung im Magen-Darm-Trakt (Wirkungen beim Rauchen). Bei hoher Dosierung im toxischen Bereich kommt es dagegen zum langanhaltenden Blutdruckabfall und Darmatonie. Im Zentralnervensystem ruft N. in mittlerer Dosierung Tremor sowie Atemstimulation hervor, in toxischen Dosen werden Krämpfe und Atemlähmung ausgelöst. Die Toxizität der Verbindung ist als sehr hoch einzuschätzen, die letale Dosis liegt bei etwa 1 mg/kg Körpergewicht.

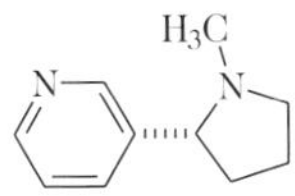

Nicotin

Diese Menge wird bei oraler Aufnahme von etwa 4–6 Zigaretten oder einer Zigarre erreicht. Beim Rauchen wird nur ein geringer Teil des N. aufgenommen. N. besitzt ein geringes, aber nachweisbares Suchtpotential. *Anw.:* in Form von Kaugummis und Pflastern wird N. unterstützend zur Raucherentwöhnung eingesetzt, auch in der Schädlingsbekämpfung wird die Verbindung genutzt.

Histor.: N. wurde nach dem französischen Diplomaten J. Nicot (1530–1600) benannt.

Niembaum ↗ Antelaea azadirachta.
Nierenbaum ↗ Anacardium occidentale.
Niesekraut ↗ Convallaria majalis.
Nieswurzwurzelstock ↗ Helleborus-Arten.

■ **Nigella damascena** L.
Jungfer-im-Grünen (syn. Braut-in-Haaren, Damaszener Schwarzkümmel, Türkischer Schwarzkümmel).

Fam.: Ranunculaceae.

Vork.: Mittelmeergebiete.

Droge: ***Nigellae damascenae semen*** (syn. *Semen Nigellae damascenae*); Damaszener Schwarzkümmel (syn. Ananaskümmel, Erdbeerkümmel, Türkischer Schwarzkümmel), die getrockneten, reifen Samen. *Inh.:* äther. Öl (0,4–0,5 %), Alkaloide, u. a. Damascenin und Damascinin, Saponine und fettes Öl. *Anw.:* ↗ *Nigella sativa*.

Nigellae damascenae semen ↗ Nigella damascena.

■ **Nigella sativa** L.
Schwarzkümmel.
Fam.: Ranunculaceae.
Vork.: Südeuropa, Nordafrika, u. a. Ägypten.
Droge: ***Semen Nigellae sativae*** (syn. *Semen Melanthii*); Schwarzkümmelsamen, der reife Samen. *Inh.:* äther. Öl (0,4–2,5 %) mit *p*-Cymen (37,5 %), Thymochinon (31 %) und *α*-Pinen (5,2 %) als dominierenden Komponenten, Alkaloide, wie Nigellidin, sowie fettes Öl (ca. 33 %) mit mehr als 50 % Glyceriden der Linolsäure.

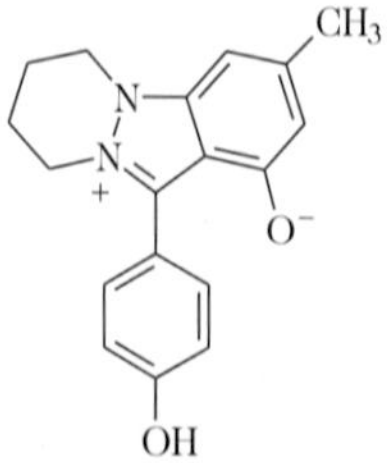

Nigellidin

Anw.: volkstümlich bei Verdauungsbeschwerden, als Galactagogum und Diuretikum, vor allem aber wegen seines aromatischen, scharfwürzigen Geschmacks als Gewürz. Das fette Öl, gewonnen durch Kaltpressung, ist würzig und ernährungsphysiologisch hochwertig. Es ist zur Herstellung von Nahrungsergänzungsmitteln geeignet.
Hom.: ***Nigella sativa***, die reifen Samen. *Anw.-Geb.:* Magenerkrankungen, Gelbsucht, Leberleiden.
Histor.: In Ägypten und einigen nahöstlichen Ländern wird Schwarzkümmel seit dem Altertum, besonders als Gewürz, z. B. im Brot oder anderen Speisen, genutzt. Der Gattungsname *Nigella* wurde aus dem lateinischen *nigellus* (schwärzlich) gebildet und bezieht sich auf die dunklen Samen. Als Kulturpflanze gehört *Nigella sativa* zum ↗ Capitulare de villis Karls des Großen. Die Kräuterbücher des 16. Jh. nennen die Pflanze „Schwartzer Coriander".

Nigeröl ↗ Guizotia abyssinica.
Niggersaatöl ↗ Guizotia abyssinica.
Nimbaum ↗ Antelaea azadirachta.
Nimöl ↗ Antelaea azadirachta.
Nimrinde ↗ Antelaea azadirachta.
Ninfa ↗ Nymphaea ampla.

Nistle ↗ Viscum album.
Nobilin ↗ Chamaemelum nobile.
Nocardia bifida ↗ Bifidobacterium-Arten.

■ **Nocardia lurida**.
Fam.: Actinomycetaceae.
Grampositive Bakterien, die das Antibiotikum ↗ Ristocetin bilden.

■ **Nocardia uniformis**
Fam.: Protoactinomycetaceae.
Aerobe, grampositive Bakterien, die die stereoisomeren ↗ Nocardicine A und B, monocyclische *β*-Lactamantibiotika mit einer Oximfunktion, bilden.

■ **Nocardicine**
monocyclische *β*-Lactamantibiotika, die von *Nocardia*-Arten gebildet werden und ohne therapeutische Bedeutung sind.

Noisetterose ↗ Rosa multiflora.
Noisettia pirifolia ↗ Anchietea salutaris.
Nonda ↗ Boletus manicus.
Nonda Mbolbe ↗ Heimiella angrieformis.
Nonda-Mos ↗ Russula agglutinata.
Noni ↗ Morinda citrifolia.
Nopalea cochenillifera ↗ Opuntia cochenillifera.
Nordamerikanische Klapperschlange ↗ Crotalus-Arten.
Nordamerikanische Schlangenwurzel ↗ Cimicifuga racemosa.
Nordamerikanische Spigelie ↗ Spigelia-Arten.
Nordamerikanische Wiesenarnika ↗ Arnica-Arten.

■ **Nordihydroguajaretsäure**
Lignan mit starker antioxidativer Wirksamkeit aus dem Kreosotstrauch (↗ *Larrea tridentata*). *Anw.:* zur Stabilisierung von Fetten sowie als Adjuvans bei der Rheumatherapie.

Nörz ↗ Mustela lutreola.
Noscapin ↗ Narcotin.

■ **Nosoden**
nach homöopathischer Verfahrensweise hergestellte Zubereitungen aus Zersetzungsprodukten, Krankheits- oder Stoffwechselprodukten von Mensch, Tier, Mikroorganismen und Viren. Diese Zubereitungen sind nicht mehr infektiös bzw. virulent und werden entsprechend dem homöo-

pathischen Therapieprinzip „*similia similibus curentur*“ eingesetzt.

■ **Nothosmyrnium japonicum** Miq.
Fam.: Apiaceae (Umbelliferae).
Vork.: Südchina, Japan, auch kultiviert.
Droge: ***Gaoben***, die Wurzeln. *Inh.:* äther. Öl (ca. 1,3 %) mit Nothosmyrnol und Dimethoxyallylbenzol. *Anw.:* in der chinesischen Heilkunde als zentrales Sedativum, Analgetikum, Antispasmodikum; die Samen werden bei Rheuma verwendet.

■ **Novobiocin**
(syn. Griseoflavin), Glykosid-Antibiotikum, das von *Streptomyces niveus*, *Streptomyces spheroides* und *Streptomyces griseus* gebildet wird und die DNA-Topomerase (DNA-Gyrase) hemmt. *Anw.:* schwere Staphylokokkeninfektionen. Da N. ernste Nebenwirkungen (Gastrointestinaltrakt, Blutbildschäden) hervorruft, sollte es nur in Ausnahmefällen angewendet werden.

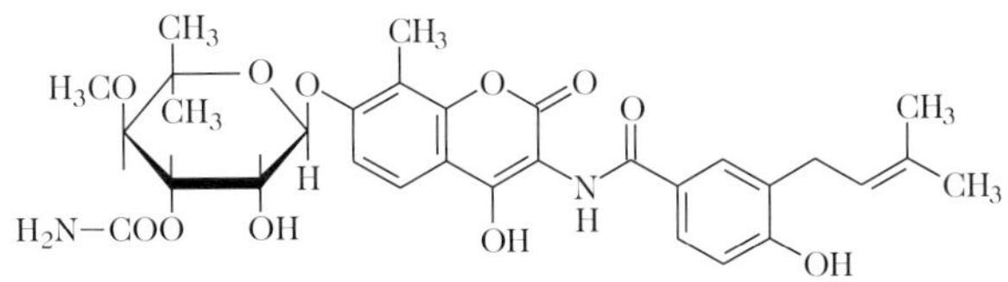

Novobiocin

Nubiablüten ↗ Hibiscus sabdariffa.
Nuces Acajou ↗ Anacardium occidentale.
Nuces Arecae ↗ Areca catechu.
Nuces Aromaticae ↗ Myristica fragrans.
Nuces Caryophyllatae ↗ Ravensara aromatica.
Nuces Cocculi ↗ Anamirta cocculus.
Nuces Fagi ↗ Fagus sylvatica.
Nuces Juglandis ↗ Juglans regia.
Nuces Nucistae ↗ Myristica fragrans.
Nuces Pistaciae ↗ Pistacia vera.
Nuces Sterculiae ↗ Cola-Arten.
Nuclei Cacao ↗ Theobroma cacao.
Nuclei Myristicae ↗ Myristica fragrans.
Nuclei Pistaciae ↗ Pistacia vera.
Nucleus Mucistae ↗ Myristica fragrans.
Nummularia centimorbia ↗ Lysimachia nummularia.
Nummularia officinalis ↗ Lysimachia nummularia.
Nummularia prostrata ↗ Lysimachia nummularia.
Nummularia repens ↗ Lysimachia nummularia.

■ **Nuphar lutea** (L.) Sm.
Gelbe Teichrose (syn. Seekandel, Mummel).
Fam.: Nymphaeaceae.
Vork.: Europa, Asien.
Drogen: ***1. Flores nuphari***; Teichrosenblüten, die Blüten. *Inh.:* Alkaloide, u. a. Desoxynupharidin (Hauptalkaloid), α- und β-Nupharidin, Steroide,

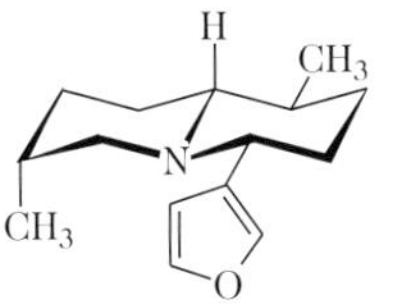

Desoxynupharidin

herzwirksame Glykoside. *Anw.:* in der Volksheilkunde früher bei Durchfällen. ***2. Radix Nuphari lutei***; Gelbe Teichrosenwurzel, die ganzen Wurzeln. *Inh.:* Alkaloide, u. a. Nupharin, α- und β-Nupharidin, welche sowohl Sesquiterpenstruktur als auch ein Chinolizidin- bzw. Piperidinringsystem aufweisen. Zahlreiche Nupharalkaloide weisen zudem Verbindungen vom Thiospiran-Typ auf, deren Bildung infolge Dimerisierung durch C-C-Verknüpfung und Einbau eines Schwefelatoms erfolgt ist, z. B. Thiobinupharidin. Weitere Bestandteile sind Gerbstoffe. *Anw.:* Die Droge diente lediglich volkstümlich als Adstringens sowie bei Hautleiden.

Hom.: ***Nuphar lutea*** HAB; Gelbe Teichrose, die frischen unterirdischen Teile der Pflanze. *Anw.-Geb.:* Erkrankungen des Magen-Darm-Traktes (Morgendurchfälle) sowie der männlichen und weiblichen Geschlechtsorgane (Aphrodisiakum).

Nußbaumblätter ↗ Juglans regia.
Nußblätter ↗ Juglans regia.
Nußgras ↗ Cyperus rotundus.
Nußkraut ↗ Corchorus-Arten.
Nußöl ↗ Juglans regia.
Nux Cathartica americana ↗ Jatropha curcas.
Nux Colae ↗ Cola-Arten.

Nux Metella ↗ Strychnos-Arten.
Nux Moschata ↗ Myristica fragrans.
Nux Myristicae ↗ Myristica fragrans.
Nux vomica ↗ Strychnos-Arten.

■ **Nyctanthes arbor tristis** L.
Harsinghar.
Fam.: Verbenaceae.
Vork.: Pakistan, Indien, Ceylon, Java.
Droge: Blätter und Blüten. *Inh.:* äther. Öl, ein roter Farbstoff (Nyctanthin). *Anw.:* in der asiatischen Volksheilkunde als Antiseptikum. Das äther. Öl wird in der Parfümerie und der rote Farbstoff in der Seidenfärberei verwendet.
Hom.: ***Nyctanthes arbor tristis*** HAB; die frischen Blätter. *Anw.-Geb.:* Verstopfung bei Kindern, Gallenleiden.

■ **Nyctocereus serpentinus** (Lag. et Rodr.) Britton et Rose
(syn. *Cactus ambiguus, C. serpentinus, Cereus ambiguus, C. serpentinus, C. serpentinus albispinus, C. serpentinus stellatus, C. splendens, Echinocereus serpentinus*).
Fam.: Cactaceae.
Vork.: Mexiko bis Nicaragua.
Hom.: ***Nyctocereus serpentinus*** (syn. *Cereus serpentarius*) HAB; die frischen Stengel. *Anw.-Geb.:* Angina pectoris.

■ **Nymphaea alba** L.
(syn. *Nymphaea officinalis*); Weiße Seerose (syn. Weiße Teichrose), s. Farbtafel S. 144, Bild 45.
Fam.: Nymphaeaceae.
Vork.: Europa bis Sibirien.
Drogen: ***1. Nymphaeae albae flos*** (syn. *Flores Nymphaeae albae*); Seerosenblüten (syn. *Nymphaea-alba*-Blüten), die getrockneten vollständigen Blüten. *Inh.:* Flavonolglykoside. *Anw.:* volkstümlich innerlich gegen Durchfallerkrankungen, äußerlich früher bei Fluor albus und Gonorrhoe. ***2. Nymphaeae albae rhizoma*** (syn. *Radix Nymphaeae albae*); Weiße Seerosenwurzel (syn. Feuerwurzel, *Nymphaea-alba*-Wurzel), das getrocknete Rhizom mit Wurzeln. *Inh.:* Tannine (8–10 %, hauptsächlich Gallo- und Ellagitannine). *Anw.:* volkstümlich bei sexueller Übererregbarkeit, Schlaflosigkeit und Angstzuständen.
Histor.: Der Gattungsname, der zuerst bei ↗ Theophrast erscheint, ist auf das griechische *nýmphe* (Braut) zurückzuführen. Nach einer Sage ist die Pflanze aus einer aus Eifersucht auf Herkules gestorbenen Nymphe entstanden. In der Antike wurde die Pflanze vor allem als Antaphrodisiakum genutzt. ↗ Plinius empfahl sie gegen erotische Schlaflosigkeit. Auch wurde sie von den Betroffenen genutzt, um die Härte des Zölibates leichter zu ertragen.

■ **Nymphaea ampla** (Salisb) DC.
Blaue Wasserlilie (syn. Ninfa).
Fam.: Nymphaeaceae.
Vork.: weltweit.
Anw.: Seit dem Altertum wird der Pflanze in vielen Kulturen eine halluzinogene und narkotische Wirkung zugeschrieben. In Mexiko soll *N. ampla* als entspannende und aufmunternde Droge mit halluzinogenen Eigenschaften in Gebrauch sein. Aus den Wurzelstöcken konnten bisher die Alkaloide Apomorphin, Nuciferin und Nornuciferin isoliert werden. Ob diese Stoffe für die behauptete psychotrope Wirkung verantwortlich sind, ist noch ungeklärt.

Nymphaeae albae flos ↗ Nymphaea alba.
Nymphaeae albae rhizoma ↗ Nymphaea alba.
Nymphaeae odoratae rhizoma ↗ Nymphaea odorata.

■ **Nymphaea odorata** Ait.
(syn. *Castalia pudica*).
Fam.: Nymphaeaceae.
Vork.: Nordamerika.
Droge: ***Nymphaeae odoratae rhizoma*** (syn. *Radix Nymphaeae odoratae, Radix Castaliae*); Wohlriechende Seerosenwurzel, der geschnittene und getrocknete Wurzelstock.
Hom.: ***Nymphaea odorata*** HAB; der frische Wurzelstock mit anhängenden Wurzeln. *Anw.-Geb.:* Morgendurchfälle.

Nymphaea officinalis ↗ Nymphaea alba.
Nymphaea stellata ↗ Euryale ferox.
Nyssa multiflora ↗ Nyssa sylvatica.

■ **Nyssa sylvatica** Marsh.
(syn. *Nyssa multiflora*); Tupelo.
Fam.: Nyssaceae.
Vork.: südliches Nordamerika.
Droge: ***Lignum Tupelo*** (syn. *Lignum Nyssae*); Tupeloholz (syn. Tupelo-Quellholz, Tupelowur-

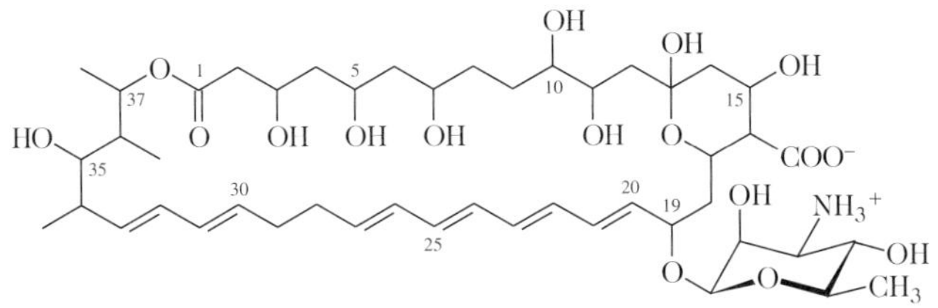

Nystatin A

zelholz), das Holz der Wurzeln. Inh.: Polyphenole, Quellstoffe, in den Blättern Flavonoide. Anw.: da das Holz in Wasser stark aufquillt, wurde es früher zu Quellstiften für die Chirurgie und Gynäkologie eingesetzt.

■ Nystatin

Polyenantibiotikum aus der Gruppe der Makrolide, das von *Streptomyces noursei* gebildet wird und als Hauptkomponente *Nystatin* A_1 (Hexaen) enthält. Wirk.: N. bildet in den Zellmembranen von Pilzen Membranporen und wirkt dadurch permeabilitätserhöhend. Dieser fungistatische Effekt erstreckt sich auf fast alle humanpathogene Pilze. Anw.: aufgrund seiner hohen Toxizität und sehr schlechten Resorbierbarkeit wird N. vor allem zur lokalen Behandlung von *Candida*-Mykosen der Haut, Vagina und der Mundhöhle (Soor) sowie selten peroral bei Hefeinfektionen des Gastrointestinaltraktes eingesetzt.

O

■ Ochratoxin ↗ Mycotoxine.

■ Ochroma lagopus Sw.

(syn. *Ochroma pyramidale, Bombax pyramidale*).

Fam.: Bombacaceae.

Vork.: Mittelamerika, tropisches Südamerika.

Droge: ***Balsaholz***, das sehr leichte Korkholz des Baumes; die Blätter und Blüten. Inh.: Blätter und Blüten enthalten Flavonoide, bes. Quercetin, Kaempferol, Cyanidin. Anw.: die Blätter in der Volksheilkunde als Mucilaginosum, die Blüten gegen Fieber. Das Balsaholz wird für Prothesen, Korken, Isoliermaterial und für den Flugzeugbau verwendet.

Ochroma pyramidale ↗ Ochroma lagopus.
Ochsen ↗ Colchicum autumnale.
Ochsenbrechwurzel ↗ Ononis spinosa.
Ochsenbrot ↗ Solidago-Arten.
Ochsenbruch ↗ Ononis spinosa.
Ochsengalle ↗ Bos taurus.
Ochsenherz ↗ Annona-Arten.
Ochsenpinsel ↗ Colchicum autumnale.
Ochsenzunge ↗ Anchusa officinalis.
Ocimum acutum ↗ Perilla frutescens.

■ Ocimum americanum L.

(syn. *Ocimum canum*); Campherbasilikum.

Fam.: Lamiaceae (Labiatae).

Vork.: Amerika, Rußland, Afrika, Australien, häufig kultiviert.

Inh.: die Blätter enthalten äther. Öl, Gerbstoffe und glykosidische Verbindungen. Anw.: zur Gewinnung von ↗ Campher und als Grundstoff in der Parfümerie.

Hom.: ***Ocimum americanum*** HAB1; die frischen Blätter. Anw.-Geb.: bei Erkrankungen der Nieren und ableitenden Harnwege.

■ Ocimum basilicum L.

Basilikum (syn. Basilie, Basilienkraut, Deutscher Pfeffer, Königskraut), s. Farbtafel S. 144, Bild 46.

Fam.: Lamiaceae (Labiatae).

Vork.: heimisch in Indien, inzwischen weltweit eingebürgert, Kulturen besonders in Südfrankreich und Spanien, mitunter auch in Deutschland.

Drogen: ***1. Basilici herba*** (syn. *Herba Basilici, Herba Ocimi)*; Basilienkraut (syn. Basilikumkraut). *Inh.:* äther. Öl (bis 1,5 %), im frischen Kraut (0,02–0,5 %) mit Methylchavicol (bis 55 %) als Hauptkomponente sowie u. a. Cineol, Linalool, Ocimen und Pinen, ferner Gerbstoff. *Anw.:* volkstümlich bei Verdauungsbeschwerden und als Diuretikum. Die Hauptmenge der Frischdroge wird als Gewürz, Geruchs- und Geschmackskorrigenz verwendet. ***2. Oleum Basilici***; Basilikumöl, das äther. Öl der oberirdischen Pflanzenteile. *Inh.:* Methylchavicol, Cineol, Campher, Linalool, Ocimen, Pinene. *Anw.:* in der Volksheilkunde früher als Beruhigungsmittel, heute sollte das äther. Öl keine unmittelbare Anwendung mehr finden, da das enthaltene Methylchavicol nach metabolischer Aktivierung mutagen wirksam ist. Die Droge findet aber weiterhin Verwendung in der Parfümerie.

Hom.: ***Ocimum basilicum ex herba*** HAB1; Basilikum, die frischen, vor der Blüte gesammelten oberirdischen Teile. *Anw.-Geb.:* Erkrankungen des Magen-Darm-Traktes.

Histor.: Der Gattungsname *Ocimum* entspricht dem griechischen *Okimon,* abgeleitet von *ozein* (riechen, duften). Basilikum leitet sich vom griechischen *basilikós* (königlich) ab. Die Kultur des Basilienkrautes ist sehr alt. In Indien wird es unter dem Sanskritnamen „Arjaka“ schon in der „Sutna-sthana“ genannt und als heilige Pflanze bei religiösen Zeremonien verwendet. In Ägypten belegen Kranzfunde aus den Pyramiden die Verwendung. Auch in den hippokratischen Schriften wird es erwähnt. In der römischen Kaiserzeit galt es als beliebte Heil- und Gewürzpflanze.

Ocimum canum ↗ Ocimum americanum.
Ocimum crispum ↗ Perilla frutescens.
Ocimum frutescens ↗ Perilla frutescens.
Ocimum grandiflorum ↗ Orthosiphon aristatus.

■ **Ocotea puchury-major** Mart.
(syn. *Acrodiclidium puchury-major, Licaria puchury-major, Nectandra puchury-major*); Pichurimbaum.

Fam.: Lauraceae.

Vork.: tropisches Amerika.

Droge: ***Fabae Pichurim***; Picuribohne (syn. Pichurimbohnen), die Keimblätter des Samens. *Inh.:* äther. Öl (2–2,5 %), u. a. Eugenol (ca. 5 %), Cineol und Safrol enthaltend, fettes Öl (ca. 30 %) und Gerbstoffe. *Anw.:* Aromatikum und Antidiarrhoikum, mitunter als Vanilleersatz.

Hom.: ***Ocotea puchury-major*** (syn. *Pichurim*) HAB, die getrockneten Keimblätter.

Oculi Populi ↗ Populus-Arten.
Odinskopf ↗ Inula helenium.
Odinskopfwurzel ↗ Inula helenium.
Odostemon aquifolium ↗ Mahonia aquifolium.
Oenanthe apiifolia ↗ Oenanthe crocata.

■ **Oenanthe aquatica** (L.) Poir.
(syn. *Ligusticum phellandrium, Oenanthe gigantea, O. phellandrium, Phellandrium aquaticum, P. divaricatum, Selinum phellandrium*); Wasserfenchel (syn. Butte, Mäusezahl, Pferdekümmel, Pferdesaat, Roßfenchel, Roßkerbel, Roßkümmel, Wasserkümmel, Wasserrebendolde, Wasserschierling).

Fam.: Apiaceae (Umbelliferae).

Vork.: Europa und westliches Asien, außer hohem Norden.

Drogen: ***1. Phellandri aetheroleum*** (syn. *Oleum Phellandri, Oleum Phellandri aquatici*); Wasserfenchelöl (syn. Roßfenchelöl), das aus den Früchten gewonnene äther. Öl. *Inh.:* (+)-β-Phellandren (ca. 80 %), ferner u. a. ↗ Apiol, Camphen, Myristicin, *n*-Nonen-1-ol, Phellandral und *n*-Undecen-4-ol. *Anw.:* volkstümlich bei Erkrankungen der Atmungsorgane, Verdauungsbeschwerden und als Diuretikum. ***2. Phellandri fructus*** (syn. *Fructus Foeniculi aquatici, Fructus Phellandri, Phellandrium, Semen Phellandri aquatici*); Wasserfenchelfrüchte (syn. *Oenanthe-aquatica*-Früchte), die getrockneten, reifen Früchte. *Inh.:* äther. Öl (1–2,5 %) s. *Phellandri aetheroleum*, ferner Harz, Polyine und Lignane. *Anw.:* volkstümlich als schleimlösendes Mittel bei chronischem Katarrh der Atemwege sowie bei Verdauungsbeschwerden.

Hom.: ***Oenanthe aquatica*** HAB1; Wasserfenchel, die getrockneten, reifen Früchte. *Anw.-Geb.:* Erkrankungen der Atemwege und weiblichen Geschlechtsorgane, Entzündungen der Atemwege, Brustschmerzen stillender Mütter.

■ **Oenanthe crocata** L.
(syn. *Oenanthe apiifolia*); Giftige Rebendolde (syn. Safranrebendolde).

Fam.: Apiaceae (Umbelliferae).

Vork.: Westeuropa und westliche mediterrane Gebiete.

Drogen: ***1. Herba Oenanthe crocatae,*** Rebendoldenkraut, das getrocknete Kraut. *Inh.:* giftige C_{17}-Polyine, u. a. Oenanthetol, Oenantheton und Oenanthotoxin. ***2. Radix Oenanthe***, Rebendoldenwurzeln, die getrockneten Wurzeln. *Inh.:* s. *Herba Oenanthe crocatae.*

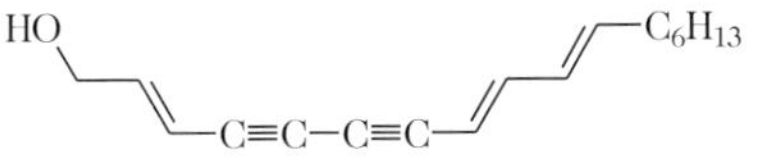

Oenanthetol

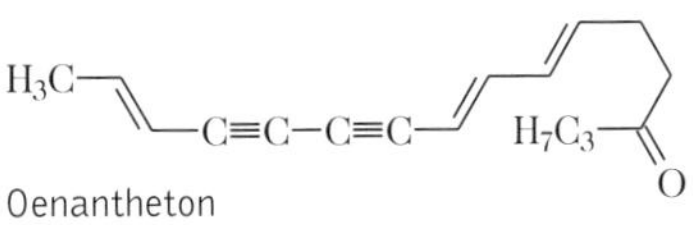

Oenantheton

Hom.: ***Oenanthe crocata*** HAB; Giftige Rebendolde, der zur Blütezeit gesammelte, ganze, frische Wurzelstock. *Anw.-Geb.:* Erkrankungen des Zentralnervensystems, wie Krampfleiden, cerebrale Anfallsleiden.

Histor.: Der Gattungsname *Oenanthe* leitet sich vom griechischen *oinos* (Wein) und *anthos* (Blüte) ab und bezieht sich auf die weinduftähnlichen Blüten; während sich *crocata* (lat., safrangelb) auf den an der Luft sich gelbfärbenden Saft bezieht.

Oenanthe giganthea ↗ Oenanthe aquatica.
Oenanthe phellandrium ↗ Oenanthe aquatica.

■ **Oenothera biennis** L.
(syn. *Oenothera communis, O. graveolens, Onagra biennis, O. vulgaris*); Gemeine Nachtkerze (syn. Eierblume, Gelbe Rapunzel, Gelber Nachtschatten, Härekraut, Nachtschlüsselblume, Rübenwurzel, Schinkenkraut, Stolzer Heinrich, Weinblume), s. Farbtafel S. 144, Bild 47.

Fam.: Onagraceae.

Heim.: Nordamerika, in Europa kultiviert und verwildert.

Drogen: ***1. Oenothera biennis herba*** (syn. *Herba Oenotherae biennis*), das getrocknete Kraut. *Inh.:* Gerbstoffe, Phytosterole, Harze und Zucker. *Anw.:* in der Volksheilkunde als Antidiarrhoikum und „Blutreinigungsmittel". ***2. Oenotherae oleum*** (syn. *Oenothera biennis oleum, Oleum Oenotherae, Oleum Oenotherae biennis*), Nachtkerzenöl (syn. Rhapontikaöl), das aus den Samen gewonnene fette Öl, dessen Triglycerole 65 bis 80 % Linolsäure und als Besonderheit 8 bis 14 % γ-Linolensäure aufweisen. *Anw.:* in Kapselform als Fertigarzneimittel zur Arterioskleroseprophylaxe (0,1–6 g/d) sowie beim atopischen Ekzem (Neurodermitis).

Hom.: ***Oenothera biennis*** HAB 34, die zu Beginn der Blütezeit gesammelte, frische Pflanze. *Anw.-Geb.:* u. a. Durchfall.

Histor.: Der Gattungsname *Oenothera* leitet sich vom griechischen *oinotheris* (Blume mit Weingeruch der Wurzel) ab; während *biennis* (zweijährig) auf die Zweijährigkeit der Pflanze hinweist. Die Bezeichnung Nachtkerze bezieht sich auf die beginnende Öffnung der Blüten am Abend und deren Bestäubung durch Nachtfalter.

Oenothera biennis oleum ↗ Oenothera biennis.
Oenothera communis ↗ Oenothera biennis.
Oenotherae oleum ↗ Oenothera biennis.
Oenothera graveolens ↗ Oenothera biennis.
Oeschen ↗ Viola-Arten.
Ohmblätter ↗ Tussilago farfara.
Ohrenqualle ↗ Aurelia aurita.
Ohr-Schlüsselblume ↗ Primula-Arten.
Oiticicaöl ↗ Licania rigida.

■ **Okoubaka aubrevillei** Phelleg. et Normand.

Fam.: Octoknemataceae.

Vork.: Westafrika.

Droge: die Rinde der Äste und Stämme. *Inh.:* Catechine, Gerbstoffe, Gallussäure, Protocatechusäure. *Anw.:* in der westafrikanischen traditionellen Heilkunde wird die gepulverte Rinde oral zur Vorbeugung von Vergiftungen jeglicher Art eingesetzt. Äußerlich wird die Droge gegen bakterielle Hauterkrankungen, wie Lepra und Syphillis, angewendet.

Hom.: ***Okoubaka*** HAB; die Astrinde der oberirdischen Teile. *Anw.-Geb.:* Erkrankungen des Magen-Darm-Traktes, der Leber, Galle, Bauchspeicheldrüse sowie in der Rekonvaleszenz.

Ölbaum ↗ Olea europaea.
Ölbaumblätter ↗ Olea europaea.
Ölbohne ↗ Glycine max.

■ **Oldenlandia umbellata** L.
Indischer Krapp.

Fam.: Rubiaceae.

Vork.: Indien, Birma, Java, Sri Lanka.

Droge: *Chay-Wurzel*, die getrockneten Wurzeln. Inh.: Alizarin, Chlorogenin, Alizarin-α-methylether, Anthragallol-Derivate. Anw.: in der Färberei zur Erzielung von Türkischrot.

Oldwurzel ↗ Inula helenium.
Olea aetherea ↗ ätherische Öle.
Oleae folia ↗ Olea europaea.
Oleae folium ↗ Olea europaea.

■ Olea europaea L.

(syn. *Olea officinarum, O. pallida*); Ölbaum (syn. Olivenbaum).

Fam.: Oleaceae.

Vork.: subtropische Areale, insbes. Mittelmeergebiete.

Drogen: ***1. Oleae folium*** (syn. *Folia Oleae, Folia Olivae, Oleae Folia*); Olivenblätter (syn. Ölbaumblätter), die getrockneten Blätter. Inh.: Terpenoide, besonders Oleuropein (6–9 %) und Tri-

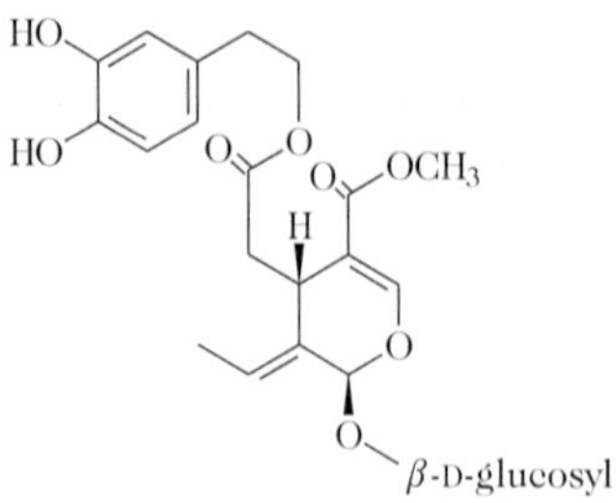

Oleuropein

terpensäuren, u. a. Oleanol- und Maslinsäure (0,15 bzw. 0,2 %), ferner Flavonoide, u. a. Luteolin und Luteolin-7-*O*-glucosid sowie in Spuren Alkaloide vom Chinolin-Typ, u. a. Cinchonin. Anw.: früher in Arzneifertigpräparaten bei erhöhtem Blutdruck. Volkstümlich außerdem bei Gicht, Arteriosklerose und Rheumatismus sowie bei Diabetes. ***2. Olivae oleum*** (syn. *Oleum Olivae, Oleum Olivarum*); Olivenöl (syn. Baumöl), das durch Kaltpressung aus den reifen Steinfrüchten (*Fructus Oleae*) gewonnene fette Öl. Mitunter wird das Öl der 1. Pressung, das das feinste Öl darstellt, als Jungfernöl und das der 2., stärkeren Pressung als Provenceöl bezeichnet. Inh.: Acylglycerole (95–99 %) mit Ölsäure (56–83 %), Palmitinsäure (7,5–20 %), Linolsäure (3,5–20 %), Stearinsäure (0,5–3,5 %), Palmitoleinsäure (0,3–3,5 %) und Linolensäure (0,6–1 %) als vorherrschenden Fettsäurekomponenten sowie eine unverseifbare Fraktion (0,5–1,5 %). Diese enthält phenolische Verbindungen, u. a. Protocatechusäure, Sterole, Tocopherole, sowie als Hauptbestandteil der Kohlenwasserstofffraktion das Triterpen Squalen (0,12–0,7 %). Anw.: als Arzneiträger für lipophile Arzneistoffe sowohl zur peroralen und percutanen, z. B. Salben oder Linimente, als auch zur parenteralen Applikation. Volkstümlich nutzt man Olivenöl auch als Darmgleitmittel, bei Obstipation und Gallensteinerkankungen sowie äußerlich bei Hautleiden, u. a. bei Psoriasis. Wegen des Risikos einer Gallenkolik ist die Anwendung bei Gallensteinleiden abzulehnen. Die Hauptmenge der Weltproduktion an Olivenöl dient als wertvolles Speiseöl. ***3. Oleum Olivarum album***; Weißes Olivenöl (syn. Weißes Baumöl, Lilienöl), durch Tierkohle oder Sonnenlicht gebleichtes Olivenöl. Anw.: früher in der Volksheilkunde bei Brustleiden.

Histor.: Der Ölbaum ist eine uralte Kulturpflanze des Mittelmeergebietes und findet bereits in der Bibel Erwähnung. Bei den antiken Völkern spielte er eine große Rolle, u. a. als Zeichen des Friedens. Aus Griechenland kam der Baum im 7. Jh. v. Chr. nach Italien. Der Gattungsname leitet sich vom griechischen *nerion* bzw. dem lateinischen *óleа* (Ölbaum) ab. Die Früchte wurden auch von Hildegard von Bingen als Nahrungs- und Arzneimittel gerühmt, ebenso auch von den Kräuterbüchern des 16. und 17. Jh., die unter anderen die unreif konservierten Oliven als appetitanregendes und magenstärkendes Mittel hervorheben.

■ Olea medicata

(syn. *Olea medicinalia*); arzneiliche Öle. Diese stellen Zubereitungen dar, in welchen lipophile Arzneistoffe in fetten Ölen gelöst (z. B. Kampferöl) oder andere Arzneistoffe suspendiert (z. B. Zinköl) vorliegen.

Olea medicinalia ↗ Olea medicata.
Oleander ↗ Nerium oleander.

■ Oleandomycin

Macrolidantibiotikum, das von *Streptomyces antibioticus* gebildet wird. Wirk.: hemmt die bakterielle Proteinsynthese. Anw.: gegen grampositive Erreger, bes. bei Atemwegserkrankungen; das Einsatzspektrum entspricht etwa dem von ↗ Erythromycin. O. wird mitunter auch als Futtermittelzusatz in der Landwirtschaft eingesetzt.

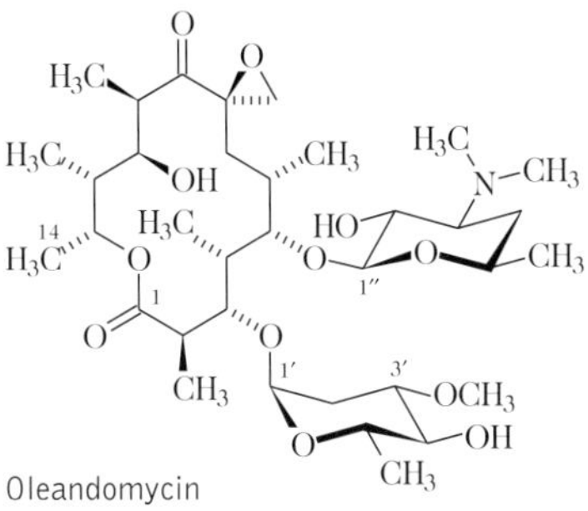

Oleandomycin

Oleandri folium ↗ Nerium oleander.
Oleandrin ↗ Nerium oleander.
Oleandri pulvis normatus ↗ Nerium oleander.
Oleanolsäure ↗ Saponine.
Olea officinarum ↗ Olea europaea.
Olea pallida ↗ Olea europaea.
Oleum Abelmoschi seminis ↗ Abelmoschus moschatus.
Oleum Abietis albae ↗ Abies-Arten.
Oleum Abietis balsameae ↗ Abies-Arten.
Oleum Abietis cephalonicae ↗ Abies-Arten.
Oleum Abietis pectinatae ↗ Abies-Arten.
Oleum Abietis sibiricum ↗ Abies-Arten.
Oleum Absinthii ↗ Artemisia absinthium.
Oleum Acaciae farnesianae ↗ Acacia-Arten.
Oleum Ajowan ↗ Trachyspermum ammi.
Oleum Allii sativi ↗ Allium-Arten.
Oleum Amomi ↗ Pimenta-Arten.
Oleum Amygdalae amarae ↗ Prunus-Arten.
Oleum Amygdalarum ↗ Prunus-Arten.
Oleum Amygdalarum amarum aethereum ↗ Prunus-Arten.
Oleum Amygdalarum expressum ↗ Prunus-Arten.
Oleum Amygdalarum gallicum ↗ Prunus-Arten.
Oleum Amygdalarum verum ↗ Prunus-Arten.
Oleum Andropogonis citrati ↗ Cymbopogon-Arten.
Oleum Andropogonis muricati ↗ Vetiveria zizanioides.
Oleum Anethi ↗ Anethum graveolens.
Oleum Angelicae ↗ Angelica archangelica.
Oleum Angelicae fructus ↗ Angelica archangelica.

■ Oleum animale

(syn. *Oleum animale foetidum crudum*); Rohes Tieröl (syn. Stinkendes Tieröl).

Tieröl wird aus den Knochenklauen und Knorpeln von Rindern und anderen Säugetieren (Schweine, Schafe) gewonnen. Es dient zur Bereitung des äther. Tieröls (↗ *Oleum animale aethereum*). Anw.: in der Veterinärmedizin als Wurmmittel und bei der Wundbehandlung. Auch zur Vertreibung von Nagetieren und als technischer Schmierstoff wird das Produkt eingesetzt.

■ Oleum animale aethereum

(syn. *Oleum animale Dippelii, Oleum animale foetidum, Oleum Cornu Cervi retificatum*); Ätherisches Tieröl (syn. Dippels Tieröl).

Ätherisches Tieröl wird durch Destillation aus dem rohen Tieröl (↗ *Oleum animale*) gewonnen. Inh.: schwer wasserlösliche und flüchtige Bestandteile, bes. Pyrrol, Methylpyrrol, Dimethylpyrrol, Cholin u. a. Anw.: früher als Wurmmittel und äußerlich gegen Parasiten und bei Hautkrankheiten.

Hom.: ***Oleum animale aethereum*** HAB; das durch trockene Destillation aus tierischen Stoffen, wie u. a. Haut, Knochen, Knorpel und Horn gewonnene Tieröl, das durch Rektifikation und Wasserdampfdestillation gereinigt wird. Anw.-Geb.: bei nervösen Schwäche- und Krampfzuständen, Nervenschmerzen, Verdauungsschwäche.

Oleum animale Dippelii ↗ Oleum animale aethereum.
Oleum animale foetidum crudum ↗ Oleum animale.
Oleum Anisi ↗ Illicium verum, ↗ Pimpinella-Arten.
Oleum Anisi stellati ↗ Illicium verum.
Oleum Annonae ↗ Annona-Arten, ↗ Cananga odorata.
Oleum Anthemidis ↗ Chamaemelum nobile.
Oleum Arachidis ↗ Arachis hypogaea.
Oleum Arganiae ↗ Argania sideroxylon.
Oleum Argemonis ↗ Argemone mexicana.
Oleum Aurantii dulcis ↗ Citrus-Arten.
Oleum Aurantii Floris ↗ Citrus-Arten.
Oleum Aurantii fructus amari ↗ Citrus-Arten.
Oleum Aurantii pericarpii ↗ Citrus-Arten.
Oleum Avocado ↗ Persea americana.
Oleum Azadirachtae ↗ Antelaea azadirachta.
Oleum Basilici ↗ Ocimum basilicum.
Oleum Baunscheidtii ↗ Baunscheidtöl.
Oleum Bay ↗ Pimenta-Arten.
Oleum Bergamottae ↗ Citrus-Arten.
Oleum Bertholletiae ↗ Bertholletia excelsa.
Oleum Betulae empyreumaticum ↗ Betula-Arten.

Oleum Betulae pyroligneum ↗ Betula-Arten.
Oleum Betulinum ↗ Betula-Arten.
Oleum Boraginis ↗ Borago officinalis.
Oleum Bulnesiae aethereum ↗ Bulnesia sarmienti.
Oleum Cacao ↗ Theobroma cacao.
Oleum Cadi ↗ Juniperus oxycedrus.
Oleum Cadinum ↗ Juniperus oxycedrus.
Oleum Cajeputi ↗ Melaleuca-Arten.
Oleum Cajeputi rectificatum ↗ Melaleuca-Arten.
Oleum Calami ↗ Acorus calamus.
Oleum Caloncobae ↗ Caloncoba echinata.
Oleum Camelinae ↗ Camelina sativa.
Oleum Camphorae ↗ Cinnamomum-Arten.
Oleum Canangae ↗ Cananga odorata.
Oleum Cardamomi ↗ Elettaria cardamomum.
Oleum Cari ↗ Carum carvi.
Oleum Carpotroche ↗ Carpotroche brasiliensis.
Oleum Carthami ↗ Carthamus tinctorius.
Oleum Carui ↗ Carum carvi.
Oleum Carvi ↗ Carum carvi.
Oleum Carvi aethereum ↗ Carum carvi.
Oleum Caryae ↗ Carya ovata.
Oleum Caryophylli ↗ Syzygium-Arten.
Oleum Cascarillae ↗ Croton elutaria.
Oleum Cassiae ↗ Cinnamomum-Arten.
Oleum Castoris ↗ Ricinus communis.
Oleum Cayaponiae ↗ Cayaponia cabocla.
Oleum Cedri oxycedri ↗ Juniperus oxycedrus.
Oleum Ceibae ↗ Ceiba pentandra.
Oleum Cetacei ↗ Physeter macrocephalus.
Oleum Chamomillae ↗ Chamomilla recutita.
Oleum Chamomillae romanae ↗ Chamaemelum nobile.
Oleum Champacae ↗ Michelia champaca.
Oleum Chaulmoograe ↗ Hydnocarpus-Arten.
Oleum Cheloniae ↗ Chelonia mydas.
Oleum Chenopodii anthelmintici ↗ Chenopodium-Arten.
Oleum Cinnamomi ↗ Cinnamomum-Arten.
Oleum Cinnamomi camphorae ↗ Cinnamomum-Arten.
Oleum Cinnamomi cassiae ↗ Cinnamomum-Arten.
Oleum Cinnamomi ceylanici ↗ Cinnamomum-Arten.
Oleum Citri ↗ Citrus-Arten.
Oleum Citronellae ↗ Cymbopogon-Arten.
Oleum Citronellae javanicum ↗ Cymbopogon-Arten.
Oleum Cocos ↗ Cocos nucifera.
Oleum Copaivae ↗ Copaifera-Arten.
Oleum Coriandri ↗ Coriandrum sativum.
Oleum Cornu Cervi rectificatum ↗ Oleum animale aethereum.
Oleum Coryli avellanae ↗ Corylus avellana.
Oleum Crotonis ↗ Croton tiglium.
Oleum Cubebae ↗ Piper cubeba.
Oleum Cumini ↗ Cuminum cyminum.
Oleum Cupressi ↗ Cupressus sempervirens.
Oleum Cyperi esculenti ↗ Cyperus esculentus.
Oleum Dactyli ↗ Phoenix dactylifera.
Oleum Darwiniae aethereum ↗ Darwinia fascicularis.
Oleum Dryandrae ↗ Aleurites fordii.
Oleum Eucalypti ↗ Eucalyptus-Arten.
Oleum Fagi empyreumaticum ↗ Pix Fagi.
Oleum Fagi silvaticae ↗ Fagus sylvatica.
Oleum Foeniculi ↗ Foeniculum vulgare.
Oleum Foliorum Patchouli ↗ Pogostemon cablin.
Oleum Gaultheriae ↗ Gaultheria procumbens.
Oleum Geranii ↗ Pelargonium-Arten.
Oleum Gossypii ↗ Gossypium-Arten.
Oleum Gossypii seminis ↗ Gossypium-Arten.
Oleum Guajaci ↗ Guaiacum sanctum.
Oleum Guizotiae ↗ Guizotia abyssinica.
Oleum Gynocardiae ↗ Gynocardia odorata.
Oleum Hedeomae ↗ Hedeoma pulegioides.
Oleum Helenii ↗ Inula helenium.
Oleum Helianthi ↗ Helianthus annuus.
Oleum Helianthi seminis ↗ Helianthus annuus.
Oleum Hesperidis ↗ Hesperis matronalis.
Oleum Hippocastani ↗ Aesculus hippocastanum.
Oleum Hyacinthi ↗ Hyacinthus orientalis.
Oleum Hydnocarpi ↗ Hydnocarpus-Arten.
Oleum Hyoscyami ↗ Hyoscyamus niger.
Oleum Hyperici ↗ Hypericum perforatum.
Oleum Infernale ↗ Jatropha curcas.
Oleum Iridis ↗ Iris germanica.
Oleum Iuniperi ↗ Juniperus communis.
Oleum Ivae moschatae ↗ Achillea-Arten.
Oleum Jasmini ↗ Jasminum grandiflorum.
Oleum Jatrophae ↗ Jatropha curcas.
Oleum Jawarancusae ↗ Vetiveria zizanioides.
Oleum Jecoris ↗ Gadus morrhua.
Oleum Jecoris aselli ↗ Gadus morrhua.
Oleum Joannesiae ↗ Joannesia princeps.
Oleum Juglandis ↗ Juglans regia.
Oleum Juglandis nucum infusum ↗ Juglans regia.
Oleum Juniperi ↗ Juniperus communis.
Oleum Juniperi baccarum ↗ Juniperus communis.
Oleum Juniperi empyreumaticum ↗ Juniperus oxycedrus.
Oleum Lallemantiae ↗ Lallemantia iberica.
Oleum Lauri ↗ Laurus nobilis.
Oleum Lauri aetheroleum ex foliis ↗ Laurus nobilis.

Oleum Lauri expressum ↗ Laurus nobilis.
Oleum Lauri foliorum ↗ Laurus nobilis.
Oleum Laurocerasi aethereum ↗ Prunus-Arten.
Oleum Lavandulae ↗ Lavandula angustifolia.
Oleum Lavandulae hybridae ↗ Lavandula hybrida.
Oleum Lecythidis ↗ Lecythis urnigera.
Oleum Licaniae ↗ Licania rigida.
Oleum Ligni Cedri ↗ Juniperus virginiana.
Oleum Ligni Guajaci ↗ Bulnesia sarmienti, ↗ Guaiacum sanctum.
Oleum Liliorum ↗ Lilium candidum.
Oleum Limettae ↗ Citrus-Arten.
Oleum Limonis ↗ Citrus-Arten.
Oleum Linaloes ↗ Bursera-Arten.
Oleum Lini ↗ Linum usitatissimum.
Oleum Lithanthracis ↗ Steinkohlenteer.
Oleum Lophirae ↗ Lophira lanceolata.
Oleum Lumbricorum ↗ Oleum Philosophorum.
Oleum Macadamiae ↗ Macadamia ternifolia.
Oleum Macidis ↗ Myristica fragrans.
Oleum Madiae ↗ Madia sativa.
Oleum Majoranae ↗ Origanum majorana.
Oleum Mandarinae ↗ Citrus-Arten.
Oleum Margosae ↗ Antelaea azadirachta.
Oleum Marmotae ↗ Marmota marmota.
Oleum Maydis embryonis ↗ Zea mays.
Oleum Melaleucae ↗ Melaleuca-Arten.
Oleum Melissae ↗ Melissa officinalis.
Oleum Melissae indicum ↗ Cymbopogon-Arten.
Oleum Menthae arvensis ↗ Mentha-Arten.
Oleum Menthae crispae ↗ Mentha-Arten.
Oleum Menthae piperitae ↗ Mentha-Arten.
Oleum Menthae viridis ↗ Mentha-Arten.
Oleum Moringae ↗ Moringa-Arten.
Oleum Morrhuae ↗ Gadus morrhua.
Oleum Moscoviticum ↗ Betula-Arten.
Oleum Myrciae ↗ Pimenta-Arten.
Oleum Myristicae ↗ Myristica fragrans.
Oleum Myristicae aethereum ↗ Myristica fragrans.
Oleum Myristicae expressum ↗ Myristica fragrans.
Oleum Myrti ↗ Myrtus communis.
Oleum Neroli ↗ Citrus-Arten.
Oleum Nucis moschatae ↗ Myristica fragrans.
Oleum Nucis moschati ↗ Myristica fragrans.
Oleum Nucis moschati aethereum ↗ Myristica fragrans.
Oleum Nucistae ↗ Myristica fragrans.
Oleum Nucum persicarum ↗ Prunus-Arten.
Oleum Nusticae ↗ Myristica fragrans.
Oleum Oenotherae biennis ↗ Oenothera biennis.
Oleum Olivae ↗ Olea europaea.
Oleum Olivarum ↗ Olea europaea.
Oleum Olivarum album ↗ Olea europaea.
Oleum Oncobae ↗ Oncoba echinata.
Oleum Origani ↗ Origanum vulgare.
Oleum Oryzae ↗ Oryza sativa.
Oleum Osyris aethereum ↗ Osyris tenuifolia.
Oleum Palmae ↗ Elaeis guineensis.
Oleum Palmae Christi ↗ Ricinus communis.
Oleum Papaveris ↗ Papaver somniferum.
Oleum Patchouli ↗ Pogostemon cablin.
Oleum Pedum Tauri ↗ Bos taurus.
Oleum Perseae ↗ Persea americana.
Oleum Persicarum ↗ Prunus-Arten.
Oleum Petitgrain ↗ Citrus-Arten.
Oleum Petrae ↗ Erdöl.
Oleum Petrae italicum ↗ Erdöl.
Oleum Petroselini ↗ Petroselinum crispum.
Oleum Phellandri ↗ Oenanthe aquatica.
Oleum Phellandri aquatici ↗ Oenanthe aquatica.
Oleum Phellodendri ↗ Phellodendron amurense.

■ Oleum Philosophorum
(syn. *Oleum Lumbricorum*); Philosophenöl, eine Mischung von Oleum Rapae mit etwa 1 % *Oleum animale crudum* und ca. 2 % *Oleum Petrae*. Anw.: äußerlich gegen Parasiten und Hautkrankheiten, auch bei gangränösen Wunden, heute obsolet.

Oleum Piceae abietis ↗ Picea abies.
Oleum Pimentae ↗ Pimenta-Arten.
Oleum Pimentae acris ↗ Pimenta-Arten.
Oleum Pimentae aetheroleum ↗ Pimenta-Arten.
Oleum Pini ↗ Pinus-Arten.
Oleum Pini piceae ↗ Abies-Arten.
Oleum Pini pumilionis ↗ Pinus-Arten.
Oleum Pini sibiricum ↗ Abies-Arten.
Oleum Pini sylvestris ↗ Pinus-Arten.
Oleum Pseudotsugae taxifoliae ↗ Pseudotsuga taxifolia.
Oleum Pulegii ↗ Mentha-Arten.
Oleum Pulegii americanum ↗ Hedeoma pulegioides.
Oleum Rapae ↗ Brassica-Arten.
Oleum Ricini ↗ Ricinus communis.
Oleum Ricini majoris ↗ Jatropha curcas.
Oleum Roris marini ↗ Rosmarinus officinalis.
Oleum Rosae ↗ Rosa x centifolia.
Oleum Rosarum ↗ Rosa x centifolia.
Oleum Rosmarini ↗ Rosmarinus officinalis.
Oleum Rusci ↗ Betula-Arten.
Oleum Rutae ↗ Ruta graveolens.

Oleum Sabinae ↗ Juniperus sabina.
Oleum Salviae ↗ Salvia-Arten.
Oleum Salviae lavandulifoliae ↗ Salvia-Arten.
Oleum Salviae officinalis ↗ Salvia-Arten.
Oleum Salviae sclareae ↗ Salvia-Arten.
Oleum sanctum ↗ Elaeagnus angustifolia.
Oleum Santali ↗ Santalum album.
Oleum Santali indici ↗ Santalum album.
Oleum Santali indicum occidentale ↗ Amyris balsamifera.
Oleum Santali orientalis ↗ Santalum album.
Oleum Sapii sebiferum ↗ Sapium sebiferum.
Oleum Sassafras ↗ Sassafras albidum.
Oleum Saturejae ↗ Satureja hortensis.
Oleum Saturejae montanae ↗ Satureja montana.
Oleum Schleicherae ↗ Schleicheria trijuga.
Oleum Serpylli ↗ Thymus-Arten.
Oleum Sesami ↗ Sesamum indicum.
Oleum Sinapis expressum ↗ Brassica-Arten.
Oleum Sojae ↗ Glycine max..
Oleum Sorghi ↗ Sorghum bicolor.
Oleum Spicae ↗ Lavandula latifolia.
Oleum Tanaceti ↗ Chrysanthemum-Arten.
Oleum Templini ↗ Abies-Arten.
Oleum Terebinthinae ↗ Pinus-Arten.
Oleum Terebinthinae medicinale ↗ Pinus-Arten.
Oleum Terebinthinae rectificatum ↗ Pinus-Arten.
Oleum Theobromis ↗ Theobroma cacao.
Oleum Thujae ↗ Thuja occidentalis.
Oleum Thymi ↗ Thymus-Arten.
Oleum Tiglii ↗ Croton tiglium.
Oleum Tilli ↗ Croton tiglium.
Oleum Tritici embryonis ↗ Triticum aestivum.
Oleum Tsugae americanae ↗ Tsuga canadensis.
Oleum Tuberosae ↗ Polianthes tuberosa.
Oleum Valerianae aethereum ↗ Valeriana officinalis.
Oleum Vetiveriae ↗ Vetiveria zizanioides.
Oleum Vicini majoris ↗ Jatropha curcas.

■ Oleum Vini

Weinhefenöl, aus flüssiger oder gepreßter Weinhefe hergestellte Zubereitung. *Inh.:* Ethyl- und Amylalkohol, freie Fettsäuren, Laurinsäure und deren Ester. *Anw.:* zur Aromatisierung von Weinbränden bzw. von Franzbranntwein.

Oleum Violae ↗ Viola-Arten.
Oleum Violae odoratae aethereum ↗ Viola-Arten.
Oleum Vitis viniferae e seminibus ↗ Vitis vinifera.
Oleum Xanthii ↗ Xanthium riparium.
Oleum Zeae ↗ Zea mays.
Oleum Zingiberis ↗ Zingiber officinale.
Oleuropein ↗ Olea europaea.
Olibanum ↗ Boswellia-Arten.
Oligosporus condimentarius ↗ Artemisia dracunculus.
Olivae oleum ↗ Olea europaea.
Olivenbaum ↗ Olea europaea.
Olivenblätter ↗ Olea europaea.
Olivenöl ↗ Olea europaea.
Olivgelber Rißpilz ↗ Inocybe-Arten.
Ölkürbis ↗ Cucurbita pepo.
Olmedioperebea sclerophylla ↗ Maquira sclerophylla.
Ölmoringie ↗ Moringa-Arten.

■ Ololiuqui

der wäßrige Extrakt aus den Samen von ↗ *Turbina corymbosa* und ↗ *Ipomoea violacea*. Oral aufgenommen induziert diese Zubereitung nach wenigen Minuten einen etwa 3 Stunden anhaltenden Rauschzustand mit intensiven Halluzinationen. O. wird von den Indianern Mittel- und Südamerikas als Kultmittel zur Kommunikation mit übernatürlichen Mächten genutzt. Der psychedelische Effekt der überwiegend serotoninverwandten Inhaltsstoffe ist verbunden mit Übelkeit, Erbrechen, Kopfschmerzen, erhöhtem Blutdruck, erweiterten Pupillen und Schlafneigung. Diese Nebenwirkungen sind in der Regel ziemlich intensiv, was die Attraktivität von O. als Freizeitdroge in der westlichen Zivilisation stark einschränkt.

Ololiuquiranke ↗ Turbina corymbosa.
Ölpalme ↗ Elaeis guineensis.
Öl-Perilla ↗ Perilla frutescens.
Ölraps ↗ Brassica-Arten.
Ölrauke ↗ Eruca sativa.
Ölweide ↗ Elaeagnus angustifolia.
Ombenennuß ↗ Cola-Arten.
Omphallogonus callophyllus ↗ Parquetina nigrescens.
Omphallogonus nigritanus ↗ Parquetina nigrescens.
Omuama ↗ Albizia anthelmintica.
Onagra biennis ↗ Oenothera biennis.
Onagra vulgaris ↗ Oenothera biennis.

■ Oncidium cebolleta (Jacq.) Sw.

Cebolleta.

Fam.: Orchidaceae.
Vork.: Zentral- und Südamerika.
Anw.: Die mexikanischen Tarahumara-Indianer sollen die knolligen Verdickungen der Pflanze als Rauschmittel bzw. Ersatz für ↗ Peyotl nutzen. Bisher konnte ein nicht näher charakterisiertes Alkaloid in der Droge nachgewiesen werden, detailierte phytochemische und pharmakologische Untersuchungen stehen noch aus.

■ **Oncoba echinata.**
Fam.: Flacourtiaceae.
Vork.: tropisches Afrika, bes. Kongo.
Droge: ***Oleum Oncobae***; Oncobaöl (syn. Gorliöl), das fette Öl der Samen. Inh.: Triglyceride mit Ölsäure (ca. 15 %), Linolsäure (ca. 75 %) und Isansäure (ca. 10 %) sowie 14 % feste Fettsäuren. Anw.: Diätetikum, als Ersatz für Leinöl und zur Bereitung von Firnissen.

Oncoba glauca ↗ Caloncoba glauca.
Oncobaöl ↗ Oncoba echinata.

■ **Ondatra zibetica**
Bisamratte.
Fam.: Microtinae.
Vork.: Amerika, an Flüssen und Sümpfen.
Droge: ***Amerikanischer Moschus*** (syn. Rattenmoschus), das eingetrocknete Sekret der männlichen Sexualdrüsen. Inh.: Moschusalkohole, Moschusketone. Anw.: in der Parfümerie als moschusartiger Duftstoff, in der Volksheilkunde wird die Droge auch Tonika und Aphrodisiaka zugesetzt.

■ **Oniscus asellus** L.
(syn. *Oniscus murarius*); Mauerassel.
Fam.: Oniscidae.
Vork.: in feuchten, dunklen Räumen, weltweit verbreitet.
Hom.: ***Oniscus asellus*** (syn. *Millipedes*) HAB; die lebende Mauerassel. Anw.-Geb.: Harnblasen- und Enddarmkrämpfe.

Oniscus murarius ↗ Oniscus asellus.
Onites tomentosa ↗ Origanum onites.
Ononidis radix ↗ Ononis spinosa.
Ononidis spinosae radix ↗ Ononis spinosa.
Ononin ↗ Ononis spinosa.
Ononis arvensis ↗ Ononis spinosa.
Ononis campestris ↗ Ononis spinosa.

■ **Ononis spinosa** L.
(syn. *Ononis arvensis, O. campestris, O. vulgaris*); Dorniger Hauhechel (syn. Eselskraut, Harnkraut, Hauhechel, Ochsenbruch, Stachelkraut, Steinwurzel, Weiberkrieg).
Fam.: Fabaceae.
Vork.: Europa, Asien.
Droge: ***Ononidis spinosae radix*** (syn. *Ononidis radix, Radix Arestae, Radix Ononidis, Radix Ononidis spinosae*); Hauhechelwurzel (syn. Harnkrautwurzel, Haudornwurzel, Hechelkrautwurzel, Ochsenbrechwurzel, Stachelkrautwurzel), die getrockneten Wurzeln und Wurzelstöcke; s. Farbtafel S. 144, Bild 48. Inh.: Flavonoide, besonders Isoflavonoidglykoside, u. a. Ononin und Trifolirhizin, äther. Öl (ca. 0,1 %) mit *trans*-Anethol, ferner Onocol (syn. α-Onocerin), ein ungewöhnliches di-

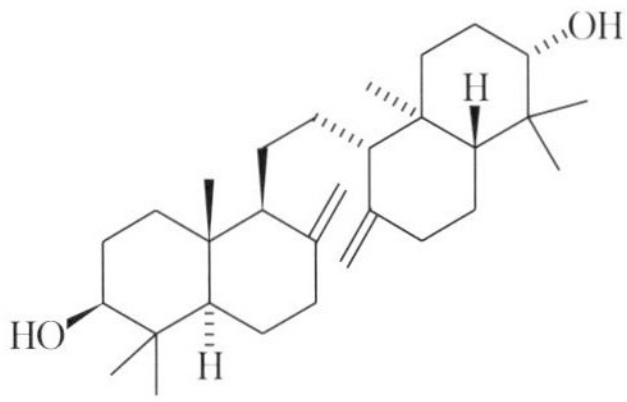

α-Onocerin

meres Sesquiterpen mit zwei exocyclischen Methylengruppen, sowie Gerbstoffe. Anw.: zur Durchspülung bei entzündlichen Erkrankungen der ableitenden Harnwege und zur Vorbeugung gegen Nierengrieß. Bestandteil von Blasen- und Nierentees sowie als Urologika genutzter Phytopharmaka. Zur ↗ Teezubereitung verwendet man als Einzeldosis 2 Teelöffel (3–4 g) zerkleinerte Droge. Als Tagesdosis werden ca. 12 g Droge empfohlen.
Hom.: ***1. Ononis spinosa*** HAB1; Hauhechel, die zur Blütezeit geernteten, frischen oberirdischen Teile (*Herba Ononidis*). Anw.-Geb.: Erkrankunges des Herzens (Wassersucht) sowie der Niere und ableitenden Harnwege. ***2. Ononis spinosa, äthanol. Decoctum*** HAB1; die getrockneten unterirdischen Pflanzenteile. Anw.-Geb.: anthroposophische Therapierichtung.
Histor.: Die Droge wurde bereits von ↗ Dioskurides als harntreibend erwähnt und in Essig gekocht gegen Zahnschmerzen und als Mundspülwasser empfohlen. Auch die Kräuterbücher des 16. und 17. Jh. berichten über Auszüge der Droge bei Steinleiden, Harnverhalten, Gelbsucht und Feigwarzen.

Ononis vulgaris ↗ Ononis spinosa.

■ **Onopordum acanthium** L.
Eselsdistel; s. Farbtafel S. 145, Bild 49.
Fam.: Asteraceae (Compositae).
Vork.: Europa, Mittelmeergebiete, Zentralasien.
Droge: ***Onopordi acanthi herba*** (syn. *Herba Onopordi acanthi*); Eselsdistelkraut, das getrocknete Kraut. Inh.: Alkaloide (ca. 0,05 %), Sesquiterpenlactone, Flavonglykoside und Gerbstoffe. Anw.: früher als Herzmittel.
Hom.: ***Onopordum acanthium*** (syn. *Onopordon acanthium*) HAB34, die frischen, oberirdischen Pflanzenteile. Anw.-Geb.: Herzkrankheiten.
Histor.: Der Gattungsname *Onopordon* ist aus dem griechischen *ónos* (Esel) und *pordé* (Blähung, Wind) gebildet, da nach ↗ Plinius die Pflanze Blähungen bewirken soll. Der Artname *acanthium* wird vom griechischen *ákantha* (Stachel) abgeleitet.

■ **Onosmodium virginicum** D.C.
Fam.: Boraginaceae.
Vork.: Nordamerika.
Hom.: ***Onosmodium virginicum*** HAB; die frischen, oberirdischen Pflanzenteile. Anw.-Geb.: Augen- und Kopfschmerzen, Schmerzen der Eierstöcke, Muskelschmerzen und Lähmigkeit.

Ontario-Pappel ↗ Populus-Arten.
Oolong-Tee ↗ Camellia sinensis.

■ **Oophorinum HAB**
der Extrakt aus frischen Ovarien von Schweinen und Kühen.

Operculina convolvulus ↗ Merremia macrocarpa.
Operculina macrocarpa ↗ Merremia macrocarpa.
Operculina operculata ↗ Merremia macrocarpa.

■ **Operculina turpethum** (L.) Silva Manso
(syn. *Convolvulus anceps, C. triqueter, C. turpethum, Ipomoea anceps, I. triquetra, I. turpethum, Merremia turpethum*).
Fam.: Convolvulaceae.
Heim.: Indien, inzwischen weltweit verbreitet.
Droge: ***Turpethi radix*** (syn. *Radix Turpethi, Tripolium, Turbith, Turpethum);* Indische Jalape (syn. Turpethwurzel, Turpitwurzel), die getrockneten Wurzeln. Inh.: Harz (4–10 %), das strukturell zu den sog. Glykoretinen (Harzgykosiden) gehört und etwa 8 % etherlösliches α-Turpethin und 0,6 % etherlösliches β-Turpethin aufweist. Anw.: früher als drastisches Laxans. In der traditionellen Heilkunde Indiens findet die Droge vielfältige Anwendung, u. a. bei Fieber, Gelbsucht, Krätze, vergrößerter Milz und Vergiftungen.

Ophelia chirata ↗ Swertia chirata.
Ophelia japonica ↗ Swertia japonica.
Ophioscorodon ursinum ↗ Allium-Arten.
Ophiotoxine ↗ Schlangengifte.
Ophioxylon obversum ↗ Rauvolfia serpentina.
Ophioxylon salutiferum ↗ Rauvolfia serpentina.
Ophioxylon serpentinum ↗ Rauvolfia serpentina.

■ **Opiate**
Morphin und andere Alkaloide des Opiums (↗ *Papaver somniferum*) mit morphinartiger Wirkung. Wirk.: Durch Wechselwirkung mit den Opiatrezeptoren wird eine zentrale Analgesie vermittelt, die mit steigender Dosierung das Atemzentrum lähmt. O. sind alle stark suchtinduzierend. Anw.: starke Analegtika bei schweren Schmerzzuständen, z. B. Tumorschmerzen. Alle O. unterliegen der Betäubungsmittel-Gesetzgebung und -Verschreibungsverordnung.

Opium ↗ Papaver somniferum.
Opium crudum ↗ Papaver somniferum.
Opium frigidum ↗ Lactuca virosa.
Opium nativum ↗ Papaver somniferum.
Opium thebaicum ↗ Papaver somniferum.
Opo-Balsambaum ↗ Commiphora-Arten.
Opobalsamum liquidum ↗ Myroxylon balsamum.
Opopanax ↗ Opopanax chironium.

■ **Opopanax chironium** (L.). W.D.J. Koch
Gummiwurz.
Fam.: Apiaceae (Umbelliferae).
Vork.: westliche Mittelmeergebiete, Südeuropa, Kleinasien, Iran.
Droge: ***Opopanax*** (syn. *Gummi Opopanax*); Echtes Opopanax (syn. Opopanax-Harz), das Gummiharz der Pflanze. Inh.: Harz (ca. 19 %) mit α- und β-Panax-Resin, äther. Öl (ca. 6,5 %), Gummi, Bitterstoffe. Anw.: in der Parfümerie. Das handelsübliche Opopanax wird heutzutage von ↗ *Commiphora*-Arten, und zwar von *Commiphora kataf* gewonnen. Dieses enthält Ferulasäure des Oporesinotannols (bis ca. 50 %) als

Hauptkomponente sowie Gummi (ca. 34 %) und äther. Öl (ca. 10 %) mit Bisabolol. Auch das als Opopanax-Öl bezeichnete, Bisobol-Myrrhenöl (syn. Burseraceen-Opopanax) stammt von *Commiphora erythracea* var. *glabrescens* ↗ *Commiphora*-Arten.

Hom.: ***Opopanax*** HAB34, das Gummiharz.

Opopanax-Harz ↗ Opopanax chironium.
Opulus glandulosus ↗ Viburnum-Arten.
Opulus vulgaris ↗ Viburnum-Arten.

■ **Opuntia cochenillifera** (L.) Mill.
(syn. *Cactus cochenillifera, Nopalea cochenillifera*); Koschenillekaktus.

Fam.: Cactaceae.

Auf diesem Kaktus lebt die Kaktusschildlaus (↗ *Dactylopius coccus*), wobei die weiblichen Tiere (Coccionella, Cochenille oder Koschenille) als wertvolle Farbstoff-Droge (↗ Carminsäure) genutzt werden.

■ **Opuntia ficus-indica** (L.) Mill.
Feigenkaktus (syn. Feigenopuntie), s. Farbtafel S. 145, Bild 50.

Fam.: Cactaceae.

Vork.: heimisch in Nordamerika, verbreitet in tropischen und subtropischen Gebieten.

Inh.: u. a. Farbstoffe, wie Indicaxanthin, ein Kondensationsprodukt aus Betalaminsäure und L-Prolin. *Anw.:* Die aus den kurzlebigen gelben Blüten entstehenden kolbenförmigen Früchte (Roßfeigen) werden als Obst gegessen oder in der Volksheilkunde bei Verdauungsstörungen eingesetzt.

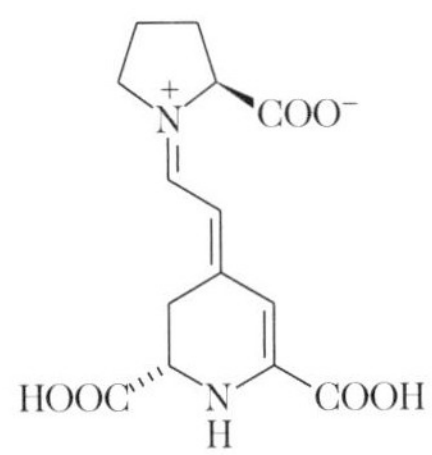

Indicaxanthin

Hom.: ***Opuntia vulgaris***, die frischen Stengel und Blüten. *Anw.-Geb.:* Darmkoliken, Blähungen, mit Durchfälllen verbundene Darmstörungen.

Orange ↗ Citrus-Arten.
Orangenblütenöl ↗ Citrus-Arten.
Orangenwurzel ↗ Hydrastis canadensis.
Orange Pekoe ↗ Camellia sinensis.
Orbignya martiana ↗ Orbignya speciosa.
Orbignya oleifera ↗ Orbignya speciosa.

■ **Orbignya speciosa** (Mart.) Barb. Rodr.
(syn. *Orbignya martiana, O. oleifera, Attelea speciosa*).

Fam.: Palmae.

Vork.: Brasilien, Peru, Bolivien, Venezuela.

Droge: ***Babassufett*** (syn. Buassufett), das fette Öl der Nüsse. *Inh.:* die Nüsse enthalten ein komplexes Fettgemisch (ca. 60–70 %), Proteine (7–10 %), Stärke (ca. 5 %) und Zucker (ca. 5 %). *Anw.:* gutes Speisefett, bes. in der Schokoladen- und Margarineherstellung; auch verwendet zur Produktion von Seife und kosmetischen Erzeugnissen. Die Preßrückstände sind ein wertvolles Viehfutter, das getrocknete Fruchtfleisch dient als Nahrungsmittel und liefert hochwertiges Stärkemehl.

Orchideenöl ↗ Cananga odorata.
Orchilla ↗ Orseille.

■ **Orchis-Arten**

• **Fam.:** Orchidaceae.

• **Orchis coriophora** L. (syn. *Orchis cimicina, O. fragrans*); Wanzen-Knabenkraut.

Vork.: Europa.

Droge: ***Salep tuber*** (syn. *Radix Salep, Salep, Tubera Salep*); Salepknollen (syn. Bockshödlein, Fuchshödlein, Heilwurz, Jesuhändchen, Johannishände, Orchisknollen, Salepwurzel, Teufelshand), die zur Blütezeit gesammelten, in siedendem Wasser gebrühten, getrockneten Tochterknollen. *Inh.:* Schleimstoffe (ca. 50 %), insbes. Glucomannane. *Anw.:* früher als sog. Salepschleim bei Husten, bei Mund- und Rachenentzündung, als Kräftigungsmittel sowie bei Durchfällen in der Kinderpraxis, mitunter auch als Klistier.

• **Orchis maculata** (L.) Soó (syn. *Dactylorhiza maculata*); Geflecktes Knabenkraut (syn. Kuckucksblume).

Vork.: Mitteleuropa.

Droge: ***Salep tuber***. Inhaltsstoffe und Anwendung s. *Orchis coriophora*.

• **Orchis mascula** L. (syn. *Orchis ovalis*); Kukkucks-Knabenkraut (syn. Kuckucksblume, Manns-Knabenkraut).

Vork.: Mitteleuropa, Rußland, Balkan, Kleinasien, Ägypten, Iran.

Droge: ***Salep tuber***. Inhaltsstoffe und Anwendung s. *Orchis coriophora*.

● **Orchis militaris** L. (syn. *Orchis galeata, O. rivini, O. mimusops, O. signifer*); Helm-Knabenkraut (syn. Soldaten-Knabenkraut, Helm-Orchis).

Vork.: Mittel- und Südeuropa, Kleinasien.

Droge: ***Salep tuber***. Inhaltsstoffe und Anwendung s. *Orchis coriophora*.

● **Orchis morio** L. (syn. *Orchis crenulata*); Kleines Knabenkraut (syn. Kuckucks-Orchis, Salep-Knabenkraut).

Vork.: Mittel- und Südeuropa.

Droge: ***Salep tuber***. Inhaltsstoffe und Anwendung s. *Orchis coriophora*.

● **Orchis purpurea** Huds. (syn. *Orchis brachiata, O. fusca, O. maxima*); Braunes Knabenkraut (syn. Purpur-Knabenkraut).

Vork.: Mittel- und Osteuropa, Kleinasien, Kaukasus).

Droge: ***Salep tuber***. Inhaltsstoffe und Anwendung s. *Orchis coriophora*.

● **Histor.:** Die aus dem Orient stammende Droge fand bereits im Altertum medizinische Anwendung und wurde auch als Nahrungsmittel genutzt. In Deutschland wurde Salep Ende des 15. Jh. eingeführt.

Orchis bifolia ↗ Platanthera bifolia.
Orchisknollen ↗ Orchis-Arten.

■ **Ordealgifte**

(syn. Gottesgericht), Bezeichnung für die Verwendung von Giften zur Urteilsfindung, wenn kein direkter Schuldnachweis oder keine zweifelsfreie Unschuld nachgewiesen werden kann. Die Verwendung von O. war als kulturelles Phänomen in allen Naturvölkern verbreitet und begründete sich auf dem Glauben, daß letztlich nur eine göttliche Instanz den Tod durch das applizierte Gift verhindern kann, falls der Angeschuldigte tatsächlich unschuldig war. Als O. wurden u. a. ↗ *Physostigma venenosa* oder ↗ *Securidaca longepedunculata* verwendet.

Oregano ↗ Origanum vulgare, ↗ Origano heracleoticum.
Oregonbalsam ↗ Pseudotsuga taxifolia.
Oregonbalsamöl ↗ Pseudotsuga taxifolia.
Oregonrinde ↗ Pseudotsuga taxifolia.

Oreodaphne californica ↗ Umbellaria californica.
Oreoselini herba ↗ Peucedanum oreoselinum.
Oreoselini radix ↗ Peucedanum oreoselinum.
Oricello ↗ Orseille.
Orientalischer Amberbaum ↗ Liquidambar-Arten.
Orientalische Schabe ↗ Blatta orientalis.
Orientin ↗ Flavonoide.
Origani aetheroleum ↗ Origanum vulgare.
Origani Cretici herba ↗ Origanum onites.
Origani herba ↗ Origanum vulgare.
Origanum album ↗ Origanum onites.
Origanum anglicum ↗ Origanum vulgare.
Origanum barcense ↗ Origanum vulgare.
Origanum capitatum ↗ Origanum vulgare.

■ **Origanum compactum** Benth.

(syn. *Origanum creticum, O. glandulosum*).

Fam.: Lamiaceae (Labiatae).

Vork.: Marokko, Spanien.

Droge: ***Herba Origani cretici*** (syn. *Origanum-compactum*-Blätter mit Blüten); die getrockneten Blätter und Blüten. Inh.: äther. Öl (3,3 %) mit den Terpenphenolen Carvacrol (57–71 %, meist Hauptkomponente, jedoch abhängig vom Chemotyp) und Thymol, ferner *p*-Cymen (10–25 %) sowie u. a. γ-Terpinen, α-Terpineol, α-Thujen, α-Pinen und 1,8-Cineol. Anw.: Katarrhe der oberen Luftwege und volkstümlich bei Krämpfen.

Origanum confertum ↗ Origanum majorana.
Origanum crassa ↗ Origanum syriacum.
Origanum creticum ↗ Origanum compactum, ↗ Origanum vulgare.
Origanum decipiens ↗ Origanum vulgare.

■ **Origanum dictamnus** L.

(syn. *Amaracus dictamnus*); Diptamdost(en).

Fam.: Lamiaceae (Labiatae).

Vork.: Griechenland.

Droge: ***Herba Dictami cretici***; Kretischer Diptam, das getrocknete Kraut. Inh.: äther. Öl mit Pulegon (85 %) als Hauptkomponente. Anw.: in der Volksheilkunde bei Verdauungsbeschwerden, Magen- und Lungenleiden sowie Uteruserkrankungen.

Origanum dubium ↗ Origanum majorana.
Origanum elegans ↗ Origanum vulgare.
Origanum floridum ↗ Origanum vulgare.
Origanum glandulosum ↗ Origanum compactum.

■ **Origanum heracleoticum** L.
(syn. *Origanum hirtum*); Falscher Staudenmajoran (syn. Kretischer Dost).
Fam.: Lamiaceae (Labiatae).
Vork.: Südosteuropa von Sardinien bis in die Ägäis.
Droge: ***Origani-heracleoticum-Kraut*** (syn. Oregano), das getrocknete Kraut. *Inh.:* äther. Öl mit Carvacrol (58–82 %), Thymol, *p*-Cymen, *γ*-Terpinen, *trans*-Sabinenhydrat, Myrcen, Campher. *Anw.:* v. a. als Gewürz und Stomachikum.

Origanum hirtum ↗ Origanum heracleoticum.
Origanum latifolium ↗ Origanum vulgare.

■ **Origanum majorana** L.
(syn. *Amaracus majorana, A. vulgaris, Majorana cretica, M. fragrans, M. hortensis, M. majorana, M. mexicana, M. ovalifolia, M. suffruticosa, M. tenuifilia, M. vulgaris, Origanum confertum, O. dubium, O. majoranoides, O. odorum, O. suffruticosum*); Majoran (syn. Gartenmajoran, Wurstkraut), s. Farbtafel S. 145, Bild 51.
Fam.: Lamiaceae (Labiatae).
Vork.: Mittelmeergebiete, Kulturen auch in Mitteleuropa.
Drogen: ***1. Majoranae aetheroleum*** (syn. *Aetheroleum Majoranae, Oleum Majoranae*); Majoranöl, das durch Wasserdampfdestillation des blühenden, frischen oder getrockneten Krautes gewonnene Öl. *Inh.:* Zusammensetzung schwankend, jedoch besonders Terpinen-4-ol (15–40 %), *cis*-Sabinenhydrat (5–25 %), *γ*-Terpinen (2–12 %), *α*-Terpinen (1–7 %), Sabinen- und *trans*-Sabinenhydrat (je 2–6 %) enthaltend. *Anw.:* volkstümlich bei Krämpfen im Magen-Darm-Bereich, bei Gallenbeschwerden und Husten. ***2. Majoranae herba*** (syn. *Herba Amaraci, Herba Majoranae, Herba Sampsuchi*); Majorankraut, die getrockneten, zur Blütezeit gesammelten und von den Stengeln abgestreiften Blätter und Blüten. *Inh.:* äther. Öl (s. *Majoranae aetheroleum*), ferner Flavonoide, u. a. Diosmetin, Orientin, Vitexin, Luteolin-7-*O*-glucosid; Phenolglykoside, u. a. ↗ Arbutin (ca. 0,4 %); Lamiaceengerbstoff (etwa 2,3 %), u. a. Rosmarinsäure, sowie Triterpensäuren, u. a. Oleanol- und Ursolsäure. *Anw.:* früher in Form einer Schnupfensalbe in der Säuglings- und Kleinkinderpraxis. Infolge nicht ausreichend geklärter Risiken nicht mehr genutzt. Volkstümlich auch bei Verdauungsbeschwerden, Depressionszuständen, Krampfhusten und Migräne. Große Mengen der Droge werden als Gewürz, besonders für Wurstwaren, genutzt.
Hom.: ***Origanum majorana*** (syn. *Majorana*) HAB1, die frischen, oberirdischen Teile blühender Pflanzen. *Anw.-Geb.:* Erkrankungen der männlichen Geschlechtsorgane, gesteigerte sexuelle Erregbarkeit.

Origanum majoranoides ↗ Origanum majorana.
Origanum majus ↗ Origanum vulgare.
Origanum maru ↗ Origanum syriacum.
Origanum nutans ↗ Origanum vulgare.
Origanum odorum ↗ Origanum majorana.
Origanumöl ↗ Origanum vulgare.

■ **Origanum onites** L.
(syn. *Majorana cretica, M. onites, M. orega, M. oreja, M. smyrnaea, Onites tomentosa, Origanum album, O. orega, O. pallidum, O. smyrnaeum, O. tragoriganum*); Kretischer Dost (syn. Spanischer Hopfen).
Fam.: Lamiaceae (Labiatae).
Vork.: östliche Mittelmeergebiete, u. a. griechische Inseln.
Droge: ***Origani Cretici herba*** (syn. *Herba Origani cretici*); Kretischer Dost (syn. Kretisches Dostkraut, Spanischer Hopfen), die getrockneten Zweigenden und Blütenstände. *Inh.:* äther. Öl (2–4 %) mit Carvacrol (50–85 %), *γ*-Terpinen (3–13 %), *p*-Cymen (5–12 %), Borneol (1–7 %), *β*-Bisabolen (1–5 %) sowie *α*-Pinen, Myrcen und *α*-Terpinen (je 1–3 %) als Hauptkomponenten. *Anw.:* volkstümlich bei Magen- und Darmbeschwerden sowie Erkrankungen der Atmungsorgane, ferner das Öl in Einreibungen bei rheumatischen Beschwerden. Im Haushalt dient die Droge als Gewürz. Sie ist zudem Ausgangsdroge für das Smyrnaer Origanumöl.

Origanum orega ↗ Origanum onites.
Origanum orientale ↗ Origanum vulgare.
Origanum pallidum ↗ Origanum onites.
Origanum pseudo-onites ↗ Origanum syriacum.
Origanum purpurascens ↗ Origanum vulgare.
Origanum smyrnaeum ↗ Origanum onites.
Origanum stoloniferum ↗ Origanum vulgare.
Origanum suffruticosum ↗ Origanum majorana.

■ **Origanum syriacum** L.
(syn. *Amaracus syriacus, Majorana crassa, M.*

crassifolia, M. maru, M. nervosa, M. scutellifolia, M. syriaca, Origanum crassa, O. maru, O. pseudoonites); Echter Staudenmajoran.

Fam.: Lamiaceae (Labiatae).

Vork.: Israel, Libanon, Ostägypten, Syrien, Türkei, Zypern.

Drogen: *1. **Origanum-syriacum-Kraut***, das getrocknete Kraut. *Inh.:* äther. Öl, u. a. mit Carvacrol (60–80 %), γ-Terpinen, *p*-Cymen, α-Thujen, α-Pinen. *Anw.:* in der Volksheilkunde bei Zahnschmerzen, Herzbeschwerden, Erkältungen, Husten und als Stärkungsmittel. *2. **Origanum-syriacum-Öl*** (syn. Syrisches Origanumöl), das Wasserdampfdestillat des Krautes. *Inh.:* äther. Öl mit Carvacrol (43,7 %), Thymol (30,9 %), *p*-Cymen (11,3 %) und anderen Bestandteilen wie bei *Origanum-syriacum*-Kraut. *Anw.:* als Insektizid gegen Vorratsschädlinge.

Origanum thymiflorum ↗ Origanum vulgare.
Origanum tragoriganum ↗ Origanum onites.
Origanum venosum ↗ Origanum vulgare.

■ **Origanum vulgare** L.
(syn. *Origanum anglicum, O. barcense, O. capitatum, O. creticum, O. decipiens, O. elegans, O., floridum, O. latifolium, O. majus, O. nutans, O. orientale, O. purpurascens, O. stoloniferum, O. thymiflorum, O. venosum, O. watsoni, Thymus origanum*); Gemeiner Dost (syn. Brauner Dost, Echter Dost, Gewöhnlicher Dost, Frauendost, Wilder Majoran), s. Farbtafel S. 145, Bild 52.

Fam.: Lamiaceae (Labiatae).

Vork.: Europa, Kleinasien bis Himalaja und Sibirien.

Drogen: *1. **Origani aetheroleum*** (syn. *Aetheroleum Origani, Oleum Origani*); Dostenöl (syn. Origanumöl), das Wasserdampfdestillat aus dem frischen oder getrockneten Kraut. *Inh.:* Terpene mit Carvacrol (40–70 %), γ-Terpinen (8–10 %), *p*-Cymen (5–10 %), α-Pinen (1–3 %), Myrcen (1–3 %), α-Terpinen (1–2 %) und Thymol (1–4 %) als dominierende Bestandteile. *Anw.:* volkstümlich innerlich bei Verdauungsstörungen und Erkrankungen der Atmungsorgane (5–6 Tropfen auf Zucker 2–3 mal täglich), äußerlich zu Gurgelwässern und Bädern. *2. **Origani herba*** (syn. *Herba Origani, Herba Origani vulgaris*); Dostenkraut (syn. Majuschel, Oregano, Wilder Majoran), das getrocknete, während der Blütezeit gesammelte und von den dickeren Stengeln befreite Kraut. *Inh.:* äther. Öl (0,15–1 %) mit dem Monoterpenphenol Carvacrol als Hauptkomponente, s. *Origani aetheroleum*, ferner Flavonoide, u. a. Naringin, Apigenin und Luteolin, sowie Phenolcarbonsäurederivate (7,1 %, davon 5 % Rosmarinsäure). *Anw.:* volkstümlich bei Erkrankungen der Atemwege, Beschwerden im Bereich des Magen-Darm-Traktes, zur Förderung der Gallenproduktion, als harntreibendes Mittel sowie bei rheumatischen Erkrankungen. Im Haushalt als Gewürz verwendet.

Hom.: ***Origanum vulgare*** HAB34, das frische, blühende Kraut. *Anw.-Geb.:* Erkrankungen der männlichen Geschlechtsorgane, gesteigerte sexuelle Erregbarkeit.

Histor.: Der Gattungsname ist die griechische Übersetzung des *origanon*, das von *óros* (Berg) und *gános* (Schmuck) abgeleitet ist. Der deutsche Name Dost stammt aus dem althochdeutschen *dosto* und bedeutete ursprünglich lediglich buschartige Pflanze.

Origanum watsoni ↗ Origanum vulgare.
Orizabaharz ↗ Ipomoea orizabensis.
Orizabawinde ↗ Ipomoea orizabensis.
Orizabawurzel ↗ Ipomoea orizabensis.
Orleansaat ↗ Bixa orellana.
Orleanstrauch ↗ Bixa orellana.
Ormenis aurea ↗ Chamaemelum nobile.
Ormenis nobilis ↗ Chamaemelum nobile.
Ormosia laxiflora ↗ Pericopsis laxiflora.
Ornithogalum maritimum ↗ Urginea maritima.

■ **Ornithogalum umbellatum** L.
Milchstern.

Fam.: Liliaceae.

Vork.: Europa, Amerika, Afrika.

Inh.: herzwirksame Glykoside (Cardenolide).

Hom.: *1. **Ornithogalum umbellatum*** HAB; die frischen, unterirdischen Teile. *Anw.-Geb.:* Erkrankungen des Magens und des Darmes sowie bei destruktiven Prozessen. *2. **Ornithogalum umbellatum e foliis*** (syn. *Ornithogalum e foliis*) HAB; die frischen Blätter. *Anw.-Geb.:* Magen- und Duodenumgeschwüre (Abb. S. 115).

Ornus europaea ↗ Fraxinus-Arten.
Orobranche virginiana ↗ Epiphegus virginicus.
Oronthium cochinchinensis ↗ Acorus calamus.

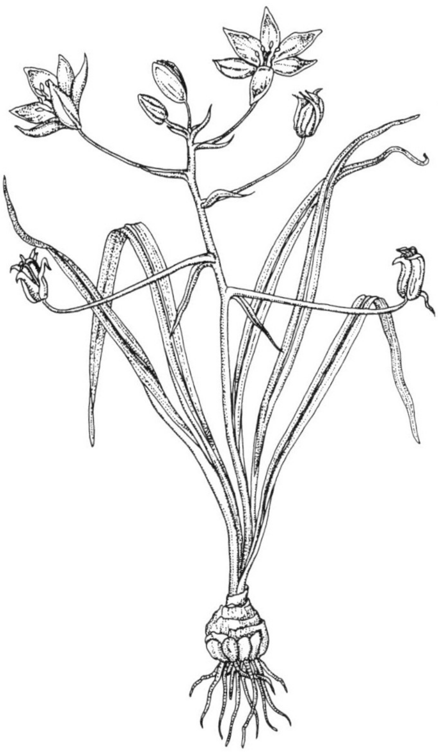

Ornithogalum umbellatum.

■ Orseille

(syn. Orchilla, Oricello), ein aus verschiedenen Flechten, insbes. *Rocella fuciformes, R. tinctoria* und *Lecanora*-Arten gewonnener, roter bis blauvioletter Farbstoffkomplex aus Orcein-Derivaten, der in Gegenwart von Ammoniak an der Luft in

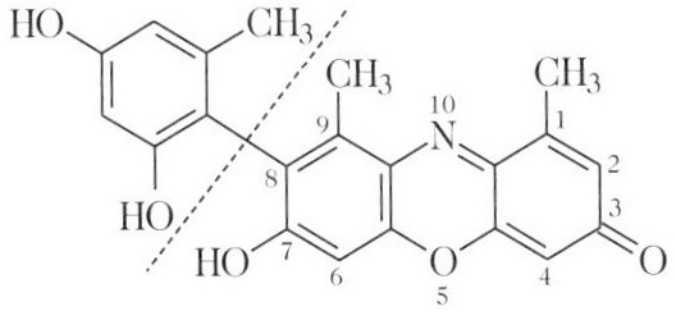

Orcein-Komponente

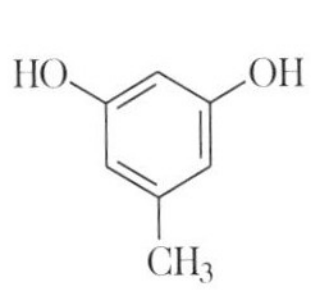

Orcinol

die eigentlichen Farbstoffe Orcein und Orcinol übergeht. Anw.: Färbemittel für Mundwässer und ähnliche Zubereitungen, früher in der Technik zur Färbung von Wolle und Seide.

Histor.: Der Name Orseille soll sich über Orcela vom Namen der Florentiner Kaufmannsfamilie Rocela ableiten, die im 14. Jh. ein Monopol über die Farbstoffe aus Flechten besaß. Dabei wurde der Farbstoff Orcein durch Behandlung der Flechten mit menschlichem Harn gewonnen und galt neben Alizarin und Indigo als wichtiges Färbemittel für Seide und Wolle.

■ Orsellinsäure

2,4-Dihydroxy-6-methylbenzoesäure. O. kommt natürlich in konjugierter Form oder als Depsid in Flechten als ↗ Flechtensäure vor, kann leicht zu Orcin (syn. Orcinol) (↗ Orseille) decarboxyliert werden.

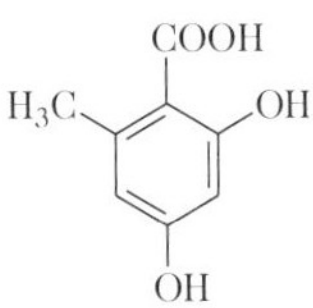

Orsellinsäure

■ Orthosiphon aristatus (Bl.) Miq.

(syn. *Ocimum grandiflorum, Orthosiphon spicatus, O. stamineum*); Katzenbart.

Fam.: Lamiaceae (Labiatae).

Vork.: Indien, Südostasien, tropisches Amerika.

Droge: ***Orthosiphonis folium*** (syn. *Folia Orthosiphonis, Folia Orthosiphonis staminei*); Orthosiphonblätter (syn. Indischer Nierentee, Javanischer Nierentee, Javatee, Koemis Koetjing), die kurz vor der Blütezeit gesammelten Laubblätter und Stengelspitzen. Inh.: lipophile, hochmethoxylierte Flavone vom Typ des Sinensetin und

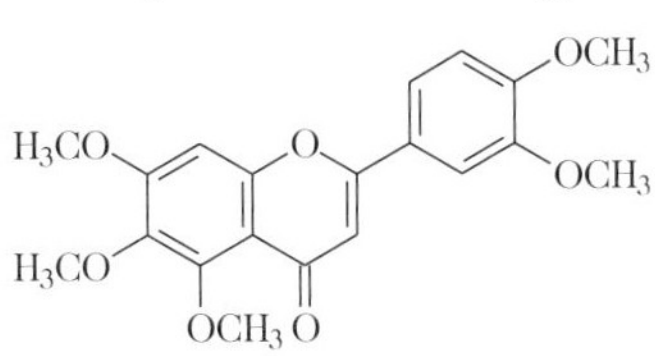

Sinensetin

des Scutellarein-tetramethylethers neben geringen Mengen an Flavonolglykosiden, ferner Hydroxyzimtsäurederivate mit deutlicher Dominanz von ↗ Rosmarinsäure, geringe Mengen ähnlicher

Derivate, u. a. Kaffeoyl- und Dikaffeoyl-Tartrat sowie wenig äther. Öl (0,02 %), jedoch einem verhältnismäßig hohen Gehalt an Kaliumsalzen. Wirk.: stark harntreibend, verbunden mit erhöhter Ionenausscheidung, schwache spasmolytische Eigenschaften. Anw.: zur Durchspülung bei Blasen- und Nierenkatarrh, bei Reizblase, Zystitis sowie zur Vorbeugung gegen Nierengrieß. Genutzt werden Orthosiphonblätter sowohl als Monodroge als auch als Bestandteil entsprechender Teemischungen und von Phytopharmaka. Zur ↗ Teezubereitung verwendet man als Einzeldosis 2 Teelöffel (2 g) feingeschnittene Orthosiphonblätter. Als Tagesdosis werden 6–12 g Droge empfohlen. *O. aristatus* ist ferner in hervorragender Weise zur Gewinnung von Rosmarinsäure mit Hilfe von Zellsuspensionskulturen geeignet. Geg.: kontraindiziert ist die Droge bei Ödemen infolge eingeschränkter Herz- und Nierentätigkeit.

Hom.: ***Orthosiphon aristatus*** HAB; Indischer Nierentee, die getrockneten Laubblätter. Anw.-Geb.: Erkrankungen der Nieren und ableitenden Harnwege.

Histor.: Die in Indien seit altersher genutzte Droge fand in Europa erst gegen Ende des 19. Jh. Eingang in die Therapie. Der Gattungsname *Orthosiphon* setzt sich aus dem griechischen *orthós* (gerade) und *siphon* (Röhre) zusammen, Bezug nehmend auf die gerade Kronröhre; *aristatus* bedeutet begrannt und *stamineus* staubblattartig.

Orthosiphonblätter ↗ Orthosiphon aristatus.
Orthosiphonis folium ↗ Orthosiphon aristatus.
Orthosiphon spicatus ↗ Orthosiphon aristatus.
Orthosiphon stamineum ↗ Orthosiphon aristatus.
Orthostemon sellowianus ↗ Feijoa sellowiana.
Oryzae amylum ↗ Oryza sativa.

■ **Oryza sativa** L.
Reis.

Fam.: Poaceae (Gramineae).

Vork.: Heimat vermutlich Südostasien, Anbau in sämtlichen tropischen und subtropischen Gebieten, bes. China, Indien, südostasiatische Gebiete, u. a. Vietnam, sowie Mittel- und Südamerika.

Drogen: ***1. Oryzae amylum*** (syn. *Amylum Oryzae*); Reisstärke, die Stärke der reifen Samen (syn. Reiskörner). Inh.: zusammengesetzte Stärkekörner, die bei der Aufarbeitung in sehr kleine, 4–6 µm große, Teilkörner zerfallen. Anw.: als reizlinderndes Mittel, z. B. in Streupudern, als Hilfsstoff, u. a. in der Tablettierung, zur Herstellung von Nährpräparaten und technisch in der Farben- und Seifenindustrie sowie als Appreturmittel. ***2. Oleum Oryzae***; Reisöl, das fette Öl der Reiskleie. Inh.: Lipasen, Triglyceride, β-Sitosterol, Ferulasäure, Coprostan. Anw.: zur Herstellung von Seifen und Stearinsäure sowie als Rostschutzmittel verwendet. Für Speisezwecke muß die Droge erst raffiniert und gebleicht werden. Reisöl zeichnet sich dadurch aus, daß es Geschmacksstoffe nicht aufnimmt.

Histor.: Der Gattungsname *Oryza* entspricht dem altindischen *oryza* (Reis).

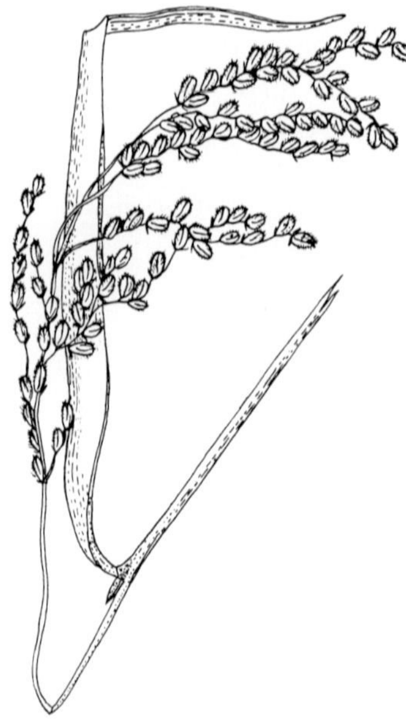

Oryza sativa.

Oscherstrauch ↗ Calotropis-Arten.

■ **Osmorhiza aristata** (Thunb.) Makino et Yabe (syn. *Osmorhiza japonica*).

Fam.: Apiaceae (Umbelliferae).

Vork.: Japan, Ost- und Südostasien.

Droge: die ganze Pflanze. Inh.: äther. Öl mit Nothosmyrnol (ca. 80 %), Osmorhizol, ↗ Anethol, Methylchavicol, Anisaldehyd, 2,4-Dimethoxybenzaldehyd. Anw.: Die Droge wird in Japan unter der Bezeichnung *Gaoben* als Stomachikum und

Antiemetikum verwendet. Die Wurzelasche dient in Form von Salben zur Scabies-Therapie.

Osmorhiza japonica ↗ Osmorhiza aristata.
Ossa Sepiae ↗ Sepia officinalis.
Osterblümchen ↗ Anemone nemorosa.
Osterblume ↗ Pulsatilla-Arten.
Osterblumenkraut ↗ Pulsatilla-Arten.
Osterchen ↗ Anemone nemorosa, ↗ Viola-Arten.
Osterluzei ↗ Aristolochia-Arten.
Osterluzeiblättrige Stechwinde ↗ Smilax-Arten.
Österreichischer Rhabarber ↗ Rheum-Arten.
Osterstern ↗ Anemone nemorosa.
Ostindische Elefantenläuse ↗ Semecarpus anacardium.
Ostindische Kobra ↗ Naja naja.
Ostindischer Palasabaum ↗ Butea monosperma.
Ostindischer Rhabarber ↗ Rheum-Arten.
Ostindischer Tintenbaum ↗ Semecarpus anacardium.
Ostindisches Dammar ↗ Shorea wiesneri.
Ostindisches Gummi ↗ Feronia limonia.
Ostindisches Kino ↗ Pterocarpus-Arten.
Ostindisches Melissenöl ↗ Cymbopogon-Arten.
Ostindisches Sandelholzöl ↗ Santalum album.
Ostindische Tamarinde ↗ Tamarindus indica.
Ostindische Tintenbaumfrüchte ↗ Semecarpus anacardium.

■ **Ostrea edulis** L.
Auster.
Fam.: Ostreidae.
Vork.: Küsten von Nord- und Ostsee, Ostasiatische Gewässer.
Droge: ***Conchae praeparatae***; Austernschalenpulver. *Inh.:* Calciumcarbonat (95–98 %), Calciumphosphat (1,2–1,8 %), Aluminiumoxid, Kieselsäure, Spuren von Mangan, Eisen u. a. Spurenelementen. *Anw.:* In Zahnpulvern, als Poliermittel.
Hom.: ***Calcium carbonicum Hahnemanni***. Austernschalenkalk HAB1, innere weiße Teile zerbrochener Austernschalen. *Anw.-Geb.:* Therapie von Ermüdungserscheinungen infolge Überanstrengung, Rachitis, saure Durchfälle, Störungen des Calciumstoffwechsels.

Ostruz ↗ Peucedanum ostruthium.

■ **Ostrya virginiana** (Mill.) K. Koch.
Hopfen-Hainbuche.
Fam.: Betulaceae.
Vork.: atlantisches Nordamerika, Ostasien, v. a. Japan.
Droge: ***Lignum Ostryae***; Hopfen-Hainbuchenholz, das Holz der Stämme und Zweige.
Hom.: ***Ostrya virginiana*** (syn. *Ostrya virginica*) HAB; das Holz der Stämme und Zweige. *Anw.-Geb.:* Leberentzündungen.

Osyrisöl ↗ Osyris tenuifolia.

■ **Osyris tenuifolia** Engl.
Fam.: Santalaceae.
Vork.: Afrika, bes. Ostafrika, Madagaskar.
Droge: ***Oleum Osyris aethereum***; Osyrisöl (syn. Afrikanisches Sandelholzöl), das äther. Öl des Holzes (ca. 3 %). *Inh.:* Sesquiterpenalkohole, wie Santalole. *Anw.:* in der Volksheilkunde bei entzündlichen Erkrankungen der Harnwege als desinfizierendes und sekretionshemmendes Mittel; in der Parfümerie, häufig als Ersatz für echtes Sandelholzöl (↗ *Santalum album*).

■ **Otanthus maritimus** (L.) Hoffm. et Link (syn. *Diotis maritimus*).
Fam.: Asteraceae (Compositae).
Vork.: maritime Mittelmeerregionen, bes. Ägypten.
Droge: die ganze Pflanze. *Inh.:* Lignane, wie Sesamin; α-Amyrin, β-Sitosterol, Flavonoide, Sesquiterpenlactone, Alkamide. *Anw.:* in der Volksheilkunde der Beduinen als Antasthmatikum, bei Dysenterie, Nieren- und Blasenleiden.

Otosma aethiopica ↗ Zantedischia aethiopica.
Otterwurz ↗ Polygonum bistorta.
Ouabain ↗ Strophanthus-Arten.
Ouragoga ipecacuanha ↗ Cephaelis-Arten.
Ourouparia guianensis ↗ Uncaria guianensis.
Ourouparia polycephala ↗ Uncaria tomentosa.
Ourouparia rhynchophylla ↗ Uncaria rhynchophylla.
Ouruparia gambir ↗ Uncaria gambir.
Ova Formicarum ↗ Formica rufa.

■ **Ovarum Bovina siccatum HAB**
die getrockneten Eierstöcke von Rindern.

■ **Ovis aries** L.
Hausschaf (syn. Schaf).
Fam.: Bovidae.
Vork.: weltweit domestiziert.

Drogen: ***1. Sebum ovile***; Hammeltalg, der Talg aus dem Bauchfettgewebe des Schafes. *Inh.*: meist gemischte Triglyceride mit Ölsäure (36–40 %), Stearinsäure (25–30 %), Palmitinsäure (24–27 %), Linolsäure (3–4 %) und Myristinsäure (2–4 %) als Fettsäureanteile; Stearodipalmitin (4–5 %), α-Palmitodistearin (4–5 %), Oleodipalmitin, Stearopalmitoolein. *Anw.*: in der Galenik zur Herstellung von Salicyltalg, seltener als Salbengrundlage; in vielen Ländern als Speisefett sowie zur Seifenherstellung und als Schmiermittel für Leder. ***2. Adeps Lanae anhydricus*** (syn. *Cera Lanae)*; Wollwachs (syn. Wollfett, Lanolin), die von den Wollhaaren der Schafe abgesonderte wachsartige, wasserfreie Masse, die nach der Schur in der Wollwäscherei entfernt und aufbereitet wird. *Inh.*: komplexe Mischung aus Estern höherer Fettsäuren mit Wollwachsalkoholen; cyclische Alkohole bzw. Sterole, wie Cholesterol, Cholestanol, Lanosterol; Kohlenwasserstoffe. *Anw.*: hautfreundliche, wasseraufnehmende Salbengrundlage in der Galenik und Kosmetik. Wollwachsalkohole (*Alcoholes adipis lanae*) sind Grundlage für Salben, Cremes, Lotiones, Lippenstifte, Haar- und Hautpflegemittel, sie dienen auch in der Technik als Weichmacher und Ausgangspunkt für die Herstellung von Reinigungsmitteln und Emulgatoren. Flüssige Lanolinester verwendet man zur Herstellung von Kinderölen, Lichtschutzprodukten sowie für Salben und erweichende Emulsionen.

■ **Oxalis acetosella** L.
Sauerklee (Waldsauerklee).

Fam.: Oxalidaceae.

Vork.: Europa, Nordamerika.

Droge: ***Herba Oxalidis acetosellae***; Sauerkleekraut, die ganze Pflanze. *Inh.*: Salze der Oxalsäure. *Anw.*: früher in der Volksheilkunde als Ätzmittel und zur Behandlung von Hauterkrankungen sowie als Mittel gegen Skorbut, als Emmenagogum und Antidot bei Vergiftungen mit Arsenik und Quecksilber.

Hom.: ***1. Oxalis acetosella*** HAB1; Hain-Sauerklee, die frischen, oberirdischen Teile blühender Pflanzen. *Anw.-Geb.*: Magen-Darm-Leiden. ***2. Oxalis acetosella e foliis*** HAB1; die frischen Blätter. *Anw.-Geb.*: besonders Leber und Verdauungsstörungen.

Histor.: Der Gattungsname *Oxalis* wird vom griechischen *oxýs* (sauer) und *hals, hális* (Salz) abgeleitet. *Acetosella* kommt vom lateinischen *acetum* (Essig, saurer Wein) und bezieht sich wie der deutsche Name Sauerklee auf den sauren Geschmack der Pflanze. Diese wird bei ↗ Plinius als *Oxys foliis ternatis* erwähnt und in den alten Kräuterbüchern als *Trifolium acetum*.

Oxalis acetosella.

Oxycocci fructus ↗ Vaccinium-Arten.
Oxycoccus palustris ↗ Vaccinium-Arten.
Oxycoccus quadripetalus ↗ Vaccinium-Arten.

■ **Oxydendrum arboreum** (L.) DC.
(syn. *Andromeda arborea*). Sauerbaum.

Fam.: Ericaceae.

Vork.: Nordamerika.

Droge: ***Folia Oxydendri***; die getrockneten Blätter. *Anw.*: volkstümlich als Diuretikum.

Hom.: ***Oxydendron arboreum*** HAB34, die frischen Blätter.

Oxytetracyclin ↗ Tetracycline.

■ **Oxytropis lamberti** Pursh.

Fam.: Fabaceae.

Vork.: Mexiko.

Droge: das Kraut. *Anw.*: in der Volksheilkunde bei Karies als Adstringens. Bei Pferden verursacht die Droge Vergiftungen.

Hom.: ***Oxytropis lambert*** HAB; die frischen, oberirdischen Pflanzenteile. *Anw.-Geb.*: Bewegungsstörungen.

Ozodia foeniculacea ↗ Foeniculum vulgare.

P

Pachidendron ferox ↗ Aloe-Arten.
Pachidendron supralaeve ↗ Aloe-Arten.

■ **Pachycereus pecten-aboriginum** (Engelm.) Britt. et Rose
Cawe (syn. Wichowaka).
Fam.: Cactaceae.
Vork.: Mexiko.
Anw.: Die Tarahumara-Indianer bereiten aus dem Saft der jungen Triebe ein narkotisches Getränk, das Schwindelanfälle und Halluzinationen des Gesichtssinnes hervorruft. Verantwortlich für diese Effekte sind 4-Hydroxy-3-methoxyphenylethylamin- und Tetrahydroisochinolin-Alkaloide. Auch für traditionelle Heilungszeremonien wird die Droge eingesetzt.

Pachylobus hexandrus ↗ Bursera-Arten.

■ **Pachypodanthium confine** Engl. et Diels.
Fam.: Annonaceae.
Vork.: tropisches Afrika.
Droge: die Rinde. *Inh.:* Isochinolin-Alkaloide (0,5–0,6 %), wie Tetrahydroprotoberberin, 7-Hydroxyaporphin; Tetrahydropalmatin. *Anw.:* in der afrikanischen Volksheilkunde als Antitussivum und Analgetikum.

■ **Pachypodanthium staudtii** Engl. et Diels.
Fam.: Annonaceae.
Vork.: Afrika, bes. Sierra Leone bis Zaire.
Droge: die Rinde. *Inh.:* Isochinolinalkaloide (0,34–0,6 %), u. a. Protoberberin, Aporphine und Li-

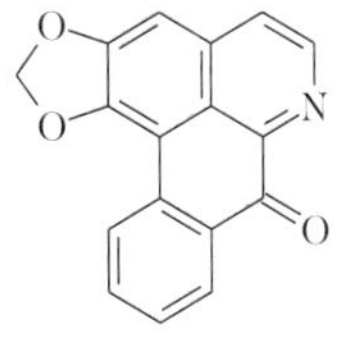

Liriodenin

riodenin; Norlignane, Flavone. *Anw.:* in der afrikanischen Volksheilkunde gegen Eingeweidewürmer, bei Magen-Darm-Beschwerden, gegen Bronchitis, als Analgetikum und als Mittel gegen Läuse. Die Droge ist auch zusammen mit *Mansonia altissima* Bestandteil von Pfeilgiften.

■ **Paclitaxel**
zur Gruppe der Taxane gehörendes Diterpen aus ↗ *Taxus brevifolia*. Die Gewinnung erfolgt heute durch Partialsynthese aus Baccatin III bzw. 10-Desacetylbaccatin III (aus den Blättern von ↗ *Taxus baccata*) bzw. biotechnisch aus Pflanzenzell- und Pilzkulturen. *Wirk.:* P. tritt in Wechselwirkung mit den Mikrotubuli tierischer Zellen und inaktiviert diese. Damit wird die Zellteilung in der späten G2-Phase blockiert. *Anw.:* unter dem Warennamen Taxol® bei metastasierenden Ovarial- und Mammacarcinomen beim Versagen anderer Primärtherapien.

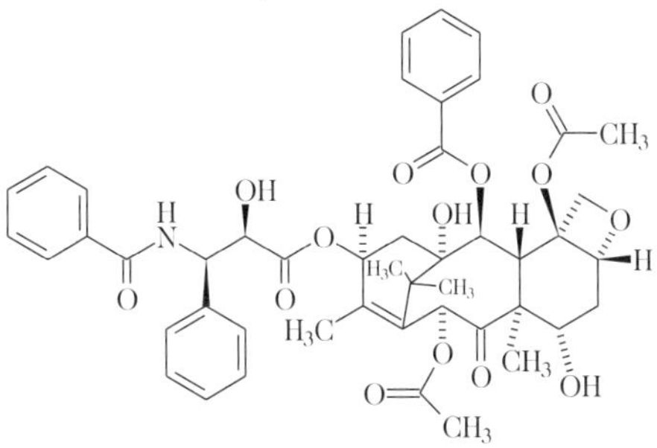

Paclitaxel

Padang-Kaneel ↗ Cinnamomum-Arten.
Padang-Kassie ↗ Cinnamomum-Arten.
Padang-Zimt ↗ Cinnamomum-Arten.
Padaukholz ↗ Pterocarpus-Arten.
Padokholz ↗ Pterocarpus-Arten.
Padus avium ↗ Prunus-Arten.
Padus mahaleb ↗ Prunus-Arten.
Padus racemosa ↗ Prunus-Arten.
Padus serotina ↗ Prunus-Arten.
Padus virginiana ↗ Prunus-Arten.
Paeonia albiflora ↗ Paeonia lactiflora.
Paeonia arborea ↗ Paeonia suffruticosa.
Paeonia chinensis ↗ Paeonia lactiflora.
Paeonia corallina ↗ Paeonia mascula.
Paeonia edulis ↗ Paeonia lactiflora.
Paeoniae flos ↗ Paeonia mascula, ↗ Paeonia officinalis.
Paeoniae radix ↗ Paeonia mascula, ↗ Paeonia officinalis.
Paeoniae radix alba ↗ Paeonia lactiflora.
Paeoniae radix rubra ↗ Paeonia lactiflora.

Paeoniae semen ↗ Paeonia officinalis.
Paeonia feminea ↗ Paeonia officinalis.
Paeonia foemina ↗ Paeonia officinalis.

■ **Paeonia lactiflora** Pall.
(syn. *Paeonia albiflora, P. chinensis, P. edulis, P. sinensis*); Chinesische Päonie.

Fam.: Paeoniaceae.

Vork.: Sibirien, China, Korea, Tibet, in Europa als Zierpflanze kultiviert.

Drogen: ***1. Paeoniae radix alba*** (syn. *Radix Paeoniae lactiflorae alba*); Weiße Pfingstrosenwurzel, die im Sommer und Herbst gegrabenen, von Endabschnitten und Seitenwurzeln befreiten, getrockneten Wurzeln. *Inh.:* Monoterpene, wie Paeoniflorin (1,5–4,8 %), Albiflorin, Oxypaeoniflorin; Gallotannin, β-Sitosterol, Daucosterol, äther. Öl mit Benzoesäure. *Anw.:* in der Volksheilkunde bei Kopfschmerzen, Schwindel mit Sehstörungen, Schmerzen, Schweißausbrüchen und Nachtschweiß. ***2. Paeoniae radix rubra***; Rote Pfingstrosenwurzel, die im Frühjahr oder Herbst gegrabenen, vom Rhizom, feinen Nebenwurzeln und anhaftendem Erdreich befreiten Wurzeln. *Inh.:* s. *Paeoniae radix alba*. *Anw.:* in der Volksheilkunde bei infektiösen Erkrankungen mit Exanthemen, bei Blutungen, Frauenleiden, Sturz- und Schlagverletzungen, Furunkeln und Hautgeschwüren. ***3. Radix Paeoniae lactiflorae***; *Paeonia-lactiflora*-Wurzel, die Wurzeln. *Inh.:* s. *Paeoniae radix alba*. *Anw.:* in der chinesischen und japanischen Heilkunde bei Magen-Darm-Erkrankungen, bei Blut- und Lebererkrankungen, bei Herz- und Nervenleiden sowie bei gynäkologischen Erkrankungen.

■ **Paeonia mascula** (L.) Mill.
(syn. *Paeonia corallina*); Großblättrige Pfingstrose.

Fam.: Paeoniaceae.

Vork.: Südeuropa, Kreta, Vorderasien.

Drogen: ***Paeoniae flos*** und ***Paeoniae radix***. Inhaltsstoffe und Anwendung ↗ *Paeonia officinalis*.

Paeonia moutan ↗ Paeonia suffruticosa.

■ **Paeonia officinalis** (L.) emend. Willd.
(syn. *Paeonia feminea, P. foemina*). Echte Pfingstrose (syn. Garten-Pfingstrose, Gichtrose, Großblumige Pfingstrose).

Fam.: Paeoniaceae.

Vork.: Gebirgsgegenden im südlichen Europa.

Drogen: ***1. Paeoniae flos*** (syn. *Flores Paeoniae, Flores Rosae benedictae, Paeonia petalum*); Pfingstrosenblüten (syn. Bauernrosenblüten, Gichtrosenblüten, Päonienblüten, Paeonienblüten), die schnell getrockneten Kronblätter. *Inh.:* Anthocyanglykoside und Gerbstoffe. *Anw.:* volkstümlich u. a. bei Haut- und Schleimhauterkrankungen, Rhagaden bei Hämorrhoiden, rheumatischen Beschwerden und Erkrankungen im Bereich der Atemwege. ***2. Paeoniae radix*** (syn. *Radix Paeoniae, Radix Rosae benedictae*); Pfingstrosenwurzel (syn. Bauernrosenwurzel, Gichtrosenwurzel, Königsrosenwurzel, Päonienwurzel, Paeonienwurzel), die im Frühjahr gegrabenen und getrockneten knolligen Nebenwurzeln, die an der Basis des Wurzelstocks entspringen. *Inh.:* Paeoniflorin (1,5–3,5 %), reichlich Saccharose und geringe Mengen Gerbstoff. *Anw.:* lediglich volkstümlich u. a. bei Krämpfen unterschiedlicher Art und Genese, Rheuma, Beschwerden im Magen-Darm-Bereich sowie des Herzens, Neurasthenie und allergischen Erkrankungen. ***3. Paeoniae semen*** (syn. *Semen paeoniae*); Pfingstrosensamen (syn. Bauernrosensamen, Gichtrosensamen, Hexenkörner, Korallensamen, Päoniensamen, Paeoniensamen, Zahnkörner, Zahnperlen), die getrockneten, reifen Samen, fast ausschließlich der gefüllten, kultivierten Gartenform. *Inh.:* Harzsäuren. *Anw.:* volkstümlich bei Epilepsie.

Hom.: ***Paeonia officinalis*** HAB1; Pfingstrose, die frischen, im Frühjahr geernteten unterirdischen Pflanzenteile. *Anw.-Geb.:* Erkrankungen des Magen-Darm-Traktes sowie des venösen Gefäßsystems, Hämorrhoiden und andere Erkrankungen des Afters.

Histor.: Die Pflanze wird seit der Antike medizinisch genutzt und spielt auch in der alten Sagenwelt eine Rolle. Der Heilgott Apollo besaß die Pflanze, in Hekates Zaubergarten wuchs sie und der Göttin Pallas Athene wurde sie oft geweiht. Der Gattungsname soll nach einer Sage nach Paeon, dem griechischen Gott der Heilkunst, benannt worden sein, da dieser mit der bei ↗ Theophrast *paionia* genannten Pflanze Pluto heilte. Sowohl bei ↗ Hippokrates als auch bei Hildegard von Bingen diente die Droge bei Verdauungsstörungen. ↗ Paracelsus bezeichnete sie als Spezifikum gegen Epilepsie. Ihr deutscher Name erinnert an die Blütezeit und die rosenförmige Blütenform. Viele Künstler der Gotik malten sie auf ihren Tafelbildern als „Rose ohne Dornen“ und damit als Attribut der Gottesmutter.

Paeonia petalum ↗ Paeonia officinalis.
Paeonia sinensis ↗ Paeonia lactiflora.

■ **Paeonia suffruticosa** Andr.
(syn. *Paeonia arborea, P. moutan*); Strauchige Pfingsrose (syn. Strauchpäonie).
Fam.: Paeoniaceae.
Vork.: China, Tibet, Japan, häufig auch kultiviert.
Droge: ***Moutan cortex*** (syn. *Cortex Moutan, Cortex Moutan radicis*); *Paeonia-suffruticosa*-Wurzelrinde, die im Frühjahr und Herbst gesammelten Wurzelrinden. Inh.: Monoterpene, wie Paeonol (1,3–2,5 %), Glucopaeonol, Paeonosid, Paeonolid, Paeoniflorin, Gerbstoffe, äther. Öl, Phytosterole. Anw.: in der chinesischen und japanischen Volksheilkunde als Schmerzmittel, zur Beruhigung, bei Entzündungen, Menstruationsbeschwerden, Herzerkrankungen und Blinddarmentzündung.

Paeonienblüten ↗ Paeonia officinalis.
Paeoniensamen ↗ Paeonia officinalis.
Paeonienwurzel ↗ Paeonia officinalis.
Paineiraöl ↗ Bombax malabaricum.

■ **Palaquium gutta** (Hook. f.) Baill.
(syn. *Isonandra gutta*); Guttaperchabaum.
Fam.: Sapotaceae.
Vork.: Südostasien.
Droge: ***Guttapercha*** (syn. Gummi von Sumatra), der koagulierte Milchsaft, früher ausschließlich von *Palaquium gutta*, heutzutage von verschiedenen *Palaquium*-Arten, mitunter auch von *Payena*-Arten. Inh.: Polyterpenkohlenwasserstoffe, insbesondere Gutta (bis 85 %) ein all-*trans*-Polyisopren, ferner Harze, Gerbstoffe und Farbstoffe. Anw.: in der Zahnmedizin als Wurzelfüllung, für provisorische Füll- und Abdruckmassen, früher auch für Pflaster, als Guttaperchapapier besonders für wasserdichte Verbände.

Paleae haemostypticae ↗ Cibotium barometz.
Paleae stypticae ↗ Cibotium barometz.
Pale-Katechu ↗ Uncaria gambir.

■ **Paliurus aculeatus** Lamk.
(syn. *P. australis, P. orientalis, P. spina-cristi, Rhamnus paliurus,*).
Fam.: Rhamnaceae.
Vork.: Südeuropa, Vorderasien.
Droge: ***Herba Paliuri spinae-christi***, das getrocknete Kraut. Inh.: Methylsalicylat, Rutin; die Samen enthalten fettes Öl (ca. 21 %). Anw.: in der Volksheilkunde bei Katarrhen und Diarrhoe, bei Harnbeschwerden; die Früchte wirken adstringierend. Die Droge wird seit dem Altertum genutzt.

Paliurus australis ↗ Paliurus aculeatus.
Paliurus orientalis ↗ Paliurus aculeatus.
Paliurus spina-cristi ↗ Paliurus aculeatus.
Palma christi ↗ Ricinus communis.
Palma spinosa ↗ Elaeis guineensis.
Palmbutter ↗ Elaeis guineensis.
Palmendrachenblut ↗ Daemonorops draco.
Palmenlilie ↗ Yucca filamentosa.
Palmentang ↗ Laminaria-Arten.
Palmfett ↗ Elaeis guineensis.
Palmkernfett ↗ Elaeis guineensis.
Palmkernöl ↗ Elaeis guineensis.
Palmöl ↗ Elaeis guineensis.
Palmweide ↗ Salix-Arten.
Palmwein ↗ Arrak, ↗ Phoenix dactylifera.
Paloondo ↗ Larrea tridentata.
Pambotano ↗ Calliandra houstoni.
Pamhisa ↗ Pinellia ternata.
Pampelmuse ↗ Citrus-Arten.
Pampini Vitis ↗ Vitis vinifera.

■ **Panacee**
(syn. Panazee); Allheilmittel, benannt nach Panakeia, der Allheilenden, Tochter des ↗ Asklepios, dem griechischen Gott der Heilkunde.

Panaeolus semilanceatus ↗ Psilocybe-Arten.

■ **Panaeolus sphinctrinus** (Fr.) Quélet.
Hongo de San Isidro.
Fam.: Agaricaceae.
Vork.: weltweit verbreitet.
Anw.: Dieser Pilz gehört zu den heiligen, halluzinogenen Pilzen, die bei den mazatekischen und chinantekischen Indianern Mexikos für magisch-rituelle Zeremonien und die Wahrsagekunst verwendet werden. Verantwortlich für die halluzinogene Wirkung sind die Indolalkaloide ↗ Psilocybin und Psilocin (↗ *Psilocybe*-Arten).

Panamaholz ↗ Quillaia saponaria.
Panamakautschukbaum ↗ Castilla elastica.
Panamarinde ↗ Quillaia saponaria.
Panax americanum ↗ Panax quinquefolius.

■ **Panax ginseng** C. A. Mey.
(syn. *Aralia ginseng, Panax pseudoginseng, P. schinseng*); Ginseng (syn. Allheilkraut, Koreanischer Ginseng).

Fam.: Araliaceae.

Vork.: wildwachsend in Gebirgsgegenden Ostasiens, kultiviert besonders in Nordchina, Japan und Korea.

Droge: ***Ginseng radix*** (syn. *Radix Ginseng*); Ginsengwurzel (syn. Chinesische Ginsengwurzel, Kraftwurzel, Lebensverlängerungswurzel, Panaxwurzel, Samwurzel, Schinsengwurzel, Weißer Ginseng), die getrockneten Wurzeln; s. Farbtafel S. 145, Bild 53. Diese kommen als „Weißer Ginseng", wenn die Wurzeln gebleicht und geschält wurden, oder als „Roter Ginseng", wenn die frisch geernteten Wurzeln vor der Trocknung mit gespanntem Wasserdampf behandelt wurden, in den Verkehr. *Inh.:* Triterpensaponine, sog. Ginsenoside, deren Konzentration vom Alter der Pflanzen und den Anbaugebieten stark abhängig ist, so daß Schwankungen von etwa 0,8–8,6 % (Durchschnittsgehalt 2–3 %) beobachtet werden. Unter den Aglyka überwiegt der Dammaran-Typ mit 20(*S*)-Protopanaxadiol und 20(*S*)-Protopanaxatriol, während der pentacyclische Oleanolsäuretyp, als sog. Ginsenosid Ro, nur in geringer Menge (0,05–0,2 %) vorliegt. Weitere Bestandteile sind äther. Öl (0,05 %) mit Eremophilen und *β*-Elemen sowie Polyine, u. a. Falcarinol und Panaxydiol. *Wirk.:* Ginsengextrakte sind in der Lage, die Protein- und RNA-Synthese in der Leber zu steigern. Sie ermöglichen Streßsituationen besser zu bewältigen und sollen die physische und psychische Leistungs- und Merkfähigkeit sowie das Reaktionsvermögen erhöhen. *Anw.:* Zubereitungen der Droge sind Bestandteil vieler Fertigpräparate, die, oft in Kombination mit weiteren Bestandteilen, z. B. Lecithin oder Vitaminen, als Immunstimulantien, Geriatrika, Tonika und Anabolika genutzt werden. Tagesdosis 1–2 g Droge bzw. Zubereitungen, die mindestens 15 mg Ginsenosiden entsprechen.

Hom.: ***Panax pseudoginseng*** HAB1; Ginseng, die getrockneten, unterirdischen Pflanzenteile. *Anw.-Geb.:* Erkrankungen des Zentralnervensystems, der männlichen Geschlechtsorgane, des Stütz- und Bewegungsapparates sowie in der Rekonvaleszenz.

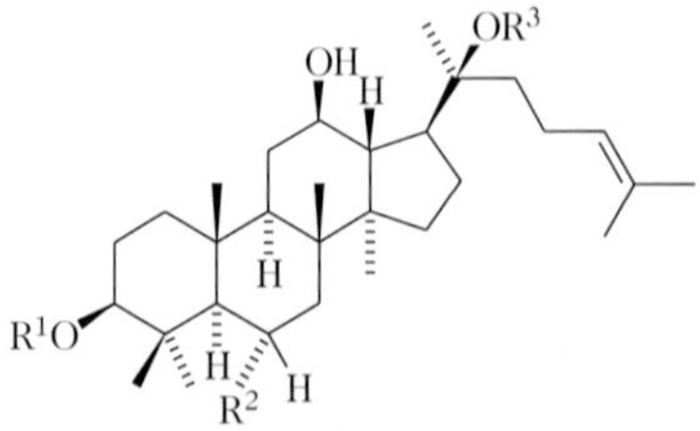

Die Hauptaglyka und Hauptglykoside des Ginsengwurzel

	R^1	R^2	R^3
20(*S*)-Protopanaxadiol	H	H	H
Ginsenosid R_{b1}	*β*-D-Glc(1→2)-*β*-D-Glc	H	*β*-D-Glc(1→6)-*β*-D-Glc
Ginsenosid R_c		H	*α*-L-Araf(1→6)-*β*- DGlc
20(*S*)-Protopanaxatriol	H	OH	H
Ginsenosid R_e	H	*O*-*α*-L-Rha(1→2)-*β*-D-Glc	*β*-D-Glc
Ginsenosid R_{g1}	H	*O*-*β*-D-Glc	*β*-D-Glc

Araf = Arabinofuranose, Glc = Glucopyranose, Rha = Rhamnopyranose

Histor.: Die Droge entstammt der ostasiatischen Medizin, wo sie bereits seit Jahrtausenden u. a. bei Schwäche- und Angstzuständen, drohendem Kollaps, vermindertem Appetit, Schlaflosigkeit, Impotenz und Unfruchtbarkeit der Frau sowie Herzschwäche angewendet wird und nach wie vor in hohem Ansehen steht. Der Gattungsname *Panax*, benannt nach Panakeia, der Tochter des Asklepios, der Allesheilerin, setzt sich aus dem griechischen *pás* (alles) und *ákos* (Heilmittel) zusammen. Er bringt die Vielseitigkeit der Heilwirkung, die man der Droge zuspricht, zum Ausdruck.

Panax pseudoginseng ↗ Panax ginseng.

■ **Panax quinquefolius** L.
(syn. *Aralia canadiensis, A. quinquefolia, Aureliana canadiensis, Ginseng quinquefolium, Panax americanum*); Amerikanischer Ginseng.
Fam.: Araliaceae.
Vork.: nördlicher und mittlerer Teil Nordamerikas sowie Kanadas.
Droge: ***Panax-quinquefolius-Wurzel***; Amerikanische Ginsengwurzel, die getrockneten Wurzeln. *Inh.:* Triterpensaponine, sog. Ginsenoside (↗ *Panax ginseng*). *Anw.:* ↗ *Panax ginseng*.
Hom.: ***Panax quinquefolius*** HAB1; Ginseng, die unterirdischen Pflanzenteile. *Anw.-Geb.:* Rheumatismus, Schwächezustände.

Panax schinseng ↗ Panax ginseng.
Panaxwurzel ↗ Panax ginseng.

■ **Pancratium trianthum** Herbert
Kwashi.
Fam.: Amaryllidaceae.
Vork.: tropische Gebiete in Afrika, Asien sowie Südeuropa.
Droge: die frische Zwiebel. *Inh.:* Alkaloide, u. a. Lycorin. *Anw.:* von den Buschmännern in Botswana (Afrika) als Halluzinogen genutzt, indem die in Scheiben geschnittene Zwiebel über die mit einem spitzen Gegenstand geritzte Kopfhaut gerieben wird. In Westafrika dient die Droge kultischen Zwecken, ihr Gebrauch soll nicht ungefährlich sein und mitunter durch Lähmung des Zentralnervensystems auch zum Tode führen.

■ **Pandanus dubius** Spreng.
(syn. *Pandanus pacificus*). Schraubenbaum (syn. Schraubenpalme).
Fam.: Pandanaceae.
Vork.: Neuguinea.
Anw.: Aus den Früchten des Schraubenbaumes wird ein halluzinogener Trank bereitet, der von den Ureinwohnern Neuguineas für magische Zeremonien verwendet wird. Für die psychotropen Wirkungen werden Alkaloide vom Dimethyltryptamin-Typ verantwortlich gemacht.

Pandanus pacificus ↗ Pandanus dubius.
Panicum crus-galli ↗ Echinochloa crus-galli.
Pankokenkraut ↗ Allium-Arten.

■ **Pankreas HAB**
die Bauchspeicheldrüsen von Schlachttieren.

■ **Pankreatin**
(syn. Pancreatinum), ist ein Gemisch der Pankreasenzyme von Schlachttieren, v. a. von Schweinen, das auch als Pankreas-Pulver bezeichnet wird. Es enthält ↗ Amylasen, Lipasen und ↗ Proteasen, v. a. Trypsin und Chymotrypsin, und wird auf bestimmte, im Arzneibuch festgelegte enzymatische Aktivitäten mit Lactose oder Dextrin eingestellt. *Anw.:* zur Substitutionstherapie bei eingeschränkter Funktion des exkretorischen Pankreas, bei Verdauungsschwäche.

Panteptera mollis ↗ Terminalia bellirica.
Pantherpilz ↗ Amanita pantherina.

■ **Panthothensäure**
Vitamin des Vitamin-B-Komplexes (↗ Vitamine), besitzt besondere Bedeutung zur Bildung des Pantheins und Coenzyms A. P. kommt vor allem in Getreideprodukten, Fleisch, Gemüse, Eigelb und

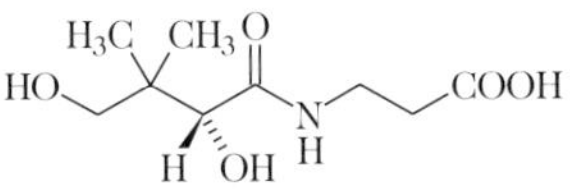

Pantothensäure

in der Milch vor. *Anw.:* zur Vitaminsupplementation, bei chronischen Entzündungen und postoperativer Darmatonie. Häufig wird anstelle von P. Panthenol verwendet, u. a. zur Wundbehandlung, bei Sonnenbrand, Decubitus, Strahlenschäden, pahologischem Haarausfall und Verbrennungen.

Pantokrin ↗ Cervus asiaticus.

Pantottern ↗ Solanum-Arten.
Panzeria lanata ↗ Leonurus lanatus.
Päonienblüten ↗ Paeonia officinalis.
Päoniensamen ↗ Paeonia officinalis.
Päonienwurzel ↗ Paeonia officinalis.

■ Papain

eine ↗ Protease aus dem Milchsaft und den unreifen Früchten von ↗ *Carica papaya*. P. besteht aus 212 Aminosäuren und spaltet relativ unspezifisch eine Vielzahl von Proteinen im pH-Bereich von 4,6–7,2. Da sich im aktiven Zentrum des Enzyms eine SH-Gruppe befindet, wirken Reduktionsmittel aktivierend und Schwermetalle hemmend auf seine Aktivität. *Anw.*: zur Substitutionstherapie bei Verdauungsschwäche als Ersatz für Pepsin, früher auch als Anthelmintikum (Wirkung zweifelhaft) sowie als Zusatz zu Zahnpasten. In der Lebensmittelindustrie wird P. zum Weichmachen von Fleisch benutzt.

Papainum crudum ↗ Carica papaya.
Papau ↗ Asimina triloba.
Papaver amplexicaule ↗ Papaver somniferum.

■ Papaver bracteatum Lindl.

Arznei-Mohn.

Fam.: Papaveraceae.

Heim.: Kaukasus, Armenien, Kulturen in Mitteleuropa.

Inh.: Alkaloide mit Thebain als Hauptalkaloid, das in bestimmten Kultursorten, besonders in der Wurzel, bis zu 98 % des Gesamtalkaloidanteils betragen kann. Es dient zur Partialsynthese von ↗ Codein. Der eingetrocknete Milchsaft der Pflanze wird in Analogie zum Opium, obwohl frei von Morphin, als *Bractium* bezeichnet.

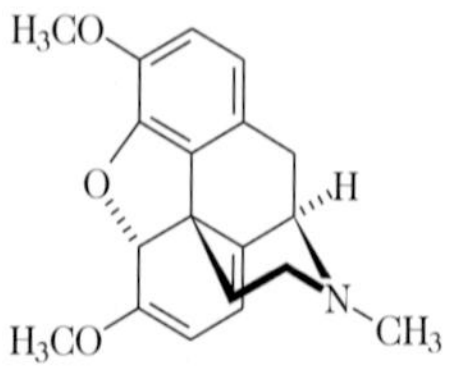

(–)-Thebain

■ Papaver dubium L.

(syn. *Papaver obtusifolium, P. parviflorum*); Saatmohn.

Fam.: Papaveraceae.

Vork.: Mitteleuropa, Kleinasien, Mittelmeergebiete.

Inh.: Alkaloide (0,004–0,025 % des Milchsaftes).

Hom.: ***Papaver dubium*** HAB34, die frischen oberirdischen Teile der Pflanze.

■ Papaverin

(syn. Papaverinum), Isochinolinalkaloid aus dem Schlafmohn (↗ *Papaver somniferum*). *Wirk.*: entspannt die glatte Muskulatur (Magen, Darm, Gallenwege), besitzt aber keine zentralen analgetischen und suchtinduzierenden Wirkungen. *Anw.*: als Spasmolytikum, Asthmamittel.

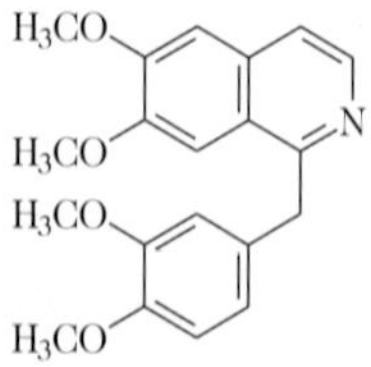

Papaverin

Papaveris semen ↗ Papaver somniferum.
Papaveris seminis oleum ↗ Papaver somniferum.
Papaver nigrum ↗ Papaver somniferum.
Papaver obtusifolium ↗ Papaver dubium.
Papaver officinale ↗ Papaver somniferum.
Papaver opiiferum ↗ Papaver somniferum.
Papaver parviflorum ↗ Papaver dubium.
Papaver rhoeados flos ↗ Papaver rhoeas.

■ Papaver rhoeas L.

Klatschmohn (syn. Feldmohn, Feldrose, Feuerblumen, Feuermohn, Klapprosen, Klatschrose, Kornrosen, Mohnblumen), s. Farbtafel S. 145, Bild 54.

Fam.: Papaveraceae.

Vork.: Europa, gemäßigte Regionen Asiens und Nordamerikas.

Droge: ***Rhoeados flos*** (syn. *Flores Papaveris, Flores Papaveris rhoeados, Flores Papaveris erratici, Flores Papaveris rubri, Flores Papaveris silvestris, Flores rhoeados, Flos rhoeados, Papaver rhoeados flos, Petala rhoeados, Rhoeados petalum*); Klatschmohnblüten (syn. Klatschrosenblüten), die zur vollen Blüte gesammelten, getrockneten Kronblätter. *Inh.*: Alkaloide (0,11–0,12 %) mit Rhoeadin als Hauptalkaloid, ferner Schleimstoffe. *Anw.*: volkstümlich bei Schmerzen, Unruhe, Schlafstörungen und Beschwerden im Bereich der Atemwege.

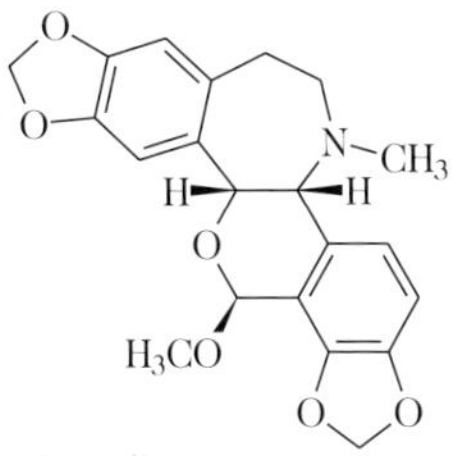

Rhoeadin

Hom.: ***Papaver rhoeas*** HAB1; Klatschmohn, die frischen Blüten. Weißblühende Varietäten sollen nicht verwendet werden. *Anw.-Geb.*: anthroposophische Therapierichtung.

■ **Papaver somniferum** L.
(syn. *Papaver amplexicaule, P. nigrum, P. officinale, P. opiiferum*); Schlafmohn (syn. Gartenmohn, Mohn), s. Farbtafel S. 146, Bild 55 und Bild 56.

Fam.: Papaveraceae.

Vork.: Zentralasien, Kleinasien, Mittelmeergebiete, Kulturen in zahlreichen Varietäten, u. a. in Mitteleuropa.

Drogen: ***1. Fructus Papaveris immaturi*** (syn. *Capita Papaveris immaturi, Capsulae Papaveris, Codia*); Unreife Mohnfrüchte (syn. Mohnkannen, Mohnkapseln, Unreife Mohnkapseln, Mohnköpfe, Mohnkolben, Schlaftee), die nach dem Abfallen der Blütenblätter gesammelten, vor dem Trocknen der Länge nach halbierten und von den Samen befreiten unreifen Früchte. *Inh.*: Alkaloide, die dem Alkaloidspektrum des Opiums entsprechen, allerdings mengenmäßig wesentlich geringer sind, z. B. Morphin (ca. 0,1 %), ferner Pektine und Hydroxyzimtsäurederivate. *Anw.*: volkstümlich bei Spasmen des Magen-Darm-Traktes, der Gallenwege und des Urogenitalapparates. Eine früher übliche Anwendung von Abkochungen in der Kinderpraxis, u. a. als Kinderberuhigungstee, ist wegen der Dosierungsungenauigkeiten, die mit lebensgefährlichen Auswirkungen verbunden sein können, strikt abzulehnen. ***2. Stramentum Papaveris***; Mohnstroh, die reifen, entsamten Kapseln. *Inh.*: Alkaloide (0,015–0,018 %). *Anw.*: industriell zur Gewinnung der Alkaloide, besonders von Morphin. ***3. Opium*** (syn. *Laudanum, Meconium, Opium crudum, Opium nativum, Thebaicum, Opium thebaicum, Succus thebaicus*); Opium (Rohopium), der aus eingeschnittenen, unreifen Früchten gewonnene, an der Luft eingetrocknete Milchsaft. *Inh.*: Alkaloide (20–25 % des Opiumgewichtes), von denen etwa 40 verschiedene Verbindungen bekannt sind, die sich jedoch sämtlich auf die Isochinolinstruktur zurückführen lassen und als Salze, meist an Mekonsäure gebunden, vorliegen. Hauptalkaloid ist das ↗ Morphin (14–17 %). Weitere Alkaloide sind u. a. ↗ Codein (ca. 1 %) und Thebain (ca. 0,5 %), die der Morphinanreihe zuzuordnen sind, sowie Noscapin (syn. Narcotin, ca. 5 %), Papaverin (ca. 1 %) und Narcein (ca. 0,5 %), die dem Tetrahydroisochinolintyp zugeordnet werden. Der mengenmäßige Anteil der einzelnen Alkaloide ist erheblich vom Herkunftsgebiet abhängig. Weitere Bestandteile der Droge sind organische Säuren, u. a. Äpfel-, Bernstein-, Citronen- und Milchsäure, Kautschuk (ca. 5–10 %) und Schleimstoffe. *Anw.*: in Zubereitungen, z. B. als Opiumtinktur, zur Ruhigstellung des Darmes bei starkem Durchfall sowie als Schmerzmittel. Opium besitzt ein hohes physisches und psychisches Abhängigkeitspotential und stellt eine gefährliche Rauschdroge dar (Rauchopium), daher unterliegt es zusammen mit seinen Zubereitungen dem Betäubungsmittelgesetz. ↗ Sucht und Suchtdrogen biogenen Ursprungs ***4. Papaveris semen*** (syn. *Semen Papaveris*); Mohnsamen (syn. Schlafmohnsamen), die reifen, weißen Samen. Die Farbe der Samen kann variieren von schwarz, grau, graublau, braun bis weiß mit vielen Übergängen. *Inh.*: fettes Öl (50–55 % in weißen Samen bzw. 40–45 % in blaugrausamigen Sorten) mit einem Fettsäureanteil von Linolsäure (62,2 %), Ölsäure (30,1 %), Palmitinsäure (4,8 %) und Stearinsäure (2,9 %). Außerdem sind neben Aminosäuren, Proteinen und Enzymen Alkaloide (0,009 %) sowie Lecithin (0,25–1 %) enthalten. *Anw.*: zum Bestreuen von Backwaren und zur Gewinnung des Öles. ***5. Papaveris seminis oleum*** (syn. *Oleum Papaveris*); Mohnöl, das aus den Mohnsamen gepreßte fette Öl. *Inh.*: s. Papaveris semen. *Anw.*: als Speiseöl, aber auch industriell, u. a. zur Herstellung von Seifen und Farben genutzt. Der Preßrückstand bei der Ölgewinnung dient in der Landwirtschaft als Viehfutter.

Hom.: ***Opium*** HAB34, der in Kleinasien durch Einschnitte in die unreifen Fruchtkapseln erhaltene und an der Luft getrocknete Milchsaft. *Anw.-Geb.*: Krampfzustände an den Atemorganen, des Magen-Darm-Traktes, an den Harn-

und Geschlechtsorganen sowie der Skelettmuskulatur, Schlafstörungen und Verstimmungszustände.

Histor.: Opium oder die „Mohnträne", wie man im Altertum sagte, ist seit etwa dem 3. oder 4. Jh. v. Chr. im Mittelmeergebiet in Gebrauch. Schon vorher kannte man einen Extrakt aus den Blättern der Mohnpflanze, der meist als Mekonium bezeichnet und später durch das stärker wirksame Opium verdrängt wurde. ↗ Dioskurides und ↗ Plinius beschreiben beide Zubereitungen und deren Wirkungen genau. Im Mittelalter wurde Opium zur Herstellung des ↗ Theriak genutzt, die Verwendung der Droge nahm aber stark ab, da sie als gefährlich galt. Die Schulmedizin nahm Opium erst wieder um 1664 verstärkt in Gebrauch, nachdem Sydenham seine Verwendung wissenschaftlich untersuchte und das bis heute als *Tinctura Opii crocata* bekannte Präparat beschrieb. Als Genußmittel wurde Opium seit dem 17. Jh. verstärkt im Orient genutzt und insbes. als Rauchopium (Chandu, Tschandu) mißbraucht. Besonders in China nahm der Opiummißbrauch und Schmuggel derart überhand, daß es 1840–1842 zum Opiumkrieg kam und die Chinesen 1858 auf Druck der Engländer den Opiumhandel zulassen mußten. Der Apotheker Sertürner isolierte 1806 mit dem Morphin das erste Alkaloid aus dem Opium und wurde dafür 1831 mit dem Preis der Pariser Akademie ausgezeichnet.

Papaver spinosum ↗ Argemone mexicana.
Papaya ↗ Carica papaya.
Papaya carica ↗ Carica papaya.
Papaya communis ↗ Carica papaya.
Papaya cucumerina ↗ Carica papaya.
Papaya vulgaris ↗ Carica papaya.
Papenkind ↗ Arum maculatum.
Papierblume ↗ Zantedischia aethiopica.
Pappelknospen ↗ Populus-Arten.
Pappelrinde ↗ Populus-Arten.
Paprika ↗ Capsicum-Arten.
Papstkreuzspinne ↗ Araneus diadematus.
Papua-Macis ↗ Myristica argentea.
Papua-Muskatnuß ↗ Myristica argentea.
Papuanuß ↗ Myristica argentea.

■ Papyrus Ebers

Schriftrolle aus dem alten Ägypten (1550 v. Chr.), dessen Vorlagen in weit frühere Zeiten zurückreichen und die 700 Arzneistoffe und etwa 800 Rezeptformeln umfaßt. Die auf der Papyrusrolle niedergelegten Rezepte enthalten in übersichtlicher Darstellung die Art der Krankheit, die Gewichtsmenge der benötigten Drogen, die Art und Weise der Zubereitung und des Einnehmens. Unter den pflanzlichen Drogen findet man zahlreiche heute noch gebräuchliche wie Anis, Koriander, Knoblauch, Kümmel oder Senna. Die ägyptische Heilkunde beeinflußte neben anderen Quellen wesentlich die spätere griechische Medizin.

Para-Arrowroot-Stärke ↗ Manihot esculenta.

■ Paracelsus

Arzt und Naturforscher mit dem eigentlichen Namen Philippus Aureolus Theophrastus Bombastus von Hohenheim, geboren 1493 in Einsiedeln (Schweiz), gestorben 1541 in Salzburg. Er gilt als Reformator der Heilkunde, wobei er die Chemie enger in die Heilkunde einbezog, aber auch zahlreiche, besonders einheimische Pflanzen in die Medizin einführte. In Experiment und Naturbetrachtung sah er die Grundlagen der Heilkunde. Bemerkenswert war unter anderem seine Formulierung, daß allein die Dosis eines Stoffes bestimmt, ob dieser ein Gift darstellt oder therapeutische Wirkung besitzt. Trotz seiner Verdienste war er nicht frei von mystischen Vorstellungen des Altertums, die in der Erneuerung der ↗ Signaturlehre zum Ausdruck kamen.

■ Paradaniella oliveri Rolfe

(syn. *Daniella thurifera, Daniella oliveri*).

Fam.: Fabaceae.

Vork.: Afrika.

Droge: ***Balsamum Copaivae africanum***; Afrikanischer Copaivabalsam (syn. Illurinbalsam), der Balsam. *Inh.:* äther. Öl (40–80 %) mit Sesquiterpenen, Harz, u. a. mit Illurinsäure und Kopaivasäure, Bitterstoffe. *Anw.:* früher innerlich bei Entzündungen der Harnwege, Gonorrhoe, Lepra, Psoriasis und Bronchitis sowie äußerlich bei Geschwüren.

Histor.: Die Droge wurde von den Eingeborenen seit langer Zeit zum Einsalben und Behandeln von Wunden benutzt. 1625 fand der Balsam bei den Portugiesen Erwähnung und wurde 1636 in die Amsterdamer Pharmakopöe aufgenommen, gefolgt von London 1677. Bis 1940 war die Droge Bestandteil des amerikanischen Arzneibuches.

Paradiesapfel ↗ Lycopersicon esculentum.
Paradieskörner ↗ Aframomum-Arten.
Paradiesnußbaum ↗ Lecythis urnigera.
Paraguay jaborandi ↗ Pilocarpus-Arten.
Paraguaytee ↗ Ilex paraguariensis.

■ Paraimmunität
(Paramunität), gesteigerte unspezifische Immunität des Körpers, die durch äußere Faktoren, wie Reiztherapie oder Immunstimulanzien (Paramunitätsstimulatoren) induziert wird. Die P. entwickelt sich relativ schnell und hält höchstens bis zu einigen Wochen an, charakteristisch ist dabei eine gesteigerte Aktivität der Makrophagen, verbunden mit einer Aktivierung der anderen zellulären und humoralen Abwehrsysteme des Körpers. Als Paramunitätsstimulatoren werden u. a. Bakterienpräparate, Hefen, Polysaccharidfraktionen von Hefen und höheren Pilzen sowie Glykoproteinfraktionen aus höheren Pflanzen, z. B. ↗ *Althaea officinalis*, ↗ *Baptisia tinctoria*, ↗ *Calendula officinalis*, ↗ *Echinacea*-Arten, ↗ *Eleutherococcus senticosus*, ↗ *Thuja occidentalis*, *Urtica dioica* (↗ *Urtica*-Arten) oder Lectine aus ↗ *Viscum album* bei rezidivierenden Erkrankungen der Atemorgane (Erkältungen), der ableitenden Harnwege und bei Furunkulose eingesetzt. Auch zur Überwindung temporärer Immunschwächen nach starken Streßphasen, in der Initialphase von viralen oder bakteriellen Erkrankungen sowie bei schlecht heilenden Wunden kommen Paramunitätsinduktoren zur Anwendung.

Parakautschukbaum ↗ Hevea brasiliensis.
Parakotorinde ↗ Aniba pseudocoto.
Parakresse ↗ Spilanthes oleracea.
Paranatee ↗ Ilex paraguariensis.
Paranußbaum ↗ Bertholletia excelsa.
Paranußöl ↗ Bertholletia excelsa.
Parapentalifera betulina ↗ Barosma-Arten.
Pardanthus chinensis ↗ Belamcanda chinensis.
Pareirawurzel ↗ Chondodendron tomentosum.
Parica ↗ Virola-Arten.
Paridis herba ↗ Paris quadrifolia.
Parietaria erecta ↗ Parietaria officinalis.

■ Parietaria officinalis L.
(syn. *Parietaria erecta*); Glaskraut.
Fam.: Urticaceae.
Vork.: Südeuropa, Nordafrika, in Mitteleuropa teilweise eingebürgert.
Droge: ***Herba Parietariae***; Glaskraut, das getrocknete Kraut. Inh.: Bitterstoffe, Gerbstoffe. Anw.: harntreibend; Bestandteil diuretisch wirksamer Präparate.
Histor.: Der Gattungsname *Parietaria* ist vom lateinischen *paries, parietis* (Wand) abgeleitet, Bezug nehmend auf das bevorzugte Vorkommen in Spalten von Mauern. Der Name Glaskraut wurde früher geprägt, als man das Kraut zum Reinigen von Gläsern verwendete.

■ Paris polyphylla Sm.
(syn. *Paris verticillata*).
Fam.: Liliaceae.
Vork.: Indien, Nepal, Himalajagebiete, China.
Droge: ***Paris-polyphylla-Rhizom***, der Wurzelstock. Inh.: Saponine und Steroide. Anw.: in der traditionellen asiatischen Volksheilkunde bei Husten und Herzrhythmusstörungen, ferner bei unspezifischen Vergiftungen, Mastitis, Parotitis, bei Tumoren und Eingeweidewürmern.

■ Paris quadrifolia L.
(syn. *Aconitum pardalianches, Aconitum salutiferum, Solanum quadrifolium bacciferum, Uva lupulina*); Einbeere (syn. Fuchsbeere, Krähenauge, Moosbeere, Sternkraut, Vierblättrige Einbeere, Wolfsbeere), s. Farbtafel S. 146, Bild 57.
Fam.: Trilliaceae.
Vork.: gemäßigte Zonen Europas und Asiens.
Droge: ***Herba paridis*** (syn. *Paridis herba*); *Paris-quadrifolia*-Kraut (syn. Einbeerenkraut), das getrocknete Kraut. Die Droge ist giftig! Inh.: Steroidsaponine, Flavonolglykoside, Asparagin, Pektine. Anw.: früher volkstümlich u. a. zur Wundbehandlung, bei Geschwüren, katarrhalischen Entzündungen der Augen sowie bei rheumatischen Beschwerden.
Hom.: ***1. Paris quadrifolia*** HAB1; Einbeere, die ganze, frische, zur Zeit der Fruchtreife gesammelte Pflanze. Anw.-Geb.: Erkrankungen des Zentralnervensystems, des Auges, des arteriellen Gefäßsystems sowie der Atemwege, wie Kopfschmerzen, Entzündungen der Atemwege sowie Täuschungen des Geruchs- und Tastsinns. ***2. Paris quadrifolia ex herba*** HAB1, die frischen, zur Zeit der Fruchtreife gesammelten, oberirdischen

Pflanzenteile. <u>Anw.-Geb.</u>: Kopfschmerzen, Entzündungen der Atemwege, Täuschung des Geruchs- und Tastsinns.

Histor.: Der Gattungsname *Paris* soll nach dem trojanischen Königssohn Paris benannt worden sein. Die Beere wiederum soll den Erisapfel darstellen, und die vier gleichen Laubblätter versinnbildlichen die drei streitenden Göttinnen Aphrodite, Hera, Pallas Athene und den Prinzen Paris. Allerdings läßt sich der Name auch mit den lateinischen *par* (gleich) und *quadrifolia* (vierblättrig) als Hinweis auf die Regelmäßigkeit der Blätter und Blütenteile erklären. Die deutsche Bezeichnung Einbeere bezieht sich auf die einzige Beere der Pflanze.

Paris verticillata ↗ Paris polyphylla.

■ **Parnassia palustris** L.
Sumpfherzblatt.

Fam.: Saxifragaceae.

Vork.: Nordeuropa, Nordasien.

Droge: ***Herba Parnassiae palustris***; Sumpfherzblattkraut. <u>Inh.</u>: Gerbstoffe. <u>Anw.</u>: in der Volksheilkunde als Adstringens sowie bei Nervosität und epileptischen Anfällen.

Parquetina gabonica ↗ Parquetina nigrescens.

■ **Parquetina nigrescens** (Afzel.) Bullock
(syn. *Parquetina gabonica, Periploca nigrescens, P. afzelii, P. preussii, P. nigricans, P. wildemanii, P. gabonica, P. calophylla, Omphallogonus callophyllus, O. nigritanus*).

Fam.: Periplocaceae.

Vork.: tropisches Afrika.

Droge: Blätter, Rinde, Wurzeln. <u>Inh.</u>: herzwirksame Glykoside (Cardenolide) mit den Aglyka Strophanthidin, Strophanthidol, Periplogenin, Nigrescigenin (Formeln siehe rechts oben); Ursolsäure, Flavonoide. <u>Anw.</u>: in der afrikanischen Volksheilkunde als Abortivum, zur Wundbehandlung, bei Magenbeschwerden, als Diuretikum und Anthelmintikum. Der ausgepreßte Saft der Rinde und Wurzeln wird als sehr wirksames Jagdgift von den afrikanischen Pygmäen benutzt. Insbes. als Pfeilgift für die Jagd auf größere Tiere kommt diese Zubereitung zur Anwendung.

Parthenii herba ↗ Chrysanthemum-Arten.

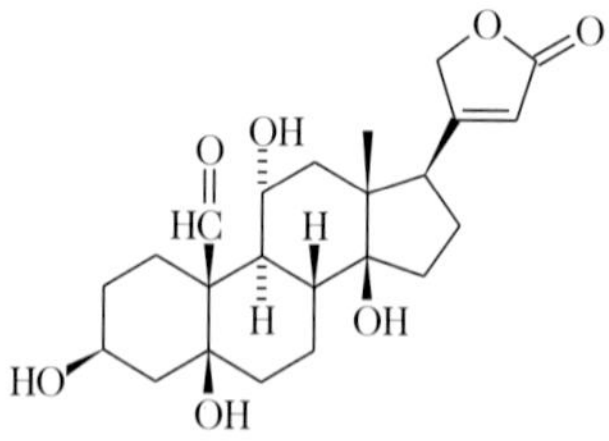

Nigrescigenin

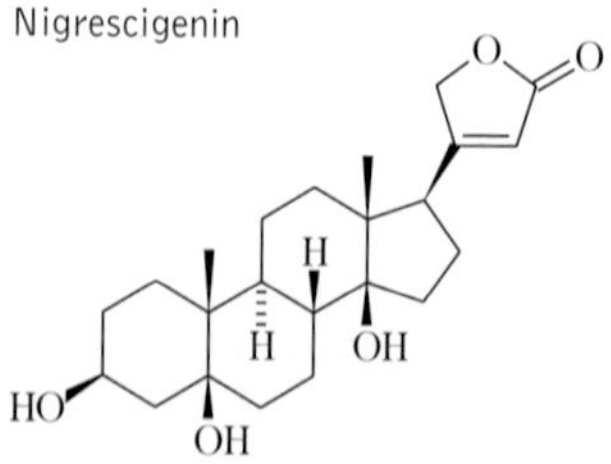

Periplogenin

■ **Parthenium argentatum** A. Gray.

Fam.: Asteraceae (Compositae).

Vork.: Mexiko, Texas, in Spanien und Südrußland auch kultiviert.

Droge: ***Guayulekautschuk***; der Milchsaft der Rinde, der Markstrahlen und des Holzparenchyms. <u>Inh.</u>: ↗ Kautschuk, daneben Guayeleharz mit α-Linol-, Palmitin- und Stearinsäure. <u>Anw.</u>: Hilfsmittel zur Pflasterherstellung, früher auch als Rohstoff für die Gummiherstellung genutzt.

■ **Parthenocissus quinquefolia** (L.) Planch. Emend. Rehd.

Fam.: Vitaceae.

Vork.: Europa, Nordamerika.

<u>Inh.</u>: Anthocyanidine, Leukoanthocyanidine, Anthocyanine (Farbstoffe der roten Blätter). <u>Anw.</u>: in der Volksheilkunde als Diuretikum.

Hom.: ***Parthenocissus quinquefolia*** HAB; das Gemisch aus gleichen Teilen frischer Rinde und jungen Sproßteilen. <u>Anw.-Geb.</u>: Gallenblasenschmerzen, Wassersucht (Abb. S. 129).

Parzenkraut ↗ Cicuta virosa.
Pasaniapilz ↗ Lentinula edodes.
Passerina chamaedaphne ↗ Wikstroemia chamaedaphne.
Passerina racemosa ↗ Stellera chamaejasme.
Passerina stelleri ↗ Stellera chamaejasme.

■ **Passiflora edulis** Sims.
Purpurgranadilla.

Parthenocissus quinquefolia.

Fam.: Passifloraceae.

Vork.: Mittel- und Südamerika.

Inh.: in den Blättern sind Maracugin, Harz, Harzsäuren, Fette und Passiflortannoid enthalten, in den Früchten Pektin. Anw.: die Blätter in der lokalen Volksheilkunde. Die wohlschmeckenden Früchte (Passionsfrüchte) dienen auch zur Fruchtsaftgewinnung. Als Maracuja werden die roten, als Granadilla die gelben Früchte bezeichnet.

Passiflorae herba ↗ Passiflora incarnata.

■ **Passiflora incarnata** L.
(syn. *Granadilla incarnata, Grenadilla incarnata, Passiflora kerii*). Passionsblume (syn. Fleischfarbene Passionsblume), s. Farbtafel S. 146, Bild 58.

Fam.: Passifloraceae.

Vork.: Mittel- und Südamerika, Anbau auch in Indien, in geringem Umfang in Italien und Spanien.

Droge: ***Passiflorae herba*** (syn. *Herba Passiflorae*); Passionsblumenkraut (syn. Passionskraut), das ganze oder geschnittene, getrocknete Kraut. Inh.: Flavonoide, bes. Apigenin- und Luteolinglucosyle, Cumarine und Maltol, ein γ-Pyron. Anw.: nervöse Unruhe, nervös bedingte Beschwerden im Magen- und Darmbereich. Bestandteil zahlreicher Arzneifertigpräparate und Teemischungen. Tagesdosis 4–8 g zerkleinerte Droge für Teeaufgüsse.

Hom.: ***Passiflora incarnata*** HAB1; Passionsblume, die frischen, oberirdischen Pflanzenteile. Anw.-Geb.: Erkrankungen des Zentralnervensystems, Schlafstörungen, Unruhezustände, Krampfleiden.

Histor.: In den Heimatgebieten dürfte die Passionsblume ausschließlich als Obstpflanze geschätzt worden sein. Der Gattungsname *Passiflora* wird vom lateinischen *passio* (Leiden) und *flos* (Blume) abgeleitet. Der symbolhafte Bau der Blüte, die auch in der Kunstgeschichte Aufmerksamkeit erlangte, führte schließlich zur heutigen Namensgebung durch europäische Missionare in Südamerika. Er wurde in Verbindung mit den Ähnlichkeiten der Blüte mit den Marterwerkzeugen an Christus geprägt. Danach stellen die drei Narben die Nägel dar, der Fadenkranz die Dornenkrone, der gestielte Fruchtknoten den Kelch, die fünf Staubblätter die Wundmale, die Laubblätter die Lanze, die Ranken die Geißeln und die weiße Farbe die Unschuld des Erlösers.

Passiflora kerii ↗ Passiflora incarnata.
Passionsblumenkraut ↗ Passiflora incarnata.
Passionsfrüchte ↗ Passiflora edulis.
Passionskraut ↗ Passiflora incarnata.
Passulae majores ↗ Vitis vinifera.
Passulae minores ↗ Vitis vinifera.
Pasta cacao ↗ Theobroma cacao.
Pasta Guarana ↗ Paullinia cupana.
Pasta Seminum Paulliniae ↗ Paullinia cupana.
Pastinaca anethum ↗ Anethum graveolens.
Pastinacae fructus ↗ Pastinaca sativa.
Pastinacae herba ↗ Pastinaca sativa.
Pastinacae radix ↗ Pastinaca sativa.
Pastinaca graveolens ↗ Anethum graveolens.

■ **Pastinaca sativa** L.
(syn. *Pastinacia opaca, P. pratensis, Peucedanum sativum, Selinum pastinacae*); Gemeiner Pastinak (syn. Hammelmöhre, Hirschmöhre, Moorwurzel, Pastinak, Welscher Petersil).

Fam.: Apiaceae (Umbelliferae).

Vork.: Europa, Kleinasien, in Nordamerika eingebürgert.

Drogen: ***1. Pastinacae fructus*** (syn. *Fructus Pastinacae, Semen Pastinacae*); Pastinakfrüchte, die getrockneten Früchte. Inh.: äther. Öl mit wenig Myristicin sowie aliphatischen Estern, u. a. Butylbutyrat, Hexylbutyrat, Octylbutyrat (29–85 %) und Octenylbutyrat, ferner Cumarine und Furanocumarine, u. a. Imperatorin, Xanthotoxin (25–30 %) Isopimpinellin sowie Umbelliferon. *Anw.:* volkstümlich bei Magen- und Blasenleiden. Im Haushalt als Gewürz. ***2. Pastinacae herba*** (syn. *Herba Pastinacae*); Pastinakkraut, das getrocknete Kraut. *Inh.:* äther. Öl mit *cis-β*-Ocimen, *trans-β*-Ocimen, *trans-β*-Farnesen, Terpinolen und Palmitolacton als Hauptkomponenten.

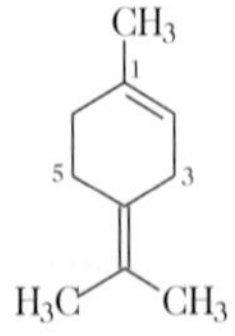

Terpinolen

Anw.: volkstümlich bei Nierenleiden und Verdauungsbeschwerden. Im Haushalt als Gemüse. ***3. Pastinacae radix*** (*Radix Pastinacae*); Pastinakwurzel, die getrocknete Wurzel. *Inh.:* äther. Öl mit Myristicin und Terpinolen (zusammen 80–88 %) als Hauptkomponenten, neben *β*-Pinen und *cis-β*-Ocimen sowie Furanocumarinen (0,085–0,087 %), u. a. Angelicin, Psoralen, Xanthotoxin und Bergapten. *Anw.:* volkstümlich bei Fieber, Lungen- und Magenleiden sowie Nierenerkrankungen. Im Haushalt als Gemüse.

Hom.: ***Pastinaca sativa*** HAB34; die frischen, unterirdischen Teile zweijähriger Pflanzen. *Anw.-Geb.:* u. a. Delirium.

Histor.: Der Gattungsname wird vom lateinischen *pastus* (Nahrung) abgeleitet, wohl wegen des Anbaus als Wurzelgemüse. Der deutsche Name ist dem lateinischen entlehnt. Die Pflanze wird sowohl im ↗ Capitulare de villis Karls des Großen (795) als auch im Entwurf des Klostergartens von St. Gallen (820) und den mittelalterlichen Kräuterbüchern geführt. Erst im 18. Jh. wurde sie als Nahrungspflanze durch Möhre und Kartoffel verdrängt.

Pastinacia opaca ↗ Pastinaca sativa.
Pastinacia pratensis ↗ Pastinaca sativa.
Pastinak ↗ Pastinaca sativa.
Pastinakfrüchte ↗ Pastinaca sativa.
Pastinakkraut ↗ Pastinaca sativa.
Pastinakwurzel ↗ Pastinaca sativa.
Patätschen ↗ Solanum-Arten.
Patchouliblätter ↗ Pogostemon cablin.
Patchouliöl ↗ Pogostemon cablin.
Patchouly ↗ Pogostemon cablin.
Paternostererbse ↗ Abrus precatorius.
Patrinia jatamansi ↗ Nardostachys jatamansii.
Patrisia pyrifera ↗ Ryania pyrifera.
Patschuliblätter ↗ Pogostemon cablin.
Patuletin ↗ Flavonoide.
Paullinia angusta ↗ Paullinia pinnata.

■ **Paullinia cupana** Kunth. ex H. B. K.
(syn. *Paullinia sorbilis*); Guarana-Strauch.

Fam.: Sapindaceae.

Vork.: Amazonasgebiete Brasiliens und Venezuelas, in Mittelamerika und Sri Lanka eingeschleppt.

Droge: ***Guarana*** (syn. *Massa Guaranae, Pasta Guarana, Pasta Seminum Paulliniae, Semen Guaranae*); Guaranapaste, die aus den geschälten, getrockneten, gerösteten und gepulverten Samen (s. Farbtafel S. 146, Bild 59) durch Zusatz von Wasser bereitete Masse. *Inh.:* Purinderivate, u. a. Coffein (3,6–5,8 %), Theobromin (0,03–0,17 %) und Theophyllin (0,02–0,06 %), ferner Gerbstoffe (bis 12 %), davon 10 % Proanthocyanidine, 6 % (+)-Catechin und 3 % Epicatechin. *Anw.:* als coffeinreichste Droge bei Ermüdungserscheinungen, als Stimulans, Bestandteil zahlreicher Fertigpräparate als sog. „schnelle Muntermacher", z. T. in Kombination mit Vitamin C und Traubenzucker. In den Heimatgebieten als Anregungsmittel, bei Kopfschmerzen sowie Herz- und Verdauungsbeschwerden, auch zur Entwässerung und bei Fieber.

Hom.: ***Guarana*** HAB34, die aus den geschälten, gerösteten und gepulverten Samen durch Zusatz von Wasser bereitete Paste. *Anw.-Geb.:* u. a. Kopfschmerzen.

Histor.: 1669 wurde die Paullinia vom Jesuitenmissionar J.F. Bettendorf erstmalig beschrieben. Die Pflanze wird bis heute besonders von den Maues-Indianern an einem Nebenflluß des Amazonas kultiviert und als „Geschenk Gottes" verehrt. 1822 erwähnte auch Alexander von Humboldt die therapeutischen Eigenschaften von Guarana. Die Droge wurde schließlich seit dem 19. Jh. auch in Deutschland über lange Zeit rezepturmäßig für Migränepulver verarbeitet.

Paullinia nitida ↗ Paullinia pinnata.

■ **Paullinia pinnata** L.
(syn. *Paullinia angusta, P. nitida*)

Fam.: Sapindaceae.
Vork.: tropisches Afrika und Südamerika, v. a. Brasilien.
Droge: Stengel und Wurzeln. Inh.: ↗ Rotenon, Gerbstoffe, Saponine. Anw.: in der Volksheilkunde als Rheumamittel, gegen Fieber und Infektionskrankheiten; die Droge dient auch zur Bereitung von Fischgiften und soll narkotische Eigenschaften aufweisen, in Zentralafrika wird die Pflanze auch als Aphrodisiakum geschätzt.

Paullinia sorbilis ↗ Paullinia cupana.

■ **Pausinystalia johimbe** (K. Schum.) Pierre ex Beille
(syn. *Corynanthe yohimbe*).
Fam.: Rubiaceae.
Vork.: westliches Afrika, insbes. Kamerun, Gabun und südwestliches Nigeria.
Droge: ***Yohimbe cortex*** (syn. *Cortex Yohimbe, Cortex Yohimbehe*); Yohimberinde (syn. Potenzrinde, Yohimbeherinde), die getrocknete Stamm- und Zweigrinde. Inh.: Alkaloide, besonders ↗ Yohimbin (0,8 %), ferner u. a. β-Yohimbin, Pseudo-

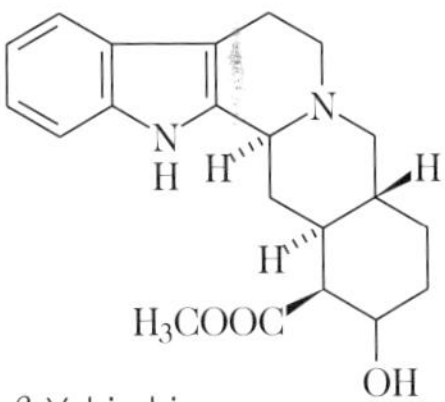

β-Yohimbin

yohimbin und Raubasin. Anw.: als Sexualtonikum, Bestandteil von entsprechenden Kombinationspäparaten bzw. das Reinalkaloid als Yohimbin-Spiegel, mitunter auch bei Harninkontinenz.

Pausinystalia pachyceras ↗ Corynanthe pachyceras.
Pavetta coccinea ↗ Ixora coccinea.

■ **Pavetta indica** L.
(syn. *Ixora paniculata, I. pavetta*).
Fam.: Rubiaceae.
Vork.: Indien, China, Burma, Südostasien, Philippinen.
Droge: die ganze Pflanze. Inh.: Alkaloide, fettes Öl, Harz, Gerbstoffe, Bitterstoffe. Anw.: in der asiatischen Volksheilkunde als Diuretikum, Stomachikum, bei Dysenterie sowie zur Behandlung von Hauterkrankungen.

Pavia glabra ↗ Aesculus glabra.
Pavia ohioensis ↗ Aesculus glabra.
Pavia pallida ↗ Aesculus glabra.
Pavia watsonia ↗ Aesculus glabra.
Pawpaw ↗ Asimina triloba.

■ **Paxillus involutus** (Batsch) Fr.
Kahler Krempling.
Fam.: Paxillaceae.
Vork.: in Laub- und Nadelwäldern in ganz Europa.
Inh.: u. a. Involutin, unbekannte toxische Verbindungen. Anw.: in Osteuropa beliebter Speisepilz. Der Genuß des rohen oder ungenügend gekochten Pilzes führt zum sogenannten Paxillus-Syndrom, einer immunhämolytischen Anämie, die mit Kollaps, Koliken, Erbrechen beginnt und über Hämoglobinurie bis zu einer schweren Niereninsuffizienz führen kann. Vom Genuß dieses Pilzes ist dringend abzuraten.

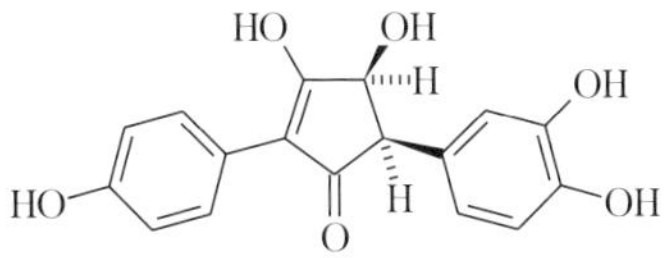

Involutin

Payta-Ratanhia ↗ Krameria triandra.
Pazifische Eibe ↗ Taxus brevifolia.

■ **Pedalium murex** L.
Fam.: Pedaliaceae.
Vork.: Ostafrika, Madagaskar, Indien.
Droge: Blätter, Früchte und Wurzeln. Inh.: Schleimstoffe, Monohydroxyharpagid; Phenylacrylsäuren, wie Kaffee-, Protokatechu, *p*-Cumar- und Ferulasäure. Anw.: die Wurzeln in der afrikanischen Volksheilkunde bei Gonorrhoe; das Kraut und die Samen in Indien als Mucilaginosum.

Pediculus Cucumis ↗ Cucumis-Arten.

■ **Pedilanthus pavonis** (Klotzsch et Garcke) Boiss.
Fam.: Euphorbiaceae.
Vork.: tropisches Amerika, bes. Mexiko und Südtexas.
Droge: ***Cera Candelilla***; Candelillawachs (syn. Canulilawachs), das Wachs der Blätter. Inh.: Harz (18–20 %), Oxylacton (5–6 %), Astriacontan (ca.

75 %). Anw.: als Ersatz für Carnaubawachs (↗ *Copernicia prunifera*) in Schuhputzmitteln, für Bohnerwachs, Kerzen, in der Gummi- und Papierindustrie.

Pedis Cati Flos ↗ Antennaria dioica.
Pedunculi Cerasorum ↗ Prunus-Arten.

■ Peganum harmala L.

Steppenraute (syn. Harmelraute, Harmalkraut, Syrische Steppenraute), s. Farbtafel S. 146, Bild 60.

Fam.: Zygophyllaceae.

Vork.: Mittelmeergebiete, Vorder- und Mittelasien, Pakistan, Mongolei.

Droge: ***Semen Harmalae*** (syn. *Semen Rutae silvestris*); Steppenrautensamen (syn. Harmelrautensamen). Inh.: Harman-Alkaloide, wie Harmin, ↗ Harman, Harmalin, Harmol und Vasicin. Anw.: in der Volksheilkunde bei Magenleiden und zur Wundbehandlung. Seit Urzeiten wird die Droge bei religiösen und magischen Ritualen wegen ihrer halluzinogenen Wirkung verwendet, die durch die β-Carboline Harmin und seine Derivate induziert wird. Auch wird ihr eine gewisse Wirksamkeit als Aphrodisiakum zugesprochen, was besonders in Indien in der traditionellen Heilkunde genutzt wird. Als Zusatz zum Opium ↗ *Papaver somniferum* dient die Droge zur Verstärkung der psychotropen Wirkung.

Pegu-Catechu ↗ Acacia-Arten.
Pei-Mu ↗ Fritillaria roylii.
Pekeanußfett ↗ Caryocar niciferum.

■ Pektinase

(Pektinglykosidase), ein Enzymkomplex, der die Spaltung der natürlichen ↗ Pektine in Galacturonsäure und Galacturonsäuremethylester katalysiert. P. findet sich in *Aspergillus*- und *Penicillium*-Arten. Anw.: zum Klären von Fruchtsäften und Wein durch Spaltung des Pektins.

■ Pektine

polymere Kohlenhydrate aus Pflanzen, die vorwiegend aus Galacturonsäure und deren Methylester aufgebaut sind und sich durch unterschiedliche Polymerisations- bzw. Veresterungsgrade unterscheiden. Durch Spaltung der Methylesterbindung entstehen die polymeren Pektin-

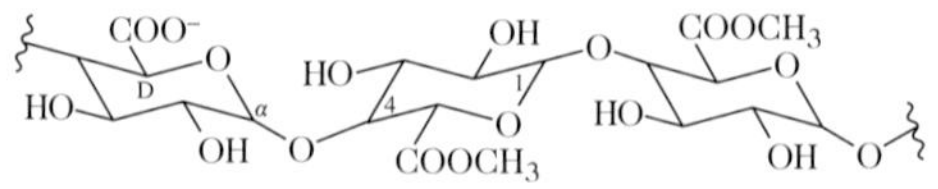

α-D-Galacturonyl α-D-Galacturonylmethylester (2 Einheiten)

Teilsequenz der Galacturonylkette in einem Pektin-Molekül

säuren. P. besitzen ein hohes Wasserbindungsvermögen und sind daher zur Gelbildung befähigt. Sie bilden die Grundsubstanz der primären Zellwände höherer Pflanzen, sind Bestandteil der Mittellamelle und finden sich gelöst im Zellsaft. Anw.: bei Diarrhoe und Gastroenteritis durch Ausbildung eines gelartigen Schutzfilmes im Magen-Darm-Trakt; als Ballaststoff sowie zur Unterstützung bei der Gewichtsreduktion; in steriler Lösung zur lokalen Blutstillung. In der pharmazeutischen Technologie werden P. als Tablettenzerfallsmittel sowie zur Herstellung von Retardformen eingesetzt. Als Geliermittel finden P. in der Lebensmittelindustrie und in der Kosmetik breite Anwendung.

■ Pelargonium-Arten

● **Fam.:** Geraniaceae.

● **Pelargonium graveolens** L'Herit. ex Ait.; Rosenpelargonie.

Vork.: Afrika, u. a. Angola, Madagaskar, Algerien; Brasilien.

Droge: ***Oleum Geranii***; Geraniumöl (syn. Pelargoniumöl), das äther. Öl der Blätter und Blüten. Inh.: u. a. Geraniol (ca. 40 %) , Citronellol

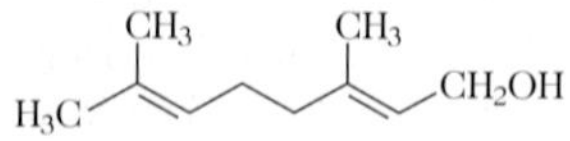

Geraniol

(ca. 40 %), Geranyltiglianat (ca. 20 %), daneben Linalool, Phenylethylalkohol, Pelargonsäure. Anw.: in der Parfümerie, zum Teil als Ersatz für Rosenöl.

● **Pelargonium odoratissimum** (L.) L'Herit. ex Ait.; Zitronenpelargonie (syn. Citronengeranium, Zitronengeranium).

Vork.: Südafrika, in Frankreich, Spanien, Korsika und Sizilien kultiviert.

Droge: äther. Öl aus den Blüten und Blättern. Inh.: s. *Pelargonium graveolens*, daneben β-Geraniolglucosid. Anw.: Parfümerie.

Hom.: *Geranium odoratissimum* HAB34, die frische, blühende Pflanze.

● **Pelargonium reniforme** (Curt).

Vork.: tropische und subtropische Gebiete.

Hom.: die getrockneten Wurzeln.

Pelargoniumöl ↗ Pelargonium-Arten.

■ **Pelecyphora aselliformis** Ehrenb.

Asselkaktus (syn. Peyotillo).

Fam.: Cactaceae.

Vork.: Mexiko.

Inh.: Alkaloide. *Anw.:* soll in ähnlicher Weise wie ↗ Peyotl von den zentralamerikanischen Indianern zu religiösen Zeremonien verwendet worden sein.

Pelias berus ↗ Vipera berus.

Pel talpae ↗ Talpa europaea.

Peltatine ↗ Podophyllum peltatum.

Penianthus zenkeri ↗ Heptacyclum zenkeri.

■ **Penicillinase**

(Penicillinamidohydrolase) Enzym aus der Gruppe der Hydrolasen, das aus *Bacillus subtilis* gewonnen wird und durch Spaltung des β-Lactamringes der Penicilline deren Wirkung inaktiviert. *Anw.:* zur schnellen Unterbrechung der Penicillinwirkung bei Penicillin-Allergien.

■ **Penicilline**

Gruppe von β-Lactam-Antibiotika, die von ↗ *Penicillium*-Arten gebildet werden bzw. partialsynthetisch aus 6-Aminopenicillansäure hergestellt werden. *Wirk.:* Ihr bakterizider Effekt beruht auf einer Blockade der Bakterienwandsynthese. Durch Inaktivierung des Enzyms Transpeptidase wird die Quervernetzung der Polysaccharidketten in der Zellwand zum Mureingerüst verhindert. P. wirken nur auf wachsende Bakterien und verhindern deren Vermehrung. *Anw.:* zur Therapie schwerer Infektionen durch Erreger mit guter Empfindlichkeit gegenüber P., v. a. Staphylokokken, Streptokokken, Pneumokokken und Meningokokken; z. B. bei Wundinfektionen, Pneumonien, Meningitis, Peritonitis, Diphtherie, Milzbrand, Gasbrand und Tetanus. Die individuelle Verträglichkeit muß besonders beachtet werden, da mitunter Unverträglichkeitserscheinungen (Penicillinallergie) auftreten.

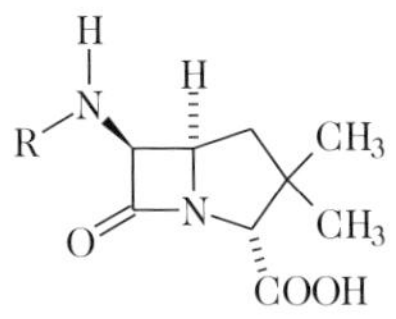

Durch Fermentation gewonnen:

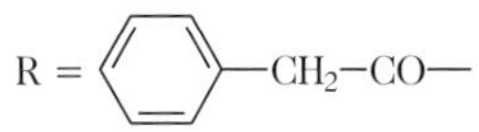

Benzylpenicillin
(Penicillin G)

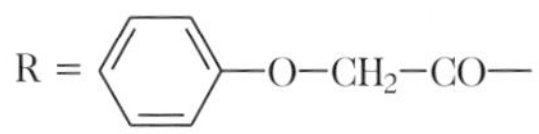

Phenoxymethylpenicillin
(Penicillin V)

■ **Penicillium-Arten**

● **Fam.:** Moniliaceae.

● **Vork.:** im Erdboden, Blütennektar oder natürlichen Lebensmitteln.

● **Penicillium chrysogenum** Thom (syn. *Penicillium aromaticum, P. baculatum, P. brunneorubrum, P. camerunense, P. citreo-roseum, P. chlorophaeum, P. cyaneo-fulvum, P. griseo-roseum, P. meleagrinum, P. notatum, P. roseo-citreum, P. rubens*).

Droge: Pilzkulturen. *Inh.:* Penicilline, u. a. 6-Aminopenicillansäure, Benzylpenicllin; die Mykotoxine Citrinin, Cyclopiazonsäure, Roquefortin; Erythrobinsäure, Weinsäure, Glucoseoxidase. *Anw.:* als wichtigster Produktionsstamm zur biotechnischen Herstellung von Penicillin G sowie 6-Aminopenicillansäure.

● **Penicillium citrinum**. *Bedeut.:* Gewinnung von Ribonucleasen zur Geschmacksverbesserung von Lebensmitteln.

● **Penicillium funiculosum**. *Bedeut.:* Gewinnung von ↗ Dextranase als Zusatz zu Zahnpasten zur Kariesprophylaxe.

● **Penicillium griseovulvum**. *Bedeut.:* Herstellung von ↗ Griseofulvin. Dieses Antibiotikum bilden auch *P. nigricans* und *P. patulum*.

● **Penicillium roqueforti** Thom.

Droge: Pilzkulturen. *Inh.:* Mykotoxine, u. a. Citrinin, Roquefortin C, Festuclavin, PR-Toxin, Enzyme. *Anw.:* zur Käseherstellung (Formeln S. 134).

Hom.: ***Penicillium roqueforti*** HAB, die Pilzkultur.

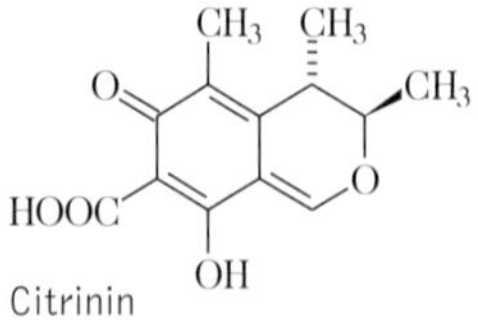

Citrinin

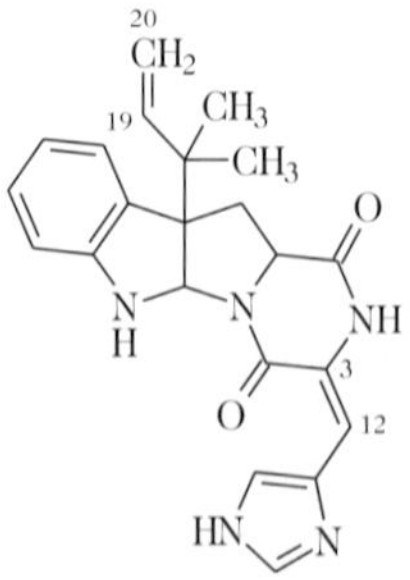

Roquefortin C

Penicillium chrysogenum ↗ Penicillium-Arten.
Penicillium citrinum ↗ Penicillium-Arten.
Penicillium funiculosum ↗ Penicillium-Arten.
Penicillium griseofulvum ↗ Penicillium-Arten.
Penicillium roqueforti ↗ Penicillium-Arten.

■ **Pentaclethra macrophylla** Benth.
Fam.: Mimosaceae.
Vork.: Afrika, Senegal bis Zaire.
Droge: Rinde und Samen. Inh.: Peptid-Alkaloide, wie Paucin; Dichrostachinsäure, Gerbstoffe, Triterpene. Anw.: in der afrikanischen Volksheilkunde als Laxans, Anthelmintikum, in der Frauenheilkunde, bei Geschwüren sowie als Aphrodisiakum. Die Rinde ist auch Bestandteil von Pfeilgiften, insbes. zusammen mit ↗ *Mansonia altissima*. Das fette Öl der Samen (Oleum Pentaclethrae, „Owala-Öl") wird als Speiseöl bzw. für die Seifenherstellung genutzt.

Pentaptera coriacea ↗ Terminalia tomentosa.
Pentaptera crenulata ↗ Terminalia tomentosa.
Pentaptera macrocarpa ↗ Terminalia tomentosa.
Pentaptera maradu ↗ Terminalia tomentosa.
Pentaptera tomentosa ↗ Terminalia tomentosa.

■ **Penthorum sedoides** L.
Fam.: Saxifragaceae.
Vork.: atlantisches Nordamerika, Ostasien.
Hom.: ***Penthorum sedoides*** HAB; die frischen, oberirdischen Pflanzenteile. Anw.-Geb.: Schnupfen.

■ **Pentostatin**
Antibiotikum aus Kulturen von *Streptomyces antibioticus und Aspergillus nidulans*. Wirk.: Hemmer der Adenosindeaminase. Anw.: zur Therapie der Haarzell-Leukämie, chronischer lymphatischer Leukämie und Mycosis fungoides. Der Einsatz ist wegen schwerer neurologischer und mutagener Nebenwirkungen eingeschränkt.

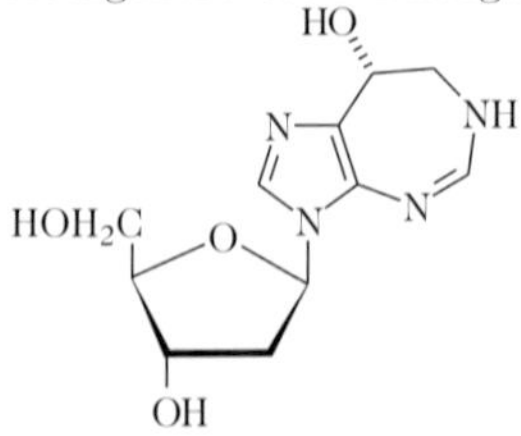

Pentostatin

Pentstemon auctus ↗ Chelone glabra.
Pepo melopepo ↗ Cucurbita pepo.
Peponensamen ↗ Cucurbita pepo.
Pepo verrucosus ↗ Cucurbita pepo.
Pepo vulgaris ↗ Cucurbita pepo.

■ **Pepsin**
(syn. Pepsinum), wichtigstes Verdauungsenzym des Magens (EC 3.4.23.1, M_r 42 6000, 362 Aminosäuren), wird aus Pepsinogen durch die Salzsäure des Magens katalytisch aktiviert. P. baut Proteine zu Peptonen ab, das pH-Optimum liegt dabei zwischen pH 1 und pH 2. Anw.: zur Substitutionstherapie bei gestörter Vedauung im Magen.

Pepsinwein ↗ Vinum medicatum.
Pepulbaum ↗ Ficus religiosa.

■ **Perezia oxylepis**.
Fam.: Asteraceae (Compositae).
Vork.: Mexiko.
Droge: ***Radix Pereziae***; Pipitzahoawurzel. Inh.: Sesquiterpene, wie Perezon (ca. 3,6 %). Anw.: in der Volksheilkunde als Laxans.

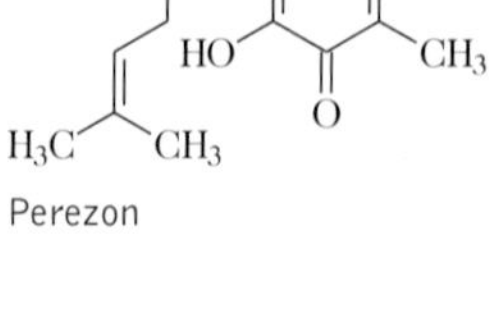

Perezon

Perfonon laurifolium ↗ Rhamnus purshianus.

■ **Pergularia daemia** (Forsk.) Chiovenda
(syn. *Pergularia extensa, Daemia extensa, D. angolensis, D. aethiopica, D. cordifolia, Asclepias daemia, Cyanchum cordifolium, C. extensum*).
Fam.: Asclepiadaceae.
Vork.: tropisches Afrika, Ostindien.
Droge: Blätter und Wurzeln. Inh.: herzwirksame Glykoside (Cardenolide), wie Uzarigenin, Calactin; Lupeol, β-Sitosterol, α-Amyrin, Oleanolsäure,

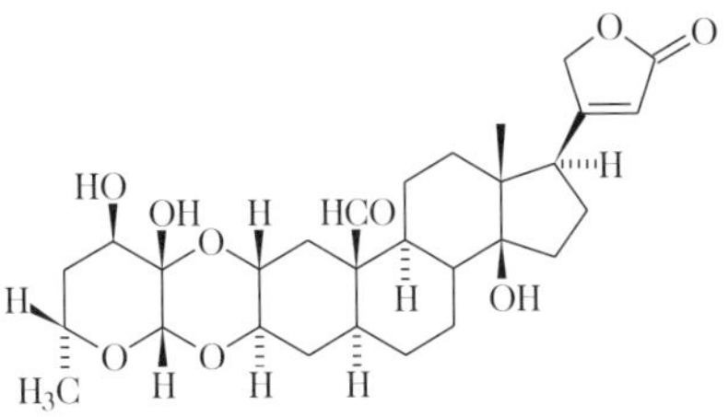

Calactin

Bitterstoffe. Anw.: in der Volksheilkunde bei Dysenterie, als Antitussivum, zur Regulation der Menstruation, bei Geschwüren und Abszessen, bei Gonorrhoe sowie als Abortivum. In Afrika wird die Droge auch zur Bereitung von Jagdgiften (Fischfang) eingesetzt.

Pergularia extensa ↗ Pergularia daemia.

■ **Periandra dulcis** Mart.
(syn. *Periandra mediterranea*); Brasilianische Süßholzpflanze.
Fam.: Fabaceae (Leguminosae).
Droge: die ganze Pflanze.
Inh.: Triterpensaponine, wie Glycyrrhizin. Anw.: in der Volksheilkunde als Expektorans.

Periandra mediterranea ↗ Periandra dulcis.
Pericarpium Aurantii amari ↗ Citrus-Arten.
Pericarpium Aurantii dulcis ↗ Citrus-Arten.
Pericarpium Citri ↗ Citrus-Arten.
Pericarpium Phaseoli ↗ Phaseolus vulgaris.
Pericarpium Piri mali ↗ Malus domestica.
Pericarpium Zanthoxyli ↗ Zanthoxylum-Arten.

■ **Pericopsis laxiflora** (Benth. ex Baker) van Meeuwen
(syn. *Afrormosia laxiflora, Ormosia laxiflora*).
Fam.: Fabaceae.
Vork.: Afrika, Senegal bis Sudan.
Droge: Rinde und Wurzeln. Inh.: Alkaloide, wie *N*-Methylcytisin; Gerbstoffe, Isoflavone, u. a. Genistein, Formononetin; Syrinaldehyd, Vanillin. Anw.: in der Volksheilkunde zur Schmerzbekämpfung und bei fiebrigen Infektionen. Auch wird über gewisse halluzinogene Effekte der Droge berichtet. Die Wurzeln sind zusammen mit Pflanzenteilen von ↗ *Strophanthus*-Arten Bestandteil von Pfeilgiften in Nigeria.

Perilla acuta ↗ Perilla frutescens.
Perilla avium ↗ Perilla frutescens.
Perilla cavaleriei ↗ Perilla frutescens.
Perilla citriodora ↗ Perilla frutescens.
Perilla crispa ↗ Perilla frutescens.
Perillae caulis ↗ Perilla frutescens.
Perillae folium ↗ Perilla frutescens.
Perillae fructus ↗ Perilla frutescens.
Perillae herba ↗ Perilla frutescens.

■ **Perilla frutescens** (L.) Britt.
(syn. *Dentidia nankinensis, Melissa maxima, Mentha perilloides, Mentha reticulosa, Perilla acuta, P. avium, P. cavaleriei, P. citriodora, P. crispa, P. macrostachya, P. nankinensis, P. ocymoides, P. shimadai, P. urticaefolia, Plectranthus nankinensis, Ocimum acutum, O. crispum, O. frutescens*); Öl-Perilla (syn. Schwarznessel).
Fam.: Lamiaceae (Labiatae).
Vork.: China, Indien.
Drogen: *1. **Perillae caulis***; Schwarznesselstengel, der getrocknete Stengel. Inh.: besonders 1-Perillaaldehyd, Dihydrocuminaldehyd und Adenin.

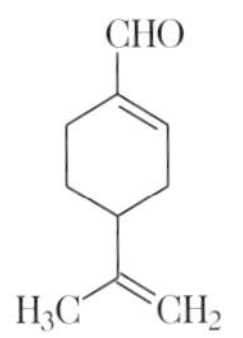

Perillaaldehyd

Anw.: in der traditionellen chinesischen Heilkunde bei Gefühl von Dumpfheit, zur Schmerzlinderung sowie unter anderem bei Funktionsstörungen des Magens und bei drohender Fehlgeburt. *2. **Perillae folium*** (syn. *Folium Perillae*); Schwarznesselblätter (syn. Perilla-Blätter), die getrockneten Blätter oder die blättertragenden, jungen Zweige. Inh.: äther. Öl, u. a. Perilla-Aldehyd enthaltend, ferner Flavonoide, darunter mehrere Anthocyane, Phenolcarbonsäuren, darunter Rosmarinsäure, sowie Sterole, u. a. β-Sitosterolglucosid. Anw.: in der traditionellen chinesischen Heilkunde bei Erkältungen mit Fieber, Schüttelfrost, Kopfschmerzen, Entzündung der Nasenschleimhäute und Husten. ***3. Perillae fructus***; Schwarznesselfrüchte (syn. Perilla-Früchte, Perilla-Samen), die trockenen, reifen Früchte. Inh.: äther. Öl mit β-Dehydroperillaketon (70 %), ferner u. a. Egomaketon ($C_{10}H_{16}O$) und Matsutakealkohol ($C_8H_{16}O$) sowie fettes, trocknendes Öl (35–45 %) mit Linolensäure (55 %), Ölsäure (21 %) und Linolsäure (11 %), außerdem Flavone, u. a. Apigenin und Luteolin. Anw.: in der traditionellen chinesischen Heilkunde bei Erkrankung der Atemorgane. Das schnell trocknende Öl dient in der Technik u. a. zur Herstellung von Lackfarben. ***4. Perillae herba*** (syn. *Herba Perillae*); Schwarznesselkraut (syn. Perilla-Kraut), die Blätter und Zweige. Inh.: äther. Öl (0,02–0,03 %) mit Rosenfuran (58 %), einem Monoterpen, als Haupt- und geruchsbestimmende Komponente. Anw.: s. *Perillae folium*.

Hom.: ***Perilla frutescens*** HAB1; Schwarznessel, die frischen, oberirdischen Pflanzenteile. Anw.-Geb.: Störungen des Harnsäurestoffwechsels (Gicht).

Perilla macrostachya ↗ Perilla frutescens.
Perilla nankinensis ↗ Perilla frutescens.
Perilla ocymoides ↗ Perilla frutescens.
Perilla shimadai ↗ Perilla frutescens.
Perilla urticaefolia ↗ Perilla frutescens.
Periplaneta orientalis ↗ Blatta orientalis.
Periploca afzelii ↗ Parquetina nigrescens.
Periploca calophylla ↗ Parquetina nigrescens.
Periploca cochinchinensis ↗ Calotropis-Arten.
Periploca gabonica ↗ Parquetina nigrescens.

■ **Periploca graeca** L.

Fam.: Asclepiadaceae.

Vork.: Südeuropa, Kleinasien, Kaukasusgebiete, Zentralasien. Die Pflanze ist stark giftig!

Drogen: ***1. Cortex Periplocae graecae***; Periplokarinde. Inh.: herzwirksame Glykoside, wie Periplocin und Digitalisglykosid-ähnliche Verbindungen. Anw.: in der Volksheilkunde als herzwirksame Droge bei Herzinsuffizienz. ***2. Semen Periplocae graecae***; Periplokasamen. Inh. und Anw.: s. *Cortex Periplocae graecae*. ***3. Herba Periplocae graecae***; Griechische Schlinge. Inh. und Anw.: s. *Cortex Periplocae graecae*.

Periploca nigrescens ↗ Parquetina nigrescens.
Periploca nigricans ↗ Parquetina nigrescens.
Periploca preussii ↗ Parquetina nigrescens.
Periploca wildemanii ↗ Parquetina nigrescens.
Periplokarinde ↗ Periploca graeca.
Periplokasamen ↗ Periploca graeca.
Perlmoos ↗ Carrageen.

■ **Pernettya furens** (Hook. et Arn.) Klotzsch Hierba loca.

Fam.: Ericaceae.

Vork.: Mexiko, Andengebiete, Galapagos- und Falklandinseln, Neuseeland.

Inh.: Andromedotoxine, Sesquiterpene. Anw.: Die Früchte sollen nach dem Genuß geistige Verwirrung hervorrufen und halluzinogene Effekte auslösen. Der Rauschzustand soll Ähnlichkeiten mit dem durch Stechapfel (↗ *Datura*-Arten) induzierten haben. Über die verantwortlichen Wirkstoffe existiert noch keine Gewißheit.

■ **Perowskia abrotanoides** Karel.

Fam.: Lamiaceae (Labiatae).

Vork.: Zentralasien, bes. Turkmenien, Usbekistan.

Droge: die ganze Pflanze. Inh.: äther. Öl (0,2–0,5 %), u. a. mit α-Pinen, Camphen, Cineol und Borneol. Anw.: In der Volksheilkunde wird das äther. Öl in Salbenform gegen Krätze verwendet, zur Förderung der Wundheilung sowie bei bakteriellen Hautinfektionen.

■ **Persea americana** Mill.

(syn. *Laurus persea, Persea drymifolia, P. gratissima, P. nubigena, P. persea*); Avocadobirne (syn. Advokaten-Birne, Alligator-Birne, Avocadobaum, Avocato-Birne), s. Farbtafel S. 147, Bild 61.

Fam.: Lauraceae.

Vork.: Mittelamerika, nördliches Südamerika.

Drogen: ***1. Avocado oleum*** (syn. *Oleum Avocado, Oleum Perseae*); Avocadoöl, das aus dem Fruchtfleisch durch Auspressen gewonnene, gegebenenfalls raffinierte Öl. Inh.: Triglyceride (85 %) mit hohem Anteil an ungesättigten Fettsäuren, bes. *cis*-9-Hexadecensäure (ca. 6 %, auch als Palmitolein- oder Zoomarinsäure bezeichnet) als charakteristische Komponente, ferner Partial-

1 Laburnum anagyroides, Gemeiner Goldregen

2 Laminaria digitata, Fingertang

3 Lamium album, Weiße Taubnessel

4 Lantana camara, Wandelröschen

5 Laurus nobilis, *Lauri fructus,* Lorbeeren

6 Lavandula angustifolia, Echter Lavendel

7 Ledum palustre, Sumpfporst

8 Liatris spicata, Ährige Prachtscharte

9 Ligustrum vulgare, Liguster

10 Lilium candidum, Madonnenlilie

11 Linaria vulgaris, Leinkraut

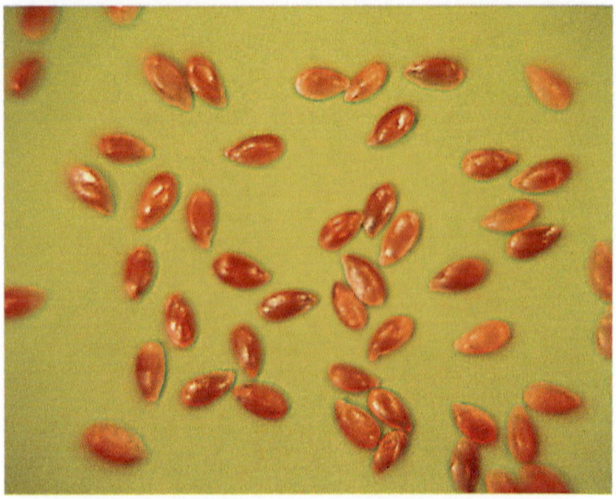

12 Linum usitatissimum, *Lini semen,* Leinsamen

13 Lobelia inflata, Lobelie

14 Lolium temulentum, Taumellolch

15 Lonicera caprifolium, Geißblatt

16 Lophophora williamsii, Peyote-Kaktus

17 Lupinus angustifolius, Blaue Lupine

18 Lupinus luteus, Gelbe Lupine

19 Lycium barbarum, Gemeiner Bocksdorn

20 Lycopus europaeus, Wolfstrapp

21 Lysimachia nummularia, Pfennigkraut

22 Lysimachia vulgaris, Gemeiner Gilbweiderich

23 Lythrum salicaria, Blutweiderich

24 Lytta vesicatoria, Spanische Fliege

25 Magnolia glauca, Magnolie

26 Mahonia aquifolium, Mahonie

27 Malva sylvestris, Große Käsepappel

28 Marrubium vulgare, Gemeiner Andorn

29 Marsdenia condurango, *Condurango cortex*, Condurangorinde

30 Melilotus alba, Weißer Steinklee

31 Melilotus officinalis, Echter Steinklee

32 Melissa officinalis, Melisse

33 Mentha longifolia, Roßminze

34 Mentha x piperita, Pfefferminze

35 Meum athamanticum, Bärwurz

36 Musa x paradisiaca, Banane

37 Myrica gale, Gagelstrauch

38 Myristica fragrans, *Myristicae semen*, Muskatnuß

39 Myroxylon balsamum, *Balsamum tolutanum*, Tolubalsam

40 Myrtus communis, Echte Myrte

41 Narcissus pseudonarcissus, Gelbe Narzisse

42 Nerium oleander, Oleander

43 Nicandra physaloides, Giftbeere

44 Nicotiana tabacum, Tabak

45 Nymphaea alba, Weiße Seerose

46 Ocimum basilicum, Basilikum

47 Oenothera biennis, Gemeine Nachtkerze

48 Ononis spinosa, *Ononidis spinosae radix,* Hauhechelwurzel

49 Onopordum acanthium, Eselsdistel

50 Opuntia ficus-indica, Feigenkaktus

51 Origanum majorana, Majoran

52 Origanum vulgare, Gemeiner Dost

53 Panax ginseng, *Ginseng radix,* Ginsengwurzel

54 Papaver rhoeas, Klatschmohn

55 Papaver somniferum, Schlafmohn

56 Papaver somniferum, Mohnkapsel mit Milchsaft

57 Paris quadrifolia, Einbeere

58 Passiflora incarnata, Passionsblume

59 Paullinia cupana, *Semen Guaranae*

60 Peganum harmala, Steppenraute

61 Persea americana, Avocadobirne

62 Petasites hybridus, Gemeine Pestwurz

63 Petroselinum crispum, Petersilie

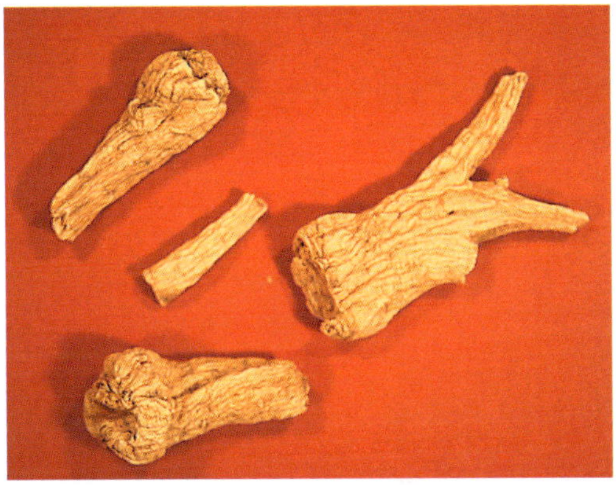

64 Petroselinum crispum, *Petroselini radix*, Petersilienwurzel

65 Peucedanum officinale, Echter Haarstrang

66 Peucedanum ostruthium, Meisterwurz

67 Phaseolus vulgaris, Gartenbohne

68 Philadelphus coronarius, Falscher Jasmin

69 Physalis alkekengi, Lampionblume

70 Physostigma venenosum, *Calabar semen,* Calabarbohne

71 Phytolacca americana, Kermesbeere

72 Picea abies, Gemeine Fichte

73 Pieris japonica, Japanische Lavendelheide

74 Pimenta dioica, *Fructus Pimentae*, Piment

75 Pimpinella saxifraga, Kleine Bibernelle

76 Pimpinella saxifraga, *Pimpinellae radix*, Bibernellwurzel

77 Pinus mugo, Bergkiefer

78 Pinus-Arten, *Colophonium*

79 Pinus sylvestris, Terpentingewinnung

80 Pinus sylvestris, *Resina Pini burgundica,* Burgunderharz

81 Piper methysticum, *Kava-Kava rhizoma,* Kavakavawurzelstock

82 Pistacia lentiscus, Mastix-Strauch

83 Pistacia lentiscus, *Mastix,* Mastixharz

84 Pistacia terebinthus, Terebinthe

85 Plantago lanceolata, Spitzwegerich

86 Platycodon grandiflorum, Ballonblume

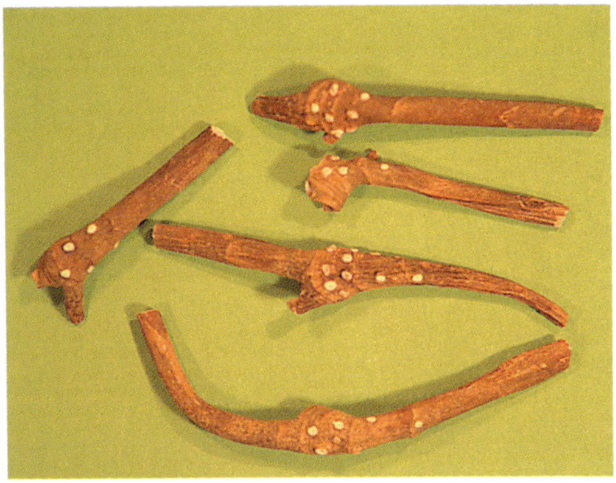

87 Podophyllum peltatum, *Radix Podophylli peltati,* Podophyllwurzel

88 Polemonium caeruleum, Himmelsleiter

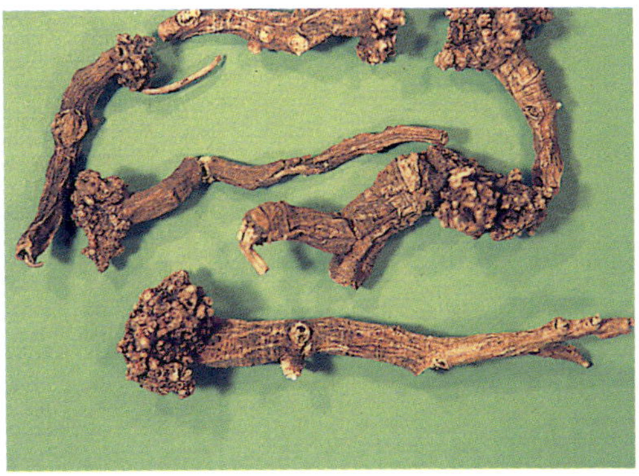

89 Polygala senega, *Polygalae radix,* Senegawurzel

90 Polygonum aviculare, Vogelknöterich

91 Polypodium vulgare, Engelsüß

92 Populus nigra, *Gemmae Populi,* Pappelknospen

93 Potentilla anserina, Gänsefingerkraut

94 Potentilla erecta, Blutwurz

95 Primula auricula, Aurikel

96 Primula elatior, Hohe Schlüsselblume

glyceride, freie Fettsäuren, Phospholipide sowie Triterpenalkohole, Sterole, u. a. β-Sitosterol und Campesterol, Vitamine, u. a. Vitamin A, D, und E. Anw.: als Salbengrundlage, in der Kosmetik zur Herstellung von Haut- und Körperpflegemitteln, im Haushalt als Speiseöl. ***2. Perseae folium*** (syn. *Folia Perseae*); Abacateiro, die getrockneten Blätter. Inh.: äther. Öl (0,5 %) mit Estragol und Caryophyllen als Hauptkomponenten, ferner Eugenol, ↗ Anethol sowie als Monoterpene u. a. α- und β-Pinen, Cymol, Linalool, Farnesen, Humulen und ε-Cadinen. Anw.: volkstümlich in den Heimatgebieten bei Menstruationsbeschwerden und zur Empfängnisverhütung.

Hom.: ***Persea americana*** HAB1; die frischen Blätter.

Histor.: Der griechische Gattungsname *Persea* erfolgte nach dem Halbgott Perseus.

Persea camfora ↗ Cinnamomum-Arten.
Persea caryophyllatum ↗ Dicypellium caryophyllatum.
Persea drymifolia ↗ Persea americana.
Persea dulcis ↗ Cinnamomum-Arten.
Perseae folium ↗ Persea americana.
Persea gratissima ↗ Persea americana.
Persea nubigena ↗ Persea americana.
Persea persea ↗ Persea americana.
Persea sassafra ↗ Sassafras albidum.
Persicaria acris ↗ Polygonum hydropiper.
Persicaria amoenum ↗ Polygonum bistorta.
Persicaria amphibia ↗ Polygonum amphibium.
Persicaria bistorta ↗ Polygonum bistorta.
Persicariae hydropiperis herba ↗ Polygonum hydropiper.
Persicaria ellipticum ↗ Polygonum bistorta.
Persicaria fluitans ↗ Polygonum amphibium.
Persicaria hydropiper ↗ Polygonum hydropiper.
Persicaria urens ↗ Polygonum hydropiper.
Persica vulgaris ↗ Prunus-Arten.
Persimone ↗ Diospyros-Arten.
Persimonholz ↗ Diospyros-Arten.
Persimonöl ↗ Diospyros-Arten.
Persische Insektenblüten ↗ Chrysanthemum-Arten.
Persische Moschuswurzel ↗ Ferula moschata.
Persisches Manna ↗ Alhagi pseudoalhagi.
Peruanischer Balsam ↗ Myroxylon balsamum.
Peruanischer Pfeffer ↗ Schinus-Arten.
Peruanischer Pfefferbaum ↗ Schinus-Arten.
Perubalsam ↗ Myroxylon balsamum.
Perückenstrauch ↗ Cotinus coggygria.
Peru-Ratanhia ↗ Krameria triandra.
Peruvosid ↗ Thevetia peruviana.
Pervinca major ↗ Vinca major.
Pervinca minor ↗ Vinca minor.
Pervinca procumbens ↗ Vinca minor.
Pestilenwurz ↗ Petasites hybridus.
Pestwurz ↗ Petasites hybridus.
Petala rhoeados ↗ Papaver rhoeas.

■ **Petasites hybridus** (L.) Gaertn., Mey. et Scherb. (syn. *Petasites officinale, P. ovatus, P. petasites, P. vulgaris, Tussilago petasites, T. hybrida*); Gemeine Pestwurz (syn. Pestilenwurz, Wasserklette), s. Farbtafel S. 147, Bild 62.

Fam.: Asteraceae (Compositae).

Vork.: gesamtes Europa.

Drogen: ***1. Petasitidis folium*** (syn. *Folia Petasites, Folia Petasitidis*); Pestwurzblätter, die getrockneten oder frischen Blätter. Inh.: Flavonoide, u. a. ↗ Astragalin und Isoquercitrin, Sesquiterpene sowie in Spuren Pyrrolizidinalkaloide. Anw.: ausschließlich volkstümlich besonders bei Krampfzuständen im Magen-Darm-Bereich, Erkrankungen der Atmungsorgane, Galle- und Leberbeschwerden sowie äußerlich als Wundheilmittel. ***2. Petasitidis rhizoma*** (syn. *Radix Petasites, Radix Petasitidis, Rhizoma Petasitidis*); Pestwurzwurzelstock (syn. Kraftwurz), die getrockneten, im Herbst geernteten unterirdischen Teile. Inh.: äther. Öl (0,1–0,4 %) u. a. 1-Nonen, Eremophilen und Furanoeremophilen, ferner Sesquiterpenester, die Derivate des Petasols, Iso- und Neopetasols darstellen, u. a. Peta-

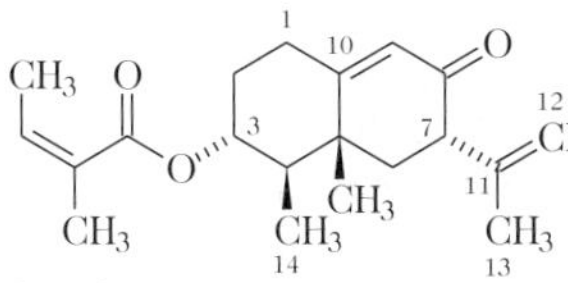

Petasin

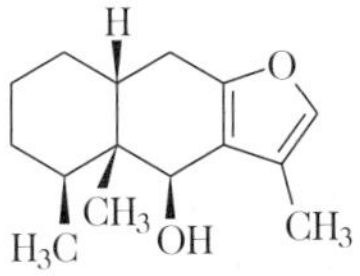

Petasalbin

sin, Petasalbin, Iso- und Neopetasin sowie ↗ Pyrrolizidinalkaloide, besonders Senecionin und Integerrimin als Retronecinester. Anw.: in Zubereitungen in Form von lipophilen oder ethanolischen Extrakten (Tagesdosis 4,5–7 g Droge) zur unterstützenden Behandlung akuter krampfartiger Schmerzen besonders im Bereich der ableitenden Harnorgane sowie bei Spannungskopfschmerzen und Migräne. Volkstümlich auch bei psychovegetativen Funktionsstörungen im Magen-Darm-Bereich sowie bei Erkrankungen der Atmungsorgane, besonders Keuchhusten. Geg.: Aufgrund hepatoxischer, mutagener, teratogener und cancerogener Eigenschaften von Pyrrolizidinalkaloiden mit 1,2-ungesättigtem Necin-Gerüst bestehen Anwendungsbeschränkungen.

Hom.: ***Petasites hybridus*** HAB1; Pestwurz, die gegen Ende der Blütezeit geernteten, oberirdischen Pflanzenteile. *Anw.-Geb.:* Erkrankungen der oberen und unteren Atemwege, der Leber, Galle und Bauchspeicheldrüse.

Histor.: Der Name Petasites wurde von ↗ Dioskurides geprägt, der die Blätter mit einem breitkrempigen Hut (griech. pefasos) verglich. Die Droge ist seit dem Altertum bekannt und wurde häufig angewendet, insbesondere die Blätter wurden bei Entzündungen, Geschwüren und Wunden aufgelegt. Im Mittelalter diente sie vor allem wegen ihrer diaphoretischen (schweißtreibenden) Wirkung als bestes Mittel gegen die Pest, die häufig mit Schwitzkuren therapiert wurde. Daher stammt auch die Bezeichnung Pestwurz, die auf Paracelsus und Leonhard Fuchs zurückgeht. Der Gattungsname *Petasites* wurde bereits bei ↗ Dioskurides benutzt. Er wird vom griechischen *petasos* (Regen- oder Sonnenschirm) abgeleitet, Bezug nehmend auf die riesigen Blätter der Pflanze.

Petasites officinale ↗ Petasites hybridus.
Petasites ovatus ↗ Petasites hybridus.
Petasites petasites ↗ Petasites hybridus.
Petasites vulgaris ↗ Petasites hybridus.
Petasitidis folium ↗ Petasites hybridus.
Petasitidis rhizoma ↗ Petasites hybridus.
Peterblümchen ↗ Bellis perennis.
Peterchen ↗ Petroselinum crispum.
Peterleinsamen ↗ Petroselinum crispum.
Peterling ↗ Petroselinum crispum.
Peterschlüssel ↗ Primula-Arten.
Petersilie ↗ Petroselinum crispum.
Petersilienfruchtöl ↗ Petroselinum crispum.
Petersilienkampfer ↗ Apiol.
Petersilienöl ↗ Petroselinum crispum.
Petersilienwurzel ↗ Petroselinum crispum.
Petersilling ↗ Petroselinum crispum.
Petilium imperiale ↗ Fritillaria imperialis.
Petitgrainöl ↗ Citrus-Arten.

■ **Petiveria alliacea** L.

Fam.: Phytolaccaceae.

Vork.: Brasilien, Florida, Mexiko, Antillen, Argentinien.

Droge: die Blätter. *Inh.:* äther. Öl mit lauchartigem Geruch, Benzyl-2-hydroxy-ethyltrisulfid, Cumarine, Isoarboriol, Trithiolan. *Anw.:* in der Volksheilkunde zur Bereitung von Umschlägen und für schweißtreibende Bäder; einige Indianerstämme Mittelamerikas benutzen die Droge für halluzinogene Zwecke bzw. zur Herstellung von Pfeilgiften.

■ **Petiveria tetrandra** Gomez.

Fam.: Phytolaccaceae.

Vork.: Brasilien, Mexiko.

Droge: ***Radix Petiverae***, die Wurzeln.

Hom.: ***Petiveria tetrandra*** HAB34, die getrockneten Wurzeln.

Petroselini aetheroleum e fructibus ↗ Petroselinum crispum.
Petroselini fructus ↗ Petroselinum crispum.
Petroselini herba ↗ Petroselinum crispum.
Petroselini radix ↗ Petroselinum crispum.

■ **Petroselinum crispum** (Mill.) Nym. ex A. W. Hill
(syn. *Apium hortense, A. laetum, A. petroselinum, A. romanum, A. vulgare, Carum petroselinum, C. vulgare, Helosciadium oppositofolium, Ligusticum levisticum, Petersilling, Petroselinum hortense, P. macedonicum, P. petroselinum, P. romanum, P. sativum, P. vulgare, Selinum petroselinum, Sium oppositifolium, Wydleria portoricensis*); Petersilie (syn. Bittersilche, Gartenpetersilie, Peterchen, Peterling, Petersilling), s. Farbtafel S. 147, Bild 63.

Fam.: Apiaceae (Umbelliferae).

Vork.: ursprünglich vermutlich Mitteleuropa, heute weltweit.

Drogen: ***1. Petroselini aetheroleum e fructibus*** (syn. *Oleum Petroselini*); Petersilienfruchtöl (syn. Petersilienöl), das äther. Öl aus den Früchten. *Inh.:* Phenylpropane, besonders Apiol (58–80 %, je nach chemischer Rasse), Myristicin und

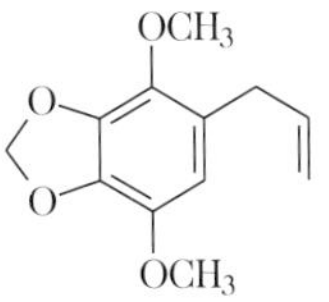

Apiol

geringe Mengen Elemicin sowie Terpene, u. a. α- und β-Pinen, β-Phellandren, Terpinolen, Myrcen und Limonen. Anw.: volkstümlich früher zur Entwässerung bei Ödemen und mißbräuchlich als Abortivum. ***2. Petroselini fructus*** (syn. *Fructus Petroselini, Semen Petroselini*); Petersilienfrüchte (syn. Peterleinsamen, Petersiliensamen, *Petroselinum-crispum*-Früchte), die meist in ihre Teilfrüchte zerfallenen, trockenen, reifen Spaltfrüchte. Inh.: äther. Öl (2–6 %), s. Petersilienfruchtöl, ferner Furanocumarine, u. a. Bergapten, Isopimpinellin und Psoralen sowie fettes Öl (ca. 20 %) mit Petroselinsäure (60–80 %) als dominierender Fettsäurekomponente. Anw.: volkstümlich bei Verdauungs- und Nierenbeschwerden Geg.: Allergie gegen Petersilie oder Apiol sowie bei bestehenden Nierenentzündungen. ***3. Petroselini herba*** (syn. *Folia Petroselini, Herba Petroselini*); Petersilienkraut, die frischen oder getrockneten oberirdischen Teile. Inh.: äther. Öl (0,016–0,3 %, Frischdroge), s. Petersilienfruchtöl, ferner Furanocumarine, Vitamine, z. B. Vitamin C (165 mg/100 g Frischdroge) sowie Carotinoide und reichlich Chlorophyll (ca. 1 %, getrocknete Droge). Anw.: in der Volksheilkunde bei Verdauungsbeschwerden, als harntreibendes Mittel bei Wassersucht sowie bei Blasen und Nierenleiden. ***4. Petroselini radix*** (syn. *Radix Petroselini*); Petersilienwurzel (syn. Wurzelpetersilie), die getrockneten unterirdischen Teile, s. Farbtafel S. 147, Bild 64. Inh.: äther. Öl (0,05–0,12 %), v. a. mit Apiol, Myristicin und Terpineolen; Phthalide, Flavonoide, Cumarine, Polyine, v. a. Falcarinol, Falcarinon und Falcarinolon. Anw.: s. *Petroselini herba*. In der Volksheilkunde wird die Droge bei Wassersucht, Nieren- und Blasenleiden zur Diurese, aber auch bei Blähungen und Menstruationsbeschwerden eingesetzt. Im Haushalt dient sie als Suppengewürz und Trockengemüse. Zur ↗ Teezubereitung verwendet man als Einzeldosis 1 Teelöffel (= 2 g) feingeschnittene Petersilienwurzel. Als Tagesdosis werden ca. 6 g Droge empfohlen.

Hom.: ***Petroselinum crispum*** HAB1; Petersilie, die frische, zu Beginn der Blüte gesammelte, ganze Pflanze. Anw.-Geb.: Erkrankungen der Niere und der ableitenden Harnwege, Harnwegsentzündungen, Reizblase.

Histor.: Der Gattungsname *Petroselinum* leitet sich vom griechischen *petros* (Fels, Stein) und *sélinon* (Silge) ab, Bezug nehmend auf den ursprünglichen Standort. Der deutsche Name ist vom griechisch-lateinischen abgeleitet. Die Petersilie war bereits im Altertum als Heilpflanze hochgeschätzt und wurde von den Ärzten der Antike vor allem als Diuretikum, menstruationsförderndes und steintreibendes Mittel empfohlen.

Petroselinum hortense ↗ Petroselinum crispum.
Petroselinum macedonicum ↗ Petroselinum crispum.
Petroselinum petroselinum ↗ Petroselinum crispum.
Petroselinum romanum ↗ Petroselinum crispum.
Petroselinum sativum ↗ Petroselinum crispum.
Petroselinum vulgare ↗ Petroselinum crispum.
Petrusstab ↗ Solidago-Arten.

■ **Petunia violacea** Lindl.
Shanin.
Fam.: Solanaceae.
Vork.: warme Zonen Nord- und Südamerikas.
Inh.: Steroide, Diterpene. Anw.: Ecuadorianische Indianer benutzten die Droge als Halluzinogen, um ein Gefühl des Fliegens zu induzieren. Die dafür verantwortlichen Inhaltsstoffe sind noch nicht bekannt.

Peucedanum ammoniacum ↗ Dorema ammoniacum.
Peucedanum anethum ↗ Anethum graveolens.
Peucedanum ferula ↗ Ferula communis.
Peucedanum galbanifluum ↗ Ferula gummosa.
Peucedanum graveolens ↗ Anethum graveolens.

■ **Peucedanum japonicum** Thunb.
Fam.: Apiaceae (syn. Umbelliferae).
Vork.: Asien, Afrika, Europa.
Droge: ***Radix Peucedani***. Inh.: Cumarine, Alkaloide. Anw.: in der traditionellen chinesischen Medizin zur Behandlung von Lungen- und Milzleiden. Die Droge soll auch tonisierende Wirkungen besitzen.

■ **Peucedanum officinale** L.
Echter Haarstrang; s. Farbtafel S. 147, Bild 65.

Fam.: Apiaceae (Umbelliferae).

Vork.: Mittel- und Südeuropa.

Droge: ***Radix Peucedani officinale*** (syn. *Radix Foeniculi porcini*); Echte Haarstrangwurzel (syn. Roßfenchelwurzel), die getrocknete Wurzel. Inh.: äther. Öl (0,2 %); Cumarinderivate, bes. Peucedanin (2–2,5 %) und Oxypeucedanin (0,3–0,5 %). Anw.: in der Volksheilkunde bei Katarrhen und Wechselfieber, als Emmenagogum, Diuretikum und gegen Gonorrhoe, heute ohne Bedeutung.

Hom.: ***Peucedanum*** HAB34; die frische Wurzel.

■ **Peucedanum oreoselinum** (L.) Moench.
(syn. *Athamantha oreoselinum*), Bergpetersilie (syn. Bergsellerie, Hirschwurz).

Fam.: Apiaceae (Umbelliferae).

Vork.: Mittel- und Südeuropa.

Drogen: ***1. Oreoselini herba*** (syn. *Herba Oreoselini*); Bergpetersilienkraut, das getrocknete Kraut. Inh.: äther. Öl mit Terpenen; Athamantin, Peucedanin (Bitterstoff), Valeriansäure, Flavonoide. Anw.: in der Volksheilkunde als Diuretikum. ***2. Radix Oreoselini*** (syn. *Oreoselini radix*); Bergpetersilienwurzel, die getrocknete Wurzel. Inh.: äther. Öl, Athamantin (Cumarinderivat). Anw.: in der Volksheilkunde bei Katarrhen und Wassersucht.

Hom.: ***Athamantha oreoselinum*** HAB34, die frische Pflanze.

■ **Peucedanum ostruthium** (L.) W.D.J. Koch
(syn. *Imperatoria ostruthium*); Meisterwurz (syn. Kaiserwurz, Ostruz), s. Farbtafel S. 147, Bild 66.

Fam.: Apiaceae (Umbelliferae).

Vork.: Mittel- und Südeuropa.

Droge: ***Rhizoma Imperatoriae*** (syn. *Radix Imperatoriae, Radix Astrantiae, Radix Ostruthii, Imperatoria Ostruthium*); Meisterwurz, das gesamte Rhizom. Inh.: äther. Öl (0,2–1,4 %), Bitterstoffe, u. a. Osthin, Peucenin; Ostruthin, Furanocumarine, wie Imperatorin, Peucedanin, Isoimperatorin, Oxypeucedanin, Gerbstoffe, Harz und Flavonoide. Anw.: in der Volksheilkunde als Ersatz für *Radix Angelicae* (↗ *Angelica archangelica*) in Stomachika, weiterhin als Diuretikum, Sedativum, Diaphoretikum, auch bei Gicht, Rheuma und Fieber. Die Droge wird einigen Bitterschnäpsen als Bittermittel zugesetzt.

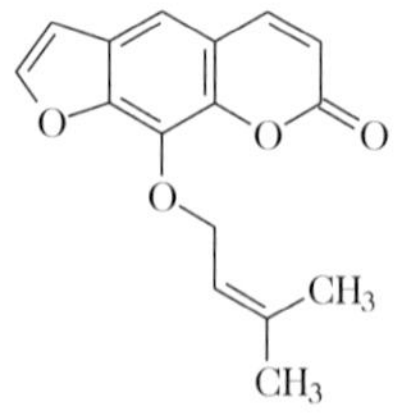

Imperatorin

Hom.: ***Peucedanum*** HAB, die frische Wurzel. Anw.-Geb.: Magen- und Hauterkrankungen.

Peucedanum sativum ↗ Pastinaca sativa.
Peucedanum sowa ↗ Anethum graveolens.
Peucedanum sumbul ↗ Ferula moschata.

■ **Peumus boldus** Mol.
(syn. *Peumus fragrans*); Boldo.

Fam.: Monimiaceae.

Vork.: Chile, Peru.

Droge: ***Boldo folium*** (syn. *Folia Boldo, Boldo*); Boldoblätter, die getrockneten Laubblätter. Inh.: Alkaloide (ca. 0,2 %), u. a. Boldin, Laurotetanin,

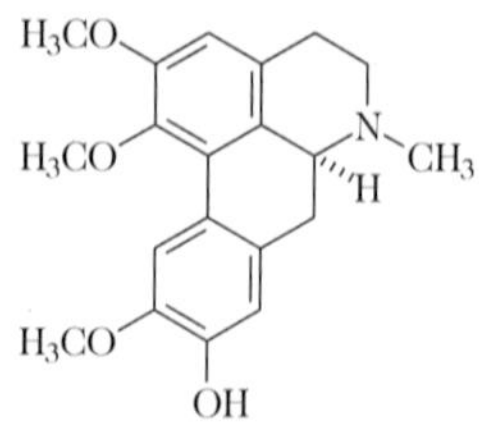

Boldin

Laurilotsin; Flavonoide, u. a. Peumosid; Boldoglucin, äther. Öl mit Ascaridol, Cymol und 1,8-Cineol, Gerbstoffe und Gummi. Anw.: in der Volksheilkunde als Cholagogum, Diuretikum, Stomachikum und Antirheumatikum. In Chile auch als Anthelmintikum eingesetzt. In größeren Mengen eingenommen wirkt die Droge brecherregend. Zur ↗ Teezubereitung verwendet man als Einzeldosis 1 Teelöffel (ca. 1,5 g) feingeschnittene Droge. Als Tagesdosis werden etwa 4,5 g Droge empfohlen.

Hom.: ***Peumus boldus*** HAB1; Boldoblätter, die getrockneten Blätter. Anw.-Geb.: Erkrankungen des Magen-Darm-Traktes, der Leber, Galle und Bauchspeicheldrüse.

Histor.: Der Gattungsname *Peumus* ist der chilenische Pflanzenname. Der Artname *boldus* wurde nach dem spanischen Botaniker Boldo geprägt.

Peumus fragrans ↗ Peumus boldus.
Peyote ↗ Ariocarpus retusus, ↗ Lophophora williamsii.
Peyote-Kaktus ↗ Lophophora williamsii.
Peyotillo ↗ Pelecyphora aselliformis.
Peyotl-Kaktus ↗ Lophophora williamsii.
Pfaffenblut ↗ Arum maculatum.
Pfaffendistel ↗ Taraxacum officinale.
Pfaffenhütchen ↗ Euonymus atropurpurea.
Pfaffenhütlein ↗ Euonymus europaea.
Pfaffenkäppchen ↗ Euonymus europaea.
Pfaffenöhrlein ↗ Taraxacum officinale.
Pfaffenpint ↗ Arum maculatum, ↗ Typha latifolia.
Pfahlrohr ↗ Arundo donax.
Pfannkuchenkraut ↗ Chrysanthemum-Arten.
Pfeffer ↗ Piper nigrum.
Pfefferbaumrinde ↗ Daphne mezereum.
Pfefferblatt ↗ Chrysanthemum-Arten.
Pfeffer-Knöterich ↗ Polygonum hydropiper.
Pfefferkraut ↗ Polygonum hydropiper, ↗ Satureja hortensis, ↗ Lepidium latifolium.
Pfefferminze ↗ Mentha-Arten.
Pfefferminzöl ↗ Mentha-Arten.
Pfefferstrauch ↗ Schinus-Arten.
Pfefferwurz ↗ Pimpinella-Arten.
Pfefferwurzel ↗ Armoracia rusticana, ↗ Pimpinella-Arten.

■ Pfeilgifte

in tropischen und subtropischen Ländern von Eingeborenen verwendete Gifte zur Jagd. Dabei werden in den unterschiedlichen Regionen auch unterschiedliche Pflanzen zur Herstellung der P. verwendet. In Südamerika wird ↗ Curare benutzt, in Afrika Samen von ↗ *Strophanthus*-Arten, Extrakte aus *Adonium*-Arten, ↗ *Acocanthera*-Arten sowie aus *Calotropis procera* (↗ *Calotropis*-Arten) und *Euphorbia dinteri*. In Indonesien kommen Zubereitungen aus *Antiaris toxicaria* und ↗ Strychnin zum Einsatz. Allen P. ist gemein, daß sie die Muskulatur der Beutetiere kurzfristig lähmen, so daß diese nicht mehr flüchten können. Die Pfeile werden sowohl mit dem Bogen als auch mit Blasrohren verschossen. Durch die Zubereitung der getöteten Tiere wird die Wirkung der P. inaktiviert und stellt damit keine Gefahr beim Verzehr dar.

Pfeilkraut ↗ Sagittaria sagittifolia.
Pfeilwurz ↗ Maranta arundinacea.
Pfeilwurzel ↗ Maranta arundinacea.
Pfennigkraut ↗ Hydrocotyle vulgaris, ↗ Lysimachia nummularia.
Pferdeblume ↗ Taraxacum officinale.
Pferdebohne ↗ Vicia faba.
Pferdefett ↗ Equus caballus.
Pferdefuß ↗ Tussilago farfara.
Pferdekastanie ↗ Aesculus hippocastanum.
Pferdekraut ↗ Solidago-Arten.
Pferdekümmel ↗ Oenanthe aquatica.
Pferdeminze ↗ Monarda didyma.
Pferdemuskat ↗ Myristica argentea.
Pferdesaat ↗ Oenanthe aquatica.
Pferdeschwanz ↗ Equisetum-Arten.
Pfingstblume ↗ Arum maculatum.
Pfingstnelke ↗ Dianthus deltoides.
Pfingstrosenblüten ↗ Paeonia officinalis.
Pfirsich ↗ Prunus-Arten.
Pfirsichkernöl ↗ Prunus-Arten.
Pflanzenlecithin ↗ Glycine max.
Pflasterkäfer ↗ Lytta vesicatoria.
Pflaume ↗ Prunus-Arten.
Pflaumenflechte ↗ Evernia prunastri.
Pflaumenkernöl ↗ Prunus-Arten.
Pflaumen-Muskatnußrinde ↗ Atherosperma moschatum.
Pfriemenblüten ↗ Cytisus scoparius.
Pfriemenginster ↗ Spartium junceum.
Pfriemenstrauch ↗ Cytisus scoparius.
Ph. Eur. ↗ Pharmacopoea Europaea.
Phaeophyceae ↗ Phaeophyta.

■ Phaeophyta

(syn. Phaeophyceae); Braunalgen, etwa 1500 Arten umfassende Abteilung mehrzelliger Meeresalgen (Tange), bei denen Chlorophyll teilweise durch das braungefärbte Fucoxanthin als lichtabsorbierendes Photosynthesepigment ersetzt ist. Sie sind als Quelle von ↗ Alginsäure, Laminarin und ihren Derivaten von pharmazeutischer Bedeutung.

- **Fam.:** Lessoniaceae.
- **Vork.:** in allen Weltmeeren.
- **Macrocystis integrifolia** Bory; Birnentang. Inhaltsstoffe und Anwendung s. *Macrocystis pyrifera*.
- **Macrocystis pyrifera** (L.) C. A. Agardh (syn. *Fucus pyriferus*); Birnentang. *Inh.:* ↗ Alginsäure (14–21 %) mit einem Glucuronsäureanteil von

20–40 %, Fucose, Mineralien, B-Vitamine. Anw.: zur Gewinnung von ↗ Alginsäure sowie als Futtermittel. In ähnlicher Weise werden auch ↗ *Laminaria*-Arten verwendet.

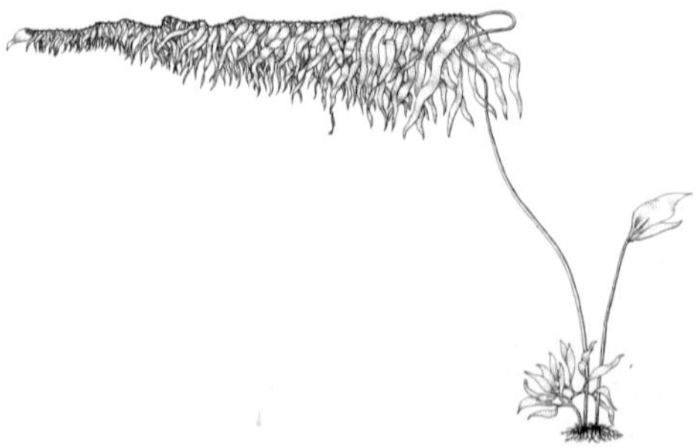

Macrocystis pyrifera.

Phalangium ramosum ↗ Anthericum ramosum.

■ **Phalaris arundinacea** L.
Rohrglanzgras.
Fam.: Poaceae (Gramineae).
Vork.: Eurasien, Nordafrika, Nordamerika.
Droge: die Blätter. Inh.: Indolalkaloide, u. a. Dimethyltryptamin, 5-Methoxydimethyltryptamin und Gramin. Anw.: früher in der Volksheilkunde bei Blasenleiden. Die Droge besitzt halluzinogene Eigenschaften und wird mitunter als Ersatz für ↗ Ayahuasca geraucht.

■ **Phalaris canariensis** L.
Canariensaat.
Fam.: Poaceae (Gramineae).
Vork.: Südeuropa, Kanarische Inseln, Argentinien, in Marokko und Südeuropa auch kultiviert.
Droge: *Semen Canariense*; Kanariengrassamen. Inh.: Stärke (ca. 55 %), fettes Öl (ca. 5 %), Kieselsäure, geringe Mengen Alkaloide. Anw.: in der Volksheilkunde als Diuretikum, als Diätetikum in Mehlspeisen und als Brotzusatz. Die Droge wird auch als beliebtes Vogelfutter eingesetzt.

■ **Phallus impudicus**
(syn. *Ithyphallus impudicus*); Stinkmorchel (syn. Giftmorchel, Stinkschwamm).
Fam.: Phallaceae.
Vork.: Vegetationszonen der nördlichen Erdhalbkugel.
Droge: der ganze Pilz. Die Droge ist giftig! Inh.: Phenylacetaldehyd als Träger des unangenehmen Geruchs, Phenylcrotonaldehyd, Formaldehyd, Acetaldehyd, Methylmercaptan, Schwefelwasserstoff; Schleimstoffe, u. a. das Polyglucuronid Phallin. Anw.: in der Volksheilkunde früher gegen Gicht und Rheuma.

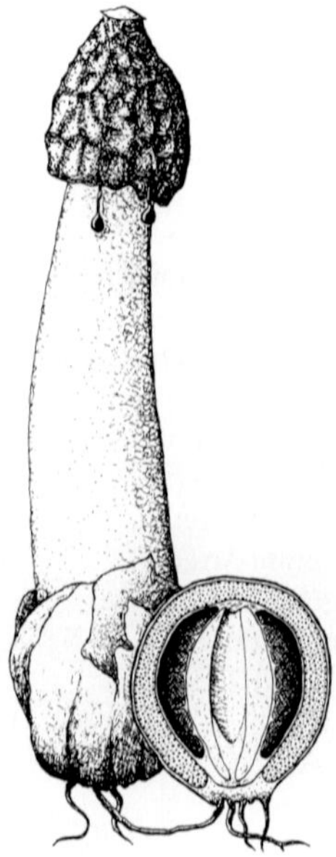

Phallus impudicus.

Phantastika ↗ Halluzinogene biogenen Ursprungs.

■ **Pharbitis nil** (L.) Choisy
(syn. Ipomoea nil).
Fam.: Convolvulaceae.
Vork.: Iran, Turkmenien, Indien.
Droge: *Semen Pharbites*; Kaladanasamen, die reifen Samen. Inh.: Mutterkornalkaloide (0,5 %, ↗ *Claviceps purpurea*), wie Lysergol, Chanoclavin,

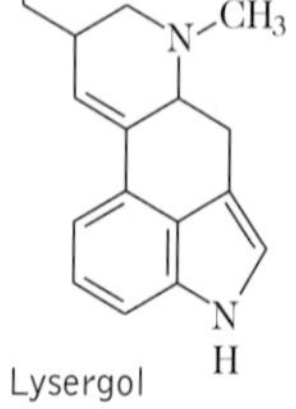

Lysergol

Elymoclavin, Penniclavin; Gibberellin, Harz, fettes Öl (ca. 14 %), Gerbstoffe. Anw.: in der Volksheilkunde als Laxans und Anthelmintikum.

■ Pharmacopoea Europaea

(Abk. Ph.Eur., Pharm.Eur.); Vorschriftensammlung von Arzneibuchmonographien, die im Rahmen eines Übereinkommens vom 22. Juli 1964, die Ausarbeitung eines Europäischen Arzneibuches betreffend, begonnen wurde und der inzwischen 25 Vertragsstaaten, u. a. auch die Bundesrepublik Deutschland, angehören. Mit dem Beginn der Geltung des Europäischen Arzneibuches 1997 erfolgte eine Trennung des Arzneibuchs, z. B. das der Bundesrepublik Deutschland in das jeweils geltende Europäische Arzneibuch, amtliche deutsche Ausgabe und das jeweils geltende Deutsche Arzneibuch mit den zusätzlich für die Bundesrepublik geltenden Arzneibuchvorschriften. Mit der Aufnahme von Monographien in das Europäische Arzneibuch werden nach und nach die bisherigen in der noch bestehenden nationalen Pharmakopöe gelöscht.

■ Pharmakognosie

Wissenschaft von den biogenen Arzneistoffen, nämlich Drogen und biogenen Wirkstoffen und deren mikrobiellen, pflanzlichen und tierischen Produzenten. Der Begriff leitet sich aus den griechischen Bezeichnungen pharmakon (Gift, Heilmittel) und gnosis (Kenntnis) ab und wurde erstmals in der Dissertation von Seydler (1815) verwendet. Er wurde schließlich von Martius, u. a. in seinem Buch „Grundriß der Pharmakognosie des Pflanzenreichs" (1832), aufgegriffen und als allgemeine pharmazeutische Warenkunde (Drogenkunde) definiert. Entsprechend der Wissenschaftsentwicklung und der Bedeutung als Lehr- und Forschungsgebiet wurde der Begriff von ↗ Tschirch in seinem „Handbuch der Pharmakognosie" (1909) etwa im heutigen Sinne interpretiert. Aufgabe der P. ist die Untersuchung von ↗ Drogen, ihre makroskopische, mikroskopische und chemische Charakterisierung sowie deren Gehaltsbestimmung, die Gewinnung biogener Arzneistoffe aus biologischem Material und ihre Strukturaufklärung.

■ Pharmakologie

Wissenschaft von den biologischen Wirkungen der Pharmaka. Zielsetzung ist die Steuerung von Lebensvorgängen durch Pharmaka, insbesondere bei krankhaften Störungen. Teilgebiete der P. sind u. a. die experimentelle P., klinische P., Toxikologie und Pharmakogenetik.

■ Pharmakopöe

Arzneibuch; amtliches Verzeichnis von Monographien von standardisierten, sog. officinellen, Arzneimitteln eines Landes oder einer Staatengruppe. Die einzelnen Monographien enthalten Angaben zur erforderlichen Beschaffenheit des betreffenden Arzneimittels, insbesondere zu seinen Eigenschaften, zur Prüfung auf Identität und Reinheit, gegebenenfalls Vorschriften zur Gehaltsbestimmung sowie zur Lagerung.

■ Pharmazeutische Biologie

Wissenschaft von den biologischen Grundlagen der Pharmazie und deren Nutzung zur Entwicklung, Gewinnung, Kontrolle, Standardisierung, Verarbeitung und Anwendung von Arzneistoffen. Die P.B. vermittelt die pharmazeutisch wesentlichen Teilgebiete der Zytologie, Genetik, Mikrobiologie, Botanik, Zoologie, Biochemie und Molekularbiologie sowie die Objekte der ↗ Pharmakognosie.

■ Pharmazie

Wissenschaft von den Arzneimitteln, die auf wissenschaftlicher und gesetzlicher Grundlage beruht. Sie umfaßt im wesentlichen die naturwissenschaftliche Forschung und Lehre, die Herstellung und Prüfung von Arzneimitteln in Industrie und Apotheke, den kaufmännischen Sektor, d. h. den Handel zwischen Herstellern und Apotheken sowie die fachgerechte Abgabe und Beratung (Pharmaceutical Care) in der Apotheke.

Phaseoli pericarpium ↗ Phaseolus vulgaris.
Phaseolus max ↗ Glycine max.
Phaseolus ordidus ↗ Glycine max.

■ Phaseolus vulgaris L.

Gartenbohne (syn. Fisole, Zwergbohne), s. Farbtafel S. 148, Bild 67.

Fam.: Fabaceae.

Vork.: Südamerika, heute weltweit kultiviert.

Drogen: ***1. Semen Phaseoli*** (syn. *Fabae albae, Semen Fabarum*); Weiße Bohnen (syn. Schminkbohnen), die ganzen, reifen Samen. Inh.: Proteine (ca. 25 %), u. a. das in ungekochtem Zustand toxisch wirksame Toxalbumin (Phasin), Stärke (ca. 50 %, Bohnenstärke), Gummi (ca. 10 %), Fett (ca. 2 %), Dextrin, Stigmasterol. Anw.: in gepulverter Form zu Kataplasmen, bei nässenden und juckenden Ekzemen, früher zur Gewinnung von Bohnenstärke, *Amylum Phaseoli*, zur Herstellung von Pillen und Pudern sowie als Nahrungsmittel. ***2. Fructus Phaseoli sine semine*** (syn. *Cortex Phaseoli, Legumina Phaseoli, Pericarpium Phaseoli, Phaseoli pericarpium*); Bohnenschalen (syn. Bohnenhülsen), die von den Samen befreiten Früchte (Hülsen). Inh.: Trigonellin, Arginin, Tyrosin und weitere Aminosäuren, Monoaminofettsäuren, Cholin, Vitamin C, Hemicellulose. Anw.: in der Volksheilkunde als Diabetikertee zur Senkung des Blutzuckerspiegels, diese Wirksamkeit ist aber nicht gesichert. Weiterhin wird die Droge volksheilkundlich zur Diuresesteigerung bei Nieren- und Herzkrankheiten, bei Gicht und Akne eingesetzt. Zur ↗ Teezubereitung verwendet man als Einzeldosis 1 Eßlöffel (ca. 5 g) feingeschnittene Bohnenschalen. Als Tagesdosis werden 5–15 g Droge empfohlen.

Hom.: ***1. Phaseolus vulgaris var. nanus e planta tota*** HAB34; Buschbohne, die ganzen, frischen Pflanzen. Anw.-Geb.: Herzschwäche. ***2. Phaseolus vulgaris var. nanus e seminibus*** HAB34; Buschbohne, die Samen. Anw.-Geb.: Herzschwäche.

Histor.: Der Gattungsname *Phaseolus* wird vom griechischen *phaséolos* (Kahn), Bezug nehmend auf die kahnförmigen Hülsenfrüchte, abgeleitet.

Phegopyrum esculentum ↗ Fagopyrum esculentum.
Phellandrene ↗ Ätherische Öle.
Phellandri aetheroleum ↗ Oenanthe aquatica.
Phellandri fructus ↗ Oenanthe aquatica.
Phellandrium ↗ Oenanthe aquatica.
Phellandrium aquaticum ↗ Oenanthe aquatica.
Phellandrium divaricatum ↗ Oenanthe aquatica.

■ **Phellodendron amurense** Rupr.
Korkbaum.

Fam.: Rutaceae.

Vork.: Ostasien, Japan, Rußland, bes. im Amurgebiet.

Drogen: ***1. Oleum Phellodendri***; Korkbaumfruchtöl, das Öl der Früchte. Inh.: äther. Öl, fettes Öl. Anw.: mit Aceton gemischt als Insektizid. ***2. Cortex Phellodendri***, die Rinde. Inh.: Alkaloide, wie Berberin (ca. 1 %). Anw.: in der japanischen Volksheilkunde als Diuretikum und Fiebermittel eingesetzt.

■ **Phellodendron lavallei** Dode.

Fam.: Rutaceae.

Vork.: Kaukasus, Zentralasien, auch kultiviert.

Droge: die Rinde. Inh.: äther. Öl, Gerbstoffe, Alkaloide, wie Berberin. Anw.: in der chinesischen Volksheilkunde als Diuretikum und Febrifugum, in der russischen bei Leber- und Magenleiden.

■ **Philadelphus coronarius** L.
Falscher Jasmin (syn. Wohlriechender Pfeifenstrauch), s. Farbtafel S. 148, Bild 68.

Fam.: Hydrangeaceae.

Vork.: Nordamerika, Europa.

Droge: die Blüten.

Hom.: ***Philadelphus coronarius*** HAB34, die frischen Blüten.

Philippinisches Elemi ↗ Canarium luzonicum.
Philosophenöl ↗ Oleum Philosophorum.

■ **Phleum pratense** L.
Alfalfagras (syn. Wiesen-Lieschgras, Timotheegras).

Fam.: Poaceae (Gramineae).

Vork.: Europa, Nordamerika, Westsibirien.

Droge: das Gras. Inh.: Chlorophyll, Proteine, Fett, Kohlenhydrate, Carotine, Vitamin A. In den Rhizomen wurden die Kohlenwasserstoffe Graminin und Phlein nachgewiesen. Anw.: zur Chlorophyllgewinnung, wertvolle Futterpflanze.

Hom.: ***Phleum pratense*** HAB; die frischen, oberirdischen Pflanzenteile. Anw.-Geb.: Heuschnupfen.

■ **Phlobaphene**
(Gerbstoffrote) wasserunlösliche Kondensations- und Oxidationsprodukte von Catechingerbstoffen mit rotbrauner Farbe. Sie entstehen unter anderem bei der Trocknung von Rindendrogen und sind für die dunkle Färbung des Kernholzes und Korks sowie von fermentiertem Kaffee, Tee, Kakao und Tabak verantwortlich.

■ **Phlomis pungeus** Willd.
Brandkraut.

Fam.: Lamiaceae (Labiatae).

Vork.: Sibirien, China.

Droge: das Kraut. _Inh._: Alkaloide, Iridoid-Glykoside, Gerbstoffe, Vitamine. _Anw._: in der Volksheilkunde bei Bronchitis und Erkältungskrankheiten, äußerlich bei eiternden Wunden.

■ Phlorizin

(syn. Phloridizin, Phlorrhizin), Glucosid aus der Rinde von Apfel-, Kirsch- und anderen Obstbäumen mit dem Aglykon Phloretin. _Wirk._: hemmt

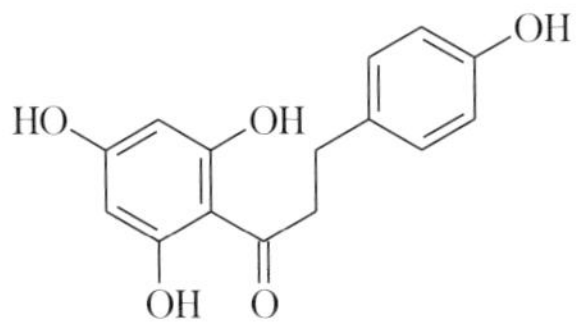

Phloretin

kompetitiv den Transport von Glucose in Erythrozyten und führt damit zur Ausscheidung von Zucker im Harn. _Anw._: früher bei Wechselfieber als Chininersatz, heute obsolet.

■ Phoenix dactylifera L.

Dattelpalme.

Fam.: Palmae.

Vork.: Oasen der Sahara, Nordafrika, Südwestasien, kultiviert in Kalifornien, Mexiko, Brasilien, Argentinien, Australien. Man kennt etwa 80 verschiedene Kulturformen.

Droge: ***1. Fructus Dactyli*** (syn. *Dactyli*); Datteln, die Früchte. _Inh._: Kohlenhydrate (60–80 %), v. a. Zucker, u. a. Invertzucker; Proteine (ca. 2 %), Cumarin. _Anw._: mildes Abführmittel. Die Frucht ist ein beliebtes tropisches Obst, das als Nahrungsmittel (Dattelmus, Dattelhonig) und zur Weinbereitung genutzt wird. ***2. Oleum Dactyli***; Dattelkernöl, das fette Öl (ca. 10 %) der Kerne. _Inh._: Triglyceride komplexer Zusammensetzung mit angenehmem Geschmack. _Anw._: als Speiseöl und Diätetikum.

Histor.: Auf den Reliefbildern aus Babylonien und dem alten Ägypten ist keine Pflanze so häufig abgebildet worden wie die Dattelpalme; ein Ausdruck der hohen Wertschätzung. Beweise für ihren Anbau liegen seit 6000 v. Chr. vor, die Nutzung der Pflanze läßt sich aus Samenfunden in Ägypten auf mehr als 14 000 Jahre datieren. Angebaut wurden und werden vorwiegend weibliche Pflanzen, für 100 Dattelpalmen reicht eine männliche Pflanze zur Bestäubung aus. Die alten Ägypter nutzten die Dattelpalme auch zur Weinbereitung, indem sie vom Stamm älterer Bäume einen Saft abzapften, der sofort in Gärung übergeht. Dieser Palmwein (*Vino Palmeo*) wurde besonders wegen seiner aphrodisierenden Wirkung geschätzt und diente auch als ritueller Zaubertrank, wobei seine Wirkung durch Zusatz von ↗ *Hyoscyamus niger*, ↗ *Mandragora officinarum* oder ↗ *Cannabis sativa* verstärkt wurde.

■ Phoradendron flavescens

(syn. *Viscum flavescens*); Amerikanische Mistel.

Fam.: Loranthaceae.

Vork.: Nordamerika, Parasit auf Laubbäumen.

Droge: ***Herba Phoradendri***, die Zweige. _Inh._: *p*-Oxyphenylethylamin, Lectine, Polysaccharide, Proteine. _Anw._: in der Volksheilkunde als Mittel gegen Krämpfe sowie als Sedativum; weiterhin ähnlicher Einsatz wie ↗ *Viscum album*.

Phragmites australis ↗ Phragmites communis.

■ Phragmites communis Trin.

(syn. *Arundo isaica, A. phragmites; Phragmites australis*); Schilfrohr (syn. Ried, Schilf).

Fam.: Poaceae (Gramineae).

Vork.: Europa, subtropische und tropische Gebiete, Wolgadelta, Sibirien.

Droge: ***Herba Phragmites communis***; Schilfrohr, das Kraut. _Inh._: Kieselsäure, Mineralien; der Wurzelstock enthält Indolalkaloide, u. a. *N,N*-Dimethylthyramin, Bufotenin und Gramin.

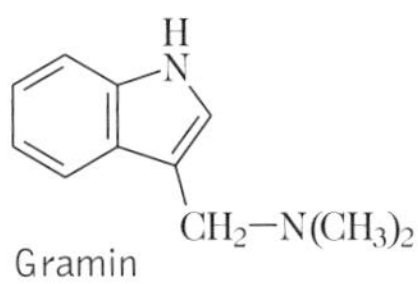

Gramin

Anw.: in der Volksheilkunde als Diuretikum, bei Verschleimung, Husten und Lungenbeschwerden; in Ostasien auch bei Diabetes. Der Wurzelstock wird auch in Kombination mit Samen von ↗ *Peganum harmala* zur Bereitung eines halluzinogenen Getränkes verwendet, das ähnliche Wirkungen wie ↗ Ayahuasca induzieren soll.

Phyla scaberrima ↗ Lippia dulcis.
Phyllanthus acidissimus ↗ Phyllanthus acidus.

■ Phyllanthus acidus (L.) Skeels

(syn. *Averrhoa acida, Cicca acida, C. acidissi-*

ma, Phyllanthus disticha, P. racemosa, P. acidissimus, P. cicca, P. distichus); Sternstachelbaum.

Fam.: Euphorbiaceae.

Vork.: Indien, Kambodscha, Madagaskar, Malaysia, Philippinen, Sansibar, Karibische Inseln.

Droge: ***Phyllanthus-acidus-Blätter***, die frischen, getrockneten oder gepulverten Blätter. *Inh.:* Phenolcarbonsäuren, Triterpene. *Anw.:* in der Volksheilkunde als Diaphoretikum, zur Behandlung der Arthritis, bei Hexenschuß und Ischiasschmerzen, gegen Schlangenbisse.

■ **Phyllanthus acuminatus** Vahl
(syn. *Phyllanthus conami*).

Fam.: Euphorbiaceae.

Vork.: Südamerika, Mittelamerika.

Droge: ***Phyllanthus-acuminatus-Ganzpflanze***, die frische oder getrocknete Ganzpflanze. *Inh.:* Lignane, wie Phyllanthostatin A, Justicidin B; Sesquiterpene, wie Phyllanthosid und Phyllanthostatine 1 bis 6. *Anw.:* in der Volksheilkunde äußerlich bei Entzündungen. Bananen und andere Früchte werden in die Blätter von *P. acuminatus* eingewickelt, um den Reifungsprozeß der Früchte zu beschleunigen.

Phyllanthus alatus ↗ Phyllanthus urinaria.

■ **Phyllanthus amarus** Schumach. et Thonn.
Bittere Kreuzblume.

Fam.: Euphorbiaceae.

Vork.: Asien, Afrika, Amerika.

Droge: ***Phyllanthus-amarus-Kraut***, die oberirdischen Pflanzenteile. *Inh.:* Gerbstoffe, wie Amariin, Phyllanthusiin D; Flavonoide, u. a. Rutin; Lignane. *Anw.:* in der Volksheilkunde bei Fieber, Malaria, Tachykardie, Durchfall, Sterilität der Frau, bei Spasmen, Koliken sowie bei Diabetes.

Phyllanthus carolinianus ↗ Phyllanthus niruri.
Phyllanthus cicca ↗ Phyllanthus acidus.
Phyllanthus conami ↗ Phyllanthus acuminatus.
Phyllanthus debilis ↗ Phyllanthus niruri.
Phyllanthus disticha ↗ Phyllanthus acidus.
Phyllanthus distichus ↗ Phyllanthus acidus.

■ **Phyllanthus emblica** L.

Fam.: Euphorbiaceae.

Vork.: tropisches Asien, bes. Pakistan, Indien, malayische Inseln.

Droge: ***Fructus Myrobalani***; Myrobalanen, die Früchte. *Inh.:* Gerbstoffe (ca. 45 %), Ellagsäure, Gallussäure, Vitamin C. *Anw.:* als Adstringens, zur Verdauungsförderung und als Antiskorbutmittel. In der Technik nutzt man die Droge in der Gerberei und Färberei.

Phyllanthus echinatus ↗ Phyllanthus urinaria.
Phyllanthus hookeri ↗ Phyllanthus urinaria.
Phyllanthus kirganelia ↗ Phyllanthus niruri.
Phyllanthus lathyroides ↗ Phyllanthus niruri.
Phyllanthus lepidocarpus ↗ Phyllanthus urinaria.
Phyllanthus leprocarpus ↗ Phyllanthus urinaria.

■ **Phyllanthus niruri** L.
(syn. *Phyllanthus carolinianus, P. debilis, P. kirganelia, P. lathyroides*); Traumkraut.

Fam.: Euphorbiaceae.

Vork.: tropisches Amerika, u. a. Venezuela, Brasilien, Peru, Mexiko.

Droge: ***Herba Phyllanthi niruri***; *Phyllanthus-niruri*-Kraut, die oberirdischen Pflanzenteile. *Inh.:* Phenolcarbonsäuren, Gerbstoffe, Lignane, Triterpene, Alkaloide, wie Securinol A und B. *Anw.:* in der Volksheilkunde bei Harnwegserkrankungen, bei Diabetes, Gallensteinen, bei Herpes und Gonorrhoe.

Phyllanthus racemosa ↗ Phyllanthus acidus.
Phyllanthus rubens ↗ Phyllanthus urinaria.

■ **Phyllanthus urinaria** L.
(syn. *Phyllanthus alatus, P. echinatus, P. hookeri, P. lepidocarpus, P. leprocarpus, P. rubens, P. verrucosus*).

Fam.: Euphorbiaceae.

Vork.: tropische und subtropische Gebiete, u. a. Nigeria, Peru, Argentinien, Indien, Sri Lanka, China, Korea, Vietnam, Philippinen, Australien.

Droge: ***Herba Phyllanthi urinariae***; *Phyllanthus-urinaria*-Kraut, die frischen oder getrockneten oberirdischen Pflanzenteile. *Inh.:* Gerbstoffe, Lactone, Flavonoide, Phthalsäure-bis-ester, Triterpene. *Anw.:* in der Volksheilkunde als Diuretikum, bei Harnwegserkrankungen, Fieber, Gonorrhoe, Diabetes, Lebererkrankungen und Schwächezuständen.

Phyllanthus verrucosus ↗ Phyllanthus urinaria.

■ **Phyllobates aurotaenia**
Columbianischer Pfeilgiftfrosch.
Fam.: Dendrobatidae.
Vork.: Mittelamerika, Kolumbien.
Droge: das Hautsekret. Inh.: Steroidalkaloide, wie Batrachotoxin , Pseudobatrachotoxin, Batra-

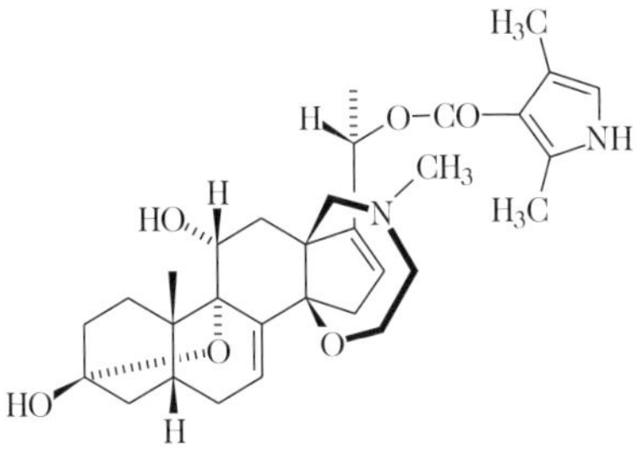

Batrachotoxin

chotoxinin A und Homobatrachotoxin. *Wirk.:* Blockade des Natrium-Kanals erregbarer Membranen, gefolgt von Dauererregung, Lähmung und Herzstillstand. Die LD_{50} von Batrachotoxin liegt bei ca. 2 μg pro kg Maus (s. c.), dieser Naturstoff zählt daher zu den toxischsten Substanzen überhaupt. *Anw.:* von den südamerikanischen Indianern als Pfeilgift verwendet.

■ **Phyllobates bicolor**
Columbianischer Pfeilfrosch.
Fam.: Dendrobatidae.
Vork.: Kolumbien.
Droge: das Hautsekret. Inhaltsstoffe, Wirkung und Anwendung s. *Phyllobates aurotaenia*.

■ **Phyllostachys bambusoides** S. et Z.
Madake.
Fam.: Poaceae (Gramineae).
Vork.: China, Japan.
Droge: Wurzeln, Blätter und junge Triebe. *Inh.:* v. a. Polyphenole sowie *p*-Cumarsäure und Benzoesäure. *Anw.:* die Wurzeln in der chinesischen Medizin als Adstringens, Styptikum und Antipyretikum; die Blätter als Antipyretikum und Diuretikum; die Epidermis junger Stengel wirkt sedativ und antiemetisch; der Saft aus den Trieben wird bei Katarrhen, Bronchitis und Cerebralinfektionen eingesetzt.

■ **Physalia pelargica**
Nesselqualle.
Klasse: Hydrozoa.
Vork.: südliche Meere.
Droge: das ganze Tier. Die Droge ist giftig! *Inh.:* toxische Peptide, wie Physaliatoxin, Thalassin, Congestin.
Hom.: ***Physalia pelargica***. *Anw.-Geb.:* Urticaria, Allergien.

■ **Physalis alkekengi** L.
Lampionblume (syn. Blasenkirsche, Judenkirsche, Teufelskirsche), s. Farbtafel S. 148, Bild 69.
Fam.: Solanaceae.
Vork.: Mittel- und Südeuropa, Asien, Amerika.
Droge: ***Fructus Alkekengi*** (syn. *Baccae Alkekengi*); Judenkirsche (syn. Blasenkirsche), die reifen Früchte. *Inh.:* Bitterstoffgemisch Physalin (Steroide), Carotinoide, wie Zeaxanthin, Gerbstoffe, Schleimstoffe. *Anw.:* in der Volksheilkunde bei Nieren- und Blasenleiden sowie Gicht und Rheuma.
Hom.: ***Physalis alkekengi*** HAB1; Judenkirsche, die frischen, reifen Beeren. *Anw.-Geb.:* Erkrankungen der Niere und ableitenden Harnwege.
Histor.: Der Gattungsname *Physalis* ist vom griechischen *physalis* (Blase) übernommen und bezieht sich auf den aufgeblasenen Kelch. Auch die Namen Lampionblume sowie Judenkirsche wurden wegen der aufgeblasenen roten Fruchtkelche geprägt, da sie der Kopfbedeckung, die Juden im Mittelalter trugen, ähneln. ↗ Paracelsus verordnete die Pflanze als nierenstärkendes und diuretisches Mittel. Auch die Kräuterbücher des Mittelalters heben die harn-, stein- und nierengrießtreibenden Eigenschaften der Droge hervor.

Physeter catodon ↗ Physeter macrocephalus.

■ **Physeter macrocephalus** L.
(syn. *Physeter catodon, Catodon macrocephalus*); Pottwal (syn. Spermwal).
Vork.: in den Ozeanen und Küstengewässern Amerikas, Australiens und Japans.
Fam.: Physeteridae.
Drogen: ***1. Cetaceum*** (syn. *Spermaceti*); Walrat,

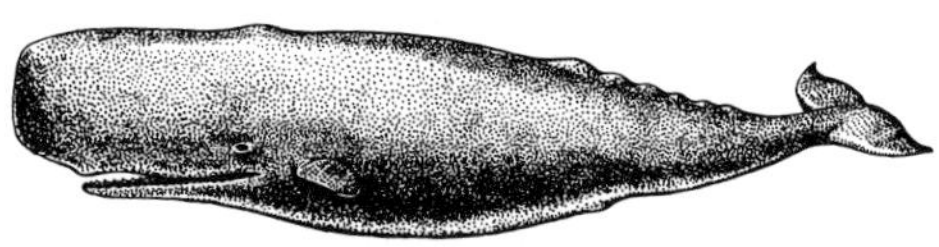

Physeter macrocephalus, Pottwal.

der gereinigte, feste Anteil des Kopfhöhleninhaltes. *2. **Oleum Cetacei***; Spermöl (syn. Walratöl), das abgepreßte Öl. *3. **Ambra*** (syn. *Ambra grisea*); Amber (syn. Graue Ambra), ein pathologisches Produkt des Pottwals, das durch krankhafte Sekretion der Galle und des Darmes ausgeschieden wird (↗ *Ambra*).

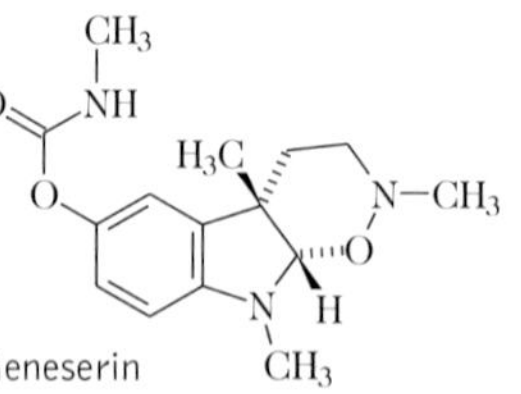

Geneserin

Physocalymna floribundum ↗ Physocalymna scaberrimum.

■ Physocalymna scaberrimum

(syn. *Physocalymna floribundum*).

Fam.: Lythraceae.

Vork.: tropisches Südamerika, bes. Brasilien, Amazonasgebiete, Peru.

Droge: ***Brasilianisches Rosenholzöl***, das ätherische Öl des Holzes. *Inh.:* vor allem Geraniol. *Anw.:* in der Parfümerie. Das Holz (Rosenholz) ist ein wertvoller Rohstoff für die Kunsttischlerei.

Physochlaina orientalis ↗ Physochlaina physaloides.

■ Physochlaina physaloides (L.) G. Don.

(syn. *Physochlaina orientalis; Hyoscyamus physaloides*).

Fam.: Solanaceae.

Vork.: Sibirien, Ferner Osten, Tibet.

Droge: die Wurzeln. *Inh.:* Tropanalkaloide, wie Scopolamin. *Anw.:* in der tibetanischen Heilkunde als Spasmolytikum, Narkotikum. In Sibirien wird die Droge auch dem Bier als berauschender Zusatz beigefügt.

■ Physostigma venenosum Balfour

Calabarbohne (syn. Gottesgerichtsbohne, Gottesurteilsbohne, Kalabarbohne).

Fam.: Fabaceae.

Vork.: tropisches Westafrika, besonders Nigeria, kleinere Vorkommen in Indien und Brasilien (eingeschleppt).

Droge: ***Calabar semen*** (syn. *Semen Calabar, Faba Calabaricae, Fabae Calabaricae, Fabae Calabariensis, Fabae Physostigmatis, Semen Calabaricae, Semen Physostigmatis*); Calabarbohne (syn. Eserébohne, Eserésamen, Gottesgerichtsbohnen, Gottesurteilsbohnen, Kalabarbohnen, Kalabarsamen), die reifen Samen; s. Farbtafel S. 148, Bild 70. *Inh.:* Indolalkaloide (0,3–0,5 %), v. a. ↗ Physostigmin, Geneserin , Physovenin, Eseramin; fettes Öl, Stärke, Proteine, Harz und Farbstoffe. *Anw.:* zur Isolation des Physostigmins. In der Volksheilkunde wird die Droge bei Herzkrankheiten, Wundrose, Arthritis, Rheuma, Spasmen, Koliken, Glaukom und Entzündungen eingesesetzt.

Hom.: ***Calabar*** HAB34; die getrockneten Samen von *Physostigma venenosum*. *Anw.-Geb.:* Krämpfe, Lähmigkeit, Lähmungen.

Histor.: Calabarbohnen wurden von den Eingeborenen Westafrikas zur Vollstreckung von Gottesurteilen verwendet, der Tod tritt dabei durch Atemlähmung ein. Überlebte der Delinquent die orale Applikation einer größeren Anzahl von Calabarbohnen, was in der Regel durch Erbrechen und somit schneller Ausscheidung der toxischen Samen vor sich ging, so stand seine Unschuld fest; starb er, so galt er als schuldig. Die schnelle Aufnahme großer Mengen von Calabarbohnen führt oft zur Magenreizung mit nachfolgendem heftigen Erbrechen, während letale Plasmaspiegel eher durch kleine Samenmengen und langsamer Aufnahme erzielt werden, da hierbei kein Erbrechen ausgelöst wird. Auch als Mittel zum gezielten Töten wurde die Droge bis zur Mitte des letzten Jahrhunderts in Westafrika verwendet. Insbesondere wenn eine hochgestellte Persönlichkeit verstorben war, wurden ganze Volksstämme mit Calabarbohnen vergiftet, um zu gewährleisten, daß der Verstorbene im Totenreich genug Sklaven, Frauen und Männer zur Verfügung hatte. Die englische Kolonialmacht verbot 1878 dieses Treiben und den Besitz von Calabarbohnen generell. Auch heute ist der Besitz der Droge in Nigeria unter Androhung von Strafe verboten. Der Gattungsname *Physostigma* geht aus dem griechischen *phýsa* (Blase) und *stigma* (Narbe) hervor und bezieht sich auf die großen angeschwollenen Narben; *venosum* bedeutet giftig. Der Name Calabar steht im Zusammenhang mit dem ursprünglichen Herkunftsgebiet der Droge, der westafrikanischen Provinz bzw. Hafenstadt Calabar.

■ **Physostigmin**
(syn. Eserin) Indolalkaloid aus ↗ *Physostigma venenosum*. Wirk.: hemmt reversibel die Acetylcholinesterase. P. kann die Blut-Hirn-Schranke passieren und führt in hoher Dosierung zur Lähmung des Zentralnervensystems mit Atemlähmung als Todesursache. Anw.: indirektes Parasympathomimetikum in der Augenheilkunde als Miotikum bei Akkomodationslähmung und als Antiglaukomatosum sowie bei postoperativer Darm- und Blasenatonie. Auch als Antidot bei Vergiftungen mit ↗ Atropin oder ↗ Curare wird die Verbindung, zumeist als Salicylat oder Sulfat, eingesetzt.

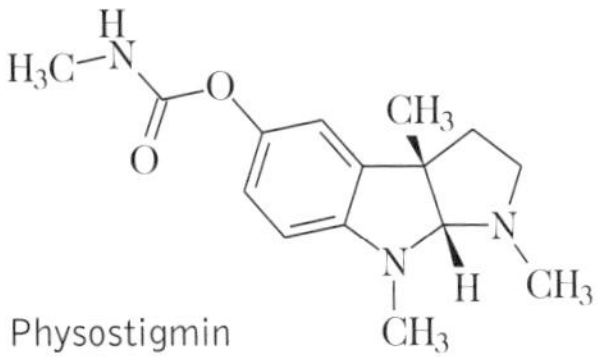

Physostigmin

■ **Phytelephas-Arten.**
• **Fam.:** Palmae.
• **Vork.:** Südamerika, bes. Brasilien und Kolumbien.
• **Phytelephas macrocarpa** Ruiz. et Pavon.; Elfenbeinpalme.
Droge: ***Steinnüsse*** (syn. Corusconüsse, Elfenbeinnüsse, Taguanüsse, Vegetabilisches Elfenbein), die getrockneten Nüsse. Anw.: zur Herstellung von Knöpfen und zur Imitation von Halbedelsteinen für die Schmuckherstellung.
• **Phytelephas microcarpa**.
Droge: s. *Phytelephas macrocarpa*. Der Blutungssaft dieser Palmen wird auch zur Bereitung von Palmwein eingesetzt.

■ **Phytoecdysone**
Gruppe von Steroidhormonen, die von Pflanzen gebildet werden, z. B. von ↗ *Polypodium vulgare* oder ↗ *Helleborus*-Arten, und die bei Insekten sowie Krebsen als Häutungshormone wirken.

Phytolacca abyssinica ↗ Phytolacca dodecandra.

■ **Phytolacca acinosa** Roxb.
(syn. *Phytolacca decandra* var. *acinosa*).
Fam.: Phytolaccaceae.
Vork.: China, Japan, Indien, in Europa stellenweise eingebürgert.
Droge: ***Phytolacca-acinosa-Wurzel***; die getrockneten Wurzeln. Inh.: Saponine, u. a. die Phytolaccoside B, D, E und G, Sterole, wie α-Spinasterol. Anw.: in der asiatischen Volksheilkunde als harntreibendes Mittel, zur Behandlung von Rheuma und Ödemen, aber auch zur Abtreibung genutzt.

■ **Phytolacca americana** L.
(syn. *Phytolacca decandra, P. vulgaris*); Kermesbeere (syn. Amerikanischer Nachtschatten, Scharlachbeere, Schminkbeere), s. Farbtafel S. 148, Bild 71.
Fam.: Phytolaccaceae.
Heim.: Nordamerika, heute fast weltweit verbreitet. In Europa wird die Pflanze auch als Zierpflanze kultiviert.
Drogen: ***1. Fructus Phytolaccae*** (syn. *Baccae Solani racemosi, Fructus Solani racemosi, Phytolacca e baccis*); *Phytolacca-americana*-Früchte (syn. Alkermesbeeren, Kermesbeeren, Scharlachbeeren), die reifen Früchte. Die Droge ist giftig! Inh.: Phytolaccanin, der rote Farbstoff mit dem Aglykon Phytolaccagenin; Triterpensaponine,

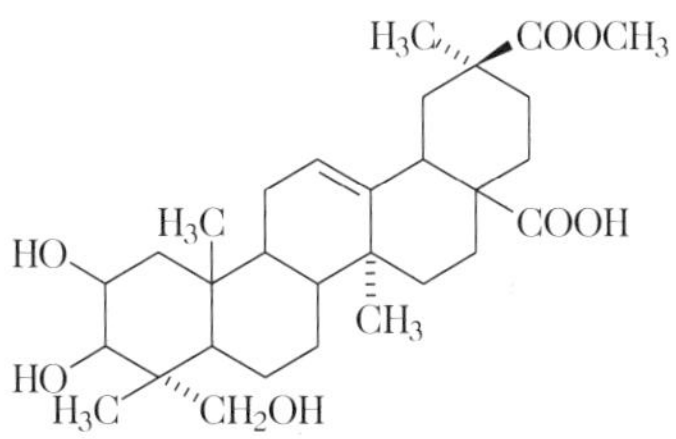

Phytolaccagenin

Lignane, Lectine (Pokeweed-Mitogene). Anw.: in der amerikanischen Volksheilkunde zur Behandlung von Hautentzündungen, Wunden und bei Rheuma. Früher wurde aus der Droge eine roter Farbstoff gewonnen und zum Färben von Wein eingesetzt. ***2. Radix Phytolaccae*** (syn. *Radix Phytolaccae decandrae, Radix Solani racemosi, Phytolacca, Radix Mechoacannae*); *Phytolacca-americana*-Wurzel (syn. Amerikanische Nachtschattenwurzel, Kermeswurzel, Kermesbeerenwurzel), die getrockneten Wurzeln. Inh.: Triterpensaponine, insbesondere die Phytolaccoside A, B, D, E, F, G und Phytolaccosaponin B; Lectine (cysteinreiche Glykoproteine = Pokeweed-Mitogene), α-Spinasterol, Histamin, γ-Aminobuttersäure. Anw.: in der Volksheilkunde bei Rheuma,

Katarrhen, Dysmenorrhoe, Dyspepsie, Entzündungen des Mund- und Rachenraumes, Syphilis, Krätze und Geschwüren angewendet. Außerdem dient die Droge als Brechmittel und Laxans, die amerikanischen Indianer verwendeten einen Extrakt auch gegen Tumore. In der experimentellen Medizin werden die Lectine (Pokeweed-Mitogene) zur immunologischen Diagnostik (Stimulation der Antikörperproduktion von B-Zellen) eingesetzt.

Hom.: ***1. Phytolacca americana*** HAB1; Kermesbeere, die frischen, im Herbst gesammelten Wurzeln. *Anw.-Geb.:* bei grippalem Infekt, Erkrankungen des Mund- und Rachenraumes, des lymphatischen Systems, der oberen Luftwege, der weiblichen Geschlechtsorgane sowie des Stütz- und Bewegungsapparates. ***2. Phytolacca americana e baccis*** HAB34; die frischen Früchte.

Histor.: Der Gattungsname *Phytolacca* ist aus dem griechischen *phyton* (Pflanze) und *lacca* (ital., Lack) zusammengefügt und bezieht sich auf den purpurroten Saft der Früchte; *decandra* weist auf die zehn Staubfäden in der Blüte hin.

Phytolacca decandra ↗ Phytolacca americana.
Phytolacca decandra var. acinosa ↗ Phytolacca acinosa.

■ **Phytolacca dodecandra** L'Herit.
(syn. *Phytolacca abyssinica*).

Fam.: Phytolaccaceae.

Vork.: tropisches Afrika, Südafrika, Madagaskar.

Droge: ***Phytolacca-decandra-Früchte***, die unreifen und reifen Früchte. *Inh.:* Triterpensaponine, Glykoproteine (Lectine). *Anw.:* in der Volksheilkunde zur Bekämpfung der Bilharziose. Dabei sollen die Saponine die Wasserschnecken, die als Überträger von *Schistosoma mansoni* gelten, abtöten.

Phytolacca e baccis ↗ Phytolacca americana.
Phytolacca vulgaris ↗ Phytolacca americana.

■ **Phytopharmaka**
Fertigarzneimittel, die ausschließlich aus pflanzlichen Drogen oder Drogenzubereitungen bestehen bzw. diese enthalten. P. müssen wie alle anderen Arzneimittel behördlich zum Verkehr zugelassen werden.

■ **Phytotherapie**
Behandlungsverfahren von Erkrankungen sowohl beim Menschen als auch bei Tieren mittels ↗ Phytopharmaka. Diese kommen sowohl in der Allopathie als auch in der Homöopathie zum Einsatz. Sie werden jedoch oft auch im Sinne einer „alternativen" Behandlungsweise verstanden.

Piaropus crassipes ↗ Eichhornia crassipes.
Picae aetheroleum ↗ Abies-Arten.

■ **Picea abies** (L.) Karsten
(syn. *Abies excelsa, Abies picea, Abies rubra, Picea excelsa, P. vulgaris, Pinus abies*); Gemeine Fichte (syn. Fichte, Rottanne), s. Farbtafel S. 148, Bild 72.

Fam.: Pinaceae.

Vork.: Nord- und Mitteleuropa.

Drogen: ***1. Piceae aetheroleum*** (syn. *Oleum Piceae abietis, Piceae abietis aetheroleum*); Fichtennadelöl (syn. *Picea-abies*-Nadelöl), das äther. Öl aus den Nadeln, Zweigspitzen und Ästen. *Inh.:* Bornylacetat (5–25 %), Limonen (10–30 %), Camphen und α-Pinen (jeweils etwa 10–25 %), weitere Mono- und Sesquiterpene. *Anw.:* äußerlich bei rheumatischen und neuralgischen Beschwerden, als Bad zur unterstützenden Therapie

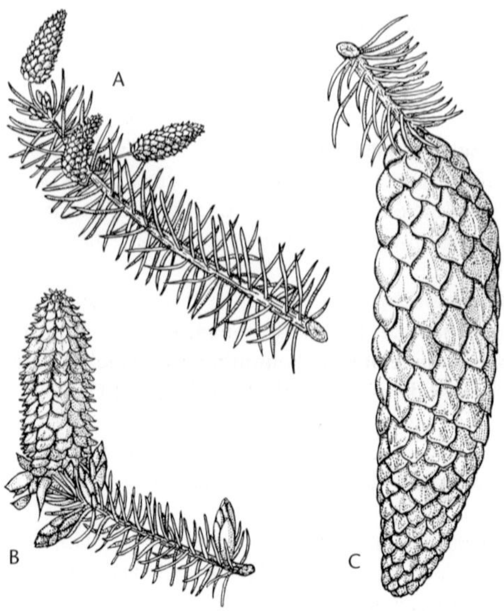

Picea abies, Sprosse mit männlichen Blüten (A), weiblichen Blütenständen (B) und Zapfen (C).

von akuten und chronischen Erkrankungen der Luftwege, bei Katarrhen der Atmenwege. Geg.: Asthma, Keuchhusten, Herzinsuffizienz. In der Kosmetik wird die Droge häufig Schaumbädern und Badesalzen zugesetzt. ***2. Piceae turiones recentes***; Frische Fichtenspitzen, die jungen Triebe mit Knospen. Inh.: äther. Öl, Flavonoide, Chinasäure, Wachs. Anw.: als Infus bei leichten Katarrhen der Atemwege, äußerlich bei Muskel- und Nervenschmerzen. In der Volksheilkunde früher gegen Skorbut und bei Tuberkulose. Ein Extrakt der Droge wird in den USA verwendet für Spruce beer, ein Getränk aus Zuckersirup, Wasser und Hefe. ***3. Carbo ligni;*** Holzkohle, die aus dem Holz hergestellte Holzkohle. Anw.: innerlich bei Durchfällen und zum Binden toxischer Stoffe.

Hom.: ***Pinus abies*** HAB34, die frischen Sprossen.

Picea brevifolia ↗ Picea mariana.
Picea canadensis ↗ Tsuga canadensis.
Piceae abietis aetheroleum ↗ Picea abies.
Piceae aetheroleum ↗ Picea abies, ↗ Picea mariana.
Piceae marianae aetheroleum ↗ Picea mariana.
Piceae nigrae aetheroleum ↗ Picea mariana.
Piceae turiones recentes ↗ Abies-Arten, ↗ Picea abies.
Picea excelsa ↗ Picea abies.

■ **Picea mariana** (Miller) B. S. P.
(syn. *Abies alba, A. americana, A. arctica, A. denticulata, A. marylandia, A. nigra, Picea brevifolia, P. nigra, Pinus mariana, P. nigra*); Schwarzfichte.

Fam.: Pinaceae.

Vork.: Nordamerika, Kanada (Labrador bis Alaska).

Droge: ***Piceae aetheroleum*** (syn. *Piceae marianae aetheroleum, Piceae nigrae aetheroleum*); Fichtennadelöl (syn. Schwarzfichtennadelöl), das äther. Öl der Nadeln. Inh.: Bornylacetat (37–49 %), Camphen (10–17 %), α- und β-Pinen, Limonen, in geringen Mengen auch 3-Caren, Myrcen, Santen, Terpinolen sowie δ-Cadinen. Anw.: s. *Picea abies*.

Hom.: ***Resina Piceae*** HAB1; Schwarzfichtenharz, das eingetrocknete Harz. Anw.-Geb.: Erkrankungen des Magen-Darm-Traktes.

Picea nigra ↗ Picea mariana.

Picea vulgaris ↗ Picea abies.
Picherie ↗ Duboisia-Arten.
Pichi-Pichi ↗ Fabiana imbricata.
Pichurimbaum ↗ Ocotea puchury-major.
Pichurimbohnen ↗ Ocotea puchury-major.
Picraena excelsa ↗ Picrasma excelsa.
Picralima klaineana ↗ Piralima nitida.
Picralima macrocarpa ↗ Piralima nitida.

■ **Picramnia antidesma** Sw.

Fam.: Simaroubaceae.

Vork.: Mexiko, Honduras, Westindien.

Droge: ***Cortex Cascarae amargae***; Hondurasrinde (syn. Westindische Cascara), die getrocknete Rinde. Inh.: Triterpenbitterstoffe, Alkaloide, wie Picramnin und Picrasmin. Anw.: früher als Diuretikum und Tonikum sowie bei syphilitischen Hautleiden.

Hom.: ***Cascara amarga*** HAB34, die getrocknete Rinde. Anw.-Geb.: Hauterkrankungen.

■ **Picrasma excelsa** (Sw.) Planch.
(syn. *Aeschrion excelsa, Picraena excelsa, Quassia excelsa, Q. polygama, Simaruba excelsa*); Bitterbaum (syn. Jamaika-Bitterholzbaum, Jamaika-Quassiabaum).

Fam.: Simaroubaceae.

Vork.: Karibik, besonders Jamaika, Haiti, Antigua, Puerto Rico, Venezuela.

Droge: ***Quassiae lignum*** (syn. *Lignum Picraenae, Lignum Picrasmae, Lignum Quassiae, Lignum Quassiae jamaicense*); Jamaika Bitterholz (syn. Jamaika Quassiaholz), das getrocknete Stammholz. Unter der gleichen Bezeichnung wird auch die Droge von ↗ *Quassia amara* geführt. Die Droge ist schwach giftig! Inh.: Bitterstoffe (Quassinoide), u. a. Quassin und Neoquassin

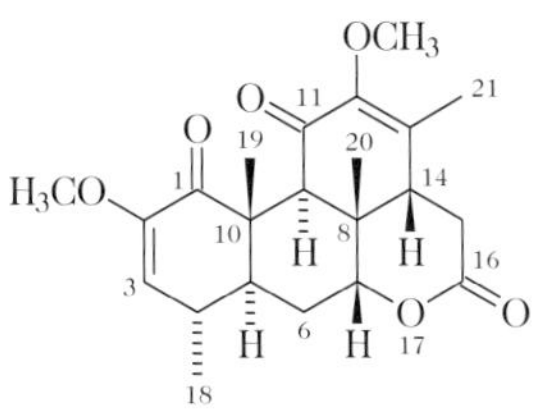

Quassin

mit einem ↗ Bitterwert von 17 bzw. 16 Millionen; β-Carbolinalkaloide, Cathinonderivate, Scopoletin. Anw.: früher als Bittermittel bei Unterfunktion der Magensaft- und Speichelsekretion, chronischer Dyspepsie, Appetitlosigkeit. In der Volksheilkunde auch gegen Läuse und Eingeweidewürmer, bei Malaria, Ruhr und Hautkrebs eingesetzt. Aufgrund der extremen Bitterkeit der Droge werden die Finger mit einer Tinktur zum Abgewöhnen des Nägelkauens behandelt. Auch zur Herstellung von Likören (Bittermittel) und in der Landwirtschaft zur Schädlingsbekämpfung wird die Droge verwendet.

Hom.: ***Picrasma excelsa*** HAB1; Bitterholz, das getrocknete Holz der Stämme und Äste. *Anw.-Geb.:* Erkrankungen der Leber, Galle und Bauchspeicheldrüse.

Histor.: Das Bitterholz wurde erstmals 1756 von dem in Jamaika lebenden Arzt Patrick Brown erwähnt und 1809 in das Londoner Arzneibuch eingeführt.

■ Picrocrocin

(syn. Picrocin), Safranbitter. Bitterstoff aus dem Safran ↗ *Crocus sativus*, der bei der Lagerung in das flüchtige Safranal, den typischen Geruchsträger der Droge, übergeht.

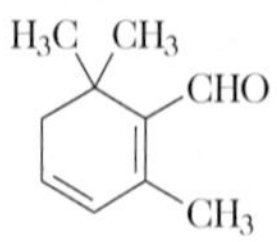

Safranal

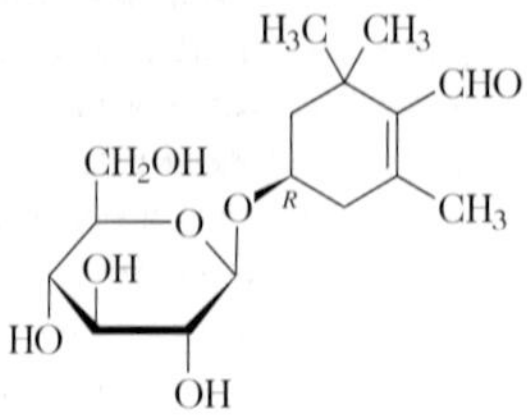

Picrocrocin

■ Picrorhiza kurroa Royle ex Benth.

(syn. *Picrorhiza lindeleyana*); Kurukraut.

Fam.: Scrophulariaceae.

Vork.: Gebiet des West-Himalaja, von Pakistan bis Uttar Pradesh, in Höhen von 3300 bis 4300 m.

Droge: ***Rhizoma Picrorhizae***; *Picrorhiza-kurroa*-Rhizom, die geschnittenen, getrockneten Rhizome, die von anhängenden Würzelchen befreit werden. *Inh.:* bittere Iridoidglykoside, wie Picrosid I und II, Acetophenonderivate, u. a. Androsin, Apocynin und Picein ; Cucurbitacine, polymere Glykoproteine. *Anw.:* in der indischen

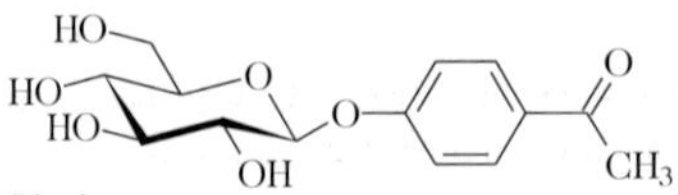

Picein

Volksheilkunde zur Appetitanregung, bei Menstruations- und Gallenbeschwerden, als Brechmittel, bei Fieber, leichter Obstipation, bei Dyspepsien und Drüsenfehlfunktionen mit darauf beruhendem Übergewicht. Auch bei Husten, Asthma und Infektionen wird die Droge volksheilkundlich verwendet.

Hom.: ***Picrorhiza*** HAB; der getrocknete Wurzelstock. *Anw.-Geb.:* Erkrankungen der Leber, Galle und Bauchspeicheldrüse.

Picrorhiza lindeleyana ↗ Picrorhiza kurroa.
Picuribohne ↗ Ocotea puchury-major.
Piel ↗ Sagittaria sagittifolia.

■ Pieris japonica Don.

(syn. *Andromeda japonica*); Japanische Lavendelheide; s. Farbtafel S. 149, Bild 73.

Fam.: Ericaceae.

Vork.: Japan.

Droge: die Blätter. Die Droge ist giftig! *Inh.:* Andromedotoxin (Asebotoxin); Asbotin, Quercetin, Quercitrin; toxische Diterpene, wie Pieristoxine A, B und C; Taraxerol, β-Amyrin, Ursol- und Oleanolsäure, Phloretin. *Anw.:* in der japanischen Volksheilkunde als Insektizid gegen Hautparasiten bei Mensch und Tier, gegen Krätze sowie bei Schlangenbissen.

Pikrotoxin ↗ Anamirta cocculus.
Pillenwolfsmilch ↗ Euphorbia-Arten.
Pillenwolfsmilchkraut ↗ Euphorbia-Arten.
Pilocarpi foliola ↗ Pilocarpus-Arten.
Pilocarpin ↗ Pilocarpus-Arten.

■ Pilocarpus-Arten

- **Fam.:** Rutaceae.
- **Pilocarpus jaborandi** Holmes (syn. *Pilocarpus cearensis, P. officinalis*).

Vork.: Brasilien.

Droge: ***Jaborandi folium*** (syn. *Folia Jaborandi, Folia Pilocarpini, Folium Iaborandi, Pilocarpi foliola*); *Pilocarpus-jaborandi*-Blätter (syn. Jabarandiblätter, Jaborandiblätter, Jaguarandiblätter, Yaborandiblätter), die getrockneten Fieder-

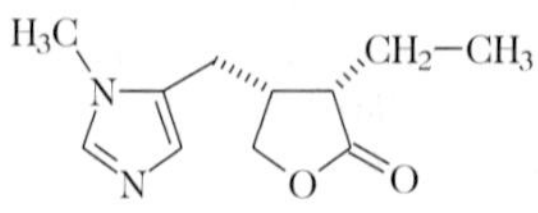

Pilocarpin

blätter. Inh.: Imidazolalkaloide (0,6–1 %), u. a. Pilocarpin, Pilocarpidin, Isopilocarpin, Pilosin und Epiisopilosin, ferner äther. Öl (0,5 %) mit Limonen (47 %) und Undecanon (23 %). Anw.: In der Medizin der brasilianischen Indianer, u. a. bei Epilepsie, Krämpfen, Katarrhen, Harnverhaltung und Wassersucht. In Europa früher als schweißtreibendes Mittel bei Erkältungskrankheiten. In der Kosmetik werden Extrakte der Droge in Kombinationspräparaten, z. B. mit Panthothensäure und Capsicumextrakt, zur Förderung des Haarwuchses genutzt. Die Droge dient schließlich industriell zur Isolierung von Pilocarpin, das ein direktes Parasympathomimetikum darstellt. Es führt zu vermehrter Speichel-, Bronchial- und vor allem Schweißsekretion. Der therapeutische Einsatz beschränkt sich heute auf die Ophthalmologie zur Glaukombehandlung. Für diese Indikation ist es Bestandteil zahlreicher Arzneifertigpräparate.

Hom.: ***Pilocarpus*** HAB1, die getrockneten Fiederblätter. Anw.-Geb.: Augenbeschwerden, vermehrte Schweißbildung.

- **Pilocarpus microphyllus** Stapf ex Wardleworth.

Vork.: Nordostbrasilien.

Droge: ***Jaborandi folium***; *Pilocarpus-microphyllus*-Blätter, die getrockneten Fiederblätter. Inh.: Imidazolalkaloide mit Pilocarpin (1 %) als Hauptalkaloid, ferner äther. Öl (0,25–0,3 %) mit Caryophyllen (20 %) und 2-Tridecanon (22 %) als dominierenden Komponenten. Anw.: s. *Jaborandi folium*.

- **Pilocarpus pennatifolius** Lem. (syn. *Pilocarpus pinnatifolius, P. pinnatus, P. selloanus, P. simplex, P. trijugatus*).

Vork.: Brasilien, Nordargentinien.

Droge: ***Jaborandi folium*** (syn. *Paraguay jaborandi*); *Pilocarpus-pennatifolius*-Blätter, die getrockneten Fiederblätter. Inh.: Imidazolalkaloide (0,2–0,4 % Pilocarpin und Isopilocarpin). Anw.: s. *Jaborandi folium*.

Hom.: ***Pilocarpus jaborandi*** HAB1; Jaborandistrauch, die getrockneten Fiederblättchen. Anw.-Geb.: Erkrankungen des Zentralnervensystems, Augenbeschwerden, vermehrte Schweißbildung.

Pilocarpus-jaborandi-Blätter ↗ Pilocarpus-Arten.
Pilocarpus-microphyllus-Blätter ↗ Pilocarpus-Arten.
Pilocarpus-pennatifolius-Blätter ↗ Pilocarpus-Arten.

■ Pilzproteasen

Gemisch proteolytisch wirksamer Proteasen mit breitem pH-Optimum und unterschiedlichen Angriffspunkten im Proteinmolekül, die vorwiegend aus Schimmelpilzen, z. B. *Aspergillus oryzae, A. niger, A. saitoi* und *Mucor pusillus* isoliert werden können. Anw.: zur Substitutionstherapie bei Verdauungsschwäche.

Pimela luzonica ↗ Canarium luzonicum.
Piment ↗ Pimenta-Arten.

■ Pimenta-Arten

- **Fam.:** Myrtaceae.
- **Pimenta dioica** (L.) Merr. (syn. *Pimenta officinalis*); Pimentbaum (syn. Nelkenpfeffer).

Vork.: Mittel- und Südamerika, Antillen, Indien, kultiviert auf Jamaika und Reunion.

Drogen: ***1. Fructus Pimentae*** (syn. *Fructus Amomi, Semen Amomi*); Piment (syn. Englisches Gewürz, Gewürzkörner, Jamaica Pfeffer, Nelkenpfeffer, Neugewürz), die getrockneten, reifen Früchte; s. Farbtafel S. 149, Bild 74. Inh.: äther. Öl (3–5 %), u. a. mit Eugenol, Eugenolmethylether und Caryophyllen; Harz, Gerbstoffen. Anw.: als Stomachikum bei Verdauungsstörungen, vor allem als Gewürz zur Wurstherstellung und für Backwaren. ***2. Oleum Pimentae aetheroleum*** (syn. *Oleum Amomi, Oleum Pimentae*); Pimentöl (syn. Nelkenpfefferöl), das äther. Öl aus den unreifen, getrockneten Beeren. Inh.: Zusammensetzung s. *Fructus Pimentae*. Anw.: in der Parfümerie sowie zur Herstellung von Likören.

Hom.: ***Capsicum jamaicum*** (syn. *Myrtus Pimenta*) HAB34, die nicht ganz reifen, getrockneten Beeren.

Histor.: Die Verwendung von Piment als Gewürz war bereits den Azteken Mittelamerikas bekannt, sie nutzten die Droge unter der Bezeichnung Xocoxochitl zum Würzen von Kakao-Zubereitungen. Diese Rezepturen wurden von den Spaniern übernommen und damit kam die Droge zu Beginn des 16. Jh. nach Europa.

- **Pimenta racemosa** (Mill.) J.W. Moore (syn. *Pimenta acris, Eugenia acris*); Bayrumbaum.

Vork.: Antillen, besonders Jamaika, Puerto Rico, Dominikanische Republik, Bermudas, Venezuela, aber auch in Afrika, z. B. Kamerun.

Droge: ***Oleum Pimentae acris*** (syn. *Oleum Bay, Oleum Myrciae*); Bayöl (syn. Echtes Bayöl), das äther. Öl aus den Blättern und Zweigspitzen.

Inh.: Eugenol, Chavicol (zusammen etwa 50–70 %), Eugenolmethylether, Methylchavicol, Furfurol, Myrcen, Phellandren. *Anw.:* für Einreibemittel bei Erkrankungen des Respirationstraktes, in der Kosmetik zur Herstellung von Haarwässern (z. B. Bayrum).

Pimentbaum ↗ Pimenta-Arten.
Pimentöl ↗ Pimenta-Arten.
Pimpernell ↗ Pimpinella-Arten.
Pimpernelle ↗ Sanguisorba minor.
Pimpernellwurzel ↗ Pimpinella-Arten.
Pimpernuß ↗ Pistacia vera.
Pimpinel ↗ Pimpinella-Arten.
Pimpinella angelicaefolia ↗ Aegopodium podagraria.
Pimpinella anisum cultum ↗ Pimpinella-Arten.

■ Pimpinella-Arten

● **Fam.:** Apiaceae (Umbelliferae).

● **Pimpinella anisum** L. (syn. *Anisum vulgare, A. officinarum, Apium anisum, Carum anisum, Pimpinella anisum cultum, Selinum anisum, Sison anisum, Tragium anisum*); Anis (syn. Änes, Aneis).

Vork.: Mittelmeergebiete, Anbau auch in anderen subtropischen Gebieten, vor allem in Südostasien, Argentinien, Chile und Mexiko.

Drogen: ***1. Anisi aetheroleum*** (syn. *Oleum Anisi*); Anisöl, das äther. Öl aus den reifen Früchten. *Inh.:* *trans*-Anethol (90–95 %, ↗ ätherische Öle) sowie *cis*-Anethol (0,3–0,4 %), Methylchavicol (Estragol, Isoanethol, 1–4 %), Sesquiterpene (1–2 %), besonders γ-Himachalen (0,7–1 %). *Anw.:* in Zubereitungen bei dyspeptischen Beschwerden, äußerlich zur Inhalation und als Einreibung bei Katarrhen der Luftwege. Volkstümlich bei mangelnder Stilleistung, bei Regelanomalien, bei Libido- und Potenzmangel sowie äußerlich in Form von hautreizenden Einreibungen bei rheumatischen Beschwerden sowie als Mittel gegen Insekten und Läuse. *Geg.:* Allergie gegen Anis oder ↗ Anethol. ***2. Anisi fructus*** (syn. *Anisium, Anisum, Fructus Anisi, Fructus Anisi vulgaris, Semen Absinthii dulce, Semen Anisi*); Anis (syn. Anisfrüchte, Süßer Kümmel), die getrockneten Früchte. *Inh.:* äther. Öl (2–6 %, s. *Anisi aetheroleum*), Flavonoide, Phenolcarbonsäuren, Reservestoffe. *Anw.:* dyspeptische Beschwerden, zur Inhalation und äußeren Anwendung bei Katarrhen der Atemwege. Volkstümlich zur Unterstützung der Milchsekretion. Im Haushalt als Gewürz, ferner in der Likörindustrie.

Hom.: ***1. Pimpinella anisum*** (syn. *Anisum*) HAB34, die getrockneten, reifen Früchte. *Anw.-Geb.:* Nackenschmerzen, Hexenschuß. ***2. Pimpinella anisum, äthanol. Decoctum*** HAB1; Anis, die getrockneten, reifen Früchte. *Anw.-Geb.:* anthroposophische Therapierichtung.

● **Pimpinella major** (L.) Huds. (syn. *Apium pimpinella, A. tragoselinum, Carum magnum, Pimpinella angustifilia, P. dumetorum, P. glabra, P. magna, P. media, P. saxifraga major, Selinum pimpinelloides, Tragium maius, Tragoselinum magnum*); Große Bibernelle (syn. Bibernell, Bockskraut, Pimpernell, Weiße Bibernell, Weiße Pimpinell).

Vork.: Europa, außer Skandinavien und südliche Gebiete.

Droge: ***Pimpinellae radix*** (syn. *Radix Pimpinellae, Radix Pimpinellae albae, Rhizoma Pimpinellae*); Bibernellwurzel (syn. Bockwurzel, Bockwurz, Pfefferwurzel, Pimpernellwurzel, Pimpinellwurzel, Weiße deutsche Theriakwurzel), die getrockneten Wurzelstöcke und Wurzeln. *Inh.:* äther. Öl (ca. 0,12 %) mit *trans*-Epoxypseudoisoeugenyltigliat als Hauptkomponente, ferner Sesquiterpenkohlenwasserstoffe, u. a. β-Bisabolen und die Germacrene A, B, C und D. Außerdem Cumarine (ca. 0,5 %, u. a. Isobergapten, Isopimpinellin, Pimpinellin und Sphondin) sowie aliphatische Säuren, u. a. Äpfel- und Citronensäure sowie Kaffeesäurederivate. *Anw.:* Katarrhe der oberen Luftwege. Volkstümlich bei Erkrankungen der ableitenden Harnorgane, Nierenbeckenentzündung, äußerlich zum Gurgeln und Spülen bei Entzündungen der Mund- und Rachenschleimhaut sowie als Bademittel bei schlecht heilenden Wunden.

Hom.: ***Pimpinella alba*** HAB34, die frischen, im Mai gesammelten Wurzeln. *Anw.-Geb.:* Wirbelsäulenbeschwerden, Fieberzustände.

● **Pimpinella peregrina** L. (syn. *Apium peregrinum, Caucalis tuberculata, Ledeburia pimpinelloides, Pimpinella glabella, P. hirtella, P. hispida, P. taurica, P. tragium, Toris tuberculata, Tragium hirtellum, T. peregrinum, T. tauricum*); Fremde Bibernelle.

Vork.: Südeuropa, von Südfrankreich bis Griechenland, Türkei, Kaukasus, Kreta, Syrien, Ägypten, Kleinasien.

Droge: ***Pimpinella-peregrina-Wurzel***, die getrockneten Wurzeln mit Wurzelstöcken. *Inh.:*

äther. Öl mit Epoxypseudoisoeugenyl-2-methylbutyrat (30 %), Epoxypseudoisoeugenylpropionat (12 %) und Pseudoisoeugenyl-2-methylbutyrat, β-Bisabolen, *trans*-β-Farnesen. Anw.: in ähnlicher Weise wie *P. major* und *P. saxifraga*; die Droge dient häufig als Ersatz oder Verfälschung der beiden vorstehenden Arten.

● **Pimpinella saxifraga** L. (syn. *Pimpinella alpestris, P. dissecta, P. laconica, P. nigra*); Kleine Bibernelle (syn. Bibernell, Bocks-Peterlein, Bockspetersilie, Pfefferwurz, Pimpinel, Pimpinelle, Stein-Bibernelle, Steinbrech-Bibernelle, Weiße deutsche Theriakwurz), s. Farbtafel S. 149, Bild 75.

Vork.: fast ganz Europa, außer südliche Teile (Portugal, Südspanien, Griechenland).

Droge: ***Pimpinellae radix***, s. Farbtafel S. 149, Bild 76. Inhaltsstoffe und Anwendung s. *Pimpinella major*.

Hom.: ***Pimpinella alba*** (syn. *Pimpinella*) HAB34; die frischen, unterirdischen Pflanzenteile von *Pimpinella saxifraga* oder *Pimpinella major*. Anw.-Geb.: Wirbelsäulenbeschwerden, Fieberzustände.

Pimpinella carvi ↗ Carum carvi.
Pimpinellae italicae minoris herba ↗ Sanguisorba minor.
Pimpinellae italicae minoris radix ↗ Sanguisorba minor.
Pimpinellae radix ↗ Pimpinella-Arten.
Pimpinella minor ↗ Sanguisorba minor.
Pimpinella officinalis ↗ Sanguisorba officinalis.
Pimpinella podagraria ↗ Aegopodium podagraria.
Pimpinella spinosa ↗ Sarcopoterium spinosum.
Pimpinelle ↗ Pimpinella-Arten.
Pimpinellin ↗ Furanocumarine.
Pimpinellwurzel ↗ Pimpinella-Arten.
Pinaceae pix ↗ Pinus-Arten.
Pinardia coronaria ↗ Chrysanthemum-Arten.
Pinella tubiferarum triphyllum ↗ Pinellia ternata.

■ **Pinellia ternata** (Tunb.) Breitenbach (syn. *Pinella tubiferarum triphyllum*); Mitsommerpflanze.

Fam.: Araceae.

Vork.: Ostasien, Nordchina, Japan.

Droge: ***Tubera Pinelliae***; Mitsommerpflanzenknollen (syn. Pamhisa), die Wurzelknollen. Inh.: Stärke, Zucker, fettes Öl, Phytosterole, äther. Öl, vermutlich Saponine. Anw.: in der Volksheilkunde als Diuretikum, Diaphoretikum, Expektorans sowie gegen Erbrechen.

Pinellia tuberifera ↗ Pinellia ternate.
Pinene ↗ Ätherische Öle.
Pineytalg ↗ Vateria indica.

■ **Pinguicula vulgaris** L.
Blaues Fettkraut (syn. Butterkraut).

Fam.: Lentibulariaceae.

Vork.: Nord- und Mitteleuropa.

Droge: ***Herba Pinguiculae***; Butterkraut, das Kraut. Inh.: proteolytische Enzyme, die ähnlich wie das Labferment frische Milch zum Gerinnen bringen; Zimtsäure. Anw.: in der Volksheilkunde bei Krampf- und Reizhusten.

Pini aetheroleum ↗ Pinus-Arten.
Pini halepensis aetheroleum ↗ Pinus-Arten.
Pini pumilionis aetheroleum ↗ Pinus-Arten.
Pini turiones ↗ Pinus-Arten.
Pinkneya rubescens ↗ Arariba rubra.
Pinkwurzel ↗ Spigelia-Arten.
Pinocembrin ↗ Flavonoide.
Pinus abies ↗ Picea abies.

■ **Pinus-Arten**

● **Fam.:** Pinaceae.

● **Pinus elliottii** Engelmann (syn. *Pinus heterophylla, P. taeda*).

Vork.: Südosten der USA.

Drogen: ***1. Colophonium***, s. *P. palustris*. ***2. Terebinthinae aetheroleum rectificatum*** s. *P. palustris*.

● **Pinus halepensis** Miller (syn. *Pinus abasica, P. abchasica, P. alepensis, P. arabica, P. australis, P. colchica, P. genuensis, P. hierosoloymitiana, P. hispanica, P. maritima, P. minor, P. parolinii, P. persica, P. sylvestris, P. tatarica*); Strandkiefer (syn. Aleppoföhre, Aleppokiefer, Seekiefer).

Vork.: mediterranes Südeuropa, besonders Spanien; ferner Marokko, Algerien, Kleinasien.

Drogen: ***1. Colophonium***, s. *P. palustris*. ***2. Pini aetheroleum*** (syn. *Pini halepensis aetheroleum*), Kiefernnadelöl aus *Pinus halepensis*, das äther. Öl aus den frischen Nadeln, Zweigspitzen oder frischen Ästen mit Nadeln und Zweigspitzen. Inh.: vor allem α-Pinen. Anw.: s. *P. sylvestris*. ***3. Terebinthinae aetheroleum rectificatum***; Gereinigtes Terpentinöl aus *Pinus halepensis*, das gereinigte äther. Öl aus dem Harzbalsam. Inhaltstoffe und Anwendung s. *P. palustris*.

● **Pinus lambertiana** Douglas (syn. *Strobus lambertiana*); Riesenkiefer (syn. Zuckerkiefer).

Vork.: westliches Nordamerika.

Droge: ***Pini aetheroleum***; Kiefernnadelöl aus *Pinus lambertiana* (syn. *Pinus-lambertiana*-Nadelöl), das aus den frischen Nadeln, Zweigspitzen oder frischen Ästen mit Nadeln und Zweigspitzen durch Wasserdampfdestillation gewonnene äther. Öl. *Inh.*: besonders β-Pinen (ca. 51 %), α-Pinen (ca. 20 %), Limonen (12 %) und Borneol (8 %).

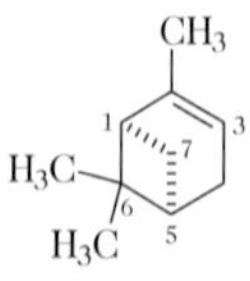

(+)-α-Pinen

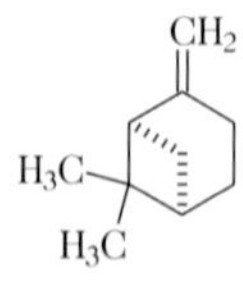

(+)-β-Pinen

Hom.: ***Pinus lambertiana*** HAB34, die frischen Sprosse.

● **Pinus mugo** Turra (syn. *Pinus echinata, P. montana, P. mughus, P. pumilo*); Bergkiefer (syn. Bergföhre, Knieholz, Krummholzkiefer, Latsche, Legföhre, Spirke), s. Farbtafel S. 149, Bild 77.

Vork.: Gebirge Mittel- und Südosteuropas.

Droge: ***Pini pumilionis aetheroleum*** (syn. *Oleum Pini pumilionis*); Latschenkiefernöl (syn. Latschenöl), das aus den frischen Nadeln, Zweigspitzen und Ästen durch Wasserdampfdestillation gewonnene äther. Öl. *Inh.*: besonders 3-Caren (bis 35 %), α- und β-Pinen (ca. 20 %) und β-Phellandren (ca. 15 %) sowie Camphen, Limonen, Myrcen, Terpinolen und Bornylacetat. *Anw.*: zur Inhalation bei Bronchitis, Bestandteil entsprechender Fertigpräparate, z. B. von Bronchialbalsamen sowie innerlich anzuwendender Bronchotherapeutika.

● **Pinus nigra** Arnold (syn. *Pinus austriaca, P. laricio, P. nigricans*); Schwarzkiefer (syn. Schwarzföhre).

Vork.: Gebirge Südeuropas.

Drogen: ***1. Pini aetheroleum***; Kiefernnadelöl aus *Pinus nigra* (syn. *Pinus-nigra*-Nadelöl, Schwarzkiefernöl), das aus frischen Nadeln, Zweigspitzen oder frischen Ästen mit Nadeln und Zweigspitzen durch Wasserdampfdestillation gewonnene äther. Öl. *Inh.*: α-Pinen (28–65 %), β-Pinen (bis 32 %) und Germacren D (bis zu 19 %) als Hauptkomponenten, ferner u. a. Cadinene, β-Caryophyllen und Limonen. ***2. Terebinthinae aetheroleum rectificatum***; Gereinigtes Terpentinöl aus *Pinus nigra*, das gereinigte äther. Öl aus dem Harzbalsam. *Inh.*: (–)α-Pinen (96 %), ferner u. a. β-Pinen, (+)-Limonen und Sesquiterpene (1 %). *Anw.*: s. *P. sylvestris*.

● **Pinus palustris** Miller (syn. *Pinus australis, P. georgica, P. longifolia, P. palmeri, P. serotina*); Sumpfkiefer.

Vork.: warme bis subtropische Gebiete Nordamerikas.

Drogen: ***1. Colophonium*** (syn. *Resina Colophonium*); Kolophonium (syn. Geigenharz), der gereinigte Rückstand der Wasserdampfdestillation des Harzbalsams (syn. Terpentin), s. Farbtafel S. 149, Bild 78. *Inh.*: ca. 90 % Harzsäuren (Diterpensäuren), besonders Abietin-, Isopimar-, Laevoabietin- und Pimarsäure. *Anw.*: früher in Form von Pflastern als Hautreizmittel. Industriell als Hilfsmittel für Klebemassen, u. a. auch für Pflaster und Parodontalverbände, in der Kosmetik, z. B. für Lidschatten und als Fixateur, sowie in der Technik u. a. für Druckfarben, Lacke und Klebstoffe. Die Droge dient auch zum Aufrauhen der Bögen für Streichinstrumente. ***2. Pinaceae pix***. Inhaltsstoffe und Anwendung s. *P. sylvestris*. ***3. Pini aetheroleum*** (syn. *Oleum Pini*); Kienöl, (syn. Kiefernnadelöl) aus *Pinus palustris*, das äther. Öl aus den frischen Nadeln, Zweigspitzen oder frischen Ästen mit Nadeln und Zweigspitzen. *Inh.*: β-Pinen (32–50 %), Germacren-D (bis 17 %), Camphen (bis zu 14 %), α-Pinen (2–9 %), daneben α-Terpineol, δ-Cadinen und andere Mono- und Sesquiterpene. *Anw.*: s. *P. sylvestris*. ***4. Terebinthinae aetheroleum rectificatum*** (syn. *Oleum Terebinthinae medicinale, Oleum Terebinthinae rectificatum*); Gereinigtes Terpentinöl (syn. Medizinalterpentinöl, Pinus-Arten-Terpentinöl), das äther. Öl aus dem Terpentin, das durch Wasserdampfdestillation aus dem Harzbalsam gewonnen und rektifiziert wird. *Inh.*: α- und β-Pinen (95 %, im Verhältnis 2:1) sowie monocyclische Terpenkohlenwasserstoffe, besonders 3-Caren. *Anw.*: Erkrankungen der Bronchien, äußerlich auch bei rheumatischen und neuralgischen Beschwerden. Volkstümlich zudem bei Blasenkatarrh sowie gegen Krätze und Moskitos.

Hom.: ***Oleum Terebinthinae*** HAB34, das gereinigte äther. Öl. *Anw.-Geb.*: Darmentzündungen, Entzündungen der Harnorgane, Hauterkrankungen.

● **Pinus pinaster** Soland (syn. *Pinus maritima*); Seestrandkiefer (syn. Igelkiefer, Meerkiefer, Sternkiefer, Strandkiefer).

Vork.: westliche Mittelmeerküste, Atlantikküste, Südafrika, Australien, Neuseeland.

Drogen: ***1. Colophonium***. Inhaltsstoffe und Anwendung s. *Pinus palustris*. ***2. Pinaceae pix***. Inhaltsstoffe und Anwendung s. *Pinus sylvestris*. ***3. Terebinthinae aetheroleum rectificatum***; Gereinigtes Terpentinöl aus *Pinus pinaster*, das gereinigte äther. Öl aus dem Harzbalsam (syn. Terpentin). Inhaltsstoffe und Anwendung s. unter *P. palustris*.

● **Pinus ponderosa** Douglas ex P. et C. laws. (syn. *Pinus beardsleyi, P. benthamiana, P. brachyptera, P. craigiana, P. nookatensis, P. parryana, P. peninsularis, P. resinosa, P. sinclairiana, P. sinclairii*); Gelbkiefer (syn. Gradkiefer).

Vork.: westliches Nordamaerika, u. a. Kalifornien.

Drogen: ***1. Colophonium***; Kolophonium aus *Pinus ponderosa* (syn. Kolophonium, *Pinus-ponderosa*-Kolophonium), der gereinigte Rückstand der Wasserdampfdestillation des Harzbalsams; s. *Colophonium* unter *P. palustris*. ***2. Pini aetheroleum***; Kiefernnadelöl aus *Pinus ponderosa* (syn. Gelbkiefernnadelöl, *Pinus-ponderosa*-Nadelöl), das aus frischen Nadeln, Zweigspitzen oder frischen Ästen mit Nadeln und Zweigspitzen durch Wasserdampfdestillation gewonnene äther. Öl. *Inh.:* besonders (–)-β-Pinen (38–75 %, Hauptkomponente), ferner u. a. (+)-α-Pinen (9–17 %), 3-Caren (7–20 %), Myrcen (1–5 %), α-Terpineol (ca. 6 %) und Terpinolen (ca. 3 %). *Anw.:* s. *P. sylvestris*. ***3. Terebinthinae aetheroleum rectificatum***; Gereinigtes Terpentinöl aus *Pinus ponderosa*, das gereinigte äther. Öl aus dem Harzbalsam (syn. Terpentin). *Inh.:* u. a. (–)-β-Pinen (60–70 %), (–)-Limonen (25–30 %) und (–)-α-Pinen (ca. 5 %). *Anw.:* s. *P. palustris*.

● **Pinus roxburghii** Sargent (syn. *Pinus longifolia, P. serenageusis*); Chir-Kiefer.

Vork.: Himalajagebiete, Afghanistan bis Bhutan.

Drogen: ***1. Colophonium***, s. *P. palustris*. ***2. Terebinthinae aetheroleum rectificatum***, das gereinigte äther. Öl aus dem Harzbalsam. *Inh.:* (+)-3-Caren (37,6 %), (+)-Longifolen (20,3 %), (–)-α-Pinen (24,8 %), β-Pinen (9,7 %). *Anw.:* s. *P. palustris*.

● **Pinus strobus** L. (syn. *Pinus tenuifolia, Strobus strobus, S. weymouthiana*); Weymouthkiefer.

Vork.: östliches Nordamerika.

Drogen: ***1. Pini aetheroleum***; Kiefernnadelöl aus *Pinus strobus* (syn. *Pinus-strobus*-Nadelöl, Weymouthkiefernnadelöl), das aus frischen Nadeln, Zweigspitzen oder frischen Ästen mit Nadeln und Zweigspitzen durch Wasserdampfdestillation gewonnene äther. Öl. *Inh.:* u. a. (–)-α-Pinen (21–58 %), β-Pinen (16–36 %), Myrcen (2–16 %), Camphen und β-Phellandren (je 2–5 %), 3-Caren (bis zu 3 %), β-Caryophyllen (1–6 %) und Germacren-D (2–20 %). *Anw.:* s. *P. sylvestris*. ***2. Pinus-strobus-Zweige***, die Zweige. *Anw.:* volkstümlich bei den Indianern der Küstengebiete Kanadas bei Erkältungen.

● **Pinus sylvestris** L. (syn. *Pinus nigra*); Gemeine Kiefer (syn. Föhre, Rotföhre, Rotkiefer, Samalkiefer, Waldföhre, Waldkiefer, Wißföhre).

Vork.: Europa, Sibirien, Iran.

Drogen: ***1. Pinaceae pix*** (syn. *Pix Abietarum*, ↗ *Pix liquida, Pyroleum Pini*); Holzteer (syn. Nadelholzteer), der durch trockene Destillation der Stämme, Zweige und Wurzeln gewonnene Teer. *Inh.:* Kohlenwasserstoffe, besonders Benzol, Styrol, Toluol, Xylol, polycyclische Kohlenwasserstoffe, u. a. Naphthalin und Benzpyren, phenolische Substanzen, wie Brenzcatechin und Kresole, Harze, Terpene und Polyterpene. *Anw.:* zur unterstützenden Behandlung von chronischen oder eitrigen Hauterkrankungen, meist in Bäderform. Volkstümlich auch bei Atemwegserkrankungen. In der Veterinärmedizin zur Huf- und Klauenbehandlung. ***2. Pini aetheroleum*** (syn. *Oleum Pini sylvestris*); Kiefernnadelöl, das aus den frischen Nadeln, Zweigspitzen oder frischen Ästen mit Nadeln und Zweigspitzen durch Wasserdampfdestillation gewonnene äther. Öl. *Inh.:* besonders (+)-α-Pinen (10–50 %), 3-Caren (bis zu 20 %), Camphen (bis zu 12 %) (–)-β-Pinen (10–25 %), Limonen (bis zu 10 %), Myrcen und Terpinolen (bis zu 5 %). *Anw.:* katarrhalische Erkrankungen der Atemwege, äußerlich bei rheumatischen und neuralgischen Beschwerden, mitunter in Bäderform. In der Kosmetik für Schaumbäder und in Badesalzen. ***3. Pini turiones*** (syn. *Strobuli Pini, Turiones Pini*); Kiefernsprosse (syn. Föhrensprossen), die frischen oder getrockneten, 3–5 cm langen, im Frühjahr gesammelten Triebe. *Inh.:* äther. Öl (0,2–0,5 %), u. a. mit Bornylacetat, Cadinen, (+)-3-Caren, Limonen, Phellandren und (–)-α-Pinen, außerdem Harz, Bitterstoffe, Vitamin C und verschiedene Zucker, u. a. Melibiose, Raffinose und Saccharose. Anw.: früher bei katarrhalischen Erkrankungen der Atemwege, äußerlich in Zubereitungen bei leichten Muskel- und Nervenschmerzen. ***4. Terebinthinae aetheroleum rectificatum***; Gereinigtes Terpentinöl aus *Pinus sylvestris*, das gereinigte äther. Öl aus dem Harzbalsam (syn. Terpentin); s. Farbtafel S. 150, Bild 79. Inh.: besonders α-Pinen (39–87 %), (–)-β-Pinen (bis zu 27 %), (+)-3-Caren (14–33 %), Limonen (ca. 6 %) und Camphen (ca. 5 %). Anw.: s. *P. palustris*. ***5. Pix Alba*** (syn. *Galipot, Resina Pini*), das beim Verdunsten des Terpentinöls an den Bäumen als Krusten zurückbleibende Harz. Anw.: Das gereinigte Harz dient wie Terpentin zur Herstellung von Pflastermassen. ***6. Resina Pini burgundica*** (syn. *Resina alba*); Burgunderharz, der Rückstand bei der Terpentinöldestillation; s. Farbtafel S. 150, Bild 80. Inh.: wasserhaltiges *Colophonium*. Anw.: s. *Colophonium*.

Hom.: ***1. Pinus sylvestris*** HAB1; Kiefer, die frischen, während des Austriebes gesammelten, bis 5 cm langen Sprossen. Anw.-Geb.: Erkrankungen der Atemwege, der Haut sowie des Stütz- und Bewegungsapparates, wie Schwäche des Bandapparates an den Knöcheln, chronischer Rheumatismus, Entzündungen der Atemwege, Ekzeme und Nesselsucht. ***2. Terebinthinae aetheroleum*** HAB; Terpentinöl von *Pinus*-Arten. Anw.-Geb.: Erkrankungen der oberen und unteren Atemwege, der Nieren, ableitenden Harnwege sowie der Haut. ***3. Pix liquida*** HAB34, der durch trockene Destillation des Holzes gewonnene Teer. Anw.-Geb.: Rißekzem der Finger und Hände, Bronchitis.

Pinus-Arten-Terpentinöl ↗ Pinus-Arten.
Pinus dammara ↗ Agathis-Arten.
Pinus larix ↗ Larix decidua.
Pinus mariana ↗ Picea mariana.
Pinus nigra ↗ Picea mariana, ↗ Pinus-Arten.
Pinus-nigra-Nadelöl ↗ Pinus-Arten.
Pinus picea ↗ Abies-Arten.
Pinus-ponderosa-Nadelöl ↗ Pinus-Arten.
Pinus-strobus-Nadelöl ↗ Pinus-Arten.
Piper album ↗ Piper nigrum.

■ **Piper angustifolium** Ruiz et Pavon
(syn. *Artanthe elongata, Piper elongatum, P. purpurascens, Steffensia elongata*); Matiko.

Fam.: Piperaceae.

Vork.: Andengebiete des nördlichen Südamerikas, v. a. Peru, Bolivien sowie Kolumbien, Venezuela.

Droge: ***Matico folium*** (syn. *Folia Matico, Herba Matico, Herba Soldado*); Matikoblätter (syn. Maticoblätter, Soldatenkraut), die getrockneten Laubblätter. Inh.: äther. Öl (0,3–6 %), u. a. mit Borneol, Phenolethern, Maticocampher, Maticin, Gerbstoffe, Harz. Anw.: in der Volksheilkunde bei bakteriellen Infektionen der ableitenden Harnwege, als Diuretikum sowie als Hämostyptikum bei Lungen- und Darmblutungen.

Hom.: ***Matico*** HAB34, die getrockneten Blätter.

Histor.: In Mexiko gehört die Droge zu den traditionellen Gewürzen für Kakao, in Panama dient sie als Aphrodisiakum und Stimulans, in den Blättern werden psychoaktive Stoffe vermutet.

Piper aromaticum ↗ Piper nigrum.

■ **Piper betle** L.
(syn. *Chavica auriculata, C. betle. C. chuvya, C. densa, C. sibirica, Piper malamiris, P. pinguispicus, P. siriboa*); Betelpfeffer.

Fam.: Piperaceae.

Heim.: Zentral- und Ost-Malaysia, heute im gesamten tropischen Asien kultiviert, ebenso in Afrika und Ozeanien.

Droge: ***Folia Piperis betle*** (syn. *Piperis betle folium*); *Piper-betle*-Blätter (syn. Betelblätter), die frischen oder getrockneten Blätter. Inh.: äther. Öl (0,8–1,8 %), v. a. phenolische Phenylpropanderivate, wie Chavibetol, Eugenol, Allylprotocatechol; Neolignane, u. a. Crotepoxid, Piperol, Piperbetol und Methylpiperbetol. Anw.: in der Volksheilkunde bei Husten, Schleimhautentzündungen, Diphtherie, Mittelohrentzündung sowie bei Magenbeschwerden. Eine größere Bedeutung besitzt die Droge als Bestandteil des „Betelbissens", ein im gesamten asiatischen Raum täglich von Millionen bereitetes Genußmittel. Zusammengesetzt aus Bruchstücken der Arecanuß (↗ *Areca catechu*), Löschkalk und verschiedenen Gewürzen werden diese in die frischen Betelblätter eingewickelt, im Mund kurz durchgekaut und dann in die Wangentaschen geschoben, um dort ausgesogen zu werden. Aus der Arecanuß wird das zentral sedierende Arecolin freigesetzt und bewirkt eine zufriedene Gelassenheit beim Anwender.

Histor.: Die Anwendung des Betelbissens wird bereits in frühen Sanskrittexten in Indien erwähnt und gehört damit zu den ältesten Genußmitteln. Darüber hinaus zählt der Betelpfeffer zu den heiligen Pflanzen Indiens und wird als Opfergabe für den Hindu-Gott Shiva in den Tempeln genutzt.

Piper caudatum ↗ Piper cubeba, ↗ Piper nigrum.

■ **Piper cubeba** L. f.
(syn. *Cubeba officinalis*); Kubebenpfeffer (syn. Schwanzpfeffer, Stielpfeffer).

Fam.: Piperaceae.

Vork.: Indonesien, auch in Indien, Malaysia kultivert.

Droge: ***Cubebae fructus*** (syn. *Cubebae, Fructus Cubebae, Piper caudatum, Semen Cubebae*); Kubeben (syn. Cubebenpfeffer, Schwanzpfeffer, Schwindelkörner), die getrockneten, meist noch nicht völlig reifen Früchte. *Inh.:* äther. Öl (10–20 %, *Oleum Cubebae*), v. a. mit Sesquiterpenen, u. a. β-Cubeben, Copaen, Cubebol, δ-Cadinen, α-Cubeben und Humulen; ferner ↗ Apiol, 1,8-Cineol, α-Pinen, Sabinen, Safrol und Asarone; Lignane (ca. 2,5 %), u. a. (–)-Cubebin, (–)-Cube-

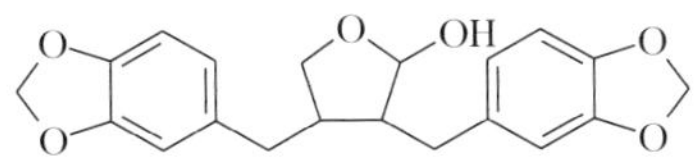

Cubebin

ninin, Dihydroclusin; Cubebensäure (1 %), Harz, fettes Öl. *Anw.:* in der Volksheilkunde bei entzündlichen und bakteriellen Erkrankungen der Harnwege, als Expektorans bei chronischer Bronchitis, auch bei Kopfschmerzen, Gedächtnisschwäche sowie zur Steigerung des Geschlechtstriebes (Aphrodisiakum). Im Haushalt dient die Droge auch als Gewürz.

Hom.: ***Piper cubeba*** (syn. *Cubeba*) HAB34; die getrockneten, unreifen Beeren. *Anw.-Geb.:* Schleimhautentzündungen der Harn- und Geschlechtsorgane.

Histor.: Die Droge zählt in Indien zu den bekannten Aphrodisiaka, das die Araber kennenlernten, als sie ihren Handel nach den Sundainseln ausdehnten. Die arabischen Ärzte des 9. und 10. Jh. kannten sowohl die Herkunft als auch die harntreibende Wirkung der Kubeben. Die Droge und ihre Wirkung war auch im mittelalterlichen Europa bekannt, so beschreibt bereits die Heilige Hildegard von Bingen in ihrer Physica ihre psychoaktiven Effekte. Obwohl Kubeben als Küchengewürz zu dieser Zeit eingesetzt wurden, geriet ihr Gebrauch in Vergessenheit, und erst bei der Besetzung Javas durch die Engländer Ende des 18. Jh. wurde die medizinische Bedeutung der Droge wiederentdeckt und um 1818 in die englische Pharmakopöe eingeführt.

Piper elongatum ↗ Piper angustifolium.
Piper germanicum ↗ Daphne mezereum.

■ **Piper guineense** Schumach. et Thonn.
Aschantipfeffer.

Fam.: Piperaceae.

Vork.: Westafrika, Kongo.

Droge: ***Kongo-Kubeben*** (syn. Aschanti-Pfeffer), die reifen Früchte. *Inh.:* Sesamin, Aschantin (Lignan), äther. Öl (ca. 10 %), u. a. mit Phellandren, Harz, Piperin und Piperidin. *Anw.:* als Gewürz. Die Droge kommt mitunter als Verfälschung von *Piper cubeba* in den Handel.

■ **Piperin**
Hauptalkaloid des Pfeffers (↗ *Piper nigrum*). *Wirk.:* Das scharf schmeckende P. führt zur Freisetzung des Neuropeptids Substanz P aus sensorischen Neuronen und induziert damit eine Hyperämisierung, die die Wirkung des Pfeffers als Stomachikum und lokales Reizmittel erklärt.

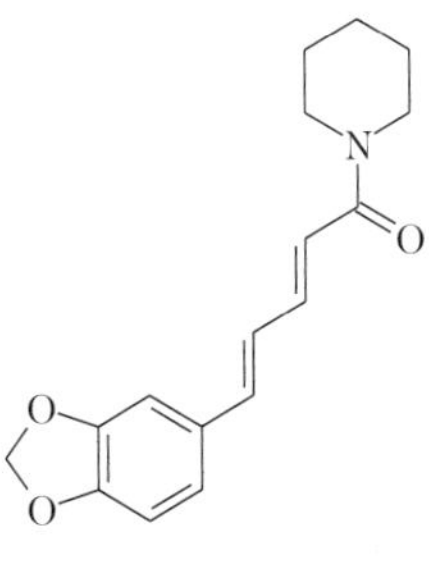

Piperin

Piper inebrians ↗ Piper methysticum.
Piperis albi fructus ↗ Piper nigrum.
Piperis betle folium ↗ Piper betle.
Piperis longi fructus ↗ Piper longum.
Piperis methystici rhizoma ↗ Piper methysticum.
Piperis nigri fructus ↗ Piper nigrum.

Piper latifolium ↗ Piper longum.

■ **Piper longum** L.
(syn. *Chavica Roxbhurgii, C. sarmentosa, Piper latifolium, P. sarmentosum*); Bengalpfeffer (syn. Langer Pfeffer).

Fam.: Piperaceae.

Heim.: Himalajagebiet, kultiviert in Bangladesh, Indien, Sri Lanka.

Droge: ***Fructus Piperis longi*** (syn. *Piper longum, Piperis longi fructus, Spadices Piperis longi*); *Piper-longum*-Früchte (syn. Brasilianischer Pfeffer, Fliegenpfeffer, Langer Pfeffer, Stangenpfeffer), die vor der Reife gesammelten Früchte. *Inh.:* äther. Öl (ca. 1 %), v. a. Sesquiterpene, daneben *p*-Cymen, Dihydrocarveol, Terpinolen und *α*-Thujen; Piperin (4–6 %) und Derivate; Zimtsäurederivate. *Anw.:* ähnlich wie ↗ *Piper nigrum*; in der Volksheilkunde Indiens bei Bronchialasthma, zur Hustenstillung, bei Muskelschwäche, Leber- und Galleleiden sowie bei Befall mit Eingeweidewürmern. In der Kombination mit anderen Drogen in der ↗ Ayurveda-Medizin gegen eine Übersäuerung des Magens und gegen Duodenumgeschwüre angewendet.

Histor.: Die Droge wird in Asien und Arabien seit langer Zeit als Gewürz, Aphrodisiakum und Heilmittel verwendet, z. B. in den Orientalischen Fröhlichkeitspillen. In tantrischen Ritualen ist der Lange Pfeffer ein Hauptbestandteil für aphrodisische Rezepturen.

Piper malamiris ↗ Piper betle.

■ **Piper methysticum** G. Forst.
(syn. *Macropiper latifolium, M. methysticum, Piper inebrians*); Rauschpfeffer (syn. Kawapfeffer).

Fam.: Piperaceae.

Vork.: heimisch auf Neuguinea, heute auf vielen pazifischen Inseln zwischen nördlichem und südlichem Wendekreis kultiviert.

Droge: ***Kava-Kava rhizoma*** (*Piperis methystici rhizoma, Radix Kava-Kava, Rhizoma Kava-Kava, Rhizoma Kavae*); Kavakavawurzelstock (syn. Kava-Kava-Rhizom, Rauschpfeffer), der in der Regel geschälte und zerschnittene, meist von den Wurzeln befreite, getrocknete Wurzelstock; s. Farbtafel S. 150, Bild 81. *Inh.:* ↗ Kawalactone (ca. 5 %, Kawapyrone), u. a. mit Kavain (Kawain), Methysticin, Desmethoxyyangonin, Yangonin und weiteren Derivaten, Amide, wie Pyrrolidide, Chalcone, aromatische und aliphatische Säuren. *Anw.:* bei nervösen Angst-, Spannungs- und Unruhezuständen zur Sedierung. In der Volksheilkunde zur Beruhigung, als Stimulans und zur Schlafförderung sowie bei Asthma, Rheuma, zur Gewichtsreduktion, bei chronischer Zystitis und bei Geschlechtskrankheiten. *Geg.:* Schwangerschaft, Stillzeit, endogene Depressionen.

Hom.: ***Piper methysticum*** HAB; Rauschpfeffer, der getrocknete Wurzelstock mit anhängenden Wurzeln. *Anw.-Geb.:* Erkrankungen des Zentralnervensystems, des arteriellen Gefäßsystems, des Magen-Darm-Traktes, der Nieren und ableitenden Harnwege sowie der Haut.

Histor.: Die Droge dient seit langer Zeit den Ureinwohnern der Südseeinseln zur Bereitung des Kava-Getränks und spielt seit jeher im religiösen, politischen und gesellschaftlichen Leben eine große Rolle. Das Kava-Getränk, das eine Anästhesie der Zunge und Mundschleimhaut sowie ein reduziertes Geschmacksempfinden bewirkt, soll gleichzeitig Wohlbefinden, Friedfertigkeit und Entspannung induzieren, ohne das Bewußtsein und die Denkfähigkeit zu beeinträchtigen. Als erste Europäer berichten James Cook und Johann Georg Forster 1777 von der Droge und ihren Eigenschaften, seit 1820 wird sie therapeutisch genutzt, vornehmlich aber zunächst zur Therapie von Geschlechtskrankheiten. Heute ist die Droge ein wichtiges Phytotherapeutikum, das gern als Tranquilizer der Natur bezeichnet wird. Der lateinische Gattungsname *Piper* stellt eine Verstümmelung des Sanskritwortes *pippali* dar; *methysticum* entspricht dem griechischen *methyskomai* (sich berauschen). Die Bezeichnungen Kawa, Kava-Kava, Ava oder Yangona sind die Namen für den Rauschpfeffer bei den Eingeborenen Polynesiens.

■ **Piper nigrum** L.
(syn. *Muldera multinervis, M. wightiana, Piper aromaticum, P. trioicum*); Pfeffer.

Fam.: Piperaceae.

Vork.: tropisches Asien, angebaut auch in Südamerika, Afrika, den Antillen und Madagaskar.

Drogen: ***1. Piperis albi fructus*** (syn. *Fructus Piperis albi, Piper album*); Weißer Pfeffer (syn. Leucopiper, Leukopiper), die von der äußeren Fruchtschicht befreiten, getrockneten Früchte.

Inh.: wie *Piperis nigri fructus*, allerdings mit einem etwas geringeren Piperingehalt. Anw.: in ähnlicher Weise wie *Piperis nigri fructus*, in der Volksheilkunde bei Hämorrhoiden und als Gewürz. ***2. Piperis nigri fructus*** (syn. *Fructus Piperis nigri, Piper nigrum*); Schwarzer Pfeffer, die vor der Reife gesammelten und getrockneten, beerenartigen Früchte. Inh.: äther. Öl (1,2–2,6 %) mit Terpenkohlenwasserstoffen (90 %) und sauerstoffhaltigen Terpenen (ca. 10 %). Hauptkomponenten sind Sabinen, Limonen, Caryophyllen, β- und α-Pinen, Caren und Bisabolen. Piperalkaloide, wie das scharf schmeckende ↗ Piperin (5–10 %), Piperylin und Piperoleine A bis C. Daneben kommen Phenole und Phenolcarbonsäuren vor, die für die schwarze Farbe der Droge verantwortlich sind. Anw.: innerlich zur Verdauungsförderung bei Magenbeschwerden und als eines der am häufigsten verwendeten Gewürze. In der Volksheilkunde wird die Droge auch bei Bronchitis eingesetzt. In Form von Salben dient sie als Hautreizmittel bei Neuralgien sowie bei Befall mit Krätze.

Hom.: ***Piper nigrum*** HAB34; die unreifen, getrockneten Früchte. Anw.-Geb.: Schleimhautreizung, Milchfluß.

Histor.: Pfeffer war schon seit dem Altertum in Europa bekannt und findet sich unter den Arzneimitteln des Hippokrates. Die im Altertum aus Indien eingeführten Mengen waren sehr beträchtlich. So gehörten z. B. 3000 Pfund Pfeffer zum Lösegeld, das Alarich, König der Ostgoten, bei der Belagerung Roms 408 n. Chr. erhielt. Im Mittelalter wurde Pfeffer sehr hoch geschätzt, und der Handel ging fast ausschließlich vom Orient über Venedig ins übrige Europa. Das änderte sich erst, als der Seeweg nach Indien entdeckt wurde und die Portugiesen 1503 die erste Gewürzsendung nach Lissabon brachten.

Pipernuß ↗ Pistacia vera.
Piper pinguispicus ↗ Piper betle.
Piper pinnatum ↗ Zanthoxylum-Arten.
Piper purpurascens ↗ Piper angustifolium.
Piper sarmentosum ↗ Piper longum.
Piper siriboa ↗ Piper betle.
Piper trioicum ↗ Piper nigrum.
Pipitzahoawurzel ↗ Perezia oxylepis.
Piptadenia falcata ↗ Anadenanthera peregrina.
Piptadenia niopo ↗ Anadenanthera peregrina.
Piptadenia peregrina ↗ Anadenanthera peregrina.
Piptostegia gomesia ↗ Merremia macrocarpa.

■ **Piralima nitida** (Stapf) Th. Et H. Durand. (syn. *Tabernaemontana nitida, Picralima klaineana, P. macrocarpa*).

Fam.: Apocynaceae.

Vork.: Afrika, bes. Elfenbeinküste, Ghana, Nigeria, Kamerun, Gabun, Kongo, Zaire, Angola, Uganda.

Droge: Wurzeln, Stammrinde und Samen. Inh.: Indolalkaloide, u. a. Akuammin, Akuammigin, Akuammicin, Picraphyllin. Anw.: in der afri-

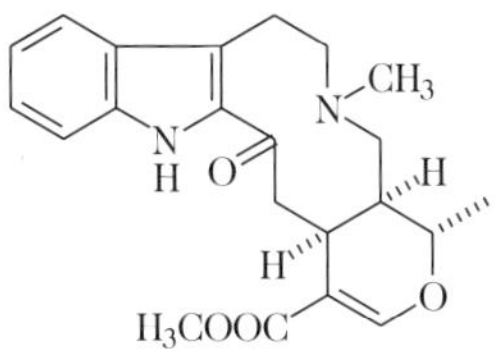

Picraphyllin

kanischen Volksheilkunde bei Malaria, Fieber, Brustbeschwerden, Lungenentzündung und als Anthelmintikum. Die Droge wird auch zur Bereitung von Pfeilgiften in Zentralafrika eingesetzt.

Pirola umbellata ↗ Chimaphila umbellata.
Pirus aucuparia ↗ Sorbus aucuparia.
Pirus sinensis ↗ Chaenomeles sinensis.
Pisang ↗ Musa x paradisiaca.
Piscidia erythrina ↗ Piscidia piscipula.

■ **Piscidia piscipula** (L.) Sarg. (syn. *Piscidia erythrina, Erythrina piscipula, Ichthyometica piscipula*), Piscidiawurzel.

Fam.: Fabaceae.

Vork.: tropisches Amerika, Florida, Mexiko, westindische Inseln.

Droge: ***Cortex Piscidiae radicis*** (syn. *Cortex Piscidiae, Cortex Piscidiae erythrinae*); Piscidiarinde (syn. Fischrinde, Piscidiawurzelrinde), die getrocknete Wurzelrinde. Inh.: Isoflavone, u. a. ↗ Rotenon, Ichtynon, Jamaicin; Piscidin, Harz, Piscidiasäure, Gerbstoff. Anw.: in der Volksheilkunde als Sedativum und Hypnotikum, besonders bei Keuchhusten und Asthma, als Diaphoretikum und Diuretikum. Die Eingeborenen benutzen die Droge als effektives Fischgift zum Fischfang.

Hom.: ***Piscidia piscupula*** (syn. *Piscidia erythrina*) HAB34; die frische, zu Beginn der Blüte geerntete Wurzelrinde. Anw.-Geb.: Schlafstörungen.

Histor.: Der Gattungsname *Piscidia* setzt sich aus dem lateinischen *piscis* (Fisch) und *caedere* (töten) zusammen, Bezug nehmend auf die frühere Verwendung der Pflanze zum Betäuben der Fische.

Piscidiarinde ↗ Piscidia piscipula.
Piscidiawurzel ↗ Piscidia piscipula.
Pißblume ↗ Taraxacum officinale.
Pißranke ↗ Solanum-Arten.

■ **Pistacia atlantica** Desf.
(syn. *Pistacia mutica*); Atlantische Pistazie.

Fam.: Anacardiaceae.

Vork.: Kanarische Inseln, Mittelmeergebiete, Pakistan, in den USA, der Türkei und Nordafrika auch kultiviert.

Droge: ***Gallae Pistaciae*** (syn. *Pistaciae gallae*); *Pistacia-atlantica*-Gallen, die von den Insekten *Pemphigus corniculatus* und *P. semilunarius* erzeugten Blattgallen. Inh.: Gerbstoffe, wie Tannin (24–40 %). Anw.: zur Tanningewinnung, im Iran auch zur Teppichfärberei.

Pistacia chia ↗ Pistacia lentiscus.

■ **Pistacia chinensis** Bunge
(syn. *Pistacia formosana, P. interregima, P. philippensis*).

Fam.: Anacardiaceae.

Vork.: China, Taiwan, Philippinen, in China und den USA auch kultiviert.

Droge: ***Gallae Pistaciae interregimae*** (syn. *Pistaciae interregimae gallae*); *Pistacia-interregima*-Gallen, die von Insekten (*Pemphigus ssp.* und *Aphis ssp.*) erzeugten Blattgallen. Inh.:. äther. Öl (1,3–1,8 %); Triterpene, Gerbstoffe, wie Tannine (20–75 %), Gummiharz. Anw.: in der Volksheilkunde bei Husten, Asthma, Lungeninfektionen, Schwindsucht, Nasenbluten und anderen Erkrankungen der Atemwege; bei Magen-Darm-Störungen, Ruhr und Schlangenbissen. Auch als Gerbmaterial wird die Droge eingesetzt.

Pistaciae gallae ↗ Pistacia atlantica.
Pistaciae interregimae gallae ↗ Pistacia chinensis.
Pistaciae lentistici folium ↗ Pistacia lentiscus.
Pistaciae semen ↗ Pistacia vera.

Pistacia formosana ↗ Pistacia chinensis.
Pistacia interregima ↗ Pistacia chinensis.

■ **Pistacia lentiscus** L.
(syn. *Pistacia chia, P. mutica, P. terebinthus, Terebinthus vulgaris*); Mastix-Strauch (syn. Lentiske, Mastix-Pistazie, Pistakistrauch, Restringe), s. Farbtafel S. 150, Bild 82.

Fam.: Anacardiaceae.

Vork.: Mittelmeergebiete, u. a. einige Inseln, besonders Chios (Anbau).

Drogen: *1.* ***Mastix*** (syn. *Gummi Lentisci, Gummi Mastix, Mastix levantica, Resina Mastix*); Mastixharz (syn. Chios-Mastix), der freiwillig austretende oder durch Einschnitte gewonnene und erhärtete Harzbalsam; s. Farbtafel S. 150, Bild 83. Inh.: Harzfraktion mit den 3 Triterpensäuren Masticadienonsäure, Isomasticadienonsäure und Oleanolsäure sowie dem Triterpenalkohol Tirucallol als Hauptbestandteil. Außer-

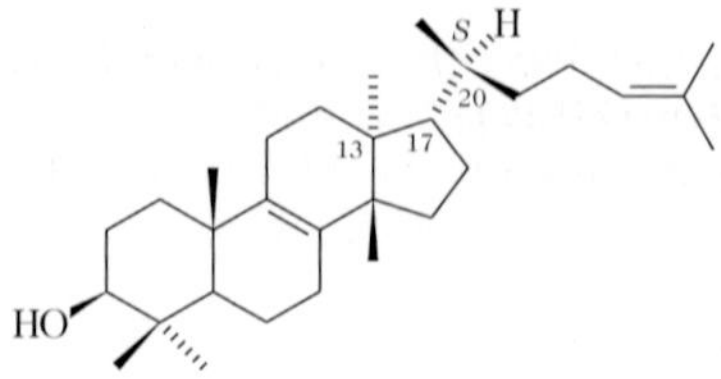

Tirucallol

dem weitere Terpenoide sowie äther. Öl (1–3 %), das ca. 90 % Monoterpene, u. a. α-Pinen (ca. 79 %) als Hauptkomponente, enthält. Anw.: zur Herstellung von Pflastern, zur Fixierung von Wundverbänden und volkstümlich bei Magenbeschwerden sowie in der traditionellen Medizin der Erzeugerländer bei Beschwerden im Oberbauch, Magenschmerzen, Dyspepsie und Geschwüren im Verdauungstrakt. *2.* ***Pistaciae lentistici folium*** (*Folia Pistaciae lentisci*); Pistazienblätter, die getrockneten Blätter. Inh.: äther. Öl (0,1–0,3 %), bestehend aus Terpenkohlenwasserstoffen (41 %, u. a. Camphen, Pinen und Terpinen), Estern (ca. 17 %), Alkoholen (16 %), Carbonylverbindungen (15 %) und Sesquiterpenen (9 %). Außerdem Flavonoide, u. a. Myricetin, und Gerbstoffe. Anw.: in der Volksheilkunde der Erzeugerländer als blutdrucksenkende Mittel sowie technisch zum Färben und Gerben. *3.* ***Gallae Pistaciae terebinthini***; *Pistacia-terebinthus*-Gallen (syn. Judenschote, Pistaziengallen, Terpentingallen), auf den Blättern durch Insekten erzeugte Gallen. Inh.: hydrolysierbare Gerbstoffe (50–60 %), insbesondere Ellagitannine, ferner saure und neutrale Triterpene, u. a. Dammarendiol, Dipterocarpol, Erythrodiol, Masticadienonsäure, Oleanolaldehyd und Tirucallol sowie äther. Öl (ca. 4 %). Anw.: volkstümlich in den Heimatgebieten der Droge zum Adstringieren, bei Asthma und Krampfhusten sowie technisch zum Färben von Seide und Wein.

Pistacia mutica ↗ Pistacia atlantica, ↗ Pistacia lentiscus.
Pistacia narbonensis ↗ Pistacia vera.
Pistacia nigricans ↗ Pistacia vera.
Pistacia officinarum ↗ Pistacia vera.
Pistacia palaestina ↗ Pistacia terebinthus.
Pistacia philippensis ↗ Pistacia chinensis.
Pistacia reticulata ↗ Pistacia vera.
Pistacia simaruba ↗ Bursera-Arten.

■ **Pistacia terebinthus** 1) ↗ Pistacia lentiscus.
2) **Pistacia terebinthus** L.
(syn. *Pistacia palaestina, Terebinthus vulgaris*); Terebinthe (syn. Terpentinpistazie), s. Farbtafel S. 150, Bild 84.

Fam.: Anacardiaceae.

Vork.: Mittelmeergebiete.

Droge: ***Terebinthina Chiotica*** (syn. *Terpentina cyprica, Terebinthina Pistaciae*); Chios-Terpentin (syn. Chios-Harz, Terpentinharz, Zyprisches Terpentin), das aus den schizogenen Sekretbehältern durch Einschnitte ausfließende Harz. Inh.: äther. Öl (9–14 %) mit Borneol, Bornylacetat, Dipenten und α-Pinen sowie Harz mit sauren und neutralen Triterpensäuren. Anw.: in den Sammelgebieten früher bei Hautleiden.

Hom.: ***Terebinthina Chios*** HAB34, der frische Balsam.

Pistacia trifolia ↗ Pistacia vera.
Pistacia variifolia ↗ Pistacia vera.

■ **Pistacia vera** L.
(syn. *Pistacia narbonensis, P. nigricans, P. officinarum, P. reticulata, P. trifolia, P. variifolia*); Echte Pistazie (syn. Pimpernuß, Pipernuß, Pistakinuß).

Fam.: Anacardiaceae.

Vork.: Mittelmeergebiete, besonders Sizilien, Tunesien sowie Vorder- und Zentralasien.

Droge: ***Pistaciae semen*** (syn. *Amygdalae virides, Amygdalae viridis, Nuces Pistaciae, Nuclei Pistaciae, Semen Pistaciae*); Pistazien (syn. Aleppo-Nüsse, Echte Pistazien, Grüne Mandeln, Pistazienmandeln, Syrische Nüsse), die Samen der getrockneten Steinfrüchte. Inh.: fettes Öl, besonders mit Glyceriden der Ölsäure (68 %), Linolsäure (16 %), Palmitinsäure (10 %), ferner phenolische Stoffe, u. a. Anthocyanpigmente, vor allem Cyanidin-3-O-β-galactosid, sowie Catechin und Epicatechin. Außerdem Anacardsäuren. Anw.: geröstet oder grün, analog Mandeln und Erdnüssen für Speisezwecke sowie in der Konditorei, z. B. für Eisspezialitäten. Das fette Öl ist als Speiseöl nutzbar.

Histor.: Der Gattungsname *Pistacia* leitet sich vom griechischen *pistakós* (echt, unverfälscht) ab.

Pistacia vera, Zweig mit Blättern und Früchten.

Pistakinuß ↗ Pistacia vera.
Pistakistrauch ↗ Pistacia lentiscus.
Pistazien ↗ Pistacia vera.
Pistazienblätter ↗ Pistacia lentiscus.
Pistazienmandeln ↗ Pistacia vera.
Pitti ↗ Ventilago madraspatana.
Pituri ↗ Duboisia-Arten.
Piule ↗ Ipomoea violacea, ↗ Rhynchosia phaseoloides.
Pix (lat.); Pech (Teer).
Pix Abietarum ↗ Pinus-Arten.
Pix alba ↗ Pinus-Arten.
Pix Betulae ↗ Betula-Arten.

Pix Betulina ↗ Betula-Arten.
Pix Cadi ↗ Juniperus oxycedrus.

■ Pix Fagi

(*Fagi empyreumaticum, Oleum Fagi empyreumaticum*), Buchenteer; der durch trockene Destillation aus Buchenholz (↗ *Fagus sylvatica*) gewonnene Teer. Inh.: Phenole, Kresole, Kreosot, Guajacol, Paraffine, Fettsäuren und ihre Ester. Anw.: früher innerlich bei Tuberkulose und Bronchialleiden. Äußerlich wird die Droge bei Ekzemen sowie bei Klauenseuche eingesetzt. In der Lebensmittelindustrie dient sie als Konservierungsmittel (Schnellräucherei).

Pix Juniperi ↗ Juniperus oxycedrus.
Pix Juniperi liquida ↗ Juniperus oxycedrus.

■ Pix liquida

durch trockene Destillation des Holzes verschiedener Pinaceen (↗ *Pinus*-Arten) gewonnener Teer.

Hom.: ***Pix liquida*** HAB. Anw.-Geb.: Rißekzem der Hände und Finger, Bronchitis.

Pix Lithanthracis ↗ Steinkohlenteer.
Pix Oxycedri ↗ Juniperus oxycedrus.

■ Placebo

(syn. Plazebo) lat. *placebo*, ich werde gefallen. Scheinmedikament, das wirkstofffrei ist, jedoch äußerlich mit dem wirksamen Medikament übereinstimmt. Als Placeboeffekt bezeichnet man eine Besserung oder Heilung von Krankheitsprozessen nach Behandlung mit Placebos.

Placenta Amygdalarum ↗ Prunus-Arten.
Placenta HAB; Placenta von Schlachttieren.
Placenta Seminis Lini ↗ Linum usitatissimum.
Plananthus fastigiatus ↗ Huperzia selago.
Plananthus recurvus ↗ Huperzia selago.
Plananthus selago ↗ Huperzia selago.
Plantaginis folium ↗ Plantago-Arten.
Plantaginis lanceolatae folium ↗ Plantago-Arten.
Plantaginis lanceolatae herba ↗ Plantago-Arten.
Plantaginis majoris herba ↗ Plantago-Arten.
Plantaginis ovatae semen ↗ Plantago-Arten.
Plantaginis ovatae testa ↗ Plantago-Arten.
Plantago afra ↗ Plantago-Arten.

■ Plantago-Arten

● **Fam.:** Plantaginaceae.

● **Plantago afra** L. (syn. *Plantago afrum, P. atratum, P. cynops, P. divaricata, P. durandoi, P. parviflora, P. psyllium, P. sicula, P. squalida, P. stricta, P. strictum, Psyllium erectum, P. parvoflorum*); Flohkraut (syn. Flohwegerich, Sandwegerich, Strauchwegerich).

Vork.: Mittelmeerraum und westliches Asien.

Droge: ***Psyllii semen*** (syn. *Semen Psyllii, Semen Pulicariae*); Flohsamen (syn. Heusamen, *Plantago-afra*-Samen, *Plantago-arenaria*-Samen, *Plantago-indica*-Samen, *Plantago-psyllium*-Samen), die reifen Samen. Inh.: Schleimstoffe (10–12 %) mit Xylose und Arabinose als Hauptkomponenten, ferner Rhamnose und Galacturonsäure sowie in geringer Menge ↗ Aucubin und Alkaloide vom Typ des Boschniakins. Anw.: habituelle Obstipation sowie bei Erkrankungen, bei denen eine erleichterte Darmentleerung gewünscht ist, z. B. bei Analfissuren, Hämorrhoiden oder nach rektal-analen operativen Eingriffen. Äußerlich volkstümlich topisch als heißer Breiumschlag (Kataplasma) bei Furunkulose.

● **Plantago arenaria** Waldst. et Kit. (syn. *Plantago indica, P. psyllium, P. scabra, P. scabrum, Psyllium arenarium*); Sand-Wegerich.

Vork.: Mittel- und Südeuropa, in Südfrankreich auch kultiviert.

Droge: ***Psylli semen***; Flohsamen. Inh.: wie *Plantago afra*, allerdings ist das Vorhandensein von ↗ Aucubin nicht sicher, zusätzlich wurden Spuren von Narcotin und Arenarin gefunden. Anw.: s. *P. afra*.

● **Plantago lanceolata** L. (syn. *Arnoglossum lanceolatum, Plantago flexuosa, P. lanceofolia, P. longistipes, P. sylvatica*). Spitzwegerich (syn. Heilwegerich, Wundwegerich), s. Farbtafel S. 151, Bild 85.

Vork.: weltweit innerhalb der kühl-gemäßigten Zonen.

Drogen: ***1. Plantaginis lanceolatae folium*** (syn. *Folium Plantaginis, Plantaginis folium*); Spitzwegerichblätter, die getrockneten Laubblätter. Inhaltsstoffe und Anwendung s. *Plantaginis lanceolatae herba*. ***2. Plantaginis lanceolatae herba*** (syn. *Herba Plantaginis angustifoliae, Herba Plantaginis lanceolatae*); Spitzwegerichkraut (syn. *Plantago-lanceolata*-Kraut), das getrocknete Kraut. Inh.: Iridoidglykoside (1,9–2,4 %), besonders ↗ Aucubin und Catalpol, Schleimpolysaccharide (ca. 2 %), überwiegend aus Rhamnogalacturonan mit Arabinogalactan-Seiten-

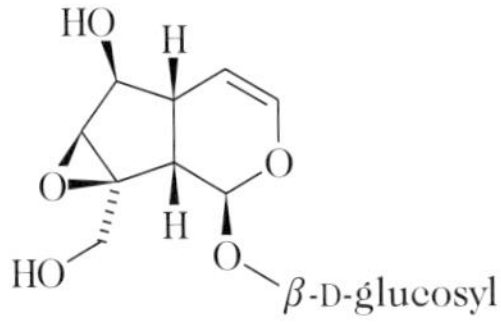

Catalpol

kette bestehend, ferner Flavonoide, Kaffeesäureglykoside, Hydroxyzimtsäuren mit Chlorogen- und Neochlorogensäure sowie Gerbstoffe (ca. 6,5 %) und Kieselsäure. Anw.: Katarrhe der Luftwege, oft Bestandteil von Bronchialtees, entzündliche Prozesse im Mund-Rachen-Raum. Äußerlich bei Hauterkrankungen. Volkstümlich auch bei Magen- und Leberleiden sowie äußerlich – meist als Frischdroge – bei Verletzungen als Wundheilmittel.

Hom.: ***Plantago lanceolata*** HAB34, die frische Pflanze.

● **Plantago major** L. (syn. *Plantago asiatica, P. latifolia, P. officinarum*); Breitwegerich (syn. Breiter Wegerich, Großer Wegerich, Sohlenkraut, Wegebreit, Wegtritt).

Vork.: Europa, Asien, Nordamerika.

Drogen: ***1. Plantaginis majoris herba*** (syn. *Herba Arnoglossi, Herba Plantaginis latifoliae, Herba Plantaginis majoris*); Breitwegerichkraut, das getrocknete oder frische, während der Blütezeit gesammelte Kraut. Inh.: Iridoidglykoside, u. a. ↗ Aucubin (ca. 0,04 %) und Catalpol, ferner Polysaccharide, Flavonoide, u. a. Baicalein, Luteolin und Scutellarein sowie Kaffeesäurederivate, u. a. Chlorogen- und Neochlorogensäure. Anw.: Erkrankungen der Atemwege, Bronchialkatarrh. Äußerlich für Spülungen, besonders im Mund-Rachen-Raum. ***2. Plantago-major-Samen***; Breitwegerichsamen, die reifen Samen. Inh.: unter anderem Schleim. Anw.: in der Volksheilkunde bei Obstipation sowie zur Förderung der Diurese.

Hom.: ***Plantago major*** HAB34; Breitblättriger Wegerich, die frischen, oberirdischen Pflanzenteile. Anw.-Geb.: Schmerzen im Kopfbereich, Einnässen, Durchfall, Hautausschläge.

● **Plantago media** L. (syn. *Arnoglossum incanum, Plantago concinna, P. incana*); Mittlerer Wegerich.

Vork.: ganz Europa, gemäßigtes Asien.

Hom.: ***Plantago media*** HAB34, die frische Pflanze.

● **Plantago ovata** Forsskal (syn. *Plantago brunnea, P. decumbens, P. fastigiata, P. gooddingii, P. insularis, P. ispagula, P. lanata, P. leiocephala, P. microcephala, P. minima, P. trichophylla, P. villosa*); Indisches Psyllium (syn. Blondews Psyllium).

Vork.: Indien, Afghanistan, Iran, Nordafrika.

Drogen: ***1. Plantaginis ovatae semen*** (syn. *Ispaghulae semen, Semen Ispaghulae, Semen Plantaginis ovatae*); Indischer Flohsamen (syn. Blonder Flohsamen, Indischer Wegerich, Indisches Psyllium, Ispaghulasamen), die reifen Samen mit einer Quellungszahl von mindestens 9. Inh.: Schleimstoffe (20–30 %), die ausschließlich in der Samenschale lokalisiert sind. Sie stellen ein verzweigtes Arabinoxylan dar, das in den Seitenketten auch Rhamnose und Galacturonsäure gebunden enthält. Im gelbildenden Anteil befindet sich zudem noch 4-O-Methylglucuronsäure. Außerdem wurde in den Samen noch ca. 0,21 % ↗ Aucubin nachgewiesen. Anw.: Beschwerden im Analbereich (Analfissuren, Hämorrhoiden) oder nach rektalen Eingriffen sowie in der Schwangerschaft, bei denen eine erleichterte Darmentleerung mit weichem Stuhl erreicht werden soll, auch bei habitueller Obstipation sowie zur unterstützenden Therapie bei Reizdarm und Durchfällen. Bestandteil zahlreicher Arzneifertigpräparate, z. T. nur unter Verwendung der Samenschalen, zumal sich diese vom Samen abtrennen lassen und damit eine niedrigere Dosierung ermöglichen. Geg.: drohender oder bestehender Ileus sowie schwer einstellbarer Diabetes mellitus. ***2. Plantaginis ovatae testa*** (syn. *Testa Plantaginis ovatae*); Indische Flohsamenschalen (syn. Ispaghula-Samenschalen, *Plantago-ovata*-Samenschalen), die Droge besteht aus der Epidermis und den angrenzenden, kollabierten Schichten der Indischen Flohsamen (Quellungszahl mindestens 40). Inhaltsstoffe und Anwendung s. *Plantaginis ovatae semen*.

Hom.: ***Plantago ovata*** HAB34, die frische Pflanze.

● **Histor.:** Der Gattungsname *Plantago* ist aus dem lateinischen *planta* (Fußsohle) entstanden, Bezug nehmend auf die entfernte Ähnlichkeit der Blätter von *Plantago major* mit dem Abdruck einer Fußsohle. Die Art *lanceolata* (Lanze, Spieß) bezieht sich auf die Form dieser Blätter. Die deutsche Bezeichnung Wegerich, althochdeutsch wegarih, ist sehr alt. Verbunden mit dem althochdeutschen *rih* (König) kann sie als Wegbeherrscher oder „um und auf dem Wege lagernd" angesehen werden. Wegericharten standen sowohl bei den Ärzten des klassischen Altertums als auch im Mittelalter in hohem Ansehen und wurden als Drogen sehr vielfältig eingesetzt.

Planten ↗ Musa x paradisiaca.
Platanenrinde ↗ Platanus-Arten.

■ **Platanthera bifolia** (L.) L. C. Rich.
(syn. *Gymnadenia bifolia, Lysias bifolia, Orchis bifolia, Platanthera solstitialis, Satyrium bifolium*); Zweiblättrige Waldhyazinthe (syn. Kuckucksstendel, Zweiblättriges Breitkörbchen).

Fam.: Orchidaceae.

Vork.: Europa, Rußland, Südsibirien, Nordamerika.

Droge: ***Tubera Salep***. Inhaltsstoffe und Anwendung ↗ *Orchis*-Arten.

Platanthera solstitialis ↗ Platanthera bifolia.

■ **Platanus-Arten**

● **Fam.:** Platanaceae.

● **Platanus hispanica** Münchh. (syn. *Platanus acerifolia, P. hybrida, P. occidentalis x P. orientalis, P. orientalis* var. *acerifolia*); Ahornblättrige Platane (syn. Bastardplatane, London-Platane).

Vork.: Mitteleuropa, Nordamerika, wichtiger Straßenbaum, der selbst in der Großstadt gut gedeiht.

Droge: ***Cortex Platani***; Platanenrinde, die Rinde der Stämme und Äste. *Inh.:* Triterpene, wie ↗ Betulin, Betulinsäure, Betulinaldehyd, Plataninsäure sowie β-Sitosterol und Polyphenole.

● **Platanus occidentalis** L.; Abendländische Platane (syn. Amerikanische Platane).

Vork.: östliches und mittleres Nordamerika. *Inh.:* ähnlich wie bei *Platanus hispanica*.

Droge: ***Cortex Platani***; Platanenrinde, die Rinde der Stämme und Äste.

Hom.: ***Platanus*** HAB1; die frische Rinde junger Zweige von *Platanus occidentalis* und *Platanus hispanica*. *Anw.-Geb.:* Erkrankungen des Auges (Liderkrankungen) und der Haut, wie trocken-schuppiges Ekzem.

● **Histor.:** Der Gattungsname *Platanus*, vom griechischen *platys* (breit, flach, d. h. wie eine Hand) abgeleitet, bezieht sich auf die Blätter.

Platanus occidentalis, fruchtender Zweig.

Platterbse ↗ Lathyrus sativus.
Plattsaad ↗ Polygonum aviculare.
Platycodon autumnalis ↗ Platycodon grandiflorum.

■ **Platycodon grandiflorum** DC.
(syn. *Platycodon autumnalis, P. sinensis, Campanula grandiflora, C. glauca, C. gentianoides*); Ballonblume; s. Farbtafel S. 151, Bild 86.

Fam.: Campanulaceae.

Vork.: China, Japan.

Droge: ***Radix Platycodi***, die Wurzeln. *Inh.:* saure Saponine, wie Platycodin A – H; Polygalasäure, Playcodigenin, ferner Platicodosid C, Platycodogensäuren A, B und C. *Anw.:* in der traditionellen chinesischen Heilkunde als Expektorans und Antitussivum sowie gegen Schmerzen, Enzündungen, Fieber und bei Nervenleiden. Mitunter dient die Droge als Ersatz für ↗ *Panax ginseng* oder ↗ *Panax quinquefolius*.

Platycodon sinensis ↗ Platycodon grandiflorum.

■ **Plectranthus fruticosus** L'Hérit.
Mottenkraut (syn. Mottenkönig).

Fam.: Lamiaceae (Labiatae).

Vork.: Südafrika, bes. Kapland.

Droge: ***Herba Plectranthi***; Mottenkraut, die ganze Pflanze. *Inh.:* äther. Öl komplexer Zusammensetzung. *Anw.:* in der Volksheilkunde als Insektizid.

Hom.: ***Plectranthus fruticosus*** HAB34, die frische, blühende Pflanze.

Plectranthus nankinensis ↗ Perilla frutescens.

■ **Plexaura homomalla**
Hornkoralle.
Fam.: Coralliidae.
Vork.: Karibik.
Droge: die ganzen Tiere. *Inh.:* u. a. Prostaglandine, bes. Prostaglandin A_2 (ca. 1–3 %). *Anw.:* früher zur Gewinnung der Prostaglandine, die in der Geburtshilfe eingesetzt werden.

■ **Plinius, Gaius Plinius Secundus** der Ältere (23–79 n. Chr.), römischer Schriftsteller, der beim Vesuvausbruch, welcher Pompeji begrub, seinen Tod fand. Er verfaßte unter anderem in 36 Büchern die Naturgeschichte der Pflanzen, „Naturalis Historia", die alle drei Bereiche der Natur umfaßte. Diese stellte eine Sammlung der bis dahin existierenden Schriften, vor allem auch der Heilkunde, dar.

■ **Plocamium coccineum** (Huds.) Lyngbye
Kammtang.
Fam.: Plocamiaceae.
Vork.: europäische Atlantikküsten.
Droge: die getrockneten Algen. *Inh.:* u. a. Phycoerythrin, polyhalogenierte Terpene. *Anw.:* zur Gewinnung des roten Pigmentes Phycoerythrin als Zusatz zu Kosmetika.
Histor.: Die Alge wurde von den Römern bereits im Altertum wegen des roten Farbstoffes zur Herstellung von Schminken eingesetzt.

Pluchea balsamifera ↗ Blumea balsamifera.

■ **Plumbagin**
Naphthochinonderivat aus dem Sonnentau (↗ *Drosera*-Arten) mit spasmolytischer, antibakterieller und sekretolytischer Wirksamkeit.

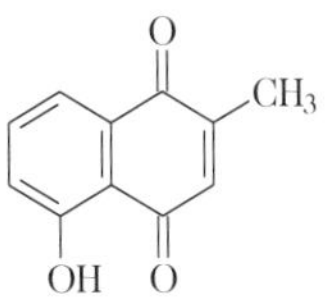

Plumbagin

■ **Plumbago europaea** L.
Bleiwurz (syn. Zehrwurz, Zahnkraut, Sankt-Antonius-Kraut, St. Antoniuskraut).
Fam.: Plumbaginaceae.
Vork.: Südeuropa, Kaukasusgebiete.
Droge: ***Herba Plumbaginis*** (*Herba Dentariae*); Bleiwurzkraut (syn. Zehrwurzkraut, Zahnkraut), das getrocknete Kraut. *Inh.:* ↗ Plumbagin (ca. 1 %), Plumbagol, Gerbstoffe. *Anw.:* in der Volksheilkunde als blasenziehendes Mittel, bei Epilepsie, Hautleiden und Geschwüren.
Hom.: ***Plumbago europaea*** HAB34, das frische Kraut.
Histor.: Der Gattungsname *Plumbago* wird vom lateinischen *plumbum* (Blei) abgeleitet, vermutlich wegen der bleigrauen Flecken, die der Saft der Wurzeln verursacht.

■ **Plumeria acutifolia**.
Fam.: Apocynaceae.
Vork.: Indien, Indonesien, Japan, Mittelamerika.
Droge: ***Cortex Plumeriae acutifoliae***, die Rinde. *Inh.:* Iridoid-Glykoside, wie Plumierid (ca. 4 %); Fulvoplumierin, Zimtsäurederivate, Kautschuk. *Anw.:* in der Volksheilkunde bei äußerlichen Infektionen.

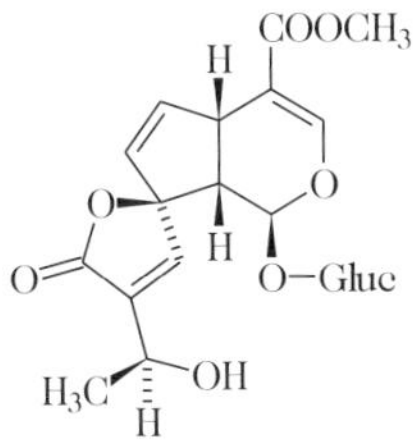

Plumierid

Hom.: ***Plumeria*** HAB34 (syn. *Plumeria acutifolia*), die frische Rinde.

Pneumonanthe asclepiadea ↗ Gentiana-Arten.
Pockenraute ↗ Galega officinalis.
Pockholz ↗ Guaiacum officinale.
Podagraria aegopodium ↗ Aegopodium podagraria.
Podagraria erratica ↗ Aegopodium podagraria.
Podagrariakraut ↗ Aegopodium podagraria.
Podalyria tinctoria ↗ Baptisia tinctoria.
Podocarpus zamiaefolius ↗ Agathis-Arten.
Podophyllin ↗ Podophyllum-Arten.
Podophyllinum ↗ Podophyllum-Arten.
Podophyllotoxin ↗ Podophyllum-Arten.

■ **Podophyllum-Arten**
● **Fam.:** Berberidaceae.

● **Podophyllum hexandrum** Royle (syn. *Podophyllum emodi*).

Vork.: Pakistan, Himalajagebiete, China.

Droge: ***Radix Podophylli emodi*** (syn. *Rhizoma Podophylli emodi*); Indische Podophyllwurzel, die Wurzeln. *Inh.:* Harz (6–20 %) mit 49–67 % Podophyllotoxin neben Berberin und Glykosiden. *Anw.:* in der asiatischen Volksheilkunde als drastisches Laxans sowie zur Gewinnung von Podophyllin (s. *Podophyllinum*).

● **Podophyllum peltatum** L.; Fußblatt (syn. Maiapfel).

Vork.: östliches Nordamerika, Texas, Florida, sowohl wildwachsend als auch kultiviert.

Drogen: ***1. Radix Podophylli peltati*** (syn. *Rhizoma Podophylli, Rhizoma Podophylli peltati*); Podophyllwurzel (syn. Amerikanische Podophyllwurzel, Fußblattwurzel, Maiapfelwurzel, Podophyllwurzelstock), der Wurzelstock; s. Farbtafel S. 151, Bild 87. *Inh.:* Harz (2–8 %). *Anw.:* als drastisches Laxans und zur Gewinnung von *Podophyllinum*. ***2. Podophyllinum*** (syn. *Resina Podophylli*); Podophyllin (syn. Podophyllumharz), das Harz der Wurzeln und des Wurzelstockes. *Inh.:* Lignane (20 %), wie Podophyllotoxin, Peltatine, u. a. α- und β-Peltatin, 4′-Desmethylpodophyllotoxin, Desoxypodophyllotoxin. *Wirk.:* Die Podophyllotoxine hemmen die Mitose durch eine Tubulinbindung und stoppen damit die Zellteilung. Diese Eigenschaft macht sie zur Therapie von Tumoren geeignet. *Anw.:* früher als drastisches Abführmittel eingesetzt. Heute verwendet man eine 5–25%ige ethanolische Lösung zur Behandlung von spitzen Kondylomen (Feigwarzen). Halbsynthetische Derivate dienen inzwischen als Zytostatika (z. B. Etoposid).

Hom.: ***Podophyllum peltatum*** HAB1; Maiapfel, die frischen, nach völliger Reife der Früchte geernteten, unterirdischen Teile. *Anw.-Geb.:* Erkrankungen des Magen-Darm-Traktes, der Leber, Galle, Bauchspeicheldrüse sowie der weiblichen Geschlechtsorgane.

● **Histor.:** Die englischen Siedler in Nordamerika bezeichneten *Podophyllum peltatum* ursprünglich als Mandrake, dem englischen Namen für Alraune (↗ *Mandragora officinarum*), weil deren Wurzel von den Indianern als Amulett und Medizin verwendet wurde, obwohl keine psychoaktiven Inhaltsstoffe nachgewiesen wurden. Der Gattungsname *Podophyllum* wird vom griechischen *pous, podos* (Fuß) und *phyllon* (Blatt) abgeleitet. Der Artname *peltatum* wird von *pelta* (kleiner, leichter Schild) gebildet, Bezug nehmend auf die schildförmigen Blätter. Die Indianer Nordamerikas nutzten die Wurzel von *P. peltatum* seit alters her als Anthelmintikum und Emetikum. Im Jahre 1820 wurde die Droge in die amerikanische und 1864 in die britische Pharmakopöe übernommen und als Leber- und Gallemittel sowie als drastisch wirkendes Abführmittel eingesetzt.

Podophyllumharz ↗ Podophyllum-Arten.
Podophyllwurzel ↗ Podophyllum-Arten.
Podophyllwurzelstock ↗ Podophyllum-Arten.

■ **Pogostemon cablin** (Blanco) Benth.
(syn. *Pogostemon patchouli*); Patschulipflanze (syn. Patchouly).

Fam.: Lamiaceae (Labiatae).

Vork.: Indo-malayische Gebiete, Sumatra, Borneo, Java, auch kultiviert in Indien, Sri Lanka, Südchina, Philippinen, Seychellen und Paraguay.

Drogen: ***1. Folia Patchouli*** (syn. *Herba Patchouli*); Patschuliblätter (syn. Patchouliblätter), die Blätter. *Inh.:* äther. Öl (1,5–4 %). *Anw.:* in der Volksheilkunde als Antiseptikum sowie zur Gewinnung von *Oleum Patchouli*. Auch zum Parfümieren von Teppichen und zum Vertreiben von Insekten wird die Droge eingesetzt. ***2. Oleum Patchouli*** (syn. *Oleum Foliorum Patchouli*);

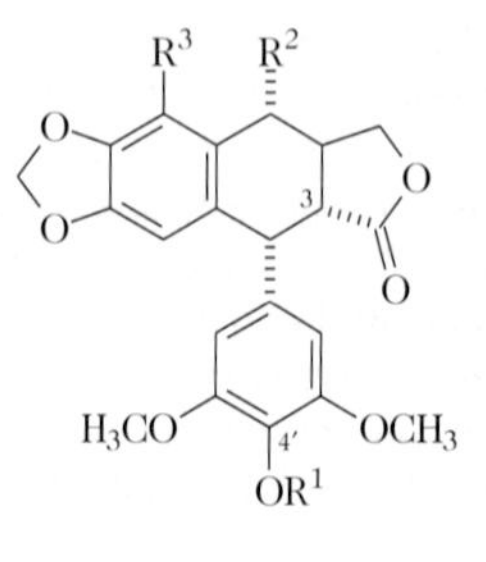

	R^1	R^2	R^3
Podophyllotoxin	CH_3	OH	H
Podophyllotoxin-β-D-glucosid	CH_3	O-β-D-glucosyl	H
α-Peltatin	H	H	OH
β-Peltatin	CH_3	H	OH

Patschuliöl (syn. Patchouliöl), das äther. Öl aus den Blättern. Zu dessen Gewinnung werden die Blätter nach der Ernte kurz angetrocknet, zu Ballen gepreßt und danach fermentiert (Autolyse) sowie erneut getrocknet. Durch Wasserdampfdestillation wird das äther. Öl abgetrennt. Inh.: Patchoulialkohol = Patchouliampher (ca.

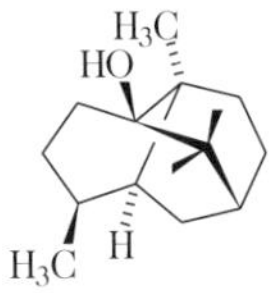

Patchoulialkohol

50 %), Sesquiterpene, wie Dhelwangin; Eugenol, Zimtalkohole, Azulene, Patchoulipyridin und Epiguaipyridin. Anw.: in der Volksheilkunde als Antidepressivum und Aphrodisiakum mit beruhigenden und stärkenden Eigenschaften sowie in der Kosmetik und Parfümerie, früher auch als Mottenschutzmittel.

Pogostemon patchouli ↗ Pogostemon cablin.
Pohon Upas ↗ Antiaris toxicaria.
Poinciana pulcherrima ↗ Caesalpinia-Arten.
Polei ↗ Mentha-Arten.
Poleigamander ↗ Teucrium-Arten.
Poleiminze ↗ Mentha-Arten.
Poleiöl ↗ Mentha-Arten.
Polemonium album ↗ Polemonium caeruleum.

■ Polemonium caeruleum L.

(syn. *Polemonium elatum, P. album, P. vulgare, P. lacteum, P. rhaeticum, P. campanulatum, P. himalayanum*); Himmelsleiter (syn. Jakobsleiter, Sperrkraut), s. Farbtafel S. 151, Bild 88.

Fam.: Polemoniaceae.

Vork.: Mitteleuropa und Skandinavien bis Ostsibirien sowie Himalaja.

Droge: die getrockneten Wurzeln. Inh.: Triterpensaponinkomplex mit Esterstruktur. Anw.: als Expektorans bei Erkrankungen der Atmungsorgane.

Polemonium campanulatum ↗ Polemonium caeruleum.
Polemonium elatum ↗ Polemonium caeruleum.
Polemonium himalayanum ↗ Polemonium caeruleum.
Polemonium lacteum ↗ Polemonium caeruleum.
Polemonium rhaeticum ↗ Polemonium caeruleum.
Polemonium vulgare ↗ Polemonium caeruleum.

■ Polianthes tuberosa L.

Tuberose.

Fam.: Amaryllidaceae.

Vork.: Mittelamerika, in Frankreich, Indien und Ägypten auch kultiviert.

Droge: ***Oleum Tuberosae***; Tuberosenöl (syn. Tuberose-Absolue), das äther. Öl der Blüten (ca. 0,1 %). Inh.: u. a. Anthranilsäuremethylester, Benzylalkohol, Methylbenzoat, Benzylbenzoat, Methylsalicylat, Methylisoeugenol, Decanolid und Jasminlacton. Anw.: sehr kostbarer Rohstoff für die Parfümerie.

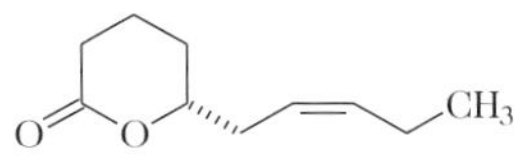

(–)-(5*R*)-δ-Jasminlacton

Polir-Schachtelhalm ↗ Equisetum-Arten.
Polnischer Kümmel ↗ Cuminum cyminum.
Polycarpa maximowiczi ↗ Schisandra chinensis.
Polyfructosane ↗ Fructane.

■ Polygala-Arten

- **Fam.:** Polygalaceae.
- **Polygala amara** L.; Kreuzblume.

Vork.: Mittel- und Südeuropa.

Drogen: A. ***Herba Polygalae amarae*** (syn. *Herba Polygalae cum floribus et radicibus, Herba Polygalae amarae cum radicibus*); Bitteres Kreuzblumenkraut (syn. Kreuzblumenkraut, Kreuzkraut); das blühende Kraut mit Wurzeln. Inh.: Saponine (ca. 1 %), u. a. Senegin, Presenegin und Bitterstoff (Polygalin = Polygamarin); Gaultherin und Methylsalicylsäureester, Gerbstoffe, etwas äther. Öl. Anw.: in der Volksheilkunde als Expektorans, Stomachikum (Amarum) und Lactagogum. *2.* ***Radix Polygalae amarae***; Bittere Kreuzkrautwurzel, die getrockneten Wurzeln. Inh.: Saponine, Salicylsäuremethylester, Bitterstoffe, Harz. Anw.: in der Volksheilkunde als Amarum und Expektorans.

Hom.: ***Polygala amara*** HAB; die frischen, zur Blütezeit geernteten, oberirdischen Pflanzenteile. Anw.-Geb.: Lungenkrankheiten.

Histor.: Die bittere Kreuzblume ist in den mittelalterlichen Kräuterbüchern bei Lonicerus erwähnt und wurde wegen ihrer die Milchsekretion fördernden Wirkung eingesetzt. Bis in die Neuzeit hinein wurde die Ansicht vertreten, daß die Droge als Ersatz für *Polygala senega* verwendet werden kann.

Der Gattungsname *Polygala* wird nach ↗ Plinius vom griechischen *polýs* (viel) und *gála* (Milch) abgeleitet, da die Pflanze als Futtermittel bei Kühen die Milchleistung steigern soll. Der Artname *amara* bezieht sich auf den bitteren Geschmack der Pflanze. Die Bezeichnung Kreuzblume wird in Beziehung zur Kreuzwoche, der 2. Woche vor Pfingsten, gebracht, da die Pflanze zu dieser Zeit zu blühen beginnt.

● **Polygala chamaebuxus** L. (syn. *Hamaebuxus alpestris, Polygaloides chamaebuxus*); Buxblättrige Kreuzblume.

Vork.: Europa.

Droge: ***Herba Chamaebuxi***; das Kraut. Inh.: unter anderem Saponine. Anw.: früher als Expektorans. In der Volksheilkunde zur Förderung der Milchsekretion bei Stillenden eingesetzt.

● **Polygala senega** L.

Vork.: Nordamerika, Kanada, in Indien und Rußland auch kultiviert.

Droge: ***Polygalae radix*** (syn. *Radix Senegae, Radix Polygala senegae*); Senegawurzel (syn. Polygalawurzel, Klapperschlangenwurzel), die getrockneten Wurzeln; s. Farbtafel S. 151, Bild 89. Inh.: Saponine (5–12 %), die Senegasaponine A – D mit dem gemeinsamen Aglykon Presenegin; Polygalitol (ca. 5 %), Cumarsäure, Sinapinsäure,

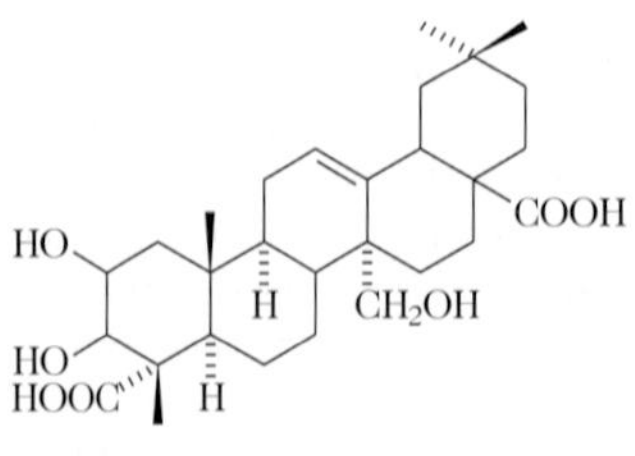

Presenegenin

Salicylsäuremethylester (0,1–0,2 %), fettes Öl, Zucker, Harz, Schleimstoffe. Anw.: als Expektorans.

Hom.: ***Polygala senega*** HAB1; Schlangenwurzel, die getrockneten Wurzeln mit Wurzelkopf. Anw.-Geb.: entzündliche Prozesse der Augen, Atemwege, Nieren und ableitenden Harnwege.

Histor.: Die Pflanze wurde von den Seneca-Indianern als Mittel gegen Schlangenbisse gebraucht („Klapperschlangenwurzel") und 1735 bereits als Mittel gegen Brustkrankheiten in die Medizin eingeführt. Die Droge fand zunächst nur langsam Verbreitung, war dann aber bis zum ersten Weltkrieg eines der wichtigsten Expektorantien.

Polygalae radix ↗ Polygala-Arten.
Polygalasäure ↗ Saponine.
Polygalawurzel ↗ Polygala-Arten.
Polygaloides chamaebuxus ↗ Polygala-Arten.
Polygonati rhizoma ↗ Polygonatum odoratum.
Polygonatum majale ↗ Convallaria majalis.

■ **Polygonatum multiflorum** (L.) All. (syn. *Convallaria multiflora*); Vielblütige Weißwurz.

Fam.: Convallariaceae.

Vork.: Europa, Asien, Nordamerika.

Droge: ***Polygonatum-multiflorum-Rhizom***; die getrockneten Wurzelstöcke und Wurzeln. Inh.: Steroidsaponine, u. a. Spirostanolsaponosid A (Diosgenin als Sapogenin) und Furostanolsaponosid B. Anw.: volkstümlich bei Frauenbeschwerden, u. a. Fluor albus sowie äußerlich bei Prellungen und Hämorrhoiden.

■ **Polygonatum odoratum** (Mill.) Druce (syn. *Convallaria polygonatum, Polygonatum officinale*). Salomonssiegel (syn. Gemeine Weißwurz, Schminkwurz, Springwurz).

Fam.: Convallariaceae.

Vork.: Europa, Mittelmeergebiet bis Sibirien und China.

Droge: ***Polygonati rhizoma*** (syn. *Radix Polygonati, Radix Sigilli Salomonis, Rhizoma Polygonati, Sigilli Salomonis rhizoma*); Salomonssiegelwurzel (syn. Springwurz), die getrockneten Wurzelstöcke. Inh.: Steroidsaponinkomplex, u. a. Odospirosid und Polyfurosid. Anw.: volkstümlich innerlich bei Magenbeschwerden, Gicht und Rheuma, äußerlich als Breiumschlag bei Prellungen und Blutergüssen.

Histor.: Der Gattungsname Polygonatum wird vom griechischen *polýs* (viel) und *góny* (Knie, Knoten) gebildet, Bezug nehmend auf die zahlreichen knotigen Anschwellungen des Rhizoms. Der Name Salomonssiegel bezieht sich auf die Ähnlichkeit der Stengelnarben mit Siegelabdrucken, während Weißwurz die weiße Farbe des Wurzelstockes hervorhebt.

Polygonatum officinale ↗ Polygonatum odoratum.

Polygoni avicularis herba ↗ Polygonum aviculare.
Polygoni hydropiperis herba ↗ Polygonum hydropiper.

■ **Polygonum amphibium** (L.)
(syn. *Persicaria fluitans, P. amphibia, Polygonum purpureum*); Wasserknöterich (syn. Wasserflohkraut).

Fam.: Polygonaceae.

Vork.: nördliches Europa, Asien und Nordamerika.

Droge: ***Rhizoma Polygoni amphibii***; Wasserknöterichwurzel, das getrocknete Rhizom. *Inh.:* Gerbstoffe, Hydroxymethylanthrachinon. *Anw.:* volkstümlich als Stoffwechselstimulans.

Hom.: ***Polygonum amphibium*** HAB34, das frische Rhizom.

■ **Polygonum aviculare** L.
(syn. *Polygonum heterophyllum*); Vogelknöterich (syn. Laufrasen, Plattsaad, Saugras, Saukraut, Wegetred, Weggras, Wegkraut, Zerrgras), s. Farbtafel S. 151, Bild 90.

Fam.: Polygonaceae.

Vork.: weltweit.

Droge: ***Polygoni avicularis herba*** (syn. *Herba Centumnodii, Herba Polygoni, Herba Polygoni avicularis, Herba Sanguinalis*); Vogelknöterichkraut (syn. Blutkraut, Homeriana-Tee, Russischer Knöterichtee, Sanguinaria-Tee, Weidemannscher Tee), das zur Blütezeit, gelegentlich mit den Wurzeln, gesammelte und getrocknete Kraut. *Inh.:* Flavonoide (0,2–1 %), u. a. ↗ Avicularin, Hyperosid und Quercitrin, Gerbstoffe (ca. 3,6 %, Gallotannin- und Catechingerbstoffe), Kaffeesäurederivate, Schleimstoffe und Kieselsäure (ca. 1 %). *Anw.:* leichte Katarrhe der Luftwege sowie entzündliche Prozesse der Mund- und Rachenschleimhaut.

Hom.: ***Polygonum aviculare*** HAB; die frischen, oberirdischen, zur Blütezeit gesammelten Pflanzenteile. *Anw.-Geb.:* Rheumatismus der Finger.

Histor.: Der Gattungsname *Polygonum*, gebildet aus dem griechischen *polys* (viel) und *gony* (Knie, Knoten) bezieht sich auf den vielknotigen Stengel, während das lateinische *avis* (Vogel) auf die Verwendung als Vogelfutter hinweist. Da die Pflanze besonders an Wegen wächst, wird sie in einigen Gebieten, z. B. in Kärnten, auch als Wegerich bezeichnet. Ende des 19. Jh. wurde der Vogelknöterich als Geheimmittel gegen Schwindsucht und Asthma unter den Bezeichnungen „russischer Knöterich" und „Homerianatee" gehandelt. Kosaken sollen die Pflanze im Teegemisch als Aphrodisiakum genutzt haben.

■ **Polygonum bistorta** L.
(syn. *Bistorta major, Persicaria amoenum, P. bistorta, P. ellipticum*); Wiesenknöterich (syn. Natterknöterich, Natterwurz, Schafzunge, Schlangenknöterich, Schlangenwurz).

Fam.: Polygonaceae.

Vork.: gemäßigte bis arktische Gebiete Europas, Asiens und Nordamerikas.

Droge: ***Bistortae rhizoma*** (syn. *Radix Polygoni bistortae, Rhizoma bistortae*); Knöterichwurzel (syn. Drachenwurz, Krebswurz, Natternwurzel, Otterwurz, Schlangenwurzel), das getrocknete Rhizom mit Wurzeln. *Inh.:* Gerbstoffe (ca. 20 %), aus Catechin- und Tanningerbstoffen bestehend. *Anw.:* als Adstringens unter anderen bei Durchfällen sowie lokal als Spül- und Gurgelmittel bei Entzündungen im Mund- und Rachenraum.

Polygonum cereale ↗ Fagopyrum esculentum.
Polygonum fagopyrum ↗ Fagopyrum esculentum.
Polygonum glandulosum ↗ Polygonum hydropiper.
Polygonum glaucum ↗ Polygonum maritimum.
Polygonum gracile ↗ Polygonum hydropiper.
Polygonum heterophyllum ↗ Polygonum aviculare.

■ **Polygonum hydropiper** L.
(syn. *Persicaria acris, P. hydropiper, P. urens, Polygonum glandulosum, P. gracile*); Wasserpfeffer-Knöterich (syn. Bitterblatt, Bitterkrut, Pfeffer-Knöterich, Pfefferkraut, Scharfer Knöterich, Wasserpfeffer, Wasserpfeffer-Knöterich).

Fam.: Polygonaceae.

Vork.: gemäßigte und südliche Zonen Europas, Asiens und Nordamerikas.

Droge: ***Persicariae hydropiperis herba*** (syn. *Herba Hydropiperis, Herba Persicariae urentis, Herba Polygoni hydropiperis, Hydropiperis herba, Polygoni hydropiperis herba*); Wasserpfefferknöterichkraut, das zur Blütezeit geerntete Kraut. *Inh.:* Flavonolglykoside, besonders Hyperosid und Quercitrin, ferner Rhamnacin, Quercetin, Kämpferol und Persicarin (Isorhamnetin-3-*O*-sulfat) sowie Rhamnacin-3-*O*-sulfat, weiterhin äther. Öl, aus Mono- und Sesquiterpenen bestehend, sowie

Gerbstoffe (ca. 3,4–3,8 %). Anw.: volkstümlich bei rheumatischen Beschwerden, Blutungen verschiedenster Art, u. a. Magen- und Darmblutungen, äußerlich als Hautreizmittel. Von der Verwendung der Droge wird abgeraten, da besonders das frische Kraut Haut- und Schleimhautreizungen verursachen kann.

Hom.: ***Hydropiper*** (syn. *Polygonum hydropiper*) HAB34; die frischen, oberirdischen Pflanzenteile. Anw.-Geb.: Krampfaderleiden.

Polygonum litorale ↗ Polygonum maritimum.

■ Polygonum maritimum L.

(syn. *Polygonum glaucum, P. litorale, P. parvifolium*).

Fam.: Polygonaceae.

Vork.: Mittelmeergebiet.

Hom.: ***Polygonum maritimum*** HAB34, die frische Pflanze.

Polygonum parvifolium ↗ Polygonum maritimum.
Polygonum purpureum ↗ Polygonum amphibium.
Polygonum tataricum ↗ Fagopyrum tataricum.

■ Polyine

aliphatische, unverzweigte Kohlenwasserstoffe mit C-C-Dreifachbindungen. Die Anzahl der C-Atome der P. höherer Pflanzen beträgt in der Regel 11 bis 17, seltener auch 18. P. sind stark lipophil, meist fest und teilweise wasserdampfflüchtig. Häufig sind sie Bestandteile von äther. Ölen. Bisher sind mehr als 1000 P. bekannt, ihr Vorkommen ist nicht nur auf Pflanzen, Mikroorganismen und Pilze beschränkt, auch in Algen und Meeresschwämmen sind einzelne Vertreter gefunden worden. Zu den P. gehören u. a. Ponticaepoxid aus der Scharfgarbe (↗ *Achillea*-Arten), Falcarindiol und Falcarinol aus verschiedenen Apiaceen-Drogen, ↗ Carlinaoxid aus *Carlina acaulis* oder Cicutoxin aus ↗ *Cicuta virosa*.

■ Polymyxine

Antibiotika aus der Gruppe der heteromeren Polypeptide (Acylpeptidantibiotika), die von *Bacillus polymyxa* var. *colistinus* gebildet werden, u. a. Polymyxin B_1 und B_2, Polymyxin E_1 und E_2 (Colistine). Wirk.: Schädigung der Zytoplasmamembran (Einlagerung eines Fettsäurerestes in die Membran) von Bakterien und damit Erhöhung der Permeabilität bzw. Aufheben der osmotischen Barriere, insbesondere bei gramnegativen Stäbchen. Anw.: als Antibiotika der zweiten Reihe zur Behandlung von Haut-, Schleimhaut- und Augeninfektionen sowie Infektionen des Gehörganges. Eine parenterale Applikation wird wegen der schweren Nebenwirkungen (Nierenschäden, neurologische Fehlfunktionen) nicht mehr empfohlen.

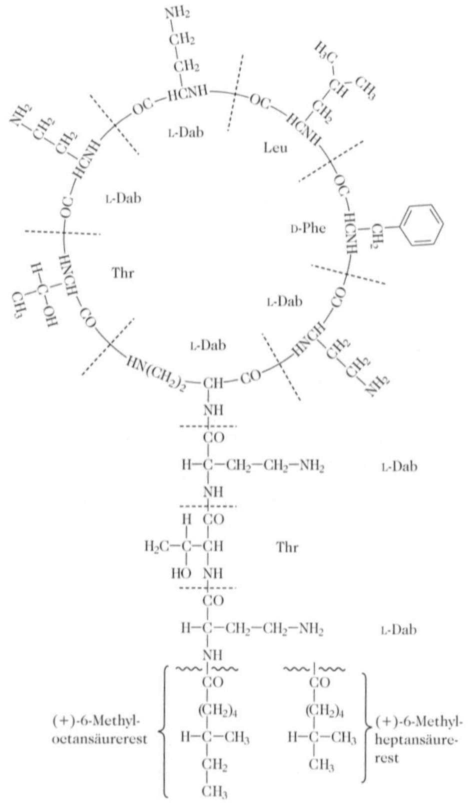

Polymyxin B_1 Polymyxin B_2

L-Dab = 2,4-Diaminobuttersäure
Leu = L-Leucin
D-Phe = D-Phenylalanin
Thr = L-Threonin

Polypara cochinchinensis ↗ Houttuynia cordata.
Polypodium filix-femina ↗ Athyrium filix-femina.
Polypodium filix-mas ↗ Dryopteris filix-mas.
Polypodium virginianum ↗ Polypodium vulgare.

■ Polypodium vulgare L.

(syn. *Polypodium virginianum*); Engelsüß (syn. Tüpfelfarn), s. Farbtafel S. 152, Bild 91.

Fam.: Polypodiaceae.

Vork.: Mittel- und Südeuropa, Asien, Nordafrika, Amerika.

Droge: ***Rhizoma Polypodii*** (syn. *Radix Polypodii, Radix Filicis dulcis*); Engelsüßwurzelstock (syn. Eichenfarnwurzel, Korallenwurzel, Tüpfelfarnwurzel), der ganze Wurzelstock. Inh.: Ecdysteron, ein Steroid mit Wirksamkeit als ↗ Phytoecdyson; Polydin, Saponine, u. a. Osladin (ist ca. 3000 mal süßer als Saccharose); äther. Öl, Phloroglucinderivate, Bitterstoffe und Gerbstoffe. Anw.: in der Volksheilkunde als Expektorans, Cholagogum, als mildes Laxans sowie als Mucilaginosum und Anthelmintikum (heute obsolet). Auch über eine Verwendung in Bitterlikören wurde berichtet.

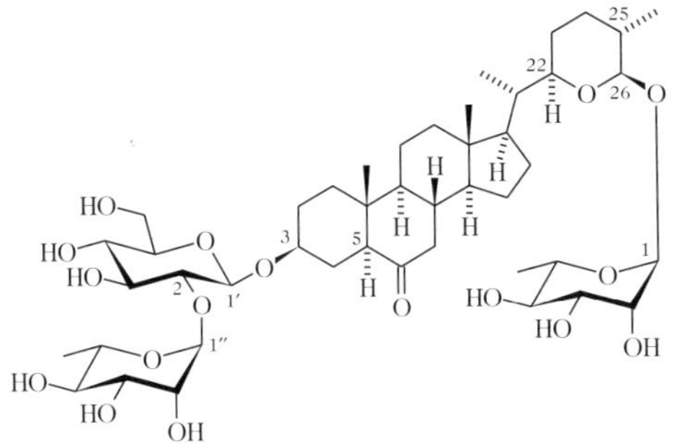

Osladin

Histor.: Die Engelsüßwurzel ist seit dem Altertum bekannt, Matthiolus wie auch die anderen Ärzte des Mittelalters verwendeten die Droge als Abführmittel, gegen Schrunden und Nasenpolypen sowie gegen Milz- und Lungenleiden. Bis in unsere Zeit hat die Volksheilkunde die Droge als Purgans und Cholagogum genutzt. Der Gattungsname *Polypodium* ist vom griechischen *polýs* (viel) und *pódion* (Füßchen) abgeleitet, vermutlich weil der Wurzelstock viele Blattreste aufweist. Die Bezeichnung Engelsüß weist auf das süßschmeckende Rhizom hin, dessen Heilwirkung die Menschen durch Engel erfahren haben sollen. Die Pflanze, über die bereits ↗ Dioskurides berichtet, diente in früherer Zeit vor allem als Abführmittel.

Polyporus fomentarius ↗ Fomes fomentarius.
Polyporus laricis ↗ Fomes officinalis.
Polyporus officinalis ↗ Fomes officinalis.
Polyporus pinicola ↗ Fomitopsis pinicola.

Polystichum filix-mas ↗ Dryopteris filix-mas.

■ Polytrichum commune L.

Fam.: Polytrichaceae (syn. Bryophyta).

Vork.: in Mooren Europas, Amerikas und Asiens.

Droge: ***Herba Adianti aurei***; Goldener Widerton (syn. Frauenhaar, Goldenes Venushaar, Haarmützenmoos, Haarmoos, Widerton), das Kraut. Inh.: fettes Öl mit Arachidinsäure, ferner Gerbstoffe, Harz und Wachs. Anw.: in der Volksheilkunde früher bei Unterleibsbeschwerden und Bronchialkatarrh, heute obsolet.

■ Polyuronide

pflanzliche, vorwiegend aus Uronsäuren (hauptsächlich Glucuron-, Mannuron- und Gallacturonsäuren) aufgebaute Polysaccharide. Zu ihnen gehören mit pharmazeutischer Bedeutung die ↗ Pektine und ↗ Alginsäure. Da sie über freie Carboxylgruppen verfügen, besitzen die P. saure Eigenschaften.

Pomatia pomatia ↗ Helix pomatia.
Pombehaöl ↗ Bomelia obtusifolia.
Pomeranzenbaum ↗ Citrus-Arten.
Pomeranzenblüten ↗ Citrus-Arten.
Pomeranzenschale ↗ Citrus-Arten.
Pomo balsamica ↗ Momordica-Arten.
Pongamia elliptica ↗ Derris-Arten.
Pongamöl ↗ Dalbergia arborea.
Pongelion glandulosum ↗ Ailanthus altissima.
Pontianak ↗ Dyera costulata.
Ponticaepoxid ↗ Polyine.
Pontische Alpenrose ↗ Rhododendron-Arten.
Pontischer Absinth ↗ Artemisia pontica.
Pontischer Beifuß ↗ Artemisia pontica.
Pontischer Rhabarber ↗ Rheum-Arten.
Poperagrothwurz ↗ Arum maculatum.
Poppya operculata ↗ Luffa-Arten.

■ Populus-Arten

- **Fam.:** Salicaceae.
- **Populus alba** L.; Silberpappel (syn. Weißpappel).

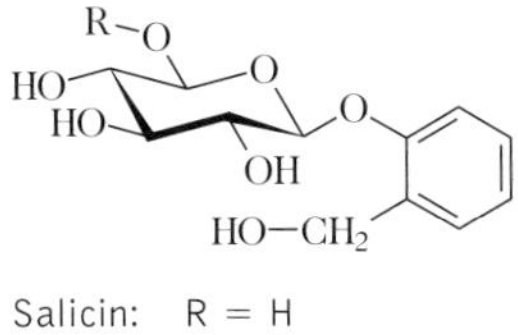

Salicin: R = H
Populin: R = COC_6H_5

Vork.: Europa, Asien.
Inh.: u. a. die Phenolglykoside Salicin und Populin, Ericin. Anw.: s. *Populus nigra*.

● **Populus balsamifera** L.; Balsampappel.
Vork.: Nordamerika.
Droge: ***Gemmae Populi***. Inhaltsstoffe und Anwendung s. *Populus nigra*.
Hom.: ***Populus balsamifera*** (syn. *Populus candicans*) HAB34; die frischen Triebspitzen. Anw.-Geb.: Entzündungen der oberen Luftwege, Bläschenausschlag der Lippen.

● **Populus candicans** Ait.; Graupappel (syn. Ontario-Pappel).
Vork.: Nordamerika.
Droge: Blätter und Rinde. Inh.: Phenolglykoside, Flavonoide, u. a. Quercetin, Isoquercetin, Myricetin und Luteolin. Anw.: in der Volksheilkunde bei Dyspepsie, Blasenkatarrh und Nachtschweiß.

● **Populus nigra** L.; Schwarzpappel (syn. Pyramidenpappel).
Heim.: Himalajagebiet, in Mittel- und Osteuropa heute auch kultiviert.
Droge: ***Gemmae Populi*** (syn. *Oculi Populi, Turiones Populi*); Pappelknospen (syn. Bellenknospen, Schwarzpappelknospen), die getrockneten Blattknospen; s. Farbtafel S. 152, Bild 92. Inh.: Phenolglykoside, wie Salicin und Populin, die im Gemisch als Salipopulin bezeichnet werden; äther. Öl, mit d-Humulen, α-Caryophyllen und weiteren Sesquiterpenen; Flavonglykoside, u. a. Chrysin; Gerbstoffe, Mannit, Harze, Gallussäure. Anw.: Der Glykosidkomplex soll eine Senkung des Harnsäurespiegels im Blut sowie eine stärkere Harnsäureausscheidung bewirken. In der Volksheilkunde wird die Droge bei chronischer Polyarthritis, als Diuretikum, Expektorans und bei Erkrankungen der Harnorgane empfohlen. Sie wird auch zur Herstellung der *Unguentum Populi*, einer als Wundheilmittel und Hämorrhoidalmittel verwendeten Salbe eingesetzt, die auch bei Gicht und Rheuma verwendet wird.

● **Populus monilifera** L.; Rosenkranzpappel.
Vork.: Nordamerika.
Inhaltssoffe und Anwendung s. *Populus nigra*.

● **Populus tremula** L.; Zitterpappel (syn. Espe).
Vork.: Mitteleuropa, Balkan, Rußland.
Droge: ***Cortex Populi***; Pappelrinde. Inh.: besonders Salicyltremuloidin, Salicin, Salireposid und Tremulacin. Anw.: in der Volksheilkunde als Wundheilmittel.
Histor.: Der Gattungsname wird mit dem griechischen *paipállmai* (zittern, zappeln) in Verbindung gebracht und der Artname *tremulus* vom lateinischen *tremere* (zittern) abgeleitet, als Hinweis auf die ständige Bewegung der Blätter. Die medizinische Verwendung von Pappelarten geht bis ins Altertum zurück.

● **Populus tremuloides** Michx. (syn. *Populus graeca*); Amerikanische Espe.
Vork.: Nordamerika.
Droge: ***Cortex Populi***; Pappelrinde. Inh.: Phenolglykoside, Gerbstoffe.
Hom.: ***Populus tremuloides*** HAB34; Amerikanische Espe, die frische, innere Rinde der jungen Zweige und Blätter. Anw.-Geb.: Erkrankungen der Niere, ableitenden Harnwege und der männlichen Geschlechtsorgane sowie bei Verdauungsschwäche.

■ **Poria obliqua** (Pers.) Karst.
Fam.: Polyporaceae.
Vork.: weltweit in gemäßigten Klimazonen, bes. Europa und Nordamerika.
Droge: der ganze Pilz. Inh.: u. a. Sterole, Triterpene, wie Tumulosinsäure. Anw.: in der Volksheilkunde der osteuropäischen Länder bei Tumorerkrankungen.

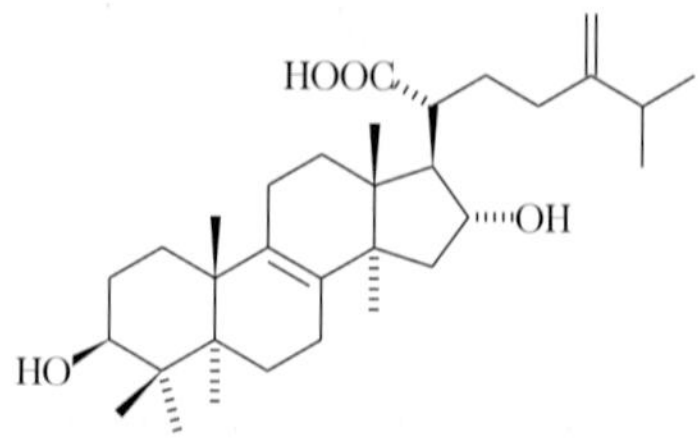

Tumulosinsäure

Porree ↗ Allium-Arten.
Porrum ascalonicum ↗ Allium-Arten.
Porrum cepa ↗ Allium-Arten.
Porrum commune ↗ Allium-Arten.
Porrum sativum ↗ Allium-Arten.
Porrum schoenoprasum ↗ Allium-Arten.
Porrum sectile ↗ Allium-Arten.
Porschkraut ↗ Ledum palustre.
Porst ↗ Ledum palustre.
Porstkraut ↗ Ledum palustre.
Portland-Arrowroot ↗ Colocasia esculenta.
Portlandrose ↗ Rosa x damascena.

■ **Portulaca oleracea** L.
Portulak (syn. Burzelkraut, Bürzelkohl, Bürzelkraut, Gartenportulak, Gelber Portulak, Kohlportulak, Rapunzelsalat).

Fam.: Portulacaceae.

Vork.: weltweit, bevorzugt jedoch in südlicher Hemisphäre.

Droge: ***Portulaca-oleracea-Frischpflanze***, die frischen, zur Blütezeit geernteten oberirdischen Teile. *Inh.:* Betalaine, u. a. die rot-violetten Betacyane Oleracin I und II sowie Betanidin- und Isobetanidin-5-*O*-cellobiosid, ferner biogene Amine, u. a. Dopa, Dopamin und Noradrenalin (2,5 mg/g Frischdroge), fettes Öl mit hohem Gehalt an α-Linolensäure (4,05 mg/g Frischdroge), die Vitamine A, B_1, B_2, B_6, C, E, Carotine, Nicotinamid, Folsäure, Dehydroascorbinsäure, Schleimstoffe und organische Säuren, u. a. Äpfel- und Citronensäure. *Anw.:* früher in der traditionellen Heilkunde gegen Skorbut, bei Magen- und Leberleiden, Harnwegsbeschwerden sowie zur Blutreinigung. Heutzutage, bes. in Norddeutschland, als Küchenkraut.

Portulak ↗ Portulaca oleracea.
Potamobius fluviatilis ↗ Astacus fluviatilis.

■ **Potamogeton natans** L.
Laichkraut.

Fam.: Potamogetonaceae.

Vork.: weltweit im Süß- und Brackwasser.

Droge: die ganze Pflanze. *Inh.:* Rhodoxanthin (s. u.), Zucker.

Hom.: ***Potamogeton natans*** HAB34, die ganze, frische Pflanze.

■ **Potentilla anserina** L.
(syn. *Argentina anserina, A. vulgaris, Dactylophyllum anserina, Fragaria anserina, Potentilla argentina*); Gänsefingerkraut (syn. Gänserich, Ganskraut, Krampfkraut, Silberkraut), s. Farbtafel S. 152, Bild 93.

Fam.: Rosaceae.

Vork.: gemäßigte und kalte Zonen der nördlichen Hemisphäre.

Droge: ***Anserinae herba*** (syn. *Herba Anserinae, Herba Potentillae argentinae, Potentillae anserinae herba*); Fingerkraut (syn. Gänsefingerkraut, Krampfkraut, Silberkraut), die kurz vor oder während der Blüte gesammelten und getrockneten, ganzen oder zerkleinerten Blätter und Blüten. *Inh.:* Gerbstoffe (5–10 %, überwiegend Ellagitannine), Flavonolglykoside, u. a. Quercitrin, Anthocyanidine, Phenolcarbonsäuren, u. a. *p*-Cumar-, Ferula- und Kaffeesäure sowie Vitamine, u. a. ↗ Ascorbinsäure (300–350 mg/100 g Frischgewicht). *Anw.:* leichte dysmenorrhoische Beschwerden, zur unterstützenden Behandlung akuter Durchfallerkrankungen sowie bei entzündlichen Prozessen der Mund- und Rachenschleimhaut. Mittlere TD: 4 g Droge, Zubereitung entsprechend. Volkstümlich ferner äußerlich bei schlecht heilenden Wunden.

Hom.: ***Potentilla anserina*** HAB1; Gänsefingerkraut, die zur Blütezeit geernteten, frischen, oberirdischen Pflanzenteile. *Anw.-Geb.:* Erkrankungen des Magen-Darm-Traktes, der weiblichen Geschlechtsorgane sowie bei spastischer Diathese.

Histor.: Der Gattungsname *Potentilla* leitet sich vom lateinischen *potens* (mächtig) ab, Bezug nehmend auf die große Heilkraft, die man der Pflanze zumaß. Der Artname *anserina*, vom lateinischen *anser* (Gans), bezieht sich auf die Verwendung als Gänsefutter. Bereits ↗ Dioskurides verwandte die Pflanze, unter anderen bei Diarrhoe.

Potentilla argentina ↗ Potentilla anserina.

■ **Potentilla aurea** L.
(syn. *Potentilla halleri*); Goldfingerkraut (syn. Goldgelbes Fingerkraut).

Fam.: Rosaceae.

Vork.: Mittel- und Südeuropa, besonders in Bergregionen.

Hom.: ***Potentilla aurea*** HAB34, die frische, blühende Pflanze.

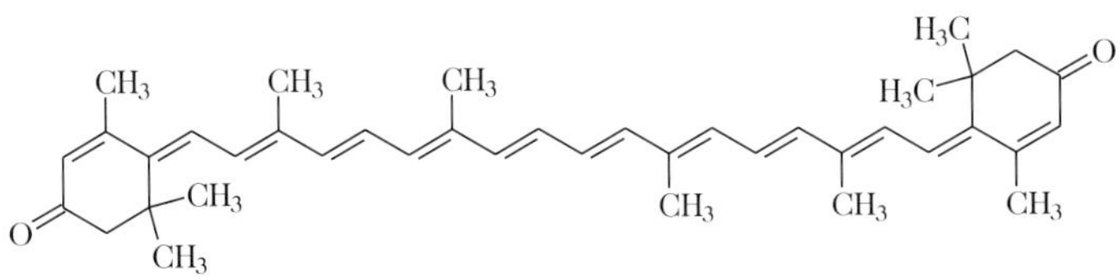

Rhodoxanthin

Potentillae anserinae herba ↗ Potentilla anserina.

■ **Potentilla erecta** (L.) Räuschel
(syn. *Fragaria tormentilla, Potentilla officinalis, P. tetrapetala, P. tormentilla, Tormentilla erecta, T. officinalis*); Blutwurz (syn. Aufrechtes Fingerkraut, Blutwurzel, Bauchwehkraut, Bauchwehwurz, Birkwurz, Christuskrone, Fingerkraut, Mooreckel, Rotwurzel, Ruhrwurz), s. Farbtafel S. 152, Bild 94.

Fam.: Rosaceae.

Vork.: dauerhafte Rhizomstaude, die über ganz Europa verbreitet ist, aber auch in Nordafrika, Westsibirien und Nordamerika gefunden wird.

Droge: ***Tormentillae rhizoma*** (syn. *Radix Tormentillae, Rhizoma Tormentillae*). Tormentillwurzel (syn. Tormentillwurzelstock). *Inh.:* 17–22 % Gerbstoffe (Gallocatechingallate, dimere Catechine, Gallo- und Ellagitannine), Phlobaphene (verantwortlich für die Rotfärbung der Droge „Blutwurz"), Flavonoide, Procyanidine, Phenolcarbonsäuren, Triterpene (Tormentosid) sowie Fettsäuren. *Anw.:* Die Tormentilltinktur (syn. *Tormentillae tinctura*) wird aufgrund ihres hohen Gehaltes an Gerbstoffen als Adstringens bei leichten Schleimhautentzündungen im Mund- und Rachenraum sowie bei Zahn-Prothesendruckstellen genutzt. Auch bei unspezifischen, akuten Durchfallerkrankungen findet die Droge als Stopfmittel ihre Anwendung. Darüber hinaus wurden antimikrobielle, antihypertensive, immunstimulierende und antivirale Wirksamkeiten für die Blutwurz beschrieben. In der Volksheilkunde wird die Droge auch bei schlecht heilenden Wunden, Erfrierungen, Verbrennungen und Hämorrhoiden sowie bei Magenbeschwerden eingesetzt.

Hom.: ***1. Potentilla erecta*** HAB1, die frischen, im Frühling gesammelten unterirdischen Teile. ***2. Potentilla erecta, äthanol. Decoctum*** HAB1, ein alkoholischer Auszug des getrockneten Wurzelstockes. *Anw.-Geb.:* anthroposophische Therapierichtung.

Histor.: Die Droge wird bereits seit dem Altertum genutzt und ist bei den Hippokratikern beschrieben worden. Auch die Heilige Hildegard von Bingen verwendete dieses alte Volksheilmittel. Die nach Einführung der Ratanhiawurzel (↗ *Krameria triandra*) allmählich in Vergessenheit geratene Droge kam als einheimische Gerbstoffdroge im Ersten Weltkrieg wieder in Gebrauch und ist seit dieser Zeit Bestandteil der deutschen Arzneibücher.

Potentilla halleri ↗ Potentilla aurea.
Potentilla officinalis ↗ Potentilla erecta.
Potentilla palustris ↗ Comarum palustre.

■ **Potentilla reptans** L.
(syn. *Fragaria pentaphyllum, Fragaria reptans*); Kriechendes Fingerkraut (syn. Fünffingerkraut).

Fam.: Rosaceae.

Vork.: in den gemäßigten Zonen weltweit verbreitet.

Droge: ***Herba Pentaphylli***, das getrocknete Kraut. *Inh.:* Flavonoide, Phenolcarbonsäuren, Gerbstoffe (Kraut ca. 12 %, Wurzelstöcke etwa 6–12 %) und Vitamin C (430 mg/100 g Frischgewicht). *Anw.:* Adstringens.

Hom.: ***Potentilla reptans*** HAB34, die frische, blühende Pflanze.

Potentilla tetrapetala ↗ Potentilla erecta.
Potentilla tormentilla ↗ Potentilla erecta.
Potenzbaum ↗ Ptychopetalum-Arten.
Potenzholz ↗ Dulacia inopiflora, ↗ Ptychopetalum-Arten.
Potenzrinde ↗ Pausinystalia johimbe.
Poterii radicis cortex ↗ Sarcopoterium spinosum.
Poterium ancistroides ↗ Sanguisorba ancistroides.
Poterium officinale ↗ Sanguisorba officinalis.
Poterium sanguisorba ↗ Sanguisorba minor.
Poterium spinosum ↗ Sarcopoterium spinosum.
Poterium-Wurzelrinde ↗ Sarcopoterium spinosum.
Pottwal ↗ Physeter macrocephalus.
Po-Yoaköl ↗ Afrolicania elaeosperma.
Pradosia glycyphloea ↗ Pradosia lactescens.

■ **Pradosia lactescens** Radlk.
(syn. *Chrysophyllum glycyphloeum, Lucuma glycyphloea, Pradosia glycyphloea*).

Fam.: Sapotaceae.

Vork.: Südamerika.

Droge: ***Monesiarinde***, die getrocknete Rinde. *Inh.:* Saponine, Gallussäure, Gerbstoffe. *Anw.:* in der indianischen Volksheilkunde. Die stärkehaltigen Früchte dienten den Inka-Indianern als Nahrungsmittel.

Hom.: ***Monesia*** (syn. *Pradosia lactescens*) HAB34, die getrocknete Rinde.

■ **Prangos pabularia** L.
Fam.: Apiaceae (Umbelliferae).
Vork.: Zentralasien, Nordindien.
Droge: die ganze Pflanze. *Inh.:* Furocumarine, wie Imperatorin, Oxypeucedanin, Prangenin und Isoprangenin; Cumarine, Pabulin. *Anw.:* in der Volksheilkunde bei Krätze von Tier und Mensch.

Prasium marrubium ↗ Marrubium vulgare.

■ **Pravastatin**
Stoffwechselprodukt aus den Mikroorganismen *Syncephalastrum nigricans*, *Absidia coerulea* und *Nocardia autotrophica*. *Wirk.:* Hemmstoff der Hydroxymethylglutaryl-CoA-Reduktase und damit der Cholesterolbiosynthese. *Anw.:* bei Hypercholesterolämie und zur Prophylaxe vor Arteriosklerose.

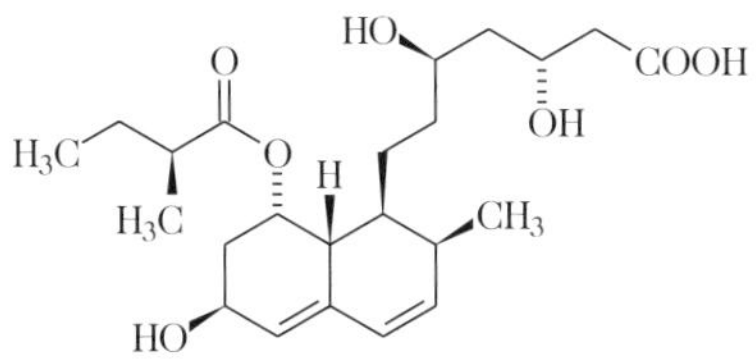

Pravastatin (3β-Hydroxycompactisäure)

Preiselbeere ↗ Vaccinium-Arten.
Preißelbeere ↗ Vaccinium-Arten.

■ **Prenanthes alba** L.
Hasenlattich.
Fam.: Asteraceae (Compositae).
Vork.: Nordamerika, von Virginia bis Kalifornien.
Droge: das Kraut. *Inh.:* Gerbstoffe.
Hom.: ***Nabulus albus*** HAB34, die ganze frische Pflanze.

■ **Prenanthes serpentaria** Pursh.
Hasenlattich.
Fam.: Asteraceae (Compositae).
Vork.: Nordamerika.
Droge: ***Herba Prenanthes serpentariae***; Hasenlattichkraut. *Inh.:* Gerbstoffe. *Anw.:* in der indianischen Volksheilkunde gegen Schlangenbisse eingesetzt.
Hom.: ***Prenanthes serpentaria*** (syn. *Nabulus serpentaria*) HAB34; die frischen, oberirdischen Pflanzenteile. *Anw.-Geb.:* Durchfall.

Preseloak ↗ Allium-Arten.
Presenegenin ↗ Saponine.

■ **Preßsäfte**
Pflanzensäfte, die durch Auspressen frischer, meist zerkleinerter Pflanzenteile und nachfolgende Filtration erhalten werden. Zusätze pektinspaltender Enzyme erhöhen die Ausbeute und verhindern eine mögliche Gelierung des Produktes. *Anw.:* als Gesundheitspflegemittel, zur Herstellung homöopathischer Urtinkturen sowie von Sirupen.

Prieslauch ↗ Allium-Arten.
Primelblüten ↗ Primula-Arten.
Primelwurzel ↗ Primula-Arten.

■ **Primula-Arten**
● **Fam.:** Primulaceae.
● **Primula auricula** L., Aurikel (syn. Alpen-Aurikel, Gamswurz, Ohr-Schlüsselblume, Rickelchen, Wilde Aurikel), s. Farbtafel S. 152, Bild 95.
Vork.: Alpenregion.
Drogen: ***1. Primula-auricula-Kraut***, die oberirdischen Pflanzenteile. *Inh.:* Anthocyane, Flavonoide. *Anw.:* früher in der Volksheilkunde bei Lungenerkrankungen, bei Frostbeulen und Geschwüren. ***2. Primula-auricula-Wurzel***; Aurikelwurzel (syn. Primelwurzel, Schlüsselblumenwurzel), die getrockneten Wurzeln. *Inh.:* äther. Öl mit Paeonol, Saponine, Primverin, Primulaverin. *Anw.:* in der Volksheilkunde zur Behandlung der Phthisis, einer schweren Form der Lungentuberkulose.
● **Primula elatior** (L.) Hill; Hohe Schlüsselblume (syn. Weiße Schlüsselblume), s. Farbtafel S. 152, Bild 96.
Vork.: Mitteleuropa bis Südrußland.
Drogen: ***1. Primulae flos cum calycibus***; *Primula-elatior*-Blüten, die getrockneten, ganzen Blüten mit Kelch. Inhaltsstoffe und Anwendung s. *Primula veris*. ***2. Primulae radix*** (syn. *Radix Primulae, Rhizoma Primulae, Rhizoma cum radicibus Primulae*); *Primula-elatior*-Wurzel (syn. Primelwurzel, Schlüsselblumenwurzel), der getrocknete Wurzelstock mit Wurzeln; s. Farbtafel S. 297, Bild 97. *Inh.:* Triterpensaponine (4–10 %) mit Protoprimulagenin A als Sapogenin. Ferner Phenolglykoside, besonders Primulaverin (1,5–2 % in der Märzdroge). *Anw.:* s. *Primula veris*.

● **Primula farinosa** L. (syn. *Aleuritia farinosa, Androsace farinosa, Primula auricula, P. nivalis*); Mehlprimel (syn. Mehl-Schlüsselblume).

Vork.: Europa, alpine Regionen; Skandinavien, Nordengland, Schottland.

Droge: ***Primula-farinosa-Wurzel*** (syn. Mehlprimelwurzel), die Wurzeln. Inh.: Saponine. Anw.: volkstümlich zum Erleichtern des Bergsteigens durch eine verbesserte Atmung.

● **Primula obconica** Hance; Giftprimel (syn. Becherprimel).

Vork.: Ostasien.

Inh.: enthält in den Drüsenhaaren ein Sekret mit dem Giftstoff Primin, das bei dafür empfänglichen Personen Hautreizungen (Primeldermatitis) induziert.

Hom.: ***Primula obconica*** HAB; die frische, ganze Pflanze. Anw.-Geb.: Hautausschläge.

● **Primula veris** L. (syn. *Primula coronaria, P. montana, P. odorata, P. officinalis*); Frühlingsschlüsselblume (syn. Arznei-Primel, Fünfwundenblume, Kirchenschlüssel, Maiblümel, Peterschlüssel, Wiesen-Schlüsselblume).

Vork.: Europa, Asien.

Drogen: ***1. Primulae flos cum calycibus*** (syn. *Flores Primulae, Flores Primulae cum calycibus*); *Primula-elatior*-Blüten (syn. Aurikeln, Himmelsschlüsselblumen, Primelblüten, Schlüsselblumenblüten), die getrockneten, ganzen Blüten mit Kelch. Inh.: Flavonoide, u. a. Apigenin und Luteolin sowie Kämpferol- und Quercetinglykoside, ferner Saponine, Carotinoide und Spuren äther. Öle. Anw.: Katarrhe der Atemwege. Volkstümlich auch bei Angstzuständen, Schlaflosigkeit und Hysterie. ***2. Primulae flos sine calycibus*** (syn. *Flores Primulae, Flores Primulae sine calycibus*); Schlüsselblumenblüten ohne Kelch, die nach der Entfernung des Kelches sorgfältig getrockneten Blüten. Inhaltsstoffe und Anwendung s. *Primulae flos sine calycibus*. ***3. Primulae radix*** (syn. *Radix Primulae, Rhizoma cum radicibus Primulae, Rhizoma Primulae*); *Primula-veris*-Wurzel (syn. Schlüsselblumenwurzel), der getrocknete Wurzelstock mit Wurzeln. Inh.: Triterpensaponine (4–10 %) mit Protoprimulagenin A (13β,28-Epoxyoleanan-3β,16α-diol) als dominierendem Sapogenin und D-Glucose, L-Rhamnose und D-Galactose als Monosaccharidkomponenten. Als Nebensaponine liegen Glykoside des Priverogenin-A-monoacetats vor. Außerdem Phenolglykoside, u. a. Primverin und Primulaverin, sowie

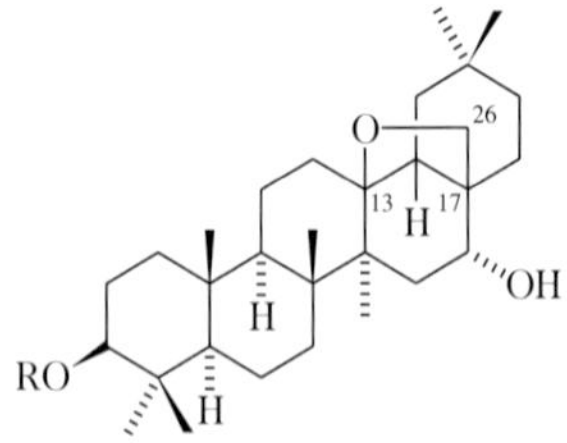

Protoprimulagenin A (R = H)
Protoprimulagenin A-Glykosid
(R = L-Rha(1→2)-β-D-Gal(1→4)-β-D-Glucuronyl-1→2 ← 1 β-D-Glc)

Spuren von äther. Öl. Anw.: Katarrhe der Atemwege. Volkstümlich auch u. a. bei rheumatischen und Nierenbeschwerden.

Hom.: ***Primula veris*** HAB34, die frische, blühende Pflanze. Anw.-Geb.: Hautausschläge, Kopfschmerzen.

Histor.: Der Gattungsname *Primula* ist die Verkleinerungsform des lateinischen *prima* (die erste), als Hinweis auf die ersten unter den Frühlingsblumen. Auch der Artname *veris* vom lateinischen *ver* (Frühling) ist ein entsprechender Hinweis. Die Bezeichnung Schlüsselblume geht auf den einem Schlüsselbund ähnlichen Blütenstand zurück. In den antiken Schriften wird die Schlüsselblume aus naheliegenden pflanzengeographischen Gründen nicht erwähnt. Dagegen findet sie in der nordischen Mythologie große Beachtung. So sollen Nixen, Elfen, Undinen und Najaden die schöne Blume geliebt und beschützt haben.

Primulae flos cum calycibus ↗ Primula-Arten.
Primulae flos sine calycibus ↗ Primula-Arten.
Primula-elatior-Blüten ↗ Primula-Arten.
Primulae radix ↗ Primula-Arten.
Primulasäure ↗ Saponine.
Primulaverin ↗ Primula-Arten.
Priomurus australis ↗ Androctonus australis.

■ **Prionoce glauca** L.
Blauhai (syn. Menschenhai).

Vork.: tropische und subtropische Meere.

Fam.: Carcharhinidae.

Droge: ***Haitran*** (syn. Haifischtran, Haifischleberöl). Inh.: Triglyceride wechselnder Zusammensetzung und Menge; im unverseifbaren Anteil v. a. Selachylalkohol, Batylalkohol, Chemyl-

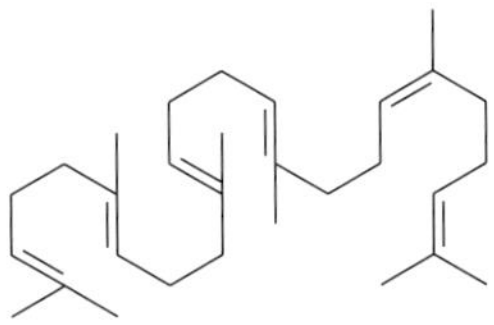

Squalen

alkohol, Squalen; Clupanodonsäure, Vitamine A und D. Anw.: zur Gewinnung von Vitaminkonzentraten und Squalen, in der Seifenindustrie. Der feste Anteil des Haifischtrans wird als Walrat (Cetaceum, ↗ *Physeter macrocephalus*) bezeichnet und wie dieser genutzt.

Prionurus australis ↗ Androctonus australis.

■ **Prioria copaifera**
Fam.: Fabaceae (Leguminosae).
Vork.: Südamerika, v. a. Kolumbien, Venezuela.
Droge: ***Balsamum Cativo***; Cativobalsam, der Balsam der Pflanze. Inh.: Resinolsäuren (75–80 %), Resen (ca. 13 %), äther. Öl (ca. 2 %). Anw.: als Terpentinersatz (↗ *Abies*-Arten, ↗ *Pinus*-Arten) sowie wegen seiner klebrigen Eigenschaften zur Herstellung von Fliegenleim und als Klebstoff.

Priverogenine ↗ Primula-Arten.
Proanthocyanidine ↗ Flavonoide.

■ **Proazulene**
natürlich vorkommende Sesquiterpene, die durch Wärme dehydriert oder dehydratisiert werden und dabei ↗ Azulene bilden. Zu den P. gehören u. a. Guajanolide wie ↗ Achillicin oder Matricin (↗ *Chamomilla recutita*).

Procyanidine ↗ Flavonoide.
Propolis ↗ Apis mellifera.
Proscillaridin ↗ Urginea maritima.

■ **Prosopis africana** (Guill. et Perrott.) Taubert (syn. *Prosopis oblongata*).
Fam.: Mimosaceae.
Vork.: Westafrika, Tschad, Uganda, Sudan.
Droge: Wurzeln und Rinde. Inh.: Piperidin-Alkaloide, u. a. Prosopin, Prosopinin, Prosafrin; Tryptamin, Phenylethylamin, Gerbstoffe. Anw.: in der afrikanischen Volksheilkunde als Antiparasitikum, bei Bronchitis, gegen Dermatosen, bei Hämorrhoiden, zur Wundbehandlung sowie

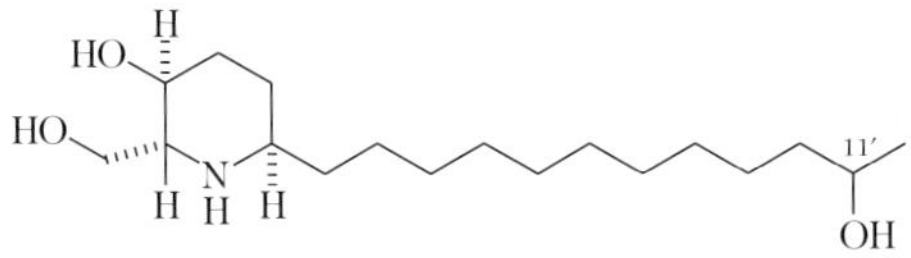

Prosopin

bei Rheuma. Die Droge wird in Nigeria als Zusatz zu Pfeilgiften auf der Basis von ↗ *Strophanthus*-Arten genutzt.

■ **Prosopis juliflora** (Sw.) DC.
Mezquitebaum.
Fam.: Fabaceae (Leguminosae).
Vork.: Kalifornien bis Mexiko, Südamerika.
Droge: ***Mesquitegummi*** (syn. Sonoragummi), das Gummi der Pflanze. Inh.: Polysaccaride, u. a. Arabin (ca. 85 %), ferner Arabinose und unlösliche Anteile (3–14 %). Anw.: als Ersatz für Arabisches Gummi (↗ *Acacia*-Arten) sowie als Grundstoff für Bakteriennährböden.
Histor.: Die Früchte und Samen der Pflanze dienen seit Jahrhunderten auch als Nahrungsmittel für die Ureinwohner Amerikas. Die Fruchtschoten des Mezquitebaumes enthalten 25–30 % Zucker und werden zerstoßen mit Wasser gekocht und zu einem Getränk (atole) verarbeitet. Daraus wird in Nordmexiko durch Gärung ein Bier (Chicha) hergestellt.

Prosopis oblongata ↗ Prosopis africana.
Protoanemonin ↗ Ranunculin.
Protopanaxadiol ↗ Panax ginseng.
Protopanaxatriol ↗ Panax ginseng.
Provenceöl ↗ Olea europaea.
Provence-Rose ↗ Rosa x centifolia.
Provencialischer Sumach ↗ Coriaria myrtifolia.

■ **Prunasin**
cyanogenes Glykosid (↗ cyanogene Glykoside) aus ↗ *Prunus*-Arten.

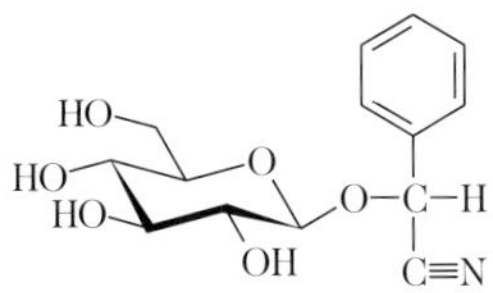

(*R*)-Prunasin

Prunella vulgaris ↗ Brunella vulgaris.
Pruni spinosae flos ↗ Prunus-Arten.

Prunoideengummi ↗ Prunus-Arten.

■ Prunus-Arten

● **Fam.:** Rosaceae.

● **Prunus armeniaca** L. (syn. *Armeniaca vulgaris, A. communis*); Aprikose (syn. Marille).

Heim.: Mittelasien, Mongolei, heute in den Mittelmeerländern und subtropischen Gebieten Amerikas kultiviert.

Droge: ***Oleum Amygdalarum gallicum***; Aprikosenkernöl, das fette Öl der Fruchtkerne. *Inh.:* fettes Öl (ca. 45 %), bestehend aus Ölsäuretriglyceriden, ferner Amygdalin. *Anw.:* als Salbengrundlage, in der Kosmetik sowie als feinmechanisches Schmieröl.

● **Prunus avium** L. (syn. *Cerasus avium*); Süßkirsche (syn. Vogelkirsche).

Vork.: Europa, Vorderasien, in zahlreichen Formen kultiviert.

Droge: *Gummi Cerasorum*; Kirschgummi (syn. Prunoideengummi), das aus dem Stamm nach Verletzung austretende Gummiharz. *Inh.:* D-Glucuronsäure, D-Galactopyranose, L-Arabofuranose, D-Xylopyranose, D-Mannopyranose. *Anw.:* ähnlich wie *Gummi arabicum* (↗ *Acacia*-Arten), als Appreturmittel in der Textilindustrie. Die Blätter der Pflanze wurden auch als Tabakersatz geraucht, die Früchte werden als Obst gegessen.

Hom.: ***Padus avium*** HAB34; die frischen, zur Blütezeit gesammelten Blätter.

● **Prunus cerasus** L. (syn. *Cerasus vulgaris*). Sauerkirsche (syn. Weichselkirsche).

Heim.: Kleinasien, Transkaukasien, in Europa und Nordamerika in zahlreichen Formen kultiviert.

Drogen: ***1. Fructus Pruni cerasi*** (syn. *Fructus cerasi acidi*), Sauerkirschen. *Inh.:* Fruchtsäuren, Pektin (ca. 2 %), der glykosidische Anthocyanfarbstoff Ceracyanin und Gerbstoffe. *Anw.:* zur Herstellung von *Sirupus Cerasorum* (syn. *Sirupus Cerasi nigri*); Kirschsirup (syn. Sauerkirschsirup), der aus dem Fruchtsaft und Saccharose hergestellte Sirup, der als Arzneimittelträger und Geschmackskorrigens verwendet wird. Aus den zerstoßenen gegorenen Früchten wird durch Destillation das „Schwarzwälder Kirschwasser" hergestellt, das neben Alkohol (45–48 %) auch Spuren von Blausäure als Aromastoff enthält. ***2. Stipites Cerasorum*** (syn. *Stipites Cerasi acidi, Pedunculi Cerasorum*); Kirschstiele (syn. Sauerkirschstiele), die Fruchtstiele. *Inh.:* Gerbstoffe. *Anw.:* in der Volksheilkunde als Diuretikum und Stopfmittel sowie als Bestandteil von Entfettungstees. In England wird die Droge auch als Gewürz zum Einlegen von sauren Gurken benutzt. ***3. Kirschkernöl***, das fette Öl der Fruchtkerne. *Inh.:* fettes, trocknendes Öl (25–35 %). *Anw.:* als Speiseöl. ***4. Folia Cerasi***; Sauerkirschenblätter, die getrockneten Blätter. *Inh.:* Gerbstoffe, Säuren, Flavonoide, Amygdalin und Cumarin. *Anw.:* in der Volksheilkunde bei Blutarmut und Bleichsucht. Früher auch als Tabakersatz bzw. zum Strecken von echtem Tabak.

● **Prunus domestica** L.; Pflaume (syn. Zwetschge).

Vork.: Europa, Nordamerika, Asien.

Drogen: ***1. Fructus Pruni domesticae*** (syn. *Fructus Prunorum*), Pflaume (syn. Zwetsche, Zwetschge), die reifen Früchte (frisch oder getrocknet, Backpflaumen). *Inh.:* Zucker (10–20 %), Fruchtsäuren. *Anw.:* mildes Laxans (Trokkenpflaumen), Genußmittel. In der Nahrungsmittelindustrie dient die Droge zur Bereitung von Pflaumenmus, das früher auch einmal als Arzneiträger fungierte. ***2. Pflaumenkernöl***, das fette Öl der Fruchtkerne. *Inh.:* fettes, halbtrocknendes Öl (25–35 %), das aus Triglyceriden der Fettsäuren Myristin-, Palmitin-, Stearin-, Öl- und Linolsäure besteht. *Anw.:* nach Raffination als Speiseöl.

Hom.: ***Prunus domestica*** HB34, die frische Rinde.

● **Prunus dulcis** (Mill.) D. A. Webb (syn. *Amygdalus communis, Prunus communis, P. amygdalus*); Mandelbaum; s. Farbtafel S. 297, Bild 98.

Heim.: Südchina, Kleinasien. Heute werden die verschiedenen Formen im Mittelmeergebiet, Rußland, Nordamerika (Kalifornien) und Südamerika (Brasilien) kultiviert. In zwei Varietäten vorkommend:

A. Prunus dulcis var. amara (DC.) Buchheim; Bittermandelbaum.

Drogen: ***1. Semen Amygdali amarum*** (syn. *Amygdalae amarae, Semen Amygdalae*); Bitterer Mandelsame (syn. Bittermandel, Bittere Mandeln), die reifen Samen. *Inh.:* fettes Öl (30–50 %), Proteine (20–30 %), Zucker, Schleimstoffe, Enzyme (Emulsin als Enzymkomplex), Amygdalin (1–8 %). *Anw.:* zur Herstellung von Mandelöl, in der Marzipan-, Schokoladen-, Süßwaren- und Likörindustrie sowie in der Parfümerie. Größere Mengen bitterer Mandeln sind giftig durch die Freisetzung von Blausäure aus dem Amygdalin.

Die letale Dosis beträgt für einen Erwachsenen etwa 50 bis 60, für Kinder 5 bis 12 bittere Mandeln. ***2. Oleum Amygdalarum amarum aethereum*** (syn. *Oleum Amygdalae amarae*); Ätherisches Bittermandelöl, das nach Entfettung und Fermentierung durch Destillation gewonnene äther. Öl. Die Droge ist giftig! *Inh.:* Benzaldehyd (75–95 %), Mandelsäurenitril, Blausäure (1,5–4 %), Benzoesäure, Benzylalkohol. *Anw.:* in der Likörindustrie, Parfümerie, Kosmetik. Die Droge wird heute wegen des schwankenden Gehaltes an Blausäure kaum noch verwendet. ***3. Amygdalae oleum*** (syn. *Oleum Amygdalarum, Oleum amygdalarum expressum, Oleum Amygdalarum verum*); Mandelöl (syn. Fettes Mandelöl), das kaltgepreßte, fette Öl aus den reifen Samen. *Inh.:* Triglyceride gesättigter Fettsäuren (ca. 5 %), Ölsäureglyceride (ca. 80 %), Linolsäureglyceride (ca. 15 %), Phytosterole. *Anw.:* als Salbengrundlage, zu Linimenten und galenischen Präparaten. In der Volksheilkunde bei Magen- und Darmentzündungen eingesetzt. Auch als Speiseöl, in der Süßwarenindustrie sowie als Schmieröl in der Feinmechanik wird die Droge verwendet. ***4. Farina Amygdalarum*** (syn. *Placenta Amygdalarum*); Mandelkleie, die Preßrückstände bei der Gewinnung des fetten Öls. *Inh.:* fettes Öl (ca. 10 %), Zucker, Amygdalin sowie Reste von Emulsin. *Anw.:* in der Kosmetik zur Herstellung von Gesichtsmasken bei unreiner Haut.

Hom.: ***Prunus dulcis var. amara*** HAB1; Bittermandel, die reifen Samen. *Anw.-Geb.:* Entzündliche Prozesse im Hals- und Rachenbereich.

B. Prunus dulcis var. dulcis; Mandelbaum.

Drogen: ***1. Semen Amygdalae dulce*** (syn. *Semen Amygdali dulce, Amygdalae dulces*); Süße Mandeln, die reifen Samen; s. Farbtafel S. 297, Bild 99. *Inh.:* fettes Öl (30–60 %), Proteine (20–30 %), Glucose. Saccharose, Enzyme sowie Gummi. *Anw.:* in Form der *Emulsio amygdalina* als Hustenmittel sowie zur Herstellung anderer galenischer Präparate. ***2. Amygdalae oleum*** (syn. *Oleum Amygdalarum, Oleum amygdalarum expressum, Oleum Amygdalarum verum*); Mandelöl (syn. Fettes Mandelöl), das kaltgepreßte, fette Öl aus den reifen Samen. *Inh.:* Triglyceride gesättigter Fettsäuren (ca. 5 %), Ölsäureglyceride (ca. 80 %), Linolsäureglyceride (ca. 15 %), Phytosterole. *Anw.:* als Salbengrundlage, zu Linimenten und galenischen Präparaten sowie in der Volksheilkunde bei Magen- und Darmentzündungen. Ferner als Speiseöl, in der Süßwarenindustrie sowie als Schmieröl in der Feinmechanik. ***3. Farina Amygdalarum*** (syn. *Placenta Amygdalarum*); Mandelkleie, die Preßrückstände bei der Gewinnung des fetten Öls. Inhaltsstoffe und Anwendung s. *Prunus dulcis* var. *amara*.

Histor.: Die süße Mandel ist eine uralte Kulturpflanze, die in den landwirtschaftlichen Schriften des Altertums oft genannt wird. ↗ Dioskurides und ↗ Plinius erwähnen auch die bittere Mandel. Die Rezepte der römischen Ärzte Scribonius Largus und Alexander Trallianus enthalten beide Formen. Karl der Große erwähnt die Mandeln in dem bekannten ↗ Capitulare de villis und ordnete ihre Kultivierung an. Im Mittelalter waren die Mandeln Gegenstand eines bedeutsamen Handels.

● **Prunus laurocerasus** L. (syn. *Laurocerasus officinalis, Cerasus laurocerasus*); Kirschlorbeer (syn. Lorbeerkirsche), s. Farbtafel S. 297, Bild 100.

Vork.: Mittelmeergebiet, v. a. Italien, Kleinasien und Kaukasusgebiete.

Drogen: ***1. Folia Laurocerasi*** (syn. *Folia Lauro-Cerasi*); Kirschlorbeerblätter, die getrockneten Laubblätter. *Inh.:* Blausäureglykoside, u. a. Prulaurasin und Prunasin; Prunase, Emulsin, Phyllinsäure, Gerbstoffe. *Anw.:* früher bei Neuralgien und Krämpfen als Schmerzmittel (heute obsolet) sowie zur Herstellung von *Aqua Laurocerasi*. ***2. Oleum Laurocerasi aethereum*** (syn. *Oleum Lauro-Cerasi aethereum*); Kirschlorbeeröl, das äther. Öl der Blätter, das aus den Glykosiden mittels Emulsin entsteht. Die Droge ist giftig! *Inh.:* Benzaldehyd, Benzylalkohol, Blausäure (0,4–4 %). *Anw.:* früher als schmerzstillendes Mittel, bei Asthma sowie bei Krämpfen.

Hom.: ***Prunus laurocerasus*** HAB1; Kirschlorbeer, die frischen Blätter. *Anw.-Geb.:* Erkrankungen des Herzens sowie des arteriellen Gefäßsystems.

● **Prunus mahaleb** L. (syn. *Cerasus mahaleb, Padus mahaleb*); Felsenkirsche (Steinweichsel, Türkische Weichsel, Weichselrohr).

Vork.: Kleinasien, Südeuropa.

Droge: die reifen Samen. *Inh.:* Cholin, Herniarin und weitere Cumaringlykoside sowie Amygdalin. *Anw.:* in der Likörindustrie zur Herstellung von Cherry Brandy.

Hom.: ***Prunus Mahaleb*** HAB34, die frische Rinde der jungen Zweige.

● **Prunus padus** L. (syn. *Cerasus padus, Padus avium, Padus racemosa*); Traubenkirsche.

Vork.: Mittel- und Südeuropa, Asien, Rußland, Kaukasus, als Zierpflanze auch kultiviert.

Droge: ***Cortex Pruni padi*** (syn. *Prunus Padus e cortice*); Traubenkirschenrinde (syn. Ahlkirschenrinde), die Rinde der Zweige. *Inh.:* Amygdalin, Gerbstoffe, Harz, Prunolaurasin. *Anw.:* in der Volksheilkunde als Tonikum und Sedativum.

Hom.: ***1. Prunus padus e cortice*** HAB34; die frische Rinde der jungen Zweige. *Anw.-Geb.:* Kopfschmerzen, Herzbeschwerden, Mastdarmleiden. ***2. Prunus padus e foliis*** HAB34; die frischen Blätter zur Zeit der Blüte. *Anw.-Geb.:* Kopfschmerzen.

● **Prunus persica** (L.) Batsch (syn. *Amygdalus persica, Amygdalus pumila, Persica vulgaris*); Pfirsichbaum (syn. Pfirsich).

Heim.: Ostasien, in wärmeren Gebieten weltweit kultiviert.

Droge: ***Oleum Persicarum*** (syn. *Oleum Amygdalarum gallicum, Oleum nucum persicarum*); Pfirsichkernöl (syn. Französisches Mandelöl), das fette Öl der Samen. *Inh.:* fettes Öl (ca. 45 %), das größtenteils aus Ölsäureglyceriden besteht, geringe Mengen an Mandelsäurenitril. *Anw.:* s. *Oleum Amygdalarum*.

Hom.: ***Prunus persica e cortice*** (syn. *Amygdalus persica e cortice*) HAB; die frische Rinde. *Anw.-Geb.:* Erbrechen bei Kindern.

● **Prunus serotina** Ehrh. (syn. *Prunus virginiana, Padus virginiana, Padus serotina*); Wildkirsche (Black cherry).

Vork.: Nordamerika, in Europa teilweise als Zierpflanze kultiviert.

Droge: ***Cortex Pruni virginianae*** (syn. *Cerasus virginiana*); Virginianische Traubenkirschenrinde (syn. Wildkirschenrinde), die Zweigrinde. *Inh.:* Prunasin, Gerbstoffe, Emulsin, äther. Öl. *Anw.:* in der Volksheilkunde als Tonikum und Sedativum.

Hom.: ***Cerasus virginiana*** HAB34; Virginische Traubenkirsche, die frische Rinde.

● **Prunus spinosa** L.; Schlehe (syn. Schlehdorn), s. Farbtafel S. 297, Bild 101.

Vork.: Mittel-, Ost- und Südosteuropa, besonders Italien, Balkan.

Drogen: ***1. Flores Pruni spinosae*** (syn. *Flores Acaciae, Flores Acaciae nostratis, Flores Acaciae germanicae, Pruni spinosae flos*); Schlehenblüten (syn. Eschendornblüten, Heckendornblüten, Schlehdornblüten, Schwarzdornblüten), die getrockneten Blüten. *Inh.:* Spuren an Amygdalin, Benzaldehyd, Kämpferol- und Quercetinglykoside, Cumarine. *Anw.:* in der Volksheilkunde als mildes Laxans, Diuretikum, Blutreinigungsmittel. ***2. Fructus Pruni spinosae***; Schlehen (syn. Schlehenfrüchte), die reifen (frischen oder getrockneten) Früchte. *Inh.:* Zucker, Gerbstoffe, Vitamin C, Fruchtsäuren, Pektin, Farbstoffe, Amygdalin. *Anw.:* in der Volksheilkunde als Adstringens sowie die getrockneten Früchte als Mittel gegen Magenschwäche, Blasen- und Harnleiden.

Hom.: ***1. Prunus spinosa*** HAB1; Schlehe, die frischen, vor dem Abfallen der Kronblätter geernteten Blüten. *Anw.-Geb.:* Erkrankungen des Herzens, der Nieren und ableitenden Harnwege. ***2. Prunus spinosa e summitatibus*** HAB1; die frischen, krautigen, eine Woche nach der Blüte geernteten, noch jungen Triebspitzen. *Anw.-Geb.:* anthroposophische Therapierichtung.

Histor.: Der Gattungsname *Prunus* ist vom griechischen *prúmnon* abgeleitet, *padus* kommt vom griechischen *pádos*, bei ↗ Theophrast der Name eines schattenliebenden Baumes, und *spinosa* (lat.) bedeutet dornig, stachelspitzig. Der deutsche Name Schlehe entstammt dem mittelhochdeutschen *slêhe*.

Prunus Padus e cortice ↗ Prunus-Arten.
Przewalskia shebbearei ↗ Przewalskia tangutica.

■ **Przewalskia tangutica** Maxim.
(syn. *Przewalskia shebbearei*).

Fam.: Solanaceae.

Vork.: Tibet, Nordchina.

Droge: die Wurzeln. *Inh.:* Tropan-Alkaloide (2–4 %), wie Cuscohygrin, Hyoscyamin (1,6–3,8 %), Apoatropin, Scopolamin, Daturamin. *Anw.:* wichtige Droge der tibetanischen Heilkunde, bes. zur Schmerzbekämpfung und bei bestimmten Hauterkrankungen eingesetzt.

■ **Pseudoalkaloide**

Alkaloide, deren Kohlenstoffgrundgerüst nicht, wie bei den Alkaloiden im engeren Sinne, aus einer oder mehreren Aminosäuren hervorgegangen ist, sondern aus anderen Stoffwechselprodukten aufgebaut wird. P. sind zum Beispiel die Terpenalkaloide (z. B. ↗ Aconitin), Steroidalkaloide (z. B. Solanin) oder Polyketidalkaloide (z. B. Coniin).

Pseudo-Chinarinde ↗ Croton niveus.
Pseudocinchona africana ↗ Corynanthe pachyceras.
Pseudocinchona pachyceras ↗ Corynanthe pachyceras.
Pseudococcus cacti ↗ Dactylopius coccus.
Pseudocydonia sinensis ↗ Chaenomeles sinensis.
Pseudoephedrin ↗ Ephedra-Arten.
Pseudofructus caricae ↗ Ficus carica.
Pseudofructus iuniperi ↗ Juniperus communis.
Pseudofructus Rosae ↗ Rosa canina.
Pseudofructus rosae laevigatae ↗ Rosa laevigata.
Pseudofructus rosae sine seminibus ↗ Rosa canina.
Pseudofumaria maior ↗ Corydalis-Arten.

■ **Pseudognaphalium obtusifolium** (L.) Hilliard et B. L. Burtt
(syn. *Gnaphalium obtusifolium, Gnaphalium polycephalum*); Vielköpfiges Ruhrkraut.
Fam.: Asteraceae (Compositae).
Vork.: Nordamerika.
Droge: das Kraut. Inh.: Flavonoide, wie Gnaphalin und Obtusifolin, Enolether des Tridecapentainen und andere *cis-trans*-isomere Fünfringenolether. Anw.: in der Volksheilkunde als Diuretikum.
Hom.: ***Pseudognaphalium obtusifolium*** HAB; Ruhrkraut, die frische, blühende Pflanze. Anw.-Geb.: Erkrankungen des peripheren Nervensystems sowie des Stütz- und Bewegungsapparates, wie Rheuma, Ischiasschmerzen, Nervenschmerzen sowie bei Durchfall.

Pseudomarsdenia cundurango ↗ Marsdenia condurango.
Pseudopelletierin ↗ Punica granatum.
Pseudotsuga douglasii ↗ Pseudotsuga taxifolia.
Pseudotsuga menziesii ↗ Pseudotsuga taxifolia.

■ **Pseudotsuga taxifolia** (Poir.) Britt. ex Sudworth
(syn. *Pseudotsuga douglasii, P. menziesii, Abies taxifolia, Abies menziesii*).
Fam.: Pinaceae.
Vork.: westliches Nordamerika bis Kalifornien.
Drogen: ***1. Balsamum Pseudotsugae***; Oregonbalsam, das Terpentin der Stämme. Inh.: äther. Öl (ca. 25 %), Colophonium (ca. 70 %), Abietinsäure-Isomere (ca. 18 %). Anw.: wie *Balsamum canadense* (↗ *Abies*-Arten). ***2. Cortex Pseudotsugae taxifoliae***; Oregonrinde (syn. Douglasienrinde), die Rinde der Stämme. Inh.: Gerbstoffe (17–18 %), Taxifolin, Catechin, Epicatechin, Polyphenole, Phlobaphene, Wachs, Lignocerylalkohol, Lignocerinsäure, Ferulasäure, Flavonoide. Anw.: in der Gerberei, zur Herstellung von Filtermaterialien, zur Gewinnung von Wachs. ***3. Oleum Pseudotsugae taxifoliae***; Oregonbalsamöl, das äther. Öl des Kernholzes. Inh.: α-Pinen, Limonen, α-Terpineol. Anw.: wie *Oleum Terebinthinae rectificatum* (↗ *Pinus*-Arten).

■ **Psidium guajava** L.
(syn. *Psidium pyriferum, P. pomiferum*); Guayavebaum.
Fam.: Myrtaceae.
Heim.: tropisches Amerika, in Westindien, Südamerika, Indien und Ägypten, oft auch kultiviert.
Droge: ***Folia Djamboe*** (syn. *Folia Psidii, Folia Psidii pyriferi*); Djambublätter (syn. Djamboeblätter, Guayavablätter, Guave), die Blätter. Inh.: Gerbstoffe (9–12 %), äther. Öl (ca. 0,3 %), u. a. mit Caryophyllen, β-Bisabolen und Eugenol; Flavonoide, wie Quercetin und fettes Öl (ca. 6 %), Harz (ca. 3 %), Triterpene. Anw.: in der Volksheilkunde als Adstringens bei Magen- und Darmerkrankungen, als Anthelmintikum, bei Zahnschmerzen sowie bei Geschwüren im Mundbereich. Die birnenartigen Früchte der Pflanze, die Guajaven, enthalten viel Vitamin C und sind ein beliebtes Obst bzw. werden auch zu Marmeladen verarbeitet.
Histor.: Die Pflanze wurde bereits im 8. Jh. v. Chr. in Peru kultiviert und durch die Spanier im 16. Jh. in Europa bekannt. Einige Volksstämme in Ghana benutzen die Droge aber auch für rituelle Zwecke, psychotrope Wirkstoffe konnten aber noch nicht nachgewiesen werden. In China wird auf sehr ungewöhnliche Weise eine narkotische *Psidium*-Droge gewonnen: Die frischen Blätter werden als ausschließliche Nahrung an Insekten (Stabheuschrecken und Gottesanbeterinnen) verfüttert. Die Kotausscheidungen der Insekten werden gesammelt, in Form kleiner Kugeln geknetet, getrocknet und luftdicht aufbewahrt. Einige dieser Pillen werden bei Bedarf aufgelöst und getrunken.

Psidium pomiferum ↗ Psidium guajava.
Psidium pyriferum ↗ Psidium guajava.

■ Psilocybe-Arten

● **Fam.:** Strophariaceae.

● **Psilocybe cubensis** (Earle) Singer (syn. *Hypholoma caerulescens, Naematoloma caerulescens, Stropharia cubensis, S. cyanescens, S. subcyanescens*); Göttlicher Düngerpilz.

Vork.: Kuba, Mittelamerika, Südamerika, Südstaaten der USA, Südostasien, Australien.

Droge: ***Psilocybe-cubensis-Fruchtkörper***; die abgeschnittenen, oberirdischen Teile (Fruchtkörper). Inh.: Indolalkaloide, wie die Tryptaminderivate ↗ Psilocybin (max. 1 %), Baeocystin (0,02 %), wenig Psilocin. Anw.: als halluzinogene

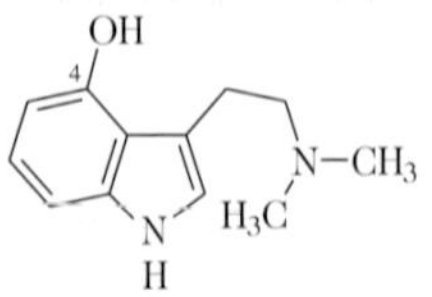

Psilocin

Droge, ursprünglich für rituelle Zeremonien. Heute wird die Droge auch als illegales Rauschmittel genutzt.

Histor.: Dieser Pilz wurde zuerst in Kuba gefunden (*cubensis* kubanisch), dann aber auch in Sri Lanka, Mexiko und Thailand nachgewiesen. Er stellt ein seit altersher gebrauchtes Halluzinogen dar, das in allen alten Religionen für kultische Handlungen eingesetzt wurde. Man vermutet heute, daß dieser Pilz das ursprüngliche ↗ Soma war.

● **Psilocybe mexicana** Heim.; Amokia, Teonanacatl.

Vork.: Südmexiko bis Guatemala, vorwiegend im Gebirge in Höhen von 1300 bis 1700 m.

Droge: ***Psilocybe-mexicana-Fruchtkörper***; die abgeschnittenen, oberirdischen Teile (Fruchtkörper). Inh.: u. a. ↗ Psilocybin (ca. 0,25 %), Psilocin (0,15 %). Anw.: in der aztekischen Volksheilkunde bei Fieber und Gicht, Nervenleiden, Durchfällen und verschiedenen chronischen Leiden. Hauptsächlich diente die Droge aber als Halluzinogen für kultische Zwecke.

Histor.: Die auch als „Fleisch der Götter" bezeichnete Droge wurde bereits im vorspanischen Mexiko rituell verspeist und bei religiösen Zeremonien benutzt. Während der spanischen Kolonialzeit war der Pilzgenuß verboten und wurde von der Inquisition grausam verfolgt. Trotzdem hat sich der Pilzkult bis heute erhalten und wird im indianischen Schamanismus weiter gepflegt. Aus dieser Droge hat Albert Hofmann 1958 zuerst den LSD-ähnlichen Wirkstoff ↗ Psilocybin isoliert.

● **Psilocybe semilanceata** (Fr.) Quel. (syn. *Agaricus semilanceolatus, Geophila semilanceata, Panaeolus semilanceatus*); Spitzkegeliger Kahlkopf.

Vork.: Europa, Kanada, USA, Chile, Australien, Rußland. Die Art wächst besonders gut auf stark gedüngten Rasen und Weiden.

Droge: ***Psilocybe-semilanceata-Fruchtkörper***; die abgeschnittenen, oberirdischen Teile (Fruchtkörper). Inh.: ↗ Psilocybin (max. 2,4 %), Baeocystin (bis 0,7 %), Spuren von Psilocin. Anw.: ausschließlich als Halluzinogen für rituelle Zeremonien.

Histor.: Die Droge ist der wichtigste psychotrope Pilz Europas, der bereits in prähistorischen Zeiten von den Alpennomaden als „Traumpilz" verwendet wurde und heute zu schamanistischen Sitzungen in ganz Westeuropa verwendet wird. Dabei ist die Sammlung der Droge und ihr Gebrauch rituell verbrämt und wird häufig von zweifelhaften Sektenführern für kriminelle Zwecke ausgenutzt.

■ Psilocybin

Indolalkaloid mit Tyramingrundkörper, das in ↗ *Psilocybe*-Arten vorkommt. Wirk.: etwa 200 mal geringer wirksam als LSD (↗ Lysergsäurediethylamid). P. führt zu einem psychoseähnlichen Zustand, der durch starke Halluzinationen gekennzeichnet ist. Dabei kommt es zur Wechselwirkung mit serotoninergen Rezeptoren. (↗ Halluzinogene biogenen Ursprungs)

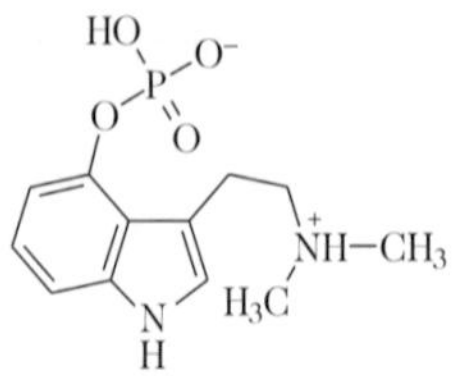

Psilocybin

■ Psoralea bituminosa L.

Asphaltklee.

Fam.: Fabaceae (Leguminosae).

Vork.: tropische und subtropische Gebiete.

Droge: das Kraut. Inh.: charakteristisch riechendes äther. Öl, Glyceolline. Anw.: früher in

Südeuropa in der Volksheilkunde bei Hauterkrankungen eingesetzt.

Hom.: ***Psoralea bituminosa*** HAB34, das frische, blühende Kraut.

■ **Psoralea corylifolia** L.

Fam.: Fabaceae (Leguminosae).

Vork.: Indien, Sri Lanka, Arabien, Iran, China.

Droge: ***Fructus Psoraleae*** (syn. *Psoraleae fructus*), die getrockneten Früchte. Die Droge ist stark hautreizend! Inh.: Furanocumarine, wie Psoralen, Angelicin und Psoralidin; äther. Öl, fettes Öl, ferner Cumestrol. Anw.: in der indischen Volksheilkunde als Stomachikum, Laxans, Tonikum, Aphrodisiakum, Anthelmintikum, Diaphoretikum, Diuretikum, bei Menstruationsbeschwerden sowie äußerlich bei Hautkrankheiten.

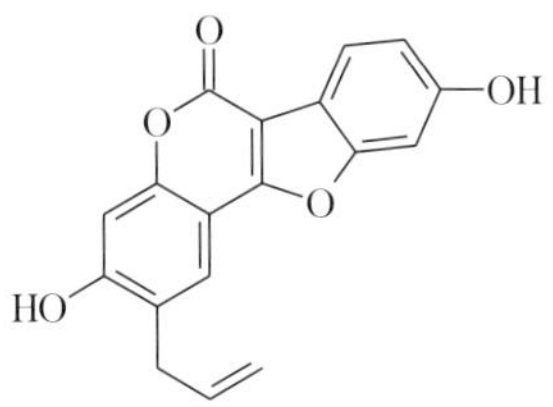

Psoralidin

■ **Psoralea drupacea** Bge.

Fam.: Fabaceae (Leguminosae).

Vork.: Turkmenien, Usbekistan, Mittelasien.

Droge: Früchte und Wurzeln. Inh.: Furocumarine, äther. Öl, Drupacin, Glyceolline. Anw.: in der mittelasiatischen Volksheilkunde bei Hauterkrankungen.

Psoraleae fructus ↗ Psoralea corylifolia.
Psoralea linearis ↗ Aspalathus linearis.
Psoralea tetragonoloba ↗ Cyamopsis tetragonoloba.
Psoralen ↗ Furanocumarine.

■ **Psorinum-Nosode HAB**

Präparation aus dem serös-eitrigen Inhalt frischer Krätzebläschen von der menschlichen Haut. Anw.-Geb.: verschiedene chronische Hauterkrankungen, chronische Schleimhautentzündungen, Kopfschmerzen, Verstimmungs- und Schwächezustände.

Psychedelika ↗ Halluzinogene biogenen Ursprungs.
Psychodysleptika ↗ Halluzinogene biogenen Ursprungs.
Psychotika ↗ Halluzinogene biogenen Ursprungs.
Psychotogene ↗ Halluzinogene biogenen Ursprungs.
Psychotomimetika ↗ Halluzinogene biogenen Ursprungs.
Psychotria acuminata ↗ Cephaelis-Arten.
Psychotria barcellana ↗ Cephaelis-Arten.
Psychotria emetica ↗ Cephaelis-Arten.
Psychotria humboldtiana ↗ Cephaelis-Arten.
Psychotria ipecacuanha ↗ Cephaelis-Arten.
Psychotria poeppigiana ↗ Cephaelis-Arten.
Psyllii semen ↗ Plantago-Arten.
Psyllium arenarium ↗ Plantago-Arten.
Psyllium erectum ↗ Plantago-Arten.
Psyllium parvoflorum ↗ Plantago-Arten.
Ptarmica moschata ↗ Achillea-Arten.
Ptarmica vulgaris ↗ Achillea-Arten.

■ **Ptelea trifoliata** L.

Lederstrauch (syn. Kleeulme).

Fam.: Rutaceae.

Vork.: Nordamerika.

Droge: Blätter, Rinde und Wurzeln. Inh.: Bitterstoffe, Chinolin-Alkaloide, wie Kokusaginin, Furocumarine und Flavonoide. Anw.: in der Volksheilkunde als Anthelmintikum, Tonikum und als Fiebermittel.

Hom.: ***Ptelea trifoliata*** HAB34; Hopfenbaum, die frische Wurzelrinde und Blätter nach der Fruchtreife. Anw.-Geb.: Erkrankungen des Magen-Darm-Traktes, der Leber, Galle und Bauchspeicheldrüse.

■ **Pteridium aquilinum** (L.) Kuhn

(syn. *Pteris aquilina*); Adlerfarn.

Fam.: Polypodiaceae.

Vork.: weltweit, v. a. in Mitteleuropa.

Droge: ***Rhizoma Pteridii aquilini***, Adlerfarnrhizom. Inh.: Stärke (bis zu 45 %), äther. Öl (ca. 0,18 %), Catechingerbstoffe (ca. 6 %), fettes Öl (ca. 1 %), Schleimstoffe (Aquilinan), Sesquiterpene, wie Pterosine (u. a. Hypacron) und Pteroside; wenig cyanogene Glykoside (Prunasin), Sa-

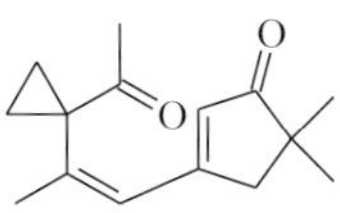

Hypacron

ponine. Anw.: in der portugiesischen Volksheilkunde gegen Bandwürmer, die Blätter in Japan gegen Rheuma. Die stärkehaltigen Wurzelstöcke werden auch als Viehfutter eingesetzt, allerdings treten dabei immer wieder Vergiftungen bei Wiederkäuern auf.

Histor.: Bis ins 20. Jh. war die Droge trotz ihrer Toxizität und Cancerogenität ein Hauptnahrungsmittel der Maoris auf Neuseeland.

Pteris aquilina ↗ Pteridium aquilinum.
Pterocarpi Lignum ↗ Pterocarpus-Arten.

■ Pterocarpus-Arten

● **Fam.:** Fabaceae.

● **Pterocarpus angolensis** DC. (syn. *Pterocarpus bussei, P. dekindtianus, P. dekinditanus* var. *latifolius*); Muninga-Baum.

Vork.: Süd- und Ostafrika.

Droge: ***Pterocarpus-angolensis-Holz*** (syn. Muninga-Holz), das Holz. Inh.: Muningin, Angolensin, Prunetin, Saponine, Harz, Gerbstoffe, Sesquiterpenderivate. Anw.: in der Volksheilkunde äußerlich bei Zahnfleischbluten, Hautkrankheiten und zur Wundbehandlung, innerlich bei Menorrhagie, Dysenterie, Kopfschmerzen, gegen Gonorrhoe und Eingeweidewürmer. Munga-Holz ist in der Technik ein hochwertiges Bau- und Furnierholz.

● **Pterocarpus indicus** Willd. (syn. *Lingoum indicum, Pterocarpus pallidus, P. pubescens, P. wallichii, P. zollingeri*).

Vork.: Südchina, Philippinen, Malaysia.

Droge: ***Pterocarpus-indicus-Rotsandelholz*** (syn. Flügelbaumholz, Indisches Rotsandelholz, Kajoeholz, Narrhaholz, Padaukholz, Padokholz), das Holz. Inh.: Angolensin, Eudesmol, Formononetin, Muningin, Isoliquiritigenin, Prunetin, Pterocarpol, Pterostilben. Anw.: in der Volksheilkunde bei Malaria und Dysenterie, als Diuretikum, Adstringens sowie bei Wassersucht und Steinleiden.

● **Pterocarpus marsupium** Roxb. (syn. *Lingoum marsupium, Pterocarpus bilobus*); Bastard-Teak.

Vork.: besonders Indien, Sri Lanka, Brasilien.

Drogen: ***1. Kino*** (syn. *Gummi Kino, Kino indicum, Kino malabaricum, Kino optimum, Resina Kino*); Kino (syn. Amboina-Kino, Cochin-Kino, Malabarkino, Ostindisches Kino, Pterocarpus-Kino), der an der Malabarküste aus Einschnitten in die Stammrinde ausgeflossene und erhärtete Saft. Inh.: Gerbstoffe (40–80 %, bes. Catechine). Anw.: als Adstringens für Mund- und Zahnwässer, technisch zum Gerben, volkstümlich früher bei Darmblutungen, Zahnschmerzen und Fieber. ***2. Pterocarpus-marsupium-Rotsandelholz***, das Holz. Inhaltsstoffe und Verwendung s. *Pterocarpus santalinus*.

Hom.: ***Kino*** HAB34, der eingetrocknete Saft.

● **Pterocarpus officinalis** Jacq. (syn. *Lingoum officinale, Pterocarpus draco, P. moutouchi, P. suberosus*).

Vork.: Mittelamerika, Westindische Inseln.

Droge: ***Sanguis draconis*** (syn. *Resina Draconis Americana*); *Pterocarpus-officinalis*-Harz (syn. Drachenblut von Cartagena, Westindisches Drachenblut), der durch Rindeneinschnitte gewonnene, erhärtete Saft. Inh.: Gerbstoffe (ca. 30 %). Anw.: s. Kino.

● **Pterocarpus santalinus** L. f. (syn. *Lingoum santalinum*); Roter Sandelbaum (syn. Sandelholzbaum).

Vork.: Südindien, Sri Lanka, Malakka, Philippinen, Sundainseln.

Droge: ***Santali rubri lignum*** (syn. *Lignum Pterocarpi, Lignum Santali rubrum, Lignum Santalinum rubrum, Pterocarpi Lignum*); Rotes Sandelholz (syn. Rotes Kaliaturholz, Rotsandelholz), das von der Rinde und dem weißlichen Splint befreite Kernholz des unteren Stammes. Inh.: rote Farbstoffe, u. a. Santaline A und B, Fla-

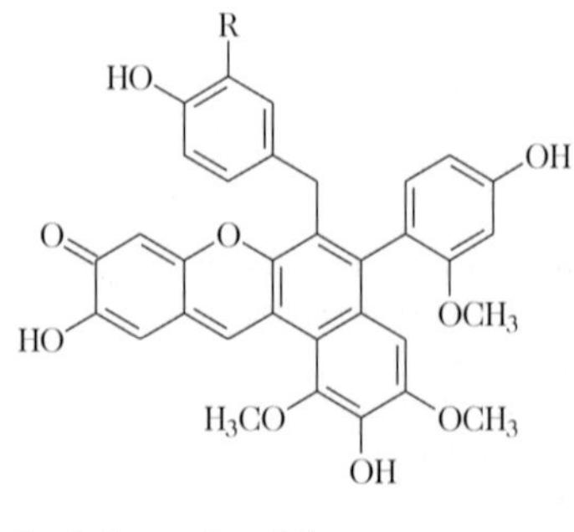

Santalin A: R = OH
Santalin B: R = OCH_3

vonoide, u. a. Liqiritigenin und Isoliquiritigenin, sowie Isoflavonoide, u. a. Santal, Pterocarpin und Homopterocarpin, ferner Triterpenoide, Stilben-Derivate, wenig äther. Öl mit Cedrol- und Eudesmanderivaten, sowie Cumaringlykoside. Anw.: früher für Mundwässer und Pflaster, als Schmuckdroge in Teemischungen sowie technisch als Färbemittel, in den Heimatgebieten volkstümlich bei Magen- und Galleleiden, zur Förderung der Nierentätigkeit sowie äußerlich als Wundheilmittel.

● **Histor.:** Gepulvertes Rotsandelholz wurde häufig als Fälschung für Safran (↗ *Crocus sativus*) verwendet und diente zur Färbung von Betelnüssen (↗ *Areca catechu*).

Pterocarpus-Kino ↗ Pterocarpus-Arten.
Pterocarpus-marsupium-Rotsandelholz ↗ Pterocarpus-Arten.
Pterocarpus-officinalis-Harz ↗ Pterocarpus-Arten.
Pterocladia-Arten ↗ Rhodophyta.
Pterophyllus salisburiensis ↗ Ginkgo biloba.
Ptychopetali lignum ↗ Ptychopetalum-Arten.

■ Ptychopetalum-Arten

● **Fam.:** Olacaceae.

● **Ptychopetalum olacoides** Benth.; Potenzbaum (syn. Muira-Puamabaum).

Vork.: Guyana und Amazonasgebiet Brasiliens.

Droge: *Muira puama lignum* (syn. *Lignum Muira-Puama, Ptychopetali lignum, Radix Muira puamae*); Potenzholz (syn. Muira puama); das Holz der Stämme und Wurzeln. Inh.: Estergemisch (0,4–0,5 %), besonders Behensäureester des Lupeols und in geringerer Menge des β-Sitosterols enthaltend, ferner Phytosterole, u. a. Campesterol und β-Sitosterol sowie äther. Öl. Anw.: volkstümlich bei Potenzstörungen sowie bei Verdauungsbeschwerden, Bestandteil einiger Kombinationspräparate, die als Sexualtonika sowie bei Erschöpfungszuständen Anwendung finden.

Hom.: *Ptychopetalum* HAB1; Potenzholz, die getrockneten, berindeten Stämme. Anw.-Geb.: Aphrodisiakum.

● **Ptychopetalum uncinatum** Anselmino.

Droge: *Muira puama lignum*. Inhaltsstoffe und Anwendung s. *Ptychopetalum olacoides*.

Ptychotis aiowan ↗ Trachyspermum ammi.
Ptychotis coptica ↗ Trachyspermum ammi.
Pubes Stizolobii ↗ Mucuna pruriens.
Puele-Rinde ↗ Alstonia-Arten.
Pueraria hirsuta ↗ Pueraria lobata.

■ Pueraria lobata (Willd.) Ohwi

(syn. *Pueraria hirsuta, P. thunbergiana*).

Fam.: Fabaceae (Leguminosae).

Vork.: China, Japan, Zentralasien, Krim, Kaukasus.

Droge: die Wurzeln; Koken. Inh.: Flavone, Isoflavone, wie Genistein, Daidzein; Anthrachinone. Anw.: In der traditionellen chinesischen Medizin wird die Droge als Spasmolytikum, Fiebermittel sowie zur Förderung der Blutgerinnung eingesetzt. In den Südstaaten der USA wird die Pflanze als Futterpflanze genutzt, die Wurzelknollen sind eßbar und enthalten Stärke (*Amylum Puerariae*).

■ Pueraria mirifica

Fam.: Fabaceae (Leguminosae).

Vork.: Thailand.

Droge: die ganze Pflanze. Inh.: u. a. Phytoestrogene, wie Mirestrol. Anw.: in der traditionellen asiatischen Heilkunde bei Tumoren.

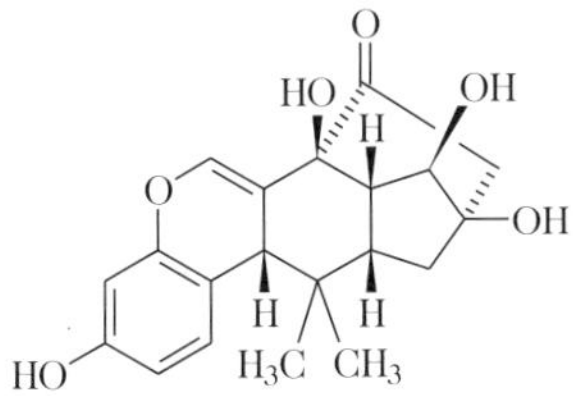

Mirestrol

Pueraria thunbergiana ↗ Pueraria lobata.

■ Pu-Erh-Tee

chinesische Teespezialität, auch als „Roter Tee" bezeichnet, wird von ↗ *Camellia sinensis* (Qingmao-Teepflanze) gewonnen. Durch ein spezielles Fermentationsverfahren wird ein dunkler, roter Tee mit speziellem Geschmack erzielt. Inh.: Coffein, Theobromin, Gerbstoffe. Das Inhaltsstoffspektrum entspricht weitestgehend dem des Schwarzen oder Grünen Tees. Anw.: als Tonikum, in der Volksheilkunde zur Entschlackung und zur Stärkung des Immunsystems. Der propagierte Einsatz bei Übergewichtigkeit („Fettkiller") ist wissenschaftlich nicht belegt.

Histor.: Seit nachweislich etwa 1700 Jahren ist der Pu-Erh-Tee in China bekannnt und wurde insbesondere in den Provinzen Yunnan, Tibes und Sichuan als Tonikum genutzt. Er stammt ursprünglich aus der chinesischen Provinz Yunnan und ist nach der dortigen Stadt Pu'Er benannt.

Puffbohne ↗ Vicia faba.
Puka-Puka ↗ Brachyglottis repanda.
Pulegii aetheroleum ↗ Mentha-Arten.
Pulegii herba ↗ Mentha-Arten.
Pulegium erectum ↗ Mentha-Arten.
Pulegium vulgare ↗ Mentha-Arten.
Pulmonariae herba ↗ Pulmonaria officinalis.
Pulmonaria maculosa ↗ Pulmonaria officinalis.

■ **Pulmonaria officinalis** L.
(syn. *Pulmonaria maculosa*); Echtes Lungenkraut (syn. Arzneilungenkraut, Blaue Schlüsselblume, Fuchslungenkraut, Hirschkohl, Hirschmangold, Unserer-lieben-Frauen-Milchkraut).

Fam.: Boraginaceae.

Vork.: Mittel- und Osteuropa.

Droge: ***Pulmonariae herba*** (syn. *Herba Pulmonariae*), Lungenkraut (syn. Arzneilungenkraut, Boxkraut, Fleckenkraut, Frauenmilchkraut, Luchslungenkraut), das getrocknete Kraut. *Inh.:* Schleimstoffe, meist aus Arabinogalactanen, Polygalacturonanen und Rhamnogalacturonanen bestehend, ferner Fructane, Flavonoide (0,3–0,5 %, meist *O*-Glykoside des Kämpferols und Quercetins), Gerbstoffe (ca. 4 % Catechine und 2 % Tannine), Mineralstoffe (13–15 %), u. a. etwa 2,5 % lösliche Kieselsäure, sowie ↗ Allantoin (1–2 %), Ascorbinsäure (3–4 %), geringe Mengen Saponin, Chlorogen- und Rosmarinsäure. *Anw.:* Bestandteil einiger Bronchialtees. Volkstümlich auch bei Erkrankungen des Magen-Darm-Traktes, der ableitenden Harnwege sowie äußerlich für Umschläge und zu Bädern bei entzündlichen Prozessen der Haut.

Pulmonaria officinalis.

Hom.: ***Pulmonaria officinalis*** HAB1; Lungenkraut, die frischen, oberirdischen Teile blühender Pflanzen. *Anw.-Geb.:* Erkrankungen der oberen und unteren Atemwege.

Histor.: Hildegard von Bingen nannte die Pflanze Lungwurtz. In den Kräuterbüchern des 16. und 17. Jh. wird die Droge bei Erkrankungen der Brust und der Lunge empfohlen. Der Gattungsname *Pulmonaria* leitet sich vom lateinischen *pulmo, -onis* (Lunge), bezogen auf die weißen Flecken auf den Blättern, die das Aussehen einer gefleckten Lunge besitzen und bei Erkrankungen der Lunge genutzt wurden. In den Schriften der Ärzte der Antike findet das Lungenkraut keine Erwähnung. ↗ Paracelsus berichtet über eine „*Pulmonaria*", womit jedoch auch die Lungenflechte *Sticta pulmonaria* gemeint sein könnte.

■ **Pulmo vulpis HAB**
die frischen Lungen von Rotfüchsen (*Vulpes vulpes*).

Pulpa Cassiae ↗ Cassia-Arten.
Pulpa Tamarindorum ↗ Tamarindus indica.
Pulpa Tamarindorum cruda ↗ Tamarindus indica.

■ **Pulsatilla-Arten**

● **Fam.:** Ranunculaceae.

● **Pulsatilla chinensis** (Bge.) Rgl. (syn. *Anemone chinensis*); Chinesische Anemone.

Vork.: Ferner Osten Rußlands, Ostsibirien, China, Mongolei.

Droge: ***Radix Anemonae*** (syn. *Radix Pulsatillae*); *Pulsatilla-chinensis*-Wurzel, die im Frühjahr oder Herbst gesammelten, getrockneten Wurzeln. *Inh.:* Triterpensaponine, Anemonin, Protoanemonin. *Anw.:* in der chinesischen Medizin bei Bakterien- und Amöbenruhr, Trichonomadenbefall, starkem Ausfluß mit Juckreiz; in der Volksheilkunde auch bei Appetitlosigkeit und Magenbeschwerden. In gleicher Weise werden auch die Wurzeln von *Pulsatilla dahurica* (Fisch.) Spreng., *P. koreana* Nakai, *P. nigricans* Stoerck und *P. turczaninowii* Kryl. et Serg. genutzt.

● **Pulsatilla patens** (L.) Mill. (syn. *Anemone patens, A. wolfgangiana, Pulsatilla latifolia*); Finger-Küchenschelle (syn. Heide-Küchenschelle).

Vork.: Ost- und Mitteleuropa, v. a. in Kiefernwäldern.

Hom.: ***Pulsatilla nuttalliana*** HAB34, die frischen, zur Blütezeit geernteten, oberirdischen Teile. Anw.-Geb.: v. a. Regelstörungen.

● **Pulsatilla pratensis** (L.) Mill. (syn. *Anemone intermedia, A. pratensis, Pulsatilla breynii, P. reflexa*). Wiesen-Küchenschelle (syn. Glockrose, Kleine Kuhschelle, Nickende Kuhschelle, Osterblume, Osterblumenkraut, Wiesenkuhschelle).

Vork.: Mittel- und Osteuropa.

Drogen: ***Pulsatilla-Frischpflanze*** und ***Pulsatillae herba***. Inhaltsstoffe und Anwendung s. *Pulsatilla vulgaris*.

Hom.: ***Pulsatilla pratensis*** HAB1; Kuhschellenkraut, die frischen, zur Blütezeit gesammelten, ganzen Pflanzen. Anw.-Geb.: als Konstitutionsmittel bei Hautkrankheiten, Krampfaderleiden, Erkältungskrankheiten, Verdauungsschwäche, Entzündungen der weiblichen Genitalorgane, rheumatische Beschwerden, nervöse Erkrankungen, Verstimmungszustände. Als homöopathische Dilution Bestandteil zahlreicher Fertigpräparate.

● **Pulsatilla vulgaris** Mill. (syn. *Anemone acutipetala, A. bogenhardiana, A. collina, A. janczewskii, A. praecox, A. pulsatilla, A. punica, Pulsatilla amoena, P. bogenhardiana, P. intermedia, P. pulsatilla, P. recta*); Kuhschelle (syn. Ackerschelle, Gemeine Küchenschelle), s. Farbtafel S. 297, Bild 102.

Vork.: Mittel- und Nordeuropa.

Drogen: ***1. Pulsatilla-Frischpflanze***; die frischen, oberirdischen Teile zur Zeit der Blüte. Inh.: Ranunculin-Derivate (ca. 2,8 %). Anw.: volkstümlich früher bei Spasmen im Genitalbereich, bei Neuralgien und Migräne. Infolge unerwünschter Reizwirkung im Verdauungstrakt sollte die Anwendung auf die Homöopathie (s. *P. pratensis*) beschränkt bleiben. ***2. Pulsatillae herba*** (syn. *Herba Pulsatillae*); Kuhschellenkraut, die getrockneten, gegen Ende der Blüte gesammelten oberirdischen Teile. Inh.: Abbauprodukte des Protoanemonins, Gerbstoffe, Saponine. Anw.: volkstümlich bei Erkrankungen der Genitalorgane, entzündlichen Hauterkrankungen, einschließlich der Schleimhäute, Neuralgien, Verdauungsstörungen, Augenerkrankungen.

Histor.: Der Gattungsname *Pulsatilla* kommt vom lateinischen *pulsare* (schlagen, läuten), wohl als Hinweis auf die Glockenform der Blüten. Die Pflanze soll bereits von den alten Kelten medizinisch verwandt worden sein und ↗ Hippokrates verordnete sie zur Verbesserung der Menstruation sowie zur Unterdrückung hysterischer Angstzustände.

Pulsatillae herba ↗ Pulsatilla-Arten.
Pulsatilla nemorosa ↗ Anemone nemorosa.
Pulverholz ↗ Rhamnus frangula.
Pulverholzrinde ↗ Rhamnus frangula.
Pulvis Lycopodii ↗ Lycopodium clavatum.
Pumsa ↗ Solanum-Arten.
Punica florida ↗ Punica granatum.

■ **Punica granatum** L.
(syn. *Granatum punicum, Punica florida, P. multiflora, P. nana, P. spinosa*); Granatapfelbaum (syn. Granatbaum), s. Farbtafel S. 298, Bild 103.

Fam.: Punicaceae.

Vork.: ursprünglich südwestliches Asien von Nordwestindien bis Kleinasien, kultiviert heutzutage in allen Gebieten mit warmem Klima.

Drogen: ***1. Granati cortex*** (syn. *Cortex granati, Cortex Punicae granati, Granatum*); Granatbaumrinde (syn. Granatapfelbaumrinde), die getrocknete Rinde der Wurzeln, der Stämme und Zweige. Inh.: Gerbstoffe (ca. 20 %), Alkaloide (ca. 0,4 %), besonders Isopelletierin, *N*-Methylisopelletierin und Pseudopelletierin, ferner Terpe-

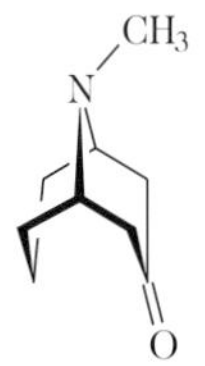

Pseudopelletierin

noide, u. a. β-Sitosterol, Friedelin und Betulinsäure. Anw.: früher als Bandwurmmittel. Infolge Nebenwirkungen, die sich durch Steigerung des Blutdruckes, Sehstörungen, Erbrechen und Kollaps äußern können, ist die Droge heute obsolet. ***2. Granati radicis cortex*** (syn. *Cortex granati radicis*); Granatwurzelrinde, die Wurzelrinde, vorzugsweise im frischen Zustand. Inh.: s. *Granati cortex*. Anw.: früher als Bandwurmmittel, mitunter auch gegen Spulwürmer. Die Wurzelrinde ist wirksamer als die Rinde der oberirdischen Organe. In der Volksheilkunde der Herkunftsländer kommt sie auch als Adstringens und bei

Dysenterie zum Einsatz. ***3. Pericarpium Granati*** (syn. *Cortex Granati fructuum*); Granatapfelschalen. Inh.: Gerbstoffe (bis 28 %), Schleimstoffe, Harz. Anw.: als Adstringens, u. a. bei Durchfall, sowie technisch in der Gerberei. Die Früchte von *P. granatum* werden zur Herstellung erfrischender Getränke genutzt. ***4. Flores Granati*** (syn. *Flores Balaustii, Flores Granati*); Granatblüten. Inh.: Gerbstoffe. Anw.: Adstringens.

Hom.: ***Punica granatum*** HAB1, die getrocknete Rinde der oberirdischen Achsen und der Wurzeln. Anw.-Geb.: Magen-Darm-Störungen.

Histor.: Der Gattungsname *Punica* wird vom lateinischen *puniceus* (punisch, purpurrot), Bezug nehmend auf die rote Farbe der Blüten und Früchte abgeleitet. Der Artname *granatum* vom lateinischen *granum* (Korn, Kern, Samen) wurde wegen der vielen in den Früchten enthaltenen Samenkörner geprägt.

Punica multiflora ↗ Punica granatum.
Punica nana ↗ Punica granatum.
Punica spinosa ↗ Punica granatum.
Pupureaglykoside ↗ Digitalis-Arten.
Purgierbärlapp ↗ Huperzia selago.
Purgierbaum ↗ Croton tiglium.
Purgierflachs ↗ Linum catharticum.
Purgierkassie ↗ Cassia-Arten.
Purgierkörner ↗ Croton tiglium, ↗ Euphorbia-Arten, ↗ Ricinus communis.
Purgierkraut ↗ Gratiola officinalis.
Purgier-Kreuzdorn ↗ Rhamnus catharticus.
Purgierlein ↗ Linum catharticum.
Purgiermoos ↗ Cetraria islandica, ↗ Huperzia selago.
Purgiernuß ↗ Jatropha curcas.
Purgiernußöl ↗ Jatropha curcas.
Purgierschwamm ↗ Fomes officinalis.
Purgierstrauch ↗ Jatropha curcas.
Purgierstrauchsamen ↗ Jatropha curcas.
Purgierwinde ↗ Convolvulus-Arten.
Purgierwindenwurzel ↗ Convolvulus-Arten.
Purgierwurzel ↗ Ipomoea purga.

■ **Purinalkaloide**

Gruppe von ↗ Alkaloiden, die sich vom Glycin ableiten und als Methylxanthine therapeutische Bedeutung besitzen. Die wichtigsten Vertreter sind ↗ Coffein, ↗ Theophyllin und ↗ Theobromin. Sie wurden bisher nur in höheren Pflanzen gefunden und sind die wirksamen Inhaltsstoffe des Kaffees, Tees, der Colasamen, Mateblätter, Kakaosamen und von Guarana.

Püringer Tee ↗ Sideritis-Arten.
Purpur ↗ Murex cornutus.
Purpurfarbene Kegelblume ↗ Echinacea-Arten.
Purpurfarbener Igelkopf ↗ Echinacea-Arten.
Purpurfarbener Sonnenhut ↗ Echinacea-Arten.
Purpurgranadilla ↗ Passiflora edulis.
Purpur-Knabenkraut ↗ Orchis-Arten.
Purpurschnecke ↗ Murex trunculus, ↗ Murex cornutus.
Purpursonnenhutkraut ↗ Echinacea-Arten.
Purpurweide ↗ Salix-Arten.
Pusteblume ↗ Taraxacum officinale.
Putranjiva amblyocarpa ↗ Putranjiva roxburghii.

■ **Putranjiva roxburghii** Wall.

(syn. *Drypetes roxburghii, Nageia putranjiva, Putranjiva amblyocarpa, P. spaerocarpa*).

Fam.: Euphorbiaceae.

Vork.: tropisches Indien, Nepal, Burma, Sri Lanka.

Drogen: ***1. Putranjiva-roxburghii-Blätter***, die frischen oder getrockneten Blätter. Inh.: Triterpene, Triterpensaponine, wie Putranoside A bis D; Biflavonoide, wie ↗ Amentoflavon; Flavonoide, Polyphenole, Senfölglucoside, äther. Öl. Anw.: in der Volksheilkunde bei Erkältungen und Rheuma; bei Hauterkrankungen sowie als Mittel zur Steigerung der Libido. ***2. Putranjiva-roxburghii-Samen***, die frischen oder getrockneten Samen voll ausgewachsener, aber noch grüner Früchte. Inh.: fettes Öl (ca. 25 %), Senfölglucoside, Triterpensaponine, Phytosterole, Proteine. Anw.: in der Volksheilkunde bei Erkältungen und Rheuma.

Histor.: Nach alter sanskritischer Überlieferung wurden die Samen seit dem Altertum zu einer Kette aufgereiht und Kindern um den Hals gelegt, um sie bei guter Gesundheit zu erhalten. Nach der ayurvedischen Medizin besitzt die Pflanze auch mythologische Bedeutung und soll dem Kranken „Heil" im körperlichen und geistigen Sinne bringen.

Putranjiva spaerocarpa ↗ Putranjiva roxburghii.

■ **Puya chilensis** Mol.

(syn. Puya coarctata).

Fam.: Bromeliaceae.

Vork.: Südamerika, bes. Chile.

Droge: ***Gummi Puyae***; Magueygummi (syn.

Chagualgummi), das Gummi, das durch mechanische Einwirkung von Insekten entsteht. Inh.: Bassorin. Anw.: als Hilfsstoff in der Galenik und im Textildruck.

Puya coarctata ↗ Puya chilensis.

■ **Pygeum africanum** Hook f.
Fam.: Rosaceae.
Vork.: tropisches Westafrika, Südostasien.
Droge: ***Cortex Pygei africani***; die Stammrinde. Inh.: Steroide, u. a. β-Sitosterol (frei und als Glykosid) und 3-β-Sitosteron, Oleanolsäure, Fettsäuren, Nonacosan, Hentriacontan. Anw.: zur Therapie bei Prostata-Hypertrophie.

Pyramidenpappel ↗ Populus-Arten.

■ **Pyranocumarine**
tricyclische Ringsysteme, wobei ein Pyranring an den Cumarin-Grundkörper anneliert ist. P. kommen vor allem in Apiaceen und Rutaceen vor. Wichtige Arzneistoffe sind u. a. ↗ Visnadin und Samidin aus ↗ *Ammi visnaga*.

Pyrethri flos ↗ Chrysanthemum-Arten.
Pyrethri germanici radix ↗ Anacyclus x officinarum.
Pyrethri radix ↗ Anacyclus pyrethrum.
Pyrethri romani radix ↗ Anacyclus pyrethrum.
Pyrethrum balsamita ↗ Chrysanthemum-Arten.
Pyrethrum carneum ↗ Chrysanthemum-Arten.
Pyrethrum cinerariifolium ↗ Chrysanthemum-Arten.
Pyrethrum coronipifolium ↗ Chrysanthemum-Arten.
Pyrethrum parthenium ↗ Chrysanthemum-Arten.
Pyrethrum roseum ↗ Chrysanthemum-Arten.
Pyrethrum tanacetum ↗ Chrysanthemum-Arten.
Pyrethrum turreyanum ↗ Chrysanthemum-Arten.
Pyrethrum vulgare ↗ Chrysanthemum-Arten.
Pyrethrum willemotii ↗ Chrysanthemum-Arten.
Pyrethrumwurzel ↗ Anacyclus x officinarum.

■ **Pyrogenium HAB**
der Extrakt aus autolysiertem Ochsenfleisch. Anw.-Geb.: bei entzündlichen und septischen Prozessen.

■ **Pyrogenium-Nosode HAB**
Zubereitung aus Pyrogenium. Anw.-Geb.: schwere, hochfieberhafte Infektionskrankheiten.

■ **Pyrola rotundifolia** L.
Großes Wintergrün (syn. Rundblättriges Wintergrün).
Fam.: Pyrolaceae.
Vork.: Europa bis Zentralasien.
Droge: die ganze Pflanze. Inh.: Gerbstoffe, Bitterstoffe, ↗ Arbutin (ca. 4,8 %), Hydrochinon. Anw.: in der Volksheilkunde als Diuretikum.
Hom.: ***Pyrola rotundifolia***, die ganze Pflanze. Anw.-Geb.: Erkrankungen der Harnorgane.

■ **Pyrola uniflora**
Einblütiges Wintergrün.
Fam.: Pyrolaceae.
Vork.: Europa, Nordamerika.
Droge: ***Herba Pyrolae uniflorae***, die ganze Pflanze. Inh.: ↗ Arbutin, Gerbstoffe, Urson. Anw.: in der Volksheilkunde als Diuretikum.
Hom.: ***Pyrola uniflora***, die ganze Pflanze.

Pyroleum Betulae ↗ Betula-Arten.
Pyroleum Juniperi ↗ Juniperus oxycedrus.
Pyroleum Oxycedri ↗ Juniperus oxycedrus.
Pyroleum Pini ↗ Pinus-Arten.

■ **Pyrrolizidinalkaloide**
Alkaloide, die als Abkömmlinge des Arginins bzw. Ornithins anzusehen sind und einen Pyrrolizidingrundkörper besitzen. Sie wurden bisher in mehr als 300 Pflanzenarten nachgewiesen, wobei die Asteraceae und Boraginaceae die meisten Vertreter aufweisen. Sie sind fast immer Ester-Alkaloide mit 1-Hydroxymethylpyrrolizidin-Grundstruktur (Necine). Nach oraler Aufnahme werden sie schnell resorbiert und in der Leber zu hochaktiven Alkylantien mit Pyrrolidino-pyrrol-Grundstruktur umgewandelt, die mit Proteinen und Nucleinsäuren reagieren können. Daher werden die P. als hepatotoxisch, mutagen, carcinogen und teratogen eingeschätzt. Die beiden größten Gruppen sind die makrocyclischen P. vom Senecionin-Typ und Ester vom Lycopsamin-Typ. Zu den in Drogen vorkommenden, relevanten P. zählen die Necine, wie Retronecin, Senecionin, Senkirkin und Tussilagin. Bei Arzneimitteln zur externen Anwendung auf der unverletzten Haut darf die tägliche Exposition bei maximaler Dosierung 100 μg P. nicht übersteigen, bei internem Gebrauch 1 μg. Die Drogen sollten nicht länger als 6 Wochen eingenommen werden, in der Schwangerschaft und Stillzeit ist ihr

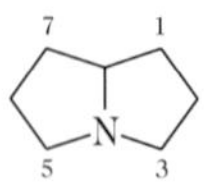

Pyrrolizidin

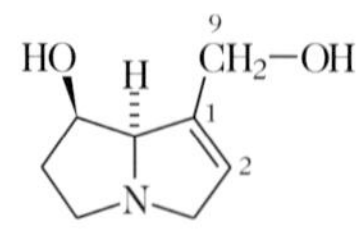

Retronecin
(ein Necin)

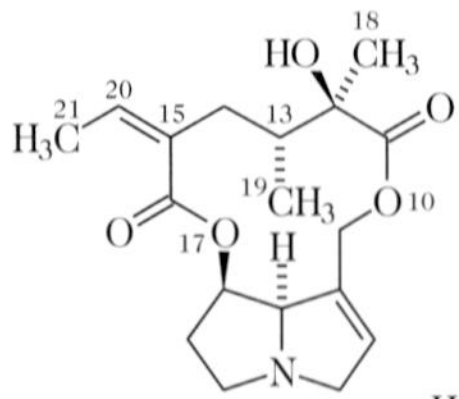

Senecionin-Typ

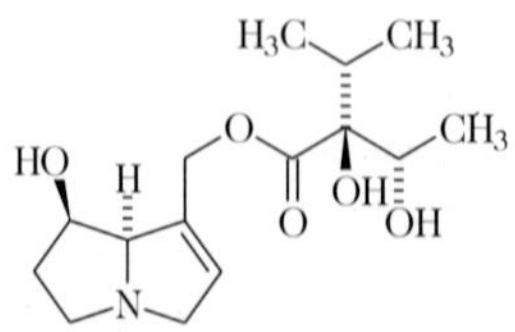

Lycopsamin-Typ

Gebrauch nicht angezeigt. P. sind u. a. in folgenden Drogen enthalten: Greiskraut (↗ *Senecio*-Arten), Pestwurz (↗ *Petasites hybridus*), Beinwell (↗ *Symphytum officinale*), Borretsch (↗ *Borago officinalis*) und Hundszunge (↗ *Cynoglossum officinale*). Wegen des Gehaltes an P. wird der Gebrauch von Huflattich (↗ *Tussilago farfara*) gegenwärtig nicht empfohlen.

Pyrus aucuparia ↗ Sorbus aucuparia.

■ **Pyrus communis** L.
(syn. *Pyrus domestica*); Birnbaum.

Fam.: Rosaceae.

Vork.: gemäßigte und subtropische Zonen, ausschließlich kultiviert in etwa 150 Kultursorten.

Droge: ***Birnenblätter***, die getrockneten Blätter. *Inh.:* ↗ Arbutin, Pyrosid, Depside, Chlorogensäure, Kaffeesäure. *Anw.:* Harndesinfiziens. Die Frucht (Birne) enthält, neben Schleimstoffen und Fruchtsäuren, geringe Mengen ↗ Arbutin, jedoch im Gegensatz zu Äpfeln kein Phlorizin. Die Frucht wird als Obst genutzt und besitzt zugleich diuretische Eigenschaften.

Pyrus cydonia ↗ Cydonia oblonga.
Pyrus domestica ↗ Pyrus communis.
Pyrus malus ↗ Malus domestica.

Q

Qinghaosu ↗ Artemisia annua.
Quarkblume ↗ Anemone nemorosa.
Quassia alatifolia ↗ Quassia amara.

■ **Quassia amara** L.
(syn. *Quassia alatifolia, Q. cocea, Q. gujanensis*); Quassia (syn. Quassiaholzbaum).

Fam.: Simaroubaceae.

Vork.: Nordbrasilien, Venezuela, Mexiko, Westindien.

Droge: ***Quassiae lignum*** (syn. *Lignum Quassiae*); Bitterholz (syn. Fliegenholz, Jamaika-Bitterholz, Surinam-Quassiaholz). Unter der gleichen Bezeichnung wird auch die Droge von ↗ *Picrasma excelsa* geführt. *Inh.:* ↗ Quassinoide (0,15 %), wie Quassin und Neoquassin (↗ Quassinoide); β-Carboline, Cathin-6-on-Alkaloide. *Anw.:* Bittermittel (↗ *Picrasma excelsa*).

Hom.: ***Quassia amara*** HAB1; Bitterholz, das getrocknete Holz der Stämme und Äste. *Anw.-Geb.:* Erkrankungen der Leber, Galle und Bauchspeicheldrüse.

Histor.: Der Gattungsname *Quassia* wurde von Linné nach einem Sklaven mit dem Namen Quassi benannt. Dieser soll das Holz zum ersten Male gegen Fieber verwendet haben; *amara* (lat.) bedeutet bitter. Die Eingeborenen Brasiliens verwenden seit langer Zeit sowohl die Rinde als auch das bitter schmeckende Holz als Stomachikum. Nachdem die Pflanze durch eine Schrift Linnés allgemein bekannt wurde, fanden Rinde, Wurzel und Holz 1788 zunächst Aufnahme in die Londoner Pharmakopöe, der später weitere europäische Arzneibücher folgten.

Quassia cedron ↗ Simaba cedron.
Quassia cocea ↗ Quassia amara.
Quassiae lignum ↗ Picrasma excelsa, ↗ Quassia amara.

Quassia excelsa ↗ Picrasma excelsa.
Quassia gujanensis ↗ Quassia amara.
Quassiaholzbaum ↗ Quassia amara.
Quassia polygama ↗ Picrasma excelsa.
Quassia simarouba ↗ Simarouba amara.

■ Quassinoide

die Bitterstoffe des Bitterholzes (↗ *Quassia amara* und ↗ *Picrasma excelsa*). Die Q. sind Decanortriterpenbitterstoffe mit Picrasan-16-on als Grundkörper.

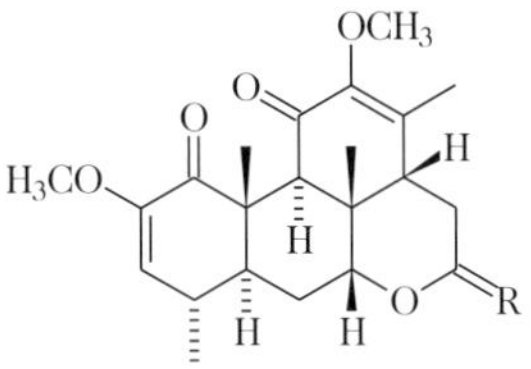

Quassin R = =O
Neoquassin R = –H + –OH

Quebracho ↗ Aspidosperma quebracho-blanco.
Quebracho cortex ↗ Aspidosperma quebracho-blanco.
Quebrachoholzbaum ↗ Schinopsis quebracho-colorado.
Quebrachorinde ↗ Aspidosperma quebracho-blanco.
Queckenwurzelstock ↗ Agropyron repens.
Queensland-Nüsse ↗ Macadamia ternifolia.
Queensland Nuts ↗ Macadamia ternifolia.
Quellehrenpreis ↗ Veronica beccabunga.
Quellender Tee ↗ Species gelosae.
Quellenkraut ↗ Cochlearia officinalis.
Queller ↗ Salicornia europaea.
Quendel ↗ Thymus-Arten.
Quendelöl ↗ Thymus-Arten.
Quercetin ↗ Flavonoide.
Quercitrin ↗ Flavonoide.

■ Quercus-Arten

● **Fam.:** Fagaceae.

● **Quercus cerris** L. (syn. *Quercus crinita, Q, echinata*); Zerreiche.

Vork.: Südeuropa.

Droge: ***Quercus folium***; Zerreichenblätter, die getrockneten Laubblätter. *Inh.:* Gerbstoffe, wie Pedunculagin und, Tellimagrandin III; Flavonoide, wie Astragalin, Tilirosid, Quercetinglykoside; Saponine, ↗ Ascorbinsäure. *Anw.:* in der Volksheilkunde zu Umschlägen bei Geschwüren.

● **Quercus infectoria** G. Olivier (syn. *Quercus lusitanica, Q. thirkeana, Q. alpestris*); Gallapfel-Eiche (syn. Galleiche).

Vork.: östliches Mittelmeergebiet, Kleinasien, Iran.

Droge: ***Gallae*** (syn. *Galla, Gallae asiaticae, Gallae halepensis, Gallae levanticae, Gallae turcicae*); Aleppogallen (syn. Gallen, Eichengallen, Galläpfel, Gallnüsse), die durch die Eiablage der Gallwespe *Andricus gallae-tinctoriae* (syn. *Cynips tinctoria*) in den Laubknospen gebildeten Gallen. *Inh.:* Gerbstoffe (60–70 %) aus Tanninen, einem Komplex aus hexa-hepta-galloylierten Glucosen bestehend. *Anw.:* volkstümlich in Form der Tinktur äußerlich bei Zahnfleischentzündungen und Frostbeulen. Technisch zur Gewinnung von Tannin (Acidum tannicum, Gerbsäure), das arzneilich als Adstringens und Antiseptikum sowie technisch in der Getränke-, Färberei- und Gerbindustrie sowie zur Tintenherstellung genutzt wird.

Hom.: ***Gallae turcicae*** HAB1, die durch den Stich der Färbergallwespe auf den jungen Trieben hervorgerufenen Gallen.

● **Quercus petraea** (Mattuschka) Liebl. (syn. *Quercus intercedens, Q. sessiliflora, Q. sessilis*); Steineiche (syn. Traubeneiche, Wintereiche).

Droge: s. *Quercus robur*.

● **Quercus pubescens** Willd. (syn. *Quercus lanuginosa*), Flaumeiche.

Droge: s. *Quercus robur*.

● **Quercus robur** L. (syn. *Quercus femina, Q. fructipendula, Q. germanica, Q. malacophylla, Q. pedunculata*); Stieleiche (syn. Sommereiche).

Drogen: *1.* ***Quercus cortex*** (syn. *Cortex Quercus*); Eichenrinde (syn. Spiegelrinde), die getrocknete Rinde der jungen Zweige und Stockausschläge von *Quercus petraea* und *Quercus robur*, s. Farbtafel S. 298, Bild 104. *Inh.:* Gerbstoffe vom Catechin-Typ (8 bis 20 %, abhängig vom Alter und Erntezeitpunkt), aufgebaut aus oligomeren Proanthocyanidinen mit (+)-Catechin, (–)-Epicatechin und (+)-Gallocatechin als dominierenden Grundbausteinen. Weitere Bestandteile sind Ellagitannine und komplexe Tannine sowie Quercitol, Triterpene und β-Sitosterol. *Anw.:* äußerlich bei entzündlichen Hauterkrankungen, Schleimhautentzündungen im Mund und Rachenbereich, Entzündungen im

Anal- und Genitalbereich sowie in Form von Bädern bei nässenden Dermatosen, innerlich gelegentlich bei unspezifischen, akuten Durchfallerkrankungen. Geg.: äußerlich bei großflächigen Hautschäden sowie als Sitzbäder bei fieberhaften und infektiösen Erkrankungen, Herzinsuffizienz (Stadium III und IV) oder Hypertonie (Stadium IV). Prinzipiell sollte die Anwendung bei Durchfall ohne ärztliche Behandlung nicht länger als 3 bis 4 Tage und die übrigen Anwendungsgebiete nicht länger als 2 bis 3 Wochen betragen. Dos.: Zur ↗ Teezubereitung verwendet man als Einzeldosis ½ Teelöffel (ca. 1,5 g) feingeschnittene oder grob gepulverte Droge. Als Tagesdosis werden 3 g Droge empfohlen. Für Spülungen verwendet man 20 g Droge/1 l Wasser und als Badezusatz 5 g Droge/1 l Wasser. ***2. Quercus cortex ad usum veterinarium*** (syn. *Cortex Quercus ad usum veterinarium*); Eichenrinde für tierarzneiliche Zwecke, die getrocknete Rinde von Ästen und Stämmen. Inhaltsstoffe s. *Quercus cortex*. *Anw.:* in der Veterinärmedizin innerlich bei Durchfällen, Drüsenfieber und Wurmkoliken. ***3. Quercus folium*** (syn. *Folia Quercus*); Eichenblätter, die getrockneten Blätter. *Inh.:* Gerbstoffe (6–11 %), Polyphenole (ca. 7 %), Flavonoide, Triterpene, Cyclitole. *Anw.:* in der Volksheilkunde innerlich bei Blutungen, Bluthusten sowie Durchfällen, Harninkontinenz und Scheidenausfluß. Äußerlich wird die Droge bei eitrigen Bindehautentzündungen, bei Scheidenausfluß und Gebärmutterentzündungen eingesetzt. ***4. Quercus semen*** (*Glandes Quercus excorticatae, Semen Quercus*); Eicheln, die von der Samenschale befreiten Samenkerne. *Inh.:* Gerbstoffe (7 %), ferner u. a. Quercitol und Mesoinositol. *Anw.:* volkstümlich bei Magen- und Darmbeschwerden. ***5. Quercus semen tostum*** (syn. *Cotyledones Quercus empyreumaticae, Glandes Quercus, Glandes Quercus tostae, Semen Quercus tostum*); Eichelkaffee (syn. Geröstete Eicheln), die von der Samenschale befreiten, gerösteten Samenkerne. *Inh.:* s. *Quercus semen*. *Anw.:* volkstümlich bei Durchfall von Kindern sowie als Antidot bei Vergiftungen.

Hom.: ***1. Quercus, äthanol. Decoctum*** HAB1, die getrocknete Rinde junger Zweige und Stockausschläge von *Qercus robus* und *Quercus petraea*. *Anw.-Geb.:* in der anthroposophischen Therapierichtung. ***2. Quercus e cortice*** HAB34, die frische Rinde junger Zweige von *Quercus petraea* und *Q. robur*. ***3. Quercus e glandibus*** HAB34, die getrockneten Früchte mit der Schale.

● **Quercus suber** L. (syn. *Quercus bivoniana, Q. suberosa, Suber sardoa, S. variabilis*); Korkeiche; s. Farbtafel S. 298, Bild 105.

Vork.: westliches Mittelmeergebiet.

Droge: ***Cortex Suberis*** (syn. *Cortex Quercus suber, Lignum Suberinum, Suber, Suber Quercinum*); Flaschenkork (syn. Eichenkork, Kork). *Inh.:* ↗ Suberin (ca. 43 %), Korkwachs, Cellulose, Gerbstoffe, Lignin, Phlobaphene. *Verw.:* männlicher Kork (Jungfernkork, im 15. bis 20. Wachstumsjahr gebildet), technisch für Schwimmgürtel, Linoleum und Isolierungen; weiblicher Kork, gebildet nach weiteren 10 bis 12 Jahren, für Medizinkorken und Korksohlen.

● **Histor.:** *Quercus* ist der Name der Eiche bei den Römern. Die deutsche Bezeichnung Eiche, mittelhochdeutsch eich, ist gemeingermanisch. Eichen standen bei allen Völkern, im Altertum besonders bei den Persern und Israeliten, in hohem Ansehen. ↗ Dioskurides verordnete Eichenrinde, die er wie folgt charakterisierte: „Die ganze Eiche hat adstringierende und austrocknende Kraft; am meisten adstringiert aber von ihr die hautartige Substanz zwischen Rinde und Stamm. Die Abkochung wird denen gegeben, die am Magen, an Dysenterie und Blutspeien leiden.".

Quercus cortex ↗ Quercus-Arten.
Quercus cortex ad usum veterinarium ↗ Quercus-Arten.
Quercus folium ↗ Quercus-Arten.
Quillaiae cortex ↗ Quillaia saponaria.

■ **Quillaia saponaria** Molina
(syn. *Quillaja molinae*), Seifenrindenbaum.

Fam.: Rosaceae.

Vork.: Chile, Peru, Bolivien.

Droge: ***Quillaiae cortex*** (syn. *Cortex Quillajae, Cortex Quillaiae Panama, Quillaia, Quillajae cortex*); Seifenrinde (syn. Panamaholz, Panamarinde, Panamaspäne, Quillajarinde, Quillaiarinde, Waschrinde, Waschholz), die getrocknete, von Kork und äußeren Schichten befreite Rinde des Stammes und der Äste. *Inh.:* bisdesmosidische Triterpensaponine (8–10 %, u. a. QS-17, QS-18 und QS-21) mit Gypsogensäure und Quillajasäure als Genine und ↗ D-Apiose, Arabinose, Fucose, Galactose, Rhamnose, Xylose und Glucuronsäure als Kohlenhydratbausteinen. Außerdem Gerbstoffe und größere Mengen Calciumoxalat (ca. 10 %). Anw.: früher als Expektorans, zur Herstellung von Kopfwässern, als Schaummittel für kosmetische Präparate und Getränke sowie als Waschmittel. Neuerdings die Einzelsaponine, u. a. QS-21, als Adjuvantien für Vakzine sowie zur Herstellung sog. immunstimulierender Komplexe (ISCOMs).

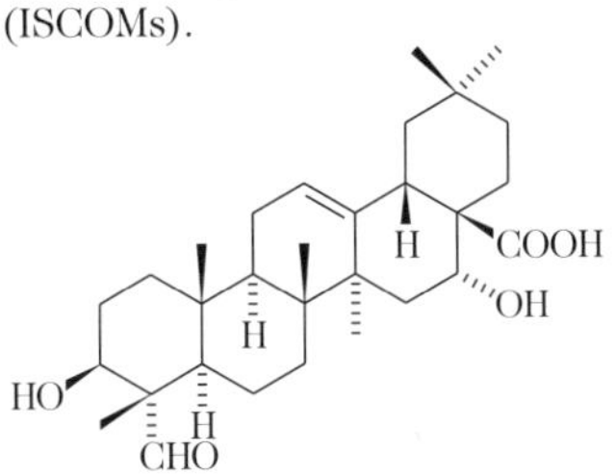

Quillajasäure

Hom.: *Quillaya* HAB34, die getrocknete Rinde.
Histor.: Die Rinde wird in Südamerika seit langer Zeit volksheilkundlich genutzt, ihre arzneiliche Verwendung wurde 1850 durch le Boeuf zur Herstellung von Emulsionen empfohlen. Seit dieser Zeit kam sie über Panama nach Europa, wo die Droge unter der Bezeichnung „Panamarinde" bekannt wurde. Der Gattungsname *Quillaia* ist chilenischer Herkunft. Der Baum wird dort als *Quillai* bezeichnet, abgeleitet von *quillean*, das in der Sprache der Eingeborenen die Bedeutung von waschen hat. Der Artname *saponaria*, abgeleitet vom lateinischen *sapo, saponis* (Seife) weist ebenfalls auf die Verwendung als Waschmittel hin. Die Bedeutung der Droge war einst auch in Europa beachtlich. So führte allein Deutschland vor etwa 100 Jahren jährlich rund 16 000 Ballen Seifenrinde aus Chile und Peru nach Europa ein.

Quillajae molinae ↗ Quillaia saponaria.
Quillajarinde ↗ Quillaia saponaria.
Quillajasäure ↗ Saponine.
Quitte ↗ Cydonia oblonga.

R

Rade ↗ Agrostemma githago.
Radendistel ↗ Eryngium-Arten.
Radi ↗ Raphanus sativus.
Radicula nasturtium ↗ Nasturtium officinale.
Radix Acanthophylli ↗ Acanthophyllum glandulosum.
Radix Actaeae racemosae ↗ Cimicifuga racemosa.
Radix Agropyri ↗ Agropyron repens.
Radix Alismae ↗ Alisma plantago-aquatica.
Radix Alizari ↗ Rubia tinctorum.
Radix Alkannae spuriae ↗ Alkanna tinctoria.
Radix Alkannae syriacae ↗ Macrotomia cephalotes.
Radix Althaeae ↗ Althaea officinalis.
Radix Anchusae ↗ Alkanna tinctoria, ↗ Anchusa officinalis.
Radix Anchusae tinctoriae ↗ Alkanna tinctoria.
Radix Anemonae ↗ Pulsatilla-Arten.
Radix Angelicae ↗ Angelica archangelica.
Radix Angelica sativae ↗ Angelica archangelica.
Radix Anonymos ↗ Gelsemium sempervirens.
Radix Apii graveolentis ↗ Apium graveolens.
Radix Apocyni ↗ Apocynum cannabinum.
Radix Apodantherae ↗ Apodanthera smilacifolia.
Radix Apri ↗ Carlina acaulis.
Radix Arctii ↗ Arctium-Arten.
Radix Arenariae ↗ Carex arenaria.
Radix Arestae ↗ Ononis spinosa.
Radix Argyreiae ↗ Argyreia nervosa.
Radix Ari ↗ Arum maculatum.
Radix Aristolochiae cavae ↗ Corydalis-Arten.
Radix Aristolochiae rotundae ↗ Aristolochia-Arten.
Radix Armoraciae ↗ Armoracia rusticana.
Radix Armoraciae recens ↗ Armoracia rusticana.
Radix Arnicae ↗ Arnica-Arten.
Radix Asari ↗ Asarum europaeum.
Radix Asari canadensis ↗ Asarum canadense.
Radix Asparagi ↗ Asparagus officinalis.
Radix Asphodeli albi ↗ Asphodelus albus.
Radix Astrantiae ↗ Peucedanum ostruthium.
Radix Baptisiae tinctoriae ↗ Baptisia tinctoria.
Radix Barbasco ↗ Lonchocarpus nicou.
Radix Bardanae ↗ Arctium-Arten.

Radix Belamcandae chinensis ↗ Belamcanda chinensis.
Radix Belladonnae ↗ Atropa belladonna.
Radix Berberidis ↗ Berberis vulgaris.
Radix Berberis aquifolii ↗ Mahonia aquifolium.
Radix Bismalvae ↗ Althaea officinalis.
Radix Brunfelsia ↗ Brunfelsia uniflora.
Radix Brusci ↗ Anthericum ramosum.
Radix Bryoniae ↗ Bryonia-Arten.
Radix Buglossi ↗ Anchusa officinalis.
Radix Buglossi agrestis ↗ Echium vulgare.
Radix Bupleuri ↗ Bupleurum-Arten.
Radix Caincae ↗ Chiococca alba.
Radix Calamagrostis ↗ Calamagrostis lanceolata.
Radix Callae palustris ↗ Calla palustris.
Radix Calumbae ↗ Jateorhiza palmata.
Radix Cannae ↗ Canna-Arten.
Radix Cardopatiae ↗ Carlina acaulis.
Radix Caricis ↗ Carex arenaria.
Radix Caricis arenariae ↗ Carex arenaria.
Radix Carlinae ↗ Carlina acaulis.
Radix Carlinae gummiferae ↗ Atractylis gummifera.
Radix Caryophyllatae aquaticae ↗ Geum-Arten.
Radix Caryophyllati ↗ Geum-Arten.
Radix Castaliae ↗ Nymphaea odorata.
Radix Caulophylli ↗ Caulophyllum thalictroides.
Radix Centranthi ↗ Centranthus ruber.
Radix Chamaeleontis albae ↗ Carlina acaulis.
Radix Chelidonii ↗ Chelidonium majus.
Radix Chinae ponderosae ↗ Smilax-Arten.
Radix Christophorianae americanae ↗ Cimicifuga racemosa.
Radix Cichorii ↗ Cichorium intybus.
Radix Cicutae virosae ↗ Cicuta virosa.
Radix Cimicifugae racemosae ↗ Cimicifuga racemosa.
Radix Collinsoniae ↗ Collinsonia canadensis.
Radix Collinsoniae canadensis ↗ Collinsonia canadensis.
Radix Colombo ↗ Jateorhiza palmata.
Radix Colombo americana ↗ Frasera carolinensis.
Radix Colombo falsa ↗ Frasera carolinensis.
Radix Colombo spuria ↗ Frasera carolinensis.
Radix Colubrina viperina ↗ Aristolochia-Arten.
Radix Consolidae ↗ Symphytum officinale.
Radix Contrayverae virginiae ↗ Aristolochia-Arten.
Radix Convallariae ↗ Convallaria majalis.
Radix Coptidis trifoliae ↗ Coptis trifolia.
Radix Costus ↗ Saussurea costus.
Radix Cynagrostis ↗ Agropyron repens.
Radix Cynoglossi ↗ Cynoglossum officinale.
Radix Cynynchi atrati ↗ Vincetoxicum atratum.
Radix Cyperi esculenti ↗ Cyperus esculentus.
Radix Cypripedii ↗ Cypripedium calceolus var. pubescens.
Radix Dauci ↗ Daucus carota.
Radix Dentariae ↗ Anacyclus x officinarum.
Radix Derridis ↗ Derris-Arten.
Radix Dictamni albi ↗ Dictamnus albus.
Radix Dipsaci sativi ↗ Dipsacus sativus.
Radix Doronicae ↗ Althaea officinalis.
Radix Doronici germanici ↗ Arnica-Arten.
Radix Dracunculi palustris ↗ Calla palustris.
Radix Ebuli ↗ Sambucus ebulus.
Radix Ecballii elaterii ↗ Ecballium elaterium.
Radix Echii ↗ Echium vulgare.
Radix Echinaceae angustifoliae ↗ Echinacea-Arten.
Radix Echinaceae pallidae ↗ Echinacea-Arten.
Radix Echinaceae purpureae ↗ Echinacea-Arten.
Radix Elephantopi ↗ Elephantopus scaber.
Radix Eleutherococci ↗ Eleutherococcus senticosus.
Radix Enulae ↗ Inula helenium.
Radix Ephedrae ↗ Ephedra-Arten.
Radix Eryngii ↗ Eryngium-Arten.
Radix Eryngii maritimi ↗ Eryngium-Arten.
Radix Eryngii plani ↗ Eryngium-Arten.
Radix Eupatorii cannabini ↗ Eupatorium-Arten.
Radix Filicis dulcis ↗ Polypodium vulgare.
Radix Filicis maris ↗ Dryopteris filix-mas.
Radix Foeniculi porcini ↗ Peucedanum officinale.
Radix Foeniculi ursini ↗ Meum athamanticum.
Radix Fragariae ↗ Fragaria vesca.
Radix Fraserae ↗ Frasera carolinensis.
Radix Fraxinellae ↗ Dictamnus albus.
Radix Gei urbani ↗ Geum-Arten.
Radix Gelsemii sempervirentis ↗ Gelsemium sempervirens.
Radix Genistae scopariae ↗ Cytisus scoparius.
Radix Gentianae ↗ Gentiana-Arten.
Radix Gentianae albae ↗ Laserpitium latifolium.
Radix Geranii maculati ↗ Geranium maculatum.
Radix Ginseng ↗ Panax ginseng.
Radix Glycyrrhizae ↗ Glycyrrhiza glabra.
Radix Graminis albi ↗ Agropyron repens.
Radix Graminis majoris ↗ Carex arenaria.
Radix Graminis repentis ↗ Agropyron repens.
Radix Graminis rubrae ↗ Carex arenaria.
Radix Harpagophyti ↗ Harpagophytum procumbens.

Radix Helenii ↗ Inula helenium.
Radix Helianthi tuberosi ↗ Helianthus tuberosus.
Radix Hellebori albi ↗ Veratrum album.
Radix Hellebori nigri ↗ Helleborus-Arten.
Radix Hellebori viridis ↗ Helleborus-Arten.
Radix Heraclei ↗ Heracleum sphondylium.
Radix Heraclei sphondylii ↗ Heracleum sphondylium.
Radix Hibisci ↗ Althaea officinalis.
Radix Hippocratis ↗ Helleborus-Arten.
Radix Hyoscyami ↗ Hyoscyamus niger.
Radix Hypoxidis ↗ Hypoxis rooperi.
Radix Imperatoriae ↗ Peucedanum ostruthium.
Radix Intybi ↗ Cichorium intybus.
Radix Inulae ↗ Inula helenium.
Radix Ipecacuanhae ↗ Cephaelis-Arten.
Radix Ipecacuanha glycyphloae ↗ Cephaelis-Arten.
Radix Ipecacuanha nigra striata ↗ Cephaelis-Arten.
Radix Iridis ↗ Iris germanica.
Radix Jalapae ↗ Ipomoea purga.
Radix Jalapae brasiliensis ↗ Merremia macrocarpa.
Radix Jalapae levis ↗ Ipomoea orizabensis.
Radix Jawarancusae ↗ Vetiveriae zizanioides.
Radix Kava-Kava ↗ Piper methysticum.
Radix Lanariae ↗ Gypsophila paniculata.
Radix Lapathi acuti ↗ Rumex crispus.
Radix Lappae ↗ Arctium-Arten.
Radix Laserpitii germanici ↗ Levisticum officinale.
Radix Lentis leonis ↗ Taraxacum officinale.
Radix Leptandrae virginicae ↗ Veronica virginica.
Radix Levistici ↗ Levisticum officinale.
Radix Ligustici ↗ Levisticum officinale.
Radix Linderae ↗ Lindera strychnifolia.
Radix Liquiritiae ↗ Glycyrrhiza glabra.
Radix Lithospermi ↗ Lithospermum erythrorhizon.
Radix Lopezianae ↗ Toddalia asiatica.
Radix Mahoniae aquifolii ↗ Mahonia aquifolium.
Radix Manaceae ↗ Brunfelsia uniflora.
Radix Mandragorae ↗ Mandragora officinarum.
Radix Mechoacannae ↗ Phytolacca americana.
Radix Mei ↗ Meum athamanticum.
Radix Mei athamantici ↗ Meum athamanticum.
Radix Melampodii ↗ Helleborus-Arten.
Radix Menyanthidis ↗ Menyanthes trifoliata.
Radix Moringae ↗ Moringa-Arten.
Radix Morsus diaboli ↗ Succisa pratensis.
Radix Muira-Puama ↗ Dulacia inopiflora.
Radix Muira puamae ↗ Ptychopetalum-Arten.
Radix Nardi rusticae ↗ Asarum europaeum.
Radix Nardostachyos ↗ Nardostachys jatamansii.
Radix Nerii odori ↗ Nerium odorum.
Radix Nuphari lutei ↗ Nuphar lutea.
Radix Nymphaeae albae ↗ Nymphaea alba.
Radix Nymphaeae odoratae ↗ Nymphaea odorata.
Radix Oenanthe ↗ Oenanthe crocata.
Radix Ononidis ↗ Ononis spinosa.
Radix Oreoselini ↗ Peucedanum oreoselinum.
Radix Orizabae ↗ Ipomoea orizabensis.
Radix Ostruthii ↗ Peucedanum ostruthium.
Radix Paeoniae ↗ Paeonia officinalis.
Radix Paeoniae lactiflorae ↗ Paeonia lactiflora.
Radix Paeoniae lactiflorae alba ↗ Paeonia lactiflora.
Radix Pareirae ↗ Cissampelos pareira.
Radix Pareirae bravae ↗ Chondodendron tomentosum.
Radix Pastinacae ↗ Pastinaca sativa.
Radix Pereziae ↗ Perezia oxylepis.
Radix Petasites ↗ Petasites hybridus.
Radix Petasitidis ↗ Petasites hybridus.
Radix Petivierae ↗ Petiviera tetrandra.
Radix Petroselini ↗ Petroselinum crispum.
Radix Peucedani ↗ Peucedanum ostruthium.
Radix Peucedani officinale ↗ Peucedanum officinale.
Radix Phytolaccae ↗ Phytolacca americana.
Radix Phytolaccae decandrae ↗ Phytolacca americana.
Radix Pimpinellae ↗ Pimpinella-Arten.
Radix Pimpinellae albae ↗ Heracleum sphondylium, ↗ Pimpinella-Arten.
Radix Pimpinellae franconiae ↗ Heracleum sphondylium.
Radix Pimpinellae italicae ↗ Sanguisorba officinalis.
Radix Pimpinellae spuriae ↗ Heracleum sphondylium.
Radix Platycodi ↗ Platycodon grandiflorum.
Radix Podophylli emodi ↗ Podophyllum-Arten.
Radix Podophylli peltati ↗ Podophyllum-Arten.
Radix Polygalae amarae ↗ Polygala-Arten.
Radix Polygala senegae ↗ Polygala-Arten.
Radix Polygonati ↗ Polygonatum odoratum.
Radix Polygoni bistortae ↗ Polygonum bistorta.
Radix Polypodii ↗ Polypodium vulgare.
Radix Primulae ↗ Primula-Arten.
Radix Pulsatillae ↗ Pulsatilla-Arten.
Radix Pyrethri ↗ Anacyclus pyrethrum.
Radix Pyrethri germanici ↗ Anacyclus x officinarum.

Radix Pyrethri germanici sive communis ↗ Anacyclus x officinarum.
Radix Pyrethri romani ↗ Anacyclus pyrethrum.
Radix Raphani ↗ Raphanus sativus.
Radix Ratanhiae ↗ Krameria triandra.
Radix Rauwolfiae ↗ Rauvolfia serpentina.
Radix Rauwolfiae canescentis ↗ Rauvolfia tetraphylla.
Radix Rauwolfiae tetraphyllae ↗ Rauvolfia tetraphylla.
Radix Rehmanniae ↗ Rehmannia glutinosa.
Radix Rhabarbari ↗ Rheum-Arten.
Radix Rhabarbi nigri ↗ Ipomoea purga.
Radix Rhapontici ↗ Rheum-Arten.
Radix Rhei ↗ Rheum-Arten.
Radix Rhei austriaci ↗ Rheum-Arten.
Radix Rhei chinensis ↗ Rheum-Arten.
Radix Rhei pontici ↗ Rheum-Arten.
Radix Rhei rhapontici ↗ Rheum-Arten.
Radix Rhei sinensis ↗ Rheum-Arten.
Radix Rosae benedictae ↗ Paeonia officinalis.
Radix Rubiae tinctorum ↗ Rubia tinctorum.
Radix Rusci ↗ Ruscus aculeatus.
Radix Salep ↗ Orchis-Arten.
Radix Salviae miltiorhiza ↗ Salvia-Arten.
Radix Sambuci ↗ Sambucus nigra.
Radix Sambuci ebuli ↗ Sambucus ebulus.
Radix Sanamundae ↗ Geum-Arten.
Radix Sanguinariae ↗ Geranium sanguineum.
Radix Sanguisorbae majoris ↗ Sanguisorba officinalis.
Radix Sanguisorbae pratensis ↗ Sanguisorba minor.
Radix Saniculae ↗ Sanicula europaea.
Radix Saponariae ↗ Saponaria officinalis.
Radix Saponariae alba ↗ Gypsophila paniculata.
Radix Saponariae rubrae ↗ Saponaria officinalis.
Radix Sarothamni scoparii ↗ Cytisus scoparius.
Radix Sarraceniae purpureae ↗ Sarracenia purpurea.
Radix Sarsae ↗ Smilax-Arten.
Radix Sarsaparillae ↗ Smilax-Arten.
Radix Sarsaparillae germanicae ↗ Carex arenaria.
Radix Sarsaparillae honduras ↗ Smilax-Arten.
Radix Saussureae ↗ Saussurea costus.
Radix Scabiosae ↗ Succisa pratensis.
Radix Scammoniae ↗ Convolvulus-Arten.
Radix Scammoniae asiaticae ↗ Convolvulus-Arten.
Radix Scammoniae mexicana ↗ Ipomoea orizabensis.
Radix Scopoliae ↗ Scopolia carniolica.
Radix Scopoliae carniolicae ↗ Scopolia carniolica.
Radix Scorzonerae ↗ Scorzonera hispanica.
Radix Scrophulariae ↗ Scrophularia nodosa.
Radix Senegae ↗ Polygala-Arten.
Radix Serpentariae majoris ↗ Dracunculus vulgaris.
Radix Serpentariae racemosae ↗ Cimicifuga racemosa.
Radix Sibirici ↗ Rheum-Arten.
Radix Sigilli Salomonis ↗ Polygonatum odoratum.
Radix Smilacis ↗ Smilax-Arten.
Radix Solani racemosi ↗ Phytolacca americana.
Radix Spartii scoparii ↗ Cytisus scoparius.
Radix Spigeliae ↗ Spigelia-Arten.
Radix Stillingiae ↗ Stillingia silvatica.
Radix Succisae ↗ Succisa pratensis.
Radix Succisae pratensis ↗ Succisa pratensis.
Radix Symphyti ↗ Symphytum officinale.
Radix Syriaca ↗ Angelica archangelica.
Radix Taraxaci ↗ Taraxacum officinale.
Radix Taraxaci cum herba ↗ Taraxacum officinale.
Radix Thalictrii ↗ Thalictrum macrocarpum.
Radix Tormentillae ↗ Potentilla erecta.
Radix Trichosanthidis ↗ Trichosanthes kirilowii.
Radix Trifolii fibrini ↗ Menyanthes trifoliata.
Radix Trilli erecti ↗ Trillium erectum.
Radix Trillii erecti ↗ Trillium erectum.
Radix Triostei ↗ Triosteum perfoliatum.
Radix Tritici repentis ↗ Agropyron repens.
Radix Turpethi ↗ Operculina turpethum.
Radix Uncariae tomentosae ↗ Uncaria tomentosa.
Radix Uragogae ipecacuanhae ↗ Cephaelis-Arten.
Radix Urticae ↗ Urtica-Arten.
Radix Uzarae ↗ Xysmalobium undulatum.
Radix Valerianae ↗ Valeriana officinalis.
Radix Valerianae japonicae ↗ Valeriana fauriei.
Radix Veratri albi ↗ Veratrum album.
Radix Vetiveriae ↗ Vetiveria zizanioides.
Radix Victorialis rotundae ↗ Gladiolus communis.
Radix Vincae roseae ↗ Catharanthus roseus.
Radix Vincetoxici ↗ Vincetoxicum hirundinaria.
Radix Violae ↗ Viola-Arten.
Radix Violae odoratae ↗ Viola-Arten.
Radix Viperinae virginiae ↗ Aristolochia-Arten.
Radix Xanthorhizae ↗ Xanthorhiza simplicissima.
Radix Zingiberis ↗ Zingiber officinale.
Rahmapfel ↗ Annona-Arten.
Rainblumen ↗ Helichrysum arenarium.
Rainfarn ↗ Chrysanthemum-Arten.

Rainfarnkraut ↗ Chrysanthemum-Arten.
Raingerte ↗ Chrysanthemum-Arten.
Rainweide ↗ Ligustrum vulgare.
Rainweidenblätter ↗ Ligustrum vulgare.

■ **Raja clavata** L.
Rochen (syn. Nagelrochen).
Fam.: Rajidae.
Vork.: Küsten Nordeuropas bis Murmansk, Mittelmeer, Schwarzes Meer.
Droge: ***Rochenleberöl***, das fette Öl aus der frischen Leber. Inh.: Triglyceride, Vitamine A und D. Anw.: zur Gewinnung von Vitaminkonzentraten für die Diätetik, für technische Zwecke als Schmiermittel.

Raktapita ↗ Ventilago madraspatana.
Rama ↗ Hibiscus sabdariffa.

■ **Ramaria formosa** (Fr.) Quél.
Dreifarbige Koralle (syn. Schöne Koralle).
Fam.: Gomphaceae.
Vork.: auf dem Erdboden von Laubwäldern in Mitteleuropa.
Inh.: Pistillarin, ein Bitterstoff; Wirkstoffe mit Antitumor-Aktivität (Formel s. unten). Dieser Korallenpilz ist schwach giftig.

Ramenton ↗ Drosera-Arten.
Ramiefasern ↗ Boehmeria nivea.

■ **Ramona stachioides** L.
Fam.: Lamiaceae (Labiatae).
Vork.: Südkalifornien.
Droge: ***Herba Ramonae***, die ganze Pflanze. Inh.: äther. Öl mit viel Campher. Anw.: zur Gewinnung von ↗ Campher.

Rampelblätter ↗ Hedera helix.
Ramsell ↗ Allium-Arten.
Ramtillaöl ↗ Guizotia abyssinica.
Ramuli arboris vitae ↗ Thuja occidentalis.
Ramuli Sabinae ↗ Juniperus sabina.
Ramulus Uncariae cum Uncis ↗ Uncaria rhynchophylla.

Rana bufo ↗ Bufo bufo.

■ **Randia braudis** L.
Fam.: Rubiaceae.
Vork.: Indien.
Droge: ***Fructus Randiae***; Chelafrüchte (syn. Jelafrüchte), die reifen Früchte. Inh.: Saponine. Anw.: in Indien als Fischgift und zum Waschen.

Rankender Sumach ↗ Rhus-Arten.
Rankenefeu ↗ Hedera helix.

■ **Ranunculin**
biogenetische Vorstufe zur Bildung von Protoanemonin und Anemonin, lactonische Verbindungen in Ranunculaceae.

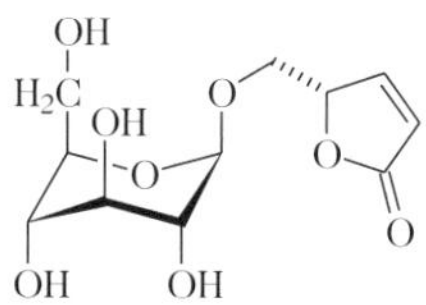

Ranunculin

■ **Ranunculus-Arten**
● **Fam.:** Ranunculaceae.
● **Ranunculus acris** L. (syn. *Ranunculus acer*); Scharfer Hahnenfuß; s. Farbtafel S. 298, Bild 106.
Vork.: Europa, Asien, Nordamerika, Nordafrika.
Droge: das Kraut. Inh.: Protoanemonin, Anemonin, Isoanemonsäure; Saponine; Vitamin C, Aminosäuren, Gerbstoffe. Anw.: früher in der Volksheilkunde als Wurmmittel, als blasenziehende Droge, gegen chronische Hautleiden, Rheuma und Gicht.

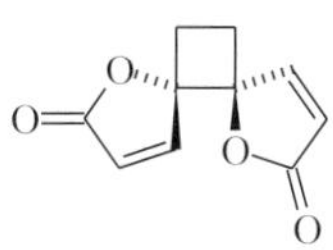

(±)-Anemonin

Hom.: ***Ranunculus acris*** (syn. *Ranunculus acer*) HAB34; die frischen, oberirdischen Pflan-

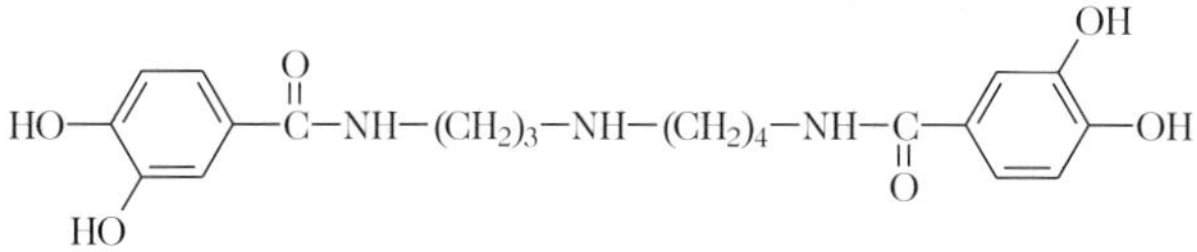

Pistillarin

zenteile. *Anw.-Geb.:* Rheumatismus, Hautausschläge, Neuralgien.

● **Ranunculus bulbosus** L.; Knollenhahnenfuß (syn. Knolliger Hahnenfuß).

Vork.: Europa, Nordamerika.

Droge: das frische Kraut. *Inh.:* v. a. Protoanemonin und Anemonin. *Anw.:* als blasenziehendes Mittel bei Rheuma, Gicht, Neuralgien, Grippe und Hauterkrankungen.

Hom.: ***1. Ranunculus bulbosus*** HAB1; Knolliger Hahnenfuß, die ganze, frische, blühende Pflanze. *Anw.-Geb.:* Erkrankungen des peripheren Nervensystems, des Auges, der unteren Atemwege, der Haut und ihren Anhangsgebilden sowie des Stütz- und Bewegungsapparates. ***2. Ranunculus bulbosus ex herba*** HAB; die frischen, oberirdischen Pflanzenteile. *Anw.-Geb.:* Viruserkrankungen der Haut und Hornhaut der Augen, Brustfellerkrankungen, Rheumatismus, Nervenschmerzen.

● **Ranunculus ficaria** L. (syn. *Ficaria verna*); Scharbockskraut (syn. Feigwurz), s. Farbtafel S. 298, Bild 107.

Vork.: Europa, Asien.

Droge: das Kraut. *Inh.:* wenig Protoanemonin und Anemonin, Saponine, Vitamin C. *Anw.:* in der Volksheilkunde bei chronischen Hautleiden und zu Blutreinigungskuren.

Hom.: ***Ranunculus Ficaria*** HAB34, das frische Kraut. *Anw.-Geb.:* Hämorrhoiden.

● **Ranunculus sceleratus** L.; Gifthahnenfuß.

Vork.: Europa, Afrika, Ostasien.

Droge: das frische Kraut. *Inh.:* Protoanemonin, Anemonin, Ranunculin, Cholin, Steroide, Pyrogallol, Tannine, Flavonoide.

Hom.: ***Ranunculus sceleratus*** HAB34; die frischen, oberirdischen Pflanzenteile. *Anw.-Geb.:* Bläschenausschlag, Leberstörungen, Rheuma.

Histor.: Der Gattungsname *Ranunculus* ist die Verkleinerungsform vom lateinischen *rana* (Frosch) und ist darauf zurückzuführen, daß mehrere Arten an sumpfigen Stellen oder im Wasser, d. h. in der Nähe der Frösche vorkommen. Der Artname *sceleratus* (lat., unheilvoll) weist auf die Giftigkeit der Pflanze hin. Der dt. Name Hahnenfuß wurde wegen der Ähnlichkeit der Blattform einiger Arten mit den Klauen eines Hahnes geprägt.

Rapae oleum ↗ Brassica-Arten.
Rapa napus ↗ Brassica-Arten.
Raphani radix ↗ Raphanus sativus.
Raphani sativi radix ↗ Raphanus sativus.
Raphanis magna ↗ Armoracia rusticana.
Raphanus albus ↗ Sinapis alba.
Raphanus brassica officinalis ↗ Brassica-Arten.
Raphanus eruca ↗ Eruca sativa.
Raphanus junceus ↗ Brassica-Arten.
Raphanus napus ↗ Brassica-Arten.
Raphanus officinalis ↗ Raphanus sativus.

■ **Raphanus sativus** L.
(syn. *Raphanus officinalis*); Garten-Rettich.

Fam.: Brassicaceae (Cruciferae).

Vork.: weltweit in den gemäßigten Zonen kultiviert.

Droge: ***Raphani sativi radix*** (syn. *Radix Raphani, Raphani radix*); Rettichwurzel (syn. Echter Rettich, Gartenrettich, Radi, Rettich, Schwarzrettichwurzel, Winterrettich), die frische Wurzel. *Inh.:* Glucosinolate, u. a. Glucoraphanin sowie deren Spaltprodukte (Senföle), u. a. Sulforaphen (Raphanin) sowie Allylisothiocyanat, ferner ↗ As-

$S{=}C{=}N{-}(CH_2)_2{-}CH{=}CH{-}SO{-}CH_3$

Raphanin

$S{=}C{=}N{-}CH_2{-}CH{=}CH_2$

Allylsenföl

corbinsäure und Methylamin (bis 42 mg/kg). *Anw.:* dyspeptische Beschwerden, bes. bei Gallenleiden, sowie bei Katarrhen der oberen Luftwege und bei krampfartigem Husten, meist als Rettichsaft.

Hom.: ***Raphanus sativus*** HAB1; Schwarzer Rettich, die frischen, unterirdischen Teile. *Anw.-Geb.:* Erkrankungen des Magen-Darm-Traktes sowie bei fettiger Haut.

Raphanus sinapis-officinalis ↗ Brassica-Arten.
Raps ↗ Brassica-Arten.
Rapsöl ↗ Brassica-Arten.
Rapuntium inflatum ↗ Lobelia inflata.
Rapuntium siphiliticum ↗ Lobelia siphilitica.
Rapunzelsalat ↗ Portulaca oleracea.
Rasenwurz ↗ Hyoscyamus niger.
Rasewurz ↗ Atropa belladonna.
Ratanhiae radix ↗ Krameria triandra.
Ratanhiawurzel ↗ Krameria triandra.
Rattenmoschus ↗ Ondatra zibetica.
Rattenzwiebel ↗ Urginea maritima.

Raubasin ↗ Rauvolfia serpentina.
Rauchkraut ↗ Fumaria officinalis.
Rauchopium ↗ Papaver somniferum.
Rauchsalbei ↗ Salvia-Arten.
Rauhbirke ↗ Betula-Arten.
Rauhes Bruchkraut ↗ Herniaria hirsuta.
Rauhes Kampferkraut ↗ Camphorosma glabrum.
Rauhhaariger Sonnenhut ↗ Rudbeckia hirta.
Raukenkraut ↗ Eruca sativa, ↗ Sisymbrium officinale.
Rauschbeere ↗ Empetrum nigrum, ↗ Vaccinium-Arten.

■ Rauschdrogen

Gruppe von psychisch wirksamen Drogen aus Pflanzen, Pilzen oder Tieren, die das Bewußtsein verändern. Sie induzieren einen rauschartigen Zustand mit Wahnvorstellungen bzw. Halluzinationen (↗ Halluzinogene biogenen Ursprungs), oft werden Unlustzustände beseitigt und Euphorie erzeugt (↗ Sucht und Suchtdrogen biogenen Ursprungs). R. können zu Abhängigkeit und Sucht führen und besitzen ein breites Spektrum an Nebenwirkungen (z. B. Infektionen, Psychosen, Vitamin- und Eiweißmangel). Herstellung, Handel und Anwendungen von R. werden staatlich kontrolliert (Betäubungsmittelgesetz) bzw. sind gänzlich verboten. Quelle für R. sind u. a. die folgenden Pflanzen: ↗ *Areca catechu*, ↗ *Cannabis sativa*, ↗ *Catha edulis*, ↗ *Erythroxylum coca*, ↗ *Heimia salicifolia*, ↗ *Ipomoea violacea*, ↗ *Lophophora williamsii*, ↗ *Mesembryanthemum*-Arten, ↗ *Papaver somniferum*, ↗ *Piper methysticum*, ↗ *Psilocybe*-Arten und ↗ *Turbina corymbosa*.

■ Rauschgifte

Gruppe von psychisch wirksamen Pharmaka, Naturstoffen und Drogen, die das Bewußtsein verändern (↗ Rauschdrogen, ↗ Halluzinogene biogenen Ursprungs, ↗ Sucht und Suchtdrogen biogenen Ursprungs).

Rauschgiftkaktus ↗ Trichocereus pachanoi.
Rauschhanf ↗ Cannabis sativa.
Rauschpfeffer ↗ Piper methysticum.
Rautenblätter ↗ Ruta graveolens.
Rautenkraut ↗ Ruta graveolens.
Rautenöl ↗ Ruta graveolens.
Rauvolfia canescens ↗ Rauvolfia tetraphylla.
Rauvolfia heterophylla ↗ Rauvolfia tetraphylla.
Rauvolfia hirsuta ↗ Rauvolfia tetraphylla.
Rauvolfia molissima ↗ Rauvolfia tetraphylla.
Rauvolfia obversa ↗ Rauvolfia serpentina.
Rauvolfia odontophora ↗ Rauvolfia tetraphylla.

■ Rauvolfia serpentina (L.) Benth. ex Kurz

(syn. *Ophioxylon obversum*, *O. salutiferum*, *O. serpentinum*, *Rauwolfia obversa*, *R. trifoliata*); Schlangenholz.

Fam.: Apocynaceae.

Vork.: Südostasien, Kulturen vor allem in Indien und Malaysia.

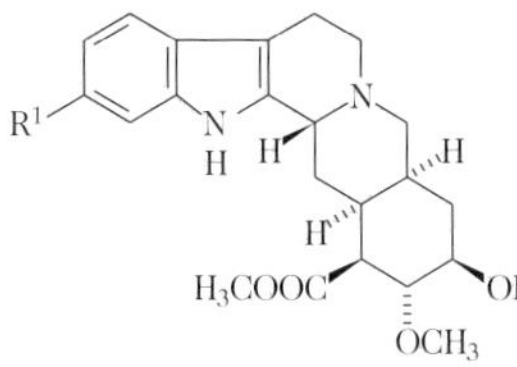

	R1	R2
Reserpin	OCH_3	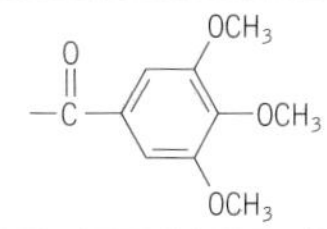
Deserpidin	H	(wie Reserpin)
Rescinnamin	OCH_3	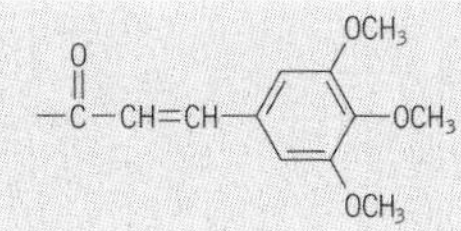

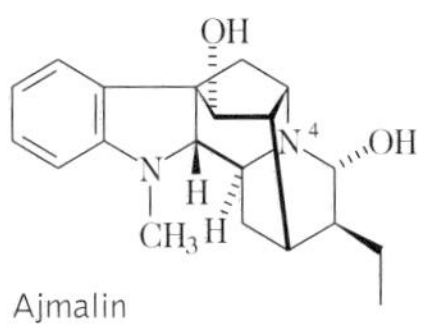

Ajmalin

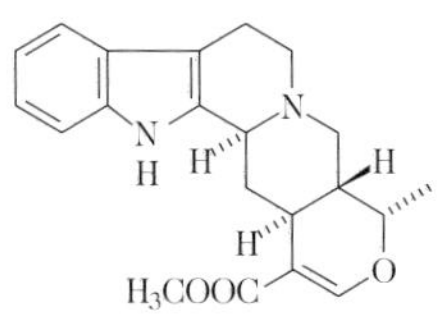

Raubasin

Droge: ***Rauwolfiae radix*** (*Radix Rauwolfiae*); Indische Schlangenwurzel (syn. Rauwolfiawurzel), die getrockneten Wurzeln; s. Farbtafel S. 298, Bild 108. *Inh.:* Komplex von monoterpenoiden Indolalkaloiden (1–2 %), u. a. Reserpin (0,15 %),

Rescinnamin und Deserpidin sowie Ajmalin, Raubasin (syn. Ajmalicin), Yohimbin und Serpentin. Wirk.: Die Droge stellt ein starkes Sympathikolytikum dar und wirkt blutdrucksenkend und sedierend. Reserpin gilt als einer der dafür wesentlichen Wirkstoffe. Dagegen besitzt Ajmalin antiarrhythmische Eigenschaften. Anw.: bei leichter essentieller Hypertonie, vor allem bei erhöhtem Sympathikotonus, verbunden mit psychomotorischer Unruhe sowie Angst- und Spannungszuständen. TD: 0,6 g Droge, entsprechend 6 mg Gesamtalkaloiden. Es werden fast ausschließlich die Reinalkaloide in Form von Arzneifertigpräparaten verwendet. Zur Gewinnung der Alkaloide werden mitunter auch die Wurzeln von *Rauvolfia vomitoria* Afzel genutzt.

Hom.: ***Rauwolfia serpentina*** HAB1; Indische Schlangenwurzel, die getrockneten Wurzeln. Anw.-Geb.: Erkrankungen des Zentralnervensystems (Verstimmungszustände), des Herzens und des arteriellen Gefäßsystems (Bluthochdruck).

Histor.: In der indischen Volksheilkunde diente die Droge seit Jahrhunderten als Mittel gegen Schlangenbisse, Insektenstiche, Fieber, Durchfall und später auch gegen Epilepsie und Bluthochdruck. Den Gattungsnamen Rauvolfia gab der französische Botaniker Plumier im Jahre 1703 anläßlich einer neu entdeckten Apocynaceengattung zu Ehren des Augsburger Arztes und Botanikers Leonhard ↗ Rauwolf. Die heutige Schreibweise *Rauvolfia* entspricht der Erstveröffentlichung.

Rauvolfia subpubescens ↗ Rauvolfia tetraphylla.

■ Rauvolfia tetraphylla L.

(syn. *Rauvolfia canescens, R. heterophylla, R. hirsuta, R. molissima, R. odontophora, R. subpubescens, R. tomentosa*).

Fam.: Apocynaceae.

Vork.: Indien, Australien, Kuba.

Droge: ***Radix Rauwolfiae canescentis*** (syn. *Radix Rauwolfiae tetraphyllae, Rauwolfiae canescentis radix, Rauwolfiae tetraphyllae radix*); *Rauwolfia-tetraphylla*-Wurzel (syn. *Rauwolfia-canescens*-Wurzel), die getrockneten Wurzeln. Inh.: u. a. α-Yohimbin (ca. 0,1 %), Alstonin, Ajmalicin, Ajmalin, Aricin, Corynanthin, Deserpidin, Raunescin, Reserpidin, Reserpin und Serpin. Anw.: in der Volksheilkunde zum Gurgeln bei Halsschmerzen, bei Entzündungen im Rachenraum; innerlich bei Darmerkrankungen, gegen Syphilis und chronische Hauterkrankungen.

Rauvolfia tomentosa ↗ Rauvolfia tetraphylla.
Rauvolfia trifoliata ↗ Rauvolfia serpentina.

■ Rauvolfia vomitoria Afzelius.

Fam.: Apocynaceae.

Vork.: tropisches Afrika, bes. Senegal, Tansania, Sudan, Angola.

Droge: Wurzeln, Rinde und Blätter. Inh.: Indolalkaloide, u. a. Ajmalin, Ajmalicin, Serpentinin,

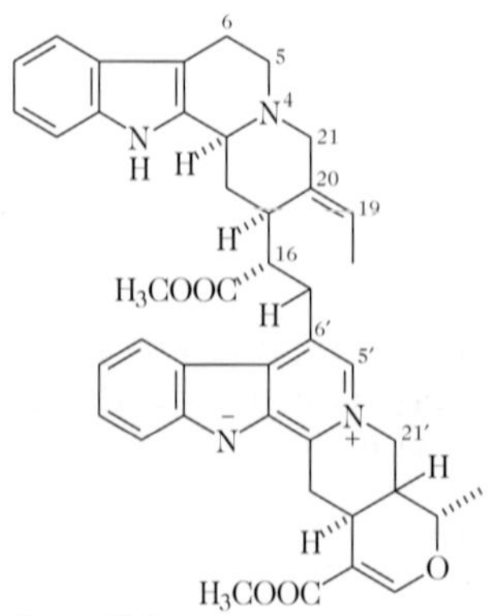

Serpentinin

Aricin und Rauvoxin; in den Blättern Picrinin, Reserpilin, Flavonoide, Steroide. Anw.: in der Volksheilkunde der Verbreitungsgebiete bei Dysenterie, Windpocken, Fieber, Lepra und weiteren Infektionskrankheiten als Infus oder Waschung. Die Droge ist Bestandteil von Pfeilgiften in Afrika.

■ Rauwolf, Leonhard

Augsburger Arzt und Botaniker. Rauwolf hatte in der Mitte des 16. Jh. Vorderasien bereist und als Ergebnis seiner Reise ein Kräuterbuch verfaßt. Nach ihm wurde die Gattung Rauvolfia benannt (↗ *Rauvolfia serpentina*), obwohl er die Pflanze selbst nicht beschrieben hat.

Rauwolfiae canescentis radix ↗ Rauvolfia tetraphylla.
Rauwolfiae radix ↗ Rauvolfia serpentina.
Rauwolfiae tetraphyllae radix ↗ Rauvolfia tetraphylla.
Rauwolfiawurzel ↗ Rauvolfia serpentina.

■ **Ravensara aromatica** Gmel.
(syn. *Evodia ravensara*).
Fam.: Lauraceae.
Vork.: Madagaskar.
Drogen: *1. Nuces Caryophyllatae*; Ravensaranüsse (syn. Madagassische Muskatnüsse, Nelkennüsse), die reifen Samen. *Inh.:* äther. Öl, fettes Öl. *Anw.:* Gewürz, Ersatz für echte Muskatnüsse (↗ *Myristica fragrans*). *2. Ravensarablätter*, die Laubblätter. *Inh.:* äther. Öl mit Estragol; Alkaloide. *Anw.:* in der Volksheilkunde gegen Fieber sowie zur Wundbehandlung.

Ravensaranüsse ↗ Ravensara aromatica.

■ **Reaumuria hirtella** L.
Fam.: Tamaricaceae.
Vork.: ägyptisch-arabische Wüstengebiete.
Droge: die ganze Pflanze. *Inh.:* Kochsalz. *Anw.:* zur Kochsalzgewinnung, da die Pflanzen viel Natriumchlorid aufnehmen und teilweise wieder über die Blätter ausscheiden. Diese Art der Kochsalzgewinnung spielt in meerfernen Gebieten eine wichtige Rolle.

Red Bush Tea ↗ Aspalathus linearis.
Regenblume ↗ Calendula officinalis.
Rehkörner ↗ Trigonella foenum-graecum.
Rehmanniae radix ↗ Rehmannia glutinosa.

■ **Rehmannia glutinosa** (Gaertn.) Libosch.
(syn. *Digitalis glutinosa, Rehmannia sinensis*), Dihuang.
Fam.: Scrophulariaceae.
Vork.: China.
Droge: *Rehmannia-glutinosa-Wurzel* (syn. *Rehmanniae radix, Radix Rehmanniae*); Rehmanniawurzel, die frische oder getrocknete Wurzelknolle. *Inh.:* Iridoide mit Catalpol als Hauptkomponente, ferner u. a. ↗ Aucubin, Ajugol, Melittosid und Rehmannioside A, B, C und D, z. T. auch acyliert. Ferner polyphenolische Esterglykoside, u. a. Verbascosid, Kohlenhydrate und Phytosterole, u. a. Campesterol und β-Sitosterol. *Anw.:* in der traditionellen chinesischen und japanischen Heilkunde in der Rekonvaleszenz, bei allgemeiner Schwäche, verminderter Harnausscheidung sowie als Antipyretikum und Hämostyptikum.

Rehmannia sinensis ↗ Rehmannia glutinosa.

Reifweide ↗ Salix-Arten.
Reiherschnabel ↗ Erodium cicutarium.
Reiherschnabelkraut ↗ Erodium cicutarium.
Reis ↗ Oryza sativa.
Reißbeeren ↗ Berberis vulgaris.
Reisstärke ↗ Oryza sativa.
Rektifiziertes Kajeputöl ↗ Melaleuca-Arten.

■ **Ren HAB**
die Nieren von Schlachttieren.

■ **Repellentien**
(von lat. *repellere*, zurücktreiben, abweisen) abgeleitete Bezeichnung für Mittel, die abwehrend oder vertreibend auf andere Lebewesen, insbesondere Schädlinge oder Lästlinge wirken. Viele der natürlichen und auch synthetisch hergestellten R. bewirken durch einen unangenehmen Geruch und Geschmack, daß Tiere sich z. B. von Nahrung oder bestimmten Plätzen fernhalten. Natürliche R. sind vielfach Teil der Überlebensstrategie von Organismen (z. B. Fraßgifte). Die Aufklärung von Mechanismen zur Wirkungsweise von R. ermöglicht eine moderne, ökologische Schädlingsbekämpfung.

Reps ↗ Brassica-Arten.
Reptilase ↗ Batroxobin.
Rescinnamin ↗ Rauvolfia serpentina.
Resedablütenöl ↗ Reseda odorata.

■ **Reseda luteola** L.
Färber-Wau (syn. Färberreseda, Gelbkraut, Hexenkraut, Streichkraut, Waude).
Fam.: Resedaceae.
Vork.: Mittel- und Südeuropa.
Droge: *Herba Resedae luteolae*; Gelbkraut, die ganze Pflanze. *Inh.:* Flavonoide, wie Luteolin; Senfölglykoside (Glucosinolate). *Anw.:* früher zum Gelbfärben von Stoffen und Seide.
Histor.: Bereits die alten Römer bauten die Droge an und nutzten sie zum Färben von Stoffen. Dabei ergibt das enthaltene Luteolin eine intensiv gelbe Farbe und vermag blaue Stoffe intensiv grün zu färben. Bis ins 19. Jh. wurde die Pflanze auch in Deutschland angebaut und zum seifen- bzw. lichtechten Färben von Wolle und Seide eingesetzt.

■ **Reseda odorata** L.
Gartenreseda (syn. Wohlriechender Wau).
Fam.: Resedaceae.

Vork.: Nordafrika, in Europa und China auch kultiviert.

Droge: ***Resedablütenöl***, das äther. Öl der Blüten. Inh.: u. a. Terpene, Phenylethylthiocarbamid. Anw.: in der Parfümerie sowie in China zum Aromatisieren von Tee.

Reserpin ↗ Rauvolfia serpentina.
Resina ↗ Harze.
Resina Acaroidis ↗ Xanthorrhoea hastilis.
Resina alba ↗ Pinus-Arten.
Resina Ammoniacum ↗ Dorema ammoniacum.
Resina Benzoe Sumatra ↗ Styrax-Arten.
Resina Colophonium ↗ Pinus-Arten.
Resina Convolvuli sepium ↗ Calystegia-Arten.
Resina Copal ↗ Agathis-Arten, ↗ Copal.
Resina Dammar ↗ Shorea wiesneri.
Resina de Aroeira ↗ Schinus-Arten.
Resina Draconis ↗ Daemonorops draco.
Resina Draconis Americana ↗ Pterocarpus-Arten.
Resina Elastica ↗ Hevea brasiliensis.
Resina Elemi ↗ Canarium luzonicum.
Resina Guajaci ↗ Guaiacum sanctum.
Resina Ipomoeae ↗ Ipomoea orizabensis.
Resina Jalapae ↗ Ipomoea purga.
Resina Jalapae Vera Cruz ↗ Ipomoea purga.
Resina Kino ↗ Pterocarpus-Arten.
Resina Lacca ↗ Kerria lacca.
Resina Ladanum ↗ Cistus-Arten.
Resina Laretiae ↗ Laretia acaulis.
Resina Mastix ↗ Pistacia lentiscus.
Resina Orizabensis ↗ Ipomoea orizabensis.
Resina Piceae ↗ Picea mariana.
Resina Pini ↗ Pinus-Arten.
Resina Pini burgundica ↗ Pinus-Arten.
Resina Podophylli ↗ Podophyllum-Arten.
Resina Sandaraca ↗ Tetraclinis articulata.
Resina Scammonia ↗ Convolvulus-Arten.
Resina Scammoniae ↗ Ipomoea orizabensis.
Resina Soldanellae ↗ Calystegia-Arten.
Resina Thapsiae ↗ Thapsia garganica.
Resina Xanthorrhoeae flava ↗ Xanthorrhoea hastilis.
Restringe ↗ Pistacia lentiscus.
Retinol ↗ Vitamine.

■ **Retinsäure**
(syn. Tretinoin, Tretinoinum, Retinoesäure, Retininsäure, Vitamin-A-Säure). Anw.: zur Akne-Therapie, zur Behandlung bestimmter Tumorformen, bei Psoriasis. Geg.: Schwangerschaft.

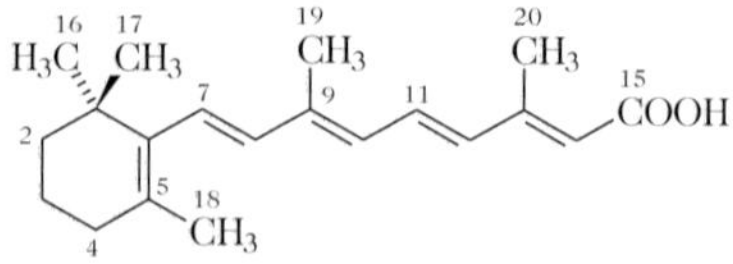

Retinsäure

Rettich ↗ Raphanus sativus.
Rettichwurzel ↗ Raphanus sativus.
Rhabarbarum palmatum ↗ Rheum-Arten.
Rhabarbarum rhaponticum ↗ Rheum-Arten.
Rhabarbarum verum ↗ Rheum-Arten.
Rhabarber ↗ Rheum-Arten.
Rhabarberwurzel ↗ Rheum-Arten.
Rhamnetin ↗ Flavonoide.
Rhamni catharticae fructus ↗ Rhamnus catharticus.
Rhamni catharticae fructus recentes ↗ Rhamnus catharticus.
Rhamni cathartici fructus ↗ Rhamnus catharticus.
Rhamni cathartici fructus recentes ↗ Rhamnus catharticus.
Rhamni purshiani cortex ↗ Rhamnus purshianus.
Rhamnoides hippophae ↗ Hippophae rhamnoides.
Rhamnus alnifolius ↗ Rhamnus purshianus.

■ **Rhamnus alpina** ssp. fallax (Boiss.) Maire et Petitm.
Alpenkreuzdorn (syn. *Rhamnus fallax, Oreoherzogia fallax*).

Fam.: Rhamnaceae.

Vork.: Südwesteuropa, Italien, Mittelmeergebiet, Nordwestafrika.

Droge: ***Fallaxrinde***, die getrocknete Rinde. Inh.: Anthrachinonglykoside (2–3 %), Xanthorhamnin. Anw.: in der Volksheilkunde, zuweilen als Verfälschung von *Frangulae cortex* (↗ *Rhamnus frangula*) erhältlich.

Rhamnus anonaefolia ↗ Rhamnus purshianus.

■ **Rhamnus catharticus** L.
(syn. *Cervispina cathartica, Rhamnus cathartica, R. wicklia, R. wikkor, R. willdenowiana*); Kreuzdorn (syn. Färbebaum, Feldbeerbaum, Hexendorn, Hirschdorn, Purgier-Kreuzdorn, Stechdorn, Wegdorn).

Fam.: Rhamnaceae.

Vork.: Europa, Westasien, Nordafrika.

Drogen: ***1. Rhamni catharticae fructus*** (syn. *Baccae Spinae cervinae, Fructus Rhamni catharticae, Rhamni cathartici fructus*); Kreuzdornbeeren (syn. Amselbeeren, Gelbbeeren, Kreuzbeeren, Purgierbeeren, Wegdornbeeren), die ganzen, reifen, getrockneten Früchte; s. Farbtafel S. 299, Bild 109. *Inh.:* Anthranoide (2–5 %), bes. Franguline und Glucfranguline mit Emodin und

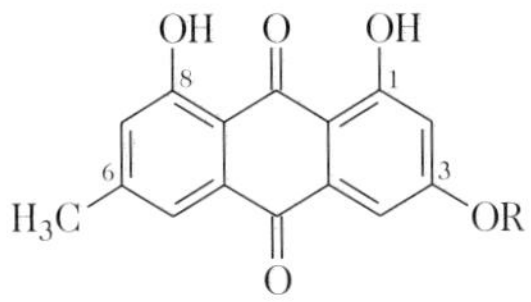

Frangulin A: R =

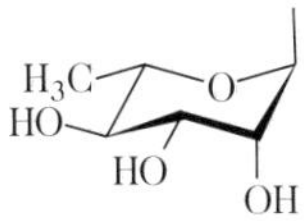

Frangulin B: R =

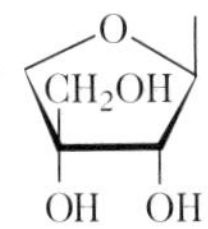

Emodinanthron als Aglyka. Ferner Flavonolglykoside, u. a. Catharticin sowie Kämpferol- und Quercetinglykoside, ferner Gerbstoffe. *Anw.:* analog Faulbaumrinde bei akuter Verstopfung. Volkstümlich früher zur Blutreinigung. *Geg.:* bei mitunter auftretenden krampfartigen Magen-Darm-Beschwerden ist Dosisreduktion erforderlich, auch gilt die chronische Anwendung der Droge als Mißbrauch. ***2. Rhamni cathartici fructus recentes*** (syn. *Fructus Rhamni catharticae recentes, Rhamni catharticae fructus recentes*); Frische Kreuzdornbeeren, die frischen, reifen Früchte. *Anw.:* s. *Rhamni cathartici fructus*.

Hom.: ***Rhamnus catharticus*** HAB34; Kreuzdorn, die frischen, reifen Früchte. *Anw.-Geb.:* Erkrankungen des Magen-Darm-Traktes sowie des Stütz- und Bewegungsapparates.

Histor.: Der Gattungsname *Rhamnus* stammt vom griechischen *rhamnos* und war bei ↗ Theophrast und ↗ Dioskurides die Bezeichnung für verschiedene *Rhamnus*-Arten. Der Artname *cathartica* geht auf das griechische *kathairein* (reinigen) zurück, da die Früchte als Abführmittel, d. h. zum Reinigen des Darmes, dienten. Der dt. Name Kreuzdorn weist auf die Stellung der Dornen, die mit den Ästen ein Kreuz bilden, hin. Der in der Antike genutzte *Rhamnos* war vermutlich *Rhamnus oleoides*. Den Angelsachsen jedoch war der Kreuzdorn schon lange bekannt. Er wurde als Hartsthorn oder Waythorn in ihren Arzneibüchern schon vor der normannischen Eroberung genannt. Im Volksaberglauben galt der Kreuzdorn über lange Zeit als ein dämonenabwehrendes und hexenvertreibendes Mittel.

■ Rhamnus frangula L.

(syn. *Frangula alnus, F. frangula, F. vulgaris, Rhamnus korolkowii, R. nemoralis, R. pentapetala, R. sanguino*); Faulbaum (syn. Amselbaum, Brechwegdorn, Glatter Wegdorn, Grindholz, Pulverholz, Spillbaum, Zapfenholz, Zweckenholz), s. Farbtafel S. 299, Bild 110.

Fam.: Rhamnaceae.

Vork.: Strauch oder kleiner Baum Europas, aber auch verbreitet in West- und Kleinasien sowie Nordamerika.

Droge: ***Frangulae cortex*** (syn. *Cortex Frangulae, Cortex Rhamni frangulae*); Faulbaumrinde (Gelbholzrinde, Pulverholzrinde), s. Farbtafel S. 299, Bild 111. *Inh.:* ca. 6 % Anthranoide (Glucofrangulin A und B, Frangulin A und B, Frangulaemodin), daneben Naphthochinone und 1,8-Dihydroxynaphthaline. In frischer Rinde liegen die Glucofranguline in reduzierter Form vor, in gelagerter Rinde dagegen die oxidierten Verbindungen, die zudem einen Zuckerrest verloren haben. *Anw.:* Die Droge wird als Laxans bei Obstipation angewendet, verantwortlich dafür sind die Anthrone (Metabolite der Anthranoide im Darm), die über eine Hemmung der Flüssigkeitsresorption aus dem Colon eine beschleunigte Darmpassage bewirken. Aufgrund einer möglichen cancerogenen Aktivität der Anthranoide sollte der Gebrauch auf eine kurzfristige Anwendung begrenzt bleiben. Die Droge ist in früheren Zeiten auch als Abtreibungsmittel mißbraucht worden.

Hom.: ***Rhamnus frangula*** HAB1, die frische Rinde der Stämme und Zweige. *Anw.-Geb.:* bei Verdauungsschwäche mit einer Neigung zu Durchfällen.

Histor.: Die Droge wird seit dem Mittelalter als Abführmittel genutzt.

Rhamnus korolkowii ↗ Rhamnus frangula.
Rhamnus nemoralis ↗ Rhamnus frangula.
Rhamnus paliurus ↗ Paliurus aculeatus.
Rhamnus pentapetala ↗ Rhamnus frangula.

■ **Rhamnus purshianus** DC.
(syn. *Frangula purshiana, Perfonon laurifolium, Rhamnus alnifolius, R. anonaefolia*); Amerikanischer Faulbaum (syn. Amerikanischer Kreuzdorn).

Fam.: Rhamnaceae.

Vork.: westliches Nordamerika.

Droge: ***Rhamni purshiani cortex*** (syn. *Cascara sagrada, Cortex Cascarae sagradae, Cortex Rhamni americanae, Cortex Rhamni purshiani, Cortex Rhamni purshianae*); Amerikanische Faulbaumrinde (syn. Amerikanische Kreuzdornrinde, Cascararinde, Kaskararinde, Sagradarinde), die getrocknete Rinde. *Inh.:* Anthranoidkomplex mit Anthrachinon-*O*-glucosiden (10–20 %), bes. Monoglucoside und Aloeemodin, Chrysophanol, Frangulaemodin und Physcion als Aglykon, ferner 10-*C*-Glucosylanthrone (10–30 %),

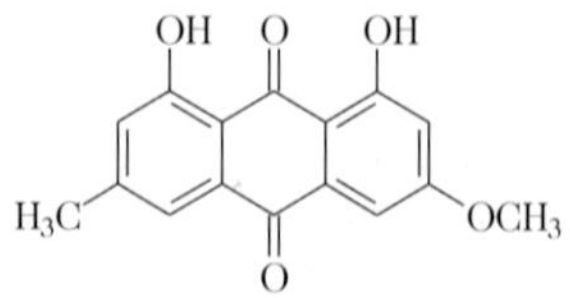

Physcion

vor allem die Aloine A und B und deren 11-Desoxyderivate, die Chrysaloine A und B und schließlich der Hauptanteil, die Cascaroside (60–70 %) mit den Cascarosiden A, B, C und D, die *O*-Glucoside der oben genannten 10-*C*-Glucosylanthron-Diastereomerenpaare darstellen. *Anw.:* bei akuter Obstipation (Dosierung: etwa 1 Teelöffel Droge pro Tasse Tee), Bestandteil einiger Arzneifertigpräparate. *Geg.:* Die Anwendung darf nur bei akuter Verstopfung erfolgen, nicht dagegen als Dauergebrauch. Die Droge ist kontraindiziert bei Ileus, akut-entzündlichen Darmerkrankungen, in der Schwangerschaft sowie in der Kinderpraxis.

Hom.: ***Rhamnus purshianus*** (syn. *Cascara sagrada*) HAB34; die getrocknete, mindestens zwei Jahre gelagerte Rinde. *Anw.-Geb.:* Verdauungsstörungen, Rheuma.

Histor.: Während der Gattungsname *Rhamnus* griechischer Herkunft ist (↗ *Rhamnus catharticus*), ist der Drogenname *Cascara sagrada* spanischer Abstammung (*Cacara* = Rinde und *sagrada* = heilig), ein Hinweis auf das hohe Ansehen der Droge. Der Artname *purshiana* wurde nach dem Botaniker Friedrich Traugott Pursch (geb. 1774 in Großenhain, gest. 1820 in Montreal) benannt. In Europa wurde die Droge erst gegen Ende des 19. Jh. bekannt.

Rhamnus sanguino ↗ Rhamnus frangula.
Rhamnus venenosus ↗ Colubrina reclinata.
Rhamnus wicklia ↗ Rhamnus catharticus.
Rhamnus wikkor ↗ Rhamnus catharticus.
Rhamnus willdenowiana ↗ Rhamnus catharticus.
Rhamphospermum album ↗ Sinapis alba.
Rhaponticin ↗ Rheum-Arten.

■ **Rhaponticum carthamoides** (Willd.) Iljin (syn. *Leuzea carthamoides*).

Fam.: Asteraceae (Compositae).

Vork.: Zentralasien, Sibirien, Mongolei, in Rußland und auf dem Balkan auch kultiviert.

Droge: die Wurzeln. *Inh.:* Alkaloide, äther. Öl, Gerbstoffe, Carotinoide. *Anw.:* in der Volksheilkunde bei Erschöpfungszuständen, als Stimulans bei Übermüdung sowie gegen Impotenz.

Rhapontik ↗ Rheum-Arten.
Rhapontikaöl ↗ Oenothera biennis.
Rhapontikrhabarber ↗ Rheum-Arten.
Rhei radix ↗ Rheum-Arten.
Rhei rhaponticae radix ↗ Rheum-Arten.
Rhei sinensis radix ↗ Rheum-Arten.

■ **Rheum-Arten**

● **Fam.:** Polygonaceae.

● **Rheum emodi** Wall. (syn. *Rheum australe*); Emodi-Rhabarber.

Vork.: Himalajagebiete zwischen Kaschmir und Sikkim (Indien) in 3 500 – 4 000 m Höhe.

Droge: ***Rheum-emodi-Wurzel***, die getrockneten Rhizome. *Inh.:* Anthranoide, wie Emodine, Chrysophanole, Physcion; in Spuren Rhaponticin; Stärke, Gerbstoffe, Calciumoxalat. *Anw.:* in der indischen Volksheilkunde bei Magen- und Darmkatarrhen, Diarrhoe, Dysenterie sowie bei kindlichen Magen-Darm-Reizungen.

● **Rheum officinale** Baillon.; Chinesischer Rhabarber (syn. Kanton-Rhabarber, Medizinalrhabarber, Ostindischer Rhabarber, Südchinesischer Rhabarber, Türkischer Rhabarber).

Vork.: heimisch in Südostchina und Burma, Kulturen in China, teilweise auch in Mitteleuropa.

Droge: ***Rhei radix*** s. *Rheum palmatum*.

● **Rheum palmatum** L. (syn. *Rhabarbarum palmatum, Rheum laciniatum, R. rubrifolium, R. tanguticum*); Handlappiger Rhabarber (syn. Kronrhabarberstaude, Medizinalrhabarber, Tangutischer Rhabarber), s. Farbtafel S. 299, Bild 112.

Vork.: Gebirge Nordosttibets und Nordwestchinas, Kulturen bes. in China und Rußland.

Droge: ***Rhei radix*** (syn. *Radix Rhabarbari, Radix Rhei, Radix Rhei chinensis, Radix Rhei sinensis, Rhabarbarum verum, Rhei sinensis radix, Rhizoma Rhei*); Rhabarberwurzel (syn. Barbarawurzel, Chinesischer Rhabarber, Chinesische Rhabarberwurzel, Echter Rhabarber), die getrockneten unterirdischen Teile von *Rheum palmatum* und *R. officinale;* s. Farbtafel S. 299, Bild 113. Inh.: Anthranoidgemisch (3–12 %), meist aus etwa 60–80 % Anthrachinonglykosiden und ca. 10–25 % Dianthronglykosiden bestehend, den Rest bilden Anthronglykoside und Aglyka, meist Rhein, Chrysophanol, Aloeemodin, Physcion und

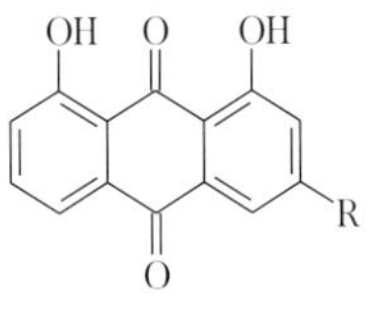

Rhein: R = COOH
Chrysophanol: R = CH_3
Aloeemodin: R = CH_2OH

Rheumemodin (↗ Anthracenderivate), weitere Bestandteile sind Gerbstoffe, meist vom Gallotannintyp bzw. deren Vorstufen, z. B. Galloylglucose und deren 1-Phenylbutanonderivate sowie Galloylsaccharose, Flavonoide (2–3 %) und Naphtholderivate. Anw.: als Laxans (Dosis: 1–2 g Droge) oder als Stomachikum bes. bei Magen-Darm-Katarrhen (0,1–0,2 g Droge) in entsprechender Zubereitung. Die Droge ist Bestandteil zahlreicher Arzneifertigpräparate, die meist als Laxantien, mitunter auch als Mundschleimhauttherapeutika zum Einsatz kommen.

Hom.: ***Rheum*** HAB1; Rhabarber, die von Stengelanteilen, kleineren Wurzeln und dem größten Teil der Rinde befreiten, getrockneten unterirdischen Teile von *Rheum palmatum* und *R. officinale* oder Hybride beider Arten. Anw.-Geb.: Durchfallerkrankungen, Verhaltensstörungen bei Kindern, Zahnungsbeschwerden.

● **Rheum rhabarbarum** L. (syn. *Rheum franzenbachii, R. muricatum, R. undulatum*); Garten-Rhabarber (syn. Gemüse-Rhabarber, Krauser Rhabarber, Rhabarber, Speise-Rhabarber, Wellblatt-Rhabarber).

Vork.: heimisch in Gebirgen Westchinas, seit dem 18. Jh. in Europa eingeführt und als Gemüsepflanze kultiviert.

Inh.: bezogen auf Frischgewicht 0,4 % Mineralstoffe, bes. Kalium, Calcium, Chlorid und Phosphor, Vitamine, u. a. ↗ Ascorbinsäure (bis zu 18 mg/100 g) und Nicotinamid (bis zu 0,38 mg/100 g), Carotin (bis zu 0,12 mg/100 g sowie ein relativ hoher Säureanteil mit bis zu 0,3 % Gesamtoxalat (davon ca. 65 % wasserlöslich), bis zu 1,8 % Äpfelsäure und ca. 0,2 % Citronensäure. Anw.: ausschließlich für Ernährungszwecke.

● **Rheum rhaponticum** L. (syn. *Rhabarbarum rhaponticum, Rheum compactum, R. esculentum, R. sibiricum, R. undulatum*); Österreichischer Rhabarber (syn. Rhapontik, Sibirischer Rhabarber).

Vork.: Zentralasien.

Droge: ***Rhei rhapontici radix*** (syn. *Radix Rhei austriaci, Radix Rhei rhapontici, Radix Rhei pontici, Radix Sibirici, Radix Rhapontici, Rhizoma Rhapontici*); Falscher Rhabarber (syn. Französischer Rhabarber, Pontischer Rhabarber, Rhapontikrhabarber, Rhapontikwurzel), die getrockneten, unterirdischen Teile. Inh.: Stilbenderivate, insbes. Rhaponticin (Rhaponticosid) sowie gerin-

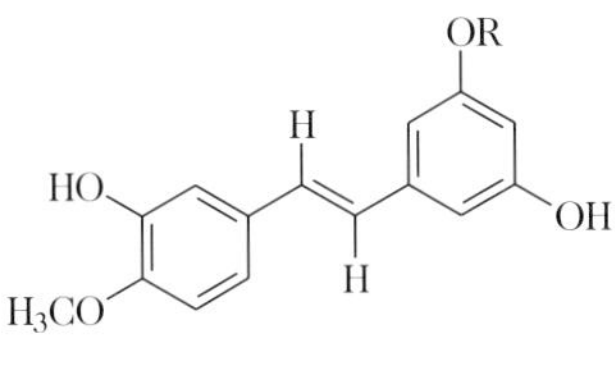

Rhapontigenin: R = H
Rhaponticin (Rhaponticosid): R = β-D-Glucosyl

ge Mengen von Anthranoiden. Wirk.: Enthaltene Stilbenderivate bedingen östrogene Eigenschaften. Anw.: volkstümlich zur Verdauungsförderung. Bestandteil von Kombinationspräparaten, die bei klimakterischen Beschwerden und Dysmenorrhoe genutzt werden.

● **Rheum webbianum** Royle.

Vork.: westliches Himalajagebiet in 3 000–4 500 m Höhe zwischen Nepal und Kaschmir.

Droge: ***Rheum-webbianum-Wurzel***, die getrockneten Rhizome. Inh.: Anthranoide, wie Chrysophanol und Emodin; Stärke, Gerbstoffe, Calciumoxalat. Anw.: in der indischen Volksheilkunde bei Magen- und Darmkatarrhen, Diarrhoe, Dysenterie sowie zur Appetitanregung, bei kindlichen Magen-Darm-Reizungen, äußerlich zur Behandlung von Verbrennungen.

● **Histor.:** Die Droge wurde bereits in einem um 2800 v. Chr. verfaßten chinesischen Kräuterbuch erwähnt und war auch im alten Griechenland bekannt. Der Name „Rhabarber" geht auf das griechische „rha" zurück, das auf Wurzelteile einer Droge hinwies. Da die Droge auf langen Transportwegen aus dem fernen Asien, nämlich von Völkern, die man im kulturell hoch entwikkelten Griechenland ganz allgemein als Barbaren bezeichnete, in die Mittelmeerländer gelangte, wurde der Name Rhabarber (rha-barbarum) geprägt. Die Kräuterbücher des 16. und 17. Jh. empfahlen die Droge als mildes Abführmittel bei Leber- und Gallenleiden sowie bei Wurmbefall.

Rheumatee ↗ Species antirheumaticae.
Rhizanota cannabina ↗ Corchorus-Arten.

■ Rhizoma

(lat.) Rhizom, unterirdische Sproßachse (Erdsproß), pharmazeutisch als Drogenbezeichnung genutzt, z. B. *Rhizoma Graminis*. Abkürzung: Rhiz.

Rhizoma Acori ↗ Acorus calamus.
Rhizoma Actaeae racemosae ↗ Cimicifuga racemosa.
Rhizoma Agropyri ↗ Agropyron repens.
Rhizoma Anemarrhenae ↗ Anemarrhena asphodeloides.
Rhizoma Arisaematis ↗ Arisaema-Arten.
Rhizoma Arnicae ↗ Arnica-Arten.
Rhizoma Aronis ↗ Arum maculatum.
Rhizoma Arundonis donacis ↗ Arundo donax.
Rhizoma Asari ↗ Asarum europaeum.
Rhizoma Asari canadensis ↗ Asarum canadense.
Rhizoma Asari cum herba ↗ Asarum europaeum.
Rhizoma Asparagi ↗ Asparagus officinalis.
Rhizoma Bergeniae ↗ Bergenia crassifolia.
Rhizoma Bistortae ↗ Polygonum bistorta.
Rhizoma Calami ↗ Acorus calamus.
Rhizoma Cannae hispanicae ↗ Arundo donax.
Rhizoma Caricis (arenariae) ↗ Carex arenaria.
Rhizoma Caryophyllatae aquaticae ↗ Geum-Arten.
Rhizoma Chelidonii ↗ Chelidonium majus.
Rhizoma Chinae ↗ Smilax-Arten.
Rhizoma Cicutae virosae ↗ Cicuta virosa.
Rhizoma Cimicifugae ↗ Cimicifuga racemosa.
Rhizoma Collinsoniae canadensis ↗ Collinsonia canadensis.
Rhizoma Convallariae ↗ Convallaria majalis.
Rhizoma Corydalidis ↗ Corydalis-Arten.
Rhizoma cum radicibus Primulae ↗ Primula-Arten.
Rhizoma Curcumae ↗ Curcuma-Arten.
Rhizoma Curcumae javanicae ↗ Curcuma-Arten.
Rhizoma Curcumae longae ↗ Curcuma-Arten.
Rhizoma Curcumae xanthorrhizae ↗ Curcuma-Arten.
Rhizoma Cyclaminis ↗ Cyclamen purpurascens.
Rhizoma Cypripedii ↗ Cypripedium calceolus var. pubescens.
Rhizoma Dioscoreae ↗ Dioscorea-Arten.
Rhizoma Dioscoreae villosae ↗ Dioscorea-Arten.
Rhizoma et Radix Eleutherococci ↗ Eleutherococcus senticosus.
Rhizoma et Radix Sanguisorbae ↗ Sanguisorba officinalis.
Rhizoma Eupatorii cannabini ↗ Eupatorium-Arten.
Rhizoma Filicis ↗ Dryopteris filix-mas.
Rhizoma Fragariae ↗ Fragaria vesca.
Rhizoma Galangae ↗ Alpinia officinarum.
Rhizoma Galangae majoris ↗ Alpinia galanga.
Rhizoma Gelsemii ↗ Gelsemium sempervirens.
Rhizoma Graminis ↗ Agropyron repens.
Rhizoma Helenii ↗ Inula helenium.
Rhizoma Helleborasti ↗ Helleborus-Arten.
Rhizoma Hellebori ↗ Helleborus-Arten.
Rhizoma Hellebori foetidi ↗ Helleborus-Arten.
Rhizoma Hellebori nigri ↗ Helleborus-Arten.
Rhizoma Hellebori viridis ↗ Helleborus-Arten.
Rhizoma Helonias ↗ Chamaelirium luteum.
Rhizoma Hydrangeae ↗ Hydrangea arborescens.
Rhizoma Hydrastis ↗ Hydrastis canadensis.
Rhizoma Imperatoriae ↗ Peucedanum ostruthium.
Rhizoma Iridis ↗ Iris germanica.
Rhizoma Kaempferiae ↗ Kaempferia galanga.
Rhizoma Kavae ↗ Piper methysticum.
Rhizoma Kava-Kava ↗ Piper methysticum.
Rhizoma Leptandrae virginicae ↗ Veronica virginica.
Rhizoma Menyanthidis ↗ Menyanthes trifoliata.
Rhizoma Nardostachyos ↗ Nardostachys jatamansii.
Rhizoma Petasitidis ↗ Petasites hybridus.
Rhizoma Picrorhizae ↗ Picrorhiza kurroa.
Rhizoma Pimpinellae ↗ Pimpinella-Arten.
Rhizoma Podophylli ↗ Podophyllum-Arten.
Rhizoma Podophylli emodi ↗ Podophyllum-Arten.

Rhizoma Podophylli peltati ↗ Podophyllum-Arten.
Rhizoma Polygonati ↗ Polygonatum odoratum.
Rhizoma Polygoni amphibii ↗ Polygonum amphibium.
Rhizoma Polypodii ↗ Polypodium vulgare.
Rhizoma Primulae ↗ Primula-Arten.
Rhizoma Ptarmicae ↗ Achillea-Arten.
Rhizoma Pteridii aquilini ↗ Pteridium aquilinum.
Rhizoma Rhapontici ↗ Rheum-Arten.
Rhizoma Rhei ↗ Rheum-Arten.
Rhizoma Rusci ↗ Ruscus aculeatus.
Rhizoma Rusci aculeati ↗ Ruscus aculeatus.
Rhizoma Sanguinariae canadensis ↗ Sanguinaria canadensis.
Rhizoma Scopoliae ↗ Scopolia carniolica.
Rhizoma Scopoliae carniolicae ↗ Scopolia carniolica.
Rhizoma Serpentariae ↗ Aristolochia-Arten.
Rhizoma Tormentillae ↗ Potentilla erecta.
Rhizoma Trientalidis ↗ Trientalis europaea.
Rhizoma Trillii erecti ↗ Trillium erectum.
Rhizoma Urticae ↗ Urtica-Arten.
Rhizoma Valerianae ↗ Valeriana officinalis.
Rhizoma Veratri ↗ Veratrum album.
Rhizoma Veratri viridis ↗ Veratrum viride.
Rhizoma Vincetoxici ↗ Vincetoxicum hirundinaria.
Rhizoma Violae ↗ Viola-Arten.
Rhizoma Violae odoratae ↗ Viola-Arten.
Rhizoma Zedoariae ↗ Curcuma-Arten.
Rhizoma Zingiberis ↗ Zingiber officinale.
Rhizophora gymnorrhiza ↗ Bruguiera gymnorrhiza.

■ **Rhizophora mangle** L.
(syn. *Rhizophora racemosa*); Mangroven.
Fam.: Rhizophoraceae.
Vork.: Westafrika, Südamerika, Bestandteil der Mangrovenvegetation.
Droge: ***Cortex Rhizophorae***; Mangrovenrinde (syn. Manglerinde). Inh.: vor allem Katechin-Gerbstoffe (15–42 %). Anw.: in der Volksheilkunde gegen Durchfälle. Die Droge ist auch Hilfsmittel für die Gerberei sowie Ausgangspunkt für die Gewinnung von Leder-Farbstoffen.

Rhizophora racemosa ↗ Rhizophora mangle.
Rhizophorarinde ↗ Bruguiera gymnorrhiza.

■ **Rhizopus-Arten**
Ord.: Mucorales. *Rhizopus stolonifer*; Gemeiner Brotschimmel, Industrielle Nutzung (Biotechnologie) zur Herstellung von Fumarsäure und Vorstufen des Cortisons. *Rhizopus oryzae* dient zur biotechnologischen Gewinnung von Alkohol und zur Stärkeverzuckerung. Neben diesen beiden Arten bilden auch *Rhizopus sinensis* und *Rhizopus nodosus* große Mengen an Milchsäure von hohem Reinheitsgrad sowie Citronensäure, Bernsteinsäure und Oxalsäure. Zur mikrobiellen Gewinnung von Glucoamylase werden neben *Rhizopus oryzae* auch *Rhizopus niveus* und *Rhizopus delemar* herangezogen. *Rhizopus nigricans* dient zur biotechnologischen Hydroxylierung von Progesteron zur Herstellung von 11α-Hydroxyprogesteron.

Rhododendri ferruginei folium ↗ Rhododendron-Arten.

■ **Rhododendron-Arten**
● **Fam.:** Ericaceae.
● **Rhododendron aureum** Georgi (syn. *Rhododendron chrysanthum, R. flavum, R. officinale*); Gelbe Schneerose (syn. Goldgelbe Alpenrose, Kaschkar, Sibirische Gichtrose, Sibirische Schneerose, Sibirischer Rhododendron).
Vork.: alpine und subalpine Regionen Nordostasiens.
Droge: ***Rhododendron-aureum-Kraut*** (syn. *Folia Chrysanthi, Folia Rhododendri, Herba Chrysanthi, Herba Rhododendri, Rhododedron-chrysanthum*-Kraut, *Stipites Chrysanthi*), die getrockneten, beblätterten Zweige. Inh.: diterpenoide Toxine, u. a. ↗ Acetylandromedol, ferner Flavonolglykoside, u. a. Polystachosid und ↗ Avicularin sowie ↗ Arbutin und Triterpene, u. a. Campanulin und Oleanolsäure. Anw.: volkstümlich bei Fieber, Gicht, Rheuma und Magen-Darm-Infekten.
Hom.: ***Rhododendron*** HAB1, die getrockneten, beblätterten Zweige. Anw.-Geb.: Rheumatismus, Nervenschmerzen, Hodenentzündungen und Wetterfühligkeit.
● **Rhododendron campylocarpum** Hooker.
Vork.: in Höhenlagen von 2900–4300 m in Nepal, östlichem Himalaya und südöstlichem Tibet.
Droge: ***Rhododendron-campylocarpum-Kraut*** (syn. *Folia Rhododendri campylocarpi, Herba Rhododendri campylocarpi*); die getrockneten, beblätterten Zweige. Inhaltsstoffe und Anwendung s. *Rhododendron aureum*-Kraut.

Hom.: ***Rhododendron*** HAB1; Alpenrose, die getrockneten, beblätterten Zweige von *Rhododendron campylocarpum* und *Rhododendron aureum*. *Anw.-Geb.*: Erkrankungen des peripheren Nervensystems, der männlichen Geschlechtsorgane sowie des Stütz- und Bewegungsapparates.

● **Rhododendron ferrugineum** L. (syn. *Chamaerhododendron ferrugineum*); Rostblättrige Alpenrose; s. Farbtafel S. 299, Bild 114.

Vork.: in etwa 1500–2800 m Höhe in der gesamten Alpenkette, der Pyrenäen, dem Appenin und der südkroatischen Gebirge.

Droge: ***Rhododendron ferrugineum-Blätter*** (syn. *Folia Rhododendri, Folia Rhododendri ferruginei, Folia Rhododendri fusci, Rhododendri ferruginei folium*); Alpenrosenblätter (syn. Rostfarbene Alpenrosenblätter), die getrockneten Laubblätter. *Inh.*: u. a. Rhododendrin (Betulosid), ein Phenylbutanglucosid sowie Triterpene, ↗ Acetylandromedol. *Anw.*: volkstümlich bei Gicht, rheumatischen Beschwerden, Neuralgien, Muskelschmerzen, Migräne und Bluthochdruck. Infolge unzureichender Kenntnisse über die Inhaltsstoffe ist ein therapeutischer Einsatz nicht zu vertreten.

Hom.: ***Rhododendron ferrugineum*** HAB34; die getrockneten, beblätterten Zweige. *Anw.-Geb.*: Rheuma, Nervenschmerzen, Hodenentzündungen.

● **Rhododendron ponticum** L.; Pontische Alpenrose.

Vork.: Mittelmeergebiet, Kleinasien.

Inh. und *Anw.*: s. *Rhododendron ferrugineum*. Der Honig, der von *Rhododendron*-Arten stammt, ist giftig (Gifthonig) und enthält insbesondere Diterpene, wie ↗ Acetylandromedol. Ein Verzehr kann zu schweren Vergiftungserscheinungen führen.

● **Histor.:** Der Gattungsname *Rhododendron* wurde aus den griechischen Bezeichnungen *rhodon* (Rose) und *dendron* (Baum) gebildet. Die Artnamen, z. B. *aureum* oder *chrysanthemum* (goldblumig), weisen lediglich auf die Blütenfarbe hin. Die Droge, *Folia Rhododendri chrysanthi*, war bei den Einwohnern Sibiriens seit langem bekannt und geschätzt und als Diuretikum, Diaphoretikum sowie gegen Gicht und Rheuma verwendet.

■ Rhodophyta

(Rotalgen). Eukaryotische Algen, von denen rund 675 Gattungen (etwa 4100 Arten) bekannt sind und die hauptsächlich im Salzwasser leben. Aufgrund ihrer roten Assimilationsfarbstoffe (Phycobiline) besitzen sie einen überwiegend rötlich gefärbten Vegetationskörper. *Bedeut.*: Rotalgen bilden Phycokolloide, d. h. stickstofffreie, gelatineähnliche Produkte, wie Agar (Agar-Agar), Carrageenane und Gelane. Sie stellen mehr oder weniger stark mit Schwefelsäure veresterte Galactane dar, die die amorphe Grundsubstanz der Zellwände der Rotalgen bildet. Agar wird aus etwa 40 verschiedenen Arten gewonnen, u. a. aus *Gelidium amansii* Lamour., *Gelidium cartilagineum* Gaill., *Gracilaria converfoides* Gaill., *Gracilaria lichenoides* sowie aus Arten der Gattungen *Acanthopeltis, Ahnfeltia, Ceramium, Chondrus, Eucheuma, Gigartina und Pterocladia.* Als Reservepolysaccharid bilden die Rotalgen Florideenstärke. Carageenan (Carrageenin) stammt hauptsächlich aus *Gigartina stellata* Stackh., *Gigartina pistillata* (Gmel.) Stackh., *Chondrus crispus* (L.) Stackh. und *Chondrus ocellatus* Holmes. Agar und Carrageen werden in der pharm. Technologie, Lebensmittelindustrie sowie in der Kosmetik als Gelbildner eingesetzt.

Droge: ***Irländisches Moos***, besteht aus den in der Sonne gebleichten und getrockneten Thalli von *Gigartina stellata* und *Chondrus crispus*. *Anw.*: Bestandteil von Hustentees und als Mucilaginosum.

Rhoeadin ↗ Papaver rhoeas.
Rhoeados flos ↗ Papaver rhoeas.
Rhoeados petalum ↗ Papaver rhoeas.
Rhois aromaticae radicis cortex ↗ Rhus-Arten.
Rhois fructus ↗ Rhus-Arten.

■ Rhus-Arten

(syn. Toxicodendron-Arten)

● **Fam.:** Anacardiaceae.

● **Rhus aromatica** Ait. (syn. *Rhus canadensis, R. suaveolens, Schmaltzia aromatica, Lobadium aromaticum, Turpinia aromatica*); Duftender Sumach (syn. Aromatischer Sumach, Gewürzsumach, Stinkbusch, Süßer Sumach, Wohlriechender Sumach).

Vork.: atlantisches Nordamerika von Quebec bis Florida.

Droge: ***Rhois aromaticae radicis cortex*** (syn. *Cortex Rhois aromaticae radicis*); Gewürzsumachrinde (syn. Stinkbuschwurzelrinde, Sumachwurzelrinde); die getrocknete Wurzelrinde. Inh.: Fettsäuren, u. a. Arachin-, Behen- und Myristinsäure, Triterpene, Sterole, u. a. β-Sterol, Spuren von äther. Öl. Flavonoide, Gerbstoffe (ca. 8 %) und Phenylglykoside, u. a. Orcin-β-D-glucosid. Anw.: volkstümlich bei Blasen- und Nierenerkrankungen, Bettnässen und Gebärmutterblutungen.

Hom.: ***Rhus aromatica*** HAB34; die frische Wurzelrinde. Anw.-Geb.: Blasenschwäche.

Histor.: Der Gattungsname *Rhus* ist vom griechischen *rhéein* (fließen) abgeleitet, als Hinweis auf die saftige Rinde. Die Bezeichnung Sumach wird mit Sumachi, einer Landschaft am Kaspischen Meer, in Beziehung gebracht, wo Sumacharten in großem Maße kultiviert wurden.

● **Rhus chinensis** Mill. (syn. *Rhus semialata*); Gallensumach.

Vork.: Ostasien, China, Japan.

Droge: ***Gallae chinenses et japonicae***; Chinesische und japanische Gallen, die Wucherungen, die von der Blattlaus *Melaphis chinensis* (syn. *Aphis chinensis, A. sinensis, Schlechtendalia sinensis*) an den Zweigspitzen und Blattstielen verursacht werden (↗ Gallen). Inh.: Tannin (ca. 80 %), Gallussäure, Fett, Harz. Anw.: Adstringens.

● **Rhus coriaria** L. (syn. *Toxicodendron coriaria*); Gerberstrauch (syn. Gerbersumach, Sizilianischer Sumach).

Vork.: Mittelmeergebiete, in Italien, Spanien, Afghanistan und im Iran auch kultiviert.

Droge: ***Rhus-coriaria-Blätter*** (syn. Italienischer Sumach, Sizilianischer Sumach), die in den Monaten Mai, Juni und August gepflückten und getrockneten Blätter. Inh.: Gerbstoffe (21–28 %), insbes. Gallotannine; freie und veresterte Gallussäure, *m*-Digallussäure. Ellagsäure; Flavonoide. Anw.: in der Volksheilkunde bei Fieber und Durchfällen; in der Technik als Gerbmaterial zur Herstellung hellen Leders aus Ziegenhäuten (Saffianleder) und Schaffellen (Korduane oder Maroquins).

● **Rhus glabra** L. (syn. *Rhus canadense, R. carolinianum, R. elegans, R. hypselodendron, R. laevicaulis, R. viridiflora, Schmaltzia glabra, Toxicodendron glabrum*); Glatter Sumach (syn. Kahler Sumach, Scharlachsumach).

Vork.: Nordamerika.

Droge: ***Rhus-glabra-Früchte*** (syn. *Rhois fructus*), die getrockneten Früchte. Inh.: neben Reservestoffen (Eiweiß, Fett und Stärke) bes. Tanningerbstoffe. Anw.: volkstümlich, meist als Gurgelmittel, bei Halsbeschwerden.

Hom.: ***Rhus glabra*** HAB34; die frische Stamm- und Zweigrinde. Anw.-Geb.: Verdauungsschwäche, Entzündungen der Mundhöhle.

● **Rhus radicans** L. (syn. *Toxicodendron vulgare, Toxicodendron radicans*); Kletternder Sumach (syn. Rankender Sumach).

Vork.: Nordamerika.

Droge: ***Toxicodendron***, die Blätter und Stengel. Inh.: Urushiole (Brenzcatechinderivate mit C_{15}- und C_{17}-Seitenketten in 3-Stellung). Anw.: volkstümlich bei *Rhus*-Dermatitis in Form der verdünnten Tinktur. Geg.: bei allergischen Erscheinungen muß die Behandlung sofort abgebrochen werden. Auch eine Behandlung zusammen mit anderen Arzneien ist zu vermeiden.

Hom.: ***Rhus radicans*** HAB34, die frische Wurzel. Anw.-Geb.: juckende Hautkrankheiten, Nervenschmerzen, rheumatische Beschwerden, grippale Infekte.

● **Rhus semialata** J.A. Murray (syn. *Rhus chinensis, R. javanica, R. osbeckii*); Chinesischer Sumachbaum (syn. Gallensumach).

Vork.: gemäßigtes und subtropisches Asien, bes. Japan, Taiwan, Korea, China; in Europa und den USA als Ziergehölz kultiviert.

Droge: ***Galla rhois*** (syn. *Gallae chinenses*); *Rhus-semialata*-Gallen (syn. Chinagallen, Chinesische Gallen, Sumachgallen, Zackengallen), die durch den Stich verschiedener Blattläuse, hauptsächlich *Melaphis chinensis*, an den Blättern, Blattstielen und Knospen erzeugten ↗ Gallen. Inh.: Gerbstoffe (bis zu 78 %), v. a. homologe und isomere Gallotannine mit Penta- und Undecagalloylglucosen als Hauptkomponenten. Anw.: Ausgangspunkt für die Gewinnung von Tannin (↗ Gerbstoffe). In der chinesischen Volksheilkunde innerlich bei Husten und Auswurf, chronischem Durchfall und Dysenterie, Nachtschweiß und Diabetes sowie äußerlich bei Hämorrhoiden, Verletzungen und Blutungen.

● **Rhus toxicodendron** L. (syn. *Rhus humilis, R. quercifolia, R. verrucosa, Toxicodendron pubescens, T. quercifolium, T. toxicarum, T. toxicodendron*); Giftbaum (syn. Gift-Efeu, Gift-Sumach, Sumachbaum, Wurzel-Sumach).

Vork.: Nordamerika, in Deutschland in Botanischen Gärten.

Droge: ***Toxicodendri folium*** (syn. *Folia Rhois toxicodendri, Folia Toxicodendri, Herba Rhois* *toxicodendri*); Giftsumachblätter (syn. Giftbaumblätter, Giftiger Efeu), die getrockneten, nach der Blütezeit im Juli und August gesammelten Blätter. Inh.: Urushiole , Gerbstoffe, Fla-

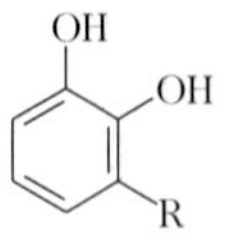

Urushiole (Toxicodendrol)

U.-I: $(CH_2)_{14}-CH_3$
U.-II: $(CH_2)_7-CH{=}CH-(CH_2)_5-CH_3$
U.-III: $(CH_2)_7-CH{=}CH-CH_2-CH{=}CH-(CH_2)_2-CH_3$
U.-IV: $(CH_2)_7-CH{=}CH-CH_2-CH{=}CH-CH{=}CH-CH_3$
U.-V: $(CH_2)_7-CH{=}CH-CH_2-CH{=}CH-CH_2-CH{=}CH_2$

vonderivate. Wirk.: Urushiole gehören zu den stärksten Kontaktallergenen, die zur sog. *Rhus*-Dermatitis führen. Daher führt die Berührung der Pflanze, insbes. der Kontakt mit dem enthaltenen Milchsaft, zu gefährlichen Entzündungen, für die bereits Mengen von 1 µg Urushiol genügen.

Hom.: ***Rhus toxicodendron*** HAB34, die frischen Blätter. Anw.-Geb.: juckende Hautkrankheiten, Entzündungen der Atemwege und des Magen-Darm-Traktes, Entzündungen der Augen, Nervenschmerzen, rheumatische Beschwerden, Muskelschmerzen, Angst-, Unruhe- und Verstimmungszustände.

Histor.: Bezüglich des Gattungsnamens s. *Rhus aromatica*. Der Artname *toxicodendron* ist aus dem griechischen *toxikon* (Pfeilgift) und *dendron* (Baum) gebildet und bezeichnet den Strauch bzw. Baum als giftig. In früheren Zeiten galten Grundstücke, in deren Gärten der Strauch wuchs, als verhext und fanden keine Käufer.

● **Rhus typhina** L. (syn. *Datisca hirta, Rhus canadense, R. gracilis, R. hirta, R. typhia, R. viridiflora, Schmaltzia hirta, Toxicodendron typhinium*); Amerikanischer Sumach (syn. Essigbaum, Hirschkolbensumach), s. Farbtafel S. 300, Bild 115.

Vork.: heimisch in Nordostamerika, in Mittel- und Südeuropa als Zierbaum kultiviert.

Droge: ***Rhus-typhina-Blätter*** (syn. Amerikanischer Sumach, Kanadischer Sumach, Virginischer Sumach). Inh.: Gerbstoffe (13–25 %), v. a. Gallotannine; Flavonoide; Triterpene, wie Allobetulin, β-Amyrin, Campesterol, Lupeol, α-Amyrin und β-Sitosterol. Anw.: in der Volksheilkunde; die Früchte werden in Nordamerika zur Essigbereitung genutzt; außerdem als Mittel gegen Blattläuse sowie als Gerb- und Färbematerial.

● **Rhus venenata** DC. (syn. *Rhus vernix, R. vernicifera*), Japanischer Lackbaum.

Vork.: Nordamerika.

Inhaltsstoffe s. *Rhus radicans*.

Hom.: ***Rhus venenata*** HAB34, zu gleichen Teilen frische Rinde und frische Blätter. Anw.-Geb.: Erkrankungen der Haut und des Magen-Darm-Traktes.

● **Rhus vernix** L. (syn. *Toxicodendron vernix, Rhus vernicifera*); Giftesche (syn. Giftsumach).

Vork.: Nordamerika.

Hom.: ***Rhus vernix*** HAB34, gleiche Teile frischer Rinde und frischer Blätter. Anw.-Geb.: entzündliche Hauterkrankungen, Durchfall.

Rhus cacodendrum ↗ Ailanthus altissima.
Rhus cotinus ↗ Cotinus coggygria.
Rhus-semialata-Gallen ↗ Rhus-Arten.

■ **Rhynchosia phaseoloides** (Sw.)DC.
(syn. *Rhynchosia pyramidalis*); Piule (syn. Krebsaugenbohne).

Fam.: Fabaceae (Leguminosae).

Vork.: in allen tropischen und subtropischen Gebieten.

Droge: ***Semina Rhynchosiae phaseoloides***; Krebsaugen. Inh.: Alkaloide. Anw.: in der traditionellen mexikanischen Heilkunde zusammen mit ↗ *Psilocybe*-Arten bei rituellen Zeremonien. Der Samenextrakt soll der Überlieferung nach eine curareähnliche Wirkung aufweisen.

Rhynchosia pyramidalis ↗ Rhynchosia phaseoloides.
Ribes domesticum ↗ Ribes rubrum.
Ribes nigri folium ↗ Ribes nigrum.

■ **Ribes nigrum** L.
(syn. *Ribes olidum*); Ahlbeere (syn. Gichtbeere, Schwarze Johannisbeere, Schwarze Träuble, Wanzenbeere).

Fam.: Grossulariaceae (Saxifragaceae).

Vork.: Europa, Asien, Nordamerika.

Drogen: ***1. Ribis nigri folium*** (syn. *Folia Ribis nigri*); Schwarze Johannisbeerblätter (syn. Ahlbeerblätter, Bocksbeerblätter, Gichtbeerblätter, Wanzenbeerblätter), die während oder kurz nach der Blüte gesammelten und getrockneten Laubblätter. Inh.: Flavonolglykoside (ca. 0,5 %), u. a.

↗ Astragalin, Isoquercitrin und Rutosid, ferner Proanthocyanidine (ca. 0,4 %) mit unterschiedlichem Polymerisationsgrad, Spuren von äther. Öl sowie ↗ Ascorbinsäure (100–270 mg/100 g Droge, berechnet aus Frischgewicht). Anw.: als Tee zur Erhöhung der Harnmenge bei schmerzhaftem Harndrang, Gicht und rheumatischen Beschwerden. Mitunter auch bei Leber und Galleleiden. ***2. Ribis nigri fructus*** (*Baccae Ribiae nigri, Fructus Ribis nigri, Ribia nigra*); Schwarze Johannisbeeren (syn. Ahlbeeren, Gichtbeeren), die frische, reife Frucht mit den Stielen und Fruchtspindeln. Inh.: Anthocyane (bis zu 2 %, u. a. Cyanidin-3-glucosid, Cyanidin-3-rutinosid und

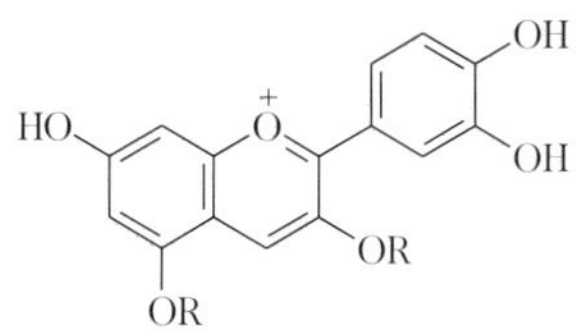

Cyanidin: R = H
Cyanin: R = β-D-Glucopyranosyl

Delphinidin-3-rutinosid), Flavonolglykoside mit den Hauptkomponenten Isoquercitrin, Myricetin-D-glucopyranosid und Rutosid, ferner Fruchtsäuren (ca. 3,5 %), u. a. Äpfel-, Citronen- und Isocitronensäure, Vitamin C, Hydroxyzimtsäurederivate, Invertzucker (6–8 %) und Pektine. Anw.: volkstümlich in Zubereitungen, z. B. als Sirup oder Gelee bei Erkältungskrankheiten, Heiserkeit und Husten, als Vitamin-C-Quelle, mitunter bei Durchfällen und Magenschmerzen. Getrocknete Beeren werden auch bei Harnbeschwerden gekaut.

Histor.: *Der* Gattungsname *Ribes* wurde zunächst vom persischen ins arabische *ribas* oder *riwas* übernommen und galt dem in den Gebirgen Persiens und dem Hindukusch heimischen *Rheum ribes*, aus dem die Araber einen Sirup bereiteten, den sie als kühlendes Arzneimittel nutzten. Als Ersatz für diesen wurde im Mittelalter ein Sirup aus den Beeren von Arten der Gattung *Ribes* hergestellt und im 16. Jh. der heutige Gattungsname durch dt. Botaniker endgültig festgelegt.

Ribes olidum ↗ Ribes nigrum.

■ Ribes rubrum L.

(syn. *Ribes domesticum, R. sativum, R. sylvestre, R. vulgare*); Rote Johannisbeere.

Fam.: Grossulariaceae (Saxifragaceae).
Vork.: Europa, Asien, Nordamerika.
Droge: ***Ribis rubri fructus*** (syn. *Baccae Ribium, Ribia rubra*); Rote Johannisbeere (syn. Ribisel). Inh.: ↗ Ascorbinsäure (5–15 mg%), Fruchtsäuren, wie Äpfel-, Bernstein-, Citronen-, Isocitronen- und Weinsäure; Pektine (10–15 %), Procyanidine, kondensierte Tannine; in den Samen fettes Öl (ca. 25 %) mit Linolensäureanteil (4–6 %). Anw.: in der Volksheilkunde als kühlendes und erfrischendes Getränk bei Fieber; im Haushalt zur Bereitung von Marmeladen, Fruchtsirup und Gelees.

Ribes sativum ↗ Ribes rubrum.
Ribes sylvestre ↗ Ribes rubrum.
Ribes vulgare ↗ Ribes rubrum.
Ribia nigra ↗ Ribes nigrum.
Ribia rubra ↗ Ribes rubrum.
Ribisel ↗ Ribes rubrum.
Ribis nigri fructus ↗ Ribes nigrum.
Ribis rubri fructus ↗ Ribes rubrum.
Ribonucleasen ↗ Penicillium-Arten.

■ Ribostamycin

Aminoglykosidantibiotikum, produziert von *Streptomyces ribosidificus*. Wirk.: Hemmung der bakteriellen Proteinsynthese. Anw.: zur Therapie bakterieller Endokarditiden und Septikämien sowie schwerer systemischer Infektionen mit gramnegativen Bakterien.

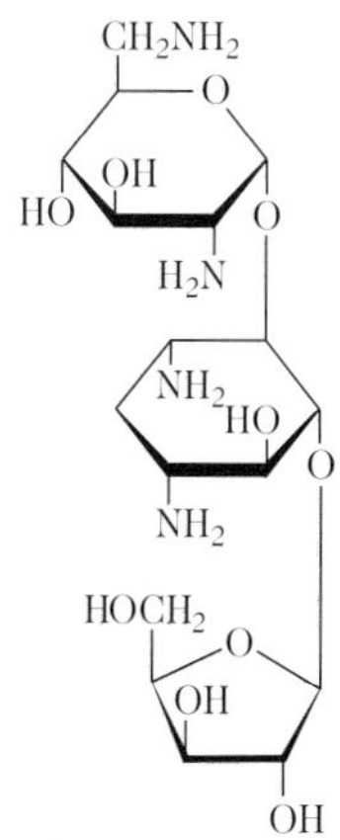

Ribostamycin

Richardia africana ↗ Zantedischia aethiopica.
Ricin ↗ Ricinus communis.
Ricini oleum ↗ Ricinus communis.

Ricini semen ↗ Ricinus communis.
Ricinocarpus indica ↗ Acalypha indica.
Ricinolsäure ↗ Ricinus communis.
Ricinus africanus ↗ Ricinus communis.

■ **Ricinus communis** L.
(syn. *Croton spinosus, Palma christi, Ricinus africanus, R. inermis, R. laevis, R. lividus, R. persicus, R. speciosus, R. spectabilis, R. viridis, R. vulgaris*); Rizinus (syn. Christuspalme, Hundsbaum, Läusebaum, Römische Bohne, Wunderbaum), s. Farbtafel S. 300, Bild 116.

Fam.: Euphorbiaceae.

Vork.: weltweit in tropischen, subtropischen und gemäßigten Zonen.

Drogen: ***1. Ricini oleum*** (syn. *Oleum Castoris, Oleum Palmae Christi, Oleum Ricini*); Rizinusöl (syn. Castoröl, Kastoröl), das aus den Samen durch Pressen ohne Wärmezufuhr erhaltene Öl. *Inh.:* Hauptkomponente ist Triglycerolein (70–77 %), das Triglycerid der ungesättigten Ricinolsäure, einer 12-Hydroxy-9,10-*cis*-octadecensäure (12-Hydroxyölsäure), deren Anteil an der Fettsäu-

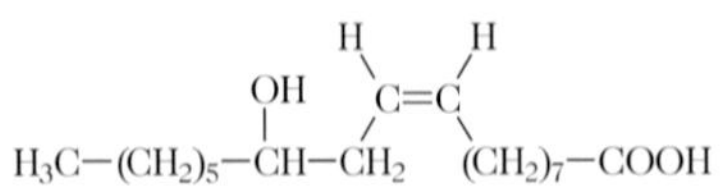

Ricinolsäure

reverteilung bei 85–90 % liegt. *Wirk.:* Infolge Spaltung der Glyceride im Dünndarm durch Lipasen wirkt die freigesetzte Ricinolsäure ähnlich den Anthranoiden antiabsorptiv und hydragog. Vermutlich wird durch die Ricinolsäure auch die Synthese von Prostaglandin E_2 angeregt, das wiederum zur vermehrten Sekretion von Elektrolyten und Wasser in das Darmlumen beiträgt. *Anw.:* als Abführmittel. Bestanteil diesbezüglicher Fertigpräparate. In Form des raffinierten Rizinusöls auch für Injektionszwecke und Augentropfen. Äußerlich in Zubereitungen bei Hauterkrankungen, u. a. zur Abdeckung bei Fissuren, oft Bestandteil kosmetischer Präparate sowie in der Technik als Gleit- und Schmiermittel. Ein hydriertes Rizinusöl wird als Castorwachs bezeichnet. ***2. Ricini semen*** (*Semen Cataputiae majoris, Semen Palma-Christi, Semen Ricini*); Rizinussamen (syn. Castorsamen, Purgierkörner), die reifen Samen; s. Farbtafel S. 300, Bild 117. *Inh.:* fettes Öl (42–55 %, Rizinusöl), Proteine, u. a. Lectine und das hochtoxische Glykoprotein Ricin, ferner Alkaloide, u. a. Ricinin. *Wirk.:* Die einst übliche Anwendung der pulverisierten Samen als Breiumschlag bei entzündlichen Hauterkrankungen, bes. bei Abszessen, ist wegen der hohen Toxizität der Samen strikt abzulehnen. Die Einnahme von etwa 10 Samen können tödlich für einen Menschen sein. Im Rizinusöl ist das toxische Ricin nicht enthalten.

Hom.: ***Ricinus communis*** HAB34; die reifen Samen. *Anw.-Geb.:* Durchfallerkrankungen.

Histor.: Die Droge fand bereits im Altertum Beachtung. So fand man Rizinussamen in alten ägyptischen Gräbern (um 4000 v. Chr.) als Totenbeigabe und im alten Griechenland wurde die Pflanze zur Gewinnung des Öles, das als Abführmittel diente, kultiviert. Nach Mitteleuropa gelangte die Pflanze erst im 16. Jh. und wird hier von den Kräuterbüchern als Abführ- und Wurmmittel beschrieben. Die Herkunft des Gattungsnamens *Ricinus* wird unterschiedlich interpretiert. Möglich ist die Herkunft vom hebräischen *rikar* oder vom griechischen *rikinos* (rundlich). Nach ↗ Plinius hat jedoch der Baum seinen Namen vom lateinischen *ricinus* (Zecke, Holzbock), wegen der Ähnlichkeit des Samen mit diesem Insekt. Der dt. Name Wunderbaum wird einerseits mit dem schnellen Wachstum in Verbindung gebracht, andererseits auch mit der biblischen Erzählung des Propheten Jonas, der ihn zum Schutze vor der Sonne vor sein Zelt pflanzte und angeblich in einer Nacht zu einem Baum emporwuchs. In den Werken des Altertums spielte die Pflanze stets eine Rolle. Nach Herodot war er im alten Ägypten als Ölpflanze bekannt. Im ↗ Papyrus Ebers werden die Samen als Purgans und Haarwuchsmittel sowie die Salbe gegen übelriechende Geschwüre genannt. In Indien weisen verschiedene Sanskritnamen auf die Pflanze hin. Im Mittelalter findet man den Baum unter verschiedenen Namen, u. a. „arbor mirabilis", „Ricinus minor" und „Wunderbaum". Lange Zeit diente das Öl der Samen, bes. in Europa, bevorzugt als Brennöl; als Laxans wird es hier seit dem 18. Jh. genutzt.

Ricinus inermis ↗ Ricinus communis.
Ricinus laevis ↗ Ricinus communis.
Ricinus lividus ↗ Ricinus communis.
Ricinus persicus ↗ Ricinus communis.
Ricinus speciosus ↗ Ricinus communis.
Ricinus spectabilis ↗ Ricinus communis.
Ricinus viridis ↗ Ricinus communis.

Ricinus vulgaris ↗ Ricinus communis.
Rickelchen ↗ Primula-Arten.
Ried ↗ Phragmites communis.
Riedgras ↗ Carex arenaria.
Riedgraswurzel ↗ Calamagrostis lanceolata.
Riesenblume ↗ Loranthus europaeus.
Riesenbovist ↗ Calvatia gigantea.
Riesenfenchel ↗ Ferula communis.
Riesengoldrute ↗ Solidago-Arten.
Riesengoldrutenkraut ↗ Solidago-Arten.
Riesenkaktus ↗ Carnegiea gigantea.
Riesenkiefer ↗ Pinus-Arten.
Riesenorange ↗ Citrus-Arten.
Riesenschilf ↗ Arundo donax.
Riesenspinne ↗ Avicularia avicularia.
Riesen-Stäubling ↗ Calvatia gigantea.

■ Rifabutin

(syn. Ansamicin), Ansamakrolid-Antibiotikum, das von *Micromonospora lacustris* produziert wird. Wirk.: Transkriptionshemmung durch Bindung an die DNA-abhängige RNA-Polymerase. Anw.: zur Therapie der Tuberkulose und zur Prophylaxe von Mykobakteriosen bei AIDS.

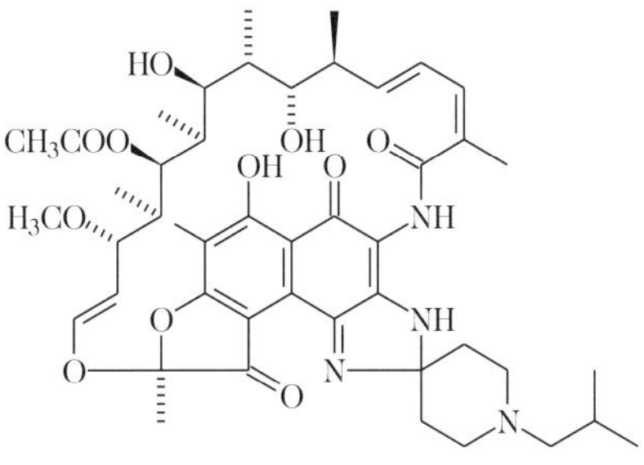

Rifabutin

■ Rifampicin

Ansamakrolid-Antibiotikum, das partialsynthetisch aus ↗ Rifamycinen hergestellt wird. Wirk.:

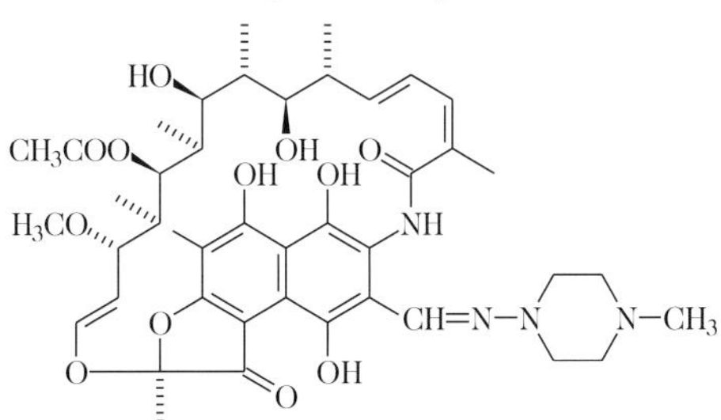

Rifampicin

Transkriptionshemmung durch Bindung an die DNA-abhängige RNA-Polymerase. Anw.: zur Basis-Therapie der Tuberkulose.

■ Rifamycine

Ansamakrolid-Antibiotika, die von *Streptomyces mediteranei* gebildet werden. Zu den R. gehört u. a. ↗ Rifampicin. Wirk.: Transkriptionshemmung durch Bindung an die DNA-abhängige RNA-Polymerase. Anw.: selten zur Basis-Therapie der Tuberkulose sowie lokal bei Augeninfektionen. R. sind Ausgangspunkt für partialsynthetische Derivate. Geg.: Schwangerschaft.

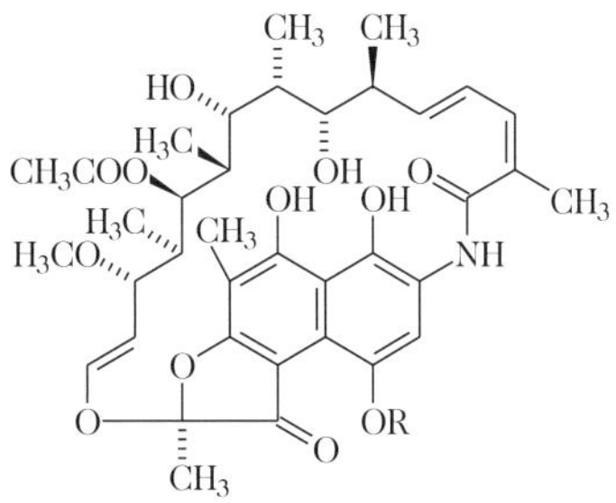

Rifamycin: R = H
Rifamycin B: R = CH_2COOH

Rind ↗ Bos taurus.
Rindergalle ↗ Bos taurus.
Rinderklauenöl ↗ Bos taurus.
Rindertalg ↗ Bos taurus, ↗ Sebum.
Ringblume ↗ Anacyclus x officinarum.
Ringelblume ↗ Calendula officinalis, ↗ Taraxacum officinale.
Ringelblumenblüten ↗ Calendula officinalis.
Ringelrose ↗ Calendula officinalis.
Rispelstrauch ↗ Myricaria germanica.
Rispen-Gipskraut ↗ Gypsophila paniculata.
Rispenhafer ↗ Avena sativa.
Rispiges Gipskraut ↗ Gypsophila paniculata.
Rißpilze ↗ Inocybe-Arten.

■ Ristocetin

Glykopeptidantibiotikum, das von *Nocardia lurida* gebildet wird. Struktur und Eigenschaften sind ↗ Vancomycin sehr ähnlich (Formel S. 232).

Rittersporn ↗ Delphinium consolida.
Ritterspornblüten ↗ Delphinium consolida.
Rivea corymbosa ↗ Turbina corymbosa.
Rizinusöl ↗ Ricinus communis.

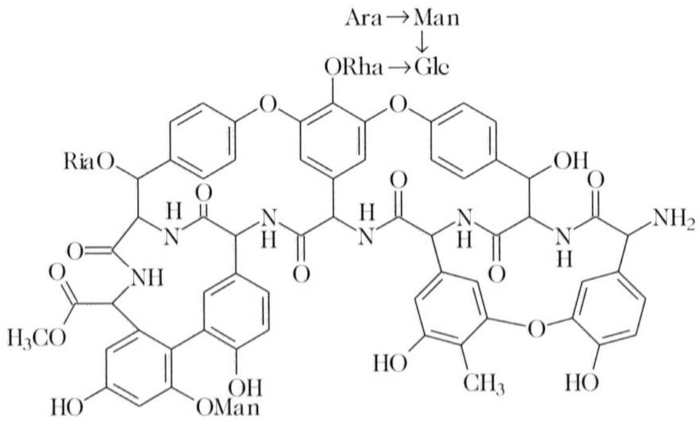

Ria Ristosamin, Glc Glucose
Man Mannose; Ara Arabinose
Rha Rhamnose

Ristocetin

Rizinussamen ↗ Ricinus communis.
Robertskraut ↗ Geranium robertianum.

■ Robinia pseudoacacia L.

Robinie (syn. Scheinakazie, Schotendorn), s. Farbtafel S. 300, Bild 118.

Fam.: Fabaceae (Leguminosae).

Vork.: östliches Nordamerika, Mexiko, in Europa eingebürgert.

Drogen: ***1. Cortex Robiniae pseudacaciae;*** Robinienrinde (syn. Falsche Akazienrinde, Schotendornrinde). Inh.: toxische Proteine, wie Robin (ca. 1,6 %) und Phasin; Syringin, Gerbstoffe (2–7 %); Harz. ***2. Folia Robiniae pseudacaciae;*** Robinienblätter (syn. Falsche Akazienblätter). Inh.: Indican, Asparagin, wenig äther. Öl, Flavonoide. Anw.: als Aromatikum. ***3. Flores Robiniae pseudacaciae;*** Robinienblüten (syn. Falsche Akazienblüten). Inh.: Flavonoide, wie Robinin, Acaciin;

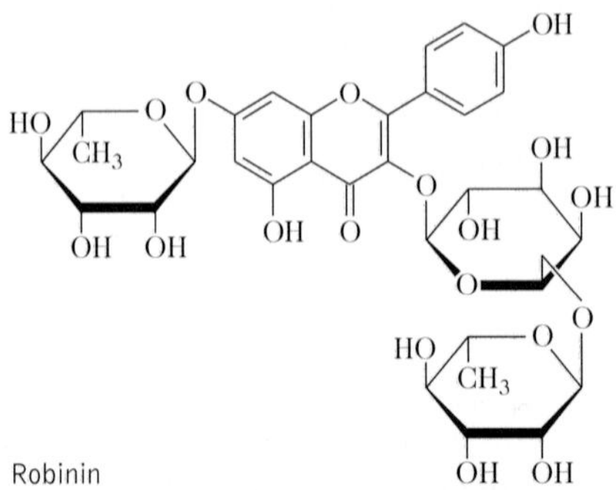

Robinin

äther. Öl mit Anthranilsäureestern, Farnesol, Nerol, Linalool und anderen stark duftenden Stoffen. Anw.: als Aromatikum und Gewürz. Die Droge dient auch zur Bereitung von parfümierten Wässern sowie zur Ungeziefervertreibung.

Hom.: ***Robinia pseudoacacia*** HAB; Falsche Akazie, die frische Rinde der jungen Zweige. Anw.-Geb.: Erkrankungen des Magen-Darm-Traktes, bei Obstipation, Hyperacidität und Gastrointestinalgeschwüren.

Histor.: Der Gattungsname *Robinia* wurde nach Jean Robin, dem Gärtner Heinrichs IV. und Ludwigs XIII., benannt, da dieser den Baum Anfang des 17. Jh. aus Amerika nach Paris brachte. Die Bezeichnung *pseudacacia* rührt daher, daß man den Baum zunächst irrtümlicherweise für eine *Acacia* hielt.

Robinie ↗ Robinia pseudoacacia.
Robinienblatt, -blüte, -rinde ↗ Robinia pseudoacacia.
Robusta ↗ Coffea-Arten.
Robustakaffee ↗ Coffea-Arten.

■ Rocella-Arten

(Krustenflechten).

Fam.: Rocellaceae.

Vork.: Felsküsten der Mittelmeergebiete, Atlantikküste Frankreichs und Englands, Küsten der Azoren, Afrikas, Indiens, Australiens und Südamerikas.

Inh.: Lichenin, Isolichenin, Depside verschiedener ↗ Flechtensäuren. Anw.: *Rocella portentosa* und weitere Arten Nordafrikas (*R. arnoldi, R. fuciformis, R. fucoides, R. pernensis*) und der Kanarischen Inseln dienten früher zur Gewinnung der Farbstoffe ↗ Orseille und Lackmus. Heute ist ihre Bedeutung gering. Durch den Gehalt an antibiotisch wirkenden Flechtensäuren werden sie in der traditionellen Medizin verwendet.

Rochen ↗ Raja clavata.
Rochenleberöl ↗ Raja clavata.
Rockenmutter ↗ Claviceps purpurea.
Rodschiedia bursa-pastoris ↗ Capsella bursa-pastoris.
Roggen ↗ Secale cereale.
Roggenbrand ↗ Claviceps purpurea.
Roggenstärke ↗ Secale cereale.
Rohbromelain ↗ Ananas comosus.
Rohes Tieröl ↗ Oleum animale.
Rohopium ↗ Papaver somniferum.
Rohpapain ↗ Carica papaya.
Röhrenkassie ↗ Cassia-Arten.
Röhrenmanna ↗ Fraxinus-Arten.
Rohrglanzgras ↗ Phalaris arundinacea.
Rohrheide ↗ Genista tinctoria.
Rohrwurzel ↗ Arundo donax, ↗ Carlina acaulis.
Rohrzucker ↗ Saccharose, ↗ Saccharum officinarum, ↗ Beta vulgaris var. altissima.
Rolandsdistel ↗ Eryngium-Arten.
Rollhafer ↗ Avena sativa.
Römische Bertramwurzel ↗ Anacyclus pyrethrum.
Römische Bohne ↗ Ricinus communis.
Römische Hundskamille ↗ Chamaemelum nobile.
Römische Kamille ↗ Chamaemelum nobile, ↗ Chrysanthemum-Arten.
Römischer Balsam ↗ Chrysanthemum-Arten.
Römischer Bertram ↗ Anacyclus pyrethrum.
Römischer Fenchel ↗ Foeniculum vulgare.
Römischer Kümmel ↗ Cuminum cyminum.
Römischer Thymian ↗ Thymus-Arten.
Römischer Wermut ↗ Artemisia pontica.
Ronabea emetica ↗ Cephaelis-Arten.
Rooibos-Tee ↗ Aspalathus linearis.
Rorella rotundifolia ↗ Drosera-Arten.
Roripa armoracia ↗ Armoracia rusticana.
Roripa rusticana ↗ Armoracia rusticana.
Rorippa nasturtium ↗ Nasturtium officinale.
Rorippa nasturtium-aquaticum ↗ Nasturtium officinale.
Rosa affinis ↗ Rosa pendulina.
Rosa alpina ↗ Rosa pendulina.
Rosa amygdalifolia ↗ Rosa laevigata.
Rosa armata ↗ Rosa canina.
Rosa Beeren ↗ Schinus-Arten.
Rosa bifera ↗ Rosa x damascena.
Rosa calendarum ↗ Rosa x damascena.

■ **Rosa canina** L.
(syn. *Rosa armata, R. caucasica, R. frondosa, R. glauca, R. lutetiana, R. taurica*); Gemeine Heckenrose (syn. Hagdorn, Hagrose, Hundsrose, Wildrose, Zaunrose) s. Farbtafel S. 300, Bild 119.

Fam.: Rosaceae.

Vork.: 1–5 m hoher Strauch mit bogig überhängenden Zweigen, der an Walrändern, Hecken und Steinhaufen in Europa, Nordafrika, Klein-, West- und Nordasien sowie in Nordamerika verwildert vorkommt.

Drogen: ***1. Rosae fructus*** (syn. *Cynosbati semen, Semen Cynorrhodi, Semen Cynosbati*); Hagebuttensamen (syn. Hagebuttenkerne, Hagebuttennüßchen, Kernlestee). *Inh.:* bis zu 10 % fettes Öl sowie Spuren von äther. Öl, Gerbstoffe, Schleimstoffe, Proteine und Phospholipide. *Anw.:* Das Samenöl wird zur Behandlung atrophischer Haut, zur Narbenbehandlung sowie zur Reduktion von Faltenbildung der Haut eingesetzt. In der Volksheilkunde dient ein Tee aus Hagenbuttenkernen zur Behandlung von Steinleiden, Harnwegserkrankungen sowie rheumatischen Beschwerden. ***2. Rosae pseudofructus*** (syn. *Cynosbati fructus sine semine, Pseudofructus rosae sine seminibus*); Hagebuttenschalen (syn. Dornapfelschalen, Hainbuttenschalen). *Inh.:* bis 2,4 % ↗ Ascorbinsäure (Vitamin C) und Dehydroascorbinsäure, Äpfel-, Citronensäure sowie bis zu 11 % Pektinsäure. *Anw.:* Die Droge wird hauptsächlich in der Volksheilkunde als Tee zur Vorbeugung und Behandlung von Erkältungskrankheiten und grippalen Infekten eingesetzt, dabei ist der Vitamin-C-Gehalt entscheidend. Hagebuttenschalen werden auch zur Herstellung von Marmeladen, Säften und Kompotten verwendet. ***3. Rosae pseudofructus cum fructibus*** (syn. *Cynosbati fructus, Cynosbati fructus cum semine, Fructus Cynosbati, Fructus Cynorrhodi, Fructus Rosae, Hypanthium Rosae, Pseudofructus Rosae*); Hagebutten (syn. Arschkratzerl, Dornapfel, Hainbutten, Hetscherl, Hiefen, Hiffen, Rosenbeere). *Inh.:* bis 1,85 % ↗ Ascorbinsäure, Äpfel-, Zitronen- und Pektinsäure, Polyphenole (Anthocyane, Proanthocyanine), Flavonoide, Zucker, fettes Öl und Carotinoide. *Anw.:* siehe *Rosae pseudofructus*. Hagebutten sind als natürlicher Vitamin-C-Träger oft Bestandteil von Kräuterteemischungen, die als Frühstücks- oder Abendbrottees vielfach genutzt werden. Zur ↗ Teezubereitung verwendet man etwa 2–2,5 g

(1 Teelöffel = 3,5 g) zerkleinerte Hagebutten. ***4. Fungus Cynosbati***; Schlafapfel (syn. Schlafkunze, Rosenschwamm), die durch den Stich und die Eiablage der Rosen-Gallwespe *Cynips Rosae* (syn. *Rhodites Rosae*) an den jungen Trieben von *R. canina* erzeugten Wucherungen. Inh.: Tannin-Gerbstoffe. Anw.: in der Volksheilkunde als Adstringens.

Hom.: ***Rosa canina*** HAB 34, die frischen Blumenblätter.

Histor.: Die lateinische Bezeichnung für *Rosa canina* ist eine Übersetzung des griechischen *kynósbatos*, das vom griechischen *kyon, kynos* (Hund) und *bátos* (Dornstrauch) abgeleitet ist und bei ↗ Plinius einen Sammelbegriff für verschiedene Wildrosen darstellte. Die verschiedenen Formen des Wortes Rose, nämlich *rosa* (lat.), *rhodon* (griech.), *roschaill* (keltisch) oder *roza* (slavisch) stammen offensichtlich alle vom indogermanischen *vrod* oder *vard*, das im Sanskrit als zart, biegsam erhalten ist, ab. Bereits die Ärzte des klassischen Altertums hatten die Hagebutten in ihren Arzneischatz aufgenommen, ebenso die mittelalterlichen Kräuterbücher.

Rosa caucasica ↗ Rosa canina.

■ Rosa x centifolia

(syn. *Rosa centifolia x vulgaris, R. gallica x centifolia, R. provincialis*); Hundertblättrige Rose (syn. Essigrose, Kohlrose, Mairose, Provence-Rose, Zentifolie).

Fam.: Rosaceae.

Vork.: beheimatet im Kaukasus, Iran und der Türkei, erfolgt der Anbau der Pflanze heute in Frankreich, Marokko und Italien.

Drogen: ***1. Rosae aetheroleum*** (syn. *Oleum Rosae, Oleum Rosarum*); Rosenöl (syn. Ätherisches Rosenöl, Rosen-Attar). Inh.: Das äther. Öl der frischen Kronblätter enthält bis zu 400 verschiedene Komponenten, duftbestimmend sind v. a. 1-Citronellol, Rosenoxide und Geraniol sowie Spuren von Neroloxid, Rosenfuran und Rosenketone. Anw.: Rosenöl wird in Form von *Aqua rosae* (Rosenwasser) und *Mel rosatum* (Rosenhonig) als Geruchs- und Geschmackskorrigenz für arzneiliche Zubereitungen benutzt. In der Volksheilkunde dient die Droge zur Krampflösung bei Gallenblasen-, Magenbeschwerden und Bronchialasthma. Auch die Aromatherapie zur körperlichen und geistigen Entspannung nutzt den Duft der Droge. Große Mengen des Rosenöls werden seit altersher in der Parfüm- und Kosmetikindustrie verwendet. ***2. Rosae flos*** (syn. *Flores Rosae, Rosae petalum*); Rote Essigrosenblüten oder weiße Zentifolienrosenblüten (syn. Rosenblüten). Inh.: bis 0,02 % äther. Öl (siehe *Rosae aetheroleum*), Flavonolglykoside, Anthocyane, Gerbstoffe, Chinasäure u. a. Anw.: Die Droge soll adstringierende Wirksamkeit besitzen, in der Volksheilkunde wird sie bei leichten Entzündungen im Mund- und Rachenraum sowie bei Aphthen und Lidentzündungen eingesetzt; früher auch innerlich bei Blutungen, Weißfluß, Durchfall und Lungenkrankheiten. Rosenblätter finden weiterhin Anwendung als Schmuckdroge in Teemischungen, in Pudern und Bädern zur Parfümierung sowie als Gewürz in Form von Rosenblättermarmelade oder Rosenessig.

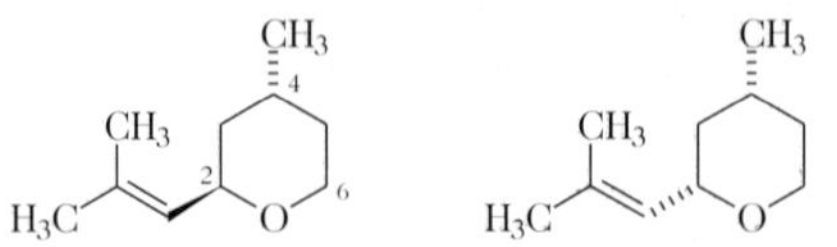

Rosenoxide

Hom.: ***Rosa centifolia*** HAB34, die frischen Blumenblätter.

Histor.: Die Verwendung der Blütenblätter zu kosmetischen, diätetischen und medizinischen Zwecken geht bis in die ältesten Kulturkreise zurück. Chinesische und Sanskritschriften schreiben vom Wohlgeruch der Blüten und über das durch Mischen der Blütenblätter mit Fett gewonnene Rosenöl, das zum Einbalsamieren aller Art genutzt wurde. So wird z. B. in der Ilias berichtet, daß die Aphrodite den Leichnam Hektors mit Rosenöl salbte. Herodot rühmt die prachtvollen Rosengärten des Königs Midas von Thrakien und schreibt von einer sechzigblättrigen Rose, vermutlich *Rosa centifolia*. Bei den griechischen und römischen Ärzten des Altertums galten die Rosenblütenblätter als kühlendes und adstringierendes Mittel.

Rosa centifolia bifera ↗ Rosa x damascena.
Rosa centifolia x vulgaris ↗ Rosa x centifolia.
Rosa cherokeanensis ↗ Rosa laevigata.
Rosa cinnamomea ↗ Rosa pendulina.
Rosa cucumerina ↗ Rosa laevigata.

■ Rosa x damascena Mill.

(syn. *Rosa bifera, R. calendarum, R. centifolia*

bifera, R. menstrua); Damaszener Rose (syn. Monatsrose, Portlandrose).

Fam.: Rosaceae.

Vork.: ursprünglich aus Persien stammend, durch die Kreuzfahrer über Damaskus nach Europa gebracht. Heute in allen warmen Zonen verbreitet.

Droge: ***Rosae aetheroleum*** s. *Rosa x centifolia*.

Hom.: ***Rosa*** HAB34; die frischen Blütenblätter.

Rosae aetheroleum ↗ Rosa x centifolia.
Rosae flos ↗ Rosa x centifolia.
Rosae fructus ↗ Rosa canina.
Rosae laevigatae pseudofructus ↗ Rosa laevigata.
Rosae multiflorae pseudofructus ↗ Rosa multiflora.
Rosae petalum ↗ Rosa x centifolia.
Rosae pseudofructus ↗ Rosa canina.
Rosae pseudofructus cum fructibus ↗ Rosa canina, ↗ Rosa pendulina.
Rosa ferox ↗ Rosa rugosa.
Rosa florida ↗ Rosa multiflora.
Rosa frondosa ↗ Rosa canina.

■ **Rosa gallica** L.
(syn. *Rosa grandiflora, R. provincialis, R. pumila, R. rubra*); Apothekerrose (syn. Essigrose, Französische Rose, Gallische Rose, Rote Rose, Samtrose, Zuckerrose).

Fam.: Rosaceae.

Vork.: Südeuropa, Nordafrika, Transkaukasien, auf dem Balkan kultiviert.

Drogen: *1.* ***Rosae aetheroleum*** ↗ *Rosa x damascena. 2.* ***Rosae flos*** ↗ *Rosa x centifolia*.

Rosa gallica x centifolia ↗ Rosa x centifolia.
Rosa glauca ↗ Rosa canina.
Rosa grandiflora ↗ Rosa gallica.
Rosa hystrix ↗ Rosa laevigata.
Rosa kamtschatica ↗ Rosa rugosa.

■ **Rosa laevigata** Michx.
(syn. *Rosa amygdalifolia, R. cherokeanensis, R. cucumerina, R. hystrix, R. sinica, R. ternata, R. trifoliata*).

Fam.: Rosaceae.

Vork.: Südchina, Taiwan, Japan, Hinterindien, Süden der USA.

Droge: ***Rosae laevigatae pseudofructus*** (syn. *Fructus rosae laevigatae, Pseudofructus rosae laevigatae*); *Rosa-laevigata*-Hagebutten, die getrockneten, von den borstigen Stacheln befreiten, reifen, roten Scheinfrüchte. *Inh.:* Äpfel- und Citronensäure, Fruchtzucker, Gerbstoffe, wie dimere Ellagitannine, z. B. Agrimonin, Laevigatin D. *Anw.:* in der traditionellen chinesischen Medizin bei Milzschwäche, chronischen Durchfällen, Nieren- und Blasenschwäche, Bettnässen, Weißfluß, Gebärmuttererkrankungen, bei Blähungen, Husten und äußerlich bei Brandwunden.

Rosa lutetiana ↗ Rosa canina.
Rosa menstrua ↗ Rosa x damascena.

■ **Rosa moschata** Herrm.
(syn. *Rosa ruscinonesis*); Moschusrose.

Fam.: Rosaceae.

Vork.: Himalaya-Region, Europa, Amerika, Mittelmeergebiete.

Drogen: *1.* ***Rosae fructus*** ↗ *Rosa canina. 2.* ***Rosae pseudofructus*** ↗ *Rosa canina*.

■ **Rosa multiflora** Thunb.
(syn. *Rosa florida, R. polyantha*); Büschelrose (syn. Japanrose, Noisetterose).

Fam.: Rosaceae.

Vork.: China, Japan, Korea, USA.

Droge: ***Rosae multiflorae pseudofructus*** (syn. *Rosae fructus*); Büschelrosenfrüchte, die ganzen, getrockneten Scheinfrüchte. *Inh.:* Flavonoide, wie Kämpferol- und Quercetinglykoside; Salicylsäure, Triterpene, fettes Öl. *Anw.:* in der japanischen Volksheilkunde bei Verstopfung; in der chinesischen Volksheilkunde zur Entwässerung und als Laxans.

■ **Rosa pendulina** L.
(syn. *Rosa affinis, R. alpina, R. cinnamomea, R. pyrenaica*); Alpen-Hagrose (syn. Alpenrose, Hängende Rose).

Fam.: Rosaceae.

Vork.: mittel- und südosteuropäische Gebirge.

Droge: ***Rosae pseudofructus cum fructibus*** ↗ *Rosa canina*.

Rosa Pfeffer ↗ Schinus-Arten.
Rosa polyantha ↗ Rosa multiflora.
Rosa provincialis ↗ Rosa x centifolia, ↗ Rosa gallica.
Rosa pumila ↗ Rosa gallica.
Rosa pyrenaica ↗ Rosa pendulina.
Rosa regeliana ↗ Rosa rugosa.

Rosa rubra ↗ Rosa gallica.

■ **Rosa rugosa** Thunb.
(syn. *Rosa ferox, R. kamtschatica, R. regeliana*); Japanische Apfelrose (syn. Kamtschatkarose, Kartoffelrose, Runzelrose).

Fam.: Rosaceae.

Vork.: Ostasien, Nordchina, in Europa als Zierpflanze sowie zur Drogengewinnung kultiviert.

Droge: ***Rosae pseudofructus*** ↗ *Rosa canina*.

Rosa ruscinonesis ↗ Rosa moschata.
Rosa sinica ↗ Rosa laevigata.
Rosa taurica ↗ Rosa canina.
Rosa ternata ↗ Rosa laevigata.
Rosa trifoliata ↗ Rosa laevigata.
Rosella ↗ Hibiscus sabdariffa.
Rosenapfel ↗ Syzygium-Arten.
Rosen-Attar ↗ Rosa x centifolia.
Rosenbeere ↗ Rosa canina.
Rosenblüten ↗ Rosa x centifolia.
Rosenkranzpappel ↗ Populus-Arten.
Rosenlorbeer ↗ Nerium oleander.
Rosenöl ↗ Rosa x centifolia.
Rosenpelargonie ↗ Pelargonium-Arten.
Rosenrote Wucherblume ↗ Chrysanthemum-Arten.
Rosenwasser ↗ Rosa x centifolia.
Rosinen ↗ Vitis vinifera.
Rosmarin ↗ Rosmarinus officinalis.
Rosmarinblätter ↗ Rosmarinus officinalis.
Rosmarini aetheroleum ↗ Rosmarinus officinalis.
Rosmarini folium ↗ Rosmarinus officinalis.
Rosmarinöl Rosmarinus officinalis.

■ **Rosmarinsäure**
(Caffeoyl-α-hydroxydihydrocaffeesäure), Depsid mit Gerbstoffeigenschaften (Labiatengerbstoff), das in vielen Lamiaceae und Boraginaceae vorkommt. <u>*Wirk.*</u>: hemmt die unspezifische Komplementaktivierung sowie die Lipoxigenase; wirkt als Radikalfänger. Daher besitzt R. antiphlogistische Eigenschaften.

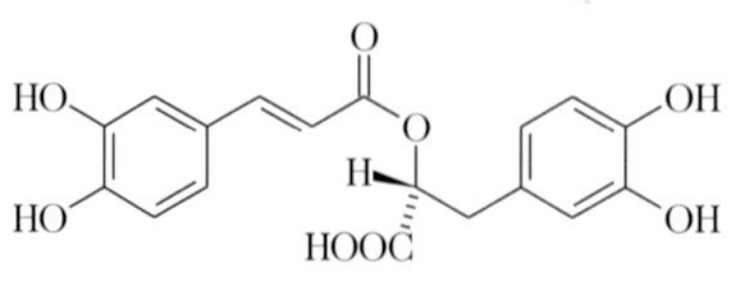

Rosmarinsäure

Rosmarinus angustifolius ↗ Rosmarinus officinalis.
Rosmarinus flexuosus ↗ Rosmarinus officinalis.
Rosmarinus latifolius ↗ Rosmarinus officinalis.
Rosmarinus laxiflorus ↗ Rosmarinus officinalis.

■ **Rosmarinus officinalis** L.
(syn. *Rosmarinus angustifolius, R. flexuosus, R. latifolius, R. laxiflorus, Salvia rosmarinus*); Rosmarin (syn. Kranzenkraut), s. Farbtafel S. 300, Bild 120.

Fam.: Lamiaceae (Labiatae).

Vork.: Mittelmeergebiete.

Drogen: ***1. Rosmarini aetheroleum*** (syn. *Aetheroleum Rosmarini, Oleum Roris marini, Oleum Rosmarini*); Rosmarinöl, das aus den Blättern und beblätterten Stengeln durch Wasserdampfdestillation gewonnene äther. Öl. <u>*Inh.*</u>: überwiegend Terpene mit den Hauptkomponenten Campher, 1,8-Cineol und α-Pinen, ferner Camphen und Borneol. Anteil der jeweiligen Hauptkomponenten schwankt je nach Herkunftsgebiet. <u>*Anw.*</u>: meist äußerlich zur unterstützenden Behandlung rheumatischer Erkrankungen, oft in Bädern oder als Einreibung, auch bei Kreislaufbeschwerden, zur Förderung der Hautdurchblutung sowie bei Quetschungen und Verstauchungen. ***2. Rosmarini folium*** (syn. *Folia Anthos, Folia Roris marini, Folia Rosmarini*); Rosmarinblätter. (syn. Krankrautblätter, Kranzenkrautblätter, Rosmarin), während oder nach der Blüte gesammelte, schonend getrocknete Laubblätter. <u>*Inh.*</u>: äther. Öl (1–2,5 %) s. *Rosmarini aetheroleum*, Diterpenphenole, u. a. Carnosolsäure, ein tricyclisches Diterpen vom Ferruginoltyp; ferner Depside, u. a. Rosmarinsäure; Flavone, u. a. Genkwanin und Luteolin; Flavonglykoside, u. a. Diosmin; Triterpene, u. a. Oleanol- und Ursolsäure. <u>*Anw.*</u>: innerlich bei dyspeptischen Beschwerden, äußerlich zur unterstützenden Behandlung rheumatischer Erkrankungen sowie bei Kreislaufbeschwerden. Zur ↗ Teezubereitung verwendet man 1 Teelöffel (2 g) fein geschnittene Droge. Zur äußerlichen Anwendung werden ca. 50 g Droge mit 1 l Wasser kurz aufgekocht und nach 15–20-minütigem Stehen dem Bade zugesetzt. ***3. Flores Rosmarini*** (syn. *Flores Anthos*), Rosmarinblüten, die getrockneten Blüten. <u>*Inh.*</u>: äther. Öl. <u>*Anw.*</u>: in der Volksheilkunde als Zusatz zu medizinischen Bädern.

Hom.: *1. Rosmarinus officinalis* HAB1; Rosmarin, die getrockneten Blätter. Anw.-Geb.: Erkrankungen des Zentralnervensystems und der weiblichen Geschlechtsorgane. *2. Rosmarinus officinalis e foliis recentibus* HAB1; die frischen Blätter. Anw.-Geb.: in der anthroposophischen Therapierichtung. *3. Rosmarinus officinalis spag. Zimpel* HAB1; die frischen, zur Blütezeit gesammelten oberirdischen Pflanzenteile. Anw.-Geb.: in der spagyrischen Therapierichtung bei Magen-Darm-Beschwerden, Erkrankungen der Haut sowie der Nieren und ableitenden Harnwege.

Histor.: Rosmarin hat offensichtlich, obwohl eine mediterrane Pflanze, in der antiken Medizin wenig Beachtung gefunden, wohl aber in der damaligen Kultur. Er war der Aphrodite geweiht und diente – wie Horaz und Ovid berichten – sowohl Menschen als auch Göttern als Schmuck. Durch kolonisierende Mönche kam der Rosmarin auch über die Alpen. Er wird im ↗ Capitulare de villis Karls des Großen erwähnt und gehörte im Mittelalter in Europa zu den geschätzten Arzneipflanzen. Berühmt war im 16. Jh. das *Aqua Reginae Hungariae*, das aus frischen Rosmarinblüten, zusammen mit Alkohol, destilliert wurde. Benannt wurde es nach der Königin Isabella von Ungarn, die gelähmt war, an Gicht litt und angeblich damit geheilt worden ist.

Roßfeigen ↗ Opuntia ficus-indica.
Roßfenchel ↗ Oenanthe aquatica.
Roßfenchelöl ↗ Oenanthe aquatica.
Roßfenchelwurzel ↗ Peucedanum officinale.
Roßkastanie ↗ Aesculus hippocastanum.
Roßkastaniensamen ↗ Aesculus hippocastanum.
Roßkerbel ↗ Oenanthe aquatica.
Roßklettenwurz ↗ Arctium-Arten.
Roßkümmel ↗ Oenanthe aquatica.
Roßminze ↗ Mentha-Arten.
Roßminzenkraut ↗ Mentha-Arten.
Rossolis septentrionalis ↗ Drosera-Arten.
Roßpappel ↗ Malva-Arten.
Roßpappelblüten ↗ Malva-Arten.
Roßrübe ↗ Bryonia-Arten.
Rostblättrige Alpenrose ↗ Rhododendron-Arten.
Rotalgen ↗ Rhodophyta.
Rotangharz ↗ Daemonorops draco.
Rotbeerblätter ↗ Fragaria vesca.
Rotbeerige Zaunrübe ↗ Bryonia-Arten.
Rotbeerwurzel ↗ Fragaria vesca.
Rotbuche ↗ Fagus sylvatica.
Rotbuchenfrüchte ↗ Fagus sylvatica.
Rotbusch-Tee ↗ Aspalathus linearis.
Rotbuschtee ↗ Aspalathus linearis.
Rote Bete ↗ Beta vulgaris.
Rote Bibernellwurzel ↗ Sanguisorba officinalis.
Rote Brustbeeren ↗ Zizyphus jujuba.
Rote Chinarinde ↗ Cinchona-Arten.
Rote Dattel ↗ Ziziphus jujuba.
Rote Essigrosenblüten ↗ Rosa x centifolia.
Rote Fetthenne ↗ Sedum telephium.
Rote Heckenkirsche ↗ Lonicera xylosteum.
Rote Heidelbeere ↗ Vaccinium-Arten.
Rote Hundsbeere ↗ Solanum-Arten.
Rote Immortellen ↗ Antennaria dioica.
Rote Johannisbeere ↗ Ribes rubrum.
Rote Koralle ↗ Corallium rubrum.
Rote Miere ↗ Anagallis arvensis.
Rotenoide ↗ Derris-Arten.

■ Rotenon

Isoflavanonderivat aus ↗ *Derris*-Arten, ↗ *Piscidia piscipula*, *Tephrosia*- und *Dalbergia*-Arten. Wirk.: Hemmstoff der Atmungskette durch Unterbrechung des Elektronenflusses von NADH auf Ubichinon. Für Säugetiere ist R. relativ ungiftig. Anw.: als Insektizid in der Landwirtschaft und im Gartenbau, als Fischgift zum Fischfang.

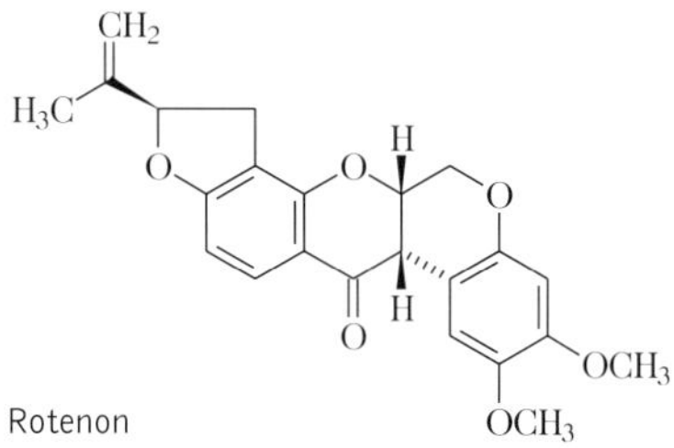

Rotenon

Rote Ochsenzungewurzel ↗ Alkanna tinctoria.
Rote Pfingstrosenwurzel ↗ Paeonia lactiflora.
Rote Quecke ↗ Carex arenaria.
Roter Aurin ↗ Centaurium minus.
Roter Baldrian ↗ Centranthus ruber.
Roter Chinarindenbaum ↗ Cinchona-Arten.
Roter Fingerhut ↗ Digitalis-Arten.
Roter Fliegenpilz ↗ Amanita muscaria.
Roter Gauchheil ↗ Anagallis arvensis.
Roter Grasbaum ↗ Xanthorrhoea australis.
Roter Hartriegel ↗ Cornus-Arten.
Roter Holunder ↗ Sambucus racemosa.
Roter Hornmohn ↗ Glaucium corniculatum.
Roter Hühnerdarm ↗ Anagallis arvensis.

Roter Keulenkopf ↗ Claviceps purpurea.
Roter Lapacho-Tee ↗ Tabebuia impetiginosa.
Roter Maulbeerbaum ↗ Morus-Arten.
Rote Rose ↗ Rosa gallica.
Roter Pfeffer ↗ Capsicum-Arten, ↗ Schinus-Arten.
Roter Sandelbaum ↗ Pterocarpus-Arten.
Roter Sandelholzbaum ↗ Adenanthera pavonina.
Roter Senf ↗ Brassica-Arten.
Roter Speik ↗ Valeriana celtica.
Rote Rübe ↗ Beta vulgaris.
Roter Wasserhanf ↗ Eupatorium-Arten.
Roter Weiderich ↗ Lythrum salicaria.
Rotes Akaroidharz ↗ Xanthorrhoea australis.
Rote Seifenwurzel ↗ Saponaria officinalis.
Rotes Grasbaumharz ↗ Xanthorrhoea australis.
Rotes Grundheil ↗ Anagallis arvensis.
Rotes Kaliaturholz ↗ Pterocarpus-Arten.
Rote Sonnenblume ↗ Echinacea-Arten.
Rotes Quebrachoholz ↗ Schinopsis quebracho-colorado.
Rotes Sandelholz ↗ Pterocarpus-Arten.
Rotes Sandkraut ↗ Spergularia rubra.
Rote Waldameise ↗ Formica rufa.
Rote Zaunrübe ↗ Bryonia-Arten.
Rote Zeder ↗ Juniperus virginiana.
Rotfärbewurzel ↗ Alkanna tinctoria.
Rotföhre ↗ Pinus-Arten.
Rotfrüchtige Zaunrübe ↗ Bryonia-Arten.
Rotholz ↗ Caesalpinia-Arten.
Rotkiefer ↗ Pinus-Arten.
Rotklee ↗ Trifolium pratense.
Rotlaufskraut ↗ Geranium robertianum.
Rotrandiger Baumschwamm ↗ Fomitopsis pinicola.
Rotrandiger Schichtporling ↗ Fomitopsis pinicola.
Rotrüster ↗ Ulmus-Arten.
Rotsandelholz ↗ Pterocarpus-Arten.
Rottanne ↗ Picea abies.
Rottlera affinis ↗ Mallotus philippinensis.
Rottlera aurantioca ↗ Mallotus philippinensis.
Rottlerae glandulae ↗ Mallotus philippinensis.
Rottlera indica ↗ Trewia nudiflora.
Rottlera japonica ↗ Mallotus japonicus.
Rottlera manilensis ↗ Mallotus philippinensis.
Rottlera philippinensis ↗ Mallotus philippinensis.
Rottlera tinctoria ↗ Mallotus philippinensis.
Rottlerin ↗ Mallotus philippinensis.
Rotulme ↗ Ulmus-Arten.
Rotwasserbaum ↗ Erythrophleum suaveolens.
Rotwurzel ↗ Lachnanthes tinctoria, ↗ Potentilla erecta.
Rotwurzsalbeiwurzel ↗ Salvia-Arten.
Roucon-Samen ↗ Bixa orellana.
Roupellia grata ↗ Strophanthus-Arten.
Rübenreps ↗ Brassica-Arten.
Rübenstieliger Rißpilz ↗ Inocybe-Arten.
Rübenwurzel ↗ Oenothera biennis.
Rübenzucker ↗ Beta vulgaris.
Ruberythrinsäure ↗ Rubia tinctorum.
Rubiae tinctorum radix ↗ Rubia tinctorum.

■ Rubia tinctorum L.

Krapp (syn. Färberröte), s. Farbtafel S. 301, Bild 121.

Fam.: Rubiaceae.

Vork.: Mittelmeergebiete, Südosteuropa, Zypern, Kleinasien, China, Japan, westliches Nordamerika, Mexiko, Südamerika.

Droge: ***Rubiae tinctorum radix*** (syn. *Radix Alizari, Radix Rubiae tinctorum*); Krappwurzel (syn. Färberwurzel), s. Farbtafel S. 301, Bild 122. *Inh.:* ↗ Anthracenderivate vom Rubiadin-Typ (2–4 %), v. a. Alizarin (syn. Ruberythrinsäure), Lucidin, Pseudopurpurin, Purpurin, Rubiadin sowie die

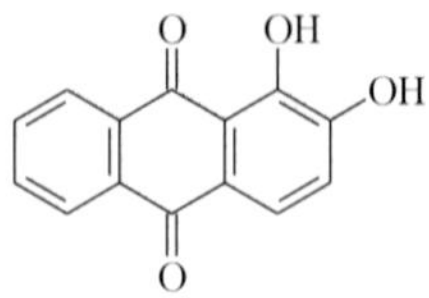

Alizarin (1,2-Dihydroxyanthrachinon)

Glucoside bzw. Primveroside dieser Verbindungen. *Anw.:* Da die Anthracenderivate mit Calciumionen lösliche Komplexe eingehen, wurde die Droge zur Rezidivprophylaxe von Harnsteinen eingesetzt. Aufgrund der genotoxischen Effekte von Biotransformationsprodukten des Lucidins und Rubiadins wird eine Anwendung heute nicht mehr empfohlen. In der Volksheilkunde diente die Droge auch zur Wundbehandlung und als Antidiarrhoikum. Darüber hinaus wird sie als Ausgangspunkt für die Herstellung von Lacken, Farben und Beizen sowie in Kleinasien zur Teppichfärberei eingesetzt.

Hom.: ***Rubia tinctorum*** HAB34, Krappfärberröte, die getrockneten Wurzeln. *Anw.-Geb.:* Erkrankungen der Nieren und ableitenden Harnwege.

Histor.: Den Gattungsnamen *Rubia* gaben die Römer der Pflanze wegen des roten Farbstoffs der Wurzel (*rúber* = rot). Auch der Artname *tinctorium* vom lateinischen *tinctor* (Färber) weist auf die Verwendung als Farbstoff hin. Der deutsche Name Krapp geht auf das althochdeutsche *Krapso* (Haken) zurück und wird mit den rückwärts gerichteten Stacheln der Stengel und Blätter begründet. Als Färbematerial war die Krappwurzel bereits in vorchristlicher Zeit bekannt. Über die Alpen gelangte die Pflanze durch die Benediktiner. Im ↗ Capitulare de villis Karls des Großen wird der Anbau der Pflanze dringend empfohlen. Umfangreiche Kulturen bestanden in späterer Zeit bes. in Frankreich, da die französischen Soldaten rote Hosen trugen und daher große Mengen an Farbstoff benötigt wurden. Ebenso verdankt auch der türkische Fez seine leuchtend rote Farbe dem Krappfarbstoff. Neben der Verwendung als Farbstoffpflanze wurde die Droge bereits im Altertum auch medizinisch genutzt. ↗ Dioskurides weist auf die guten diuretischen Eigenschaften der Krappwurzel hin, eine Eigenschaft, die bis in die Neuzeit bei Nierenleiden genutzt wurde.

Rubi fruticosi folium ↗ Rubus-Arten.
Rubi idaei folium ↗ Rubus-Arten.
Rüböl ↗ Brassica-Arten.
Rübsaat ↗ Brassica-Arten.
Rübsamenöl ↗ Brassica-Arten.
Rübsen ↗ Brassica-Arten.

■ Rubus-Arten

● **Fam.:** Rosaceae.

● **Rubus fruticosus** L. (syn. *Rubus plicatus*); Brombeere (syn. Brambeere, Kratzbeere), s. Farbtafel S. 301, Bild 123.

Vork.: Europa, Asien.

Droge: ***Rubi fruticosi folium*** (syn. *Folia Rubi fruticosi*); Brombeerblätter. Inh.: Gerbstoffe (5–14 %), Flavonoide, Vitamin C, Schleimstoffe, äther. Öl, Citronensäure, Isocitronensäure. Anw.: als Adstringens und Antidiarrhoikum, in Gurgelwässern und Waschungen bei Hautausschlägen; in der Volksheilkunde früher auch bei übermäßiger Menstruation, Weißfluß sowie zur Blutreinigung. Die Droge dient nach Fermentation als Ersatz für chinesischen Tee und wird daher als coffeinfreier Frühstückstee gehandelt. Zur ↗ Teezubereitung verwendet man etwa 1,5 g (1 Teelöffel ca. 0,6 g) feinzerschnittene Blattdroge. Als Tagesdosis werden 4–5 g Droge empfohlen.

Hom.: ***Rubus fruticosus*** HAB1; Brombeere, die frischen, schwach behaarten Blätter.

Histor.: Der lateinische Gattungsname *Rubus*, abgeleitet von *ruber* (rot), der roten Früchte wegen, wurde neben verschiedenen *Rubus*-Arten auch für einige Wildrosen gebraucht. Der Artname *fruticosus*, abgeleitet von *frutex* (lat., Strauch) weist auf den Habitus der Pflanze hin. Die dt. Bezeichnung Brombeere wird auf das mittelhochdeutsche *bräme*, allgemein als Dornstrauch bezeichnet, zurückgeführt. Blätter und Früchte des Brombeerstrauches finden bereits in den hippokratischen Schriften Erwähnung und dienten zur Behandlung von eiternden und leicht blutenden Geschwüren.

● **Rubus idaeus** L.; Himbeere.

Vork.: Europa, Nordasien, Nordamerika, häufig kultiviert.

Drogen: ***1. Rubi idaei folium*** (syn. *Folia Rubi idaei*); Himbeerblätter. Inh.: Gerbstoffe, Flavonoide, Vitamin C, Fruchtsäuren, Zucker, Schleimstoffe. Anw.: in der Volksheilkunde zu Blutreinigungskuren sowie als Haus- und Frühstückstee. ***2. Fructus Rubi idaei***; Himbeeren. Inh.: Fruchtsäuren (1,5–2 %), Zucker, Schleimstoffe, Pektin, Anthocyanglykoside, Flavonoide. Anw.: Ausgangspunkt zur Herstellung des offizinellen Himbeersirups (*Sirupus Rubi idaei*), der als Geschmackskorrigens verwendet wird. Himbeeren werden als Obst gegessen, die daraus bereiteten Säfte sind in der Volksheilkunde ein beliebtes Getränk für Fieberkranke und zur Durchführung von Saftkuren.

Rudbeckia bicolor ↗ Rudbeckia hirta.
Rudbeckia brittonii ↗ Rudbeckia hirta.
Rudbeckia gracilis ↗ Rudbeckia hirta.

■ Rudbeckia hirta L.

(syn. *Rudbeckia bicolor*, *R. brittonii*, *R. gracilis*, *R. serotina*, *R. strigosa*); Rauhhaariger Sonnenhut.

Fam.: Asteraceae (Compositae).

Heim.: Nordamerika.

Droge: ***Rudbeckia-hirta-Kraut***, die zur Blütezeit geernteten frischen oder getrockneten oberirdischen Teile. Inh.: Polyine, bes. Dithiapolyine und Thiarubrine A und B, Flavonoide, Sterole und Triterpene. Wirk.: hohes Allergisierungspotential, die therapeutische Anwendung ist daher nicht zu empfehlen.

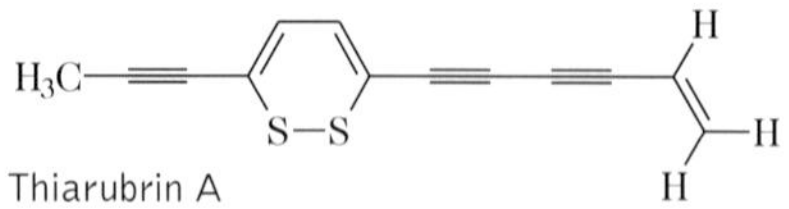

Thiarubrin A

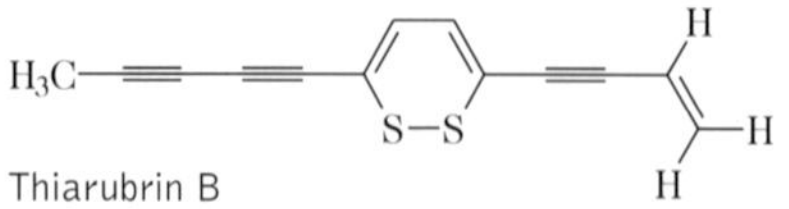

Thiarubrin B

Hom.: ***Rudbeckia hirta*** HAB34, das frische blühende Kraut.

Rudbeckia hispida ↗ Echinacea-Arten.

■ **Rudbeckia laciniata** L.
Schlitzblättriger Sonnenhut (syn. Goldball, Goldstrahl, Sonnenhut).

Fam.: Asteraceae (Compositae).

Vork.: atlantisches Nordamerika, in Mitteleuropa kultiviert.

Droge: ***Rudbeckia-laciniata-Kraut***, die frischen oder getrockneten oberirdischen Teile der Pflanze. *Wirk.:* Wegen möglicher toxischer Eigenschaften ist die therapeutische Anwendung der Droge nicht zu empfehlen.

Rudbeckia pallida ↗ Echinacea-Arten.
Rudbeckia purpurea ↗ Echinacea-Arten.
Rudbeckia serotina ↗ Echinacea-Arten, ↗ Rudbeckia hirta.
Rudbeckia strigosa ↗ Rudbeckia hirta.
Ruhmeskrone ↗ Gloriosa superba.
Ruhrkraut ↗ Antennaria dioica, ↗ Helichrysum arenarium, ↗ Sanguisorba officinalis.
Ruhrkrautblüten ↗ Helichrysum arenarium.
Rühr-mich-nicht-an ↗ Impatiens noli-tangere.
Ruhrrinde ↗ Croton elutaria, ↗ Simarouba amara.
Ruhrwurz ↗ Potentilla erecta.
Ruhrwurzel ↗ Cephaelis-Arten.
Ruke ↗ Eruca sativa.
Ruku-Samen ↗ Bixa orellana.
Rukustrauch ↗ Bixa orrelana.

■ **Rumex acetosa** L. **var. hortensis**
(syn. *Rumex rugosus*); Gartensauerampfer (syn. Sauerampfer).

Fam.: Polygonaceae.

Vork.: Europa.

Droge: ***Rumicis acetosae herba*** (syn. *Herba Rumicis acetosae*); Sauerampferkraut. *Inh.:* Kaliumoxalat und freie Oxalsäure, Hyperosid, Vitamin C. *Anw.:* in der Volksheilkunde als Blutreinigungsmittel zu den sogen. Frühjahrskuren.

Hom.: ***Rumex acetosa*** HAB34; die frischen, unterirdischen Pflanzenteile. *Anw.-Geb.:* Reizhusten, Hautleiden, Krämpfe.

Rumex acetosa, Blatt und Blüten.

Histor.: Der Gattungsname *Rumex* ist die alte lateinische Bezeichnung für den Ampfer. Der Artname *acetosa* von *acetum* (lat., Essig) bezieht sich auf den säuerlichen Geschmack, *crispus* (lat., kraus) auf den gewellten Rand der Blätter. Das Wort Ampfer, abgeleitet vom niederländischen und schwedischen *amper* (sauer, scharf, bitter) ist ursprünglich ein Adjektivum zum Substantiv, so daß die Bezeichnung Sauerampfer eine Tautologie darstellt, da beide die gleiche Bedeutung haben. Die Verwendung von *Rumex*-Arten war schon im Altertum gebräuchlich. ↗ Dioskurides empfiehlt z. B. die Samen mit Wasser und Wein getrunken gegen Dysenterie und Verdauungsbeschwerden. Auch die Kräuterbücher des 16. Jh. stützen sich wie in den meisten Fällen auf die klassischen Vorgaben.

■ **Rumex acetosella** L.
(syn. *Acetosella vulgaris*); Kleiner Sauerampfer.

Fam.: Polygonaceae.
Vork.: Europa.
Droge: ***Radix Lapathi acuti***; Ampfergrindwurzel. Inhaltsstoffe und Anwendung ↗ *Rumex acetosa*.

■ **Rumex crispus** L.
Krausblättriger Ampfer.
Fam.: Polygonaceae.
Vork.: Europa, Gebirgsregionen.
Droge: ***Radix Lapathi acuti***; Ampfergrindwurzel. Inh.: Emodinglykoside, Emodinmonomethylether, Chrysophansäure, Anthocyane, Zucker, Phytosterole, Gerbstoffe. Anw.: als Ersatzdroge für Rhabarberwurzel (↗ *Rheum*-Arten).
Hom.: ***Rumex crispus*** HAB1; Krauser Ampfer, die frischen, unterirdischen Pflanzenteile. Anw.-Geb.: Erkrankungen der oberen und unteren Atemwege, der Haut und des Magen-Darm-Traktes.

Rumex rugosus ↗ Rumex acetosa.
Rumicis acetosae herba ↗ Rumex acetosa.
Rundblättriger Hartriegel ↗ Cornus-Arten.
Rundblättriger Kornel ↗ Cornus-Arten.
Rundblättriger Sonnentau ↗ Drosera-Arten.
Rundblättriges Hasenohr ↗ Bupleurum-Arten.
Rundblättriges Wintergrün ↗ Pyrola rotundifolia.
Runde Kardamomen ↗ Amomum-Arten.
Runder Allermannsharnisch ↗ Gladiolus communis, ↗ Gladiolus palustris.
Runde Siegwurz ↗ Gladiolus palustris.
Rundkapseljute ↗ Corchorus-Arten.
Runzelrose ↗ Rosa rugosa.
Runzelwurzel ↗ Aletris farinosa.
Ruprechtskraut ↗ Geranium robertianum.
Rusci aculeati rhizoma ↗ Ruscus aculeatus.
Ruscogenin ↗ Ruscus aculeatus.

■ **Ruscus aculeatus** L.
Mäusedorn (syn. Stechmyrte, Stechender Mäusedorn), s. Farbtafel S. 301, Bild 124.
Fam.: Liliaceae.
Vork.: Mittelmeergebiete, Westfrankreich, Belgien.
Droge: ***Rusci aculeati rhizoma*** (syn. *Radix Rusci, Rhizoma Rusci, Rhizoma Rusci aculeati*); Stechmyrtenrhizom (syn. Mäusedornwurzelstock, Myrtendorn). Inh.: Spirostanol-Saponine, wie Ruscin und Ruscosid mit den Aglyka Ruscogenin und Neoruscogenin; äther. Öl. Anw.: Hämorrhoidenmittel; in der Volksheilkunde als Diuretikum und Antiphlogistikum. Ruscusextrakte sind Bestandteil von Arzneifertigpräparaten, die bes. auch als Venenmittel genutzt werden.

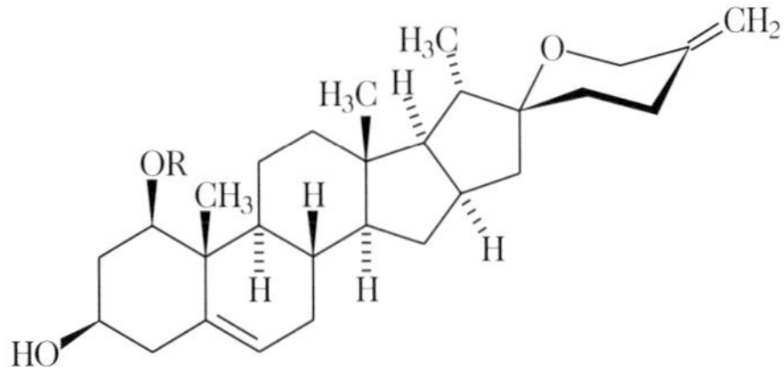

Neoruscogenin: R = H
Ruscin:
R = β-D-Glcp(1→3)-α-L-Rhap(1→2)-α-L-Arap(1→)

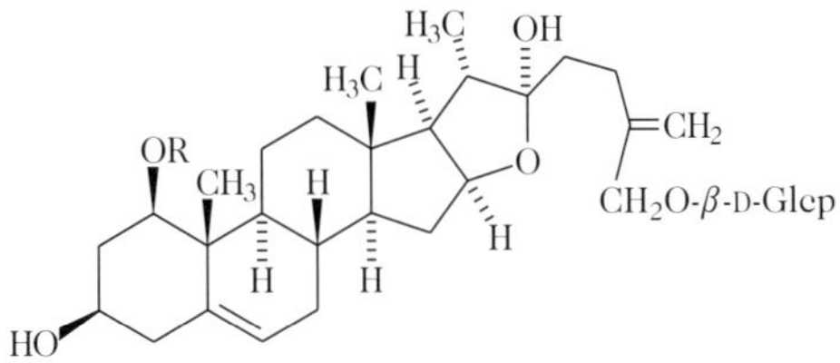

Ruscosid:
R = β-D-Glcp(1→3)-α-L-Rhap(1→2)-α-L-Arap(1→)

Russischer Balsam ↗ Betula-Arten.
Russischer Klee ↗ Anthyllis vulneraria.
Russischer Knöterichtee ↗ Polygonum aviculare.
Russische Seifenwurzel ↗ Gypsophila paniculata.

■ **Russula agglutinata** Heim.
Nonda-Mos.
Fam.: Russulaceae.
Vork.: weltweit.
Anw.: auf Papua-Neuguinea als Bestandteil von rituellen Zeremonien genutzt. Dabei sollen nur bei Frauen Zustände ausgelöst werden, die man als „Pilzverrücktheit" bezeichnet.

Russula betularum ↗ Russula emetica.

■ **Russula emetica** (Schaeff. ex Fr.) S. F. Gray (syn. *Agaricus emeticus, Russula betularum, R. fragilis*); Speitäubling (syn. Giftiger Täubling, Kirschroter Täubling, Speiteufel), s. Farbtafel S. 301, Bild 125.
Fam.: Russulaceae.
Vork.: Ost- und Nordeuropa.
Inh.: Muscarin in Spuren, scharfschmeckende

Sesquiterpene, wie Methoxyfuranalkohol, Furandiol, Lactarorufin; Russupterine, Glucane.

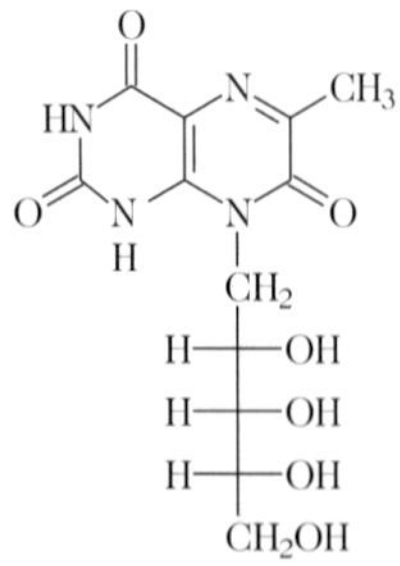

6-Methyl-8-D-ribityl-2,4,7-(1*H*,3*H*,8*H*)-pteridintrion

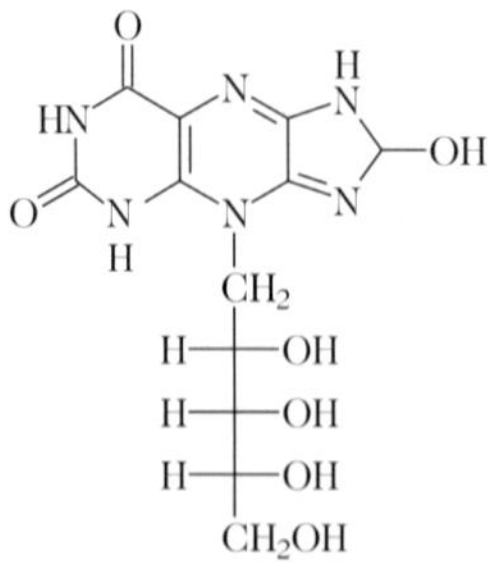

Russupteridingelb I

Hom.: ***Russula emetica*** (syn. *Agaricus emeticus*) HAB34; die frischen Fruchtkörper. *Anw.-Geb.:* Erbrechen.

Russula fragilis ↗ Russula emetica.

■ **Russula mairei** Sing.
Buchen-Spei-Täubling.
Fam.: Russulaceae.
Vork.: West- und Mitteleuropa.
Hom.: ***Agaricus emeticus*** HAB34, die frischen Fruchtkörper. *Anw.-Geb.:* Erbrechen.
Rüsterrinde ↗ Ulmus-Arten.
Rüsterstaude ↗ Filipendula ulmaria.
Ruta angustifolia ↗ Ruta chalepensis.
Ruta bracteosa ↗ Ruta chalepensis.

■ **Ruta chalepensis** L.
(syn. *Ruta angustifolia, R. bracteosa, R. chalepensis* var. *bracteosa, R. graveolens* var. *angustifolia*).
Fam.: Rutaceae.
Vork.: Mittelmeergebiete, heute kultiviert in Mexiko, Zentral- und Südamerika, Westindische Inseln.
Droge: ***Ruta-chalepensis-Kraut***, das zur Blütezeit geerntete Kraut und die Blätter. *Inh.:* Furochinoline, u. a. Kokusaginin und Skimmianin; Dictamnin, Graveolin und Taifin; Cumarine, wie Bergapten; Alkaloide, u. a. Arborinin; äther. Öl ähnlicher Zusammensetzung wie bei ↗ *Ruta graveolens*. *Anw.:* vielfältig in der Volksheilkunde bei Menstruationsbeschwerden, zur Empfängnisverhütung und Abtreibung, bei Schmerzen, Fieber, Erkältungsbeschwerden, Rheuma, Epilepsie, Verdauungsbeschwerden, Geschwüren und Augenerkrankungen.

Rutae aetheroleum ↗ Ruta graveolens.
Rutae herba ↗ Ruta graveolens.

■ **Ruta graveolens** L.
(syn. *Ruta hortensis*); Weinraute (syn. Edelraute, Gartenraute, Kreuzraute, Totenkräutel, Weinkraut), s. Farbtafel S. 301, Bild 126.
Fam.: Rutaceae.
Vork.: Europa, bes. Mittelmeerraum.
Drogen: ***1. Rutae aetheroleum*** (syn. *Oleum Rutae*); Rautenöl, das durch Wasserdampfdestillation aus den krautigen, oberirdischen Teilen gewonnene Öl. *Inh.:* s. *Rutae herba*. *Anw.:* früher volkstümlich bei Krämpfen und Menstruationsbeschwerden sowie mißbräuchlich als Abortivum. ***2. Rutae herba*** (*Folia Rutae, Herba Rutae, Herba Rutae graveolentis, Herba Rutae vulgaris*); Rautenkraut (syn. Edelrautenblätter, Gartenrautenblätter, Rautenblätter, Weinrautenkraut), die während der Blüte gesammelten krautigen Teile. *Inh.:* Alkaloide verschiedener Strukturtypen, u. a. Chinolin-, Furochinolin und Alkaloide vom Acridontyp (z. B. Rutacridon), äther. Öl, u. a. mit mittelkettigen Ketonen, z. B. 2-Nonanon (Hauptkomponente) und 2-Undecanon, Flavonoide, u. a. Rutosid (Rutin), Cumarine sowie Furano- und Pyranocumarine.

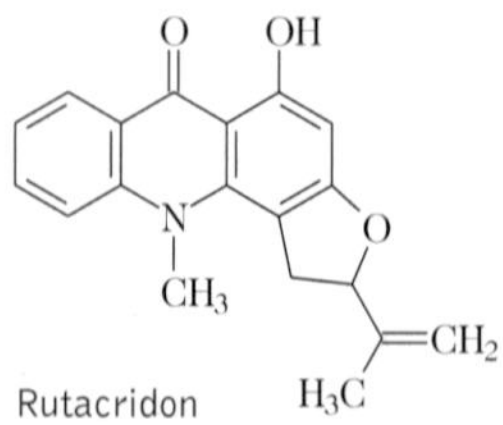

Rutacridon

Anw.: volkstümlich bei Entzündungen, insbes. der Haut sowie des Mund- und Rachenraumes, ferner bei Dyspepsien, Leber- und Galleleiden, bei Menstruationsbeschwerden und mißbräuchlich als Abortivum. *Geg.:* infolge verschiedener unerwünschter Wirkungen, z. B. Reizwirkung auf Haut- und Schleimhäute, die teilweise auch im Zusammenhang mit der Phototoxizität der Furochinoline und Furanocumarine stehen, ist die therapeutische Anwendung der Droge nicht zu empfehlen.
Hom.: ***Ruta graveolens*** HAB1; Gartenraute, die frischen, zu Beginn der Blüte gesammelten,

oberirdischen Pflanzenteile. Anw.-Geb.: Quetschungen, Prellungen, körperliche Überanstrengung, Krampfaderleiden, Rheumatismus vor allem der Wirbelsäule.

Histor.: Die Weinraute war bereits im Altertum bekannt und wurde u. a. auch von ↗ Dioskurides beschrieben. Im ↗ Capitulare de villis Karls des Großen wird sie als *Ruta* aufgeführt. Im 16., 17. und 18. Jh. war sie stetiger Bestandteil der Haus- und Kräutergärten, zumal sie auch als wirksames Mittel gegen die Pest gehalten wurde. Der lateinische Gattungsname fand zuerst bei Cicero Erwähnung. Der Artname *graveolens* (lat., stark duftend) weist auf den kräftigen Geruch der Pflanze hin. Der dt. Name Raute ist dem lateinischen Ruta entnommen. Die Pflanze war bereits den griechischen und römischen Ärzten der Antike bekannt. Die Droge galt bes. als Mittel gegen pflanzliche und tierische Gifte. Nach ↗ Plinius soll Mithridates von Pontos die Heilkräfte der Pflanze erkannt und bekannt gemacht haben. Das nach ihm benannte Gegengift „Mithridat" enthielt 54 Bestandteile, darunter auch Raute.

Ruta hortensis ↗ Ruta graveolens.
Ruten-Kohl ↗ Brassica-Arten.
Rutenkraut ↗ Ferula communis.
Ruten-Senf ↗ Brassica-Arten.
Rutin ↗ Rutosid.

■ Rutinose

Disaccharid aus Glucose und Rhamnose, Zuckeranteil verschiedener Flavonoide, wie z. B. ↗ Rutosid oder Hesperidin.

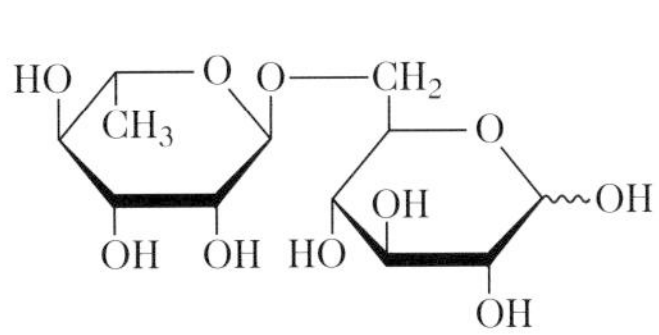

Rutinose [6-*O*-(α-L-Rhamnopyranosyl)-D-glucose]

■ Rutosid

(Rutin), Quercetin-3-rhamnoglucosid, Flavonoid zahlreicher Pflanzen. Anw.: als Reinstoff bzw. partialsynthetisch abgewandelt bei Kapillarbrüchigkeit, Veneninsuffizienz, Blutungsgefahr und hämorrhagischer Diathese eingesetzt.

Histor.: R. wurde 1842 von dem Nürnberger Apotheker Weiss aus der Gartenraute ↗ *Ruta graveolens* erstmals isoliert und nach dieser Pflanze benannt.

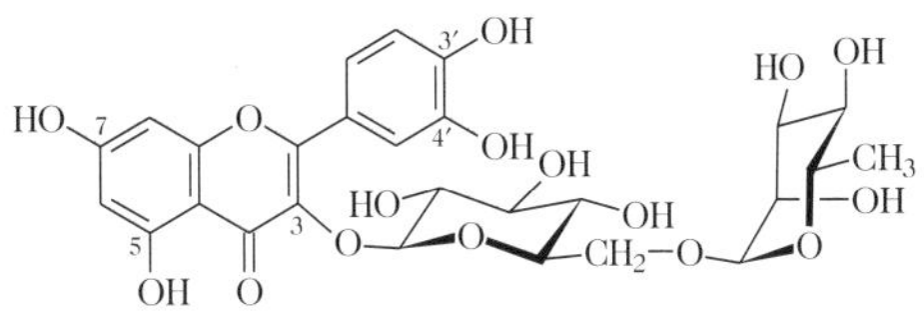

Rutin (3,3′,4′,5,7-Pentahydroxyflavon-3-*O*-rutinosid, Quercetin-3-*O*-rutinosid)

■ Ryania pyrifera (L.C. Rich.) Uittien

(syn. *Ryania speciosa, Patrisia pyrifera*).

Fam.: Flacourtiaceae.

Vork.: tropisches Südamerika.

Inh.: 0,1–0,2 % Ryanodin (Esteralkaloid). Anw.:

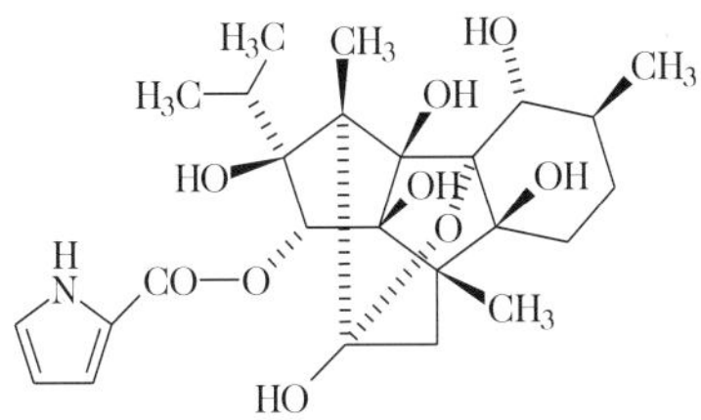

Ryanodin

Als Fraß und Kontaktgift zur Insektenbekämpfung, insbes. in den USA gegen Raupen eingesetzt. In der experimentellen Pharmakologie zur Blockade der Calcium-Freisetzung aus dem sarkoplasmatischen Retikulum genutzt. Dabei führt R. zur Lähmung der Muskulatur.

Ryania speciosa ↗ Ryania pyrifera.
Ryanodin ↗ Ryania pyrifera.

S

Saatgerste ↗ Hordeum vulgare.
Saathafer ↗ Avena sativa.
Saathohlzahn ↗ Galeopsis segetum.
Saatmohn ↗ Papaver dubium.
Saatplatterbse ↗ Lathyrus sativus.
Saatweizen ↗ Triticum aestivum.
Sabadilla ↗ Schoenocaulon officinale.
Sabadillae semen ↗ Schoenocaulon officinale.
Sabadilla officinalis ↗ Schoenocaulon officinale.
Sabadilla officinarum ↗ Schoenocaulon officinale.
Sabadillsamen ↗ Schoenocaulon officinale.
Sabalfrucht ↗ Serenoa repens.
Sabal fructus ↗ Serenoa repens.
Sabalis serrulati fructus ↗ Serenoa repens.
Sabal serrulata ↗ Serenoa repens.
Sabal serrulatum ↗ Serenoa repens.

■ **Sabbatia angularis** L.
(syn. *Chironia angularis*).
Fam.: Gentianaceae.
Vork.: Nordamerika.
Droge: die ganze Pflanze. Inh.: Bitterstoffe, Erythrocentaurin.
Hom.: *Sabbatia angularis* HAB34, die getrocknete, blühende Pflanze.

Sabbatia corymbosa ↗ Frasera carolinensis.

■ **Sabbatia elliotti** L.
Fam.: Gentianaceae.
Vork.: südliches Nordamerika.
Droge: die ganze Pflanze. Inh.: Bitterstoffe, Sabbatin. Anw.: in der Volksheilkunde gegen Malaria.

Sabdariffa ↗ Hibiscus sabdariffa.
Sabdariffa rubra ↗ Hibiscus sabdariffa.
Sabdariffeibisch ↗ Hibiscus sabdariffa.
Sabikraut ↗ Salvia-Arten.
Sabinae aetheroleum ↗ Juniperus sabina.
Sabinae cacumina ↗ Juniperus sabina.
Sabinae herba ↗ Juniperus sabina.
Sabinae ramuli ↗ Juniperus sabina.
Sabinae summitates ↗ Juniperus sabina.
Sabinakraut ↗ Juniperus sabina.
Sabina officinalis ↗ Juniperus sabina.
Sabinerkraut ↗ Juniperus sabina.
Saccharomyces cerevisiae ↗ medizinische Hefe.
Saccharomyces medicinalis ↗ medizinische Hefe.
Saccharomyces siccatum ↗ medizinische Hefe.

■ **Saccharose**
(Rohrzucker), Disaccharid aus Glucose und Fructose. S. wird hauptsächlich aus Zuckerrüben

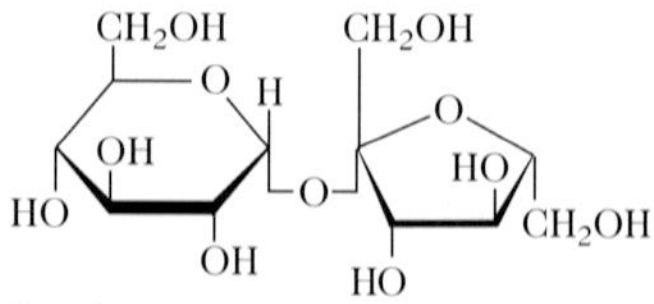

Saccharose

(*Beta vulgaris ssp. vulgaris* var. *altissima* Döll, ↗ *Beta vulgaris*) und Zuckerrohr (↗ *Saccharum officinarum*) gewonnen. Anw.: galenischer Hilfsstoff, bedeutsamer Rohstoff für die Nahrungsmittelindustrie, Geschmackskorrigens, zur Herstellung von *Sirupus simplex*.
Histor.: Seit etwa dem 3. Jh. ist der Rohrzucker in kristalliner Form bekannt, seit dem 7. Jh. wurde er zunächst von den Persern raffiniert und in die heute noch gebräuchliche Hutform gebracht. 1747 entdeckte der Berliner Apotheker Andreas Sigismund Marggraf die S. in der Runkelrübe, sein Schüler Franz Karl Achard gründete zu Beginn des 19. Jh. die erste Rübenzukkerfabrik in Schlesien. Bis dahin mußte die S. aus Zuckerrohr gewonnen und auf dem Seeweg nach Europa gebracht werden.

Saccharum ↗ Saccharum officinarum.
Saccharum album ↗ Saccharum officinarum.

■ **Saccharum officinarum** L.
Zuckerrohr; s. Farbtafel S. 302, Bild 127.
Fam.: Poaceae (Gramineae).
Vork.: in allen tropischen und subtropischen Gebieten zwischen 30 ° südlicher und 35 ° nördlicher Breite kultiviert, v. a. in Kuba, Brasilien, Jamaica, Haiti, Java und den Philippinen.
Droge: *Saccharum* (syn. *Saccharum album*); Rohrzucker. Gewinnung: Zuckerrohr enthält in seinem saftigen Mark ca. 12–20 % ↗ Saccharose. Durch Pressung, Extraktion und anschließender Raffination wird der Rohrzucker gereinigt. Inh.: fast 100 % Saccharose. Anw.: ↗ Saccharose.

Säckelblume ↗ Ceanothus americanus.
Säckelkraut ↗ Capsella bursa-pastoris.
Sadebaum ↗ Juniperus sabina.
Saffianleder ↗ Rhus-Arten.
Saflor ↗ Carthamus tinctorius.
Safloröl ↗ Carthamus tinctorius.
Safran ↗ Crocus sativus.
Safranrebendolde ↗ Oenanthe crocata.

■ **Safrol**
Phenylpropanderivat, das besonders in äther. Ölen vorkommt, vor allem im Sassafras- und Campheröl. Anw.: als Riechstoff und Ausgangspunkt für die Gewinnung von Piperonal.

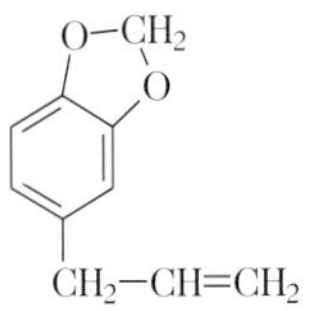

Safrol

Saftbeere ↗ Vaccinium-Arten.
Sagenkraut ↗ Verbena officinalis.
Sägepalme ↗ Serenoa repens.
Sägepalmenfrucht ↗ Serenoa repens.
Sägetang ↗ Fucus-Arten.
Sägezahnpalme ↗ Serenoa repens.
Sagittaria aquatica ↗ Sagittaria sagittifolia.
Sagittaria edulis ↗ Sagittaria sagittifolia.
Sagittaria heterophylla ↗ Sagittaria sagittifolia.
Sagittaria major ↗ Sagittaria sagittifolia.

■ **Sagittaria sagittifolia** L.
(syn. *Sagittaria aquatica, S. edulis, S. heterophylla, S. major, S. vulgaris, Valisneria bulbosa*); Hasenohr (syn. Pfeilkraut, Piel, Windspiel).

Fam.: Alismataceae.

Vork.: Europa, Amerika.

Droge: die Wurzelknollen. Inh.: vor allem Stärke. Anw.: in der asiatischen und amerikanischen Volksheilkunde bei Nierenerkrankungen und Diabetes. Auch als Wintergemüse werden die gekochten Knollen gegessen.

Hom.: ***Sagittaria sagittifolia*** HAB34, das frische Rhizom.

Histor.: Der Gattungsname *Sagittaria* leitet sich von *sagitta* (lat., Pfeil) ab, in bezug auf die Gestalt der Blätter. Diesem entspricht auch die deutsche Bezeichnung Pfeilkraut.

Sagittaria vulgaris ↗ Sagittaria sagittifolia.
Sagradarinde ↗ Rhamnus purshianus.
Saguaro ↗ Carnegiea gigantea.
Saigon-Zimt ↗ Cinnamomum-Arten.
Salamander ↗ Salamandra maculosa.

■ **Salamandra maculosa** Laur.
(syn. *Salamandra salamandra*); Feuersalamander (syn. Alpensalamander, Erdsalamander, Salamander).

Fam.: Salamandridae.

Vork.: Mittel- und Südeuropa.

Droge: das Sekret aus den Hautdrüsen. Die Droge ist giftig! Inh.: Steroidalkaloide, wie Samandarin, O-Acetyl-Samandarin, Samanin, Samandaron und Cycloneosamandion; biogene Amine, wie Tryptamin, Serotonin; Sterole, Proteine. Wirk.: Atemhemmung, Blutdruckanstieg, Arrhythmien, Hämolyse, induziert lokale Analgesie. Für die therapeutische Anwendung als Lokalanästhetikum zu toxisch.

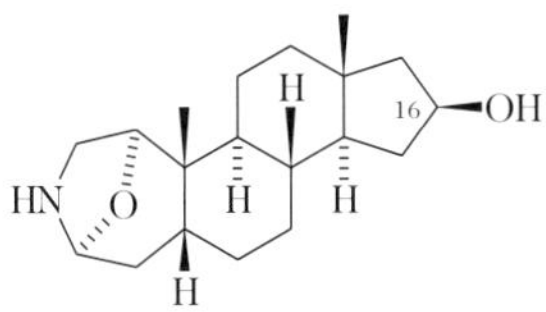

Samandarin

Hom.: ***Salamandra maculosa*** HAB34, das Sekret aus den Hautdrüsen. Anw.-Geb.: Krämpfe.

Salamandra salamandra ↗ Salamandra maculosa.
Salamöl ↗ Eugenia occlusa.
Salat ↗ Lactuca sativa.
Salatblume ↗ Tropaeolum majus.
Salatgurke ↗ Cucumis-Arten.
Salatkresse ↗ Tropaeolum majus.
Salatrübe ↗ Beta vulgaris.
Salbaum ↗ Shorea robusta, ↗ Shorea wiesneri.
Salbei ↗ Salvia-Arten.
Salbeiblättriger Gamander ↗ Teucrium-Arten.
Salbeigamander ↗ Teucrium-Arten.
Salbeigamanderkraut ↗ Teucrium-Arten.
Salbeiöl ↗ Salvia-Arten.
Salep ↗ Orchis-Arten.
Salep-Knabenkraut ↗ Orchis-Arten.
Salepknollen ↗ Orchis-Arten.
Salep tuber ↗ Orchis-Arten.
Salepwurzel ↗ Orchis-Arten.
Salharz ↗ Shorea robusta, ↗ Shorea wiesneri.

Salicin ↗ Salix-Arten.
Salicis cortex ↗ Salix-Arten.
Salicis folium ↗ Salix-Arten.

■ **Salicornia europaea** L.
(syn. *Salicornia herbaceae*); Queller (syn. Glasschmelz).
Fam.: Chenopodiaceae.
Vork.: Europa, Asien, Amerika.
Droge: die ganze Pflanze. Inh.: Salicornin, Saliherbin, Mineralien, wie Halogenide und Kieselsäure. Anw.: als Diuretikum und Insektizid; früher auch zur Sodagewinnung.

Salicornia herbaceae ↗ Salicornia europaea.

■ **Salipurposid**
Flavanonglykosid (Naringenin-5-*O*-glucosid) aus ↗ *Helichrysum arenarium*.

Salisburia adiantifolia ↗ Ginkgo biloba.
Salisburia macrophylla ↗ Ginkgo biloba.

■ **Salix-Arten**
● **Fam.:** Salicaceae.
● **Salix alba** L.; Silberweide (syn. Falber, Weiße Weide).
Vork.: Europa, Asien, Nordafrika, in Nordamerika und Australien eingebürgert.
Droge: ***Salicis cortex*** (syn. *Cortex Salicis*); Weidenrinde. Inh.: Phenolglykoside, wie Salicin und Triandrin; Gerbstoffe, Flavonoide. Anw.: in der Volksheilkunde bei rheumatischen, neuralgischen und grippeartigen Erkrankungen. Heute weitgehend durch synthetische Salicylsäurederivate ersetzt.
Hom.: ***Salix alba*** HAB34; die frische Rinde. Anw.-Geb.: Gicht und Rheuma.
● **Salix caprea** L., Salweide (syn. Palmweide).
Vork.: Europa.
Droge: ***Salicis cortex*** (syn. *Cortex Salicis*); Weidenrinde. Inh.: Phenolglykoside, Phenolcarbonsäuren, Flavonoide, Gerbstoffe. Anw.: in der Volksheilkunde gegen Fieber, Gicht und Rheuma.
● **Salix daphnoides** Villars.; Reifweide (syn. Schimmelweide, Seidelbastweide).
Vork.: Europa, Südskandinavien, Alpengebiete.
Droge: ***Salicis cortex*** (syn. *Cortex Salicis, Salix-daphnoides*-Rinde), die im Frühjahr gesammelte, ganze, geschnittene oder gepulverte, getrocknete Rinde junger Zweige. Inh.: Phenolgly-

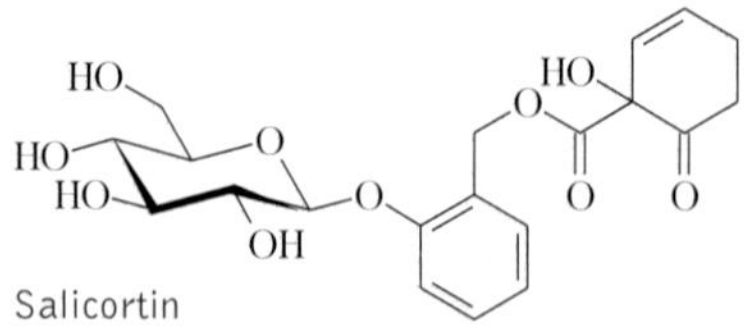

Salicortin

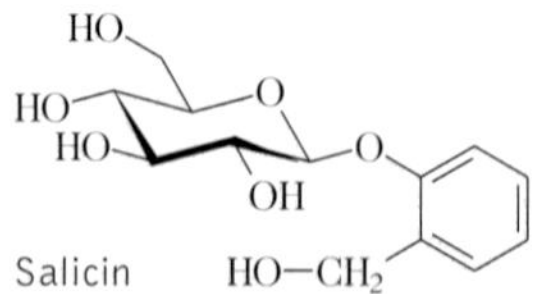

Salicin

koside mit Salicortin (3–11 %) als Hauptalkaloid, ferner Tremulacin (bis zu 1,5 %) und Salicin (bis zu 1 %). Außerdem Flavonoide, u. a. Isosalipurposid (ca. 0,5 %), ein Chalkon, sowie Naringin-5-glucosid, Naringin-7-glucosid und Catechin (ca. 0,5 %). Anw.: s. *S. purpurea*.
● **Salix fragilis** L. (syn. *Salix fragilior, S. persicifolia*); Bruchweide (syn. Knackweide, Zerbrechliche Weide).
Vork.: Europa, Westasien.
Droge: ***Salicis cortex*** (syn. *Cortex Salicis, Salicis-fragilis*-Rinde), die im Frühjahr gesammelte, ganze, geschnittene oder gepulverte, getrocknete Rinde junger Zweige. Inh.: Phenolglykoside (ca. 4 %) mit 2′-*O*-Acetylsalicortin (1–8 %) als Hauptkomponete, ferner Tremulacin (2′-*O*- Acetylsalicin), Fragilin und Salicortin (bis zu 1,5 %). Außerdem Procyanidine (ca. 0,8 %). Anw.: s. *S. purpurea*.
● **Salix nigra** Marsh. (syn. *Salix falcata, S. nigra falcata, S. ambigua, S. ligustrina, S. purshiana*).
Vork.: Nordamerika, in Europa, bes. England kultiviert. Die Pflanze neigt zur Hybridisierung mit *S. alba* und zeichnet sich wie diese durch sehr geringe Mengen an Phenolglykosiden aus.
Droge: s. *Salix alba*.
Hom.: ***Salix nigra*** HAB34; die frische Rinde. Anw.-Geb.: Übererregbarkeit.
● **Salix pentandra** L.; Fünfstaubblättrige Weide (syn. Lorbeerweide).
Vork.: nördliches Eurasien.
Droge: ***Salicis cortex*** (syn. *Salix-pentandra*-Rinde), die im Frühjahr gesammelte, ganze, geschittene oder gepulverte, getrocknete Rinde junger Zweige. Inh.: Phenolglykoside mit 2′-*O*-Acetylsalicortin als Hauptkomponente und etwa 2–8 % Gesamtsalicingehalt. Außerdem Flavonoide, u. a. Ampelopsin und Flavane, v. a. (+)-Catechin (bis

zu 0,7 %) und Procyanidine (ca. 0,75 %). Anw.: s. *S. purpurea*.

● **Salix purpurea** L. (syn. *Salix monandra, S. pratensis*); Purpurweide (syn. Steinweide).

Vork.: Nordafrika, Europa, Süd- und Mittelasien, in Nordamerika eingebürgert.

Droge: ***1. Salicis cortex*** (syn. *Cortex Salicis, Salix-purpurea*-Rinde); Weidenrinde, die im Frühjahr gesammelte, ganze, geschnittene oder gepulverte, getrocknete Rinde junger Zweige. Inh.: Phenolglykoside mit 4–8 % Gesamtsalicingehalt, darunter Salicortin als wichtigster Salicinester. Außerdem Flavonoide mit dem Chalkon Isosalipurposid (ca. 0,6 %) sowie Naringin-5-glucosid, Naringin-7-glucosid und Eriodyctiol-7-glucosid, ferner (+)-Catechin (ca. 1 %) und Procyanidine (ca. 0,5 %). Anw.: fieberhafte Erkrankungen, rheumatische Beschwerden, Kopfschmerzen. Bestandteil verschiedener Grippe- und Rheumatees sowie entsprechender Fertigarzneimittel. Traditionell bei Neuralgien, auch inneren Blutungen; in der Volksheilkunde auch bei Zahnschmerzen, Gicht, Magen-Darm-Beschwerden, Blutungen, Neuralgien, Fußschweiß und zur Wundbehandlung. Zur ↗ Teezubereitung verwendet man 2–3 g feingeschnittene (1 Teelöffel = 1,5 g) Droge. Als Tagesdosis werden 6–12 g Droge empfohlen. ***2. Salicis folium*** (syn. *Folium Salicis, Salix-purpurea*-Blätter); Weidenblätter, die getrockneten Blätter. Inh.: Phenolglykoside (Gesamtsalicingehalt ca. 6 %) mit bis zu 6 % Salicortin und Tremulacin. Außerdem Flavonoide, u. a. Eriodictyol-7-glucosid (ca. 4 %) sowie Naringin- und Luteolin-7-glucosid. Ferner Procyanidine (ca. 3 %). Anw.: analog der Rindendroge, obwohl jene allgemein bevorzugt wird.

Hom.: ***Salix purpurea*** HAB34; die frisch von den Ästen geschälte Rinde. Anw.-Geb.: Verdauungsstörungen, Schwindel.

● **Histor.:** Weidenrinde fand bereits bei ↗ Dioskurides als Droge Erwähnung und die Kräuterbücher der 16. und 17. Jh. empfehlen sie als Fiebermittel sowie unter anderem für Fußbäder. Sie wurde schließlich als Europäische Fieberrinde bezeichnet und galt als Ersatz für die aus Übersee eingeführte Chinarinde (↗ Cinchona-Arten). Der Gattungsname *Salix* entspricht dem Namen der Weide bei den Römern. Das deutsche Wort Weide leitet sich vom althochdeutschen *wida* bzw. mittelhochdeutschen *wide* ab. Es ist zudem urverwandt mit dem griechischen *itea* (Weide) und dem lateinischen *vitis* (Rebe, Ranke) bzw. *vimen* (Rute, Weidengerte). Die Anwendung der Weide als Heilpflanze geht bis ins Altertum zurück. So berichtet beispielsweise ↗ Dioskurides über die guten adstringierenden Eigenschaften der Früchte, Blätter, Rinde und des Saftes der Weide.

Sällerie ↗ Apium graveolens.

■ **Salmo salar** L.
Lachs (syn. Atlantischer Lachs).

Fam.: Salmonidae.

Vork.: Atlantischer Ozean.

Droge: ***Lachsleberöl***, das aus frischen Lebern gewonnene fette Öl. Inh.: Triglyceride komplexer Zusammensetzung mit Omega-3-Fettsäuren, Vitamine A und D. Anw.: als Diätetikum zur Vorbeugung gegen Herz-Kreislauf-Erkrankungen sowie zur Vitaminsupplementation.

Salomonssiegel ↗ Polygonatum odoratum.
Salomonssiegelwurzel ↗ Polygonatum odoratum.

■ **Salsola kali** L.
Kali-Salzkraut.

Fam.: Chenopodiaceae.

Vork.: an den Küsten von Nord- und Ostsee in Europa.

Droge: ***Kalisalzkraut***; die ganze Pflanze. Inh.: Mineralien, bes. Kalium, Calcium, Mangan, Aluminium, Eisen, Phosphat, Sulfat, Carbonat sowie Natriumoxalat. Anw.: früher zur Gewinnung von Kaliumcarbonat (Pottasche), die jungen Blätter werden als Gemüse gegessen.

■ **Salsola richteri** Kar.

Fam.: Chenopodiaceae.

Vork.: Steppengebiete Mittelasiens.

Droge: die Früchte. Inh.: Tetrahydroisochinolin-Alkaloide, wie Salsolidin und Salsolin. Anw.:

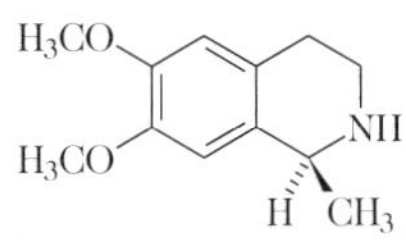

Salsolidin

früher in der schamanischen Heilkunde. Salsolidin wirkt blutdrucksenkend und beruhigend.

■ **Salvadora persica** L.
Senfbaum (syn. Salzbusch, Zahnbürstenbaum).

Fam.: Salvadoraceae.

Vork.: Vorderasien, Indien, Afrika.

Droge: das Holz und die reifen Früchte. Inh.: Alkaloide, Gerbstoffe, Öl, Harz, Anthrachinone, in den Früchten und der Rinde Scharfstoffe. Anw.: Im Verbreitungsgebiet dient das Holz zur Zahnpflege, die Früchte werden als Stomachikum verzehrt. Die Rinde der Sprosse und Wurzeln besitzt einen kresseartigen Geschmack und wird als blasenziehendes Mittel verwendet.

Salvadorbalsam ↗ Myroxylon balsamum.

■ Salvia-Arten

● **Fam.:** Lamiaceae (Labiatae).

● **Salvia divinorum** Epl. et Jativa-M.; Hierba de la Pastora.

Vork.: tropische und gemäßigte Klimazonen, besonders in Mittelamerika und Mexiko.

Droge: ***Salvia-divinorum-Blätter*** (syn. *Folia Salviae divinorum*), die frischen Blätter. Inh.: Diterpene, bes. die Neocleridan-Diterpene Divinorin A (Salvinorin A) und Divinorin B (Salvinorin

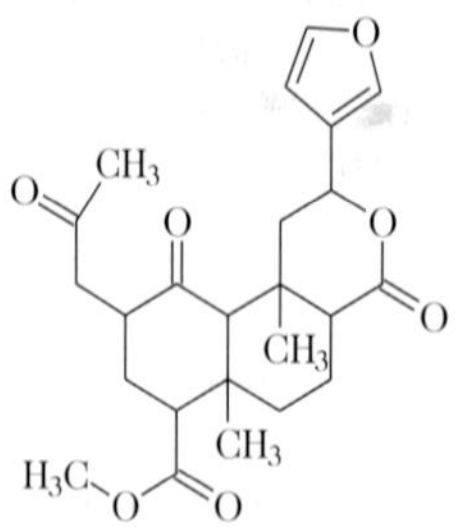

Salvinorin A

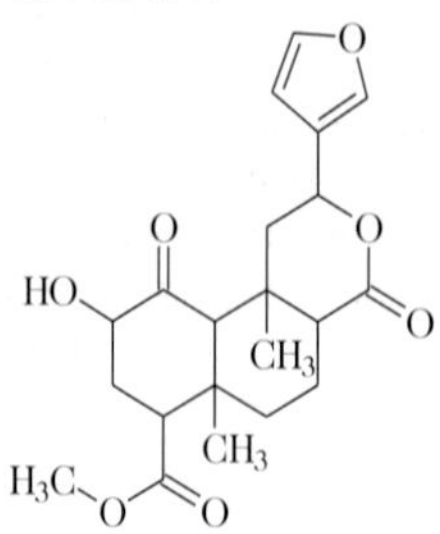

Salvinorin B

B) sowie Loliolid. Anw.: altes Zaubermittel der Azteken Mexikos, der halluzinogene Wirkstoff ist das Salvinorin A, das bereits in geringer Konzentration von 150 bis 500 μg extreme psychische Reaktionen induzieren soll; traditionell in den Herkunftsgebieten in nicht-halluzinogener Dosierung bei Verdauungsproblemen, urologischen und rheumatischen Beschwerden, ferner für Wahrsagerituale.

● **Salvia lavandulifolia** Vahl. (syn. *Salvia hispanorum, S. lavandulaefolia, S. nivea*); Spanischer Salbei.

Vork.: Spanien, vor allem Provinz Granada, mitunter auch Südfrankreich.

Droge: ***Salviae lavandulifoliae aetheroleum*** (syn. *Oleum Salviae lavandulifoliae*); Spanisches Salbeiöl, das durch Wasserdampfdestillation aus den oberirdischen Pflanzenteilen gewonnene äther. Öl. Inh.: Campher (ca. 26 %) und Cineol (ca. 20 %) als Hauptkomponenten, neben α- und β-Pinen, Camphen, Limonen und Myrcen, nahezu frei von Thujon. Anw.: insbes. in der Kosmetik, u. a. zur Aromatisierung von Zahnpflegemitteln, in Parfüms, für Raumsprays, als unbedenklicher Zusatzstoff in Lebensmitteln, einschließlich alkoholischer und nicht alkoholischer Getränke.

● **Salvia miltiorhiza** Bunge (syn. *Salvia pogonocalyx*).

Vork.: China, Japan.

Droge: ***Salviae miltiorhizae radix*** (syn. *Radix Salviae miltiorhiza*); *Salvia-miltiorhiza*-Wurzel (syn. Rotwurzsalbeiwurzel), das getrocknete Rhizom und die getrockneten Wurzeln. Inh.: Diterpene (0,1–1 %), wie Tashinone. Isotashinone und Cryptotashinon; Rosmarinsäure, 3,4-Dihydroxyphenylmilchsäure, Isoferulasäure, Lithospermsäureethylester, Salvianolsäuren A bis E. Anw.: in der chinesischen Medizin als Superdroge bekannt, v. a. bei Frauenleiden, Angina pectoris, Gelenkerkrankungen, Furunkeln, Schwellungen, Milz- und Lebererkrankungen sowie bei nervöser Unruhe und Schlaflosigkeit.

● **Salvia officinalis** L. (syn. *Salvia chromatica et papillosa, S. cretica, S. grandiflora, S. major et minor, S. tomentosa*); Echter Salbei (syn. Dalmatiner-Salbei, Edler Salbei, Fischsalbei, Garten-Salbei, Königs-Salbei, Rauchsalbei, Sabikraut, Scharlachkraut, Scharlei, Tugendsalbe), s. Farbtafel S. 302, Bild 128.

Vork.: gesamter mediterraner Raum, bes. Spanien, Südfrankreich und südliche Balkanhalbinsel.

Drogen: *1.* ***Salviae folium*** (syn. *Folia Salviae, Folium Salviae, Herba Salviae, Salviae officinalis folium*); Salbeiblätter, die getrockneten Laubblätter. Inh.: äther. Öl (1–2,5 %, s. *Salviae aetheroleum*), Hydroxyzimtsäurederivate, u. a. Rosmarinsäure, Chlorogen-, Cryptochlorogen- und Neochlorogensäure, ferner Kaffeesäure, Flavonoidglykoside, bes. des Apigenins, Luteolins und Kämpferols, Diterpene, bes. Carnosolsäure sowie Triterpene und Spurenelemente, überdurchschnittlich vor allem Eisen (700–800 ppm), Magnesium (4,2–4,6 ppm) und Zink (145 ppm). Anw.: in Zubereitungen (Tinktur, Extrakt oder Aufguß) bei Entzündungen der Mund- und Rachenschleimhaut, Zahnfleischentzündungen sowie innerlich bei dyspeptischen Beschwerden (TD: 4–6 g Droge als Aufguß) sowie bei übermäßiger Schweißsekretion. Bestandteil zahlreicher Arzneifertigpräparate. ***2. Salviae officinalis aetheroleum*** (syn. *Oleum Salviae, Oleum Salviae officinalis, Salviae aetheroleum, Salviae oleum*); Salbeiöl (syn. Dalmatinisches Salbeiöl), das aus den Blüten und Stengeln durch Wasserdampfdestillation gewonnene äther. Öl. Inh.: α- und β-Thujon (35–60 %), Campher und Cineol je (8–24 %), ferner u. a. Borneol, Bornylacetat, Camphen, Caryophyllen, α-Humulen α- und β-Pinen sowie Viridiflorol. Anw.: innerlich in Zubereitungen bei dyspeptischen Beschwerden sowie erhöhter Schweißsekretion, äußerlich bei Entzündungen der Mund- und Rachenschleimhaut. In der Kosmetik als Aromatikum, ebenso in niedriger Konzentration für einige Lebensmittel und Getränke. Zur ↗ Teezubereitung verwendet man als Einzeldosis 1,5–2 g (1 Teelöffel etwa 1,5 g) feingeschnittene Droge, als Tagesdosis werden 4–6 g empfohlen. Für Spülungen wird etwa die doppelte Drogenmenge, etwa 3 g, angewendet.

Salvia officinalis.

Hom.: ***Salvia officinalis*** HAB1; Salbei, die frischen Blätter. Anw.-Geb.: Erkrankungen des Zentralnervensystems, Störung der Schweißsekretion.

● **Salvia sclarea** L. (syn. *Aethiopis sclarea, Salvia bracteata, S. simsiana, Sclarea vulgaris*); Muskateller Kraut (syn. Muskateller Salbei, Muskat-Salbei, Scharlei).

Vork.: Südeuropa, Türkei bis Israel, Transkaukasien, Kasachstan, Iran und Afghanistan, häufig auch kultiviert.

Drogen: ***1. Salviae scareae herba*** (syn. *Herba Gallitrichi, Herba Hormini sativi, Herba Salviae sclareae*); Muskatellerkraut, Muskateller Salbei, die zur Blütezeit geernteten oberirdischen Pflanzenteile. Inh.: äther Öl (0,1–1 %) mit Linalylacetat, Linalool, β-Caryophyllen, Myreen; Hydroxyzimtsäuren, wie Rosmarinsäure (3 %). Anw.: in der Volksheilkunde innerlich bei Menstruationsbeschwerden, Schwächezuständen, Katarrhen, Kopfschmerzen, Krämpfen, Nierenbeschwerden; äußerlich bei entzündeten Wunden; in der Parfümerie als Fixativ und Grundkörper für die Aromatisierung von Tabaken; früher zum Aromatisieren von Weinen (Muskatelleraroma) und als Zusatzstoff zu Wermutweinen. ***2. Oleum Salviae sclareae*** (syn. *Salviae sclareae aetheroleum*); *Salvia-sclarea*-Öl (syn. Muskateller Salbeiöl), das äther. Öl aus den Triebspitzen und Blütenständen. Inh.: hauptsächlich Linalylacetat (47–75 %) und Linalool (9–25 %), daneben Germacren D, β-Caryophyllen, α-Terpineol, Geraniol, Nerol u. a. Anw.: in der Kosmetik als Seifenparfüm und Bestandteil moderner Parfüms; in der Lebensmittelindustrie in Würzmischungen und Likören.

● **Salvia triloba** L. fil. (syn. *Salvia fruticosa, S. lobryana*); Dreilappiger Salbei (syn. Griechischer Salbei, Kreuz-Salbei).

Vork.: zentrale und östliche Mittelmeergebiete.

Droge: ***Salviae trilobae folium*** (syn. *Folia Salviae trilobae, Folium Salviae trilobae*); *Salvia-triloba*-Blätter (syn. Dreilappiges Salbeiblatt, Griechische Salbeiblätter), die getrockneten Laubblätter. Inh.: äther. Öl (1,5–3,5 %) mit Cineol

(40–67 %) als Hauptkomponente, sehr schwankendem Anteil an Campher (1,5–24 %), sehr niedrigem Thujongehalt sowie u. a. Camphen, β-Caryophyllen, Borneol, Limonen und Linalylacetat. Außerdem Flavonoide, u. a. Salvigenin sowie 7-*O*-Glucoside und -Glucuronide des Apigenins, Chrysoeriols, Hispidulins, Luteolins und Methylluteolins, Hydroxyzimtsäurederivate, u. a. Rosmarinsäure sowie Diterpene, u. a. Carnosol und Triterpene, u. a. Ursolsäure. *Anw.:* als entzündungshemmende Droge ähnlich dem Echten Salbei, vor allem bei Mund- und Rachenentzündungen.

● **Histor.:** Der Gattungsname *Salvia* leitet sich vom lateinischen *salvare* (heilen) ab. Die dt. Bezeichnung Salbei (althochdeutsch salbeia) ist letztlich ein Lehnwort des lateinischen *salvia*. Salbei hat bereits im frühen Altertum eine wichtige Rolle als Heilpflanze gespielt. Die Hippokratiker, ↗ Dioskurides, aber auch ↗ Plinius rühmen die blutstillenden, harntreibenden und karminativen Eigenschaften der Droge. Auch im ↗ Capitulare de villis Karls des Großen wird Salbei erwähnt. Die spätere Anwendung zur Minderung übermäßiger Schweißsekretion wird bereits von Hufeland (1762–1836) empfohlen.

Salviae aetheroleum ↗ Salvia-Arten.
Salviae folium ↗ Salvia-Arten.
Salviae lavandulifoliae aetheroleum ↗ Salvia-Arten.
Salviae miltiorhizae radix ↗ Salvia-Arten.
Salviae officinalis aetheroleum ↗ Salvia-Arten.
Salviae officinalis folium ↗ Salvia-Arten.
Salviae oleum ↗ Salvia-Arten.
Salviae scareae herba ↗ Salvia-Arten.
Salviae sclareae aetheroleum ↗ Salvia-Arten.
Salviae trilobae folium ↗ Salvia-Arten.
Salvia rosmarinus ↗ Rosmarinus officinalis.
Salweide ↗ Salix-Arten.
Salzbusch ↗ Salvadora persica.
Samak ↗ Caesalpinia-Arten.
Samalkiefer ↗ Pinus-Arten.
Sambuci cortex ↗ Sambucus nigra.
Sambuci flos ↗ Sambucus nigra.
Sambuci folium ↗ Sambucus nigra.
Sambuci fructus ↗ Sambucus nigra.
Sambuci radix ↗ Sambucus nigra.
Sambucus arborescens ↗ Sambucus nigra.
Sambucus bipinnata ↗ Sambucus canadensis.

■ **Sambucus canadensis** L.
(syn. *Sambucus bipinnata, S. glauca, S. humilis, S. oreopola*); Canadischer Holunder.

Fam.: Caprifoliaceae.

Vork.: Nordamerika, in Europa mitunter angepflanzt.

Inh.: Triterpene, u. a. Oleanol- und Ursolsäure, Phytosterole, u. a. Campesterol, β-Sitosterol und Stigmasterol, Flavonoide, bes. Quercetin und Rutosid, äther. Öl sowie in den Blättern Kaliumnitrat (1–5 %).

Hom.: ***Sambucus canadensis*** HAB34, die frischen Blätter und Blüten zu gleichen Gewichtsteilen.

■ **Sambucus ebulus** L.
(syn. *Ebulum humile, Sambucus humilis*); Zwergholunder (syn. Attich, Eppich), s. Farbtafel S. 302, Bild 129.

Fam.: Caprifoliaceae.

Vork.: Europa bis Westasien.

Drogen: ***1. Ebuli folium*** (syn. *Folia Ebuli, Folium Ebuli, Folium Sambuci ebuli, Herba Ebuli*); Attichblätter (syn. Eppichblätter, Erdhollerblätter, Zwergholunderblätter), die getrockneten Blätter. *Inh.:* äther. Öl in Spuren, Bitterstoffe. *Anw.:* volkstümlich äußerlich als Gurgelmittel bei Entzündungen des Halses sowie für Umschläge bei Gicht und rheumatischen Beschwerden, innerlich als harntreibendes und schweißtreibendes Mittel. *Geg.:* Die Einnahme größerer Mengen kann zu Übelkeit und Brechreiz führen. ***2. Ebuli fructus*** (syn. *Fructus Ebuli, Fructus Sambuci ebuli*); Attichbeeren (syn. Ackerholderbeeren, Eppichbeeren, Zwergholunderbeeren), die reifen, getrockneten oder frischen Früchte. *Inh.:* Flavonoide, u. a. Cyanidin-3-*O*-sambubiosid, cyanogene Glykoside, Sterole, äther. Öl in Spuren, aliphatische Alkohole. *Anw.:* volkstümlich als harn- und schweißtreibende Droge, bei Verstopfung und Gicht der Füße. In der Technik als Färbemittel. *Geg.:* Die innerliche Verwendung roher oder ungenügend erhitzter Früchte kann zu starken Reizwirkungen, Übelkeit und Erbrechen führen. ***3. Ebuli radix*** (syn. *Radix Ebuli, Radix Sambuci ebuli*); Attichwurzel (syn. Eppichwurzel, Erdhollerwurzel, Zwergholunderwurzel), die getrockneten, im Frühjahr oder Spätherbst geernteten Wurzeln. *Inh.:* Iridoidglykoside, u. a. Ebulosid und Isoswerosid, äther. Öl in Spuren, Catechine, Neolignane, cyanogene Glykoside. *Anw.:* volkstümlich als harntreibendes Mittel, bei Verstopfung und zur Herbeiführung von Brechreiz.

Hom.: ***Sambucus ebulus*** HAB34, die frischen, reifen Beeren.

Histor.: Die Etymologie des Gattungsnamens *Sambucus* ist unsicher, ebenso die Bezeichnung *ebulus*. Die deutsche Bezeichnung Attich ist ein Lehnwort aus dem griechischen (*akté* = Holunder). Die Pflanze fand wie der Schwarze Holunder bereits im griechischen wie im römischen Altertum als Diuretikum, Laxans und als gynäkologisches Mittel Anwendung.

Sambucus glauca ↗ Sambucus canadensis.
Sambucus humilis ↗ Sambucus canadensis, ↗ Sambucus ebulus.
Sambucus medullina ↗ Sambucus nigra.

■ **Sambucus nigra** L.
(syn. *Sambucus arborescens, S. medullina, S. vulgaris*); Holunder (syn. Aalhorn, Deutscher Flieder, Flieder, Holder, Holler, Schwarzer Holunder), s. Farbtafel S. 302, Bild 130.

Fam.: Caprifoliaceae.

Vork.: Europa.

Drogen: ***1. Sambuci cortex*** (syn. *Cortex Sambuci, Cortex Sambuci interior, Cortex Sambuci nigrae*); Holunderrinde (syn. Aalhornrinde, Fliederrinde, Holderrinde, Hollerrinde), die im Frühling von den Zweigen geschälte und durch Schaben vom Kork befreite Rinde. *Inh.:* Triterpene, u. a. α-Amyrin, ↗ Betulin und Ursolsäure, ferner β-Sitosterol, Gerbstoffe, Spuren von äther. Öl und Sambunigrin als cyanogenes Glykosid. *Anw.:*

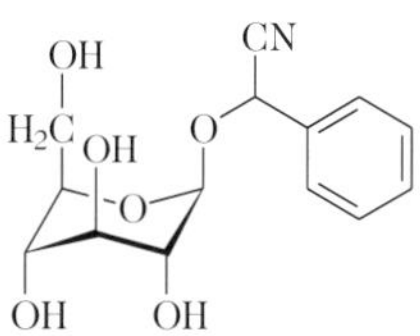

Sambunigrin

früher bei rheumatischen Beschwerden, als harntreibendes Mittel sowie zur Steigerung des Milchflusses bei Wöchnerinnen. ***2. Sambuci flos*** (syn. *Flores Sambuci, Flos Sambuci, Flos Sambuci nigrae*); Holunderblüten (syn. Aalhornblüten, Fliederblüten, Holderblüten, Hollerblüten, Hütschenblumen, Kailkenblumen), die getrockneten Blüten. *Inh.:* äther. Öl (ca. 0,1 %), Sterole, u. a. Campesterol und β-Sitosterol. Triterpene (ca. 1 %), u. a. α- und β-Amyrin, Oleanol- und Ursolsäure, Flavonoide, u. a. Kämpferol, Quercetin, ↗ Astragalin, Nicotiflorin und Rutosid sowie Hydroxyzimtsäurederivate, u. a. *p*-Cumar-, Ferula- und Kaffeesäure. *Anw.:* als Tee zur unterstützenden Behandlung von Erkältungskrankheiten sowie zur Einleitung von Schwitzkuren. ***3. Sambuci folium*** (syn. *Folia Sambuci, Folium Sambuci*); Holunderblätter (syn. Aalhornblätter, Fliederblätter, Holderblätter, Hollerblätter), die im Jugendzustand geernteten, getrockneten Blätter. Inhaltsstoffe und Anwendung s. *Sambuci flos*. ***4. Sambuci fructus*** (syn. *Fructus Sambuci, Baccae Sambuci, Fructus Sambuci siccati, Grana Sambuci*); Aalhornbeeren (syn. Fliederbeeren, Fliedertee, Holderbeeren, Hollerbeeren, Holunderbeeren, Hulertrauben), die reifen, getrockneten oder frischen Beeren. *Inh.:* Flavonoide, wie Hyperosid, Isoquercitrin, Rutosid; Anthocyane, äther. Öl, cyanogene Glykoside, Vitamine, Mineralien. *Anw.:* die Droge oder der Saft der Früchte werden bei Verstopfung, zur Anregung der Harnausscheidung und als schweißtreibendes Mittel bei Erkältungskrankheiten in der Volksheilkunde verwendet. Auch über den Einsatz bei Ischias, Kopfschmerzen, Zahnschmerzen, Herzbeschwerden und Trigeminusneuralgie wird berichtet. Im Haushalt dient die Droge zur Bereitung von Saft und Marmeladen sowie als Lebensmittelfarbstoff. ***5. Sambuci radix*** (syn. *Radix Sambuci*); Holunderwurzel (syn. Hollerwurzel). Inhaltsstoffe und Anwendung s. *Sambuci cortex*.

Hom.: ***1. Sambucus nigra*** (syn. *Sambucus*) HAB1; Holunder, frische Blätter und Blütenstände zu gleichen Teilen. *Anw.-Geb.:* Erkrankungen der Atemwege. ***2. Sambucus e cortice*** HAB34, die frische Rinde der jungen Zweige.

Sambucus oreopola ↗ Sambucus canadensis.

■ **Sambucus racemosa** L.
Traubenholunder (syn. Roter Holunder, Bergholunder), s. Farbtafel S. 302, Bild 131.

Fam.: Caprifoliaceae.

Vork.: Europa, nördliches Asien, Nordamerika.

Droge: die frischen Beeren. *Inh.:* Invertzucker (ca. 8 %), Pektine, (ca. 3 %), Gerbstoffe, Carotinoide, Vitamine B_1 (Aneurin) und Vitamin C sowie in den Samen ein harzartiges Stoffgemisch mit brechenerregender und abführender Wirkung. Anw.: volkstümlich früher als Laxans und Emetikum, im Haushalt nach Entfernung der Kerne zur Bereitung von Marmeladen.

Sambucus vulgaris ↗ Sambucus nigra.
Samenbärlapp ↗ Huperzia selago.
Samenhanf ↗ Cannabis sativa.

■ Sammelkalender
Zusammenstellung, meist tabellarisch, der günstigsten Sammelzeiten insbes. für wildwachsende Arzneipflanzen.

Sammetpappel ↗ Althaea officinalis.
Samtrose ↗ Rosa gallica.
Samwurzel ↗ Panax ginseng.
Samyda guidonia ↗ Guarea trichilioides.
Sandalbaum ↗ Santalum album.
Sandalum album ↗ Santalum album.
Sandaraca ↗ Tetraclinis articulata.
Sandarak ↗ Tetraclinis articulata.
Sandarakharz ↗ Tetraclinis articulata.
Sandbeere ↗ Arbutus unedo, ↗ Arctostaphylos uva-ursi.
Sandbirke ↗ Betula-Arten.
Sandblätter ↗ Arctostaphylos uva-ursi.
Sandblume ↗ Tussilago farfara.
Sandbüchsenbaum ↗ Hura crepitans.
Sanddorn ↗ Hippophaë rhamnoides.
Sanddornbeeren ↗ Hippophaë rhamnoides.
Sandelbaum ↗ Santalum album.
Sandelholzbaum ↗ Pterocarpus-Arten, ↗ Santalum album.
Sandelholzöl ↗ Amyris balsamifera.
Sandelöl ↗ Santalum album, Santalum ellipticum, ↗ Santalum austro-caledonicum, ↗ Santalum freycinetianum.
Sandgoldblume ↗ Helichrysum arenarium.
Sandimmortellen ↗ Helichrysum arenarium.
Sandriedgras ↗ Carex arenaria.
Sandsegge ↗ Carex arenaria.
Sandstrohblume ↗ Antennaria dioica, ↗ Helichrysum arenarium.
Sandthymian ↗ Thymus-Arten.
Sandwegerich ↗ Plantago-Arten.
Sangel ↗ Sanicula europaea.
Sanguinaria acaulis ↗ Sanguinaria canadensis.

■ Sanguinaria canadensis L.
(syn. *Chelidonium maximum canadense, Sanguinaria acaulis, S. grandiflora, S. minor, S. vernalis*); Kanadische Blutwurzel.
Fam.: Papaveraceae.
Vork.: Nordamerika, Kanada.
Droge: ***Sanguinariae canadensis rhizoma*** (syn. *Rhizoma Sanguinariae canadensis*); Kanadischer Blutwurzelstock. Die Droge ist stark giftig! Inh.: Alkaloide (4–8 %), v. a. ↗ Sanguinarin, Chelerythrin, Protopin. Anw.: in der Volksheilkunde als Expektorans, Emetikum, Purgans. Ein Drogenextrakt wird als Antiplaquemittel in der Stomatologie verwendet, in der Veterinärmedizin dient die Droge auch als Febrifugum. Aufgrund der Giftigkeit wird eine Verwendung der Droge nicht empfohlen.
Hom.: ***Sanguinaria canadensis*** HAB1; Kanadische Blutwurzel, die im Herbst gesammelten, getrockneten, unterirdischen Pflanzenteile. Anw.-Geb.: Erkrankungen des Zentralnervensystems (Migräne), der Augen, der oberen und unteren Atemwege, der weiblichen Geschlechtsorgane (besonders im Klimakterium) sowie des Stütz- und Bewegungsapparates.
Histor.: Die Droge gehört zu den wichtigsten Bestandteilen der indianischen Medizin im östlichen Nordamerika. Im 19. Jh. avancierte sie fast zu einem Allheilmittel und wurde u. a. bei Brustkrebs, gegen Warzen und Hautwucherungen eingesetzt. Der Gattungsname ist vom lateinischen *sanguis* (Blut) abgeleitet, Bezug nehmend auf den rötlichen Saft der Wurzel. Die Indianer Nordamerikas nutzten einst den orangefarbenen Saft zum Bemahlen sowohl ihres Körpers als auch von Gerätschaften. Auch industriell wurde die Droge früher für Färbereizwecke genutzt.

Sanguinariae canadensis rhizoma ↗ Sanguinaria canadensis.
Sanguinaria grandiflora ↗ Sanguinaria canadensis.
Sanguinaria minor ↗ Sanguinaria canadensis.
Sanguinaria-Tee ↗ Polygonum aviculare.
Sanguinaria vernalis ↗ Sanguinaria canadensis.

■ Sanguinarin
Benzophenanthridin-Alkaloid verschiedener Papaveraceae, wie ↗ *Chelidonium majus* oder ↗ *Sanguinaria canadensis*, Fumariaceae, wie *Corydalis*-Arten und Rutaceae. Wirk.: antiphlogistisch und antimikrobiell, Inhibitor der Alanin-Amino-Trans-

ferase, interkaliert in die DNA. <u>*Anw.*</u>: als Antiplaquemittel zur Kariesprophylaxe.

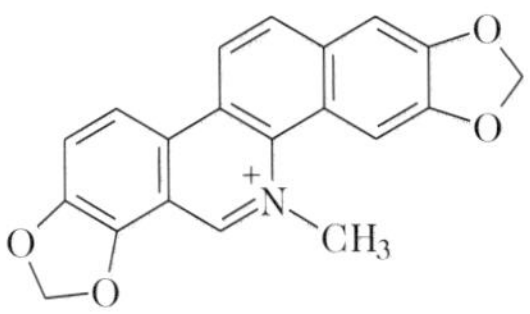

Sanguinarin

Sanguis draconis ↗ Dracaena draco, ↗ Daemonorops draco, ↗ Pterocarpus-Arten.

■ **Sanguisorba ancistroides** (Desf.) Ces.
(syn. *Poterium ancistroides*).
Fam.: Rosaceae.
Vork.: Südostspanien, Marokko, Algerien.
Droge: ***Sanguisorba-ancistroides-Kraut***, die oberirdischen Pflanzenteile. <u>*Inh.*</u>: Triterpene, wie Tormentinsäure (0,025–0,1 %). <u>*Anw.*</u>: in der spanischen Volksheilkunde bei Diabetes zur Blutzuckersenkung.

Sanguisorbae herba ↗ Sanguisorba officinalis.
Sanguisorbae rhizoma et radix ↗ Sanguisorba officinalis.
Sanguisorba gaillardotii ↗ Sanguisorba minor.
Sanguisorba garganica ↗ Sanguisorba minor.
Sanguisorba major ↗ Sanguisorba officinalis.

■ **Sanguisorba minor** Scop.
(syn. *Pimpinella minor, Poterium sanguisorba, Sanguisorba gaillardotii, S. garganica*); Gartenpimpernelle (syn. Kleiner Wiesenknopf, Pimpernelle, Wilder Bibernell).
Fam.: Rosaceae.
Vork.: Europa, Nordafrika, Südwestasien, Nordamerika.
Drogen: ***1. Pimpinellae italicae minoris herba***; *Sanguisorba-minor*-Kraut, das getrocknete Kraut. <u>*Inh.*</u>: Triterpene, wie Ursolsäure, Tormentinsäure und Tormentosid; Phenolcarbonsäuren, Gerbstoffe, Flavonoide, äther. Öl, β-Sitosterol. <u>*Anw.*</u>: in der Volksheilkunde innerlich bei Durchfall, Blutungen; äußerlich zur Wundbehandlung und bei Geschwüren; die Droge ist auch ein Gewürz für Suppen, Salate und Gemüse; früher zu Wein und Bibernellbranntwein zugesetzt. ***2. Pimpinellae italicae minoris radix*** (syn. *Radix Sanguisorbae pratensis*); *Sanguisorba-minor*-Wurzel, die getrocknete Wurzel. <u>*Inh.*</u>: Triterpene in ähnlicher Zusammensetzung wie beim Kraut, daneben auch Caecigenin und Poteriosid; Gerbstoffe. <u>*Anw.*</u>: in der Volksheilkunde bei Entzündungen, Gefäßleiden, Blutungen und als Antiseptikum zur Wundbehandlung.

■ **Sanguisorba officinalis** L.
(syn. *Pimpinella officinalis, Poterium officinale, Sanguisorba major, S. polygama*); Großer Wiesenknopf (syn. Becherblume, Bibernell, Blutknopf, Blutkraut, Gartenbibernelle, Ruhrkraut, Sperberkraut).
Fam.: Rosaceae.
Vork.: gemäßigte Regionen Europas, Asiens und Nordamerikas.
Drogen: ***1. Sanguisorbae herba*** (syn. *Herba Sanguisorbae*); Wiesenknopfkraut, das getrocknete Kraut. <u>*Inh.*</u>: Flavonoide, bes. Kämpferol- und Quercetinglykoside, u. a. Rutosid sowie Cyanidinglucoside, Gerbstoffe, Triterpenglykoside mit Pomolsäure als Genin, ferner ↗ Betulin-, Ursol- und Tormentinsäure sowie Chlorogensäure. <u>*Anw.*</u>: volkstümlich innerlich bei Blutungen verschiedener Genese, u. a. Monatsblutungen, ferner bei Dysenterie, Darmkatarrhen, Hämorrhoiden und Varizen; äußerlich zur Behandlung von Wunden und Geschwüren. ***2. Sanguisorbae rhizoma et radix*** (syn. *Radix Pimpinellae italicae, Radix Sanguisorbae majoris, Rhizoma et Radix Sanguisorbae*); Wiesenknopfwurzel (syn. Falsche italienische Bibernellwurzel, Rote Bibernellwurzel), die im Herbst gesammelten, gewaschenen, getrockneten Rhizome und Wurzeln. <u>*Inh.*</u>: Triterpenglykoside, u. a. Sanguisorbine A, B und E mit Ursolsäure als Genin sowie Pomol- und Tormentosolsäure, ferner Gerbstoffe sowohl hydrolysierbare, z. B. Hamamelitannin, als auch kondensierte, z. B. Procyanidine B-3 und C-2, ebenso Gallocatechine. <u>*Anw.*</u>: volkstümlich als Adstringens bei Blutungen, zur Behandlung von Zahnfleischerkrankungen sowie in der Wundbehandlung. Extrakte kommen in Kosmetika als Hautpflegemittel zum Einsatz.
Hom.: ***Sanguisorba officinalis*** HAB34; Großer Wiesenknopf, die frischen, zur Blütezeit geernteten, oberirdischen Pflanzenteile. <u>*Anw.-Geb.*</u>: Erkrankungen des Magen-Darm-Traktes, des venösen Gefäßsystems und der weiblichen Geschlechtsorgane, wie Gebärmutterblutungen, Krampfaderleiden, Durchfallerkrankungen.

Histor.: Der Gattungsname *Sanguisorba* ist vom lateinischen *sanguis* (Blut) und *sorbere* (saugen) abgeleitet, wobei die Vorstellung, daß die blutroten Blütenköpfe blutstillende Eigenschaften haben sollten, auch durch den Einfluß der ↗ Signaturlehre bedingt sein dürfte, obwohl das Kraut tatsächlich adstringierend und blutstillend wirkt. Die knopfförmigen Blütenstände führten schließlich auch zur Prägung des dt. Namens Wiesenknopf.

Sanguisorba polygama ↗ Sanguisorba officinalis.
Sanguisorba spinosa ↗ Sarcopoterium spinosum.
Sanguisuga medicinalis ↗ Hirudo medicinalis.
Sanguisuga officinalis ↗ Hirudo medicinalis.
Saniculae herba ↗ Sanicula europaea.
Saniculae radix ↗ Sanicula europaea.

■ **Sanicula europaea** L.
(syn. *Astrantia diapensia, Caucalis capitata, C. sanicula, Sanicula officinalis, S. officinarum, S. trilobata, S. vulgaris*); Sanikel (syn. Bruchkraut, Heil aller Schäden, Heildolde, Sangel, Saunickel, Saunigel, Schärnikel, Waldklette, Waldknecke, Waldsanikel, Wundsanikel, Zaniggeli), s. Farbtafel S. 302, Bild 132.

Fam.: Apiaceae (Umbelliferae).

Vork.: weltweit, außer arktische Gebiete und Australien.

Drogen: ***1. Saniculae herba*** (syn. *Herba Saniculae, Folia Saniculae*); Sanikelkraut (syn. Bruchkraut), die zur Blütezeit gesammelten und gut getrockneten grundständigen Blätter. *Inh.:* Estersaponine vom Triterpentyp mit A_1-Barrigenol (3β-, 15α-, 16α-, 22α-, 28-Pentahydroxy-Δ^{12}-oleanen) und R_1-Barrigenol (3β-, 15α-, 16α-, 21β-, 22α-, 28-Hexahydroxy-Δ^{12}-oleanen) als dominierende entacylierte Sapogenine. Als Estersäuren wurden insbes. verschiedene ungesättigte C_5-Säuren, u. a. Dimethylacrylsäure, nachgewiesen und als Monosaccharidbausteine für die Saniculoside A, B, C und D D-Glucuronsäure, D-Glucose und L-Arabinose. Weitere Bestandteile sind Phenolcarbonsäurederivate, u. a. Chlorogensäure (0,60 %) und Rosmarinsäure (1,70 %), Saccharose (12,8 %) sowie aliphatische Säuren, u. a. Malonsäure und in geringer Menge Flavonoide. *Anw.:* Katarrhe der Atemwege (TD.: 4–6 g Droge). Volkstümlich ferner bei *Magenblutungen* sowie als Wundheilmittel. ***2. Saniculae radix*** (syn. *Radix Saniculae*); Sanikelwurzel (syn. Heildoldenwurzel). *Inh.:* Saponine (6–11 %), Gerbstoffe, Bitterstoffe, äther. Öl. *Anw.:* in der Volksheilkunde als Adstringens und zur Wundheilung.

Hom.: ***Sanicula europaea*** HAB34; Heildolde, das frische, blühende Kraut. *Anw.-Geb.:* Störungen des Gerinnungssystems sowie Magen-Darm-Erkrankungen, wie Durchfallerkrankungen.

Histor.: Der Name *sanicula* leitet sich vom *sanare* (lat., heilen) ab und bringt die hohe Wertschätzung, die die Droge bereits in den früheren Jahrhunderten genoß, zum Ausdruck. Auch die Kräuterbücher des 16. und 17. Jh. hoben die gute Wirkung von Sanikelzubereitungen bei Erkrankungen der Bronchien und der Lunge, chronischem Brustkrampf, Hämaturie und Darmblutungen hervor.

■ **Sanicula marilandica** L.

Fam.: Apiaceae (Umbelliferae).

Vork.: Nordamerika.

Droge: ***Sanicula-marilandica-Wurzel***, die getrocknete Wurzel. *Inh.:* Saponine. *Anw.:* in der Volksheilkunde gegen Menstruationsbeschwerden.

Sanicula officinalis ↗ Sanicula europaea.
Sanicula officinarum ↗ Sanicula europaea.
Sanicula trilobata ↗ Sanicula europaea.
Sanicula vulgaris ↗ Sanicula europaea.
Sanikel ↗ Sanicula europaea.
Sanikelkraut ↗ Sanicula europaea.
Sanikelwurzel ↗ Sanicula europaea.
Sankt-Antonius-Kraut ↗ Plumbago europaea.
Sankt Ignatiusbohne ↗ Strychnos-Arten.
Sankt-Lorenz-Wurzel ↗ Vincetoxicum hirundinaria.
San Pedro ↗ Trichocereus pachanoi.
Sansho ↗ Zanthoxylum-Arten.
Santakraut ↗ Eriodyction californicum.
Santalholz ↗ Santalum album.
Santali aetheroleum ↗ Santalum album.
Santali albi lignum ↗ Santalum album.
Santali rubri lignum ↗ Pterocarpus-Arten.

■ **Santalum album** L.
(syn. *Sandalum album, Santalum myrtifolium, Sirium myrtifolium*); Sandelbaum (syn. Sandalbaum, Sandelholzbaum, Santelbaum).

Fam.: Santalaceae.

Vork.: Indien, in Höhen von 700–1200 m, Indonesien.

Drogen: *1. Santali aetheroleum* (syn. *Aetheroleum Santali, Oleum Santali, Oleum Santali indici, Oleum Santali orientalis*); Sandelöl (syn. Ostindisches Sandelholzöl), das aus dem Holz des Stammes und der Wurzel durch Destillation gewonnene Öl. Inh.: Sesquiterpenalkohole, oft mit dem Sammelbegriff Fusanole bezeichnet, mit den Hauptkomponenten *cis*-α-Santalol (ca. 50 %), *cis*-β-Santalol (ca. 21 %), *epi*-β-Santalol (ca. 4 %),

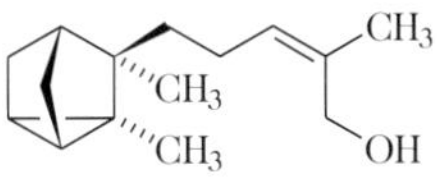

(+)-(Z)-α-Santalol

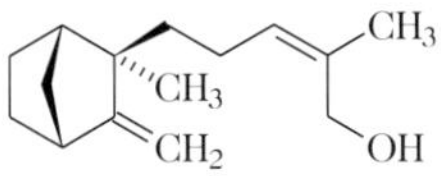

(–)-(Z)-β-Santalol

α-Bergamotol (ca. 4 %), α-Bergamotal (ca. 3 %), *trans*-β-Santalol (ca. 1,5 %) und β-Santalen (ca. 14 %). Wirk.: Die Droge besitzt antibakterielle Eigenschaften. Anw.: früher zur unterstützenden Therapie bei Harnwegsinfektionen. Volkstümlich einst auch in der Wundbehandlung, bei Nierenbecken- und Prostataentzündung sowie bei akuter und hartnäckiger Gonorrhoe. ***2. Santali albi lignum*** (syn. *Lignum Santali album, Lignum Santali citrini, Lignum Santali citrinum*); Weißes Sandelholz (syn. Ambraholz, Citrinholz, Gelbes Sandelholz, Sandelholz, Santalholz, Santelholz), das von Rinde und Splint befreite Kernholz des Stammes und der Zweige. Inh.: äther. Öl (3–5 %), s. *Santali aetheroleum*. Außerdem Gerbstoffe und Harz. Anw.: Infektionen der ableitenden Harnwege, s. *Santali aetheroleum*. Geg.: Erkrankungen des Nierenparenchyms.

Hom.: ***1. Santali aetheroleum*** (syn. *Oleum Santali*) HAB34; das aus dem Kernholz des Stammes und der Zweige durch Wasserdampfdestillation gewonnene äther. Öl. Anw.-Geb.: Harnröhrenentzündung. Geg.: schwere Nierenerkrankungen. ***2. Santalum album*** HAB34, das getrocknete Holz.

Histor.: Die Anwendung von Sandelholz ist in den Heimatgebieten, bes. auf dem indischen Subkontinent, sehr alt. Die ayurvedische Medizin setzte die Droge als Aphrodisiakum und bei Gonorrhoe ein. In Kerala kam beispielsweise ein mit Honig versetzter Aufguß bei Hitzschlag, Sonnenstich und damit verbundenem Fieber zur Anwendung. Der Gattungsname *Santalum* ist über das persische *sandul* und das arabische *sandal* auf den alten Sanskritnamen *Chandan* zurückzuführen. Auch ↗ Paracelsus erwähnt die heilkräftige Wirkung des Sandelholzes.

■ **Santalum austro-caledonicum** Viell.

Fam.: Santalaceae.

Vork.: Neukaledonien, Neue Hebriden.

Droge: ***Sandelöl*** (syn. *Santalum-austro-caledonicum*-Öl), das aus dem Kernholz durch Wasserdampfdestillation gewonnene äther. Öl. Inh.: Santalol (ca. 90 %). Anw.: in der Kosmetik und als hochwertiger Riechstoff für die Parfümerie.

■ **Santalum ellipticum** Gaudich.

(syn. *Santalum freycinetianum* var. *ellipticum*).

Fam.: Santalaceae.

Vork.: bes. Hawai.

Droge: ***Sandelöl*** (syn. *Santalum-ellipticum*-Öl), das aus dem Kernholz durch Wasserdampfdestillation gewonnene äther. Öl. Inh.: Santalol (ca. 90 %). Anw.: in der Kosmetik und als hochwertiger Riechstoff für die Parfümerie.

■ **Santalum freycinetianum** Gaudich.

(syn. *Santalum insulare*).

Fam.: Santalaceae.

Vork.: bes. Hawaii-Inseln.

Droge: ***Sandelöl*** (syn. *Santalum-freycinetianum*-Öl), das aus dem Kern- und Wurzelholz durch Wasserdampfdestillation gewonnene Öl. Inh.: Santalol (weit über 90 %). Anw.: in der Kosmetik.

Santalum insulare ↗ Santalum freycinetianum.
Santalum myrtifolium ↗ Santalum album.
Santaro-Orange ↗ Citrus-Arten.
Santelbaum ↗ Santalum album.
Santelholz ↗ Santalum album.

■ **Santolina chamaecyparissus** L.

Zypressenkraut (syn. Heiligenkraut).

Fam.: Asteraceae (Compositae).

Vork.: westliche Mittelmeergebiete.

Droge: ***Flores Santolinae*** (syn. *Flores Abrotani montani*); Heiligenkrautblüten, die Blüten. Inh.: äther. Öl mit Artemisiaketon, Isoartemisiaketon. Anw.: in der Volksheilkunde als Wurmmittel.

Santonici semen ↗ Artemisia cina.
Santonin ↗ Artemisia cina.

■ **Sapindus saponaria** L.

Fam.: Sapindaceae.

Vork.: tropisches Amerika, Südamerika, Asien, in Nordafrika auch kultiviert.

Droge: ***Fructus Saponariae***; Seifennüsse (syn.

Seifenbeeren), die reifen Früchte. Inh.: fettes Öl (10 %), Saponine (8–20 %). Anw.: in den Verbreitungsgebieten zur Gewinnung von Saponingemischen, die als Waschmittel eingesetzt werden, sowie zum Fischfang als Fischgift. Das fette Öl wird in der Volksheilkunde und zur Seifenherstellung genutzt.

Sapitiöl ↗ Bomelia obtusifolia.

■ **Sapium sebiferum** (L.) Roxb.
(syn. *Stillingia sebiferum*, *Triadica sinensis*); Talgbaum.

Fam.: Euphorbiaceae.

Vork.: Ostasien, bes. Japan, China, Indien; in Brasilien und Florida auch kultiviert.

Droge: ***1. Semen Sapii sebiferi***; Talgbaumsamen, die reifen Samen. Inh.: Fette mit ungesättigten Fettsäuren, Proteine, Kohlenhydrate. Anw.: als Nahrungsmittel, Brennöl und zur Seifenherstellung. ***2. Oleum Sapii sebiferum***; Chinesischer Talg, das Fett des Fruchtfleisches. Inh.: Triglyceride, die als Fettsäure hauptsächlich Palmitinsäure enthalten. Anw.: in Asien zur Herstellung von Kerzen für kultische Zwecke sowie zur Seifenproduktion.

Sapium sylvaticum ↗ Stillingia silvatica.
Saponaria ↗ Saponaria officinalis.
Saponariae alba radix ↗ Gypsophila paniculata.
Saponariae herba ↗ Saponaria officinalis.
Saponariae radix ↗ Saponaria officinalis.
Saponariae rubrae radix ↗ Saponaria officinalis.
Saponariae semen ↗ Saponaria officinalis.
Saponaria hybrida ↗ Saponaria officinalis.
Saponaria nervosa ↗ Saponaria officinalis.

■ **Saponaria officinalis** L.
(syn. *Bootia nervosa*, *B. saponaria*, *B. vulgaris*, *Lychnis officinalis*, *L. saponaria*, *Saponaria hybrida*, *S. nervosa*, *S. vulgaris*, *Silene officinarum*, *S. saponaria*); Echtes Seifenkraut (syn. Gemeines Seifenkraut, Seifenkraut, Seifenwurz, Waschkraut), s. Farbtafel S. 303, Bild 133.

Fam.: Caryophyllaceae.

Vork.: Mittel- und Südeuropa, warmes und gemäßigtes Nordamerika.

Drogen: ***1. Saponariae herba*** (syn. *Herba Saponariae*); Seifenkraut, die getrockneten Stengel, Blätter und Blüten. Inh.: Triterpensaponine, Flavonoide, Pyranglykoside. Anw.: volkstümlich bei Erkrankungen der Atmungsorgane sowie bei rheumatischen Beschwerden. ***2. Saponariae rubrae radix*** (syn. *Radix Saponariae*, *Radix Saponariae rubrae*, *Saponaria*, *Saponariae radix*); Rote Seifenwurzel (syn. Seifenkrautwurzel, Waschwurzel), die getrockneten Rhizome und Wurzeln. Inh.: Triterpensaponine (ca. 7 %) mit Quillajasäure als dominierendem Aglykon neben Gypsogenin und Gypsogensäure als weiteren Sapogeninen sowie den Zuckerbausteinen α-L-Arabinose, β-D-Fucose, β-D-Galactose, β-D-Glucose, β-D-Glucuronsäure, α-L-Rhamnose und β-D-Xylose. Wirk.: Die Saponine der Droge vermögen sog. Immunstimmulierende Komplexe (ISCOMs, d. h. gemischte micellare Komplexe aus Saponin, Virusproteinhüllen, Phospholipiden und Cholesterol) auszubilden. Diese sind in der Lage, innerhalb von Vakzinen einen adjuvanten Effekt auszuüben. Anw.: als Expektorans bei Katarrhen der oberen Luftwege. Volkstümlich auch bei Galle-, Leber- und Nierenerkrankungen sowie bei chronischen Hautkrankheiten, rheumatischen Beschwerden und zur Förderung der Menstruation. Technisch als Waschmittel, unter anderem zur Herstellung von Fleckenwasser, insbes. von Präparationen, die zur Regenerierung von Kunstgegenständen, z. B. wertvollen Wandteppichen, herangezogen werden. ***3. Saponariae semen*** (*Semen Saponariae*); Seifenkrautsamen, die Samen. Inh.: Saponine. Anw.: Die Droge dient ausschließlich zur Gewinnung der Saponine.

Hom.: ***Saponaria officinalis*** (syn. *Saponaria*) HAB34; die getrockneten, unterirdischen Pflanzenteile. Anw.-Geb.: Kopf- und Augenschmerzen.

Histor.: Die Droge diente früher auf Grund ihres Saponingehaltes als häufig genutztes Waschmittel. Der Gattungsname ist vom lateinischen *sapo* (Seife) abgeleitet, bedingt durch die seifenähnlichen Eigenschaften der Inhaltsstoffe der Pflanze. Die Anwendung der Droge geht auf arabische Ärzte zurück, die sie gegen Lepra, Flechten und bösartige Geschwüre verordneten. In den Kräuterbüchern des Mittelalters wird bereits die Behandlung von Erkrankungen der Atemwege mit der Wurzeldroge hervorgehoben.

Saponaria paniculata ↗ Gypsophila paniculata.
Saponaria vulgaris ↗ Saponaria officinalis.

■ **Saponine**
glykosidische Verbindungen mit terpenoidem

Aglykon (Sapogenin). Ihre Fähigkeit, mit Wasser wie Seife zu schäumen, führte zur Prägung des Namens (*sapo* lat. Seife). Neben dieser Oberflächenaktivität, die das Hauptcharakteristikum dieser Stoffe darstellt, besitzen Saponine meist hämolytische Aktivität (z. B. α-Hederin), deren Intensität von der jeweiligen Struktur abhängig ist. Saponine sind toxisch für Fische, da die Oberflächenaktivität die Kiemenatmung beeinträchtigt. Nach ihrem Aglykon, dem sog. Sapogenin, unterteilt man die Saponine in Steroid-, Steroidalkaloid- und Triterpensaponine. In der Tabelle sind einige Beispiele aufgeführt. Als Monosaccharidkomponenten liegen in Saponinen meist die Hexosen D-Glucose und D-Galactose, die Methylpentosen L-Rhamnose und L-Fucose, die Pentosen L-Arabinose und D-Xylose sowie als Uronsäure D-Glucuronsäure vor. Weniger häufig kommen auch ↗ D-Apiose, D-Chinovose, D-Ribose und D-Talose vor. Die Zucker liegen meist in der pyranoiden Ringform vor. Lediglich die Arabinose kommt sowohl pyranoid als auch furanoid, mitunter in beiden Ringformen im gleichen Molekül, vor, während Apiose auf Grund ihrer verzweigten Struktur stets furanoid vorliegt. Die Zahl der Monosaccharidbausteine variiert. Die Mehrzahl der bis heute bekannten Saponine weist 3–5 Zuckerbausteine auf, jedoch wurden auch Verbindungen mit bis zu 10 Monosacchariden isoliert. Diese sind meist in einer oder zwei Zuckerketten angeordnet und werden entsprechend als Mono- oder Bisdesmoside (*desmos* gr. Kette). In Ausnahmefällen liegt eine dritte Kohlenhydratkette, d. h. Trisdesmoside, vor. Von den drei oben genannten Saponintypen nehmen die Steroidalkaloidsaponine eine untergeordnete Stellung ein und werden meist bei den ↗ Alkaloiden behandelt. Saponine sind fast ausschließlich pflanzliche Verbindungen, lediglich niedere Meerestiere, die sog. Stachelhäuter (Echinodermata), führen ebenfalls Saponine. Während Seesterne (Asteroideae) Steroidsaponine enthalten, kommen in den Seewalzen (Holothurioideae, Seegurken) Triterpensaponine vor. Die typischen Steroidsaponine kommen bevorzugt, wenn auch nicht ausschließlich, in der Klasse Liliatae, den Einkeimblättlern, vor, u. a. in Agavaceae, Asparagaceae, Dioscoreaceae und Smilaceae. Dagegen verteilen sich die Triterpensaponine, von denen inzwischen mehr als 2000 Strukturen bekannt sind, inbes. auf die Magnoliatae, die Zweikeimblättler. Bevorzugte Familien sind hier die Araliaceae, Asteraceae, Caryopyllaceae, Fabaceae, Hippocastanaceae und Sapotaceae. Saponine sind in Wasser micellbildende amphiphile Stoffe. Im

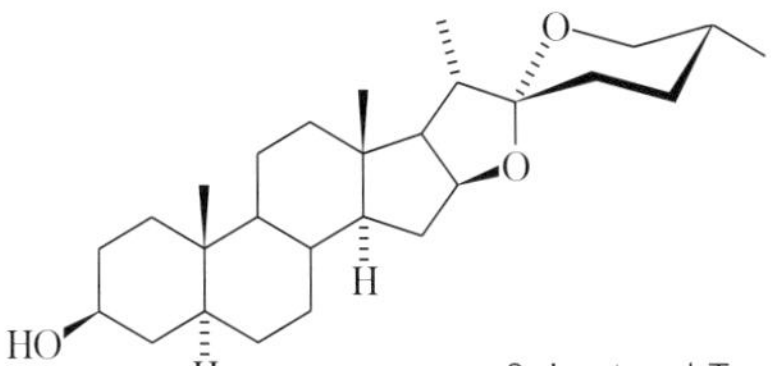

Spirostanol-Typ

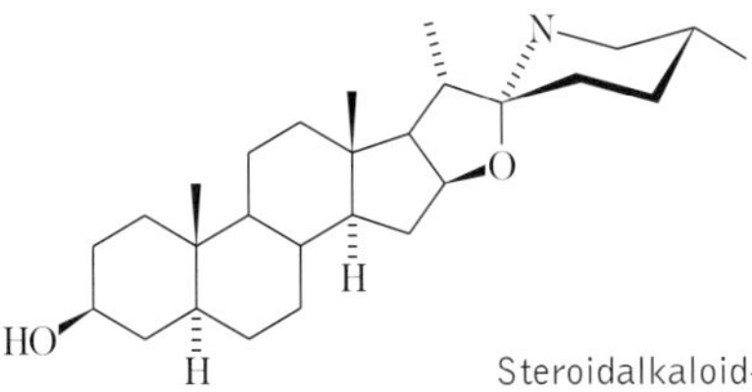

Steroidalkaloid-Typ

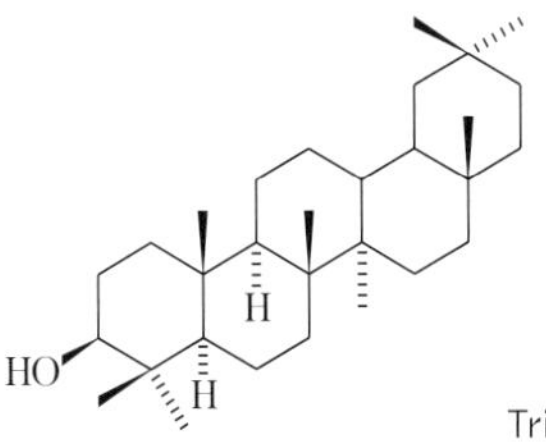

Triterpen-Typ

Sapogeningrundstrukturen

Tabelle: Einige ausgewählte Sapogenine der 12-Oleanen-Saponine und deren Vorkommen:

Aglykon	Vorkommen
Barringtogenol C	u.a. ↗ *Aesculus hippocastanum*
Bayogenin	u.a. ↗ *Solidago*-Arten
Gypsogenin	u.a. ↗ *Gypsophila paniculata*
Hederagenin	u.a. ↗ *Hedera helix*
Oleanolsäure	weit verbreitet
Polygalasäure	u.a. ↗ *Solidago virgaurea*
Presenegenin	u.a. ↗ *Polygala senega*
Primulagenin A	↗ *Primula*-Arten
Quillaiasäure	u.a. ↗ *Quillaia saponaria*

Gegensatz zum stets vorhandenen Schaumvermögen in Wasser sind die hämolytischen Eigenschaften der Saponine sehr unterschiedlich vorhanden oder fehlen in Einzelfällen (↗ *Glycyrrhiza glabra*) vollständig. Im allgemeinen sind bisdesmosidische Saponine weniger aktiv als die nach Abspaltung der *O*-acylglykosidisch gebundenen Kohlenhydratkette erhaltenen Monodesmoside. Allerdings bestätigen auch hier Ausnahmen die Regel, z. B. *Solidago virgaurea* (↗ *Solidago*-Arten). Vermutlich basiert der hämolytische Effekt zumindestens teilweise auf der Komplexbildung mit Membranbestandteilen (Cholesterol, Phosphoglycerolipide und Proteine) der Zellen. Nach Anheftung des Saponins mit der Zukkerkette an die Erythrozytenmembran tritt wahrscheinlich eine Glykosidspaltung ein, und das eigentliche Aglykon bewirkt die Hämolyse. Hinsichtlich der Wirkungsweise von Saponinen existieren inzwischen vielfältige pharmakologische Untersuchungsergebnisse. Zu den nachgewiesenen Saponinwirkungen gehören u. a. analgetische, antivirale, antitumorale, cardiovasculäre, Cholesterolspiegel senkende, hepatoprotektive, immunmodulatorische, molluskizide, sedative und spermizide Eigenschaften. Die Indikationsgebiete für Saponindrogen beschränken sich jedoch im wesentlichen auf die Nutzung als Expektorantien (↗ *Hedera helix*, ↗ *Primula*-Arten, ↗ *Glycyrrhiza glabra* und ↗ *Polygala senega*), Venentonika (↗ *Aesculus hippocastanum* und ↗ *Ruscus aculeatus*), Urologika (↗ *Herniaria glabra* und ↗ *Solidago*-Arten) und Geriatrika (↗ *Panax ginseng*). Die Besprechung der Drogen hierzu erfolgt bei den jeweiligen Stichwörtern. Eine weitere Bedeutung besitzen Steroidsaponine, die z. B. aus ↗ *Dioscorea*-Arten gewonnen werden, als Rohstoffe zur Partialsynthese von Steroidhormonen.

Sapota achras ↗ Manilkara zapota.
Sapote ↗ Casimiroa edulis.
Sapotillbaum ↗ Manilkara zapota.
Sapotillgummi ↗ Manilkara zapota.
Sapotoxine Sammelbegriff für besonders toxische ↗ Saponine.
Sapucajaöl ↗ Lecythis urnigera.

■ **Saraca indica** L.
(syn. *Jonesia asoca, J. pinnata*).
Fam.: Fabaceae (Leguminosae).
Vork.: Indien bis zur Malayischen Halbinsel.
Droge: ***Cortex Saracae***; Sarakarinde, die Stammrinde. Inh.: Gerbstoffe, Catechine, äther. Öl, Hämatoxylin, Saponine, Ketosterol. Anw.: wichtige Droge in der Ayurveda- und Mani-Heilkunde, bes. als Adstringens, zur Blutstillung und als Uterussedativum.

Sarakarinde ↗ Saraca indica.
Sarcocephalus esculentus ↗ Sarcocephalus latifolius.

■ **Sarcocephalus latifolius** (Smith) Bruce
(syn. *Nauclea latifolia, N. esculenta, Sarcocephalus latifolius, S. esculentus*).
Fam.: Rubiaceae.
Vork.: Afrika, bes. Senegal bis Uganda, Angola, Sudan.
Droge: die Rinde der Wurzeln und Stämme. Inh.: Indolochinolizidin-Alkaloide (ca. 0,1 %), u. a. Angustin, Angustifolin, Nauclefin und Naucletin;

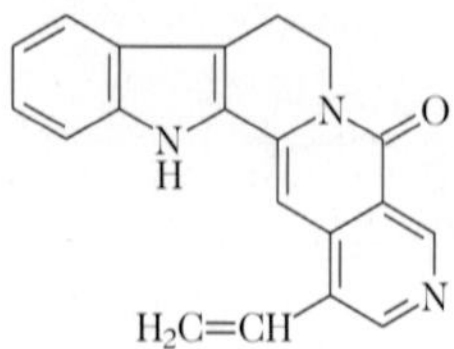

Angustin

Saponine, Gerbstoffe, *β*-Sitosterol, 7-Hydroxycumarin. Anw.: eines der wichtigsten afrikanischen Volksheilmittel bei Fieber (bes. Malariafieber), Entzündungen, Husten, Bronchialerkrankungen, Koliken, Dysenterie, Gelbsucht, Eingeweidewürmern, Geschlechtskrankheiten, Ödeme, Wunden, Hämorrhoiden sowie als Diuretikum. Die Droge ist auch Bestandteil von Pfeilgiftzubereitungen.

Sarcopharyngia crassa ↗ Tabernaemontana crassa.

■ **Sarcopoterium spinosum** (L.) Spach
(syn. *Pimpinella spinosa, Poterium spinosum, Sanguisorba spinosa*); Dorniger Becherstrauch (syn. Strauchige Becherblume).
Fam.: Rosaceae.
Vork.: östliche Mittelmeergebiete, v. a. Sizilien, Griechenland, Kreta.
Droge: ***Sarcopoterium-spinosum-Wurzelrinde*** (syn. *Cortex radicis Poterii, Cortex radicis Poterii spinosi, Poterii radicis cortex*); Becherstrauch-Wurzelrinde (syn. Poterium-Wurzelrinde), die ge-

trocknete Wurzelrinde. *Inh.:* Triterpene, u. a. Tormentosid, Tormentin- und Ursolsäure, Sterole, u. a. β-Sitosterol sowie Gerbstoffe mit den Procyanidinen B1, B3, B6 und B7, ferner (+)-Catechin, Gallo- und Ellagtannine. *Anw.:* volkstümlich, bes. in den Herkunftsgebieten als Mittel gegen Diabetes mellitus.

■ **Sarcosin**
(syn. *N*-Methylglycin), süßlich schmeckende Verbindung, die in Seesternen, Seeigeln, Rotalgen, im Säurehydrolysat des Ernußproteins, in Hummern, Krabben sowie als Bestandteil von Antibiotika vorkommt. *Anw.:* in Form der Salze (Sarcosinate) und *N*-Acetylderivate als Netz- und Dispergiermittel in Pharmazeutika und Kosmetika, in Zahnpasten sowie in Farben.

Sarepta-Senf ↗ Brassica-Arten.

■ **Sargassum thunbergii**.
Fam.: Sargassaceae.
Vork.: Küsten von Südchina, Korea, Japan.
Droge: die frischen oder getrockneten Algen. *Inh.:* Pantothensäure, Biotin, Inositol, Kohlenhydrate. *Anw.:* in der traditionellen chinesischen Heilkunde bei Tuberkulose.

■ **Sargassum vulgare** Ag.
Beerentang.
Fam.: Sargassaceae.
Vork.: Küsten des Atlantischen und Pazifischen Ozeans, Karibik.
Droge: die frischen oder getrockneten Algen. *Inh.:* ↗ Alginsäure (25–30 %), Mannitol (ca. 7 %), äther. Öl, Proteine. *Anw.:* in der Volksheilkunde als Wurmmittel.

Sarothamni scoparii flos ↗ Cytisus scoparius.
Sarothamni scoparii herba ↗ Cytisus scoparius.
Sarothamni scoparii radix ↗ Cytisus scoparius.
Sarothamnus ericetorum ↗ Cytisus scoparius.
Sarothamnus junceum ↗ Spartium junceum.
Sarothamnus obtusatus ↗ Cytisus scoparius.
Sarothamnus scoparius ↗ Cytisus scoparius.
Sarothamnus vulgaris ↗ Cytisus scoparius.

■ **Sarracenia purpurea** L.
Fam.: Sarraceniaceae.
Vork.: atlantisches Nordamerika, Kanada bis Florida, Neufundland.
Droge: ***Radix Sarraceniae purpureae***; Sarraceniawurzel, die getrocknete Wurzel. *Inh.:* Sarracenin (Glykosid), Sarraceninsäure, Harz, Gerbstoffe. *Anw.:* in der Volksheilkunde als Stimulans und Tonikum.
Hom.: ***Sarracenia purpurea*** HAB34; die frischen, oberirdischen Pflanzenteile. *Anw.-Geb.:* Knochen- und Rückenschmerzen, verschiedene Hauterkrankungen.

Sarraceniawurzel ↗ Sarracenia purpurea.
Sarsaparillae indigena radix ↗ Smilax-Arten.
Sarsaparillae radix ↗ Smilax-Arten.
Sarsaparillosid ↗ Smilax-Arten.
Sarsaparillwurzel ↗ Smilax-Arten.
Sassafras aetheroleum ↗ Sassafras albidum.

■ **Sassafras albidum** (Nutt.) Nees
(syn. *Laurus sassafras, Persea sassafra, Sassafras officinale, S. sassafras, S. variifolium*), Fenchelholzbaum.
Fam.: Lauraceae.
Vork.: atlantisches Nordamerika.
Drogen: ***1. Sassafras aetheroleum*** (syn. *Oleum Sassafras*); Sassafrasöl (syn. Fenchelholzöl), das äther. Öl des Wurzelholzes. *Inh.:* Safrol (ca. 80 %) als Hauptkomponente, neben weiteren Phe-

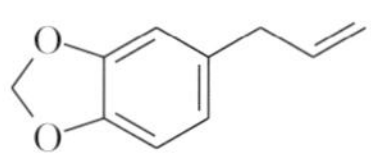

Safrol

nylpropanderivaten. *Anw.:* früher in alkoholischer Lösung bei rheumatischen Beschwerden, Menstruationsstörungen sowie Erkrankungen im Urogenitalbereich. Äußerlich volkstümlich bei rheumatischen Schmerzen und Insektenstichen. Industriell zur Gewinnung von Safrol, das bes. für kosmetische Produkte genutzt wird. ***2. Sassafra cortex*** (syn. *Cortex Sassafras, Cortex Sassafras radicis*); Sassafraswurzelrinde (syn. Fenchelholzrinde), die geschälte und getrocknete Wurzelrinde. *Inh.:* äther. Öl (6–9 %, s. *Sassafras aetheroleum*), ferner in geringer Menge Alkaloide vom Aporphin- (u. a. Boldin) und Reticulintyp. *Anw.:* früher bei Erkrankungen der Atmungsorgane, rheumatischen und Verdauungsbeschwerden sowie Bestandteil von sog. „Blutreinigungstees“. ***3. Sassafras lignum*** (syn. *Lignum Sassafras, Lignum Floridum, Lignum Pavanum*); Sassafrasholz (syn. Fenchelholz, Sassafraswurzelholz), das Wurzelholz. Inh.: äther. Öl (1–2 %, s. *Sassafras aetheroleum*). Anw.: früher in „Blutreinigungstees" bei Hautausschlägen, Katarrhen, rheumatischen Beschwerden und Syphilis. Geg.: Da Safrol, die Hauptkomponente des äther. Öles, ein genotoxisches Carcinogen darstellt, ist die Nutzung der o. g. Drogen nicht mehr zu vertreten.

Hom.: *Sassafras* HAB34, die getrocknete Wurzelrinde.

Histor.: Der Gattungsname *Sassafras* wird vom spanischen *sassafras* (steinbrechend) abgeleitet, Bezug nehmend auf die frühere Anwendung der Droge zur Behandlung von Blasensteinen. Unter dem Namen Pavane nutzten die Eingeborenen Nordamerikas die Droge bereits seit langer Zeit wegen des angenehmen Aromas als Kaumittel und als Zusatz zu erfrischenden Getränken. In Deutschland wurde das Sassafrasholz und die Sassafrasrinde noch im 16. Jh. als *Lignum pavanum* bekannt und diente zunächst vornehmlich als Antisiphylitikum. In den mittelalterlichen Kräuterbüchern findet es noch keine Erwähnung. Das aus der Droge gewonnene äther. Öl wurde später offenbar erstmalig von Angelus Sala, dem Leibarzt des Herzogs von Mecklenburg, hergestellt.

Sassafrasholz ↗ Sassafras albidum.
Sassafras lignum ↗ Sassafras albidum.
Sassafras officinale ↗ Sassafras albidum.
Sassafras sassafras ↗ Sassafras albidum.
Sassafras variifolium ↗ Sassafras albidum.
Sassyrinde ↗ Erythrophleum suaveolens.
Satanspilz ↗ Boletus satanas.
Satans-Röhrling ↗ Boletus satanas.
Satureja brachiata ↗ Satureja hortensis.
Satureja calamintha ↗ Calamintha officinalis.
Satureja capitata ↗ Thymus-Arten.
Saturejae aetheroleum ↗ Satureja montana.
Saturejae herba ↗ Satureja hortensis.
Saturejae hortensis aetheroleum ↗ Satureja hortensis.
Saturejae montanae aetheroleum ↗ Satureja montana.
Saturejae montanae herba ↗ Satureja montana.

■ Satureja hortensis L.

(syn. *Clinopodium hortense, Satureja brachiata, S. laxiflora, S. officinarum, S. pachyphylla, S. viminea, Thymus cunila*); Bohnenkraut (syn. Kölle, Pfefferkraut, Weinkraut).

Fam.: Lamiaceae (Labiatae).

Vork.: Mittelmeergebiete, angebaut in ganz Europa und in Südamerika.

Drogen: *1. Saturejae hortensis aetheroleum* (syn. *Oleum Saturejae*); Bohnenkrautöl. Inh.: hoher Gehalt an Carvacrol (20–50 %) und γ-Ter-

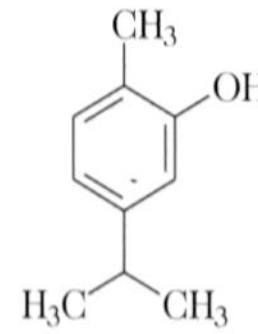

p-Cymen-2-ol
(Carvacrol)

pinen (10–40 %), begleitet von *p*-Cymen, Caryophyllen, Myrcen und anderen Mono- sowie Sesquiterpenen. Anw.: zur Parfümierung von Seifen, Waschmitteln, Cremes und Lotionen sowie als Aromakomponente in Parfüms. Auch in der Lebensmittelindustrie wird die Droge als Aroma für Backwaren und zum Würzen eingesetzt. *2. Saturejae herba* (syn. *Herba Saturejae*); Bohnenkraut (syn. Gartenquendel, Wurstkraut). Inh.: äther. Öl (0,3–1,5 %) (Zusammensetzung s. *Saturejae hortensis aetheroleum*); Gerbstoffe, v. a. Rosmarinsäure; Chlorogensäure, Kaffeesäure und andere Phenolcarbonsäuren; β-Sitosterol. Anw.: in der Volksheilkunde gegen Durchfall, bei Befindlichkeitsstörungen des Magen-Darm-Traktes, als blähungstreibendes Mittel bei Verdauungsstörungen, bei Nieren- und Leberleiden, Gallenbeschwerden, bei Menstruationsbeschwerden, zum Schleimlösen bei Erkältungen sowie gegen Würmer. Äußerlich wird die Droge zu Spülungen bei Schleimhautentzündungen verwendet. Im Haushalt ist Bohnenkraut ein beliebtes Gewürz und wird häufig in der Wurstfabrikation eingesetzt.

Histor.: Der Gattungsname *Satureja* leitet sich vom lateinischen *saturare* (sättigen) ab, da die Pflanze bei den Römern als Nahrung diente; *hortensis* (lat.) bedeutet im Garten wachsend. Die dt. Bezeichnung Bohnenkraut weist auf seine Verwendung zum Würzen von Bohnen hin. In Mitteleuropa wurde die Pflanze bereits seit dem 9. Jh. kultiviert und war besonders in Klostergärten, wo sie als Gemüse- und Heilpflanze gezogen wurde, anzutreffen. Die Kräuterbücher des Mittelalters erwähnen bes. die verdauungsfördernden Wirkungen sowie expektorierende Eigenschaften.

Satureja juliana ↗ Satureja montana.
Satureja laxiflora ↗ Satureja hortensis.

■ **Satureja montana** L.
(syn. *Clinopodium monatnum, Micromeria montana, Satureja juliana*); Bergbohnenkraut (syn. Karstbohnenkraut, Karst-Saturei, Winterbohnenkraut), s. Farbtafel S. 303, Bild 134.
Fam.: Lamiaceae (Labiatae).
Vork.: Südeuropa, Ukraine, Türkei, in Mittelasien, den USA, Indien und Südafrika; auch kultiviert.
Drogen: ***1. Saturejae montanae aetheroleum*** (syn. *Oleum Saturejae montanae, Saturejae aetheroleum*); Bergbohnenkrautöl (syn. *Satureja-montana*-Öl), das Wasserdampfdestillat der oberirdischen Pflanzenteile. *Inh.:* Carvacrol (30–60 %), γ-Terpinen (5–15 %), *p*-Cymen (10–20 %) sowie u. a. Borneol, Carvon und β-Caryophyllen. *Anw.:* in der Parfümerie und Lebensmittelindustrie als Aromastoff. ***2. Saturejae montanae herba*** (syn. *Herba Saturejae montanae*); Bergbohnenkraut (syn. Karstbohnenkraut, Winterbohnenkraut), die getrockneten, blühenden Zwiegspitzen. *Inh.:* äther. Öl (0,8–1,6 %); Rosmarinsäure und weitere Phenolcarbonsäuren, Alkane, Fettsäuren, Ursolsäure, Oleanolsäure, Polyterpene und β-Sitosterol. *Anw.:* in der Volksheilkunde gegen Durchfall und bei Magen-Darm-Erkrankungen, als blähungstreibender Tee, bei Nieren- und Leberleiden, Gallenbeschwerden, Menstruationsbeschwerden, zum Schleimlösen bei Erkältungen sowie gegen Eingeweidewürmer. Im Hauhalt dient die Droge als Gewürz für Fleischspeisen und für Bohnengerichte sowie zur Wurstherstellung.

Satureja officinarum ↗ Satureja hortensis.
Satureja pachyphylla ↗ Satureja hortensis.
Satureja viminea ↗ Satureja hortensis.
Satyrium bifolium ↗ Platanthera bifolia.
Saubohne ↗ Vicia faba.
Saubohnensamen ↗ Hyoscyamus niger.
Saubrot ↗ Cyclamen purpurascens.
Sauerampfer ↗ Rumex acetosa.
Sauerampferkraut ↗ Rumex acetosa.
Sauerbaum ↗ Oxydendrum arboreum.
Sauerbeere ↗ Vaccinium-Arten.
Sauerdorn ↗ Berberis vulgaris.
Sauerkirschblätter ↗ Prunus-Arten.
Sauerkirsche ↗ Prunus-Arten.
Sauerkirschstiele ↗ Prunus-Arten.
Sauerklee ↗ Oxalis acetosella.
Sauerkrautwurzel ↗ Levisticum officinale.
Sauersack ↗ Annona-Arten.
Sauerteig ↗ Lactobacillus coryniformis.
Sauerzitrone ↗ Citrus-Arten.
Saugras ↗ Polygonum aviculare.
Saukraut ↗ Hyoscyamus niger, ↗ Polygonum aviculare, ↗ Solanum-Arten.
Säukraut ↗ Hyoscyamus niger.
Saulbaum ↗ Shorea robusta, ↗ Shorea wiesneri.
Saulharz ↗ Shorea robusta.
Saunickel ↗ Sanicula europaea.
Saunigel ↗ Sanicula europaea.
Saurachbeeren ↗ Berberis vulgaris.
Saure Limette ↗ Citrus-Arten.

■ **Saururus cernuus** L.
Fam.: Saururaceae.
Vork.: in den Sümpfen Nordamerikas.
Droge: die Wurzel.
Hom.: ***Saururus cernuus*** HAB34, die frischen Wurzeln.

■ **Saussurea costus** (Falc.) Lipsch.
(syn. *Saussurea lappa*). Indische Costuswurzel, Kostuspflanze.
Fam.: Asteraceae (Compositae).
Vork.: Nordindien, Kaschmir, in Höhen von 2500–3000 m.
Drogen: ***1. Saussurea-costus-aetheroleum***; Costus-Wurzelöl, das äther. Öl. *Inh.:* Sesquiterpene mit (–)-α-Costol, (+)-β-Costol und (+)-γ-Costol sowie (–)-Elemol als Hauptkomponenten. *Anw.:* in den Heimatgebieten in Zubereitungen bei Verdauungsbeschwerden, Cholerainfektionen, bei Hautkrankheiten sowie zur Inhalation bei Asthma. In der Ayurveda wird die Droge zur Empfängnisverhütung genutzt. ***2. Radix Costus*** (syn. *Radix Saussureae*); Indische Costuswurzel, die getrockneten Wurzeln. *Inh.:* äther. Öl (1–6 %) mit Costunolid und Dehydrocostuslacton, die je-

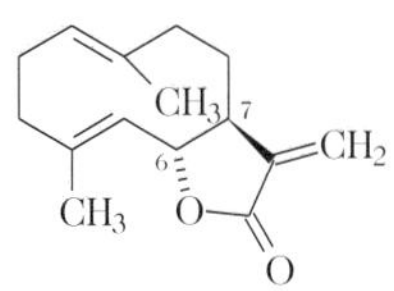

Costunolid

doch bei der Gewinnung des äther. Öles durch Wasserdampfdestillation Artefakte bilden, ferner Harze (ca. 6 %) und Inulin (ca. 18 %). Anw.: analog *Saussurea-costus-aetheroleum*.

Saussurea lappa ↗ Saussurea costus.
Sausurea-costus-aetheroleum ↗ Saussurea costus.
Sautod ↗ Solanum-Arten.
Sauwurzel ↗ Bryonia-Arten, ↗ Veratrum album.
Saxifraga crassifolia ↗ Bergenia crassifolia.
Saxifraga cuneifolia ↗ Bergenia crassifolia.

■ **Saxifraga granulata** L.
Körniger Steinbrech.
Fam.: Saxifragaceae.
Vork.: Europa.
Droge: ***Herba Saxifragae***; die getrocknete Pflanze. Inh.: u. a. Gerbstoffe und Bitterstoffe.
Hom.: ***Saxifraga granulata*** (syn. *Saxifraga*) HAB34; die frischen, zur Blütezeit geernteten, oberirdischen Pflanzenteile. Anw.-Geb.: Nierensteinleiden.
Histor.: Der Gattungsname *Saxifraga* leitet sich vom lateinischen *saxum* (Fels, Stein) und *frangere* (brechen) ab, da die Pflanzen oft ihren Standort an Felsen haben und durch ihr Eindringen in Felsspalten die betreffenden Steine allmählich zerklüften können. Der Artname *granulata* (lat., körnig) bezieht sich auf die kleinen Körnchen an den Wurzeln. Als Heilpflanze im Altertum unbekannt, wird sie von Hildegard von Bingen und ↗ Paracelsus als Mittel gegen Steinleiden empfohlen. Ähnliche Hinweise finden sich in den späteren Kräuterbüchern.

Saxifraga sibirica ↗ Bergenia crassifolia.
Scabiosa arvensis ↗ Knautia arvensis.
Scabiosa succisa ↗ Succisa pratensis.
Scabiosenkraut ↗ Knautia arvensis.

■ **Scadoxus multiflorus** (Martyn) Raf.
(syn. *Haemanthus multiflorus, H. rupestris, H. abyssinicus, H. kalkbreyeri, H. manni, H. longitubus*).
Fam.: Amaryllidaceae.
Vork.: tropisches Afrika.
Droge: die Zwiebeln. Inh.: Amaryllidaceen-Alkaloide (ca. 0,04 %), u. a. Lycorin, Haemanthidin, Chlidanthin, Hippeasterol und Haemultin. Anw.: in der afrikanischen Volksheilkunde bei Wassersucht, zur Wundbehandlung, bei Krätze und in der Veterinärheilkunde. Die Droge ist auch Bestandteil von Pfeilgiftzubereitungen, Fischgiften sowie von Mordgiften.

Scammoniae radix ↗ Convolvulus-Arten.
Scammonium ↗ Convolvulus-Arten.
Scammoniumharz ↗ Ipomoea orizabensis.
Scandix odorata ↗ Myrrhis odorata.

■ **Scarlatinum-Nosode HAB**
Präparation aus Rachen-Tonsillen-Abstrichen und Hautschuppen von Scharlach-Kranken. Anw.-Geb.: Gesundheitsstörungen nach Scharlach-Erkrankung.

■ **Sceletium tortuosum** (L.) N.E.Br.
Fam.: Aizoaceae.
Vork.: Südafrika.
Droge: die ganze Pflanze mit Wurzeln. Inh.: Alkaloide, wie Mesembrin (0,3–0,86 %), Mesem-

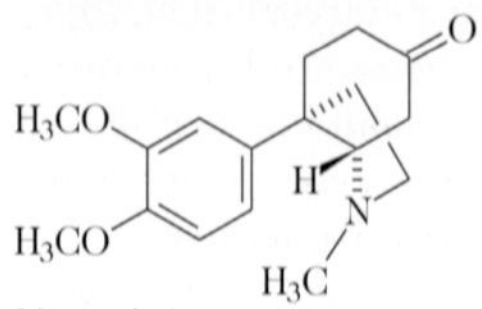

Mesembrin

brenol, Mesembrenon und Channanin. Anw.: in der afrikanischen Volksheilkunde als Schmerzmittel und zur Unterdrückung des Hungers. Die südafrikanischen Buschleute nutzen die Droge für rituelle Zeremonien und induzieren leichte halluzinogene Zustände in Kombination mit Haschisch (↗ *Cannabis sativa*) und Alkohol.
Histor.: Vor etwa 300 Jahren wurde erstmals beschrieben, daß die südafrikanischen Hottentotten ein Rauschmittel nutzten, das sie Kanna oder Channa nannten. Erst gegen Ende des 19. Jh. wurde vermutet, daß es sich dabei um eine Pflanze der Gattung *Mesembryanthemum* handeln könnte. Diese Pflanze wurde nach taxonomischer Revision als *Sceletium tortuosum* klassifiziert.

■ **Scenedesmus obliquus**.
Fam.: Coelastraceae.
Vork.: im Süßwasser aller Kontinente, auch biotechnisch kultiviert.
Droge: die frischen oder getrockneten Algen. Inh.: Proteine (ca. 55 %), fettes Öl mit hohem

Anteil an ungesättigten Fettsäuren, Vitamine, Biotin. Anw.: Ausgangspunkt für die Herstellung galenischer Hilfsstoffe; Präparate zur Förderung der Wundheilung; hochwertige Eiweißquelle für die Herstellung von Nahrungsergänzungsmitteln und für die Futtermittelindustrie.

Schachtelhalmkraut ↗ Equisetum-Arten.
Schaf ↗ Ovis aries.
Schafblümchen ↗ Anemone nemorosa.
Schafgarbenkraut ↗ Achillea-Arten.
Schafheu ↗ Equisetum-Arten.
Schafrippe ↗ Achillea-Arten.
Schafstroh ↗ Equisetum-Arten.
Schafszähn ↗ Anthyllis vulneraria.
Schafzunge ↗ Achillea-Arten, Polygonum bistorta.
Schällkraut ↗ Chelidonium majus.
Schalotte ↗ Allium-Arten.
Schalottlauch ↗ Allium-Arten.
Schannelke ↗ Centaurea cyanus.
Scharbocksheilkraut ↗ Cochlearia officinalis.
Scharbockskraut ↗ Cochlearia officinalis, ↗ Ranunculus-Arten.
Scharfer Hahnenfuß ↗ Ranunculus-Arten.
Scharfer Knöterich ↗ Polygonum hydropiper.
Scharfer Mauerpfeffer ↗ Sedum acre.
Scharfer Rittersporn ↗ Delphinium staphisagria.
Scharfe Wolfsmilch ↗ Euphorbia-Arten.
Scharfnessel ↗ Urtica-Arten.

■ Scharfstoffe
Sammelbezeichnung für chemisch sehr unterschiedlich zusammengesetzte Verbindungen, die über einen scharfen Geschmack verfügen. Die S. üben einen Reiz auf die in der Haut und Schleimhaut vorhandenen Thermo- und/oder Schmerzrezeptoren aus, worauf es direkt oder indirekt zur einer erhöhten Drüsensekretion im Verdauungstrakt, verstärkter Peristaltik, gesteigertem Wärmeempfinden und Hyperämie der Haut kommen kann. Diese Effekte werden therapeutisch ausgenutzt in der Rheumatherapie (z. B. ↗ *Capsicum*-Arten) oder bei Stomachika (z. B. ↗ *Piper nigrum*).

Scharlachbeere ↗ Phytolacca americana.
Scharlachkraut ↗ Salvia-Arten.
Scharlachrote Lobelie ↗ Lobelia cardinalis.
Scharlachsumach ↗ Rhus-Arten.
Scharlei ↗ Salvia-Arten.
Schärnikel ↗ Sanicula europaea.
Scharpruß ↗ Equisetum-Arten.
Schattenblume ↗ Maianthemum bifolium.
Schauerklapperschlange ↗ Crotalus-Arten.
Scheelea martiana ↗ Attalea excelsa.
Scheinakazie ↗ Robinia pseudoacacia.
Scheinhanf ↗ Datisca cannabina.
Schellack ↗ Kerria lacca.
Schellenbaum ↗ Thevetia peruviana.
Schellkraut ↗ Chelidonium majus.
Scherbelkrautwurzel ↗ Asarum europaeum.
Scheuergras ↗ Equisetum-Arten.
Scheuerkraut ↗ Equisetum-Arten.
Schibutter ↗ Butyrospermum parkii.
Schierlings-Caladium ↗ Dieffenbachia seguine.
Schierlingstanne ↗ Tsuga canadensis.
Schietbeere ↗ Cornus-Arten.
Schildkrötenöl ↗ Chelonia mydas.
Schilf ↗ Phragmites communis.
Schilfgraswurzel ↗ Calamagrostis lanceolata.
Schilfrohr ↗ Phragmites communis.
Schillkraut ↗ Chelidonium majus.
Schimmelweide ↗ Salix-Arten.
Schindkraut ↗ Chelidonium majus.
Schini mollis aetheroleum ↗ Schinus-Arten.
Schini mollis fructus ↗ Schinus-Arten.
Schinkenkraut ↗ Oenothera biennis.
Schinopsis lorentzii ↗ Schinopsis quebracho-colorado.

■ Schinopsis quebracho-colorado (Schlechtend.) Barkl. et T. Mey.
(syn. *Schinopsis lorentzii*); Quebrachoholzbaum.
Fam.: Anacardiaceae.
Vork.: Argentinien, Brasilien, Paraguay, Uruguay.
Droge: ***Lignum Quebracho colorado***; Rotes Quebrachoholz. Inh.: Gerbstoffe (18–28 %), Fisetin, Ellagsäure, Gallussäure, Resorcin, Quebrachoin und das Alkaloid Laxopterygin. Anw.: Holzextrakte werden in der Gerberei, zum Imprägnieren von Fischernetzen und Segeln sowie früher in der Erdölindustrie zur Viskositätsverminderung des Bohrschlammes eingesetzt. Das Holz selbst ist außerordentlich hart und widerstandsfähig.

Schinsengwurzel ↗ Panax ginseng.

■ Schinus-Arten
● **Fam.:** Anacardiaceae.
● **Schinus molle var. areira** (L.) DC. (syn. *Schinus areira*); Amerikanischer Pfefferbaum (syn. Fal-

scher Pfefferbaum, Indischer Mastixbaum, Mollebaum, Peruanischer Pfefferbaum, Pfefferstrauch, Schinuspfeffer, Wilder Pfeffer).

Vork.: Mittel- und Südamerika, bes. Peru.

Drogen: *1. Schinus-molle-Blätter* (syn. *Folia Molle seu Mollis*); Molleblätter, die Fiederblättchen. Inh.: äther. Öl (0,2–1 %), aus Monoterpen-Kohlenwasserstoffen, Phenolen und einem hohen Anteil an Sesquiterpenen bestehend. Außerdem Flavonoide, Triterpene, β-Sitosterol und Gummiharze. Anw.: in den Herkunftsgebieten sehr vielseitig, u. a. bei Erkrankungen des Rachenraumes und der Atemwege, rheumatischen Beschwerden, als harntreibendes Mittel sowie auch bei Bluthochdruck. Ferner in Form von Kataplasmen bei Gelenkschmerzen, Ischias und auch bei Geschwüren. *2. Schinus-molle-Früchte* (syn. *Schini mollis fructus*); Schinusfrüchte (syn. Peruanischer Pfeffer, „Rosa Pfeffer", Roter Pfeffer, Rosa-Beeren, Schinuspfeffer), die reifen, ungeschälten, luft- oder gefriergetrockneten Steinfrüchte. Inh.: äther. Öl (ca. 2–5 %) mit den Hauptkomponenten Limonen, α- und β-Phellandren, α- und β-Pinen sowie Sesquiterpenen. Ferner Triterpensäuren, u. a. 3-Epiisomasticadienolalsäure, und Polyphenole. Anw.: in Mittel- und Südamerika u. a. als Abführmittel, Diuretikum, bei rheumatischen Beschwerden sowie Atemwegserkrankungen. Im Haushalt auch als Gewürz. *3. Schinus-molle-Öl* (syn. *Schini mollis aetheroleum*); Schinusöl, das durch Wasserdampfdestillation, meist aus den Früchten gewonnene äther. Öl. Inh.: s. *Schini mollis fructus*. Anw.: früher in Mexiko bei Erkrankungen der ableitenden Harnwege sowie als Adjuvans bei Tuberkulose. *4. Schinus-molle-Rinde* (syn. *Cortex Molle, Cortex Mollis*); Mollerinde (syn. Mollisrinde), die getrocknete Stamm- und Zweigrinde. Inh.: Gummiharz, Gallotannine. Anw.: volkstümlich in Mittel- und Südamerika, u. a. als Wundheilmittel, zur Förderung der Harnbildung und der Menstruation sowie bei Diabetes. *5. Aroeiraharz*; Amerikanischer Mastix (syn. Molliharz), das aus der Stammrinde gewonnene Gummiharz. Inh.: Harz (50–60 %) mit wenig äther. Öl und Bitterstoff, ferner Gummi (40–49 %). Anw.: in den Heimatgebieten als drastisches Abführmittel, ferner auch bei Gicht und Rheuma sowie als harntreibendes Mittel.

● **Schinus terebinthifolius** Raddi (syn. *Schinus antiarthriticus, S. mellisii, S. mucronulata*); Brasilianischer Pfefferbaum (syn. Turbitobaum).

Vork.: heimisch in Südamerika, verbreitet in Florida sowie im Mittelmeergebiet und Südasien.

Drogen: *1. Aroeiraharz* (syn. *Resina de Aroeira*), das aus der Stammrinde gewonnene Gummiharz. Inhaltsstoffe und Anwendung s. *Schinus molle* var. *areira*. *2. Schinus-terebinthifolius-Früchte*; Brasilianischer Pfeffer (syn. Brasilianischer „Rosa Pfeffer", Rosa Beeren, Rosa Pfeffer, Roter Pfeffer, Schinusfrüchte), die ungeschälten, luft- oder gefriergetrockneten Steinfrüchte. Inh.: äther. Öl (1,5–10 %) aus Mono- und Sesquiterpenen bestehend mit Limonen, α- und β-Pinen sowie α- und β-Phellandren als Hauptkomponenten, ferner langkettige *n*-Alkenylphenole, Biflavonoide, u. a. ↗ Amentoflavon, Gallussäure und Triterpene. Anw.: volkstümlich als harntreibendes Mittel, zur Tumorbehandlung sowie in Form von Bädern zur Wundbehandlung und gegen Geschwüre. Im Haushalt auch als Gewürz. Geg.: bei bekannter bestehender Sensibilisierung bzw. bekannter Allergie gegenüber *n*-Alkylphenolen darf die Droge, selbst als Gewürz, nicht genutzt werden. *3. Schinus-terebinthifolius-Rinde* (syn. *Cortex Schini terebinthifolii*); Aroeira, die getrocknete Zweig- und Stammrinde. Inh.: Gummiharz, Gerbstoffe und in geringer Menge *n*-Alkenylphenole vom Cardol- bzw. Cardanoltyp. Anw.: in der Volksheilkunde Südamerikas als Stimulans bei Schwächezuständen, bei entzündeten Schleimhäuten im Verdauungsbereich sowie äußerlich in Form von Abkochungen bei Gicht, Rheuma, Ischias, Syphilis und Tumoren.

Schinusfrüchte ↗ Schinus-Arten.
Schinuspfeffer ↗ Schinus-Arten.

■ **Schisandra chinensis** (Turcz.) Baill. (syn. *Idesia polycarpa, Kadsura chinensis, Maximowiczia amurensis, M. chinensis, M. sinensis, Maximowitschia japonica, Polycarpa maximowiczi, Schizandra chinensis, Spherostaemma japonicum*).

Fam.: Schisandraceae.

Vork.: China, Amurgebiet, Sachalin, Kurileninseln.

Drogen: *1. Folia Schisandrae*; Chinesische Limonenblätter, die Laubblätter. Inh.: Lignane, wie Schisandrin; Schisandrol, organische Säuren, Vitamin C. Anw.: in der Volksheilkunde als Stimulans bei Depressionen und langdauernden physischen Anstrengungen. *2. Schisandrae fructus* (syn. *Schi-*

zandrae fructus); *Schisandra-chinensis*-Früchte, die reifen Früchte. Inh.: äther. Öl, organische Säuren, Vitamin C, Harz, Lignane. Anw.: in der asiatischen Volksheilkunde bei Erkältungskrankheiten und als Kräftigungsmittel. **3.** die Rinde der Stämme und Zweige. Inh.: äther. Öl mit starkem Zitronengeruch. Anw.: als Tee zur Erfrischung bzw. das äther. Öl in der Parfümerie.

Schisandrae fructus ↗ Schisandra sphenanthera, ↗ Schisandra chinensis.

■ **Schisandra sphenanthera** Rehd. et Wils. (syn. *Schizandra sphenanthera*).

Fam.: Schisandraceae.

Vork.: Zentralchina.

Droge: ***Schisandrae fructus*** (syn. *Schizandrae fructus*); *Schisandra-sphenanthera*-Früchte, die getrockneten, reifen Früchte. Inh.: Schisantherine C bis E, Lignane, wie Ganschisandrin und Schisandron. Anw.: in der chinesischen traditionellen Heilkunde bei Husten, Durchfällen, nächtlichem Samenverlust, Angstzuständen, Kurzatmigkeit, Schweißausbrüchen.

Schizandra chinensis ↗ Schisandra chinensis.
Schizandrae fructus ↗ Schisandra sphenanthera, ↗ Schisandra chinensis.
Schizandra sphenanthera ↗ Schisandra sphenanthera.
Schizobasopsis volubilis ↗ Bowiea volubilis.
Schizophyllan ↗ Schizophyllum commune.
Schizophyllum alneum ↗ Schizophyllum commune.

■ **Schizophyllum commune** Fr. (syn. *Schizophyllum alneum, S. multifidum, S. radiatum*); Spaltblättling.

Fam.: Schizophyllaceae.

Vork.: weltweit, lebt vor allem an totem Holz. Zur Drogengewinnung biotechnisch kultiviert.

Droge: ***Schizophyllan*** (syn. Shizophyllan, Sizofilan, Sixofilan, Sizofilan, Somfilan, Sonifilan, SPG); eine Polysaccharidfraktion aus dem Kulturmedium des Pilzes. Inh.: Glucan, das aus sich wiederholenden Einheiten von β-1,3-D-Glucopyranosylresten besteht, mit 1,6-Verzweigungen aller 3 oder 4 Glucoseeinheiten, und das in wäßriger Lösung Tripelhelices bildet. Anw.: in der asiatischen Volksheilkunde und in der palliativen Tumortherapie, besonders nach Operationen von Magen-, Cervix-, Ovarial-, Lungen-, Kopf und Nackencarcinomen sowie zu Kombinationstherapien mit Bestrahlung und/oder Chemotherapie. Die Droge wird als Immunstimulans verwendet.

Schizophyllum multifidum ↗ Schizophyllum commune.
Schizophyllum radiatum ↗ Schizophyllum commune.
Schlafapfel ↗ Rosa canina.
Schlafbeere ↗ Withania somnifera.
Schlafkirsche ↗ Atropa belladonna.
Schlafkraut ↗ Hyoscyamus niger.
Schlafkunze ↗ Rosa canina.
Schlafmohn ↗ Papaver somniferum.
Schlafmützchen ↗ Eschscholzia californica.
Schlafschwämmchen ↗ Spongia somnifera.
Schlaftee ↗ Papaver somniferum.
Schlafweizen ↗ Lolium temulentum.
Schlammschachtelhalm ↗ Equisetum-Arten.
Schlangenblume ↗ Anemone nemorosa.
Schlangencereus ↗ Selenicereus grandiflorus.

■ **Schlangengifte**
(Ophiotoxine), von Giftschlangen in den Giftdrüsen produzierte Gemische toxischer Substanzen, die beim Biß durch die Giftzähne übertragen werden. Sie dienen den Schlangen zum Beutefang und zur Feindabwehr. Im Blut des Opfers werden sie rasch zum Gehirn und zum Herzen transportiert und bewirken in kurzer Zeit den Tod des Opfers bzw. induzieren eine Vielzahl von pathologischen Reaktionen, die z. B. mit Lähmungen, Blutgerinnungsstörungen, psychischen Fehlfunktionen, Herzbeschwerden und Nekrosen verbunden sind. Bestandteile von S. sind toxische Peptide und Proteine, Enzyme, wie Hyaluronidase, Phospholipasen, Hämolysine und Proteasen, die das Blutgefäßsystem schädigen. S. bzw. gereinigte Fraktionen aus S. werden auch als Arzneimittel eingesetzt, wie z. B. der Gerinnungshemmer ↗ Batroxobin. Außerdem werden S.-Zubereitungen zur unspezifischen Immuntherapie, bei Allergien, Schnupfen, Schmerzen, Krämpfen, Epilepsie, Durchblutungsstörungen, Bluthochdruck, Ödemen und rheumatischen Erkrankungen in der Homöopathie als auch in der Allopathie eingesetzt.

Schlangenholz ↗ Guaiacum officinale, ↗ Guaiacum sanctum, ↗ Rauvolfia serpentina, ↗ Strychnos-Arten.

Schlangenholzrinde ↗ Guaiacum sanctum.
Schlangenkaktus ↗ Selenicereus grandiflorus.
Schlangenknöterich ↗ Polygonum bistorta.
Schlangenkraut ↗ Euphorbia-Arten, ↗ Lycopodium clavatum.
Schlangenkürbis ↗ Trichosanthes kirilowii.
Schlangenmoos ↗ Lycopodium clavatum.
Schlangen-Otter-Chrut ↗ Lysimachia nummularia.
Schlangenpflanze ↗ Turbina corymbosa.
Schlangenwurz ↗ Dracunculus vulgaris, ↗ Inula helenium, ↗ Polygonum bistorta.
Schlangenwurzel ↗ Calla palustris, ↗ Lysimachia nummularia, ↗ Polygonum bistorta.
Schlangenzunge ↗ Erythronium americanum.
Schlehdorn ↗ Prunus-Arten.
Schlehe ↗ Prunus-Arten.

■ **Schleicheria trijuga** Willd.

Fam.: Sapindaceae.

Vork.: Indien, bes. Himalajagebiete, Sri Lanka, Birma, Indonesien.

Droge: ***Oleum Schleicherae***; Makassaröl, das fette Öl der Samen. *Inh.:* Triglyceride der Laurin-, Palmitin-, Arachin- (ca. 25 %) und Ölsäure (ca. 70 %); Buttersäure, Spuren von Blausäure. *Anw.:* in der asiatischen Volksheilkunde gegen Hautleiden und Haarausfall sowie als Brennöl. Die Rinde der Pflanze wird als Adstringens genutzt.

Schleierkraut ↗ Gypsophila paniculata.
Schleifenblume ↗ Iberis amara.
Schleimdrogen ↗ Schleimstoffe.
Schleimkörner ↗ Cydonia oblonga.
Schleimrüster ↗ Ulmus-Arten.

■ **Schleimstoffe**

Tierische Schleimstoffe: Zum Schutz von Haut und Schleimhaut sezernierte Glykoproteine, die z. B. im Speichel oder Magensaft vorkommen, aber auch Bestandteile von Knorpel, Sehnen, Haut u. a. Geweben sind.

Pflanzliche Schleimstoffe: Heteropolysaccharide, die mit Wasser kolloidale, hochvisköse Lösungen (Schleime) bilden, v. a. Galactansulfate, Polyuronide und Pektin. Drogen mit S. (Schleimdrogen) sind u. a. ↗ *Althaea officinalis*, ↗ *Linum usitatissimum*, ↗ *Plantago afra* oder ↗ *Acacia-Arten*. *Wirk.:* reizmildernd, abdeckend, laxierend, verbessern die Gleitfähigkeit. *Anw.:* als mildes Laxans, bei Magengeschwüren zur Reizmilderung, als Antitussiva, zur Immunstimulation, in der Galenik als Hilfsstoff.

Schleimwurzel ↗ Althaea officinalis.
Schlitzblättriger Sonnenhut ↗ Rudbeckia laciniata.
Schlotte ↗ Allium-Arten.
Schlotterhose ↗ Aquilegia vulgaris.
Schlüsselblumenblüten ↗ Primula-Arten.
Schlüsselprimelwurzel ↗ Primula-Arten.
Schlutte ↗ Allium-Arten.
Schmack ↗ Cotinus coggygria.
Schmalblättrige Kegelblume ↗ Echinacea-Arten.
Schmalblättrige Lupine ↗ Lupinus angustifolius.
Schmalblättriger Igelkopf ↗ Echinacea-Arten.
Schmalblättriger Sonnenhut ↗ Echinacea-Arten.
Schmalblättriges Weidenröschen ↗ Epilobium-Arten.
Schmaltzia aromatica ↗ Rhus-Arten.
Schmaltzia glabra ↗ Rhus-Arten.
Schmaltzia hirta ↗ Rhus-Arten.
Schmalzblume ↗ Caltha palustris.
Schmeckblatt ↗ Chrysanthemum-Arten.
Schmeerwurz ↗ Tamus communis.
Schminkbeere ↗ Phytolacca americana.
Schminkbohnen ↗ Phaseolus vulgaris.
Schminkwurz ↗ Polygonatum odoratum.
Schminkwurzel ↗ Alkanna tinctoria.
Schmuckdrogen ↗ Schönungsmittel.
Schneckenklee ↗ Medicago sativa.
Schneeballrinde ↗ Viburnum-Arten.
Schneebeere ↗ Symphoricarpus albus.
Schneebeerenbaum ↗ Chiococca alba.
Schneeflockenbaum ↗ Chionanthus virginicus.
Schneeflockenstrauch ↗ Chionanthus virginicus.
Schneegacke ↗ Anemone nemorosa.
Schneegalle ↗ Anemone nemorosa.
Schneeglöckchen ↗ Galanthus-Arten.
Schneeguckerchen ↗ Galanthus-Arten.
Schneekater ↗ Galanthus-Arten.
Schneerose ↗ Helleborus-Arten.
Schneerosenwurzel ↗ Helleborus-Arten.
Schneide ↗ Cladium mariscus.
Schnellengras ↗ Linum catharticum.
Schnittlauch ↗ Allium-Arten.
Schnittling ↗ Allium-Arten.
Schnittzwiebel ↗ Allium-Arten.
Schnupftabaksblume ↗ Arnica-Arten.
Schnurbaum ↗ Sophora japonica.

■ **Schoenocaulon officinale** (Cham. et Schlechtend.) A. Gray (syn. *Sabadilla officinalis, S. officinarum, Veratrum officinale*); Sabadilla.

Fam.: Liliaceae.

Vork.: Mittelamerika, Venezuela, Guatemala, Mexiko, Westindische Inseln.

Droge: ***Sabadillae semen*** (*Semen Sabadillae*); Sabadillsamen (syn. Läusesamen). Die Droge ist stark giftig! Inh.: Alkaloide (1–5 %), v. a. Veratrin, Veratridin, Sabadillin, Sabadin; ferner Tiglin-

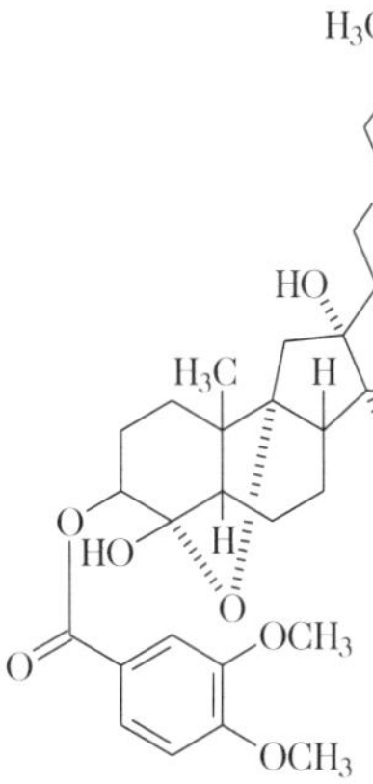

Veratridin

und ↗ Angelicasäure, Ester der Veratrumsäure, Chelidonsäure, Harz. Anw.: in der Volksheilkunde äußerlich in Form von Extrakten und Salben bei Neuralgien sowie zur Ungeziefervernichtung (Acetum Sabadillae, Sabadillessig bei Läusen von Mensch und Tier). Aufgrund der Toxizität der Droge und ihrer guten Resorbierbarkeit wird eine Anwendung heute nicht mehr empfohlen.

Hom.: ***Schoenocaulon officinale*** HAB1; Mexikanisches Läusekraut, die reifen Samen. Anw.-Geb.: Erkrankungen des Zentralnervensystems, der Augen, des arteriellen Gefäßsystems, der oberen und unteren Atemwege, des Magen-Darm-Traktes, des Stütz- und Bewegungsapparates sowie bei allergischer Disposition.

Histor.: Von den amerikanischen Indianern bereits seit Urzeiten als Mittel gegen Läuse verwendet, kam die erste Beschreibung der Droge 1572 über Sevilla nach Europa. Um die Mitte des 18. Jh. fand sie breitere Anwendung als Insektenvertilgungsmittel. Die Einführung des Begriffs „Alkaloid" geht auf die Darstellung des basischen Stoffes der Sabadillsamen durch den Hallenser Apotheker W. Meissner 1819 zurück.

Schoenoprasum vulgare ↗ Allium-Arten.
Schollenbaum ↗ Thevetia peruviana.
Schöllkraut ↗ Chelidonium majus.
Schöne Koralle ↗ Ramaria formosa.
Schönes Johanniskraut ↗ Hypericum pulchrum.

■ Schönungsmittel

Schmuckdrogen, d. h. Drogen, die lediglich verhältnismäßig indifferente Inhaltsstoffe enthalten, aber auf Grund ihres Aussehens die zur Teebereitung vorgesehene Drogenmischung bunter gestalten, z. B. Kornblumenblüten, und dadurch die Compliance für den Patienten verbessern.

Schopflavendel ↗ Lavandula stoechas.
Schoppenkrud ↗ Apium graveolens.
Schoßkraut ↗ Solidago-Arten.
Schotendorn ↗ Robinia pseudoacacia.
Schotendotter ↗ Erysimum diffusum.
Schotenpfeffer ↗ Capsicum-Arten.
Schöterichkraut ↗ Erysimum crepidifolium.
Schraubenbaum ↗ Pandanus dubius.
Schraubenpalme ↗ Pandanus dubius.
Schucken ↗ Solanum-Arten.
Schuppenrindenhickory ↗ Carya ovata.
Schusserfruchtmark ↗ Gymnocladus dioicus.
Schuttbingelkraut ↗ Mercurialis-Arten.
Schwäbischer Kaffee ↗ Lupinus angustifolius.
Schwalbenwurz ↗ Chelidonium majus, ↗ Vincetoxicum hirundinaria.
Schwalbenwurz-Enzian ↗ Gentiana-Arten.
Schwammbeere ↗ Hydnocarpus-Arten.
Schwammgurke ↗ Luffa-Arten.
Schwammkürbis ↗ Luffa-Arten.
Schwanenbrot ↗ Acorus calamus.
Schwanzpfeffer ↗ Piper cubeba.
Schwarzbeere ↗ Vaccinium-Arten.
Schwarzbeerige Zaunrübe ↗ Bryonia-Arten.
Schwarzber ↗ Atropa belladonna.
Schwarzblätterkraut ↗ Hepatica nobilis.
Schwarzdorn ↗ Crataegus-Arten.
Schwarzdornblüten ↗ Prunus-Arten.
Schwarze Brechnuß ↗ Jatropha curcas.
Schwarze Christwurzel ↗ Helleborus-Arten.
Schwarze Ipecacuanhawurzel ↗ Cephaelis-Arten.
Schwarze Johannisbeere ↗ Ribes nigrum.
Schwarze Koralle ↗ Antipathes subpinnata.
Schwarze Maulbeeren ↗ Morus-Arten.
Schwarze Nachtspinne ↗ Araneus ixobolus.
Schwarze Nieswurz ↗ Helleborus-Arten.

Schwarzer Andorn ↗ Ballota nigra.
Schwarzer Holunder ↗ Sambucus nigra.
Schwarzerle ↗ Alnus-Arten.
Schwarzer Maulbeerbaum ↗ Morus-Arten.
Schwarzer Nachtschatten ↗ Solanum-Arten.
Schwarzer Pfeffer ↗ Piper nigrum.
Schwarzer Rettich ↗ Raphanus sativus.
Schwarzer Rhabarber ↗ Ipomoea purga.
Schwarzer Sanikel ↗ Astrantia major.
Schwarzer Senf ↗ Brassica-Arten.
Schwarzer Tee ↗ Camellia sinensis.
Schwarze Schlangenwurzel ↗ Cimicifuga racemosa.
Schwarze Senfsamen ↗ Brassica-Arten.
Schwarzes Nachtschattenkraut ↗ Solanum-Arten.
Schwarze Stränze ↗ Astrantia major.
Schwarze Träuble ↗ Ribes nigrum.
Schwarze Wegschnecke ↗ Arion empiricorum.
Schwarzfichte ↗ Picea mariana.
Schwarzföhre ↗ Pinus-Arten.
Schwarzfrüchtige Zaunrübe ↗ Bryonia-Arten.
Schwarzfrucht-Weißdorn ↗ Crataegus-Arten.
Schwarzkiefer ↗ Pinus-Arten.
Schwarzkiefernöl ↗ Pinus-Arten.
Schwarzkopf ↗ Claviceps purpurea.
Schwarzkümmel ↗ Datura-Arten, ↗ Nigella sativa.
Schwarzkümmelsamen ↗ Nigella sativa.
Schwarznessel ↗ Ballota nigra, ↗ Perilla frutescens.
Schwarzpappel ↗ Populus-Arten.
Schwarzrettichwurzel ↗ Raphanus sativus.
Schwarzroter Aronstab ↗ Arisaema-Arten.
Schwarzwurz ↗ Asarum europaeum, ↗ Symphytum officinale.
Schwarzwurzel ↗ Scorzonera hispanica, ↗ Symphytum officinale.
Schwedenbitter ↗ Schwedenkräuter.

■ Schwedenkräuter
Mischung aus zahlreichen Drogen, meist Aloe, Angelicawurzel, Diptam, Eberwurzwurzel, Campher, Manna, Muskat, Myrrhe, Safran, Sennesblätter und Zitwerwurzel. Sie dient zur Bereitung des sog. Schwedenbitters (Schwedentrunk), der ein Mazerat aus dieser Kräutermischung mit Kornschnaps darstellt, das verdauungsfördernd und abführend wirkt. Benannt wurde diese Rezeptur nach dem schwedischen Arzt Dr. Samst, der bei einem Reitunfall im 104. Lebensjahr ums Leben gekommen sein soll. Die Zusammensetzung der Drogenmischung wird heutzutage oft variiert, z. B. wird statt Aloe auch oft Enzianwurzel verwendet.

Schweigrohr ↗ Dieffenbachia seguine.

■ Schweineschmalz
(syn. *Adeps suillus, Axungia porci*), Gemisch aus Triglyceriden, das bei 75 bis 100 °C aus dem frischen, ungesalzenen Gewebe des Netzes und der Nierenumhüllung gesunder Schweine (*Sus scrofa* L. var. *domesticus*) ausgeschmolzen wird. *Anw.:* Salbengrundlage, Speisefett.

■ Schweinespalthaut
Spalthaut von Schweinen (*Sus scrofa* L. var. *domesticus*) zur Verwendung als zeitweiliges Abdeckungsmaterial von Wunden nach schweren Verbrennungen. Die S. kann durch Tiefkühllagerung oder Gefriertrocknung konserviert werden und ist durch chemische bzw. enzymatische Vorbehandlung desantigenisiert.

Schweinetang ↗ Fucus-Arten.
Schweißtreibender Tee Species diaphoreticae.
Schwertbohne ↗ Canavalia ensiformis.
Schwertbohnenmehl ↗ Canavalia ensiformis.
Schwertelwurz ↗ Iris germanica.
Schwertlilie ↗ Iris florentina, ↗ Iris germanica.
Schwindelbeere ↗ Vaccinium-Arten.
Schwindelhafer ↗ Lolium temulentum.
Schwindelkörner ↗ Coriandrum sativum, ↗ Piper cubeba.
Schwindelkraut ↗ Coriandrum sativum.
Schwindelkrautsamen ↗ Coriandrum sativum.
Schwinnwart ↗ Chelidonium majus.
Schwulstkraut ↗ Digitalis-Arten.
Scilla ↗ Urginea maritima.
Scilla coromandeliana ↗ Urginea indica.
Scilla cundria ↗ Urginea indica.
Scilla denudata ↗ Urginea indica.
Scillae bulbus ↗ Urginea maritima.
Scilla hispanica ↗ Urginea maritima.
Scilla indica ↗ Urginea indica.
Scilla maritima ↗ Urginea maritima.
Scilla non-scripta ↗ Hyacinthoides non-scripta.
Scillaren ↗ Urginea maritima.
Scillirosid ↗ Urginea maritima.
Scincus marinus ↗ Scincus officinalis.

■ Scincus officinalis;
Skink (syn. Apothekerskink, Wüsteneidechse).

Vork.: Ägypten, arabische Wüstengebiete.
Fam.: Scincidae.
Droge: ***Scincus officinalis*** (syn. *Scincus marinus*), die getrockneten Tiere. Anw.: früher in der Volksheilkunde als Stimulans und als Aphrodisiakum.

■ **Scirpus atrovirens** Willd.
Bakana (syn. Simse).
Fam.: Cyperaceae.
Vork.: weltweit.
Inh.: Alkaloide. Eventuell handelt es sich um Mutterkornalkaloide (↗ *Claviceps purpurea*), die von einem parasitären Pilz als Stoffwechselprodukt gebildet werden. Anw.: in der mexikanischen Indianermedizin als Halluzinogen zu rituellen Heilungszeremonien verwendet sowie als Schmerzmittel und Psychotherapeutikum bei Geisteskrankheiten aller Art genutzt.

Scoparii cacumina ↗ Cytisus scoparius.
Scoparium ↗ Cytisus scoparius.

■ **Scopolamin**
Tropanalkaloid aus verschiedenen Solanaceen, wie ↗ *Hyoscyamus niger*, *Datura stramonium* (↗ *Datura*-Arten), ↗ *Atropa belladonna* oder ↗ *Scopolia carniolica*. Wirk.: Parasympathikolytikum ähnlich wie ↗ Atropin; Mydriasis und Sekretionshemmung stärker, Spasmolyse schwächer als beim Atropin. Wirkt auch zentral lähmend. Anw.: Antiemetikum, Hypnotikum bei starken Erregungszuständen, Mydriatikum, früher auch zur Therapie von Morbus Parkinson und in Kombination mit Morphin als Basisnarkotikum.

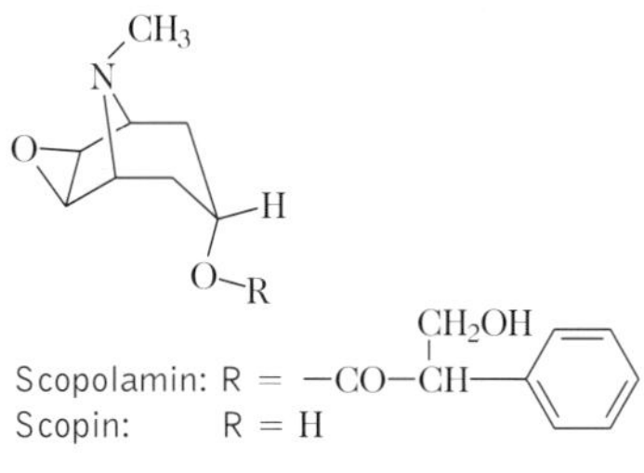

■ **Scopolia carniolica** Jacq.
Glockenbilsenkraut (syn. Skopoliakraut, Krainer Tollkraut), s. Farbtafel S. 303, Bild 135.
Fam.: Solanaceae.
Vork.: Südosteuropa, Karpaten, Ostalpen, Ukraine, Kaukasusgebiet.
Drogen: *1.* ***Scopoliae carniolicae folium*** (syn. *Folia Scopoliae carniolicae*); Scopoliablätter. Inh.: Alkaloide (0,2–0,4 %), wie Scopolamin, Hyoscyamin, ↗ Atropin. Anw.: zur Spasmolyse im Gastrointestinaltrakt, der Gallenwege, der Harnblase und der Bronchiolen. *2.* ***Scopoliae radix*** (syn. *Radix Scopoliae, Radix Scopoliae carniolicae, Rhizoma Scopoliae, Rhizoma Scopoliae carniolicae*); Glockenbilsenkrautwurzel. Inh.: Alkaloide (0,4–0,8 %), wie Hyoscyamin (ca. 0,4 %), ↗ Atropin (ca. 0,03 %), ferner Scopolamin, Atroscin, Cuskhygrin, Tropin; außerdem Scopoletin, Scopolin, Cholin und Betain. Anw.: zur Spasmolyse im Gastrointestinaltrakt, der Gallenwege, der Harnblase und der Bronchiolen ähnlich wie ↗ *Atropa belladonna*. In der Volksheilkunde auch bei Rheuma und Gicht, Koliken, Zahnschmerzen sowie als Aphrodisiakum und als Abtreibungsmittel verwendet.
Hom.: ***Scopolia carniolica*** (syn. *Hyoscyamus Scopolia*) HAB34, das frische, blühende Kraut. Anw.-Geb.: Geisteskrankheiten.
Histor.: Die Gattung wurde nach dem Naturkundler Antonio Scopoli (1723–1788) benannt, der als erster die Flora Sloweniens studiert und beschrieben hat. Im Mittelalter wurde die Droge in dieser Region zur Bereitung von Hexensalben, als Rauschmittel und Aphrodisiakum eingesetzt. In Ostpreußen, Litauen und auf dem Balkan wurde das Tollkraut wie die Alraune (↗ *Mandragora officinarum*) gesammelt und für magische Zwecke genutzt.

Scopolia datora ↗ Hyoscyamus muticus.
Scopoliae carniolicae folium ↗ Scopolia carniolica.
Scopoliae radix ↗ Scopolia carniolica.
Scopolia multica ↗ Hyoscyamus muticus.

■ **Scopoloa tangutica**.
Fam.: Solanaceae.
Vork.: China.
Droge: die ganze Pflanze. Inh.: Tropanalkaloide, u. a. Hyoscyamin, Scopolamin, Anisodamin, Anisodin. Anw.: in der traditionellen tibetanischen Heilkunde bei Migräne, Paralyse, bei bakteriell verursachter Dysenterie, Meningitis und Enteritis. In der chinesischen Heilkunde dient die Droge zur Anästhesie.

Scorodoniae herba ↗ Teucrium-Arten.

Scorodonia heteromalla ↗ Teucrium-Arten.
Scorodonia sylvestris ↗ Teucrium-Arten.
Scorpio australis ↗ Androctonus australis.
Scorzonerae radix ↗ Scorzonera hispanica.

■ **Scorzonera hispanica** L.
Schwarzwurzel.
Fam.: Asteraceae (Compositae).
Vork.: Mittel- und Südeuropa (hier auch kultiviert), Kaukasusgebiet.
Droge: ***Scorzonerae radix*** (syn. *Radix Scorzonerae*); Schwarzwurzel. Inh.: Coniferin, Inulin, Aminosäuren, Mannitol, Cholin; Milchsaft mit Kautschuk, α- und β-Lactucerol, Lactucin, Inosit. Anw.: in der Volksheilkunde als Stomachikum. Die gekochte Droge ist ein beliebtes Wintergemüse.

Scrophulariae herba ↗ Scrophularia nodosa.

■ **Scrophularia nodosa** L.
Braunwurz (syn. Knotenwurz), s. Farbtafel S. 303, Bild 136.
Fam.: Scrophulariaceae.
Vork.: Mitteleuropa, Zentralasien, Nordamerika.
Droge: ***1. Scrophulariae herba*** (syn. *Herba Scrophulariae*); Braunwurzkraut (syn. Knotenwurzkraut), das getrocknete Kraut. Inh.: Flavonoide, u. a. Diosmin und Hesperidin, Zimtsäurederivate, Iridoide, Alkaloide in Spuren, ↗ Aucubin. Anw.: volkstümlich bei Hautleiden und Geschwülsten. ***2. Radix Scrophulariae***; Braunwurz (syn. Knotenwurz), die getrocknete Wurzel. Inh.: Flavonoidglykoside, Iridoide, u. a. Harpagosid, Alkaloide in Spuren. Anw.: s. *Herba Scrophulariae*.
Hom.: ***1. Scrophularia nodosa*** HAB1; Braunwurz, die frischen, kurz vor Beginn der Blüte gesammelten, oberirdischen Pflanzenteile. Anw.-Geb.: Erkrankungen des lymphatischen Systems, der Haut und des Magen-Darm-Traktes, wie Schwächezustände, Drüsenverhärtungen, Enddarmentzündung, Milchschorf. ***2. Scrophularia nodosa spag. Krauß*** HAB1; die ganzen, frischen, vor Beginn der Blüte gesammelten Pflanzen. Anw.-Geb.: in der spagyrischen Therapierichtung bei Stoffwechselstörungen und Lymphdrüsenentzündungen.
Histor.: Der Gattungsname *Scrophularia*, abgeleitet von *scrophula* (lat., Halsdrüsengeschwulst), ist ein Hinweis auf die Verwendung der Pflanze gegen Skrofulose; *nodosa* (lat.) bedeutet knotig. Die deutsche Bezeichnung Braunwurz kennzeichnet die Farbe der Blüten und des Wurzelstockes. Im Altertum wird *Scrophularia* bereits von ↗ Dioskurides erwähnt, und auch die Kräuterbücher des Mittelalters heben ihre Verwendung bei Geschwüren hervor.

Scutellarein ↗ Flavonoide.
Scutellariae herba ↗ Scutellaria laterifolia.
Scutellaria lateriflora ↗ Scutellaria laterifolia.

■ **Scutellaria laterifolia** L.
(syn. *Scutellaria lateriflora*); Helmkraut (syn. Sumpfhelmkraut).
Fam.: Lamiaceae (Labiatae).
Vork.: Nordamerika, Kanada.
Droge: ***Scutellariae herba***. Inh.: Scutellarin, äther. Öl, Gerbstoff, Harz. Anw.: als Bittertonikum und Febrifugum.
Hom.: ***Scutellaria laterifolia*** HAB; Helmkraut, die frische Pflanze. Anw.-Geb.: Erkrankungen des Zentralnervensystems (Muskelzuckungen, Stirnkopfschmerz, Nervosität) sowie in der Rekonvaleszenz.
Histor.: Helmkraut ist Bestandteil von angeblich psychoaktiv wirkenden Rauchmischungen, die als Ersatz für Marihuana verwendet wurden. Auch als Beruhigungsmittel und zur Behandlung von Epilepsie, Neuralgien und Schlaflosigkeit wurde die Pflanze früher verordnet. Der Gattungsname *Scutellaria* ist vom lateinischen *scutellum* (Schildchen) abgeleitet, Bezug nehmend auf das Schildchen des Kelches; *lateriflora* bedeutet seitenblütig.

Sebenbaum ↗ Juniperus sabina.
Sebenstrauchkraut ↗ Juniperus sabina.
Sebiflora glutinosa ↗ Tetranthera laurifolia.

■ **Sebum**
(Talg), das feste Fett von Tieren, z. B. *Sebum bovinum* (syn. Rindertalg) oder *Sebum ovile* (syn. Hammeltalg). Feste Pflanzenfette wurden früher als Pflanzentalg bezeichnet. Anw.: Salbengrundlagen, Speisefette.

Sebum bovinum ↗ Bos taurus.
Sebum ovile ↗ Sebum.
Sebum taurinum ↗ Bos taurus.
Secale aestivum ↗ Secale cereale.

Secale arundinaceum ↗ Secale cereale.

■ **Secale cereale** L.
(syn. *Frumentum secale, Secale aestivum, S. arundinaceum, S. compositum, S. creticum, S. hybernicum, S. strictum, S. triflorum, S. turkestanicum, S. vernum, Triticum cereale, T. secale*); Roggen; s. Farbtafel S. 303, Bild 137.

Fam.: Poaceae (Gramineae).

Vork.: ursprünglich Asien. In Mittel-, Ost- und Nordeuropa kultiviert.

Droge: *Amylum Secalis*; Roggenstärke. *Inh.:* Stärke. *Anw.:* als galenischer Hilfsstoff, für Nährpräparate, als Pudergrundlage.

Hom.: *Secale cereale* HAB34, die frischen Blütenähren.

Secale cereale.

Secale compositum ↗ Secale cereale.
Secale cornutum ↗ Claviceps purpurea.
Secale creticum ↗ Secale cereale.
Secale hybernicum ↗ Secale cereale.
Secale strictum ↗ Secale cereale.
Secale triflorum ↗ Secale cereale.
Secale turkestanicum ↗ Secale cereale.
Secale vernum ↗ Secale cereale.
Seckelblumenblätter ↗ Ceanothus americanus.
Seckelstrauch ↗ Ceanothus americanus.
Secoiridoide ↗ Iridoide.

■ **Securidaca longepedunculata** Fresen.

Fam.: Polygalaceae.

Vork.: tropisches Afrika.

Droge: Wurzeln und Rinde. *Inh.:* Saponine (ca. 2 %), u. a. Presenegenin; Alkaloide, u. a. Elymoclavin, Dihydroelymoclavin, Securinin; Salicylsäure-

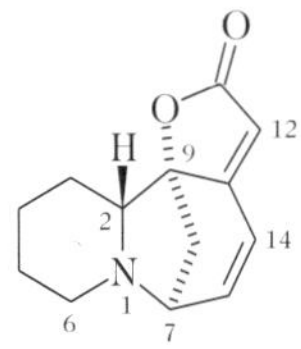

Securinin

methylester, Gerbstoffe. *Anw.:* eine der wichtigsten Medizinal- und Giftdrogen Afrikas, die bei fast allen Krankheiten in der Volksheilkunde eingesetzt wird, hauptsächlich bei Rheuma, Schmerzen, Würmern, Malaria, Fieber, Husten, Lepra, als Abortivum und drastisches Abführmittel. Die Droge ist auch Bestandteil von Jagdgiften.

Histor.: Die Pflanze wurde in Afrika häufig als ↗ Ordealgift (Gottesurteilgift) eingesetzt. Beim *Securidaca*-Ordal nahm man die Wurzel, entfernte die äußere Rindenschicht und schabte sie zusammen mit etwas Wasser in eine Blatt-Tüte. Danach träufelte man dem Beschuldigten die Flüssigkeit ins Auge. Erblindete der Proband, so war der Beweis für die Schuldigkeit erbracht. Schwoll es nur an, dann handelte es sich um eine fälschliche Anschuldigung und der Ankläger mußte den Beschuldigten reichlich entschädigen. Auch als Fetisch gegen böse Geister wurde die Pflanze genutzt.

Securinega ramiflora ↗ Securinega suffruticosa.

■ **Securinega suffruticosa** (Pall.) Rehd.
(syn. *Gerblerz suffruticosa, Securinega ramiflora*).

Fam.: Euphorbiaceae.

Vork.: Südsibirien, Nordchina, Korea, Japan, im Moldaugebiet auch kultiviert.

Droge: die ganze Pflanze. *Inh.:* Indolizidin-Alkaloide (bis ca. 0,4 %), u. a. Securinin, Allosecurinin; Gerbstoffe, Stärke, Aminosäuren. *Wirk.:* Securinin ist ein GABA-Antagonist und stimuliert das Zentralnervensystem mit ähnlichem Effekt wie ↗ Strychnin. Anw.: als Tonikum, bes. zur Nachbehandlung von Lähmungen, Poliomyelitis und Infektionskrankheiten.

Sedi telephii herba ↗ Sedum telephium.

■ **Sedum acre** L.
Fetthenne (syn. Hühnerträubchen, Katzentraube, Knolliges Steinkraut, Mauerträubchen, Scharfer Mauerpfeffer, Steinpfeffer, Vogelbrot), s. Farbtafel S. 303, Bild 138.

Fam.: Crassulaceae.

Vork.: Europa bis Westsibirien, Nordamerika.

Droge: ***Sedum acris herba*** (syn. *Herba sedi acris, Herba Sedi acri*); Mauerpfefferkraut (syn. Steinpfefferkraut, Vogelbrot), die zur Bütezeit gesammelten frischen oder getrockneten, oberirdischen Pflanzenteile. Inh.: Alkaloide (0,27 %) meist Piperidinstruktur aufweisend, mit den Hauptkomponenten Sedacrin, Sedamin, Sedinin

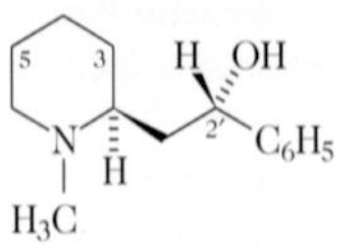

(–)-Sedamin

und Sedinon. Ferner Flavonoide, u. a. Isorhamnetin-, Quercetin- und Limocitrinderivate. Außerdem Gerbstoffe (ca. 10 %), Schleimstoffe und Gummen (ca. 30 %). Anw.: volkstümlich bei hohem Blutdruck, Herz- und Kreislaufschwäche, Arteriosklerose sowie fieberhaften Erkrankungen, äußerlich zur Wundbehandlung, bei Hühneraugen, Warzen und Flechten.

Hom.: ***Sedum acre*** HAB34; Mauerpfeffer, die frische, blühende Pflanze. Anw.-Geb.: Erkrankungen des venösen Gefäßsystems sowie des Magen-Darm-Traktes, u. a. bei Afterschmerzen.

Histor.: Der Gattungsname *Sedum* leitet sich von *sedere* (lat., sitzen) ab, da die Pflanze nahezu sitzend dicht am Boden wächst, während *acre* (scharf), auf den brennenden Nachgeschmack beim längeren Kauen hinweist. Auch der deutsche Name Mauerpfeffer bringt sowohl den Standort als auch den scharfen, pfefferartigen Geschmack zum Ausdruck. Der Mauerpfeffer gehört zu den uralten Heilpflanzen und wird bereits in den hippokratischen Schriften als Mittel gegen Schwellungen und Entzündungen genannt.

Sedum acris herba ↗ Sedum acre.

■ **Sedum alpestre** Vill.
(syn. *Sedum repens, S. rubens, S. saxatile*); Alpen-Fetthenne (syn. Alpen-Mauerpfeffer, Alpen-Sede).

Fam.: Crassulaceae.

Vork.: Gebirgsgegenden, Alpen.

Hom.: ***Sedum alpestre*** (syn. *Sedum repens*) HAB34; die zur Blütezeit geernteten, frischen, oberirdischen Pflanzenteile. Anw.-Geb.: Enddarmblutungen.

Sedum fabaria ↗ Sedum telephium.
Sedum purpurascens ↗ Sedum telephium.
Sedum repens ↗ Sedum alpestre.
Sedum rubens ↗ Sedum alpestre.
Sedum saxatile ↗ Sedum alpestre.

■ **Sedum telephium** L.
(syn. *Anacampseros vulgaris, Sedum fabaria, S. purpurascens, S. vulgare*); Rote Fetthenne.

Fam.: Crassulaceae.

Vork.: Europa bis Sibirien.

Droge: ***Sedi telephii herba*** (syn. *Herba sedi telephii*); Fetthennenkraut, die zur Blütezeit gesammelten frischen oder getrockneten oberirdischen Teile. Inh.: phenolische Verbindungen (ca. 3,2 %), insbes. Flavonoide sowie ↗ Arbutin und Hydrochinon. Außerdem organische Säuren (ca. 4–6 %), u. a. Äpfelsäure, sowie in geringen Mengen Pyridinalkaloide. Anw.: volkstümlich, meist in Form des Saftes, als Wund- und Schmerzmittel bei inneren und äußeren Verletzungen.

Hom.: ***Sedum telephium*** HAB34; die zur Blütezeit geernteten, frischen, oberirdischen Pflanzenteile. Anw.-Geb.: Enddarmblutungen.

Sedum vulgare ↗ Sedum telephium.
Seedornbeeren ↗ Hippophae rhamnoides.
See-Eiche ↗ Fucus-Arten.
Seegraswurzel ↗ Carex arenaria.
Seegurken ↗ Saponine.
Seehase ↗ Aplysia depilans.
Seekandel ↗ Nuphar lutea.
Seekiefer ↗ Pinus-Arten.
Seemannstreu ↗ Eryngium-Arten.
Seerosenblüten ↗ Nymphaea alba.
Seestrandkiefer ↗ Pinus-Arten.
Seestrand-Mannstreu ↗ Eryngium-Arten.
Seetraube ↗ Coccoloba uvifera.
Seetraubenbaumrinde ↗ Coccoloba uvifera.

Seggenwurzel ↗ Carex arenaria.
Seicherwurzel ↗ Taraxacum officinale.
Seidelbast ↗ Daphne mezereum.
Seidelbastweide ↗ Salix-Arten.
Seidenpflanze ↗ Asclepias-Arten.
Seidenraupe ↗ Bombyx mori.
Seidenwurm ↗ Bombyx mori.
Seifenbeeren ↗ Sapindus saponaria.
Seifenkraut ↗ Saponaria officinalis.
Seifenkrautsamen ↗ Saponaria officinalis.
Seifennüsse ↗ Sapindus saponaria.
Seifenrinde ↗ Quillaia saponaria.
Seifenrindenbaum ↗ Quillaia saponaria.
Seifenwurz ↗ Saponaria officinalis.
Selaginis herba ↗ Huperzia selago.
Selenicerei grandiflori flos ↗ Selenicereus grandiflorus.
Selenicerei grandiflori herba ↗ Selenicereus grandiflorus.
Selenicereus bonplandii ↗ Eriocereus bonplandii.

■ **Selenicereus grandiflorus** (L.) Britt. et Rose (syn. *Cactus grandiflorus, C. speciosus, Cereus scandens*); Königin der Nacht (syn. Schlangencereus, Schlangenkaktus).

Fam.: Cactaceae.

Vork.: Jamaika, Kuba, Mexiko, Kleine Antillen.

Drogen: *1. **Selenicereus-grandiflorus-Blüten*** (syn. *Cacti flos, Cacti grandiflori flos, Flores Cacti grandiflori, Selenicerei grandiflori flos*); Kaktusblüten (syn. Königin-der-Nacht-Blüten), die frischen oder getrockneten Blüten. *Inh.:* Flavonolglykoside, u. a. Narcissin, Rutosid, Cacticin, Kämpferitrin und Grandiflorin. *Anw.:* s. *Selenicerei grandiflori herba*. *2. **Selenicereus-grandiflorus-Kraut*** (syn. *Cacti grandiflori herba, Herba Cacti grandiflori, Herba Florens, Herba florens Cacti grandiflori, Herba Selenicerei grandiflori, Selenicerei grandiflori herba*); Kaktuskraut (syn. Königin-der Nacht-Kraut), die frischen oder getrockneten, oberirdischen Teile. *Inh.:* Flavonolglykoside, s. *Selenicerei grandiflori cacti*, ferner biogene Amine und Schleimstoffe. *Anw.:* volkstümlich bei Bluthusten, Menorrhagie, Dysmenorrhoe und Blutungen sowie in Zubereitungen bei nervösen Herzbeschwerden. In Zentralamerika bei Cystitis sowie äußerlich als hautreizendes Mittel bei rheumatischen Beschwerden.

Hom.: ***Selenicereus grandiflorus*** HAB1; Königin der Nacht, die frischen jungen Stengel und Blüten. *Anw.-Geb.:* Erkrankungen des Herzens, des arteriellen Gefäßsystems und bei spastischer Diathese sowie bei Krämpfen der Muskulatur, der Gefäße, der Hohlorgane, Schleimhautblutungen, organischen und funktionellen Herzkrankheiten, Verkalkung der Gefäße, Bluthochdruck.

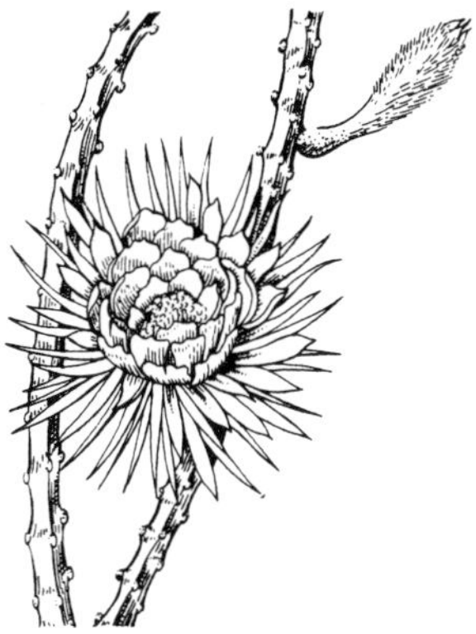

Selenicereus grandiflorus.

Histor.: Die Gattungsbezeichnung *Selenicereus* setzt sich aus *seléne* (griech., Mond, Mondgöttin) und *cereus* bzw. *cera* (lat., Wachs, Wachsfackel) zusammen, da die getrockneten, mit Öl getränkten Stämme einzelner Vertreter der Gattung von den Eingeborenen als Fackeln genutzt wurden. Der Artname *grandiflorus* (lat., großblütig) weist auf die große Blüte der Pflanze hin. Die Pflanze diente einst in ihrer mexikanischen und zentralamerikanischen Heimat als Mittel gegen Cystitis, Hydrops und äußerlich als Hautreizmittel bei rheumatischen Beschwerden. Die Einführung der Pflanze in die Herztherapie erfolgte erst durch Rubini (1864, Neapel).

Selenium coriandrum ↗ Coriandrum sativum.
Selinum anethum ↗ Anethum graveolens.
Selinum anisum ↗ Pimpinella-Arten.
Selinum archangelica ↗ Angelica archangelica.
Selinum carvi ↗ Carum carvi.
Selinum conium ↗ Conium maculatum.
Selinum cuminum ↗ Cuminum cyminum.
Selinum cynapium ↗ Aethusa cynapium.
Selinum foeniculum ↗ Foeniculum vulgare.
Selinum graveolens ↗ Apium graveolens.
Selinum myrrhis ↗ Myrrhis odorata.

■ **Selinum palustre** L.
Eppich.
Fam.: Apiaceae (Umfelliferae).
Vork.: Europa, Asien.
Droge: *Herba Selini*; Eppichkraut (syn. Silje), das Kraut. Inh.: äther. Öl. Anw.: in der Volksheilkunde früher bei Epilepsie eingesetzt.

Selinum pastinaca ↗ Anethum graveolens.
Selinum pastinacae ↗ Pastinaca sativa.
Selinum petroselinum ↗ Petroselinum crispum.
Selinum phellandrium ↗ Oenanthe aquatica.
Selinum pimpinelloides ↗ Pimpinella-Arten.
Selinum podagraria ↗ Aegopodium podagraria.

■ **Selinum vaginatum** C.B. Clarke.
Fam.: Apiaceae (Umbelliferae).
Vork.: Indien.
Droge: die Wurzeln. Inh.: Terpene, Cumarine. Anw.: in der Volksheilkunde als Sedativum, Analgetikum und Antihypertensivum.

Selinum virosum ↗ Cicuta virosa.
Selinum visnaga ↗ Ammi visnaga.
Sellerie ↗ Apium graveolens.

■ **Semecarpus anacardium** L.
(syn. *Anacardia orientalia*); Ostindischer Tintenbaum.
Fam.: Anacardiaceae.
Vork.: in Ostindien beheimatet, kultiviert in Südasien und anderen tropischen Gebieten.
Droge: ***Fructus Anacardii orientalis*** (syn. *Anacardium, Fructus Anacardii orientalis, Fructus Anardii orientalis*); Ostindische Tintenbaumfrüchte (syn. Ostindische Elefantenläuse), s. Farbtafel S. 304, Bild 139. Inh.: scharfer, ätzender Balsam mit Anacardol (Phenolderivat), Phenolcarbonsäuren, Gerbstoffe, Anacardsäure. Anw.: In der Volksheilkunde wird der Balsam (*Cardolum pruriens*) als blasenziehendes Mittel bei Hühneraugen und Warzen eingesetzt. Die Droge dient weiterhin zur Herstellung von Stempelfarben und Tinten, in Indien auch zur Baumwollfärberei.

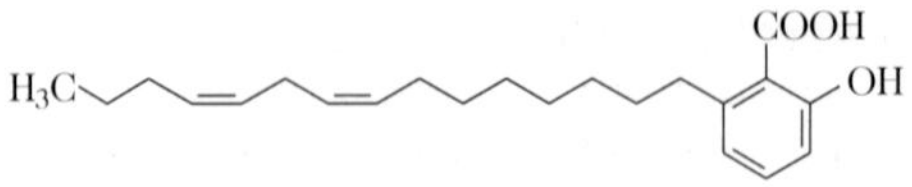

Anacardsäure
[(*Z*,*Z*)-6-(8,11-Pentadecadienyl)salicylsäure]

Hom.: *Semecarpus anacardium* HAB1; Elefantenlausbaum, die reifen, getrockneten Früchte. Anw.-Geb.: Erkrankungen des Zentralnervensystems, des Magen-Darm-Traktes sowie der Haut.

Semen Abelmoschi ↗ Abelmoschus moschatus.
Semen Absinthii dulce ↗ Pimpinella-Arten.
Semen Agni casti ↗ Vitex agnus-castus.
Semen Akocantherae venenatae ↗ Acokanthera-Arten.
Semen Amomi ↗ Amomum-Arten, ↗ Pimenta-Arten.
Semen Amygdalae ↗ Prunus-Arten.
Semen Amygdalae dulce ↗ Prunus-Arten.
Semen Amygdali amarum ↗ Prunus-Arten.
Semen Amygdali dulce ↗ Prunus-Arten.
Semen Anagyris ↗ Anagyris foetida.
Semen Anchiotti ↗ Bixa orellana.
Semen Angelicae ↗ Angelica archangelica.
Semen Anisi ↗ Pimpinella-Arten.
Semen Apii ↗ Apium graveolens.
Semen Arecae ↗ Areca catechu.
Semen Argyreiae ↗ Argyreia nervosa.
Semen Asiminae trilobae ↗ Asimina triloba.
Semen Bombacis ↗ Gossypium-Arten.
Semen Bonducellae ↗ Caesalpinia-Arten.
Semen Brucea ↗ Brucea amarissima.
Semen Cacao ↗ Theobroma cacao.
Semen Cacao tostum ↗ Theobroma cacao.
Semen Calabar ↗ Physostigma venenosum.
Semen Calabaricae ↗ Physostigma venenosum.
Semen Canariense ↗ Phalaris canariensis.
Semen Cannabis ↗ Cannabis sativa.
Semen Cardui mariae ↗ Silybum marianum.
Semen Carobae ↗ Ceratonia siliqua.
Semen Carvi romani ↗ Cuminum cyminum.
Semen Castaneae equinae ↗ Aesculus hippocastanum.
Semen Cataputiae majoris ↗ Ricinus communis.
Semen Cataputiae minoris ↗ Croton tiglium, ↗ Euphorbia-Arten.
Semen Cedronis ↗ Simaba cedron.
Semen Ceratoniae ↗ Cerotonia siliqua.
Semen Cheiranthi ↗ Cheiranthus cheiri.
Semen Cheiri ↗ Cheiranthus cheiri.
Semen Coccognidii ↗ Daphne mezereum.
Semen Cocculi ↗ Anamirta cocculus.
Semen Coffeae ↗ Coffea-Arten.
Semen Coix-Lacrymae ↗ Coix lacryma-jobi.
Semen Colae ↗ Cola-Arten.
Semen Colchici ↗ Colchicum autumnale.

Semen Cubebae ↗ Piper cubeba.
Semen Cucumeris melonis ↗ Cucumis-Arten.
Semen Cucurbitae ↗ Cucurbita pepo.
Semen Cumini ↗ Cuminum cyminum.
Semen Cydoniae ↗ Cydonia oblonga.
Semen Cymini ↗ Cuminum cyminum.
Semen Cynorrhodi ↗ Rosa canina.
Semen Cynosbati ↗ Rosa canina.
Semen Cytisi laburnum ↗ Laburnum anagyroides.
Semen Daturae ↗ Datura-Arten.
Semen Dauci ↗ Daucus carota.
Semen Diocleae ↗ Dioclea macrocarpa.
Semen Erucae ↗ Sinapis alba.
Semen Euphorbiae ↗ Euphorbia-Arten.
Semen Fabarum ↗ Phaseolus vulgaris.
Semen Foeni graeci ↗ Trigonella foenum-graecum.
Semen Foenugraeci ↗ Trigonella foenum-graecum.
Semen Ginkgo ↗ Ginkgo biloba.
Semen Gossypii ↗ Gossypium-Arten.
Semen Guaranae ↗ Paullinia cupana.
Semen Gynocardiae ↗ Gynocardia odorata.
Semen Harmalae ↗ Peganum harmala.
Semen Helianthi ↗ Helianthus annuus.
Semen Hippocastani ↗ Aesculus hippocastanum.
Semen Hordei decorticatus ↗ Hordeum vulgare.
Semen Hyoscyami ↗ Hyoscyamus niger.
Semen Iberidis ↗ Iberis amara.
Semen Ignatii ↗ Strychnos-Arten.
Semen Ispaghulae ↗ Plantago-Arten.
Semen Jatrophae ↗ Jatropha curcas.
Semen Jatrophae curcadis ↗ Jatropha curcas.
Semen Jequiritii ↗ Abrus precatorius.
Semen Lathyri ↗ Lathyrus sativus.
Semen Lathyridis majoris ↗ Euphorbia-Arten.
Semen Levistici ↗ Levisticum officinale.
Semen Lini ↗ Linum usitatissimum.
Semen Lithospermi ↗ Lithospermum officinale.
Semen Lolii temulenti ↗ Lolium temulentum.
Semen Lupinii ↗ Lupinus luteus.
Semen Lycopodii ↗ Lycopodium clavatum.
Semen Melanthii ↗ Nigella sativa.
Semen Melonis ↗ Cucumis-Arten.
Semen Mezerei ↗ Daphne mezereum.
Semen Milii solis ↗ Lithospermum officinale.
Semen Monodorae ↗ Monodora myristica.
Semen Moringae ↗ Moringa-Arten.
Semen Myristicae ↗ Myristica fragrans.
Semen Myristicae Papua ↗ Myristica argentea.
Semen Nigellae damescenae ↗ Nigella damascena.
Semen Nigellae sativae ↗ Nigella sativa.
Semen Nucistae ↗ Myristica fragrans.
Semen Nucis vomica ↗ Strychnos-Arten.
Semenocarpus anacardium ↗ Anacardium occidentale.
Semen Orleanae ↗ Bixa orellana.
Semen Paeoniae ↗ Paeonia officinalis.
Semen Palma-Christi ↗ Ricinus communis.
Semen Papaveris ↗ Papaver somniferum.
Semen Paradisi ↗ Aframomum-Arten.
Semen Pastinacae ↗ Pastinaca sativa.
Semen Pediculariae ↗ Delphinium staphisagria.
Semen Periplocae graecae ↗ Periploca graeca.
Semen Petroselini ↗ Petroselinum crispum.
Semen Phalangii ramosi ↗ Anthericum ramosum.
Semen Pharbites ↗ Pharbitis nil.
Semen Phaseoli ↗ Phaseolus vulgaris.
Semen Phellandri aquatici ↗ Oenanthe aquatica.
Semen Physostigmatis ↗ Physostigma venenosum.
Semen Pistaciae ↗ Pistacia vera.
Semen Plantaginis ovatae ↗ Plantago-Arten.
Semen Psyllii ↗ Plantago-Arten.
Semen Pulicariae ↗ Plantago-Arten.
Semen Quercus ↗ Quercus-Arten.
Semen Quercus tostum ↗ Quercus-Arten.
Semen Ricini ↗ Ricinus communis.
Semen Ricini majoris ↗ Jatropha curcas.
Semen Rutae silvestris ↗ Peganum harmala.
Semen Sabadillae ↗ Schoenocaulon officinale.
Semen Sapii sebiferi ↗ Sapium sebiferum.
Semen Saponariae ↗ Saponaria officinalis.
Semen Sesami ↗ Sesamum indicum.
Semen Simabae cedron ↗ Simaba cedron.
Semen Sinapeos ↗ Brassica-Arten.
Semen Sinapis ↗ Brassica-Arten.
Semen Sinapis albae ↗ Sinapis alba.
Semen Sinapis viridis ↗ Brassica-Arten.
Semen Sojae ↗ Glycine max..
Semen Sorghi ↗ Sorghum bicolor.
Semen Staphisagriae ↗ Delphinium staphisagria.
Semen Stramonii ↗ Datura-Arten.
Semen Strophanthi ↗ Strophanthus-Arten.
Semen Strophanthi grati ↗ Strophanthus-Arten.
Semen Strophanthi kombé ↗ Strophanthus-Arten.
Semen Strychni ↗ Strychnos-Arten.
Semen Synsepali dulciferi ↗ Synsepalum dulciferum.
Semen Syzygii cumini ↗ Syzygium-Arten.
Semen Tamarindorum ↗ Tamarindus indica.
Semen Theobromae ↗ Theobroma cacao.
Semen Thevetiae ↗ Thevetia peruviana.
Semen Thevetiae neriifoliae ↗ Thevetia peruviana.

Semen Tiglii ↗ Croton tiglium.
Semen Tithymali latifolii ↗ Euphorbia-Arten.
Semen Tonca ↗ Dipteryx odorata.
Semen Trigonellae ↗ Trigonella foenum-graecum.
Semen Urticae ↗ Urtica-Arten.
Semen Voacangae ↗ Voacanga-Arten.
Semina Coffeae ↗ Coffea-Arten.
Semina Rhynchosiae phaseoloides ↗ Rhynchosia phaseoloides.
Sempervivum alpinum ↗ Sempervivum tectorum.
Sempervivum glaucum ↗ Sempervivum tectorum.
Sempervivum majoris folium ↗ Sempervivum tectorum.
Sempervivum murale ↗ Sempervivum tectorum.

■ Sempervivum tectorum L.

(syn. *Sempervivum glaucum, S. alpinum, S. murale*); Echte Hauswurz (syn. Hauslauch, Dach-Hauswurz). Die Gattung steht unter Artenschutz!

Fam.: Crassulaceae.

Vork.: Mitteleuropa, besonders im alpinen Bereich; in den USA auch kultiviert.

Droge: ***Sempervivum majoris folium*** (syn. *Folia Sedi magni, Folia Sempervivi majoris, Herba Sempervivi tectori*); Hauswurzblätter. *Inh.:* L-Äpfelsäure und deren Calciumsalze, Isocitronensäure, Gerbstoffe, Harz, Schleimstoffe. *Anw.:* in der Volksheilkunde zur Wundbehandlung, bei Verbrennungen, bei Augenentzündungen, gegen Hühneraugen, Insektenstiche, Geschwüre der Mundschleimhaut. Die Blätter und jungen Sprosse werden als Salat gegessen; im Engadin werden sie dem Trinkwasser zugesetzt, dadurch wird ein erfrischender Geschmack erzielt.

Hom.: ***Sempervivum tectorum*** HAB1; Dach-Hauswurz, die frischen, vor Beginn der Blüte gesammelten Blätter. *Anw.-Geb.:* bei destruktiven Prozessen und knotigen Verhärtungen in der Haut, der Zunge, der Brust sowie bei Warzen.

Histor.: Hauswurzsaft zusammen mit Gummi, rotem Arsenik und Alaun gemischt, sollte nach mittelalterlichen Vorstellungen ein Arkanum ergeben, das, auf die Haut gestrichen, gestatten sollte, glühendes Eisen anzufassen, ohne verbrannt zu werden. Der Gattungsname *Sempervivum* setzt sich aus *semper* (lat., immer) und *vivum* von *vivere* (lat., leben) zusammen; ein Hinweis, daß die Pflanze auch unter sehr trockenen Bedingungen zu leben vermag. Der Artname *tectorum* (lat.) geht auf die römische Sitte zurück, die Hauswurz auf den Dächern zu kultivieren. Auch im Mittelalter wurde dies fortgesetzt, zumal man glaubte, daß die Pflanze das Einschlagen des Blitzes abwehrt. *Sempervivum*-Arten fanden bereits in der griechischen und römischen Heilkunde Anwendung. So rühmt z. B. ↗ Dioskurides ihre kühlende und adstringierende Wirkung bei Geschwüren, Brandwunden und Podagra.

Senacia maytenus ↗ Maytenus-Arten.

■ Senecio-Arten

● **Fam.:** Asteraceae (Compositae).

● **Senecio aureus** L.; Goldenes Kreuzkraut (syn. Goldkreuzkraut).

Vork.: Nordamerika, in Europa kultiviert und verwildert.

Droge: ***Senecio-aureus-Kraut***; Goldkreuzkraut, das getrocknete Kraut. *Inh.:* ↗ Pyrrolizidinalkaloide, Sesquiterpene vom Eremophilan-Typ, Flavonoide, bes. Flavonolglucoside, die teilweise partiell acetyliert sind. *Anw.:* volkstümlich gegen Blutungen. Von den nordamerikanischen Indianern in der Geburtshilfe und bei Blutungen eingesetzt. *Geg.:* Infolge Toxizität der enthaltenen Pyrrolizidinalkaloide ist die therapeutische Anwendung nicht zu empfehlen.

Hom.: ***Senecio aureus*** HAB34; Goldkreuzkraut, die frische, blühende Pflanze. *Anw.-Geb.:* Erkrankungen der weiblichen Geschlechtsorgane, der Nieren und ableitenden Harnwege wie Entzündungen der Harn- und Geschlechtsorgane, Regelstörungen, Blutarmut, nervösen Beschwerden sowie bei Gerinnungsstörungen.

● **Senecio bicolor** (Willd.) Tod. (syn. *Cineraria maritima, Senecio cineraria, S. maritimus*); Aschenkraut (syn. Cineraria-Kreuzkraut).

Vork.: Mittelmeergebiet, in Mitteleuropa mitunter als Zierpflanze kultiviert.

Droge: ***Senecio-bicolor-Kraut*** (syn. *Senecio-cineraria*-Kraut), das Kraut der blühenden Pflanze. *Inh.:* Pyrrolizidinalkaloide (bis zu 0,9 %, bezo-

Jacobin

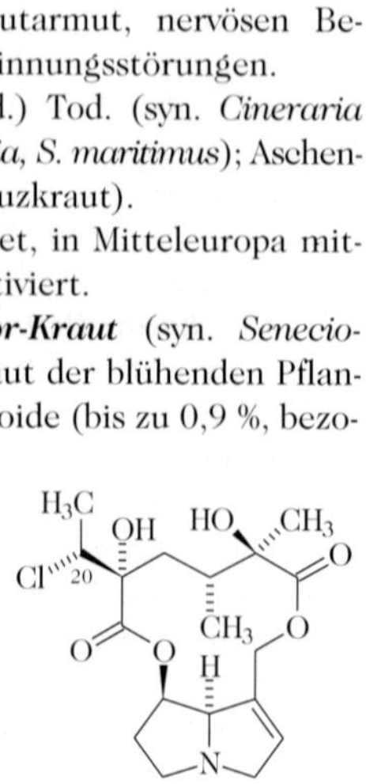

Jaconin

gen auf das Trockengewicht), u. a. Jacobin, Jaconin und Senecionin, ferner Polyine, Chinolinderivate, Sesquiterpen-Kohlenwasserstoffe und Vanillin. Anw.: volkstümlich der Saft bei Augenleiden, Migräne und Menstruationsstörungen. Geg.: Infolge toxischer, insbes. mutagener und cancerogener Eigenschaften der enthaltenen Pyrrolizidinalkaloide ist die therapeutische Anwendung der Droge abzulehnen.

Hom.: ***Senecio bicolor*** (syn. *Cineraria maritima*) HAB34; das frische Kraut. Anw.-Geb.: Grauer Star.

● **Senecio fuchsii** C.C. Gmel. (syn. *Senecio nemorensis ssp. fuchsii, S. ovatus, S. sarracenius*); Fuchssches Kreuzkraut (syn. Fuchskreuzkraut).

Vork.: Europa.

Droge: ***Senecionis herba***, (syn. *Herba Senecionis*); Fuchssches Kreuzkraut, das zur Blütezeit oder kurz vor der Blüte geerntete Kraut. Inh.: Pyrrolizidinalkaloide (0,01–0,1 %), u. a. 7-Senecioylretronecin, 7-Angeloylretronecin, Triangularin, Fuchsisenecionin, Sarracin.; Flavonoide, Cumarinderivate, wenig äther. Öl. Anw.: früher in der Volksheilkunde bei Blutungen, wie Wochenbettblutungen, klimakterischen Blutungen, Menorrhagien; Diabetes mellitus und Krämpfen. Geg.: Infolge toxischer, insbes. mutagener und cancerogener Eigenschaften der enthaltenen Pyrrolizidinalkaloide ist die therapeutische Anwendung der Droge abzulehnen.

Hom.: ***Senecio nemorensis*** (syn. *Senecio fuchsii*) HAB; die zur Blütezeit geernteten, frischen, oberirdischen Pflanzenteile. Anw.-Geb.: Blutungen.

● **Senecio jacobaea** L. (syn. *Jacobaea vulgaris*); Großes Kreuzkraut (syn. Jakobskraut, Jakobskreuzkraut, Spinnenkraut).

Vork.: Europa.

Droge: ***Senecionis jacobaeae herba*** (syn. *Herba Jacobaeae, Herba Senecionis jacobaeae*); Jakobskraut (syn. Jakobskreuzkraut), die getrockneten, oberirdischen Teile der blühenden Pflanze. Inh.: Pyrrolizidinalkaloide (2,2–0,4 %) mit dem Jacobin-Chemotyp, der Jacobin und dessen Drivate enthält und dem Erucifolin-Chemotyp mit Erucifolin und *O*-Acetylerucifolin als Hauptalkaloiden. Ferner in Spuren äther. Öl, das Germacren D als charakteristische Substanz enthält. Anw.: volkstümlich früher bei Amenorrhoe, Dysmenorrhoe, Harndrang und rheumatischen Beschwerden. Geg.: infolge Toxizität der enthaltenen Pyrrolizidinalkaloide ist die therapeutische Nutzung der Droge abzulehnen.

Hom.: ***Senecio jacobaea*** HAB34, die ganze frische Pflanze. Anw.-Geb.: u. a. bei Grauem Star.

● **Senecio vulgaris** L.; Greiskraut (syn. Gemeines Kreuzkraut, Grindkraut, Waldgreiskraut).

Vork.: Europa, Asien.

Droge: ***Senecionis vulgaris herba*** (syn. *Herba Senecionis vulgaris*); Kreuzkraut, das zur Blütezeit gesammelte Kraut. Inh.: Pyrrolizidinalkaloide mit Senecionin und Seneciphyllin als Hauptkomponenten. Ferner Flavonoide und äther. Öl (0,002 %) mit β-Caryophyllen als dominierendem Bestandteil. Anw.: volkstümlich früher bei Koliken, gegen Würmer sowie der ausgepreßte Saft bei Dysmenorrhoe und Epilepsie. Geg.: s. *Senecionis herba*.

● **Histor.:** Der Gattungsname *Senecio* ist vom lateinischen *senex, senis* (Greis) abgeleitet und bezieht sich auf die Haarkrone des Pappus, die mit dem Greisenhaar verglichen wird. Der Name Jakobskreuzkraut bezieht sich auf seine Blütezeit um Jakobi. Im Mittelalter verwendete man die Blattdroge als *Herba Seneciones Jacobaeae* u. a. als Tonikum, zum Stillen von Krämpfen sowie bei Amenorrhoe.

Senecio ciliatus ↗ Conyza canadensis.
Senecio hieracifolia ↗ Erechthites hieracifolia.
Senecionis herba ↗ Senecio-Arten.
Senecionis jacobaeae herba ↗ Senecio-Arten.
Senecionis vulgaris herba ↗ Senecio-Arten.
Senegalgummi ↗ Acacia-Arten.
Senegawurzel ↗ Polygala-Arten.
Senfbaum ↗ Salvadora persica.
Senf-Kraut ↗ Brassica-Arten.
Senföle ↗ Glucosinolate.
Senfrauke ↗ Eruca sativa.
Senna acutifolia ↗ Cassia-Arten.
Senna alanta ↗ Cassia-Arten.
Senna alexandrina ↗ Cassia-Arten.
Senna angustifolia ↗ Cassia-Arten.
Senna auriculata ↗ Cassia-Arten.
Sennae folium ↗ Cassia-Arten.
Sennae fructus acutifoliae ↗ Cassia-Arten.
Sennae fructus angustifoliae ↗ Cassia-Arten.
Senna obovata ↗ Cassia-Arten.
Senna obtusa ↗ Cassia-Arten.
Senna occidentalis ↗ Cassia-Arten.
Senna officinalis ↗ Cassia-Arten.

Sennencassie ↗ Cassia-Arten.
Sennesbälge ↗ Cassia-Arten.
Sennesblätter ↗ Cassia-Arten.
Sennesfrüchte ↗ Cassia-Arten.
Sennesschoten ↗ Cassia-Arten.
Sennoside ↗ Cassia-Arten.
Sepiaknochen ↗ Sepia officinalis.

■ **Sepia officinalis** L.
(syn. *Belosepia sepioides*); Gemeiner Tintenfisch (syn. Tintenschnecke).

Fam.: Sepiidae.

Vork.: Küstengewässer der gemäßigten und warmen Meere, bes. Mittelmeer.

Droge: ***Ossa Sepiae*** (syn. *Tegmina Sepiae*); Sepiaknochen (syn. Weißes Fischbein). *Inh.:* Calciumcarbonat (80–85 %), geringe Mengen an Calciumphosphat, Kaliumchlorid und -sulfat sowie weitere mineralische Bestandteile. *Anw.:* in der Volksheilkunde bei Fieber, Magenbeschwerden, zur Knochenbildung. Früher wurde die Droge Zahnpulvern zugesetzt und diente in der Technik als Poliermittel.

Hom.: ***Sepia*** HAB1; Tintenfisch, das getrocknete Sekret der Tintendrüse. *Anw.-Geb.:* als Konstitutionsmittel bei Erkrankungen des Zentralnervensystems, des Herzens, des arteriellen Gefäßsystems, der oberen und unteren Luftwege, des Magen-Darm-Traktes, der Leber, Galle und Bauchspeicheldrüse, der weiblichen Geschlechtsorgane, der Haut sowie des Stütz- und Bewegungsapparates.

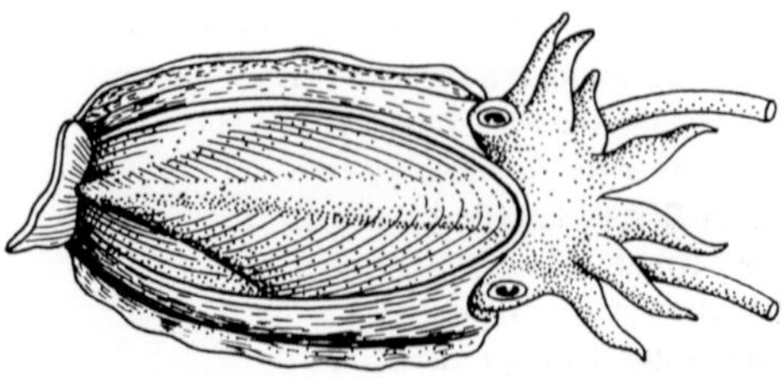

Sepia officinalis, Tintenfisch.

Septas hypericifolia ↗ Stellera chamaejasme.
Sereh-Gras ↗ Cymbopogon-Arten.
Serendipity-Beeren ↗ Dioscoreophyllum cumminsii.
Serenoae repentis fructus ↗ Serenoa repens.

■ **Serenoa repens** (Bartr.) Small
(syn. *Brahea serrulata, Chamaerops serrulata, Corypha repens, Sabal serrulata, S. serrulatum, Serenoa serrulata*); Sägepalme (syn. Sägezahnpalme, Zwergpalme).

Fam.: Arecaceae (Palmae).

Vork.: Südstaaten der USA, tropisches Mittel- und Südamerika.

Droge: ***Sabalis serrulati fructus*** (syn. *Fructus Sabalis serrulati, Fructus Sabal, Fructus Sabalis, Fructus Sabalis serrulatae, Fructus Serenaeae, Sabal fructus, Serenoae repentis fructus*); Sabalfrucht (syn. Sägepalmenfrucht, Zwergpalmenfrucht), die unvollständig getrockneten, reifen Früchte. *Inh.:* saure Polysaccharide mit hohen Anteilen an Galactose (ca. 38 %), Arabinose (etwa 19 %) und Uronsäuren (ca. 14 %), Sterole, bes. β-Sitosterol, meist glucosidiert oder acyliert, z. B. β-Sitosterol-3-*O*-laurat und β-Sitosterol-3-*O*-myristat, Flavonoide, u. a. Isoquercitrin und Rhoifolin sowie Triglyceride (ca. 27 %) mit den Fettsäurekomponenten Capryl-, Laurin-, Myristin-, Öl- und Palmitinsäure, wobei letztere teilweise auch frei vorliegen, sowie äther. Öl (ca. 1,2 %). *Anw.:* Miktionsbeschwerden bei benigner Prostatahyperplasie (Stadium I und II), Bestandteil entsprechender Phytopharmaka. Volkstümlich auch bei Blasen- und Hodenentzündung, Blasenkatarrh, Brustdrüsenentzündung und Bronchialkatarrh. In den Herkunftsländern werden die Früchte auch als Obst genutzt.

Hom.: ***Serenoa repens*** HAB1; Sägezahnpalme, die frischen, reifen Früchte. *Anw.-Geb.:* Erkrankungen der männlichen Geschlechtsorgane, der Nieren und ableitenden Harnwege, Blasenentleerungsstörungen.

Histor.: Die Gattung *Serenoa* wurde nach dem amerikanischen Botaniker Sereno Watson benannt; *repens* (lat., kriechend, niedrig) bezieht sich auf den niedrigen Wuchs, *serrulata* (lat., kleine Säge) auf die stachligen Blattstiele. In die Arzneikunde wurde die Pflanze von Read und Solomons eingeführt.

Serenoa serrulata ↗ Serenoa repens.
Serpentaria ↗ Aristolochia-Arten.
Serpentariae radix ↗ Aristolochia-Arten.
Serpentin ↗ Rauvolfia serpentina.
Serpylli aetheroleum ↗ Thymus-Arten.
Serpylli herba ↗ Thymus-Arten.
Serpyllum ↗ Thymus-Arten.

■ **Sertürner, Friedrich Wilhelm Adam**
(1783–1841), Apotheker (Einbeck, Hameln), isolierte 1805 erstmalig ↗ Morphin aus Opium (↗ *Pa-*

paver somniferum) und leitete damit die moderne Alkaloidforschung ein. 1929 stiftete die Deutsche Pharmazeutische Gesellschaft die Sertürner-Medaille für wertvolle wissenschaftliche Arbeiten praktisch tätiger Apotheker.

Sesam ↗ Sesamum indicum.

■ Sesamin

fettlösliches Furolignan als Anteil des unverseifbaren Rückstandes im Sesamöl (↗ *Sesamum indicum*). Es wirkt antioxidativ, trägt damit zur Oxidationsstabilität des Öles bei und dient zur Identitätsprüfung für Sesamöl.

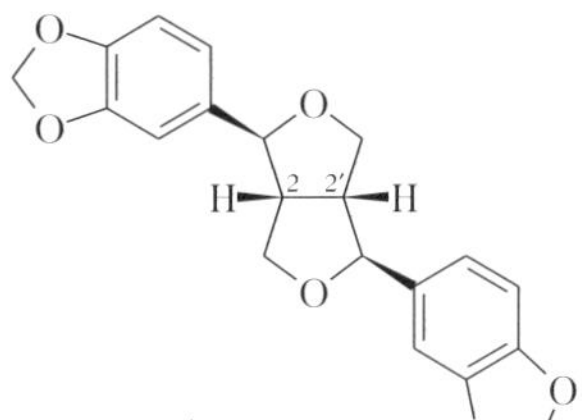

Sesamin

Sesami oleum ↗ Sesamum indicum.
Sesamöl ↗ Sesamum indicum.
Sesamum africanum ↗ Sesamum indicum.
Sesamum brasiliense ↗ Sesamum indicum.

■ Sesamum indicum L.

(syn. *Anthadenia sesamoides, Capraria integerrima, Dysosmon amoenum, Sesamum africanum, S. brasiliense, S. luteum, S. malabaricum, S. oleiferum, S. orientale, S. trifoliatum, Volkameria orientalis, V. sesamoides*); Sesam.

Fam.: Pedaliaceae.

Vork.: weltweit in tropischen, subtropischen und gemäßigten Gebieten, zumeist kultiviert.

Droge: ***Sesami oleum*** (syn. *Oleum Sesami*); Sesamöl, das aus den Samen (*Semen Sesami*) gepreßte Öl. *Inh.:* Acylglycerole (ca. 98 %), vor allem Di- und Triglyceride, wenig freie Fettsäuren; Lignane (0,8–1,7 %), wie Sesamin, Sesamolin, Asarinin; Sterole, Phospholipide. *Anw.:* innerlich bei Obstipation, rektal appliziert zur Erweichung von hartem Kot im Enddarm bei Stuhlverhaltung. Äußerlich wird die Droge zur Hautpflege und als Massageöl eingesetzt. In der Galenik dient sie als Lösungsmittel für lipophile Arzneistoffe, wie Steroide. Sesamöl ist ein hochwertiges Speiseöl mit langer Haltbarkeit. In der Landwirtschaft wird die Droge zusammen mit Pyrethroiden (↗ *Chrysanthemum*-Arten) zur Insektenvernichtung eingesetzt, da Sesamin die Wirkung von Pyrethrum synergistisch verstärkt.

Sesamum luteum ↗ Sesamum indicum.
Sesamum malabaricum ↗ Sesamum indicum.
Sesamum oleiferum ↗ Sesamum indicum.
Sesamum orientale ↗ Sesamum indicum.
Sesamum trifoliatum ↗ Sesamum indicum.
Seseli aegopodium ↗ Aegopodium podagraria.
Seseli carum ↗ Carum carvi.
Seseli carvi ↗ Carum carvi.
Seseli graveolens ↗ Apium graveolens.

■ Sesquiterpenderivate

zu den Isoprenoiden zählende Gruppe von offenkettigen oder cyclischen Kohlenwasserstoffen, die durch Kondensation aus 3 Isopreneinheiten gebildet werden und damit über 15 Kohlenstoffatome im Molekül verfügen. Bisher sind etwa 100 Strukturtypen mit mehreren Tausend Vertretern bekannt. Die Hauptmenge findet man in den ↗ äther. Ölen, z. B. Farnesen und Farnesol. Ihre biologischen Funktionen sind wenig bekannt. Als Arzneistoffe haben die Sesquiterpenlactone als Bitterstoffe und als Bestandteile äther. Öle, z. B. Bisabolol und Proazulene, Bedeutung. Außderdem gibt es verschiedene Antibiotika mit Sesquiterpenstruktur. Sesquiterpene sind unter anderem auch bestimmte Phytohormone, wie ↗ Abscisinsäure, Pheromone oder Phytoalexine. Die Parfümindustrie nutzt viele technisch gewonnene S. als Duftstoffe.

Setae Stizolobii ↗ Mucuna pruriens.
Sevenkraut ↗ Juniperus sabina.
Sevibaum ↗ Juniperus sabina.
Sevikraut ↗ Juniperus sabina.
Shanin ↗ Petunia violacea.
Sheabutter ↗ Butyrospermum parkii.
Shiitake ↗ Lentinula edodes.
Shiitakepilz ↗ Lentinula edodes.
Shikimibaum ↗ Illicium anisatum.
Shikimifrüchte ↗ Illicium anisatum.
Shikimi fructus ↗ Illicium anisatum.
Shimifrüchte ↗ Illicium anisatum.
Shizophyllan ↗ Schizophyllum commune.

■ Shlerochiton ilicifolius

Fam.: Acanthaceae.

Vork.: Südafrika, bes. Transvaal.

Droge: die Rinde und Wurzeln. Inh.: u. a. Monatin, ein natürlicher Süßstoff mit der 1300-fachen Süßkraft von Saccharose. Anw.: volkstümlich als Süßungsmittel.

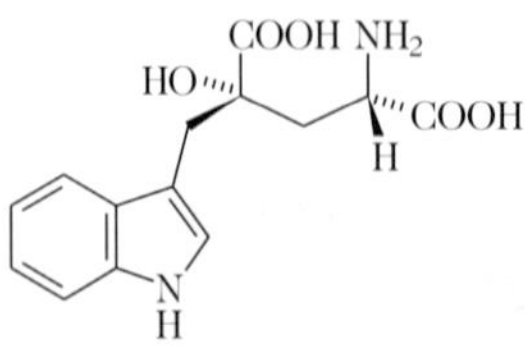

Monatin ((2*S*,4*S*)-4-Hydroxy-4-(indol-3-ylmethyl)-L-glutaminsäure)

Shorea camphorifera ↗ Dryobalanops aromatica.

■ **Shorea robusta** Gaertn. f.
(syn. *Shorea talura, Vatica robusta*); Salbaum (syn. Saulbaum).

Fam.: Dipterocarpaceae.

Vork.: am Fuß des Himalajagebirges, Vorderindien, Sumatra und Java.

Droge: ***Shorea-robusta-Harz*** (syn. Katzenaugenharz, Salharz, Saulharz, Weißes Dammarharz), der aus den Stämmen und Ästen nach Verletzung ausgeflossene und erhärtete Harzbalsam. *Inh.:* Triterpensäure, u. a. Ursolsäure; Ursaldehyd, Ursaldehydacetat, α-Amyrin, Asiatsäure, Dammarenolsäure, Hydroxyhapanon, β-Sitosterol. *Anw.:* in der Volksheilkunde bei Wunden und Brandwunden sowie innerlich bei Durchfall. Das Öl aus dem Harz wird bei Hauterkrankungen und Ohrenleiden verwendet.

Shorea talura ↗ Shorea robusta.

■ **Shorea wiesneri** Stapf et Schiffner
Salbaum (syn. Dammarabaum, Saulbaum).

Fam.: *Dipterocarpaceae*.

Vork.: Sumatra, Java, Philippinen, Ostindien.

Droge: ***Dammara*** (syn. *Resina Dammar, Gummi Dammar, Dammar*); Dammarharz (syn. Felsendammar, Katzenaugenharz, Ostindisches Dammar, Salharz, Steindammar, Weißes Dammarharz), s. Farbtafel S. 304, Bild 140. Die Droge wird auch von anderen *Shorea-* sowie *Balanocarpus-* und *Hopea*-Arten gewonnen. *Inh.:* ca. 0,5 % äther. Öl; alkohollösliches α-Dammaroresen (ca. 40 %), alkoholunlösliches β-Dammaroresen (ca. 23 %), Dammarolsäure (ca. 23 %), weitere Triterpene, Kohlenwasserstoffe und Bitterstoffe. *Anw.:* selten in der Galenik als Pflastergrundmasse und Trägermaterial für Kaupastillen. Auch als Gewürz zum Aromatisieren von Getränken sowie als Lackgrundstoff wird die Droge eingesetzt. In der Mikroskopie dient eine Dammarlösung in Xylol zur Herstellung von Dauerpräparaten.

Siam-Benzoe ↗ Styrax-Arten.
Siamesisches Gamboga ↗ Garcinia hanburyi.
Siam-Kardamomen ↗ Amomum-Arten.
Sibirische Gichtrose ↗ Rhododendron-Arten.
Sibirischer Biber ↗ Castor fiber var. sibirica.
Sibirischer Ginseng ↗ Eleutherococcus senticosus.
Sibirischer Rhabarber ↗ Rheum-Arten.
Sibirischer Rhododendron ↗ Rhododendron-Arten.
Sibirische Schneerose ↗ Rhododendron-Arten.
Sibirische Tanne ↗ Abies-Arten.
Sichelblättriges Hasenohr ↗ Bupleurum-Arten.

■ **Sickingia rubra**.

Fam.: Rubiaceae.

Vork.: tropisches Amerika, Brasilien.

Droge: ***Cortex Araribae rubrae***; Araribarinde, die Stammrinde. *Inh.:* Aribin. *Anw.:* in der Volksheilkunde gegen Fieber.

■ **Sida acuta** Burm.
(syn. *Sida herbaceae, S. lanceolata, S. scoparia*).

Fam.: Malvaceae.

Vork.: Südasien, Afrika, Mittel- und Südamerika.

Droge: Blätter und Samen. *Inh.:* Alkaloide, wie Cryptolepin; β-Phenylethylamine, Chinazoline, Tryptamine, Cholin, Betain. *Anw.:* in der asiatischen Volksheilkunde als Adstringens, Antidot bei Skorpion- und Schlangenbissen, bei Tuberkulose, Magen- und Nervenleiden, Herzbeschwerden. In Mexiko wird die Droge auch als Anregungsmittel geraucht und dient als Ersatz für Marihuana.

Sida althaeaefolia ↗ Sida cordifolia.

■ **Sida cordifolia** L.
(syn. *Sida althaeaefolia, S. rotundifolia, S. tomentosa*).

Fam.: Malvaceae.

Vork.: Afrika.

Droge: die ganze Pflanze. *Inh.:* Alkaloide, u. a. Vasicin; Phytosterole, Harz, Harzsäuren, Schleim;

in den Samen auch fettes Öl, Alkaloide, wie Ephedrin. Anw.: in der Volksheilkunde als Malariamittel, Menstruationsstimulans, Hustenmittel, Wurmmittel und Tonikum; die Wurzel auch bei Nervenleiden und zur Wundbehandlung; die Samen dienen als Aphrodisiakum. In Nigeria ist die Droge auch Bestandteil von Pfeilgiften.

Sida herbaceae ↗ Sida acuta.
Sida lanceolata ↗ Sida acuta.
Sida rotundifolia ↗ Sida cordifolia.
Sida scoparia ↗ Sida acuta.
Sida tomentosa ↗ Sida cordifolia.
Sideritidis herba ↗ Sideritis-Arten.

■ **Sideritis-Arten**
● **Fam.:** Lamiaceae (Labiatae).
● **Sideritis hirsuta** L. (syn. *Stachys recta*); Berufkraut (syn. Beschreikraut, Eisenkraut, Gerader Ziest, Gliedkraut, Vesperkraut).
Vork.: Mittel- und Südeuropa, Balkan.
Droge: ***Sideritidis herba*** (syn. *Herba Siteritidis, Herba Sideritis*). Die Droge wird auch unter der Bezeichnung Püringer Tee genutzt. Inh.: äther. Öl, Gerbstoffe, Bitterstoffe. Anw.: als Tonikum, Diaphoretikum, Febrifugum.
● **Sideritis clandestina** (Chaub u. Bony) Hayek.
Vork.: Mitteleuropa, Balkan, Nordamerika.
Droge: ***Griechischer Bergtee***. Inhaltsstoffe und Anwendung s. *Sideritis hirsuta*.
● **Sideritis scardiaca**.
Vork.: Mittelmeergebiete, Balkan.
Droge: ***Herba Sideritidis scardicae***; Püringer Tee. Inh.: äther. Öl, Gerbstoffe. Anw.: in der Volksmedizin auf dem Balkan vielfältig eingesetzt, vor allem als Tonikum und Diaphoretikum.
● **Histor.:** *Sideritis*-Arten wurden seit dem Altertum therapeutisch und zu magischen Zwecken eingesetzt. ↗ Plinius berichtet über die Verwendung der Droge zur Heilung von Hieb- und Stichwunden. Die römischen Gladiatoren sollen sie als Amulett getragen haben. Die slawischen Völker benutzten eine Abkochung der Droge zum Baden ihrer Kinder, um sie gegen Krankheiten und gegen magische Einflüsse zu schützen.

Siebenpunktiger Marienkäfer ↗ Coccinella septempunctata.
Siebenstern ↗ Trientalis europaea.
Siebensternwurzel ↗ Trientalis europaea.

Siegesbeckie ↗ Sigesbeckia orientalis.
Siegesbeckienkraut ↗ Sigesbeckia glabrescens, ↗ Sigesbeckia pubescens.
Sigesbeckia brachyata ↗ Sigesbeckia orientalis.
Sigesbeckiae herba ↗ Sigesbeckia glabrescens, ↗ Sigesbeckia pubescens.
Sigesbeckia formosana ↗ Sigesbeckia glabrescens.

■ **Sigesbeckia glabrescens** Mak.
(syn. *Sigesbeckia formosana*).
Fam.: Asteraceae (Compositae).
Vork.: Korea, China, Taiwan, Mandschurei.
Droge: ***Sigesbeckiae herba***; Siegesbeckienkraut (syn. *Sigesbeckia-glabrescens*-Kraut), das getrocknete Kraut. Inh.: Diterpene, wie Neodarutosid, Darutoginol, Darutosid, Kirenol, 16-Acetylkirenol und Isopropylidenkirenol. Anw.: in der Volksheilkunde bei Gelenkschmerzen, Rheuma, Lähmungen, Gicht, Hautleiden und als Wundheilmittel.

Sigesbeckia glutinosa ↗ Sigesbeckia orientalis.

■ **Sigesbeckia orientalis** L.
(syn. *Minyranthes heterophylla, Sigesbeckia brachyata, S. glutinosa*); Siegesbeckie.
Fam.: Asteraceae (Compositae).
Vork.: tropische Gebiete, besonders in Asien.
Droge: ***Herba Sigesbeckiae***; das getrocknete Kraut. Inh.: Diterpene, wie Darutosid, Darutigenol; Sesquiterpene, wie Orientalid, Orientin, Melampolide und Germacranolode. Anw.: in der Volksheilkunde bei Gicht und Hautleiden.
Hom.: ***Sigesbeckia orientalis*** HAB1; die zur Blütezeit geernteten, frischen, oberirdischen Pflanzenteile. Anw.-Geb.: Haut- und Schleimhautentzündungen, Muskelschmerzen.

■ **Sigesbeckia pubescens** Mak.
Fam.: Asteraceae (Compositae).
Vork.: Korea, China, Mandschurei.
Droge: ***Sigesbeckiae herba;*** Siegesbeckienkraut (syn. *Sigesbeckia-pubescens*-Kraut), das getrocknete Kraut. Inh.: Diterpene, wie Siegesbeckiosid, Siegesbeckiol und Siegesbeckiasäure; äther. Öl, Sesquiterpene, u. a. Pubetalin; Alkaloide. Anw.: ↗ *Sigesbeckia glabrescens*.

Sigge ↗ Acorus calamus.
Sigilli Salomonis rhizoma ↗ Polygonatum odoratum.

■ **Signaturlehre**
„Signatura plantarum", wissenschaftlich nicht begründete Lehre, die von den äußeren Merkmalen (Farbe, Form, Geruch und Geschmack) der Pflanze bzw. der Pflanzenteile auf deren Wirkung schloß, z. B. Pflanzen mit roten Blüten für das Blut, solche mit gelben für die Galle oder die Walnuß mit ihren gelappten Windungen für das Gehirn. Die S. läßt sich bis zu den altägyptischen Kulturvölkern zurückverfolgen, sie wurde später von ↗ Paracelsus (15./16. Jh.) erneuert und minderte dadurch dessen große Verdienste für die Heilkunde.

Silberbaumrinde ↗ Leucadendron argenteum.
Silberdistel ↗ Carlina acaulis, ↗ Silybum marianum.
Silberdistelwurz ↗ Carlina acaulis.
Silberimmortelle ↗ Anaphalis margaritacea.
Silberkraut ↗ Argyreia nervosa, ↗ Potentilla anserina.
Silberlinde ↗ Tilia-Arten.
Silberpappel ↗ Populus-Arten.
Silbertannenöl ↗ Abies-Arten.
Silberweide ↗ Salix-Arten.
Silene officinarum ↗ Saponaria officinalis.
Silene saponaria ↗ Saponaria officinalis.

■ **Siler divaricatum** (Turcz.) Benth. et Hook. fil.
Feng-Feng.
Fam.: Apiaceae (Umbelliferae).
Vork.: Nordasien.
Droge: die ganze Pflanze. Anw.: in der asiatischen Volksheilkunde bei Rheumatismus und Gebrechlichkeit. Die Droge soll darüber hinaus auch halluzinogen wirken und Geisteskrankheiten verursachen. In China wurde die Wurzel früher als Antidot bei Vergiftungen mit Eisenhut ↗ *Aconitum*-Arten verwendet.

Siliqua arabica ↗ Tamarindus indica.
Siliqua bignoniae ↗ Catalpa bignonioides.
Siliqua dulcis ↗ Cerotonia siliqua.
Siliquae hirsutae ↗ Mucuna pruriens.
Silje ↗ Selinum palustre.

■ **Silphium laciniatum** L.
Kompaßpflanze.
Fam.: Asteraceae (Compositae).
Vork.: Nordamerika, Ohio, Alabama.
Droge: ***Herba Silphii***; das getrocknete Kraut. Inh.: Harz mit Terpenen (ca. 19 %) und Harzsäuren (ca. 37 %), Inulin (in der Wurzel).
Hom.: ***Silphium laciniatum*** HAB34; die zur Blütezeit geernteten, frischen, oberirdischen Pflanzenteile. Anw.-Geb.: Entzündungen der Atemwege.
Histor.: Der Gattungsname ist vom griechischen *silphion*, einer bei den alten Griechen beliebten Heil- und Gemüsepflanze, abgeleitet. Linné übertrug den Namen auf diese Gattung; *laciniatum* (lat., zerschlitzt, zipfelig) leitet sich von *lacinia* (Borste, Franse, Zipfel) ab und weist auf die Ausbildung der Blätter hin. Wegen der Nord-Südstellung der Blätter, die eine weniger intensive Mittagseinstrahlung der Sonne gewährleistet, wird die Pflanze auch als Kompaßpflanze bezeichnet. In den einsamen Prärien Nordamerikas diente die Pflanze einst den Jägern dazu, bei trübem Wetter die Himmelsrichtung festzustellen.

Silybi marianae fructus ↗ Silybum marianum.

■ **Silybin**
Flavonolignan aus den Früchten der Mariendistel (↗ *Silybum marianum*). Wirk.: Radikalfänger, schützt die Leberzellen vor Oxidation der Membranlipide. Anw.: zur Therapie von Lebererkrankungen, als Antidot bei Knollenblätterpilzvergiftungen, Therapie von Hirnödemen.

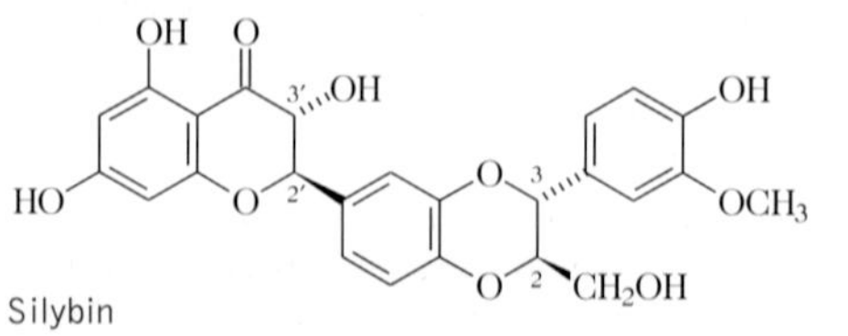

Silybin

Silybum maculatum ↗ Silybum marianum.

■ **Silybum marianum** (L.) Gaertn.
(syn. *Carduus marianus, Carthamus maculatus, Cirsium maculatum, Mariana mariana, Silybum maculatum*); Mariendistel (syn. Frauendistel, Silberdistel), s. Farbtafel S. 304, Bild 141.
Fam.: Asteraceae (Compositae).
Vork.: Südeuropa, Vorderasien, Nordafrika, Kanaren, Amerika; in Deutschland, Österreich, Ungarn und Osteuropa kultiviert.
Droge: ***1. Cardui mariae fructus*** (syn. *Silybi marianae fructus, Fructus Cardui mariae, Semen Cardui mariae*); Mariendistelfrüchte (syn. Marienkörner, Stechkörner, Frauendistelfrüchte, Magendistelsamen, Stichsaat, Stichsamen), s. Farbtafel

S. 304, Bild 142. Inh.: Flavonolignane (1,5–3 %) als Silymarin = Isomeren-Gemisch aus ↗ Silybin, Silychristin und Silydianin; Flavonoide, u. a. Apige-

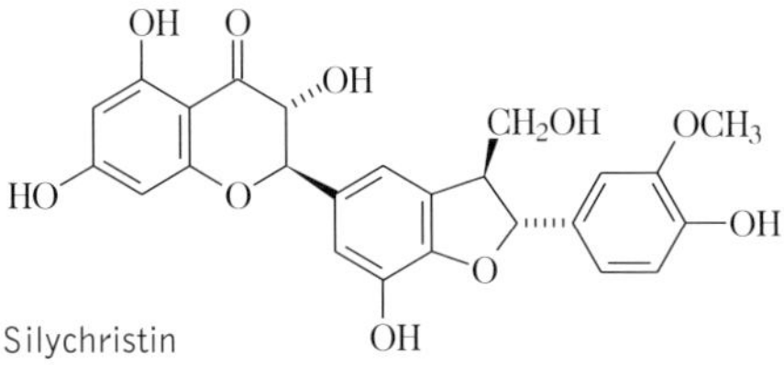

Silychristin

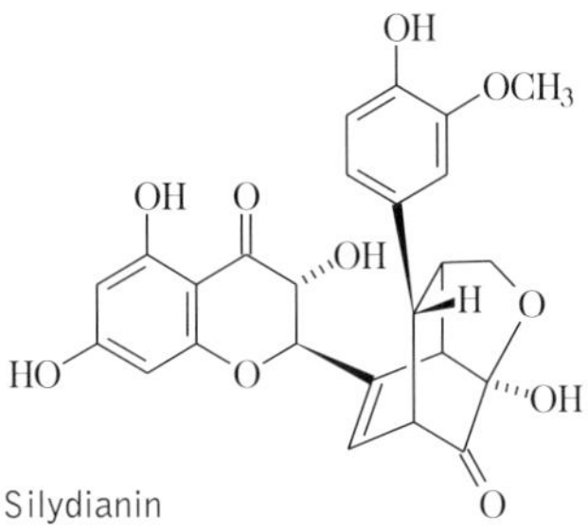

Silydianin

nin, Chrysoeriol, Quercetin; fettes Öl, Triterpene, Proteine. Anw.: bei Verdauungsbeschwerden und funktionellen Störungen des ableitenden Gallensystems; bei toxischen Leberschäden zur unterstützenden Behandlung von entzündlichen Erkrankungen sowie bei Leberzirrhose. In der Volksheilkunde wird die Droge auch bei Kreislauferkrankungen, Hypertonie und gastrointestinalen Beschwerden eingesetzt. Zur ↗ Teezubereitung verwendet man als Einzeldosis 1 Teelöffel (ca. 3,5 g) Droge. Als Tagesdosis werden 12–15 g Droge empfohlen. ***2. Cardui mariae herba*** (syn. *Herba Cardui mariae*); Mariendistelkraut, das während der Blütezeit gesammelte, getrocknete Kraut. Inh.: Flavonoide, v. a. Apigenin und seine Glykoside; Phytosterole und Triterpene, Polyine, Fumarsäure. Anw.: in der Volksheilkunde bei Verdauungsbeschwerden, früher auch bei Malaria und Frauenleiden.

Hom.: ***1. Silybum marianum*** HAB1; Mariendistel, die reifen, getrockneten, vom Pappus befreiten Früchte. Anw.-Geb.: Erkrankungen der Leber, Galle, Bauchspeicheldrüse und des venösen Gefäßsystems. ***2. Silybum marianum, äthanol. Decoctum*** HAB1, die reifen, getrockneten, vom Pappus befreiten Früchte.

Histor.: Die ursprüngliche Bezeichnung für die Pflanze war nach Linné *Carduus marianus.* Erst später wurde sie in eine neue Gattung, nämlich *Silybum,* überführt, die sich etymologisch vom griechischen *sílibon* (Quaste) ableitet und deren einzige Species sie darstellt. Diese weicht somit von der historischen Bezeichnung ab. Die heutige Verwendung der Droge und seiner zahlreichen Arzneifertigpräparate in der Therapie von Lebererkrankungen geht zurück auf die Empfehlungen des Arztes Johann Gottfried Rademacher (1772–1850), einem Zeitgenossen von Samuel Hahnemann. Die lange Zeit in Vergessenheit geratene Droge fand inzwischen durch umfangreiche analytische und klinische Studien ihre wissenschaftliche Bestätigung.

Silymarin ↗ Silybum marianum.

■ **Simaba cedron** Planchon
(syn. *Quassia cedron, Simarouba cedron*); Cedron.

Fam.: Simarubaceae.

Vork.: tropisches Amerika, Brasilien, Kolumbien, Mittelamerika.

Droge: ***Semen Cedronis*** (syn. *Semen Simabae cedron*); Cedronsamen. Inh.: der Bitterstoff Cedrin (Dihydroxynaphthofurandionderivat); Stärke, fettes Öl. Anw.: als Febrifugum, in der Volksheilkunde gegen Schlangenbisse. Das fette Öl der Droge dient ebenfalls therapeutischen Zwecken.

Hom.: ***Simarouba cedron*** HAB1; Klapperschlangenbohne, die getrockneten, reifen Kotyledonen des Samens. Anw.-Geb.: Erkrankungen des zentralen und peripheren Nervensystems (Kopf- und Augenneuralgien) und bei fieberhaften Leiden.

■ **Simarouba amara** Aubb.
(syn. *Quassia simarouba, Simarouba officinalis*); Simarubabaum.

Fam.: Simarubaceae.

Vork.: nördliches Südamerika, Antilleninseln.

Droge: ***Simaroubae cortex radicis*** (syn. *Cortex Simaroubae radicis, Cortex Simaroubae*); Simarubawurzelrinde (syn. Ruhrrinde). Inh.: Gerbstoffe (20–27 %), Bitterstoffe, wie Simarubin (ca. 1 %), Simarubidin; äther. Öl, Alkaloide, Harz, Fett. Anw.: als Bittermittel, Antidiarrhoikum, Adstringens und als Wurmmittel gegen Eingeweidewürmer.

Hom.: ***Simaruba*** HAB34, die getrocknete Rinde.

Simarouba cedron ↗ Simaba cedron.
Simaroubae cortex radicis ↗ Simarouba amara.
Simarouba officinalis ↗ Simarouba amara.
Simarubabaum ↗ Simarouba amara.
Simaruba excelsa ↗ Picrasma excelsa.
Simarubawurzelrinde ↗ Simarouba amara.
Similia similibus curantur ↗ Homöopathie.
Simira rubra ↗ Arariba rubra.
Simmondsia californica ↗ Simmondsia chinensis.

■ **Simmondsia chinensis** (Link) C. K. Schneider (syn. *Brocchia dichotoma, Buxus chinensis, Simmondsia californica, S. chrysophylla, S. pabulosa*). Jojoba.

Fam.: Buxaceae (auch Simmondsiaceae).

Vork.: ursprünglich die Gebiete Mittel- und Nordamerikas, inzwischen auch in anderen Gebieten, u. a. Indien und Israel, mit entsprechenden klimatischen Bedingungen, bes. Böden mit hohem Salzgehalt, kultiviert.

Droge: ***Simmondsiae cera liquida*** (syn. *Cera Simmondsiae liquida*); Flüssiges Jojoba-Wachs (Jojoba-Öl, Jojobawachs, Jojoba-Flüssigwachs, Simmondsiawachs), das durch kaltes Auspressen aus den reifen Samen erhaltene und gegebenenfalls raffinierte Wachs. *Inh.:* neben geringen Mengen an freien Fettsäuren und einwertigen Alkoholen hauptsächlich Wachsester mit Kettenlängen von C_{38} bis C_{44}, wobei C_{42}-Alkohole dominieren. Als Hauptkomponente unter den Fettsäuren, die sich durchweg von der Ölsäure ableiten, liegt die Eicosensäure (syn. Galoleinsäure), eine 20:1 Säure, vor. *Anw.:* in Zubereitungen, z. B. als Trägersubstanz für oxidationsempfindliche Arzneistoffe, z. B. Vitamin A, als Ersatz für die Droge Walrat (↗ *Physeter macrocephalus*) zur Herstellung von Salben und Cremes, für Massageöle; in der Kosmetik, u. a. für Sonnenschutzöle, als Bestandteil von Reduktionsdiätetika sowie technisch als Schmiermittel für hochtourige Präzisionsgeräte, z. B. Herzschrittmacher.

Simmondsia chrysophylla ↗ Simmondsia chinensis.
Simmondsiae cera liquida ↗ Simmondsia chinensis.
Simmondsia pabulosa ↗ Simmondsia chinensis.
Simmondsiawachs ↗ Simmondsia chinensis.
Simse ↗ Scirpus atrovirens.
Sinalbin ↗ Sinapis alba.
Sinapia integrifolia ↗ Brassica-Arten.

■ **Sinapis alba** L.
(syn. *Bonnania officinalis, Brassica alba, B. hirta, Crucifera lampsana, Eruca alba, Leucosinapis alba, Napus leucosinapis, Raphanus albus, Rhamphospermum album, Sinapis hispida, Sinapistrum album*); Echter Senf (syn. Englischer Senf, Gelbsenf, Speisesenf, Tafelsenf, Weißer Senf).

Fam.: Brassicaceae (Cruciferae).

Vork.: heimisch in Südeuropa und südwestlichem Asien, Kulturen in Mitteleuropa.

Droge: ***Sinapis albae semen*** (syn. *Erucae semen, Semen Erucae, Semen Sinapis albae*); Weiße Senfsamen (syn. Englischer Senfsamen, Gelber Senfsamen), die reifen, getrockneten Samen. *Inh.:* ↗ Glucosinolate mit Sinalbin als Hauptkomponente; Phenylpropanderivate, u. a. Sinapin, ein Sinapinsäurecholinester; fettes Öl mit hohem Gehalt an mehrfach ungesättigten Fettsäuren, ferner Sterole und Schleimstoffe. *Anw.:* Katarrhe der Atemwege sowie in Form von Breiumschlägen bei rheumatischen Beschwerden. Volkstümlich als verdauungsförderndes Mittel.

Hom.: ***Sinapis alba*** HAB34, die reifen, getrockneten Samen. *Anw.-Geb.:* Entzündungen der Atemwege und des Magen-Darm-Kanals.

Histor.: Der Gattungsname *Sinapis* setzt sich aus den griechischen Bezeichnungen *napy* (Senf) und *si* (Augment) zusammen. Die deutsche Bezeichnung Senf ist aus dem lateinischen *sinapis* entlehnt. Die weit verbreitete Bezeichnung Mostrich stammt vom spätlateinischen *mustardum* (scharfer Most) ab, da dieser einst aus Senf und Most bereitet wurde. Als Heilpflanze war *Sinapis alba* bereits den alten Griechen und Römern bekannt. ↗ Dioskurides empfahl die Droge gegen Epilepsie, Milz- und Leberleiden. Auch als Gewürz und Genußmittel war der Senf bekannt. Senfkulturen nördlich der Alpen sind seit dem 9. Jh. bekannt.

Sinapis albae semen ↗ Sinapis alba.
Sinapis cernuta ↗ Brassica-Arten.
Sinapis cuneifolia ↗ Brassica-Arten.
Sinapis eruca ↗ Eruca sativa.
Sinapis hispida ↗ Sinapis alba.
Sinapis incana ↗ Brassica-Arten.
Sinapis japonica ↗ Brassica-Arten.
Sinapis juncea ↗ Brassica-Arten.
Sinapis lanceolata ↗ Brassica-Arten.
Sinapis napus ↗ Brassica-Arten.

Sinapis nigra ↗ Brassica-Arten.
Sinapis nigrae semen ↗ Brassica-Arten.
Sinapis patens ↗ Brassica-Arten.
Sinapis racemosa ↗ Brassica-Arten.
Sinapis rapa ↗ Brassica-Arten.
Sinapis rugosa ↗ Brassica-Arten.
Sinapis semen ↗ Brassica-Arten.
Sinapis tetraedra ↗ Brassica-Arten.
Sinapistrum album ↗ Sinapis alba.
Sinensetin ↗ Flavonoide.
Sinicuichi ↗ Heimia salicifolia.
Sinigrin ↗ Brassica-Arten.
Sinngrünblätter ↗ Vinca minor.
Sinnviole ↗ Viola-Arten.
Sinum vulgare ↗ Aegopodium podagraria.

■ Sinusitis-Nosode HAB
Präparation aus dem schleimigen Eiter, der durch Spülung von entzündeten Nasennebenhöhlen gewonnen wurde. Anw.-Geb.: wiederkehrende Nasennebenhöhlenentzündungen.

Sirium myrtifolium ↗ Santalum album.

■ Sirupe
dickflüssige, meist konzentrierte wäßrige Lösungen von Kohlenhydraten (Mono-, Di- oder Polysaccharide), mitunter Pflanzenauszüge, Fruchtsäfte oder auch Arzneizusätze enthaltend. Anw.: als Geschmackskorrigenzien bzw. entsprechend den Wirkstoffen der zugesetzten Pflanzenauszüge.

Sirupus Cerasi nigri ↗ Prunus-Arten.
Sirupus Cerasorum ↗ Prunus-Arten.
Sirupus Rubi idaei ↗ Rubus-Arten.
Sirupus simplex ↗ Saccharose.
Sisalagave ↗ Agave sisalana.
Sisalblätter ↗ Agave sisalana.

■ Sisomicin
Aminoglykosid-Antibiotikum, das von *Micromonospora inoyensis* gebildet wird und starke Ähnlichkeiten zu ↗ Gentamicinen aufweist (Formel s. rechts). Anw.: Breitbandantibiotikum zur Therapie schwerer Infektionen mit gramnegativen Keimen, z. B. bei Harnwegsinfektionen oder Endocarditis. Der Einsatz wird durch zahlreiche Nebenwirkungen (Nieren- und Gehörschäden) begrenzt.

Sison anisum ↗ Pimpinella-Arten.
Sison maior ↗ Ammi majus.
Sison podagraria ↗ Aegopodium podagraria.
Sison ruta ↗ Apium graveolens.
Sisymbrium alliaria ↗ Alliaria petiolata.
Sisymbrium nasturtium ↗ Nasturtium officinale.
Sisymbrium nasturtium-aquaticum ↗ Nasturtium officinale.
Sisymbrium nigrum ↗ Brassica-Arten.

■ Sisymbrium officinale (L.) Scop.
(syn. *Chamaeplium officinale, Erysimum officinale, E. officinarum, E. runcinatum*); Weg-Rauke (syn. Gelbes Eisenkraut, Kreuzkraut, Wegsenf, Wilder Senf).

Fam.: Brassicaceae (Cruciferae).

Vork.: gemäßigte Zonen Europas und Asiens.

Droge: ***Sisymbrium-officinale-Kraut*** (syn. *Erysimi herba, Herba Erysimi, Herba Sisymbrii*); Raukenkraut (syn. Wegraukenkraut, Wildes Senfkraut), die frische, blühende Pflanze, in Ausnahmen das getrocknete Kraut. Inh.: ↗ Glucosinolate, u. a. Sinigrin und Gluconapin. Ferner ↗ herzwirksame Glykoside vom Cardenolidtyp (etwa 50 mg/100 g in den blühenden Zweigspitzen), u. a. Corchorosid A und Helveticosid sowie Vitamin C (etwa 215 mg/100 g frische Blätter). Anw.: volkstümlich bei Heiserkeit, Rachen- und Kehlkopfentzündungen, Bronchitis sowie Gallenblasenentzündungen. Geg.: nur bei Überdosierungen sind Effekte möglich, wie sie analog auch mit herzwirksamen Glykosiden erfolgen können. Anwendungsbeschränkungen bestehen allerdings, wenn ohnehin herzwirksame Glykoside appliziert werden oder Kalium-Mangelzustände bestehen.

Hom.: ***Sisymbrium officinale*** HAB1; Wegrauke, die frischen, oberirdischen Teile blühender Pflanzen. Anw.-Geb.: Heiserkeit nach Erkältungen.

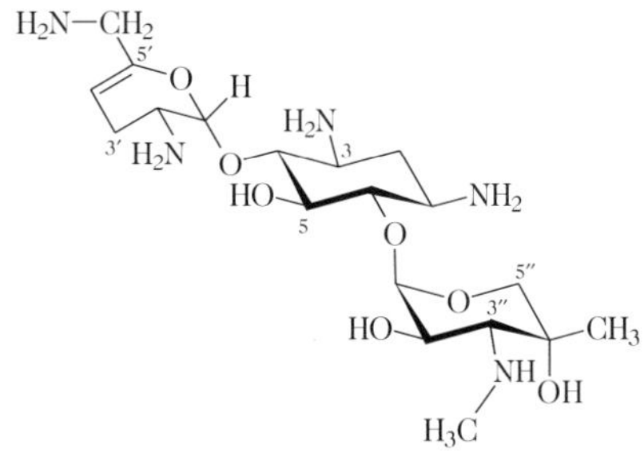

Sisomicin (Sisomycin, Rickamicin)

Sitosterin ↗ Sitosterol.

■ *β*-Sitosterol

(*β*-Sitosterin), verbreitet vorkommendes Phytosterol mit Ähnlichkeit zum Cholesterol. Wirk.: senkt durch Komplexbildung die Resorption von Cholesterol aus dem Magen-Darm-Trakt und hemmt durch Wechselwirkung mit der 5*α*-Dehydrogenase die Produktion von 5*α*-Dihydrotestosteron. Anw.: als Lipidsenker, lindert ferner Miktionsbeschwerden bei Prostatahyperplasie.

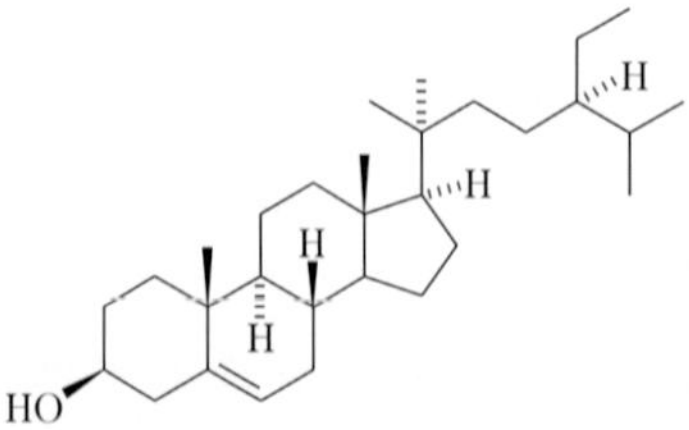

β-Sitosterol

Siuam-Gummi ↗ Garcinia hanburyi.
Sium alterum ↗ Cicuta virosa.
Sium apium ↗ Apium graveolens.
Sium carum ↗ Carum carvi.
Sium carvi ↗ Carum carvi.
Sium cicuta ↗ Cicuta virosa.
Sium conium ↗ Conium maculatum.
Sium graveolens ↗ Apium graveolens.
Sium oppositifolium ↗ Petroselinum crispum.
Sium podagraria ↗ Aegopodium podagraria.
Sium visnaga ↗ Ammi visnaga.

Sixofilan ↗ Schizophyllum commune.
Sizilianischer Sumach ↗ Rhus-Arten.
Sizofilan ↗ Schizophyllum commune.
Skarnitzelblume ↗ Arum maculatum.

■ Skimmia japonica Thunb.

Fam.: Rutaceae.
Vork.: Ostasien.
Droge: Rinde, Holz und Blätter. Inh.: Umbelliferonglykoside, u. a. Skimmin; *β*-Fagarin. Anw.: in der Volksheilkunde als Mittel bei Herzinsuffizienz.

Skink ↗ Scincus officinalis.
Skopoliakraut ↗ Scopolia carniolica.
Skorbutkraut ↗ Cochlearia officinalis.
Skorpionskraut ↗ Coronilla-Arten.
Skorpionswicke ↗ Coronilla-Arten.
Smilagenin ↗ Smilax-Arten.
Smilax ↗ Smilax-Arten.

■ Smilax-Arten

● **Fam.:** Smilacaceae.
● **Smilax aspera** L. (syn. *Smilax maculata, S. mauritanica*); Stechwinde.
Vork.: Mittelmeergebiet bis Äthiopien und Indien, bes. in Italien und Kanarische Inseln.
Droge: ***Sarsaparillae indigena radix***; *Smilax-aspera*-Wurzel, die getrockneten Wurzeln. Inh.: Saponine. Anw.: Ersatzdroge für *Sarsaparillae radix*, s. *S. aristolochiifolia*.
● **Smilax aristolochiaefolia** Mill. (syn. *Smilax medica, S. milleri, S. ornata*); Osterluzeiblättrige Stechwinde.

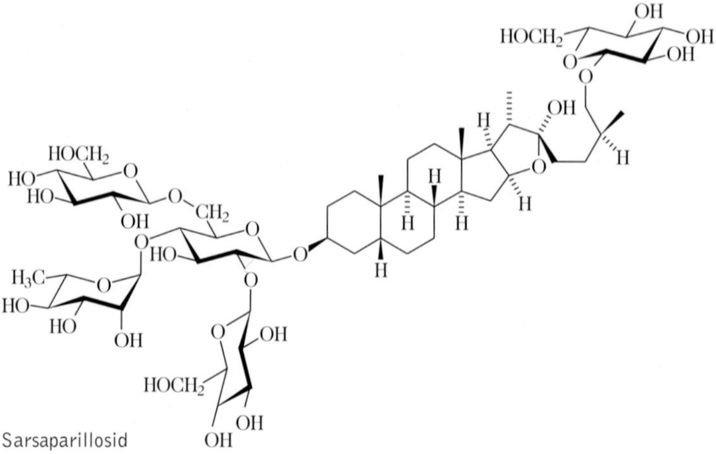

Sarsaparillosid

Vork.: Mexiko.

Droge: ***Sarsaparillae radix*** (syn. *Radix Sarsaparillae, Radix Sarsae, Radix Smilacis*); Sarsaparilla (syn. Sarsaparillwurzel, Stechwindenwurzel, Veracruz-Sarsaparille), die getrockneten Wurzeln; s. Farbtafel S. 304, Bild 143. *Inh.:* Steroidsaponine (0,3–3 %) mit der genuinen Hauptkomponente Sarsaparillosid (Formel S. 286), einem bisdesmosidischen Furostanolglykosid, aus dem nach Abspaltung der Glucose der Seitenkette und Cyclisierung das monodesmosidische Spirostanol Parillin entsteht. Als Aglyka des Steroidsaponin-Komplexes wurden u. a. Sarsasapogenin, Smilagenin und Diosgenin nachgewiesen. *Anw.:* früher als harntreibende Droge, bei Hautausschlägen, Psoriasis, Furunkulose und bes. bei Syphilis.

Hom.: ***Sarsaparilla*** HAB34, die getrocknete Wurzel. *Anw.-Geb.:* juckende Hautausschläge, Entzündungen und Reizungen der Harnorgane, Rheumatismus.

● **Smilax china** *L.*

Vork.: Südostasien.

Droge: ***Rhizoma Chinae*** (syn. *Radix Chinae ponderosae, Tubera Chinae*); Chinawurzel. *Inh.:* Saponine, Harz, Gummi. *Anw.:* s. Sarsaparillae radix. Wurzelstöcke. *Inh.:* Saponine, Gummi, Stärke, Harz.

● **Smilax febrifuga** Kunth. in H.B.K. (syn. *Smilax purhampuy*).

Vork.: Peru.

Droge: ***Sarsaparillae radix***; *Smilax-ferbrifuga*-Wurzel, die getrockneten Wurzeln oder Wurzeln mit Rhizomen. Inhaltsstoffe und Anwendung s. *Sarsaparillae radix* bei *S. aristolochiifolia*.

● **Smilax officinalis** Kunth in H. B. K.

Vork.: Mittel- und Südamerika.

Droge: ***Sarsaparillae radix*** (syn. *Radix Sarsaparillae, Smilax*); *Smilax-officinalis*-Wurzel, die getrockneten Wurzeln oder Wurzeln mit Rhizomen. Inhaltsstoffe und Anwendung s. *S. aristolochiifolia*.

Hom.: ***Smilax officinalis*** HAB34; Stechwinde, die getrocknete Wurzel. *Anw.-Geb.:* Erkrankungen der Nieren, der ableitenden Harnwege, des Stütz- und Bewegungsapparates sowie der Haut.

● **Smilax regelii** Killip et Morton (syn. *Smilax grandifolia, S. medica, S. ornata, S. saluberrima, S. utilis*); Honduras-Sarsaparille.

Vork.: Mittelamerika, u. a. Honduras, El Salvador, Guatemala, kultiviert auf Jamaika.

Droge: ***Sarsaparillae radix*** (syn. *Radix Sarsaparillae, Radix Sarsaparillae honduras*); Honduras-Sarsaparille. s. *S. aristolochiifolia*.

Hom.: s. *S. aristolochiifolia*.

● **Smilax tonduzii** Apt.

Vork.: Zentralamerika, Costa Rica.

Droge: ***Sarsaparillae radix****; Smilax-tonduzii*-Wurzel, die getrockneten Wurzeln oder Wurzeln mit Rhizomen. Inhaltsstoffe und Anwendung s. *Sarsaparillae radix* bei *S. aristolochiifolia*.

Smyrnium laterale ↗ Apium graveolens.
Sodbrot ↗ Ceratonia siliqua.
Sohlenkraut ↗ Plantago-Arten.
Sohn-vorm-Vater ↗ Hepatica nobilis.
Soja angustifolia ↗ Glycine max.
Sojabohne ↗ Glycine max.
Sojae oleum ↗ Glycine max.
Sojae semen ↗ Glycine max.
Soja hispida ↗ Glycine max.
Soja japonica ↗ Glycine max.
Sojalecithin ↗ Glycine max.
Soja max ↗ Glycine max.
Sojaöl ↗ Glycine max.
Sojapflanze ↗ Glycine max.
Sojasamen ↗ Glycine max.
Soja soja ↗ Glycine max.
Sokotra-Aloe ↗ Aloe-Arten.

■ **Solandra brevicalyx** Standl.
Goldkelch (syn. Kieli).

Fam.: Solanaceae.

Vork.: nördliches Südamerika, Mexiko.

Droge: Blüten und Blätter. *Inh.:* Tropanalkaloide (ca. 0,15 %), wie ↗ Atropin, Noratropin, Hyoscyamin und Nebenalkaloide. *Anw.:* in Mexiko seit aztekischer Zeit als Halluzinogen für rituelle Zeremonien, wobei aus visionären Träumen Botschaften für die Zukunft abgeleitet werden sollen. Die Droge wird in Suppositorien verarbeitet oder das Dekokt als Klistier appliziert, auch als Rauchmischung findet sie Anwendung.

Solani amylum ↗ Solanum-Arten.

■ **Solanidin**
toxisches Steroidalkaloid aus der Kartoffel (↗ *Solanum*-Arten) mit Indolizidin-Ringsystem (Formel S. 288).

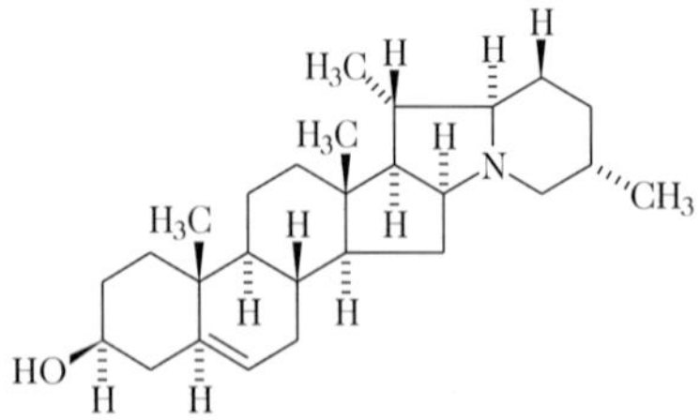

Solanidin

■ α-Solanin

(syn. 3-*O*-β-Solatriosylsolanidin) Steroidalkaloidglykosid mit ↗ Solanidin als Aglykon und β-Solatriose als Zuckerkomponente. Wirk.: antimikrobielle und hämatolytische Aktivität, zytostatische Wirksamkeit, hemmt die Cholinesterase. Anw.: Ausgangsstoff für die industrielle Gewinnung von Steroidhormonen.

Solani nigri herba ↗ Solanum-Arten.
Solani tuberosi tuber recens ↗ Solanum-Arten.
Solanum arrebenta ↗ Solanum-Arten.

■ Solanum-Arten

● **Fam.:** Solanaceae.

● **Solanum aculeatissimum** Jacq.

Vork.: Brasilien.

Droge: die Blätter. Inh.: Steroidalkaloidglykoside (0,7–2 %), vor allem Solasodinglykoside.

Hom.: ***Solanum arrebenta*** HAB34, die frischen Blätter.

● **Solanum carolinense** L.

Vork.: Nordamerika.

Droge: die Beeren. Inh.: Steroidalkaloidglykoside, vor allem Solasonin und Solamargin.

Hom.: ***Solanum carolinense*** HAB34, die frischen, reifen Beeren.

● **Solanum dulcamara** L. (syn. *Dulcamara flexuosa, Solanum laxum, S. lyratum, S. scandens*). Bittersüßer Nachtschatten (syn. Alpranke, Bittersüß, Hinschkraut, Mausholz, Natterholz, Pißranke, Rote Hundsbeere, Süßholz), s. Farbtafel S. 304, Bild 144.

Vork.: Europa, Nordafrika, Asien, Nordamerika.

Droge: ***Dulcamarae stipes*** (syn. *Caule dulcamarae, Dulcamara, Dulcamarae stipites, Stipites Dulcamarae*); Bittersüßstengel (syn. Bitterstiele, Waldnachtschattenstiele). Die Droge ist giftig! Inh.: Steroidalkaloidglykoside (0,07–0,4 %), wie α- und β-Solamarin sowie Steroidsaponine (ca. 0,18 %). Anw.: zur unterstützenden Therapie bei chronischen Hautleiden, wie Ekzemen oder Neurodermitis. In der Volksheilkunde auch als Blutreinigungstee, bei Übelkeit, Rheuma, chronischer Bronchitis und Asthma eingesetzt.

Hom.: ***Solanum dulcamara*** HAB1; Bittersüßer Nachtschatten, die jungen Triebe und Blätter vor der Blüte. Anw.-Geb.: Erkrankungen der unteren Atemwege, der Haut, der Nieren, der ableitenden Harnwege sowie des Stütz- und Bewegungsapparates.

● **Solanum luteum** Mill. (syn. *Solanum villosum*); Gelbbeeriger Nachtschatten (syn. Zottiger Nachtschatten).

Vork.: Europa, Mittelmeerländer, Kleinasien.

Droge: die ganze Pflanze. Inh.: Steroidalkaloidglykoside, vor allem Solamargin, Solasonin, Solavillin.

Hom.: ***Solanum villosum*** HAB34, die frische, zur Zeit der Blüte gesammelte, ganze Pflanze.

● **Solanum mammosum** L. (syn. *Solanum villosissimum*); Zitzenförmiger Nachtschatten.

Vork.: Mittelamerika, Südamerika, Westindien.

Droge: die Beeren. Inh.: Steroidalkaloidglykoside (ca. 1 %), vor allem Solasonin, Solamargin, β-Solamargin.

Hom.: ***Solanum mammosum*** HAB34; die frischen, reifen Beeren. Anw.-Geb.: Hüftgelenkschmerzen.

● **Solanum melongena** L., Aubergine (syn. Eierfrucht).

Vork.: Subtropen und Tropen, bes. Mittelmeergebiete und Indien.

Droge: die Früchte. Inh.: Vitamine B_1 und B_2, Niacin, ↗ Ascorbinsäure, Mineralstoffe. Anw.: als Gemüse genutzt.

Solanum melongena.

● **Solanum nigrum** L. emend. Mill. (syn. *Solanum alpinum, S. americanum, S. anacamptocarpum, S. fistulosum, S. grossedentatum, S. hortense, S. incertum, S. judaicum, S. melanocerasum, S. morella, S. nodiflorum, S. oleraceum, S. plebeium, S. retroflexum, S. rhinocerotis, S. rubrum, S. rumphii, S. stenopetalum, S. suffruticosum, S. triangulare, S. uliginosum, S. viscidissimum, S. vulgare, S. vulgatum*); Schwarzer Nachtschatten (syn. Giftbeere, Hundsbeere, Mondscheinkraut, Saukraut, Sautod), s. Farbtafel S. 305, Bild 145.

Vork.: weltweit.

Droge: ***Solani nigri herba*** (syn. *Herba Solani nigri*); Schwarzes Nachtschattenkraut, das zur Blütezeit gesammelte und getrocknete Kraut. Inh.: Steroidalkaloidglykoside (bis zu 1,6 %), vor allem Solasonin, Solamargin und β-Solamargin; Steroidsaponine. Anw.: in der Volksheilkunde innerlich bei Magenkrämpfen, Blasenkrämpfen und Keuchhusten. Äußerlich kommt die Droge bei Ekzemen, nässenden Flechten, Juckreiz, Hämorrhoiden, Schrunden, Prellungen und Abszessen zur Anwendung.

Hom.: ***Solanum nigrum*** HAB1; Schwarzer Nachtschatten, die frische, blühende, ganze Pflanze. Anw.-Geb.: Erkrankungen des Zentralnervensystems.

● **Solanum pseudocapsicum** L.; Korallenbäumchen (syn. Korallenkirsche, Korallenstrauch), s. Farbtafel S. 305, Bild 146.

Vork.: Südamerika, heute als Topfpflanze weltweit kultiviert.

Droge: das Kraut. Inh.: Steroidalkaloidglykoside (ca. 1,4 %), vor allem Solanocapsin.

Hom.: ***Solanum pseudocapsicum*** HAB34, das frische, blühende Kraut.

Histor.: Der Gattungsname *Solanum* geht auf die lateinischen Bezeichnungen *solamen* (Trost) oder *solari* (lindern) zurück und weist offenbar auf die Nutzung von *Solanum*-Arten zur Linderung von Beschwerden hin. So berichtet z. B. der Dominikaner-Mönch Theodorich im 13. Jh., daß Schwarzer Nachtschatten zu einer Mixtur verarbeitet wurde, die zum Einschläfern von Patienten vor Operationen diente.

● **Solanum tuberosum** L.; Kartoffel (syn. Aperna, Aebern, Brymbura, Erdapfel, Erdbirne, Erdkeste, Erdschocken, Flötzbirn, Brumbeer, Grumbirn, Grumper, Grundbirne, Hartäpfel, Herdöpfel, Krummbeere, Kurtuffel, Patätschen, Pantottern, Pumsa, Schucken, Tüffeln), s. Farbtafel S. 305, Bild 147.

Heim.: Südamerika, heute weltweit auf der Nordhalbkugel kultiviert.

Drogen: ***1. Solani amylum*** (syn. *Amylum Solani*); Kartoffelstärke. Inh.: Stärke (ca. 20 %), die zu 80 % aus Amylopektin und 20 % aus Amylose neben Wasser und Spuren an Proteinen besteht. Anw.: als Hilfsmittel in der Galenik für Pulver, Salben und Tabletten. Große Mengen werden in der Nahrungsmittelindustrie verarbeitet. ***2. Solani tuberosi tuber recens*** (syn. *Tubera solani tuberosi*); Kartoffelknolle. Inh.: Wasser (ca. 70–80 %), Stärke (15–30 %), Proteine, Lipide, Vitamine, u. a. Vitamin C (bis ca. 50 mg pro 100 g Frischgewicht), Phenolcarbonsäuren, Lectine, Steroidalkaloide in Spuren. Anw.: in der Volksheilkunde wird der frische Saft bei hyperaciden Magenleiden zur Spasmolyse, als Antacidum und zur Prophylaxe von Parodontopathien eingesetzt. Auch zur Behandlung der Arthritis kommt die Droge in Mexiko zur Anwendung.

Hom.: ***Solanum tuberosum aegrotans*** HAB34; die getrockneten, durch Knollenfäule braunen Stellen der Kartoffel, verursacht durch *Phytophthora infestans* (Mont.). Inh.: durch die Infektion mit den Fadenpilzen kommt es zur verstärkten Bildung von Steroidalkaloidglykosiden und Phytoalexinen. Anw.-Geb.: Schleimhautentzündungen, Verdauungsschwäche, Rheuma, Aftervorfall.

Histor.: *Solanum dulcamara* wurde bereits von ↗ Dioskurides gemischt mit Wein als Schlafmittel verwendet, die Germanen nutzten die Pflanze gemeinsam mit *Solanum nigrum* als Narkotikum zur Behandlung des „Nachtschadens“, einer durch nächtliche Alpdämone ausgelösten Krankheit. Der Bittersüße Nachtschatten galt außerdem als „Alfenkraut“, man legte es Kindern gegen Verzauberung in die Wiege und hängte es dem Vieh gegen die „Hunsch“ oder Engbrüstigkeit um den Hals. Im Mittelalter wurden seine Beeren als Amulett oder Talisman gegen üble Nachrede um den Hals getragen. *Solanum dulcamara* und *S. nigrum* gehörten zu den Bestandteilen von Hexensalben und -getränken. Im 16. und 17. Jh. wurde *S. nigrum* in Europa als Gemüsepflanze angebaut, wahrscheinlich standen damals alkaloidarme oder -freie Sippen zur Verfügung.

Solanum lycopersicum ↗ Lycopersicon esculentum.

Solanum quadrifolium bacciferum ↗ Paris quadrifolia.

■ Solasodin

Steroidalkaloid der Spirosolan-Gruppe aus ↗ *Solanum*-Arten. Anw.: Ausgangsstoff für die industrielle Gewinnung von Steroidhormonen.

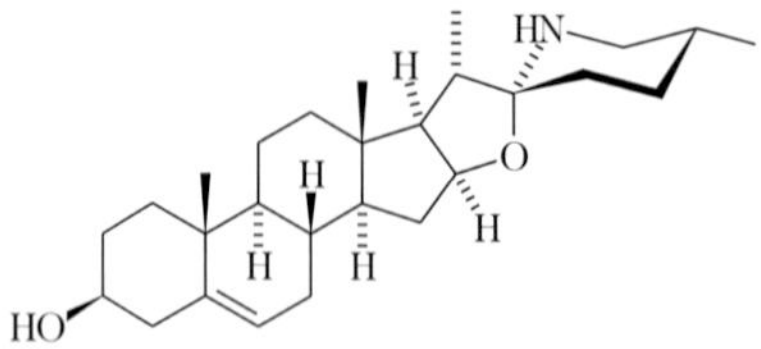

Solasodin

Soldanellaharz ↗ Calystegia-Arten.
Soldaten-Knabenkraut ↗ Orchis-Arten.
Soldatenkraut ↗ Piper angustifolium.
Solenospermum toxicum ↗ Lophopetalum toxicum.
Solidaginis herba ↗ Solidago-Arten.
Solidaginis virgaureae herba ↗ Solidago-Arten.

■ Solidago-Arten

● **Fam.:** Asteraceae (Compositae).

● **Solidago canadensis** L., Kanadische Goldrute; s. Farbtafel S. 305, Bild 148.

Heim.: Nordamerika, in Europa verwilderte und eingebürgerte Zierpflanze.

Droge: ***Solidaginis herba*** (syn. *Herba Solidaginis*); Goldrutenkraut, die während der Blüte gesammelten und getrockneten oberirdischen Teile von *S. canadensis*, *S. gigantea*, deren Hybriden oder Mischungen von diesen. Inh.: Flavonoide (ca. 2,4 %) vom Flavonoltyp mit Rutin als Hauptkomponente, bisdesmosidische Triterpensaponine (ca. 2–3 %) mit Bayogenin (2β-,3β-,23-Trihydroxy-olean-12-en-28-säure) als Sapogenin und ↗ D-Apiose, D-Chinovose, D-Galactose, D-Glucose, L-Rhamnose und D-Xylose als Zuckerbausteinen. Weitere Bestandteile sind äther. Öl (0,6 %) mit monocyclischen und bicyclischen Mono- und Sesquiterpenen vom Cadinen-, Farnesan-, Germacran- und Guajantyp sowie Diterpene, Kaffeesäurederivate, u. a. Chlorogensäure, und Polysaccharide. Anw.: Zur Durchspülungstherapie bei entzündlichen Erkrankungen der ableitenden Harnwege; zur vorbeugenden Behandlung von Harnsteinen und Nierengrieß. Bestandteil zahlreicher entsprechender Phytopharmaka. Zur ↗ Teezubereitung verwendet man als Einzeldosis 2–4 g (1 Teelöffel ca. 2 g) feinzerschnittene Droge.

● **Solidago gigantea** Ait. (syn. *Solidago glabra, S. serotina*); Hohe Goldrute (syn. Riesengoldrute, Spätblühende Goldrute), s. Farbtafel S. 305, Bild 149.

Heim.: Nordamerika, in Europa oft verwildert und eingebürgert.

Droge: ***Solidaginis herba*** (syn. *Herba Solidaginis, Herba Solidaginis giganteae, Herba Serotinae*); Goldrutenkraut (syn. Riesengoldrutenkraut). Inh.: entsprechen weitgehend denen von *S. canadensis*, jedoch liegt der Gehalt an Flavonoiden bei etwa 3,9 % mit Quercitrin als Hauptkomponente und auch die Saponine übertreffen sowohl hinsichtlich Zahl der Zuckerbausteine als auch im Gehalt die von *S. canadensis*. Anw.: s. *Solidago canadensis*.

● **Solidago virgaurea** L. (syn. *Amphiraphis leiocarpa, A. pubescens, Dectis decurrens, Doria virgaurea, Solidago cantonensis, S. decurrens, S. virga-aurea*); Echte Goldrute (syn. Fuchsschwanz, Gemeine Goldrute, Gewöhnliche Goldrute, Goldwundkraut, Heidnisch Wundkraut, Ochsenbrot, Petrusstab, Pferdekraut, Schoßkraut, Waldkraut, Wilde Goldrute, Wundkraut), s. Farbtafel S. 305, Bild 150.

Heim.: Europa, Asien, Nordamerika.

Droge: ***Virgaureae herba*** (syn. *Herba Solidaginis virgaureae, Herba Consolidae sarracenicae, Herba Consolidae aureae, Herba Fortis, Herba Doria, Herba Virgaureae, Solidaginis virgaureae herba*); Echtes Goldrutenkraut (syn. Goldwundkraut, Heidnisch Wundkraut, Edelwundkraut, Goldrautenkraut, Schoßkraut), die während der Blütezeit gesammelten oberirdischen Teile von *S. virgaurea*. Inh.: äther. Öl (0,4–0,5 %) mit γ-Cadinen als Hauptkomponente, Flavonoide (ca. 1,5 %) mit Rutin als Hauptbestandteil; bisdesmosidische, z. T. im Kohlenhydratteil acylierte Triterpensaponine mit Polygalasäure als Triterpengrundkörper (ca. 0,2–0,5 %); Phenolglykoside, bes. Leiocarposid (bis 1,6 %) und Virgaureosid A, ferner Kaffeesäurederivate, u. a. Chlorogensäure und 3,5-Dicoffeoylchinasäure, Iridoide sowie Polysaccharide. Anw.: Analog der Droge *Solidaginis herba*, wobei antiphlogistische, antimycetische und spasmolytische Eigenschaften der Droge, bedingt vor allem durch die besondere Struktur der Saponine und der Phenolglykoside, therapeutische Vorteile gegenüber den beiden anderen Solidagodrogen bieten. Sie ist Bestandteil zahlreicher entsprechender Phytophar-

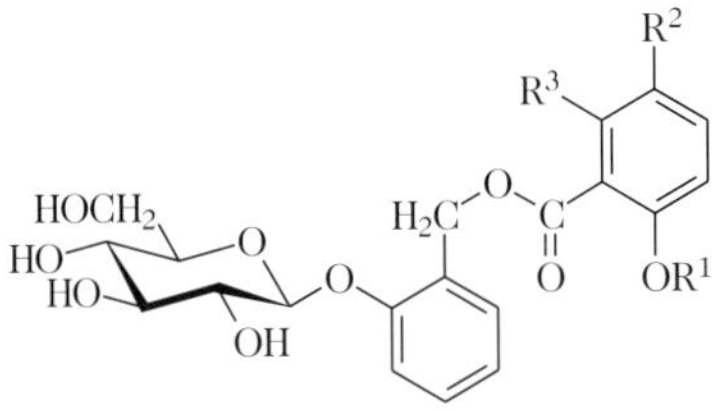

Name	R1	R2	R3
Leiocarposid	H	OGlc	OCH_3
Virgaureosid	Glc	H	H

maka. In der Volksheilkunde wird die Droge bereits seit dem 13. Jh. in vielfältiger Weise genutzt, bes. als Wundheilmittel, bei rheumatischen Beschwerden, Gicht und Prostataerkrankungen. Zur ↗ Teezubereitung verwendet man als Einzeldosis 2–4 g (1 Teelöffel ca. 2 g) feingeschnittene Droge. Als Tagesdosis werden 6–12 g Droge empfohlen.

Hom.: ***Solidago virgaurea*** HAB1; Echte Goldrute, die frischen Blütenstände. *Anw.-Geb.:* Erkrankungen der Leber, Galle und Bauchspeicheldrüse sowie der Nieren und ableitenden Harnwege.

Histor.: Der Gattungsname *Solidago* ist lateinischen Ursprungs und von *solidus* (gesund, fest), unter Bezugnahme auf die Heilwirkung der Pflanze, abgeleitet. Der ebenfalls lateinische Artname setzt sich aus *virga* (Rute) und *aureus* (golden) aufgrund von Form und Farbe des Blütenstandes zusammen. Als Wundkraut soll die Goldrute bereits bei den alten Germanen in hohem Ansehen gestanden haben. Die erste nachweisliche Verwendung der Droge als Urologikum geht allerdings erst auf den in Frankreich, Italien und Spanien tätigen Arzt Arnold von Villanova (etwa 1240–1311) zurück. Seine Angaben wurden von den mittelalterlichen Kräuterbüchern aufgegriffen und die günstige Wirkung der Droge zur Behandlung von Blasensteinen und Nierengrieß hervorgehoben. Arnaud (1653) nennt die Goldrute als Diuretikum sowie als Mittel zum „Lösen der Steine". In der Württembergischen Pharmakopöe von 1741 wird die Droge als *Herba Consolidae Saraceniae* und als „Lithontripticum" bezeichnet. Diese Anwendung setzt sich in der Folgezeit bis in die Gegenwart fort. Da die Droge sowohl innerlich als auch äußerlich als heilend galt, wurde sie auch als „Heidnisch Wundkraut" bezeichnet.

■ Soma

kultisches Opfergetränk, das als irdisches Gegenstück zum göttlichen Trank der Unsterblichkeit vor ca. 3000 Jahren von den Ariern im Industal verehrt wurde. Soma war gleichzeitig auch der Name für eine Gottheit und die Pflanzen, aus denen das Opfergetränk bereitet wurde, das dem Gott Indra geweiht war. Als Soma-Pflanzen kommen nach historischen Forschungen u. a. ↗ *Rheum palmatum*, ↗ *Peganum harmala* oder ↗ *Ephedra*-Arten sowie die Pilze ↗ *Amanita muscaria*, ↗ *Claviceps purpurea* und ↗ *Psilocybe*-Arten in Betracht. S. ist wahrscheinlich als Oberbegriff für die Wörter „Droge" oder „Psychedelikum" verwendet worden und galt als Symbol für die „perfekte Droge". Die in esotherischen Kreisen beliebte „Aura-Soma-Therapie" hat nichts mit dem arischen Soma zu tun, sondern ist eine moderne Erfindung, bei der keine psychoaktiven Substanzen und Drogen verwendet werden.

Somali-Myrrhe ↗ Commiphora-Arten.
Somfilan ↗ Schizophyllum commune.
Sommereiche ↗ Quercus-Arten.
Sommerklee ↗ Anthyllis vulneraria.
Sommerlinde ↗ Tilia-Arten.
Sommerzwiebel ↗ Allium-Arten.
Sonifilan ↗ Schizophyllum commune.
Sonnenauge ↗ Chrysanthemum-Arten.
Sonnenblumenblütchen ↗ Helianthus annuus.
Sonnenblumenöl ↗ Helianthus annuus.
Sonnenhut ↗ Rudbeckia laciniata.
Sonnenhutwurzel ↗ Echinacea-Arten.
Sonnenkäfer ↗ Coccinella septempunctata.
Sonnenkraut ↗ Drosera-Arten.
Sonnenröschen ↗ Helianthemum canadense.
Sonnenrose ↗ Helianthus annuus.
Sonnentaukraut ↗ Drosera-Arten.
Sonnenwendblume ↗ Calendula officinalis.
Sonnenwolfsmilch ↗ Euphorbia-Arten.
Sonoragummi ↗ Prosopis juliflora.
Sophorae flos ↗ Sophora japonica.

■ Sophora japonica L.

Schnurbaum (syn. Japanischer Pagodenbaum, Japanischer Schnurbaum, Chinesische Gelbbeere), s. Farbtafel S. 306, Bild 151.

Fam.: Fabaceae.

Vork.: Japan, China, Korea, in Europa heute als Parkbaum auch kultiviert.

Droge: ***Sophorae flos*** (syn. *Flores Sophorae, Gemmae Sophorae, Gemmae Sophorae japonicae*); Schnurbaumknospen (syn. Japanische Pagodenbaumknospen, Natalkörner). Inh.: Flavonoide, wie Rutin (bis zu 30 %), Quercetin, Isorhamnetin; Lectine, Triterpenglykoside (Sojasapogenol B als Aglykon). Anw.: zur Isolation des Rutins, in der Volksheilkunde als Mittel gegen Hämorrhagien.

Histor.: Früher wurde die Droge in China unter dem Namen „Wai-Fa" zum Gelbfärben der Mandaringewänder genutzt.

Sophora lupinoides ↗ Thermopsis lanceolata.

■ **Sophora pachycarpa** C. A. Mey. (syn. *Goebelia pachycarpa*).

Fam.: Fabaceae.

Vork.: Mittelasien, Sibirien.

Droge: die ganze Pflanze. Inh.: Chinolizidinalkaloide, v. a. D-Spartein, Sophoramin, Aloperin. Anw.: bei Arterienentzündungen und Muskelerkrankungen, zur Gewinnung der Alkaloide.

■ **Sophora secundiflora** (Ort.) Lag. ex DC. Meskalbohne (syn. Korallenbohne, Colorines).

Fam.: Fabaceae.

Vork.: Mexiko, südwestliches Nordamerika.

Droge: die Samen. Inh.: Alkaloide, wie Cytisin (ca. 0,25 %), *N*-Methylcytisin, Spartein und Nebenalkaloide. Anw.: in der mexikanischen Volksheilkunde wird die Droge bei Ohrenleiden zusammen mit Tabak (↗ *Nicotiana tabacum*) verordnet. Größere Bedeutung hat die Droge aber als rituelles Rauschmittel, das zur Erzeugung von Visionen genutzt wird. Die Samen haben je nach Dosierung zunächst psychoaktive, dann aber stark toxische Wirkungen, die mit Rotsichtigkeit und Berauschung beginnen, dann aber über Krämpfe, Muskelstarre, Kopfschmerzen, Erbrechen, Delirium bis zum Tod führen können.

Sophora tinctoria ↗ Baptisia tinctoria.
Sorbi aucupariae fructus ↗ Sorbus aucuparia.

■ **Sorbus aucuparia** L. (syn. *Aucuparia silvestris, Mespilus aucuparia, Pirus aucuparia, Pyrus aucuparia*); Eberesche (syn. Vogelbeerbaum), s. Farbtafel S. 306, Bild 152.

Fam.: Rosaceae.

Vork.: Europa.

Droge: ***Sorbi aucupariae fructus*** (syn. *Baccae sorbi, Fructus Sorbi aucupariae, Fructus Sorborum*); Vogelbeeren (syn. Ebereschenbeeren, Ebereschenfrüchte, Drosselbeeren), die reifen, getrockneten oder die gekochten und danach getrockneten Früchte. Inh.: ↗ Ascorbinsäure (0,06–0,13 %, nicht-bittere Früchte bzw. 0,03–0,045 %, bittere Früchte), Parasorbinsäure (0,04 %, Frischgewicht), die beim Trocknungsprozeß zur Sorbinsäure abgebaut wird, ferner cyanogene Glykoside (0,06 %, bes. in den Samen lokalisiert), Zucker (ca. 11 %, bes. Saccharose) sowie in vergleichbarer Menge Sorbit. In den halbbitteren Früchten ist der Zuckergehalt etwa halb so hoch, jedoch der Sorbitgehalt deutlich höher. Anw.: volkstümlich bei Nierenerkrankungen, Diabetes, rheumatischen Beschwerden, als Mus bei Durchfall, als frischgepreßter Saft bei grippalen Infekten. Im Haushalt werden die Früchte unter anderen für Marmeladen und Gelees genutzt. Die früher neben den Früchten verwendeten Blüten (*Flores Sorbi*) sind heute obsolet. Geg.: Parasorbinsäure bewirkt Reizung der Schleimhäute und wirkt schwach laxierend. Die Einnahme der frischen Früchte bzw. des Preßsaftes kann daher zu Gastroenteritis und Nierenschädigungen führen.

Histor.: Der Gattungsname *Sorbus* ist ein bereits bei ↗ Plinius, allerdings für *Sorbus domestica*, gebrauchter Pflanzenname. Der Artname *aucuparia* leitet sich vom lateinischen *aucupari* (vogelstellen) ab, da die Beeren zum Vogelfang dienten. Der Name Eberesche ist erst seit dem 16. Jh. gebräuchlich und wird von „Aber"esche, nämlich „unechte Esche" im Hinblick auf die escheähnlichen Blätter, hergeleitet. Die Beeren der Hauseberesche, *Sorbus domestica*, verwandte ↗ Hippokrates als adstringierendes Mittel. Dagegen war *Sorbus aucuparia*, der Vogelbeerbaum, im Altertum unbekannt. In der germanischen Mythologie war er dem Gewittergott Donar geweiht. Lange Zeit haben sich noch in einigen Gebieten, z. B. im Westfälischen, Sitten erhalten, wonach man zur Walpurgisnacht Eschenzweige über Haus- und Stalltüren steckte, um Drachen und Blitz fernzuhalten. Frische Beeren dienten schließlich lange Zeit volkstümlich als Abführmittel.

Sorbus cydonia ↗ Cydonia oblonga.
Sorghoöl ↗ Sorghum bicolor.

■ **Sorghum bicolor** (L.) Moench
(syn. *Andropogon sorgum, Sorghum durra, S. vulgare*); Mohrenhirse (syn. Besenhirse, Körnerhirse, Negerkorn, Milokorn, Kaffernhirse).
Fam.: Poaceae.
Vork.: Indien, China, Afrika, Amerika, viele Sorten werden kultiviert.
Droge: ***1. Semen Sorghi***; Mohrenhirse (syn. Besenhirse, Körnerhirse). Inh.: fettes Öl (3–4 %), Zucker, Stärke, Eiweiß, Durrhin. Anw.: wichtiges Nahrungsmittel, Diätetikum, Ausgangspunkt für die Herstellung von Stärke und Sirup. ***2. Oleum Sorghi***; Durrhaöl (syn. Sorghoöl, Körnerhirseöl). Inh.: Triglyceride mit Palmitin-, Linol-, Öl- und Stearinsäure als Fettsäuren. Anw.: Diätetikum, Speiseöl.

Sorghum durra ↗ Sorghum bicolor.
Sorghum vulgare ↗ Sorghum bicolor.
Southwellia tragacantha ↗ Sterculia-Arten.
Spadices Piperis longi ↗ Piper longum.
Spaltblättling ↗ Schizophyllum commune.
Spanisch-Cedernöl ↗ Juniperus oxycedrus.
Spanische Fliegen ↗ Lytta vesicatoria.
Spanische Kapuzinerkresse ↗ Tropaeolum majus.
Spanischer Bertram ↗ Anacyclus pyrethrum.
Spanischer Ginster ↗ Spartium junceum.
Spanischer Hopfen ↗ Origanum onites.
Spanischer Kümmel ↗ Cuminum cyminum.
Spanischer Lauch ↗ Allium-Arten.
Spanischer Pfeffer ↗ Capsicum-Arten.
Spanischer Pfriemen ↗ Spartium junceum.
Spanischer Salbei ↗ Salvia-Arten.
Spanischer Spinat ↗ Atriplex hortensis.
Spanischer Tee ↗ Galeopsis segetum.
Spanischer Thymian ↗ Thymus-Arten.
Spanisches Hopfenöl ↗ Thymus-Arten.
Spanisches Kerbelkraut ↗ Myrrhis odorata.
Spanisches Moos ↗ Tillandsia usneoides.
Spanisches Origanumöl ↗ Thymus-Arten.
Spanisches Rohr ↗ Arundo donax.
Spanische Zeder ↗ Juniperus oxycedrus.
Spargel ↗ Asparagus officinalis.
Spartein ↗ Cytisus scoparius.
Spartianthus junceum ↗ Spartium junceum.
Spartii juncei flos ↗ Spartium junceum.
Spartium angulosum ↗ Cytisus scoparius.
Spartium glabrum ↗ Cytisus scoparius.

■ **Spartium junceum** L.
(syn. *Sarothamnus junceum, Spartianthus junceum*); Besenginster (syn. Pfriemenginster, Spanischer Ginster, Spanischer Pfriemen).
Fam.: Fabaceae (Leguminosae).
Vork.: Mittelmeergebiete, in Mitteleuropa mitunter kultiviert.
Droge: ***Spartii juncei flos*** (syn. *Spartium-junceum*-Blüten); Spanische Ginsterblüten, die abgestreiften, getrockneten Blüten. Inh.: Chinolizidinalkaloide, u. a. *N*-Methylcytisin und Cytisin als Hauptalkaloide, ferner Flavonoide, u. a. Luteolin-4-glucosid sowie Triterpene (Lupeol) und Sterole (β-Sitosterol). Anw.: traditionell, bes. in den Herkunftsgebieten, bei Verstopfung, zum Herbeiführen von Erbrechen, zur Geburtseinleitung, bei Gicht und rheumatischen Beschwerden. Geg.: unsachgemäße Anwendung kann zu Vergiftungen führen, für die bes. Cytisin und Methylcytisin verantwortlich sind, die am Zentralnervensystem und der neuromuskulären Endplatte angreifen. Die Vergiftungssymptome entsprechen denen des ↗ Cytisin.

Spartium scoparium ↗ Cytisus scoparius.
Spartium tinctorium ↗ Genista tinctoria.
Spätblühende Goldrute ↗ Solidago-Arten.

■ **Spathodea campanulata** P. Beauvois
(syn. *Spathodea nilotica*).
Fam.: Bignoniaceae.
Vork.: tropisches Afrika, Südafrika.
Droge: Blätter und Rinde. Inh.: Gerbstoffe, Kaffeesäure, Flavonoide, Triterpene, Iridoidglykoside. Anw.: in der afrikanischen Volksheilkunde zur Wundbehandlung, bei Husten, Durchfällen, Asthma sowie bei Diabetes. Die Droge ist auch Bestandteil von Jagdgiften.

Spathodea laevis ↗ Newbouldia laevis.
Spathodea nilotica ↗ Spathodea campanulata.
Spätlinde ↗ Tilia-Arten.
Spearmintblätter ↗ Mentha-Arten.
Spechtwurz ↗ Dictamnus albus.

■ **Species**
1) biologische Art, Organismenart, die durch die binäre Nomenklatur bezeichnet wird, wobei das erste Wort den Gattungsnamen (*genus*) und das zweite die Art (*species*) als die taxonomische Grundeinheit zum Ausdruck bringt.

2) Teegemisch, d. h. ein Gemenge von zerkleinerten oder unzerkleinerten Drogen, mitunter auch noch unter Zusatz von Drogenextrakten oder äther. Ölen mit einer bestimmten Indikation. Die nachstehend aufgeführten Species sind Zusammenstellungen, wie sie im Österreichischen Arzneibuch (ÖAB), im Schweizer Arzneibuch (Ph. Helv. VI bzw. VII), dem Neuen Rezept-Formularium (NFR) bzw. in den Standardzulassungen für Fertigarzneimittel (St. Zul.) aufgeführt sind. Die angegebenen Mengen beziehen sich auf Teile (T.); ↗ Teezubereitung.

■ **Species amaro-aromaticae**
Bitter-aromatischer Tee (Ph. Helv. 6). Zimtrinde, Eichenrinde, Pomeranzenschale, Pfefferminzblätter, Bitterkleeblätter und Kalmuswurzeln je 10 T., Kardobenedikten- und Wermutkraut je 20 T. *Anw.*: als Magentee zur Appetitanregung.

■ **Species americantes**
Bittertee (ÖAB). Wermutkraut, Tausendgüldenkraut und Bitterorangenschale je 20 T., Bitterkleeblatt, Kalmuswurzel, Enzianwurzel und Ceylonzimtrinde je 10 T. *Anw.*: bitteres Magenmittel.

■ **Species anticystiticae**
Blasentee (Ph. Helv. VII). Birkenblätter 25 T., Bärentraubenblätter 45 T., Süßholzwurzel 30 T. *Anw.*: entzündliche Erkrankungen der Harnorgane.

■ **Species antirheumaticae**
Rheumatee. Teufelskrallenwurzel (30 T.), Schachtelhalmkraut (20 T.), Brennesselkraut (20 T.), Weidenrinde (20 T.), Pfefferminzblätter (10 T.). *Anw.*: zur Linderung rheumatischer Beschwerden.

■ **Species aromaticae**
Gewürzhafte Kräuter (Ph. Helv. V). Angelikawurzel, Gewürznelken, Kalmuswurzel, Lavendelblüten, Thymian und Zitwerwurzel (je 10 T.), Majorankraut und Pfefferminzblätter (je 15 T.). *Anw.*: bei Verdauungsstörungen und zur Anregung des Appetites.

Species carminativae
Blähungswidriger Tee (Ph. Helv. VII). Kalmusrhizom (15 T.), Kümmelfrüchte (30 T.), Kamillenblüten (25 T.), Pfefferminzblätter (20 T.) und Baldrianwurzel (10 T.). *Anw.*: verdauungsfördernd und leicht beruhigend.

■ **Species cholagogae**
Leber- und Gallentee (St. Zul. 1989.99.99). Kümmelfrüchte (10 T.), Javanische Gelbwurz (20 T.), Löwenzahn (30 T.), Mariendistelfrüchte (20 T.) und Pfefferminzblätter (20 T.). *Anw.*: zur Anregung der Gallensekretion.

■ **Species deflatulentes**
Blähungstreibender Tee (NRF). Baldrianwurzel, Kamillenblüten, Pfefferminzblätter und Anisfrüchte (je 20 T.). *Anw.*: Karminativum.

■ **Species diaphoreticae**
Schweißtreibender Tee (Ph. Helv. 6) Pfefferminzblätter (20 T.), Holunderblüten (30 T.), Lindenblüten (40 T.), Jaborandiblätter (10 T.). *Anw.*: zur Einleitung von Schwitzkuren.

■ **Species diureticae**
Harntreibender Tee (ÖAB). Liebstöckelwurzel, Hauhechelwurzel, Süßholzwurzel, Wacholderbeeren (zerstoßen) je 20 T. *Anw.*: zur Erhöhung der Harnmenge bei Katarrhen von Blase und Nieren sowie zur Vorbeugung von Nierengrieß- und -steinbildung.

■ **Species emollientes**
Erweichende Kräuter (DAB6), je 10 Teile Eibischblätter, Malvenblätter, Steinklee, Kamillenblüten und Leinsamen, alle Drogen grob gepulvert.

■ **Species gelosae**
Quellender Tee (Ph. Helv. 6). Irländische Alge (30 T.), Flohsamen (70 T.), Ethanol (8 T.), Pfefferminzöl (2 T.); haltbar 1 Jahr. *Anw.*: mildes Abführmittel.

■ **Species gynaecologicae „Martin"**
Martinscher Tee (EB 6). Faulbaumrinde, Schafgarbenkraut, Sennesblätter und Queckenwurzelstock je 25 T., grob geschnitten.

■ **Species laxantes**
Abführender Tee (Abführtee) (ÖAB). Sennesblätter (50 T.), Holunderblüten (20 T.), Fenchel (zerstoßen, 15 T.), Kamillenblüten (5 T.), Kalium-Natriumtartrat (6 T.) und Weinsäure (4 T.). *Anw.*: akute Obstipation.

■ **Species laxantes cum spasmolytica**
Krampflösender Abführtee. Kamillenblüten, Pfefferminzblätter und Schafgarbenkraut je 20 T., Sennesblätter, grob geschnitten (40 T.).

■ **Species lignorum**
Holztee (DAB 6). Guajakholz (50 T.), Hauhechelwurzel (30 T.), Süßholz (10 T.) und Sassafrasholz (10 T.). Anw.: früher als Blutreinigungstee.

■ **Species nervinae**
Beruhigungstee (Nerventee) (St. Zul. 1949.99.99). Baldrianwurzel (40 T.), Hopfenzapfen (20 T.), Melissenblätter (15 T.), Pfefferminzblätter (15 T.) und Pomeranzenschale (10 T.). Anw.: Einschlafstörungen, nervöse Erschöpfungszustände.

■ **Species pectorales**
Hustentee (Brusttee) (St. Zul. 2009.99.99). Eibischwurzel 25 T.), Fenchel (10 T.), Isländisches Moos (10 T.), Spitzwegerichkraut (15 T.), Süßholzwurzel (10 T.), Thymian (30 T.). Anw.: Bronchitis, Katarrhe der oberen Luftwege.

■ **Species pectorales cum fructibus**
Brusttee mit Früchten (EB 6) (Brusttee). Fenchel, angestoßen (20 T.), Kümmel, angestoßen (15 T.), Feigen, geschnitten (10 T.).

■ **Species resolventes**
Zerteilende Kräuter (EB 6). Melissenblätter und Dostenkraut (je 35 T.), Kamillen-, Lavendel- und Holunderblüten (je 10 T.).

■ **Species sedativae**
Beruhigender Tee (Beruhigungstee) (Ph. Helv. VII). Anisfrüchte (15 T.), Pomeranzenblüten (20 T.), Pfefferminzblätter (10 T.), Melissenblätter (10 T.), Passionsblumenkraut (20 T.) und Baldrianwurzel (25 T.). Anw.: nervöse Erschöpfung.

■ **Species stomachicae**
Magen- und Darmtee (St. Zul. 2029.99.99). Baldrianwurzel, Kümmelfrüchte, Pfefferminzblätter und Kamillenblüten (je 25. T.). Anw.: Blähungen, Völlegefühl, krampfartige Magen-Darm-Störungen, nervöse Herz-Magen-Beschwerden.

■ **Species urologicae**
Blasen- und Nierentee (NRF). Bärentraubenblätter, Birkenblätter, Bohnenhülsen und Schachtelhalmkraut (je 20 T.), Mateblätter und Orthosiphonblätter (je 10 T.). Anw.: Erkrankungen der ableitenden Harnwege.

Speckblume ↗ Anemone nemorosa.

■ **Spectinomycin**
Aminoglykosid-verwandtes Antibiotikum, das von *Streptomyces spectabilis* und *S. flavopersicus* gebildet wird. Es enthält keinen Aminozukker im Molekül, sondern einen Aminocyclitol-Rest. Wirk.: Hemmung der ribosomalen Proteinsynthese von grampositiven und -negativen Bakterien. Anw.: Infektionen mit Peniellin-resistenten Keimen, wie *Neisseria gonorrhoeae*.

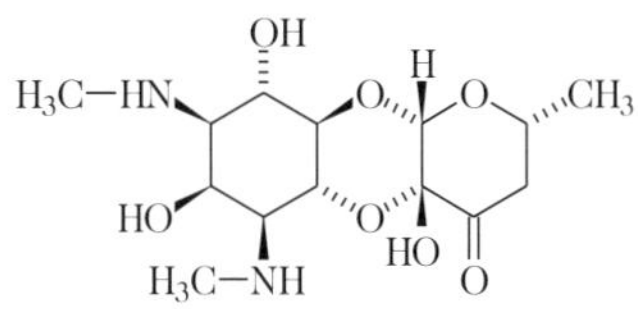

Spectinomycin (Actinospectacin)

Speichelwurzel ↗ Anacyclus pyrethrum.
Speicherwurzel ↗ Lindera strychnifolia, ↗ Anacyclus x officinarum.
Speise-Rhabarber ↗ Rheum-Arten.
Speisesenf ↗ Sinapis alba.
Speisezwiebel ↗ Allium-Arten.
Spei-Täubling ↗ Russula emetica.
Speiteufel ↗ Russula emetica.
Speiwurzel ↗ Cephaelis-Arten.
Speltweizen ↗ Triticum spelta.
Spelz ↗ Triticum spelta.
Spelzweizen ↗ Triticum spelta.
Sperberkraut ↗ Sanguisorba officinalis.

■ **Spergularia rubra** Pers.
(syn. *Arenaria rubra*); Rotes Sandkraut.
Fam.: Caryophyllaceae.
Vork.: Südeuropa.
Droge: ***Arenariae rubrae herba*** (syn. *Herba Arenariae rubrae*, *Herba Spergulae rubrae*); Rotes Sandkraut. Inh.: Saponine, Harz, äther. Öl. Anw.: in der Volksheilkunde bei Blasenkatarrh, Harn- und Nierensteinen.

Sperlingskraut ↗ Anagallis arvensis.
Spermaceti ↗ Physeter macrocephalus.

Spermöl ↗ Physeter macrocephalus.
Spermwal ↗ Physeter macrocephalus.
Sperrkraut ↗ Polemonium caeruleum.
SPG ↗ Schizophyllum commune.

■ **Sphaerophysa salsula** Pall.
Fam.: Fabaceae (Leguminosae).
Vork.: Zentralasien, Salzsteppen.
Droge: die ganze Pflanze. Inh.: Guanidinoverbindungen, wie Sphaerophysin. Anw.: in der russischen Volksheilkunde zur Behandlung von Bluthochdruck sowie in der Gynäkologie.

Sphagnin ↗ Sphagnum-Arten.

■ **Sphagnum-Arten**
Torfmoose.
• **Fam.:** Sphagnaceae.
• **Vork.:** weltweit in Hochmooren und Sumpfwäldern.
• **Sphagnum fuscum**
• **Sphagnum palustre**
• **Sphagnum fallax**
• **Sphagnum magellanicum**.
Inh.: Sphagnorubine (Anthocyanderivate), Sphagnumsäure (Zimtsäurederivat), Huminsäuren, Lignin, Zucker, Uronsäuren, Sterole, Triterpene.

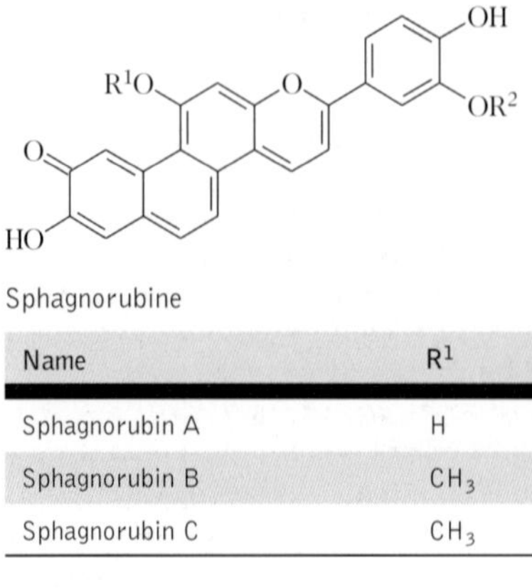

Sphagnorubine

Name	R¹	R²
Sphagnorubin A	H	H
Sphagnorubin B	CH_3	H
Sphagnorubin C	CH_3	CH_3

Anw.: Früher wurden einige Arten aufgrund ihres großen Wasserbindungsvermögens als Verbände sowie zum Windeln von Säuglingen genutzt. In der Volksheilkunde verwendet man Absude und Extrakte aus Torfmoosen für Haut- und Augenkrankheiten sowie bei akuten Hämorrhagien, da sie wundheilungsfördernd wirken. Aufbereiteter Torf (syn. Sphagnin) wurde bei starken Gärungen im Darm, bei Gärungs- und Fäulnisdyspepsien, bei Colitiden mit Neigung zu Durchfällen, bes. in der Kinderbehandlung, verordnet.

■ **Spharenthus indicus**.
Fam.: Asteraceae (Compositae).
Vork.: Indien.
Droge: das äther. Öl der Pflanze. Anw.: in der indischen traditionellen Heilkunde als Tonikum und Antitussivum.

Spherostaemma japonicum ↗ Schisandra chinensis.
Sphoeroides rubripes ↗ Tetraodon rubripes rubripes.
Sphondylium branca ↗ Heracleum sphondylium.
Sphondylium branca-ursi ↗ Heracleum sphondylium.
Sphondylium branca-ursina ↗ Heracleum sphondylium.
Spica celtica ↗ Valeriana celtica.
Spicae aetheroleum ↗ Lavandula latifolia.
Spiegelrinde ↗ Quercus-Arten.
Spierblumen ↗ Filipendula ulmaria.
Spierkraut ↗ Filipendula ulmaria.
Spierstaude ↗ Filipendula ulmaria.

■ **Spigelia-Arten**
• **Fam.:** Loganiaceae.
• **Spigelia anthelmia** L. (syn. *Spigelia multispica*, *S. nervosa*); Wurmkraut (syn. Wurmtreibende Spigelie).
Vork.: Mittel- und Südamerika, Indonesien.
Droge: ***Spigeliae herba*** (syn. *Herba Spigeliae*); Spigelienkraut (syn. Indianisches Wurmkraut, Wurmgras), die getrockneten, oberirdischen Teile der Pflanze. Inh.: Phenolcarbonsäurederivate, u. a. Kaffee- und Protocatechusäure, Flavonoide, u. a. Hyperosid, Cholinester, bes. Benzoylcholin, Dimethylacryloylcholin und Isochinoline. Anw.: früher in den Herkunftsgebieten als Wurmmittel.
Hom.: ***Spigelia anthelmia*** HAB1; Wurmkraut, die getrockneten, oberirdischen Pflanzenteile. Anw.-Geb.: Erkrankungen des Zentralnervensystems und des Herzens, wie akute Herzentzündung, Angina pectoris, Nervenschmerzen, Kopfschmerzen sowie Wurmbeschwerden.
Histor.: Die Gattung erhielt ihren Namen nach Adrianus Spigelius, einem berühmten Anatomen und Chirurgen des 17. Jh. in Padua, der mehrere

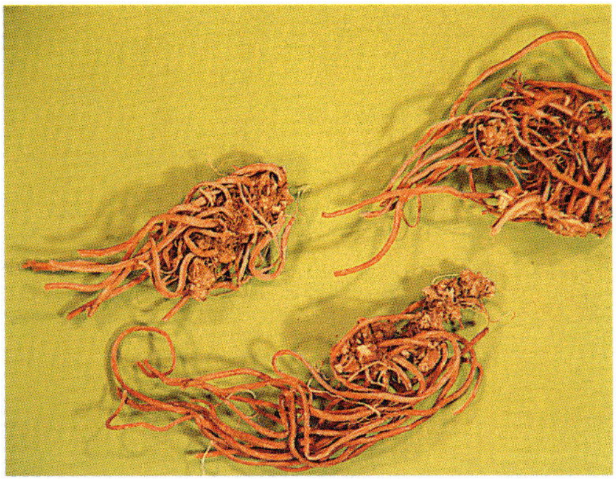

97 Primula elatior, *Primulae radix,* Primelwurzel

98 Prunus dulcis, Mandelbaum

99 Prunus dulcis, *Semen Amygdalae,* Mandeln

100 Prunus laurocerasus, Kirschlorbeer

101 Prunus spinosa, Schlehe

102 Pulsatilla vulgaris, Kuhschelle

103 Punica granatum, Granatapfel

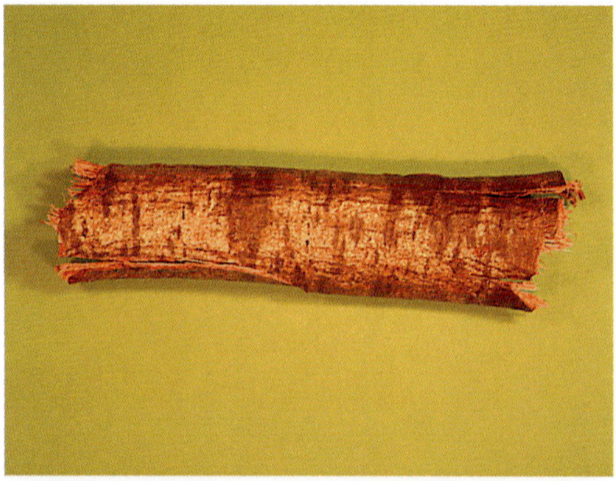

104 Quercus robur, *Quercus cortex,* Eichenrinde

105 Quercus suber, Korkeiche

106 Ranunculus acris, Scharfer Hahnenfuß

107 Ranunculus ficaria, Scharbockskraut

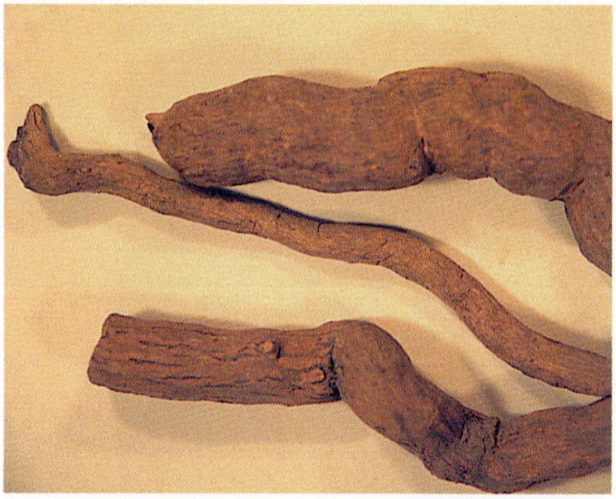

108 Rauvolfia serpentina, *Rauwolfiae radix,* Indische Schlangenwurzel

109 Rhamnus catharticus, *Rhamni catharticae fructus*, Kreuzdornfrüchte

110 Rhamnus frangula, Faulbaum

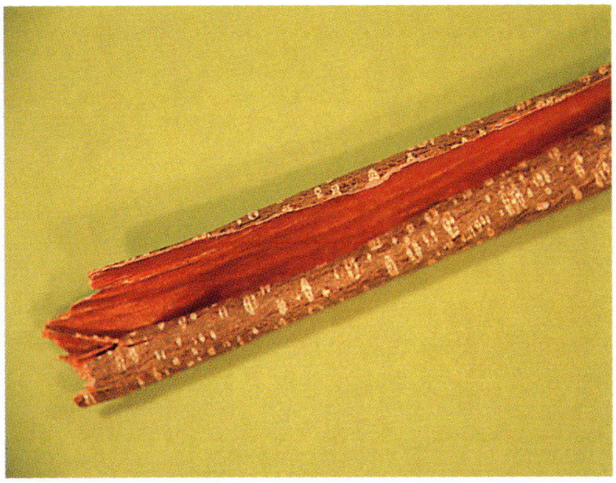

111 Rhamnus frangula, *Frangulae cortex*, Faulbaumrinde

112 Rheum palmatum, Medizinalrhabarber

113 Rheum palmatum, *Rhei radix*, Rhabarberwurzel

114 Rhododendron ferrugineum, Rostblättrige Alpenrose

115 Rhus typhina, Essigbaum

116 Ricinus communis, Rizinus

117 Ricinus communis, *Ricini semen,* Rizinussamen

118 Robinia pseudoacacia, Robinie

119 Rosa canina, Heckenrose

120 Rosmarinus officinalis, Rosmarin

121 Rubia tinctorum, Krapp

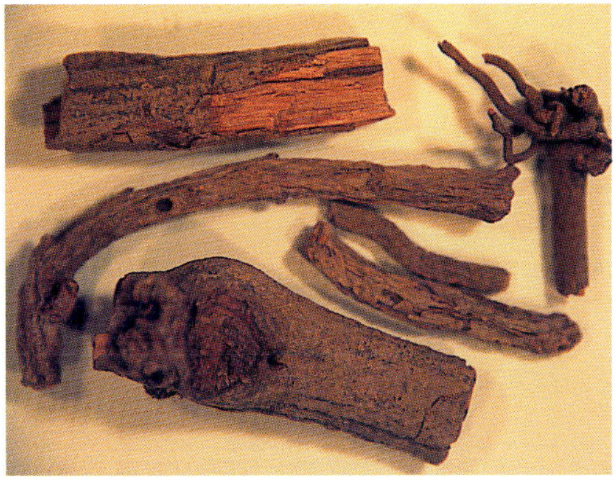

122 Rubia tinctorum, *Rubiae tinctorum radix*, Krappwurzel

123 Rubus fruticosus, Brombeere

124 Ruscus aculeatus, Mäusedorn

125 Russula emetica, Speitäubling

126 Ruta graveolens, Weinraute

127 Saccharum officinarum, Zuckerrohr

128 Salvia officinalis, Echter Salbei

129 Sambucus ebulus, Zwergholunder

130 Sambucus nigra, Holunder

131 Sambucus racemosa, Traubenholunder

132 Sanicula europaea, Sanikel

133 Saponaria officinalis, Echtes Seifenkraut

134 Satureja montana, Bergbohnenkraut

135 Scopolia carniolica, Glockenbilsenkraut

136 Scrophularia nodosa, Braunwurz

137 Secale cereale, Roggen

138 Sedum acre, Scharfer Mauerpfeffer

139 Semecarpus anacardium, *Fructus Anacardii orientalis,* Ostindische Tintenbaumfrüchte

140 Shorea wiesneri, *Dammar,* Dammarharz

141 Silybum marianum, Mariendistel

142 Silybum marianum, *Cardui mariae fructus,* Mariendistelfrüchte

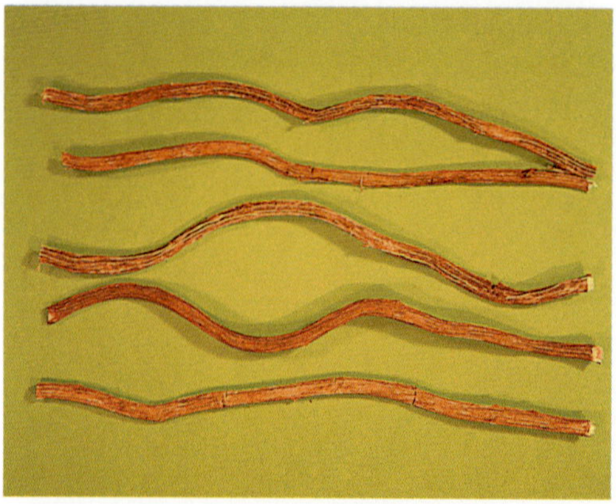

143 Smilax aristolochiaefolia, *Sarsaparillae radix,* Sarsaparillwurzel

144 Solanum dulcamara, Bittersüßer Nachtschatten

145 Solanum nigrum, Schwarzer Nachtschatten

146 Solanum pseudocapsicum, Korallenbäumchen

147 Solanum tuberosum, Kartoffel

148 Solidago canadensis, Kanadische Goldrute

149 Solidago gigantea, Riesen-Goldrute

150 Solidago virgaurea, Echte Goldrute

151 Sophora japonica, Schnurbaum

152 Sorbus aucuparia, Eberesche

153 Strophanthus gratus, *Strophanthi semen*, Gelbe Strophanthussamen

154 Strychnos nux-vomica, *Strychni semen*, Brechnußsamen

155 Styrax tonkinensis *Benzoe*, Wohlriechender Asant

156 Symphoricarpus albus, Schneebeere

157 Symphytum officinale, Beinwell

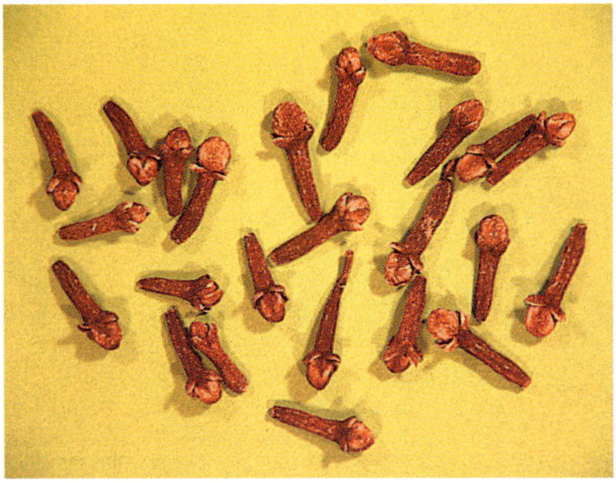

158 Syzygium aromaticum, *Caryophylli flos*, Gewürznelken

159 Syzygium aromaticum, *Caryophylli fructus*, Mutternelken

160 Taraxacum officinale, Gemeiner Löwenzahn

161 Taxus baccata, Eibe

162 Taxus brevifolia, Pazifische Eibe

163 Teucrium chamaedrys, Echter Gamander

164 Teucrium scorodonia, Salbei-Gamander

165 Thevetia peruviana, Gelber Oleander

166 Thuja occidentalis, Abendländischer Lebensbaum

167 Thymus serpyllum, Quendel

168 Thymus vulgaris, Echter Thymian

169 Tilia platyphyllos, Sommerlinde

170 Trifolium repens, Weißklee

171 Tropaeolum majus, Kapuzinerkresse

172 Tussilago farfara, Huflattich (blühend)

173 Tussilago farfara, Huflattich (Blätter)

174 Ulex europaeus, Stechginster

175 Urtica dioica, Große Brennessel

176 Vaccinium oxycoccus, Moosbeere

177 Vaccinium vitis-idaea, Preiselbeere

178 Valeriana officinalis, Baldrian

179 Valeriana officinalis, *Valerianae radix,* Baldrianwurzel

180 Veratrum album, Weißer Germer

181 Viburnum opulus, Gemeiner Schneeball

182 Vinca minor, Gemeines Immergrün

183 Vincetoxicum hirundinaria, Schwalbenwurz

184 Viola tricolor, Feldstiefmütterchen

185 Viscum album, Mistel

186 Vitex agnus-castus, Mönchspfeffer

187 Xanthium spinosum, Dornige Spitzklette

188 Xanthium strumarium, Gemeine Spitzklette

189 Yucca filamentosa, Faden-Palm-Lilie

190 Zea mays, Mais

191 Zingiber officinale, Ingwer

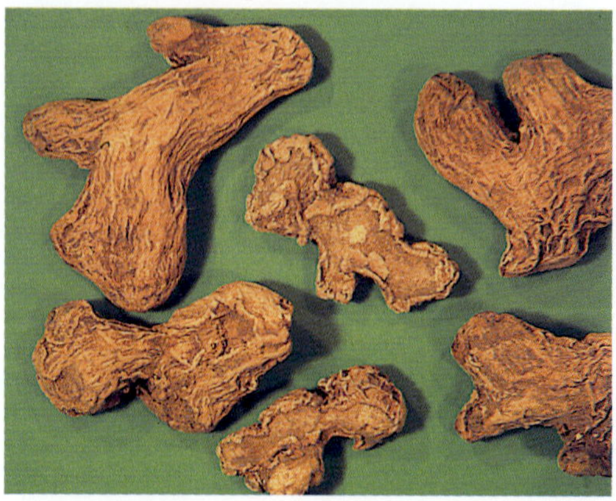

192 Zingiber officinale, *Zingiberis rhizoma,* Ingwerwurzelstock

botanische Werke veröffentlicht hatte, während *anthelmia* sich auf die wurmtreibende Wirkung der Pflanze bezieht. Die Eingeborenen Südamerikas kannten die anthelmintischen Eigenschaften der Pflanze schon lange bevor die Europäer Amerika entdeckten. Die Pflanze diente auch Giftmischern, um, oft aus Rachsucht, Tiere oder auch Menschen zu vergiften.

● **Spigelia marilandica** L. (syn. *Lonicera marilandica, Spigelia oppositifolia*); Karolinische Sternblume (syn. Nordamerikanische Spigelie).

Vork.: südliches Nordamerika.

Droge: ***Radix Spigeliae***, *Spigelia-marilandica*-Wurzelstock (syn. Marylandische Spigelienwurzel, Pinkwurzel, Spigelienwurzel, Wurmgraswurzel), die getrockneten Wurzelstöcke und Wurzeln. *Anw.:* volkstümlich in den Herkunftsgebieten bei Wurmbefall sowie als fiebersenkendes Mittel.

Hom.: ***Spigelia marilandica*** HAB34; die getrockneten, unterirdischen Pflanzenteile. *Anw.-Geb.:* Erregungszustände.

Spigeliae herba ↗ Spigelia-Arten.
Spigelienkraut ↗ Spigelia-Arten.
Spigelienwurzel ↗ Spigelia-Arten.
Spikenarde ↗ Lavandula latifolia.
Spiklavendel ↗ Lavandula latifolia.
Spiköl ↗ Lavandula latifolia.

■ **Spilanthes oleracea** L.
Husarenknopf (syn. Parakresse).

Fam.: Asteraceae (Compositae).

Vork.: Mittel- und Südamerika, in Indien auch kultiviert (syn. *Acmella brasiliensis*).

Droge: ***Spilanthis oleraceae herba*** (syn. *Herba Spilanthes oleraceae*); Parakressekraut. *Inh.:* äther. Öl (ca. 0,3 %) mit Spilanthen und Spilanthol (ein Isobutylamid); Scharfstoffe, Phytosterol, Gerbstoffe, Harz, Fett mit Cerotinsäure. *Anw.:* in der Volksheilkunde als Adstringens und Antiphlogistikum, u. a. in Mundwässern bei Zahnfleischerkrankungen, aber auch bei Gicht und Rheuma.

Hom.: ***Spilanthes oleracea*** HAB34, das getrocknete, blühende Kraut.

Spilanthis oleraceae herba ↗ Spilanthes oleracea.
Spillbaum ↗ Euonymus atropurpurea, ↗ Rhamnus frangula.

Spinaceae folium ↗ Spinacia oleracea.

■ **Spinacia oleracea** L.
Spinat.

Fam.: Chenopodiaceae.

Vork.: weltweit.

Droge: ***Spinaceae folium*** (syn. *Folia Spinaceae*); Spinatblätter. *Inh.:* Betain, Oxalsäure, Triterpensaponine, Vitamine. *Anw.:* früher volkstümlich zur Unterstützung der Verdauung, bes. zur Anregung der Pankreasfunktion. Im Haushalt vielverwendetes Kochgemüse.

Spinat ↗ Spinacia oleracea.
Spinatblätter ↗ Spinacia oleracea.
Spindelbaum ↗ Euonymus atropurpurea.
Spindelblume ↗ Colchicum autumnale.
Spindelstrauch ↗ Euonymus europaea.
Spinnblume ↗ Colchicum autumnale.
Spinnendistelkraut ↗ Cnicus benedictus.
Spinnenkraut ↗ Senecio-Arten.
Spiraea aruncus ↗ Aruncus dioicus.
Spiraeae flos ↗ Filipendula ulmaria.
Spiraeae herba ↗ Filipendula ulmaria.

■ **Spiraea tomentosa** L.

Fam.: Rosaceae.

Vork.: Nordamerika.

Droge: ***Herba Spiraeae tomentosae***, die ganze Pflanze. *Inh.:* Gerbstoffe. *Anw.:* in der Volksheilkunde bei Durchfällen.

Spiraea ulmaria ↗ Filipendula ulmaria.

■ **Spiramycin**
Makrolidantibiotikum, das von *Streptomyces ambofaciens* gebildet wird. S. stellt ein Gemisch aus drei Komponenten dar, dem S. I, II und III. *Wirk.:* Hemmung der ribosomalen Proteinbiosynthese grampositiver Bakterien und Rickettsien. *Anw.:* Infektionen mit grampositiven Keimen als Alternative zum Penicillin, auch bei Gonorrhoe und Toxoplasmose (Formel S. 314).

Spiranthes autumnalis ↗ Spiranthes spiralis.

■ **Spiranthes spiralis** (L). Chevall.
(syn. *Spiranthes autumnalis*).

Fam.: Orchidaceae.

Vork.: Südeuropa, Vorderasien.

Drogen: Kraut und Knollen. *Inh.:* das Kraut

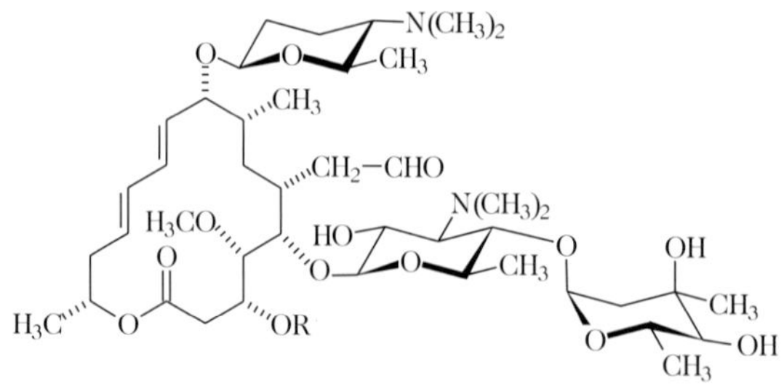

Spiramycin I: R = 0
Spiramycin II. R = CO–CH$_3$
Spiramycin III: R = CO–CH$_2$–CH$_3$

enthält Loroglossin (Glykosid), das bei der Hydrolyse in Loroglossigenin und Glucose übergeht. Anw.: in der Volksheilkunde, die Knollen gelten als Aphrodisiakum (experimentelle Beweise dazu fehlen).

Hom.: ***Spiranthes autumnalis*** HAB34; die zur Blütezeit geernteten, frischen, oberirdischen Pflanzenteile. Anw.-Geb.: Scheidenentzündungen.

Spirke ↗ Pinus-Arten.

■ **Spirostachys africana** Sonder
(syn. *Excoecaria africana*).

Fam.: Euphorbiaceae.

Vork.: tropisches Ost- und Zentralafrika.

Droge: Holz und Rinde. *Inh.:* tetracyclische Diterpene, u. a. Stachenon, 3-Hydroxystachen-2-on,

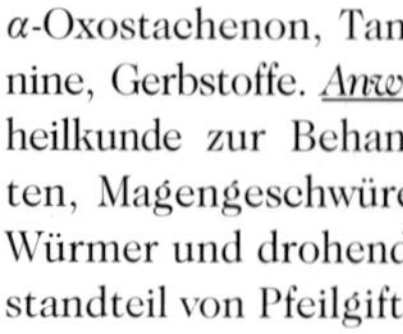

Stachenon

α-Oxostachenon, Tambotisäure; Alkaloide, Saponine, Gerbstoffe. *Anw.:* in der afrikanischen Volksheilkunde zur Behandlung von Augenkrankheiten, Magengeschwüren, als Abführmittel, gegen Würmer und drohenden Abort. Die Droge ist Bestandteil von Pfeilgiften.

■ **Spirulina-Arten**.

Fam.: Phormidiaceae.

Vork.: weltweit an der Oberfläche von Gewässern.

Droge: die frischen oder getrockneten Algen. *Inh.:* Proteine, Polysaccharide, Tocopherole, mehrfach ungesättigte Fettsäuren, Carotinoide. *Anw.:* als Nahrungsmittel, Diätetika, in der Kosmetik sowie als Ausgangspunkt für die Herstellung von Nahrungsersatzstoffen.

Spitzblättrige Magnolie ↗ Magnolia acuminata.
Spitzhütiger Giftwulstling ↗ Amanita virosa.
Spitzhütiger Knollenblätterpilz ↗ Amanita virosa.
Spitzkegeliger Kahlkopf ↗ Psilocybe-Arten.
Spitzklettensamenöl ↗ Xanthium riparium.
Spitzorchis ↗ Anacamptis pyramidalis.
Spitzwegerich ↗ Plantago-Arten.

■ **Spondianthus preussii** Engl.
(syn. *Megabaria trillesii, M. ugandensis*).

Fam.: Euphorbiaceae.

Vork.: Afrika, bes. Uganda, Guinea, Angola.

Droge: Blätter und Rinde. *Inh.:* Saponine, Flavonoide, Gerbstoffe, Cucurbitacine, Oxalsäure, Monofluoressigsäure. *Anw.:* in der afrikanischen Volksheilkunde zur Fiebersenkung sowie bei Zahnschmerzen. Auch als Mordgift wird die Droge eingesetzt. Die frische Zweigrinde ist Bestandteil von Pfeilgiften für die Jagd auf Elefanten. Als toxisches Prinzip der Droge kann v. a. die Monofluoressigsäure angesehen werden.

Spongia lacustris ↗ Spongilla lacustris.
Spongia marina ↗ Euspongia officinalis.
Spongia officinalis ↗ Euspongia officinalis.

■ **Spongia somnifera**
(syn. Schlafschwämmchen), im Mittelalter übliche Arzneiform, bei der Schwämme mit narkotisierenden Pflanzensäften oder -zubereitungen getränkt waren und zum Einschlafen dienten.

Spongilla amphizona ↗ Ephydatia mülleri.

■ **Spongilla lacustris** Lam.
(syn. *Ephydatia lacustris, Halichondria lacustris,*

Spongia lacustris); Flußschwamm (syn. Teichschwamm).

Fam.: Coelenterata.

Vork.: Europa, Asien.

Inh.: Kieselsäure, Iod, Zoosterole.

Hom.: ***Spongilla lacustris*** (syn. *Badiaga*) HAB34; Flußschwamm, der getrocknete Schwamm. *Anw.-Geb.:* Erkrankungen des Auges, der Schilddrüse, des lymphatischen Systems, der unteren Atemwege sowie des Stütz- und Bewegungsapparates, wie Rheuma.

Spongilla mülleri ↗ Ephydatia mülleri.
Sporae Lycopodii ↗ Lycopodium clavatum.
Spornblume ↗ Centranthus ruber.
Springauf ↗ Convallaria majalis.
Springgurke ↗ Ecballium elaterium.
Springkörner ↗ Euphorbia-Arten.
Springkürbis ↗ Momordica-Arten.
Springwolfsmilch ↗ Euphorbia-Arten.
Springwurz ↗ Dictamnus albus, ↗ Euphorbia-Arten, ↗ Polygonatum odoratum.
Spritzessigkraut ↗ Dictamnus albus.
Spritzgurke ↗ Ecballium elaterium.
Spruce-Tannennadelöl ↗ Tsuga canadensis.

■ **Squalus acanthias** L.
Dornhai.

Vork.: Atlantik, Mittelmeer, in einigen Gebieten des Pazifik.

Fam.: Carcharhinidae.

Droge: ***Dornhaitran***, das aus frischen Lebern gewonnene Öl. *Inh.:* Triglyceride, Vitamine A und D. *Anw.:* hauptsächlich als Schmiermittel, seltener als Brennöl.

Squilla maritima ↗ Urginea maritima.
Stachelannone ↗ Annona-Arten.
Stachelige Kardamomen ↗ Amomum-Arten.
Stachelkraut ↗ Ononis spinosa.
Stachelmohnöl ↗ Argemone mexicana.
Stachelnuß ↗ Datura-Arten.
Stachelpanaxwurzel ↗ Eleutherococcus senticosus.
Stachys betonica ↗ Stachys officinalis.

■ **Stachys officinalis** (L.) Trev.
(syn. *Stachys betonica, Betonica officinalis*); Betonie (syn. Echter Ziest, Gemeine Betonie, Heilziest, Flohblume).

Fam.: Lamiaceae (Labiatae).

Vork.: Europa, Asien.

Droge: ***Betonicae herba*** (syn. *Herba Betonicae, Herba Betoniae*); Betonienkraut, das getrocknete Kraut. *Inh.:* Betonicin, Stachydrin, Turicin, Cholin, Bitterstoffe und Gerbstoffe (bis 15 %). *Anw.:* volkstümlich bei Erkältungskrankheiten und Verdauungsstörungen.

Hom.: ***Stachys officinalis*** HAB1; Ziest, die frischen, zur Blütezeit gesammelten, oberirdischen Pflanzenteile. *Anw.-Geb.:* Erkrankungen des Magen-Darm-Traktes, der Galle, Leber und der Bauchspeicheldrüse.

Histor.: Der Gattungsname *Stachys* (Ähre) bezieht sich auf die Art des Blütenstandes. Als uralte Heilpflanze stand *S. officinalis* bereits im ägyptischen, griechischen und römischen Altertum in hohem Ansehen. In der von Antonius Musa, dem Leibarzt von Kaiser Augustus, verfaßten Schrift „De herba betonica" wird die Pflanze als Allheilmittel dargestellt. Und nach ↗ Plinius gab man einem Kranken, von dem man nicht genau wußte, was ihm fehlte, stets Betonie.

Stachys recta ↗ Sideritis-Arten.
Stangenpfeffer ↗ Piper longum.
Stanitzlblume ↗ Zantedeschia aethiopica.
Stapelia decaisneana ↗ Caralluma decaisneana.
Staphisagriae semen ↗ Delphinium staphisagria.
Staphisagria macrocarpa ↗ Delphinium staphisagria.

■ **Stärke**
(lat. Amylum), Gemisch der Polysaccharide Amylose (15–30 %, löslich) und Amylopektin (70–85 %, unlöslich). Amylose besteht aus langen, unverzweigten Kettenmolekülen, die aus D-Glykopyranose-Einheiten (300–600) in α-1,4-glykosidischer Bindung aufgebaut sind. Amylopektin liegt als verzweigtes Molekül vor, das aus vielen linearen Einzelgliedern von 20 bis 30 Glucosemolekülen in α-1,4-glykosidischer Bindung besteht, die zusätzlich durch α-1,6-Verzweigungsstellen (seltener 1,3) miteinander verknüpft sind. S. ist das am weitesten verbreitetste Speicherkohlenhydrat (Reservestoff) in Pflanzen. Sie wird in charakteristisch geformten Stärkekörnern in Amyloplasten abgelagert. S. deckt in erheblichem Maße den Kohlenhydratbedarf des Menschen und wird in der pharmazeutischen Technologie als Hilfsstoff vielfältig eingesetzt, u. a. zur Tablettierung, als Pudergrundlage, Salben-

grundlage, zur Herstellung von Stärkekapseln, als Mucilaginosum, Ausgangspunkt zur Herstellung partialsynthetischer Derivate, wie Hydroxyethylstärke als Plasmaersatzmittel. Offizinell sind die S. aus Mais (↗ *Zea mays*), Reis (↗ *Oryza sativa*), Kartoffeln (↗ *Solanum*-Arten) und Weizen (↗ *Triticum aestivum*), weiterhin verwendet werden auch Roggenstärke (*Amylum Secalis*) und Gerstenstärke (*Amylum Hordei*).

Statice armeria ↗ Armeria maritima.
Stäubling ↗ Calvatia gigantea.

■ Staurosporin

Indolalkaloid, das von *Streptomyces staurosporeus* und anderen *Streptomyces*-Arten gebildet wird. Wirk.: stark blutdrucksenkend, antimykotisch, hemmt die Blutgerinnung, unspezifischer Inhibitor von Proteinkinasen, hemmt die Zellteilung (cancerostatisch). Anw.: in der experimentellen Pharmakologie.

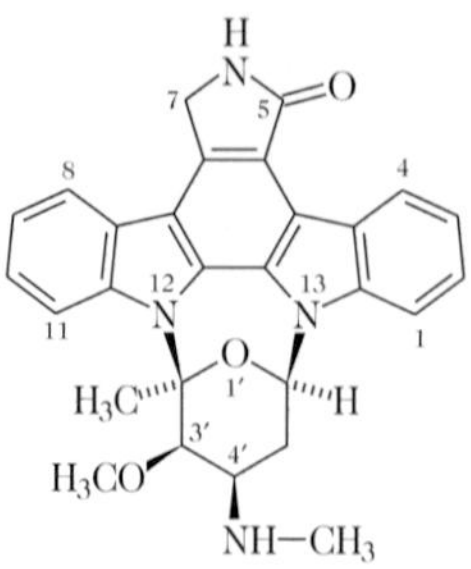

Staurosporin

Stechapfel ↗ Datura-Arten.
Stechapfelblätter ↗ Datura-Arten.
Stechdorn ↗ Rhamnus catharticus.
Stecheichenblätter ↗ Ilex aquifolium.
Stechender Mäusedorn ↗ Ruscus aculeatus.
Stechginster ↗ Ulex europaeus.
Stechkörner ↗ Silybum marianum.
Stechmyrte ↗ Ruscus aculeatus.
Stechmyrtenrhizom ↗ Ruscus aculeatus.
Stechpalme ↗ Ilex aquifolium.
Stechpalmenblätter ↗ Ilex aquifolium.
Stechwinde ↗ Smilax-Arten.
Stechwindenwurzel ↗ Smilax-Arten.
Stefanskraut ↗ Delphinium staphisagria.
Steffensia elongata ↗ Piper angustifolium.
Steife Waldrebe ↗ Clematis-Arten.
Steinbeerblätter ↗ Vaccinium-Arten.
Steinbeeren ↗ Vaccinium-Arten.
Steinbeerenblätter ↗ Arctostaphylos uva-ursi.
Stein-Bibernelle ↗ Pimpinella-Arten.
Steinblüte ↗ Lophophytum leandri.
Steinbrech-Bibernelle ↗ Pimpinella-Arten.
Steindammar ↗ Shorea wiesneri.
Steineiche ↗ Quercus-Arten.
Steinesche ↗ Fraxinus-Arten.
Steinhirse ↗ Lithospermum officinale.
Steinklee ↗ Melilotus altissima, ↗ Melilotus officinalis.

■ Steinkohlenteer

(syn. *Oleum Lithanthracis, Pix Lithanthracis*), der durch trockene Destillation aus Steinkohle gewonnene Teer. Inh.: komplexe Mischung aus Verbindungen der Benzolreihe, Phenole, Anilin-, Chinolin- und Pyridinbasen. Wirk.: juckreizstillend, desinfizierend. Anw.: äußerlich bei Hauterkrankungen.

Steinkresse ↗ Chrysoplenium alternifolium.
Steinlinde ↗ Tilia-Arten.
Steinmelisse ↗ Nepeta cataria.
Steinnüsse ↗ Phytelephas-Arten.
Steinöl ↗ Erdöl.
Steinpfeffer ↗ Sedum acre.
Steinsaat ↗ Lithospermum officinale.
Steinsame ↗ Lithospermum officinale.
Steinweichsel ↗ Prunus-Arten.
Steinweide ↗ Salix-Arten.
Steinwurz ↗ Collinsonia canadensis.
Steinwurzel ↗ Ononis spinosa.
Stellariae media herba ↗ Stellaria media.

■ Stellaria media (L.) Vill.

(syn. *Alsine media*); Vogelmiere.

Fam.: Caryophyllaceae.

Vork.: weltweit.

Droge: ***Stellariae media herba*** (syn. *Herba Stellariae, Herba Stellariae media, Herba Alsines*); Vogelmierenkraut. Inh.: Vitamin C, Rutin, Fett. Anw.: früher in der Volksheilkunde bei Hämorrhoiden.

Hom.: ***Stellaria media*** HAB34; Vogelmiere, die frischen, blühenden, oberirdischen Pflanzenteile. Anw.-Geb.: Erkrankungen des Stütz- und Bewegungsapparates, wie Rheuma und Berührungsschmerzen.

Histor.: Dem Gattungsnamen *Stellaria* liegt das lateinische *stella* (Stern) zugrunde. Es bezieht sich auf die Anordnung der Blütenblätter; *media* bedeutet die mittlere. Mit der deutschen Bezeichnung Vogelmiere wird die Verwendung der Pflanze als beliebtes Vogelfutter ausgedrückt. Die Herkunft der Bezeichnung Miere ist ungewiß.

Stellaris scilla ↗ Urginea maritima.
Stellera altaica ↗ Stellera chamaejasme.
Stellera bodinieri ↗ Stellera chamaejasme.

■ **Stellera chamaejasme** L.
(syn. *Passerina racemosa, P. stelleri, Septas hypericifolia, Stellera altaica, St. bodinieri, St. concinna, St. hypericifolia, Wikstroemia chamaejasme, W. hypericifolia*).
Fam.: Thymelaeaceae.
Vork.: Zentralasien, Steppengebiete Ostsibiriens, Mongolei, Nordchina, Himalajagebiete.
Drogen:. *1. **Stellera-chamaejasme-Kraut***, das getrocknete Kraut. *Inh.:* Cumarine, Diterpenester, u. a. Huratoxin, Simplexin und Subtoxin A. *Anw.:* in der ostasiatischen Volksheilkunde als Vasicans bei Furunkeln, als Hautreizmittel bei Rheuma, gegen übermäßige Schweißabsonderung, bei Obstipation sowie als Brechmittel. *2. **Stellera-chamaejasme-Wurzel***, die getrockneten Wurzeln. *Inh.:* Diterpene, u. a. Huratoxin, Subtoxin A, Simplexin; Lignane, Biflavonoide, Flavonoide. *Anw.:* in der Volksheilkunde Sibiriens zur Behandlung von Tumoren, bei Eingeweidewürmern, Fieber und Syphilis sowie zur Gichtbehandlung. Da die Pflanze möglicherweise cancerogen ist, wird von einer Verwendung abgeraten.

Stellera concinna ↗ Stellera chamaejasme.
Stellera hypericifolia ↗ Stellera chamaejasme.
Stellwurzel ↗ Veratrum album.

■ **Stemona tuberosa** Lour.
Fam.: Stemonaceae.
Vork.: Indien bis Südchina, Taiwan, Japan, Vietnam.
Droge: die Wurzeln. *Inh.:* Alkaloide, u. a. Tuberostemonin, Oxotuberostemonin, Stenin. *Anw.:* in der asiatischen Volksheilkunde bei Erkrankungen der Luftwege sowie als Anthelmintikum.

Stengelblatt ↗ Caulophyllum thalictroides.
Stengellose Eberwurz ↗ Carlina acaulis.

Stengelmanna ↗ Fraxinus-Arten.
Stenolobium quinquejugum ↗ Tecoma stans.
Stenolobium stans ↗ Tecoma stans.

■ **Stephania rotunda** Lour.
Fam.: Menispermaceae.
Vork.: China, Vietnam, Japan, Indien.
Droge: die Wurzeln. *Inh.:* Alkaloide, u. a. Rotundin, Stepharotin, Stepharin, Tetrahydropalmatin, Berberin, Protoberberin. *Anw.:* in der Volksheilkunde zur Beruhigung, als leichtes Narkotikum und Hypnotikum.

■ **Stephania tetrandra** S. Moore.
Fam.: Menispermaceae.
Vork.: Ostasien.
Droge: die ganze Pflanze. *Inh.:* Bisbenzylisochinolinalkaloide, u. a. (+)-Tetrandin, Fangchino-

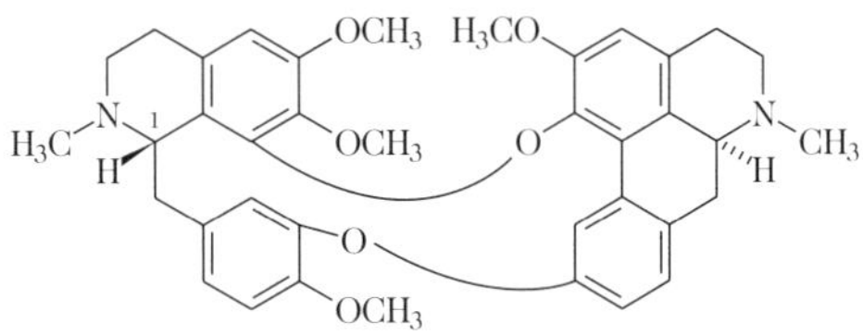

Tetrandin

lin und Cyclanolin. *Wirk.:* gefäßerweiternd, blutdrucksenkend, entzündungshemmend, fiebersenkend. *Anw.:* in der asiatischen Volksheilkunde.

Stephanskörner ↗ Delphinium staphisagria.
Stephanskraut ↗ Delphinium staphisagria.
Steppenraute ↗ Peganum harmala.
Sterbekraut ↗ Erysimum crepidifolium.
Sterculia acuminata ↗ Cola-Arten.

■ **Sterculia-Arten**
● **Fam.:** Sterculiaceae.
Die Gattung Sterculia besteht aus etwa 200 Arten. Wichtige Drogenlieferanten sind
● **Sterculia appendiculata** K. Schum.,
● **Sterculia foetida** L.,
● **Sterculia quinqueloba** (Garcke) K. Schum. (syn. *Cola quinqueloba*),
● **Sterculia rhinopetala** K. Schum.,
● **Sterculia setigera** Del. (syn. *Sterculia tomentosa*),
● **Sterculia tragacantha** Lindl. (syn. *Southwellia tragacantha, Sterculia obovata, S. pubescens*) und
● **Sterculia urens** Roxb. (syn. *Cavallium urens*).

Die meisten Arten bilden in erheblichen Mengen Gummi ähnlicher Zusammensetzung.

Vork.: tropische Gebiete Asiens, Afrikas und Amerikas.

Droge: ***Sterculiae gummi*** (syn. *Gummi Sterculiae, Gummi Tragacantha indica, Gummi Tragacanthae indicae, Tragacantha indica*); Indischer Tragant (syn. Kadaygummi, Karaya-Gummi, Sterculiagummi), der durch Einschnitte in die Rinde der Stämme und Zweige ausgetretene und getrocknete Schleim. *Inh.:* Polysaccharide aus D-Galacturonsäure, D-Galactose (43 %), L-Rhamnose (ca. 20 %) und freier Essigsäure (14–17 %) bestehend, ferner Gerbstoffe (ca. 2 %) und Mineralstoffe (ca. 8 %). *Wirk.:* hohe Quellfähigkeit im alkalischen Darmsaft, laxierend und appetitmindernd. *Anw.:* in Form von Arzneifertigpräparaten, die zur Appetitminderung bei Übergewicht genutzt werden, sowie als Laxantien, z. T. in Kombination mit weiteren Arzneistoffen. Außerdem auch als hautfreundliches Klebeprodukt, z. B. für Kolostomiebeutel und als Prothesehaftmittel. Als Ersatz für diese Droge wird auch Kutira-Gummi von ↗ *Cochlospermum gossypium* verwendet.

Sterculiae gummi ↗ Sterculia-Arten.
Sterculiagummi ↗ Sterculia-Arten.
Sterculia nitida ↗ Cola-Arten.
Stercus diaboli ↗ Ferula foetida.
Steriler Leinenfaden ↗ Linum usitatissimum.
Sternanisfrüchte ↗ Illicium verum.
Sternanisöl ↗ Anisi aetheroleum, ↗ Illicium verum.
Sternblume ↗ Astrantia major.
Sterndolde ↗ Astrantia major.
Sternkiefer ↗ Pinus-Arten.
Sternkraut ↗ Paris quadrifolia.
Sternleberkraut ↗ Hepatica nobilis.
Sternlebermoos ↗ Marchantia polymorpha.
Sternnußpalmen ↗ Astrocaryum-Arten.
Sternstachelbaum ↗ Phyllanthus acidus.
Stern- und Runzelwurzel ↗ Aletris farinosa.
Sternwurzel ↗ Aletris farinosa.
Steroidalkaloide ↗ Alkaloide.
Steroidsaponine ↗ Saponine.
Steviablätter ↗ Stevia rebaudiana.
Steviae rebaudianae folium ↗ Stevia rebaudiana.

■ Stevia rebaudiana (Bertoni) Hemsl.

(syn. *Eupatorium rebaudianum*); Süßstoffpflanze (syn. Honigkraut).

Fam.: Asteraceae (Compositae).

Vork.: Mittel- und Südamerika.

Droge: ***Steviae rebaudianae folium*** (syn. *Folia Steviae rebaudianae*); Steviablätter, die getrockneten Blätter. *Inh.:* glykosidische Diterpene des Kaurantyps, bes. Steviosid (5–10 %), Rebaudiosid A (2–4 %), Rebaudiosid C (1–2 %) und Dulcosid A

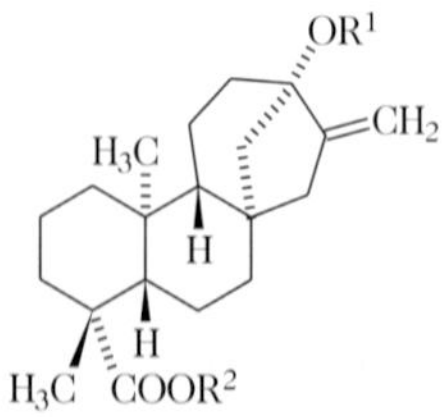

Name	R¹	R²
Steviol	H	H
Steviosid	Glc(β1→2)Glcβ	β-D-Glc*p*

(0,2–0,7 %). Ferner Diterpene des Labdantyps, u. a. 6-*O*-Acetylaustroinulin (0,15 %), äther. Öl (0,1–0,4 %, u. a. Nerolidol, Caryophyllenoxid und Geraniol enthaltend) sowie Flavonoidglykoside des Apigenins, Luteolins, Kämpferols und Quercetins. *Wirk.:* Steviosid besitzt die 300fach stärkere Süßkraft als die Saccharose und wird von Rebaudiosid A, das zudem auch einen angenehmeren Geschmack besitzt, noch übertroffen. *Anw.:* volkstümlich in den Herkunftsgebieten bei Diabetes, Hypertonie und als empfängnisverhütendes Mittel. Im Haushalt als Süßungsmittel.

Steviosid ↗ Stevia rebaudiana.
Stichsaat ↗ Silybum marianum.
Stichsamen ↗ Silybum marianum.
Stichwurz ↗ Arnica-Arten.
Stichwurzel ↗ Arnica-Arten.
Sticta ↗ Lobaria pulmonaria.
Stiefmütterchen ↗ Viola-Arten.
Stieleiche ↗ Quercus-Arten.
Stielpfeffer ↗ Piper cubeba.
Stigma Croci ↗ Crocus sativus.

■ Stigmasterol

(Stigmasterol), häufig in Pflanzen vorkommendes Phytosterol mit anticholesterolämischer Wirksamkeit (Formel S. 319).

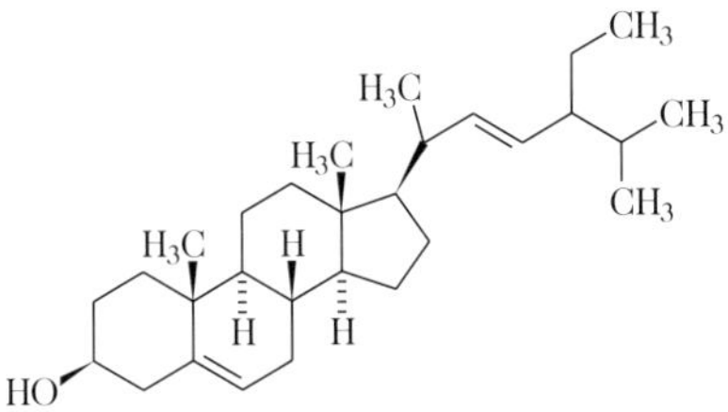

Stigmasterol

Stigmata Croci ↗ Crocus sativus.
Stigmata Maidis ↗ Zea mays.
Stigmata Maydis ↗ Zea mays.
Stilago bunius ↗ Antidesma bunius.
Stillingia ↗ Stillingia silvatica.
Stillingiae radix ↗ Stillingia silvatica.
Stillingia sebiferum ↗ Sapium sebiferum.

■ Stillingia silvatica L.

(syn. *Sapium sylvaticum*); Stillingia (syn. Stillingie).

Fam.: Euphorbiaceae.

Vork.: Amerika.

Droge: ***Stillingiae radix*** (syn. *Radix Stillingiae*). Inh.: Alkaloide, wie Stillingin; äther. Öl, Harz, fettes Öl. Anw.: in der Volksheilkunde als Laxans und Brechmittel.

Hom.: ***Stillingia sylvatica*** HAB34; die getrockneten, unterirdischen Pflanzenteile. Anw.-Geb.: Erkrankungen der unteren Atemwege, der Leber, Galle, Bauchspeicheldrüse, des lymphatischen Systems sowie des Stütz- und Bewegungsapparates, wie Knochenhautentzündungen.

Stillingie ↗ Stillingia silvatica.
Stinkandorn ↗ Ballota nigra.
Stinkasant ↗ Ferula assa-foetida, ↗ Ferula foetida.
Stinkbaltes ↗ Valeriana officinalis.
Stinkbusch ↗ Rhus-Arten.
Stinkbuschwurzelrinde ↗ Rhus-Arten.
Stinkdill ↗ Coriandrum sativum.
Stinkdillsamen ↗ Coriandrum sativum.
Stinkende Hundskamille ↗ Anthemis cotula.
Stinkende Nieswurz ↗ Helleborus-Arten.
Stinkender Gänsefuß ↗ Chenopodium-Arten.
Stinkender Schierling ↗ Conium maculatum.
Stinkender Storchschnabel ↗ Geranium robertianum.
Stinkendes Tieröl ↗ Oleum animale.
StinkendeWiesenraute ↗ Thalictrum foetidum.
Stinkkamille ↗ Anthemis cotula.
Stinkmelde ↗ Chenopodium-Arten.
Stinkmorchel ↗ Phallus impudicus.
Stinksalat ↗ Lactuca virosa.
Stinkschwamm ↗ Phallus impudicus.
Stinkstrauch ↗ Anagyris foetida.
Stinktier ↗ Mephitis putorius.
Stinkwacholder ↗ Juniperus sabina.

■ Stipites

Drogen, die aus Stengelteilen bestimmter Pflanzen bestehen, z. B. *Stipites Dulcamarae* bzw. *Dulcamarae stipites*; Bittersüßstengel.

Stipites Cerasi acidi ↗ Prunus-Arten.
Stipites Cerasorum ↗ Prunus-Arten.
Stipites Chrysanthi ↗ Rhododendron-Arten.
Stipites Dulcamarae ↗ Solanum-Arten.
Stipites Grindeliae ↗ Grindelia camporum.
Stipites Jalapae ↗ Ipomoea orizabensis.
Stipites Laminariae ↗ Laminaria-Arten.
Stizolobium pruriens ↗ Mucuna pruriens.
Stockmorchel ↗ Gyromitra esculenta.
Stoechados arabicae flos ↗ Lavandula stoechas.
Stoechas arabica ↗ Lavandula stoechas.
Stoechasblumen ↗ Lavandula stoechas.
Stoechas officinarum ↗ Lavandula stoechas.
Stoechas pedunculata ↗ Lavandula stoechas.
Stoerks Eisenhut ↗ Aconitum-Arten.
Stolones graminis ↗ Agropyron repens.
Stolzer Heinrich ↗ Oenothera biennis.
Stopsloch ↗ Bupleurum-Arten.
Storax ↗ Liquidambar-Arten.
Storax-Balsam ↗ Liquidambar-Arten.
Storaxbaum ↗ Liquidambar-Arten.
Storchschnabel ↗ Geranium maculatum.
Strahlenlose Kamille ↗ Chamomilla suaveolens.
Stramentum Avenae ↗ Avena sativa.
Stramentum Papaveris ↗ Papaver somniferum.
Stramonii folia ↗ Datura-Arten.
Stramonii folium ↗ Datura-Arten.
Stramonii herba ↗ Datura-Arten.
Stramonii semen ↗ Datura-Arten.
Stramoniumblätter ↗ Datura-Arten.
Stramonium e seminibus ↗ Datura-Arten.
Stramonium fastuosa ↗ Datura-Arten.
Stramonium foetidum ↗ Datura-Arten.
Stramonium spinosum ↗ Datura-Arten.
Stramonium vulgatum ↗ Datura-Arten.
Stranddistel ↗ Eryngium-Arten.
Strandgrasnelke ↗ Armeria maritima.

Strandkiefer ↗ Pinus-Arten.
Stränze ↗ Astrantia major.
Strauchige Becherblume ↗ Sarcopoterium spinosum.
Strauchige Pfingstrose ↗ Paeonia suffruticosa.
Strauchpäonie ↗ Paeonia suffruticosa.
Strauchwegerich ↗ Plantago-Arten.
Streichblume ↗ Chrysanthemum-Arten.
Streichkraut ↗ Datisca cannabina, ↗ Reseda luteola.
Streptocaulon cochinchinensis ↗ Calotropis-Arten.
Streptococcus thermophilus Gattung der Milchsäurebakterien zur Herstellung von Joghurt aus Vollmilch.

■ Streptokinase

Protein (M_r 47 000, 416 Aminosäuren) aus dem Kulturfiltrat von β-hämolysierenden Streptokokken (z. B. *Streptococcus haemolyticus* Gruppe C). *Wirk.:* Durch die Bindung von S. an das am Fibrin adsorbierte Plasminogen kommt es zu dessen Konformationsänderung und damit zur Aktivierung der Plasminbildung. *Anw.:* Fibrinolytikum bei peripheren arteriellen Embolien und Thrombosen, Lungenembolien, Venenthrombosen, akutem Herzinfarkt, Veränderungen der Netzhautgefäße.

■ Streptomyces-Arten

Fam.: Streptomycetaceae, eine der acht Hauptfamilien der Ordnung Actinomycetales. S.-Arten sind sporenbildende, grampositive Bakterien mit ausgeprägter Tendenz zur Bildung von Luft- und Substratmycel.

Vork.: weltweit im Erdboden, in Gewässern und Insekten.

Anw.: S.-Arten sind Produzenten bedeutsamer Antibiotika mit dem breitesten Spektrum an Sekundärstoffen. Wichtige Beispiele sind in der Tabelle (S. 321) aufgeführt.

■ Streptomycin

(syn. Streptomycin A) Aminoglykosidantibiotikum, das von *Streptomyces griseus* gebildet wird und als Pseudotrisaccharid aus Streptidin, *N*-Methyl-L-Glucosamin und Streptose aufgebaut ist. *Wirk.:* bakterizid gegenüber gramnegativen Keimen und Tuberkelbakterien durch Hemmung der ribosomalen Proteinsynthese von Prokaryoten. *Anw.:* als Tuberkulostatikum; bei Endocarditis, Peritonitis und Brucellose. Oft kombiniert mit einem zweiten Antibiotikum.

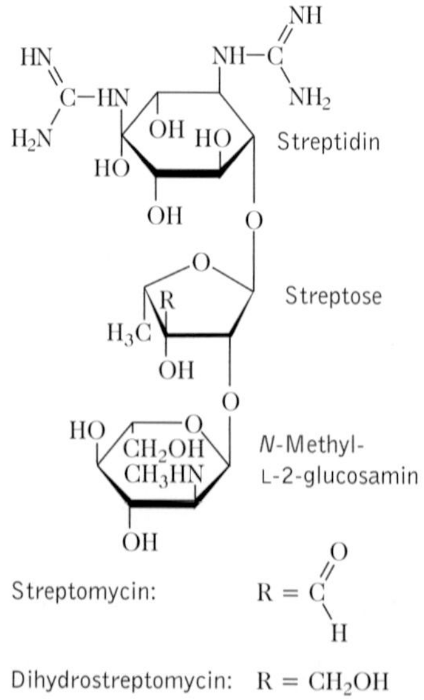

■ Streptozocin

(syn. Streptozotocin), Aminoglykosid-Antibiotikum aus *Streptomyces achromogenes*. *Wirk.:* antifungal, zytostatisch, carcinogen, mutagen, diabetogen. *Anw.:* früher als Cancerostatikum, heute nur noch zur experimentellen Auslösung eines Diabetes bei Versuchstieren in der pharmakologischen Forschung.

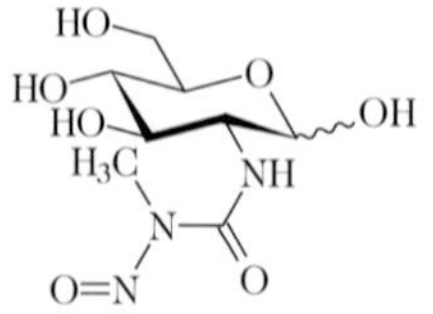

Streptozocin [Streptozotocin, 2-Desoxy-2-(3-methyl-3-nitrosoureido)-D-glucose]

Strobili Humili ↗ Humulus lupulus.
Strobuli Lupuli ↗ Humulus lupulus.
Strobuli Pini ↗ Pinus-Arten.
Strobus lambertiana ↗ Pinus-Arten.
Strobus strobus ↗ Pinus-Arten.
Strobus weymouthiana ↗ Pinus-Arten.
Strohblume ↗ Antennaria dioica, ↗ Helichrysum arenarium, ↗ Helichrysum foetidum.
Strophanthi grati semen ↗ Strophanthus-Arten.

Tabelle: Streptomyces-Antibiotika

Streptomyces-Art	Produkt
Streptomyces albogriseus	Neomycine
Streptomyces ambofaciens	Spiramycin
Streptomyces ardus	Mitomycine
Streptomyces aureofaciens	Tetracycline
Streptomyces caespitosus	Mitomycine
Streptomyces cattleya	Thienomycine (β-Lactamase-Inhibitoren)
Streptomyces chattanoogensis	Natamycin
Streptomyces chrysomallus	Cactinomycin
Streptomyces clavuligerus	Clavulansäure, Cephamycine
Streptomyces lipmanii	Cephamycine
Streptomyces coeruleo-rubidus	Daunorubicin
Streptomyces decaris	Framycetin
Streptomyces erythreus	Erythromycine
Streptomyces flavopersicus	Spectinomycin
Streptomyces fradiae	Fosfomycin, Natamycin, Framycetin
Streptomyces galilaeus	Aclarubicin
Streptomyces griseus	Novobiocin, Streptomycine
Streptomyces kanamyceticus	Kanamycin A
Streptomyces lincolnensis	Lincomycin
Streptomyces mediterranei	Rifamycine
Streptomyces narbonensis	Josamycin
Streptomyces natalensis	Natamycin
Streptomyces niveus	Novobiocin
Streptomyces nodosus	Amphotericin B
Streptomyces noursei	Nystatin
Streptomyces orientalis	Vancomycin
Streptomyces peuceticus var. caesius	Doxorubicin
Streptomyces peuceticus	Daunorubicin
Streptomyces ribosidificus	Ribostamycin
Streptomyces rimosus	Tetracycline
Streptomyces spectabilis	Spektinomycin
Streptomyces spheroides	Novobiocin
Streptomyces takakuariensis	Kanamycin A
Streptomyces tenebrarius	Nebramycin
Streptomyces tsukubaensis	Tacrolimus
Streptomyces venezuelae	Chloramphenicol
Streptomyces verticillatus	Mitomycine
Streptomyces verticillus	Bleomycine

Strophanthi hispidi semen ↗ Strophanthus-Arten.
Strophanthi kombé semen ↗ Strophanthus-Arten.
Strophanthin ↗ Strophanthus-Arten.
Strophanthi semen ↗ Strophanthus-Arten.

■ Strophanthus-Arten

● **Fam.:** Apocynaceae.

● **Strophanthus gratus** (Wall. et Hook. ex Benth.) Baill. (syn. *Roupellia grata*).

Vork.: tropisches Westafrika.

Droge: ***Strophanthi semen*** (syn. *Semen Strophanthi, Semen Strophanthi grati, Strophanthi grati semen*); Gelbe Strophanthussamen (syn. Strophanthussamen), die von ihrem grannenartigen Haarschopf befreiten, reifen Samen; s. Farbtafel S. 306, Bild 153. *Inh.:* Cardenolidglykosidgemisch (5–10 %), davon ca. 80 % g-Strophanthin (= Ouabain), ferner Saponine sowie Trigonellin. *Anw.:* akute Herzinsuffizienz mit Bradykardie bzw. schwerer Dekompensation. Applikation fast ausschließlich parenteral, da die Resorption bei peroraler Einnahme sehr gering ist.

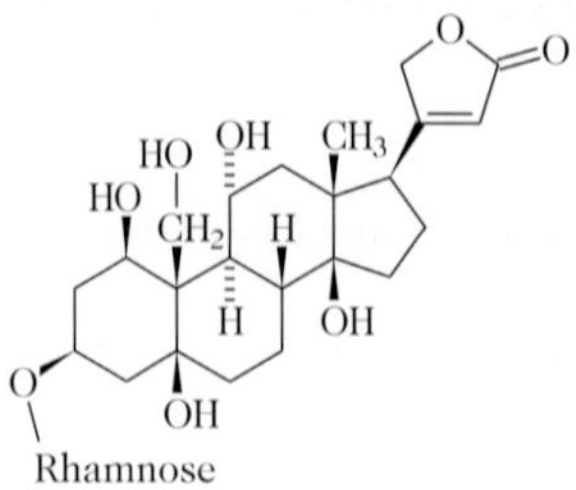

g-Strophanthin

Hom.: ***Strophanthus gratus*** HAB1, die von dem grannenartigen Fortsatz befreiten, reifen, getrockneten Samen. *Anw.-Geb.:* Erkrankungen des Herzens und des arteriellen Gefäßsystems, wie Herzschwäche, Erwartungsangst.

● **Strophanthus hispidus** DC. (syn. *Strophanthus bariba, S. tchabe, S. thierreanus*).

Vork.: West- und Zentralafrika.

Droge: ***Strophanthi hispidi semen***; Behaarte Strophantussamen (syn. Hispidussamen), die reifen, vom federbuschartigen Samenfortsatz befreiten Samen. *Inh.:* Cardenolidglykosidgemisch (ca. 4–8 %), als „h-Strophanthin" oder „Pseudostrophanthin" bezeichnet, mit unter anderem Cymarin (0,5–1 %) als Einzelkomponente. Ferner Saponine und stickstoffhaltige Verbindungen, u. a. Cholin und Trigonellin. *Anw.:* früher in Zubereitungen bei Herzschwäche.

Hom.: ***Strophanthus hispidus***; die reifen Samen. *Anw.-Geb.:* Herzschwäche, nervöse Herzbeschwerden.

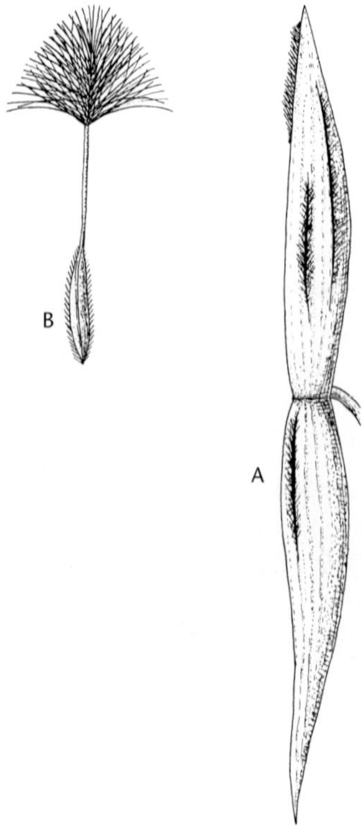

Strophantus hispidus, Frucht (A) und Same (B).

● **Strophanthus kombé** Oliver.

Vork.: tropisches östliches und südliches Zentralafrika, Anbau in Kamerun.

Droge: ***Strophanthi kombé semen*** (syn. *Semen Strophanthi kombé*); Behaarte Strophanthussamen (syn. Kombésamen, Strophanthus-Kombé-Samen,

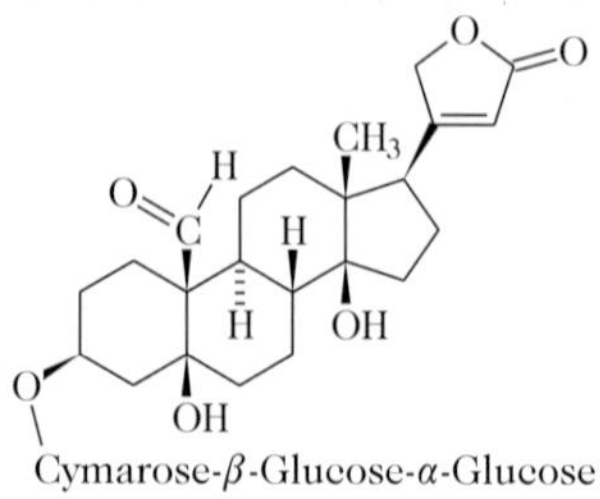

k-Strophanthosid

Strophanthussamen Kombé), die von ihrer Granne befreiten Samen. <u>*Inh.*</u>: Cardenolidgemisch (4–4,4 %) mit „k-Strophanthin" (syn. Kombé-Strophanthin), ca. 60–80 % des Gemisches, als Hauptkomponente, gefolgt von k-Strophanthin-β (10–15 %) bzw. k-Strophanthosid. Ferner Saponine (0,2 %) sowie stickstoffhaltige Verbindungen, u. a. Cholin und Trigonellin. Wirkung und Anwendung s. *Strophanthi grati semen*.

● **Strophanthus sarmentosus** DC. (syn. *Strophanthus laurifolius, S. ogovensis, S. paroissei, S. pendulus, S. punctiferus, S. senegambiae*).

Vork.: Westafrika.

Droge: ***Strophanthus sarmentosus-Samen***, die reifen, vom federbuschartigen Samenfortsatz befreiten Samen. <u>*Inh.*</u>: Cardenolidglykoside. <u>*Anw.*</u>: therapeutisch nicht gebräuchlich.

● **Histor.:** Die Samen der einzelnen Strophanthus-Arten dienten in den jeweiligen Heimatgebieten seit altersher zur Bereitung von Pfeilgiften, die für Jagdzwecke, aber auch für kriegerische Auseinandersetzungen genutzt wurden. Der Gattungsname *Strophanthus* ist aus dem griechischen *strophé* (Drehung) und *anthos* (Blüte) gebildet, bezogen auf die zusammengedrehten, bandartigen Kronzipfel. Die lateinischen Artnamen *gratus* (dankbar, angenehm), *hipidus* (steifhaarig) und *sarmentosus* (wurzelrankig, kriechend) charakterisieren die einzelnen genutzten Species.

Strophanthussamen ↗ Strophanthus-Arten.
Stropharia cubensis ↗ Psilocybe-Arten.
Stropharia cyanescens ↗ Psilocybe-Arten.
Stropharia subcyanescens ↗ Psilocybe-Arten.

■ Strychnin

monoterpenoides Indolalkaloid aus den Samen von *Strychnos nux-vomica* und *Strychnos ignatii* (↗ *Strychnos*-Arten). <u>*Wirk.*</u>: stark bitteres Krampfgift, das die Interneurone im Rückenmark hemmt. Dadurch können bereits geringste Reize eine Krampfinduktion auslösen (Antagonismus zum Glycin), die zu tonischen Spasmen bis zur Atemlähmung führen. <u>*Anw.*</u>: früher in geringen Mengen als Tonikum (Bittermittel) zur Appetitanregung sowie zur Anregung des Atemzentrums, Muskel- und Gefäßtonus sowie zur Schärfung der Sinneswahrnehmung. S. wurde früher ebenfalls als Analeptikum, als Antidot bei Vergiftungen durch Barbiturate und andere zentral lähmende Schlafmittel sowie als Antagonist zu ↗ Curare eingesetzt. Heute ist die Anwendung obsolet.

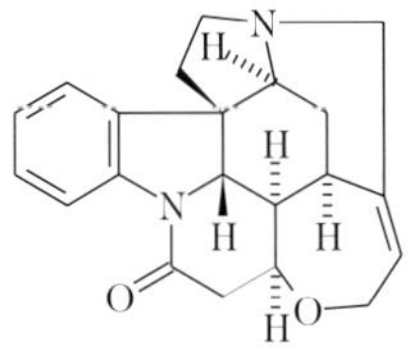

Strychnin

Strychninbaum ↗ Strychnos-Arten.
Strychni potatorum fructus ↗ Strychnos-Arten.
Strychni pseudo-quinae cortex ↗ Strychnos-Arten.
Strychni semen ↗ Strychnos-Arten.
Strychni spinosae folium ↗ Strychnos-Arten.
Strychni spinosae fructus ↗ Strychnos-Arten.
Strychni spinosae radix ↗ Strychnos-Arten.
Strychni wallichianae lignum ↗ Strychnos-Arten.

■ Strychnos-Arten

● **Fam.:** Loganiaceae.

● **Strychnos castelnaei** Wedd. (syn. *Strychnos castelnaeana, S. urari-üva*).

Vork.: Amazonasgebiete von Peru, Brasilien und Kolumbien.

Droge: wäßrige, eingedickte Extrakte der Pflanze (↗ Curare). <u>*Inh.*</u>: bisquartäre Bis-indolalkaloide, u. a. C-Toxiferin I, C-Curarin und C-Calebassin (= C-Toxiferin II) (↗ Toxiferine). <u>*Wirk.*</u>: muskelerschlaffend. <u>*Anw.*</u>: dimere Reinalkaloide als Muskelrelaxantien zur Narkosevorbereitung. Durch synthetische Präparate heute weitgehend ersetzt. In den Herkunftsgebieten als Pfeilgifte für Jagdzwecke (↗ Drogen und Pfeilgifte der Indianermedizin).

Hom.: ***Curare*** HAB 34, der von den Indianern als Pfeilgift benutzte eingedickte Saft aus der Rinde. <u>*Anw.-Geb.*</u>: Lähmungen, Lähmigkeit, Krämpfe.

● **Strychnos ignatii** Berg. (syn. *Ignatia amara, I. philippinensis, Ignatiana philippinica, Strychnos balansae, S. beccarii, S. blay-hitam, S. cuspidata, S. hainanensis, S. krabiensis, S. lanceolaris, S. ovalifolia, S. philippensis, S. pseudo-tieuté, S. tieuté*); Sankt Ignatiusbohne.

Vork.: Südostasien.

Droge: ***Ignatii semen*** (syn. *Faba Febrifuga, Faba Indica, Faba Sancti Ignatii, Fabae St. Ignatii, Ignatia, Semen Ignatii*); Ignatiusbohne (syn. Ignazbohne), die reifen Samen. <u>*Inh.*</u>: Alkaloide

(2,5–5 %) mit ↗ Strychnin als Hauptalkaloid. Ferner Kaffeesäurederivate und Schleimstoffe. Anw.: zur Gewinnung von Strychnin. Volkstümlich früher in Zubereitungen als Tonikum bei Schwächezuständen und als Amarum.

Hom.: ***Strychnos ignatii*** HAB1; Ignazbohne, die getrockneten, reifen Samen. Anw.-Geb.: als Konstitutionsmittel bei Erkrankungen des zentralen und peripheren Nervensystems, der oberen und unteren Atemwege, des Magen-Darm-Traktes, der weiblichen Geschlechtsorgane sowie bei spastischer Diathese, bei nervösen Störungen, Verstimmungszuständen, Krämpfen an Hohlorganen und Muskeln.

● **Strychnos nux-vomica** L. (syn. *Strychnos colubrina, S. lucida, S. spireana, S. vomica*). Brechnußbaum (syn. Krähenaugenbaum, Strychninbaum).

Vork.: Pakistan, Indien, Südostasien.

Droge: ***Strychni semen*** (syn. *Nux Metella, Nux vomica, Semen Nucis vomica, Semen Strychni*); Brechnußsamen (syn. Krähenauge, Strychnossamen), die reifen, getrockneten Samen; s. Farbtafel S. 306, Bild 154. Inh.: Alkaloide (2–3 %) mit ↗ Strychnin (1,1–1,5 %) und Brucin (ca. 1 %) als Hauptalkaloide. Anw.: früher in Zubereitungen, z. B. der Tinktur, als Tonikum, appetitanregendes Mittel sowie bei Herz-Kreislauf-Beschwerden. Ferner als Ausgangsmaterial zur Gewinnung von ↗ Strychnin.

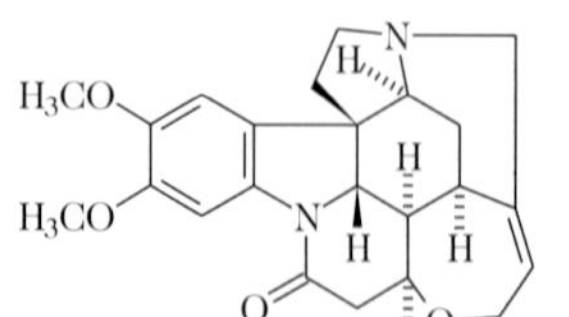

Brucin

Hom.: ***1. Strychnos nux-vomica*** HAB1, die getrockneten, reifen Samen. Anw.-Geb.: u. a. fieberhafte Erkrankungen, Entzündungen des Magen-Darm-Kanals, Kreislaufbeschwerden, Nervenschmerzen, rheumatische Beschwerden, Muskelkrämpfe, Schlafstörungen, Verstimmungszustände. ***2. Angostura spuria*** HAB34, die getrocknete Rinde.

Histor.: Brechnußsamen hatten in den beiden großen medizinischen Systemen Indiens, der ↗ Ayurveda und Yunani, große Bedeutung, z. B. bei Appetitlosigkeit, Fieber und Muskelschwäche. Auch in der traditionellen chinesischen Medizin wurden Zubereitungen der Droge, hergestellt durch kurzes hohes Erhitzen, z. B. in heißem Sand, zur Förderung der Blutzirkulation und Schmerzlinderung eingesetzt. Der Gattungsname *Strychnos* wurde bei den griechischen Ärzten der Antike für verschiedene giftige Solanaceen genutzt. Mit der Überführung ins Lateinische wurde die Bezeichnung *Nux vomica* (*nux*, Nuß, der apfelähnlichen Beerenfrüchte wegen; *vomica* brechen) gewählt. Auch diese Bezeichnung ist wenig glücklich, da die Früchte weder Nüsse sind, noch die Droge ein Brechmittel darstellt. Die Bezeichnung Krähenauge ist auf das augenartige Aussehen der knopfartigen, sehr harten Samen zurückzuführen.

Strychnos nux-vomica, blühender Sproß und Beere.

● **Strychnos potatorum** L. f. (syn. *Strychnos heterdoxa, S. stuhlmanii, S. tatankotta*).

Vork.: Afrika, Madagaskar, eingebürgert in Indien, Sri Lanka, Pakistan, USA.

Droge: ***Strychni potatorum fructus***, die unreifen oder reifen Früchte und Samen. Inh.: Alkaloide (0,1–3 %), v. a. Diabolin, Strychnin und Brucin. Anw.: in der Ayurveda-Medizin als Brechmittel bei Vergiftungen, Augenerkrankungen, Durst, Halluzinationen; die reifen Früchte auch bei Entzündungen, Gelbsucht, Anämie; volksheilkundlich weiterhin bei Erkrankungen der Nieren und Harnwege, zur Behandlung von Schlangenbissen und Furunkeln.

● **Strychnos pseudo-quina** St. Hil. (syn. *Geniostoma febrifugum*).
Vork.: Zentralbrasilien, Paraguay.
Droge: ***Strychni pseudo-quinae cortex***, die Stammrinde. Inh.: Alkaloide (ca. 6 %), wie Nordihydrotoxiferin. Anw.: in der Volksheilkunde bei fieberhaften Erkrankungen, Malaria, Erkrankungen der Leber, der Milz und des Magens.

● **Strychnos spinosa** Lam. (syn. *Brehmia spinosa, Strychnos buettneri, S. cardiophylla, S. carvalhoi, S. courteti, S. cuneifolia, S. djalonis, S. dulcis, S. emarginata, S. euryphylla, S. flacurtii, S. gilletii, S. gracillima, S. harmsii, S. laxa, S. leiosepala, S. lokua, S. melanocarpa, S. miniungansamba, S. omphalocarpa, S. pluvialis, S. radiosperma, S. rhombifolia, S. sansibariensis, S. scheinfurthii, S. spinosa, S. tonga, S. volkensii, S. vontac, S. vuntac*); Natalorange.
Vork.: tropisches Afrika und Amerika, Anbau der alkaloidfreien Kulturform in Westafrika, Madagaskar und Südflorida als Obstbaum.
Drogen: *1.* ***Strychni spinosae folium***, die frischen oder getrockneten Blätter. Inh.: Alkaloide (0,065–0,09 %), v. a. Akagerin, Kribin und 10-Hydroxyakagerin. Anw.: in der Volksheilkunde bei Augenentzündungen, Malaria, Meningitis, Asthma, Trypanosomiasis; äußerlich bei Geschwüren. *2.* ***Strychni spinosae fructus***, die frischen Früchte. Inh.: Alkaloide (ca. 0,012 %); Lignane, wie Lirioresinol B und das Monoterpenlacton Stryspinolacton in den Samen. Anw.: in der Volksheilkunde wird das Mus der unreifen Früchte als Emetikum, bei Fieber und Schlangenbissen, zur Wundbehandlung und bei Wachstumsstörungen von Kindern verwendet. Die Früchte der alkaloidfreien Zuchtformen werden als Obst benutzt oder zu alkoholischen Getränken vergoren. *3.* ***Strychni spinosae radix***, die frische oder getrocknete Wurzel bzw. die Wurzelrinde. Inh.: Alkaloide (ca. 0,07 %). Anw.: in der Volksheilkunde bei Leibschmerzen, Durchfällen, Schlangenbissen, Potenzstörungen, Entzündungen und gegen Sandflöhe.

● **Strychnos toxifera** Schom. ex Benth. (syn. *Strychnos syntoxica*).
Vork.: Südamerika, bes. Panama, Kolumbien, Venezuela, Guayana, Brasilien.
Droge: ***Curare***. Inhaltsstoffe und Anwendung s. *S. castelnaei*.

● **Strychnos wallichiana** Steud. ex DC. (syn. *Strychnos bourdillonii, S. cinnamomifolia, S. colubrina, S. gaultheriana, S. javanensis, S. malaccensis, S. pierriana, S. rheedei, S. tubiflora*).
Vork.: Südostasien.
Droge: ***Strychni wallichianae lignum*** (syn. *Lignum Colubrinum*); Schlangenholz), die ungeschälte Stamm- und Wurzelrinde. Inh.: Alkaloide (ca. 0,3 %), u. a. Strychnin. Anw.: in der traditionellen Medizin der Herkunftsgebiete bei Fieber, Malaria, Rheumatismus, Epilepsie und Hauterkrankungen.
Hom.: ***Strychnos gaultheriana*** (syn. *Hoang-Nan*) HAB34; die getrocknete Rinde. Anw.-Geb.: bösartige Geschwülste.

Strychnossamen ↗ Strychnos-Arten.

■ **Stryphnodendron barbatimao** Mart.
Fam.: Fabaceae (Leguminosae).
Vork.: Brasilien.
Droge: ***Cortex Adstringens brasiliensis*** (syn. *Cortex Barbatimao verus*); Barbatimaorinde. Inh.: Gerbstoffe (18–30 %), Phlobaphene. Anw.: in der Volksheilkunde als Adstringens und zum Gerben.
Hom.: ***Stryphnodendron*** HAB34, die getrocknete Rinde.

Studentenblume ↗ Calendula officinalis, ↗ Tagetes patula.
Sturmhut ↗ Aconitum-Arten.
Styli Maydis ↗ Zea mays.
Styrax ↗ Liquidambar-Arten.

■ **Styrax-Arten**
● **Fam.:** Styracaceae. Die Gattung umfaßt etwa 120 Arten.

● **Styrax benzoides** Craib. (syn. *Styrax macrothyrum*).
Vork.: Malaiische Halbinsel.
Droge: ***Siam-Benzoe***. Inhaltsstoffe und Anwendung s. *Styrax tonkinensis*.
Hom.: ***Benzoes resina*** HAB34, das Harz. Anw.-Geb.: rheumatische, degenerative und gichtige Gelenkserkrankungen, Erkrankungen der Harnwege und der Ganglien.

● **Styrax benzoin** Dryand. (syn. *Benzoin officinale, Styrax benzoe, S. benjoin, Lithocarpus benzoin*); Benzoe-Storaxbaum.
Vork.: Sumatra, West-Java, Malaiische Halbinsel.
Droge: ***Benzoe Sumatra*** (syn. *Benzoinum, Resina Benzoe Sumatra*); Sumatra-Benzoe. Inh.:

Coniferylbenzoat und Cinnamylbenzoat (70–80 %), Zimtsäurecinnamylester, Zimtsäurephenylpropylester, freie Zimtsäure und geringe Mengen Vanillin. Anwendung s. *Styrax tonkinensis*.

● **Styrax tonkinensis** (Pierre) Craib ex Hartwich (syn. *Anthostyrax tonkinensis, Styrax macrothyrsus*).

Vork.: Laos, Vietnam, Ostthailand.

Droge: ***Benzoe siamensis*** (syn. *Asa dulcis, Asa odorata, Benzoe tonkinensis, Benzoinum, Gummi Asa dulcis, Styrax benzoin*); Siam-Benzoe (syn. Wohlriechender Asant, Süßer Asant), s. Farbtafel S. 306, Bild 155. *Inh.:* Coniferylbenzoat (60–80 %), *p*-Cumarylbenzoat (10–15 %), Cinnamoylbenzoat, freie Benzoesäure (bis 20 %), α-Siaresinolsäure, Vanillin. *Anw.:* in der Volksheilkunde bei Katarrhen der Atemwege. Die aus Siam-Benzoe bereitete Benzoetinktur diente früher zur Behandlung von Ekzemen und Dermatomykosen. Sie wurde auch für Mundspülungen herangezogen. *Geg.:* Die Droge kann Kontaktallergien auslösen und ist daher Personen mit allergischer Prädisposition nicht zu empfehlen.

Hom.: ***1. Acidum benzoicum e resina*** HAB1, aus Siam-Benzoe sublimierte Benzoesäure. *Anw.-Geb.:* rheumatische, degenerative und gichtige Gelenkerkrankungen, Erkrankungen der Harnwege und der Ganglien. ***2. Benzoe resina*** HAB34, das in Thailand (frühere Bezeichnung war Siam) gewonnene Harz.

● **Histor.:** Durch ein Geschenk des ägyptischen Sultans an den Dogen von Venedig wurde das Benzoeharz 1461 zum ersten Mal nach Italien gebracht. In den darauffolgenden Jahrzehnten wurde die Droge bald ein bekannter Handelsartikel. 1518 war es als *Asa dulcis* in der Braunschweiger Ratsapotheke vorhanden. Valerius ↗ Cordus erwähnt in seinem Dispensatorium die gute Wirkung und den angenehmen Geruch der Droge. Die konservierenden Eigenschaften der Benzoe bezüglich Schweineschmalzzubereitungen konnte 1843 nachgewiesen werden. Bis ins 18. Jh. hinein fand keine Unterscheidung zwischen Sumatra- und Siam-Benzoe statt, erst mit der Einführung moderner Untersuchungsmethoden traf man die heute noch übliche Differenzierung. Abzugrenzen von der *Benzoe* ist die Droge *Styrax*, die von ↗ *Liquidambar*-Arten stammt und seit dem Altertum als Räuchermittel (Judenweihrauch) und zum Einbalsamieren genutzt wurde.

Styrax crudus ↗ Liquidambar-Arten.
Styrax liquidus ↗ Liquidambar-Arten.

■ **Suaeda physophora** Pall.
Sode.

Fam.: Chenopodiaceae.

Vork.: Rußland.

Droge: die ganze Pflanze. *Inh.:* Alkaloide, Kochsalz. *Anw.:* in der Volksheilkunde als Anthelmintikum. Die Pflanze wurde u. a. auch zur Gewinnung von Pottasche herangezogen.

Suber ↗ Quercus-Arten.

■ **Suberin**
bildet in Pflanzen die lipophile Schutzschicht der äußeren Abschlußgewebe (Kork) von Stämmen, Ästen und Wurzeln. S. wird auch in Pflanzenteilen bei der Wundheilung gebildet. Es ist ein Gemisch von Polyestern, deren Hauptbestandteile α,ω-Dicarbonsäuren, ω-Hydroxyfettsäuren, Fettsäuren und -alkohole sowie phenolische Verbindungen sind.

Suber Quercinum ↗ Quercus-Arten.
Suber sardoa ↗ Quercus-Arten.
Suber variabilis ↗ Quercus-Arten.
Succade ↗ Citrus-Arten.

■ **Succinum HAB1**
Bernstein, fossiles Harz (Bernstein). *Anw.-Geb.:* anthroposophische Therapierichtung.

■ **Succisa pratensis** Moench
(syn. *Morsus diaboli, Scabiosa succisa*); Teufelsabbiß.

Fam.: Dipsacaceae.

Vork.: Europa.

Droge: ***Morsus diaboli radix*** (syn. *Radix Morsus diaboli, Radix Scabiosae, Radix Succisae, Radix Succisae pratensis*); Teufelsabbißwurzel. *Inh.:* Saponine, Bitterstoffe, Gerbstoffe, Stärke, Saccharose. *Anw.:* in der Volksheilkunde zur „Blutreinigung", als Diuretikum, bei Husten, Heiserkeit, Lungenerkrankungen, als Anthelmintikum; äußerlich bei Hauterkrankungen, Ekzemen, Geschwüren und Quetschungen.

■ **Succus**
eingeengter Preßsaft oder Auszug von Pflanzenteilen, oft von Früchten, der häufig Grundlage

von Arzneizubereitungen bildet, z. B. Succus Liquiritiae (↗ *Glycyrrhiza glabra*).

Succus Angophorae ↗ Angophora lanceolata.

Succus cyrenaicus antiquorum ↗ Ferula foetida.
Succus Hypocystidis ↗ Cytinus hypocystis.
Succus Thebaicus ↗ Papaver somniferum.
Suchtkraut ↗ Galega officinalis.

Sucht und Suchtdrogen biogenen Ursprungs

Matthias F. Melzig

Einführung

Drogensucht (engl.: drug addiction = Drogenabhängigkeit) ist ein gravierendes Problem aller Industriegesellschaften bzw. ein Zivilisationsphänomen. Sucht wird definiert als ein Zustand periodischer oder chronischer Vergiftung, der durch die wiederholte Aufnahme einer Droge hervorgerufen wird. Kennzeichen der Sucht sind:

- zwanghaftes Verlangen (Craving), die Einnahme der Droge fortzusetzen unter Einsatz aller Mittel (Kriminalität, Prostitution, Selbstaufgabe);
- die Tendenz, die Dosis zu steigern, um einen Zustand der Euphorie (höchste Glückseeligkeit) zu erzielen;
- das Auftreten von Entzugserscheinungen nach dem Absetzen der Droge, die erst nach erneuter Drogenaufnahme wieder verschwinden.

Die Schwere der Entzugserscheinungen hängt von der Art der Droge ab und ist wahrscheinlich die treibende Kraft für die Auslösung der Sucht, d. h. die Angst vor den Entzugserscheinungen läßt den Abhängigen immer wieder zur Droge greifen.

Die neurobiologischen Grundlagen zum Verständnis des Phänomens Sucht sind noch unzureichend erforscht, allerdings geht man heute davon aus, daß eine Substanz suchtauslösend wirken kann, wenn sie Mechanismen im Zentralnervensystem aktiviert, die ein Verhalten mit Belohnungsgefühlen verknüpfen und es damit positiv verstärken. Daran beteiligte Hirnstrukturen benutzen Dopamin, Serotonin, Opioide, GABA und L-Glutamin als Transmitter. Alle Stoffe, die mit diesen Transmittern wechselwirken, sind potentielle Suchtmittel.

Suchtdrogen biogenen Ursprungs sind neben Alkohol und ↗ Nicotin (↗ *Nicotiana tabacum*) vor allem Opium (↗ *Papaver somniferum*), Cannabisdrogen (↗ *Cannabis sativa*), ↗ Cocain (↗ *Erytroxylum coca*) sowie das partialsynthetische Lysergsäurediethylamid (LSD).

Während LSD eine Substanzentwicklung des 20. Jahrhunderts ist, begleiten die anderen Suchtdrogen die menschliche Zivilisation bereits seit Jahrtausenden. Alkohol (Ethanol) und Nicotin sind die beiden Volksdrogen, deren Gebrauch gesellschaftlich akzeptiert ist und im Gegensatz zu den anderen Suchtdrogen keine Strafverfolgung nach sich zieht. Dennoch sterben weltweit an den Folgen des Mißbrauchs dieser beiden Drogen wesentlich mehr Menschen pro Jahr als am Mißbrauch aller anderen Suchtdrogen zusammen.

Nicotin

Nicotin wirkt als positiver Verhaltensverstärker im Gehirn, besonders in der Anfangsphase des Rauchens. Es stimuliert spezifische nicotinische

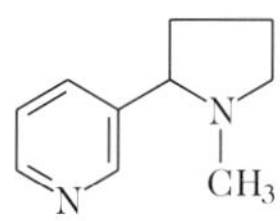

Nicotin

Acetylcholinrezeptoren in der Großhirnrinde und steigert dadurch die psychomotorische Aktivität, das Denkvermögen, die Aufmerksamkeit und die Merkfähigkeit. In höherer Dosierung führt es zu Tremor, in toxischen Dosen zu Krämpfen. Wie bei allen Stimulanzien tritt später eine depressive Phase ein. Toleranz entwickelt sich schnell, Entzugssymptome treten bei allen Rauchern auf. Deren schwierige Überwindung ist die Hauptursache dafür, daß weiter geraucht wird. Gesundheitlich bedenklich sind insbesondere die peripheren Nebenwirkungen des Rauchens, wie Gefäßverengungen und Durchblutungsstörungen, die zu Angina pectoris oder einem Herzinfarkt führen können.

Alkohol

Obwohl Alkohol ein wirksamer Verhaltensverstärker ist, paßt er nicht in dieses Schema. Das ist darauf zurückzuführen, daß Alkohol selbst nicht mit Rezeptoren auf neuronaler Ebene wechselwirkt. Die psychopharmakologischen Ursachen der Suchtinduktion durch Alkohol sind noch nicht vollständig erforscht. Neben der Beeinflussung von $GABA_A$-Rezeptoren, der Biogenese von Opioidpeptiden und deren Rezeptoren könnten Folgeprodukte des Alkoholmetabolismus hier eine Rolle spielen. Nach Biotransformation entstehen aus dem Alkohol zusammen mit Dopamin und Serotonin endogene Alkaloide (Tetrahydroisochinoline und β-Carboline), die als Verhaltensverstärker wirken und Abhängigkeit vermitteln könnten.

Opium

Die Gewinnung von Opium aus Mohn war in der Antike weit verbreitet, Opium selbst wurde bereits um 2500 v. Chr. als Heilmittel benutzt. Im alten Ägypten wurde das aus Griechenland stammende Opium sowohl zu medizinischen als auch hedonistischen Zwecken eingenommen. Besonders gebräuchlich war Opium bei Kulthandlungen in Tempeln (Orakel), aber auch als berauschendes Mittel bei Orgien, Gelagen und verschiedenen mystischen Ritualen. Der berühmte Wein der Kleopatra enthielt u. a. auch Opium. Diese Droge war im gesamten Vorderen Orient die wichtigste Rauschdroge und wurde schon früh von den Arabern nach Indien und China gebracht. Auch das berühmteste und wichtigste Heilmittel des Mittelalters, der ↗ *Theriak*, enthielt größere Mengen Opium und wurde verbreitet als Suchtmittel mißbraucht.

Wirksamster Bestandteil des Opiums ist das Isochinolinalkaloid ↗ Morphin, das durch Wechselwirkung mit dem μ-Opiatrezeptor sowohl analgetische als auch rauschartige Effekte, verbunden mit einem ausgeprägten Gefühl der Zufriedenheit, des Wohlbefindens und der Sorglosigkeit, auslöst. Die durch Morphin induzierte Analgesie und Sedierung sind noch heute therapeutisch genutzte Wirkungen, insbesondere bei

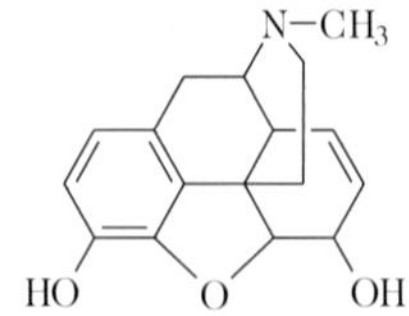

Morphin

Tumorschmerzen und anderen Erkrankungen, die mit starken Schmerzen einhergehen. Auch die Daueranwendung von Morphin löst bei Patienten mit starken körperlichen Schmerzen keine Sucht aus. Hauptanwendungsweg für Morphin ist die intravenöse Injektion, aber auch eine orale Aufnahme führt zur Auslösung psychischer Effekte. Die übliche Dosis beträgt etwa 30 mg oral, Morphinabhängige steigern diese Dosis bis zu 1 g pro Tag. Nebenwirkungen sind insbesondere eine Pupillenverengung, Obstipation und Dämpfung des Atemzentrums, das bei Überdosierung („Goldener Schuß") gelähmt wird und damit zum Tod des Konsumenten führt. Die Entzugserscheinungen treten rasch auf, und sind u. a. durch Unruhe, extreme Angst, Krämpfe, Schmerzen und Erbrechen gekennzeichnet, stellen aber keinen lebensbedrohenden Zustand dar, auch wenn der Abhängige ihn so empfindet und damit einer großen Suizidneigung unterliegt. Zu den gefährlichsten und stärksten Suchtdrogen zählt das Acetylmorphin (Heroin), das par-

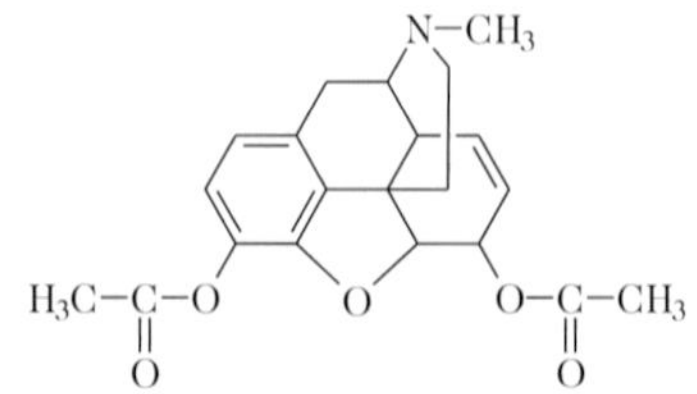

Heroin

tialsynthetisch aus Morphin hergestellt werden kann und als illegale Rauschdroge von hoher krimineller Bedeutung ist. Therapeutisch findet Heroin keine Verwendung, sein Besitz und der Verkehr mit dieser Substanz ist gesetzlich verboten.

Cannabisprodukte

Die Geschichte des Hanfes als Quelle für Cannabisprodukte läßt sich weit zurückverfolgen, der chinesische Kaiser Shen-Nung berichtet erstmals 2737 v. Chr. in seiner Pharmakopöe über *Cannabis sativa*. Cannabisprodukte stellen für den westlichen Kulturkreis eine relativ neue Suchtdroge dar. Zwar wußten die Griechen und Römer um die psychotropen Wirkungen des Hanfs, und auch im Mittelalter wurde *Cannabis* gelegentlich in Hexenmitteln verwendet, größere Verbreitung als Suchtdroge fand der Hanf aber erst im 19. Jahrhundert, als Schriftsteller wie Rimbaud oder Baudelaire ihn für sich entdeckten und darüber in den Pariser Salons berichteten. Der wichtigste psychotrope Inhaltsstoff des Hanfs ist das Δ^9-Tetrahydrocannabinol (THC). Cannabisprodukte sind Haschisch und Charas, das getrocknete harzige Sekret der weiblichen Blüten, mit einem THC-Gehalt von bis zu 14 % die stärkste Drogenvariante. Ganja und Sinsemilla sind die getrockneten Blattspitzen der weiblichen Pflanze (4–5 % THC), Bhang und Marihuana („Gras") stellen die getrockneten Blätter und Blüten des Hanfs dar (1 bis 2 % THC). THC übt seine pharmakologischen Wirkungen nach Bindung an einen spezifischen Cannabinoid-Rezeptor im Gehirn aus, der als körpereigenen Liganden das Lipid Anandamid besitzt. Die verhaltensbeeinflussenden Effekte des THC auf den Menschen sind unterschiedlich und hängen stark von der Dosis, dem Aufnahmeweg (oral oder geraucht), den äußeren Gegebenheiten, der Erfahrung und Erwartung des Konsumenten sowie von seiner individuellen Konstitution ab. Alle Sinneseindrücke und Empfindungen können verstärkt werden, zumeist verändert sich das Zeitgefühl. Zunächst wird ein gesteigertes Wohlbefinden, leichte Euphorie, Entspannung und eine Befreiung von Ängsten erlebt, dem eine Phase der Trägheit oder Sedierung folgt. Erst bei exzessiver Dosissteigerung werden Wahrnehmungsverschiebungen und Halluzinationen induziert, die bis zur Paranoia führen können. Entzugserscheinungen sind weniger stark ausgeprägt; Toleranz wird beobachtet, physische Abhängigkeit jedoch kaum. Als Rauschmittel wirken Cannabisprodukte etwas milder als Alkohol.

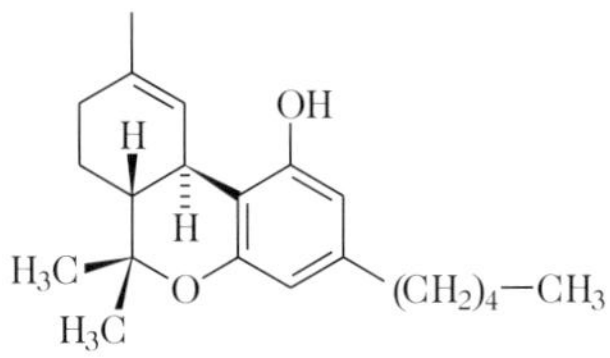

Tetrahydrocannabinol (THC)

Cocain

↗ Cocain, das in den Blättern des in Peru und Bolivien beheimateten Cocastrauches ↗ *Erytroxylum coca* vorkommende Tropanalkaloid, ist eine Suchtdroge, die jahrhundertelang von den südamerikanischen indianischen Hochkulturen für therapeutische und kultische Zwecke verwendet wurde. Erstmals 1859 als Reinstoff isoliert, empfahl 1884 Siegmund Freud die Anwendung von Cocain zur Behandlung von Depressionen und chronischer Müdigkeit.

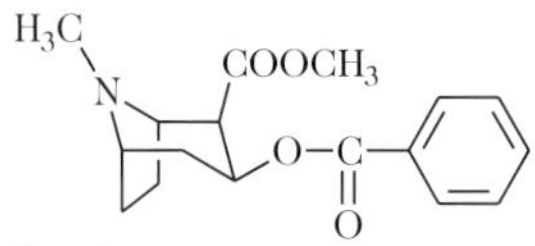

Cocain

Nachdem 1885 Cocain zusammen mit ↗ Coffein in einem als Allheilmittel vertriebenen Getränks namens Coca-Cola verwendet wurde, kam es in der Folge zu vielen Vergiftungen durch Cocain, und es gab zahlreiche Berichte über seine suchtinduzierende Wirkung. Seit 1914 ist die Verwendung von Cocain in Getränken und rezeptfreien Arzneimitteln in den USA verboten; eine Regelung, der sich die meisten anderen Staaten nach 1924 anschlossen. Cocain begann in den 70er Jahren in den USA und Westeuropa als Modedroge Bedeutung zu gewinnen, die oral aufgenommen, geschnupft oder geraucht werden kann. Die psychotrope Wirkung beruht u. a. auf einer Hemmung der Wiederaufnahme des Neurotransmitters Dopamin in seine synaptischen Speichervesikel. Damit wirkt es als extrem positiver Verhaltensverstärker mit großer suchtinduzierender Potenz. Geringe Cocaindosen rufen eine angenehme oder euphorisierende Stimulierung des ZNS hervor, höhere Dosierungen verursachen Angst, Schlafmangel, Wahnvorstellungen und Verfolgungsangst. Die Realitätswahrnehmung kann stark verändert sein, und infolge des Verfolgungswahns kann sich eine Aggressionsneigung bzw. paranoide Psychose entwickeln. Der chronische Cocainmißbrauch führt zumeist zu Persönlichkeitsstörungen und Schizophrenie-ähnlichen Zuständen. Die Entzugssymptome entwickeln sich schnell und heftig, das Craving ist stark ausgeprägt und macht Cocain zu einer der gefährlichsten Suchtdrogen.

LSD und andere Lysergsäurederivate

1938 wurde von dem Schweizer Chemiker Albert Hofmann erstmals LSD synthetisiert, allerdings nicht mit dem Ziel, eine Suchtdroge zu entwikkeln. Ausgangspunkt für die Synthese des LSD wa-

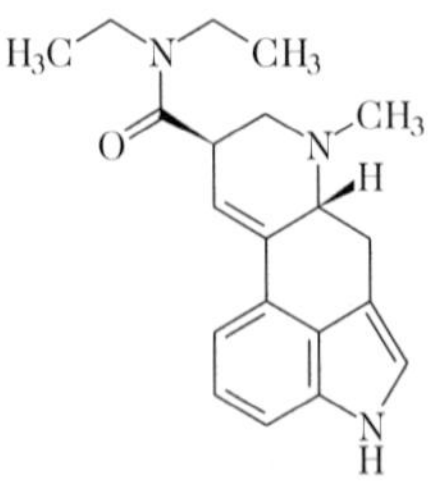

Lysergsäurediethylamid (LSD)

ren Mutterkornalkaloide (↗ *Claviceps purpurea*) mit Lysergsäuregrundgerüst. Durch eine Zufallsbeobachtung im Jahre 1943 stellte Hofmann die psychotropen Effekte dieser Verbindung im Selbstversuch fest. LSD induziert in extrem geringer Dosierung (10–30 μg) bereits nach wenigen Minuten heftige psychotrope Effekte. Dazu zählen in zeitlicher Reihenfolge und aufsteigender Dosierung eine Stimulation des Sympathikus (somatische Phase), gefolgt von Wahrnehmungsverzerrungen und Pseudohalluzinationen (sensorische Phase), die schließlich in echten Halluzinationen mit Depersonalisierung, Störung der Denkprozesse, Verlust des Zeitgefühls und psychotischen Episoden übergehen. Diese Phase wird als „Horrortrip" (psychische Phase) bezeichnet. Hinsichtlich der psychischen und physiologischen LSD-Effekte entwickelt sich rasch ein Gewöhnungseffekt, jedoch gehen nach dem Absetzen der Droge die Toleranzeffekte innerhalb weniger Tage zurück. Körperliche Abhängigkeit vom LSD entsteht auch nach langer Drogeneinnahme nicht, in der Regel setzen LSD-Konsumenten die Droge von selbst wieder ab, da die Angst vor dem „Horrortrip" oder geistigen bzw. körperlichen Schäden überwiegt. Entzugserscheinungen treten nicht auf. Ähnliche Effekte werden auch durch ↗ *Ololiuqui* bzw. die Samen von ↗ *Turbina corymbosa* und ↗ *Ipomoea violacea* ausgelöst, in denen LSD-verwandte, natürliche Lysergsäurederivate, wie Lysergsäureamid und Isolysergsäureamid enthalten sind. Diese Drogen werden von den mittelamerikanischen Indianern schon seit dem Altertum für kultische Zwecke eingesetzt.

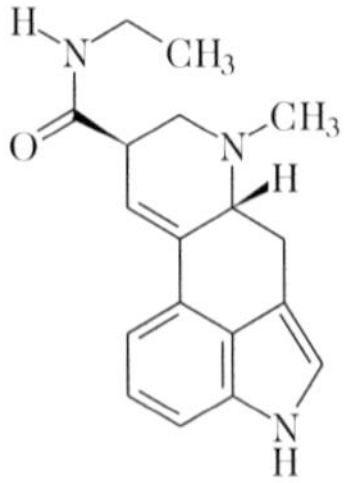

Lysergsäureamid (LSA)

Sucht und Gesellschaft

Die Möglichkeiten, das Ausmaß des Gebrauchs von Suchtdrogen in der gegenwärtigen Gesellschaft zu verringern, sind begrenzt. Mit Hilfe strafrechtlicher Regelungen versucht man seit Jahrzehnten, die Verfügbarkeit dieser Drogen einzuschränken und potentielle Konsumenten abzuschrecken. Die Angst vor Strafverfolgung kann nur bei einem bestimmten Personenkreis vom Drogengebrauch abschrecken. Konsumenten mit regelmäßigem Drogengebrauch sind allerdings als krank einzustufen und können ohne medizinisch überwachte Therapie ihre Sucht nicht überwinden. Auch unter diesen Umständen liegt die Rückfallquote bei etwa 70 %. Wie historische Forschungen gezeigt haben, ist der Mißbrauch von Suchtdrogen zwar quantitativ ein Problem der Industriegesellschaften nicht aber qualitativ, denn seit dem Entstehen menschlicher Kulturen läßt sich der Gebrauch und Mißbrauch von suchtinduzierenden Drogen nachweisen.

Literatur

Julien, Robert M.: *Drogen und Psychopharmaka.* Aus dem Engl. übers. von Therese Apweiler und Stefan Hartung. – Heidelberg; Berlin; Oxford: Spektrum Akad. Verl., 1997.

Cohen, S.: *The Chemical Brain: The Neurochemistry of Addictive Disorders.* Irvine (Ca.), Care Institute, 1988.

Goldstein, A.: *Addiction: From Biology to Drug Policy.* W.H. Freeman and Company, New York, 1994.

Rätsch, C.: *Enzyklopädie der psychoaktiven Pflanzen.* AT-Verlag, Aarau, Schweiz; 2. Auflage, 1998.

Südamerikanisches Blumenrohr ↗ Canna-Arten.
Südamerikanische Schreckensklapperschlange ↗ Crotalus-Arten.
Sudan-Sennesblätter ↗ Cassia-Arten.
Sudantee ↗ Hibiscus sabdariffa.
Südchinesischer Rhabarber ↗ Rheum-Arten.
Sulfur vegetabile ↗ Lycopodium clavatum.
Sultanas ↗ Vitis vinifera.
Sultaninen ↗ Vitis vinifera.
Sumach ↗ Rhus-Arten.
Sumachbaum ↗ Rhus-Arten.
Sumachgallen ↗ Rhus-Arten.
Sumachwurzelrinde ↗ Rhus-Arten.
Sumatra-Benzoe ↗ Styrax-Arten.
Sumatracampher ↗ Dryobalanops aromatica.
Sumbul moschatus ↗ Ferula moschata.
Sumbulus moschatus ↗ Ferula moschata.
Summitates (lat.) Zweigspitzen.
Summitates Cannabis ↗ Cannabis sativa.
Summitates Centaurii ↗ Centaurium minus.
Summitates Fabianae ↗ Fabiana imbricata.
Summitates Grindeliae ↗ Grindelia camporum.
Summitates Hyperici ↗ Hypericum perforatum.
Summitates Meliloti ↗ Melilotus altissima, ↗ Melilotus officinalis.
Summitates Sabinae ↗ Juniperus sabina.
Summitates Scoparii Genistae ↗ Cytisus scoparius.
Summitates Thujae ↗ Thuja occidentalis.
Sumpf-Bitterklee ↗ Menyanthes trifoliata.
Sumpfblume ↗ Limnanthes alba.
Sumpfdotterblume ↗ Caltha palustris.
Sumpf-Eberich ↗ Epilobium-Arten.
Sumpfheidelbeere ↗ Vaccinium-Arten.
Sumpfhelmkraut ↗ Scutellaria laterifolia.
Sumpfherzblatt ↗ Parnassia palustris.
Sumpfherzblattkraut ↗ Parnassia palustris.
Sumpfkalla ↗ Calla palustris.
Sumpfkiefer ↗ Pinus-Arten.
Sumpfklee ↗ Menyanthes trifoliata.
Sumpf-Kornel ↗ Cornus-Arten.
Sumpfmyrte ↗ Myrica gale.
Sumpfnelkenwurz ↗ Geum-Arten.
Sumpfotter ↗ Mustrela lutreola.
Sumpfporst ↗ Ledum palustre.
Sumpfruhrkraut ↗ Gnaphalium uliginosum.
Sumpfschachtelhalm ↗ Equisetum-Arten.
Sumpfschmirgel ↗ Caltha palustris.
Sumpf-Schwertlilie ↗ Iris pseudoacorus.
Sumpfsiegwurz ↗ Gladiolus palustris.
Sumpfspierblüten ↗ Filipendula ulmaria.
Sumpfspierkraut ↗ Filipendula ulmaria.
Sumpf-Spirä ↗ Filipendula ulmaria.
Sumpf-Steinklee ↗ Melilotus altissima.
Sumpf-Weidenröschen ↗ Epilobium-Arten.
Sumpfzweizahn ↗ Bidens tripartitus.
Suppenkraut ↗ Allium-Arten.
Suppenlauch ↗ Allium-Arten.
Suppenlob ↗ Levisticum officinale.
Suppenschildkröte ↗ Chelonia mydas.
Surinam-Quassiaholz ↗ Quassia amara.
Süßdolde ↗ Myrrhis odorata.
Süße Mandeln ↗ Prunus-Arten.
Süßer Asant ↗ Styrax-Arten.
Süßer Fenchel ↗ Foeniculum vulgare.
Süßer Kümmel ↗ Pimpinella-Arten.
Süßer Sumach ↗ Rhus-Arten.
Süßfenchelöl ↗ Foeniculum vulgare.
Süßholz ↗ Solanum-Arten.
Süßholzwurzel ↗ Glycyrrhiza glabra.
Süßkirsche ↗ Prunus-Arten.
Süßklee ↗ Melilotus alba.
Süßkleekraut ↗ Melilotus alba.
Süßsack ↗ Annona-Arten.
Süßstoffpflanze ↗ Stevia rebaudiana.
Süßwein ↗ Vitis vinifera.

■ **Swartzia madagascariensis** Des.
Fam.: Caesalpiniaceae.
Vork.: Afrika, von der Sahelzone bis Namibia.
Droge: die Früchte. Inh.: Catechin-Gerbstoffe, Saponine mit den Aglyka Oleanolsäure, *p*-Acetyloleanolsäure und Gypsogenin; Kämpferol. Anw.: in der afrikanischen Volksheilkunde als Brechmittel, Purgans, gegen Erkältungen und Geschlechtskrankheiten. Die Droge ist Bestandteil von Fisch- und Pfeilgiften.

Swerosid ↗ Bitterstoffdrogen.
Swertia ↗ Swertia japonica.

■ **Swertia chirata** Buch.-Hamilt.
(syn. *Agathodes chirata, Gentiana chirayta, Ophelia chirata, Swertia indica*).
Fam.: Gentianaceae.
Vork.: Ostasien, China, Tibet, ost- und zentralafrikanische Hochgebirgsregionen.
Droge: ***Swertiae chiratae herba*** (syn. *Chirata, Chirayita, Chirayta, Herba Chiraytae, Herba Chirettae, Herba Chiratae indicae, Herba Chirettae indicae*); Chirettakraut, (syn. Kirayakraut). Inh.: Bitterstoffglykoside, wie Swertiamarin, Swerosid,

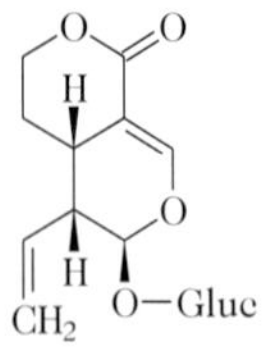

Swerosid

Gentiopikrosid sowie Amarogentin und Amaroswerin; Xanthone, wie Swerchirin, Chiratol; Triterpene. Anw.: in der indischen Volksheilkunde bei Fieber, Leberleiden und als Blutreinigungsmittel. In Europa wird die Droge ähnlich wie *Radix Gentianae* (↗ *Gentiana*-Arten) therapeutisch eingesetzt.

Hom.: ***Chirata indica*** HAB34, das getrocknete Kraut.

Swertia difformis ↗ Frasera carolinensis.
Swertiae chiratae herba ↗ Swertia chirata.
Swertiae herba ↗ Swertia japonica.
Swertiae japonicae herba ↗ Swertia japonica.
Swertia indica ↗ Swertia chirata.

■ **Swertia japonica** (Roem. et Schult.) Makino (syn. *Gentiana japonica, Ophelia japonica*).

Fam.: Gentianaceae.

Vork.: China, Korea, Japan.

Droge: ***Swertiae japonicae herba*** (syn. *Herba Swertiae japonicae, Swertia, Swertiae herba*), das zur Blütezeit gesammelte und getrocknete Kraut bzw. das pulverisierte Kraut. Inh.: Bitterstoffe, u. a. Swerosid, Swertiamarin, Gentiopikrosid und Amarogentin; Flavonoide, u. a. Swertisin und Isoswertisin; Xanthone, Gentianin. Anw.: in der Volksheilkunde als Amarum bei Appetitlosigkeit und Verdauungsschwäche. In Japan wird die Droge auch zu Haarwässern und Haartonika gegen Haarausfall eingesetzt.

Swertia lutea ↗ Gentiana-Arten.
Swida sanguinea ↗ Cornus-Arten.
Swietenia senegalensis ↗ Khaya senegalensis.
Sycocarpus rusbyi ↗ Guarea rusbyi.
Symphoria racemosa ↗ Symphoricarpus albus.

■ **Symphoricarpus albus** (L.) S. F. Blake (syn. *Lonicera racemosa, Symphoria racemosa, Symphoriocarpus rivularis, S. racemosus*); Schneebeere (syn. Knackbeere, Knallerbse), s. Farbtafel S. 306, Bild 156.

Fam.: Caprifoliaceae.

Vork.: Europa, Nordamerika.

Droge: ***Symphoricarpus-albus-Früchte***, die frischen Früchte. Inh.: Secoiridoide, u. a. Secologanin, Flavonoide mit Apigein, Luteolin und Quercetin als Aglyka.

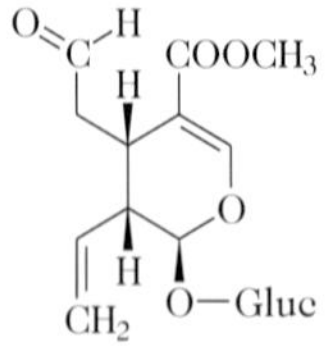

Secologanin

Hom.: ***1. Symphoricarpus albus e radice*** HAB; Schneebeere, die frische Wurzel. Anw.-Geb.: Erkrankungen des Nervensystems. ***2. Symphoricarpus albus e fructibus*** HAB; die frischen, reifen Früchte. Anw.-Geb.: Übelkeit und Erbrechen. ***3. Symphoricarpus racemosus*** HAB34, die frische Wurzel.

Histor.: Der Gattungsname *Symphoricarpus* ist aus dem griechischen *symphórein* (zusammentragen) und *karpos* (Frucht) zusammengesetzt und bezieht sich auf die büschelweise angeordneten Beeren. Der Artname *racemosus* (lat., traubig) weist auf den allerdings ährenartigen Blütenstand hin und die deutsche Bezeichnung auf die weiße Frucht.

Symphoriocarpus racemosus ↗ Symphoricarpus albus.
Symphoriocarpus rivularis ↗ Symphoricarpus albus.
Symphyti herba ↗ Symphytum officinale.
Symphyti radix ↗ Symphytum officinale.

■ **Symphytum officinale** L.
Beinwell (syn. Schwarzwurz, Wallwurz, Beinheil, Comfrey), s. Farbtafel S. 307, Bild 157.

Fam.: Boraginaceae.

Vork.: Europa, Sibirien.

Drogen: ***1. Symphyti herba*** (syn. *Herba Symphyti, Herba Consolidae*); Beinwellkraut, das getrocknete Kraut. Inh.: Pyrrolizidinalkaloide (bis 0,2 %), u. a. Echimidin, ferner Symphyto-Cynoglossin, Symphytin, das Glykoalkaloid Consolidin, Gerbstoffe, Schleimstoffe, Cholin und Spuren von äther. Öl. Anw.: früher volkstümlich bei Lungenleiden. ***2. Symphyti radix*** (syn. *Consoli-*

dae radix, Radix Consolidae, Radix Symphyti); Beinwellwurzel (syn. Schwarzwurzel), die frische oder getrocknete Wurzel. Inh.: Allantoin (0,6–0,8 %), ↗ Pyrrolizidinalkaloide (0,3–0,4 %), Gerb-

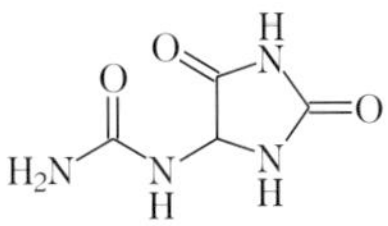

Allantoin

stoffe, Schleimstoffe, Asparagin. Anw.: als Wundheilmittel bes. bei schlecht heilenden Wunden und Knochenverletzungen, meist äußerlich in Form von Umschlägen bzw. Breipackungen. Früher wurde die Droge bei Gastritis und bei Magen-Darm-Geschwüren auch innerlich angewendet. Auf Grund der erkannten mutagenen und cancerogenen Effekte der enthaltenen ↗ Pyrrolizidinalkaloide sollte die innerliche Anwendung jedoch nicht mehr erfolgen. Auch bei der äußerlichen Anwendung von Drogenextrakten, z. B. in Salbenform, soll die applizierte TD nicht mehr als 100 µg Pyrrolizidinalkaloide mit 1,2-ungesättigtem Necinring sowie deren Oxiden enthalten. Auch soll eine entsprechende Behandlung nicht länger als 4–6 Wochen im Jahr betragen.

Hom.: ***1. Symphytum*** HAB34, die frische, vor Beginn der Blüte gesammelte Wurzel. Anw.-Geb.: stumpfe Verletzungen, Venenentzündung, Knochenbrüche. ***2. Symphytum ad usum externum*** HAB34, die frische, blühende Pflanze. Anw.-Geb.: als Essenz zum äußerlichen Gebrauch.

Histor.: Der Gattungsname *Symphytum* geht auf das griechische *symphyein* (zusammenwachsen) zurück und weist damit auf die hohe Wertschätzung der Droge vor allem bei Knochenbrüchen hin. Auch die deutschen Bezeichnungen Beinwell oder Wallwurz („Wallen" = zusammenheilen von Knochen) wurde aus diesem Grunde geprägt. Bereits bei ↗ Dioskurides wird das „Symphytum" als Mittel bei inneren Abszessen, äußerlich als Umschlag bei frischen Wunden sowie Knochenbrüchen beschrieben.

■ **Symplocarpus foetidus** (L.) Nutt.
(syn. *Dracontium foetidum*); Drachenkraut (syn. Kugelkolbenkraut).

Fam.: Araceae.

Vork.: Ostasien, Nordamerika.

Droge: das Kraut. Inh.: äther. Öl, Hydroxytryptamin. Anw.: volkstümlich als Spasmodikum in der nordamerikanischen Indianermedizin.

Hom.: ***Symplocarpus foetidus*** (syn. *Dracontium foetidum*) HAB34; die frischen, zu Beginn der Blüte gesammelten, oberirdischen Pflanzenteile. Anw.-Geb.: Kopfschmerzen, nervöse Bauchbeschwerden.

■ **Symplocos odoratissima**.

Fam.: Symplocaceae.

Vork.: Java.

Droge: ***Folia Symploci***, die Blätter. Inh.: Gerbstoffe, Methylsalicylat, äther. Öl. Anw.: in der Volksheilkunde als Adstringens und bei Entzündungen.

■ **Synadenium grantii** Hook. f.

Fam.: Euphorbiaceae.

Vork.: Ostafrika, Mosambique, Uganda.

Droge: Blätter und Latex. Inh.: Diterpen-Ester, u. a. 4-Desoxyphorbol-13-isobutyrat-12-tigliat; Phorbol, Euphorbol, Euphol, Tirucallol, Lectine, Cumarine, Sterole, Gerbstoffe. Anw.: in der Volksheilkunde gegen Schmerzen, bei Geschwüren und Würmern. Der Latex ist Bestandteil von afrikanischen Pfeilgiften und wird auch als Ordealgift (Gottesurteilsgift) verwendet.

Synaptolepis bussei ↗ Synaptolepis kirkii.

■ **Synaptolepis kirkii** Oliv.
(syn. *Synaptolepis bussei, S. macrocarpa, S. pachyphaylla*).

Fam.: Thymelaeaceae.

Vork.: Ost- und Südafrika.

Droge: ***Synaptolepis-kirkii-Wurzel***, die frischen oder getrockneten Wurzeln. Inh.: Diterpene, insbes. Synaptolepisfaktoren (Ester des Daphnan- und 1α-Alkyldaphnan-Typs). Anw.: in der Volksheilkunde Afrikas innerlich gegen Schlangenbisse, bei Epilepsie und als Emetikum. Wegen der tumorpromovierenden Wirkung ist vom Gebrauch der Droge abzuraten.

Synaptolepis macrocarpa ↗ Synaptolepis kirkii.
Synaptolepis pachyphaylla ↗ Synaptolepis kirkii.

■ **Synsepalum dulciferum** (Schum.) Daniell
(syn. *Synsepalum dulcificum*).

Fam.: Sapotaceae.

Vork.: Afrika, Puerto Rico, Florida.

Droge: ***Semen Synsepali dulciferi***. Wirk.: Die Droge führt zur Geschmacksveränderung, so wird z. B. ein saurer Geschmack als süß empfunden. Inh.: Miraculin, ein Glykoprotein. Anw.: in der Volksheilkunde. Verwendet werden auch die Früchte (Miracle Fruit, Miraculinbeeren, Wunderbeeren).

Synsepalum dulcificum ↗ Synsepalum dulciferum.

■ Syphilinum-Nosode HAB

(syn. Luesinum-Nosode); Präparation aus dem Sekret luetischer Geschwüre. Anw.-Geb.: chronische Haut- und Schleimhautgeschwüre, nächtliche Schmerzzustände, Entzündungen der Atemorgane, Augenerkrankungen, Schlaflosigkeit, Angst- und Verstimmungszustände.

■ Syrenia angustifolia (Ehrh.) Reich.

(syn. *Syrenia cana*).

Fam.: Brassicaceae (Cruciferae).

Vork.: Europa, Rußland.

Droge: die ganze Pflanze. Inh.: herzwirksame Glykoside, u. a. Syreniotoxin mit Strophanthidin als Aglykon. Anw.: in der Volksheilkunde als Herzmittel.

Syrenia cana ↗ Syrenia angustifolia.

■ Syringa vulgaris L.

Gewöhnlicher Flieder.

Fam.: Oleaceae.

Vork.: Kleinasien, Mittel- und Südeuropa, häufig als Zierpflanze kultiviert.

Droge: ***Flores Syringae*** (syn. *Flores Syringa*); Flieder. Inh.: ↗ Syringin; Bitterstoffe, wie Syringopicrosid, Syringopicrin; äther. Öl mit Farnesol. Anw.: in der Volksheilkunde als Fiebermittel und Tonikum.

Hom.: ***Syringa vulgaris*** HAB34, die frischen Blüten. Anw.-Geb.: fieberhafte Erkrankungen.

■ Syringin

β-D-Glucopyranosid des Sinapylalkohols. Kommt unter anderem in ↗ *Syringa vulgaris* und *Forsythia suspensa* vor (Formel s. rechts).

Syrische Alkanna ↗ Macrotomia cephalotes.
Syrische Nüsse ↗ Pistacia vera.

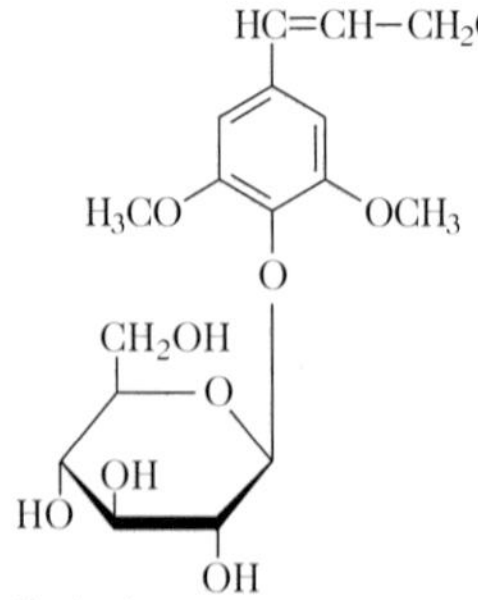

Syringin

Syrische Seidenpflanze ↗ Asclepias-Arten.
Syrische Seidenpflanzenwurzel ↗ Asclepias-Arten.
Syrische Seidenwurz ↗ Asclepias-Arten.
Syrische Senna ↗ Cassia-Arten.
Syrisches Origanumöl ↗ Origanum syriacum.
Syrische Steppenraute ↗ Peganum harmala.
Syrische Zwiebel ↗ Allium-Arten.
Sysiphora bungeana ↗ Ziziphora bungeana.

■ Systematik der Arzneipflanzen

Mit dem Begriff Systematik ist prinzipiell ein Ordnungsprinzip verbunden. Durch Rekonstruktion stammesgeschichtlicher Entwicklungsreihen wurde in der systematischen Botanik, die auch die Arzneipflanzensystematik einschließt, ein sog. „natürliches System“ geschaffen, das auf der Berücksichtigung zahlreicher Merkmale beruht. Ähnliche Individuen bilden eine Sippe, wobei Sippen Organismengruppen unterschiedlicher Rangordnung darstellen. Die Beschreibung und Klassifizierung der Sippen erfolgt in der sog. Taxonomie. Die Endung des Namens drückt die jeweilige Rangstufe aus, die in Abteilungen, z. B. Spermatophyta (Samenpflanzen), Unterabteilungen, z. B. Magnoliophytina, Klassen, z. B. Magnoliidae, Ordnungen, z. B. Magnoliales und Familien, z. B. Magnoliaceae, erfolgt. Die botanische Grundeinheit ist die Species. Ihr gültiger wissenschaftlicher Name wird unter Zugrundelegung des „Internationale Code der Botanischen Nomenklatur (ICBN)“ festgelegt und setzt sich aus dem Gattungs- und dem Artnamen zusammen. Diese binäre Nomenklatur wurde erstmalig von Linné in seinem Werk „Species plantarum“ (1753) benutzt.

Die offizielle Benennung der Pflanze erfolgt nach dem Prioritätsprinzip. Danach hat derjenige Name Gültigkeit, der der betreffenden systematischen Einheit erstmalig gegeben und gültig veröffentlicht wurde. Der meist abgekürzte Name des betreffenden Botanikers wird der Pflanze angehängt, z. B. Linné mit L. Mit dem sog. Autornamen werden Mißverständnisse, u. a. durch Synonyme, vermieden. Mitunter wird auf Grund neuer Erkenntnisse eine andere Zuordnung nötig. In diesem Falle wird der Erstautor als „Klammerautor" geführt, z. B. *Urginea maritima* (L.) Baker. Eine systematische Einordnung der im Lexikon behandelten Samenpflanzen befindet sich als Anhang am Schluß des Buches.

Die Vielzahl neuer, insbes. cytogenetischer Befunde, hat allerdings auch in der gegenwärtigen Literatur zu unterschiedlichen Auffassungen über Zu- und Einordnungen von bestimmten Pflanzen und Pflanzengruppen geführt.

Syzygii cumini cortex ↗ Syzygium-Arten.
Syzygii cumini semen ↗ Syzygium-Arten.

■ **Syzygium-Arten**
● **Fam.:** Myrtaceae.
● **Syzygium aromaticum** (L.) Merr. et L. M. Perry (syn. *Caryophyllus aromaticus, Eugenia aromatica, E. caryophyllata, E. caryophyllus, Jambosa caryophyllus, Myrtus caryophyllus*); Gewürznelkenbaum (syn. Nelkenbaum).

Vork.: Südostasien, ostafrikanische Inseln, Madagaskar, Antillen, zumeist kultiviert.

Drogen: ***1. Caryophylli aetheroleum*** (syn. *Aetheroleum Caryophylli, Caryophylli floris aetheroleum, Oleum Caryophylli*); Nelkenöl. Inh.: Eugenol (60–95 %), Acetyleugenol, β-Caryophyllen

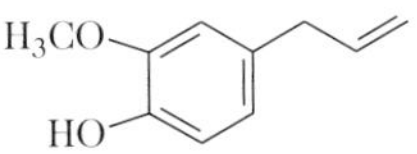

Eugenol

sowie in Spuren weitere terpenoide Verbindungen; charakteristische Aromastoffe sind weiterhin Heptan-2-on und Octan-2-on. *Anw.:* bei entzündlichen Veränderungen der Mund- und Rachenschleimhaut, in der Zahnheilkunde zur lokalen Schmerzstillung. In der Volksheilkunde wird die Droge innerlich gegen Brechreiz und Blähungen eingesetzt, äußerlich kommt sie bei rheumatischen Beschwerden, Myalgien und bei Bandscheibenbeschwerden zum Einsatz. In der Galenik wird Nelkenöl zur Bereitung von Zinkoxidpasten für die Stomatologie verarbeitet, auch als Mückenvertreibungsmittel wird die Droge eingesetzt. Darüber hinaus wird die Droge in der Kosmetik und Nahrungsmittelindustrie verwendet. ***2. Caryophylli flos*** (syn. *Flores Caryophylli*); Gewürznelken, die getrockneten Blütenknospen; s. Farbtafel S. 307, Bild 158. *Inh.:* äther. Öl (15–17 %, Zusammensetzung s. *Caryophylli aetheroleum*), Acetophenonderivate, Flavonoide, Gerbstoffe und Phenolcarbonsäuren, z. B. Eugeniin; Triterpene, wie Oleanolsäure und Crataegolsäure, ferner β-Sitosterol. *Anw.:* zur Gewinnung von *Caryophylli aetheroleum*; in der Volksheilkunde bei Mundgeruch, Dyspepsien, Flatulenz, Schnupfen und Kopfschmerzen. Im Haushalt dienen Gewürznelken zum Aromatisieren von Lebkuchen, Obstspeisen, Wildgerichten, Wurstwaren sowie Kräuter- und Bitterlikören. *Geg.:* Personen mit allergischer Prädisposition. ***3. Caryophylli fructus*** (syn. *Anthophylli, Fructus Caryophylli*); Mutternelken (syn. Königsnelken, Nelkenfrüchte), die nicht völlig ausgereiften Früchte; s. Farbtafel S. 307, Bild 159. *Inh.:* äther. Öl (2–8 %) ähnlich wie *Caryophylli flos*. *Anw.:* im Haushalt als Gewürz.

Hom.: ***Syzygium aromaticum*** (syn. *Caryophyllus*) HAB1; Nelke, die getrockneten Blütenknospen. *Anw.-Geb.:* Diabetes mellitus.

● **Syzygium cumini** (L.) Skeels (syn. *Eugenia cumini, E. jambolana, Myrtus cumini, Syzygium jambolana, S. jambolanum*); Jambolanapflaume (syn. Jambul).

Vork.: ostindisches-malayisches Gebiet, China, Australien, zumeist kultiviert.

Drogen: ***1. Syzygii cumini cortex*** (syn. *Cortex Syzygii cumini, Cortex Syzygii jambolani*); Syzygiumrinde (syn. Jambulrinde), die getrocknete Rinde. *Inh.:* Triterpene, v. a. β-Sitoserol und sein β-D-Glucosid; Betulinsäure, Friedelin; Gallus- und Ellagsäure, Flavonoide. *Anw.:* innerlich bei unspezifischen, akuten Durchfällen, lokal bei leichten Entzündungen der Mund- und Rachenschleimhaut sowie bei oberflächlichen Hautentzündungen. In der Volksheilkunde wird die Droge auch zur Behandlung von Bronchitiden, Asthma und Dysenterie sowie Ulcera herangezogen. Auch als Aphrodisiakum und bei Diabetes ist sie in Indien in Gebrauch. ***2. Syzygii cumini semen*** (syn. *Semen Syzygii cumini*); Jambulsamen (syn. Syzygiumsamen), die getrockneten Samenkerne. *Inh.:* fettes Öl (ca. 3 %) mit zum Teil ungewöhnlichen Fettsäuren, wie Vernolsäure, Sterculiasäure und Malvaliasäure; β-Sitosterol, Gerbstoffe, Flavonoide. Anw.: in der Volksheilkunde bei Diabetes sowie in Kombinationspräparaten bei atonischer und spastischer Obstipation, Erkrankungen der Bauchspeicheldrüse und des Magens, bei Nervenleiden, Depressionen und Erschöpfungszuständen. In ähnlicher Weise werden auch die getrockneten Früchte (*Fructus Syzygii jambolani*) verwendet.

Hom.: ***1. Syzygium cumini*** HAB1; Jambulbaum, die reifen, getrockneten Früchte. Anw.-Geb.: Zuckerstoffwechselstörungen. ***2. Syzygium cumine e cortice*** HAB1; die getrocknete Stammrinde.

● **Syzygium jambos** (L.) Alst. (syn. *Eugenia jambos, E. jambosa, E. vulgaris, Jambosa vulgaris, Myrtus jambos*); Rosenapfel.

Vork.: Java, Indien, in den Tropen vielfach kultiviert.

Droge: Blätter und Samen. Inh.: äther. Öl, Gerbstoffe, Zucker, Lectine.

Hom.: ***Eugenia jambosa*** (syn. *Syzygium jambos*) HAB34; die frischen, reifen Samen. Anw.-Geb.: Akne.

● **Histor.:** Die erste Nachricht über die Gewürznelken und ihre Verwendung in Europa stammt aus der Zeit Kaiser Konstantins, der zwischen 313 und 337 dem Papst Sylvester I. unter anderen Kostbarkeiten auch „*Caryophylla*" übersandt haben soll. Auch in Rezepturen von Alexander Trallianus aus dem 6. Jh. wird die Droge erwähnt. Die Heilige Hildegard von Bingen führt die Droge als „Nelchin" in ihren Werken. Die Gewürznelken kamen zu dieser Zeit durch die Araber als Zwischenhändler nach Europa. Ihre Herkunft kannte man zunächst nicht, erst um die Mitte des 13. Jh. kam diese Kenntnis nach Mitteleuropa. Die Portugiesen drangen 1511 bis zu den Molukken („Gewürzinseln") vor, bereits 1605 gingen die Inseln in die Hand der Holländer über und diese schufen ein strenges Monopol, das den Anbau und den Handel umfaßte und das außerordentlich streng überwacht wurde. Erst 1769 gelang es dem französischen Gouverneur der Inseln Reunion und Mauritius, die Nelkenkulturen dort einzuführen. Damit war die Kultivierung von *Syzygium*-Arten in Afrika nicht mehr aufzuhalten und die Zeit der Großplantagen begann um 1830 in Sansibar, in denen jährlich zwischen 7000 und 9000 Tonnen produziert wurden. Der Gattungsname *Syzygium* leitet sich vom griechischen *syzygia* (Verbindung, Verwachsung) ab und bezieht sich auf die miteinander verklebten Kronblätter, die bei der Entfaltung der Blüte als Haube abgeworfen werden. Der frühere Gattungsname *Eugenia* wurde nach dem Prinzen Eugen von Savoyen benannt, der ein Förderer der Botanik war und auch einen botanischen Garten besaß.

Syzygiumrinde ↗ Syzygium-Arten.
Szechuan-Pfeffer ↗ Zanthoxylum-Arten.

T

Tabak ↗ Nicotiana tabacum.
Tabakblume ↗ Arnica-Arten.
Tabakkraut ↗ Tussilago farfara.
Tabebuia avellanedae ↗ Tabebuia impetiginosa.
Tabebuiae cortex ↗ Tabebuia impetiginosa.

■ **Tabebuia impetiginosa** (Martius ex DC.) Standley (syn. *Bignonia heptaphylla, Gelsemium avellanedae, Tabebuia avellanedae, T. nicaraguensis, Tecoma adenophylla, T. avellanedae, T. dugandii, T. eximia, T. heptaphylla, T. impetiginosa, T. integra, T. ipe, T. palmeri, T. schunkevigoi*), Lapachobaum.

Fam.: Bignoniaceae.

Vork.: tropische Regenwälder Mittel- und Südamerikas.

Droge: ***Tabebuiae cortex*** (syn. *Cortex Tabebuiae*); Tabebuia-Rinde (syn. Lapacho-Tee, Roter Lapacho-Tee), die getrocknete ganze oder geschnittene Rinde. Inh.: Lignane, Iridoide, Cumarine, Gerbstoffe, Flavonoide, Saponine und Naphthochinonderivate, u. a. Lapachol, Lapachone und Dehydro-α-lapachon. Wirk.: Naphthochinonderi-

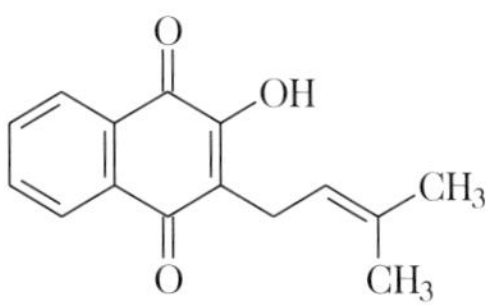

Lapachol

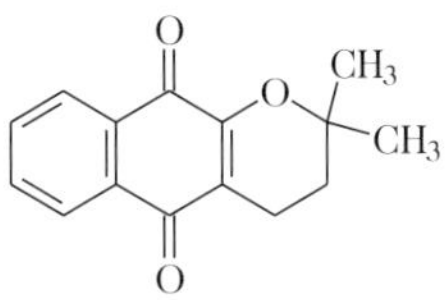

α-Lapachon

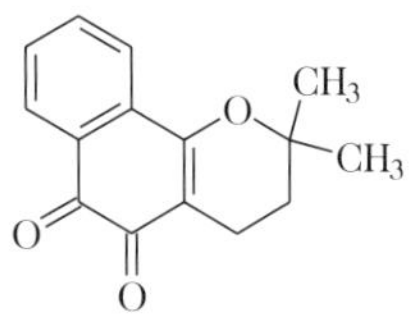

β-Lapachon

vate, u. a. Lapachol, besitzen antitumorale Eigenschaften. Anw.: in der Indianermedizin der Heimatgebiete gegen Tumoren, ferner bei Fieber sowie Magenschmerzen als Tee oder als Badezusatz bei Hautkrankheiten, u. a. Psoriasis.

Tabebuia nicaraguensis ↗ Tabebuia impetiginosa.
Tabernaemontana coriaria ↗ Ervatamia coronaria.
Tabernaemontana coronaria ↗ Ervatamia coronaria.

■ **Tabernaemontana crassa** Benth.
(syn. *Conopharyngia crassa, Sarcopharyngia crassa, Tabernaemontana durissima, T. smithii, T. Thonnerii, T. jollyana, Conopharyngia durissima, C. jollyana, Gabunia gentilii, G. odoratissima, G. dorotheae*).
Fam.: Apocynaceae.
Vork.: tropisches Afrika, bes. Sierra Leone bis Tansania, Angola.
Droge: Rinde und Wurzeln. Inh.: Indolalkaloide vom Iboga- und Corynanthe-Typ, u. a. Ibogain, Conodurin, Vobasin, Coronaridin, Conodur-

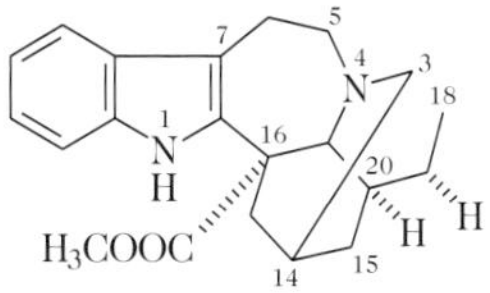

Coronaridin

amin, Conopharyngin; Gerbstoffe, Triterpene, Sterole. Anw.: in der afrikanischen Volksheilkunde bei Infektionen aller Art eingesetzt, sowie zur Wundbehandlung, bei Abszessen, parasitären Hauterkrankungen und Lepra. Der Pflanzensaft ist Bestandteil von Pfeilgiften in Kombination mit ↗ *Mansonia altissima*.

■ **Tabernaemontana dichotoma** Roxb. ex Wall.
(syn. *Ervatamia dichotoma*).
Fam.: Apocynaceae.
Vork.: tropische Gebiete in Indien, Sri Lanka.
Droge: Wurzel- und Stammrinde. Inh.: Indolalkaloide, wie Coronaridin, Heyneanin, Vobasin, Ibogamin. Anw.: in der indischen Volksheilkunde zur Behandlung von Schlangen- und Hundebissen sowie zur Wundbehandlung. Die Samen sollen halluzinogene Effekte und Delirien induzieren.

Tabernaemontana durissima ↗ Tabernaemontana crassa.
Tabernaemontana jollyana ↗ Tabernaemontana crassa.
Tabernaemontana laevis ↗ Geissospermum laeve.
Tabernaemontana nitida ↗ Piralima nitida.
Tabernaemontana smithii ↗ Tabernaemontana crassa.
Tabernaemontana thonnerii ↗ Tabernaemontana crassa.
Tabernanthae folium ↗ Tabernanthe iboga.
Tabernanthae radicis cortex ↗ Tabernanthe iboga.
Tabernanthae radix ↗ Tabernanthe iboga.

■ **Tabernanthe iboga** Baill.
Iboga.
Fam.: Apocynaceae.
Vork.: tropische Urwälder West- und Zentralafrikas.
Drogen: *1. Tabernanthae radix* (syn. *Tabernanthae radicis cortex*); Tabernanthewurzel (syn. Tabernanthewurzelrinde, Boccawurzel, Ibogawurzel), die getrockneten Wurzeln. Inh.: monoterpenoide Indolalkaloide (bis 6 %), u. a. Ibogain und Ibogamin. Anw.: volkstümlich als Stimulans

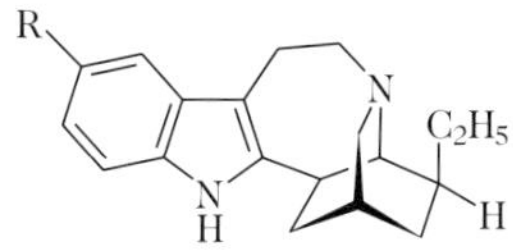

Ibogain: R = OCH_3
Ibogamin: R = H

und Tonikum bei Schwächezuständen. Toxische Dosen bewirken Halluzinationen, die im weiteren Verlauf zu Krämpfen, Lähmungserscheinungen und u. U. zum Tode durch Atemstillstand führen können. *2. Tabernanthae folium*; Tabernantheblatt, die getrockneten Blätter. Inhaltsstoffe und Anwendung s. *Tabernanthae radix*.

Histor.: Im Gebiet von Gabun und Kongo dient die Pflanze im Bwitikult für magisch-religiöse Zwecke. Mit Hilfe der Droge glauben die Eingeborenen, mit den Vorfahren und der Geisterwelt in Kontakt zu treten und sich mit dem Tod auszusöhnen. Auch zu Initiationsfeiern wird die Droge genutzt.

Tacamahac ↗ Bursera-Arten.
Tacamahacharz ↗ Calophyllum inophyllum.
Tachardia lacca ↗ Kerria lacca.

■ Tacrolimus

Makrolidantibiotikum, das von *Streptomyces tsukubaensis* gebildet wird. Wirk.: Ähnlich wie Ciclosporin A (↗ Ciclosporine) hemmt T. die Bildung von Interleukin II und die Ausbildung seines Rezeptors. Damit wird die Aktivierung von T-Killer-Zellen unterbunden. Anw.: als Immunsuppressivum zur Verhinderung der Transplantatabstoßung, etwa 100fach stärker wirksam als Ciclosporin A.

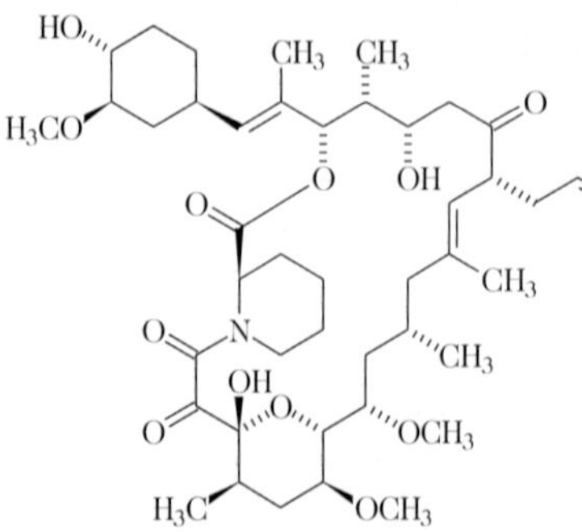

Tacrolimus

Tafelsenf ↗ Sinapis alba.
Tagetes ↗ Tagetes patula.

■ Tagetes lucida Cav.

Yauhtli (syn. Wolkenkraut).

Fam.: Asteraceae (Compositae).

Vork.: Mittel- und Südamerika, Indien, Afrika, in Europa kultiviert.

Droge: das Kraut. Inh.: äther. Öl, Thiophene, salvinorinartige Substanzen. Anw.: in der mexikanischen Volksheilkunde als Stimulans und Tonikum, als Würzmittel für Maisspeisen sowie als Heilmittel bei rituellen Zeremonien.

Histor.: Die Azteken streuten ein Pulver aus der Droge („Wolkenpflanze") den Kriegsgefangenen, die durch Verbrennung geopfert werden sollten, ins Gesicht, damit sie sich betäubt ihrem Schicksal ergaben. Mexikanische Indianer verbrennen noch heute die Droge auf ihren Hausaltären oder bei öffentlichen Zeremonien. Der Gattungsname *Tagetes* wurde nach dem etruskischen Halbgott Tages benannt.

■ Tagetes patula L.

Tagetes (syn. Afrikanische Ringelblume, Studentenblume).

Fam.: Asteraceae (Compositae).

Vork.: Mittel- und Südamerika, Indien, Afrika, in Europa kultiviert.

Droge: *Tagetidis flos* (syn. *Flores Tagetidis, Flores Africani*). Inh.: Quercetagetin, Helenien, äther. Öl, Benzofurane. Anw.: in der Volksheilkunde gegen Nachtblindheit, bei Schluckauf und Durchfall. In Mexiko wird die Droge als „Blume der Toten" bezeichnet und an Allerheiligen den Verstorbenen geopfert. Auch in halluzinogenen Rauchmischungen wird die Droge verwendet.

Tagetidis flos ↗ Tagetes patula.
Taguanüsse ↗ Phytelephas-Arten.
Tag-und-Nachtveigerl ↗ Viola-Arten.
Taigawurzel ↗ Eleutherococcus senticosus.
Takini ↗ Helicostylis pedunculata.
Takusöl ↗ Juniperus oxycedrus.
Talg ↗ Sebum.
Talblume ↗ Convallaria majalis.
Talgbaum ↗ Allanblackia stuhlmannii, ↗ Sapium sebiferum.
Talgbaumkernfett ↗ Allanblackia stuhlmannii.
Talgbaumsamen ↗ Sapium sebiferum.
Talgmuskatnußbaum ↗ Virola-Arten.

■ Tallöl

Nebenprodukt bei der Zellstoffgewinnung aus ↗ *Pinus*-Arten und ↗ *Abies*-Arten. Inh.: Gemisch von Harzsäuren (30–50 % Abietinsäure) und Fettsäuren (40–60 % Öl-, Linol- und Linolensäure); höhere Alkohole, Kohlenwasserstoffe, Sterole. Anw.: zur Herstellung von Anstrichmitteln, Imprägniermitteln, Lacken, Seifen, Bohrölen und Bitumenemulsionen.

■ **Talpa europaea HAB1**
Maulwurf, das getrocknete Fell (*Pel talpae*). Anw.-Geb.: Haarerkrankungen und Haarausfall.

Talstern ↗ Astrantia major.
Tamarinde ↗ Tamarindus indica.
Tamarindenmus ↗ Tamarindus indica.
Tamarindorum pulpa cruda ↗ Tamarindus indica.
Tamarindorum semen ↗ Tamarindus indica.

■ **Tamarindus indica** L.
(syn. *Siliqua arabica, Tamarindus officinalis*); Tamarinde.

Fam.: Fabaceae (Leguminosae).

Vork.: tropisches Afrika, Amerika, Westindien, China, Indien, Pakistan, Hinterindien, Philippinen, Java, Spanien.

Drogen: *1. Tamarindorum pulpa cruda* (syn. *Fructus Tamarindi, Pulpa Tamarindorum, Pulpa Tamarindorum cruda*); Ostindische Tamarinde (Tamarindenmus), das Fruchtfleisch der Hülse. Inh.: organische Säuren, wie Weinsäure (3–10 %), Äpfelsäure, Ameisensäure, Bernsteinsäure, Citronensäure, Milchsäure, Essigsäure; Aminosäuren; Invertzucker (25–30 %), Pektine, Eiweiß, Fett und Pyrazine als Duftstoffe. Anw.: als mildes Laxans und bei Leber-Galle-Beschwerden, in der indischen Volksheilkunde auch bei Fieber. In der Nahrungs- und Genußmittelindustrie wird die Droge zur Herstellung von Kautabak, als Säuerungsmittel und zur Fleischsaucenherstellung genutzt. *2. Tamarindorum semen* (syn. *Semen Tamarindorum*); Tamarindensamen, die getrockneten Samen. Inh.: Polysaccharide, insbes. ein Xyloglucan; Ketosäuren, wie γ-Methyl-α-ketoglutarsäure; Lipide, Aminosäuren. Anw.: in der indischen Volksheilkunde innerlich bei Schwindelgefühl, äußerlich bei Entzündungen. In der Galenik wird die Polysaccharidfraktion der Droge ähnlich wie Stärke als Bindemittel in Tabletten genutzt, in der Industrie dient sie als Gelbildner sowie als Appreturmittel.

Hom.: *Tamarindus indica* HAB34; das getrocknete Fruchtfleisch. Anw.-Geb.: Magenschmerzen.

Histor.: Im Sanskrit des alten Indiens besitzt die Pflanze mehrere Namen; die medizinische Verwendung der Früchte hat sich von Indien über Arabien nach Europa verbreitet. *Tamar hindi* (bedeutet soviel wie indische Datteln) wurden die Früchte von den arabischen und persischen Ärzten des Mittelalters genannt. In deutschen Apotheken finden sie sich erst seit dem 15. Jh., den Baum selbst lernte man erst kennen, als der Seeweg nach Indien entdeckt wurde. Die Pflanze verbreitete sich dann sehr schnell, bereits 1570 wurde sie in Amerika kultiviert. Der Gattungsname *Tamarindus* setzt sich aus dem arabischen *tamar* (säulenartig emporstrebend, Dattelpalme) und *hindu* (indisch) zusammen, so daß man daraus indische Dattel, Tamarinde ableiten kann und der Artname *indica* nur noch symbolisch angefügt wird. In den Heimatgebieten war die Tamarinde seit altersher ein beliebtes Genußmittel, das bereits in den Sanskritschriften unter verschiedenen Namen geführt wurde. Neben der Verwendung der Früchte als Genußmittel, z. B. als Zusatz zu erfrischenden Getränken, sowie als Gewürz dienten sie auch als mildes Laxans. Die säuerlich schmeckenden Blätter wurden auch als Wurmmittel genutzt.

Tamarindus officinalis ↗ Tamarindus indica.
Tamarix ↗ Myricaria germanica.

■ **Tamarix-Arten**

● **Fam.:** Tamaricaceae.

● **Tamarix articulata** Vahl.

Vork.: Mittelmeergebiete, bes. Marokko, Algerien.

Droge: *Tamarixgallen*, die durch Insektenstiche induzierten Gallen. Inh.: Gerbsäure (ca. 50 %). Anw.: als Adstringens sowie zum Gerben.

● **Tamarix aphylla** Karst.

Vork.: Marokko bis Indien.

Droge: *Tamarixgallen*, die durch Insektenstiche induzierten Gallen. Inh.: Tannin (47–50 %), Gallussäure, Ellagsäure, Isoferulasäure, Flavonole. Anw.: zum Gerben von hellem Leder.

● **Tamarix ramosissima** L.

Vork.: Kaukasus, Armenien.

Droge: Blätter und Früchte. Inh.: Gerbstoffe (10–18 %). Anw.: in der Volksheilkunde als Adstringens, zur Blutstillung sowie zur Gewinnung von Tannin (↗ Gerbstoffe).

● **Tamarix nilotica var. mannifera**.

Vork.: Arabien, Iran.

Droge: *Manna*, zuckerhaltige Ausscheidungen, die durch den Stich einer Schildlausart erzeugt werden. Inh.: Kohlenhydrate, Zucker. Anw.: Nahrungsmittel.

● **Tamarix chinensis**.
Vork.: China.
Droge: die jungen Zweige. Inh.: Gerbstoffe. Anw.: in der Volksheilkunde als Tonikum bei Magenleiden.

Tamarixgallen ↗ Tamarix-Arten.

■ **Tamus communis** L.
Fam.: Dioscoreaceae.
Vork.: Mittel- und Südeuropa, Ungarn, Rußland.
Droge: *Schmeerwurz* (syn. Feuerwurzel), der Wurzelstock. Inh.: Spuren an Alkaloiden; Histamin, Calciumoxalat, Schleimstoffe, Phenanthrenverbindungen, Saponine, Leukoanthocyane. Anw.: in der Volksheilkunde früher zur Einreibung bei Rheuma; heute obsolet, da nicht ungefährlich.
Hom.: *Tamus communis* HAB34; die frischen, unterirdischen Pflanzenteile.

Tanaceti flos ↗ Chrysanthemum-Arten.
Tanaceti herba ↗ Chrysanthemum-Arten.
Tanacetum carneum ↗ Chrysanthemum-Arten.
Tanacetum cinerariifolium ↗ Chrysanthemum-Arten.
Tanacetum leucanthemum ↗ Leucanthemum vulgare.
Tanacetum officinarum ↗ Chrysanthemum-Arten.
Tanacetum parthenium ↗ Chrysanthemum-Arten.
Tanacetum roseum ↗ Chrysanthemum-Arten.
Tanacetum vulgare ↗ Chrysanthemum-Arten.

■ **Tanaecium nocturnum** (Barb.-Rodr.) Bur. et K. Schum.
Koribo.
Fam.: Bignoniaceae.
Vork.: Amazonien, Westindien, Zentralamerika, Mexiko.
Droge: Blätter, Stengel, Wurzelrinde. Inh.: cyanogene Glykoside. Anw.: in der indianischen traditionellen Heilkunde bei Hauterkrankungen, zur Wundbehandlung, bei Durchfällen sowie als Aphrodisiakum. Die Pflanzenteile werden in gepulverter Form auch zur Bereitung von Schnupfpulvern verwendet, die zu magischen Zeremonien eingesetzt werden und einen somnambulen Zustand mit Schläfrigkeit, Konzentrationsstörungen und Bewußtseinstrübung induzieren sollen.

■ **Tang**
(lat. Fucus) Bezeichnung für verschiedene ↗ *Fucus*-Arten, bes. *Fucus vesiculosus* (Blasentang), *Fucus serratus* (Sägetang) und *Ascophyllum nodosum* (Knotentang).

Tangelkraut ↗ Huperzia selago.

■ **Tanghinia venenifera**
(syn. *Cerbera venenifera*).
Fam.: Apocynaceae.
Vork.: Madagaskar.
Droge: die Samen. Die Droge ist stark toxisch! Inh.: Tanghinosid, Tanghinin, Desacetyltanghinin und weitere Digitalis-ähnliche Glykoside. Anw.: in den Verbreitungsgebieten als ↗ Ordealgift (Gottesgerichte) genutzt.

Tangkallagfett ↗ Litsea calophylla.
Tang Seng ↗ Codonopsis pilosula.
Tangutischer Rhabarber ↗ Rheum-Arten.
Tannenbärlapp ↗ Huperzia selago.

■ **Tannenhonig**
↗ Honig, der von Bienen in Nadelwaldgebieten gesammelt wird und sich durch eine dunkle Farbe auszeichnet. Anw.: in der Volksheilkunde gegen Erkrankung der Atemwege (Inhalation), der Harnwege und bei Infektionen (innerlich und äußerlich).

Tannenklee ↗ Anthyllis vulneraria.
Tannenkraut ↗ Equisetum-Arten.
Tannenzweigspitzen ↗ Abies-Arten.
Tannin ↗ Gerbstoffe.
Tapiokastärke ↗ Manihot esculenta.
Tapogomea alata ↗ Cephaelis-Arten.
Tapogomea tomentosa ↗ Cephaelis-Arten.
Taraktogenos kurzii ↗ Hydnocarpus-Arten.
Tarantel ↗ Lycosa fasciiventris.
Tarantula cubensis ↗ Eurypelma spinicrus.
Tarantula fasciiventris ↗ Lycosa fasciiventris.
Tarantula hispanica ↗ Lycosa fasciiventris.
Taraxaci folium ↗ Taraxacum officinale.
Taraxaci herba ↗ Taraxacum officinale.
Taraxaci radix ↗ Taraxacum officinale.
Taraxaci radix cum herba ↗ Taraxacum officinale.
Taraxacum bicorne ↗ Taraxacum kok-saghyz.
Taraxacum dens leonis ↗ Taraxacum officinale.

■ **Taraxacum kok-saghyz** Rodin (syn. *Taraxacum bicorne*).

Fam.: Asteraceae (Compositae).

Vork.: Rußland, Kasachstan, auch kultiviert.

Droge: die Wurzeln. Inh.: Polyterpene, wie Kautschuk (10–26 %). Anw.: zur Kautschukgewinnung. Besonders in den dreißiger Jahren und während des 2. Weltkrieges als Ersatzpflanze für die Kautschukproduktion genutzt.

■ **Taraxacum officinale** Web. ex Wigg. (syn. *Taraxacum dens leonis, T. vulgare, Leodonton officinale, L. taraxacum*); Gemeiner Löwenzahn (syn. Ackerzichorie, Butterblume, Kettenblume, Kuhblume, Maiblume, Pfaffendistel, Pfaffenöhrlein, Pferdeblume, Pusteblume, Ringelblume, Wiesenlattich), s. Farbtafel S. 307, Bild 160.

Fam.: Asteraceae (Compositae).

Vork.: Mehrjährige, ausdauernde, sehr vielgestaltige Pflanze, die auf der gesamten Nordhalbkugel heimisch und auch in Nord- und Südamerika zu finden ist. Der Anbau erfolgt auf dem Balkan, Ungarn und Polen.

Drogen: ***1. Taraxaci folium*** (syn. *Folium Taraxaci, Herba Taraxaci, Taraxaci herba*); Löwenzahnblätter (syn. Löwenzahnkraut). Inh.: Sesquiterpenlactone (Taraxinsäurederivate), Triterpene und Steroide (Cycloartenol, Campesterol, Sitosterol), Flavonoide (Glykoside des Apigenins und Luteolins), Vitamine (B_1 und B_2, C, E), Aminosäuren, Proteine und Kohlenhydrate. Anw.: bei Appetitlosigkeit und dyspeptischen Beschwerden, wie Völlegefühl und Blähungen. In der Volksheilkunde werden Löwenzahnblätter bei Leber- und Galleleiden, chronischen rheumatischen Beschwerden sowie zur Anregung der Diurese bei Blutreinigungs- und Frühjahrskuren verwendet. Die frischen Blätter werden auch als Salat zubereitet. Geg.: bei Gallensteinleiden sowie Verschluß der Gallenwege. ***2. Taraxaci radix*** (syn. *Radix lentis leonis, Radix Taraxaci*); Löwenzahnwurzel (syn. Kuhblumenwurzel, Seicherwurzel). Inh.: Sesquiterpenlactone, bes. Glykoside der Dihydrotaraxinsäure, Taraxinsäure und des Taraxacolids; Triterpene und Steroide, wie β-Sitosterol, Taraxasterol, Taraxerol, Taraxol; Taraxacosid, ferner Linol- und Linolensäure. Anw.: s. *Taraxaci radix cum herba*. ***3. Taraxaci radix cum herba*** (syn. *Herba Taraxaci cum radice, Radix Taraxaci cum herba*); Löwenzahnwurzel mit Kraut (syn. Löwenzahn, Löwenzahn-Ganzpflanze, Pißblume). Inh.: Sesquiterpenlactone, Triterpene, Flavonoide, Mineralstoffe, Taraxacosid. Anw.: infolge harntreibender, saluretischer sowie den Gallefluß anregender Wirksamkeit wird die Droge bei Störungen des Galleflusses, Völlegefühl, Blähungen und Verdauungsbeschwerden als Tee angewendet. In der Volksheilkunde wird Löwenzahn ebenfalls bei Hämorrhoiden, Gicht, rheumatischen Beschwerden sowie bei Steinleiden genutzt. Zur ↗ Teezubereitung verwendet man als Einzeldosis ca. 1–2 g (1 Teelöffel = 1,2 g) feingeschnittene Droge. Als Tagesdosis werden etwa 3 g Droge empfohlen. Außer dem Tee ist auch die Verwendung eines Pflanzenpreßsaftes möglich. Hierzu wird die frische Pflanze ausgepreßt und vom Preßsaft mehrmals täglich 1 Eßlöffel eingenommen.

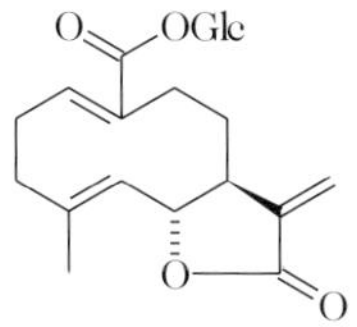

Taraxinsäure-β-D-glucosid

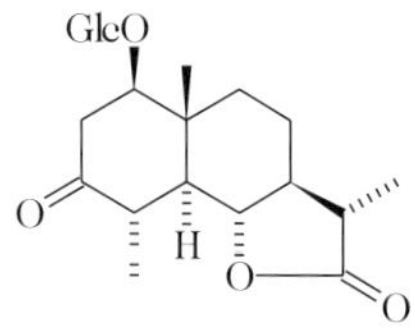

Taraxacolid-β-D-glucosid

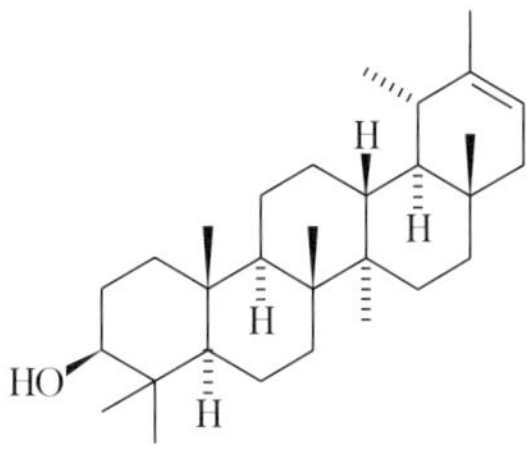

ψ-Taraxasterol

Hom.: ***1. Taraxacum officinale*** HAB1; Löwenzahn, die ganze, frische, blühende Pflanze. Anw.-Geb.: Lebererkrankungen und Verdauungsbeschwerden. ***2. Taraxacum officinale Rh*** HAB1; die ganze, frische, blühende Pflanze. Anw.-Geb.: in der anthroposophischen Therapierichtung.

Histor.: Von griechischen und arabischen Ärzten wurde die Droge bereits im Altertum als Heilmittel genutzt und dürfte mit der in alten Schriften als *Aphake* angegebenen Droge identisch sein. Die Bezeichnung Löwenzahn kehrt in sehr verschiedenen Sprachen wieder und bezieht sich auf die Blattform. Der Gattungsname *Taraxacum* ist arabischen Ursprungs und von *Tharakhchakon* abgeleitet.

Taraxacum vulgare ↗ Taraxacum officinale.
Tartschenflechte ↗ Cetraria islandica.
Täschelkraut ↗ Capsella bursa-pastoris.
Taschenknieper ↗ Capsella bursa-pastoris.
Taschenpfeffer ↗ Capsicum-Arten.
Tatajuba ↗ Chlorophora tinctoria.
Tatsia papyrifera ↗ Tetrapanax papyriferum.
Taubeere ↗ Vaccinium-Arten.
Taubenkopf ↗ Corydalis-Arten.
Taubenkraut ↗ Verbena officinalis.
Taublatt ↗ Alchemilla xanthochlora.
Taubnesselblüten ↗ Lamium album.
Taumellolch ↗ Lolium temulentum.

■ **Taurin**
(syn. 2-Aminoethansulfonsäure), Aminosäure, die in den Samen von Fabaceae (Legumosae), in Rotalgen und Schwämmen, in tierischen Geweben, in der Gallenflüssigkeit (auch als Amid der Cholsäure) und im Zentralnervensystem vorkommt. Anw.: Ausgangsstoff für die Herstellung von Pharmaka, zur Therapie von Gallensteinen und zur unterstützenden Behandlung der Hypercholesterolämie.

Tauschüsselchen ↗ Alchemilla xanthochlora.
Tausendblatt ↗ Achillea-Arten.
Tausendguldenkraut ↗ Centaurium minus.
Tausendgüldenkraut ↗ Centaurium minus.
Tausendkorn ↗ Herniaria glabra.
Tausendkrankheitskraut ↗ Lysimachia nummularia.
Tausendnessel ↗ Urtica-Arten.
Tausendschön ↗ Bellis perennis.
Taxbaum ↗ Taxus baccata.
Taxifolin ↗ Flavonoide.
Taxol ↗ Paclitaxel.

■ **Taxus baccata** L.
Eibe (syn. Eife, Ibenbaum, Kantelbaum, Taxbaum, Ybe), s. Farbtafel S. 307, Bild 161.

Fam.: Taxaceae.

Vork.: auf der nördlichen Erdhalbkugel, weltweit als Ziergehölz kultiviert. Wildwachsende Eibenbestände stehen unter Artenschutz!

Droge: ***Herba Taxi baccatae***; Eibenblätter (syn. *Taxus-baccata*-Blätter). Die Droge ist stark giftig! Inh.: Alkaloid-Gemisch (Taxin), u. a. Taxin A und B (basische Polyhydroxyditerpene mit Essigsäure oder β-Dimethylamino-β-phenylpropionsäure verestert); Baccatin III und 10-Desacetylbaccatin III; Taxacine (acylfreie Polyole); Biflavonoide, Phenole, wie Betulosid, Taxicatin. Anw.: früher in der Volksheilkunde innerlich als Wurmmittel, zur Förderung der Menstruation, gegen Epilepsie, Mandelentzündungen, Diphtherie sowie als Abortivum. Äußerlich wurde die Droge zur Wundbehandlung und als Antiparasitikum beim Vieh angewendet. In Indien gelten die Eibenblätter als Mittel zur Regulation der Fruchtbarkeit. Aufgrund der Toxizität der Droge ist eine Anwendung nicht zu empfehlen. Tox.: Nach Einnahme kommt es zur Schädigung des Herzmuskels, Übelkeit, Brechreiz, Koliken und Bewußtseinsstörungen. Der Tod tritt durch Atemlähmung ein. Der rote Samenmantel der Frucht (Arillus) ist nicht giftig, er enthält bis zu 37 mg Vitamin C pro 100 g Frischgewicht.

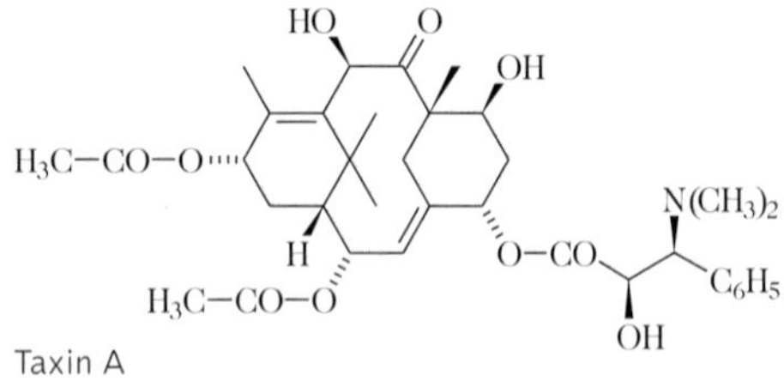

Taxin A

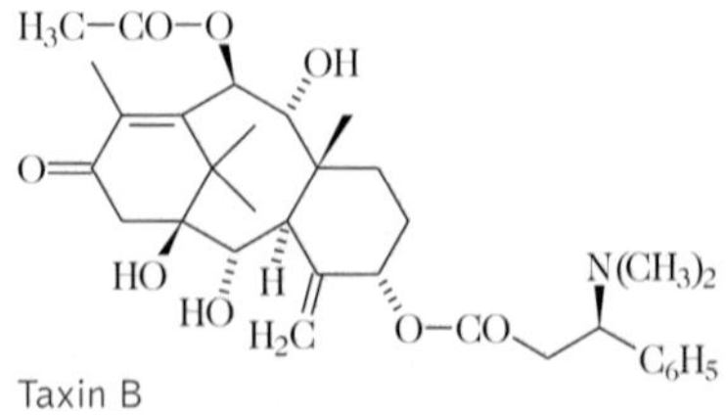

Taxin B

Hom.: ***Taxus baccata*** HAB1; Eibe, die frischen Zweigspitzen. Anw.-Geb.: Erkrankungen des Magen-Darm-Traktes sowie der Haut.

Histor.: Die Giftwirkung der Eibe ist seit dem Altertum bekannt und wurde sowohl für Mordanschläge als auch für Suizide genutzt. Früher, besonders im 17. und 18. Jh., wurde der immergrüne Baum häufig als Hecke zur Flurabgrenzung eingesetzt. Der Gattungsname *Taxus* ist indogermanischer Herkunft, abgeleitet von *teks* (künstlich herstellen), da das Holz für Schnitzereien verwendet wurde; *bacca* (lat., Beere, d. h. beerentragend), bezieht sich auf die Frucht. Die deutsche Bezeichnung Eibe ist auf das althochdeutsche *iwa* zurückzuführen.

■ **Taxus brevifolia** Nutt.
Pazifische Eibe; s. Farbtafel S. 307, Bild 162.
Fam.: Taxaceae.
Vork.: westliches Nordamerika.
Droge: Rinde und Stammholz. Inh.: ↗ Paclitaxel (Taxol), ein Diterpen vom Taxan-Typ in geringer Konzentration (ca. 0,0008 %). Anw.: zur Gewinnung von Paclitaxel.

Tecoma adenophylla ↗ Tabebuia impetiginosa.
Tecoma avellanedae ↗ Tabebuia impetiginosa.

■ **Tecoma capensis** (Thunb.) Lindley
(syn. *Bignonia capensis, Gelsemium capense, Tecomaria capensis, T. krebsii, T. petersii*).
Fam.: Bignoniaceae.
Vork.: Afrika, Südamerika, Indien, Arabien, im Mittelmeergebiet als Zierpflanze kultiviert.
Droge: ***Tecoma-capensis-Blätter***, die Fiederblätter. Inh.: Iridoide, wie Zimtsäure-Tecomosid. Anw.: in der Volksheilkunde bei Durchfall und Darmentzündungen.

Tecoma dugandii ↗ Tabebuia impetiginosa.
Tecoma eximia ↗ Tabebuia impetiginosa.
Tecoma heptaphylla ↗ Tabebuia impetiginosa.
Tecoma impetiginosa ↗ Tabebuia impetiginosa.
Tecoma incisa ↗ Tecoma stans.
Tecoma integra ↗ Tabebuia impetiginosa.
Tecoma ipe ↗ Tabebuia impetiginosa.

■ **Tecoma lapacho** K. Schum.
Fam.: Bignoniaceae.
Vork.: Südamerika, Andengebiete.
Droge: ***Cortex Lapacho***; Lapachorinde (syn. Inkatee), die Rinde der Zweige. Inh.: prenylierte Naphthochinone, u. a. Lapachol. Anw.: in der indianischen Volksheilkunde gegen Tumore und zur Immunstimulation.

Tecoma palmeri ↗ Tabebuia impetiginosa.
Tecomaria capensis ↗ Tecoma capensis.
Tecomaria krebsii ↗ Tecoma capensis.
Tecomaria petersii ↗ Tecoma capensis.
Tecoma schunkevigoi ↗ Tabebuia impetiginosa.

■ **Tecoma stans** (L.) Juss. Ex Kuhnt
(syn. *Bignonia frutescens, B. incisa, B. stans, Gelsemium stans, Stenolobium quinquejugum, St. stans, Tecoma incisa*); Eschenblättrige Jasmintrompete.
Fam.: Bignoniaceae.
Vork.: Mittelamerika, Südamerika.
Drogen: ***1. Garapaöl***, das Fett der Samenkerne. Inh.: nichttrocknendes Fett mit hohem Anteil an Octadecatetraensäure als Fettsäure. Anw.: in der Volksheilkunde als Einreibung. ***2. Tecoma-stans-Rinde***, die getrocknete Rinde. Anw.: in der amerikanischen Volksheilkunde bei Diabetes, Syphilis, Wurmerkrankungen und Magenschmerzen. ***3. Tecoma-stans-Zweige*** mit Blättern. Inh.: Alkaloide, wie Tecostanin, Tecomin; Flavonoide, Phenolcarbonsäuren, Triterpene. Anw.: in der mexikanischen Volksheilkunde bei Diabetes und Nierenbeschwerden.

■ **Tee**
1) Bezeichnung für Drogengemisch (Species).
2) Eine mit einer Einzeldroge oder einem Drogengemisch, i. d. R. mit heißem Wasser hergestellte Zubereitung, die für arzneiliche oder Genußzwecke genutzt wird (↗ Species).

Teebaumöl ↗ Melaleuca-Arten.
Teebusk ↗ Lithospermum officinale.
Teefilterbeutel ↗ Teepräparate.
Teemischungen ↗ Drogen in Teemischungen; s. auch unter Indikationen, z. B. ↗ Species pectorales.

■ **Teepräparate**
Zubereitungen, die bereits genormte Drogenmengen pro Tasse enthalten, z. B. Teefilterbeutel, oder Produkte, die sofort lösliche Drogenextrakte enthalten, wie z. B. Instant-Tees (Granulat-Tees) oder Tubentees.

Teestrauch ↗ Camellia sinensis.

■ **Teezubereitung**
im allgemeinen erfolgt die Bereitung eines Tees als Heißwasseraufguß. Hierzu werden die Drogen bzw. die Drogengemische, die bei Blatt-, Kraut-, und Wurzeldrogen in geschnittener Form vorliegen sollten, mit kochendem Wasser übergossen und nach etwa 5–10 min abgeseiht. Dabei werden i. d. R. etwa 2 Teelöffel (ca. 2–3 g) Droge für eine Tasse Tee (ca. 150 ml Wasser) verwendet, wobei allerdings die Konzentration, die für die veschiedenen Tees angewendet wird, Schwankungen unterliegt. Da die meisten Teedrogen weder stark wirksame noch toxische Inhaltsstoffe enthalten, kann die verwendete Drogenmenge

durchaus auch individuell gestaltet werden. Neben der meist genutzten Art der Teezubereitung, dem Aufguß (Infusum), kommt zuweilen auch die Abkochung (Decoctum) oder der Kaltauszug (Mazeratio) zur Anwendung. Während die Abkochung oft bei Drogen mit harter Beschaffenheit, wie Hölzer, Rinden oder Wurzeln mit schwer löslichen aber gewünschten Inhaltsstoffen, zur Anwendung kommt, dient das Kaltmazerat dem Fernhalten unerwünschter (z. B. Gerbstoffe in Bärentraubenblättern) oder dem Erhalt hitzeempfindlicher Bestandteile (z. B. bestimmter Vitamine, u. a. Vitamin C in Hagebutten). Nachteil des Kaltwasserauszuges ist, daß die beim Überbrühen der Drogen erfolgte Keimzahlreduzierung hier ausbleibt.

Teglamfett ↗ Isoptera borneensis.
Tegmina Sepiae ↗ Sepia officinalis.
Teichschachtelhalm ↗ Equisetum-Arten.
Teichschwamm ↗ Spongilla lacustris.
Teichzinnkraut ↗ Equisetum-Arten.

■ **Teicoplanin**
(syn. Teichomycin), Glykopeptid-Antibiotika-Gemisch von 5 Komponenten der Vancomycin-Gruppe, das durch *Actinoplanes teichomyceticus* produziert wird. *Wirk.*: infolge Hemmung der Bakterienwandsynthese grampositiver Erreger bakterizid. *Anw.*: schwere Staphylokokkeninfektionen.

Tela gossypii absorbens ↗ Gossypium-Arten.
Telanthera amoena ↗ Alternanthera sessilis.
Telis foenum-graeca ↗ Trigonella foenum-graecum.
Temoe Lawak ↗ Curcuma-Arten.
Tempelbaum ↗ Ginkgo biloba.
Templinöl ↗ Abies-Arten.
Temulin ↗ Lolium temulentum.
Teonanacatl ↗ Mexikanische Rauschpilze, ↗ Conocybe siligineoides, ↗ Psilocybe-Arten.
Tephrosia-Arten ↗ Rotenon.
Tephrosia inebrians ↗ Tephrosia vogelli.
Tephrosia megalantha ↗ Tephrosia vogelli.
Tephrosia periculosa ↗ Tephrosia vogelli.
Tephrosia villosa ↗ Tephrosia vogelli.

■ **Tephrosia vogelli** Hook. f.
(syn. *Cracca vogelii, Tephrosia inebrians, T. megalantha, T. periculosa, T. villosa*).
Fam.: Fabaceae.
Vork.: tropisches Afrika.
Droge: die Blätter und Früchte. *Inh.*: Isoflavone, wie ↗ Rotenon, Deguelin, Tephrosin ; Flavonoide. *Anw.*: in der afrikanischen Volksheil-

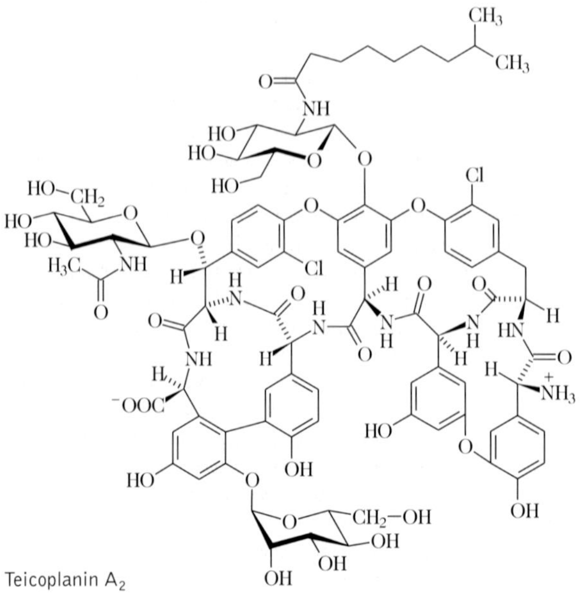

Teicoplanin A_2

kunde als Abortivum, Mittel gegen Parasiten sowie als Fischgift zum Fischfang.

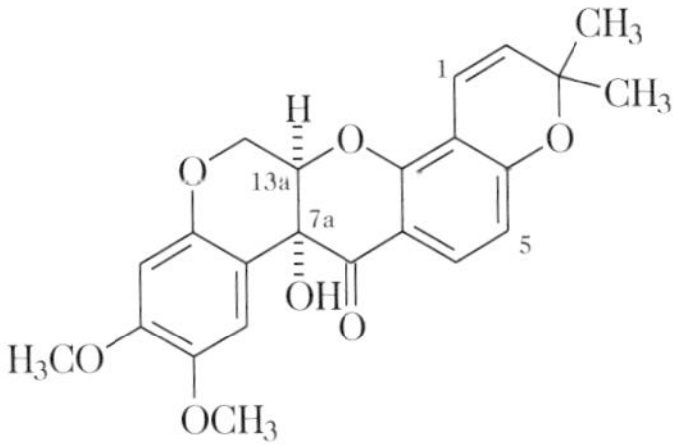

Tephrosin

Tequila ↗ Agave americana.
Terebinthe ↗ Pistacia terebinthus.

■ Terebinthina

(syn. *Terpentin, Balsamum Terebinthinae, B. Pini*), Stammpflanzen sind verschiedene Arten der Gattung *Pinus* (↗ *Pinus*-Arten). Terpentin entsteht teils in der Rinde, teils im jungen Holz, aus dem nach Verwundung der Balsam austropft und aufgefangen wird. Die Droge ist dickflüssig, trüb und von eigenartigem Geruch. Inh.: Harz (70–85 %), das aus Abietinsäure und Pimarsäure besteht; äther. Öl (15–30 %). Anw.: in Zubereitungen für hautreizende Pflaster und Salben.

Terebinthina Alsatica ↗ Abies-Arten.
Terebinthina Argentoratensis ↗ Abies-Arten.
Terebinthina Canadensis ↗ Abies-Arten.
Terebinthina Chiotica ↗ Pistacia terebinthus.
Terebinthina Copaiferae ↗ Copaifera-Arten.
Terebinthinae aetheroleum rectificatum ↗ Pinus-Arten.
Terebinthina Laricina ↗ Larix decidua.
Terebinthina Pistaciae ↗ Pistacia terebinthus.
Terebinthina Veneta ↗ Larix decidua.
Terebinthus vulgaris ↗ Pistacia lentiscus.
Terminalia alata ↗ Terminalia tomentosa.
Terminalia angolensis ↗ Terminalia sericea.
Terminalia angustifolia ↗ Terminalia bellirica.

■ Terminalia arjuna (Roxb.) Wight et Arn.

Arjunbaum.

Fam.: Combretaceae.

Vork.: Indien.

Droge: ***Terminaliae arjunae cortex***; *Terminalia-arjuna*-Rinde, die getrocknete Stammrinde. Inh.: Gerbstoffe, β-Sitosterol, Dihydroxytriterpensäuren, wie Arjunsäure und Arjunetin; Flavonoide, Calciumsalze. Anw.: in der Ayurveda-Medizin bei Herzbeschwerden, Verdauungsbeschwerden, Streß, Leberfunktionsstörungen, Entzündungen der ableitenden Harnwege, bei Diabetes sowie gegen Tuberkulose, Geschlechtskrankheiten und zur Heilung von Knochenbrüchen.

Terminalia aruta ↗ Terminalia chebula.
Terminalia attenuata ↗ Terminalia bellirica.

■ Terminalia avicennoides Guill. et Perr.

(syn. *Terminalia dyctioneura; T. lecardii*).

Fam.: Combretaceae.

Vork.: Afrika, Senegambia, Sierra Leone, Äthiopien.

Drogen: *1.* ***Terminalia-avicennoides-Rinde***, die Stammrinde. Inh.: das Polyhydroxylacton Laxiflorin sowie Sitosterylpalmitat und Trimethylellagsäure. Anw.: in der Volksheilkunde bei Durchfällen und Hautinfektionen. *2.* ***Terminalia-avicennoides-Wurzel***, die Wurzeln. Inh.: Sitosterolpalmitat, Terminolsäure. Anw.: in der Volksheilkunde bei Ruhr und Durchfall sowie bei Zahnschmerzen.

■ Terminalia bellirica (Gaertn.) Roxb.

(syn. *Myrobalanus bellirica, Panteptera mollis, Terminalia angustifolia, T. attenuata, T. biticaria, T. eglandulosa, T. gella, T. javanica, T. laurinoides, T. mollis, T. mollucana, T. punctata*).

Fam.: Combretaceae.

Vork.: Indien, Indonesien.

Drogen: *1.* ***Terminalia-bellirica-Früchte***, die reifen und unreifen Früchte. Inh.: Gerbstoffe, v. a. Ellagitannine; blaue Farbstoffe. Anw.: in der Volksheilkunde als Bittermittel und Adstringens bei Fieber, Lepra, Gallenbeschwerden, Wassersucht und Durchfall. *2.* ***Terminalia-bellirica-Rinde***, die Stammrinde. Inh.: Triterpene, wie Bellerinsäure und sein Glucosid Bellericosid sowie Arjungenin; β-Sitosterol, Gallussäure, Ellagsäure, Ethylgallat, Mannitol. Anw.: in der Volksheilkunde als Adstringens sowie bei Ekzemen. *3.* ***Terminalia-bellirica-Samen***, die Steinkerne. Inh.: die Samen enthalten fettes Öl (ca. 40 %) sowie eine noch nicht identifizierte narkotische Verbindung. Anw.: in der traditionellen chinesischen Medizin als Wurmmittel, bei Asthma und als Laxans. In Westbengalen wird die Droge gegessen, um Halluzinationen zu erleben.

Terminalia biticaria ↗ Terminalia bellirica.

Terminalia brosigiana ↗ Terminalia sericea.
Terminalia bubu ↗ Terminalia sericea.

■ **Terminalia catappa** L.
(syn. *Juglans catappa, Terminalia latifolia, T. mauritiana, T. moluccana, T. myrobalana, T. procera, T. subcordata*).
Fam.: Combretaceae.
Vork.: Südostasien, kultiviert in Australien, Polynesien, Indien, Ost- und Westafrika, Madagaskar, Mittel- und Südamerika.
Drogen: *1.* ***Terminalia-catappa-Blätter***, die frischen oder getrockneten Blätter. *Inh.:* Gerbstoffe vom Gallussäureestertyp, wie Terflavin A, Tergallagin, Punicalin und Punicalagin; Flavonoide. *Anw.:* in der Volksheilkunde bei Hypertonie, Asthma, Gelenkrheuma, zur Diaphorese und als Adstringens bei Durchfallerkrankungen. *2.* ***Terminalia-catappa-Rinde*** (syn. Badamierrinde), die Rinde. *Inh.:* Gerbstoffe (9–13 %), Calciumsalze. *Anw.:* in der Volksheilkunde bei Durchfällen und als harntreibendes Mittel. *3.* ***Terminalia-catappa-Samenöl***, das aus den Samen gewonnene, fette Öl. *Inh.:* Triglyceride mit den Fettsäuren Ölsäure, Linolsäure, Palmitinsäure und Stearinsäure. *Anw.:* in der Volksheilkunde innerlich bei Koliken und Kopfschmerzen, als Tonikum; zusammen mit den Blättern bei Lepra, Krätze und anderen Hauterkrankungen.

■ **Terminalia chebula** Retz.
(syn. *Bucida cumintana, Embryogonia arborea, Myrobalanus chebula, M. gangetica, Terminalia aruta, T. comintana, T. gangetica, T. multiflora, T. parviflora, T. reticulata, T. tomentella, T. zeylanica*).
Fam.: Combretaceae.
Vork.: Nordindien, Südostasien.
Drogen: *1.* ***Myrobalani fructus*** (syn. *Fructus Chebulae, Fructus Myrobalani, Fructus Terminaliae, Myrobalani chebulae*); Myrobalanen, die getrockneten, reifen Früchte. *Inh.:* Gerbstoffe (bis 45 %), aus Gallussäure-Glucose-Derivaten bestehend. *Anw.:* als Adstringens, äußerlich als Gurgelmittel bei Stomatitis, bei chronischen Geschwüren und Wunden, technisch zum Gerben. *2.* ***Terminalia-chebula-Rinde***, die getrocknete Rinde. *Inh.:* Gerbstoffe, Triterpensäuren sowie Arjunin und Arjunetin. *Anw.:* volkstümlich in den Herkunftsgebieten als harntreibende und herzstärkende Droge.

Terminalia comintana ↗ Terminalia chebula.
Terminalia coriacea ↗ Terminalia tomentosa.
Terminalia crenulata ↗ Terminalia tomentosa.
Terminalia dyctioneura ↗ Terminalia avicennoides.
Terminaliae arjunae cortex ↗ Terminalia arjuna.
Terminalia eglandulosa ↗ Terminalia bellirica.
Terminalia fischeri ↗ Terminalia sericea.
Terminalia gangetica ↗ Terminalia chebula.
Terminalia gella ↗ Terminalia bellirica.
Terminalia javanica ↗ Terminalia bellirica.
Terminalia latifolia ↗ Terminalia catappa.
Terminalia laurinoides ↗ Terminalia bellirica.
Terminalia lecardii ↗ Terminalia avicennoides.
Terminalia macrocarpa ↗ Terminalia tomentosa.
Terminalia mauritiana ↗ Terminalia catappa.
Terminalia mollis ↗ Terminalia bellirica.
Terminalia mollucana ↗ Terminalia bellirica.
Terminalia moluccana ↗ Terminalia catappa.
Terminalia multiflora ↗ Terminalia chebula.
Terminalia myrobalana ↗ Terminalia catappa.
Terminalia nyassensis ↗ Terminalia sericea.
Terminalia ovata ↗ Terminalia tomentosa.
Terminalia parviflora ↗ Terminalia chebula.
Terminalia procera ↗ Terminalia catappa.
Terminalia punctata ↗ Terminalia bellirica.
Terminalia reticulata ↗ Terminalia chebula.

■ **Terminalia sericea** Burchel ex DC.
(syn. *Terminalia angolensis, T. brosigiana, T. bubu, T. fischeri, T. nyassensis*).
Fam.: Combretaceae.
Vork.: Südafrika, Namibia, Botswana, Angola, Sambia, Tansania.
Droge: die Wurzeln. *Inh.:* Triterpene, wie Sericinsäure, Sericosid; Resveratrol-3-*O*-rutosid. *Anw.:*

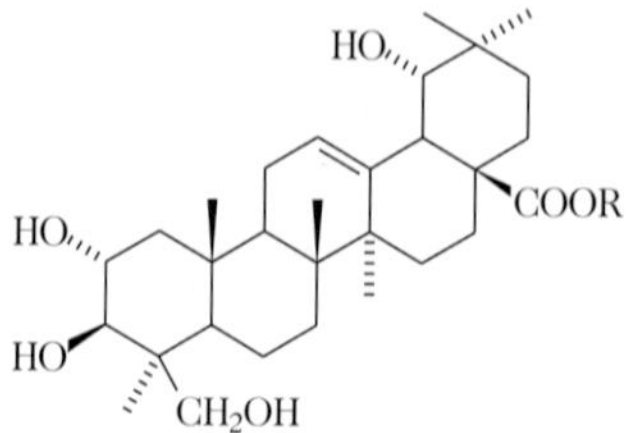

Sericinsäure: R = H
Sericosid: R = D-Glucose

in der afrikanischen Volksheilkunde häufig verwendet bei Entzündungen und gegen Geschlechtskrankheiten sowie bei Magenbeschwerden, Augenerkrankungen, Dysenterie, Koliken und bei Hautkrankheiten. Auch zur Bereitung von Pfeilgiften wird die Droge genutzt.

Terminalia subcordata ↗ Terminalia catappa.
Terminalia tomentella ↗ Terminalia chebula.

■ **Terminalia tomentosa** Wight et Arn.
(syn. *Chuncoa tomentosa, Pentaptera coriacea, P. crenulata, P. macrocarpa, P. maradu, P. tomentosa, Terminalia alata, T. crenulata, T. coriacea, T. macrocarpa, T. ovata*).

Fam.: Combretaceae.

Vork.: Nord- und Westindien, Nepal, Burma, Vietnam, Laos.

Droge: ***Cortex Terminaliae tomentosae***; *Terminalia-tomentosa*-Rinde, die Stammrinde. Inh.: Gerbstoffe (10–12 %); Triterpene, wie Oleanolsäure, Arjunsäure, Arjunolsäure und 3-Acetylmaslinsäure. *Anw.*: in der Volksheilkunde als Adstringens, bei Diarrhoe, zur Herzstärkung, als harntreibendes Mittel; äußerlich bei Geschwüren und Schlangenbissen.

Terminalia zeylanica ↗ Terminalia chebula.
Terpenalkaloide ↗ Pseudoalkaloide.
Terpentin ↗ Abies-Arten, ↗ Pinus-Arten, ↗ Terebinthina.
Terpentina cyprica ↗ Pistacia terebinthus.
Terpentinharz ↗ Pistacia terebinthus.
Terpentinöl ↗ Pinus-Arten.
Terpentinpistazie ↗ Pistacia terebinthus.
Terpinen ↗ Ätherische Öle.
Terra japonica ↗ Uncaria gambir.
Terra orellana ↗ Bixa orellana.
Terra silicea ↗ Diatomeen.
Testa (lat.) Schale, botanisch Samenschale.
Testae Cacao ↗ Theobroma cacao.
Testa Plantaginis ovatae ↗ Plantago-Arten.

■ **Tetraclinis articulata** (Vahl) Mast.
(syn. *Callitris articulata, C. quadrivalvis, Thuja articulata*). Gliederzypresse.

Fam.: Cupressaceae.

Vork.: Südspanien, Nordwestafrika, häufig kultiviert.

Droge: ***Sandaraca*** (syn. *Gummi Sandaracae, Resina Sandaraca*); Sandarakharz (syn. Afrikanischer Sandarak, Sandarak). *Inh.*: Harzsubstanzen (ca. 95 %): mit Diterpensäuren, wie Sandaracopimarsäure und Oxysandaracopimarsäure; Callitrolsäure, Sandaracinsäure, Sandaracinolsäure; Triterpensäuren, wie Callitrisinsäure; Bitterstoffe, äther. Öl. *Anw.*: in der Volksheilkunde bei Durchfall und gegen Fieber. Die Droge dient außerdem der Bereitung von Pflastern, temporären Zahnkitten und Zahnfüllungen, Überzüge für Pillen sowie Tabletten mit protrahierter Wirkstofffreisetzung; in der Technik zur Herstellung von Lacken und Kitten.

■ **Tetracycline**
Polyketidantibiotika der Tetracyclingruppe, die durch *Streptomyces rimosus* und *Streptomyces aureofaciens* produziert werden. Zu den T. gehören Tetracyclin, Chlortetracyclin, Oxytetracyclin und 6-Desmethyltetracyclin. *Wirk.*: Breitbandantibiotikum gegenüber grampositiven und -negativen Stäbchen, Kokken, Rickettsien, Mycoplasmen und einige Protozoen, bakteriostatische Wirkung durch Hemmung der ribosomalen Proteinsynthese (Bindung an 30S-Untereinheit der Ribosomen). *Anw.*: lokal bei Augeninfektionen, systemisch bei Infektionen der Atemwege, des Urogenitaltraktes, des Magen-Darm-Traktes sowie schweren Formen der Akne vulgaris. *Geg.*: Schwangerschaft, Leber- und Pankreaserkrankungen.

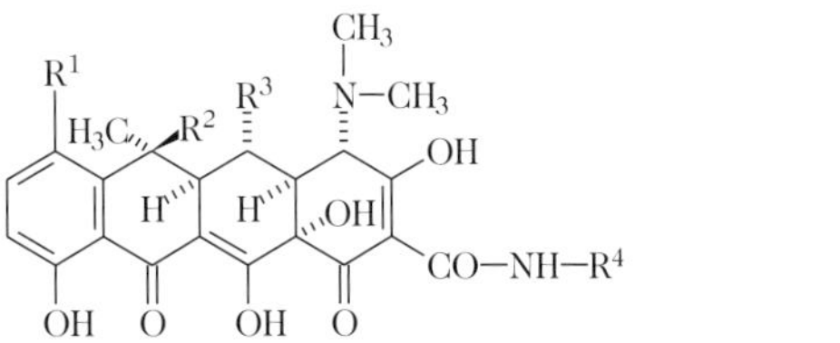

Name	R^1	R^2	R^3	R^4
Tetracyclin	H	OH	H	H
Oxytetracyclin	H	OH	OH	H
Chlortetracyclin	Cl	OH	H	H
Doxycyclin	H	H	OH	H
Rolitetracyclin	H	OH	H	$-CH_2-N$

Tetragastris ossea ↗ Trewia nudiflora.
Tetrahydrocannabinol halluzinogener und euphorisierender Inhaltsstoff von ↗ *Cannabis sativa*.
Tetralix septentrionalis ↗ Erica tetralix.
Tetrandin ↗ Stephania tetrandra.
Tetranthera californica ↗ Umbellaria californica.

■ **Tetranthera laurifolia**
(syn. *Sebiflora glutinosa*).
Fam.: Lauraceae.
Vork.: Südamerika, Indochina.
Droge: ***Lorbeertalg***, das Fett der Samen. Inh.: Triglyceride mit gesättigten Fettsäuren. Anw.: zur Herstellung von Kerzen.

■ **Tetraodon rubripes rubripes**
(syn. *Sphoeroides rubripes*); Kugelfisch (syn. Torafugu, Fugu).
Fam.: Tetraodontidae.
Vork.: Japan, China.
Inh.: Tetrodotoxin, eines der stärksten tierischen Gifte. Anw.: Tetrodotoxin spielt als pharma-

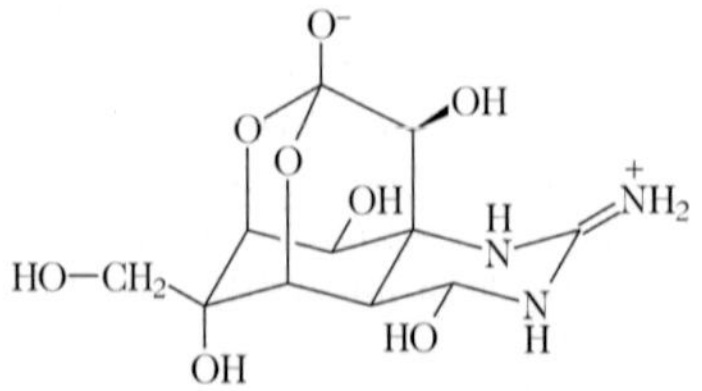

Tetrodotoxin

kologische Modellsubstanz (Hemmung der Natrium-Kanäle in erregbaren Zellen) sowie in der experimentellen Medizin zur Schmerzstillung bei Tumorpatienten eine gewisse Rolle.
Histor.: Die Kugelfische gelten seit Jahrhunderten in Ostasien als Delikatesse, obwohl eine Vielzahl von tödlichen Vergiftungsfällen bekannt geworden ist. In Japan dürfen nur speziell ausgebildete Köche in lizenzierten Lokalen den Fugu zubereiten. Seit 1985 ist auch bekannt, daß das Tetrodotoxin in den Kugelfischen von einer speziellen Bakterienart (*Alteromonas spec.*) gebildet wird und lediglich in den inneren Organen des Fisches abgelagert wird. Der Kugelfisch ist damit ein passiv toxisches Lebewesen, das den Giftstoff nicht selbst produziert.

■ **Tetrapanax papyriferum** (Hook.) Koch
(syn. *Aralia papyrifera, Tatsia papyrifera*).
Fam.: Araliaceae.
Vork.: China, Taiwan, vielfach auch kultiviert.
Droge: das Mark aus den Stämmen. Inh.: Polysaccharide, Cellulose. Anw.: zur Herstellung des chinesischen Reispapiers, das auch zu Verbandszwecken eingesetzt wird. In der asiatischen Volksheilkunde dient die Droge auch als Diuretikum und Galactagogum.

■ **Tetrapleura tetraptera** (Schum. et Thonn.) Taubert
(syn. *Tetrapleura thonningii, Adenanthera tetraptera*).
Fam.: Mimosaceae.
Vork.: Afrika, Senegal bis Uganda.
Droge: Früchte und Stammrinde. Inh.: Triterpen-Saponine, u. a. *N*-Acetylglykoside der Oleanolsäure und Echinocystsäure; Gerbstoffe, Sterole, Flavonoide. Anw.: in der afrikanischen Volksheilkunde bei Herzbeschwerden, Übelkeit, Rheuma, Fieber und Krämpfen sowie als Abortivum und Brechmittel genutzt. Die Droge ist auch Bestandteil von afrikanischen Pfeil- und Fischgiften.

Tetrapleura thonningii ↗ Tetrapleura tetraptera.

■ **Tetrapteris methystica** R. E. Schult.
Fam.: Malpighiaceae.
Vork.: Südamerika, Mexiko, Westindien.
Droge: die Rinde. Inh.: β-Carboline, u. a. Harmin, Harmalin, Tetrahydroharmin. Anw.: Die Makú-Indianer stellen aus der Droge ein psychoaktives Getränk her, das ähnlich wie ↗ Ayahuasca wirkt und in gleicher Weise rituell genutzt wird.

■ **Tetraterpene**
aus 8 Isoprenresten aufgebaute Terpene mit 40 Kohlenstoff-Atomen, die entweder in rein aliphatischer Form vorkommen bzw. an einem oder auch beiden Enden einen carbocyclischen Ring tragen. Die bekannten, in der Natur vorkommenden T. gehören zur Gruppe der ↗ Carotinoide. Biologische Bedeutung haben einige Vertreter als Vorstufen zum Vitamin A. Weitere T. sind β-Carotin, Canthaxanthin und Bixin (↗ *Bixa orrelana*), auch die Inhaltsstoffe des Safrans (↗ *Crocus sativus*) zählen zu diesen Naturstoffen.

Tetrodotoxin ↗ Tetraodon rubripes rubripes, ↗ Marine Wirkstoffe.
Teucrii chamaedryos herba ↗ Teucrium-Arten.
Teucrii herba ↗ Teucrium-Arten.
Teucrii scorodoniae herba ↗ Teucrium-Arten.

■ **Teucrium-Arten**
● **Fam.:** Lamiaceae (Labiatae).
● **Teucrium chamaedrys** L. (syn. *Chamaedrys officinalis, Teucrium officinale*); Echter Gamander (syn. Bathengel, Edelgamander, Frauenbiß,

Gamanderlein, Gewöhnlicher Gamander), s. Farbtafel S. 308, Bild 163.

Vork.: Mittelmeergebiete, südliches Mitteleuropa.

Droge: ***Teucrii chamaedryos herba*** (syn. *Herba Chamaedrys, Mari veri herba*); Edelgamanderkraut, das zur Blütezeit gesammelte Kraut. Inh.: äther. Öl (0,07 %) mit β-Caryophyllen und Humulen als Hauptkomponenten, Iridoidglykoside, u. a. Acetylharpagid und Harpagid sowie Diterpene, u. a. Dihydroteugin und Marrubiin, Flavonoide und Phenylpropane, wie dem Phenylpropanglykosid Teucriosid. Anw.: volkstümlich bei Verdauungsschwäche, Gallebeschwerden sowie bei Gicht. Geg.: Da die Droge im Verdacht steht, Lebernekrose hervorzurufen, ist ihre therapeutische Nutzung nicht zu empfehlen.

● **Teucrium marum** L. (syn. *Teucrium maritimum*); Katzengamander (syn. Marum-Gamander).

Vork.: heimisch im westlichen Mittelmeergebiet, Kulturen auf der Krim.

Droge: ***Teucrii herba*** (syn. *Herba Mari veri, Herba Teucrii, Herba Teucrii mari, Teucrium-marum*-Kraut); Amberkraut (syn. Gamanderkraut, Katzenkraut, Mastichkraut), die zur Blütezeit gesammelten und getrockneten oberirdischen Teile. Inh.: äther. Öl mit dem tränenerregendem Monoterpen Dolichodial. Ferner Iridoide, u. a. Teucriumlactone, Bitterstoffe und Lamiaceengerb-

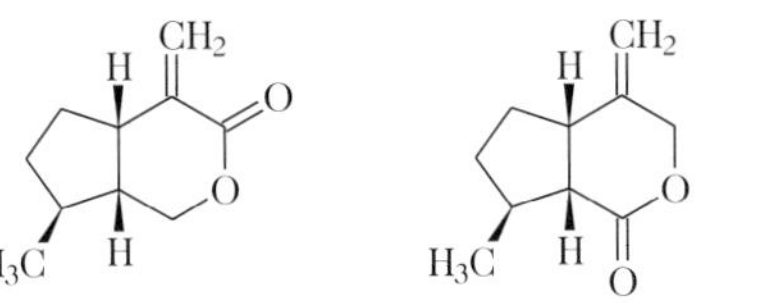

Teucriumlacton C   Teucriumlacton D

stoffe. Anw.: volkstümlich bei Bronchialerkrankungen, Magen- und Gallebeschwerden sowie Blasen- und Nierenleiden. Bestandteil von Arzneifertigpräparaten für diese Indikation.

Hom.: ***Teucrium marum*** (syn. *Marum verum*) HAB1; Katzengamander, die frischen, oberirdischen Teile ohne die verholzten unteren Stengelanteile. Anw.-Geb.: entzündliche Prozesse der oberen und unteren Atemwege.

● **Teucrium montanum** L., Berg-Gamander.

Vork.: Südeuropa, Kleinasien.

Droge: ***Herba Teucrii***, das getrocknete Kraut. Inh.: Flavonoide, u. a. Diosmin, Saponine, äther. Öl. Anw.: s. *Teucrium marum*.

● **Teucrium polium** L. ssp. Polium, Marienkraut (syn. Polei-Gamander, Poleigamander).

Vork.: Südwesteuropa.

Droge: ***Herba Teucrii***, das getrocknete Kraut. Inh.: diterpenoide Bitterstoffe, wie Marrubiin, äther. Öl. Anw.: bei leichten Gallen- und Gallenwegserkrankungen.

● **Teucrium scordium** L. (syn. *Chamaedrys scordium, Teucrium arenarium, T. palustre*); Knoblauchgamander (syn. Lachenknoblauch, Lauchgamander, Wassergamander, Wasserknoblauch).

Vork.: Europa, West- und Mittelasien.

Droge: ***Chamaedryos aquaticae herba*** (syn. *Herba Chamaedryos aquaticae, Herba Scordii vulgaris, Herba Teucrii scordii*); Knoblauchgamander (syn. Wasserknoblauch, Wasserlauch), das zur Blütezeit oder kurz vorher gesammelte Kraut. Inh.: Diterpene vom Clerodantyp, u. a. $2\beta,6\alpha$-Dihydroxyteuscordin. Anw.: volkstümlich bei Eiterungen und Entzündungen, Erkrankungen der Atmungsorgane, Hämorrhoidalbeschwerden und grippalen Infekten.

● **Teucrium scorodonia** L. (syn. *Monochilon cordifolius, Scorodinia heteromalla, S. sylvestris, Teucrium salviaefolium, T. sylvestre*); Bergsalbei (syn. Salbeiblättriger Gamander, Salbeigamander, Waldsalbei, Wilder Gamander), s. Farbtafel S. 308, Bild 164.

Vork.: West- und Mitteleuropa sowie Mittelmeergebiete.

Droge: ***Scorodoniae herba*** (syn. *Herba Scorodoniae, Herba Teucrii scorodoniae, Teucrii scorodoniae herba*); Waldgamanderkraut (syn. Salbeigamanderkraut), das Kraut. Inh.: äther. Öl (ca. 0,3 %) mit *allo*-Aromadendren, Aristolen, β-Caryophyllen, Caryophyllenepoxid, α-Humulen und Spathulenol; Iridoide, bes. Acetylharpagid und Reptosid; Diterpene vom Clerodantyp und Flavonoide. Anw.: volkstümlich bei chronischem Bronchialkatarrh, Entzündungen der Nasen- und Rachenschleimhäute, als Wundheilmittel sowie früher bei Tuberkulose. Als Tee meist in Kombination mit anderen Kräutern.

Hom.: ***Teucrium scorodonia*** HAB1; Waldgamander, die frischen, oberirdischen Teile blühender Pflanzen. Anw.-Geb.: Erkrankungen der Atemwege.

● **Histor.:** Der Gattungsname *Teucrium* ist vom griechischen *teukrion* abgeleitet. Nach der Sage soll der Name mit dem trojanischen König Teukros in Verbindung stehen, der angeblich zuerst die Wirkung der Pflanze auf die Milz erkannt hat. Der Artname *scorodonia* leitet sich vom griechischen *skordon* (Knoblauch) ab. In den Kräuterbüchern des Mittelalters wird *T. scorodonia* als Wald- oder Salbeigamander bezeichnet und bes. als Expektorans, magenstärkendes sowie leber- und milzreinigendes Mittel genannt.

Teucrium reptans ↗ Ajuga reptans.
Teufelsabbiß ↗ Succisa pratensis.
Teufelsabbißwurzel ↗ Succisa pratensis.
Teufelsapfel ↗ Datura-Arten.
Teufelsauge ↗ Adonis-Arten, ↗ Atropa belladonna.
Teufelsberi ↗ Atropa belladonna.
Teufelsbiß ↗ Chamaelirium luteum.
Teufelsbrot ↗ Colchicum autumnale.
Teufelsbusch ↗ Eleutherococcus senticosus.
Teufelsdill ↗ Anethum graveolens.
Teufelsdreck ↗ Ferula assa-foetida, ↗ Ferula foetida.
Teufelshand ↗ Orchis-Arten.
Teufelskappe ↗ Aconitum-Arten.
Teufelskirsche ↗ Atropa belladonna, ↗ Physalis alkekengi.
Teufelsklaue ↗ Asarum europaeum, ↗ Dryopteris filix-mas, ↗ Huperzia selago.
Teufelskrallenwurzel ↗ Harpagophytum procumbens.
Teufelsmilch ↗ Euphorbia-Arten.
Teufelsrübe ↗ Bryonia-Arten.
Teufelstabak ↗ Lobelia tupa.
Teufelswolfsmilch ↗ Euphorbia-Arten.
Teufelswurz ↗ Colchicum autumnale, ↗ Hyoscyamus niger.
Teufelszwirn ↗ Cuscuta europaea, ↗ Lycium barbarum.
Texanische Roßkastanie ↗ Ungnadia speciosa.

■ **Thalamus HAB**
die Sehhügel (Thalamus) von Schlachttieren.

■ **Thalictrum foetidum** L.
StinkendeWiesenraute.
Fam.: Ranunculaceae.
Vork.: Ostasien, Rußland.
Droge: die ganze Pflanze. Inh.: Alkaloide, u. a. Thalfoetidin; ↗ Ascorbinsäure, Gerbstoffe, Bitterstoffe, Flavonoide, Saponine, äther. Öl, herzwirksame Glykoside. Anw.: in der Volksheilkunde bei Hypertonie.

■ **Thalictrum macrocarpum** Gren.
Fam.: Ranunculaceae.
Vork.: weitverbreitet in der nördlichen Hemisphäre.
Droge: ***Radix Thalictrii***, die Wurzeln. Inh.: Terpen-Alkaloide, u. a. Thalictrin. Anw.: in der Volksheilkunde.

■ **Thalictrum minus** L.
Kleine Wiesenraute.
Fam.: Ranunculaceae.
Vork.: Rußland, Sibirien, Kasachstan, Südafrika.
Droge: die ganze Pflanze. Inh.: Protopin-Alkaloide, wie Thalmin, Thalmidin, Thalicmin, Berberin; Inulin, ↗ Ascorbinsäure. Anw.: in der Volksheilkunde bei Gastrointestinalbeschwerden.

Thapsia asclepium ↗ Elaeoselinum asclepium.

■ **Thapsia garganica** L.
Fam.: Apiaceae (Umbelliferae).
Vork.: Mittelmeergebiete, besonders an der nordafrikanischen Küste, Kreta, Rhodos.
Droge: ***Resina Thapsiae***; Thapsiaharz, das Harz der Stämme und Wurzeln. Inh.: Harzsäuren, u. a. Thapsiasäure, eine scharfe, blasenziehende Verbindung. Anw.: früher als Hautreizmittel, in Pflastern verarbeitet. Heute obsolet.
Hom.: ***Resina thapsiae*** (syn. *Thapsia*) HAB34; das Harz aus den Stämmen und Wurzeln.

Thapsiaharz ↗ Thapsia garganica.
Thapsus barbatus ↗ Verbascum-Arten.

■ **Thaspium aureum** Nutt.
(syn. *Zizia aurea*); Gelbe Pastinake.
Fam.: Apiaceae (Umbelliferae).
Vork.: Nordamerika.
Droge: ***Herba Ziziae***, das getrocknete Kraut. Inh.: u. a. photoaktive Furocumarine.
Hom.: ***Thaspium aureum*** HAB34; die frischen, oberirdischen Pflanzenteile. Anw.-Geb.: Erregungszustände.

Thaumatin ↗ Thaumatococcus daniellii.

■ **Thaumatococcus daniellii**
Katemfe.
Fam.: Marantaceae.
Vork.: afrikanischer Regenwald.

Droge: die Früchte. Inh.: u. a. Thaumatin, ein Proteingemisch mit der 100 000fachen Süßkraft der Saccharose. Anw.: in Japan zum Süßen von Kaugummi, Suppen und Desserts. Das Thaumatin-Gen wurde kloniert und kann in Früchtetragende Pflanzen, in Bakterien und Hefen transfiziert werden.

Thea bohea ↗ Camellia sinensis.
Thea cantonensis ↗ Camellia sinensis.
Thea chinensis ↗ Camellia sinensis.
Thea cochinchinensis ↗ Camellia sinensis.
Theae folium ↗ Camellia sinensis.
Theae nigrae folium ↗ Camellia sinensis.
Theae viridis folium ↗ Camellia sinensis.
Thea grandiflora ↗ Camellia sinensis.
Thea macrophylla ↗ Camellia sinensis.
Thea oleosa ↗ Camellia sinensis.
Thea parviflora ↗ Camellia sinensis.
Theaphylla assamica ↗ Camellia sinensis.
Theaphylla cantonensis ↗ Camellia sinensis.
Theaphylla lanceolata ↗ Camellia sinensis.
Theaphylla laxa ↗ Camellia sinensis.
Theaphylla viridis ↗ Camellia sinensis.
Thea sinensis ↗ Camellia sinensis.
Thea stricta ↗ Camellia sinensis.
Thea viridis ↗ Camellia sinensis.
Thebaicum ↗ Papaver somniferum.
Thebain ↗ Papaver somniferum.
Thein ↗ Coffea-Arten.
Thelycrania sanguinea ↗ Cornus-Arten.

■ **Theobroma cacao** L.
(syn. *Cacao guianensis, C. minus, C. sativa, Theobroma caribaea, T. interregima, T. kalagua, T. leiocarpa, T. pentagona, T. saltzmanniana, T. sapidum, T. sativa, T. sphaerocarpa*); Kakao (syn. Kakaobaum).

Fam.: Sterculiaceae.

Vork.: tropisches Amerika, kultiviert in verschiedenen tropischen Gebieten.

Drogen: ***1. Cacao cortex*** (syn. *Cacao testae, Cortex Cacao, Cortex Cacao tostus, Testae Cacao*); Kakaotee, die bei der Kakaogewinnung anfallenden Samenschalen. Inh.: Purinalkaloide, bes. Theobromin (0,4–1,3 %) und Coffein (0,02 %); Salsolinol, ferner Fett (ca. 5 %) mit hohem Gehalt an freien Fett- und Oxyfettsäuren sowie Phospholipiden, Gerbstoffen, sogenannte „Kakaorote“, aus Catechingerbstoffen und polymeren Proanthocyanidinen bestehend, sowie den Vitaminen A, B_1, B_2, B_6 und D. Anw.: volkstümlich als Diuretikum und Lactagogum, bei rachitischen Zuständen, bei Leber-, Blasen- und Nierenleiden sowie als Stopfmittel bei Rachitis. ***2. Cacao oleum*** (syn. *Butyrum Cacao, Oleum Cacao, Oleum Theobromis*); Kakaofett (syn. Cacaobutter, Kakaobutter), das durch Abpressen gewonnene, filtrierte oder zentrifugierte Fett aus Kakaokernen oder Kakaomasse. Inh.: Triglyceride (bis 99 %) mit Ölsäure (33–39 %), Stearinsäure (30–37 %) und Palmitinsäure (24–31 %) sowie Linolsäure (1–4 %), ferner unverseifbare Anteile (0,2–0,5 %), bes. β-Sitosterol. Anw.: als reizlose Zäpfchengrundlage für Arzneistäbchen und Vaginalkugeln. Durch halbsynthetische Fette heute weitgehend verdrängt. ***3. Cacao semen*** (syn. *Avellanae mexicanae, Faba cacao, Fabae mexicanae, Nuclei cacao, Semen Cacao, Semen Cacao tostum, Semen Theobromae, Theobromatis semen*); Kakaosamen, die von der Schale befreiten, fermentierten und schwach gerösteten Samen. Inh.: Lipide (über 50 %, s. *Cacao oleum*), phenolische Verbindungen, bes. Catechine mit (–)-Epicatechin als Hauptkomponente sowie Leukocyanidinen verschiedener Polymerisationsstufen, Purinalkaloide, biogene Amine und Isochinolin-

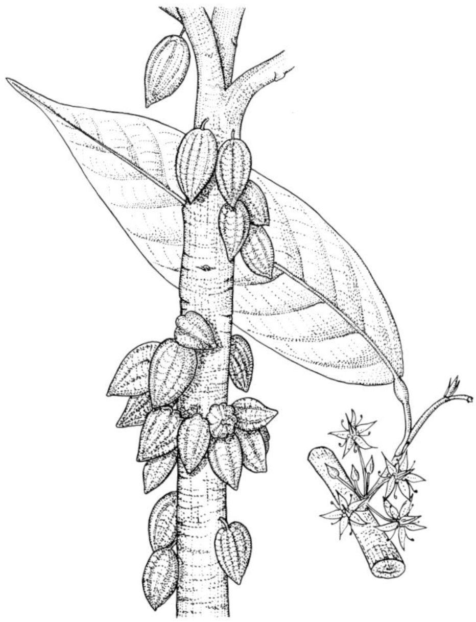

Theobroma cacao, blühender und fruchtener Stamm.

derivate. Anw.: volkstümlich bei infektiösen Darmerkrankungen und Diarrhöen, Bronchialleiden, zur Regulierung der Drüsentätigkeit, bes. der Schilddrüse, sowie allgemein bei Verdauungsstörungen. Als Zubereitung in Form der Kakaomasse (*Pasta Cacao*).

Histor.: Zur Zeit der spanischen Entdeckung Amerikas war der Kakaobaum in Mexiko bei den Azteken bereits ein altes Kulturgewächs, das in speziellen Kakaogärten gezüchtet wurde. Es spielte dort eine herausragende Rolle, so daß seine Samen auch als Zahlungsmittel dienten (insbesondere zur Bezahlung von Prostituierten). Man nimmt an, daß die Pflanze seit ca. 4000 Jahren in Mittelamerika kultiviert und als „Nahrung der Götter" verehrt wurde. Diese Tatsache spiegelt sich in der lateinischen Bezeichnung *Theobroma* wider, die man mit „Götterspeise" übersetzen kann. Im alten Amerika wurde der Kakao als Tonikum und Aphrodisiakum geschätzt, aber auch bei Durchfällen eingesetzt. Die ersten Berichte über die Droge in Europa stammen aus dem Jahre 1514 von einem spanischen Aufseher über die Goldwäscherei in Mexiko. In Europa verbreitete sich der Gebrauch des Kakaos von Spanien aus, wo auch die erste Schokoladenfabrik entstand. Die Bezeichnung Schokolade leitet sich vom aztekischen *xocolatl* ab, dem Namen für ein aus der Droge hergestelltes Getränk. Um die Mitte des 17. Jh. wurde Kakao in Deutschland noch in den Apotheken als Nähr- und Stärkungsmittel verkauft, erst allmählich setzte er sich als Genußmittel durch.

Theobroma caribaea ↗ Theobroma cacao.
Theobroma interregima ↗ Theobroma cacao.
Theobroma kalagua ↗ Theobroma cacao.
Theobroma leiocarpa ↗ Theobroma cacao.
Theobroma pentagona ↗ Theobroma cacao.
Theobroma saltzmanniana ↗ Theobroma cacao.
Theobroma sapidum ↗ Theobroma cacao.
Theobroma sativa ↗ Theobroma cacao.
Theobroma sphaerocarpa ↗ Theobroma cacao.
Theobromatis semen ↗ Theobroma cacao.

■ Theobromin

(syn. 3,7-Dimethylxanthin), Purinalkaloid aus ↗ *Theobroma cacao*. Wirk.: diuretisch, gefäßerweiternd, leicht anregend auf den Herzmuskel. Anw.: bei pectanginösen Beschwerden in Kombinationspräparaten, seltener als Adjuvans in der Herzglykosidtherapie.

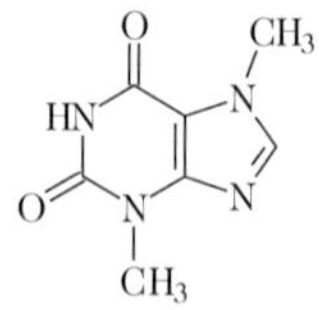

Theobromin

■ Theophrast

(Theophrastos) Schüler von Aristoteles (376–286 v. Chr.), verfaßte sein Buch „Geschichte der Pflanzen" und kann als erster wissenschaftlicher Botaniker angesehen werden.

Theophrastos ↗ Theophrast.
Theophrastus Vorname von ↗ Paracelsus.

■ Theophyllin

(1,3-Dimethylxanthin), Purinalkaloid aus den Blättern des Teestrauches (↗ *Camellia sinensis*), aus Mateblättern (↗ *Ilex paraguariensis*) und ↗ *Paullinia cupana*. Wirk.: ZNS-stimulierend, positiv inotrop, gefäßerweiternd, bronchodilatorisch, diuretisch. Antagonist an Adenosin-Rezeptoren. Anw.: als Bronchospasmolytikum bei obstruktiven Atemwegserkrankungen, wie Asthma, Lungenemphysem; bei Herzinsuffizienz, Gallenblasenkoliken, Harnwegskoliken, Neugeborenenasphyxie. Geg.: 1. Trimester der Schwangerschaft.

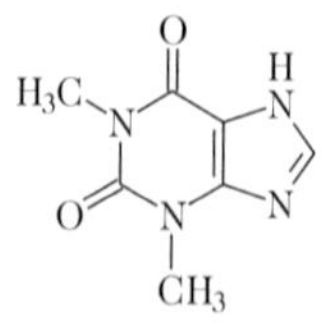

Theophyllin

Theriaca ↗ Theriak.

■ Theriak

(syn. *Electuarium Theriacale, E. Theriaca, E. Mithridaticum, Theriaca*). Erstmals in den Schriften des Nikandros (um 200 v. Chr.) erwähnt, galt der Theriak als Name einer medizinischen Zubereitung, die aus zahlreichen Komponenten gemischt wurde und sowohl als Antidot bei Vergiftungen als auch als Heilmittel bei einer Vielzahl von Erkrankungen eingesetzt wurde. Das älteste Rezept für einen Theriak wird von Claudius Galenus (130–210), dem griechischen Arzt der römischen Kaiserzeit, überliefert. Es geht zurück auf Apollodorus, einen Arzt aus dem 3. Jh. v. Chr. Dieser Theriak enthielt u. a. Kümmel, Blut und Inhalt des Labmagens verschiedener Tiere. Ein anderes Rezept stammt von Herophilus von Alexandria aus der gleichen Zeit, dieser Theriak enthielt neben zahlreichen anderen Bestandteilen reichlich Mohnsaft. Als Antidot bei Vergiftungen wurde der Theriak von Mithridates von Pontus (124–32 v. Chr.) entwickelt und galt danach als wichtiges Heilmittel der antiken Medizin. Im Laufe der Zeit wurden dem Theriak bis zu 64 verschiedene pflanzliche und tierische Bestandteile zugemischt, wobei Opium eine Hauptkomponente bildete. Um den unangenehmen Geruch und Geschmack zu überdecken, wurde Zimt als Korrigens zugegeben. Über die Araber in Spanien und durch die Kreuzritter verbreitete sich der Gebrauch des Theriak im 12. Jh. auch in Europa. Der Bedeutung dieses Arzneimittels entsprechend, wurde die Herstellung des Theriaks zumeist öffentlich unter der Obhut des Rates durchgeführt. Aufgrund des Gehaltes an Opium diente er sowohl als Schmerzmittel als auch als Genußmittel (Suchtmittel) und hatte den Ruf eines Allheilmittels. Der Theriak gehörte noch zum Inhalt des ersten deutschen Arzneibuches (Pharmacopoea Germanica) von 1872 und der französischen Pharmakopöe von 1884, allerdings nur noch mit 12 Bestandteilen, wobei Opium (1 %) die wichtigste Komponente darstellte. Als Droge hat der Theriak heute keine Bedeutung mehr.

Theriakwurzel ↗ Angelica archangelica.
Theridion curassavicum ↗ Latrodectus curacaviensis.

■ **Thermopsis lanceolata** R. Br.
(syn. *Sophora lupinoides*), Mäusefänger.

Fam.: Fabaceae (Leguminosae).

Vork.: Sibirien, Kasachstan, Kirgisien, Baschkirien.

Droge: ***Herba Thermopsidis lanceolatae***; Mäusefängerkraut. Die Droge ist giftig! Inh.: Alkaloide, u. a. Thermopsin, Homothermopsin, Pachycarpin,

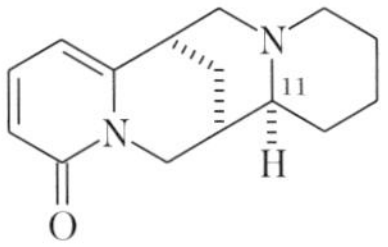

Thermopsin

Anagyrin, Methylcytisin, Thermopsidin; äther. Öl, Gerbstoffe, Saponine, Glykoside. Anw.: in der Volksheilkunde als Expektorans und Emetikum.

Thevetia neriifolia ↗ Thevetia peruviana.

■ **Thevetia peruviana** (Pers.) K. Schum.
(syn. *Thevetia neriifolia, Cerbera thevetia*); Gelber Oleander (syn. Schellenbaum, Schollenbaum), s. Farbtafel S. 308, Bild 165.

Fam.: Apocynaceae.

Vork.: Strauch in tropischen Gebieten, bes. Indien, Südamerika, China und Afrika.

Droge: ***Semen Thevetiae neriifoliae*** (syn. *Semen Thevetiae*); Thevetiasamen (syn. Gelbe Oleandersamen, Schellenbaumsamen, Schollenbaumsamen), die getrockneten Samen. Inh.: Peruvosid, Thevetin A und B (s. u.) Theveton, Neriifolin, Ruvosid (herzwirksame Glykoside), Thevetose, außerdem fettes Öl, Cholin, β-Sitosterol und α-Amyrin. Anw.: wegen des Gehaltes an herzwirksamen

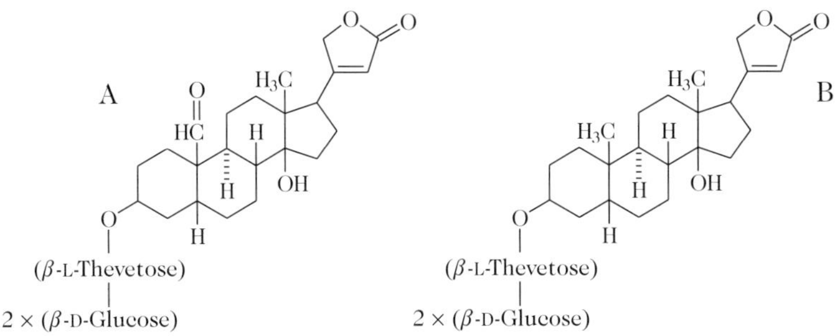

Thevetin: Natives Gemisch aus Thevetin A + B im Verhältnis 1:2

Glykosiden bei Herzinsuffizienz eingesetzt. In Indien dient die Droge zur Bekämpfung von Insekten und anderen Schädlingen.

Histor.: Auf den westindischen Inseln wurden aus *Thevetia neriifolia* Pfeilgifte hergestellt. Der Name Schellenbaum leitet sich von der Verwendung der sehr harten Fruchtschalen für Klappern und Schellen indianischer Tänzer ab.

Thevetin ↗ Thevetia peruviana.

■ Thienamycine

Bezeichnung für eine Gruppe von β-Lactam-Antibiotika mit Carbapenemstruktur. Die Stammverbindung Thienamycin wird von *Streptomyces cattleya* produziert. Wirk.: Hemmung der β-Lactamase. Anw.: schwere Infektionen mit grampositiven und -negativen Erregern. Da Thienamycin sehr instabil ist, wurden besser anwendbare, partialsynthetische T. entwickelt.

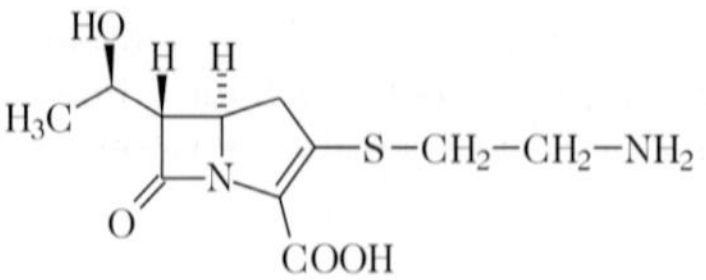

Thienamycin

Thioglucoside ↗ Glucosinolate.
Thlapsi bonariense ↗ Lepidium bonariense.
Thlapsidium sativum ↗ Lepidium sativum.
Thlapsi multifidum ↗ Lepidium bonariense.
Thlapsi nasturtium ↗ Lepidium sativum.
Thlapsi sativum ↗ Lepidium sativum.
Thlaspi amarum ↗ Iberis amara.

■ Thlaspi arvense L.

Ackerhellerkraut.

Fam.: Brassicaceae (Cruciferae).

Vork.: Europa bis Westsibirien.

Droge: die ganze Pflanze. Inh.: Glucosinolate (bis zu 7,5 %), u. a. Sinigrin und Glykocaparin. Anw.: in der Volksheilkunde als Mittel zur Wundbehandlung, gegen Skorbut sowie bei Blutungen.

Thlaspi bursa-pastoris ↗ Capsella bursa-pastoris.
Thlaspi polymorphum ↗ Capsella bursa-pastoris.
Thonningia coccinea ↗ Thonningia sanguinea.
Thonningia dubia ↗ Thonningia sanguinea.
Thonningia elegans ↗ Thonningia sanguinea.

■ Thonningia sanguinea Vahl

(syn. *Thonningia elegans, T. dubia, T. coccinea*).

Fam.: Balanophoraceae.

Vork.: Afrika, Sierra Leone bis Ostafrika, Sudan, Angola, Simbabwe.

Droge: alle Pflanzenteile, bes. die Wurzel. Inh.: Gerbstoffe, Flavonoide, Saponine, Sterole, Triterpene. Anw.: in der afrikanischen Volksheilkunde werden die Wurzeln gegen Durchfall verwendet sowie bei Eingeweidewürmern, Lepra, Geschlechtskrankheiten und Asthma genutzt. Die Pflanze gilt in Afrika als Fetisch und wird daher auch Pfeilgiften zugesetzt.

Thridax ↗ Lactuca sativa.
Thridiacum ↗ Lactuca sativa.

■ Thryallis glauca (Poir.) O. Kuntze

(syn. *Galphimia glauca*).

Fam.: Malpighiaceae.

Vork.: Mittelamerika, Mexiko bis Panama.

Droge: die Blätter und Wurzeln. Anw.: in der mexikanischen Volksheilkunde als Wundheilmittel und bei Erkrankungen der Harnwege.

Hom.: ***Thryallis glauca*** HAB1; die getrockneten Blätter und Blüten. Anw.-Geb.: Erkrankungen der oberen und unteren Atemwege bei allergischer Disposition, wie Heuschnupfen.

Thuja articulata ↗ Tetraclinis articulata.
Thujae aetheroleum ↗ Thuja occidentalis.
Thujae summitates ↗ Thuja occidentalis.

■ Thuja occidentalis L.

(syn. *Thuya occidentalis*); Abendländischer Lebensbaum (syn. Amerikanischer Lebensbaum, Lebensbaum), s. Farbtafel S. 308, Bild 166.

Fam.: Cupressaceae.

Vork.: heimisch östliches Nordamerika, im 16. Jh. in Europa eingeführt, angepflanzt und verwildert.

Drogen: *1.* ***Thujae aetheroleum*** (syn. *Oleum Thujae*); Thujaöl, das durch Wasserdampfdestillation der Blätter und Zweigenden gewonnene äther. Öl. Inh.: Monoterpene, u. a. verschiedene Isomere des Thujons (50–60 %), α-Pinen, Sabinen, Myrcen, α-Terpinen, Limonen, γ-Terpinen, Terpinolen und Fenchon. Anw.: früher bei Rheuma, Gicht, Neuralgien, Pruritus und als Vermifugum. Infolge eines hohen Sensibilisierungspotentials, das mit Ekzemen und Urticaria verbun-

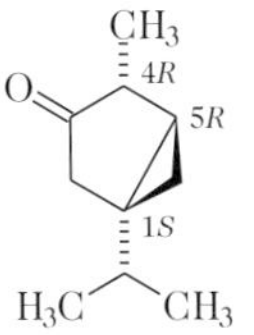

(−)-α-Thujon
(Thujon)

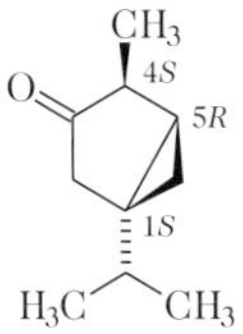

(+)-β-Thujon
(Isothujon)

den sein kann, sind der Anwendung der Droge enge Grenzen gesetzt. ***2. Thujae summitates*** (syn. *Frondes Thujae, Herba arbores vitae, Herba Thujae occidentalis, Ramuli arboris vitae, Summitates Thujae*); Lebensbaumblätter (syn. Lebensbaumspitzen, Weihrauchblätter), die getrockneten jüngeren Zweige. *Inh.:* äther. Öl (1,4–4 %) mit isomeren Thujonen als Hauptkomponenten, davon α-Thujon (85 %) und β-Thujon (ca. 15 %) s. *Thujae aetheroleum*, ferner Flavonoide, u. a. Procyanidin-B3 sowie die Biflavonoide Hinokiflavon und ↗ Amentoflavon; außerdem Catechin, Gallocatechin, Cumarine und Harze. *Anw.:* ausschließlich als Bestandteil von Fertigarzneimitteln in Kombination mit weiteren Drogenpräparaten bei akuten und chronischen Atemwegsinfekten, zuweilen als Begleittherapie zur Antibiotikabehandlung sowie bei bakteriellen Hautinfekten, auch Herpes simplex labialis. Volkstümlich ferner bei rheumatischen Beschwerden und Gicht als Einreibung. Mißbräuchlich diente die Droge auch als Abortivum. Die homöopathische Urtinktur dient als „Thuja extern“ zur Warzenbehandlung. Infolge hoher Toxizität des äther. Öles darf eine unkontrollierte innerliche Nutzung nicht erfolgen.

Hom.: ***Thuja occidentalis*** HAB1; Abendländischer Lebensbaum, die frischen, beblätterten, einjährigen Zweige. *Anw.-Geb.:* Konstitutionsmittel bei Erkrankungen des zentralen und peripheren Nervensystems, des Auges, des lymphatischen Systems, des Magen-Darm-Traktes, der männlichen und weiblichen Geschlechtsorgane, der Haut sowie des Stütz- und Bewegungsapparates.

Histor.: Der Gattungsname *Thuja* wird vom griechischen *thyo* (opfern) abgeleitet, da das angenehm riechende Holz bei Opfern verbrannt wurde. Unter dem Namen *Ramuli arboris vitae* waren die grünen Zweige früher offizinell und wurden als harn- und schweißtreibendes Mittel eingesetzt.

Thujaöl ↗ Thuja occidentalis.
Thuja orientalis ↗ Biota orientalis.

■ Thujon

Monoterpen, Bestandteil vieler äther. Öle, z. B. von *Salvia officinalis* (↗ *Salvia*-Arten), ↗ *Thuja occidentalis*, ↗ *Chrysanthemum*-Arten oder ↗ *Arthemisia absinthium*. *Wirk.:* starkes Nervengift, ruft epileptische Krämpfe und bleibende psychische Schäden hervor. *Anw.:* früher zur Aromatisierung und Bitterung von Spirituosen (heute gesetzlich verboten); volkstümlich als Abortivum.

Thunfisch ↗ Thunnus thynnus.
Thunfischleberöl ↗ Thunnus thynnus.

■ Thunnus thynnus L.

Thunfisch.

Fam.: Scombridae.

Vork.: alle warmen Meere.

Droge: ***Thunfischleberöl***, das aus frischen Lebern gewonnene fette Öl. *Inh.:* Triglyceride, Vitamine A und D. *Anw.:* als Diätetikum (Vitaminpräparate) sowie zur Gewinnung der Vitamine A und D.

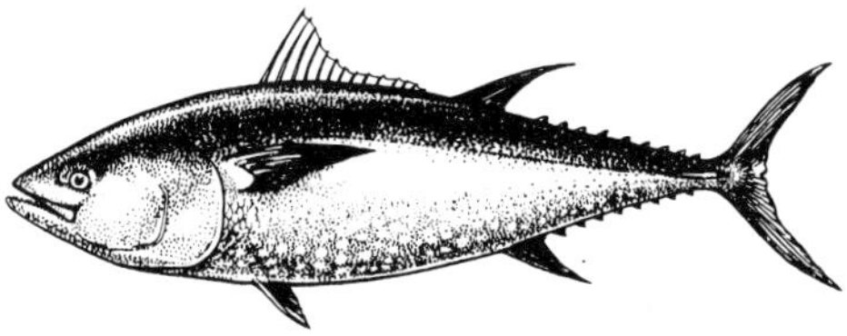

Thunnus thynnus.

Thylas fraxinifolium ↗ Thuja occidentalis.
Thymbra capitata ↗ Thymus-Arten.
Thymelaea mezereum ↗ Daphne mezereum.
Thymelaea praecox ↗ Daphne mezereum.
Thymi aetheroleum ↗ Thymus-Arten.
Thymiankampher ↗ Thymol.
Thymiankraut ↗ Thymus-Arten.
Thymi folium ↗ Thymus-Arten.
Thymi herba ↗ Thymus-Arten.

■ Thymol

(Thymiankampher), Monoterpenalkohol aus verschiedenen äther. Ölen, z. B. ↗ *Thymus*-Arten oder ↗ *Trachyspermum ammi*. *Wirk.:* antiseptisch, 25fach stärker wirksam als Phenol. *Anw.:* innerlich und äußerlich als Antiseptikum, früher als Bandwurmmittel, Zusatz zu Zahnpasten und Mundwässern. Die innerliche Daueranwendung soll zu Thyreotoxikosen führen und ist daher nicht zu empfehlen.

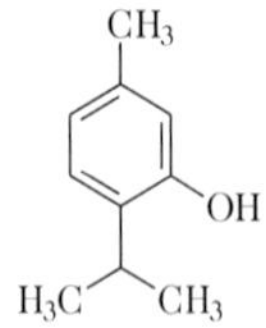

Thymol

■ Thymus-Arten

● **Fam.:** Lamiaceae (Labiatae).

● **Thymus capitatus** (L.) Hoffmanns. et Link (syn. *Coridothymus capitatus; Satureja capitata, Thymbra capitata*).

Vork.: Mittelmeergebiet, Portugal.

Drogen: ***1. Thymus capitatus aetheroleum***; Spanisches Hopfenöl (syn. Spanisches Origanumöl), das durch Wasserdampfdestillation des Krautes gewonnene Öl. *Inh.:* Carvacrol (40–70 %), Thymol (3–10 %), *p*-Cymen (7–12 %), *γ*-Terpinen (7–20 %) sowie weitere terpenoide Begleitstoffe. *Anw.:* als Aromastoff in der Seifen und Parfümindustrie. ***2. Thymus-capitatus-Kraut***, die getrockneten Blätter und Blüten. *Inh.:* äther. Öl, Zusammensetzung s. *Thymus capitatus aetheroleum*. *Anw.:* in der Volksheilkunde innerlich bei Herzleiden, Schwellungen, Wassersucht und Verdauungsbeschwerden; äußerlich bei lokalen Lähmungserscheinungen.

● **Thymus x citriodorus** (Pers.) Schreb. (syn. *Thymus comptus, T. jankae, T. lanuginosum* var. *citriodorum, T. serpyllum* var. *citriodorus, T. serpyllum* var. *vulgaris*); Zitronenquendel (syn. Zitronenthymian).

Vork.: in Europa kultiviert.

Droge: ***Thymus-citriodorus-Kraut***; Zitronenthymian), die frischen Zweige. *Inh.:* äther. Öl mit Geraniol als Hauptkomponente (ca. 60 %), daneben Citral (ca. 15 %), *β*-Caryophyllen (ca. 3 %), Nerol (ca. 3 %), Geranylacetat (ca. 1 %) und Linalool (ca. 1 %). *Anw.:* als Gewürz in Salaten.

● **Thymus mastichina** L.; Mastix-Thymian.

Vork.: Iberische Halbinsel, in Spanien kultiviert.

Droge: ***Thymus mastichina aetheroleum***; *Thymus-mastichina*-Öl, das Wasserdampfdestillat der oberirdischen Pflanzenteile. *Inh.:* 1,8-Cineol als Hauptkomponente (50–70 %), daneben weitere Terpene, u. a. Linalool (10–15 %), Campher und *α*-Terpineol (jeweils 5 %), *α*- und *β*-Pinen, *α*-Terpinylacetat und Borneol. *Anw.:* in der Volksheilkunde zur Desinfektion und Heilung von Wunden; in der Seifen- und Parfümindustrie als Aromastoff.

● **Thymus pulegioides** L. (syn. *Cunila thymoides, Thymus chamaedrys, T. glaber, T. ovatus, T. serpyllus ssp. montanus, T. ucrainicus*); Arzneithymian (syn. Echter Quendel).

Vork.: Europa.

Droge: ***Thymus pulegioides aetheroleum***; Quendelöl (syn. *Thymus-pulegioides*-Öl), das Wasserdampfdestillat der oberirdischen Pflanzenteile. *Inh.:* Carvacrol als Hauptkomponente (ca. 33 %), ferner *γ*-Terpinen, *p*-Cymen, *β*-Caryophyllen, Citral, Geraniol und Thymol. *Anw.:* in der Volksheilkunde bei Katarrhen der Atemwege, bei Husten, als Antiseptikum und bei Entzündungen unterschiedlicher Genese.

● **Thymus serpyllum** L. s. l. Quendel (syn. Feldpoley, Feldthymian, Sandthymian, Wilder Thymian), s. Farbtafel S. 308, Bild 167.

Vork.: Mittelmeergebiete und gesamte gemäßigte Zonen Eurasiens.

Drogen: ***1. Serpylli aetheroleum*** (syn. *Aetheroleum Serpylli, Oleum Serpylli*); Quendelöl, das Wasserdampfdestillat der getrockneten, oberirdischen Teile. *Inh.:* phenolische Substanzen, bes. Carvacrol (20–40 %), neben Thymol (1–5 %) sowie u. a. *p*-Cymen und *γ*-Terpinen (je 5–15 %), Borneol, Bornylacetat, Caryophyllen, 1,8-Cineol, Geraniol und Linalool. *Anw.:* äußerlich zu Bädern sowohl bei Erkrankungen der Atmungsorgane als auch bei Hautleiden. Innerlich mitunter Bestandteil von Arzneifertigpräparaten, die bei Katarrhen der Luftwege als Expektorantien genutzt werden. ***2. Serpylli herba*** (syn. *Herba Serpylli*); Quendelkraut (syn. Feldthymian), die zur Blütezeit gesammelten, ganzen oder geschnittenen, getrockneten, oberirdischen Sprosse. *Inh.:* äther. Öl (0,2–0,6 %, s. *Serpylli aetheroleum*), Flavone, Lamiaceengerbstoffe mit Rosmarinsäure (2,3 %) und weiteren Hydroxyzimtsäurederivaten (ca. 1 %), Triterpene, u. a. Oleanol- und Ursolsäure. *Anw.:* Katarrhe der Atemwege, oft Bestandteil entsprechender Teemischungen, äußerlich für Bäder zur unterstützenden Behandlung von Bronchitiden. Volkstümlich innerlich auch bei Verdauungsbeschwerden und als Gewürz.

Hom.: ***Thymus serpyllum*** (syn. *Serpyllum*) HAB1; Quendel, die frischen, oberirdischen Teile blühender Pflanzen. Anw.-Geb.: Bronchialerkrankungen.

● **Thymus vulgaris** L. (syn. *Thymus aestivus, T. durius, T. ilerdensis, T. niger, T. odoratus, T. valentinus, T. webbianus*). Echter Thymian (syn. Gartenthymian, Gemeiner Thymian, Römischer Thymian), s. Farbtafel S. 308, Bild 168.

Vork.: Mittel- und Südeuropa, Nordafrika.

Drogen: ***1. Thymi aetheroleum*** (syn. *Aetheroleum Thymi, Oleum Thymi*); Thymianöl, das aus dem frischen blühenden Kraut durch Wasserdampfdestillation gewonnene Öl. Inh.: Thymol (30–50 %), Carvacrol (1–5 %), ferner *p*-Cymen (15–20 %), *γ*-Terpinen (5–10 %), Thymolmethylether (1,4–2,5 %) sowie u. a. Borneol, Camphen, 1,8-Cineol, Linalylacetat, Terpenylacetat und verschiedene Sesquiterpenkohlenwasserstoffe, bes. *β*-Caryophyllen. Anw.: innerlich als Expektorans, z. B. mikroverkapselt in Bronchialtees, ferner äußerlich in Arzneifertigpräparaten für Bäder bei Bronchitis, bei entzündlichen Hauterkrankungen, Zerrungen und Verstauchungen. In der Kosmetik als Desodorantien für Mundpflegemittel und Antischuppen-Haarwässer sowie zum Parfümieren von Toilettenartikeln. Industriell zur Gewinnung von ↗ Thymol, das antimikrobielle Eigenschaften besitzt. ***2. Thymi folium*** (syn. *Folia Thymi, Folium Thymi*); Thymianblätter, das getrocknete Laubblatt. Inhaltsstoffe und Anwendung s. *Thymi herba*. ***3. Thymi herba*** (syn. *Herba Thymi*); Thymiankraut (syn. Thymian), die abgestreiften und getrockneten Laubblätter und Blüten. Inh.: äther. Öl (1–2,5 %, s. *Thymi aetheroleum*), Flavone, u. a. Apigenin, Luteolin, verschiedene methoxylierte und z. T. glykosidierte Flavone, Dihydrokämpferol, Naringenin und Taxifolin; Lamiaceengerbstoff, Phenolcarbonsäurederivate, u. a. Kaffeesäure sowie Triterpene. Anw.: als Expektorans bei Katarrhen der oberen Luftwege und Bronchitis. Oft Bestandteil von entsprechenden konfektionierten Teegemischen. Extrakte der Droge sind in zahlreichen Arzneifertigpräparaten enthalten, die der gleichen Indikation dienen. Zur ↗ Teezubereitung verwendet man 1–2 Teelöffel (1 Teelöffel ca. 1,4 g) feingeschnittene Droge. Als Tagesdosis werden bis zu 10 g Droge empfohlen.

Hom.: ***Thymus vulgaris*** HAB1; Thymian, die frischen, oberirdischen Teile blühender Pflanzen. Anw.-Geb.: Bronchialerkrankungen.

● **Thymus zygis** L., Spanischer Thymian.

Vork.: Spanien, Portugal.

Drogen: ***1. Thymus zygis aetheroleum*** (syn. *Thymus-zygis*-Öl); Spanisches Thymianöl, das durch Wasserdampfdestillation aus den blühenden oberirdischen Teilen gewonnene Öl. Inh.: Thymol (30–60 %), *p*-Cymen (15–20 %), *γ*-Terpinen (5–12 %), ferner u. a. Linalool (2–5 %), Carvacrol (1–5 %), Campher (1–3 %), *β*-Caryophyllen (ca. 2 %), *α*-Terpineol (ca. 2 %) und Thymolmethylether (0,3 %). Wirk.: Im Tierversuch besitzt das äther. Öl leberprotektive Eigenschaften, die denen von Silymarin (↗ *Silybum marianum*) entsprechen. Anw.: s. *Thymi aetheroleum*. ***2. Thymi herba*** (syn. *Herba Thymi*); Thymian, das Kraut. Inh.: s. *Thymi herba*, Unterschiede bestehen lediglich im geringeren Anteil an Thymolmethylether. Anw.: analog *Thymi herba*.

● **Histor.:** Bereits im Altertum wurden verschiedene Thymian-Arten benutzt, unter denen sich vermutlich auch der heute offizinelle *Thymus vulgaris* befand. ↗ Dioskurides kannte seine Verwendung als Gewürz und zu medizinischen Zwecken, Alexander Trallianus verordnete die Droge ebenfalls. Im Mittelalter wird *Thymus* wenig erwähnt, doch war die Droge der Heiligen Hildegard von Bingen bekannt. Im 16. und 17. Jh. ist Thymian in den Apotheken offizinell, das äther. Öl war schon 1589 im Dispensatorium Noricum (Nürnberger Arzneibuch) erwähnt. Das Thymol wurde 1853 aus Thymianöl isoliert und bald darauf medizinisch verwendet. Der Gattungsname *Thymus* ist zwar griechischen Ursprungs und von *thymos* (Mut) abgeleitet. Allerdings wird die Bezeichnung wiederum auf das ägyptische *tham* zurückgeführt, ein Hinweis auf eine im alten Ägypten verwendete *Thymus*-Art zur Leichenwaschung. Die bereits bei ↗ Hippokrates in hohem Ansehen stehende Heilpflanze wurde schon damals bevorzugt bei Erkrankungen der Atmungsorgane eingesetzt.

Thymus cunila ↗ Satureja hortensis.
Thymus melissa ↗ Melissa officinalis.
Thymus origanum ↗ Origanum vulgare.

■ **Thyreoidinum HAB**

Präparation aus getrockneten und pulverisierten Schilddrüsen von Schlachttieren. Anw.-Geb.: Schilddrüsenfunktionsstörungen.

Tian Hua Fen ↗ Trichosanthes kirilowii.

Tieröl ↗ Oleum animale.
Tigerlilie ↗ Lilium lancifolium.
Tigernüsse ↗ Cyperus esculentus.
Tiglibaum ↗ Croton tiglium.
Tiglium officinale ↗ Croton tiglium.

Tilia-Arten
● **Fam.:** Tiliaceae.
● **Tilia cordata** Mill. (syn. *Tilia europaea, T. micriphylla, T. parviflora, T. sylvestris, T. ulmiflora*); Winterlinde (syn. Spätlinde, Steinlinde, Waldlinde).
Vork.: Europa.
Droge: ***Tiliae flos*** (syn. *Flos Tiliae, Flores Tiliae*); Lindenblüten. *Inh.:* äther. Öl mit Linalool, Germacren und α-Farnesen; Flavonoide, wie Quercetin, Kämpferol und ihre Glykoside, wie Tilirosid; Gerbstoffe, Schleimstoffe (ca. 10 %); *Anw.:* bei Erkältungskrankheiten und damit verbundenem Husten; in der Volksheilkunde auch als Diaphoretikum, bei Rheuma, Nephritis, Ischias, Krämpfen, Magenbeschwerden und Unruhezuständen. Die Kosmetik benutzt das äther. Öl der Droge für Parfüms und Badezusätze. Zur ↗ Teezubereitung verwendet man als Einzeldosis 1 Teelöffel (ca. 1,8 g) feingeschnittene Lindenblüten. Als Tagesdosis werden 2–4 g Droge empfohlen.

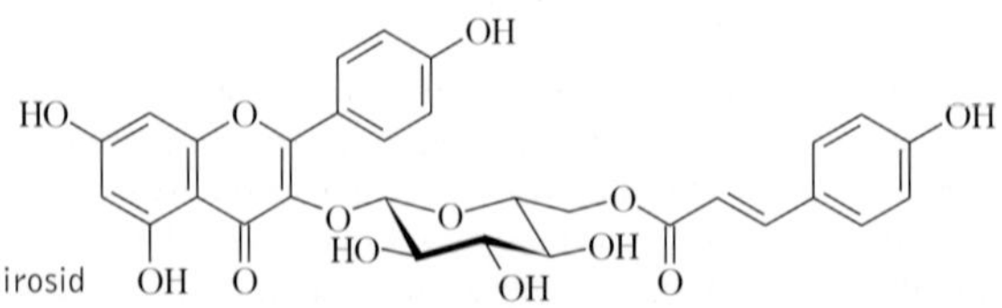
Tilirosid

● **Tilia platyphyllos** Scop. (syn. *Tilia grandiflora, T. officinarum*); Sommerlinde (syn. Frühlinde, Graslinde), s. Farbtafel S. 309, Bild 169.
Vork.: Europa.
Droge: s. *Tilia cordata*.
Hom.: ***Tilia europaea*** (syn. *Tilia*) HAB34; die frischen Blüten von *Tilia cordata* oder *Tilia platyphyllos*. *Anw.-Geb.:* Infekte mit vermehrter Schweißbildung, Entzündungen der weiblichen Geschlechtsorgane.
● **Tilia tomentosa** Moench. (syn. *Tilia alba, T. argentea*); Silberlinde (syn. Ungarische Silberlinde).
Vork.: Südosteuropa, Kleinasien.
Droge: ***Tiliae tomentosae flos***, Silberlindenblüten. *Inh.:* Flavonoide (wie bei *Tilia cordata*). *Anw.:* in der Volksheilkunde bei Nervosität, Katarrhen der Atmungsorgane.
● **Histor.:** Die Linde ist ein Lieblingsbaum der Deutschen, der in vielen Liedern und Bräuchen eine große Rolle spielt (z. B. Dorflinde). Die arzneiliche Verwendung der Lindenblüten läßt sich bis ins Mittelalter mit Sicherheit feststellen. Der arzneiliche Gebrauch der Lindenblüten war im Altertum offenbar unbekannt. Erst ↗ Plinius und ↗ Galen erwähnen ihre Heilwirkung. Der Gattungsname *Tilia* ist der Name der Linde bei ↗ Plinius, abgeleitet von *tilos* (griech., Bast). Der deutsche Name soll im Zusammenhang mit Lein (lat. *Linum*) entstanden sein, da der Bast beider Pflanzen genutzt wurde.

Tiliae flos ↗ Tilia-Arten.
Tiliae tomentosae flos ↗ Tilia-Arten.
Tilirosid ↗ Tilia-Arten.

■ **Tillandsia usneoides** (L.) L.
Greisenbart (syn. Louisiana-Moos; Spanisches Moos).
Fam.: Bromeliaceae.
Vork.: tropisches und subtropisches Amerika.
Droge: die ganze wurzellose Pflanze. *Inh.:* ↗ Wachse. *Anw.:* das durch Lösungsmittel extrahierte Hartwachs dient als Zusatz zu Poliermitteln für Autos, Möbel und Lederwaren.

Timotheegras ↗ Phleum pratense.
Tinctura ↗ Tinktur.

■ **Tinktur**
(*lat.* Tinctura, von lat. *tingere*, eintauchen, färben); flüssige, oft gefärbte Drogenauszüge, hergestellt meist durch Mazeration oder Perkolation mit verdünntem Ethanol oder ethanolische Lösungen von Trockenextrakten. Im allgemeinen werden aus einem Teil Droge fünf Teile, bei stark wirksamen Drogen 10 Teile Tinktur gewonnen.

Tinnevelly-Senna ↗ Cassia-Arten.

Tinnevelly-Sennesblätter ↗ Cassia-Arten.
Tinnevelly-Sennesfrüchte ↗ Cassia-Arten.
Tintenbeer ↗ Atropa belladonna.
Tintenbeerpflanze ↗ Cestrum laevigatum.
Tintendattel ↗ Ziziphus jujuba.
Tintenfisch ↗ Sepia officinalis.
Tintennüsse ↗ Anacardium occidentale.
Tintenschnecke ↗ Sepia officinalis.
Tiroler Sumach ↗ Cotinus coggygria.
Tissieria bifida ↗ Bifidobacterium-Arten.
Tithymalus cyparissias ↗ Euphorbia-Arten.
Tithymalus escula ↗ Euphorbia-Arten.
Tithymalus helioscopius ↗ Euphorbia-Arten.
Tithymalus lathyris ↗ Euphorbia-Arten.
Tlililtzin ↗ Ipomoea violacea.

■ Tobramycin

trimeres Aminoglykosid-Antibiotikum (3′-Desoxykanamycin B, ↗ Kanamycin A), das als eine Komponente des Aminoglykosidgemischs Nebramycin enthalten ist und von *Streptomyces tenebrarius* produziert wird. Wirk.: Hemmung der ribosomalen bakteriellen Proteinsynthese. Anw.: Infektionen der Atemwege, des Urogenitaltraktes, des Endokards und der Knochen mit gramnegativen Erregern, bei Meningitiden und Septikämien sowie lokal am Auge.

■ Tocopherole

Bezeichnung für in 2-Stellung mit einem gesättigten oder ungesättigten 4,8,12-Trimethyltridecyl-Rest substituierte 6-Chromanole (Formel s. unten). Wirk.: Radikalfänger bzw. Antioxidantien in der Zellmembran und in Lipoproteinen. Das wirksamste und verbreitetste natürliche T. ist α-Tocopherol (↗ Vitamine). Tierische Organismen können keine T. produzieren.

Toddalia aculeata ↗ Toddalia asiatica.

■ Toddalia asiatica

(syn. *Toddalia aculeata*).

Fam.: Rutaceae.

Vork.: Indien, Sri Lanka, China, Madagaskar, Philippinen.

Droge: ***Radix Lopezianae***; Lopez-Wurzel, die Wurzelrinde. Inh.: Alkaloide, u. a. Berberin, Aculeatin, Aculeatinhydrat. Anw.: in Indien als Tonikum, Stimulans und Antipyretikum. Die Droge dient auch zur Gewinnung eines gelben Farbstoffes für die Seidenfärberei.

Todeskraut ↗ Atropa belladonna.
Tollbeere ↗ Atropa belladonna, ↗ Vaccinium-Arten.
Tollkerbel ↗ Conium maculatum.
Tollkirsche ↗ Atropa belladonna.
Tollkirschenblätter ↗ Atropa belladonna.
Tollkorn ↗ Claviceps purpurea.
Tollkraut ↗ Atropa belladonna, ↗ Cicuta virosa, ↗ Conium maculatum, ↗ Hyoscyamus niger.
Tollrübe ↗ Bryonia-Arten, ↗ Cicuta virosa.
Tolomanstärke ↗ Canna-Arten.
Tolubalsam ↗ Myroxylon balsamum.
Tolubalsambaum ↗ Myroxylon balsamum.
Toluifera balsamum ↗ Myroxylon balsamum.
Toluifera pereirae ↗ Myroxylon balsamum.

■ Tolypocladium inflatum

Formklasse: Deuteromycetes (↗ *Fungi imperfecti*). Pilz, der zur Synthese von ↗ Ciclosporinen befähigt ist und zu deren biotechnologischer Produktion eingesetzt wird.

Tomate ↗ Lycopersicon esculentum.
Tonga ↗ Brugmansia-Arten.
Tonkabohnen ↗ Dipteryx odorata.
Tonkabohnenbaum ↗ Dipteryx odorata.
Topf-Curare ↗ Curare.
Topinambur ↗ Helianthus tuberosus.
Torafugu ↗ Tetraodon rubripes rubripes.
Torfgränke ↗ Chamaedaphne calyculata.
Torfmoose ↗ Sphagnum-Arten.
Torilis anthriscus ↗ Caucalis anthriscus.

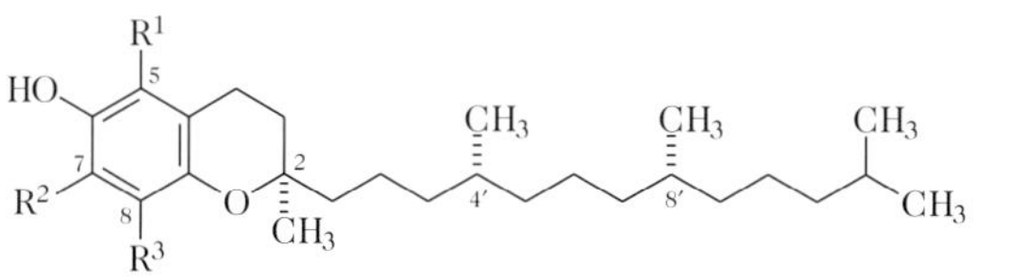

Tocopherole

Name	R^1	R^2	R^3
Tocol	H	H	H
β-Tocopherol	CH_3	H	CH_3
γ-Tocopherol	H	CH_3	CH_3
δ-Tocopherol	H	H	CH_3

Torilis japonica ↗ Caucalis anthriscus.
Toris tuberculata ↗ Pimpinella-Arten.
Tormentilla erecta ↗ Potentilla erecta.
Tormentillae rhizoma ↗ Potentilla erecta.
Tormentilla officinalis ↗ Potentilla erecta.
Tormentillwurzel ↗ Potentilla erecta.
Tormentillwurzelstock ↗ Potentilla erecta.

■ **Torreya californica** Torrey
(syn. *Torreya myristica*).
Fam.: Taxaceae.
Vork.: Mittelamerika, Kalifornien.
Droge: ***Semen Torreyae***; Californische Muskatnuß, die Samen. Inh.: äther. Öl, fettes Öl. Anw.: Ersatz für echte Muskatnüsse (↗ *Myristica fragrans*).

Torreya myristica ↗ Torreya californica.

■ **Torreya nucifera** S. et Z.
Fam.: Taxaceae.
Vork.: China, Japan.
Droge: Blätter und Samen. Inh.: äther. Öl mit Limonen (ca. 60 %), α-Pinen, Camphen, Cadinen, Torreyol, Sequoyit; Kayafalvon, Estolidwachs, Taxifolin, Shikimisäure; in den Samen fettes Öl. Anw.: in der chinesischen Volksheilkunde die Samen (Fei-tsu) als Wurmmittel; das fette Öl als Brenn- und Speiseöl und zur Insektenvernichtung.

Totenblume ↗ Calendula officinalis.
Totenblumenkraut ↗ Hyoscyamus niger.
Tote Nessel ↗ Lamium album.
Totenkräutel ↗ Ruta graveolens.
Totenranke ↗ Hedera helix.
Totentraube ↗ Cornus-Arten.
Toxicodendri folium ↗ Rhus-Arten.
Toxicodendron ↗ Rhus-Arten.
Toxicodendron altissimum ↗ Ailanthus altissima.
Toxicodendron-Arten ↗ Rhus-Arten.
Toxicodendron coriaria ↗ Rhus-Arten.
Toxicodendron glabrum ↗ Rhus-Arten.
Toxicodendron globosum ↗ Hyaenanche globosa.
Toxicodendron pubescens ↗ Rhus-Arten.
Toxicodendron quercifolium ↗ Rhus-Arten.
Toxicodendron radicans ↗ Rhus-Arten.
Toxicodendron toxicodendron ↗ Rhus-Arten.
Toxicodendron typhinium ↗ Rhus-Arten.
Toxicodendron vernix ↗ Rhus-Arten.
Toxicodendron vulgare ↗ Rhus-Arten.
Toxicodendrum toxicarum ↗ Rhus-Arten.

■ **Toxiferine**
Gruppe von Curare-Alkaloiden (↗ Curare) aus ↗ *Strychnos*-Arten (Calebassen-Curare), die vorwiegend bis-quartäre Bisindol-Alkaloide darstellen. Das wichtigste T. ist C-Toxiferin I, weitere Vertreter sind C-Curarin I und C-Toxiferin II. Wirk.: muskelrelaxierend durch Verdrängung des Acetylcholins von den Rezeptoren an der motorischen Endplatte mit nachfolgender Lähmung der quergestreiften Muskulatur. Anw.: früher als peripheres Muskelrelaxans, heute durch partialsynthetische Derivate verdrängt. Die südamerikanischen und afrikanischen Ureinwohner nutzen die T. zur Herstellung von Pfeilgiften.

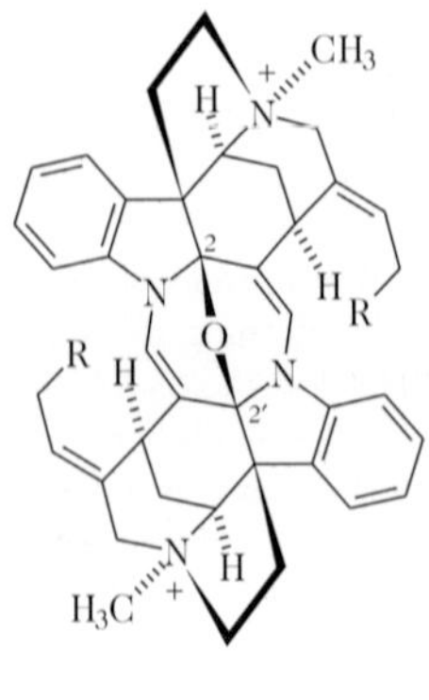

R = H: C-Curarin I = Toxiferin
R = OH: C-Toxiferin I, Etherbrücke 2,2′ fehlt
R = H: C-Dihydrotoxiferin, Etherbrücke 2,2′ fehlt

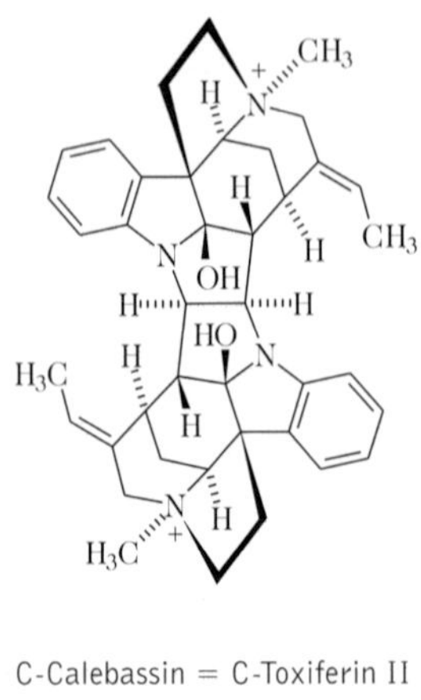

C-Calebassin = C-Toxiferin II

■ **Trachomitum lancifolium** (Russan) Pobed. (syn. *Apocynum lancifolium*).
Fam.: Apocynaceae.
Vork.: Altaigebirge, Kasachstan.
Droge: die Wurzeln. Inh.: Alkaloide, Gerbstoffe, herzwirksame Glykoside, u. a. Cymarin. Anw.: in der Volksheilkunde als Diuretikum und bei Herzbeschwerden.

Trachylobium mossambicense ↗ Trachylobium verrucosum.

■ **Trachylobium verrucosum** (Gaertn.) Oliv. (syn. *Trachylobium mossambicense*).
Fam.: Fabaceae (Leguminosae).
Vork.: Ostafrika, Madagaskar.
Droge: ↗ ***Copal***, das fossile Harz. Inh.: Resinolsäuren, Resen, äther. Öl, Bitterstoffe. Anw.: zur Herstellung von Lacken und Firnissen.

■ **Trachyspermum ammi** (L.) Sprague (syn. *Carum ajowan, C. copticum, Ptychotis ajowan, P. coptica, Trachyspermum copticum*); Ajowan.
Fam.: Apiaceae (Umbelliferae).
Vork.: Ostafrika, Ägypten, Iran, Afghanistan, Pakistan, Indien.
Drogen: ***1. Ajowani fructus*** (syn. *Fructus Ajowan*); Ajowanfrüchte. Inh.: äther. Öl (3–4 %) mit ↗ Thymol als Hauptbestandteil (ca. 50 %); Proteine, fettes Öl. Anw.: als Carminativum und Tonikum sowie zur Gewinnung des äther. Öls. Auch als Gewürz und Zusatz zum Viehfutter wird die Droge verwendet. ***2. Ajowan oleum*** (syn. *Oleum Ajowan*); Ajowanöl, das äther. Öl der Frucht. Inh.: Thymol (45–57 %), *p*-Cymol, α- und β-Pinen, Dipenten, γ-Terpinen, Carvacron. Anw.: zur Gewinnung von Thymol, zur Parfümierung von Seifen.

Trachyspermum copticum ↗ Trachyspermum ammi.

■ **Tradescantia diuretica** Mart.
Fam.: Commelinaceae.
Vork.: Südamerika.
Droge: ***Herba Tradescantiae***, die ganze Pflanze. Inh.: Flavonoide, Anthocyanidine. Anw.: in der brasilianischen Volksheilkunde als Diuretikum und zur Behandlung von Hämorrhoiden.
Hom.: ***Tradescantia diuretica*** HAB34, die ganze frische Pflanze.

Tragacantha ↗ Astragalus-Arten.
Tragacantha indica ↗ Sterculia-Arten.
Tragant ↗ Astragalus-Arten.
Tragium anisum ↗ Pimpinella-Arten.
Tragium hirtellum ↗ Pimpinella-Arten.
Tragium maius ↗ Pimpinella-Arten.
Tragium peregrinum ↗ Pimpinella-Arten.
Tragium tauricum ↗ Pimpinella-Arten.
Tragoselinum angelica ↗ Aegopodium podagraria.
Tragoselinum magnum ↗ Pimpinella-Arten.
Trampelklette ↗ Harpagophytum procumbens.
Trämpsen ↗ Centaurea cyanus.
Tränengras ↗ Coix lacryma-jobi.
Traubeneiche ↗ Quercus-Arten.
Traubenholunder ↗ Sambucus racemosa.
Traubenkardamomen ↗ Amomum-Arten.
Traubenkerbel ↗ Fumaria officinalis.
Traubenkernöl ↗ Vitis vinifera.
Traubenkirsche ↗ Prunus-Arten.
Traubenkur ↗ Vitis vinifera.
Trauben-Silberkerze ↗ Cimicifuga racemosa.
Traubiger Gänsefuß ↗ Chenopodium-Arten.
Traumkraut ↗ Phyllanthus niruri.

■ **Trehalose**
süß schmeckendes Disaccharid in Schimmelpilzen, Flechten, Algen, Bakterien, Hefen, Moosen sowie der Hämolymphe von Insekten. Anw.: für die Bereitung von Nährböden in der Bakteriologie; Trehalosediester als Immunstimulans.

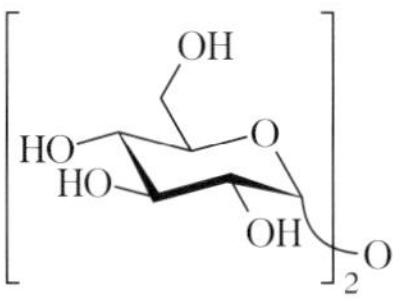

Trehalose

Tremisse ↗ Centaurea cyanus.
Tretorrhiza cruciata ↗ Gentiana-Arten.
Trewia macrophylla ↗ Trewia nudiflora.
Trewia macrostachya ↗ Trewia nudiflora.

■ **Trewia nudiflora** L.
(syn. *Rottlera indica, Tetragastris ossea, Trewia macrophylla, T. macrostachya*).
Fam.: Euphorbiaceae.
Vork.: Südasien, in Indien auch kultiviert.
Droge: ***Trewia-nudiflora-Ganzpflanze***, die ganze Pflanze. Inh.: Alkaloide, wie Nudiflorin; Flavonoide, Saponine; in den Samen auch May-

tansinoide, Triterpene. Anw.: in der Volksheilkunde (Ayurveda-Medizin) zur physischen Kräftigung und gegen Depressionen, sowie zur Behandlung von Schwellungen, Entzündungen, Gicht und Rheuma. Die Samen besitzen Antitumor-Aktivität.

Triadica sinensis ↗ Sapium sebiferum.

■ **Tribulus terrestris** L.
Fam.: Zygophyllaceae.
Vork.: Mittelmeergebiet, tropisches Afrika, Zentralasien.
Inh.: Steroide (Diosgenin, Desoxydiosgenin, Ruscogenin, Gitogenin, Tigogenin), Chlorogenin (ca. 1,7 %, Glykosid), ↗ Harman und ähnliche Alkaloide. In den Früchten sind Fett und Harze enthalten. Anw.: in der Volksheilkunde als Tonikum und Diuretikum verwendet.
Hom.: ***Tribulus terrestris*** HAB; die frischen, oberirdischen Teile mit Früchten.

Tricerma crassifolium ↗ Maytenus-Arten.
Trichera arvensis ↗ Knautia arvensis.

■ **Trichilia emetica** Vahl.
(syn. *Mafureira oleifera*).
Fam.: Meliaceae.
Vork.: tropisches Afrika, bes. Mosambik sowie Madagaskar.
Droge: ***Mafuratalg***, das Fett der Samen. Inh.: Triglyceride mit Olein (ca. 55 %) und Palmitin (ca. 45 %). Anw.: zur Herstellung von Seife und Kerzen; die Preßrückstände als Düngemittel; die ganzen Samen dienen in der Volksheilkunde als Brechmittel.

Trichilia guara ↗ Guarea trichilioides.

■ **Trichocereus pachanoi** Britt. et Rose
(syn. *Cereus peruvianus, C. giganteus, Echinopsis pachanoi*); San Pedro (syn. Rauschgiftkaktus).
Fam.: Cactaceae.
Vork.: Südamerika, bes. Peru.
Droge: die ganze Pflanze. Inh.: ↗ Mescalin (bis zu 2 %), Tyramin, β-Phenethylamine, Trichocerin, Hordenin, Anholidin. Anw.: halluzinogene Droge der Indios, die auch für rituelle Heilzeremonien sowie als Aphrodisiakum und Tonikum eingesetzt wird. Der San-Pedro-Trank dient darüber hinaus zur Befragung des Orakels.

Trichocline argentea ↗ Brachycladus stuckerti.

■ **Trichoderma viride**
Formklasse: Deuteromycetes (↗ *Fungi imperfecti*).
Vork.: im Erdboden natürlich vorkommender Pilz.
Inh.: u. a. Cellulasen, d. h. Cellulose abbauende Enzyme. Anw.: biotechnologisch zur Gewinnung von Cellulase genutzt. Cellulasen werden technologisch zur Entfernung von Pflanzenfasern bei der Stärkegewinnung, zur Vorbehandlung von Pflanzen zur Ölgewinnung sowie als Filtrierhilfsmittel eingesetzt. Ihre biologische Bedeutung besteht darin, daß sie zum Abbau abgestorbener Pflanzen beitragen.

■ **Trichodesma incanum** Bge.
Fam.: Boraginaceae.
Vork.: Mittelasien, bes. Usbekistan, Armenien.
Droge: die ganze Pflanze. Die Droge ist stark giftig! Inh.: Alkaloide, u. a. Incain, Trichodesmin, Farbstoffe. Anw.: in der Volksheilkunde zur Wundbehandlung. Die Pflanze kommt mitunter als Verunreinigung von Getreide vor und soll schwere enzephalitische Erkrankungen induzieren.

Tricholomopsis edodes ↗ Lentinula edodes.

■ **Trichosanthes kirilowii** Maxim.
Schlangenkürbis.
Fam.: Cucurbitaceae.
Vork.: China.
Droge: ***Radix Trichosanthidis*** (syn. Tian Hua Fen, THF), die getrockneten Wurzeln. Inh.: Saponine, Peptide, u. a. Trichosanthin. Anw.: altes Heilmittel zur Immunstimulation und gegen Tumore in der traditionellen chinesischen Heilkunde. Die Droge wird auch als Abortivum eingesetzt.

■ **Trientalis europaea** L.
Siebenstern.
Fam.: Primulaceae.
Vork.: Europa, Nordasien, Nordamerika.
Droge: ***Rhizoma Trientalidis***; Siebensternwurzel. Inh.: Steroidsaponine. Anw.: in der Volksheilkunde früher als Brechmittel.

Triestiner Sumach ↗ Cotinus coggygria.
Trifolii pratensis flos ↗ Trifolium pratense.

Trifolium album ↗ Melilotus alba.
Trifolium amarum ↗ Menyanthes trifoliata.
Trifolium aquaticum ↗ Menyanthes trifoliata.

■ **Trifolium arvense** L.
Hasenklee (syn. Hasenfuß, Hasenpfötlein, Katzenklee, Mäuseklee).
Fam.: Fabaceae (Leguminosae).
Vork.: Europa, Asien.
Inh.: äther. Öl, Harz, Gerbstoffe. Anw.: in der Volksheilkunde bei Gicht und Diarrhoe.
Hom.: ***Trifolium arvense*** HAB34, die im Juli gesammelte, frische Pflanze.
Histor.: Die Bezeichnung Hasenklee bezieht sich auf die weichbehaarten Blütenköpfe;

Trifolium castoris ↗ Menyanthes trifoliata.
Trifolium fibrinum ↗ Menyanthes trifoliata.
Trifolium macrorrhizum ↗ Melilotus altissima.
Trifolium melilotus officinalis ↗ Melilotus officinalis.
Trifolium nigrescens ↗ Trifolium repens.
Trifolium officinale ↗ Melilotus altissima.
Trifolium palustre ↗ Menyanthes trifoliata.

■ **Trifolium pratense** L.
(syn. *Trifolium purpureum*); Wiesenklee (syn. Ackerklee, Honigblume, Mattenklee, Rotklee).
Fam.: Fabaceae (Leguminosae).
Vork.: Europa, Mittelasien, Nordafrika.
Droge: ***Trifolii pratensis flos*** (syn. *Flores Trifolii pratensis*, *Trifolium-pratense*-Blüten); Ackerkleeblüten (syn. Honigkleeblüten), die getrockneten Blütenköpfchen. Inh.: aromatische Verbindungen, u. a. Methylsalicylat, Methylanthranylat, Eugenol und Eugenolethylether sowie organische Säuren. Anw.: volkstümlich bei chronischen Hautkrankheiten, insbes. Ekzemen und Schuppenflechte, sowie bei Keuchhusten.
Hom.: ***Trifolium pratense*** HAB; die frischen, oberirdischen Pflanzenteile. Anw.-Geb.: Entzündungen der Ohrspeicheldrüse (Mumps) und der oberen Atemwege.
Histor.: Der Gattungsname *Trifolium* ist lateinischer Herkunft und aus *tres, tria* (drei) und *folium* (Blatt) zusammengesetzt. *Pratense* (lat., auf Wiesen wachsend) dokumentiert das bevorzugte Vorkommen der Pflanze.

Trifolium purpureum ↗ Trifolium pratense.

■ **Trifolium repens** L.
(syn. *Trifolium nigrescens*); Kriechklee (syn. Holländischer Klee, Weißer Wiesenklee, Weißklee), s. Farbtafel S. 309, Bild 170.
Fam.: Fabaceae (Leguminosae).
Vork.: Europa, Nord- und Westasien, Nordafrika.
Droge: ***Flores Trifolii albi***, Weißkleeblüten (Honigklee), die getrockneten Blüten. Inh.: Gerbstoffe, äther. Öl. Anw.: in der Volksheilkunde bei Gicht, Rheuma und Drüsenschwellungen sowie Frauenleiden.
Hom.: ***Trifolium repens*** HAB34, die frische Pflanze.

Trifolium vulgare ↗ Melilotus alba.

■ **Trigonella foenum-graecum** L.
(syn. *Buceras foenum-graecum, Foenum-graecum officinale, F.-g. sativum, Folliculigera graveolens, Telis foenum-graeca, Trigonella graeca, T. jemenensis*); Bockshornklee (syn. Kuhhornklee, Griechisch-Heu).
Fam.: Fabaceae (Leguminosae).
Vork.: Mittelmeergebiete bis China und Indien.
Droge: ***Foenugraeci semen*** (syn. *Semen Foeni graeci, Semen Foenugraeci, Semen Trigonellae*); Bockshornsamen (syn. Griechische Heusamen, Hornkleesamen, Kuhbohnen, Rehkörner, Ziegensamen), die reifen, getrockneten Samen. Inh.: Schleimstoffe (25–45 %), die Mannane darstellen und bei der Hydrolyse Mannose (70 %), Galactose (28 %) und Xylose (2 %) ergeben. Ferner Proteine (25–30 %) mit niedrigem Gehalt an schwefelhaltigen Aminosäuren (Cystein und Methionin) und relativ hohem Gehalt an Lysin und Tryptophan; Sterole, Steroidsaponine (1,2–1,5 %), u. a. Trigofoenoside A, B, C und D mit Diosgenin und Yamogenin als Aglyka; Flavonoide, u. a. Isoorientin und Isovitexin, Trigonellin

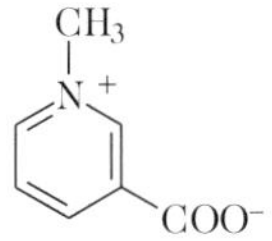

Trigonellin (1-Methylpyridinium-3-carboxylat)

(ca. 0,4 %) sowie Spuren von äther. Öl mit 3-Hydroxy-4,5-dimethyl-2(5H)-furanon als charakteristischer Geruchskomponente. Anw.: äußerlich bei entzündlichen Prozessen, u. a. Furunkeln, als Breiumschlag, innerlich gelegentlich bei Appetitlosigkeit. Volkstümlich bei Katarrhen der oberen Luftwege, als Galactagogum in der Stillzeit sowie zur unterstützenden Behandlung bei Diabetes. In Ägypten und einigen asiatischen Ländern wird die Droge geröstet und als Nahrungsmittel bzw. Gewürz eingesetzt. Zur ↗ Teezubereitung verwendet man als Einzeldosis 1 Teelöffel (ca. 3 g) Droge, die man mit kaltem Wasser ansetzt und erst nach ca. 3 Stunden abseiht. Als Tagesdosis werden 6 g Droge empfohlen. Zur äußerlichen Verwendung werden etwa 50 g gepulverte Droge für 1 l Wasser eingesetzt. Als Kataplasma rührt man 50 g gepulverte Droge zu einem dicken Brei an und verwendet diesen feuchtwarm für Umschläge auf die entzündeten Hautpartien.

Hom.: ***Trigonella foenum-graecum*** HAB1; Bockshorn, die reifen, getrockneten Samen. *Anw.-Geb.*: Stoffwechselstörungen.

Histor.: Die Pflanze ist bereits im alten Ägypten kultiviert worden und spielte in der Landwirtschaft der antiken Völker eine Rolle. Die hippokratischen Ärzte empfahlen die Droge bei Geschwülsten. Von den Arabern übernahm die Schule von Salerno den Gebrauch der Bockshornsamen. Die Verbreitung nördlich der Alpen ist auf das ↗ Capitulare de villis Karls des Großen zurückzuführen, auch die Heilige Hildegard von Bingen nutzte die Droge. Der Gattungsname Trigonella ist aus dem lateinischen *trigonum* (Dreieck) gebildet und bezieht sich auf die scheinbar dreiblättrige Krone. *Foenum graecum* (griechisches Heu) war die Bezeichnung für die Pflanze bei den Römern. Der deutsche Name Bockshornklee ist aus der Form der Früchte abgeleitet. Bockshornklee zählt zu den ältesten Arznei- und Kulturpflanzen. Rezepte über deren Nutzung bei Brandwunden sind bereits im Papyrus Ebers im alten Ägypten vorhanden, während die frischen Schößlinge, ebenfalls in Ägypten, als Gemüse genutzt wurden. Sanskritnamen weisen auch auf einen frühen Gebrauch der Pflanze in Indien hin und auch in China sowie in den griechischen, römischen und arabischen Kulturkreisen standen die Samen in hohem Ansehen.

Trigonella graeca ↗ Trigonella foenum-graecum.
Trigonella jemenensis ↗ Trigonella foenum-graecum.

Trigonellin ↗ Trigonella foenum-graecum.
Trigonotheca serrata ↗ Catha edulis.
Trillii erecti radix ↗ Trillium erectum.

■ **Trillium erectum** L.
(syn. *Trillium pendulum*); Waldlilie (syn. Dreiblatt).

Fam.: Liliaceae.

Vork.: Nordamerika, Kanada.

Droge: ***Trillii erecti radix*** (syn. *Radix Trillii erecti, Rhizoma Trillii erecti*). *Inh.*: Glykoside, wie Trillin und Trillarin; Gerbstoffe, Harz, Saponine und Steroide, wie Chlorogenin. *Anw.*: in der Volksheilkunde zur Förderung der Menstruation.

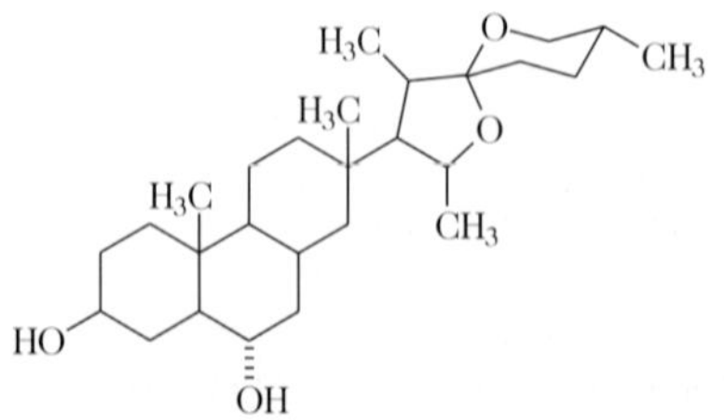

Chlorogenin

Hom.: ***Trillium erectum*** HAB34; Amerikanische Waldlilie, der frische Wurzelstock mit Wurzeln. *Anw.-Geb.*: Erkrankungen des Stütz- und Bewegungsapparates sowie bei Gerinnungsstörungen und Blutungen.

Histor.: Der Gattungsname *Trillium* leitet sich von *trilix* (dreifach) ab und bezieht sich dabei auf die Dreizahl der Laub- und Blütenblätter. Als Droge wurde die Pflanze bereits seit langer Zeit von den nordamerikanischen Indianern genutzt, die diese auch als Geburtswurzel bezeichneten und bei Hämorrhagien einsetzten. Um 1853 wurde die Pflanze in die Homöopathie übernommen.

Trillium pendulum ↗ Trillium erectum.
Trilopus dentata ↗ Hamamelis virginiana.
Trilopus estivalis ↗ Hamamelis virginiana.
Trilopus nigra ↗ Hamamelis virginiana.
Trilopus parvifolia ↗ Hamamelis virginiana.
Trilopus rotundifolia ↗ Hamamelis virginiana.
Trilopus virginica ↗ Hamamelis virginiana.

■ **Triosteum perfoliatum** L.

Fam.: Caprifoliaceae.

Vork.: Nordamerika.

Droge: ***Radix Triostei***; Wilde Ipecacuanha (syn. Fieberwurzel), die getrocknete Wurzel.

<u>Inh.</u>: wenig untersucht, wahrscheinlich ein Alkaloid (Triostein). <u>Anw.</u>: in der Volksheilkunde als Laxans und Emetikum.

Hom.: ***Triosteum perfoliatum*** HAB34; die frischen, unterirdischen Pflanzenteile. <u>Anw.-Geb.</u>: Gliederschmerzen, Magen-Darm-Störungen.

Tripolium ↗ Operculina turpethum.
Tripviole ↗ Lupinus angustifolius.

■ Triterpene

Gruppe von Naturstoffen, die formal aus 6 Isoprenbausteinen aufgebaut sind und als biogenetische Muttersubstanz Squalen aufweisen. Sie besitzen i. d. R. 30 C-Atome und bilden meist polycyclische Ringsysteme, wobei die tetra- und pentacyclischen Verbindungen oft von pharmazeutischer Bedeutung sind. Hierzu zählen bes. die tetracyclischen Cucurbitacine und Dammarane sowie die pentacyclischen Triterpene vom Olean-, Ursan-, Lupan- und Cycloartenol-Typ (s. unten). Die sauerstoffhaltigen Verbindungen liegen meist als Triterpenalkohole oder Triterpensäuren, z. B. Ursolsäure, vor und stellen oft die Aglyka der Triterpensaponine (↗ Saponine) dar. Beispiele für pharmazeutisch genutzte Triterpene in Drogen sind die Wurzeln der Zaunrübe (↗ *Bryonia*-Arten) und der Traubensilberkerze (↗ *Cimicifuga racemosa*), die Koloquinten (↗ *Citrullus colocynthis*), der Weihrauch (↗ *Boswellia*-Arten) und die Ringelblumenblüten (↗ *Calendula officinalis*). Auch die Nortriterpene und Sterole, die Grundkörper der Steroidhormone und Aglyka der Steroidsaponine, leiten sich biogenetisch von den Triterpenen ab.

Tritici amylum ↗ Triticum aestivum.
Tritici oleum ↗ Triticum aestivum.
Tritici rhizoma ↗ Agropyron repens.

■ Triticum aestivum L.

(syn. *Triticum cereale, T. sativum, T. tenax, T. vulgare*); Gemeiner Weizen (syn. Saatweizen, Weichweizen).

Fam.: Poaceae.

Vork.: kultiviert in Europa, Asien, Nordamerika.

Triticum aestivum.

Drogen: ***1. Tritici amylum*** (syn. *Amylum Tritici*); Weizenstärke, die aus den Früchten gewonnene Stärke. <u>Inh.</u>: Polysaccharide, v. a. Amylose (ca. 25 %) und Amylopektin (ca. 75 %), Lipide, Proteine, Vitamine, Mineralien. <u>Anw.</u>: in der Galenik als Hilfsmittel für Puder, Pulver, Tabletten und Pillen, zur Herstellung von Pasten und Sal-

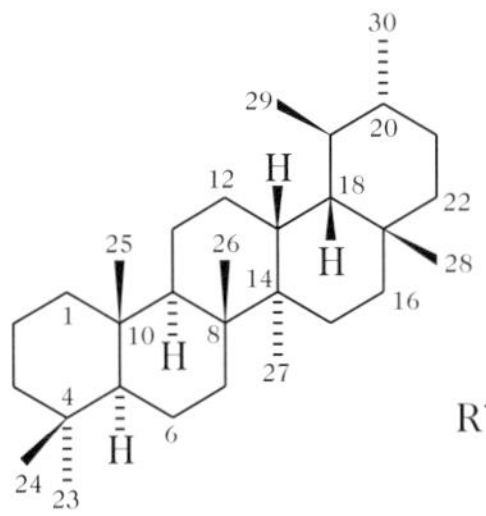

Ursan

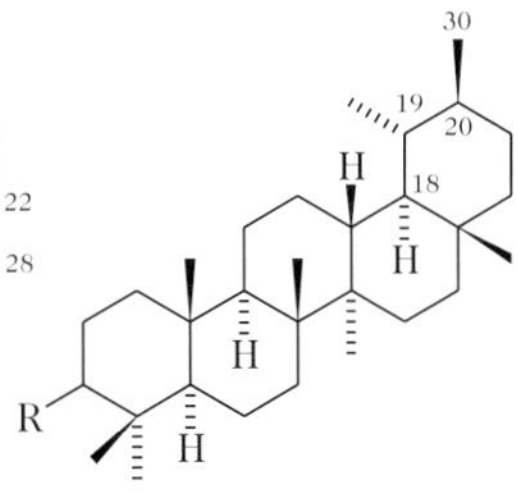

Taraxastan: R = H
Taraxasterol: R = β-OH, $\Delta^{20(30)}$

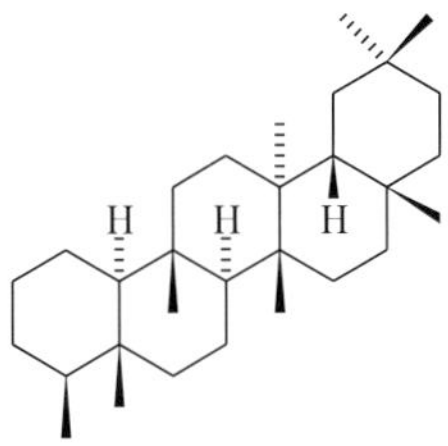

Friedelan

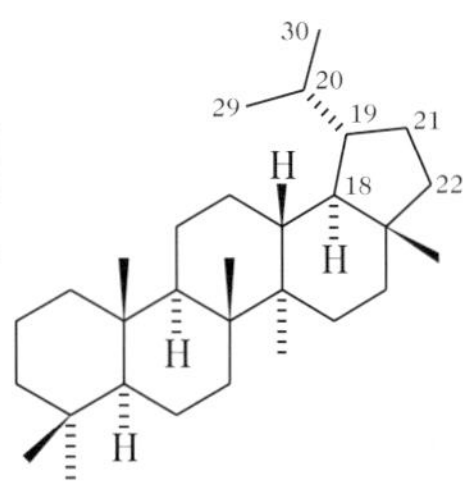

Lupan

ben; als Diätetikum, zur Herstellung von Lebensmitteln, in der Technik zum Leimen von Papier und zur Kleberherstellung. ***2. Tritici oleum*** (syn. *Oleum Tritici embryonis*); Weizenkeimöl, das fette Öl der Keimlinge. *Inh.:* Triacylglyceride (60–75 %), Diacylglycerole, freie Fettsäuren, Sterole und Sterolester, Tocopherole, Carotinoide. *Anw.:* in der Galenik als Bestandteil von Salben, Cremes, Emulsionen in Hautpflegemitteln; als Diätetikum wegen des Gehaltes an ungesättigten Fettsäuren und Vitamin E; zur Herstellung von Vitamin E; als Speisefett sowie für Lippenstifte, Schminken und Haarwässer. ***3. Furfur tritici*** (syn. *Triticum-aestivum*-Kleie); Weizenkleie, die Fruchtwand, Samenschale und Randschichten vom Endosperm des Weizenkorns. *Inh.:* Polysaccharide, wie Stärke, Cellulose, fettes Öl, Proteine, Lignin, Alkylresorcinole. *Anw.:* äußerlich als Kleie-Bad zur unterstützenden Behandlung bei juckenden und entzündlichen Dermatosen, z. B. Ekzemen und Wundsein; innerlich bei Obstipation. In der Kosmetik wird die Droge als Zusatz für Peeling-Präparate verwendet, in der Landwirtschaft ist sie ein wertvolles Futtermittel.

Histor.: Der Gattungsname *Triticum* leitet sich vom lateinischen *tritus* (zerquetscht, zerrieben) ab und bezieht sich dabei offensichtlich auf die Verarbeitung der Körnerfrüchte.

Triticum cereale ↗ Secale cereale, ↗ Triticum aestivum.
Triticum repens ↗ Agropyron repens.
Triticum sativum ↗ Triticum aestivum.
Triticum secale ↗ Secale cereale.

■ Triticum spelta L.

Dinkel (syn. Dinkelweizen, Spelzweizen, Spelz).

Fam.: Poaceae.

Vork.: Europa, bes. Süddeutschland.

Droge: ***Grünkern***, die gerösteten, unreifen Samenkerne. *Inh.:* Polysaccharide, Fette, Proteine. *Anw.:* in der Diätetik, zeichnet sich durch einen eigenartigen Geschmack aus.

Histor.: *Triticum spelta* wurde bereits im alten Ägypten kultiviert und war Ausgangspunkt für die Züchtung zahlreicher Sorten, die bis in die heutige Zeit als wichtige Nahrungspflanze kultiviert werden. Die Germanen nutzten die Pflanze insbes. zur Bierherstellung.

Triticum tenax ↗ Triticum aestivum.

Triticum vulgare ↗ Triticum aestivum.
Trockenextrakte ↗ Extrakte.

■ Trombidium muscae domesticae HAB

Präparation aus mit *Trombidium holosericeum* befallenen, ganzen lebenden Hausfliegen (*Musca domestica*). *Anw.-Geb.:* Durchfall, Verdauungsstörungen.

Trompetenbaum ↗ Catalpa bignonioides.
Tropaeolum elatum ↗ Tropaeolum majus.
Tropaeolum maius ↗ Tropaeolum majus.

■ Tropaeolum majus L.

(syn. *Tropaeolum elatum, T. maius, T. repandifolium, T. schillingii*); Kapuzinerkresse (syn. Blumenkresse, Gelbes Vögerl, Große Kapuzinerkresse, Indische Kapuzinerkresse, Jelängerjelieber, Kapuzinerli, Salatblume, Salatkresse, Spanische Kapuzinerkresse, Türkische Kresse), s. Farbtafel S. 309, Bild 171.

Fam.: Tropaeolaceae.

Vork.: heimisch in Südamerika, in Europa eingebürgert und kultiviert.

Droge: ***Tropeoli herba*** (syn. *Herba Tropeoli*); Kapuzinerkressekraut, das frische Kraut. *Inh.:* Glucosinolate mit Glucotropaeolin (Benzylglucosinolat) als Hauptkomponente. Nach Spaltung wird bes. Benzylsenföl (Benzylisothiocyanat) oder 4-Hydroxybenzylisothiocyanat gebildet. Weitere Bestandteile sind unter anderem ↗ Ascorbinsäure (ca. 300 mg/100 g Frischdroge). *Anw.:* innerlich zur unterstützenden Behandlung von Bronchitiden sowie Infekten der ableitenden Harnwege. In den Heimatgebieten Südamerikas volkstümlich auch als Wundheilmittel sowie gegen Skorbut.

Histor.: Der Gattungsname *Tropaeolum* ist die Verkleinerungsform vom griechischen *trópaion* (Siegeszeichen, schildförmiges Blatt). Grund für den Namen gaben die schildförmigen Laubblätter und die helmförmigen Blüten. Der deutsche Name Kapuzinerkresse wurde geprägt, weil die Blüte an die Kopfbedeckung der Kapuziner erinnert. Nach Europa gelangte die aus Peru stammende Pflanze durch Beverning um 1684. In zahlreichen Gartenformen ist sie heute zugleich eine beliebte Zierpflanze.

Tropaeolum repandifolium ↗ Tropaeolum majus.
Tropaeolum schillingii ↗ Tropaeolum majus.

Tropeoli herba ↗ Tropaeolum majus.
Tropisches Immergrün ↗ Catharanthus roseus.
Tropische Wasserpest ↗ Eichhornia crassipes.
Truncularia trunculus ↗ Murex trunculus.
Trunkelbeere ↗ Vaccinium-Arten.

■ Tryptamin

(syn. 3-β-Aminoethyl-indol), Decarboxylierungsprodukt der Aminosäure Tryptophan und Ausgangspunkt für die Biogenese der Indolalkaloide (↗ Alkaloide). Wirk.: steigert den Blutdruck; methylierte Derivate besitzen halluzinogene Aktivität (↗ Halluzinogene biogenen Ursprungs).

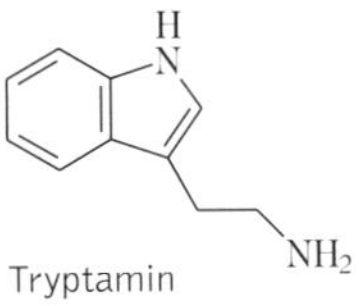
Tryptamin

Tsaoko fructus ↗ Amomum-Arten.
Tschagorischer Tee ↗ Bergenia crassifolia.
Tschandu ↗ Papaver somniferum.

■ Tschirch, Alexander W.O.

geboren 1856 in Guben, Studium in Berlin, Promotion in Freiburg i. Br., Habilitation in Berlin, von 1890 bis 1932 Professor für Pharmakognosie an der Universität Bern. 1908 Rektor der Universität Bern. T. gilt als der „Vater der modernen Pharmakognosie". Er stellte die chemischen Bestandteile der Drogen bzw. deren Untersuchungen stärker als bisher in den Vordergrund und verfaßte mehr als 450 Publikationen. Sein klassisches Werk „Handbuch der Pharmakognosie" (1908–1914) fand internationale Aufnahme und war über Jahrzehnte richtungweisend an den europäischen pharmazeutischen Hochschuleinrichtungen.

■ Tsuga canadensis (L.) Carr.

(syn. *Abies canadensis, Picea canadensis*); Kanadische Helmlocktanne (syn. Schierlingstanne).

Fam.: Pinaceae.

Vork.: atlantisches Nordamerika.

Drogen: ***1. Oleum Tsugae americanae***; Hemlock-Tannennadelöl (syn. Spruce-Tannennadelöl, Schierlingstannennadelöl), das aus den Zweigspitzen durch Wasserdampfdestillation gewonnene äther. Öl. *Inh.:* Bornylacetat (35–50 %), ferner u. a. α-Pinen und Cadinen. *Anw.:* in Arzneifertigpräparaten bei Erkrankungen der Atmungsorgane. ***2. Tsugae cortex*** (syn. *Cortex Tsugae*); Hemlockrinde (syn. Schierlingstannenrinde), die frische Rinde und jungen Zweigspitzen oder die getrocknete Rinde. *Inh.:* äther. Öl (0,45 %), Gerbstoffe (ca. 10 %), Bitterstoffe (Frischdroge), in der getrockneten Droge ca. 10–12 % (Stammrinde) bzw. 25 % (Wurzelrinde). *Anw.:* Frischdroge in Zubereitungen bei Katarrhen der Atmungsorgane, getrocknete Droge als Gerbmaterial, z. B. zur Herstellung des Hemlockgerbextraktes (Millers Tannin). Der Balsam ist auch als Kanadabalsam (↗ *Abies*-Arten) im Handel.

Hom.: ***Tsuga canadensis*** HAB34; Hemlocktanne, die frische Rinde und junge Zweigspitzen mit Blättern. *Anw.-Geb.:* Erkrankungen des Magen-Darm-Traktes.

Tsugae cortex ↗ Tsuga canadensis.
Tubawurzel ↗ Derris-Arten.

■ Tuber

(lat.; pl. Tubera), botanische Bezeichnung für Wurzel- oder Sproßknollen bzw. zur Knolle gewordene Wurzel- oder Stammteile.

Tubera Aconiti ↗ Aconitum-Arten.
Tubera Ari ↗ Arum maculatum.
Tubera Chinae ↗ Smilax-Arten.
Tubera Corydalis ↗ Dicentra cucullaria.
Tubera Gloriosae ↗ Gloriosa superba.
Tubera Harpagophyti ↗ Harpagophytum procumbens.
Tubera Hypoxidis ↗ Hypoxis rooperi.
Tubera Jalapae ↗ Ipomoea purga.
Tubera Pinelliae ↗ Pinellia ternata.
Tubera Salep ↗ Orchis-Arten, ↗ Platanthera bifolia.
Tubera solani tuberosi ↗ Solanum-Arten.
Tuber Corydalis ↗ Corydalis-Arten.

■ Tuberculini aviarii derivatum proteinosum purificatum Nosode HAB

(syn. Tuberculinum aviculare-Nosode); Präparation aus gefriergetrocknetem, gereinigtem aviärem Tuberculin. *Anw.-Geb.:* Entzündungen der Atemwege, Mittelohrentzündung.

■ Tuberculini bovini derivatum proteinosum purificatum Nosode HAB

(syn. Tuberculinum bovinum-Nosode); Präparation aus gefriergetrocknetem, gereinigtem bovinem Tuberculin. Anw.-Geb.: Fieberzustände, Entzündungen der Atemwege, Schwächezustände und erschöpfende Krankheiten, chronischer Kopfschmerz, Rheuma.

■ **Tuberculinum Burnett Nosode HAB**
(syn. Bacillinum Nosode); Präparation aus tuberkulösem Lungengewebe zusammen mit dem Inhalt von tuberkulösen Kavernen von Schlachttieren. Anw.-Geb.: Entzündungen der Atemwege, Hautkrankheiten, Kopfschmerzen, Schwächezustände.

■ **Tuberculinum Denys Nosode HAB**
Präparation aus dem Serum von mit humanen oder bovinen Stämmen von *Mycobacterium tuberculosis* behandelten Meerschweinchen. Anw.-Geb.: Entzündungen der Atemwege, wiederkehrender Durchfall.

■ **Tuberculinum Marmorek Nosode HAB**
Präparation aus dem Serum von mit humanen oder bovinen Stämmen von *Mycobacterium tuberculosis* behandelten Pferden. Anw.-Geb.: Gedeihstörungen bei Kindern, Infektanfälligkeit, Mittelohrentzündung, chronische Fisteln.

■ **Tuberculinum Pristinum Nosode HAB**
(syn. Tuberculinum Koch Alt Nosode); Präparation aus Alttuberkulin DAB 9. Anw.-Geb.: Infektanfälligkeit, Schwächezustände, Durchfallneigung, Rheuma, chronische Hauterkrankungen, chronische Kopfschmerzen, nervöse Reizbarkeit.

■ **Tuberculinum residuum Koch Nosode HAB**
(syn. Tuberculinum Rest Nosode); Präparation aus humanen oder bovinen Stämmen von *Mycobacterium tuberculosis*. Anw.-Geb.: Rheuma.

Tuberose ↗ Polianthes tuberosa.
Tuberose-Absolue ↗ Polianthes tuberosa.
Tuberosenöl ↗ Polianthes tuberosa.
Tubocurarin ↗ Curare.
Tucumfett ↗ Astrocaryum-Arten.
Tüfelsmilch ↗ Chelidonium majus.
Tüffeln ↗ Solanum-Arten.
Tugendsalbe ↗ Salvia-Arten.

■ **Tulipa turkestanica** Rgl.
Fam.: Liliaceae.
Vork.: Mittelasien, bes. Usbekistan.
Droge: die ganze Pflanze. Inh.: Flavonoide, Alkaloide, u. a. Tulipin. Anw.: in der Volksheilkunde bei Herzleiden und Rheuma.

Tullidora ↗ Karwinskia humboldtiana.
Tulpenbaum ↗ Liriodendron tulipifera.
Tulucunafett ↗ Carapa guianensis.
Tungöl ↗ Aleurites fordii.
Tupelo ↗ Nyssa sylvatica.
Tupeloholz ↗ Nyssa sylvatica.
Tupelo-Quellholz ↗ Nyssa sylvatica.
Tüpfelfarn ↗ Polypodium vulgare.
Tüpfelfarnwurzel ↗ Polypodium vulgare.
Tüpfelhartheu ↗ Hypericum perforatum.

■ **Turbina corymbosa** (L.) Raf.
(syn. *Convolvulus corymbosa, C. sidaefolia, Ipomoea corymbosa, I. sidaefolia, Rivea corymbosa*); Schlangenpflanze (syn. Grüne Schlange, Mexikanische Trichterwinde, Ololiuquiranke).
Fam.: Convolvulaceae.
Vork.: Mittelamerika, Mexiko, Kuba, Amazonasbecken, Philippinen, Südafrika.
Droge: ***Turbina corymbosa-Samen***, die frischen oder getrockneten Samen. Inh.: Mutterkornalkaloide (0,012–0,07 %), wie Ergin (Lysergsäureamid), Erginin, wenig Chanoclavin, Elymoclavin und Lysergol.; Diterpenglykoside, wie Epicorymbosin; Galactomannane. Wirk.: halluzinogen (starke Visionen), hypnotisch. Anw.: in der aztekischen Kultur spielte die Droge eine bedeutsame Rolle als Rauschmittel und Zaubertrank mit angeblich schmerzstillenden Eigenschaften. Auch heute wird *Turbina corymbosa* von zahlreichen Indianergruppen Südmexikos für ihre rituellen Zeremonien eingesetzt, auch für therapeutische Zwecke, wie Frauenleiden, Unfruchtbarkeit, Fieber und als Aphrodisiakum.
Histor.: Der rituelle und medizinische Gebrauch der Droge geht weit in vorspanische Zeiten zurück und ist bei allen mittelamerikanischen Völkern dokumentiert. Dort wurden die Samen von *Turbina corymbosa* übereinstimmend als „kleine Götter" bezeichnet und fanden überwiegend rituelle Verwendung. In Europa wurde die Droge 1651 durch eine Schrift des spanischen Arztes Francisco Hernández bekannt, ihre botanische Identität aber erst in den vierziger Jahren dieses Jahrhunderts durch Richard Evans Schultes aufgeklärt. Die Isolation der

Wirkstoffe und Beschreibung ihrer pharmakologischen Eigenschaften gelang Albert Hofmann Anfang der sechziger Jahre.

Turbith ↗ Operculina turpethum.
Turbitobaum ↗ Schinus-Arten.
Turiones Pini ↗ Abies-Arten.
Turiones Populi ↗ Populus-Arten.
Turiones Sabinae ↗ Juniperus sabina.
Turkestanische Seifenwurzel ↗ Acanthophyllum glandulosum.
Turkestan-Minze ↗ Lagochilus inebrians.
Türkische Alkanna ↗ Macrotomia cephalotes.
Türkische Kresse ↗ Tropaeolum majus.
Türkische Melisse ↗ Dracocephalum moldavica.
Türkische Minze ↗ Chrysanthemum-Arten.
Türkischer Drachenkopf ↗ Dracocephalum moldavica.
Türkischer Kümmel ↗ Cuminum cyminum.
Türkischer Pfeffer ↗ Capsicum-Arten.
Türkischer Rhabarber ↗ Rheum-Arten.
Türkischer Schwarzkümmel ↗ Nigella damascena.
Türkische Seifenwurzel ↗ Gypsophila paniculata.
Türkische Weichsel ↗ Prunus-Arten.
Turmerone ↗ Curcuma-Arten.
Turnera aphrodisiaca ↗ Turnera diffusa.

■ **Turnera diffusa** Willd. ex Schultes
(syn. *Turnera aphrodisiaca, T. humifusa, T. pringlei*); Damiana.

Fam.: Turneraceae.

Vork.: Südkalifornien bis Argentinien.

Droge: ***Damiani folium*** (syn. *Folia Damianae*); Damianiblätter. Inh.: äther. Öl (0,2–0,9 %), mit α-Pinen, Cineol, *p*-Cymol, Sesquiterpenen; Harz (ca. 6 %), Bitterstoffe, wie Damianin; Gerbstoffe. Anw.: in der indianischen Volksheilkunde v. a. bei Asthma, als Diuretikum, bei Muskelschwäche, Nervosität, zur Regulation der Menstruation sowie als Aphrodisiakum. Geraucht induziert die Droge eine leichte Euphorie und Entspannung, als Tee getrunken sind diese Effekte nur abgeschwächt wahrnehmbar.

Hom.: ***Turnera diffusa*** HAB1; Damianablätter, die während der Blütezeit gesammelten und getrockneten Blätter. Anw.-Geb.: Erkrankungen der weiblichen und männlichen Geschlechtsorgane, wie Inkontinenz, Nieren- und Blasenkatarrhe, Frigidität, sowie als Aphrodisiakum.

Histor.: Die Droge wurde vermutlich schon in prähistorischer Zeit in Nordmexiko und im Mayagebiet als Medizin und Liebestrank verwendet. Der spanische Missionar Jesús Maria de Salvatierra berichtete 1699 in seiner Chronica erstmals vom Einsatz als Aphrodisiakum. Der Name der Pflanze soll sich vom Heiligen Damian, dem Schutzpatron der Apotheker, ableiten. Im 19. Jh. war die Droge als Tonikum und Aphrodisiakum in der amerikanischen und mexikanischen Pharmakopöe enthalten, um 1880 wurde sie in Europa eingeführt. Seit Ende der sechziger Jahre gilt die Pflanze als legaler Marihuana- bzw. Tabakersatz.

Turnera humifusa ↗ Turnera diffusa.
Turnera pringlei ↗ Turnera diffusa.
Turpethi radix ↗ Operculina turpethum.
Turpethum ↗ Operculina turpethum.
Turpethwurzel ↗ Operculina turpethum.
Turpinia aromatica ↗ Rhus-Arten.
Turpitwurzel ↗ Operculina turpethum.
Tussilaginis folium ↗ Tussilago farfara.

■ **Tussilago farfara** L.
Huflattich (syn. Ackerlattich, Brandlattich, Brustlattich, Eschhuflattich, Feldlattich, Hitzeblätter, Lehmblätter, Märzblume, Ohmblätter, Pferdefuß, Sandblume, Tabakkraut); s. Farbtafel S. 309, Bild 172 und Bild 173.

Fam.: Asteraceae (Compositae).

Vork.: Europa, West-, Mittel- und Nordasien.

Drogen: ***1. Farfarae flos*** (syn. *Flores Farfarae, Flores Tussilaginis, Flos Farfarae*); Huflattichblüten, die getrockneten Blütenstände. Inh.: Schleimstoffe (ca. 7 %), die bei der Hydrolyse Arabinose (24 %), Galactose (30 %), Glucose (37 %), Uronsäuren (4 %) und Xylose (9 %) ergeben. Außerdem Pyrrolizidinalkaloide, deren Gehalt stark von der Provenienz abhängt, ferner Terpene, u. a. Tussilagon; Sterole, u. a. β-Sitosterol und Taraxasterol; Triterpene, u. a. β-Amyrin; Flavonoide, u. a. Kämpferol und Quercetin sowie deren Glykoside, Phenolcarbonsäuren, u. a. Kaffee-, Ferula- und *p*-Hydroxybenzoesäure. Anw.: volkstümlich als bewährtes Hustenmittel. Auf Grund der toxischen Eigenschaften der ↗ Pyrrolizidinalkaloide ist die uneingeschränkte Nutzung der Droge nicht mehr vertretbar. ***2. Farfarae folium*** (syn. *Folia Farfarae, Folium Tussilaginis, Tussilaginis folium*); Huflattichblätter (syn. Brämleblätter, Heilblätter), die getrockneten Laubblätter. Inh.: Polysaccharide (ca. 8,2 %), davon

Inulin (etwa 30 %) und saure Schleimpolysaccharide (ca. 70 %), im wesentlichen Arabinose (21 %), Galactose (24 %), Glucose (15 %), Uronsäuren (6 %) und Xylose (10 %). Pyrolizidinalkaloide, u. a. Senkirkin (bis zu 0,01 %) und das untoxische Tussilagin. Ferner Flavonoide, Sterole,

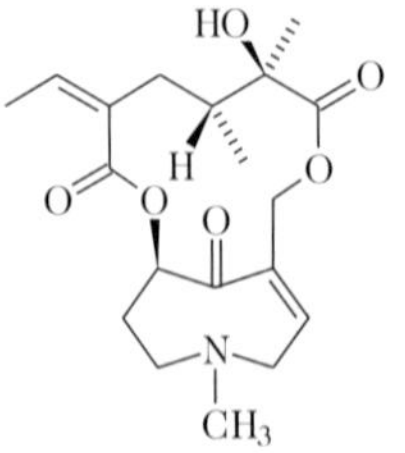

Senkirkin
(hepatotoxisches Alkaloid)

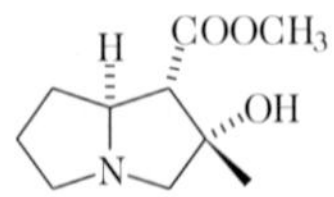

Tussilagin
(nicht toxisch)

u. a. Campesterol und β-Sitosterol, Triterpene, Bitterstoffe (0,05 %) Gerbstoffe und geringe Mengen äther. Öl (ca. 0,05 %). Anw.: Katarrhe der Atemwege, trockener Reizhusten, entzündliche Prozesse im Mund- und Rachenraum. Auf Grund der in Spuren vorhandenen Pyrrolizidinalkaloide bestehen Anwendungsbeschränkungen. Die TD, die 4,5–6 g Droge beträgt, darf nicht mehr als 10 µg Pyrrolizidinalkaloide mit 1,2-ungesättigtem Necingerüst, einschließlich ihrer Oxide enthalten. Für Extrakte und Frischpflanzenpreßsäfte liegt die TD bei 1 µg. Außerdem darf die Anwendung, z. B. eines Tees, nicht länger als 4 bis 6 Wochen im Jahr betragen.

Hom.: ***Tussilago farfara*** (syn. *Farfara*) HAB34; die frischen Blätter. Anw.-Geb.: Altershusten.

Histor.: Huflattich gehört seit altersher zu den gebräuchlichsten Drogen, die als Hustentees verwendet wurden, worauf auch der Name Tussilago (lat. tussis = Husten) hinweist. Die Kräuterbücher des 16. und 17. Jh. empfahlen die Droge gegen Engbrüstigkeit, Asthma, Husten und Schwindsucht.

Tussilago hybrida ↗ Petasites hybridus.
Tussilago petasites ↗ Petasites hybridus.

■ Tylosin

16gliedriges Makrolid-Antibiotikum, das von *Streptomyces fradiae* gebildet wird. Wirk.: Hemmung der Proteinsynthese durch Bindung an die Ribosomen vor allem von grampositiven Bakterien, Mykoplasmen und Spirochäten. Anw.: hauptsächlich in der Veterinärmedizin. (Formel s. unten)

■ Typha latifolia L.

Breitblättriger Rohrkolben (syn. Pfaffenpint).

Fam.: Typhaceae.

Vork.: Europa, Asien, Nordamerika, in China kultiviert.

Droge: der Wurzelstock. *Inh.:* u. a. Stärke. *Anw.:* in China als Gemüse gegessen. Früher wurden die Kolben der Pflanze als Ersatz für echte Zigarren geraucht.

Hom.: ***Typha latifolia*** HAB; die frischen, unterirdischen Pflanzenteile. Anw.-Geb.: Durchfallerkrankungen.

■ Tyrocidine

cyclische Decapeptid-Antibiotika aus Kulturen von *Bacillus brevis*, die den Hauptanteil (80 %) des ↗ Tyrothricins ausmachen (Tabelle S. 371).

■ Tyrothricin

Gemisch linearer und cyclischer Polypeptidantibiotika, das von *Bacillus brevis* produziert wird und zu 80 % aus basischen ↗ Tyrocidinen und 20 % neutralen ↗ Gramicidinen zusammengesetzt ist.

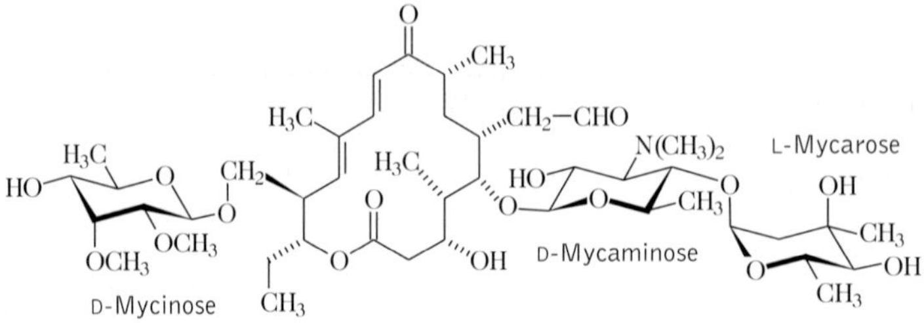

Tylosin

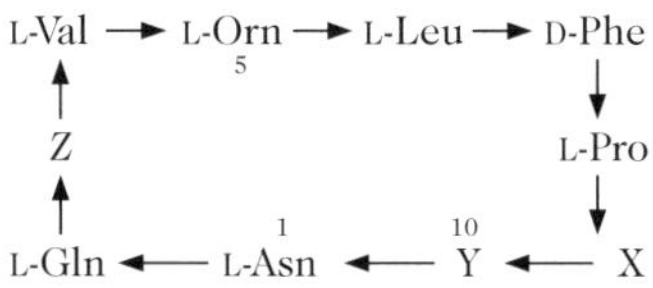

Tyrocidine

	X	Y	Z
Tyrocidin A	L-Phe	D-Phe	L-Tyr
Tyrocidin B	L-Trp	D-Phe	L-Tyr
Tyrocidin C	L-Trp	D-Trp	L-Tyr
Tyrocidin D	L-Trp	L-Trp	L-Trp
Tyrocidin E	L-Phe	D-Phe	L-Phe

Wirk.: Bildung von Poren für einwertige Kationen in der Zellmembran von grampositiven Bakterien und damit Schädigung der Barrierefunktionen. Diese Wirksamkeit wird v. a. durch das lipophile Gramicidin induziert. Anw.: Infektionen der Haut und Schleimhaut, bei Wunden, Verbrennungen, Geschwüren; auch als Lutschtablette bei Infektionen im Mund- und Rachenraum.

U

Übersehene Malve ↗ Malva-Arten.
Ufernelkenwurz ↗ Geum-Arten.
Uferwolfstrapp ↗ Lycopus-Arten.

■ Ulex europaeus L.

Stechginster (syn. Ginster), s. Farbtafel S. 309, Bild 174.

Fam.: Fabaceae (Leguminosae).

Vork.: Nord- und West-Europa.

Droge: die jungen Triebe und die Samen. Die Droge ist stark giftig! Inh.: ↗ Cytisin, Methylcytisin, Flavonoide, wie Ulexosid; Lectine (Ulexlectin). Anw.: das Ulexlectin (Agglutinin I) dient in der experimentellen Medizin als Marker für spezifische Zellen (Endothel- bzw. Tumorzellen vaskulären Ursprungs).

Uliginosi folium ↗ Vaccinium-Arten.
Uliginosi fructus ↗ Vaccinium-Arten.
Ulmae fulvae cortex ↗ Ulmus-Arten.
Ulmariae flos ↗ Filipendula ulmaria.
Ulmaria palustris ↗ Filipendula ulmaria.
Ulmaria pentapetala ↗ Filipendula ulmaria.
Ulmenrinde ↗ Ulmus-Arten.
Ulmi cortex ↗ Ulmus-Arten.

■ Ulmus-Arten

● **Fam.:** Ulmaceae.

● **Ulmus carpinifolia** Gled. (syn. *Ulmus coritana, U. diversifolia, U. foliacea, U. nitens*); Gewöhnliche Ulme (Feldrüster, Feldulme, Rotrüster).

Vork.: Europa bis Mittelmeergebiet.

Droge: ***Ulmi cortex***, Ulmenrinde (syn. Rüsterrinde). Inh.: Schleimstoffe, Gerbstoffe (ca. 3 %), Phlobaphene, Bitterstoffe. Anw.: in der Volksheilkunde als Mucilaginosum und Adstringens, bei Durchfällen sowie als Diuretikum.

Hom.: ***Ulmus capinifolia***, die Rinde. Anw.-Geb.: bei Hautausschlägen und Scrophulose.

● **Ulmus glabra** Huds. (syn. *Ulmus campestris, U. montana, U. scabra*). Bergulme.

Vork.: gemäßigtes Europa bis Kleinasien. Inhaltsstoffe und Anwendung ähnlich wie bei *Ulmus carpinifolia*.

Hom.: ***Ulmus*** (syn. *Ulmus campestris*) HAB34; die frische Rinde der jungen Zweige. Anw.-Geb.: rheumatische Schmerzen der Hand- und Fußgelenke.

● **Ulmus laevis** Pall. (syn. *Ulmus effusa*); Flatterrüster (syn. Flatter Rüster, Glatte Rüster, Wasserrüster, Weißrüster).

Vork.: Mittel-, Ost- und Südosteuropa.

Droge: ***Ulmi cortex*** (syn. *Cortex Ulmi*); Ulmenrinde (syn. Elmenrinde, Rüsterrinde), die von Kork und Borke befreite, im Frühjahr von etwa drei- bis vierjährigen Ästen und Zweigen geschälte Rinde. Inh.: (+)-Catechin, Gerbstoffe (Proanthocyanidine), Chlorogensäure, Schleimstoffe, Sterole, u. a. β-Sitosterol. Anw.: volkstümlich als Antidiarrhoikum bei unspezifischen Durchfallerkrankungen, äußerlich bei Hautkrankheiten.

● **Ulmus rubra** Mühlenb. (syn. *Ulmus americana, U. fulva*); Rotulme (syn. Fuchsbaum, Rotrüster, Schleimrüster).

Vork.: Nordamerika.

Droge: ***Ulmae fulvae cortex*** (syn. *Cortex Ulmi fulvae*); Rotulmenrinde, die getrocknete, von Borke und Außenrinde befreite Innenrinde. Inh.: bes. Schleimstoffe. Anw.: volkstümlich als reizlinderndes Mittel bei Schleimhautentzündungen im Magen-Darm-Bereich. Äußerlich, gemischt mit Bierhefe und Milch, als Kataplasma bei rheumatischen Beschwerden und Gicht.

● **Histor.:** Der Name Ulme ist aus dem gleichlautenden lateinischen *ulmus* abgeleitet, wie er bereits von Virgil benutzt wurde. Die Bezeichnung „ëlmbaum" im Althochdeutschen ist ebenfalls mit dem lateinischen *ulmus* verwandt. Die Ulme gehört zu den bereits im Altertum bekannten Heilpflanzen. ↗ Dioskurides empfahl die adstringierenden Eigenschaften der Blätter, Äste und Rinde bei Knochenbrüchen, Hautkrankheiten, als Wundheilmittel sowie als schleimlösendes Mittel. In Form eines Absuds oder als Salbe stand die Ulme bes. in Frankreich in hohem Ansehen, um chronische Hautkrankheiten erfolgreich zu behandeln.

■ **Ulva lactuca** L.
Meersalat.

Fam.: Ulvaceae.

Vork.: weltweit an allen Küsten.

Ulva lactuca.

Droge: die frische oder getrocknete Alge. Inh.: Aminosäuren, wasserlösliche Polysaccharide (ca. 20 %), Sterole, Vitamine, Acrylsäuren, β-Dimethylpropothetin. Anw.: in der Volksheilkunde gegen Gicht und Skorbut; in vielen Teilen der Erde als Salat, Gemüse oder Bestandteil von Suppen verwendet.

■ **Umbellaria californica** (Hook et Arn.) Nutt. (syn. *Oreodaphne californica, Tetranthera californica*).

Fam.: Lauraceae.

Vork.: Nordamerika.

Droge: die Blätter. Inh.: äther. Öl (2,5–5,5 %), u. a. mit Pinen, Cineol, Eugenol, Methyleugenol, Umbellulon, Flavonoide, wie Quercetin, Kämpferol; cyanogene Glykoside. Anw.: in der Volksheilkunde als nervenstärkendes Mittel genutzt.

Hom.: ***Umbellaria californica*** (syn. *Oreodaphne californica*) HAB; die frischen Laubblätter. Anw.-Geb.: Kopfschmerzen.

Umbilicus pendulinus ↗ Umbilicus rupestris.

■ **Umbilicus rupestris** (Salisb.) Dandy
(syn. *Cotyledon pendulina, C. rupestris, C. tuberosa, C. umbilicus, C. umbilicus-veneris, Umbilicus pendulinus*); Nabelkraut (syn. Venusnabel, Wassernabel).

Fam.: Crassulaceae.

Vork.: Mittelmeergebiet, Kleinasien, Portugal, England, Irland.

Droge: ***Herba Cotyledonis*** (syn. *Herba Umbilici veneris*), Nabelkraut. Inh.: äther. Öl, Trimethylamin, Gerbstoffe, Farbstoffe.

Hom.: ***Umbilicus rupestris*** (syn. *Cotyledon umbilicus*) HAB34; die frischen Blätter. Anw.-Geb.: Herzschmerzen, Verwirrtheitszustände, Rheuma.

■ **Uncaria acida** (Hunter) Roxb.
(syn. *Nauclea acida, N. ovalifolia, Uncaria ovalifolia, Uruparia ovalifolia*).

Fam.: Rubiaceae.

Vork.: Südostasien.

Drogen: ***1. Gambir*** ↗ *Uncaria gambir*. ***2. Uncaria-acida-Zweige mit Blättern***, die beblätterten Zweige. Inh.: Isorhynchophyllin, Rhynchophyllin und Rhynchophyllin-*N*-oxid, ↗ Harman. Anw.: in der Volksheilkunde äußerlich bei Schmerzen, Aphthen und Hauterkrankungen;

der Preßsaft der Droge soll zur Herstellung eines erfrischenden Getränkes dienen.

Uncaria aculeata ↗ Uncaria guianensis.
Uncaria appendiculata ↗ Uncaria lanosa.
Uncariae ramulus cum uncis ↗ Uncaria rhynchophylla.
Uncaria florida ↗ Uncaria lanosa.

■ **Uncaria gambir** (Hunter) Roxb.
(syn. *Cinchona kattu-kambar, Nauclea gambir, Ouruparia gambir, Uruparia gambir*).

Fam.: Rubiaceae.

Vork.: Hinterindien, Sumatra, Java, Borneo, Malaiische Halbinsel.

Droge: ***Gambir*** (syn. *Catechu, Catechu Gambir, Catechu pallidum, Gutta Gambir, Terra japonica*); Pale-Katechu (syn. Catechu, Gambir-Catechu, Gelbes Katechu, Pale-Catechu), der getrocknete, wäßrige Extrakt der Blätter und jungen Triebe. *Inh.:* Flavonoide, insbes. die Chalkan-Flavan-Dimeren Gambiriine; Catechine (ca. 51 %), Catechingerbstoffe (22–50 %); wenig Alkaloide, u. a. Dihydrogambirtannin, Gambirtannin, Oxogambirtannin. *Anw.:* in der Volksheilkunde bei gastrointestinalen Störungen, wie unspezifischen Bauchschmerzen, Diarrhoe, Brechreiz; als Dekokt bei Magengeschwüren; bei Entzündungen im Mund- und Rachenraum. In der Gerberei und Färberei wird die Droge als Hilfsstoff eingesetzt. In Ost- und Südasien wird Gambir als Zusatz für den Betelbissen (↗ *Areca catechu*) genutzt und dient dabei zur Anregung der Speichelsekretion.

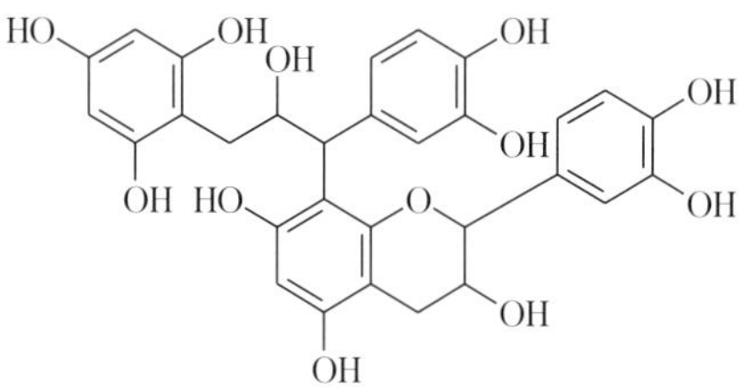

Gambiriine: A-Reihe

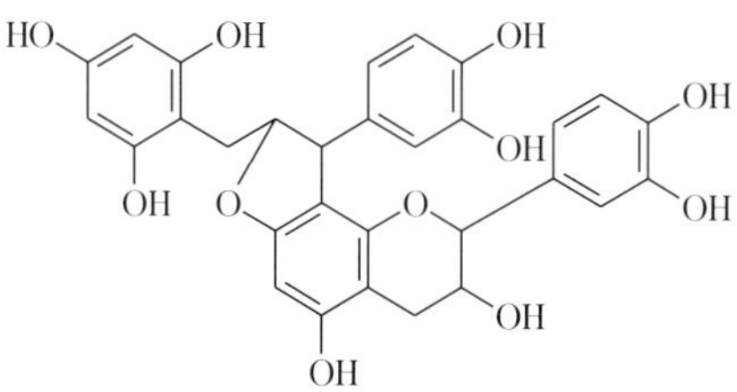

Gambiriine: B-Reihe

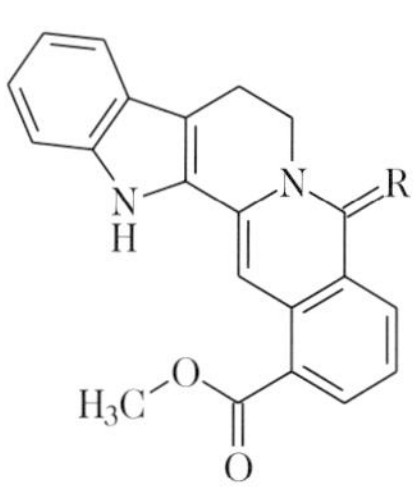

Gambirtannin: R = H, H
Oxygambirtannin: R = O

Uncaria glabrescens ↗ Uncaria lanosa.

■ **Uncaria guianensis** (Aublet) J. Gmel.
(syn. *Nauclea aculeata, N. guianensis, Ourouparia guianensis, Uncaria aculeata, Uruparia guianensis, U. vesicolor*).

Fam.: Rubiaceae.

Vork.: Mittel- und Südamerika.

Drogen: ***1. Uncaria-guianensis-Blatt***, die Blätter. *Inh.:* Alkaloide (ca. 0,14 %), v. a. Isorhynchophyllin, Rhynchophyllin. *Anw.:* in der Volksheilkunde zur Behandlung von Durchfällen, Ruhr und Wunden. ***2. Uncaria-guianensis-Stammrinde***, die Rinde der Stämme. *Inh.:* Alkaloide, v. a. Isopteropodin, Mitraphyllin, Speciophyllein, Isorhynchophyllin, Rhynchophyllin, Angustin, Hirsutein und Hirsutin; Triterpene. *Anw.:* in der Volksheilkunde zur Behandlung von Tumoren, Arthritis, Diabetes und Entzündungen.

Uncaria horsfieldiana ↗ Uncaria lanosa.
Uncaria kawakamii ↗ Uncaria lanosa.
Uncaria korrensis ↗ Uncaria lanosa.

■ **Uncaria lanosa** Wall.
(syn. *Nauclea ferrea, N. glabrata, N. setigera, N. wallichiana, Uncaria appendiculata, U. florida, U. glabrescens, U. horsfieldiana, U. kawakamii, U. korrensis, U. lobbii, U. philippinensis, U. setiloba, U. toppingii, U. warburgii*).

Fam.: Rubiaceae.

Vork.: Birma, Thailand, Malaysia, Taiwan, Mikronesien, Australien.

Droge: ***Uncaria-lanosa-Zweige mit Blättern***, die beblätterten Zweige. *Inh.:* Pentacyclische Oxindolalkaloide, u. a. Isomitraphyllin, Isopteropodin, Mitraphyllin, Pteropodin, Speciophyllin, Uncarin F und deren *N*-Oxide; ↗ Harman, Triterpene. <u>*Anw.*</u>: in der Volksheilkunde zur Auflösung von Steinen im Urogenitaltrakt.

Uncaria lobbii ↗ Uncaria lanosa.
Uncaria membranifolia ↗ Uncaria sinensis.
Uncaria ovalifolia ↗ Uncaria acida.
Uncaria philippinensis ↗ Uncaria lanosa.

■ **Uncaria rhynchophylla** (Miq.) Jacks.
(syn. *Nauclea rhynchophylla, Ourouparia rhynchophylla, Uncaria rhynchophylloides*).
Fam.: Rubiaceae.
Vork.: China, Japan.
Droge: ***Uncariae ramulus cum uncis*** (syn. *Ramulus Uncariae cum Uncis*); Uncaria-Zweige (syn. Uncariazweige mit Dornen), die getrockneten Zweige mitsamt den hakenförmigen Sproßmetamorphosen. <u>*Inh.*</u>: Alkaloid-Glykoside, u. a. Cadambin, 3α-Dihydrocadambin und 3α-Isodihydrocadambin. <u>*Anw.*</u>: in der Volksheilkunde bei Kopfschmerzen, Augenflimmern, Drehschwindel, Erkältungserkrankungen, Krämpfen, Hypertonie, Fieber, Facialisparesen und Nasenbluten.

Uncaria rhynchophylloides ↗ Uncaria rhynchophylla.
Uncaria setiloba ↗ Uncaria lanosa.

■ **Uncaria sinensis** (Oliver) Havil.
(syn. *Nauclea sinensis, Uncaria membranifolia*).
Fam.: Rubiaceae.
Vork.: China.
Droge: ***Uncaria-Zweige***. Inhaltsstoffe und Anwendung ↗ *Uncaria rhynchophylla*.

Uncaria surinamensis ↗ Uncaria tomentosa.

■ **Uncaria tomentosa** (Willd.) DC.
(syn. *Nauclea aculeata, N. cinchoneae, N. polycephala, N. tomentosa, Ourouparia polycephala, Uncaria surinamensis, Uruparia tomentosa*); Krallendorn.
Fam.: Rubiaceae.
Vork.: Zentralamerika, nördliches Südamerika, u. a. Honduras, Guatemala, Peru, Venezuela, Trinidad, Surinam.
Droge: ***Radix Uncariae tomentosae***; Krallendornwurzel, die Wurzelrinde. <u>*Inh.*</u>: Alkaloide (0,15–0,46 %), u. a. Isomitraphyllin, Mitraphyllin,

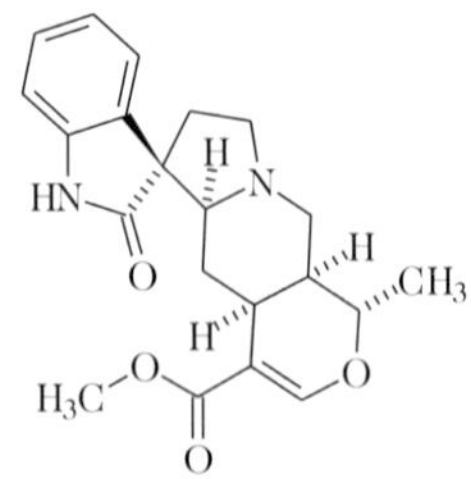

Isopteropodin

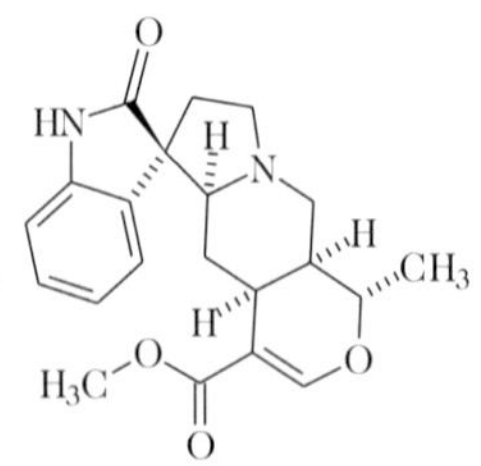

Pteropodin

Isopteropodin, Pteropodin, Speciophyllin, Uncarin F; Chinovasäurederivate; Ursol- und Oleanolsäurederivate; β-Sitosterol, Epicatechin, Procyanidin. <u>*Anw.*</u>: in der Volksheilkunde bei Arthritis, Gastritis und ähnlichen Störungen im Gastrointestinalbereich; bei Tumoren und Hauterkrankungen, als Immunstimulans, u. a. auch bei Neurodermitis, Gürtelrose und Rheuma.

Uncaria toppingii ↗ Uncaria lanosa.
Uncaria warburgii ↗ Uncaria lanosa.
Uncaria-Zweige ↗ Uncaria rhynchophylla, ↗ Uncaria sinensis.
Unedo edulis ↗ Arbutus unedo.
Ungarischer Sumach ↗ Cotinus coggygria.
Ungarische Seifenwurzel ↗ Gypsophila paniculata.
Ungarisches Gelbholz ↗ Cotinus coggygria.
Ungarische Silberlinde ↗ Tilia-Arten.

■ **Ungernia severtzovii** (Rgl.) B. Fedtsch.
Fam.: Amaryllidaceae.
Vork.: Mittelasien, bes. Kasachstan, Armenien, Usbekistan.
Droge: die Zwiebeln. <u>*Inh.*</u>: Amaryllidaceen-Alkaloide, u. a. Ungerin, Hippeastrin, Unsevin, Narvedin. <u>*Anw.*</u>: in der Volksheilkunde zur Behandlung von Wunden und Geschwüren. Die Droge wirkt außerdem blutdrucksenkend und schwach spasmolytisch.

■ **Ungnadia speciosa** Endl.
Mexikanische Roßkastanie (syn. Texanische Roßkastanie).
Fam.: Sapindaceae.
Vork.: Texas, Neumexiko.
Droge: die reifen Samen. <u>*Inh.*</u>: cyanogene Glykoside. <u>*Anw.*</u>: früher zusammen mit Peyote (↗ *Lophophora williamsii*) und Mekalbohnen (↗ *Sophora secundiflora*) für halluzinogene Zwecke

bei religiösen Riten genutzt; in der Volksheilkunde als Emetikum eingesetzt.

Unguentum Populi ↗ Populus-Arten.
Ungulina marginata ↗ Fomitopsis pinicola.
Unlenkwurzel ↗ Inula helenium.
Unona polycarpa ↗ Annickia polycarpa.
Unreife Mohnfrüchte ↗ Papaver somniferum.
Unreife Mohnkapseln ↗ Papaver somniferum.
Unreife Pomeranzen ↗ Citrus-Arten.
Unserer-lieben-Frauen-Handschuh ↗ Digitalis-Arten.
Unserer-lieben-Frauen-Milchkraut ↗ Pulmonaria officinalis.
Upasbaum ↗ Antiaris toxicaria.
Uragoga acuminata ↗ Cephaelis-Arten.
Uragoga emetica ↗ Cephaelis-Arten.
Uragoga granatensis ↗ Cephaelis-Arten.
Uragoga ipecacuanha ↗ Cephaelis-Arten.
Uragoga punicea ↗ Cephaelis-Arten.

■ **Urechites suberecta**.
Fam.: Apocynaceae.
Vork.: Westindien, Malaysia.
Droge: ***Folia Urechites***, die Blätter. Inh.: herzwirksame Glykoside, u. a. Urechitin, Urechitoxin. Anw.: als Zusatz zu Pfeilgiften sowie in der Volksheilkunde als Herzmittel.

Uredo maydis ↗ Ustilago maydis.
Urginea ↗ Urginea indica.

■ **Urginea altissima** (L.) Bak.
(syn. *Drimia altissima*).
Fam.: Liliaceae.
Vork.: tropisches und südliches Afrika.
Droge: ***Urginea-altissima-Zwiebel***, die frischen oder getrockneten Zwiebeln. Achtung, die Droge ist giftig! Inh.: Bufadienolide, wie Hellebrigenin, Scilliglaucosid, Altosid. Anw.: in der afrikanischen Volksheilkunde bei Gicht und Rheuma, bei Bronchitis, Asthma, Heiserkeit und grippalen Infekten.

Urginea amboensis ↗ Urginea indica.

■ **Urginea burkei** Bak.
(syn. *Drimia sanguinea*).
Fam.: Liliaceae.
Vork.: südliches Afrika.
Droge: ***Urginea-burkei-Zwiebel***, die frischen oder getrockneten Zwiebeln. Achtung, die Droge ist giftig! Inh.: Bufadienolide, wie Scillareninglykoside, z. B. Scillaren A, Glucoscillaren A, Proscillaridin A und Scillarenin. Anw.: in der afrikanischen Volksheilkunde bei Paralyse, zur Abtreibung und bei Kreislauferkrankungen.

Urginea coromandeliana ↗ Urginea indica.

■ **Urginea epigea** R.A. Dyer.
Fam.: Liliaceae.
Vork.: südliches Afrika.
Droge: ***Urginea-epigea-Zwiebel***, die Zwiebeln. Achtung, die Droge ist giftig! Inh.: herzwirksame Glykoside vom Bufadienolid-Typ (0,2 %), wie Altosid, Scillareninglykoside und Scilliglaucosidinglykoside. Anw.: in der afrikanischen Volksheilkunde wird der Rauch der schwelenden Zwiebeln bei Erkältungen und Kopfschmerzen inhaliert.

Urginea gavindappae ↗ Urginea indica.

■ **Urginea indica** (Roxb.) Kunth
(syn. *Drimia indica, Scilla coromandeliana, S. cundria, S. denudata, S. indica, Urginea amboensis, U. coromandeliana, U. gavindappae, U. nagarjunae, U. senegalensis, U. wightiana*).
Fam.: Liliaceae.
Vork.: indischer Subkontinent, tropisches Afrika, teilweise in Indien auch kultiviert.
Droge: ***Urginea***; *Urginea-indica*-Zwiebel, die kurz nach der Blüte gesammelten, nach Entfernung der trockenen, äußeren, häutigen Schuppen der in Längsrichtung geschnittenen und getrockneten Zwiebeln. Achtung, die Droge ist giftig! Inh.: Bufadienolide (0,1–1,5 %), v. a. Proscillaridin A und Scillaren A, daneben weitere 16 Bufadienolide in geringer Konzentration; Sterole, wie Campestrol, Sitosterol und Stigmasterol; Schleimstoffe (ca. 50 %). Anw.: zur Therapie der Herzinsuffizienz, als Expektorans bei chronischer Bronchitis und Asthma; in der Volksheilkunde bei chronischer Bronchitis, Wassersucht, Asthma, zur Förderung der Menstruation und Verdauung, bei Wurmbefall. Äußerlich wird die Droge bei rheumatischen Schmerzen und Quetschungen eingesetzt.

■ **Urginea maritima** agg.
(syn. *Drimia maritima, Ornithogalum maritimum, Scilla hispanica, S. maritima, Squilla maritima,*

Stellaris scilla, Urginea scilla); Meerzwiebel (syn. Mäusezwiebel, Rattenzwiebel).

Fam.: Hyacinthaceae.

Vork.: bes. Küstenregionen der Mittelmeergebiete als Rote und Weiße Varietät. Abgesehen von der Homöopathie wird arzneilich die Weiße Varietät verwendet.

Droge: ***Scillae bulbus*** (syn. *Bulbus Pancratii veri, Bulbus Rusticus, Bulbus Scillae, Bulbus Urgineae, Cepa marina, Scilla, Scilla siccata*); Meerzwiebel, die kurz nach der Blüte gesammelte, von trockenen, äußeren, häutigen Schuppen befreite, in Querscheiben geschnittene, getrocknete Zwiebel. *Inh.:* Herzwirksame Glykoside als sog. Bufadienolide (ca. 1–3 %), u. a. Glucoscillaren A, Proscillaridin A, Scillaren A, Scilliglaucosid und Scilliphaeosid mit Scillarenin als Aglykon und β-D-Glucose und α-L-Rhamnose als

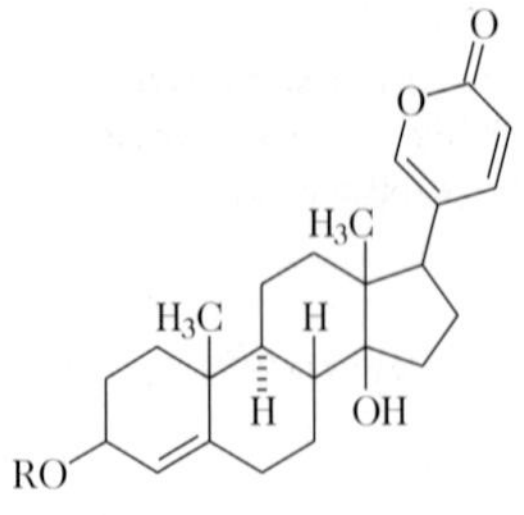

Name	R
Scillaren A	β-D-Glc-(1→4)-α-L-Rha-(1→)
Proscillaridin A	α-L-Rha-(1→)
Scillarenin	H (Aglycon)

Zuckerbausteine, ferner Flavonoide und Polysaccharide. *Anw.:* in Form standardisierter Präparate bei leichten Formen der Herzinsuffizienz sowie bei verminderter Leistung der Nieren bzw. zur Isolierung der Reinglykoside. *Geg.:* gleichzeitige Therapie mit Digitalisglykosiden sowie Kalium-Mangelzustände. Die arzneilich nicht gebräuchliche Rote Varietät der Pflanze wurde wegen ihres Gehaltes an Scillirosid, das zugleich das Hauptglykosid der Zwiebel darstellt und gegenüber Nagetieren als Nervengift mit tödlichen Krämpfen wirkt, lange Zeit als Rodentizid eingesetzt. Hierbei ist die Empfindlichkeit geschlechtsspezifisch, d. h. weibliche Ratten sind wesentlich empfindlicher als männliche.

Hom.: ***1. Urginea maritima var. rubra*** HAB34; Meerzwiebel, die frischen, fleischigen Zwiebelschuppen der roten Varietät. *Anw.-Geb.:* Erkrankungen des Herzens, der unteren Atemwege, der Nieren und ableitenden Harnwege. ***2. Urginea maritima var. alba äthanol. Digestio*** HAB1; die frischen, fleischigen Zwiebelschuppen der weißen Varietät. *Anw.-Geb.:* in der anthroposophischen Therapierichtung.

Histor.: Der Gattungsname *Urginea* ist vermutlich vom arabischen *Ben Urgin* abzuleiten, während der Artname *maritima* auf den bevorzugten Standort, nämlich Küstengebiete, hinweist. Der ursprüngliche Name *Scilla* geht auf den griechischen, bereits von ↗ Hippokrates für die Pflanze benutzten Namen zurück. Bei ↗ Dioskurides wird für *Scilla* auch der sog. Prophetenname „Auge des Typhon" genannt. Demnach hat die Pflanze bereits im alten Ägypten in hohem Ansehen gestanden. Dennoch ist die Frage, ob der Tempel von Pelusium in Ägypten tatsächlich dem Scillakult geweiht wurde und die *Scilla* in dieser Stadt das Heilmittel gegen eine der Malaria ähnliche Krankheit verwendet wurde, nicht gesichert. Dagegen fand die Pflanze von der hippokratischen Zeit bis hinein ins Mittelalter und in die Neuzeit stets große Beachtung. Als Indikationen standen besonders expektorierende und diuretische Wirkungen im Vordergrund.

Urginea nagarjunae ↗ Urginea indica.
Urginea scilla ↗ Urginea maritima.
Urginea senegalensis ↗ Urginea indica.
Urginea wightiana ↗ Urginea indica.
Urikurinußöl ↗ Attalea excelsa.
Urikuripalme ↗ Attalea excelsa.
Urikuriwachs ↗ Attalea excelsa.

■ Urokinase

proteolytisches Enzym (EC 3.4.21.31), Glykoprotein mit M_r 54 000 aus 411 Aminosäuren, das vorwiegend in den Nieren als Pro-Urokinase gebildet und durch ↗ Plasmin aktiviert wird. Die Gewinnung für therapeutische Zwecke erfolgt aus menschlichem Urin bzw. gentechnisch (Saruplase). *Wirk.:* U. wirkt als Plasminogenaktivator und setzt damit die Fibrinolyse in Gang, d. h. über die Aktivierung von Plasmin wird polymerisiertes Fibrin in Thromben abgebaut. *Anw.:* zur Auflösung von Blutgerinnseln bei akutem Herzinfarkt, akuter Lungenembolie, bei tiefen Venenthrombosen, bei akuten peripheren, arteriellen Verschlüssen sowie zur Rekanalisierung von Gefäßverschlüssen.

■ **Urophyllum arboreum** (Reinw.) Korth. (syn. *Urophyllum glabrum*).

Fam.: Rubiaceae.

Vork.: Indonesien, Malayische Halbinsel.

Droge: die Blätter. Inh.: äther. Öl mit Eugenol und Methylsalicylat. Anw.: in der Volksheilkunde als Fiebermittel; ferner als Gewürz.

Urophyllum glabrum ↗ Urophyllum arboreum.
Urostachys selago ↗ Huperzia selago.
Ursolsäure ↗ Triterpene, ↗ Viburnum-Arten.

■ **Urtica-Arten**

● **Fam.:** Urticaceae.

● **Urtica dioica** L. (syn. *Urtica major, U. urens maxima*); Große Brennessel (syn. Haarnessel, Hanfnessel, Nesselkraut, Scharfnessel, Tausendnessel), s. Farbtafel S. 310, Bild 175.

Vork.: weltweit, außer Balearen und Kreta in Europa sowie in den Tropen Afrikas und Südamerikas bzw. in den Polarregionen.

Drogen: ***1. Urticae folium*** (syn. *Urticae herba, Herba Urticae*); Brennesselblätter, Brennesselkraut (syn. Hanfnesselkraut). Inh.: Mineralien und Spurenelemente, Flavonoide (bis 0,6 %), u. a. Quercetin-Glykoside, bes. Rutin, sowie Kämpferolglykoside, wie ↗ Astragalin; organische Säuren, u. a. Kaffeesäure und Kaffeoyläpfelsäure, ferner Scopoletin, Acetylcholin, Histamin und Serotonin in den Brennhaaren; äther. Öl, Vitamine, u. a. Vitamin C, B-Komplex, K; Carotinoide, Steroide, Triterpene, Proteine. Anw.: zur unterstützenden Behandlung rheumatischer Beschwerden, zur Durchspülungstherapie bei Entzündungen der ableitenden Harnwege sowie zur Vorbeugung und Behandlung von Nierengrieß. In der Volksheilkunde wird die Droge für die sogenannten Frühjahrs- bzw. Entschlackungskuren eingesetzt, aber auch bei Arthritis, Gicht, Podagra, Rheuma, Diabetes, Hämorrhagien, Verschleimung der Brust und Lunge, Ödemen sowie äußerlich zur Wundbehandlung, zur Blutstillung, bei Fisteln und Furunkeln, Asthma und Rippenfellentzündung genutzt. In der Kosmetik wird die Droge zu Haarspiritus bei fettiger Kopfhaut und Schuppen verwendet. Die jungen Pflanzen werden aber auch als Salat zubereitet und dienen als hochwertiges Grünfutter bes. in der Geflügelaufzucht. ***2. Urticae fructus*** (syn. *Fructus Urticae; Semen Urticae*); Brennesselfrüchte, die Mitte August bis Ende Oktober gesammelten reifen Früchte. Inh.: fettes Öl (25–33 %), mit hohem Anteil an Linolsäure (74–83 %), Linolensäure (0,9 %) als Estersäuren; Tocopherol, Schleimstoffe, Carotinoide, wie β-Carotin und Lutein sowie Violaxanthin. Anw.: in der Volksheilkunde innerlich als Tonikum zur Leistungssteigerung, äußerlich bei Hautleiden und Rheuma. ***3. Urticae radix*** (syn. *Radix Urticae, Rhizoma Urticae*); Brennesselwurzel (syn. Nesselwurzel), die getrockneten Rhizome und Wurzeln. Inh.: Steroide, u. a. β-Sitosterol und Glykoside; Oleanolsäure, Homovanillylalkohol und sein

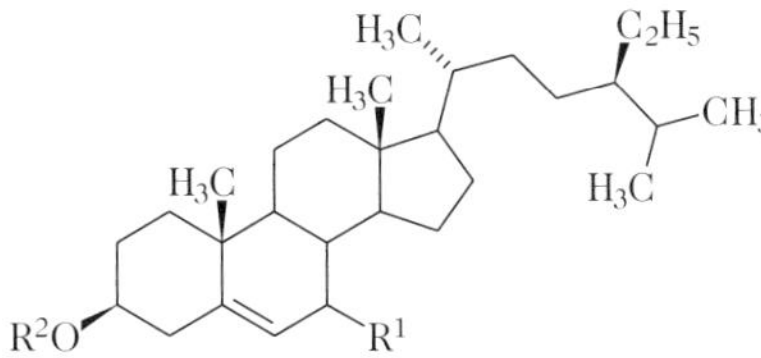

Name	R^1	R^2
β-Sitosterol	H	H
β-Sitosterolglucosid	H	β-D-Glc

4′-O-β-D-Glucosid, Lignane; Scopoletin, Mineralien, Lectine, Polysaccharide. Anw.: Miktionsbeschwerden bei Prostataadenom Stadien I bis II. Extrakte der Droge sind Bestandteil einiger Urologika. In der Volksheilkunde wird die Droge zur Blutreinigung, gegen Wassersucht, bei Prostatitis, Rheuma und Gicht ähnlich wie Brennesselkraut eingesetzt. Zur ↗ Teezubereitung verwendet man als Einzeldosis 1–2 Teelöffel (1 Teelöffel ca. 1,3 g) fein geschnittenes Brennesselkraut. Als mittlere Tagesdosis werden 8–12 g Droge empfohlen. Für die Wurzeldroge verwendet man etwa 1,5 g (= 1 Teelöffel) grob gepulverte Droge. Als Tagesdosis werden 4–6 g Droge empfohlen.

Hom.: *Urtica dioica* HAB1; Große Brennessel, die frische, blühende Pflanze.

● **Urtica urens** L. (syn. *Urtica minor, U. urens minima*); Kleine Brennessel (syn. Eiternessel).

Vork.: weltweit, außer in der Arktis, im indischen und südafrikanischen Florenbereich.

Drogen: ***1. Urticae folium***; s. *Urtica dioica*.

2. Urticae fructus; s. *Urtica dioica*. *3. Urticae radix*; s. *Urtica dioica*.

Hom.: ***Urtica urens*** HAB34; Kleine Brennessel, die frische, blühende Pflanze. Anw.-Geb.: Erkrankungen der Haut, des Stütz- und Bewegungsapparates sowie bei allergischer Diathese.

● **Histor.:** Der Gattungsname *Urtica* ist vom lateinischen *urere* (brennen) abgeleitet. Die Bezeichnung Nessel wird mit dem mittelhochdeutschen *nezzel* in Verbindung gebracht, wohl wegen der Verwendung der Bastfasern zu Nesselgewebe. Der Name Brennessel bezieht sich auf die Hautreizwirkung, die die Berührung der Pflanze mit sich bringt. Die Artbezeichnungen *dioica* (zweihäusig) und *urens* (brennend) charakterisieren lediglich die beiden Stammpflanzen der Droge näher. Die Brennessel war auch den alten Griechen bekannt, die sie *Akalypte* nannten. ↗ Dioskurides hob bes. die harntreibenden Wirkungen der Droge hervor, und auch die Kräuterbücher des 16. Jh. beschreiben sie hauptsächlich als Mittel gegen Wassersucht.

Urticae folium ↗ Urtica-Arten.
Urticae fructus ↗ Urtica-Arten.
Urticae herba ↗ Urtica-Arten.
Urticae radix ↗ Urtica-Arten.
Urtica nivea ↗ Boehmeria nivea.
Urtica tenacissima ↗ Boehmeria nivea.
Urtica utilis ↗ Boehmeria nivea.
Urtinktur ↗ Homöopathie.
Urumaco ↗ Adipera jahnii.
Uruparia gambir ↗ Uncaria gambir.
Uruparia guianensis ↗ Uncaria guianensis.
Uruparia ovalifolia ↗ Uncaria acida.
Uruparia tomentosa ↗ Uncaria tomentosa.
Uruparia vesicolor ↗ Uncaria guianensis.

■ Usnea-Arten

Bartflechten.

Fam.: Usneaceae.

Vork.: weltweit, insbes. in Nebelzonen auf Baumrinden lebende Flechten. Vertreter sind u. a. *Usnea barbata* (L.) Wiggers und *Usnea florida* (L.) Fries.

Droge: die ganzen Pflanzen. Inh.: ↗ Flechtensäuren (↗ Usninsäure), ferner Glucane, bes. Lichenin und Isolichenin. Anw.: als antibiotische und antimyzetische Bestandteile in pharmazeutischen Zubereitungen zur Wundbehandlung, bei Infektionen im Mund- und Rachenraum.

Hom.: ***Usnea barbata*** HAB; der getrocknete Thallus von *Usnea*-Arten, v. a. *Usnea dasypoga*, *U. florida* und *U. hirta*. Anw.-Geb.: Kopfschmerzen.

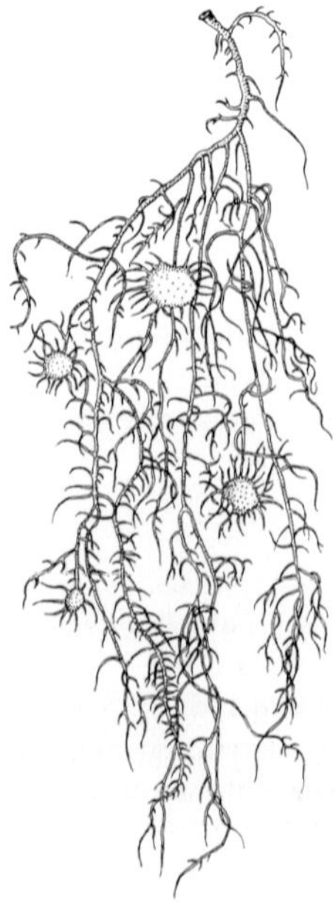

Usnea florida.

■ Usninsäure

↗ Flechtensäure, die aus ↗ *Usnea*-Arten isoliert werden kann und als Dibenzofuranderivat antibakterielle Aktivität besitzt. Anw.: als Bestandteil von Salben und Lutschpastillen bei Haut- und Schleimhautinfektionen.

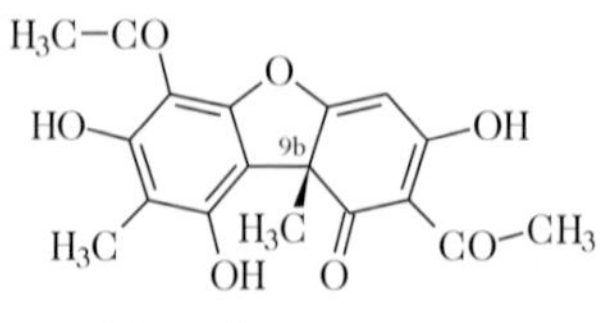

(+)-9bR-Usninsäure

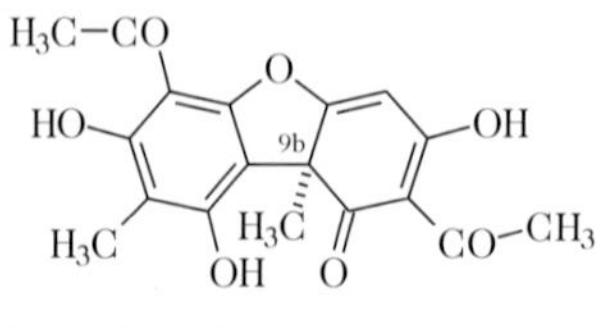

(–)-9bS-Usninsäure

■ **Ustilago maydis** (DC.) Corda
(syn. *Erysibe maydis, Uredo maydis, Ustilago zeae*); Maisbrand (syn. Beulenbrand).

Fam.: Ustilaginaceae.

Vork.: Parasit auf der Maispflanze; beheimatet in Nordamerika, seit dem 18. Jh. auch in Europa vorhanden, befällt v. a. Halme, Blätter, Blüten und Fruchtstände von ↗ *Zea mays*.

Droge: der Pilz und seine Sporen, die vor dem ersten Frost geerntet werden. Die Droge ist giftig! Inh.: Aminosäure und Amine, u. a. Putrescin; Purine und Purinderivate; Carbonsäuren, Lipide, Enzyme, Glykoproteine, Polypeptide, Ustinsäure, Carnitin. Anw.: die Pilzsporen bzw. daraus hergestellte Extrakte dienten bei den Ureinwohnern Zentralamerikas und Afrikas als Abtreibungsmittel, in Deutschland um 1870 zur Anregung der Wehentätigkeit sowie bei verschiedenen gynäkologischen Erkrankungen (heute obsolet).

Hom.: ***Ustilago zeae*** HAB1; Maisbrand, die Pilzsporen. Anw.-Geb.: Erkrankungen der weiblichen Geschlechtsorgane und der Haut.

Histor.: Der Gattungsname leitet sich vom lateinischen *ustus* (verbrannt, von *urere*, brennen) ab. Der Artname *maydis* bezieht sich auf das bevorzugte Vorkommen des Pilzes, nämlich als Parasit auf Maispflanzen.

Ustilago zeae ↗ Ustilago maydis.
Uvae corinthiacae ↗ Vitis vinifera.
Uvae passae ↗ Vitis vinifera.
Uvae-ursi folium ↗ Arctostaphylos uva-ursi.
Uva lupulina ↗ Paris quadrifolia.
Uva-ursi buxifolia ↗ Arctostaphylos uva-ursi.
Uva-ursi procumbens ↗ Arctostaphylos uva-ursi.
Uzarae radix ↗ Xysmalobium undulatum.
Uzarawurzel ↗ Xysmalobium undulatum, ↗ Asclepias-Arten.

■ **Uzarin**
Steroidglykosid mit Cardenolidaglykon aus *Gomphocarpus fruticosus* (↗ *Asclepias*-Arten) und ↗ *Xysmalobium undulatum*. Wirk.: lähmt die glatte Muskulatur des Magen-Darm-Traktes. Anw.: als Antidiarrhoikum und bei Magen-Darm-Krämpfen.

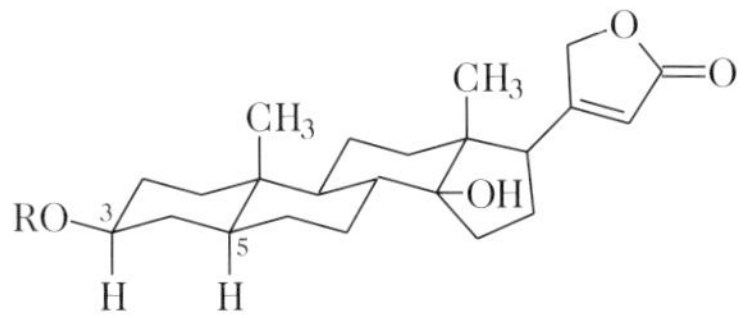

Uzarigenin: R = H
Uzarin: R = Glucosidoglucosyl

V

■ **Vaccaria segetalis** (Neck.) Garcke
Kuhkraut.

Fam.: Caryophyllaceae.

Vork.: Rußland, Armenien, Usbekistan.

Droge: die Wurzeln und Samen. Inh.: Saponine (ca. 6 %), Saporubin, Saporubinsäure, Vaccarosid. Anw.: in der Volksheilkunde in Salbenzubereitungen bei Ekzemen und Psoriasis.

■ **Vaccinium-Arten**
● **Fam.:** Ericaceae.
● **Vaccinium myrtillus** L. (syn. *Myrtillus niger, M. sylvatica, Vaccinium angulosum, V. montanum*); Blaubeere (syn. Bickbeere, Heidelbeere, Krackbeere, Mostbeere, Schwarzbeere, Taubeere).

Vork.: Mittel- und Nordeuropa sowie Nordamerika und Asien als Unterwuchs nicht zu schattiger Wälder.

Drogen: *1. Myrtilli folium* (syn. *Folia Myrtilli*); Heidelbeerblätter (syn. Bickbeerblätter, Blaubeerblätter), die getrockneten Laubblätter. Inh.: Gerbstoffe und deren biogenetische Vorstufen, u. a. Catechin, Epicatechin, Epigallocatechin und Gallocatechin, Proanthocyanidine mit Catechin-Epicatechin-Dimer B-1 und Epicatechin-Dimer B-2 als Hauptkomponenten, ferner Flavonole, bes. Quercetinglykoside, Iridoide, u. a. Asperulosid und Monotropein, sowie Phenolcarbonsäurederivate, bes. Chlorogensäure, Triterpene sowie in sehr geringer Menge Chinolizidinalkaloide, u. a. Myrtin und Epimyrtin. Anw.: volkstümlich bei Beschwerden im Magen-Darm-Bereich, Erkrankungen der ableitenden Harnorga-

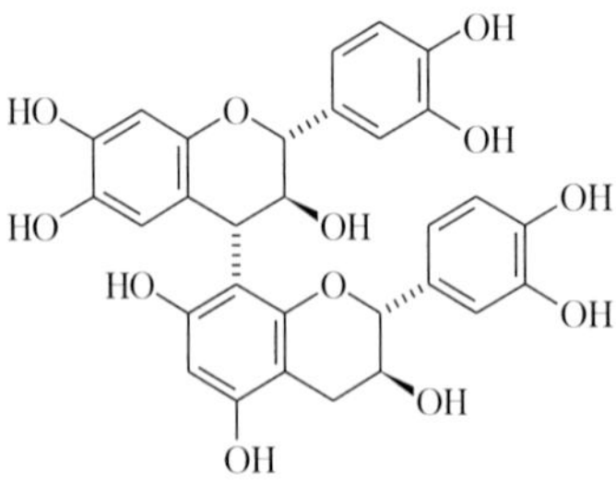

Procyanidin B-1

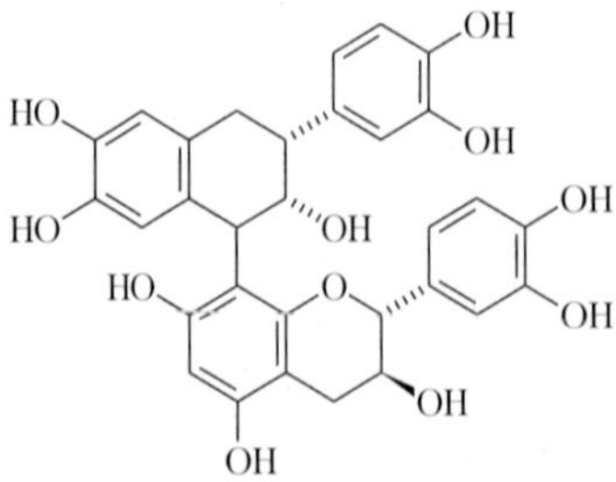

Procyanidin B-2

ne, rheumatischen Beschwerden, Hautleiden, Hämorrhoidalerkrankungen sowie zur Unterstützung der Behandlung von Diabetes mellitus Typ II. Zur ↗ Teezubereitung verwendet man als Einzelgabe 1 g (1 Teelöffel ca. 0,6 g) fein zerschnittene Droge. ***2. Myrtilli fructus*** (syn. *Fructus Myrtilli, Baccae Myrtilli, Baccae Myrtillorum*); Heidelbeeren, die reifen, getrockneten Früchte. *Inh.:* Catechingerbstoffe und deren biogenetische Vorstufen (5–12 %), Proanthocyanidine mit Epicatechin-Dimer B-2 als dominierender Komponente, Anthocyanoside (0,5 %), Flavonoide, die meist als Quercetinglykoside vorliegen, Iridoide (nur in unreifen Früchten), Triterpene, u. a. Ursolsäure, Phenolcarbonsäuren mit Chlorogensäure als Hauptkomponente sowie die Vitamine C, B_1, B_2, Pantothensäure und Nicotinamid (in frischen Früchten). *Anw.:* zur unterstützenden Therapie unspezifischer Durchfallerkrankungen, bes. bei Schulkindern. Tagesdosis ca. 20–60 g Droge. Äußerlich als Abkochung zur lokalen Therapie leichter Entzündungen im Mund-Rachenraum.

Hom.: ***Vaccinium myrtillus*** HAB1; Heidelbeeren, die frischen, reifen Früchte.

● **Vaccinium oxycoccus** L. (syn. *Oxycoccus palustris, Oxycoccus quadripetalus*); Moosbeere (syn. Sauerbeere, Kranichbeere), s. Farbtafel S. 310, Bild 176.

Fam.: Ericaceae.

Vork.: Nord- und Mitteleuropa, Nordasien, Kanada.

Droge: ***Oxycocci fructus*** (syn. *Fructus Oxycocci*), die reifen Früchte. *Inh.:* u. a. ↗ Arbutin, Vacciniin, Gerbstoffe, Fruchtsäuren, Zucker, Pectin und Vitamin C. *Anw.:* in der Volksheilkunde bei Verdauungsproblemen sowie als Vitamin-C-Spender.

● **Vaccinium uliginosum** L.; Rauschbeere (syn. Moorbeere, Moorheidelbeere, Saftbeere, Schwindelbeere, Sumpfheidelbeere, Tollbeere, Trunkelbeere).

Vork.: Nordeuropa, Nordasien, Nordamerika.

Drogen: ***1. Uliginosi fructus*** (syn. *Fructus Uliginosi*), die Früchte. *Inh.:* Gerbstoffe (ca. 6 %), Zucker; berauschende Stoffwechselprodukte unbekannter Struktur, die vermutlich von dem schmarotzenden Pilz *Sclerotina megalospora*, der die Beeren oft befällt, gebildet werden. *Anw.:* in der Volksheilkunde bei Magen- und Darmkatarrhen; volkstümliches Rauschmittel, insbes. der aus den Beeren gewonnene Wein. ***2. Uliginosi folium*** (syn. *Folia Uliginosi*), die getrockneten Blätter. *Inh.:* Hyperosid, Ursolsäure, α-Amyrin, Friedelin, Oleanolsäure, (+)-Catechin, Arbutin. *Anw.:* in der Volksheilkunde bei Durchfall und Blasenleiden.

Histor.: Der aus Trunkelbeeren gekelterte Wein wurde wahrscheinlich bereits in altgermanischen Zeiten bei Trinkritualen eingenommen. In frühchristlicher Zeit diente er als Messwein in Fortführung von Trankopfern für die germanischen Götter. In Sibirien benutzten die Schamanen die Trunkelbeeren zusammen mit Fliegenpilzen (↗ *Amanita muscaria*) zur Erzeugung eines rituellen Rausches.

● **Vaccinium vitis-idaea** L. (syn. *Myrtillus exigua, Vaccinium rubrum, Vitis idaea punctata, V. idaea punctifolia*); Preiselbeere (syn. Kronsbeere, Preißelbeere), s. Farbtafel S. 310, Bild 177.

Vork.: gesamte nördliche Hemisphäre.

Drogen: ***1. Vitis-idaeae folium*** (syn. *Folia Vitis-idaeae*); Preiselbeerblätter (syn. Steinbeerblätter), die getrockneten Blätter. *Inh.:* Gerbstoffe und Gerbstoffvorstufen (10–19 %) meist vom Catechin-Typ, Proanthocyanidine mit Catechin-Epicatechin-Dimer B-1 (0,1–0,5 %), Epicatechin-Dimer B-2 und Catechin-Dimer B-3 als Hauptkomponenten, phenolische Verbindungen, u. a. ↗ Arbutin (ca. 3–5 %) und Phenolcarbonsäuren,

Flavonoide, Triterpene und Mineralstoffe, bes. Mangan (0,04–0,35 %). Anw.: volkstümlich bei Entzündungen der Gallen- und Harnwege, Gicht und rheumatischen Beschwerden sowie als Ersatz für Bärentraubenblätter (↗ *Arctostaphylos uva-ursi*). Zur ↗ Teezubereitung verwendet man als mittlere Einzelgabe die Abkochung von 2 g fein zerschnittener Droge. ***2. Vitis-idaeae fructus*** (syn. *Baccae Vitis-idaeae, Fructus Vitis-idaeae*); Preiselbeeren (syn. Kronsbeeren, Rote Heidelbeeren, Steinbeeren), die reife, getrocknete Frucht. Inh.: Anthocyanoside (0,17 %) mit Cyanidin-3-*O*-galactosid als Hauptkomponente. Ferner flüchtige Verbindungen, u. a. aliphatische Alkohole und Aldehyde, Flavonoide mit Quercetin als Hauptkomponente, Triterpene, u. a. Ursolsäure (0,75 %) enthaltend, sowie organische Säuren, u. a. Benzoesäure und Syringasäure. Anw.: volkstümlich auf Grund der adstringierenden Wirkung innerlich bei Durchfallerkrankungen, früher auch bei Lungen- und Gebärmutterblutungen, äußerlich bei Schleimhaut- und Zahnfleischentzündungen sowie für Umschläge und Waschungen bei Hautkrankheiten.

● **Histor.:** Die Verwendung der Heidelbeeren als Heilmittel geht auf das 12. Jh. zurück (Hildegard von Bingen), frühere Angaben über die Verwendung bei ↗ Dioskurides sind nicht gesichert. Vor allem als Mittel gegen Durchfälle wurden die Früchte vielseitig in der Volksheilkunde eingesetzt und waren auch bei Bauchtyphus in Gebrauch. Der Gattungsname ist lateinischen Ursprungs und geht zurück auf *baccinium* (Beerenstrauch, von *bacca*, Beere) wegen der Beerenfrucht.

■ **Vaccinum-Nosode HAB**
Präparation aus Pocken-Lebendimpfstoff nach DAB 10. Anw.-Geb.: Folgen von Pockenimpfungen, entzündliche Hauterkrankungen, Kopfschmerzen.

Valepotriate ↗ Valeriana officinalis.

■ **Valeriana celtica** L.
(syn. *Nardus celtica, Spica celtica*), Echter Speik (syn. Gelber Speik, Keltische Narde, Roter Speik).

Fam.: Valerianaceae.

Vork.: Alpenregionen.

Droge: die Wurzeln. Inh.: äther. Öl (ca. 0,1 %), u. a. mit Sesquiterpenen, Valepotriaten. Anw.: als Ersatz für die Echte Narde (↗ *Nardostachys jatamansii*) in der Parfümerie sowie als Räucherdroge.

■ **Valeriana edulis** Nutt. ex Torr. et Gray ssp. *procera* (H.B.K.) F.G. Meyer
(syn. *Valeriana mexicana*); Mexikanischer Baldrian.

Fam.: Valerianaceae.

Vork.: Mittelamerika, Nordamerika bis Kanada.

Droge: ***Valerianae mexicanae radix***; *Valeriana-edulis*-Wurzel (syn. Mexikanische Baldrianwurzel), die getrockneten rübenförmigen Speicherwurzeln. Inh.: Valepotriate (5–8 %), wie Valtrat, Isovaltrat, Didrovaltrat, in geringeren Mengen Acevaltrat und IVHD-Valtrat; in geringen Mengen äther. Öl. Anw.: in der amerikanischen Volksheilkunde bei Nervosität, Angst- und Spannungszuständen, Befindlichkeitsstörungen, Schlaflosigkeit, funktionellen Herz-Kreislauf-Beschwerden, Magen-Darm-Störungen sowie bei Diabetes.

Valerianae Japonicae radix ↗ Valeriana fauriei.
Valerianae mexicanae radix ↗ Valeriana edulis.
Valerianae radix ↗ Valeriana officinalis.
Valerianae rhizoma ↗ Valeriana officinalis.

■ **Valeriana fauriei** Briq.
(syn. *Valeriana nipponica, V. officinalis* var. *angustifolia, V. officinalis* var. *latifolia*); Japanischer Baldrian (syn. Kessowurzel).

Fam.: Valerianaceae.

Vork.: Japan, Korea, Mandschurei, Taiwan, Sachalin.

Drogen: ***1. Valerianae aetheroleum***. Inhaltsstoffe und Anwendung ↗ *Valeriana officinalis*. ***2. Valerianae Japonicae radix*** (syn. *Radix Valerianae japonicae*); Kessowurzel, die getrockneten unterirdischen Organe. Inh.: Valepotriate, wie Valtrat (0,05 %), Spuren an Acevaltrat, IVHD-Valtrat (0,1 %); äther. Öl (bis zu 6,5 %), mit Camphen (ca. 16 %), α-Pinen (ca. 7 %), β-Pinen (ca. 6 %), Limonen (ca. 2 %) und verschiedenen Sesquiterpenen. Anw.: in der japanischen Volksheilkunde bei Schlaflosigkeit, nervöser Unruhe, Streß, Erregungs- und Spannungszuständen.

Valeriana jatamansi ↗ Nardostachys jatamansii.
Valeriana laciniata ↗ Astrephia chaerophylloides.
Valeriana mexicana ↗ Valeriana edulis.
Valeriana nipponica ↗ Valeriana fauriei.

■ **Valeriana officinalis** L.
Baldrian (syn. Arzneibaldrian, Balderbracken, Balderjan, Bullerjan, Gebräuchlicher Baldrian, Gemeiner Baldrian, Katzenbaldrian, Katzenkraut, Stinkbaltes), Sammelart, die sich durch große Mannigfaltigkeit an Formen, Varietäten und Unterarten auszeichnet; s. Farbtafel S. 310, Bild 178.

Fam.: Valerianaceae.

Vork.: Europa und gemäßigte Zonen Asiens, Anbau auch in den USA.

Droge: *1. Valerianae radix* (syn. *Radix Valerianae, Valerianae rhizoma, Rhizoma Valerianae*); Baldrianwurzel (syn. Augenwurzel, Balderbackenwurzel, Katzenwurzel, Katzenwürzel), die unterhalb 40 °C sorgfältig getrockneten unterirdischen Organe; s. Farbtafel S. 310, Bild 179. *Inh.:* äther. Öl (0,3–0,8 %) mit Monoterpenen, bes. Borneol, Bornylacetat, Bornylisovalerat, Camphen, Campher, Carvylacetat, 1,8-Cineol, *p*-Cymen, Fenchen, Myrcen, Myrtenol sowie Sesquiterpenen, u. a. *β*-Bisabolen, *γ*-Cadinen, *β*-Elymen, Faurinon, Valeranon, Valerenal, Valerenol, Valerenylisovalerat sowie den schwer flüchtigen Sesquiterpensäuren Acetoxyvalerensäure Hydroxy-

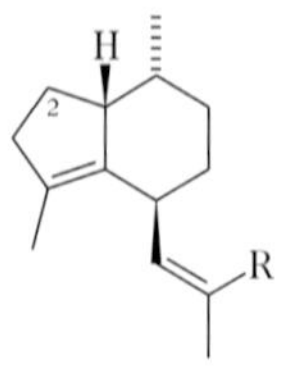

Valerenal: R = CHO
Valerensäure: R = COOH

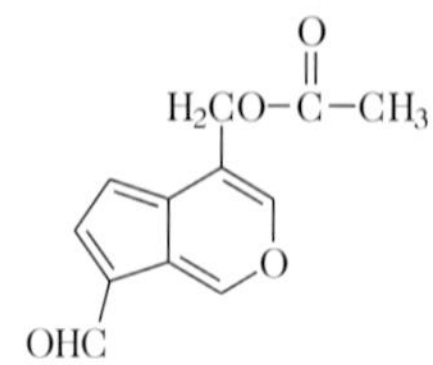

Baldrinal

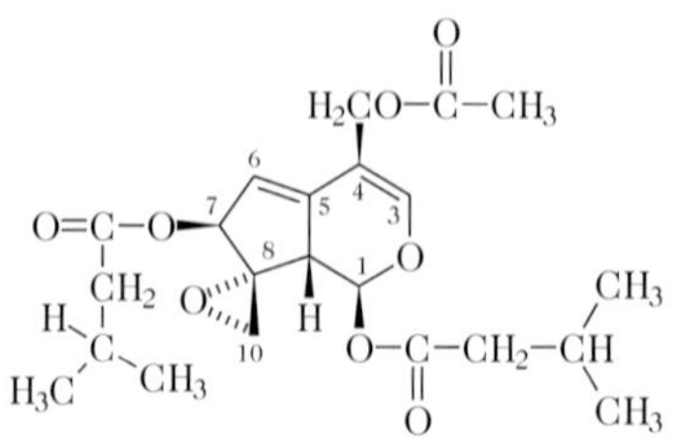

Valtrat

valerensäure und Valerensäure. Weitere Bestandteile sind Phenolcarbonsäuren, u. a. Chlorogen- und Kaffeesäure, sowie *trans*-Hesperidinsäure (= Isoferulasäure), Valepotriate (0,5–2 % bei schonend getrockneter Droge) mit Valtrat (50–80 %) als Hauptkomponente, IVDH-Valtrat und Acevaltrat sowie ihre stabilen Abbauprodukte Baldrinal und Homobaldrinal; Alkaloide (0,01–0,05 %), u. a. Valerianin und *α*-Methylpyrrylketon. *Anw.:* als Anxiolytikum bei Unruhezuständen, nervös bedingten Einschlafstörungen und vegetativen Beschwerden. Extrakte sind Bestandteil zahlreicher diesbezüglicher Arzneifertigpräparate und Teemischungen. Zur ↗ Teezubereitung verwendet man als Einzeldosis etwa 2–3 g Droge (1 Teelöffel = 3–5 g). *2. Oleum Valerianae aethereum*; Baldrianöl, das äther. Öl der Wurzeln. *Inh.:* s. *Valerianae radix*. *Anw.:* zur Herstellung von galenischen Präparaten, die ähnlich eingesetzt werden wie *Valerianae radix*.

Hom.: *Valeriana officinalis* HAB1; Baldrian, die bei maximal 40 °C sorgfältig getrockneten, unterirdischen Pflanzenteile. *Anw.-Geb.:* Erkrankungen des Zentralnervensystems, des Herzens, des Magen-Darm-Traktes sowie des Stütz- und Bewegungsapparates.

Histor.: Der Gattungsname *Valeriana* ist die mittelalterliche Bezeichnung für Baldrian, die wahrscheinlich vom lateinischen *valere* (kräftig, wert sein) abgeleitet ist. Ob der deutsche Name Baldrian mit dem Lichtgott Baldur in Verbindung gebracht werden kann, ist umstritten. Bei den griechischen und römischen Ärzten des Altertums war der Baldrian unter dem Namen *Phu* bekannt und wurde bes. als menstruationsförderndes und harntreibendes Mittel eingesetzt. Spätere Indikationen waren auch die als Anthelmintikum, Aphrodisiakum und letztlich auch als Mittel gegen Pest, wie z. B. aus einem alten angelsächsischen Spruch „Trinkt Baldrian und ihr kommt alle davon" hervorgeht. Wohl wegen seines unangenehmen Geruches galt der Baldrian im Volksglauben lange Zeit auch als zauberabwehrendes Mittel. Die heutige Nutzung als Beruhigungsmittel wurde erst in neuerer Zeit erkannt.

Valeriana rubra ↗ Centranthus ruber.

■ **Valinomycin**
Cyclodepsid-Peptidantibiotikum, das von *Streptomyces fulvissimum* gebildet wird. *Wirk.:* Entkoppler der oxidativen Phosphorylierung, kann als Ionophor Kaliumionen durch die Membran schleusen. *Anw.:* in der experimentellen Pharmakologie als Ionophor; als starkes Insektizid und Ne-

matizid. V. ist stark giftig beim Verschlucken, aber auch bereits beim Berühren mit der Haut, daher besitzt es keine therapeutische Bedeutung.

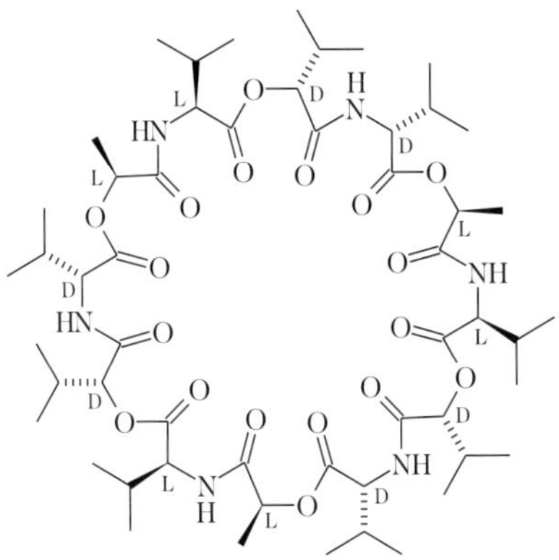

Valinomycin

Valisneria bulbosa ↗ Sagittaria sagittifolia.

■ Vancomycin

(Glykopeptidantibiotikum) ein tricyclisches Heptapeptid, verbunden mit einem Disaccharidrest aus D-Glucose und dem Aminozucker Vancosamin, gebildet von *Streptomyces orientalis*. Wirk.: Hemmung der Membran- und RNA-Synthese von grampositiven Kokken und Stäbchen sowie Beeinflussung der Membranpermeabilität. Anw.: bei schweren Infektionen mit gegen Penicilline und Cephalosporine resistenten Staphylokokken, z. B. bei Endocarditis, Septikämie, Knocheninfektionen sowie Colitis. Der Einsatz von V. ist wegen möglicher Nebenwirkungen, wie Hörschäden, Nierenschäden und Thrombophlebitiden nur sehr eingeschränkt möglich.

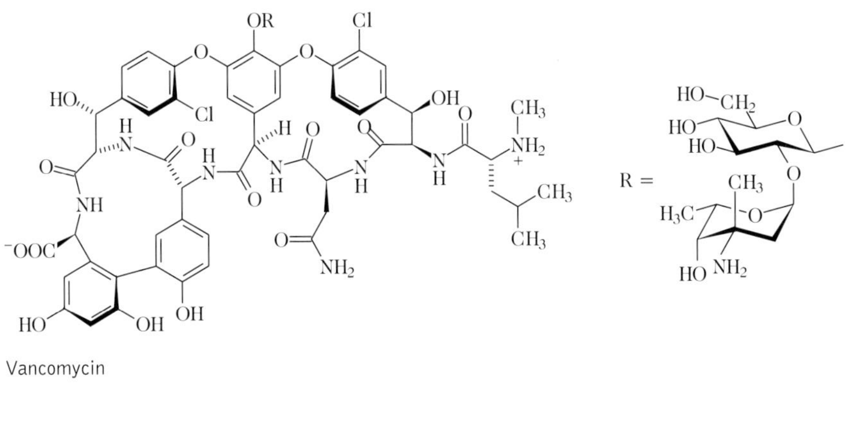

Vancomycin

Vanilla ↗ Vanilla planifolia.
Vanillae fructus ↗ Vanilla planifolia, ↗ Vanilla tahitensis.
Vanilla fragrans ↗ Vanilla planifolia.

■ Vanilla planifolia Andr.

(syn. *Vanilla fragrans*); Echte Vanille.

Fam.: Orchidaceae.

Vork.: Mexiko, Mittel- und Südamerika, Java, Sri Lanka, Reunion, Mauritius, Madagaskar, Ostafrika, heute zumeist kultiviert.

Droge: ***Vanillae fructus*** (syn. *Fructus Vanillae, Vanilla*); Vanille (syn. Vanillefrüchte, Vanilleschoten), die vor der Reife gesammelten und fermentierten Früchte. Die Pflanze wird in den Heimatgebieten durch spezielle, d. h. langrüsselige Insekten oder Kolibris befruchtet. In Gebieten, in denen diese Tiere nicht leben, ist eine künstliche Befruchtung notwendig. Inh.: Vanillosid (Vanillin-4-β-glucosid), Vanillolosid (Vanillylalkohol-4-β-glucosid) und Vanillin (zusammen

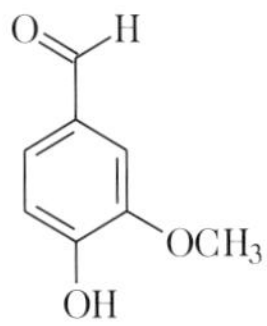

Vanillin

etwa 2–3 %); Vanillinsäure; Harze, Schleimstoffe, Gerbstoffe, Enzyme. Reife Vanilleschoten sind nach der Ernte geruchlos, die Aromastoffe entwickeln sich erst während des Aufarbeitungsprozesses, bei dem durch enzymatische Hydrolyse aus Vanillosid Vanillin freigesetzt wird. Anw.: als Aromatikum für galenische Zubereitungen, früher auch als Aphrodisiakum. Die größte Menge der Droge wird in der Süßwarenindustrie bzw. als Gewürz verarbeitet, v. a. in Schokolade, Speiseeis und in Likören.

Vanilla planifolia, blühender Sproß mit rankenden Wurzeln.

■ **Vanilla tahitensis** J.W. Moore.
Fam.: Orchidaceae.
Vork.: Tahiti.
Droge: *Vanillae fructus*. Inhaltsstoffe und Anwendung. ↗ *Vanilla planifolia*.

Vanille ↗ Vanilla planifolia.
Vanillefrüchte ↗ Vanilla planifolia.
Vanillegras ↗ Hierochloe borealis.
Vanilleschoten ↗ Vanilla planifolia.
Vanillin ↗ Vanilla planifolia.
Vanillosid ↗ Vanilla planifolia.
Vanillosma glomerata ↗ Vanillosmopsis erythropappa.

■ **Vanillosmopsis arborea** Baker (syn. *Albertinia arborea; Eremanthus arboreus, Vanillosmopsis capitata*).
Fam.: Asteraceae (Compositae).
Vork.: Brasilien.
Droge: ***Vanillosmopsis-arborea-Öl***, das durch Wasserdampfdestillation oder Extraktion aus dem Stammholz gewonnene äther. Öl. Inh.: (–)-α-Bisabolol (ca. 95 %), daneben u. a. α-Bergamotten, α-Bisabolen und α-Cedren. Anw.: in der Kosmetik als Ausgangsstoff für die Gewinnung von (–)-α-Bisabolol.

Vanillosmopsis capitata ↗ Vanillosmopsis arborea.

■ **Vanillosmopsis erythropappa** Schultz-Bip. (syn. *Albertinia candolleana, A. canescens, A. clausseni, A. erythropappa, A. incanescens, Chresta lanceolata, Eremanthus erythropappus, Vanillosma glomerata, Vernonia glomerata*).
Fam.: Asteraceae (Compositae).
Vork.: Brasilien.
Droge: ***Vanillosmopsis-erythropappa-Öl***; Candeiaöl, das durch Wasserdampfdestillation oder Extraktion aus dem Stammholz gewonnene äther. Öl. Inh.: (–)-α-Bisabolol (ca. 95 %), daneben Isovaleriansäure (ca. 1 %), β-Bisabolen (ca. 1 %) und weitere Terpene. Anw.: zur Gewinnung von (–)-α-Bisabolol für kosmetische Produkte, wie Hautcremes, Lotiones sowie als Fixateur für die Parfümerie.

Vasaka-Blätter ↗ Justicia adhatoda.
Vateireopsis araroba ↗ Andira-Arten.
Vateriafett ↗ Vateria indica.

■ **Vateria indica** L.
Fam.: Dipterocarpaceae.
Vork.: Indien, auch kultiviert.
Droge: ***Malabartalg*** (syn. Butterbohnenfett, Vateriafett, Pineytalg), das Fett der Samen. Inh.: Triglyceride mit gesättigten Fettsäuren (60–75 %); Ölsäure sowie äther. Öl (ca. 2 %). Anw.: als Speisefett, zur Herstellung von Seifen und Kerzen.

Vatica robusta ↗ Shorea robusta.
Vegetabilischer Fischleim ↗ Gelidium-Arten.
Vegetabilischer Schwamm ↗ Luffa-Arten.
Vegetabilisches Elfenbein ↗ Phytelephas-Arten.
Vegetabilisches Lamm ↗ Cibotium barometz.
Veilchen ↗ Viola-Arten.
Veilchenblüten ↗ Viola-Arten.
Veilchenwurzel ↗ Iris germanica, ↗ Viola-Arten.
Veilchenwurzelöl ↗ Iris germanica.

Velezia latifolia ↗ Frankenia grandifolia.
Venetianischer Hundstod ↗ Apocynum cannabinum.
Venezianischer Sumach ↗ Cotinus coggygria.
Venezianisches Terpentin ↗ Larix decidua.
Ventenatia glauca ↗ Calonecoba glauca.

■ **Ventilago madraspatana**.
Fam.: Rhamnaceae.
Vork.: West- und Südindien, Sri Lanka, Birma.
Droge: ***Pitti*** (syn. Raktapita), die Wurzelrinde. *Inh.:* Anthrachinonderivate, u. a. Ventilagin, Harz, Wachs. *Anw.:* in der Volksheilkunde als Fiebermittel und bei Verdauungsstörungen, in der Technik zum Färben von Baumwolle, Wolle und Seide.

Venusfliegenfalle ↗ Dionaea muscipula.
Venushaar ↗ Adianthum capillus-veneris.
Venusnabel ↗ Umbilicus rupestris.
Veracruz Jalape ↗ Ipomoea purga.
Vera-Cruz Jalapoe ↗ Ipomoea purga.
Veracruz Japala ↗ Ipomoea purga.
Verakruz-Sarsaparille ↗ Smilax-Arten.

■ **Veratrin**
(syn. Veratrinum) Mischung der Alkaloide Cevadin (ca. 74 %), Veratridin (ca. 26 %) und Sabadin aus ↗ *Schoenocaulon officinale*. *Wirk.:* lähmt die peripheren, motorischen und sensorischen Nerven, auch im Zentralnervensystem und im Gefäßzentrum aktiv. *Anw.:* heute obsolet, früher äußerlich bei Neuralgien, Rheuma, Zahnschmerzen sowie als Insektenkontaktgift. Trotz der Namensähnlichkeit sind die in V. enthaltenen Alkaloide nicht in ↗ *Veratrum album* enthalten.

Veratri nigri radix et rhizoma ↗ Veratrum nigrum.
Veratri rhizoma ↗ Veratrum album.

■ **Veratrum album** L.
(syn. *Helleborus albus, Melanthium album, Veratrum lobelianum*); Weißer Germer (syn. Weiße Hellebore, Weiße Nieswurz), s. Farbtafel S. 310, Bild 180.
Fam.: Melanthiaceae.
Vork.: in den Gebirgen Mittel- und Südeuropas, in Nordasien, Japan, Sibirien und der Arktis.
Droge: ***Veratri rhizoma*** (syn. *Rhizoma Veratri, Radix Veratri albi, Radix Hellebori albi*); Weiße Nieswurz (syn. Fieberwurzel, Germerwurzel, Krätzewurzel, Läusewurzel, Sauwurzel, Stellwurzel), der getrocknete Wurzelstock mit Wurzeln. Die Droge ist stark giftig! *Inh.:* Steroid-Alkaloide (1,2–1,6 %), die zum Solanidan-Typ gehören bzw. einen C-nor-D-homo-Steran-Grundkörper aufweisen, wie Protoverin, Protoveratrin A

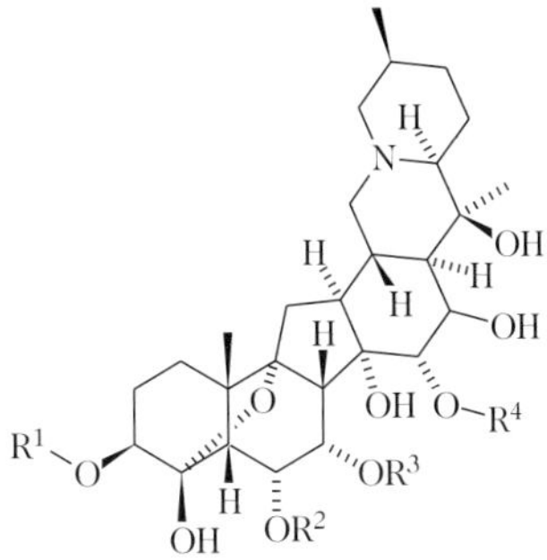

Name	R¹	R², R³	R⁴
Protoverin	H	H	H
Protoveratrin A	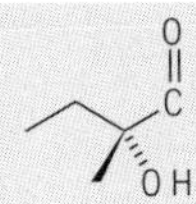	Acetyl	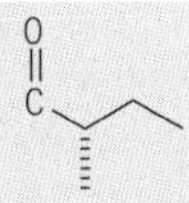

und B (Tetraester); Jervin, Rubijervin, Germerin. *Wirk.:* gefäßerweiternd, negativ chronotrop, blutdrucksenkend mit digitalisähnlicher Wirkung am insuffizienten Herzen. *Anw.:* früher als Antihypertonikum, heute wegen der hohen Toxizität und unsicheren Dosierung obsolet. In der Volksheilkunde wurde die Droge bei Herzrhythmusstörungen, zur Linderung von Krämpfen, Erbrechen und Durchfall bei Cholera, bei Herzbeschwerden, als Emetikum und bei Fieber verwendet. Äußerlich kommt sie bei Gelenkschmerzen, Neuralgien, Gicht und Rheuma zum Einsatz. Wegen der starken Vergiftungsgefahr ist die Anwendung heute nicht mehr vertretbar. Besondere Bedeutung hatte die Droge früher als Bestandteil des „Schneeberger Schnupftabaks".
Hom.: ***Veratrum album*** HAB34; Weiße Nieswurz, der getrocknete Wurzelstock. *Anw.-Geb.:* entzündliche Prozesse des Zentralnervensystems, des Herzens, des arteriellen Gefäßsystems, der unteren Atemwege, des Magen-Darm-Traktes und der weiblichen Geschlechtsorgane.

■ **Veratrum californicum** Durand.
Fam.: Melanthiaceae.

Vork.: USA, Mexiko.

Droge: ***Veratrum-californicum-Wurzelstock***, die frischen oder getrockneten unterirdischen Pflanzenteile. Inh.: Alkaloide, u. a. Cyclopamin, Cycloposin, Jervin, Vertramin, Veratrosin. Anw.: in der indianischen Volksheilkunde als Emetikum, bei Geschlechtskrankheiten, zur Empfängnisverhütung; die frische Droge bei Halsentzündungen und zur Wundbehandlung. Die therapeutische Anwendung der Droge wird nicht empfohlen, da sie teratogen wirkt.

Veratrum lobelianum ↗ Veratrum album.
Veratrum luteum ↗ Chamaelirium luteum.

■ **Veratrum nigrum** L.
(syn. *Melanthium nigrum*).

Fam.: Melanthiaceae.

Vork.: Mittel- und Südeuropa, Ostasien.

Droge: ***Veratri nigri radix et rhizoma***; *Veratrum-nigrum*-Wurzelstock, die getrockneten Wurzeln und Rhizome. Inh.: Alkaloide, wie Jervin, Pseudojervin, Rubijervin, Germerin, Protoveratrin A und Veramin. Anw.: in der chinesischen Volksheilkunde als Emetikum, beim Schlaganfall, bei Verdauungsstörungen, Kopfschmerzen, Gelbsucht, Krätze, chronischer Malaria, Unterleibsbeschwerden und gegen Hautparasiten. Darüber hinaus dient die Droge als starkes Niespulver.

Veratrum officinale ↗ Schoenocaulon officinale.
Veratrum virens ↗ Veratrum viride.

■ **Veratrum viride** Ait.
(syn. *Melanthium virens, Veratrum virens*); Grüner Germer (syn. Amerikanische Nieswurz, Grüne Nieswurz).

Fam.: Melanthiaceae.

Vork.: im Osten Nordamerikas, von Quebec bis Minnesota, im Süden bis Maryland, Georgia, Tennessee.

Droge: ***Rhizoma Veratri viridis***; Amerikanische Nieswurzel (syn. Grüne Nieswurz), das getrocknete Rhizom und die Wurzeln. Die Droge ist stark giftig! Inh.: Steroid-Alkaloide ähnlicher Zusammensetzung wie bei ↗ *Veratrum album*, allerdings mit höherem Anteil an Jervin. Anw.: in der Volksheilkunde früher bei Schmerzen, Epilepsie, Lungenentzündung, Peritonitis, nervösen Herzbeschwerden und Krebserkrankungen sowie einer weiteren Anzahl von schmerzhaften

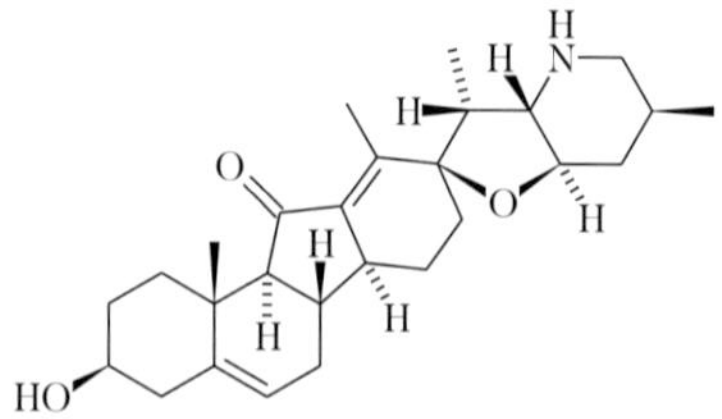

Jervin

Leiden; äußerlich bei Neuralgien und Wunden. Der Einsatz der Droge in der Humanmedizin ist wegen der Nebenwirkungen und ihrer hohen Toxizität heute abzulehnen. Gelegentlich wird ein Extrakt als Insektizid in der Tierheilkunde eingesetzt.

Hom.: ***Veratrum viride*** HAB34; Grüne Nieswurz, der getrocknete Wurzelstock mit Wurzeln. Anw.-Geb.: entzündliche Prozesse, fieberhafte Erkrankungen, spastische Diathese, Rheumatismus, Bluthochdruck, Krämpfe.

Verbandwatte ↗ Gossypium-Arten.
Verbasci flos ↗ Verbascum-Arten.
Verbasci folium ↗ Verbascum-Arten.

■ **Verbascum-Arten**

● **Fam.:** Scrophulariaceae.

● **Verbascum phlomoides** L. (syn. *Verbascum rugulosum*); Königskerze (syn. Filz-Königskerze, Fischkörnerkerze).

Vork.: Mittel-, Ost- und Südeuropa, Kleinasien.

Drogen: ***1. Verbasci flos*** (*Flores Thapsi barbati, Flores Verbasci, Flos Verbasci*), Wollblumen (syn. Himmelbrandtee, Königskerzenblüten, Wollkrautblumen), die getrockneten Blumenkronen mit den aufsitzenden Staubblättern. Inh.: Triterpensaponine, wie Verbascosaponin; Flavonoide (1,5–4 %), u. a. Apigenin, Chrysoeriol, Luteolin, Kämpferol, Quercetin, Eriodictyol und entsprechende Glykoside; Iridoide, wie ↗ Aucubin, Catalpol; Schleimstoffe, Ferulasäure, Kaffeesäure, Protocatechusäure, Carotinoide, Phytosterole, Invertzucker. Anw.: bei Katarrhen der Luftwege. In der Volksheilkunde wird die Droge bei grippalen Infekten, als Diaphoretikum, bei Husten, Rheuma, Blasen- und Nierenerkrankungen sowie bei Gastrointestinalbeschwerden eingesetzt. Äußerlich kommt sie als Badedroge bei Hauterkrankungen sowie zur Anregung des Kreislaufs zum Einsatz. Häufig wird die Droge als Schmuckdroge in Teemischungen sowie zum Aromatisieren von Likören verwendet. Zur ↗ Teezubereitung verwendet man als Einzelgabe 2 Teelöffel (ca. 1 g) feingeschnittene Wollblumen. Als TD werden 3–4 g Droge empfohlen. ***2. Verbasci folium*** (syn. *Folia Verbasci; Herba Thapsi barbati, Herba Verbasci*); Königskerzenkraut (syn. Himmelbrandkraut, Königskerzenblätter, Wollkraut, Wollblumenkraut), die getrockneten Blätter und Sproßachsen. *Inh.:* Iridoidglykoside, wie ↗ Aucubin; Schleimstoffe, Flavonoide, z. B. Diosmin, Saponine. *Anw.:* in der Volksheilkunde ähnlich wie *Verbasci flos*, darüber hinaus bei Bronchitis, Tracheitis und Atemwegskatarrhen; äußerlich bei Frostbeulen, Prellungen und Hautentzündungen.

● **Verbascum thapsiforme** Schrader (syn. *Verbascum densiflorum*); Großblumige Königskerze (syn. Große Königskerze, Wollkraut).

Vork.: Europa, Kaukasusregion, Nordwestafrika.

Drogen: ***1. Verbasci flos*** (syn. *Flores Verbasci*); Königskerzenbüten (syn. Wollblumen), die getrocknete Blumenkrone mit Staubblättern. *Inh.* und *Anw.* s. *Verbascum phlomoides*. ***2. Verbasci folium*** (syn. *Folia Verbasci*); Königskerzenblätter (syn. Wollkrautblätter), die getrockneten Blätter. *Inh.* und *Anw.* s. *Verbascum phlomoides*.

Hom.: ***1. Verbascum thapsiforme*** HAB1; Königskerze, die frischen, zur Blütezeit gesammelten, oberirdischen Pflanzenteile ohne verholzte Stengel. *Anw.-Geb.:* Erkrankungen der oberen und unteren Atemwege sowie des peripheren Nervensystems. ***2. Verbascum ad usum externum*** HAB34, das frische, zu Beginn der Blüte gesammelte Kraut.

● **Verbascum thapsus** L. (syn. *Verbascum crassifolium, V. montanum, V. pseudothapsiforme, Thapsus barbatus*); Echte Königskerze (syn. Kleinblumige Königskerze, Kleine Königskerze).

Vork.: Europa, Nordasien, in Nordamerika eingebürgert.

Drogen: ***1. Verbasci flos***. *Inh.* und *Anw.* s. *Verbascum phlomoides*. ***2. Verbasci folium***. *Inh.* und *Anw.* s. *Verbascum phlomoides*.

Histor.: Der Gattungsname ist vom lateinischen „barbascum" (*barba* = Bart) abgeleitet. Der Artname *thapsiforme* geht auf das griechische *thapsos* zurück, worunter die Griechen eine zum Gelbfärben benutzte Pflanze verstanden. Der Name Königskerze hat nach ↗ Brunfels seinen Ursprung darin, daß die mit Teer oder Pech bestrichene Pflanze wie eine Fackel brennt und entsprechend auch genutzt worden sein soll.

Verbena diffusa ↗ Verbena urticifolia.
Verbena domingensis ↗ Verbena officinalis.
Verbenae herba ↗ Verbena officinalis.

■ **Verbena hastata** L.
Blaue Verbene.

Fam.: Verbenaceae.

Vork.: Nordamerika.

Droge: ***Verbena-hastata-Kraut***, die zur Blütezeit gesammelten und getrockneten Blätter und oberen Stengelabschnitte. *Inh.:* Iridoidglykoside, u. a. Hastatosid und Verbenalin. *Anw.:* volkstümlich als schweißtreibendes Mittel zur Einleitung von Schwitzkuren sowie bei Katarrhen der Atemwege.

Hom.: ***Verbena hastata*** HAB34, die frische, blühende Pflanze.

■ **Verbena officinalis** L.
(syn. *Verbena sororia, V. spuria, V. domingensis*); Echtes Eisenkraut (Eisenbart, Eisenkraut, Heiligkraut, Katzenblutkraut, Sagenkraut).

Fam.: Verbenaceae.

Vork.: weltweit.

Droge: ***Verbenae herba*** (syn. *Herba Verbenae, Herba Columbariae, Herba Sanguinalis*), Eisenkraut (syn. Taubenkraut, Katzenblutkraut, Sagenkraut), die getrockneten, während der Blütezeit gesammelten, ganzen oder geschnittenen Laubblätter und oberen Stengelabschnitte. *Inh.:* Iridoide, bes. Verbenalin (0,15 % isoliert) und Hastatosid (0,08 %), ferner Flavone, u. a. Glykoside

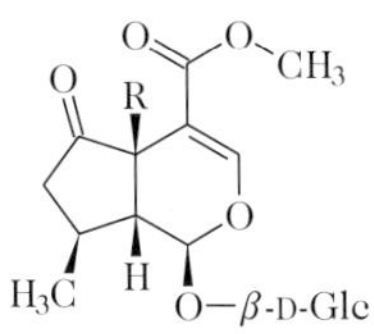

Verbenalin: R = H
Hastatosid: R = OH

des 6-Hydroxyapigenins und des 6-Hydroxyluteolins, Hydroxyzimtsäurederivate, u. a. Verbascosid (0,8 %) sowie geringe Mengen ↗ Adenosin, Schleimstoffe und Spuren von äther. Öl. *Anw.:*

volkstümlich bei Erkrankungen im Bereich der Mund- und Rachenschleimhaut, Erkrankungen der Atemwege und der ableitenden Harnwege sowie bei Verdauungsstörungen. Äußerlich auch als Gurgelmittel.

Hom.: ***Verbena officinalis*** HAB34; die zur Blütezeit geernteten, frischen, oberirdischen Triebe. *Anw.-Geb.:* Blutergüsse, zerebrale Anfallsleiden.

Histor.: Der Gattungsname *Verbena* ist vermutlich keltischen Ursprungs. Der Name Eisenkraut ist eine Übersetzung aus dem griechischen *sideritis*, einem bei ↗ Dioskurides benutzten Pflanzennamen, (*sideros* = Eisen). *Verbena officinalis* wurde bei den antiken Völkern hoch verehrt. Sie war der Erigineia, der Göttin der Frühe, geweiht. Im alten Ägypten hieß sie „Träne der Iris", die bei feierlichen Gelegenheiten verbrannt wurde und auch als Wundermittel bei Verletzungen galt. ↗ Plinius bezeichnete sie als berühmteste Pflanze der römischen Flora, von der immer Bündel auf dem Altar des Jupiter lagen. Im Aberglauben der Völker hat sie stets eine bedeutende Rolle gespielt. Im Mittelalter diente sie nicht selten als Beschwörungs- und Zaubermittel.

Verbena sororia ↗ Verbena officinalis.
Verbena spuria ↗ Verbena officinalis.
Verbena urticaefolia ↗ Verbena urticifolia.

■ **Verbena urticifolia** L.
(syn. *Verbena diffusa, V. urticaefolia*); Nesselblättrige Verbene (syn. Weiße Verbene).

Fam.: Verbenaceae.

Vork.: östliches Kanada und USA.

Hom.: ***Verbena urticaefolia*** HAB34, die frische, blühende Pflanze. *Anw.-Geb.:* Steinleiden.

Verfangkraut ↗ Arnica-Arten.
Vermillon americanum ↗ Bignonia chica.
Vernicia fordii ↗ Aleurites fordii.
Vernonia glomerata ↗ Vanillosmopsis erythropappa.
Vernunft-und-Verstand ↗ Anagallis arvensis.

■ **Veronica beccabunga** L.
Bachbunge (syn. Bachbungenehrenpreis, Quellehrenpreis, Wasserbunge, Wassersalat).

Fam.: Scrophulariaceae.

Vork.: Europa, Asien, Nordafrika, östliches Nordamerika.

Droge: ***Beccabungae herba*** (syn. *Herba Beccabungae*); Bachbungenkraut (syn. Wasserbungenkraut), die blühende, von der Wurzel befreite, frische Pflanze. *Inh.:* Iridoide, u. a. ↗ Aucubin, ferner Mannitol, Raffinose, Sterole, u. a. β-Sitosterol, sowie Kaffeesäurederivate, u. a. Ferula- und Kaffeesäure. *Anw.:* volkstümlich bei ungenügender Harnausscheidung, zur Appetitanregung, bei Blasensteinen, Verstopfung, Hautleiden und Zahnfleischblutungen.

Hom.: ***Veronica beccabunga*** HAB 34, die frischen, zur Blütezeit geernteten, oberirdischen Teile.

Veronicae herba ↗ Veronica officinalis.

■ **Veronica officinalis** L.
Echter Ehrenpreis (syn. Arznei-Ehrenpreis, Wald-Ehrenpreis).

Fam.: Scrophulariaceae.

Vork.: Europa, Vorderasien und Nordamerika.

Droge: ***Veronicae herba*** (syn. *Herba Betonicae albae, Herba Veronicae*); Ehrenpreiskraut (syn. Grundheilkraut, Wundkraut), das getrocknete, während der Blütezeit gesammelte Kraut. *Inh.:* Iridoidglucoside (0,5–1 %), u. a. ↗ Aucubin und Catalpol sowie verschiedene Catalpolester. Außerdem Flavonoide, bes. Flavone (Apigenin und Luteolin), Triterpensaponine, geringe Mengen Gerbstoffe, Mannitol, β-Sitosterol, Chlorogen- und Kaffeesäure. *Anw.:* volkstümlich bei Erkrankungen und Beschwerden im Bereich der Atemwege, bei Verdauungs- und rheumatischen Beschwerden, Gicht, als harntreibende Droge sowie äußerlich als Gurgelmittel bei Entzündungen der Mund- und Rachenschleimhaut. Im Haushalt wird das junge Kraut wie Brunnenkresse als Salat oder Gemüse verzehrt.

Hom.: ***1. Veronica officinalis*** HAB1; Ehrenpreis, die frischen, oberirdischen Teile blühender Pflanzen. *Anw.-Geb.:* chronische Bronchitis, Blasenkatarrh, chronische Hauterkrankungen. ***2. Veronica officinalis, äthanol. Decoctum*** HAB1; Ehrenpreis, die frischen, oberirdischen Teile blühender Pflanzen. *Anw.-Geb.:* in der anthroposophischen Therapierichtung.

Histor.: Der Gattungsname *Veronica* ist vermutlich eine Verstümmelung des Namens *Betonica*, der nach ↗ Plinius vom keltischen Volke der Vetonen abstammen soll. Es ist unklar, ob die Pflanze als Heilmittel im griechischen und römischen Altertum bekannt war. Hohe Wertschätzung genoß die Pflanze im Mittelalter, wie dies in den bekannten Kräuterbüchern zum Ausdruck kommt.

Veronicastrum virginicum ↗ Veronica virginica.

■ **Veronica virginica** L.
(syn. *Leptandra virginica, Veronicastrum virginicum*); Virginianischer Ehrenpreis.
Fam.: Scrophulariaceae.
Vork.: Nordamerika.
Droge: ***Leptandrae virginicae rhizoma*** (syn. *Rhizoma (Radix) Leptandrae virginicae*); Leptandrawurzel (syn. Leptandra-Wurzelstock, Virginischer Ehrenpreis), die getrockneten, im Herbst des zweiten Jahres gesammelten Rhizome mit den Wurzeln. *Inh.:* äther. Öl (0,16 %), Zimtsäurederivate, u. a. 3,4-Dimethoxyzimtsäure und *p*-Methoxyzimtsäure, Sterole, u. a. *β*-Sitosterol und Harz. *Anw.:* volkstümlich bei Verstopfung, zur Auslösung von Brechreiz sowie bei Leber- und Gallenbeschwerden.
Hom.: ***Veronica virginica*** HAB1; Virginianischer Ehrenpreis, die frischen, unterirdischen Teile zweijähriger Pflanzen. *Anw.-Geb.:* Erkrankungen des Magen-Darm-Traktes, der Leber, Galle und Bauchspeicheldrüse.

Veronikenwurz ↗ Arum maculatum.
Verschiedenfarbige Schwertlilie ↗ Iris versicolor.

■ **Vesica fellea HAB**
die Gallenblasen von Schlachttieren. *Anw.-Geb.:* selten bei Stoffwechselstörungen.

■ **Vespa crabro** L.
Hornisse.
Fam.: Vespidae.
Vork.: Europa.
Inh.: im Hornissengift sind Histamin, Serotonin, freie Aminosäuren, Acetylcholin, toxische Peptide, Enzyme (Phospholipasen, Hyaluronidase) enthalten.
Hom.: ***Vespa crabro*** HAB34; die lebende Hornisse. *Anw.-Geb.:* entzündliche Hauterkrankungen, Schleimhautschwellungen, Entzündungen der Harnorgane sowie der weiblichen Geschlechtsorgane.

Vesperkraut ↗ Sideritis-Arten.

■ **Vestia lycioides** Willd.
Fam.: Solanaceae.
Vork.: Südamerika, bes. Chile, Peru, Argentinien, Brasilien.
Droge: Blätter und Samen. *Inh.:* *β*-Carbolin-Alkaloide, Bitterstoffe, Flavonoide, u. a. Isoquercitrin, Quercitrin-3-diglucosid; *β*-Amyrin, Oleanolsäure, Cumarin, Fraxetin, Steroidsapogenine. *Anw.:* in der chilenischen Volksheilkunde als Stomachikum, Tonikum, Fiebermittel sowie bei Dysenterie.

Vetiverae aetheroleum ↗ Vetiveria zizanioides.
Vetivergras ↗ Vetiveria zizanioides.
Vetiveriae radix ↗ Vetiveria zizanioides.

■ **Vetiveria zizanioides** (L.) Nash
(syn. *Andropogon muricatus, A. squarrosus, Cymbopogon jawarancusa*); Vetivergras (syn. Mottenwurzel).
Fam.: Poaceae (Gramineae).
Vork.: Indien, Sri Lanka, Indonesien, Philippinen, Westindien, südliches Nordamerika, Afrika, besonders Angola, Reunion, häufig kultiviert.
Drogen: ***1. Vetiveriae radix*** (syn. *Radix Vetiveriae, Radix Jawarancusae*); Vetiverwurzel (syn. Ivarancusawurzel, Mottenwurzel), die frischen Wurzeln, auch andere *Andropogon*-Arten können herangezogen werden. *Inh.:* äther. Öl (2–2,5 %), Harz, Bitterstoffe, Vetiverin. *Anw.:* in der Volksheilkunde als Diaphoretikum und Ungeziefermittel, besonders gegen Motten. Ein Wurzelextrakt wird auch in der Parfümerie eingesetzt. ***2. Vetiverae aetheroleum*** (syn. *Oleum Andropogonis muricati, Oleum Jawarancusae, Oleum Vetiverae*); Vetiveröl, das äther. Öl aus den Wurzeln. *Inh.:* Ketone, wie Vetiveron (*α*-Vetivon) und

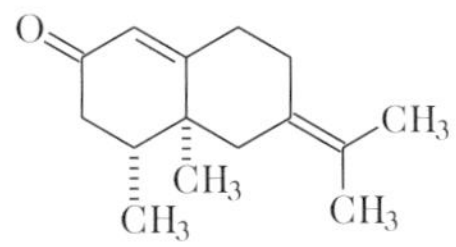

α-Vetivon

Vetiron; Vetoon, Vetivazulen, Khusensäure, Isokhusensäure, weitere Kohlenwasserstoffe mit Khusilangerüst, Naphthaline. *Anw.:* in der Parfümerie und Seifenindustrie als Fixateur.
Hom.: ***Vetiveria zizanioides*** (syn. *Anatherum muricatum*) HAB; der getrocknete Wurzelstock mit den Wurzeln. *Anw.-Geb.:* Hauteiterungen, Nagelwachstumsstörungen.

Vetiveröl ↗ Vetiveria zizanioides.
Vetiverwurzel ↗ Vetiveria zizanioides.
Viburni opuli cortex ↗ Viburnum-Arten.
Viburni prunifolii cortex ↗ Viburnum-Arten.

■ Viburnum-Arten

● **Fam.:** Caprifoliaceae.

● **Viburnum odoratissimum** Ker. Gawl. (syn. *Viburnum chinense*).

Vork.: China, in Europa als Zierpflanze kultiviert.

Inh.: Phenolcarbonsäuren, Iridoidglykoside, Flavonoide.

Hom.: ***Viburnum odoratissimum*** HAB34, die frischen Blätter und Blüten.

● **Viburnum opulus** L. (syn. *Opulus glandulosus, O. vulgaris, Viburnum lobatum*); Gemeiner Schneeball (Gewöhnlicher Schneeball, Wasserholder, Wasserschneeball), s. Farbtafel S. 311, Bild 181.

Vork.: Europa, Asien, Nordafrika, Nordamerika, oft kultiviert.

Droge: ***Viburni opuli cortex*** (syn. *Cortex Sambuci aquaticae, Cortex Viburni opuli*); Schneeballbaumrinde (syn. Schneeballrinde, Wasserholderrinde), die getrocknete Rinde. *Inh.:* α- und β-Amyrin, Oleanol- und Ursolsäure, Catechin, Epicatechin, äther. Öl (ca. 0,3 %), Viburnin, Harz mit verschiedenen Fettsäuren. *Anw.:* in der Volksheilkunde bei drohendem Abort, falschen Wehen, schmerzhafter Menstruation sowie Funktionsstörungen der Fortpflanzungsorgane.

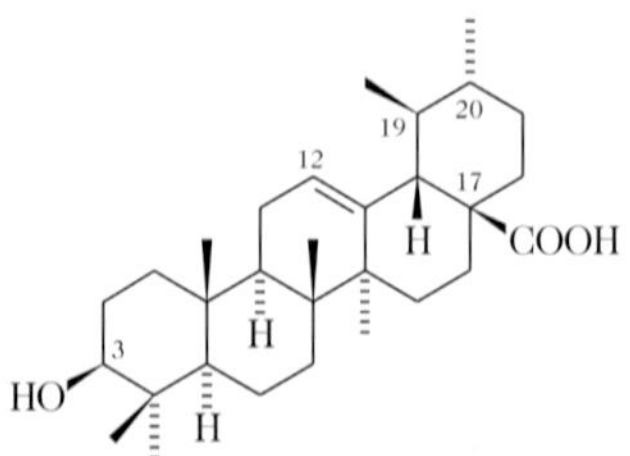

Ursolsäure (3β-Hydroxy-12-ursen-28-säure)

Hom.: ***Viburnum opulus*** HAB1; Schneeball, die frische, im Herbst gesammelte Rinde. *Anw.-Geb.:* Erkrankungen der weiblichen Geschlechtsorgane und schmerzhafte Menstruationsblutungen.

Histor.: Der Gattungsname *Viburnum* ist lateinischer Herkunft und ist von *viere* (binden, flechten) bzw. *vimen* (Flechtwerk, Gerte) abgeleitet, Bezug nehmend auf die zähen, biegsamen Zweige des Strauches. *Opulus* war bei den Römern der Name für den Feldahorn. Wegen der Ähnlichkeit der Blätter mit diesem wurde die Bezeichnung auf den heutigen Schneeball übertragen. Der Name Schneeball wird wegen der kugelförmigen Blütenstände der Gartenformen gebraucht.

● **Viburnum prunifolium** L.; Amerikanischer Schneeballbaum (syn. Amerikanischer Schneeball, Virginischer Schneeball).

Vork.: USA und Kanada.

Droge: ***Viburni prunifolii cortex*** (syn. *Cortex Viburni prunifolii, Viburnum cortex*); Amerikanische *Schneeballbaumrinde* (syn. Viburnumrinde), die getrocknete Stammrinde. *Inh.:* ↗ Arbutin, Saligenin, Aesculetin, Scopoletin, ↗ Amentoflavon, Sterole, wie α- und β-Amyrin, Oleanol- und Ursolsäure; Chlorogensäure. *Anw.:* in der Volksheilkunde bei Dysmenorrhoe, falschen Wehen und drohendem Abort.

Hom.: ***Viburnum prunifolium*** HAB34; die frischen, reifen Früchte. *Anw.-Geb.:* Regelstörungen, Schwangerschaftsbeschwerden, nervöse Störungen.

Viburnum cortex ↗ Viburnum-Arten.
Viburnumrinde ↗ Viburnum-Arten.

■ Vicia faba L.

(syn. *Faba bona, F. vulgaris*); Puffbohne (syn. Ackerbohne, Pferdebohne, Saubohne, Dicke Bohne).

Fam.: Fabaceae.

Vork.: ausschließlich in Kulturen, bes. mäßig warme Regionen, u. a. Mittelmeergebiete.

Droge: ***Ackerbohnenkraut*** (syn. Pferdebohnenkraut), das Kraut. *Inh.:* die Pflanze, vor allem die Samen, enthalten Proteine, u. a. Lectine mit einem spezifischen Bindungsvermögen für Glucose und Mannose sowie die Aminosäure 3,4-Dihydroxyphenylalanin (DOPA). *Anw.:* Die Samen sind zur Gewinnung von DOPA-Präparaten geeignet. Als Pulver werden diese auch in kosmetischen Präparaten verarbeitet, in der Tierhaltung kommen sie als proteinreiches Kraftfutter zur Anwendung.

Hom.: ***Vicia faba*** HAB34, die abgeblühte, frische Pflanze.

Vielblättrige Lupine ↗ Lupinus polyphyllus.

Vielblütige Weißwurz ↗ Polygonatum multiflorum.
Vielköpfiges Ruhrkraut ↗ Pseudognaphalium obtusifolium.
Vierblättrige Einbeere ↗ Paris quadrifolia.
Vigna sinensis ↗ Vigna unguiculata.

■ **Vigna unguiculata** (L.) Walp.
(syn. *Vigna sinensis, Dolichos biflorus*); Helmbohne.
Fam.: Fabaceae (Leguminosae).
Vork.: Afrika, wildwachsend und zunehmend kultiviert.
Droge: die Samen und Knollen. Inh.: Proteine (22–25 %), Fett (ca. 2 %), Lectine. Anw.: als Volksnahrungsmittel in Afrika; die Lectine, die eine besondere Affinität zu *N*-Acetylglucosamin aufweisen, für die Blutgruppendiagnostik (Blutgruppe Null).

Vignea arenaria ↗ Carex arenaria.
Vinblastin ↗ Catharanthus roseus.
Vinca bottae ↗ Vinca herbacea.
Vinca ellipticifolia ↗ Vinca minor.
Vincae minoris folium ↗ Vinca minor.
Vincae rosae herba ↗ Catharanthus roseus.
Vincae roseae radix ↗ Catharanthus roseus.
Vinca grandiflora ↗ Vinca major.
Vinca hausknechti ↗ Vinca herbacea.

■ **Vinca herbacea** Waldst. et Kit.
(syn. *Vinca bottae, V. hausknechti, V. libanotica, V. mixta, V. pumila, V. sessilifolia*); Krautiges Immergrün.
Fam.: Apocynaceae.
Vork.: u. a. Europa, Kleinasien, Kaukasusgebiete, Nordiran.
Droge: ***Vinca-herbacea-Kraut***, die getrockneten oberirdischen Pflanzenteile. Inh.: Alkaloide (0,0–1,1 %), v. a. Herbacein, Herbain, Akuammin, Herboxin, Ervamycin und Herbadin. Anw.: in der Volksheilkunde der Heimatgebiete innerlich bei Krämpfen und Diabetes; äußerlich bei Hautmykosen und Zahnerkrankungen.

Vinca humilis ↗ Vinca minor.
Vinca libanotica ↗ Vinca herbacea.

■ **Vinca major** L.
(syn. *Pervinca major, Vinca grandiflora, V. major ssp. major, V. ovatifolia*); Großes Immergrün (syn. Großes Singrün).
Fam.: Apocynaceae.
Vork.: Südeuropa, Mittelmeerraum, Nordamerika.
Droge: ***Vinca-major-Kraut***, die getrockneten oberirdischen Pflanzenteile. Inh.: Alkaloide (bis max. 1,9 %), u. a. Akuammicin, Akuammin, Lochvinerin, Venoterpin, Reserpinin und Vincamin; Ursolsäure, Loganinsäure, Flavonoide, Cyclitole. Anw.: in der Volksheilkunde innerlich bei Menorrhagie, Leukorrhoe, Bettnässen; äußerlich gegen Hämorrhoiden.

Vincamin ↗ Vinca minor.

■ **Vinca minor** L.
(syn. *Pervinca minor, P. procumbens, Vinca ellipticifolia, V. humilis*); Gemeines Immergrün (syn. Immergrün, Kleines Immergrün, Kleines Sinngrün), s. Farbtafel S. 311, Bild 182.
Fam.: Apocynaceae.
Vork.: Immergrüner Halbstrauch, der in Laub- und Auwäldern Europas, bis 1300 m in den Schweizer Alpen zu finden ist.
Droge: ***Vincae minoris folium*** (syn. *Herba Vincae pervincae, Folia Vincae, Folia Vincae pervincae*); Immergrünblätter (syn. Sinngrünblätter). Inh.: 0,1–1,3 % Indolalkaloide, wie Vincamin

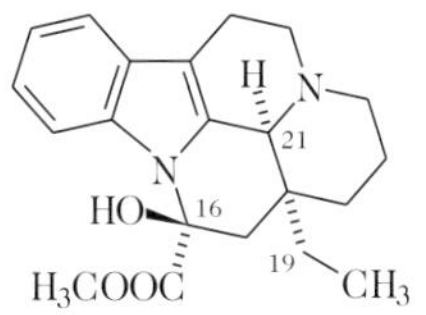

Vincamin

und andere Vinca-Alkaloide; Terpene (u. a. Ursolsäure), Phenole, Phenolcarbonsäuren und Flavonoide. Anw.: zur Unterstützung des Herz-Kreislauf-Systems bei älteren Patienten, als Blutdrucksenker, Diuretikum, Immunstimulans und Spasmolytikum. In der Volksheilkunde wird die Droge zur Verbesserung der Hirndurchblutung und bei Gedächtnisschwäche, gegen erhöhten Blutzucker und bei Magen-Darm-Katarrhen eingesetzt, äußerlich auch bei Abszessen, Blutergüssen, Ekzemen sowie zum Gurgeln. Der Einsatz von Immergrünkraut zu arzneilichen Zwecken wird allerdings nicht empfohlen. Weiterhin wird die Droge zur Isolation von Vincamin herangezogen, das in durchblutungsfördernden Arzneimitteln eingesetzt wird.

Hom.: ***Vinca minor*** HAB1; Kleines Immergrün, die frischen, oberirdischen Teile blühender Pflanzen mit anhängenden, faserigen Wurzeln. *Anw.-Geb.:* bei nässendem Ekzem und Schleimhautblutungen sowie bei Gerinnungsstörungen.

Histor.: Der Gattungsname *Vinca* leitet sich vom lateinischen *vincire* (umwinden) ab. Der deutsche Name Immergrün bezieht sich auf die immergrünen Blätter der Pflanze.

Vinca mixta ↗ Vinca herbacea.
Vinca ovatifolia ↗ Vinca major.
Vinca pumila ↗ Vinca herbacea.
Vinca rosea ↗ Catharanthus roseus.
Vinca sessilifolia ↗ Vinca herbacea.
Vincetoxici radix ↗ Vincetoxicum hirundinaria.
Vincetoxicum acuminatum ↗ Vincetoxicum atratum.
Vincetoxicum album ↗ Vincetoxicum hirundinaria.

■ Vincetoxicum atratum Moore et Decne.

(syn. *Cynanchum atratum, Vincetoxicum acuminatum*).

Fam.: Asclepiadaceae.

Vork.: Nordchina, Japan.

Droge: ***Radix Cynynchi atrati***, *Vincetoxicum-atratum*-Wurzel, die getrockneten Wurzeln und Rhizome. *Inh.:* Steroidglykoside, u. a. Cynatratosid A, B, C, D, E und F; Glaucogenin A, Glaucosid C und H. *Anw.:* in der chinesischen Medizin bei fiebrigen Infektionen, Schwindsucht, Blutmangel, Harnwegsinfektionen, Dysurie, Karbunkel und anderen entzündlichen Hauterkrankungen.

■ Vincetoxicum hirundinaria Medik.

(syn. *Alexitoxicum vincetoxicum, Asclepias vincetoxicum, A. alba, Cynanchum vincetoxicum, Vincetoxicum album, V. officinale, V. vincetoxicum, V. vulgare*); Schwalbenwurz (syn. Sankt-Lorenz-Wurzel, Sankt-Lorenzkraut, Weiße Schwalbenwurz), s. Farbtafel S. 311, Bild 183.

Fam.: Asclepiadaceae.

Vork.: Europa, Asien, Nordafrika.

Droge: ***Vincetoxici radix*** (syn. *Radix Vincetoxici, Rhizoma Vincetoxici*); Schwalbenwurzel (syn. Giftwurzel, St. Lorenzkrautwurzel), der getrocknete Wurzelstock und die Wurzeln. *Inh.:* 15-Oxasteroidglykoside mit Secopregnangrundgerüst als Aglyka, u. a. Hirundigenin und Anhydrohirundigenin. Ferner Alkaloide (0,018 %), u. a. Tylophorin

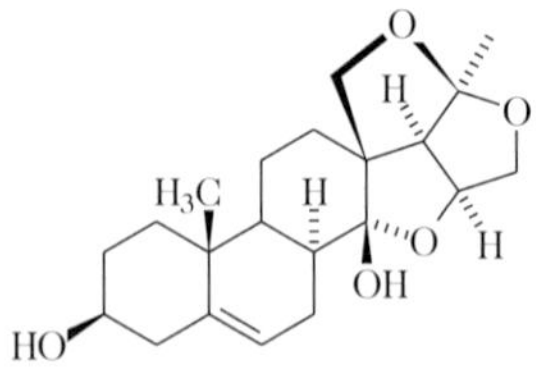

Hirundigenin

enthaltend, sowie Triterpene, Sterole und Phenolcarbonsäurederivate, u. a. Chlorogen- und Sinapinsäure. *Anw.:* volkstümlich zur Erregung von Brechreiz bei Vergiftungsverdacht sowie als harntreibendes und schweißtreibendes Mittel. Früher auch bei Menstruationsbeschwerden.

Hom.: ***Vincetoxicum hirundinaria*** HAB1; Schwalbenwurz, die frischen Blätter. *Anw.-Geb.:* entzündliche Prozesse, Virusinfektionen.

Histor.: Der Gattungsname *Vincetoxicum* leitet sich vom lateinischen *vincere* (besiegen) und *toxicum* (Gift) ab und bezeichnet eine Pflanze, die als Antidot wirkt. Der Name Schwalbenwurz ist aus dem mittellateinischen Namen der Pflanze *hirundinaria* bzw. vom lateinischen *hirundo* (Schwalbe) abgeleitet und drückt die Ähnlichkeit der mit einem Haarschopf versehenen Samen mit fliegenden Schwalben aus. Die giftverdächtige Pflanze wird von Schafen und Rindern gemieden und von Pferden erst nach Frost gefressen.

Vincetoxicum officinale ↗ Vincetoxicum hirundinaria.
Vincetoxicum vincetoxicum ↗ Vincetoxicum hirundinaria.
Vincetoxicum vulgare ↗ Vincetoxicum hirundinaria.
Vincristin ↗ Catharanthus roseus.
Vino Palmeo ↗ Phoenix dactylifera.
Vinum ↗ Vitis vinifera.
Vinum Camphoratum ↗ Vinum medicatum.
Vinum Chinae ↗ Vinum medicatum.
Vinum Cinchonae ↗ Vinum medicatum.
Vinum Condurango ↗ Vinum medicatum.
Vinum dulce ↗ Vitis vinifera.

■ Vinum medicatum

Medizinischer Wein, Arzneizubereitung, die durch Lösen oder Mischen von Arzneistoffen mit Wein (↗ *Vitis vinifera*) hergestellt wird. Früher hatten die medizinischen Weine als Arzneiform eine wesentlich größere Bedeutung als heute, nur noch wenige Zubereitungen werden als solche genutzt. ***1. Vinum Camphoratum***; Campherwein. Inh.: 1 Teil ↗ Campher, 1 Teil Ethanol, 3 Teile Gummischleim, 45 Teile Weißwein. Anw.: früher bei Herzbeschwerden und Mattigkeit. ***2. Vinum Chinae*** (syn. *Vinum Cinchonae*), Chinawein. Inh.: 5 Teile Chinafluidextrakt aus Chinarinde (↗ *Cinchona*-Arten), 1 Teil Pomeranzentinktur aus Pomeranzenschalen (↗ *Citrus*-Arten), 15 Teile Zucker, 0,1 Teil Citronensäure, 80 Teile Xereswein (↗ *Vitis vinifera*). Anw.: als Stomachikum. ***3. Vinum Condurango***; Kondurangowein. Inh.: 10 Teile Kondurangofluidextrakt aus Kondurangorinde (↗ *Marsdenia condurango*), 1 Teil Aromatische Tinktur, 9 Teile Zucker, 80 Teile Xereswein. Anw.: zur Appetitanregung, als Stomachikum. ***4. Vinum Pepsini***, Pepsinwein. Inh.: 24 Teile ↗ Pepsin, 20 Teile Glycerol, 3 Teile Salzsäure, 20 Teile Wasser, 92 Teile Zuckersirup, 2 Teile Pomeranzentinktur, 839 Teile Xereswein. Anw.: zur Appetitanregung, bei Schwächezuständen sowie bei Dyspepsien. ***5. Vinum Stomachicum***; Bitterorangenwein (syn. Magenwein). Inh.: 15 Teile Pomeranzenfluidextrakt, 20 Teile Zimttinktur (↗ *Cinnamomum*-Arten), 5 Teile Enzianextrakt aus Enzianwurzel (↗ *Gentiana*-Arten), 60 Teile Süßwein (↗ *Vitis vinifera*). Anw.: zur Verbesserung des Appetits und der Verdauung.

Vinum Pepsini ↗ Vinum medicatum.
Vinum Stomachicum ↗ Vinum medicatum.

■ Viola-Arten

● **Fam.:** Violaceae.

● **Viola odorata** L.; Duftveilchen (syn. Heckenveilchen, Märzveilchen, Oeschen, Osterchen, Veilchen, Wohlriechendes Veilchen).

Vork.: Europa.

Drogen: ***1. Viola-odorata-Blütenöl*** (syn. *Oleum Violae, Oleum Violae odoratae aethereum*); Veilchenblütenöl (syn. Veilchenöl), das äther. Öl der frischen Blüten. Inh.: u. a. Parmon (*trans*-α-Ionon, das Duftprinzip des Öles), ferner Undecanon-2, Isoborneol, 2,6-Nonadien-1-al sowie u. a. die Sesquiterpene (–)-Zingiberen, (+)-α-Curcumen, α- und β-Ionon. Wirk.: Das äther. Öl besitzt Repellent-Eigenschaften gegen den Holzbock, *Ixodes ricinus*. Anw.: als mögliches Repellent sowie in der Kosmetik für kostbare Parfüms. ***2. Violae odoratae flos*** (syn. *Flores Violae odoratae, Flores Violarum*); Veilchenblüten, die getrockneten Blüten. Inh.: äther. Öl, siehe *Viola odorata*-Blütenöl, Flavonoide, u. a. Rutosid, Anthocyane, bes. Violanin und Gauin, Schleimstoffe,

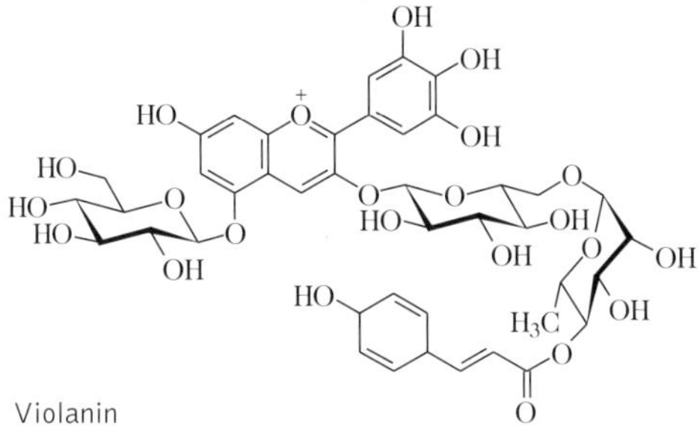

Violanin

Salicylsäuremethylester in glykosidierter Form sowie das Alkaloid Violin. Anw.: Die Droge ist Bestandteil von Husten- und Bronchialtees. ***3. Violae odoratae folium*** (syn. *Folia Violae odoratae*); Veilchenblätter, die zur Blütezeit gesammelten und an der Luft getrockneten Blätter. Inh.: äther. Öl (0,002 %), Schleimstoffe, Triterpene, u. a. Friedelin, β-Sitosterol, Salicylsäuremethylester, Phenolcarbonsäuren, u. a. Ferula- und Sinapinsäure sowie das Alkaloid Violin. Anw.: als Husten- oder harntreibender Tee, meist jedoch Bestandteil entsprechender Kombinationen. Das äther. Öl der Droge wird in der Kosmetik verwendet. ***4. Violae odoratae herba*** (syn. *Herba Violae odoratae*); Veilchenkraut, das blühende Kraut. Inh.: s. *Violae odoratae folium*. Anw.: volkstümlich als Tee bei Husten, Heiserkeit, Bronchitis mit festsitzendem Schleim, bei nervösen Beschwerden sowie äußerlich für Waschungen bei Hautleiden. Zur ↗ Teezubereitung verwendet man 2 Teelöffel Veilchenkraut auf $^1/_4$ l Wasser. ***5. Violae odoratae rhizoma*** (syn. *Radix Violae, Radix Violae odoratae, Rhizoma Violae, Rhizoma Violae odoratae*); Echte Veilchenwurzel, der getrocknete Wurzelstock. Inh.: äther. Öl (0,038 %) mit β-Nitropropionsäure und Salicylsäuremethylester (gebildet als Spaltprodukt bei der Wasserdampfdestillation), das Salicylsäureglucosid Gaultherin sowie das Alkaloid Violin. Anw.: volkstümlich bei Erkrankungen der Atmungsorgane und bei rheumatischen Beschwerden.

Hom.: ***Viola odorata*** HAB34; die frischen, zur Blütezeit gesammelten, oberirdischen Pflanzenteile. Anw.-Geb.: Entzündungen der Atemwege, Rheuma der Handgelenke.

Histor.: Der Gattungsname *Viola* ist vermutlich eine Verkleinerung des griechischen *ion*, das unter anderem schon bei Homer bekannt war und im Altertum mit dem mythologischen *Io* in Verbindung gebracht wurde; *iostephanos* (veilchenbegrenzt) heißt bei Pinar die Stadt Athen. Nach einer Sage haben ionische Nymphen diese Blume dem Ion anläßlich der Gründung der Stadt Athen dargebracht. Das deutsche Wort Veilchen ist eine Entlehnung aus dem lateinischen *viola*.

● **Viola tricolor** L.; Feldstiefmütterchen (syn. Ackerveilchen, Dreifaltigkeitsblume, Dreifarbiges Veilchen, Freisamkraut, Fronsamkraut, Jesus-Blümchen, Sinnviole, Stiefmütterchen, Tag-und-Nachtveigerl), s. Farbtafel S. 311, Bild 184.

Vork.: gemäßigtes Eurasien.

Droge: ***Violae tricoloris herba*** (syn. *Herba Jaceae, Herba Trinitatis, Herba Violae, Herba Violae tricoloris*); Feldstiefmütterchenkraut (syn. Dreifaltigkeitskraut, Dreifaltigkeitstee, Freisamkraut, Freisamtee), das zur Blütezeit gesammelte und getrocknete Kraut. Inh.: Flavonoide (0,41 %), bes. Quercetin- und Luteolinglykoside, Carotinoide mit Violaxanthin (s. u.) als Hauptkomponente, Anthocyane mit dem Pigment Violanin, Phenolcarbonsäuren, u. a. *cis-* und *trans-*Cumarsäure, Gentisinsäure und Protocatechusäure sowie Schleimstoffe (ca. 9,5 %). Anw.: volkstümlich äußerlich bei leichten seborrhoischen Hauterkrankungen, bei nassen und trockenen Exanthemen sowie Milchschorf der Kinder. Innerlich früher bei Katarrhen der Atemwege, Halsentzündungen und fiebrigen Erkältungen. In ähnlicher Weise wurde früher auch die Blütendroge (*Flores Violae tricoloris*) angewendet.

Hom.: ***Viola tricolor*** HAB1; Stiefmütterchen, die frischen, oberirdischen Teile blühender Pflanzen. Anw.-Geb.: Erkrankungen der Haut, der Nieren und ableitenden Harnwege.

● **Histor.:** zu *Viola* siehe *Viola odorata*; *tricoloris* (lat.) heißt dreifarbig. Die Bezeichnung Stiefmütterchen, die erst im 18. Jh. geprägt wurde, geht offenbar auf den Volksmund zurück. Danach bilden die beiden obersten Blütenblätter zwei Stühle, die die Stiefmutter für sich in Anspruch nimmt, auf den beiden seitlichen sitzen die eigenen Töchter, während sich die Stieftöchter mit dem untersten begnügen müssen.

Violae odoratae flos ↗ Viola-Arten.
Violae odoratae folium ↗ Viola-Arten.
Violae odoratae herba ↗ Viola-Arten.
Violae odoratae rhizoma ↗ Viola-Arten.
Violae tricoloris herba ↗ Viola-Arten.

■ **Vipera berus** L.
(syn. *Pelias berus*); Kreuzotter.

Fam.: Viperidae.

Vork.: Europa, Asien. Inh.: Hämotoxine, Enzyme.

Hom.: ***Vipera berus*** HAB34; Kreuzotter, das frische Schlangengift. Anw.-Geb.: entzündliche Prozesse des Herzens, des arteriellen und venösen Gefäßsystems, des Magen-Darm-Traktes sowie der Haut.

Virgaureae herba ↗ Solidago-Arten.
Virgaureosid A ↗ Solidago-Arten.
Virginianischer Ehrenpreis ↗ Veronica virginica.
Virginianische Traubenkirschenrinde ↗ Prunus-Arten.
Virginische Kornelkirsche ↗ Cornus-Arten.
Virginische Lobelie ↗ Lobelia siphilitica.
Virginische Magnolie ↗ Magnolia glauca.
Virginischer Ehrenpreis ↗ Veronica virginica.
Virginischer Kellerhals ↗ Dirca palustris.
Virginischer Schneeball ↗ Viburnum-Arten.
Virginischer Sumach ↗ Rhus-Arten.
Virginischer Tabak ↗ Nicotiana tabacum.
Virginischer Wacholder ↗ Juniperus virginiana.
Virginischer Wolfsfuß ↗ Lycopus-Arten.
Virginischer Wolfstrapp ↗ Lycopus-Arten.
Virginischer Zauberstrauch ↗ Hamamelis virginiana.

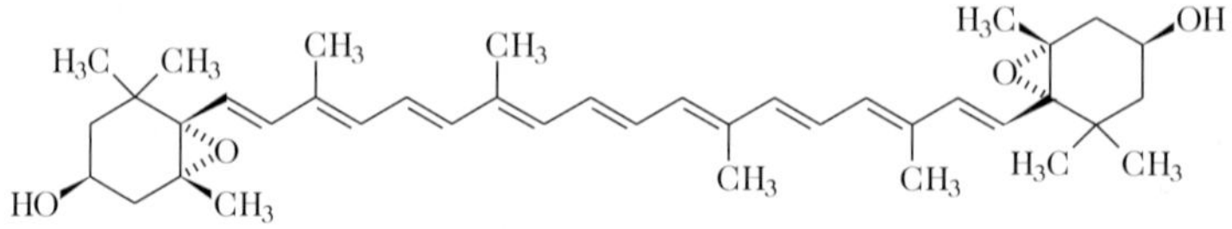

Violaxanthin

Virginische Schlangenwurz ↗ Aristolochia-Arten.
Virginische Schlangenwurzel ↗ Aristolochia-Arten.
Virginisches Wasserblatt ↗ Hydrophyllum virginicum.
Virginische Vipernwurz ↗ Aristolochia-Arten.
Virginische Zaubernuß ↗ Hamamelis virginiana.
Virginische Zeder ↗ Juniperus virginiana.

■ Virola-Arten

● **Fam.:** Myristicaceae.

● **Virola calophylla** Warb.

Vork.: Nordwest-Brasilien.

Droge: ***Virola calophylla-Rinde*** (syn. Epena), die getrocknete Rinde. Inh.: Alkaloide, u. a. *N,N*-Dimethyltryptamin und 5-Methoxy-*N,N*-dimethyltryptamin. Anw.: siehe *Virola-theodora*-Rinde.

● **Virola calophylloidea** Markgr.

Vork.: Brasilien (Flußgebiet des Rio Negro).

Droge: ***Parica*** (syn. *Virola-calophylla*-Rinde, Yakée), die getrocknete Rinde. Inh.: Tryptaminalkaloide siehe *Viola-calophylla*-Rinde. Anw.: siehe *Virola-theodora*-Rinde.

● **Virola elongata** (Spr. ex Benth.) Warb. (syn. *Virola cuspidata, V. rufula*).

Vork.: Urwälder Brasiliens.

Droge: ***Virola elongata-Rinde***, die getrocknete Rinde. Inh. und Anw.: siehe *Virola theodora*-Rinde.

● **Virola sebifera** Aubl. (syn. *Myristica sebifera*), Talgmuskatnußbaum.

Vork.: Brasilien, Guyana.

Drogen: ***1. Virola sebifera-Rinde***, die Stammrinde. Inh.: Gerbstoffe. Anw.: in der Volksheilkunde zur Wundbehandlung. ***2. Virola-sebifera-Samen***, die reifen Samen. Inh.: hoher Gehalt an Fettsäureglyceriden, bes. Laurodimyristin (30–39 %) und Trimyristin (29–38 %). Anw.: industriell in der Fett-, Kerzen- und Seifenherstellung. Das Öl-Fett-Gemisch besitzt ähnliche Eigenschaften wie Kakaobutter (↗ *Theobroma cacao*).

Hom.: ***Myristica sebifera*** (syn. *Virola sebifera*) HAB34, der frische, rote Saft aus der Verletzung der Rinde. Anw.-Geb.: Eiterungen und andere entzündliche Prozesse der Haut.

● **Virola theiodora** (Spr. ex Benth.) Warb. (syn. *Virola calophylla*).

Vork.: westliches Amazonasgebiet Brasiliens und Kolumbiens, bes. Rio-Negro-Becken.

Droge: ***Virola-theodora-Rinde***, die getrocknete Rinde. Inh.: Tryptamin- und β-Carbolinalkaloide, bes. *N,N*- Dimethyltryptamin (DMT) und 5-Methoxy-*N,N*-dimethyltryptamin (5-Meo-DMT). Anw.: in den Herkunftsgebieten wird aus verschiedenen *Virola*-Arten ein halluzinogen wirkendes Schnupfpulver bereitet, das bes. für religiöse Zeremonien, magische Riten, aber auch zur Beurteilung und Behandlung von Erkrankungen genutzt wird.

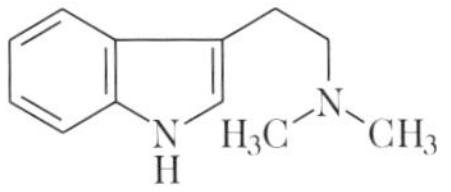

N,N-Dimethyltryptamin (DMT)

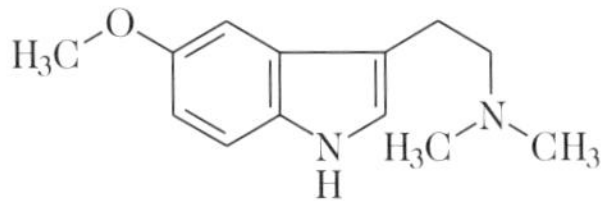

5-Methoxy-*N,N*-dimethyltryptamin (5-MeO-DMT)

● **Histor.:** Der Gebrauch von verschiedenen *Virola*-Arten für rituelle Schnupfpulver wurde erst in den fünfziger Jahren dieses Jahrhunderts vom amerikanischen Ethnobotaniker Richard Evans Schultes entdeckt, obwohl Mitte des 19. Jh. die Pflanze bereits beschrieben wurde.

Visci albi herba ↗ Viscum album.
Visci albi herba recens ↗ Viscum album.
Visci herba ↗ Viscum album.
Viscotoxine ↗ Viscum album.

■ Viscum album L.

(syn. *Viscum stellatum*); Mistel (syn. Laubholz-Mistel, Affolter, Bocksfutter, Drudenfuß, Elfklatte, Geißkrut, Hexenbesen, Hexenkrut, Hexennest, Immergrüne, Kluster, Leimmistel, Marenklatte, Marentaken, Mischgle, Mischgelt, Misple, Mistelsenker, Nistle, Vogelchrut, Vogelkläb, Vogellim, Vogelmistel, Wespe, Wintergrün, Wispel, Wispen), s. Farbtafel S. 311, Bild 185.

Fam.: Loranthaceae (Viscaceae).

Vork.: als Halbschmarotzer auf Bäumen in Europa, Nordwestafrika, Iran, Australien, Amerika, Ostasien, u. a. China, Korea und Japan.

Drogen: ***1. Visci albi herba*** (syn. *Herba Albi visci, Herba Visci, Herba Visci albi, Visci herba*); Mistelkraut, die vor der Fruchtbildung gesammelten Blätter und Zweige. Inh.: Lectine, wie Mistellectin I, II und III; Viscotoxine (0,05–0,1 %), Polysaccharide (4,3–4,7 %), Cyclitole, Flavonoide,

Lignane, Triterpene, u. a. Betulinsäure, Oleanolsäure, β-Amyrin und Ursolsäure; Aminosäuren, cyclische Peptide, Amine, Proteine. Anw.: zur Langzeitbehandlung von Hypertonie und Prophylaxe der Arteriosklerose; in der Volksheilkunde auch bei Epilepsie, Keuchhusten, Asthma, Schwindelanfällen, Amenorrhoe, Durchfällen, Chorea, Hysterie und Nervosität. ***2. Visci albi herba recens*** (syn. *Herba Visci albi recens*); Frisches Mistelkraut, das zu genau vorgegebenen Jahreszeiten, meistens im Sommer oder Winter, von vorgegebenen Wirtspflanzen geerntete frische Kraut. Inh.: s. *Visci albi herba*. Anw.: zur Segmenttherapie bei degenerativ entzündlichen Gelenkerkrankungen sowie zur Palliativtherapie bei malignen Tumoren. Die Präparate der anthroposophisch orientierten Medizin werden bei gut- und bösartigen Geschwulsterkrankungen, bei gut- und bösartigen Erkrankungen und begleitenden Störungen der blutbildenden Organe, zur Anregung der Knochenmarksfunktion, zur Vorbeugung gegen Tumorrezidive, bei definierten Präcancerosen sowie chronischen Erkrankungen, wie Morbus Crohn und chronischen Gelenkentzündungen verwendet.

Hom.: ***Viscum album*** HAB1; Mistel, die frischen, im Herbst geernteten, beblätterten Sprosse und Früchte. Anw.-Geb.: Erkrankungen des arteriellen Gefäßsystems, des Herzens, der Atemwege, der weiblichen Geschlechtsorgane sowie des Stütz- und Bewegungsapparates.

Histor.: Der Gattungsname *Viscum* ist bei den Römern der Name für die Mistel sowie der aus den Beeren bereitete Vogelleim. Sowohl in der antiken als auch in der germanischen Mythologie hatte die Mistel große Bedeutung. So wird „die goldene Zauberrute", die dem Aeneas den Zugang zu der Unterwelt öffnet, gern mit der Mistel identifiziert. In der Edda findet man, daß der blinde Gott Hödur den lichten Sonnengott Baldur mit einem „misteltein" (Mistelzweig) als Lanze tötete. Nach ↗ Plinius hielten die Druiden, die Priester der alten Gallier und Britannier, nichts für so heilig wie eine auf einer Eiche wachsende Mistel. Eine alte Druidenregel lautete: „Der Mistelzweig muß mit Achtung und, wenn möglich, im sechsten Monde gesammelt werden. Er muß mit einem goldenen Messer abgeschnitten werden. Das Pulver von Mistelzweigen macht Frauen fruchtbar." Mit deutlich mystischem Bezug ist die Mistel noch heute das Grün des englischen Weihnachtens. Die Verwendung der Mistel in der Heilkunde geht bis auf die vorchristlichen Hippokratiker zurück.

Viscum cruciatum ↗ Arceuthobium oxycedri.
Viscum flavescens ↗ Phoradendron flavescens.
Viscum quercinum ↗ Loranthus europaeus.
Viscum quercus ↗ Loranthus europaeus.
Viscum stellatum ↗ Viscum album.

■ Visnadin

Pyranocumarinester aus ↗ *Ammi visnaga* mit koronarspasmolytischer Wirksamkeit. Anw.: Herzmittel, zur Vorbeugung, Therapie und Nachbehandlung des Herzinfarktes.

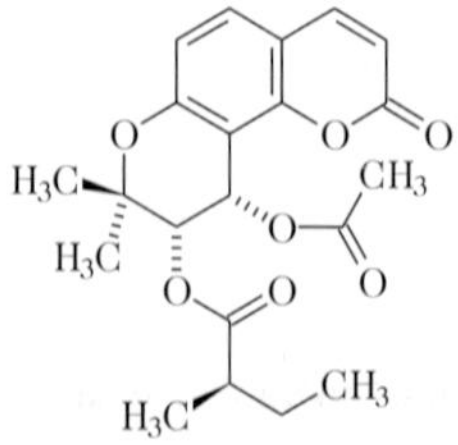

Visnadin

Visnaga daucoides ↗ Ammi visnaga.
Visnaga vera ↗ Ammi visnaga.

■ Visnagin

Furano-γ-chromon aus ↗ *Ammi visnaga* mit koronarspasmolytischer und positiv inotroper Wirksamkeit. V. besitzt ein phototoxisches Potential.

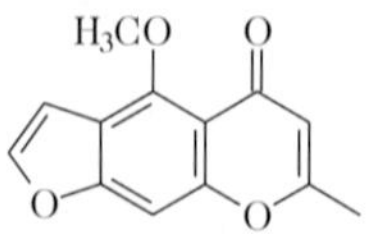

Visnagin

■ Vitamine

lebensnotwendige Ergänzungsstoffe, die sowohl von Mensch und Tier in geringer Menge zur Aufrechterhaltung lebensnotwendiger Funktionen benötigt werden und daher für die Vitalität zahlreicher Lebensformen notwendig sind. Im Gegensatz zu Hormonen und Enzymen müssen Vitamine, gegebenenfalls auch deren Vorstufen, sowohl beim Menschen als auch bei höheren Tieren mit der Nahrung zugeführt werden. Die Bezeichnung V. wurde von Casimir Funk (1912) im

Zusammenhang mit der Aminstruktur des damals bekannt gewordenen Vitamin B_1 geprägt. Obwohl die später entdeckten V. anderen Strukturklassen angehören, wurde die Bezeichnung Vitamin beibehalten, allerdings werden die historischen Buchstabenbezeichnungen nach und nach durch neuere Empfehlungen der WHO oder JUPAC verdrängt. Mit der Nahrung zugeführte Vitaminvorstufen werden als Provitamine bezeichnet. Diese können im Organismus umgewandelt und somit aktiviert werden, z. B. Carotine durch Darmschleimhaut und Leber in Vitamin A oder Ergosterol durch UV-Bestrahlung in Vitamin D. V. sind nicht nur Nahrungsergänzungsstoffe, sondern können auch als sog. Coenzyme für wichtige Funktionen im Zellstoffwechsel wirksam sein. Mangel an Vitaminen führt zu Hypo- bzw. Avitaminosen. Massive Überdosierungen können Hypervitaminosen bewirken. Typische Krankheitsbilder von Avitaminosen sind z. B. Skorbut, bedingt durch Mangel an Vitamin C, oder Rachitis, infolge Mangels an Vitamin D. Die Menge an benötigten Vitaminen ist abhängig von der Belastung und dem Alter des betreffenden Menschen. Die Einteilung der V. kann nach Löslichkeit in wasser- oder fettlösliche V. oder aber nach ihrer physiologischen Wirkung erfolgen. Wasserlösliche V. sind B_1, B_2, B_6, B_{12}, Biotin, Folsäure, Pantothensäure und Vitamin C (↗ Ascorbinsäure); fettlösliche V. sind A, D, E (↗ Tocopherole) und K. Eine Übersicht über den mittleren Tagesbedarf, die Hauptfunktion und die biologische Wirkung der einzelnen Vitamine gibt die nachfolgende Tabelle.

Tabelle: Mittlerer Tagesbedarf, Hauptfunktion und Wirkungsweise der Vitamine

	mittlerer Tagesbedarf	Hauptfunktion	Biologische Wirkung
Wasserlösliche Vitamine			
Thiamin (Vit. B_1)	1,5 mg	Kohlenhydratstoffwechsel, Aldehydgruppenübertragung	antineuritisches Vitamin
Riboflavin (Vit. B_2)	2 mg	Atmung, Wasserstoffübertragung	Antidermatitisvitamin (Gesunderhaltung der Haut)
Folsäure*	1,5 mg	C_1-Gruppen-Transfer	zur Therapie bestimmter Formen der Blutarmut
Nicotinamid*	15 mg	Atmung, Wasserstoffübertragung	Pellagraschutzstoff
Nicotinsäure		Coenzym A-Baustein,	
Pantothensäure*	5 mg	Übertragung von Acylresten	
Pyridoxin (Vit. B_6)	2 mg	Aminogruppen-Transfer, Decarboxylierungen	Ausfallserscheinungen bei Menschen nicht bekannt
Cyanocobalamin (Vit. B_{12})	2,5 μg	1,2-Verschiebung von Alkylgruppen	antianämisches Vitamin, extrinsic factor
Ascorbinsäure (Vit. C)	75 mg	Cofaktor bei Hydroxylierungen	antiskorbutisches Vitamin
Biotin (Vit. H)	0,25 mg	Coemnzym verschiedener Carboxylierungsreaktionen	Hautvitamin
Fettlösliche Vitamine			
Retinol (Vit. A)	1,5 mg	Sehvorgang	Epithelschutzvitamin; antixerophthalmisches Vitamin
Calciferole (Vit. D)	15 μg	Calcium- und Phosphatstoffwechsel	antirachitisches Vitamin
α-Tocopherol (Vit. E)	15 mg	Antioxidans	Schutz vor Peroxidbildungen
Phyllochinone (Vit. K)	1 mg	Bildung verschiedener Blutgerinnungsfaktoren	antihämorrhagisches Vitamin

* Diese Verbindungen werden auch zu den Vitaminen der B-Gruppe gestellt.

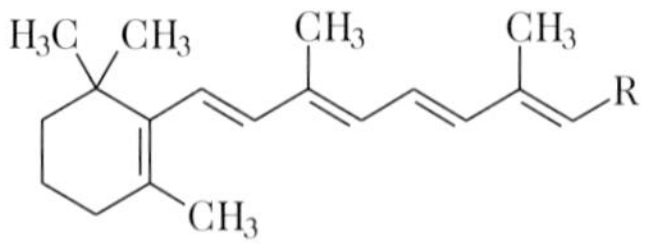

Vitamin A_1

Retinol: $R = CH_2OH$
Retinal: $R = CHO$
Retinoinsäure: $R = COOH$

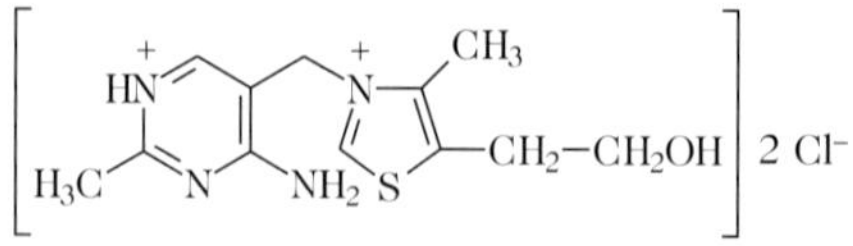

Vitamin B_1

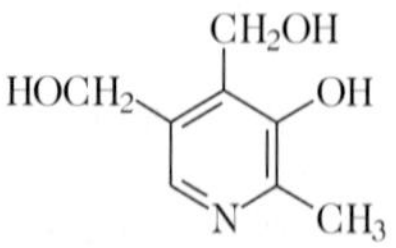

Vitamin B_6

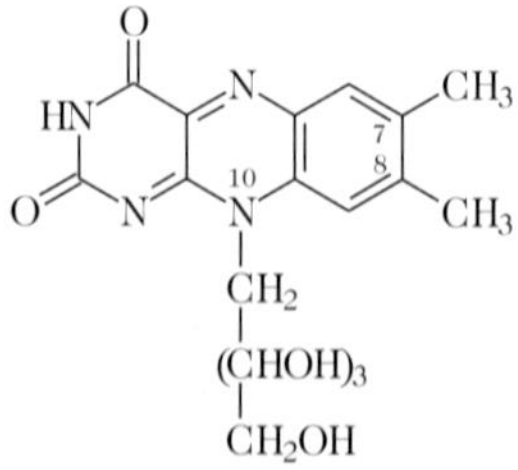

Vitamin B_2

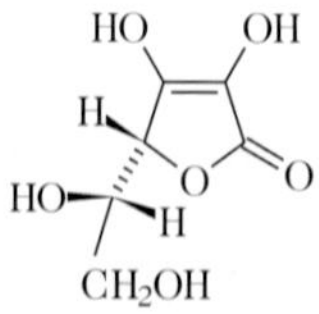

Vitamin C (L-(+)-Ascorbinsäure)

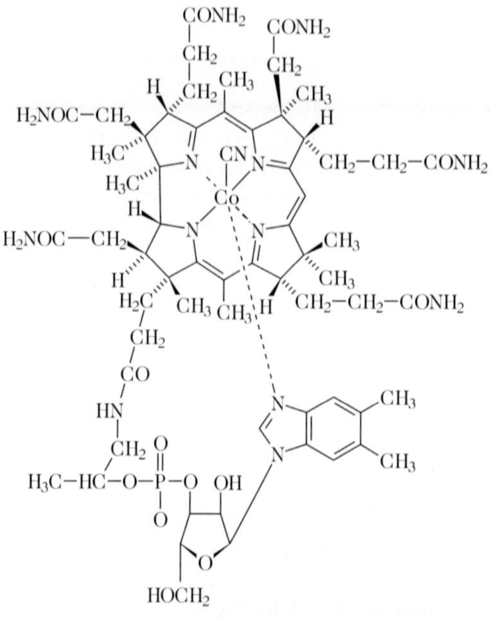

Vitamin B_{12} (Cyanocobalamin)

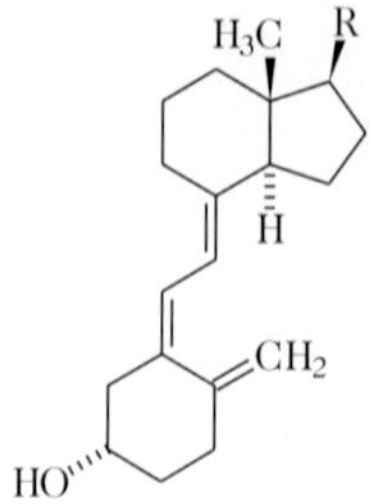

Vitamin D

Ergocalciferol (Vitamin D_2):

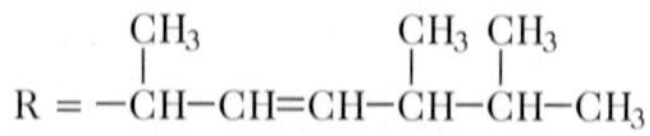

Cholecalciferol (Vitamin D_3):

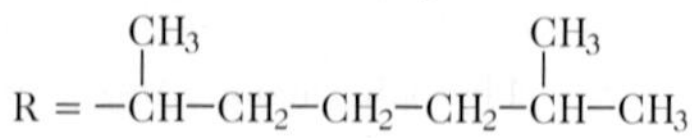

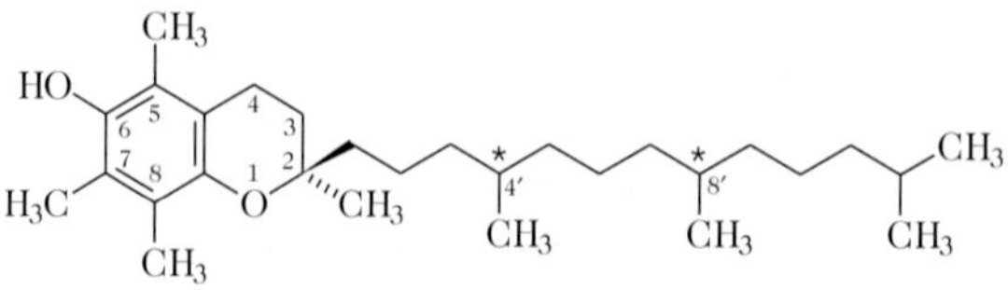

* asymmetrische C-Atome

Vitamin E (α-Tocopherol)

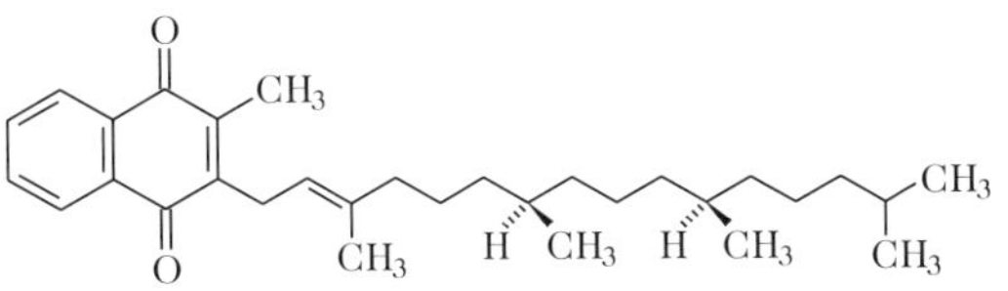

Vitamin K_1
(Phytomenadion)

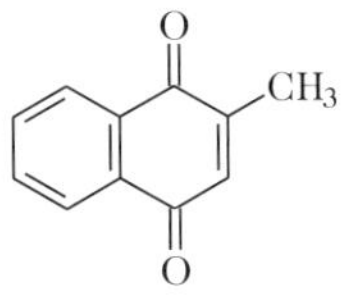

Vitamin K_3
(Menadion)

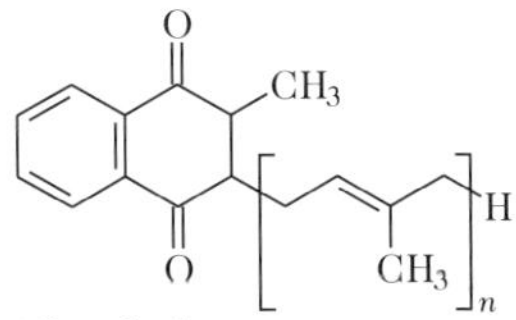

Vitamin K_2
(Menachinon-*n*)

Vitellaria paradoxa ↗ Butyrospermum parkii.

■ **Vitex agnus-castus** L.
(syn. *Agnus-castus vulgaris, Vitex verticillata*); Mönchspfeffer (syn. Abrahamstrauch, Keuschbaum, Keuschlamm, Müllen), s. Farbtafel S. 311, Bild 186.

Fam.: Verbenaceae.

Vork.: Mittelmeergebiete bis westliches Asien.

Drogen: ***1. Agni casti fructus*** (syn. *Baccae Agni casti, Fructus Agni casti, Semen Agni casti*); Mönchspfefferfrüchte (syn. Keuschlammfrüchte), die reifen, getrockneten Früchte. Inh.: Iridoidglykoside, u. a. Agnusid und Aucubin, Flavo-

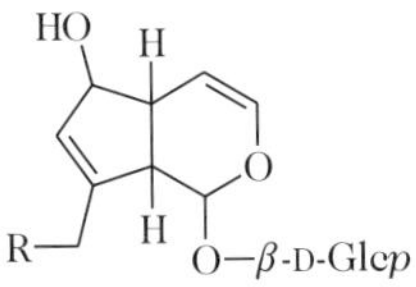

Aucubin: R = CH_2OH
Agnusid: R = CH_2O-*p*-Hydroxybenzoyl

noide, bes. Casticin und Penduletin. Ferner äther. Öl (0,8–1,2 %) mit den Hauptkomponenten 1,8-Cineol, Limonen, α-Pinen und β-Pinen sowie Diterpene, u. a. Rotundifuran und Vitexilacton. Wirk.: Extrakte der Droge wirken dopaminerg, prolactininhibierend und regen unter anderem die Ausschüttung der Gonadotropine LH, ICSH und LTH an. Sie sind Bestandteil zahlreicher Phytopharmaka. Anw.: prämenstruelle Beschwerden, Regeltempoanomalien, Mastodynie sowie als Galactagogum. ***2. Viticis folium*** (syn. *Vitex-peduncularis*-Blätter), die getrockneten Blätter. Inh.: Iridoide, bes. Agnusid (0,6 %) und Aucubin (0,3 %) sowie Eurostosid, Flavonoide, u. a. Casticin, Homoorientin und Isovitexin. Ferner äther. Öl (0,5–1 %) mit den Hauptkomponenten 1,8-Cineol, β-Caryophyllen, *E*-β-Farnesen, Limonen, α-Pinen und Sabinen sowie die Ketosteroide Androstendion, 17-α-Hydroxyprogesteron und Progesteron. Anw.: volkstümlich bei Fieber.

Hom.: ***Vitex agnus-castus*** HAB1; Mönchspfeffer, die reifen, getrockneten Früchte. Anw.-Geb.: Erkrankungen der männlichen und weiblichen Geschlechtsorgane.

Histor.: Die Bezeichnung *agnus* ist von den griechischen Worten *agnos* (keusch, rein) und *gonos* (Nachkommenschaft) abgeleitet und wurde bereits von ↗ Dioskurides in Zusammenhang mit der weitverbreiteten Ansicht einer anaphroditischen Wirkung gebraucht. Ebenso weist der lateinische Name *castus* (keusch) auf diese Ansicht hin. Der Strauch galt als Sinnbild der Keuschheit. Im Altertum, aber auch im Mittelalter, dienten Zubereitungen aus den Früchten als Mittel zur Minderung des Geschlechtstriebes, zur Förderung der Regelblutung sowie des Milchflusses. In einigen südlichen Regionen dienen die Früchte auch als Pfefferersatz, während die scharfen Blätter anstelle von Hopfen dem Bier zugesetzt werden.

Vitexin ↗ Flavonoide.
Vitex-peduncularis-Blätter ↗ Vitex agnus-castus.
Vitex verticillata ↗ Vitex agnus-castus.
Viticis folium ↗ Vitex agnus-castus.
Vitis-idaeae folium ↗ Vaccinium-Arten.
Vitis-idaeae fructus ↗ Vaccinium-Arten.
Vitis idaea punctata ↗ Vaccinium-Arten.
Vitis-idaea punctifolia ↗ Vaccinium-Arten.
Vitis viniferae folium ↗ Vitis vinifera.

■ **Vitis vinifera** L. **ssp. vinifera**
Wein (syn. Weinstock, Weinrebe).

Fam.: Vitaceae.

Vork.: Mittel- und Südeuropa, Vorderasien, Mittel- und Südamerika, Australien, Neuseeland, in der Regel kultiviert.

Droge: ***1. Vitis viniferae folium*** (syn. *Folia Vitis viniferae*); Weinrebenblätter (syn. Weinblätter), die frischen Laubblätter. Inh.: Tartrate, u. a.

Kaliumbitartrat (ca. 2 %), und Calciumbitartrat, ferner Calciumoxalat, freie Wein-, Äpfel- und Bernsteinsäure, Zucker (ca. 2 %), Flavonoide, wie Quercitrin und Quercetin, sowie Gerbstoffe. *Anw.*: in der Volksheilkunde bei Hautleiden, Blutungen und Dysenterie. Aus den Weinranken (*Pampini Vitis*) wurde früher *Extractum Vitis pampinorum* für diese Indikationen hergestellt. ***2. Oleum Vitis viniverae e seminibus***; Traubenkernöl, das fette Öl der Kerne. *Inh.*: Triglyceride, die Palmitinsäure (8–10 %), Stearinsäure (3–5 %), Ölsäure (10–20 %), Linolsäure (65–70 %) sowie Myristin- und Linolensäure als Fettsäurekomponenten enthalten. *Anw.*: als Diätetikum, Speise- und Backöl; in der Farbenindustrie zur Gewinnung von Firnissen, in der Linoleum- und Seifenherstellung. ***3. Fructus Vitis***; Weinbeeren (syn. Weintrauben), die reifen Früchte. *Inh.*: Weinsäure (0,3–0,4 %), Äpfelsäure (0,3–0,4 %), Tartrate (0,4–0,6 %), Zucker (3–15 %), Pektine (ca. 3 %), Pentosane, Gerbstoffe, Quercitrin und Quercetin, in blauen Trauben Oenin, Anthocyane, Xanthophylle, Cartozine, Vitamine A, B_1, B_2, C, Gerbstoffe, Vanillin, fettes Öl. *Anw.*: zur „Traubenkur", d. h. durch die laxierenden und diuretischen Effekte der Tartrate bei Stoffwechselkrankheiten, Verstopfung, Hauterkrankungen, Fettsucht, Herzleiden; zur Herstellung von Traubensaft bzw. zur Weinherstellung (s. *Vinum*). ***4. Passulae majores*** (syn. *Uvae passae*); Rosinen (syn. Sultanas, Sultaninen, Zibeben), die getrockneten Früchte. *Inh.*: Fruchtsäuren (ca. 1,5 %), Dextrose (ca. 28 %), Lävulose (ca. 34 %), Mineralien. *Anw.*: in der Backwarenindustrie, für Suppen, Süßspeisen, Puddings, Schokoladenprodukte etc. Die besten Produkte stammen aus Spanien, Frankreich, Griechenland, Kleinasien und Kalifornien. ***5. Passulae minores*** (syn. *Uvae corinthiacae*); Korinthen, die getrockneten Früchte von *Vitis vinifera* var. *apyrena*, dessen Anbaugebiete Griechenland (Korinth) und Australien sind. *Inh.*: Fruchtsäuren (2,5 %), Zucker (ca. 53 %), Proteine (ca. 2,8 %). *Anw.*: für Backwaren, Puddings und Suppen. ***6. Vinum***; Wein, das durch alkoholische Gärung aus dem Saft der frischen Weintraube hergestellte Getränk. Für arzneiliche Zwecke werden hauptsächlich süße Weine, wie Xereswein (Cherry) oder *Vinum dulce* (Süßwein) eingesetzt. *Inh.*: Ethanol (je nach Traubensorte, Erntezeitpunkt und Anbaugebiet zwischen 6 und maximal 16 %), Zucker, Tartrate, Fruchtsäuren, Duftstoffe, Farbstoffe, Gerbstoffe, Mineralien, Alkaloide (Salsolin), Amine (Serotonin, Dopamin), Resveratrol. *Anw.*: hauptsächlich als Genußmittel, zur Bereitung der Arzneiweine (↗ Vinum medicatum), früher auch als Stärkungsmittel. Bei mäßigem Weingenuß wird eine protektive Wirkung bezüglich der Arteriosklerose und koronaren Herzerkrankungen beobachtet.

Hom.: *Vitis vinifera* HAB 34; Wein, die frischen Blätter.

■ Viverra zivetta.

Zibetkatze.

Fam.: Felidae.

Vork.: Nordafrika, Kleinasien, Indien.

Droge: ***Zibethum*** (syn. Zibet) ist das Drüsensekret der männlichen und weiblichen Zibetkatzen, eine salbenartige, gelbe Masse mit charakteristischem Geruch, das von den Tieren als Sexuallockstoff und zur Markierung ihres Lebensraumes genutzt wird. *Inh.*: ca. 0,1 % Skatol als Geruchsträger sowie das moschusartig riechende Zibeton (makrocyclisches Keton). *Anw.*: *Zibethum* wird als Duftträger in der Parfümerie eingesetzt.

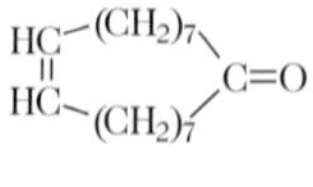

Zibeton

Viverra zivetta, Zibetkatze.

■ Voacanga-Arten

- **Fam.:** Apocynaceae.
- **Voacanga africana** Stapf.; Voacangastrauch.

Vork.: tropisches Afrika.

Drogen: ***1. Cortex Voacangae radicis*** bzw.

arboris; Wurzel- und Stammrinde bzw. alle Pflanzenteile. Inh.: Voacanga-Alkaloide (Indolalkaloide vom Iboga-Typ, bis zu 10 %), wie Vobasin, Dre-

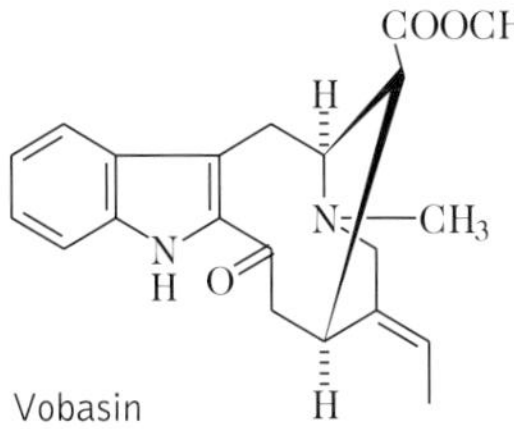

Vobasin

gamin, Tabernaemontanin, Voacamin, Voacangin, Voacorin, Vobtusin. *Anw:* bei den afrikanischen Ureinwohnern als Halluzinogen für kultische Zeremonien, als Aphrodisiakum und als Jagddroge. *2.* ***Semen Voacangae***; Voacangasamen, die reifen Samen. Inh.: Voacamin und ähnliche Indolalkaloide (ca. 10 %). *Anw.:* von afrikanischen Medizinmännern und Zauberern zur Erzeugung von Visionen eingesetzt.

● **Voacanga schweinfurthii** Stapf.
Vork.: tropisches Afrika.
Droge: die Rinde der Stämme. Inh.: Voacanga-Alkaloide (Indolalkaloide vom Iboga-Typ), u. a. Voacamin, Voacangin und Vobtusin. *Anw.:* in der Volksheilkunde bei Rheuma sowie als herzaktive Droge bei Herzinsuffizienz.

● **Voacanga bracteata** Stapf. **var. bracteata**.
Vork.: tropisches Afrika.
Droge: die Stammrinde Inh.: Indolalkaloide vom Iboga-Typ (ca. 2,5 %), wie Voacangin, Voacamin, Voacangarin, Voacorin. *Anw.:* in Gabun als Halluzinogen eingesetzt, Ersatzdroge für Marihuana (↗ *Cannabis sativa*).

Voacangasamen ↗ Voacanga-Arten.
Voacangastrauch ↗ Voacanga-Arten.
Vogelbeerbaum ↗ Sorbus aucuparia.
Vogelbrot ↗ Sedum acre.
Vogelchrut ↗ Viscum album.
Vogelkirsche ↗ Prunus-Arten.
Vogelkläb ↗ Viscum album.
Vogelknöterich ↗ Polygonum aviculare.
Vogellim ↗ Viscum album.
Vogelmiere ↗ Stellaria media.
Vogelmistel ↗ Viscum album.
Vogelspinne ↗ Avicularia avicularia.
Vogeltod ↗ Conium maculatum.
Volkameria orientalis ↗ Sesamum indicum.
Volkameria sesamoides ↗ Sesamum indicum.
Volutarella divaricata ↗ Amberboa divaricata.
Vorwitzerchen ↗ Hepatica nobilis.
Vorwitzkraut ↗ Hepatica nobilis.
Vouacapoua araroba ↗ Andira-Arten.
Vulneraria heterophylla ↗ Anthyllis vulneraria.

W

Wacholderbeeren ↗ Juniperus communis.
Wacholderholz ↗ Juniperus communis.
Wacholderholzteer ↗ Juniperus oxycedrus.
Wacholdermistel ↗ Arceuthobium oxycedri.
Wacholderteer ↗ Juniperus oxycedrus.
Wachsblume ↗ Cerinthe glabra.

■ Wachse

Sammelbezeichnung für wasserunlösliche, bei Raumtemperatur feste, in der Wärme plastisch verformbare Stoffgemische. Die natürlichen W. sind lipophile Ester aus langkettigen Wachsalkoholen oder Sterolen mit langkettigen, geradzahligen Säuren. Mitunter wird diese Definition nicht exakt eingehalten, wie z. B. beim Japanwachs. *Cera japonica* (Japanwachs, durch Auspressung der Früchte verschiedener ↗ *Rhus*-Arten gewonnene Masse) wird zwar als Wachs bezeichnet, ist aber chemisch betrachtet ein Fett. Pflanzliche W. sind Ausscheidungsprodukte der Epidermis, die in die Cuticula ein- oder ihr aufgelagert werden. Viele Blätter, Früchte und Sprosse tragen Wachsüberzüge, die vor Verdunstung sowie Befall durch Mikroorganismen schützen, wie z. B. Carnaubawachs (↗ *Copernicia prunifera*). Tierische W. treten als Schutzschicht auf der Haut, den Federn und dem Außenskelett von Insekten auf. Bei Säugetieren werden sie in den Talgdrüsen gebildet, bei Vögeln in der Burzeldrüse. Marine Organismen nutzen W. als Reservestoffe bzw. zur Regulation des Auftriebs. Tierische W. sind z. B. Bienenwachs (*Cera flava*; ↗ *Apis mellifera*), Schellack (↗ *Kerria lacca*), Chinesisches Wachs (syn. *Cera chinensis*, von der Schildlaus *Coccus ceriferus* auf der Chinesischen Esche ausgeschiedene Masse), Wollwachs (↗ *Ovis aries*) oder Walrat (Cetaceum, ↗ *Physeter macrocephalus*). Mineralische W. sind ein Gemisch höherer Paraffine und kommen z. B. im Bitumen vor. Pharmazeutisch häufig genutzte W. sind u. a. Carnaubawachs *Cera Copernicia* (syn. *Cera Carnaubae, C. Palmarum*, ↗ *Copernicia prunifera*), *Cera alba, Cera flava;* Gelbes Wachs (syn. Bienenwachs, ↗ *Apis mellifera*) und *Cera Lanae* (↗ *Ovis aries*).

Wachsmyrte ↗ Myrica pensylvanica.
Wachspalme ↗ Copernicia prunifera.
Wahrer Manzinellenbaum ↗ Hippomane mancinella.
Wahres Benediktenkraut ↗ Geum-Arten.
Waid ↗ Isatis tinctoria.
Waldameise ↗ Formica rufa.
Waldbingelkraut ↗ Mercurialis-Arten.
Waldbrustwurz ↗ Angelica archangelica.
Wald-Ehrenpreis ↗ Veronica officinalis.
Walderdbeere ↗ Fragaria vesca.
Waldfarn ↗ Dryopteris filix-mas.
Waldföhre ↗ Pinus-Arten.
Waldfrauenfarn ↗ Athyrium filix-femina.
Waldgamanderkraut ↗ Teucrium-Arten.
Waldgeißbart ↗ Aruncus dioicus.
Waldglöckchen ↗ Digitalis-Arten.
Waldgreiskraut ↗ Senecio-Arten.
Waldhyazinthe ↗ Platanthera bifolia.
Waldkiefer ↗ Pinus-Arten.
Waldklapperschlange ↗ Crotalus-Arten.
Waldklette ↗ Sanicula europaea.
Waldknecke ↗ Sanicula europaea.
Waldknoblauch ↗ Allium-Arten.
Waldkraut ↗ Solidago-Arten.
Waldlauch ↗ Allium-Arten.
Waldlilie ↗ Trillium erectum.
Waldlinde ↗ Tilia-Arten.
Waldmalvenblüten ↗ Malva-Arten.
Waldmannskraut ↗ Chimaphila umbellata.
Waldmeister ↗ Galium odoratum.
Waldnachtschatten ↗ Atropa belladonna.
Waldnachtschattenstiele ↗ Solanum-Arten.
Waldquendel ↗ Calamintha officinalis.
Waldrebe ↗ Clematis-Arten.
Waldrebenkraut ↗ Clematis-Arten.
Waldröschen ↗ Anemone nemorosa, ↗ Epilobium-Arten.
Waldsalbei ↗ Teucrium-Arten.
Waldsanikel ↗ Sanicula europaea.
Waldsauerklee ↗ Oxalis acetosella.
Waldschelle ↗ Digitalis-Arten.
Waldschnecke ↗ Arion empiricorum.
Waldspringkraut ↗ Impatiens noli-tangere.
Wallwurz ↗ Symphytum officinale.
Walnußbaum ↗ Juglans regia.
Walnußblätter ↗ Juglans regia.
Walnüsse ↗ Juglans regia.
Walnußschalenöl ↗ Juglans regia.
Walöl ↗ Balaenoptera musculus.
Walrat ↗ Physeter macrocephalus.
Walratöl ↗ Physeter macrocephalus.
Wandelblütenkraut ↗ Lantana camara.
Wandelröschen ↗ Lantana camara.
Wanzenbeere ↗ Ribes nigrum.
Wanzendill ↗ Coriandrum sativum.
Wanzen-Knabenkraut ↗ Orchis-Arten.
Wanzenkraut ↗ Cimicifuga racemosa, ↗ Dryopteris filix-mas.
Waras ↗ Flemingia macrophylla.
Warzenkraut ↗ Chelidonium majus.
Waschholz ↗ Quillaia saponaria.
Waschkraut ↗ Saponaria officinalis.
Waschrinde ↗ Quillaia saponaria.
Waschwurzel ↗ Saponaria officinalis.
Wasserandorn ↗ Lycopus-Arten.
Wasserandornkraut ↗ Lycopus-Arten.
Wasserbenediktenwurzel ↗ Geum-Arten.
Wasserbunge ↗ Veronica beccabunga.
Wasserdost ↗ Eupatorium-Arten.
Wasserfenchel ↗ Oenanthe aquatica.
Wasserflohkraut ↗ Polygonum amphibium.
Wassergamander ↗ Teucrium-Arten.
Wasserhanf ↗ Eupatorium-Arten.
Wasserholder ↗ Viburnum-Arten.
Wasserhyazinthe ↗ Eichhornia crassipes.
Wasserklee ↗ Menyanthes trifoliata.
Wasserklette ↗ Petasites hybridus.
Wasserknoblauch ↗ Teucrium-Arten.
Wasserknöterich ↗ Polygonum amphibium.
Wasserkraut ↗ Nasturtium officinale.
Wasserkräutel ↗ Levisticum officinale.
Wasserkresse ↗ Nasturtium officinale.
Wasserkümmel ↗ Oenanthe aquatica.
Wasserlauch ↗ Teucrium-Arten.

Wasserlinse ↗ Lemna minor.
Wasser-Mannstreu ↗ Eryngium-Arten.
Wassermelone ↗ Citrullus vulgaris.
Wasserminze ↗ Mentha-Arten.
Wassermokassinschlange ↗ Ancistrodon piscivorus.
Wassernabel ↗ Centella asiatica, ↗ Umbilicus rupestris.
Wassernabelkraut ↗ Hydrocotyle vulgaris.
Wassernelkenwurz ↗ Geum-Arten.
Wasserotter ↗ Ancistrodon piscivorus.
Wasserpfeffer ↗ Polygonum hydropiper.
Wasserpfeffer-Knöterich ↗ Polygonum hydropiper.
Wasserpfefferknöterichkraut ↗ Polygonum hydropiper.
Wasserrebendolde ↗ Oenanthe aquatica.
Wasserrohr ↗ Arundo donax.
Wasserrüster ↗ Ulmus-Arten.
Wassersalat ↗ Veronica beccabunga.
Wasserschierling ↗ Cicuta virosa; ↗ Oenanthe aquatica.
Wasserschneeball ↗ Viburnum-Arten.
Wasserschwertlilie ↗ Iris pseudacorus.
Wasserwegerich ↗ Alisma plantago-aquatica.
Wasser-Yam ↗ Dioscorea-Arten.
Watteblume ↗ Anthyllis vulneraria.
Waude ↗ Reseda luteola.
Weberkarde ↗ Dipsacus sativus.
Weckbröselchen ↗ Calendula officinalis.
Wegdorn ↗ Rhamnus catharticus.
Wegebreit ↗ Plantago-Arten.
Wegerich-Froschlöffel ↗ Alisma plantago-aquatica.
Wegetred ↗ Polygonum aviculare.
Weggras ↗ Polygonum aviculare.
Wegkraut ↗ Polygonum aviculare.
Wegmalve ↗ Malva-Arten.
Wegrauke ↗ Sisymbrium officinale.
Wegraukenkraut ↗ Sisymbrium officinale.
Wegsenf ↗ Sisymbrium officinale.
Wegtritt ↗ Plantago-Arten.
Wegwarte ↗ Cichorium intybus.
Weibergürtelkraut ↗ Artemisia vulgaris.
Weiberkappen ↗ Aquilegia vulgaris.
Weiberkrieg ↗ Ononis spinosa.
Weiblicher Allermannsharnisch ↗ Gladiolus communis, ↗ Gladiolus palustris.
Weichselkirsche ↗ Prunus-Arten.
Weichselrohr ↗ Prunus-Arten.
Weichweizen ↗ Triticum aestivum.
Weidemannscher Tee ↗ Polygonum aviculare.
Weidendorn ↗ Hippophae rhamnoides.
Weidenrinde ↗ Salix-Arten.
Weidenröschen ↗ Epilobium-Arten.
Weidenröschenkraut ↗ Epilobium-Arten.
Weidenröschentee ↗ Epilobium-Arten.
Weihrauch ↗ Boswellia-Arten.
Weihrauchblätter ↗ Thuja occidentalis.
Wein ↗ Vitis vinifera.
Weinbeeren ↗ Vitis vinifera.
Weinbergschnecke ↗ Helix pomatia.
Weinbergstern ↗ Anagallis arvensis.
Weinblätter ↗ Vitis vinifera.
Weinblume ↗ Oenothera biennis.
Weinespenkraut ↗ Hyssopus officinalis.
Weinkraut ↗ Ruta graveolens, ↗ Satureja hortensis.
Weinraute ↗ Ruta graveolens.
Weinrautenkraut ↗ Ruta graveolens.
Weinrebe ↗ Vitis vinifera.
Weinrebenblätter ↗ Vitis vinifera.
Weintrauben ↗ Vitis vinifera.
Weinwurzel ↗ Geum-Arten.
Weiselfuttersaft ↗ Gelée royale.
Weiselzellfuttersaft ↗ Apis mellifera.
Weißbirke ↗ Betula-Arten.
Weißbuche ↗ Carpinus betulus.
Weißdorn ↗ Crataegus-Arten.
Weißdornblätter ↗ Crataegus-Arten.
Weißdornfrüchte ↗ Crataegus-Arten.
Weiße Aschwurz ↗ Dictamnus albus.
Weiße Bibernell ↗ Pimpinella-Arten.
Weiße Bohnen ↗ Phaseolus vulgaris.
Weiße deutsche Theriakwurz ↗ Pimpinella-Arten.
Weiße Enzianwurzel ↗ Laserpitium latifolium.
Weiße Hellebore ↗ Veratrum album.
Weiße Immortellen ↗ Antennaria dioica.
Weiße Lilien ↗ Lilium candidum.
Weiße Lupine ↗ Lupinus albus.
Weiße Malvenwurzel ↗ Althaea officinalis.
Weiße Nesselblumen ↗ Lamium album.
Weiße Nieswurz ↗ Veratrum album.
Weiße Osterblume ↗ Anemone nemorosa.
Weiße Pfingstrosenwurzel ↗ Paeonia lactiflora.
Weiße Pimpinell ↗ Pimpinella-Arten.
Weißer Affodill ↗ Asphodelus albus.
Weißer Andorn ↗ Marrubium vulgare.
Weißer Bovist ↗ Calvatia gigantea.
Weißer Caneel ↗ Canella winterana.
Weißer Caneelbaum ↗ Canella winterana.
Weißer Dammar ↗ Agathis-Arten.
Weißer Dictam ↗ Dictamnus albus.

Weißer Diptam ↗ Dictamnus albus.
Weißer Dorant ↗ Marrubium vulgare.
Weißer Gänsefuß ↗ Chenopodium-Arten.
Weißer Germer ↗ Veratrum album.
Weißer Ginseng ↗ Panax ginseng.
Weißer Honigklee ↗ Melilotus alba.
Weißer Kaneel ↗ Canella winterana.
Weißer Knollenblätterpilz ↗ Amanita verna.
Weißerle ↗ Alnus-Arten.
Weißer Maulbeerbaum ↗ Morus-Arten.
Weiße Roßkastanie ↗ Aesculus hippocastanum.
Weiße Roßwurzel ↗ Carlina acaulis.
Weißer Pfeffer ↗ Piper nigrum.
Weißer Quebracho ↗ Aspidosperma quebracho-blanco.
Weißer Senf ↗ Sinapis alba.
Weißer Stechapfel ↗ Datura-Arten.
Weißer Steinklee ↗ Melilotus alba.
Weißer Tee ↗ Camellia sinensis.
Weißer Wiesenklee ↗ Trifolium repens.
Weißer Zimt ↗ Canella winterana.
Weißer Zimtbaum ↗ Canella winterana.
Weiße Sapoten ↗ Casimiroa edulis.
Weißesche ↗ Fraxinus-Arten.
Weiße Schlüsselblume ↗ Primula-Arten.
Weiße Schwalbenwurz ↗ Vincetoxicum hirundinaria.
Weißes Dammarharz ↗ Shorea robusta, ↗ Shorea wiesneri.
Weiße Seerose ↗ Nymphaea alba.
Weiße Seifenwurzel ↗ Gypsophila paniculata.
Weiße Senfsamen ↗ Sinapis alba.
Weißes Fischbein ↗ Sepia officinalis.
Weißes Labkraut ↗ Galium album.
Weißes Sandelholz ↗ Santalum album.
Weiße Süßholzwurzel ↗ Althaea officinalis.
Weiße Taubnessel ↗ Lamium album.
Weiße Teichrose ↗ Nymphaea alba.
Weiße Verbene ↗ Verbena urticifolia.
Weiße Weide ↗ Salix-Arten.
Weiße Zaunrübe ↗ Bryonia-Arten.
Weiße Zentifolienrosenblüten ↗ Rosa x centifolia.
Weißheckdorn ↗ Crataegus-Arten.
Weißklee ↗ Trifolium repens.
Weißkleeblüten ↗ Trifolium repens.
Weißkohl ↗ Brassica-Arten.
Weißkraut ↗ Brassica-Arten.
Weißpappel ↗ Populus-Arten.
Weißrückige Magnolie ↗ Magnolia obovata.
Weißrüster ↗ Ulmus-Arten.
Weißtanne ↗ Abies-Arten.
Weißtannenöl ↗ Abies-Arten.
Weißwurzel ↗ Althaea officinalis.
Weizen ↗ Triticum aestivum.
Weizenkeimöl ↗ Triticum aestivum.
Weizenkleie ↗ Triticum aestivum.
Weizenstärke ↗ Triticum aestivum.
Wellblatt-Rhabarber ↗ Rheum-Arten.
Welsche Kamille ↗ Chamaemelum nobile.
Welsche Mispel ↗ Crataegus-Arten.
Welscher Kerbel ↗ Myrrhis odorata.
Welscher Kümmel ↗ Cuminum cyminum.
Welscher Lavendel ↗ Lavandula stoechas.
Welscher Petersil ↗ Pastinaca sativa.
Welschlauch ↗ Allium-Arten.
Welschnüsse ↗ Juglans regia.
Wermut ↗ Artemisia absinthium.
Wermutkraut ↗ Artemisia absinthium.
Wespe ↗ Viscum album.
Westindische Cascara ↗ Picramnia antidesma.
Westindische Elefantenläuse ↗ Anacardium occidentale.
Westindischer Salep ↗ Maranta arundinacea.
Westindisches Arrowroot ↗ Maranta arundinacea.
Westindisches Drachenblut ↗ Pterocarpus-Arten.
Westindisches Elemi ↗ Bursera-Arten.
Wetterblume ↗ Anagallis arvensis.
Wetterdistel ↗ Carlina acaulis.
Wetterkraut ↗ Anagallis arvensis.
Weymouthkiefer ↗ Pinus-Arten.
Weymouthkiefernnadelöl ↗ Pinus-Arten.
Wichowaka ↗ Pachycereus pecten-aboriginum.
Wichuri ↗ Coryphanta compacta.
Wickelwurz ↗ Bergenia crassifolia.
Wickelwurzblatt ↗ Bergenia crassifolia.
Wickelwurzel ↗ Bergenia crassifolia.
Wickstroemia chamaedaphne ↗ Wikstroemia chamaedaphne.
Widerton ↗ Polytrichum commune.
Wiesenarnika ↗ Arnica-Arten.
Wiesen-Augentrost ↗ Euphrasia rostkoviana.
Wiesen-Bärenklau ↗ Heracleum sphondylium.
Wiesenbertram ↗ Achillea-Arten.
Wiesengeißbart ↗ Filipendula ulmaria.
Wiesenklee ↗ Trifolium pratense.
Wiesenknopf ↗ Sanguisorba officinalis.
Wiesenknöterich ↗ Polygonum bistorta.
Wiesenkohl ↗ Cirsium oleraceum.
Wiesenkönigin ↗ Filipendula ulmaria.
Wiesen-Küchenschelle ↗ Pulsatilla-Arten.
Wiesenkuhschelle ↗ Pulsatilla-Arten.
Wiesenkümmel ↗ Carum carvi.

Wiesenlattich ↗ Taraxacum officinale.
Wiesenlein ↗ Linum catharticum.
Wiesen-Lieschgras ↗ Phleum pratense.
Wiesenlilie ↗ Colchicum autumnale.
Wiesensafran ↗ Colchicum autumnale.
Wiesenschaumkraut ↗ Cardamine pratensis.
Wiesen-Schlüsselblume ↗ Primula-Arten.
Wiesenspierstaude ↗ Filipendula ulmaria.
Wiesenwucherblume ↗ Leucanthemum vulgare.
Wigandia californica ↗ Eriodictyon californicum.
Wikstroemia candolleana ↗ Daphne cannabina.

■ **Wikstroemia chamaedaphne** Meissn. (syn. *Passerina chamaedaphne, Wickstroemia chamaedaphne*).

Fam.: Thymelaeaceae.

Vork.: Nordchina.

Droge: die getrockneten Blätter. Inh.: Flavonoide, Diterpene, Wachse. Anw.: in der chinesischen Volksheilkunde als Abortivum, bei entzündlichen Lymphknotenschwellungen infolge infektiöser Geschlechtskrankheiten sowie bei Hepatitis.

Wikstroemia chamaejasme ↗ Stellera chamaejasme.
Wikstroemia fosterii ↗ Daphne cannabina.
Wikstroemia hypericifolia ↗ Stellera chamaejasme.
Wikstroemia indica ↗ Daphne cannabina.
Wikstroemia ovata ↗ Daphne cannabina.
Wikstroemia purpurata ↗ Daphne cannabina.
Wikstroemia viridiflora ↗ Daphne cannabina.
Wilde Artischockenwurzel ↗ Carlina acaulis.
Wilde Aurikel ↗ Primula-Arten.
Wilde Balsamine ↗ Impatiens noli-tangere.
Wilde Distel ↗ Dipsacus silvestris.
Wilde Gelbwurz ↗ Curcuma-Arten.
Wilde Goldrute ↗ Solidago-Arten.
Wilde Ipecacuanha ↗ Triosteum perfoliatum.
Wilde Kardamomen ↗ Amomum-Arten.
Wilde Kastanie ↗ Aesculus hippocastanum.
Wilde Malve ↗ Malva-Arten.
Wilde Malvenblüten ↗ Malva-Arten.
Wilde Muskatnuß ↗ Myristica argentea.
Wilde Nardenwurzel ↗ Asarum europaeum.
Wilde Petersilie ↗ Aethusa cynapium.
Wilder Anis ↗ Myrrhis odorata.
Wilder Aurin ↗ Gratiola officinalis.
Wilder Bibernell ↗ Sanguisorba minor.
Wilder Buchsbaum ↗ Arctostaphylos uva-ursi.
Wilder Chnobloch ↗ Alliaria petiolata.
Wilder Gamander ↗ Teucrium-Arten.
Wilder Gummi ↗ Dyera costulata.
Wilder Hanf ↗ Conyza canadensis.
Wilder Indigo ↗ Baptisia tinctoria.
Wilder Ingwer ↗ Asarum canadense.
Wilder Jasmin ↗ Gelsemium sempervirens.
Wilder Knoblauch ↗ Allium-Arten.
Wilder Krapp ↗ Galium album.
Wilder Lein ↗ Linum catharticum.
Wilder Majoran ↗ Origanum vulgare.
Wilder Pfeffer ↗ Schinus-Arten.
Wilder Rosmarin ↗ Ledum palustre.
Wilder Safran ↗ Carthamus tinctorius.
Wilder Schneeball ↗ Ceanothus americanus.
Wilder Senf ↗ Sisymbrium officinale.
Wilder Spinat ↗ Atriplex hortensis.
Wilder Sturmhut ↗ Aconitum-Arten.
Wilder Thymian ↗ Thymus-Arten.
Wilder Wein ↗ Parthenocissus quinquefolia.
Wilde Sarsaparilla ↗ Aralia-Arten.
Wildes Franzosenholz ↗ Diospyros-Arten.
Wildes Senfkraut ↗ Sisymbrium officinale.
Wilde Tamarindenblätter ↗ Leucaena leucocephala.
Wildkirschenrinde ↗ Prunus-Arten.
Wildolive ↗ Ximenia americana.
Wildolivenöl ↗ Ximenia americana.
Wildrose ↗ Rosa canina.
Wildsafran ↗ Colchicum autumnale.
Windröschen ↗ Anemone nemorosa.
Windrosenkraut ↗ Hepatica nobilis.
Windspiel ↗ Sagittaria sagittifolia.
Winterana alba ↗ Canella winterana.
Winterana aromatica ↗ Drimys winteri.
Winterana canella ↗ Canella winterana.
Winterana obtusifolia ↗ Canella winterana.
Winterbohnenkraut ↗ Satureja montana.
Wintereiche ↗ Quercus-Arten.
Wintergrün ↗ Gaultheria procumbens, ↗ Hedera helix, ↗ Viscum album.
Wintergrünblätter ↗ Gaultheria procumbens.
Wintergrünöl ↗ Gaultheria procumbens.
Winterhaube ↗ Colchicum autumnale.
Winterhauch ↗ Colchicum autumnale.
Winterianae cortex ↗ Drimys winteri.
Winterlauch ↗ Allium-Arten.
Winterlinde ↗ Tilia-Arten.
Winterrettich ↗ Raphanus sativus.
Winterschachtelhalm ↗ Equisetum-Arten.
Winters Gewürzrindenbaum ↗ Drimys winteri.
Wischengold ↗ Lysimachia nummularia.

Wispel ↗ Viscum album.
Wispen ↗ Viscum album.
Wißföhre ↗ Pinus-Arten.

■ **Withania somnifera** (L.) Dunal
Schlafbeere.

Fam.: Solanaceae.

Vork.: China, Irak, Nordafrika, Indien, dort auch kultiviert.

Droge: die Wurzeln. *Inh.:* Alkaloide, u. a. Cuscohygrin, Anaferin, Anahygrin, Nicotin, Tropin, Withasomnin; Withanolide (ca. 2,8 %), u. a. Withaferin A, Withasomniferanolid, Somniferanolid, Somniwithanolid. *Anw.:* alte indische Heilpflanze, die zur lokalen Behandlung von Tumoren genutzt wird. Die alten Araber nutzten die Droge als Tonikum, Aphrodisiakum und Rauschmittel. Der wäßrige Drogenauszug hat eine Anti-Streß-Wirkung, die ähnlich jener des Ginsengs (↗ *Panax ginseng*) ist.

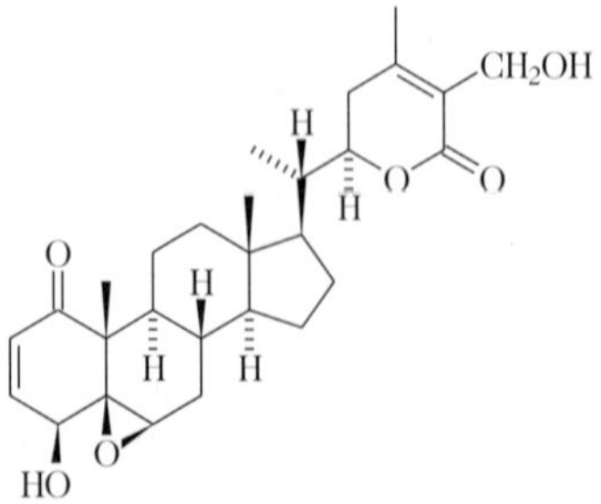

Withaferin A

Histor.: Die Verwendung der Droge geht bereits auf assyrische Quellen zurück, sie wurde in Mesopotamien als Narkotikum eingesetzt. Diese Anwendung übernahmen die alten Ägypter und Griechen. In Indien wurde die Droge in vedischen Schriften als Wunderwurzel gepriesen und fand vielseitigen Einsatz in Amuletten, Zaubermitteln sowie als Aphrodisiakum. In Europa ist sie seit dem 16. Jh. bekannt und wurde in den bekannten Kräuterbüchern beschrieben.

■ **Withering, William**
(1741–1799), Arzt, Birmingham (England). W. führte um 1785 *Digitalis purpurea* in die Arzneimitteltherapie ein.

Wittelsbachia gossypium ↗ Cochlospermum gossypium.
Witwenblume ↗ Knautia arvensis.
Wohlgemutkraut ↗ Borago officinalis.
Wohlriechender Asant ↗ Styrax-Arten.
Wohlriechender Gänsefuß ↗ Chenopodium-Arten.
Wohlriechender Oleander ↗ Nerium odorum.
Wohlriechender Pfeifenstrauch ↗ Philadelphus coronarius.
Wohlriechender Sumach ↗ Rhus-Arten.
Wohlriechender Wau ↗ Reseda odorata.
Wohlriechende Seerosenwurzel ↗ Nymphaea odorata.
Wohlriechendes Mariengras ↗ Hierochloe borealis.
Wohlriechendes Meierkraut ↗ Galium odoratum.
Wohlriechendes Ruchgras ↗ Anthoxanthum odoratum.
Wohlriechendes Veilchen ↗ Viola-Arten.
Wohlverleihkraut ↗ Arnica-Arten.
Wohlverleihwurzel ↗ Arnica-Arten.
Wolfsbast ↗ Daphne mezereum.
Wolfsbeere ↗ Atropa belladonna, ↗ Paris quadrifolia.
Wolfsbeerenblätter ↗ Arctostaphylos uva-ursi.
Wolfsblume ↗ Anemone nemorosa.
Wolfsblüten ↗ Arnica-Arten.
Wolfs-Eisenhut ↗ Aconitum-Arten.
Wolfsfuß ↗ Lycopus-Arten.
Wolfskirsche ↗ Atropa belladonna.
Wolfsmilch ↗ Euphorbia-Arten.
Wolfstrapp ↗ Leonurus cardiaca, ↗ Lycopus-Arten.
Wolfstrappkraut ↗ Leonurus quinquelobatus; ↗ Lycopus-Arten.
Wolfstraube ↗ Arctostaphylos uva-ursi.
Wolfswurz ↗ Aconitum-Arten.
Wolfszahn ↗ Claviceps purpurea.
Wolkenkraut ↗ Tagetes lucida.
Wollbaum ↗ Ceiba pentandra.
Wollblumen ↗ Verbascum-Arten.
Wollblumenkraut ↗ Verbascum-Arten.
Wollfett ↗ Ovis aries.
Wollige Ballote ↗ Leonurus lanatus.
Wolliger Fingerhut ↗ Digitalis-Arten.
Wolliger Löwenschwanz ↗ Leonurus lanatus.
Wolliges Löwenschwanzkraut ↗ Leonurus lanatus.
Wolliges Wolfstrappkraut ↗ Leonurus lanatus.
Wollklee ↗ Anthyllis vulneraria.
Wollkratzdistel ↗ Cirsium eriophorum.
Wollkraut ↗ Verbascum-Arten.
Wollkrautblumen ↗ Verbascum-Arten.

Wollnarzisse ↗ Lachnanthes tinctoria.

■ **Wollwachs**
(syn. *Adeps lanae, Adeps Lanae anhydricus, Cera Lanae*, Wollfett), die bei der Aufbereitung der Schafwolle gewonnene, gereinigte, wachsartige, wasserfreie Masse. Daraus lassen sich weiterhin die Wollwachsalkohole (*Lanae alcoholes*, syn. *Alcoholes adipis lanae*) gewinnen. *Anw.:* ↗ *Ovis aries*.

Wollwachsalkohole ↗ Ovis aries.
Woodfordia floribunda ↗ Woodfordia fruticosa.

■ **Woodfordia fruticosa** (L.) Kurz
(syn. *Woodfordia floribunda*).
Fam.: Lythraceae.
Vork.: Pakistan, Indien, Burma, Indonesien, Malayische Halbinsel, Philippinen.
Droge: Blätter und Blüten. *Inh.:* Gerbstoffe (ca. 17 %), Ocatcosanol, β-Sitosterol, Chrysophanolderivate, Alkaloide. *Anw.:* alte Droge der Ayurveda- und Unani-Medizin; in der Volksheilkunde als Diuretikum, Adstringens, bei Dysenterie, Darmbeschwerden und Rheuma genutzt.

Woronows Schneeglöckchen ↗ Galanthus-Arten.

■ **Wortmannin**
Steroid-Derivat aus Kulturen von *Penicillium wortmannii* und *Myrothecium roridum*. *Wirk.:* antifungal, antiinflammatorisch, hämorrhagisch, immunsuppressiv. *Anw.:* in der experimentellen Pharmakologie sowie ansatzweise zur Rheumatherapie unter Beachtung der starken Nebenwirkungen (Blutungen).

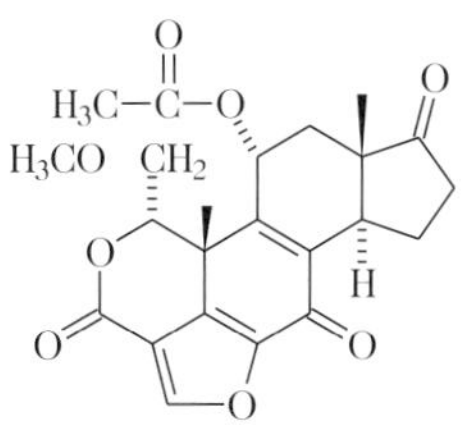

Wortmannin

Wrightia antidysenterica ↗ Holarrhena pubescens.
Wulstkraut ↗ Chelidonium majus.
Wundbalsam ↗ Myroxylon balsamum.
Wunderbaum ↗ Ricinus communis.
Wunderbeeren ↗ Synsepalum dulciferum.
Wundererbse ↗ Cardiospermum halicacabum.
Wundkleeblüten ↗ Anthyllis vulneraria.
Wundkleekraut ↗ Anthyllis vulneraria.
Wundkraut ↗ Anthyllis vulneraria, ↗ Arnica-Arten, ↗ Bupleurum-Arten, ↗ Lysimachia nummularia, ↗ Solidago-Arten, ↗ Veronica officinalis.
Wundsanikel ↗ Sanicula europaea.
Wundschwamm ↗ Fomes fomentarius.
Wundwegerich ↗ Plantago-Arten.
Wünschelrutenrinde ↗ Hamamelis virginiana.
Würger-Enzian ↗ Gentiana-Arten.
Wurmblüten ↗ Hagenia abyssinica.
Wurmfarn ↗ Dryopteris filix-mas.
Wurmfarnkraut ↗ Chrysanthemum-Arten.
Wurmgras ↗ Spigelia-Arten.
Wurmgraswurzel ↗ Spigelia-Arten.
Wurmkraut ↗ Artemisia absinthium, ↗ Chrysanthemum-Arten, ↗ Artemisia cina, ↗ Filipendula ulmaria, ↗ Spigelia-Arten.
Wurmkrautsamenöl ↗ Chenopodium-Arten.
Wurmsamen ↗ Artemisia cina, ↗ Chenopodium-Arten.
Wurmtang ↗ Alsidium helminthochorton.
Wurmtod ↗ Chrysanthemum-Arten.
Wurmtreibende Spigelie ↗ Spigelia-Arten.
Wurstkraut ↗ Origanum majorana, ↗ Satureja hortensis.
Wurzelpetersilie ↗ Petroselinum crispum.
Wurzel-Sumach ↗ Rhus-Arten.
Wüsteneidechse ↗ Scincus officinalis.
Wüterich ↗ Cicuta virosa.
Wutkraut ↗ Anagallis arvensis.
Wütrich ↗ Conium maculatum.
Wydleria portoricensis ↗ Petroselinum crispum.

■ **Wyethia helenioides** (D.C.) Nutt.
Fam.: Asteraceae (Compositae).
Vork.: westliches Nordamerika.
Hom.: ***Wyethia helenioides*** HAB34; die frischen, unterirdischen Pflanzenteile. *Anw.-Geb.:* Entzündungen der oberen Luftwege, Verdauungsschwäche, Nervenschmerzen.
Histor.: Die Benennung der Gattung erfolgte nach dem Naturforscher N.B. Wyeth, der die Pflanze in den Gebirgen Nordamerikas entdeckte; *helenoides* (alantähnlich) bezieht sich auf *helios* (Sonne) und weist auf die strahlig angeordneten Blüten hin.

X

Xanthan ↗ Xanthangummi.

■ **Xanthangummi**
(syn. Xanthan), ein bakterielles Polysaccharid, das von *Xanthomonas campestris* produziert wird und als Heteroglykan D-Glucose, D-Mannose und D-Glykopyranosyluronsäure im Verhältnis 2,8:2:2 enthält. Dabei sind einige Zuckerreste acyliert, einige Glucosereste liegen als Ketale mit Pyruvat vor (Ähnlichkeit zum Agar; ↗ *Gelidium*-Arten). *Anw.:* in der Galenik als Suspensionsstabilisator mit geringer Temperatur-, pH- und Salzempfindlichkeit. In der Nahrungsmittelindustrie wird X. zur Stabilisierung äther. Öle in Getränken und für Instantpuddings verwendet; auch die Kosmetik nutzt die Droge zur Bereitung von Zahnpasten und Cremes.

Xanthium albinum ↗ Xanthium riparium.

■ **Xanthium riparium** Itz. et Hertsch. emend. Lasch.
(syn. *Xanthium albinum*); Elb-Spitzklette.
Fam.: Asteraceae (Compositae).
Vork.: Asien, Europa, auch kultiviert.
Droge: ***Oleum Xanthii***; Spitzklettensamenöl, das fette Öl der Samen. *Inh.:* Triglyceride mit höheren, gesättigten Fettsäuren (ca. 7 %), Ölsäure (ca. 25 %), Linolsäure (ca. 60 %). *Anw.:* in der pharmazeutischen Technologie zur Herstellung von Zäpfchen, Linimenten, Salben; in der Technik zur Herstellung von Seifen und Alkoholsulfonaten.

■ **Xanthium spinosum** L.
Dornige Spitzklette; s. Farbtafel S. 312, Bild 187.
Fam.: Asteraceae (Compositae).
Vork.: Mittelmeergebiete, Südosteuropa, Südamerika.
Droge: ***Herba Xanthii spinosi***; Dorniges Spitzklettenkraut, das Kraut. *Inh.:* äther. Öl, Iodsalze. *Anw.:* in der Volksheilkunde als Diuretikum und Diaphoretikum.
Hom.: ***Xanthium spinosum*** HAB34, das frische, blühende Kraut.

■ **Xanthium strumarium** L.
Gemeine Spitzklette; s. Farbtafel S. 312, Bild 188.
Fam.: Asteraceae (Compositae).
Vork.: Mitteleuropa, Asien, bes. Indien, China, Japan.
Droge: ***Herba Xanthii strumarii*** (syn. *Herba Lappae minoris*); Gemeines Spitzklettenkraut, das Kraut. *Inh.:* Iodsalze, Xanthumin, Phytosterole, Xanthostrumarin, Alkaloide, Chlorogensäure. *Anw.:* in der Volksheilkunde als Diuretikum und Depressivum, in China nutzt man die Früchte bei Rheuma und Krätze.

Xanthohumol ↗ Humulus lupulus.
Xanthomonas campestris ↗ Xanthangummi.

■ **Xanthone**
(Xanthen-9-one), Dibenzo-γ-pyronderivate, die eine gelbe Farbe besitzen. Sie werden von höheren Pflanzen, Pilzen und Flechten gebildet und kommen sowohl frei als auch glykosidisch gebunden vor. Zu den X. gehören u. a. Bellidifolin, Gentisin, Isogentisin oder Mangiferin (↗ *Gentiana*-Arten). *Wirk.:* zentral stimulierend durch Hemmung der Monoaminoxidase.

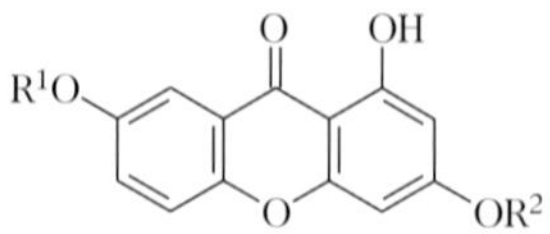

Xanhone

Name	R^1	R^2
Gentisin	H	CH_3
Isogentisin	CH_3	H

■ **Xanthoria parietina** (L.) Beltram
Wandschüssel-Flechte.
Fam.: Teloschistaceae.
Vork.: weltweit an Rinden und Hölzern, in Küstengebieten auch an Felsen wachsende Flechte.
Droge: der Thallus. *Inh.:* Anthranoide, u. a. Physcion; Emodin, Xanthorin, Fallacinol, Fallacinal, Parientinsäure; Lichesterol. *Anw.:* als Bittermittel, in der Volksheilkunde mitunter als Ersatz für Chinarinde (↗ *Cinchona*-Arten).

Xanthorhiza apiifolia ↗ Xanthorhiza simplicissima.

■ **Xanthorhiza simplicissima** Marsh.
(syn. *Xanthorhiza apiifolia, Zanthorhiza apiifolia*).
Fam.: Ranunculaceae.
Vork.: atlantisches Nordamerika.
Droge: ***Radix Xanthorhiziae***, die Wurzeln. Inh.: Alkaloide, wie Berberin, Obamegin, Oxyacanthin. Anw.: als Bittertonikum, in der Volksheilkunde. Die Droge tritt auch als Verfälschung der Kanadischen Gelbwurz (↗ *Hydrastis canadensis*) auf.

■ **Xanthorrhoea australis** R. Br.
Roter Grasbaum.
Fam.: Xanthorrhoeaceae (Liliaceae).
Vork.: Australien, bes. Tasmanien und Küstengebiete.
Droge: ***Rotes Akaroidharz*** (syn. Rotes Grasbaumharz), das aus der Pflanze gewonnene Harz. Inh.: Erythroxanthoresino-tannol-*p*-cumarsäureester (ca. 85 %), freie *p*-Cumarsäure (1–2 %), *p*-Oxybenzoesäure, äther. Öl (ca. 0,3 %). Anw.: in der Volksheilkunde bei Katarrhen; in der Technik angewendet wie Gelbes Akaroidharz (↗ *Xanthorrhoea hastilis*).

■ **Xanthorrhoea hastilis** R. Br.
Grasbaum.
Fam.: Xanthorrhoeaceae (Liliaceae).
Vork.: Australien, bes. Tasmanien und Küstengebiete.
Droge: ***Resina Xanthorrhoeae flava*** (syn. *Resina Acaroidis, Gummi Acaroidis*); Gelbes Akaroidharz (syn. Gelbes Grasbaumharz), das aus der Pflanze gewonnene Harz. Inh.: Xanthoresinotannol-*p*-Cumarsäureester (ca. 80 %), freie *p*-Cumarsäure (ca. 4 %), Zimt- und Benzoesäure; Styracin, äther. Öl (ca. 0,4 %). Anw.: in der Parfümerie, für Lacke und Glasuren sowie in der Papierherstellung.

Xanthotoxin ↗ Furanocumarine.
Xanthoxyli cortex ↗ Zanthoxylum-Arten.
Xanthoxylum caribaeum ↗ Zanthoxylum-Arten.
Xanthoxylum fraxineum ↗ Zanthoxylum-Arten.
Xanthoxylum fraxinifolium ↗ Zanthoxylum-Arten.
Xanthoxylum mite ↗ Zanthoxylum-Arten.
Xanthoxylum piperitum ↗ Zanthoxylum-Arten.
Xanthoxylum ramiflorum ↗ Zanthoxylum-Arten.
Xanthoxylum tricarpum ↗ Zanthoxylum-Arten.

■ **Xantocilline**
(Xanthocilline), Antibiotika-Gemisch aus Kulturen von *Penicillium notatum* und *Eupenicillium egyptiacum*, das aus drei Komponenten (X, Y_1 und Y_2) zusammengesetzt ist. Wirk.: bakteriostatisch gegen grampositive und gramnegative Erreger. Anw.: früher bes. in der Dermatologie sowie bei Infektionen des Rachenraums.

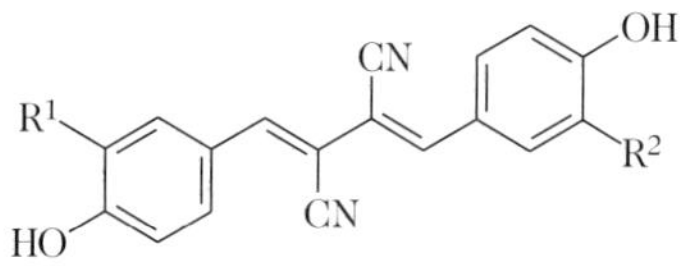

Xanthocilline

	R^1	R^2
Xanthocillin X	H	H
Xanthocillin Y_1	OH	H
Xanthocillin Y_2	OH	OH

Xereswein ↗ Vitis vinifera.
Ximenia aegyptica ↗ Balanites aegyptiaca.

■ **Ximenia americana** L.
Wildolive.
Fam.: Olacaceae.
Vork.: in den Tropen, bes. Brasilien und Uganda.
Droge: ***Ximeniaöl*** (syn. Wildolivenöl), das fette Öl der Samen. Inh.: Triglyceride, kautschukartige Stoffe. Anw.: als Speiseöl sowie zur Seifenherstellung; die Früchte und Samen sind eßbar; die Wurzelrinde dient in der Volksheilkunde als Antidiarrhoikum.

Ximeniaöl ↗ Ximenia americana.
Xiphium pseudoacorus ↗ Iris pseudoacorus.

■ **Xylopia aethiopica** (Dun.) A. Rich.
(syn. *Annona aethiopica*); Malaguetapfeffer.
Fam.: Annonaceae.
Vork.: tropisches Afrika, bes. im Senegal.
Droge: ***Fructus Xylopiae***; Mohrenpfeffer (syn. Guineapfeffer, Kanipfeffer). Inh.: äther. Öl, Harz, fettes Öl, Scharfstoffe (Piperin). Anw.: als Gewürz, mitunter als Verfälschung von Schwarzem Pfeffer (↗ *Piper nigrum*).

Xylopia polycarpa ↗ Annickia polycarpa.

■ D-Xylose

(Holzzucker), in Pflanzen, besonders im Holz weitverbreitete Pentose, die zumeist in Xylanen oder Glykosiden gebunden vorkommt. Die Gewinnung erfolgt aus den Abfallprodukten bei der Celluloseherstellung oder bei der Holzverzuckerung. *Anw.:* Ausgangspunkt für die Gewinnung von Xylit (Zuckeraustauschstoff) für die Diätetik; als schwaches Laxans.

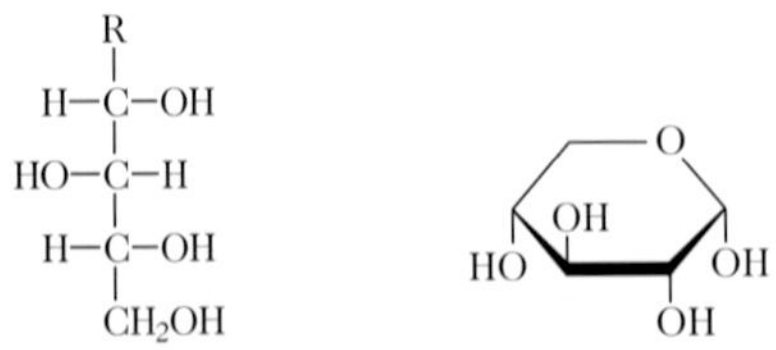

D-Xylose: R = CHO
Xylit: R = CH_2OH

α-D-Xylopyranose

Xylosteum ↗ Lonicera xylosteum.
Xysmalobii radix ↗ Xysmalobium undulatum.
Xysmalobium amplifolium ↗ Xysmalobium undulatum.
Xysmalobium dispar ↗ Xysmalobium undulatum.
Xysmalobium lapathifolium ↗ Xysmalobium undulatum.

■ Xysmalobium undulatum (L.) R. Br.

(syn. *Asclepias undulata, Xysmalobium amplifolium, X. dispar, X. lapathifolium*).

Fam.: Asclepiadaceae.

Vork.: milchsaftführende Staude im südlichen Afrika und Kenia.

Droge: ***Uzarae radix*** (syn. *Radix Uzarae, Xysmalobii radix*); Uzarawurzel. *Inh.:* Cardenolidglykoside, u. a. ↗ Uzarin, Allo-Uzarin, Allo-Uzarigenin, Allo-Xysmalorin und Xysmalorin, deren Aglyka sowie in geringen Mengen Pregnanglykoside. *Anw.:* Verwendet werden wäßrig alkoholische Extrakte aus der Droge (*Liquor Uzara*) bzw. der Trockenextrakt bei unspezifischen, akuten

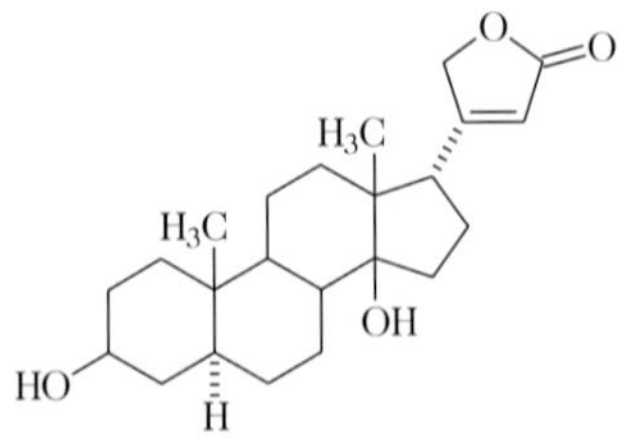

Allo-Uzarigenin

Durchfallerkrankungen. Die Herz-Kreislaufwirkung der Droge ist gering, trotzdem sollte eine Anwendung bei Patienten, die mit herzwirksamen Glykosiden therapiert werden, unterbleiben. In der traditionellen Medizin Südafrikas wird die Uzarawurzel zur Behandlung von Verdauungsbeschwerden, Koliken, Dysenterie sowie bei Kopfschmerzen, Fieber und Malaria eingesetzt.

Hom.: ***Xysmalobium undulatum*** HAB; die getrockneten unterirdischen Teile der zwei- bis dreijährigen Pflanze. *Anw.-Geb.:* Krämpfe des Magen-Darm-Kanals, der Gebärmutter sowie generell bei Gebärmutterschmerzen.

Y

Yaborandiblätter ↗ Pilocarpus-Arten.
Yagé ↗ Banisteria-Arten.
Yajé ↗ Banisteria-Arten.
Yakée ↗ Virola-Arten.
Yamswurzel ↗ Dioscorea-Arten.
Yang ↗ Dipterocarpus-Arten.
Yangonine ↗ Piper methysticum.
Yauhtli ↗ Tagetes lucida.
Ybe ↗ Taxus baccata.
Yerbabaum ↗ Ilex paraguariensis.
Yerba mansa ↗ Anemopsis californica.
Yerba Santa ↗ Eriodictyon californicum.
Ylang-Ylang-Öl ↗ Cananga odorata.
Ylang-Ylangpflanze ↗ Cananga odorata.
Yohimbe cortex ↗ Pausinystalia johimbe.
Yohimbeherinde ↗ Pausinystalia johimbe.
Yohimberinde ↗ Pausinystalia johimbe.

■ Yohimbin

monoterpenes Indolalkaloid vom Yohimban-Typ, das in verschiedenen Apocynaceen, wie ↗ *Rau-*

volfia serpentina oder Rubiaceen, wie ↗ *Pausinystalia yohimbe* vorkommt. Wirk.: α_2-Adrenozeptor-Antagonist, induziert Blockade der präsynaptischen α_2-Rezeptoren und führt damit zur verstärkten Noradrenalinfreisetzung, die mit der Senkung des Blutdrucks und der Steigerung der Herzfrequenz einhergeht; antidiuretischer Effekt durch verstärkte Vasopressinfreisetzung. *Anw.:* zur Förderung der Durchblutung der Unterleibsorgane bei *Impotentia coeundi* sowie bei Harninkontinenz. Die Nutzung als Aphrodisiakum ist wegen der geringen therapeutischen Breite der Substanz und der unsicheren Wirkung bzw. fehlenden Steuerung des Effektes nicht zu empfehlen.

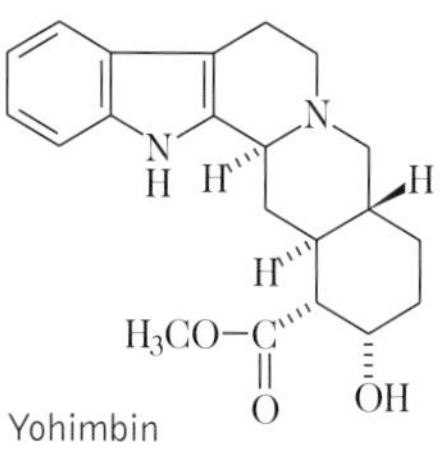

Yohimbin

Yopo ↗ Anadenanthera peregrina.
Ysop ↗ Hyssopus officinalis.
Ysopkraut ↗ Hyssopus officinalis.
Yucca angustifolia ↗ Yucca filamentosa.
Yuccae schottii folium ↗ Yucca schottii.

■ **Yucca filamentosa** L.
(syn. *Yucca angustifolia, Y. smalliana*); Faden-Palm-Lilie (syn. Fadentragende Palmlilie, Palmenlilie), s. Farbtafel S. 312, Bild 189.
Fam.: Agavaceae.
Vork.: Mittelamerika, südliches Nordamerika.
Droge: Blätter und Wurzeln. *Inh.:* Steroidsaponine, mit Gritogenin, Sarsapogenin und Tigogenin als Geninen; äther. Öl. *Anw.:* volkstümlich in den Heimatgebieten als Laxans. Industriell zur Gewinnung von Steroidsaponinen, die als Ausgangsmaterial zur Partialsynthese von Steroidhormonen genutzt werden. Die Blätter liefern auch Fasern, die zur Herstellung von Seilen und groben Textilien verwendet werden.
Hom.: ***Yucca filamentosa*** HAB34; die frische Pflanze. *Anw.-Geb.:* Erkrankungen der Leber (gekoppelt mit Juckreiz), Galle, Bauchspeicheldrüse und der Haut.

■ **Yucca schottii** Engelm.
Fam.: Agavaceae.
Vork.: USA, Mexiko.
Droge: ***Yuccae schottii folium***, die getrockneten Blätter. *Inh.:* Saponine, wie Yuccageninglykosid, Sarsasaponin. *Anw.:* in der Volksheilkunde bei Rheuma und Arthritis. Ein Yucca-Extrakt wird auch als Schaumstabilisator in der Getränkeindustrie, u. a. in Milchgetränken und Softdrinks, verwendet.

Yucca smalliana ↗ Yucca filamentosa.

Z

Zacatechichi ↗ Calea zacatechichi.
Zachäusöl ↗ Elaeagnus angustifolia.
Zackengallen ↗ Rhus-Arten.
Zahnbaum ↗ Balanites aegyptiaca.
Zahnbürstenbaum ↗ Salvadora persica.
Zahnkörner ↗ Paeonia officinalis.
Zahnkraut ↗ Arum maculatum, ↗ Plumbago europaea.
Zahnperlen ↗ Paeonia officinalis.
Zahnschmerzwurzel ↗ Anacyclus x officinarum.
Zahnstocherammei ↗ Ammi visnaga.
Zahnstocherkraut ↗ Ammi visnaga.
Zahnwehholz ↗ Zanthoxylum-Arten.
Zahnwurz ↗ Arum maculatum.
Zahnwurzel ↗ Anacyclus pyrethrum, ↗ Anacyclus x officinarum, ↗ Iris germanica.
Zangeblume ↗ Achillea-Arten.
Zaniggeli ↗ Sanicula europaea.

■ **Zantedeschia aethiopica** (L.) Spreng.
(syn. *Aroides aethiopicum, Calla aethiopica, Colocasia aethiopica, Otosma aethiopica, Richardia africana*); Papierblume (syn. Stanitzlblume, Zimmer-Calla).
Fam.: Araceae.

Vork.: Südafrika, Südamerika, sonst weltweit als Zimmerpflanze.

Droge: das frische Kraut. Die Droge ist giftig! *Inh.:* Polyphenole, Purinderivate, Leukocyanidin, Scharfstoffe, Alkaloide. *Anw.:* in der Volksheilkunde Afrikas und Südamerikas zur Besserung der Beschwerden nach Insektenstichen. Die gekochten jungen Blätter und Blattstiele dienen im Herkunftsgebiet als Gemüse, die Wurzelknollen als Schweinefutter. Durch das Kochen werden die toxischen Bestandteile offensichtlich zerstört.

Hom.: ***Calla aethiopica*** HAB34, die frische Pflanze.

Zantedeschia aromatica ↗ Homalomena aromatica.

Zanthorhiza apiifolia ↗ Xanthorhiza simplicissima.

Zanthoxyli pericarpium ↗ Zanthoxylum-Arten.

Zanthoxylon araliaceum ↗ Casimiroa edulis.

■ **Zanthoxylum-Arten**

● **Fam.:** Rutaceae.

● **Zanthoxylum armatum** DC. (syn. *Zanthoxylum alatum, Z. planispinum*).

Vork.: südliches und östliches Asien, insbes. Indien, Nepal, China.

Drogen: ***1. Zanthoxylum-armatum-Früchte***; die Früchte. *Inh.:* Flavonoide, u. a. Hyperosid, Isoquercitrin sowie Kämpferol- und Luteolinglykoside, ferner Chlorogensäure, äther. Öl (1,5 %) mit Linalool (ca. 60 %) als Hauptkomponente sowie Limonen, Sabinen, Linalylacetat, Citral, Geraniol und Methylcinnamat. *Anw.:* in der Heilkunde der Heimatgebiete als Wurmmittel, bei Magen-Darm-Infektionen, rheumatischen Beschwerden sowie Prellungen. Das äther. Öl wird in Indien auch für kosmetische Erzeugnisse, bes. Seifen, genutzt. ***2. Zanthoxylum-armatum-Rinde***; die Rinde. *Inh.:* Benzophenanthridinalkaloide, Xanthoplanin, Lignane. *Anw.:* volkstümlich in den Heimatländern als Tonikum bei Dyspepsie, ferner bei Fieber und Cholera.

● **Zanthoxylum budrunga** Wall. ex DC. (syn. *Zanthoxylum limonella, Z. rhetsa*).

Vork.: Indien.

Drogen: ***1. Zanthoxylum-budrunga-Früchte***, die reifen Früchte. *Inh.:* Indolopyridochinazolin-Alkaloide, wie Rutaecarpin; äther. Öl, fettes Öl. *Anw.:* in der indischen Volksheilkunde bei Dyspepsie, Rheuma, Bronchitis, Herzbeschwerden und Zahnschmerzen. Das Samenöl wird in Indien als Speiseöl bzw. zur Seifenherstellung verwendet. ***2. Zanthoxylum-budrunga-Rinde***, die Stammrinde. *Inh.:* Alkaloide, wie Chelerythrin, Evodiamin, Rutaecarpin, Skimmianin, Zanthobungeanin; Sesamin, Triterpene. *Anw.:* in der Volksheilkunde bei Magen- und Brustschmerzen, als Tonikum und zur Fiebersenkung, in Indonesien bei Malaria, Durchfall und Erbrechen.

● **Zanthoxylum bungeanum** Maxim. (syn. *Zanthoxylum alatum, Z. bungei, Z. stimulans*).

Vork.: China.

Droge: ***Pericarpium Zanthoxyli*** (syn. *Zanthoxyli pericarpium*); *Zanthoxylum-bungeanum*-Perikarp, das getrocknete, von Samen und Stielen befreite Perikarp. *Inh.:* äther. Öl (0,7–9 %), Säureamide, Flavonoide, phenolische Verbindungen. *Anw.:* in der Volksheilkunde bei Magen-Darm-Beschwerden, Erbrechen, Diarrhoe, Spulwurmbefall, juckenden Ekzemen sowie als Diuretikum und Asthmamittel. Die Droge wird ebenso in der asiatischen Küche als scharfes Gewürz (Szechuanpfeffer) genutzt.

● **Zanthoxylum chalybeum** Engl. (syn. *Fagara chalybea, F. fischeri, F. merkeri, F. mpwapwensis, F. olitoria, Zanthoxylum olitorium*).

Vork.: Afrika.

Droge: ***Zanthoxylum-chalybeum-Wurzelrinde***, die getrocknete Wurzelrinde. *Inh.:* Asarinin, Sesamin, Sesamol, Benzophenanthridin-Alkaloide, wie Chelerythrin, Nititin, Palmatin; Aporphine, Phenylalkylamine, Furochinoline, Säureamide, Germacron, Usambanolin. *Anw.:* in der Volksheilkunde gegen Eingeweidewürmer, bei Fieber, Geschwülsten, bei Harnbeschwerden sowie zur Therapie von Rheuma, Schwellungen, bei Zahnschmerzen und als Chininersatz bei Malaria. Die Droge ist auch Bestandteil von afrikanischen Pfeilgiften.

● **Zanthoxylum clava-herculis** L. (syn. *Zanthoxylum carolinianum, Fagara caroliniana*).

Vork.: südöstliche Küstengebiete der USA, bes. Florida und Südvirginia.

Drogen: ***Zanthoxylum-clava-herculis-Früchte***; die voll reifen, getrockneten Früchte. *Inh.* und *Anw.:* siehe *Z. fraxineum*.

● **Zanthoxylum fraxineum** Willd. (syn. *Thylas fraxinifolium, Xanthoxylum caribaeum, X. fraxineum, X. fraxinifolium, X. mite, X. ramiflorum, X. tricarpum, Zanthoxylum americanum*); Zahnwehholz (syn. Gelbholz).

Vork.: bes. östliches Nordamerika.

Droge: ***Xanthoxyli cortex*** (syn. *Cortex Xanthoxyli*); Gelbholzrinde, die getrocknete Rinde. Inh.: Pyranocumarine, bes. Alloxanthoxyletin, Xanthoxyletin und Xanthyletin, Benzylisochinoline, u. a. Chelerythrin, Laurifolin, Magnoflorin, Nitidin und Tembetarin, Phenylethylamin, Candicin. Harz und Gerbstoffe. Anw.: volkstümlich in den Heimatgebieten bei rheumatischen Erkrankungen, Entzündungen im Magen-Darm-Bereich, der ableitenden Harnorgane sowie bei nervösen Leiden.

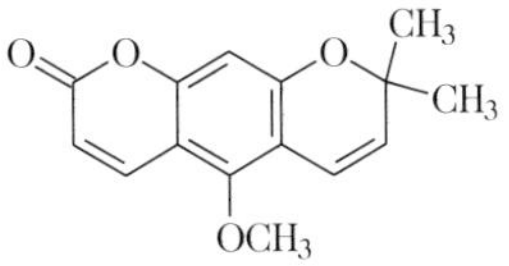

Xanthoxyletin

Hom.: ***Zanthoxylum fraxineum*** HAB34; Gelbholzbaum, die getrocknete Rinde. Anw.-Geb.: Erkrankungen des Zentralnervensystems und der weiblichen Geschlechtsorgane.

Histor.: Der Gattungsname geht auf das griechische *xanthos* (gelb) und *xylon* (Holz) zurück und bezieht sich auf die gelbe Farbe des Holzes, während der Artname *fraxineum* (eschenähnlich) auf die Ähnlichkeit mit den Blättern von *Fraxinus excelsior* hinweist. In Amerika kam die Droge einst gegen chronischen Rheumatismus, Lumbago und Syphilis zur Anwendung.

● **Zanthoxylum nitidum** (Roxb.) DC. (syn. *Fagara nitida, F. oblongifolia, F. pendjaluensis, F. torva, F. warburgii, Piper pinnatum, Zanthoxylum hamiltonianum, Z. asperum, Z. hirtelleum, Z. scabrum, T. torvum*).

Vork.: China, Indien, Australien.

Drogen: ***1. Zanthoxylum-nitidum-Blätter***, die Laubblätter. Inh.: äther. Öl mit Limonen. Anw.: in der Volksheilkunde als Antiseptikum bei Mund- und Halsentzündungen. ***2. Zanthoxylum-nitidum-Wurzel***, die getrockneten Wurzeln. Inh.: Flavonoide, Alkaloide, wie Nitidin und Oxynitidin; Skimmianin, Allocryptopin, Lignane, wie Asarinin und Sesamin. Anw.: in der Volksheilkunde bei Verstauchungen, Schlangenbissen, als Expektorans, zur Fiebersenkung und zur Menstruationsförderung sowie als Carminativum und Antirheumatikum.

● **Zanthoxylum piperitum** DC.(syn. *Xanthoxylum piperitum*); Japanischer Pfeffer.

Vork.: China, Korea.

Droge: ***Szechuan-Pfeffer*** (syn. Sansho, *Zanthoxylum-piperitum*-Pericarp), die unreifen frischen oder reifen getrockneten Früchte, zuweilen auch die Fruchtwand der reifen Früchte, Inh.: Säureamide mehrfach ungesättigter Säuren als Scharfstoffe, u. a. Hydroxy-γ-sanshoöl (1,9–2,6 %), α-Sanshoöl (0,3–0,4 %) und γ-Sanshoöl (0,06–0,08 %) sowie äther. Öl, u. a. mit Citronellal, Dipenten, (+)-Limonen, β-Phellandren und Geraniol. Anw.: Stomachikum bei Dyspepsien, als Wurmmittel, bes. gegen Askariden, sowie als Gewürz, bes. für Fischgerichte.

● **Zanthoxylum xanthoxyloides** (Lam.) Waterm. (syn. *Fagara senegalense, F. xanthoxyloides, F. zanthoxyloides, Zanthoxylum polyganum*).

Vork.: West- und Ostafrika.

Droge: ***Zanthoxylum-xanthoxyloides-Wurzel***, die Wurzeln. Inh.: Benzophenanthridine, wie Berberin, Chelerythrin und Fagaronin; Skimmianin, 6-Canthinon, Benzoesäurederivate, Säureamide, Sterole, äther. Öl, Gerbstoffe. Anw.: in der Volksheilkunde bei Zahnschmerzen, gegen Fieber, als Schmerzmittel, gegen Eingeweidewürmer und bei Verdauungsstörungen, gegen Geschwüre und rheumatische Beschwerden.

Zapania scaberrima ↗ Lippia dulcis.
Zapfenholz ↗ Rhamnus frangula.
Zapfenkorn ↗ Claviceps purpurea.
Zaubererbaum ↗ Latua venenosa.
Zauberhasel ↗ Hamamelis virginiana.
Zauberstrauchrinde ↗ Hamamelis virginiana.
Zauberwurzel ↗ Mandragora officinarum.
Zaunkleber ↗ Galium aparine.
Zaunkraut ↗ Galium aparine.
Zaunrose ↗ Rosa canina.
Zaunrübe ↗ Bryonia-Arten.
Zaunwinde ↗ Calystegia-Arten.

■ **Zea mays** L. Off.

Mais (syn. Kukurutz, Kukuruz), s. Farbtafel S. 312, Bild 190.

Fam.: Poaceae (Gramineae).

Vork.: weltweit kultiviert, insbes. in USA, heimisch vermutlich Mexiko.

Drogen: ***1. Maydis amylum*** (syn. *Amylum Maydis*); Maisstärke, die nach Abtrennung der ölhaltigen Keimlinge durch Ausschlämmen der gemahlenen Körner mit Wasser erhaltenen Stärkekörner. Der Stärkegehalt der Früchte liegt bei etwa 55–72 %. *Inh.*: Gemisch von eckigen und runden, meist 10–20 µm großen Einzelstärkekörnern, die im mikroskopischen Bild oft sternförmige Spalten aufweisen. *Anw.*: in der pharmazeutischen Technologie unter anderem als Pudergrundlage und Bindemittel für Tabletten, in Nährpräparaten, technisch für Appreturen sowie zur Gewinnung von Glucose, Maltose, Sirup sowie Britisches Gummi, ein nach Erhitzen von Maisstärke auf ca. 200 °C erhaltenes Produkt. ***2. Oleum Maydis embryonis*** (syn. *Oleum Zeae*); Maiskeimöl (syn. Maisöl), das aus den Keimlingen von *Zea mays* durch Pressen oder Extraktion gewonnene, raffinierte fette Öl. *Inh.*: Das zu 30–50 % in den Keimlingen enthaltene Öl besteht zu etwa 93 % aus Glyceriden der Linolsäure (34–62 %), Ölsäure (19–49 %), Palmitinsäure (8–12 %), Stearinsäure (2–4 %) und Linolensäure (ca. 1 %) und enthält unter anderem Vitamin E (↗ Tocopherole). *Anw.*: natürlicher Vitamin-E-Träger, als Speiseöl sowie zur Herstellung von Haut- und Körperpflegemitteln. ***3. Stigmata Maydis*** (syn. *Stigmata Maidis, Styli Maydis*); Maisgriffel (syn. Maisnarben), die getrockneten fadenförmigen Griffel der weiblichen Blüten. *Inh.*: äther. Öl (0,1–0,2 %, u. a. Carvacrol enthaltend), Gerbstoffe, Flavonoide, Harz, Saponine, Schleimstoffe und hoher Gehalt an Kaliumsalzen. *Anw.*: volkstümlich als Diuretikum bei Harnbeschwerden, Blasen- und Nierengrieß. Zur ↗ Teezubereitung verwendet man als Einzeldosis 1 Teelöffel (etwa 0,5 g) Droge.

Hom.: ***Stigmata Maydis*** HAB34; Maisnarben, die frischen Maisnarben. *Anw.-Geb.*: Erkrankungen der Nieren, ableitenden Harnwege und der Haut.

Histor.: Der Mais ist eine ausschließliche Kulturpflanze, die sich allein nicht vermehren kann. Er wurde in vorgeschichtlicher Zeit von den Ureinwohnern Mexikos und Mittelamerikas aus einem Wildgras, der sog. Teosinte, gezüchtet und existiert bereits seit mehr als 4000 Jahren in mehreren Kultursorten. Mit der Entdeckung Amerikas durch die Spanier Anfang des 16. Jh. gelangte der Mais, der heute zu den weltwirtschaftlich wichtigsten Kulturpflanzen zählt, nach Europa. Der Anbau der wärmeliebenden Pflanze erfolgt in Europa bevorzugt in den südlichen Regionen.

Zedachrinde ↗ Antelaea azadirachta.
Zeder ↗ Cedrus-Arten.
Zedernholz ↗ Juniperus virginiana.
Zedernholzöl ↗ Juniperus virginiana.
Zedoariae radix ↗ Curcuma-Arten.
Zedoariae rhizoma ↗ Curcuma-Arten.
Zedoarie ↗ Curcuma-Arten.
Zehrwurz ↗ Arum maculatum, ↗ Plumbago europaea.
Zehrwurzel ↗ Arisaema-Arten.
Zeidelbast ↗ Daphne mezereum.
Zeilandrinde ↗ Daphne mezereum.
Zeisigkraut ↗ Anagallis arvensis.
Zeitlosensamen ↗ Colchicum autumnale.
Zelderie ↗ Apium graveolens.
Zeller ↗ Apium graveolens.
Zellerich ↗ Apium graveolens.
Zellerie ↗ Apium graveolens.

Zellkulturen pflanzlicher Herkunft zur Gewinnung biogener Arzneistoffe

Beate Diettrich

Neben vielen Arzneistoffen, die durch chemische Synthese produziert werden, spielen Naturstoffe aus Pflanzen als Biogene Arzneistoffe noch immer eine bedeutende Rolle. Die meisten dieser Verbindungen sind chemisch so kompliziert gebaut, daß die chemische Synthese unrentabel ist und sie aus wild vorkommenden oder angebauten Arzneipflanzen isoliert werden.

Pflanzliche Zellen sind jedoch auch außerhalb der intakten Pflanze unter geeigneten Bedingungen in vitro kultivierbar. Sie können als sog. Zellkulturen, ausgehend von den meisten pflanzlichen Organen, angelegt werden. Zum Wachstum benötigen sie geeignete C- und N-Quellen, z. B. Zucker, Nitrat- und Ammoniumsalze, Phosphationen sowie eine Reihe von Spurenelementen. Wichtig sind darüber hinaus Wachstumsfaktoren vom Auxintyp, z. B. Naphthylessigsäure, und vom Cytokinintyp, z. B. Benzyladenin. Durch Wuchsstoffe mit starker Auxinaktivität – geeignet hierfür ist z. B. die auch als Herbizid eingesetzte 2,4-Dichlorphenoxyessigsäure (2,4-D) – kann die Despezialisierung, d. h. die Überführung bereits differenzierter, also in der Pflanze unter gewöhnlichen Bedingungen nicht mehr teilungsfähiger Zellen in den teilungsfähigen Zustand eingeleitet werden. Es entstehen Kolonien meist parenchymähnlicher Zellen, der sogenannte Kallus. Durch Kultivation in flüssigen Nährmedien (submerse Kultivation) unter Schütteln können sog. Suspensionskulturen hergestellt werden. Durch das Schütteln wird der für das Überleben der Zellen nötige Sauerstoffeintrag in das Nährmedium gewährleistet und es kommt durch die mechanische Bewegung zur Ablösung einzelner Zellen und Zellkolonien. Diese können im Nährmedium suspendiert weiterwachsen. Auf diese Weise sind pflanzliche Zellen ähnlich mikrobiologischen Systemen biotechnologisch handhabbar und können z. B. in Fermentoren kultiviert werden. Mitte der 80er Jahre versprach man sich viel von der Produktion von Sekundärstoffen mit Hilfe von Zellkulturen diverser Pflanzen. Als Ausgangspflanzen zur Anlage der Kulturen kamen vor allem Pflanzen in Frage, welche ökonomisch interessante Stoffe bilden. Dies gilt z. B. für Arzneipflanzen. Für die Rentabilität ihrer Produktion mit biotechnologischen Methoden gilt dabei der Erlös von ca. 100 Dollar pro Kilogramm Substanz auf dem Weltmarkt als „magische Zahl“.

Zellkulturen hätten, Rentabilität vorausgesetzt, bei der Produktion Biogener Arzneistoffe gegenüber den konventionellen Methoden der Gewinnung aus Pflanzen verschiedene Vorteile [11]:

- Unabhängigkeit von nicht oder nur sehr schwer beherrschbaren Umweltfaktoren wie Witterung, Insektenbefall und Pflanzenkrankheiten;
- Gewinnung von Arzneistoffen aus Pflanzen, die besondere Klimaansprüche stellen, z. B. tropische Pflanzen, an jeder Stelle der Erde;
- umweltfreundlichere Produktion, da der Einsatz von Herbiziden und Pestiziden ausgeschlossen wäre;
- Stimulation der Bildung der Arzneistoffe durch exogene Faktoren (z. B. Zugabe von Endprodukt-Vorstufen, Wachstumsregulatoren, Stressoren) und durch endogene Veränderungen der Zelle (z. B. Mutationen, Transformationen);
- Herstellung von Nährmedien aus billigen Rohstoffen und Abfallstoffen, wie Abfälle der Zuckerindustrie, Algenhydrolysate u. a. m.;
- automatisierbare und damit ökonomischere Produktion;
- Unabhängigkeit von politisch-wirtschaftlichen Unsicherheiten.

Die für die Ausgangspflanze typischen Sekundärstoffe werden jedoch durch unspezialisierte, in vitro kultivierte pflanzliche Zellen häufig nicht gebildet. Ursache dafür ist, daß es sich um Produkte handelt, die im sog. „Sekundärstoffwechsel“ gebildet werden.

Alle Lebewesen besitzen einen weitgehend einheitlichen Bereich des Stoffwechsels, den Primärstoffwechsel. Hierzu gehören die Synthese und der Abbau von Nucleotiden und Nucleinsäuren, Aminosäuren und Proteinen sowie der Kohlenhydratstoffwechsel. Die hierbei ablaufenden Reaktionen sind für das Leben der Organismen essentiell. Die vorhandene Einheitlichkeit im Primärstoffwechsel ist die Grundlage für die Übertragbarkeit vieler biochemischer Befunde zwischen verschiedenen Gruppen von Organismen.

Daneben gibt es spezielle Stoffwechselwege, die nicht unbedingt lebensnotwendig sind und von Spezies zu Spezies variieren. Diese werden unter dem Begriff „Sekundärstoffwechsel“ zusammengefaßt. Die chemische Struktur der im Sekundärstoffwechsel gebildeten Naturstoffe umfaßt eine riesige Vielfalt verschiedener Verbindungstypen. Die meisten Sekundärstoffe haben keine spezifische stoffwechselphysiologische Funktion. Sie besitzen jedoch häufig ökologische Funktionen und verschaffen dem produzierenden Organismus einen Überlebensvorteil. So sind in tierischen Organismen viele sekundäre Naturstoffe physiologisch stark wirksam und bewirken einen Schutz für den Produzenten. In therapeutischen Konzentrationen wird eine Reihe dieser Wirkstoffe als Medikamente verwendet.

Andere dienen als Leitsubstanzen für die Entwicklung von Arzneistoffen mit verbesserten therapeutischen Eigenschaften. Der Sekundärstoffwechsel ist ein eigenständiger Bereich des Gesamtstoffwechsels. Er verfügt über ein eigenständiges Enzymmuster und eigenständiges genetisches Material. Dieses ist im Verlauf der Evolution wahrscheinlich durch Genduplikation und anschließende Neufunktionalisierung aus dem Grundstoffwechsel entstanden. Hinweise in dieser Richtung ergeben sich z. B. aus dem Vergleich von Nucleinsäuren und Enzymen des Sekundärstoffwechsels mit den entsprechenden Verbindungen des Primärstoffwechsels.

Sekundärstoffe sind häufig nicht Endprodukt einer Reaktionsfolge, sondern unterliegen einem Turnover. Sie werden aus Verbindungen, die im Primärstoffwechsel synthetisiert werden, aufgebaut (z. B. aus Aminosäuren) und beim Abbau in Verbindungen zerlegt, die im Primärstoffwechsel wieder verwendet werden können. Ihre Bildung und ihre Akkumulation sind fein reguliert und in vielen Fällen entwicklungsabhängig. Daraus ergibt sich, daß die Biosynthese der meisten Sekundärstoffe in Spezialisierungsprogramme eingebunden ist, die in unspezialisierten Zellen nicht ausgelöst werden.

Die für die Sekundärstoffbildung notwendigen Spezialisierungsprogramme umfassen häufig neben chemischen auch morphologische Teile. Gelingt es, in der Zellkultur ein morphologisches Spezialisierungsprogramm auszulösen, welches zur Bildung von Organen führt, in denen in vivo in der Ausgangspflanze die gewünschten Stoffe gebildet werden, so erfolgt in den meisten Fällen auch in vitro die Stoffbildung. So kann durch eine hohe Auxinaktivität im Nährmedium bei vielen Zellstämmen eine Wurzelbildung ausgelöst werden. Die so gebildeten Wurzeln können in vitro sowohl in Schüttelkolben als auch in kleineren oder großen Fermentoren kultiviert werden [3]. Auf diese Weise kann z. B. die Produktion von Alkaloiden, die in der Ganzpflanze in der Wurzel synthetisiert werden, in vitro durch die Anlage von Wurzeln ausgelöst werden. Alternativ ist eine Wurzelbildung durch Transformation mit geeigneten Agrobakterienstämmen möglich (s. u.).

Bei höherer Cytokininkonzentration werden bei geeigneten Stämmen Sprosse oder somatische Embryonen gebildet. Aus beiden können Pflanzen regeneriert werden. Dies beweist, daß die Zellen, die als Ausgangsmaterial für die In-vitro-Kulturen dienten, die gesamte für die Ausbildung der Pflanze notwendige, genetische Information enthalten (Totipotenz dieser Zellen). Digitalisglykoside, die in der Ganzpflanze in allen grünen Organen und Geweben synthetisiert werden, werden in vitro auch in somatischen Embryonen gebildet, sobald diese im Licht ergrünen. Allerdings entspricht das Spektrum der gebildeten Cardenolide dem der aus zygotischen Embryonen entstandenen Keimlingspflanzen und nicht dem der erwachsenen Rosettenpflanze, aus der die therapeutisch verwendeten Herzglykoside gewonnen werden. Während für Keimlingspflanzen Verbindungen wie Odorobiosid G und Glucodigifucosid [2] typisch sind, ist der Hauptinhaltsstoff der adulten Pflanze im ersten Vegetationsjahr Lanatosid C. Dieses wird weder in den In-vitro-Kulturen somatischer Embryonen noch in den Keimlingspflanzen gebildet.

Für somatische Embryonen taxonomisch sehr verschiedener Pflanzen ist eine Sekundärstoffproduktion beschrieben worden [1]. Leider ist die Zahl der Pflanzenarten begrenzt, bei denen in vitro die Bildung somatischer Embryonen ausgelöst werden kann, und häufig stimmt das Spektrum der gebildeten Verbindungen nicht völlig mit dem der Ausgangspflanze, aus der die Zellkultur angelegt wurde, überein. Hieraus wird die Abhängigkeit der Sekundärstoffproduktion vom Differenzierungsstatus der Zellkulturen deutlich.

Darüber hinaus werden weitere Faktoren diskutiert, die für ein Fehlen oder eine mangelhafte Produktion von Sekundärstoffen verantwortlich sind [11]:

- Die Präkursoren stehen für die Biogenese der Sekundärstoffe am Reaktionsort nicht in ausreichender Menge zur Verfügung.
- Die für die Biosynthese der Sekundärstoffe verantwortlichen Enzyme werden nicht in ausreichendem Maße gebildet.
- Die Reaktionsbedingungen (pH, Ionenmilieu, Cofaktorenkonzentration, Aktivatoren, Hemmstoffe) lassen das wirksam werden der für die Sekundärstoffbildung notwendigen Enzyme nicht zu.
- Der gebildete Sekundärstoff kann nicht akkumuliert werden.

In einigen Fällen werden Sekundärstoffe in vitro auch in Kulturen gebildet, die aus parenchymähnlichen, unspezialisierten Zellen bestehen. In diesen Fällen ist die Biosynthese dieser Stoffe also nicht mit einem Spezialisierungsprogramm verknüpft. Einerseits ist dies offensichtlich eine Eigenschaft, die in der Ausgangspflanze bereits vorgebildet sein kann, andererseits kann es sich hierbei um eine Mutation handeln, die erst in vitro entstanden ist. Die Anreicherung von Mutanten in Zellkulturen erfolgt relativ schnell (sogenannte „somaklonale Variabilität" [1]). Zellkulturen bestehen daher gewöhnlich aus einer größeren Anzahl einzelner, auch biochemisch unterschiedlicher Zellinien. Durch verschiedene Techniken können produzierende Zellinien selektiert werden:

Zellaggregatklonierung. Kalluskulturen werden in kleine Stücke zerlegt und aus diesen Stükken anschließend erneut Kallus herangezüchtet. Dies wird mehrmals wiederholt, bis die einzelnen Kallusstückchen aus jeweils nur einer Zellinie bestehen. Hierdurch konnten z. B. Zellstämme isoliert werden, die größere Mengen Shikonin bilden. Kleine Zellkolonien von Suspensionskulturen, von denen angenommen werden kann, daß sie aus nur einer Zellinie bestehen, können gleichfalls vereinzelt und emers (auf der Oberfläche von Nährmedien) oder im Inneren verfestigter Medien zu Kalli herangezüchtet werden.

Regeneration von Zellkolonien aus Protoplasten [1]. In pflanzlichen Geweben sind die einzelnen Zellen durch eine Zellwand, die aus Zellulose und Pektinen besteht, miteinander verbunden. Durch Abbau der Zellwand mittels kommerziell erhältlicher Zellulasen und Pektinasen entstehen Protoplasten, die einzelnen Zellen ohne Zellwand entsprechen. Zur Regeneration von Zellkolonien werden die Protoplasten in viskosen Lösungen suspendiert, die ein Zusammenlagern verhindern. Durch Regeneration der Zellwand entstehen aus ihnen einzeln liegende Zellen, aus denen definierte Zellinien regeneriert werden können. Durch diese Methoden ist es gelungen, Zellinien mit charakteristischen Eigenschaften zu isolieren. Beispiel hierfür sind Zellinien mit einer hohen Aktivität zur 12β-Hydroxylierung von Digitoxin [5] oder zur Produktion von Shikonin.

Die Einführung von fremdem genetischen Material in pflanzliche Zellen

Durch Fremdgene können sowohl Wachstum und Regeneration in pflanzlichen Zell- und Organkulturen als auch die Bildung sekundärer Naturstoffe verändert werden. Zur Einführung von fremdem genetischen Material wurden die folgenden Methoden entwickelt:

Protoplastenfusion. Durch Fusion der Protoplasten unterschiedlicher Zellinien ist die Vereinigung verschiedener Genome möglich. In vielen Fällen sind durch Protoplastenfusion erhaltene Hybride jedoch nicht stabil, sondern es können Teile eines Genoms oder das ganze Genom eines Elternteils bei der Subkultivation verlorengehen. Das Verfahren wird deshalb nur selten angewendet.

Transformation. Durch Transformation werden einzelne Gene oder Gengruppen anderer Organismen in das genetische Material von Pflanzenzellen überführt. Eine geeignete Methode hierfür ist z. B. die Agrobakterium-vermittelte Transformation. Bei der Transformation mittels *Agrobakterium tumefaciens* können zusammen mit im Agrobakterium-Genom enthaltenen Genen für die Produktion von Auxinen und Cytokininen mit molekularbiologischen Methoden eingefügte Fremdgene stabil in das Genom der infizierten Pflanzenzelle integriert werden. Durch die Expression der Gene, die für eine Auxin- und Cytokininbildung verantwortlich sind, und die Synthese der entsprechenden Phytohormone kommt es zu Zellwucherungen und zur Bildung sogenannter Crown-Gall-Tumore. Diese können wie Kalluskulturen gehandhabt werden, und wie oben beschrieben können Suspensionskulturen daraus angelegt werden.

Bei der Infektion mit Wildstämmen von *Agrobakterium rhizogenes* wird nur die genetische Information zur Bildung von Auxin übertragen, und es bilden sich sogenannte "Hairy Roots". Hairy Roots lassen sich einfacher in vitro kultivieren als normale Wurzeln. Sie enthalten gewöhnlich jedoch die gleichen Inhaltsstoffe wie diese. In-vitro-Kulturen von Hairy Roots bilden z. B. Shikonin [10], die Produktion von Ginsenosiden oder Atropin wurde beschrieben [1].

Elicitierung durch biotische und abiotische Stressoren

Elicitoren stellen Signale dar, die eine Abwehrreaktion der pflanzlichen Zelle induzieren. Viele Sekundärstoffe besitzen eine ökologische Funktion und verschaffen dem produzierenden Organismus einen Überlebensvorteil. Sie bewirken einen Schutz für den Produzenten. Wegen ihrer physiologischen Wirkung spielen sie zum Teil eine Rolle als Arzneistoffe. Ihre Produktion kann in Zellkulturen durch biotische und abiotische Faktoren ausgelöst werden. So wurde die Induktion von Benzophenanthridin-Alkaloiden durch Sporen von *Penicillium cyclopium* [9], Coumarinen durch $CuCl_2$ oder Taxoiden durch Methyljasmonat von der Arbeitsgruppe Zenk beschrieben. In keinem Fall war die Produktionsrate jedoch ausreichend, um eine industrielle Produktion ökonomisch zu machen.

Der Einsatz von Zell-, Gewebe- und Organkulturen für die Sekundärstoffproduktion

In der Literatur sind eine größere Zahl von Zell-, Gewebe- und Organkulturen beschrieben, welche zur Bildung von Arzneistoffen in der Lage sind. Trotzdem ist es bisher nicht in größerem Umfang gelungen, wichtige Arzneistoffe durch solche Kulturen wirtschaftlich zu gewinnen. Ursache hierfür sind in erster Linie die geringen Ausbeuten an den gewünschten Stoffen und die relativ hohen Kosten für die In-vitro-Produktion. Ein positives Beispiel ist jedoch die Produktion von Shikonin durch Zellkulturen der Pflanze *Lithospermum erythrorhizon* in Japan. Das Vorkommen der Stammpflanze *L. erythrorhizon* in Japan ist beschränkt, sie erwies sich als nicht kultivierbar. Shikonin besitzt eine bakterizide Wirkung, wodurch Sterilitätsprobleme bei der biotechnologischen Produktion in Fermentoren minimiert werden. Darüber hinaus trug zur Akzeptanz des Verfahrens bei, daß Shikonin der Stoff ist, der dem roten Kreis der Nationalflagge Japans seine Farbe gibt und dessen Gebrauch (ähnlich dem Purpur bei den Römern) wegen der Restriktionen seiner Gewinnung dem Kaiserhaus vorbehalten blieb. Er besitzt dadurch bei der japanischen Bevölkerung einen hohen ideellen Wert. Durch die Möglichkeit der biotechnologischen Gewinnung wurde der Farbstoff allgemein zugänglich und wird heute zur Herstellung kosmetischer Präparate (Seifen, Cremes, Salben, Lippenstifte etc.) verwendet. Der Bedarf wird heute im wesentlichen durch Fermentation gedeckt, wobei Hochleistungsstämme von *L. erythrorhizon* zum Einsatz kommen, die in Großfermentoren kultiviert werden.

Die meisten Sekundärstoff-produzierenden Kulturen dienen in erster Linie wissenschaftlichen Zwecken, z. B. der Untersuchung von Biosynthesewegen [4, 6] oder der Isolation von Enzymen [8] sowie der zugehörigen Nucleinsäuren. Auch zunächst erfolgversprechende Methoden zum Einsatz von Zellkulturen zur Biotransformation, wie die 12β-Hydroxylierung von Digitoxinderivaten, die in der Therapie von Herzerkrankungen weniger gebräuchlich sind, in die bevorzugten Digoxinderivate, haben sich als nicht ökonomisch genug erwiesen [7].

Der Einsatz der Zellkulturtechnik bei der Züchtung von Arzneipflanzen

In der Pflanzenzüchtung haben Zell-, Gewebe- und Organkulturen in den letzten Jahren zunehmend an Bedeutung gewonnen. Zwei Zielrichtungen spielen beim Einsatz von Zell-, Gewebe- und Organkulturen bei der Arzneipflanzenforschung eine Rolle: (a) die identische Vermehrung wertvoller Genotypen durch In-vitro-Verklonung und (b) die Schaffung neuer Genotypen durch Gentransfer. In die Praxis der Arzneipflanzenzüchtung wurde bisher allerdings nur die Verklonung eingeführt.

Die In-vitro-Verklonung bietet einige Vorteile:

- Einmal ausgelesene, den Sorteneigenschaften entsprechende Pflanzen können über viele Jahre am Leben erhalten werden. Dies erspart die jährliche Neuselektion.
- Es lassen sich größere Zahlen an identischen Pflanzen heranziehen. Die Zahl der zur Saatguterzeugung notwendigen Pflanzen kann in einfacher Weise an den Bedarf angepaßt werden.
- Vorhandene Viren werden aus dem Pflanzenmaterial entfernt.

Das Verfahren beruht auf folgenden Schritten:

Anlage von Sproßkulturen. Ausgangsmaterial für die Sproßkulturen sind Pflanzen, die den Sorteneigenschaften entsprechen. Sproßknospen werden aus den Achseln von Laubblättern herausgeschnitten und chemisch sterilisiert. Die Apikalmeristeme mit den nächstliegenden Blattmeristemen werden unter dem Stereomikroskop abgetrennt. Die Explantate müssen frei von Gefäßen sein, da in diesen Bakterien und Viren vorhanden sein können, die z. B. in *Digitalis lanata* systemisch verbreitet sind. Die Explantate werden auf einem Nährmedium kultiviert, das neben den üblichen Kohlenstoff- und Stickstoffquellen Nährsalze und Benzyladenin als Wuchsstoff enthält. Bei niedriger Benzyladeninkonzentration entwickeln sich Sprosse.

Vermehrung der Sprosse. Bei höherer Konzentration an Benzyladenin im Medium wird die Dominanz des Apikalmeristems der in vitro kultivierten Sprosse überwunden, und es treiben die blattachselständigen Seitenmeristeme aus. Es entwickeln sich Tochtersprosse, die vereinzelt und weiter vermehrt werden können.

Bewurzelung der Sprosse. Durch Zusatz von Auxinen, z. B. Naphthylessigsäure, wird an der Sproßbasis die Bildung von Wurzeln ausgelöst. Als am besten geeignet erwies sich ein sogenanntes Bewurzelungsbad mit relativ hoher Auxinkonzentration, in das die Sprosse kurze Zeit eingetaucht werden. Das eigentliche Wurzelwachstum erfolgt danach in Abwesenheit von Auxinen, da diese das Wurzelwachstum hemmen. Gutes Wurzelwachstum erfolgt in Hydrokultur mit mineralischem Substrat (Perlit®).

Adaptieren an Gewächshaus- und Freilandbedingungen. Die in vitro herangezogenen Pflanzen besitzen physiologisch inaktive Stomata, die sich bei Verringerung des Turgors nicht schließen. Sie müssen deshalb langsam an die verringerte Luftfeuchtigkeit im Gewächshaus adaptiert werden. Dabei normalisiert sich die Funktion der Stomata, die Dicke der Cuticula nimmt zu und der Verlust an Wasser durch Transpiration geht dabei auf normale Werte zurück.

Aus Hochleistungspflanzen angelegte Klone können hinsichtlich ihrer Kombinationseignung geprüft und die Nachkommen geeigneter Eltern für die Bereitstellung von Pflanzenmaterial für die Arzneistoffproduktion bereitgestellt werden. Dies ist bis heute das Verfahren, bei dem die Zellkulturtechnik eine verbesserte Rentabilität der Gewinnung von Arzneistoffen ermöglicht hat.

Literatur

[1] Bajaj, Y.P.S.: in: *Biotechnology in Agriculture and Forestry*, Bajaj Y.P.S. (Hrsg.) Springer Verlag, 1986–1999

[2] Beale, J.M., Floss, H.G., Lehmann, T., und Luckner, M.: *Digitoxigenin-3β-O-[β-D-Fucopyranosyl-4´-β-D-Glucopyranoside], the main cardenolide of somatic embryos of Digitalis lanata.* Phytochemistry 10 (1988) 3143–3146.

[3] Fowler, M.W.: *Problems in commercial exploitation of plant cell cultures in: Application of Plant Cell and Tissue Culture.* Wiley Chichester (Ciba Foundation Symposium 137 (1988) 239–253.

[4] Grundlach, H., Zenk, M.H.: *Biological activity and biosynthesis of pentacyclic oxylipins:* The linoleic acid pathway 47 (1998) 527–537.

[5] Kreis, W. und Reinhard E.: *Production of Desacetyllanatoside C by Digitalis lanata cell cultures* in: H.J.J. Nijkamp, L.H.W. van der Plas und J. van Aartrijk (Hrsg.): Progress in Plant Cellular and Molecular Biology, Kluwer, Dordrecht, 1990, 706–711.

[6] Li, Shu Ming, Henning, S., Heide, L.: *Shikonin: a geranyl-diphosphate derived plant hemiterpenoid formed via the mevalonate pathway.* Tetrahedron Lett. 39 (1998) 2721–2724.

[7] Luckner, M., Wichtl, M.: *Digitalis.* Wissenschaftliche Verlagsgesellschaft, Stuttgart, 2000.

[8] Meinhard, B., Zenk, M.H.: *Purification and characterization of acetyl coenzym A: 10 hydroxytaxane O-acetyltransferase from cell suspension cultures of Taxus chinensis.* Phytochemistry 50 (1999) 763–774.

[9] Roos. W., Evers, S., Hieke, M., Tschöpe, M., Schumann, B.: *Shifts of intracellular pH distribution as a part of the signal mechanism leading to the elicitation of benzophenanthridine alkaloids.* Plant Physiology 118 (1998) 349–364.

[10] Sommer, S., Kohle, A., Yazaki, K., Shimomura, K., Bechthold, A., Heide, L.: *Genetic engineering of shikonin biosynthesis by hairy root cultures of Lithpspermum erythrorhizon transformed with bacterial ubiC gene.* Plant Mol. Biol. 39 (1999) 683–693

[11] Teuscher, E.: *Probleme der Produktion sekundärer Pflanzenstoffe mit Hilfe von Zellkulturen.* Pharmazie, 28 (1973) 6–18.

Zentifolie ↗ Rosa x centifolia.

■ Zeranol

Metabolit aus *Fusarium*-Kulturen. Wirk.: Z. bindet an Estrogen-Rezeptoren und stimuliert über diesen Weg die Proteinsynthese. Anw.: in der Veterinärmedizin als Anabolikum.

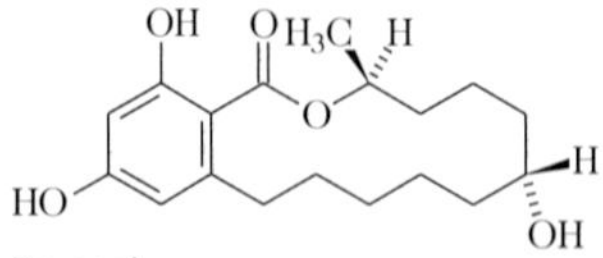

Zeranol

Zerbrechliche Weide ↗ Salix-Arten.
Zerreichenblätter ↗ Quercus-Arten.
Zerrgras ↗ Polygonum aviculare.
Zerteilende Kräuter ↗ Species resolventes.
Zeylonzimt ↗ Cinnamomum-Arten.
Zibeben ↗ Vitis vinifera.
Zibethum ↗ Viverra zivetta.
Zibetkatze ↗ Viverra zivetta.
Zichorie ↗ Cichorium intybus.
Ziegelroter Rißpilz ↗ Inocybe-Arten.
Ziegenbart ↗ Filipendula ulmaria.
Ziegendill ↗ Conium maculatum.
Ziegenkraut ↗ Conium maculatum.
Ziegenraute ↗ Galega officinalis.
Ziegensamen ↗ Trigonella foenum-graecum.
Zigeunerkraut ↗ Hyoscyamus niger, ↗ Lycopus-Arten.
Zigeunerlauch ↗ Allium-Arten.
Zilander ↗ Daphne mezereum.
Zimmer-Calla ↗ Zantedeschia aethiopica.

■ Zimtaldehyd

(Cinnamylaldehyd), Hauptbestandteil des äther. Zimtöls (*Oleum Cinnamomi*, ↗ *Cinnamomum*-Arten). Anw.: als Geruchs- und Geschmackskorrigens sowie zum Parfümieren von Likören, Seifen und Parfüms.

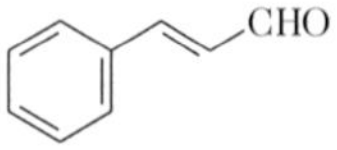

Zimtaldehyd

Zimtapfel ↗ Annona-Arten.
Zimtbaum ↗ Cinnamomum-Arten.
Zimtkassia ↗ Cinnamomum-Arten.
Zimtnägelein ↗ Cinnamomum-Arten.
Zimtnagerl ↗ Cinnamomum-Arten.
Zimtöl ↗ Cinnamomum-Arten.
Zimtrinde ↗ Cinnamomum-Arten.

■ Zimtsäure

(Acidum cinnamylicum), α-Phenylacrylsäure, die in der Natur sehr häufig als Zwischenprodukt bei Biogenesen, frei oder verestert in Balsamen, Harzen oder äther. Ölen vorkommt. Anw.: früher zur Behandlung von Tuberkulose; in der Parfümerie sowie als Konservierungsmittel. Zimtsäureester sind Bestandteil vieler äther. Öle und werden in der Parfümerie eingesetzt.

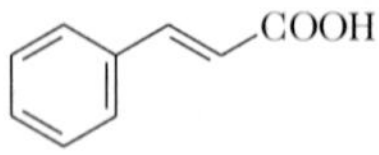

Zimtsäure

Zinerarienblättrige Wucherblume ↗ Chrysanthemum-Arten.
Zingiberen ↗ Zingiber officinalis.
Zingiberis rhizoma ↗ Zingiber officinale.
Zingiber minus ↗ Amomum-Arten.

■ Zingiber officinale Rosc.

(syn. *Amomum zingiber*); Ingwer (syn. Ginger), s. Farbtafel S. 312, Bild 191.

Fam.: Zingiberaceae.

Vork.: kultiviert in tropischen Ländern, v. a. China, Indien, Australien und Jamaika.

Drogen: *1. Zingiberis rhizoma* (syn. *Radix Zingiberis, Rhizoma Zingiberis*); Ingwerwurzelstock (syn. Ginfer, Ginferwurzel, Ingber, Ingberimber, Ingberwurzel, Ingwer, Ingwerklauen, Ingwerwurzel, Ingwerzehen), das vollständige, teilweise oder nicht geschälte Rhizom; s. Farbtafel S. 312, Bild 192. Inh.: äther. Öl komplexer Zusammensetzung (2,5–3 %, Sesquiterpene, wie Zingiberen, ar-Curcumen, β-Bisabolol, Farnesen; Monoterpene, wie Campher, β-Phellandren, Geranial, Neral, Linalool), abhängig von der Herkunft der Droge, sowie nichtflüchtige Scharfstof-

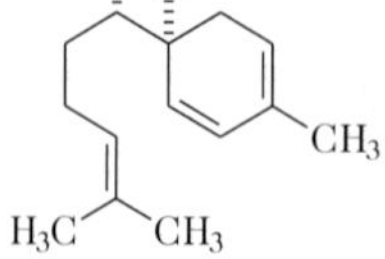

Zingiberen

fe (Arylalkane), wie Gingerole, Shogaole und Gingerenone. Anw.: Ingwer findet hauptsächlich als Gewürz Anwendung, aber auch als Stomachikum, Tonikum, zur Verdauungsförderung bei Dyspepsie sowie zur Appetitanregung. Die Droge wird in gepulverter Form ebenfalls als wirksames Antiemetikum eingesetzt, insbes. die Shogaole und Gingerole sind dafür verantwortlich. Diese Wirkstoffe sind auch an den molluskiziden und antischistisomalen Effekten des Ingwers beteiligt. Auf molekularer Ebene konnte die Hemmung von Enzymen des Prostanoid-Stoffwechsels durch Gingerole und Diarylheptanoide der Droge nachgewiesen werden, was mit der günstigen (entzündungshemmenden) Wirkung bei Magengeschwüren korreliert. Auch bei der Behandlung von Migräne, als Expektorans und Karminativum wird Ingwer in der traditionellen Medizin Asiens eingesetzt. Ingwer ist Bestandteil der *Tinctura aromatica*, *Tinctura Zingiberis* und wird in kandierter Form als Konfekt (*Confectio Zingiberis*) genossen sowie zur Bereitung des Ginger Ale verwendet. ***2. Oleum Zingiberis***; Ingweröl, das durch Wasserdampf-Destillation aus dem getrockneten Wurzelstock gewonnene äther. Öl. Grüngelbliche Flüssigkeit mit charakteristischem Geruch nach Zingiberen. Inh.: s. *Zingiberis rhizoma*.

Zingiber officinale, Wurzelstock mit vegetativem und blütentragendem Trieb.

Anw.: Ingweröl wird hauptsächlich in der Likörherstellung, Süßwaren- und Parfümindustrie verwendet.

Hom.: ***Zingiber officinale*** HAB1, der vom Kork befreite, getrocknete Wurzelstock. Anw.-Geb.: bei Verdauungsschwäche, Durchfall, Entzündungen der Atemwege.

Histor.: Ingwer wurde bei Indern und Chinesen seit dem Altertum angebaut und vor allem als Gewürz genutzt. In alten chinesischen Arzneibüchern und Sanskritschriften wird die Droge mehrfach erwähnt. In Deutschland wurde Ingwer im 9. Jh. eingeführt. Der Gattungsname *Zingiber* ist aus dem arabischen *zindschabil* (die Wurzel) hervorgegangen. Der Name wird entweder auf das indische *sringavera* (hornförmig), dem Sanskritnamen des Ingwers, oder auf „Gingi" zurückgeführt, da die Pflanze auf den Bergen dieses Landes wild vorkommen soll. Die deutsche Bezeichnung Ingwer ist dem *Zingiber* entlehnt (althochdeutsch gigiber, mittelhochdeutsch Engeber, Igwer, Inber, Ingwer).

Zinngras ↗ Equisetum-Arten.
Zinnkraut ↗ Equisetum-Arten.
Zipolle ↗ Allium-Arten.
Zippel ↗ Allium-Arten.
Zipperleinkraut ↗ Aegopodium podagraria.
Zistrose ↗ Cistus-Arten.
Zistrosenwürger ↗ Cytinus hypocystis.
Zitronat ↗ Citrus-Arten.
Zitrone ↗ Citrus-Arten.
Zitronellgras ↗ Cymbopogon-Arten.
Zitronengeranium ↗ Pelargonium-Arten.
Zitronengras ↗ Cymbopogon-Arten.
Zitronenholz ↗ Chlorophora tinctoria.
Zitronenkraut ↗ Aloysia triphylla, ↗ Melissa officinalis.
Zitronenmelisse ↗ Melissa officinalis.
Zitronenminze ↗ Mentha-Arten.
Zitronenminzöl ↗ Mentha-Arten.
Zitronenöl ↗ Citrus-Arten.
Zitronenpelargonie ↗ Pelargonium-Arten.
Zitronenquendel ↗ Thymus-Arten.
Zitronensäure ↗ Citronensäure.
Zitronenschale ↗ Citrus-Arten.
Zitronenstrauch ↗ Aloysia triphylla.
Zitronenthymian ↗ Thymus-Arten.
Zitterpappel ↗ Populus-Arten.
Zitwer ↗ Artemisia cina, ↗ Curcuma-Arten.
Zitwerbeifuß ↗ Artemisia cina.

Zitwersamen ↗ Artemisia cina.
Zitwerwurzel ↗ Curcuma-Arten.
Zitzenförmiger Nachtschatten ↗ Solanum-Arten.
Zizia aurea ↗ Thaspium aureum.

■ **Ziziphora bungeana** Juz.
(syn. *Sysiphora bungeana*).
Fam.: Lamiaceae (Labiatae).
Vork.: Zentralasien, Usbekistan, Kasachstan, Turkmenien.
Droge: die ganze Pflanze. Inh.: äther. Öl, u. a. mit Menthol (ca. 60 %), Pinen, Pulegon; Saponine, Lactone, Cumarine, Gerbstoffe, Harz, Alkaloide, ↗ Ascorbinsäure. *Anw.:* in der Volksheilkunde bei Herzerkrankungen, Arteriosklerose, Hypertonie und Durchblutungsstörungen.

■ **Ziziphus jujuba** Mill.
(syn. *Zizyphus vulgaris*); Jujube (syn. Rote Dattel, Tintendattel, Brustbeere).
Fam.: Rhamnaceae.
Vork.: östliches Mittelmeergebiet bis Indien, China, Japan, häufig auch kultiviert.
Droge: ***Fructus Jujubae***; Rote Brustbeeren (syn. Jujuben, Tintendatteln), die reifen Früchte. *Inh.:* Schleimstoffe, Zucker, Flavonoide, Gerbstoffe, Vitamine, Malate, Tartrate. *Anw.:* in der Volksheilkunde als Mucilaginosum bei Katarrhen der Atemwege sowie als Tonikum, Diuretikum und Expektorans.

Zizyphus vulgaris ↗ Ziziphus jujuba.
Zoapatl ↗ Montanoa tomentosa.

■ **Zornia latifolia** DC.
Maconha Brava.
Fam.: Fabaceae (Leguminosae).
Vork.: tropische Gebiete Amerikas, in Brasilien auch kultiviert.
Droge: die getrockneten Blätter. *Anw.:* die gedörrten Blätter werden in Brasilien als Ersatzdroge für Marihuana (↗ *Cannabis sativa*) geraucht. In der Volksheilkunde wird die Droge auch bei Ruhr eingesetzt.

Zottenblume ↗ Menyanthes trifoliata.
Zottiger Nachtschatten ↗ Solanum-Arten.
Zottige Wolfsmilch ↗ Euphorbia-Arten.

Züchtung und Anbau von Arzneipflanzen

Chlodwig Franz

Arzneidrogen sind wie jedes Pflanzenmaterial das Produkt vorwiegend biologischer Prozesse. Die für Arzneimittel geforderte Qualität und Reproduzierbarkeit setzt deshalb voraus, alle den Ablauf und das Ergebnis der Arzneipflanzenproduktion beeinflussenden Faktoren möglichst genau zu kennen und sie steuern zu lernen, um die natürliche Restvarianz niedrig zu halten. Als wichtigste Einflußgrößen gelten in diesem Zusammenhang:

- die genetische Ausstattung des Pflanzenmaterials (genetische Variation),
- die Verteilung der Inhaltsstoffe auf die Pflanzenorgane (morphogenetische Variabilität),
- die Veränderungen des Wirkstoffgehaltes im Laufe des Vegetationszyklus (ontogenetische Variabilität),
- die Modifikation durch Umweltbedingungen,
- die Beeinflussung durch Anbaumaßnahmen wie Sortenwahl, Standort, Fruchtfolge, Anbautermin, Pflegemaßnahmen einschließlich Herbizid- und Pestizideinsatz mit entsprechender Rückstandsproblematik sowie Ernte und Verarbeitung.

Auch bei noch so guter Kenntnis und Beachtung dieser Parameter kann jedoch kaum jedes pflanzliche Ausgangsmaterial völlig identisch sowie termin- und mengenmäßig exakt für die Herstellung von Phytopharmaka erzeugt werden: saisonale Unterschiede, wie wir sie von den Nahrungspflanzen her kennen, bleiben bestehen.

Genetische Variation und Züchtung

Viele der heute verbreitet angewandten Arzneipflanzen wie Johanniskraut (*Hypericum perfo-*

Tabelle 1: Zuchtziele für Arzneipflanzen

Pharmazeutisch (Wirkstoffe bzw. Leitsubstanzen)	Pflanzenbaulich (Ertrag und Anbautechnik)
qualitativ Wirkstoffspektrum	*Anbaueigenschaften* Wuchs, Ertrag, techn. Eigenschaften (Reife, Farbe, Form, Trocknungsfähigkeit, Trennbarkeit der Teile)
quantitativ Wirkstoffgehalt	*Resistenzen* gegen Krankheiten und Schädlinge
technologisch Verarbeitungsfähigkeit	*ökologische Amplitude* Anpassungsfähigkeit

ratum), Brennessel (*Urtica sp.*), Sonnenhut (*Echinacea sp.*), aber auch Mariendistel (*Silybum marianum*), Salbei (*Salvia officinalis*) u. a. m. befinden sich noch im Stadium der gerade erst kultivierten Wildpflanzen, nur wenige Arten wie die alten Kulturpflanzen Schlafmohn (*Papaver somniferum*) oder Pfefferminze (*Mentha x piperita*) sind systematisch züchterisch bearbeitet. Entsprechend hoch ist daher vielfach noch die genetische Variabilität: Chinarinde (*Cinchona ledgeriana* bzw. *C. calisaya*) z. B. kann entweder Chinin oder Chinidin, Cinchonin oder Cinchonidin als Hauptalkaloid enthalten, Schafgarbe (*Achillea millefolium s. l.*) ist proazulenhaltig oder proazulenfrei, von Kamille (*Chamomilla recutita*) gibt es (–)-α-bisabololreiche, aber auch bisabololarme, bisabololoxidreiche Varietäten, und bei Salbei kennen wir sowohl α- bzw. β-Thujon-, 1,8-Cineol-, Campher- als auch Sesquiterpentypen. Die Höhe des Gehalts an Sekundärstoffen beruht darüber hinaus – soweit genetisch – auf polygen bedingten quantitativen Merkmalen. Im Sinne der Qualitätssicherung (s. u.) pflanzlicher Arzneimittel wurde deshalb an mehreren Stellen mit der züchterischen Bearbeitung von Arzneipflanzen begonnen, und das deutsche Bundessortenamt hat 1996 erstmals eine „Beschreibende Sortenliste" von etwa 50 registrierten Arzneipflanzensorten herausgegeben.

Tabelle 2: Methoden der Arzneipflanzenzüchtung

Selektion:	Klonauslese Individualauslese Massenauslese
Kombination:	einfache Kreuzung Rückkreuzung Heterosiszüchtung (Hybridzüchtung)
Mutation:	Genom-Mutation (Polyploidie) Chromosomen-Mutation Gen-Mutation, Punkt-Mutation Gentechnologie (transgene Pflanzen)

Die Zuchtziele von Arzneipflanzen lassen sich in zwei Gruppen zusammenfassen (Tab. 1): aus pharmazeutischer Sicht stehen Art und Menge an Wirkstoffen oder Leitsubstanzen als wichtigste Merkmale im Vordergrund, pflanzenbaulich und produktionstechnisch gelten vor allem Ertrag und Ertragssicherheit, eine breite Standortanpassung, aber auch Resistenzen gegenüber pathogenen Organismen wie z. B. *Colletotrichum*-Welke bei Johanniskraut als wesentliche Ziele.

Die gängigen Methoden der Pflanzenzüchtung, welche auch bei Arzneipflanzen eingesetzt werden, sind in Tab. 2 zusammengefaßt.

Bei der Mehrzahl der Arzneipflanzen ist die natürliche genetische Variabilität so hoch, daß einfache Selektionen bereits große Züchtungsfortschritte bringen. Bei Individualauslese werden Einzelpflanzen-Nachkommenschaften geprüft und vermehrt, bei Massenauslese werden die Samen aller selektierten Pflanzen gemeinsam weitervermehrt und beurteilt. Als Beispiele können Mohn-, Schafgarben- und Johanniskraut-Sorten genannt werden. Eine Sonderform der Selektion stellt die Klonauslese dar, hier werden selektierte Individuen konventionell oder mittels in-vitro-Methoden vegetativ vermehrt: (*Verklonung, vgl. unten*). Beispiele: Pfefferminz-, Hybridlavendel- und Ginkgo-Sorten.

Um wertvolle Eigenschaften verschiedener Individuen oder Linien miteinander zu vereinigen, sind Kreuzungen erforderlich. Danach folgen wiederum Auslesen und ggf. Rückkreuzungen. Treten in der ersten Nachkommenschaftsgeneration über die Elternpflanzen hinausgehende

Leistungen auf, bezeichnet man das als Heterosis-Effekt von F1-Hybriden. Beispiele für Kreuzungszüchtungen sind Arzneifenchel-, Ringelblumen- oder Mariendistel-Sorten.

Zur Erweiterung der natürlichen Mannigfaltigkeit der Merkmale und Erzeugung neuer Varianten werden Mutationen durch Chemikalien oder energiereiche Strahlen ausgelöst. Praktische Bedeutung haben dabei sowohl Punkt- (Gen-) als auch Genom-Mutationen (polyploide Formen) erlangt. Auf Gen-Mutationen beruhen z. B. dornenlose, steroidreiche *Solanum-khasianum*-Sorten, Genom-Mutation führte zu polyploiden Kamillen-, Baldrian- und Pfefferminzsorten.

Durch gentechnologische Methoden hergestellte transgene Arzneipflanzen spielen wegen der erwähnten natürlichen Variabilität und Selektionsmöglichkeit bisher noch keine Rolle.

Inhaltsstoffverteilung und Veränderungen während der Vegetation

Gehalt und Zusammensetzung an Sekundärstoffen variieren innerhalb einer Pflanze von Organ zu Organ, ebenso wie es jahreszeitliche bzw. vom Entwicklungsstadium der Pflanze abhängige Unterschiede gibt. Wegen der unterschiedlichen phytochemischen Zusammensetzung werden z. B. Löwenzahnblätter für andere Indikationen eingesetzt als Löwenzahnwurzeln, ähnliches gilt für die Brennessel. Kamille enthält nur in den Blütenköpfchen relevante Mengen an ätherischem Öl und Flavonoiden, im Handel findet man aber trotzdem oft Kamillenkraut bzw. Krautextrakt. Das Wissen über solche Unterschiede hat praktische Bedeutung für die Ernte und Erntetechnik: Vielfach sind hochspezialisierte Geräte erforderlich, denn eine unsaubere Trennung führt zu qualitativ minderwertigen Produkten.

Wirkstoffveränderungen gibt es auch im Verlauf der Vegetationsperiode und Pflanzenentwicklung. So ist z. B. bekannt, daß der Bitterstoffgehalt von Enzianwurzeln im Frühjahr während des Austriebes am höchsten und im Spätsommer am niedrigsten ist. Pfefferminze weist vor dem Ansatz der Blütenknospen ein menthonreiches, unangenehm scharfes ätherisches Öl auf, gegen Blühbeginn steigt der Gehalt an Menthol. Ebenso nimmt bis Blühbeginn der Cumaringehalt in Steinklee zu. Dementsprechend sind die Erntetermine für die einzelnen Arten zu wählen.

Umwelteinflüsse und Anbaumaßnahmen

Die planmäßige Kultivierung von Arzneipflanzen dient der Gewinnung und Sicherung der benötigten Mengen an möglichst einheitlichen und hochwertigen Drogen. Als Bestandteil der Qualitätssicherung (s. u.) pflanzlicher Arzneimittel findet sie ihren Niederschlag in Richtlinien für eine gute landwirtschaftliche Praxis (GAP = Good Agricultural Practice), welche alle Vorgaben vom Ausgangsmaterial über Anbau und Behandlung bis zur Ernte und Aufbereitung umfaßt.

Neben pflanzenbaulichen Grundkenntnissen setzt der planmäßige Anbau Informationen über die Wachstumsbedingungen und den Vegetationszyklus der einzelnen Arten voraus.

Wichtige äußere Faktoren sind der Anbaustandort bzw. dessen Klima und die Pflanzenernährung, wobei Sorte, Entwicklungsstadium usw. in Wechselbeziehung dazu stehen. Pfefferminze kommt als typische Langtagpflanze erst bei Tageslängen von mehr als 14 Stunden in die Blühphase, was wiederum Voraussetzung für die Ausbildung eines hohen Mentholgehaltes ist: Pfefferminzöl südlicher Provenienz ist deshalb in der Regel nicht Arzneibuch-konform. Bei Enzianwurzeln wurde festgestellt, daß ihr Gehalt an Amarogentin mit zunehmender Höhenlage von 0,025 % im Flachland auf 0,1 % in Berglagen oberhalb 1000 m ansteigt.

Die Wasser- und Nährstoffversorgung entscheidet in erster Linie über den Masseertrag, kann aber auch die Pflanzenentwicklung beschleunigen oder verlangsamen und dadurch die Wirkstoffbildung beeinflussen. Ein direkter Zusammenhang zwischen Düngung und Sekundärstoffgehalt konnte bisher hauptsächlich bei Alkaloiden – etwa dem Anstieg von Chelidonin in Schöllkraut nach Stickstoffdüngung – gefunden werden.

Umweltchemikalien und Verunreinigungen von Arzneidrogen

In Westeuropa sind nur vereinzelt Pflanzenbehandlungsmittel zum Einsatz in Arzneipflanzen-Kulturen zugelassen, so daß kaum je Rückstände in der Rohware zu finden sein werden. In vielen Drogen vor allem aus außereuropäischen Ländern findet man aber häufiger Pestizidrückstände, auf deren höchstzulässige Restmengen entsprechend dem Arzneibuch geprüft werden muß.

Es bleibt jedoch festzuhalten, daß Pflanzen – in welchem Landbewirtschaftungssystem auch immer – von Krankheitserregern und Schadinsekten befallen werden können, was nicht nur Ertragseinbußen, sondern auch erhebliche Qualitätsveränderungen z. B. durch Bildung von Abwehrstoffen mit sich bringen kann. Die Unkrautentfernung in Kulturpflanzenbeständen wiederum erfolgt nicht nur wegen der Konkurrenz um Standraum, Nährstoffe und Wasser, sondern auch um eine Minimierung des Fremdbesatzes in Drogen zu erreichen und um mögliche Infektionsquellen (Unkräuter als Herde für Schadorganismen) zu entfernen.

Zu den unerwünschten Umweltchemikalien zählen auch die Schwermetalle Cd, Pb, Ni, Hg und Cr. Als Höchstmengen in Arzneidrogen gelten im allgemeinen folgende Richtwerte:

Blei: 5 mg/kg, Cadmium: 0,2 mg/kg, Quecksilber: 0,1 mg/kg.

Einige Drogen neigen jedoch zur Cadmium-Anreicherung, hierzu zählen vor allem Leinsamen, Johanniskraut und Birkenblätter. Für diese Arten stehen deshalb Höchstwerte von 0,3 – 0,8 mg/kg für Cd zur Diskussion. Ihr Anbau sollte aber nur auf wenig belasteten Flächen stattfinden.

Jede Pflanze und die von ihr gewonnene Droge ist von einer eigenen, typischen Mikroflora umgeben, die von Boden, Düngung, Kleinklima und Pflanzenteil abhängt. Die Beurteilung der mikrobiologischen Kontamination durch natürliche, apathogene Keime auf der Basis der Arzneibuch-Grenzwerte wirft deshalb häufig Probleme auf. Grundsätzlich ist es notwendig, bei der Gewinnung von Arzneidrogen schon auf dem Feld und bei der Ernte sauber zu arbeiten und bei oberirdischen Pflanzenteilen eine Kontamination mit Erde zu vermeiden. Auch die nachfolgende Trocknung und Aufbereitung muß entsprechend hygienisch erfolgen, was in vielen Erzeugerländern nicht immer gewährleistet ist. Zur Keimzahlverminderung und „Entwesung" (Abtötung von Insekten) bieten sich verschiedene physikalische Verfahren mit Dampf oder in CO_2-Druckkammern an, da die meisten chemischen Verfahren (Begasung) wegen toxischer Reaktionsprodukte nicht mehr zulässig sind. In einigen Ländern ist hingegen der Einsatz ionisierender Strahlen zur Keimreduzierung bei Drogen zugelassen.

Ernte und Aufbereitung

Die Ernte von Arzneipflanzen erfolgt je nach Stand der technischen Entwicklung

- manuell oder mit einfachen Erntehilfen (z. B. Blüten-Pflückkämme, Rinden-Schälmesser, Wurzel-Grabgabeln),
- teilmechanisiert (z. B. Schwadmäher, Rodepflüge, Standdreschmaschinen) oder
- vollmechanisiert (z. B. Mähdrescher, Wurzelvollernter, Blütenpflückmaschinen).

Den arbeitswirtschaftlichen Vorteilen maschineller Ernteverfahren stehen die größere mechanische Belastung und die meist notwendige Nachreinigung des Erntegutes als Einschränkungen gegenüber. Wichtig ist ein gleichmäßig abreifender Feldbestand, der homogene Sorten und geeignete Anbaubedingungen voraussetzt. Kraut- und Blattdrogen werden im allgemeinen kurz vor oder während der Blüte, Blütendrogen in Vollblüte, Rinden im Frühjahr und Wurzeln gegen Ende der Vegetationsperiode geerntet. Das frische Erntegut muß rasch weiterverarbeitet und konserviert werden. Hierzu zählen im Einzelfall Wasch- und Reinigungsvorgänge (z. B. bei unterirdischen Pflanzenteilen) ebenso wie die Trennung von Blatt- und Stengelanteilen oder die Zerkleinerung. Sofern nicht Preßsäfte oder Frischpflanzenauszüge hergestellt werden oder die Rohware zur Destillation ätherischer Öle dient, wird das Erntegut durch Wasserentzug haltbar gemacht. Als wichtigste Trocknungsverfahren gelten:

- die natürliche Trocknung an der Sonne oder im Schatten, die vor allem in wärmeren Ländern eingesetzt wird. Hier ist darauf zu achten, daß keine erhöhte mikrobiologische Kontamination z. B. durch Staub oder Haustiere eintritt;
- die künstliche Trocknung mittels Kalt-, Warm- oder Heißluft. Hierzu zählen Kammer- und Hordentrocknung als diskontinuierliche und Trommel- sowie Bandtrocknung als kontinuierliche Verfahren. Als Wärmequellen dienen Öl-, Gas- oder Feststoffbrenner mit Wärmetauschern, an sonnenreichen Standorten haben sich Solarkollektoren bewährt.

Die Trocknungstemperaturen liegen je nach Stabilität der Inhaltsstoffe zwischen 40 und

100 °C. Drogen dürfen nur eine Restfeuchte von weniger als 15 % aufweisen, um das Wachstum von Mikroorganismen zu verhindern.

Die Lagerung von Drogen erfolgt kühl, dunkel, trocken und sauber, d. h. vor Sonnenlicht, Feuchtigkeit, Sauerstoffeinwirkung, Staub und Vorratsschädlingen geschützt.

Anbau und Herkunft von Arzneidrogen

Viele der im Handel befindlichen Arzneidrogen stammen noch aus Wildsammlung (s. u.), mengenmäßig kommt jedoch mehr als die Hälfte aus Feldanbau. Dieser nimmt derzeit in fast allen Teilen der Welt zu, wobei als wichtigste Produzenten China, Indonesien, Thailand und Indien; Ägypten, Sudan und Südafrika; Argentinien, Chile, Brasilien und Costa Rica; aber auch Tasmanien, die USA, Kanada und verschiedene europäische Länder gelten. Traditionell war der Arzneipflanzen-Anbau in Osteuropa weit verbreitet, in den letzten zwei Jahrzehnten hat er sich jedoch in fast allen Ländern der Europäischen Union etabliert, wobei neben den Niederlanden, Frankreich und Spanien vor allem Italien, Österreich und Deutschland hervorzuheben sind. In Deutschland gibt es derzeit etwa 7000 ha Arzneipflanzenkulturen in den Bundesländern Bayern, Hessen, Nordrhein-Westfalen, Sachsen-Anhalt und Thüringen. Als wichtigste Arten sind Kamille, Mariendistel, Sonnenhut, Pfefferminze, Baldrian und Johanniskraut zu erwähnen. Es gibt aber auch Anbau z. B. von Arnika, Schöllkraut, Malve, Goldrute, gelbem Enzian und Artischocke.

Der überwiegende Teil der Betriebe arbeitet konventionell, wenn auch mangels Zulassung kaum Herbizide und Pestizide eingesetzt werden. Kontrollierter biologischer Anbau findet auf etwa 10 % der Flächen statt. Der vermutlich größte biologisch bewirtschaftete Arzneipflanzenbetrieb in Europa liegt in der Toskana, gefolgt von einem deutschen Betrieb in Hessen. Sowohl in Österreich als auch in der Schweiz hat man in den letzten Jahren ebenso sehr erfolgreich einen Bio-Kräuteranbau aufgezogen.

Qualitätssicherung des pflanzlichen Ausgangsmaterials durch Anbau:

Die Produktion pflanzlichen Ausgangsmaterials für Phytopharmaka stellt einen vielschichtigen bio-/technologischen Prozeß dar, der nur bei geeignetem Management den heutigen Mengen- und Qualitätsanforderungen gerecht werden kann. Dazu ist es notwendig, die landwirtschaftliche Erzeugung ebenso in ein Qualitätssicherungssystem einzubinden, wie es für die industrielle Weiterverarbeitung bis zum Endprodukt (↗ Industriedrogen) bereits besteht. In Ergänzung zu den GMP-Richtlinien (Good Manufacturing Practice) wurden deshalb seitens der Europäischen Vereinigung der Arznei- und Gewürzpflanzen-Produzenten (EUROPAM) und der Gesellschaft für Arzneipflanzenforschung (GA) in Abstimmung mit anderen Verbänden Leitlinien für eine Gute Landwirtschaftliche Praxis im Arzneipflanzenanbau (GAP = Good Agricultural Practice) erstellt. Ziel der Leitlinien ist es, insofern Standards für Anbau und Verarbeitung vorzugeben, als diese geeignet sind, kritische Produktionsschritte zu identifizieren und sicherzustellen, daß das pflanzliche Rohmaterial den Erwartungen der Verbraucher entspricht und hohen Qualitätsansprüchen genügt. Insbesondere gehört dazu, daß die Pflanzen hygienisch produziert werden, um die mikrobiologische Kontamination gering zu halten, und daß sie sorgfältig hergestellt werden, um negative Einflüsse während Anbau, Ernte und Lagerung hintanzuhalten.

Die Leitlinien enthalten grundsätzliche Hinweise zum Saatgut und Vermehrungsmaterial, zum Anbau einschließlich Boden und Düngung, zu Bewässerung, Bestandspflege und Pflanzenschutz, zur Ernte und den einzusetzenden Nacherntеverfahren, zu Verpackung, Lagerung und Transport, aber auch zu Maschinen, Geräten und zum Personal einschließlich Schulung. Einen wesentlichen Raum nimmt die Dokumentation aller Maßnahmen ein, für deren Überwachung jedoch ein Audit-System einzurichten ist. Die GAP-Leitlinien sind als Ergänzung zur Europäischen Direktive „Good Manufacturing Practice for Starting Materials of Medicinal Products" zu verstehen, während die Betriebsverordnung für die Herstellung von Arzneimittel-Wirkstoffen ausdrücklich keine Anwendung auf den Arzneipflanzen-Anbau findet.

Verklonung (Klonierung)

Verklonung ist die vegetative Vermehrung eines Individuums, wobei die Grundgesamtheit der Nachkommen genetisch identisch ist. Methodisch kommen sowohl konventionelle Stecklingsvermehrungen als auch in-vitro-Verfahren in

Betracht. Klone haben den Vorteil der absoluten Homogenität, solange keine Spontanmutationen auftreten. Klonierung wird gern bei (sterilen) Arthybriden mit wertvollen Eigenschaften vorgenommen. Nachteil von Klonen ist, daß sie nicht samenvermehrbar sind (die Nachkommenschaften würden aufspalten), außerdem bergen sie die Gefahr in sich, daß sich Schadorganismen auf den Klon spezialisieren und erhöhte Pflanzenschutzaufwendungen erforderlich machen.

Wildpflanzen (Wildsammlung)

Bezogen auf die Artenzahl stammen etwa zwei Drittel der im Handel befindlichen Arzneidrogen aus Wildsammlung, nur ein Drittel wird systematisch angebaut. Was das Mengenaufkommen betrifft, kommen jedoch zwei Drittel aus Feldkulturen. Die Sammlung der Wildpflanzen soll durch Inkulturnahmen weitgehend ersetzt werden, da

- die Wildvorkommen begrenzt sind und bei anhaltender Sammeltätigkeit die Gefahr der genetischen Erosion bis hin zur Ausrottung mancher Arten besteht (Naturschutz!),
- Sammeldrogen eine heterogene, nicht reproduzierbare Qualität aufweisen,
- bei Wildsammlung die Gefahr von Verwechslungen bzw. Verfälschungen besteht und die Kontamination mit Umweltchemikalien schwer kontrollierbar ist.

Für die Domestikation hat sich die nachstehende Vorgangsweise als zielführend erwiesen:

- Studien am natürlichen Standort: Botanik, Boden, Klima, Wachstum, natürliche Vermehrung und Verbreitung;
- Sammlung von Pflanzen und Saatgut der wildwachsenden Pflanzen;
- phytochemische Untersuchung des Materials;
- Vermehrung des Pflanzenmaterials (generativ/vegetativ);
- Anbauversuche: Standort und Umweltvariation, Anbaumethoden, Pflegemaßnahmen;
- Beachtung phytosanitärer Probleme: Krankheiten, Schädlinge;
- Züchterische Verbesserung des Pflanzenmaterials: ökologische Amplitude, Resistenzen, Ertrag, Inhaltsstoffe (qualitativ/quantitativ);
- Kulturdauer, Ernte: Termin, Techniken; Nach-Ernte-Verfahren; Qualitätskontrolle;
- Wirtschaftlichkeitsberechnungen: Arbeitskräftebedarf, Maschinen, Geräte, Anlagen, Einsatz von Agrochemikalien;
- Erträge und Erlöse.

In der Übergangsphase bis zur erfolgten Inkulturnahme soll die Wildsammlung nach den Leitlinien für eine gute Sammelpraxis (GHP = Good Harvesting Practice) erfolgen.

Beispiele für erfolgreiche Domestikationen in den letzten Jahren sind u. a. *Alchemilla xanthophylla, Arnica montana, Costus speciosus, Duboisia myoporoides, Gentiana lutea, Hypericum perforatum, Lippia graveolens, Tagetes lucida, Taxus brevifolia*.

Literatur:

Bajaj, Y.P.S. (ed.): *Medicinal and Aromatic Plants* 1–5. Biotechn. in Agriculture and Forestry Vol. 4, 7, 15, 21, 24 Springer Verlag Berlin (1988–93)

Carle, R. (Hrsg.): *Ätherische Öle – Anspruch und Wirklichkeit*. APV-Papaerback Bd. 34, Wiss. Verlags-Ges. Stuttgart (1993)

Chizzola, R., u. Ch. Franz: Angew. Bot. 70 (1996), 52–56.

Franz, Ch.: Plant Research and Development 37(1993), 101–111.

Lange, D.: *Untersuchungen zum Heilpflanzenhandel in Deutschland*. Landwirtschaftsverlag Münster (1996)

Pank, F., Ch. Franz, H. Schulz, G. Schumann, J.R. Sharme, T. Tatlioglu: *Breeding Research on Medicinal and Aromatic Plants*. Beitr. Züchtungsforsch. *2* (1) (1996)

N.N.: *Beschreibende Sortenliste Heil- und Gewürzpflanzen*. Bundessortenamt (1996)

Zuckerahorn ↗ Acer saccharum.
Zuckerapfel ↗ Annona-Arten.
Zuckerkiefer ↗ Pinus-Arten.
Zuckermelone ↗ Cucumis-Arten.
Zuckermelonensamen ↗ Cucumis-Arten.
Zuckerrohr ↗ Saccharum officinarum.

B. Angiospermae (Bedecktsamer)

■ UAbtl. Magnoliophytina

1. Kl. Magnoliopsida

1. Ukl. Magnoliidae

● Ordn. Magnoliales
Fam. Winteraceae: *Drimys winteri*
Fam. Himantandraceae: *Galbulimima belgraveana*
Fam. Magnoliaceae: *Liriodendron tulipifera, Magnolia acuminata, Magnolia biondii, Magnolia denudata, Magnolia glauca, Magnolia kobus, Magnolia obovata, Magnolia officinalis, Michelia champaca, Michelia fuscata*
Fam. Annonaceae: *Annickia polycarpa, Annona*-Arten, *Asimina triloba, Cananga odorata, Cleistopholis glauca, Monodora myristica, Pachypodanthium confine, Pachypodanthium staudtii, Xylopia aethiopica*
Fam. Myristicaceae: *Myristica dactyloides, Myristica succedanea, Myristica argentea, Myristica fragrans, Myristica malabarica, Virola*-Arten
Fam. Canellaceae: *Canella winterana, Cinnamosa fragrans*
Fam. Gomortegaceae: *Gomortega keule*

● Ordn. Laurales
Fam. Monimiaceae: *Atherosperma moschatum, Doryphora sassafras, Laurelia sempervirens, Peumus boldus*
Fam. Lauraceae: *Aniba coto, Aniba pseudocoto, Cinnamomum*-Arten, *Dicypellium caryophyllatum, Laurus azorica, Laurus canariensis, Laurus nobilis, Lindera strychnifolia, Litsea calophylla, Necandra megapotamica, Ocotea puchury-major, Persea americana, Ravensara aromatica, Sassafras albidum, Tetranthera laurifolia, Umbellaria californica*
Fam. Calycanthaceae: *Calycanthus floridus*

● Ordn. Illiciales
Fam. Illiciaceae: *Illicium anisatum, Illicium verum*
Fam. Schisandraceae: *Schisandra sphenanthera, Schisandra chinensis*

● Ordn. Piperales
Fam. Saururaceae: *Anemopsis californica, Houttuynia californica, Houttuynia cordata, Saururus cernuus*
Fam. Piperaceae: *Piper angustifolium, Piper betle, Piper cubeba, Piper guineense, Piper nigrum, Piper longum, Piper methysticum*

● Ordn. Aristolochiales
Fam. Aristolochiaceae: *Apama siliquosa, Aristolochia*-Arten, *Asarum canadense, Asarum europaeum*

● Ordn. Rafflesiales
Fam. Rafflesiaceae: *Cytinus hypocystis*

2. Ukl. Ranunculidae

● Ordn. Ranunculales
Fam. Ranunculaceae: *Aconitum*-Arten, *Adonis*-Arten, *Anemone nemorosa, Aquilegia vulgaris, Caltha palustris, Cimicifuga racemosa, Clematis*-Arten, *Coptis trifolia,*

Delphinium ajacis, Delphinium consolida, Delphinium elatum, Delphinium staphisagria, Helleborus-Arten, *Hepatica nobilis, Hydrastis canadensis, Myosurus minimus, Nigella damascena, Nigella sativa, Thalictrum foetidum, Thalictrum macrocarpum, Thalictrum minus, Xanthorhiza simplicissima, Pulsatilla*-Arten, *Ranunculus*-Arten

Fam. Berberidaceae: *Berberis vulgaris, Bongardia chrysogonum, Caulophyllum thalictroides, Epimedium macranthum, Leontice eversmannii, Leontice leontopetalum, Leontice smirnovii, Mahonia aquifolium, Podophyllum*-Arten

Fam. Menispermaceae: *Anamirta cocculus, Arcangelisia flava, Chondodendron tomentosum, Cissampelos pareira, Cocculus laurifolius, Cocculus leaeba, Dioscoreophyllum cumminsii, Fibraurea tinctoria, Heptacyclum zenkeri, Jateorhiza palmata, Menispermum canadense, Stephania rotunda, Stephania tetrandra*

- Ordn. Papaverales

Fam. Papaveraceae: *Adlumia fungosa, Argemone mexicana, Chelidonium majus, Corydalis*-Arten, *Eschscholzia californica, Fumaria officinalis, Glaucium corniculatum, Glaucium flavum, Hypecoum procumbens, Dicentra canadensis, Dicentra cucullaria, Papaver bracteatum, Papaver dubium, Papaver rhoeas, Papaver somniferum, Sanguinaria canadensis*

- Ordn. Nymphaeales

Fam. Nymphaeaceae: *Euryale ferox, Nelumbo nucifera, Nuphar lutea, Nymphaea alba, Nymphaea ampla, Nymphaea odorata*

2. Kl. Rosopsida

1. Ukl. Hamamelididae

- Ordn. Hamamelidales

Fam. Hamamelidaceae: *Distylium racemosum, Hamamelis virginiana, Liquidambar*-Arten

Fam. Platanaceae: *Platanus*-Arten

- Ordn. Fagales

Fam. Betulaceae: *Alnus*-Arten, *Betula*-Arten, *Carpinus betulus, Corylus avellana, Ostrya virginiana*

Fam. Fagaceae: *Castanea sativa, Fagus sylvatica, Quercus*-Arten

- Ordn. Casuarinales

Fam. Casuarinaceae: *Casuarina equisetifolia*

- Ordn. Urticales

Fam. Ulmaceae: *Ulmus*-Arten

Fam. Moraceae: *Antiaris toxicaria, Brosimum galactodendron, Castilla elastica, Cecropia hololeuca, Chlorophora tinctoria, Cudrania tricuspidata, Ficus carica, Ficus elastica, Ficus religiosa, Helicostylis pedunculata, Maquira sclerophylla, Morus*-Arten

Fam. Cannabaceae: *Cannabis sativa, Humulus lupulus*

Fam. Urticaceae: *Boehmeria nivea, Parietaria officinalis, Urtica*-Arten

- Ordn. Myricales

Fam. Myricaceae: *Comptonia peregrina, Myrica gale, Myrica pensylvanica*

- Ordn. Juglandales

Fam. Juglandaceae: *Carya ovata, Juglans cinerea, Juglans regia*

2. Ukl. Rosidae

- Ordn. Saxifragales
  Fam. Hydrangeaceae: *Philadelphus coronarius*
  Fam. Grossulariaceae: *Ribes nigrum, Ribes rubrum*
  Fam. Crassulaceae: *Kalanchoe daigremontiana, Sedum acre, Sedum alpestre, Sedum telephium, Sempervivum tectorum, Umbilicus rupestris*
  Fam. Saxifragaceae: *Astilbe rivularis, Bergenia crassifolia, Chrysoplenium alternifolium, Dichroa febrifuga, Heuchera americana, Hydrangea arborescens, Parnassia palustris, Saxifraga granulata*

- Ordn. Rosales
  Fam. Rosaceae: *Acaena pinnatifida, Agrimonia eupatoria, Alchemilla xanthochlora, Aruncus dioicus, Chaenomeles sinensis, Comarum palustre, Crataegus*-Arten, *Cydonia oblonga, Eriobothrya japonica, Filipendula ulmaria, Fragaria vesca, Geum*-Arten, *Hagenia abyssinica, Malus domestica, Mespilus germanica, Potentilla anserina, Potentilla aurea, Potentilla erecta, Potentilla reptans, Prunus*-Arten, *Pygeum africanum, Pyrus communis, Quillaia saponaria, Rosa canina, Rosa gallica, Rosa laevigata, Rosa moschata, Rosa pendulina, Rosa rugosa, Rosa x centifolia, Rosa x damascena, Rubus*-Arten, *Sanguisorba ancistroides, Sanguisorba minor, Sanguisorba officinalis, Sarcopoterium spinosum, Sorbus aucuparia, Spiraea tomentosa*
  Fam. Chrysobalanaceae: *Afrolicania elaeosperma, Licania rigida*

- Ordn. Sarraceniales
  Fam. Sarraceniaceae: *Sarracenia purpurea*
  Fam. Droseraceae: *Dionaea muscipula, Drosera*-Arten

- Ordn. Fabales (Leguminosae)
  Fam. Fabaceae (Papilionaceae): *Abrus precatorius, Adenanthera pavonina, Adipera jahnii, Afzelia africana, Albizia anthelmintica, Alhagi pseudoalhagi, Amorpha fruticosa, Anadenanthera peregrina, Anagyris foetida, Andira*-Arten, *Anthyllis vulneraria, Arachis hypogaea, Aspalathus linearis, Astragalus*-Arten, *Baphia nitida, Baptisia tinctoria, Bauhinia malabarica, Bowdichia virgilioides, Brachystegia spicaeformis, Butea monosperma, Calliandra houstoni, Canavalia ensiformis, Canavalia maritima, Castanospermum australe, Cercis siliquastrum, Cicer arietinum, Clitoria ternatea, Cyamopsis tetragonoloba, Cyclopia*-Arten, *Cytisus canariensis, Cytisus scoparius, Dalbergia arborea, Deguela uliginosa, Derris*-Arten, *Dioclea macrocarpa, Dipteryx odorata, Entada africana, Enterolobium timbouva, Erythrina americana, Flemingia macrophylla, Galega officinalis, Genista germanica, Genista tinctoria, Geoffraea surinamensis, Glycine max, Glycyrrhiza glabra, Gymnocladus dioicus, Hardwickia pinnata, Hymenaea courbaril, Indigofera tinctoria, Laburnum anagyroides, Lathyrus sativus, Lens culinaris, Lespedeza capitata, Lespedeza thunbergii, Leucaena leucocephala, Lonchocarpus nicou, Lonchocarpus urucu, Lupinus albus, Lupinus angustifolius, Lupinus luteus, Medicago sativa, Melilotus alba, Melilotus altissima, Melilotus officinalis, Mucuna pruriens, Myroxylon balsamum, Ononis spinosa, Oxytropis lamberti, Paradaniella oliveri, Periandra dulcis, Pericopsis laxiflora, Phaseolus vulgaris, Physostigma venenosum, Piscidia piscipula, Prioria copaifera, Prosopis juliflora, Psoralea bituminosa, Psoralea corylifolia, Psoralea drupacea, Pterocarpus*-Arten, *Pueraria lobata, Pueraria mirifica, Rhynchosia phaseoloides, Robinia pseudoacacia, Saraca indica, Sophora japonica, Sophora pachycarpa, Sophora secundiflora, Spartium junceum, Sphaerophysa salsula, Stryphnodendron barbatimao, Tamarindus indica,*

Tephrosia vogelli, Thermopsis lanceolata, Trachylobium verrucosum, Trifolium arvense, Trifolium pratense, Trifolium repens, Trigonella foenum-graecum, Ulex europaeus, Vicia faba, Vigna unguiculata, Zornia latifolia

Fam. Caesalpiniaceae: *Bussea occidentalis, Caesalpinia*-Arten, *Cassia*-Arten, *Ceratonia siliqua, Copaifera*-Arten, *Erythrophleum suaveolens, Gleditsia*-Arten, *Haematoxylum campechianum, Swartzia madagascariensis*

Fam. Mimosaceae: *Mimosa hostilis, Mimosa pudica, Acacia*-Arten, *Pentaclethra macrophylla, Prosopis africana, Tetrapleura tetraptera*

- Ordn. Cornales

Fam. Nyssaceae: *Camptotheca acuminata, Nyssa sylvatica, Mappia foetida*

Fam. Cornaceae: *Aucuba japonica, Cornus*-Arten

- Ordn. Apiales (Araliales)

Fam. Araliaceae: *Acanthopanax sessiliflora, Aralia*-Arten, *Echinopanax elatum, Eleutherococcus senticosus, Hedera helix, Panax ginseng, Panax quinquefolius, Tetrapanax papyriferum*

Fam. Apiaceae: *Aegopodium podagraria, Aethusa cynapium, Alepidae amatymbica, Ammi majus, Ammi visnaga, Anethum graveolens, Angelica archangelica, Anthriscus cerefolium, Apium graveolens, Astrantia major, Bupleurum*-Arten, *Cachrys odontalgica, Carum carvi, Caucalis anthriscus, Centella asiatica, Chaerophyllum temulentum, Cicuta virosa, Cnidium dubium, Cnidium officinale, Conium maculatum, Coriandrum sativum, Cuminum cyminum, Daucus carota, Dorema ammoniacum, Ducrosia anethifolia, Elaeoselinum asclepium, Eryngium*-Arten, *Ferula assa-foetida, Ferula communis, Ferula foetida, Ferula gummosa, Ferula moschata, Foeniculum vulgare, Heracleum sphondylium, Hydrocotyle vulgaris, Laretia acaulis, Laserpitium latifolium, Levisticum officinale, Ligusticum chuanxiong, Meum athamanticum, Myrrhis odorata, Nothosmyrnium japonicum, Oenanthe aquatica, Oenanthe crocata, Opopanax chironium, Osmorhiza aristata, Pastinaca sativa, Petroselinum crispum, Peucedanum japonicum, Peucedanum officinale, Peucedanum oreoselinum, Peucedanum ostruthium, Pimpinella*-Arten, *Prangos pabularia, Sanicula europaea, Sanicula marilandica, Satureja hortensis, Satureja montana, Selinum palustre, Selinum vaginatum, Siler divaricatum, Thapsia garganica, Thaspium aureum, Trachyspermum ammi*

- Ordn. Myrtales

Fam. Rhizophoraceae: *Bruguiera gymnorrhiza, Kandelia candel, Rhizophora mangle*

Fam. Myrtaceae: *Angophora lanceolata, Darwinia fascicularis, Eucalyptus*-Arten, *Eugenia chequen, Eugenia occlusa, Eugenia uniflora, Feijoa sellowiana, Leptospermum flavescens, Leptospermum scoparium, Melaleuca*-Arten, *Myrtus communis, Pimenta*-Arten, *Psidium guajava, Syzygium*-Arten

Fam. Lecythidaceae: *Barringtonia racemosa, Bertholletia excelsa, Careya arborea, Lecythis ollaria, Lecythis urnigera*

Fam. Combretaceae: *Combretum glutinosum, Combretum micranthum, Terminalia arjuna, Terminalia avicennoides, Terminalia bellirica, Terminalia catappa, Terminalia chebula, Terminalia sericea, Terminalia tomentosa*

Fam. Melastomataceae: *Melastoma ackermanni*

Fam. Lythraceae: *Cuphea viscosissima, Heimia salicifolia, Lawsonia inermis, Lythrum salicaria, Physocalymna scaberrimum*

Fam. Punicaceae: *Punica granatum*

Fam. Onagraceae: *Oenothera biennis*

Fam. Alangiaceae: *Alangium lamarckii*

- Ordn. Elaeagnales
  Fam. Elaeagnaceae: *Elaeagnus angustifolia, Hippophae rhamnoides*
- Ordn. Rutales
  Fam. Anacardiaceae: *Anacardium occidentale, Astronia fraxinifolia, Buchanania latifolia, Comocladia dentata, Cotinus coggygria, Mangifera indica, Pistacia atlantica, Pistacia chinensis, Pistacia lentiscus, Pistacia terebinthus, Pistacia vera, Rhus*-Arten, *Schinopsis quebracho-colorado, Schinus*-Arten, *Semecarpus anacardium*
  Fam. Burseraceae: *Boswellia*-Arten, *Bursera*-Arten, *Canarium luzonicum, Commiphora*-Arten
  Fam. Simaroubaceae: *Ailanthus altissima, Brucea amarissima, Castela erecta, Harrisonia abyssinica, Irvingia gabonensis, Picramnia antidesma, Picrasma excelsa, Quassia amara, Simaba cedron, Simarouba amara*
  Fam. Rutaceae: *Acronychia baueri, Aegle marmelos, Afraegle paniculata, Agathosma apiculata, Amyris balsamifera, Barosma*-Arten, *Casimiroa edulis, Citrus*-Arten, *Dictamnus albus, Esenbeckia febrifuga, Evodia rutaecarpa, Feronia limonia, Fortunella japonica, Galipea officinalis, Haplophyllum perforatum, Phellodendron amurense, Phellodendron lavallei, Pilocarpus*-Arten, *Ptelea trifoliata, Ruta chalepensis, Ruta graveolens, Skimmia japonica, Zanthoxylum*-Arten
  Fam. Meliaceae: *Antelaea azadirachta, Carapa guianensis, Guarea rusbyi, Guarea trichilioides, Khaya senegalensis, Lansium domesticum, Trichilia emetica*
- Ordn. Sapindales
  Fam. Aceraceae: *Acer negundo, Acer saccharum*
  Fam. Sapindaceae: *Blighia sapida, Cardiospermum halicacabum, Euphoria longana, Litchi chinensis, Nephelium topengii, Paullinia cupana, Paullinia pinnata, Sapindus saponaria, Schleicheria trijuga, Ungnadia speciosa*
  Fam. Coriariaceae: *Coriaria myrtifolia, Coriaria thymifolia*
  Fam. Hippocastanaceae: *Aesculus glabra, Aesculus hippocastanum*
- Ordn. Geraniales
  Fam. Linaceae: *Linum catharticum, Linum usitatissimum*
  Fam. Erythroxylaceae: *Erythroxylum coca*
  Fam. Malpighiaceae: *Acridocarpus alopecurus, Banisteria*-Arten, *Malpighia glabra, Malpighia punicifolia, Tetrapteris methystica, Thryallis glauca*
  Fam. Zygophyllaceae: *Balanites aegyptiaca, Bulnesia sarmienti, Guaiacum officinale, Guaiacum sanctum, Peganum harmala, Tribulus terrestris, Zygophyllum fabago*
  Fam. Oxalidaceae: *Averrhoa*-Arten, *Oxalis acetosella*
  Fam. Geraniaceae: *Erodium cicutarium, Erodium moschatum, Geranium maculatum, Geranium robertianum, Geranium sanguineum, Pelargonium*-Arten
  Fam. Tropaeolaceae: *Tropaeolum majus*
  Fam. Balsaminaceae: *Impatiens noli-tangere, Impatiens parviflora*
  Fam.: Limnanthaceae: *Limnanthes alba*
- Ordn. Polygales
  Fam. Polygalaceae: *Securidaca longepedunculata, Polygala*-Arten
  Fam. Krameriaceae: *Krameria triandra*
- Ordn. Celastrales
  Fam. Aquifoliaceae: *Ilex aquifolium, Ilex paraguariensis*
  Fam. Celastraceae: *Catha edulis, Celastrus paniculata, Euonymus atropurpurea, Euonymus europaea, Lophopetalum toxicum, Maytenus*-Arten

- Ordn. Rhamnales
  Fam. Rhamnaceae: *Colubrina reclinata, Ceanothus americanus, Discaria febrifuga, Karwinskia humboldtiana, Paliurus aculeatus, Rhamnus alpinus, Rhamnus cathartica, Rhamnus frangula, Rhamnus purshianus, Ventilago madraspatana, Ziziphus jujuba*
  Fam. Vitaceae: *Parthenocissus quinquefolia, Vitis vinifera*
  Fam. Icacinaceae: *Icacina senegalensis*

- Ordn. Santales
  Fam. Olacaceae: *Dulacia inopiflora, Ptychopetalum*-Arten, *Ximenia americana*
  Fam. Santalaceae: *Osyris tenuifolia, Santalum album, Santalum austrocaledonicum, Santalum ellipticum, Santalum freycinetianum*
  Fam. Loranthaceae: *Arceuthobium oxycedri, Loranthus europaeus, Phoradendron flavescens, Viscum album*
  Fam. Cynomoriaceae: *Cynomorium coccineum*
  Fam. Opiliaceae: *Agonandra brasiliensis*

- Ordn. Balanophorales
  Fam. Balanophoraceae: *Balanophora elongata, Lophophytum leandri, Thonningia sanguinea*

- Ordn. Euphorbiales
  Fam. Buxaceae: *Buxus sempervirens, Simmondsia chinensis*
  Fam. Euphorbiaceae: *Acalypha indica, Alchornea floribunda, Aleurites fordii, Antidesma bunius, Baliospermum montanum, Caryodendron orinocense, Croton elutaria, Elaeophorbia drupifera, Euphorbia*-Arten, *Hevea brasiliensis, Hippomane mancinella, Hura crepitans, Hyaenanche globosa, Jatropha curcas, Jatropha gossypifolia, Joannesia princeps, Mallotus japonicus, Mallotus philippinensis, Mallotus repandus, Manihot esculenta, Maprounea africana, Mercurialis*-Arten, *Pedilanthus pavonis, Phyllanthus acidus, Phyllanthus acuminatus, Phyllanthus amarus, Phyllanthus emblica, Phyllanthus niruri, Phyllanthus urinaria, Putranjiva roxburghii, Ricinus communis, Sapium sebiferum, Spirostachys africana, Stillingia silvatica, Synadenium grantii, Trewia nudiflora*
  Fam.: Dichapetalaceae: *Dichapetalum mombuttense, Dichapetalum toxicarium*

- Ordn. Thymelaeales
  Fam. Thymelaeaceae: *Aquilaria agallocha, Daphne cannabina, Daphne mezereum, Dirca palustris, Edgeworthia papyrifera, Stellera chamaejasme, Synaptolepis kirkii, Wikstroemia chamaedaphne*

- Ordn. Proteales
  Fam. Proteaceae: *Leucadendron argenteum, Leucospermum conocarpum, Macadamia ternifolia*

3. Ukl. Caryophyllidae

- Ordn. Caryophyllales
  Fam. Caryophyllaceae: *Acanthophyllum glandulosum, Agrostemma githago, Dianthus caryophyllus, Dianthus chinensis, Dianthus deltoides, Gypsophila paniculata, Herniaria glabra, Herniaria hirsuta, Saponaria officinalis, Spergularia rubra, Stellaria media*
  Fam. Nyctaginaceae: *Boerhaavia hirsuta, Bougainvillea spectabilis*
  Fam. Aizoaceae: *Mesembryanthemum*-Arten, *Sceletium tortuosum*
  Fam. Portulacaceae: *Calandrina discolor, Portulaca oleracea*

Fam. Basellaceae: *Anredera leptostachys*
Fam. Cactaceae: *Ariocarpus*-Arten, *Carnegiea gigantea, Coryphanta compacta, Echinocereus triglochidiatus, Epithelantha micromeris, Eriocereus bonplandii, Lophophora williamsii, Myrtillocactus geometrizans, Nyctocereus serpentinus, Opuntia cochenillifera, Opuntia ficus-indica, Pachycereus pecten-aboriginum, Pelecyphora aselliformis, Selenicereus grandiflorus, Trichocereus pachanoi*
Fam. Chenopodiaceae: *Anabasis aphylla, Atriplex hortensis, Beta vulgaris, Camphorosma glabrum, Salicornia europaea, Salsola kali, Salsola richteri, Spinacia oleracea*
Fam. Amaranthaceae: *Achyranthes aspera, Achyropsis leptostachya, Alternanthera sessilis, Amaranthus*-Arten
Fam. Phytolaccaceae: *Petiveria alliacea, Petiveria tetrandra, Phytolacca acinosa, Phytolacca americana, Phytolacca dodecandra*

● Ordn. Polygonales
Fam. Polygonaceae: *Calligonum comosum, Coccoloba uvifera, Fagopyrum esculentum, Fagopyrum tataricum, Polygonum amphibium, Polygonum aviculare, Polygonum bistorta, Polygonum hydropiper, Polygonum maritimum, Rheum*-Arten, *Rumex acetosa, Rumex acetosella, Rumex crispus*

● Ordn. Plumbaginales
Fam. Plumbaginaceae: *Armeria maritima, Plumbago europaea*

4. Ukl. Dilleniidae

● Ordn. Dilleniales
Fam. Dilleniaceae: *Davilla rugosa*
Fam. Paeoniaceae: *Paeonia lactiflora, Paeonia mascula, Paeonia officinalis, Paeonia suffruticosa*

● Ordn. Theales
Fam. Ochnaceae: *Lophira lanceolata*
Fam. Dioncophyllaceae: *Dioncophyllum thollonii*
Fam. Dipterocarpaceae: *Dipterocarpus*-Arten, *Dryobalanops aromatica, Isoptera borneensis, Shorea robusta, Shorea wiesneri, Vateria indica*
Fam. Theaceae: *Camellia sinensis*
Fam. Caryocaraceae: *Caryocar niciferum*
Fam. Hypericaceae (Guttiferae): *Allanblackia stuhlmannii Calophyllum inophyllum, Caraipa psidifolia, Garcinia cambogia, Garcinia hanburyi, Garcinia mangostana, Harungana madagascariensis, Hypericum perforatum, Hypericum pulchrum*

● Ordn. Violales
Fam. Flacourtiaceae: *Caloncoba echinata, Caloncoba glauca, Carpotroche brasiliensis, Casearia sylvestris, Gynocardia odorata, Hydnocarpus*-Arten, *Oncoba echinata, Ryania pyrifera*
Fam. Violaceae: *Anchietea salutaris, Viola*-Arten
Fam. Bixaceae: *Bixa orellana*
Fam. Cochlospermaceae: *Cochlospermum angolense, Cochlospermum gossypium, Cochlospermum tinctorium*
Fam. Cistaceae: *Cistus*-Arten, *Helianthemum canadense*
Fam. Passifloraceae: *Adenia digitata, Adenia lobata, Adenia volkensii, Passiflora edulis, Passiflora incarnata*
Fam. Turneraceae: *Turnera diffusa*
Fam.Caricaceae: *Carica papaya*

- Ordn. Tamaricales
  Fam. Tamaricaceae: *Myricaria germanica, Reaumuria hirtella, Tamarix*-Arten
  Fam. Frankeniaceae: *Frankenia grandifolia*

- Ordn. Capparales
  Fam. Capparaceae (Capparidaceae): *Boscia salicifolia, Boscia senegalensis, Buchholzia coreacea, Capparis spinosa*
  Fam. Moringaceae: *Moringa*-Arten
  Fam. Brassicaceae: *Alliaria petiolata, Armoracia rusticana, Brassica*-Arten, *Camelina sativa, Capsella bursa-pastoris, Cardamine pratensis, Cheiranthus cheiri, Cochlearia officinalis, Draba nemorosa, Eruca sativa, Erysimum crepidifolium, Erysimum diffusum, Hesperis matronalis, Iberis amara, Isatis tinctoria, Lepidium bonariense, Lepidium latifolium, Lepidium sativum, Matthiola incana, Nasturtium officinale, Raphanus sativus, Sinapis alba, Sisymbrium officinale, Syrenia angustifolia, Thlaspi arvense*
  Fam. Resedaceae: *Reseda luteola, Reseda odorata*

- Ordn. Begoniales
  Fam. Datiscaceae: *Datisca cannabina*

- Ordn. Cucurbitales
  Fam. Cucurbitaceae: *Acanthosicyos horridus, Acanthosicyos naudiniana, Anisosperma passiflora, Apodanthera smilacifolia, Bryonia*-Arten, *Cayaponia cabocla, Citrullus colocynthis, Citrullus vulgaris, Coccinia grandis, Cucumis*-Arten, *Cucurbita pepo, Ecballium elaterium, Hodgsonia kadam, Luffa*-Arten, *Momordica*-Arten, *Trichosanthes kirilowii*

- Ordn. Salicales
  Fam. Salicaceae: *Populus*-Arten, *Salix*-Arten

- Ordn. Ericales
  Fam. Actinidiaceae: *Actinidia chinensis, Actinidia kolomikta*
  Fam. Ericaceae: *Agauria salicifolia, Arbutus unedo, Arctostaphylos uva-ursi, Calluna vulgaris, Chamaedaphne calyculata, Epigaea repens, Erica tetralix, Gaultheria leucocarpa, Gaultheria procumbens, Gaultheria punctata, Kalmia latifolia, Ledum palustre, Oxydendrum arboreum, Pernettya furens, Pieris japonica, Rhododendron*-Arten, *Vaccinium*-Arten
  Fam. Pyrolaceae: *Chimaphila umbellata, Pyrola rotundifolia, Pyrola uniflora*
  Fam. Monotropaceae: *Monotropa uniflora*
  Fam. Empetraceae: *Empetrum nigrum*

- Ordn. Diapensiales
  Fam. Diapensiaceae: *Galax aphylla*

- Ordn. Ebenales
  Fam. Styracaceae: *Styrax*-Arten
  Fam. Symplocaceae: *Symplocos odoratissima*
  Fam. Ebenaceae: *Diospyros*-Arten
  Fam. Sapotaceae: *Argania sideroxylon, Bomelia obtusifolia, Butyrospermum parkii, Diploknema*-Arten, *Manilkara zapota, Palaquium gutta, Pradosia lactescens, Synsepalum dulciferum*

- Ordn. Primulales
  Fam. Myrsinaceae: *Ardisia japonica, Ardisia solanacea, Embelia ribes*
  Fam. Primulaceae: *Anagallis arvensis, Cyclamen purpurascens, Hottonia palustris, Lysimachia nummularia, Lysimachia vulgaris, Primula*-Arten, *Trientalis europaea*

- Ordn. Malvales

Fam. Tiliaceae: *Corchorus*-Arten, *Tilia*-Arten

Fam. Sterculiaceae: *Abroma augusta, Cola*-Arten, *Guazuma ulmifolia, Mansonia altissima, Theobroma cacao, Sterculia*-Arten

Fam. Bombacaceae: *Adansonia digitata, Bombax aquaticum, Bombax malabaricum, Ceiba pentandra, Ochroma lagopus*

Fam. Malvaceae: *Abelmoschus moschatus, Abutilon graveolens, Althaea officinalis, Gossypium*-Arten, *Hibiscus sabdariffa, Malva*-Arten, *Sida acuta, Sida cordifolia*

5. Ukl. Asteridae

- Ordn. Oleales

Fam. Oleaceae: *Chionanthus virginicus, Forsythia suspensa, Fraxinus*-Arten, *Jasminum grandiflorum, Ligustrum vulgare, Olea europaea, Syringa vulgaris*

- Ordn. Gentianales

Fam. Loganiaceae: *Anthocleista vogelii, Gelsemium sempervirens, Spigelia*-Arten, *Strychnos*-Arten

Fam. Apocynaceae: *Acokanthera*-Arten, *Adenium*-Arten, *Alafia grandis, Alstonia*-Arten, *Apocynum cannabinum, Aspidosperma quebracho-blanco, Cabucala madagascariensis, Carissa carandas, Carissa ovata, Catharanthus roseus, Cerbera odollam, Dyera costulata, Ervatamia coronaria, Funtumia africana, Funtumia elastica, Funtumia latifolia, Geissospermum laeve, Haplophyton cimicidum, Hedranthera barteri, Holarrhena floribunda, Holarrhena pubescens, Hunteria eburnea, Nerium odorum, Nerium oleander, Piralima nitida, Plumeria acutifolia, Rauvolfia serpentina, Rauvolfia tetraphylla, Rauvolfia vomitoria, Strophanthus*-Arten, *Tabernaemontana crassa, Tabernaemontana dichotoma, Tabernanthe iboga, Tanghinia venenifera, Thevetia peruviana, Trachomitum lancifolium, Urechites suberecta, Vinca herbacea, Vinca major, Vinca minor, Voacanga*-Arten

Fam. Rubiaceae: *Adina cordifolia, Anthocephalus cadamba, Arariba rubra, Cephaelis*-Arten, *Chiococca alba, Cinchona*-Arten, *Coffea*-Arten, *Corynanthe pachyceras, Coutarea hexandra, Damnacanthus indicus, Feretia apodanthera, Galium album, Galium aparine, Galium mollugo, Galium odoratum, Galium verum, Gardenia jasminoides, Hamelia patens, Hillia illustris, Ixora chinensis, Ixora coccinea, Mitchella repens, Mitragyna*-Arten, *Morinda citrifolia, Oldenlandia umbellata, Pausinystalia johimbe, Pavetta indica, Randia braudis, Rubia tinctorum, Sarcocephalus latifolius, Sickingia rubra, Uncaria acida, Uncaria gambir, Uncaria guianensis, Uncaria lanosa, Uncaria rhynchophylla, Uncaria sinensis, Uncaria tomentosa, Urophyllum arboreum*

Fam. Periplocaceae: *Cryptostegia grandiflora*

Fam. Asclepiadaceae: *Asclepias*-Arten, *Calotropis*-Arten, *Caralluma decaisneana, Dregea rubicunda, Dregea volubilis, Gymnema sylvestre, Marsdenia condurango, Metaplexis japonica, Pergularia daemia, Periploca graeca, Vincetoxicum atratum, Vincetoxicum hirundinaria, Xysmalobium undulatum*

Fam. Menyanthaceae: *Menyanthes trifoliata*

Fam. Gentianaceae: *Agathotes chereyta, Blackstonia perfoliata, Canscora decussata, Centaurium chilensis, Centaurium minus, Enicostema hyssopifolia, Enicostema littorale, Frasera carolinensis, Gentiana*-Arten, *Gentianella amarella, Gentianella quinquefolia, Sabbatia angularis, Sabbatia elliottii, Swertia chirata, Swertia japonica*

Fam.: Desfontainiaceae: *Desfontainia spinosa*

- Ordn. Dipsacales
  Fam. Caprifoliaceae: *Lonicera caprifolium, Lonicera xylosteum, Sambucus canadensis, Sambucus ebulus, Sambucus nigra, Sambucus racemosa, Symphoricarpus albus, Triosteum perfoliatum, Viburnum*-Arten,
  Fam. Adoxaceae: *Adoxa moschatellina*
  Fam. Valerianaceae: *Astrephia chaerophylloides, Centranthus ruber, Nardostachys jatamansii, Valeriana celtica, Valeriana edulis, Valeriana fauriei, Valeriana officinalis*
  Fam. Dipsacaceae: *Dipsacus sativus, Dipsacus silvestris, Knautia arvensis, Succisa pratensis*

- Ordn. Polemoniales
  Fam. Polemoniaceae: *Loeselia coccinea, Polemonium caeruleum*

- Ordn. Solanales
  Fam. Solanaceae: *Atropa belladonna, Brugmansia*-Arten, *Brunfelsia grandiflora, Brunfelsia uniflora, Capsicum*-Arten, *Cestrum laevigatum, Datura*-Arten, *Duboisia*-Arten, *Fabiana imbricata, Hyoscyamus muticus, Hyoscyamus niger, Iochroma fuchsioides, Latua pubiflora, Latua venenosa, Lupinus polyphyllus, Lycium barbarum, Lycium chinense, Lycopersicon esculentum, Mandragora autumnalis, Mandragora caulescens, Mandragora chinghaiensis, Mandragora officinarum, Methysticodendron amesianum, Nicandra physaloides, Nicotiana tabacum, Petunia violacea, Physalis alkekengi, Physochlaina physaloides, Scopolia carniolica, Scopolia tangutica, Solandra brevicalyx, Solanum*-Arten, *Vestia lycioides, Withania somnifera*
  Fam. Convolvulaceae: *Argyreia nervosa, Calonyction album, Calystegia*-Arten, *Convolvulus*-Arten, *Cuscuta europaea, Ipomoea orizabensis, Ipomoea purga, Ipomoea violacea, Operculina turpethum, Turbina corymbosa,*

- Ordn. Boraginales
  Fam. Hydrophyllaceae: *Eriodictyon californicum, Hydrophyllum virginicum*
  Fam. Boraginaceae: *Alkanna tinctoria, Anchusa officinalis, Arnebia euchroma, Borago officinalis, Caccinia glauca, Cerinthe glabra, Cynoglossum officinale, Echium vulgare, Heliotropium arborescens, Lithospermum erythrorhizon, Lithospermum officinale, Lithospermum ruderale, Macrotomia cephalotes, Myosotis arvensis, Onosmodium virginicum, Pulmonaria officinalis, Symphytum officinale, Trichodesma incanum,*
  Fam. Loasaceae: *Mentzelia cordifolia*

- Ordn. Scrophulariales
  Fam. Scrophulariaceae: *Bacopa monnieri, Bartsia odonites, Chelone glabra, Curanga amara, Digitalis*-Arten, *Euphrasia rostkoviana, Gratiola officinalis, Leucophyllum texanum, Linaria vulgaris, Melampyrum arvense, Picrorhiza kurroa, Rehmannia glutinosa, Scrophularia nodosa, Veronica beccabunga, Veronica officinalis, Veronica virginica, Verbascum*-Arten
  Fam.: Globulariaceae: *Globularia alypum*
  Fam. Acanthaceae: *Acanthus mollis, Andrographis paniculata, Blepharis edulis, Justicia adhatoda, Justicia pectoralis, Shlerochiton ilicifolius*
  Fam. Bignoniaceae: *Bignonia chica, Catalpa bignonioides, Jacaranda procera, Newbouldia laevis, Spathodea campanulata, Tabebuia impetiginosa, Tanaecium nocturnum, Tecoma capensis, Tecoma lapacho, Tecoma stans*
  Fam. Buddlejaceae: *Buddleja brasiliensis*
  Fam. Pedaliaceae: *Harpagophytum procumbens, Pedalium murex, Sesamum indicum*

Fam. Orobanchaceae: *Epiphegus virginicus*
Fam. Lentibulariaceae: *Pinguicula vulgaris*
Fam. Plantaginaceae: *Plantago*-Arten

- Ordn. Lamiales

Fam. Verbenaceae: *Actinostemum lanceolatum, Aloysia triphylla, Clerodendrum capitatum, Clerodendrum infortunatum, Lantana camara, Lippia dulcis, Nyctanthes arbor tristis, Verbena hastata, Verbena officinalis, Verbena urticifolia, Vitex agnus-castus*

Fam. Lamiaceae: *Acrocephalus capitatus, Agastache rugosa, Ajuga reptans, Anisomeles indica, Anisomeles malabarica, Ballota nigra, Brunella vulgaris, Calamintha officinalis, Coleus blumei, Coleus forskohlii, Collinsonia canadensis, Dracocephalum moldavica, Galeopsis segetum, Glechoma hederacea, Hedeoma pulegioides, Hyssopus officinalis, Lagochilus inebrians, Lallemantia iberica, Lavandula angustifolia, Lavandula dentata, Lavandula hybrida, Lavandula latifolia, Lavandula stoechas, Leonurus cardiaca, Leonurus japonicus, Leonurus lanatus, Leonurus quinquelobatus, Lycopus*-Arten, *Marrubium vulgare, Melissa officinalis, Mentha*-Arten, *Monarda didyma, Nepeta cataria, Ocimum americanum, Ocimum basilicum, Origanum dictamnus, Origanum heracleoticum, Origanum majorana, Origanum onites, Origanum syriacum, Origanum vulgare, Orthosiphon aristatus, Perilla frutescens, Perowskia abrotanoides, Phlomis pungeus, Plectranthus fruticosus, Pogostemon cablin, Ramona stachioides, Rosmarinus officinalis, Salvia*-Arten, *Scutellaria laterifolia, Sideritis*-Arten, *Stachys officinalis, Teucrium*-Arten, *Thymus*-Arten, *Ziziphora bungeana*

- Ordn. Campanulales

Fam. Campanulaceae: *Adenophora liliifolia, Codonopsis clematidea, Codonopsis pilosula, Lobelia cardinalis, Lobelia chinensis, Lobelia inflata, Lobelia laxiflora, Lobelia nicotianaefolia, Lobelia siphilitica, Lobelia tupa, Platycodon grandiflorum*

- Ordn. Asterales

Fam. Asteraceae: *Achillea*-Arten, *Achyrocline saturoides, Actinomeris helianthoides, Ageratum conyzoides, Amberboa divaricata, Ambrosia artemisiifolia, Amphiachyris dracunculoides, Anacyclus x officinarum, Anacyclus pyrethrum, Anaphalis margaritacea, Antennaria dioica, Anthemis cotula, Arctium*-Arten, *Arctotis grandis, Arnica*-Arten, *Artemisia abrotanum, Artemisia absinthium, Artemisia annua, Artemisia cina, Artemisia dracunculus, Artemisia mexicana, Artemisia moxa, Artemisia pontica, Artemisia vulgaris, Atractylis gummifera, Baccharis genistelloides, Bellis perennis, Bidens tripartitus, Brachycladus stuckerti, Brachyglottis repanda, Brickellia veronicaefolia, Cacalia cordifolia, Calea zacatechichi, Calendula officinalis, Carlina acaulis, Carpesium abrotanoides, Carthamus tinctorius, Centaurea cyanus, Chamomilla recutita, Chamomilla suaveolens, Chondrilla juncea, Chrysanthemum*-Arten, *Cichorium endivia, Cichorium intybus, Cirsium arvense, Cirsium eriophorum Cirsium oleraceum, Cnicus benedictus, Conyza canadensis, Cotula coronopifolia, Cynara scolymus, Dahlia pinnata, Doronicum pardalianches, Echinacea*-Arten, *Echinops ritro, Eclipta alba, Elephantopus scaber, Enhydra fluctuans, Erechthites hieracifolia, Eremanthus eleagnus, Espeletia grandiflora, Eupatorium*-Arten, *Galinsoga parviflora, Gnaphalium uliginosum, Grindelia camporum, Grindelia robusta, Guizotia abyssinica, Haplopappus baylahuen, Helianthus annuus, Helianthus tuberosus, Helichrysum arenarium, Helichrysum foetidum, Heterotheca inuloides, Inula helenium, Lactuca sativa, Lactuca virosa, Leontopodium alpinum, Leucanthe-*

mum vulgare, Liatris odoratissima, Liatris spicata, Madia sativa, Microglossa pyrifolia, Mikania cordata, Mikania guaco, Montanoa tomentosa, Mutisia viciaefolia, Neurolaena lobata, Onopordum acanthium, Otanthus maritimus, Parthenium argentatum, Perezia oxylepis, Prenanthes alba, Prenanthes serpentaria, Pseudognaphalium obtusifolium, Rhaponticum carthamoides, Rudbeckia hirta, Rudbeckia laciniata, Santolina chamaecyparissus, Saussurea costus, Scorzonera hispanica, Senecio-Arten, *Sigesbeckia glabrescens, Sigesbeckia orientalis, Sigesbeckia pubescens, Silphium laciniatum, Silybum marianum, Solidago*-Arten, *Spharenthus indicus, Spilanthes oleracea, Stevia rebaudiana, Taraxacum kok-saghyz, Taraxacum officinale, Tussilago farfara, Vanillosmopsis arborea, Vanillosmopsis erythropappa, Wyethia helenioides, Xanthium spinosum, Xanthium strumarium*

3. Kl. Liliopsida

1.Ukl. Alismatidae

- Ordn. Alismatales
  Fam. Alismataceae: *Alisma plantago-aquatica, Sagittaria sagittifolia*
- Ordn. Hydrocharitales
  Fam. Hydrocharitaceae: *Hydrocharis morsus-ranae*
- Ordn. Najadales
  Fam. Potamogetonaceae: *Potamogeton natans*

2. Ukl. Liliidae

- Ordn. Dioscoreales
  Fam. Dioscoreaceae: *Dioscorea*-Arten, *Tamus communis*
  Fam. Stemonaceae: *Stemona tuberosa*
  Fam. Trilliaceae: *Paris quadrifolia*
  Fam. Smilacaceae: *Smilax*-Arten
- Ordn. Aparagales
  Fam. Convallariaceae: *Convallaria majalis, Polygonatum multiflorum, Polygonatum odoratum*
  Fam. Asparagaceae: *Asparagus officinalis*
  Fam.: Dracaenaceae: *Dracaena draco*
  Fam. Xanthorrhoeaceae: *Xanthorrhoea australis, Xanthorrhoea hastilis*
  Fam. Agavaceae: *Agave americana, Agave sisalana, Yucca filamentosa, Yucca schottii*
  Fam. Hypoxidaceae: *Hypoxis rooperi*
  Fam. Asphodelaceae: *Aloe*-Arten, *Asphodelus albus*
  Fam. Hyacinthaceae: *Urginea maritima*
  Fam. Alliaceae: *Allium*-Arten
  Fam. Amaryllidaceae: *Boöphone disticha, Crinum*-Arten, *Galanthus*-Arten, *Hippeastrum vittatum, Leucojum vernum, Narcissus pseudonarcissus, Pancratium trianthum, Polianthes tuberosa, Ungernia severtzovii*
  Fam. Haemodoraceae: *Lachnanthes tinctoria*
- Ordn. Melanthiales
  Fam. Melanthiaceae: *Aletris farinosa, Veratrum album, Veratrum californicum, Veratrum nigrum, Veratrum viride*

- Ordn. Liliales
  Fam. Colchicaceae: *Colchicum autumnale*
  Fam. Liliaceae: *Agapanthus africanus, Amianthium muscaetoxicum, Anemarrhena asphodeloides, Anthericum ramosum, Bowiea volubilis, Chamaelirium luteum, Erythronium americanum, Erythronium dens-canis, Fritillaria imperialis, Fritillaria roylii, Gagea lutea, Gloriosa superba, Hyacinthoides non-scripta, Hyacinthus orientalis, Lilium lancifolium, Lilium candidum, Maianthemum bifolium, Metanarthecium luteo-viride, Narthecium ossifragum, Ornithogalum umbellatum, Paris polyphylla, Ruscus aculeatus, Schoenocaulon officinale, Trillium erectum, Tulipa turkestanica, Urginea altissima, Urginea burkei, Urginea epigea, Urginea indica*
  Fam. Iridaceae: *Belamcanda chinensis, Crocus sativus, Gladiolus communis, Gladiolus palustris, Iris florentina, Iris foetidissima, Iris germanica, Iris pallida, Iris pseudoacorus, Iris tenax, Iris versicolor*
- Ordn. Orchidales
  Fam. Orchidaceae: *Anacamptis pyramidalis, Angraecum fragrans, Cypripedium calceolus var. pubescens, Dendrobium nobile, Oncidium cebolleta, Platanthera bifolia, Spiranthes spiralis, Vanilla planifolia, Vanilla tahitensis, Orchis*-Arten
- Ordn. Bromeliales
  Fam. Bromeliaceae: *Ananas comosus, Puya chilensis, Tillandsia usneoides*
- Ordn. Pontederiales
  Fam. Pontederiaceae: *Eichhornia crassipes*
- Ordn. Zingiberales
  Fam. Musaceae: *Musa x paradisiaca*
  Fam. Zingiberaceae: *Aframomum*-Arten, *Alpinia galanga, Alpinia officinarum, Amomum*-Arten, *Boesenbergia pandurata, Curcuma*-Arten, *Elettaria cardamomum, Eleusine coracana, Kaempferia galanga, Zingiber officinale*
  Fam. Cannaceae: *Canna*-Arten
  Fam. Marantaceae: *Maranta arundinacea, Thaumatococcus daniellii*
- Ordn. Juncales
  Fam. Juncaceae: *Juncus effusus, Luzula pilosa*
- Ordn. Cyperales
  Fam. Cyperaceae: *Carex arenaria, Cladium mariscus, Cyperus esculentus, Cyperus rotundus, Cyperus scariosus, Scirpus atrovirens*
- Ordn. Commelinales
  Fam. Commelinaceae: *Tradescantia diuretica*
- Ordn. Poales
  Fam. Poaceae (Gramineae): *Agropyron repens, Anthoxanthum odoratum, Arundo donax, Avena sativa, Calamagrostis lanceolata, Coix lacryma-jobi, Cymbopogon*-Arten, *Dactylis glomerata, Echinochloa crus-galli, Hierochloe borealis, Hordeum vulgare, Lolium temulentum, Oryza sativa, Phalaris arundinacea, Phalaris canariensis, Phleum pratense, Phragmites communis, Saccharum officinarum, Secale cereale, Sorghum bicolor, Triticum spelta, Vetiveria zizanioides, Zea mays*

3. Ukl. Aridae (Arecidae)

- Ordn. Arecales
  Fam. Palmae (Arecaceae): *Acrocomia sclerocarpa, Areca catechu, Astrocaryum*-Arten, *Attalea excelsa, Cocos nucifera, Copernicia prunifera, Daemonorops draco, Elaeis guineensis, Orbignya speciosa, Phoenix dactylifera, Serenoa repens*

- Ordn. Arales
  Fam. Araceae: *Acorus calamus, Amorphophallus dracontioides, Anchomanes difformis, Arisaema*-Arten, *Arum italicum, Arum maculatum, Calla palustris, Colocasia esculenta, Dieffenbachia seguine, Dracunculus vulgaris, Homalomena aromatica, Homalomena lauterbachii, Pinellia ternata, Symplocarpus foetidus, Zantedeschia aethiopica*
  Fam. Lemnaceae: *Lemna minor*

- Ordn. Pandanales
  Fam. Pandanaceae: *Pandanus dubius*

- Ordn. Typhales
  Fam. Typhaceae: *Typha latifolia*